Die neuzeitlichen Textilveredlungs-Verfahren der Kunstfasern

Die Patentliteratur und das Schrifttum von 1939—1949/50

Von

Dr.-Ing. **F. Weber** und Dipl.-Ing. **A. Martina**
Wien Wien

Springer-Verlag Wien GmbH

1951

ISBN 978-3-211-80234-2 ISBN 978-3-7091-2424-6 (eBook)
DOI 10.1007/978-3-7091-2424-6

Ursprünglich erschienen bei Springer-Verlag in Vienna 1951.
Softcover reprint of the hardcover 1st edition 1951

Vorwort.

Als wir im März 1947 unsere Absicht zu verwirklichen begannen, ein Werk über das gesamte Gebiet der neuzeitlichen Textilveredlung mit umfassender Berücksichtigung der Patentliteratur — beginnend mit 1939 — zu schreiben, waren für ein solches Vorhaben mehrfache Gründe maßgebend.

In den Jahren seit Kriegsbeginn sind auf dem Gebiet der Textilfasern, insbesondere auf dem der künstlichen und synthetischen Fasern außerordentliche Fortschritte festzustellen. Früher bekannte Kunstfasern hatten die großtechnische Reife erreicht und eine ganze Anzahl völlig neuer synthetischer Fasern wurde in der Zwischenzeit aufgefunden, die neuartige Veredlungsverfahren erfordern. Die Entwicklung der Textilhilfsmittel hat zu Produkten geführt, die es gestatten, Textilfasern in bisher nicht bekannter Weise zu veredeln. Weiters haben in der Textilindustrie Arbeitsverfahren Eingang gefunden, welche der üblichen Ausrüstung völlig neue Wege weisen, indem man damit die Eigenschaften der erzeugten Waren nicht durch Appreturmaßnahmen im altgewohnten Sinne beeinflußt, sondern das gewünschte Resultat durch Änderung der Struktur der verwendeten Fasern erreicht. Vielfach scheinen die diesbezüglichen Vorschläge im Schrifttum verstreut auf und sind oft nur schwer zugänglich. Während es Zusammenstellungen auf diesem Spezialgebiet bis 1938 gibt, ist die Übersicht über die Entwicklung auf dem Gebiet der Textilindustrie seit 1939 verlorengegangen und es bestand in dieser Hinsicht eine fühlbare Lücke in der Fachliteratur.

Vorliegendes Werk versucht diesem Mangel abzuhelfen. Als Leitgedanke diente hierbei die Überlegung, die Patentliteratur der Jahre 1939 bis 1949/50 — also des vergangenen Dezenniums — unter Verzicht auf historische Hinweise möglichst vollständig zu verwerten und die wesentlichen Ergebnisse textilchemischer Forschung zu bringen. Wegen des engen Zusammenhanges mit den Ausrüstungsverfahren werden die Kunstfasern, vornehmlich die neuen synthetischen Vertreter derselben, eingehend besprochen und neben erreichbaren Angaben, die den Technologen interessieren, die Möglichkeiten zur raschen Erkennung derartiger Fasern angeführt. Bei der Besprechung der technologischen Verfahren blieben rein maschinelle Konstruktionen außer acht.

Wir waren uns vom Anfang an klar darüber, daß die erdrückende Fülle des Materials — es wurden etwa 8500 Patentschriften und über 1000 Literaturstellen berücksichtigt — nur durch eine gedrängte Darstellung zu einem befriedigenden Ergebnis führt. Es sind daher nur Name des Patentinhabers, Patentnummer und Ausgabejahr angeführt. Der Text beschränkt sich auf einen kurzen Auszug des Inhaltes der Patentschrift. Eingehendere Beschreibungen der einzelnen Verfahren konnten nur in Sonderfällen gegeben werden. Selbstverständlich müssen zu einem vertieften Studium stets die Originalpatentschriften herangezogen werden. Es wurden auch korrespondierende Patente (Mehrfachpatentierung) einzeln behandelt, da nicht immer völlige Identität besteht und das Nachschlagen dadurch erleichtert wird. Die angegebenen Formelbilder sollen das Verständnis für manche Vorgänge erleichtern. Da das Werk in Einzellieferungen herauskam, wurde die Literatur soweit berücksichtigt, als sie beim Abschluß jedes Teiles tatsächlich vorlag.

Wir hätten die Arbeit ohne tätige Mithilfe zahlreicher Freunde, die uns bei der Beschaffung von Fach- und Patentliteratur behilflich waren, kaum bewältigen können. Wir danken ihnen an dieser Stelle herzlich für die uns geleistete Unterstützung. Wertvolle Ratschläge und Anregungen aus Kollegenkreisen werden in einem später erscheinenden Ergänzungsband berücksichtigt werden. Zu besonderem Danke sind wir dem Präsidenten des Österreichischen Patentamtes, Herrn Hofrat Dipl.-Ing. A. Glauninger verpflichtet, der uns in großzügiger Weise die Verwertung des Fachmaterials des Amtes gestattete. Ebenso danken wir Herrn Prof. Dr. Dipl.-Ing. A. Chwala für seine wertvollen Ratschläge und seine Bemühungen, mit denen er unsere Veröffentlichung unterstützte.

Trotz aller Schwierigkeiten und der Ungunst der Zeit hat es der Springer-Verlag, Wien, unternommen, das Werk in Druck zu legen und bei seiner Ausgestaltung keine Mühen und Kosten gescheut. Ihm gebührt hierfür unser allerbester Dank.

Wir hoffen, daß das Buch den erstrebten Zweck, einen brauchbaren Gesamtüberblick über den gegenwärtigen Stand der Textilveredlungsverfahren zu geben, erreicht und sind dankbar für alle Anregungen aus dem Kreise der Leserschaft.

Wien, im November 1951.

Die Verfasser.

Inhaltsverzeichnis.

Zweiter Abschnitt

Dritter Abschnitt

Vierter Abschnitt

Sechster Abschnitt

Verwendete Abkürzungen für die Patentbezeichnung.

AP	Amerikanisches Patent.	EP	Britisches Patent.
CP	Tschechisches Patent.	FP	Französisches Patent.
CanP	Canadisches Patent.	HollP	Holländisches Patent.
DP	Deutsches Patent.	ItalP	Italienisches Patent.
DänP	Dänisches Patent.	OeP	Österreichisches Patent.
SP	Schweizer Patent.		

Abkürzungen bei der Patentinhaberbezeichnung.

AKU	Algemeene Kunstzijde Unie, Arnhem, Niederlande.
Al. Prop. Cust.	Alien Property Custodian, Verwalter des ausländischen Eigentums in USA während und nach dem Kriege.
All. Chem.	Allied Chemical and Dyestuff Co., New York, früher National Aniline and Chemical Corp., USA.
Alrose	Alrose Chemical Company, Cronston, Rhode Island, USA.
Arnold	Arnold Print Works, North Adams, Massachusett, USA.
Bancroft	J. Bancroft & Sons Co., Wilmington, Delaware, USA.
Bat. Petrol. My	NV. Bataafsche Petroleum Maatschappij, Willemstad, Curaçao.
Calico Printers	Calico Printers Association, Manchester, England.
CCCC	Carbid and Carbon Chemical Corp., New York, USA.
Celanese	Celanese Corp. of America, Delaware, USA, bzw. British Celanese Corp. London, England.
Ciba	Gesellschaft für Chem. Industrie, jetzt Ciba A.-G., Basel, Schweiz.
Cilander	Cilander A.-G., Herisau, Schweiz.
Cluett Peabody	Cluett Peabody & Co., Incorp., Troy, USA.
Courtaulds	Courtaulds Limited, London, England.
Cyanamid	American Cyanamid Co., New York, USA.
Degussa	Deutsche Gold- und Silberscheideanstalt, Frankfurt a. Main, Deutschland.
Du Pont	Du Pont de Nemours, Wilmington, USA.
Durand & Huguenin	Durand & Huguenin, Basel, Schweiz.
Dow	Dow Chemical Corp., Midland, USA.
Eastman Kodak	Eastman Kodak Corp., Rochester, USA.
Enka	American Enka Corp., Enka N. C., USA.
Gen. An.	General Aniline & Film Corp., früher Aniline Works, New York, USA.
Gen. El.	International General Electric Corp., New York, USA.
Gy.	I. R. Geigy A. G., Basel, Schweiz.
Heberlein	Heberlein & Co., Wattwil, Schweiz, bzw. Heberlein Patents Corp., New York, USA.
Hercules	Hercules Powder Co., Wilmington, USA.
ICI	Imperial Chemical Industries, London, England.
IG	I. G. Farbenindustrie A. G., Frankfurt/Main, Deutschland.
Interchem.	Interchemical Corp., New York, USA.

Kodak	The Kodak Corp., London, England.
Mathieson	Mathieson Alkali Works, Inc. New York, USA.
Montclair	Montclair Research Corp., New Jersey, USA.
Monsanto	Monsanto Chemical Corp., St. Louis, USA.
Nat. An.	National Aniline and Chemical Corp., New York, USA.
Rayon	North American Rayon Corp., New York, USA.
Resinous	The Resinous Products and Chemical Comp., Philadelphia, USA.
Rhodiaceta	Société Rhodiaceta, Paris, Frankreich.
Rubber	United States Rubber Comp., New York, USA.
Sandoz	Chem. Fabrik, vormals Sandoz, jetzt Sandoz A.-G., Basel, Schweiz.
Stevensons	Stevensons Dyers Ltd., Ambergate, England.
Tootal	Tootal Broadhurst Lee Corp., Manchester, England.
Thomson Houston	The British Thomson Houston Corp., London, England.
Unilever	Lever Brothers & Unilever Ltd., Port Sunlight, England.
Viscose	American Viscose Corp., New York, USA.

Neueres Schrifttum über Kunstfasern und Textilveredlung.

Fasern.

British Rayon Manual. Manchester: Harlequin Press, 1948.

Bergen: Textile Fiber Atlas. New York: Textile Book Publishers, 1949.

Dulacy, Rayonne et Fibranne Viscose. Paris: Les Editions de l'Industrie Textile, 1950.

Götze: Kunstseide und Zellwolle. Berlin: Springer, 1940, II. Auflage, 1951.

Hermans: Physics and Chemistry of Cellulose Fibres. London: Cleaver-Hume Press, 1949.

Hess: Textile Fibers and their Use. New York: Lippincott, 1948.

Howitt: Silk. Manchester: Textile Institute, 1948.

Kershaw: Wool. London: Pitman & Sons, 1945.

Leeming: Rayon-the First Man-Made Fabric. New York: Chemical Publishing, 1950.

Luniak: Ramie. Zürich: Leeman, 1949.

Marsh-Wood: An Introduction to the Chemistry of Cellulose. London: Chapman & Hall, 1946.

Matthews: Textile Fibres. New York: Wiley & Sons, London: Chapman & Hall, 1947.

Moncrieff, Artificial Fibres. London: National Trade Press, 1950.

Ott: Cellulose and Cellulose Derivatives. New York: Interscience Publishers, 1943.

Preston: Fibre Science. Manchester: Textile Institute, 1949.

Sherman-Sherman: The New Fibers. New York: Van Nostrand, London: Macmillan, 1946. 2. Auflage, 1951.

Whittaker: Fibro Manual. London: Sylvan Press, 1949.

Zart: Kunstseide und Stapelfaser. Darmstadt: Steinkopff, 1950.

Bleichen.

Keghel: Les Produits de blanchiment et décolorants domestiques et industriels. Paris: Gauthier-Villars, 1950.

Marsh: Introduction to Textile Bleaching. London: Chapman & Hall, 1946.

Färben.

Bird: Theory and Practice of Wool Dyeing. Bradford: Society of Dyers and Colourists, 1947.

Diserens: Die neuesten Fortschritte in der Anwendung der Farbstoffe, 2. Auflage. Basel: Birkhäuser, 1946 bis 1949 bzw. 3. Auflage, Bd. 1, 1951.

Diserens: Neue Verfahren in der Technik der chemischen Veredlung der Textilfasern. Basel: Birkhäuser, 1948.

Diserens: The Chemical Technology of Dyeing an Printing. New York: Reinhold Publishing, 1948.

Fox: Vat Dyestuffs and Vat Dyeing. London: Chapman & Hall, 1946.

Horsfall, Lawrie: The Dyeing of Textile Fibres. London: Chapman & Hall, 1946.

Knecht, Rawson, Lowenthal: Manual of Dyeing. London: Griffin, 1947.

Schaeffer: Handbuch der Färberei, 5 Bände. Stuttgart: Konradin, 1949/50.

Thomas: Technique of Dyeing Rayons. Manchester: Emmott, 1944.

Trotman: Bleaching, Dyeing and Chemical Technology of Textile Fibres. London: Griffin, 1948.

Valkó: Kolloidchemische Grundlagen der Textilveredlung. Berlin: Springer, 1937.

Vickerstaff: The Physical Chemistry of Dyeing. London: Oliver & Boyd, 1950.

Weyrich: Das Färben und Bleichen der Textilfasern in Apparaten. Berlin: Springer, 1937.

Whittaker, Wilcock: Dyeing with Coal-Tar Dyestuffs. London: Bailliere, Tindall & Cox, 1949.

Druckerei.

Bolliger: Ein Beitrag zur Entwicklung des europäischen Textildrucks. Wien: Springer, 1950.

Diserens: Siehe unter Färberei.

Haller: Färberei und Zeugdruck. Die theoretischen Grundlagen. Wien: Springer, 1951.

Seidengazefabrik Thal (Schweiz): Der Filmdruck. 1950 (Eigenverlag).

Taussig: Screen Printing. Manchester: Clayton Aniline Co., 1950.

Appretur.

Buchmann: Textilveredlung durch Wasserfestmachen. Wittenberg: Ziemssen, 1949.

Diserens: Neueste Fortschritte und Verfahren in der chemischen Technologie der Textilfasern. Basel: Birkhäuser (siehe unter Färberei).

Fierz-David: Abriß der chemischen Technologie der Textilfasern. Basel: Birkhäuser, 1948.

Fritz: Herstellung von Wachs- und Ledertuch. Stuttgart: Wissenschaftliche Verlagsanstalt, 1950.

Hall: Review of the Textile Progress. Manchester: Textile Inst. & Soc. Dyers and Colourists, 1951.

Hartsuch: Introduction to Textile Chemistry. New York: John Wiley & Sons, London: Chapman & Hall, 1950.

Little: Flameproofing of Textile Fabrics. New York: Reinhold, London: Chapman & Hall, 1949.

Marsh: An Introduction to Textile Finishing. London: Chapman & Hall, 1950.

Mecheels: Praktikum der Textilveredlung. Berlin: Springer, 1949.

Moncrieff: Mothproofing. London: Leonhard Hill, 1950.

Münzinger: Kunstledertaschenbuch. Leipzig: Pansegrau, 1949.

Peter: Grundlagen der Textilveredlung. Wuppertal-Barmen: Spohr-Verlag, 1950.

Review of Textile Progress. Manchester: Textile Institute and Bradford: Society of Dyers & Colourists, 1950.

Thiebaut: Textiles. Paris: Dunod, 1950.

Weiss: Die Verwendung der Kunststoffe in der Textilveredlung. Wien: Springer, 1949.

Weiss: Spezial- und Hochveredlungsverfahren der Textilien aus Zellulose. Wien: Springer, 1951.

Vorbereitung.

Chwala: Textilhilfsmittel. Wien: Springer, 1939.

Jansen: Die Textilhilfsmittel. Krefeld: Verlag für Textilchemie, 1950.

Kind-Kind: Die Wäscherei. Stuttgart: Konradin, 1949.

Marsh: Mercerising. London: Chapman & Hall, 1941.

McCutcheon: Synthetic Detergents. New York: McNair-Dorland, 1950.
Niven: Fundamentals of Detergency. New York: Reinhold Publishing and London: Chapman & Hall, 1950.
Ramsthaler: Schlichterei. Stuttgart: Konradin, 1950.
Schwartz-Perry: Surface Active Agents. New York: Interscience Publishers, 1949.
Sisley: Index des Huiles Sulfonées et Detergents Modernes. Paris: Teintex, 1949.
Young-Coons: Surface Active Agents. New York: Chemical Publishing, 1945.

Kunststoffe.

Barron: Modern Plastics. London: Chapman & Hall, 1946.
Ellis: The Chemistry of Synthetic Resins. New York: Reinhold Publishing, 1949.
Frith-Tuckett: Linear Polymers. London: Longmans, 1951.
Gloag: Plastics and Industrial Designs. London: Allen & Unwin, 1945.
Houwink: Chemie und Technologie der Kunststoffe. Leipzig: Akad. Verlagsges., 1942.
Houwink: Elastomers and Plastomers. London: Cleaver Hume, 1949.
Kainer-Krčil: Handbuch der Polymerisationstechnik. Berlin: Springer, 1944.
Penn: High Polymeric Chemistry. London: Chapman & Hall, 1949.
Post: Silicones and other organic Silicon Compounds. New York: Reinhold Publishing, 1949.
Rächtling-Zeherowsky: Kunststofftaschenbuch. München: Hanser, 1950.
Ritchie: The Chemistry of Plastics and High Polymers. London: Cleaver-Hume, 1949.
Schack: A Manual of Plastics. Brooklyn: Chem. Publishing Co, 1951.
Schmidt-Marlies: Principles of High Polymer, Theory and Practice. New York: McGraw Hill, 1948.
Scheiber-Sändig: Chemie und Technologie der Kunstharze. Stuttgart: Wiss. Verlagsges., 1943.
Talet: Aminoplastes, 2. Auflage. Paris: Dunod, 1951.
Wakeman: Chemistry of Commercial Plastics. New York: Reinhold Publishing, 1947.

Prüfungsmethoden.

Clayton: Identification of Dyes on Textile Fibres. Bradford: Society of Dyers & Colourists, 1950.
Curtis: The Testing of Yarns and Fabrics. London: Pitman & Sons, 1948.
Garner: Textile Laboratory Manual. London: National Trade Press, 1949.
Hartsuch: Textile Chemistry in the Laboratory. New York: John Wiley & Sons, 1950.
Lomax: Textile Testing. London: Longmans, 1949.
Luniak: Die Unterscheidung der Textilfasern. Zürich: Leeman, 1949.
Preston: Modern Textile Microscopy. Manchester: Emmott, 1933.
Skinkle: Textile Testing. New York: Chemical Publishing, 1949.
Textiles and their Testing. London: H. M. Stationary Office, 1949
The Identification of Textile Materials. Manchester: Textile Institute, 1948.
Trotman: Textile Analysis. London: Griffin, 1948.
Zühlke: Analyse von Färbungen. Leipzig: Jänecke, 1937.

Allgemeines.

Deutscher Färber-Kalender 1951. Traunstein: Eder, 1951.
Fischer-Bobsien: Lexikon für die gesamte Textilveredlung und Grenzgebiete. Clausthal: Eigenverlag, 1950.
Goldberg: Fabric Defects. New York: McGraw Hill, 1950.
Hall: Standard Handbook of Textiles. London: National Trade Press, 1950.
Marsh: Textile Science. London: Chapman & Hall, 1948.
Robinson: Rayon Fabric Construction. London: Skinner, 1951.
The Mercury Dictionary of Textile Terms. Manchester: Textile Mercury, 1950.
Welford: The Textile Student's Manual. London: Pitman & Sons, 1950.

Zeitschriftenverzeichnis.

American Dyestuff Reporter	One Madison Avenue, New York 10, N. Y.
Angewandte Chemie	Verlag Chemie GmbH., Weinheim/Bergstr.
British Rayon & Silk Journal	Harlequin Press Company Ltd., Old Colony House, South King Street, Manchester 2.
Chemie-Ingenieur-Technik	Verlag Chemie GmbH., Weinheim/Bergstr.
De Tex	Enschede, Molenstr. 13.
Dyer, Textile Printer, Bleacher and Finisher	Heywood & Co. Ltd., Drury House, Russel Street, Drury Lane, London W. C. 2.
Industrial and Engineering Chemistry	1155 Sixteenth St., N. W., Washington 6, D. C.
Journal of the American Chemical Society	1155-16th Street, N. W., Washington 6, D. C.
Journal of the Society of Dyers and Colourists	32-34 Piccadilly, Bradford, Yorkshire.
Journal des Textiles	6, Avenue Pierre 1er de Serbie, Paris 16e.
Journal of the Textile Institute	16 St. Mary's Parsonage, Manchester 3.
Kunstseide und Zellwolle	H. Jentgen-Verlag KG., Berlin-Lichterfelde West.
Kunststoffe	Verlag Carl Hanser, München 27.
Makromolekulare Chemie	Verlag Karl Alber, Freiburg i. Breisgau; Verlag Wepf & Co., Basel.
Melliand Textilberichte	Verlag Melliand Textilberichte KG., Heidelberg, Ebertplatz 3.
Nature	MacMillan & Co., Ltd., St. Martin's Street, London W. C. 2.
Österreichische Chemiker-Zeitung	Springer-Verlag, Wien, I., Mölkerbastei 5.
Rayon and Synthetic Textiles	303 Fifth Avenue, New York 16, N. Y.
Rivista Tessile	Milano, viale Lunigiana 7.
Seifen, Öle, Fette, Wachse	Verlag für chemische Industrie, H. Ziolkowsky KG., Augsburg, Beethovenstr. 16.
Silk and Rayon	330, Gresham House, Old Broad Street, London E. C. 2.
Skinner's Silk & Rayon Record	Thomas Skinner & Co., Ltd., 44, Brazennose Street, Manchester 2.
Teintex, Revue générale des matières colorantes	60, Rue Richelieu, Paris 2°.

Textile Industries	W. R. C. Smith Publishing Company, 806 Peachtree St. N. E., Atlanta 5, Georgia.
Textile Manufacturer	Emmont and Co., Ltd., 31 King Str. W., Manchester.
Textile Mercury and Argus	41 Spring Gardens, Manchester.
Textil Praxis	Konradin-Verlag, Stuttgart.
Textile Recorder	Harlequin Press Company Ltd., Old Colony House, South King Street, Manchester 2.
Textile Research Journal	10 East 40th Street, New York 16, N. Y.
Textil-Revue	Zürich 2, Glärnischstraße 29.
Textil-Rundschau	Zollikofer & Co., St. Gallen.
Textile World	Mc Graw-Hill Publishing Co., Inc., 330 W. 42nd Street, New York 18, N. Y.
Wool Review	British-Continental Trade Press, Ltd., 222 Strand, London W. C. 2.
Wool Science Review	International Wool Secretariat, 18/20, Regent Street, London S. W. 1.

Verzeichnis neuerer, im vorliegenden Buch nicht näher behandelter Kunstfasern.

a) Superpolyamidfaser aus ε-Caprolactam (vgl. S. 79/80).

Enkalon (Enka).
Grilon (Schweiz).
Phrilon (Phrix).
Steelon (Polen).
Silon (Bata).
Amilan (USA).

b) Polyvinylderivate.

α) Polyvinylchlorid (vgl. S. 67)

Rhovyl	(unchlorierte PVC-Faser).	Rhodiaceta
Thermovyl	(getemperte Faser aus unchloriertem PVC).	
Fibrovyl	(Stapelfaser aus unchloriertem PVC).	

β) Polyvinylacetal (vgl. S. 75)

Vinylon (Japan).

γ) Co-Polymere aus Vinylchlorid und Vinylacetat, bzw. aus Vinylchlorid und Acrylnitril (vgl. S. 71)

Dynel (USA) Stapelfaser aus Vinyon N.
Vinyon HH (USA) Stapelfaser aus Vinyon N.
Vinyon ST (USA) Co-Polymer aus 90% Chlorid und 10% Acetat.
Vinyon N (USA) Co-Polymer aus 60% Chlorid und 40% Acetat.

c) Polyacrylfaser.

Acrylan (früher Chemstrand) USA.
Co-Polymerisat aus Acrylnitrit und Acrylsäure.

Berichtigungen.

Es ist zu lesen:

S. XX: Vinyon E statt Vinyon N.

S. 7: AP 2287099 statt AP 2287090.

S. 8: AP 2434562 statt AP 2435562.

S. 8: Der Untertitel: Native Cellulose und Regeneratcellulose ist um zwei Zeilen vor „Sanforisieren“ bzw. „Rigmel-Prozeß“ höher zu rücken.

S. 14 (Fußnote): Shapiro statt Schapiro.

S. 14: Wollformel:
Cystindisulfidbrücke:

$$\rangle CHCH_2—S—S—CH_2CH \langle \quad \text{statt} \quad \rangle CH_2CH_2—S—S—CH_2CH_2 \langle .$$

Salzbindung:

$$\rangle CH—R—CO\overset{-}{O} \ldots \overset{+}{H_3}N—R—CH \langle \quad \text{statt} \quad \rangle CH—R—CO\overset{+}{O} \ldots \overset{-}{H_3}N—R—CH \langle .$$

S. 19: Formel von α-Keratin:

$$\text{Lactim} \rightleftarrows \text{Lactam} \quad \text{statt} \quad \text{Lactim} \overset{H_2O}{\rightleftarrows} \text{Lactam}.$$

S. 21, Z. 8 v. o.: AP 2326021 statt AP 2326061.

S. 22, Z. 7 v. o. (in der Reaktionsgleichung):
2 H_2O statt H_2O.

S. 33, Z. 13 v. u.: ... Caseinlösung erfolgt mit ... statt ... Caseinlösung mit ...

S. 34, Z. 12 v. u.: 30% statt 30.

S. 39: AP 2364035 statt 2364053.

S. 42, Z. 21 v. o.: ... Eisensalzen und Ferricyanid ... statt ... Eisensalzen ...

S. 54: AP 2440094 Rayon statt Rubber.

S. 55, Z. 4 v. u.: etwas statt entwas.

S. 60, Formel in AP 2460377:

$$\begin{matrix} Cl\,C_6H_4 \\ Cl\,C_6H_4 \end{matrix} \rangle CH—CCl_3 \quad \text{statt} \quad \begin{matrix} Cl\,C_6H_4 \\ Cl\,C_4H_6 \end{matrix} \rangle CH—CCl_3$$

S. 61, Z. 20 v. u.: Verbindung statt Verbindungen.

S. 62: AP 2147594 statt AP 2137594.

S. 65: EP 576101 statt EP 567101.

S. 80, Formelbild für ε-Caprolaktam:

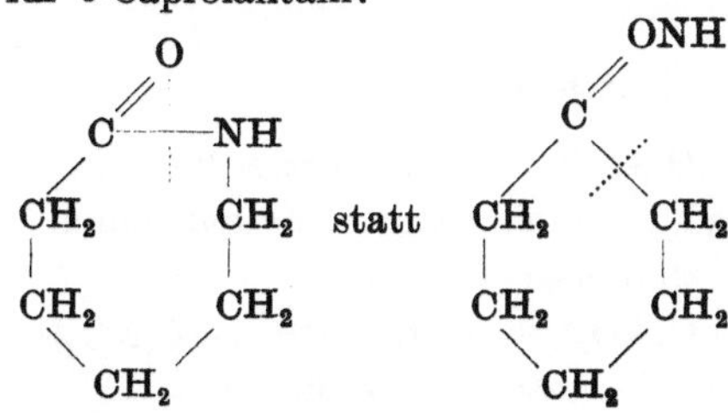

S. 86: DP 745029 statt DP 754029.

S. 88: DP 727736 statt DP 727735.

S. 97:

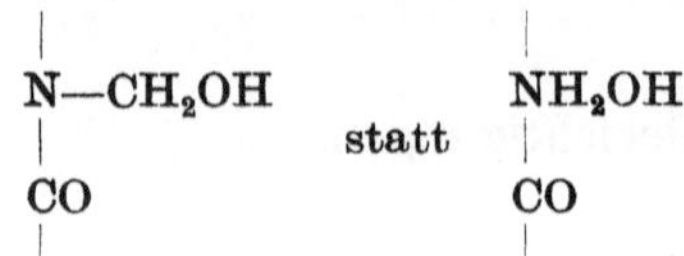

S. 106: AP 2295593 statt AP 2295590.

S. 110, Z. 15 v. u.: Polyhexamethylendiaminadipate statt Polyhexamethylenadipate.

S. 110, Z. 9 v. u. und Fußnote 135: Dickson statt Dixon.

S. 113, Z. 18 und 22 v. u.: Dickson statt Dixon.

S. 117, Z. 9 v. o.: somit statt sonst.

S. 120 (Formelbild): $—(CH_2)_n—$ statt $—(CH_2)_2—$.

S. 129: AP 2521340 statt AP 2521344.

S. 129, Z. 18 v. o.: pH über 7 statt pH unter 7.

S. 141, Z. 25 v. o.: Bis-amino- statt Bis-amine-.

S. 151, Z. 8 v. o.: aminostilben-2,2- statt amino-2,2'-.

S. 151:

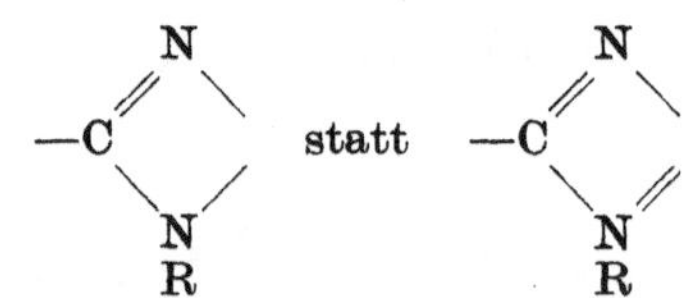

S. 160, Z. 23 v. u.: Verkochens statt Vorkochens.

S. 168: DP 674800 statt DP 674810.

S. 171, Z. 20 v. o.: ... Lanasetverfahren und mit ... statt ... Lanasetverfahren mit ...

S. 184 (Tabelle), Spalte 5 von links:
1. Zeile: blaugrau statt blaugrün.
2. Zeile: graublau statt grünblau.

S. 191: DP 739750 statt DP 739759.

S. 197, Z. 14 v. o.: Acetatseidenfarben statt Acetatseidenfasern.

S. 225: EP 593008 ICI statt EP 593008 IG.

S. 229, Z. 7 v. u.: ... in letzterer Zeit ... ist zu streichen.

S. 243: DP 720413 statt DP 720415.

S. 277, Z. 15 v. u.: 1,4-Dibrombuten-2,3 statt 1,4-Buten-2,3.

S. 301, Z. 23 v. o.: (HCOOH) statt (HCCOH).

S. 346, Z. 3 v. u.: Polyvinylacetal statt Polyvinyläther.

S. 358, Z. 4 v. o.: Dimethylolharnstoff statt Dimethylol.

S. 365, Z. 4 v. o.: NaOH statt NaON.

S. 369, Z. 16 v. o.: Viskosefasern statt Viskose.

S. 392, Z. 5 v. u.: Methylolmelaminen statt Methylolaminen.

S. 440, Z. 5 v. u.: Alkoholate statt Alkohole.

S. 502, S. 507: Montclair statt Montclear.

S. 520 (Formelbild): Als SO—NH ... ist zu streichen.

S. 522, Z. 2 v. u.: Methylolmelamin statt Methylolamin.

S. 538: Montclair statt Montclear.

S. 550, Z. 3 v. o.: $(CH_3)_2C(NO_2)—$ statt $(CH_3)_2—C(NO_2)—$.

S. 619, Z. 3 v. o.: Texproof statt Teeproof.

Übersichtstabellen.

Tab. 1. *Die wichtigsten Nativ- und Kunstfasern**.

	Wolle	Seide	Baumwolle	Kunstseiden				Casein-fasern	Alginfasern	PC-Fasern	Vinyon	Nylon
				Nitroseide	Kupferseide	Viscose	Acetatseide					
Polym.-Grad	?	2500	750 – 1200	170	400 – 500	300 – 400	200 – 300	gering	gering	200 – 300	250	250
Elastizität	hochelast.	elastisch	gering elast.	kaum elast.	kaum elast.	kaum elast.	elastisch	kaum elast.	kaum elast.	gut elast.	gut elast.	hoch elast.
Thermoplastisch	nein	nein	nein	nein	nein	nein	ja	—	nein	ja	ja	ja
Reißfestigkeit g/den (im Mittel)	1,5	3,4	2,4	1,3	1,8	1,6	1,4	0,6 – 1,0	gering	2 – 5,0	2,5 – 4,0	4,2
Naßreißfestigkeit in % v. o.	80 – 90	75 – 85	105 – 120	45	55 – 60	45 – 50	60 – 70	25 – 35	20 – 30	90 – 100	90 – 100	85 – 90
Bruchdehnung in % (im Mittel)	45	25	10	15	20	25	30	50	?	35	20 – 25	25
Wasseraufnahme bei 65% rel. Feucht.	15%	12%	11%	12 – 15%	10 – 15%	12 – 15%	6%	20%	45%	zirka 0,5% (praktisch null)	zirka 0,5% (praktisch null)	3 – 4%
Quellbarkeit in Wasser	ja	ja	ja	stark	stark	stark	wenig	ja	stark	kaum	kaum	kaum
Brennbarkeit	schmilzt u. verkohlt	schmilzt u. verkohlt	brennt	brennt	brennt	brennt	schmilzt u. verkohlt	schmilzt u. verkohlt	verkohlt brennt nicht	schmilzt unverbrenn-bar	schmilzt unverbrenn-bar	schmilzt u. verkohlt
Färbbar in der Hauptsache mit Farbstoffen	sauren Chrom direkten — — —	sauren — direkten — — —	— — direkten Schwefel- Küpen- —	— — direkten Schwefel- Küpen- —	— — direkten Schwefel- Küpen- —	— — direkten Schwefel- Küpen- —	— — — — — Acetatseide	sauren — — — — —	sauren — direkten — — —	— — — mit Quellmittel und Acetatseide	— — — mit Quellmittel und Acetatseide	sauren (Chrom) direkten — — Acetatseide
Fixierung vor dem Färben notwend.	in der Regel ja	—	—	—	—	—	—	—	—	unbedingt ja	unbedingt ja	unbedingt ja
Ohne Behandlung bakterienfest	nein	nein	nein	nein	nein	nein	nein	nein	nein	ja	ja	ja
Mottenfest	nein	ja	ja	ja	ja	ja	ja	ja	ja	ja	ja	ja

* Die Zahlenangaben beziehen sich auf von verschiedenen Autoren durchgeführte Messungen. — Über die entsprechenden Eigenschaften der Orlon-(Polyacrylnitril-)faser vgl. S. 114.

Tab. 2. *Trocken- und Naßfestig-*

Material	Spez. Gew.	Trockenfestigkeit in g/den nach							
		Scheiber-Sändig	Fahl-Voith	Kunststoffe	Barron	Trotman	Houwink	div. Literatur	Marsh
Wolle	1,32	1,50	1,56	1,40					1—1,7
Seide	1,25	5,80*	3,00*		3,60*	4,0*			2,9—4,9
Baumwolle ..	1,52	2,35	2,40	3,20				2,1—2,6	3,0—6,0
Caseinfaser ..	1,30		0,9						0,6—1,0
Sojabohnen-eiweißfaser	1,31							0,6—0,7	
Viscose	1,52		1,70		1,00	1,60	1,3		1,7—2,4
Viscose, hochfest	1,52	3,60	3—4,0			3,60	3,0		3,4—4,6
Kupferseide..	1,52		1,8						1,6—2,3
Acetatseide ..	1,33		1,30		0,85	1,3—1,5			1,2—1,7
PC-Faser	1,32		5,00	2,00					
Vinyon	1,33	4,25			1—4,0	4,5—5,5			2—4,4
Vinyon N ...	1,31							3,5—5,0	
Nylon	1,14					5,0		4,5—7,5 4,20	4,5—6,5
Saran								4,0—6,0 3,00	
Glasfaser	2,54							6,5	

* Nach den Gütenormen für Seide soll deren Trockenfestigkeit mindestens das liegen. — Hinsichtlich Orlon gelten die Werte: spez. Gewicht 1,17; Reißfestigkeit

keiten verschiedener Textilfasern.

Naßfestigkeit in % d. Trockenf. nach		Trockendehnung in Prozent nach						Naßdehnung in Prozent nach		
Marsh	Fahl-Voith	Scheiber-Sändig	Marsh	Marsh	Trotman	Barron	Kunststoffe	Marsh	Marsh	Houwink
80—90	78	41,4	70	50			43	30	29	
75—85	80	21,5	27*	20*	12—25*	26*		14	13	
105—120	110	16,0	10,0	7,0			13,0	7	5	
25—35	50		100	50				50	100	
45—55	45	13,1	30,0	20,0	15—25	25,0		16	15	8—45
60—70			18,0	9,0	8—13			19	9	
55—60	60		17,0					10		
60—70	60		30,0	30,0	22—27	36		20	23	
	100						35			
	100			35			15	14		
							12—30			
85—90		16,2	30	22	13—20			20	18	
						18—25	20—30			

Dreifache des Titers (3 × den) betragen (3—4,5); die Dehnung soll zwischen 18—22%
4—6,5 g/den; Dehnung 15% (trocken und naß).

Tab. 3. *Nylon-*

Effekt	Verfahren
Fixieren (Antischrumpfbehandlung)	„Presetting"-, „Preforming"-Prozeß. Behandlung mit Dampf bei 120° C oder kochendem Wasser in gestrecktem Zustand.
Verbesserung der Widerstandsfähigkeit	1. Formaldehydbehandlung. 2. Schwefelung. 3. Kunstharzeinlagerung. 4. Lichtechtheitsverbesserung mit Mangansalzen.
Wollaspekt	Mechanisch-physikalische Methoden.
Konditionieren und Ölen	Normale Methoden. Antistatische Präparationen.
Schlichten	Behandlung mit Polyvinylalkohol, gegebenenfalls nach Vorbeize mit Tannin oder mit hydrolys. Polyvinylacetat (Haftfestigkeitsverbesserung).
Bleichen	Chloritbäder ($NaClO_2$), Wasserstoffsuperoxyd.
Färben	Mit Acetatseiden- und sauren Farbstoffen (eventuell Chromfarben). Dunkle Töne mit diazotierten Acetatseidenfarbstoffen. Gegebenenfalls Zusatz von Quellmittel.
Affinitätserhöhung	Zusätze zur Spinnmasse, z. B.: Chitin, Protein, Resole u. dgl. Zusatz von N-methylpolytriglykoladipamid u. a.
Mattieren	1. In der Spinnmasse mit Titandioxyd. 2. Auf der Faser mit Pigmenten.
Hydrophobieren	1. Mit Velan oder Zelan. 2. Mit Resolen.
Transparentieren	Mit Kalziumchlorid und Glycerin.
Weichmachen	Durch Zusätze zur Spinnmasse oder durch nachträgliche Behandlung.

veredlung.

Abschnitt	Wichtigere Patente
1 6	AP 2307846 AP 2157117
1 5	1. DP 747435, FP 919718, FP 886211, EP 582522, AP 2430953, AP 2430860 2. EP 587446 3. FP 921696, FP 920728 4. DP 737943
1	SP 232574, HollP 58768, AP 2287090
6	
6	FP 923847, EP 583912, EP 582641 AP 2411322, AP 2406749 u. a., AP 2317798 AP 2300074
2	AP 2260367
3	SP 236592 u. a.
1 3	AP 2339257, AP 2339237, AP 2277486, AP 2264293
1 5	1. FP 921975, EP 504715 u. a., AP 2278878 2. FP 877926, 877923, EP 582641
5	1. EP 577733, EP 577433, AP 2216406 2. AP 2378667
1	EP 574455
1 5	DP 732172, FP 918336, EP 574488 AP 2216835 u. a.

Tab. 4. *Quellfest- und Schrumpfechtausrüstung. Verringerung des Filzvermögens (Wolle).*

Prinzip	Verfahren	Z. B. Patente
	Wolle	
Überziehen der Schuppenschichte des Haares mit einem Film von Polymeren	Behandlung mit Anhydrocarboglycin	EP 567501
Lockerung der Schuppenschichte des Haares durch Chloren der Wolle	1. Negafel-Prozeß 2. Hypak-Verfahren 3. Proton-Verfahren 4. Drisol-Prozeß	EP 537671 AP 2427097 EP 464503
Entfernung der Schuppenschichte durch Enzyme	1. Bisulfit-Papain-Behandlung 2. Chlorzym-Verfahren (Chloren, dann Papainbehandlung) 3. Perzym-Prozeß (Behandlung mit Peroxyd, dann mit Papain)	AP 2322313 EP 546915
Bildung von Methylenbrücken zwischen den Molekülketten	Sanforset G-Prozeß (Aldehydbehandlung)	EP 585679, 538665
Sprengung der Cystinbrücken	1. Mit alkoholischen Laugen a) Freney Lipson b) Hall-Wood 2. Mit Sulfiden oder Merkaptanen 3. Mit Thioglykolsäure u. Polyhalogeniden 4. Mit Sulfoxylat u. Polyhalogeniden 5. Mit Sulfit und Stannochlorid	 EP 538428, AP 2395791 EP 538711, EP 592880 EP 572041, EP 539057 AP 2418071, AP 2435562 EP 541965
Kunstharzeinlagerung in die Faser	1. Resloom-Verfahren 2. Lanaset-Prozeß 3. Mit versch. Polymeren 4. Mit Organosiliziumverbindungen	EP 562977 AP 2329622 FP 911855, EP 575264 EP 559787, EP 594900
Mechanisch-physikalisch	Sanforisieren, Rigmel-Prozeß	
	Native Cellulose und Regeneratcellulose	
Bildung von Methylenbrücken zwischen den Molekülketten	Aldehydbehandlung: 1. Sthénosieren 2. Zehlendorf F-Verfahren 3. Waschtreu-Verfahren 4. BR_1-Prozeß 5. Sanforset G-Verfahren	 EP 581418, EP 556337 EP 585679 EP 586598, EP 538665
Einlagerung von Kunstharz in die Faser	1. Kaurit-Formaldehyd FK-Schubert-Verfahren 2. Waschtreu-Verfahren 3. Resloom-Prozeß 4. Melaminharzeinlagerung	 EP 562977
Abwechselnde Behandlung mit Alkalien und Säuren	Definized-Prozeß	
Mechanisch-physikalisch	Sanforisieren Rigmel-Prozeß	

Tab. 5. *Appreturbehandlungen mit mehrfachen Effekten.*

Behandlungsmittel	Weicher Griff	Knitterfest (KS, BW)	Schrumpfecht (W)	Quellfest (KS, BW)	Hydrophob	Tragecht	Permanentappret	Steife (KS, BW)	Transparent	Schiebefest	Fäulnisfest	Mottenfest (W)	Animalisieren (KS, BW)	Erhöhung der Affinität zu Farbstoffen	Erhöhung der Naßechtheit von Direktfärbungen (KS, BW)	Affinitätsverminderung zu Farbstoffen
Formaldehyd		+	+	+												+
Formaldehyd + Appreturmittel		+	+	+			+	+								+
Quarternäre Basen	+				+		+						+		+	
Kunstharz (Aminoplaste)		+	+	+			+	+	+	+	+	+	+		+	
Polysiloxane			+		+		+			+						+
Chloren			+									+		+		
NaOH-Alkohol			+									+				
Pergamentierung								+	+							+
Lösungen von Cellulose und Cellulosederivaten					+	+	+		+							
Kunststoffbeschichtung					+	+	+	+		(+)	+					
	Appretureffekte										Andere Wirkungen					

Die Tabelle dient nur zur ungefähren Orientierung, welche wichtigen Effekte bei der Behandlung von Textilien mit bestimmten Mitteln auftreten können, aber nicht müssen. Es ist daher beim Nachschlagen nur auf die entsprechende Behandlungsweise oder den gesuchten Effekt zu achten.

Tab. 6. *Faser-*

Material	Farbreaktion	Löslich-			
	Neocarmin W	NaOH 20%ig	KOH 5%ig	H_2SO_4 60%ig	HCl (1:1) —
Wolle	leuchtend gelb	+	+	—	—
Seide	entbastet: altgold, sonst dkl.-schwarzgrün		—	80%ig +	konz. +
Caseinfaser	tieforange	teilweise +	teilweise +		
Baumwolle merc.	tiefblau	—	—	+	
Baumwolle nicht merc.	hellblau	—	—	+	
Viscose	weinrot	Quellung	—	+	
Kupferseide	tiefblau	Quellung	—	+	
Nitroseide	lila	Quellung	—	+	
Acetatseide	gelbgrün	Verseifung		+ unter Gelbfärbung	konz. +
PC-Faser	?	—	—	—	—
Vinyon	?	—	—	—	—
Vinyon N	?	—	—	—	—
Nylon	mittelgrün	+	—	+	+

+ = gelöst, — = resistent.

nachweis.

keit in							Lumineszenz unter der Uviol-Lampe
CH_3COOH heiß	HCOOH	Phenol oder Xylol	Cuoxam	$Ca(CNS)_2$ $d = 1,2$	$Ca(CNS)_2$ $d = 1,36$	Aceton	
—	—	—	—	—	—	—	hellbläulichweiß
—	—	—	—	+	—	—	hellbläulichweiß
—	—	—	—			—	bläulichweiß
—	—	—	—	—	—	—	hellgelblichweiß bis braun
—	—	—	+	—	—	—	hellgelblichweiß bis braun
—	—	—	+	—	+	—	schwefelgelb
—	—	—	+	—	+	—	rötlichweiß
—	—	—	+	—	+	—	fleischfarben-gelblich-braun
—	—	Phenol 90%ig +				+	bläulichviolett
—	—	Xylol +	—	—	—		matt blaugrün
—	—	—	—	—	—	+	hell bläulichgrün
—	—	—	—	—	—	+	?
+	+	90%ig Phenol od. Xylol +	—	—	—	—	?

Erster Abschnitt.

Die künstlichen Fasern.

Sowohl die nativen Fasern, wie Baumwolle und Wolle, als auch die künstlich hergestellten Faserstoffe sind hochpolymer und zeigen in ihrer Molekularstruktur langkettige, fadenförmige Gebilde, die mehr oder weniger parallel zueinander liegen, bzw. in der Richtung der Faserachse orientiert sind. Die gleichgerichteten Molekülketten bilden die sogenannten kristallinen Bereiche, welche mittels Röntgendiagramms nachweisbar sind. Außer derartigen Stellen enthält die Faser auch amorphe Anteile, in welchen die Fadenmoleküle regellos angeordnet sind. Nach neueren Anschauungen ist die Wasseraufnahmefähigkeit durch den Umfang derartiger amorpher Bereiche bestimmt. Wolle, welche in ausgedehntem Maße amorphe Struktur zeigt, besitzt eine größere Wasseraufnahmsfähigkeit als Seide, die strukturell ausgeprägt kristallin ist.

Die Orientierung der Moleküle, also der Grad ihrer Ausrichtung in der Faserachse, bedingt weitgehend die mechanischen Eigenschaften, insbesondere die Festigkeit. Diese Molekularorientierung kann durch äußere Einflüsse, wie etwa die Streckung gesponnener Fäden unmittelbar bei deren Fällung im Koagulationsbade oder nach der Verdüsung aus der Schmelze, wesentlich erhöht werden, wobei die Streckoperation den Faden auf das Mehrfache seiner ursprünglichen Länge dehnt.

Neben der linearen Orientierung der Molekülketten ist für die Faserfestigkeit auch der Polymerisationsgrad von Bedeutung. Je länger die Molekülketten innerhalb der Textilfasern sind, einen desto größeren Widerstand vermögen sie gegenüber einer Zerreißung ihres Verbandes zu leisten. Da die Fadenmoleküle untereinander verschiedene Längen aufweisen, ist als Maßstab für den Polymerisationsgrad die Häufigkeitsverteilung der einzelnen Längenmaße (das Kettenstapeldiagramm) von Belang. Große Mengen kurzkettiger Hemicellulosen setzen z. B. die Festigkeit der Baumwollfaser wesentlich herab. Bei künstlichen Fäden wird die Festigkeit derselben, soweit sie aus Lösungsmitteln gesponnen werden, durch letzteres bzw. den Dispersionsgrad der fadenbildenden Substanz im Lösungsmittel beeinflußt. So zeigen Viskosefäden aus Cellulosexanthogenatlösungen verschiedener Alkalität auch verschiedene Festigkeitswerte. Feiner dispergierte (molekulare) Lösungen führen zu festeren Kunstseidenfäden als grobdisperse (micellare). Nitroseide, die aus Acetonlösung gesponnen wird, ist von geringerer Festigkeit, als wenn Alkohol-Äthermischungen Anwendung finden.

Angaben über den Polymerisationsgrad von Natur- und Kunststoffen sind nach Mark[1] aus folgender Tabelle ersichtlich:

---

[1] Mark: Österr. Chemiker-Ztg. **48**, 147 (1947).

	Molekulargewicht	Polymerisationsgrad	
Baumwollcellulose	1600000	10000	
Kunstseidencellulose	80000—100000	500—1000	
Acetatseide	80000—140000	300—500	
Polyvinylchlorid	100000—200000	1500—3000	nicht in Faserform
Saran (Polyvinylidenchlorid)	100000—300000	1000—3000	nicht in Faserform
Polystyrol	100000—300000	1000—3000	nicht in Faserform
Polymethylmethacrylat	100000—200000	800—1000	nicht in Faserform
Protein in Naturseide	150000	2500	
Nylon	25000	250	

Die Faserfestigkeit wird schließlich auch noch vom Vorhandensein von Querverbindungen zwischen den einzelnen Molekülketten bestimmt. Derartige Brückenbindungen sind in der Wolle z. B. als Cystindisulfidbrücken bekannt. Querverbindungen können aber auch künstlich, durch chemische Einflüsse, gebildet werden. Sie entstehen z. B. in der Baumwollfaser durch Einwirkung von Formaldehyd, ein Vorgang, der später bei der Modifikation der Naturfasern noch näher zu besprechen sein wird.

Neben derartigen Brückenbindungen sind auch solche sekundärer Art (z. B. durch Nebenvalenzbindung) vorhanden. Sie bewirken ebenfalls eine Erhöhung der Festigkeit bzw. eine gewisse Stabilität des Molekülkettenverbandes. Bei ihrem Fehlen oder bei schwacher Ausbildung solcher Bindungen kann unter dem Einfluß von Wärme oder Plastifizierungsmitteln eine Verschiebung der Ketten eintreten, ein Vorgang, der z. B. bei gewissen künstlichen Fasern die Thermoplastizität derselben bewirkt.

Was zunächst die Struktur der nichtmodifizierten nativen Fasern anlangt, so ist das Folgende zu bemerken:

Bei der Wolle sind die einzelnen Molekülketten außer durch die bereits genannten Disulfidbrücken des Cystinrestes durch die sogenannten Salzbindungen und H...H-Bindungen verbunden. Die Wollfaser ist, da derartige sekundäre Salzbindungen und H...H-Bindungen zahlreich auftreten, nicht thermoplastisch. Das gleiche gilt von der Seide, bei welcher Peptidbindungen zwischen den NH- und CO-Gruppen benachbarter Molekülketten der Faser ein gewisses molekulares Gerüst geben[2].

Wolle[3].

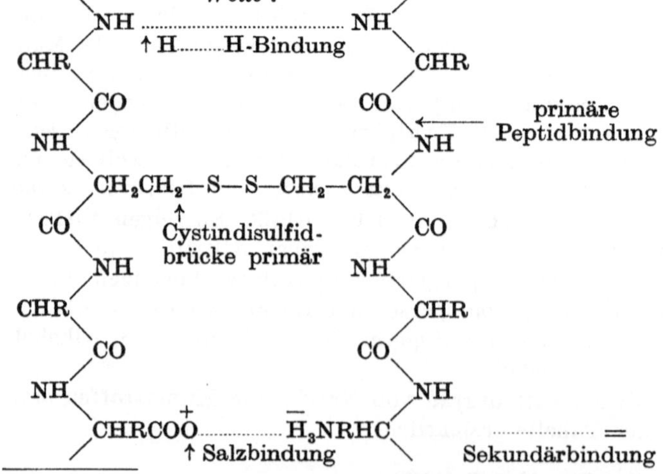

NH .... NH
↑ H........H-Bindung
CHR CHR
CO CO ←—— primäre Peptidbindung
NH NH
CH_2CH_2—S—S—CH_2—CH_2
CO ↑ Cystindisulfidbrücke primär CO
NH NH
CHR CHR
CO CO
NH NH
$\overset{+}{\text{CHRCOO}}$ .... $\overset{-}{\text{H}_3\text{NRHC}}$
↑ Salzbindung

.... = Sekundärbindung

Seide.

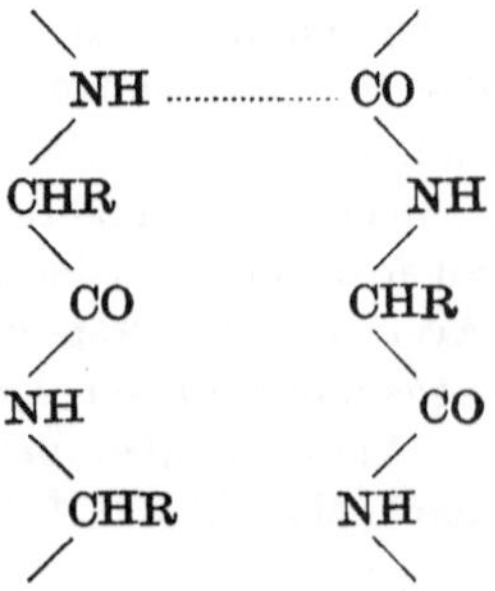

NH .... CO
CHR NH
CO CHR
NH CO
CHR NH

[2] Mellon, Korn, Hoover: Amer. Dyestuff Reporter **36**, 234 (1947).
[3] Schapiro: Amer. Dyestuff Reporter **37**, 376 (1948).

Bei der Baumwolle, einer ebenfalls nicht thermoplastischen Faser, treten Sekundärbindungen zwischen den OH-Gruppen der Molekülketten auf. Die Acetatseide, bei welcher die OH-Gruppen des Cellobioserestes blockiert sind, besitzt derartige Bindungen zwischen den Molekülketten nur in jenem verringerten Umfange, als noch freie, unveresterte OH-Gruppen anwesend sind. Die Faser zeigt daher eine ausgeprägte Thermoplastizität. Dieselben wenigen Sekundärbindungen finden wir bei der Polyamidfaser, obwohl dieselbe eine der Seide ganz ähnliche Kettenstruktur besitzt. Wenn auch der hohe Schmelzpunkt der Faser darauf hinweist, daß Querbindungen zwischen den einzelnen Molekülketten vorhanden sind, ist ihre Anzahl doch nicht groß genug, um eine Thermoplastizität des Polyamidfadens zu verhindern.

Baumwolle (nach Marsh[4]).

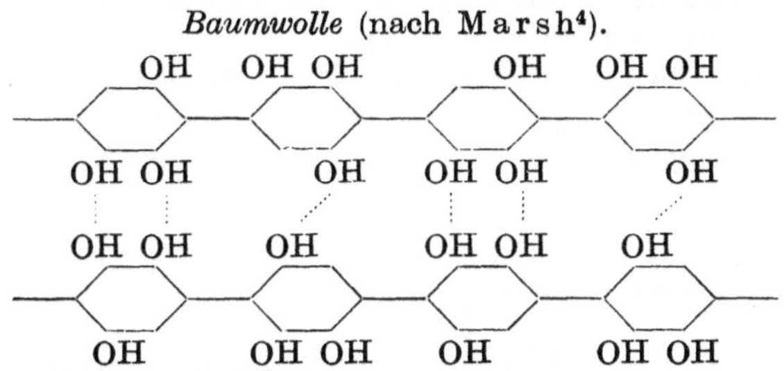

Über die Eigenschaften der Textilfasern geben zahlreiche Untersuchungen Aufschluß. Eine Reihe von Bestimmungen der Festigkeit, der Faserdehnung usw. ergab eine große Anzahl von Werten, die leider oft sehr widersprechend sind. Abgesehen davon, daß bei derartigen Untersuchungen die verwendete Apparatur, der Faserdurchmesser, das Material, die Luftfeuchtigkeit usw. kaum angegeben werden und daher ein unmittelbarer Vergleich der erhaltenen Werte nicht möglich ist, sind Festigkeitsangaben in kg/qcm mit solchen in g/den ebenfalls nicht direkt vergleichbar, da hier das spezifische Gewicht der untersuchten Faserart eine wesentliche Rolle spielt.

Einige der neuesten Maßzahlen über verschiedene interessierende Eigenschaften der Textilrohstoffe sind im folgenden angegeben.

Für die spezifischen Gewichte von Textilfasern nennt Marsh[5] beispielsweise folgende Werte:

Baumwolle	1,52	Viskose	1,52
Wolle	1,32	Acetatseide	1,33
Rohseide	1,33	Nylon	1,14
Seide, entbastet	1,25		

An anderer Stelle[6] werden die spezifischen Gewichte von Fasern wie folgt genannt:

Viskose 1,52, Kupferseide 1,52, Acetatseide 1,33, Nylon 1,14, Vinyon 1,33, Caseinfaser 1,30, Seide 1,25, Alginatfaser 1,75, Glasfaser 2,7.

Es ist daraus zu erkennen, daß Nylon das geringste spezifische Gewicht unter allen Textilmaterialien aufweist, ein Umstand, der für gewisse Verwendungszwecke von ausschlaggebender Bedeutung ist.

Marsh gibt den Faserdurchmesser von nativen und künstlichen Faserstoffen in μ wie nachstehend an:

[4] Marsh: Textile Science, Chapman & Hall, London 1948.

[5] Marsh: loc. cit. **1948**; vgl. a. Matthews, Textile fibres **1947**.

[6] Brit. Rayon Manual **1947**; s. a. Driesch: Synthetische Fasern, in: Melliand Textilber. **28**, 73 (1947).

Wolle 18—40 μ, feine Wolle 15—25 μ, Kamelhaar 18 μ, Kaschmirziegenhaar 13 μ, Hasenhaar 12 μ, Baumwolle 15—20 μ, Naturseide 9—12 μ, Kunstseide 14—40 μ je nach Denier.

Eine andere Quelle[6] bringt hierfür folgende Werte:

Viskose	11—34 μ	Nylon	10—30 μ	Fortisan	10—20 μ
Kupferseide	10—30 μ	Vinyon	10—20 μ	Tenasco	10—25 μ
Acetatseide	14—52 μ	Casein	15—35 μ	Seide	12—24 μ

Die Deckfähigkeit der einzelnen Fasern, ein für die Webtechnik wichtiger Faktor, ist nicht nur vom Faserdurchmesser, sondern auch vom spezifischen Gewicht abhängig. Für einen Faden von 10 Denier beträgt z. B der Faserdurchmesser (als Maß der Deckfähigkeit) bei Viskoseseide 30,5 μ. Acetatseide 32,6 μ, Nylon 35,2 μ und Glasfasern 23,8 μ.

Hinsichtlich der Faserfestigkeit, ihrer Abhängigkeit von der relativen Feuchtigkeit, dem Festigkeitsunterschied zwischen nassen und trockenen Textilfasern und der Bruchdehnung sollen folgende Werte (nach Marsh) angeführt werden:

Bruchlast in 1000 kg/cm² in Abhängigkeit von der relativen Feuchtigkeit.

	0%	50%	70%	100%
	relative Feuchtigkeit			
Baumwolle	2,89	4,12	3,78	7,81
Wolle	1,45 (?)	1,47 (?)	1,09 (?)	1,66 (?)
Seide	3,56	4,23	3,78	5,19
Viskose	1,56	0,82	0,90	0,50

Reißfestigkeit in g/den im trockenen Zustande (nach Scheiber-Saendig)[7].

	Titer	Reißfestigkeit	Bruchdehnung
Wolle	5,50	1,50	41,4
Baumwolle	1,40	2,35	16,0
Seide	1,25	5,80	21,5
Viskose	1,85	3,60	13,1
Nylon	3,20	4,25	16,2

Davon außerordentlich stark abweichende Werte werden von Marsh angegeben.

Bruchdehnung nach Marsh[8] *in* Prozent.

	Naß	Trocken
Wolle	30	70—100
Baumwolle	7	10
Viskose	15	30
Viskose, hochfest bzw. hochorientiert	9	18
Kupferseide	10	17
Acetatseide	20	30
Naturseide	14	27
Nylon	20	30
Vinyon	14	35
Lanital	50	100
Glasfaser	1—2	1—2

[7] Scheiber-Saendig: Chemie und Technologie der künstlichen Harze **1943**. — Der Reißfestigkeitswert für Viskose gilt für hochfeste Erzeugnisse.

[8] Marsh: Textile Science **1948**, 93/94; Textile Finishing **1947**.

Die Naßfestigkeit in Prozent der Trockenfestigkeit beträgt nach Marsh[8]: Wolle 80—90%, Baumwolle 105—120%, Viskose 45—55%, Viskose, hochfest 60—70%, Kupferseide 55—60%, Acetatseide 60—70%, Naturseide 75—85%, Nylon 85—90%, Lanital 25—35%.

Andere Angaben[9] sind aus folgender Tabelle ersichtlich:

	Reißfestigkeit in g/den	Bruchdehnung in Prozent
Seide	3—5	20—30
Viskose	1,8—2,4	19
Durafil	5,5	7
Kupferseide	1,6—2,3	14
Acetatseide	1,2—1,8	30
Caseinfaser	0,8—1,0	30—80
Nylon	4,5—4,8	16—21
Vinyon	3—4	15
Alginfaser	2,0	12
Saran	4—6	20—30
Glas	6,5	2

Das Verhältnis von Trocken- und Naßfestigkeit wird an derselben Stelle wie folgt genannt:

Seide	75—85%	Nylon	85—90%
Viskose	50%	Vinyon	100%
Durafil	75%	Glasfaser	90%
Kupferseide	55—60%	Alginfaser	25%
Acetatseide	60—70%	Caseinfaser	30%

Patente von Paggnacco schützen eine Apparatur, welche gleichzeitig und selbsttätig in 70 Testen die Reißfestigkeit und Dehnung von Garnen prüft und aufzeichnet. Der mittlere Wert für die ermittelten Reißfestigkeiten wird ebenfalls maschinell aufgezeichnet[10].

Über die Wasseraufnahme durch verschiedene Textilfasern orientieren die nachstehenden Werte:

Wasseraufnahme von Textilfasern nach Matthews *in Prozent bei 20° C*[11].

Relative Feuchtigkeit in Prozent	Baumwolle	Wolle	Seide	Viskose	Acetatseide	Kupferseide	Nylon
10	2,4	4,0	3,2	3,9	0,85	3,70	1,1
20	3,9	8,3	6,1	5,7	1,70	5,45	1,4
45	5,3	11,8	8,4	9,7	3,65	9,25	2,5
50	5,7	12,6	8,8	10,4	4,20	10,00	2,8
55	6,3	13,4	9,4	11,3	4,75	10,80	
60	6,7	14,2	9,9	12,2	5,25	11,70	3,4
65	7,3	15,0	10,5	13,1	5,95	12,45	
70	7,9	16,0	11,4	14,3	6,75	13,45	4,1
80	9,9	18,6	14,0	17,1	8,55	16,00	5,0
90	13,6	23,2	18,4	21,9	11,30	20,20	5,7
95	17,5	27,3	22,7				6,1

[9] Brit. Rayon Manual **1947**.
[10] Text. Recorder **66**, 66 (1948).
[11] Vgl. a. Brit. Rayon Manual **1947**.

Die Imbibition beträgt für:

Viskose 100%, Durafil 75%, Kupferseide 120%, Acetatseide 35%, Nylon 15%, Vinyon 10%, Glas 10%, Caseinfaser 65%, Alginatfasern 120%.

Die perzentuelle Volumsvergrößerung bzw. Flächendehnung von Fasern durch Tränkung mit Wasser gegenüber dem Wert bei 65% relativer Feuchtigkeit ist nach Marsh[12] folgende:

Seide 46%, Wolle 35%, Baumwolle 30%, Viskose 35—60%, Acetatseide 6—9%. Aus diesen Werten kann die Quellfähigkeit der einzelnen Textilrohstoffe, insbesondere die verhältnismäßig geringe Wasseraufnahme der Acetatseide sowie die große Quellbarkeit von Viskoseseide mit allen sich daraus ergebenden Nachteilen ersehen werden.

Außer den natürlichen Faserstoffen gewinnen die künstlichen Textilfasern immer mehr an Bedeutung. Neben den aus regenerierten Naturstoffen (Cellulose, Casein, Alginat usw.) bestehenden Kunstseiden bzw. der Kunstwolle sind es hier die synthetischen Fasern, wie Nylon, die PC-Faser oder Vinyon, durchwegs Polymerisate oder Polykondensate chemisch hergestellter Stoffe, die in der Textilindustrie einen immer größeren Eingang finden. Diese Fäden, welche ihrer Mehrzahl nach durch Verdüsen von Polymerisatschmelzen entstehen, sind linear orientiert und erhalten durch Streckung eine beachtliche Festigkeit. Die meisten Vertreter sind hydrophob und zeigen nur geringe Wasseraufnahme. Sie sind gegen zahlreiche Chemikalien und Lösungsmittel resistent. Das Gleiche gilt für die kürzlich in technischem Maße hergestellte Orlon-(Polyacrylnitril)-faser.

In den letzten Jahren nehmen die chemischen Verfahren an Zahl zu, welche dahin gehen, die Wolle oder Baumwolle durch chemische Beeinflussung bzw. unter Änderung der Molekularstruktur zu modifizieren und sie so den Verbraucherwünschen anzupassen. Unter vollständiger Abkehr von den klassischen Methoden der Appretur, welche die Eigenschaften der Textilien durch Auf- oder Einbringen von Fremdstoffen zu ändern bestrebt war, werden jetzt z. B. durch Umbildung der Cystindisulfidbrücken der Wolle oder durch Ausbildung von Methylenbrücken zwischen den Cellulosemolekülketten Naturfasern mit vollständig geänderten Eigenschaften gewonnen. Daher werden derart modifizierte Naturfasern in den Rahmen der hier behandelten künstlichen Textilfaserstoffe aufgenommen, um so mehr, als die zur Modifikation verwendeten Maßnahmen sich eng an eine Reihe von Appreturverfahren anschließen lassen.

Die Bestimmung der einzelnen Faserarten in Mischungen kann nach folgendem Arbeitsgang[13] vorgenommen werden:

Acetatseide wird durch eine Behandlung von 10 Minuten mit konz. Essigsäure gelöst. Ist keine PC-Faser oder Nylon anwesend, so kann mit Aceton gearbeitet werden.

Nylon löst sich in kalter Ameisensäure.

Die PC-Faser ist in Methylenchlorid löslich.

Seide, beschwert oder unbeschwert, wird mit einer Calciumrhodanidlösung von der Dichte 1,20 bei einem pH von 5,0 und bei 100° C entfernt.

Zellwolle löst sich in Calciumrhodanidlösung der Dichte 1,36 bis 60° C innerhalb 10 Minuten.

Hochfeste Zellwolle (formalisiert) wird von der oben angegebenen Lösung bei 70° C aufgelöst.

---

[12] Marsh: Textile Science **1948**, 96.

[13] Sandoz A. G.: Textilhilfsmittelbroschüre **1948**.

Baumwolle wird durch Behandlung mit 80%iger Schwefelsäure bei 30° C gelöst.

Wolle ist löslich in 10%iger NaOH bei 50° C, wobei man etwa 30 Minuten behandelt. Der etwa zurückbleibende Rest ist Lanital.

Auch Anfärbemethoden sind brauchbar.

Shirlastain[14] entspricht ungefähr dem *Neocarmin W*, einem bekannten Faserunterscheidungsfarbstoff. Die Marke A dient zur Identifizierung aller Fasern, die Marke B zur Unterscheidung von Celluloseearten.

A färbt entbastete Seide orange, unentbastete braun, Acetatseide verseift rosa bis purpur, unverseift gelbgrün.

Hinsichtlich der Preise der künstlichen Fasern im Vergleich zu Wolle oder Baumwolle ist folgende Aufstellung[15] interessant (alles in englischer Währung je Gewichtspfund):

Baumwolle . . .	1 s	3 d	Caseinfaser . . .	3 s	3 d	Glasfaser	7 s	6 d
Viskose	2 s	9 d	Wolle	5 s	11 d	Nylon	13 s	8 d
Acetatseide . . .	2 s	10 d	Vinyon	6 s	9 d	Fortisan	14 s	0 d

I. Modifizierte native Fasern (Wolle und Baumwolle).

Die natürlichen Proteinfasern enthalten Polypeptidketten der Form

$$-NH-CHR_1-CO-NH-CHR_2-CO-NH-CHR_3-CO-$$

wobei die Gruppen R die Reste der verschiedenen Aminosäuren versinnbildlichen, welche in der Wolle bzw. Naturseide enthalten sind. Sie sind untereinander durch die Peptidbindung CO—NH verbunden, wobei jeweils die Aminogruppe einer Aminosäure unter Wasseraustritt mit der Carboxylgruppe der anderen in Verbindung getreten ist. Während die Bausubstanz der Wollfaser

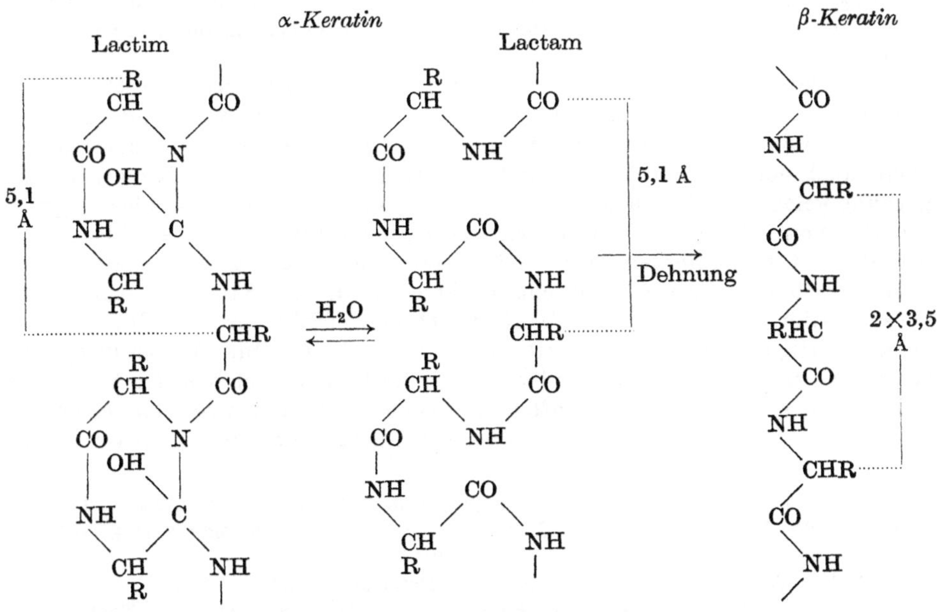

[14] Vgl. z. B. Text. Manufacturer 66, 284 (1940).

[15] Illingworth: Iri, Rubbertrans. XXIV, 2, 59 (1948).

das α-Keratin, entweder in der Form des Lactams oder Lactims vorliegt, kann es unter dem Einfluß einer Streckung in das β-Keratin übergehen[16].

Für das Fibroin der Seide kann, ähnlich der Molekularstruktur der Wolle, folgende Form angegeben werden:

```
          R                                    R
          CH        NH        CO          CH        NH        CO
  \      /  :  \      /   \      /   \      /  :  \      /   \      /   \
     NH     :    CO          CH         NH     :    CO          CH
            :                R                 :                R
            :                :                 :
            :      3,5 Å     :                 :
            :..................................:
                            7 Å
```

Die Molekülketten der Wollfaser, die als α-Keratin gefaltet angeordnet sind, sind untereinander unter Gitterbindung durch Cystindisulfidbrücken bzw. sekundäre Salzbindungen verbunden[17]. Nach neueren Schätzungen weist etwa die Hälfte des Faserbereichs Orientierung auf[18]. Bei Dehnung über 25% tritt das α-Keratin in die gestreckte β-Form über.

Die Modifikation der Wollfaser verfolgt den Zweck, das Schrumpf- und Filzvermögen derselben zu verringern, ohne die Festigkeit der Faser zu beeinträchtigen. Die schon früher angewendeten Verfahren, welche auf eine Verringerung der Filzfähigkeit hinausliefen bzw. eine Fixierung der Wollfaser und Gewebe zum Ziele hatten, waren das Chloren der Wolle sowie die Behandlung mit oxydierend wirkenden Substanzen, ebenso die Sulfitbehandlung und das Formalisieren.

Wie heute erkannt ist, beruht die Wirksamkeit dieser Behandlungsmethoden darauf, die Cystindisulfidbrücken der Wolle zu zerstören bzw. sie in Sulfhydrylbrücken oder andere Querverbindungen umzuwandeln. Auch die Ausbildung von Methylenbrücken zwischen den Molekülketten der Wollfaser (für den Fall einer Formaldehydbehandlung) kann eine Beeinträchtigung des Schrumpfvermögens ergeben.

Beim Chloren der Wolle wird vor allem die Makrostruktur der Faser verändert, d. h. die äußere Schuppenschichte derselben gelockert und teilweise zerstört, so daß aus diesem Grunde eine Verminderung des Filzvermögens und damit auch der Schrumpfung eintritt. Statt Chlor kann auch Brom zur Einwirkung gelangen. Dieses wirkt bei gleichen Konzentrationen weniger aggressiv. Bei Anwendung von höheren Konzentrationen als 5% ist der Zusatz von Natriumacetat empfehlenswert, um Faserschädigung zu vermeiden. Eine Konzentration von 2,5% Chlor entspricht etwa in der Wirkung einer Bromkonzentration von zirka 5,75%[19]. Bromiert man Wolle mit 2% Brom, so ist keine Verringerung der Reißfestigkeit zu beobachten. Das Wasseraufnahmevermögen der behandelten Faser ist weniger hoch als das chlorierter Wolle, die Affinität der Faser zu Farbstoffen ist erhöht und liegt zwischen jenem unbehandelter oder chlorierter Faser. Über den Rückgang des Schrumpfvermögens

[16] Vgl. z. B. Senti: Amer. Dyestuff Reporter **36**, 230 (1947). — Kraus, Kofrany: Handbuch der Katalyse, III. Bd., S. 209, Schwab. Berlin: Springer-Verlag. 1941. — Barkner: Text. Manufacturer **74**, 258, 313 (1948).

[17] Vgl. z. B. Schapiro: Amer. Dyestuff Reporter **36**, 234 (1947).

[18] Hailwood, Horrobin: Disc. Faraday Soc. **1947**. — Speakman: Text. Rdsch. St. Gallen **1947**, 244.

[19] Ericsson: Amer. Dyestuff Reporter **20**, 641 (1940); AP 2326021.

bzw. die Ausmaße der Faserschädigung (letztere in Maßzahlen) gibt Marsh[20] folgende Zusammenstellung:

Agens	Schädigung	Schrumpfung in Prozent
2% Br	9,0	11,6
2% Cl	45,0	7,1
unbehandelt	—	29,0

Agens Br in Prozent	Schrumpfung in Prozent	
	beim Färben	beim Walken
0,0%	6,0	15,5
2,5%	5,1	10,2
5,6%	2,2	5,5
9,0%	1,9	2,0

Nach einem anderen Vorschlag (AP 2 326 061) arbeitet man am besten mit etwa 7% Brom in Gegenwart von 5% Schwefelsäure bei 10° C.

Weitere Methoden zur Herabsetzung des Filzens und Schrumpfens sind die Behandlung mit Hypochloritlösungen, Chloritlösungen sowie die Einwirkung reduzierender Stoffe, wie Sulfit, Stannochlorid usw.

Auch oxydierende Substanzen können verwendet werden (Permanganat usf.). Die Behandlung mit Chlor kann auch derart erfolgen, daß man in Tetrachlorkohlenstoff gasförmiges Chlor einleitet und dann in Schwerbenzin löst. Man verwendet etwa 1—3% Cl auf Wolle gerechnet.

Nach dem bekannten *Drisol*-Verfahren arbeitet man mit Sulfurylchlorid in organischen Lösungsmitteln, wobei die Faser außerordentlich geschont wird[21]. Eine amerikanische Methode benützt Nitrosylchlorid (NOCl) in einer 2%igen Lösung, doch verfärbt sich die Wolle bei dieser Arbeitsweise leicht.

Neuere Verfahren sind jene, welche die Schuppenschichte der Wollfaser mittels Enzymen, vor allem dem Papain, zerstören. Der *Chlorzym*-Prozeß beginnt erst mit einer Vorbehandlung durch Hypochlorit, bei nachheriger Einwirkung sehr verdünnter Papainlösungen und einem pH von 6—7[22].

Beim *Perzym*-Prozeß wird die Wolle vorerst mit Wasserstoffperoxyd und hernach mit schwachen Papainlösungen behandelt.

Die Schrumpffähigkeit der Wolle wird ebenfalls weitgehend herabgesetzt, wenn man alkoholische NaOH oder Dispersionen von alkoholischer NaOH in Schwerbenzin zur Einwirkung bringt. Ähnlich wirken Sulfide und Merkaptane in Lösung. Weitere Maßnahmen sind die Behandlung mit Metallsalzen (Hg-Salzen) sowie mit organischen Polyhalogeniden und die Reaktion mit Thioglykolsäure und Trimethylenbromid.

Nach Speakman[23] sind die entsprechenden Reaktionsbilder für die Sprengung bzw. Umbildung der Cystindisulfidbrücke die folgenden (W = Wollmolekül):

Unter dem Einfluß von Alkali oder auch Reduktionsmitteln geht die Disulfidbrücke unter Spaltung in Merkaptanreste über

$$W-CH_2-S-S-CH_2-W \rightarrow W-CH_2-SH + W-CH_2-SOH$$

Die Spaltprodukte reagieren mit den Aminogruppen anderer Wollmoleküle unter Ausbildung neuer Querverbindungen, wie

[20] Marsh: Textile Finishing und Textile Science **1947**.

[21] Hall: J. Soc. Dyers Colourists **55**, 389 (1939). — Speakman: J. chem. Soc. (London) **1940**, 641.

[22] Jones: Text. Age **11**, 52 (1947).

[23] Speakman: Text. Rdsch. St. Gallen **1947**, 244.

$$W-CH_2-SOH + NH_2-W = W-CH_2-S-NH-W$$

oder

$$W-CH_2-SOH \rightarrow W-CHO + H_2S$$

$$W-CHO + NH_2-W = W-CH=N-W + H_2O.$$

Mit Oxydationsmitteln kann eine bereits gespaltene Disulfidbrücke aus den gebildeten Merkaptanresten wieder rückgebildet werden:

$$W-CH_2-SH+H_2O_2+HS-CH_2-W \rightarrow W-CH_2-S-S-CH_2-W+H_2O.$$

Durch Metallsalze entstehen aus Merkaptanresten Brücken der Form:

$$W-CH_2-SH+(CH_3COO)_2Hg+SH-CH_2-W = \\ = W-CH_2-S-Hg-S-CH_2-W+2\,CH_3COOH.$$

Unter dem Einfluß von Polyhalogeniden bilden sich aus gespaltenen Cystindisulfidbrücken Querbindungen der nachfolgenden Art:

$$W-CH_2-SH+RCl_2+SH-CH_2-W = W-CH_2-S-R-S-CH_2-W+2\,HCl.$$

Mit Thioglykolsäure und Trimethylenbromid kommt es nach der Aufspaltung der Cystindisulfidbrücke zur Entstehung von Querverbindungen folgender Gruppierung:

$$W-CH_2-S-CH_2-CH_2-CH_2-S-CH_2-W,$$

welche eine besonders starke Faserfixierung bewirken.

Behandlung mit Cyankaliumlösungen ergeben eine Überführung der Cystindisulfidbrücken in Lanthioninbrücken[24]:

$$W-CH_2-S-S-CH_2-W \rightarrow W-CH_2-S-CH_2-W.$$

Die Cystindisulfidbrücken in der Wollfaser bedingen nach neueren Anschauungen die Faserelastizität sowie das Filz- und Schrumpfvermögen derselben. Sie sind auch der Angriffspunkt bei einem alkalischen Faserabbau oder bei der Faserschädigung durch reduzierende Substanzen bzw. beim Insektenfraß.

Die neueren Modifikationsverfahren gehen dahin, eine Umwandlung dieser Querverbindung zwischen den Wollmolekülketten vorzunehmen. Derzeit sind hierfür die Methoden der Behandlung mittels alkoholischer NaOH nach Freney-Lipson bzw. mit Dispersionen von alkoholischer NaOH in Schwerbenzin nach Hall und Wood[25] interessant. Erstere Methode soll in Australien im großen bereits technisch erprobt sein und unter Verwendung von Tauchfässern und Rückgewinnung der alkoholischen Behandlungsflüssigkeiten in Sauganlagen bei guter Vortrocknung der Wolle Kosten von zirka 3,95 d/lb ergeben haben.

Die Veränderung der Cystinbrücken mittels Thioglykolsäure und Trimethylenbromid, welche zu Wollfasern mit unverminderter Festigkeit, jedoch ohne Schrumpftendenz und mit Widerstandsfähigkeit gegen Alkali und Mottenfraß führt, ist technisch viel zu teuer. Neuere Vorschläge benützen Natriumsulfoxylat und Trimethylendibromid usw. und sollen bei einer Reaktionsdauer von nur 30 Minuten preislich tragbar sein.

Schließlich soll noch auf die modifizierte (alkylierte) Wolle durch Behandlung mit Diazomethan[26] verwiesen werden, wobei die Cystinbrücken erhalten

---

[24] Cuthberson, Phillips: Biochemic. J. **39**, 7 (1945).

[25] Siehe Schrumpffestmachen.

[26] Kirst: Melliand Textilber. **28**, 169 (1947). — Eloed, Zahn, Kramer: Melliand Textilber. **29**, 17 (1948).

bleiben und sich neue schwefelfreie Querbindungen zwischen den Peptidketten ausbilden.

Bei der Baumwolle sind gewisse natürliche Modifikationsunterschiede bereits durch den verschiedenen Reifezustand gegeben. Der Nachweis des Reifezustandes der Baumwolle erfolgt durch Färbung mittels einer Mischung von 2,8% Chlorantinechtgrün BLL (Ciba) und 4,2% Diphenylechtrot 5 BL Supra I (Geigy). Unreife Baumwolle färbt sich grün, reife hochrot, Zwischenstufen in entsprechenden Tönen[27].

Die künstliche Modifikation der Baumwollfaser erfolgt ausschließlich durch den bekannten Prozeß der Formalisierung *(Sthénosage)*. Cellulose oder Regeneratcellulose wird dabei mit wäßrigen Formaldehydlösungen oder gasförmigen Aldehyden, auch Glyoxal usw., in Anwesenheit von sauren Katalyten, behandelt und nachher nach Zwischentrocknung kurz auf höhere Temperatur erhitzt. Es kommt zur Ausbildung von Methylenbrücken zwischen den Molekülketten der Cellulose, welche die Quellfähigkeit und Schrumpfung der Faser weitgehend herabsetzen.

Bei der Arbeitsweise muß dafür Sorge getragen werden, daß eine Faserschädigung durch die vorhandene Säure und die hohe Temperatur vermieden wird. Dies erfolgt durch eine Reihe von Zusätzen bzw. Modifikationen der Arbeitsverfahren (vgl. Formalisieren).

Literaturübersicht über modifizierte Wolle und Baumwolle.

La Fleur: Amer. Dyestuff Reporter **36**, 616 (1947).

Harries: Amer. Dyestuff Reporter **36**, 316 (1947).

Barr, Cap, Speakman: J. Soc. Dyers Colourists **62**, 338 (1946).

La Fleur: Amer. Dyestuff Reporter **34**, 21 (1945).

Lehmann: Melliand Textilber. **25**, 1 (1944).

MacArtur: Nature (London) **152**, 38 (1943).

Harries, Mezill, Fourt: Ind. Engng. Chem. **34**, 833 (1942); Text. Manufacturer **68**, 455 (1942).

Harries, Geiger: Text. Manufacturer **68**, 129 (1942).

Stoves: Trans. Faraday Soc. **38**, 254/67 (1942).

Henk: Spinner u. Weber **19**, 14 (1942).

Elsworth, Philipps: Biochemic. J. **35**, 135 (1941).

Geiger, Patterson, Harries: J. biol. Chemistry **1941**, 140.

Lloyd: J. Soc. Dyers Colourists **57**, 281 (1941).

Eloed, Nowotny, Zahn: Kolloid-Z. **93**, 50/66 (1940); **95**, 81/82 (1941); Melliand Textilber. **22**, 76 (1941); **23**, 58/62 (1942); Kolloid-Z. **96**, 284/301 (1941); Melliand Textilber. **23**, 313 (1942); **23**, 577 (1942); Kolloid-Z. **100**, 283 (1942).

Patentschrifttum über modifizierte Wolle und Baumwolle.

Hier soll nur auf folgende Patente verwiesen werden: EP 538396, 538428, 541965, 556872, 569730, 570582 sowie AP 2213399. Hinsichtlich ausführlicherer Angaben über die Patentliteratur vgl. Chloren von Wolle, Formalisieren, Schrumpffestmachen.

---

[27] Goldtwait, Smith, Barnett, Text. Wld. **1947**, 105.

II. Künstliche Fasern aus Regeneratproteinen und regenerierten Cellulosen sowie Fasern aus Cellulosederivaten; Alginseide.

A. Künstliche Eiweißfasern.

1. Kunstwolle (Lanital, Tiolan, Aralac)[28].

Die Herstellung von Caseinfasern geht auf Todtenhaupt zurück[29]. Das Problem wurde 1924 durch Feretti wieder aufgegriffen und die Lanitalfaser entwickelt. Man entrahmt Milch durch Zentrifugieren und setzt Schwefelsäure bis zu einem pH-Wert von 4,6 zu[30]. Nach anderen Angaben soll ein Überschuß von Säure besser sein als die Fällung beim isoelektrischen Punkt. Durch den Säurezusatz findet eine teilweise Trennung der Phosphorsäureester von den Aminosäuren statt. Das gefällte Casein wird gewaschen und in Filterpressen vom Rest des Milchserums getrennt. Hernach wird bei gewöhnlicher Temperatur getrocknet. 100 Liter Magermilch ergeben etwa 7,8 kg Casein und daraus die gleiche Menge Lanital[31].

Nach einer eventuellen Vorquellung wird das erhaltene Casein in Alkali oder Trinatriumphosphat, Ammoniak oder Triäthanolamin gelöst und kurze Zeit bei 5° C gereift. Die Reifung soll so erfolgen, daß die notwendige Homogenität und Viskosität ohne zu großen Abbau des Caseins erreicht wird[32]. Ein Zusatz von Glaubersalz soll sich hierbei günstig auswirken. Er verbessert auch die Fällbedingungen aus der Spinnlösung.

Die gereifte, etwa 18—20%ige Caseinlösung, die Kasinose, wird filtriert, entlüftet und aus Platinspinndüsen in ein Fällbad, welches Schwefelsäure und neutrales und saures Natriumsulfat enthält, verdüst. Die Düsenöffnungen haben etwa 0,02—0,03 mm Durchmesser, eine Düse besitzt etwa 300 Öffnungen. Die Abzugsgeschwindigkeit beim Spinnen beträgt etwa 60—100 m/Minute. Das erzeugte Spinnkabel wird gewaschen, geschnitten und mit Formaldehyd gehärtet. Durch eine Behandlung mit etwa 5%igen Formaldehydlösungen werden etwa 2% Aldehyd aufgenommen und die Kochfestigkeit der Faser erhöht[33]. Auch die Reißfestigkeit nimmt zu, dagegen erniedrigt sich die Dehnbarkeit[34]. Eine ähnliche Wirkung besitzen Benzochinon oder Naphthol AS, welche Stoffe mit den freien Aminogruppen des Lysins oder Argonins in Reaktion treten. Auch tetrazotiertes Benzidin, sogar Anthrachinonfarbstoffe wirken ähnlich (Ketogruppe). Durch die Verwendung derartiger Substanzen tritt allerdings eine Färbung ein.

Die Kunstwolle besitzt ein wesentlich größeres Wasseraufnahmevermögen als Wolle, das jedoch kleiner ist als jenes nativer oder regenerierter Cellulosen. Die Wasseraufnahmefähigkeit kann durch Behandlung mit Isocyanaten[35] herabgesetzt werden.

Lanital ist knitterfest, mottenfest und besitzt ein der Wolle gleichkommendes Wärmeschutzvermögen. Die Reißfestigkeit der Faser ist allerdings nied-

---

[28] Vgl. z. B. Sutermeister: Casein and its Industrial Application. Brown. 1939. — Brit. Plast. mould. Prod. Trader **18**, 270 (1946).

[29] Zellwolle **94**, 96 (1939).

[30] Duca: Génie civil **15**, 317 (1939).

[31] Kuenzel, Doehner: Kolloidchem. Beih. **52**, 1 (1942).

[32] Feretti, Kunstseide u. Zellwolle **22**, 253 (1940).

[33] Franz, Riederle: Z. Ver. dtsch. Chem. **32**, 42 (1942).

[34] Wormell: J. Textile Ind. **38**, T 387 (1947).

[35] Fraenkel, Conrat, Cooper, Olcott: J. chem. Soc. (London) **67**, 314 (1943).

riger als die der Wolle und insbesondere in nassem Zustande gering. Da im Casein weder Cystindisulfidbrücken (der Schwefelgehalt von etwa 3,3% ist auf den Gehalt an Methionin zurückzuführen) noch große kristalline Faserbereiche vorhanden sind, ist dieser Umstand weiter nicht überraschend. Die bei der Härtung mit Formaldehyd gebildeten geringen Methylenbrücken, die sich zwischen den Aminogruppen des Lysins und den Peptid-N-Bindungen bilden, reichen zur Erzielung größerer Festigkeit nicht aus[36].

Festigkeitsvergleich zwischen Wolle und Caseinfaser nach Larose[37].

	Lanital	Merinowolle
Bruchdehnung bei 60% relativer Feuchtigkeit	8,2 g	14 g
Bruchdehnung in Prozent	0—100	30

Nachteilig ist außer der geringen Festigkeit die Faserempfindlichkeit gegen Hitze, Alkali und Säure. Nach Wormell[38] soll die Festigkeit der Faser weniger von der Reife der schwach alkalischen Caseinlösungen abhängen als von der Art des Spinnens.

Lanital ist mit Wollfarbstoffen anfärbbar, gibt aber beim Färben, welches in nicht zu sauren Bädern stattfinden muß, leicht Hitzefalten, da die Faser bei höherer Temperatur plastisch wird. In der Apparatefärberei tritt ein Zusammenbacken ein, so daß unegale Färbungen entstehen[39].

Lanital- bzw. Tiolanfasern zeigen eine zylindrische Form und besitzen im Gegensatz zur Wolle im Innern keinen Hohlraum.

Fibrolan (Courtaulds) besteht aus regeneriertem Casein. Die Faser wird nach Teilhärtung auf 200% gestreckt und nachgehärtet. Dadurch wird die Festigkeit usw. erhöht. Nachbehandlungen mit Kadmium-, Zink- oder Chromsalzen erhöhen die Wasserfestigkeit und erniedrigen die Imbibition. Das Metall wird in der Faser durch die Nebenvalenzen der Polypeptidketten festgehalten.

Aralac ist das aus Milchcasein hergestellte amerikanische Erzeugnis, das die Nat. Dairy Prod. Corp. 1939 herausbrachten. Der *Aratherming*-Prozeß (Acetylierung von Casein[40]) ergab eine wesentliche Verbesserung der Fasereigenschaften, insbesondere der Wasserfestigkeit. Unter Herabsetzung der Farbaffinität wird die Faser einem Acetylierungsprozeß unterworfen.

Die Caseinfaser ist schlecht tropenfest[41]. Man verwendet sie meist in Mischung mit Zellwolle oder Wolle (z. B. 30% Lanital, 70% Zellwolle oder 30% Zellwolle, 50% Tiolan, 20% Wolle). In Mischung mit Wolle erhöht sie deren Filztendenz.

Der Nachweis von Caseinfasern[42] bzw. die Bestimmung derselben in Fasergemischen kann derart erfolgen, daß man Gewebe aus Wolle-Lanital 1 Sek. in eine kalte Lösung von 0,5 g eines der nachstehenden Farbstoffe taucht (Xylenlichtgelb GG, Erioechtcyanin S), welche noch 0,05 g Schwefelsäure conc. (alles auf 100 ccm Wasser) enthält. Wolle färbt sich nur leicht an, die Caseinfaser

[36] Nitschmann, Hadon: Helv. chim. Acta **27**, 299 (1944).
[37] Larose: Canad. Text. J. **53**, 45 (1936).
[38] Wormell: J. Textile Inst. **39**, T 219 (1948).
[39] Chwala: Österr. Chemiker-Ztg. **41**, 147 (1940).
[40] Gordon, Brown, Jackson: Ind. Engng. Chem. **38**, 1239 (1946).
[41] Nopitsch: Melliand Textilber. **28**, 56 (1947).
[42] Whittaker: J. Soc. Dyers Colourists **53**, 468 (1937).

zeigt eine tiefe Färbung. *Neocarmin W* färbt Caseinfasern tieforange, während die Wolle ein leuchtendes Gelb zeigt.

Man kann auch so vorgehen, daß man mit Aluminiumsalzen gehärtete Caseinfasern durch Eintauchen in eine kalte Lösung von 0,5% *Alizarin SW* und 1% Essigsäure 40% und nachherigem Spülen mit kaltem Wasser durch ihre Tiefrotfärbung nachweist[43].

Die quantitative Trennung von Wolle[44] kann durch Behandlung mit 20%iger NaOH bei 30° C und Nachspülen mit Essigsäure erfolgen. Es geht nur die Wolle in Lösung. Durch Behandlung von Fasergemischen mit Aceton geht Acetatseide in Lösung. Wird dann dreimal je ½ Stunde unter Schütteln mit 75%iger Schwefelsäure behandelt, so lösen sich Cellulosederivate, Seide und Nylon.

60%ige Schwefelsäure löst aus Fasergemischen Kunstseide, Seide und Nylon, unlöslich bleiben Wolle, Baumwolle, Leinen, Caseinfasern usw.

Literaturübersicht über Kunstwolle.

Hoover, Kokes, Peterson: Text. Res. J. **18**, 423 (1948); vgl. a. Amer. Dyestuff Reporter **37**, 139 (1948).

Happy, Wormell: J. Soc. Dyers Colourists **1946**. Sympos.

Carmichael: Amer. Dyestuff Reporter **34**, 171 (1945).

Peterson u. Mitarb.: Ind. Engng. Chem. **37**, 492 (1945).

Brown, Gordon, Gall, Jackson: Ind. Engng. Chem. **36**, 1171 (1944).

Lanceleve: Ind. textile **60**, 136 (1943).

Halker in Houwink: Chemie und Technologie der Kunststoffe. 1942.

Whitter, Gould: Ind. Engng. Chem. **32**, 906 (1940); Amer. Dyestuff Reporter **31**, 155 (1942).

Lundgren: J. Amer. chem. Soc. **63**, 285 (1941).

Erhart: Melliand Textilber. **22**, 251, 321 (1941).

Eckert-Swalek: Klepzigs Text.-Z. **44**, 1211 (1941).

Franz: Melliand Textilber. **1941**, 251.

Gustavson: Svensk. kem. Tidskr. **1940**.

Feretti: Text. Manufacturer **66**, 235 (1940).

Fuller: Amer. Wool-Cotton Reptr. **1943**, 36.

Millson: Calco Techn. Bull. **1942**, 667.

Atwood: Amer. Dyestuff Reporter **31**, 7 (1942).

Mauersberger: Rayon Text. Monthly, Nov. **1940**.

Patentschrifttum über Kunstwolle.

OeP 164 051 Research 1949 — Zur Verhinderung von Fäulniserscheinungen an Caseinfäden wird die Spinnlösung derart gehalten, daß sie bei einer Temperatur von 57° C mindestens einen pH-Wert von 9,8 und höher aufweist.

OeP 164 047 Research 1949 — Zur Herabsetzung der Quellfähigkeit von Caseinfasern wird der gehärtete Faden kurze Zeit in ein Bad gebracht, welches einen o- oder p-Dialkohol eines monosubstituierten bzw. den entsprechenden Monoalkohol eines disubstituierten Phenols enthält. Hernach wird einige Stunden auf über 100° C erhitzt.

OeP 160 514 AG f. Vermögenssicherung 1941 — Man setzt zur Spinnbadflüssigkeit Stoffe zu, die mit Casein Kondensate (unlösliche Verbindungen) bilden.

OeP 160475 Feretti 1941 — Caseinfaserherstellung.

---

[43] Wittwer: Ciba-Revue **57**, 2079 (1947).

[44] Howlett, Morley, Urquhart: J. Text. Ind. **33**, Trans. 75 (1942).

OeP 159792 Feretti 1940 — Zur Härtung der Faser werden in den Spinnkanal Formaldehyddämpfe eingebracht.

OeP 158258 AG f. Vermögenssicherung 1940 — Der Spinnlösung werden Amine oder Amine und gesättigte Carbonsäuren mit mehr als 3 C-Atomen im Molekül in einer Menge von 1—8% zugesetzt.

OeP 157694 Feretti 1940 — Caseinfaserherstellung.

OeP 157097 Research 1939 — Casein wird vor der Lösung zur Spinnflüssigkeit einige Zeit mit Wasser erhitzt.

OeP 157091 Feretti 1939 — Caseinfaserherstellung.

DP 749504 Signer 1944 — Herstellung von Caseinfasern aus Caseinlösungen durch Verspinnen in einen Trockenschacht (Trockenprozeß).

DP 748657 Hiltner 1944 — Herstellung von Caseinfasern.

DP 748483 Iwamae 1944 — Die Gewinnung des Proteins zur Fasererzeugung erfolgt durch Extraktion mittels schwefliger Säure.

DP 747431 Holzverzuckerungsges. 1943 (Zusatz zu DP 721488) — Eiweißfasern können aus dem aus Holzverzuckerungslösungen mittels Hefepilzen gewonnenen Eiweiß erzeugt werden.

DP 746595 IG 1944 — Caseinfasern werden nach der Härtung zur Verbesserung der Widerstandsfähigkeit mit Zinksalzen und Ammoniaklösungen behandelt.

DP 742522 IG 1943 — Man behandelt Caseinfasern nach der Härtung mit Aldehyd und Zinksalzen.

DP 738000 IG 1943 — Zur Verbesserung der Güte der Fasern werden Caseinfasern mit Äthylenharnstoffen behandelt.

DP 734564 Zschimmer u. Schwarz 1943 (s. a. DP 746635) — Zur Behandlung von Eiweißfasern (Wolle, Caseinfasern usw.) werden komplexe Salze von wasserlöslichen Aluminiumsalzen, Alkylolaminen und Formaldehyd verwendet. Die Wasserfestigkeit wird erhöht.

DP 732786 IG 1943 — Caseinfasern werden nach der Härtung vor oder nach der Trocknung mit alkalischen Lösungen bei einem pH von 11,5 behandelt und so ein Verkleben verhindert.

DP 731355 Zehlendorf 1943 — Caseinfasern werden von solchen aus regenerierter Cellulose durch Behandeln mit Ameisensäure und $CaCl_2$ oder $ZnCl_2$ getrennt. Die Regeneratcellulose wird gelöst.

DRP 730693 Research 1943 — Haltbare Caseinlösungen werden erzielt, indem man denselben insbesondere bei einem pH von 8—10 eine geringe Menge quaternärer Ammonbasen (Stearyl-Laurylpyridiniumchlorid) zusetzt.

DP 728618 Friesland 1943 — Die Erzeugung von Caseinfasern wird beschrieben.

DRP 726175 Zschimmer u. Schwarz 1942 (ab 20. Nov. 1938) — Die Naßfestigkeit von Fasern, insbesondere Caseinfasern, wird erhöht durch Behandlung mit dem α-Chlormethyläther des Triäthanolaminformals:

$$\begin{array}{l} \qquad\qquad CH_2{-}CH_2{-}OCH_2Cl \\ \qquad\quad / \\ HCl\,.\,N{-}CH_2{-}CH_2{-}O\diagdown \\ \qquad\quad \diagdown \qquad\qquad\qquad\quad CH_2 \\ \qquad\qquad CH_2{-}CH_2{-}O\diagup \end{array}$$

Durch das Verfahren wird die Löslichkeit und die Quellfähigkeit des Eiweißes verringert.

DP 725984 Research 1942 — Widerstandsfähige Caseinfasern werden erhalten, indem man den Härtungsbädern Chromsalze zugibt oder unter 100° C vorgetrocknete Fasern einige Zeit in aldehydhaltigen oder abgebenden Medien auf über 100° C erhitzt.

DP 725671 Grünau 1942 — Behandelt die Herstellung von Caseinfasern.

DP 718365 Research 1942 — Behandelt die Herstellung von Caseinfasern.

DP 708977 Feretti 1941 — Herstellung von Caseinfasern durch Verspinnen und nachherige Härtung.

DP 706173 AG f. Vermögensverwertung 1940 — Herstellung von Caseinfasern.

DP 702001 1941 — Nach der Härtung werden Caseinfasern mit Nitriten behandelt.

SP 257365 Gaudillon 1949 — Wäßrige Proteinlösungen, die sich zur Bildung künstlicher Fasern eignen und keinen Abbau des Eiweißes zeigen, erhält man in der Weise, indem man das Protein mit alkalischen wäßrigen Lösungen behandelt, die ein Cellulosederivat gelöst enthalten (Celluloseglykolsäure).

SP 225328 Süddeutsche Zellwolle 1943 — Der Caseinfaden wird nur schwach koaguliert und passiert nachher noch einige Koagulationsbäder unter steigender Streckung.

SP 225139 Feretti 1943. — Man härtet Caseinfasern mit Chromsalzen unter Zugabe anderer Salze.

SP 223524 Husfeld 1942 — Man setzt zur Spinnlösung Acetaldehyd.

SP 221566 Feretti, s. a. SP 220175 und 220176.

SP 218046 IG 1942 — Man härtet Caseinfäden mit Formaldehyd und Sulfaten.

FP 932264 Research 1948 — Zur Verminderung der Quellfähigkeit von Caseinfasern behandelt man mit Dialkoholen von Phenolen usw. und trocknet bei 130° C.

FP 913554 Courtaulds 1946 — Das Härten von Caseinfasern erfolgt mit einer Lösung von 420 Teilen Natriumsulfat und 10 Teilen Formaldehyd in 1000 Teilen Wasser.

FP 913321 Courtaulds 1946 — Durch Behandlung von Casein- oder Proteinfasern mit Formaldehyd und einem Alkalisulfat oder Bisulfat bei etwa 55° C werden die Fasern widerstandsfähiger gegen kochendes Wasser und Einwirkung verd. Säuren.

FP 913253 Courtaulds 1946 — Zur Quellfestmachung von Casein- bzw. Proteinfasern werden dieselben mit Lösungen von Zink- oder Cadmiumsalzen behandelt. Die Behandlungslösung besteht z. B. aus 3,4 Teilen $ZnSO_4 \cdot 7\,H_2O$ in 1600 Teilen Wasser, welcher 1 Teil n/1 NaOH zugegeben wurde. Man behandelt bei 25° C 16 Stunden.

FP 893079 Zellwollring 1943 — Herstellung haltbarer Casein- oder Albuminlösungen durch Zusatz von wasserlöslichen Amido- oder Iminoverbindungen (Äthanolamin usw.) zum Verspinnen zu Fäden. Auch Piperazin, Pyridin usw. können Anwendung finden.

FP 885952 Süddeutsche Zellwolle 1943 (s. a. FP 880635) — Man spinnt Eiweißlösungen in Bäder, die ein pH von 5 und mehr aufweisen. Z. B. bringt man 1000 Teile Casein in 400 Teilen Wasser 1 Stunde zum Quellen, löst mit 40 Teilen NaOH und 10 Teilen Schwefelnatrium cryst. in 1000 Teilen Wasser. Die Lösung wird in ein Bad gesponnen, das mit 22% $MgSO_4$ und 5% Ammonsulfat versetzt ist. Hierauf wird in ein Bad von 25% Magnesiumsulfat gebracht und gestreckt. Schließlich erfolgt die Härtung in einem Bade von 25% Magnesiumsulfat und 4% Formaldehyd. Die Fasern zeigen große Widerstandsfähigkeit gegen kochendes Wasser.

FP 883002 Signer 1943 — Bei der Herstellung von Caseinfasern wird die Härtung der Fäden durch Einwirkung von gasförmigem Formaldehyd bzw. Einverleibung Aldehyd abgebender Substanzen und Erhitzen des Fadens nach dem Spinnen zwecks Freisetzung des Aldehyds empfohlen.

FP 880635 1943 — Man behandelt gesponnene Eiweißfasern mit Verbindungen, welche zur Ausbildung von Brückenbindungen im Molekül führen, wie Thioharnstoff, Allylsenföl, Aldehyde, Äthylenoxyd, Malonsäure, Phtalsäure, Ketene, tetrazotiertes Benzidin usw.

FP 879471 Zellwollring 1943 — Verbesserte Caseinfasern werden erhalten, indem man Casein und Polyamide in ameisensaurer Lösung bzw. aus Lösungen in Phenol verspinnt.

FP 879314 IG 1943 — Eiweißfasern werden zur Verbesserung ihrer Eigenschaften mit Aldehyden in Gegenwart von Zinksalzen behandelt. Z. B. verwendet man Bäder mit 20% Formaldehyd 30%ig, 5% Zinkchlorid oder 10% Benzaldehyd und 10% Zinkchlorid oder 10% Furfurol und 20% Zinkchlorid.

FP 876551 Thüring. Zellwolle 1942 — Herstellung von Fäden aus Casein und pflanzlichen Eiweißstoffen.

FP 876142 Thüring. Zellwolle 1942 — Caseinat- oder Alginatfasern werden erhalten, indem man den Spinnlösungen CS_2 und Vinylacetat zusetzt und in Bäder mit Mineralsäure und anorganischen Salzen bei pH 2 verspinnt.

FP 876134 Thüring. Zellwolle 1942 — Caseinfasern mit besseren Eigenschaften werden erhalten, indem man zu Eiweißlösungen schwefelhaltige Stoffe zusetzt (Polysulfide und Chloral), hierauf Celluloselösungen zugibt und in Fällbäder von niedriger Temperatur verspinnt, welche einen erhöhten Gehalt an Neutralsalzen aufweisen. Dann wird durch ein NaCl-Bad genommen, ein Alaun- bzw. Aluminiumsulfatbad gegeben und schließlich mit Formaldehyd vorgehärtet. Die Schlußhärtung erfolgt bei 50° C.

FP 870706 Thüring. Zellwolle 1942 — Herstellung von Kunstseidenfäden aus Albuminlösungen, welche in aufeinanderfolgenden Bädern langsam koaguliert werden.

FP 869654 Süddeutsche Holzverzuckerung 1942 — Als Rohstoff für Kunstseidenfasern können Lösungen von Pilzeiweißstoffen (Hefe, Schimmelpilze) dienen, auch die bei der Holzverzuckerung anfallende Hefe. Eventuell werden diese Eiweißstoffe mit Casein oder Pflanzeneiweiß vermischt aus alkalischen Lösungen versponnen.

FP 865350 Friesland 1941 — Gehärtete Caseinfasern werden mit Formiaten mehrwertiger Metalle nachbehandelt.

FP 864576 Di Vasco 1941 — Künstliche Eiweißfäden werden zur Verbesserung der Festigkeitseigenschaften mit Salzen von Chrom oder natürlichen oder künstlichen Gerbstoffen behandelt. Am besten können noch formaldehydhaltige Fäden mit einer Lösung von Harnstoff behandelt und nachher dem Verfahren unterworfen werden.

FP 850455 Onderzoekingsinstitut Research 1939 — Versponnene Caseinfasern werden im Anschluß an die Fällung mit 60%igen heißen Salzlösungen einer Dehnung und Stabilisierung unterworfen und dabei gestreckt. Hernach wird in ungestrecktem Zustande mit Formaldehyd gehärtet.

FP 835280 Montecatini 1939 }
FP 834443 Feretti 1939 } behandeln die Caseinfaserherstellung.

BelgP 445121 Glauchau — Man erhöht die Filz-, Spinn- und Walkfähigkeit von Caseinfasern bzw. deren Wärmeschutzvermögen, indem man die gesponnenen Fasern mit Lösungen behandelt, welche Eiweißstoffe und gasabgebende Substanzen enthalten. In einem zweiten Bade wird unter Zersetzung letzterer die Gasentwicklung eingeleitet und hernach gewaschen und getrocknet.

EP 615305 Ferretti 1949 — Caseinfasern werden erhalten, indem man aus wäßrigen Lösungen in Fällbäder, die kein HCOH enthalten, verdüst und hernach in harnstoffhaltigen Salzbädern sowie nachher in formaldehydhaltigen Salzbädern warm behandelt. Die Caseinfasern sind naßfester und widerstandsfähiger gegen kochendes Färben.

EP 614506 Courtaulds 1948 — Caseinfasern oder solche aus Proteinen werden gegen heißes Wasser und verd. Säuren stabil gemacht, indem man den Spinnlösungen Verbindungen zusetzt, die CNO-Ionen liefern. Die Modifikation kann auch so vorgenommen werden, daß gehärtete Caseinfäden mit Lösungen von Cyanaten behandelt werden.

EP 610647 Ilford Ltd 1948 (s. a. EP 585758/59) — Die Herstellung von Casein- oder Proteinfasern wird derart vorgenommen, daß eine Komplexverbindung des Proteins mit einer Anionseife, die im Anion eine hoch hydrophobe Gruppe trägt, in Form einer Lösung in einem organischen Lösungsmittel in ein Fällbad verdüst wird. (Als Anionseifen sind Dodecylnatriumsulfat, aber auch Farbstoffe, wie Naphthalinorange GS bzw. Kitonechtgelb 3 G angegeben. In letzterem Falle sind gefärbte Fasern erhältlich.)

EP 605830 ICI 1948 — Caseinfasern oder Proteinfasern werden zur Erhöhung ihrer Wasserfestigkeit in sulfathaltigen sauren Bädern gefällt und hernach längere Zeit mit einer Mischung von 100 ccm 3molarer Glaubersalzlösung, welche noch 14 ccm 98%ige Schwefelsäure und 3,25 ccm 40%igen Formaldehyd enthält, behandelt.

EP 600723 Ciba 1948 — Herstellung verbesserter Eiweißfasern.

EP 597404 Ciba 1948 — Casein, welches mit Formaldehyd gehärtet ist, ist quellbar usw. Man härtet daher Caseinfasern mit Carbamiden und Formaldehyd, bis Harzbildung eintritt.

EP 586032 Signer 1947 — Zur Härtung von Caseinfasern werden Lösungen basischer Metallsalze vorgeschlagen.

EP 585595 Pickles 1947 — Zur Verminderung des Klebens von Fäden aus Milchcasein, die frisch gesponnen sind, setzt man der Spinnlösung des Caseins 20 bis 50% des Caseingewichts an Glyzerin zu.

EP 584889 Courtaulds 1947 — Casein- oder Proteinfasern werden gefärbt erhalten, indem man aus alkalischen Caseinlösungen, die einen alkalilöslichen

Nachchromierungsfarbstoff enthalten, in ein Fällbad spinnt, das ein dreiwertiges Chromsalz enthält. Z. B. wird eine 17,5%ige Lösung von Milchcasein in verd. NaOH mit einem Nachchromierungsfarbstoff versetzt und in ein Fällbad, welches pro Liter 90 g Schwefelsäure und 360 g Natriumsulfat enthält, bei 55° C versponnen. Nach dem Auswaschen der Säure wird die Faser gehärtet, gewaschen und nachgehärtet (s. EP 570205). Hernach wird sie 16 Stunden in ein Bad gebracht, welches 400 g Schwefelsäure, 300 g Natriumsulfat und 40 g Formaldehyd enthält (pro Liter), dann wird in einem 75° C warmen Bade mit 40 g Formaldehyd 40% und 40 g Chromsulfat 16 Stunden behandelt.

EP 584353 Nat. Dairy Prod. Corp. 1947 — Zur Erhöhung der Widerstandsfähigkeit von Caseinfasern werden diese mit einer Flüssigkeit behandelt, welche ein inertes Lösungsmittel und 5—15% Essigsäureanhydrid sowie etwa 5—7% Eisessig enthält. (Die Behandlung erinnert an die Herstellung der Immunwolle nach Casella.)

EP 580434 ICI 1946 — Naßgesponnene Proteinfasern werden durch Formaldehyd in Anwesenheit stark saurer Salze unlöslich gemacht. Das Verfahren eignet sich insbesondere für Caseinfasern, aber auch für solche aus vegetabilischen Proteinen. Die Behandlung wird ausgeführt bei einem pH unter 0,5. Man setzt nachher die Faser der Wirkung einer Lösung von 2,5% Schwefelsäure, 1,5% Formaldehyd und 26% NaCl aus, wobei man 20 Minuten bei 30° arbeitet. Dann kann man eventuell nochmals mit einer Lösung von 40% Formaldehyd und Schwefelsäure, die auf ein pH von 3,3 eingestellt ist, bei Zimmertemperatur 40 Minuten nachhärten. Hierauf wird gewaschen und mit Fettalkoholsulfonat aviviert.

EP 578367 Friesland 1946 — Beschreibt die Herstellung von Caseinfasern.

EP 573888 Signer 1945 — Caseinlösungen werden trocken gesponnen. Man erwärmt 12500 Teile Casein, 320 Teile Oleinsäure, 520 Teile NaOH wasserfrei und 36670 Teile Wasser in einem 100-Liter-Gefäß auf 45° C durch 10 Stunden, filtriert, entlüftet unter Unterdruck und spinnt durch Düsen. Die Masse soll ein pH von 9 aufweisen.

EP 573432 Signer 1945 — Die Härtung von Caseinfasern wird in lufttrockenem Zustande mit Dämpfen des Härtungsmittels vorgenommen.

EP 546977 Courtaulds 1941 — Zur Härtung von Caseinfasern werden Aldehydlösungen, die Berylliumsulfat enthalten, empfohlen.

EP 539985 Feretti (s. a. EP 510131 1939) — Caseinfasern werden durch Behandlung mit Chromsalzen wasserfester. Die Salze werden vor dem Spinnen zugegeben.

EP 536841 Atlantic Research 1941 — Das Härten von Caseinfasern erfolgt mit Ketenen in Gegenwart von Fettsäuren als Katalyt, wobei Caseinfasern mit einem Feuchtigkeitsgehalt von 10—20% bei 80—110° C behandelt werden und 3—5% Keten aufgenommen wird. Durch Behandlung mit Thioglykolsäure kann die Zugfestigkeit der Fasern erhöht werden.

EP 525577 Courtaulds 1940 — Man behandelt Caseinfasern nach der Härtung bei 90—140° C in einem inerten Gas. Die Faser ist hinsichtlich ihrer Wasserfestigkeit verbessert.

EP 523939 Courtaulds 1940 — Eine Caseinlösung wird in ein Fällbad gesponnen, dessen pH 2 beträgt und das eine niedrige aliphatische Säure, wie Essigsäure oder Milchsäure, enthält. Z. B. 90 Teile/1000 Teilen Schwefelsäure, 360

Teile Natriumsulfat, 40 Teile Essigsäure. Die Faser hat verbesserte Eigenschaften.

EP 521856 Dreyfus 1940 — Casein wird in einer Alkalipolysulfidlösung gelöst, deren Alkalinität der einer 1—3%igen NaOH entspricht. Gesponnen wird in ein Fällbad von verdünnter, mit Ammonsulfat gepufferter Schwefelsäure, wobei ohne wesentliche Streckung abgezogen wird, dann wird gehärtet und hernach erst auf 30—60° C und dann auf 100—120° C erhitzt. Die Fasern sind wasserbeständiger. Eventuell können in die Spinnlösung schwefelhaltige Stoffe gegeben werden.

EP 521148 Courtaulds 1940 — Caseinfasern werden auf den isoelektrischen Punkt gebracht und in geschlossenen Gefäßen auf 70° C in Anwesenheit von Feuchtigkeit erhitzt.

EP 508781 AG f. Vermögensverwertung 1939 — Zu einer Caseinlösung, die zur Faserherstellung dienen soll, wird n-Propylamin oder Butylamin zugefügt, sowie eventuell Proteinamide. Die Fasern werden nach der Herstellung mit 5% Formaldehyd gehärtet, wobei etwas Schwefelsäure zugegeben wird. Die Behandlung beeinflußt das färberische Verhalten der Fasern gegen Wollfarbstoffe günstig.

EP 507114 Snia Viscosa 1939 — Casein wird vor der Lösung in Alkali mit Phenol behandelt, hernach gelöst und versponnen. Nachher wird gehärtet.

EP 502710 Courtaulds 1939 — Caseinfasern werden nach dem Spinnen gehärtet, gestreckt und nochmals gehärtet. Die textilen Eigenschaften werden so wesentlich besser.

HollP 57564 Research 1946 — Caseinlösungen, wie sie zur Erzeugung von Caseinfasern Verwendung finden, sind sehr leicht verderblich. Man setzt ihnen zur Verhinderung der Schimmelpilzbildung usw. 0,25% quaternäre Ammoniumverbindungen, wie z. B. Stearyl- oder Laurylpyridiniumchlorid und Lauryltriäthylammoniumchlorid zu, wobei als weiterer Zusatz zur Verstärkung der Wirkung etwa 0,1—0,3% Wasserstoffsuperoxyd gegeben werden kann. Die Zusätze haben keinen Einfluß auf die Eigenschaften der erhaltenen Fasern.

HollP 56626 AG f. Vermögensverwertung 1943 — Man setzt den Spinnlösungen von Caseinfasern vor dem Verspinnen Mercapto- oder Äthoxyfettsäuren zu und erhitzt nach der Fadenherstellung.

AP 2450889 Feretti 1948 — Caseinfasern werden aus mit Silikaten versetzten Caseinlösungen gesponnen. Eventuell werden Zusätze von fettsauren Salzen gegeben.

AP 2432776 Aralac Inc. 1947 — Um das Aneinanderkleben von künstlichen Proteinfasern vor der Härtung zu verhindern, spinnt man dieselben aus alkalischer Lösung in ein saures Fällbad, welches festes feines Material suspendiert enthält, welches sich auf den klebrigen Fasern abscheidet und das Aneinanderkleben hindert. Beim Härten fällt der Großteil ab, der Rest wird durch den darauffolgenden Waschprozeß entfernt.

AP 2429214 DuPont 1947 — Textilfasern aus Prolamin (künstliche Proteinfasern) werden erzeugt durch Verspinnen einer wäßrigen alkalischen Prolaminlösung in ein mineralsaures Bad, welches lösliche anorganische Salze und Formaldehyd enthält. Dann wird mit einer 5%igen Lösung eines das Protein härtenden Stoffes behandelt, wobei dem Bad ebenfalls anorganische Salze zugegeben werden. Schließlich wird die nur teilweise gehärtete Faser gestreckt auf 50% der maximalen Dehnung, dann in einer Lösung von anorganischen Salzen von hoher Konzentration auf 50° C und darüber behandelt und schließlich mit Formaldehyd fertig gehärtet.

AP 2428603 Nat. Dairy Prod. Corp. 1947 — Aus alkalischer Lösung in saure Fällbäder gesponnene Proteinfasern werden mit Formaldehyd bei pH 4,5—7 gehärtet.

AP 2421302 ICI 1947 — Formaldehydgehärtete Fasern aus Proteinen werden vollkommen entwässert und hernach in einem Strom erhitzter Luft auf 86 bis 120° C gebracht. Man beläßt 3—8 Stunden und feuchtet hierauf das Material derart an, daß es einen Wassergehalt von 9,4—13% erhält. Die Dehnung und Faserstärke ist verbessert.

AP 2420735 und AP 2420736 Gen. Mills Inc. 1947 — Zur Herabsetzung des Wasseraufnahmevermögens von Proteinfasern werden dieselben mit einer Mischung aus salpetriger Säure und hochdissoziierten starken Mineralsäuren behandelt, wobei die Wasserstoffionenkonzentration nicht wesentlich geringer als n/1 ist. Die Einwirkungsdauer wird so bemessen, daß die Aminogruppen zu OH-Gruppen umgebildet werden, ohne weitgehende Hydrolyse der Peptidbindungen. Besonders wirksam ist die Überführung der Aminogruppen in COOX-Gruppen, wobei X Furfuryl bedeutet.

AP 2408027 Nat. Dairy Prod. Corp. 1946 (s. AP 2408026) — Caseinfasern werden wasserfester als durch gewöhnliche Formaldehydbehandlung, indem man sie mit Essigsäureanhydrid in organischem Lösungsmittel (chlorierte Kohlenwasserstoffe) in Anwesenheit von etwas Essigsäure behandelt und nachher gewaschen. Vor der Anhydridbehandlung werden mehrere HCOH-Bäder gegeben.

AP 2368690 Sandoz 1945 — Die Festigkeit von Caseinfasern wird verbessert, indem man mit dreiwertigen Chromsalzen bei 50° C behandelt.

AP 2339408 Enka 1944 — Casein- oder Proteinfasern werden hergestellt, indem das Casein erst auf 55—120° C 8—72 Stunden erhitzt wird; hierauf wird es in Alkali gelöst und in ein Fällbad gesponnen, welches neben Schwefelsäure Ammonsulfat enthält, wobei das molare Verhältnis von Säure zu Salz etwa 1,3—1,5 beträgt.

AP 2338915 — AP 2338920 Feretti, Al. Prop. Cust. 1944 — Man zieht Caseinfasern vor dem Unlöslichmachen durch ein Salzbad unter Streckung auf 150% (Aluminiumsalze bzw. auch bei der Härtung mit Formaldehyd NaCl zusetzen). Die Behandlung des Säurecaseins zur Herstellung der alkalischen Caseinlösung mit KOH und NaOH bei 14—24° C unter Kontrolle der eintretenden Viskosität der Lösung, eventuell wird durch Zugabe von Wasser das Badvolumen erhöht. Ins Fällbad setzt man neben Glaubersalz als Härtungsmittel auch Aluminiumsulfat und Kalialaun.

AP 2312998 Al. Prop. Cust. 1943 — Das Härten von Proteinfasern erfolgt durch Behandlung in einem bewegten Bade, welches neben Formaldehyd auch Methanol enthält und 1 Stunde bei Temperaturen über 70° C angewendet wird.

AP 2297397 Feretti 1942 — Man macht Proteinfasern (Caseinwolle) durch Behandlung nach dem Fällbad unlöslich. Man kann auch im Fällbad behandeln, und zwar setzt man zu diesem Zwecke dem Bade Chromverbindungen, wie Chlorid, Sulfat oder auch Chromalaun zu. Eine Zugabe von NaCl soll die Faserquellung während des Unlöslichmachens zurückdrängen.

AP 2293986 Enka 1942 — Zur Erhöhung der Wasserfestigkeit von Proteinfasern werden bereits gehärtete Fasern neuerlich einer Behandlung mit Aldehyd und Säure in einem Bade unterworfen und ohne Waschen erhitzt.

AP 2291701 Celanese 1942 — Man erhöht die Fasereigenschaften von Proteinfasern, indem man diese mit Schwefel erhitzt. (Ausbildung von Sulfhydril- oder Disulfidbrücken?)

AP 2266672 Courtaulds 1941 — Die Härtung von Caseinfasern erfolgt in Bädern von Aluminiumsulfat, Glaubersalz, Na-Acetat und Formaldehyd.

Hinsichtlich weiterer US-Patente über Caseinfasern vgl. noch folgende:

AP 2389015, 2385674, 2383358, 2372622, 2368690, 2354077, 2342994, 2342634, 2335576, 2309113, 2293989, 2283169, 2225198, 2224693, 2211961, 2204535, 2204336, 2197246, 2195930, 2187534, 2169690, 2167202.

2. Andere Proteinfasern (Ardil, Vicara, Sarelon usw.).

Textilfäden aus anderen Eiweißstoffen als Casein sind in zahlreichen Varianten bekanntgeworden. Schon 1939 wurden Fasern aus Fischeiweiß hergestellt. Die Fasern unterliegen jedoch, insbesondere im nassen Zustande, einer raschen Zersetzung. Nach anderen Angaben soll die sogenannte Fischwolle in Mischungen mit 80% Zellwolle verwendbar sein. Ihre Anfärbbarkeit ist gut, das Wärmeleitvermögen gering, wie bei Wolle. Die Tragechtheit kann durch Zusatz von Fetten und Wachsen erhöht werden[45, 46].

Fasern aus Chitin werden hergestellt, indem man das Chitin erst desacyliert und hernach aus alkalischen Lösungen verspinnt[47].

Fäden aus Seidenfibroin sind erhalten worden, indem Seidenabfälle in Trimethylbenzylammoniumhydroxyd gelöst und verdüst wurden.[48].

Keratinfäden können erzeugt werden, indem man Tierhaare oder Wollabfälle mit konz. Schwefelsäure bei 0° C durch 24 Stunden behandelt. Hierauf wird der Säureüberschuß entfernt, das erhaltene Keratin in Thioglykolsäure bei pH 9 gelöst, dialysiert und hierauf mit Essigsäure gefällt. Die Cystindisulfidbrücken sind bei dieser Behandlung weitgehend zerstört worden[49].

Die Fasern sollen eine Zugfestigkeit von 0,8 g/den und eine Bruchdehnung von 30 zeigen.

Gewisse Globuline (Eialbumin, Zein) werden durch Arylalkylsulfonate *(Nacconol NRSF)* in eine Form gebracht, welche sie zur Faserherstellung geeignet machen. Z. B. werden aus einer 4%igen Eialbuminlösung durch Zugabe von *Nacconol NRSF* bei 25° C nach dem Aussalzen mit Ammonsulfatlösung Niederschläge erhalten, die zur Faserherstellung dienen können. Die Verarbeitung muß aber sofort vorgenommen werden. Läßt man 3 Minuten stehen, so wird der Niederschlag zäh und zeigt keine Fadenbildung mehr[50].

Aus Zein wird die faserbildende Substanz der Vicarafaser gewonnen (vgl. AP 2156929).

Von allen Vorschlägen technisch weitgehend verwirklicht und anscheinend auch zukunftsreich ist die Herstellung von Fäden aus Erdnußglobulin. Die als

[45] Text. Manufacturer **73**, 375 (1947); s. a. Bios: Final Rep. 1239.
[46] Rudolph: Melliand Textilber. **1946**, 287.
[47] Amer. Dyestuff Reporter **29**, 461 (1940), bzw. AP 2217823.
[48] AP 2145855/57.
[49] AP 2413983 Bruce, **1947**; Chem. Engng. News **26**, 21 (1948).
[50] Lundgreen: J. Amer. chem. Soc. **63**, 2854 (1941).

Ardil bekanntgewordene, von der ICI entwickelte Faser wird seit etwa drei Jahren in größeren Mengen erzeugt[51]. Die Ardilfaser erreicht etwa 79% der Festigkeit der Wollfaser, ist aber wesentlich widerstandsfähiger gegen Mottenfraß. Ebenfalls aus Erdnußglobulin besteht die in USA erzeugte Sarelonfaser.

Die vergleichenden Messungen von wollartigen Kunstfasern ergaben folgende Werte[52]:

	Zugfestigkeit g/den	Dehnung in Prozent	den	Dichte
Wolle	1,28	42	4	1,32
Caseinfaser	0,70	25—60	4	1,30
Sojabohnenfaser	0,81	9	1,8	1,30
Ardil (Erdnußglobulinfaser)	0,86	20—60	4,4	1,30

Literaturübersicht über andere Proteinfasern.

Evans, Croston: Text. Res. J. **19**, 202 (1949).
Wildemuth: Text. Recorder **67**, 71 (1949).
Harris, Brown: Text. Res. J. **17**, 323 (1947).
Thomson: J. Soc. Dyers Colourists **1946**.
Merrifield: Text. Res. J. **16**, 369 (1946).
Traill: Text. Manufacturer **71**, 71 (1945).
Boyer: Amer. Dyestuff Reporter **32**, 165 (1943).
Stouffer: Rayon Text. Monthly **32**, 649 (1942).
Williams, Tonn: Rayon Text. Monthly **22**, 523 (1941).
Thor, Henderson: Amer. Dyestuff Reporter **29**, 461, 489 (1940).
Atwood: Ind. Engng. Chem. **32**, 1547 (1940).
Boyer: Ind. Engng. Chem. **32**, 1549 (1940).

Patentschrifttum über andere Proteinfasern.

DP 748687 Cottbus 1944 — Herstellung von Fasern aus pflanzlichem Eiweiß.

DP 733477 Showa Sangyo Kabushiki Kaisha 1943 — Zur Herstellung von Fasern aus Sojaproteinen werden die ausgepreßten Kuchen von der Ölgewinnung mit verdünntem Alkali behandelt und das Eiweiß mit Säure gefällt. Mit einem Gehalt von 75—80% wird es unter Zusatz eines Stabilisators (Weinsäure, Zucker) in NH_3 gelöst und nach Reifung versponnen.

DP 722266 Husfeld 1942 — Fasern aus Lupineneiweiß werden behandelt.

SP 256467 ICI 1949 — Proteinfasern werden erst in Formaldehydlösungen vom pH 4—6, die mit NaCl und Sulfaten gesättigt sind, gehärtet und hernach mit wäßrigen Aldehydlösungen, die mindestens 175 g/l H_2SO_4 enthalten und mit Sulfat gesättigt sind, behandelt.

SP 250872 ICI 1948 — Gewinnung von Erdnußglobulin für die Herstellung von künstlichen Proteinfasern.

SP 223524 Husfeld 1942 — Künstliche Fäden aus Eiweiß werden hergestellt, indem man Pflanzeneiweiß, das salzfrei ist, mit alkalischen Lösungen behandelt, den gelösten Anteil abfiltriert, Acetaldehyd zusetzt und in ein salzfreies Fäll-

[51] Boyer: Ind. Engng. Chem. **32**, 1549 (1940). — Wakeman: Chemistry of Commercial Plastics, S. 745. New York: Reinhold. 1947. Text. Manufacturer **73**, 239 (1947).

[52] Wilatt: Canad. Text. J. **65** (1948).

bad, welches Säure enthält, spinnt. Der Spinnlösung wird etwas Formaldehyd zugegeben. Nachher wird in einem alkoholischen Härtungsbad behandelt. Insbesondere wird Lupineneiweiß vorgeschlagen.

SP 220479 Süddeutsche Holzverzuckerung 1942 — Man spinnt Fasern aus Hefeeiweißlösungen.

SP 219630 Husfeld 1942 — Zur Erzeugung von Fasern wird Lupineneiweiß verwendet.

FP 886915 ICI 1943 — Künstliche Fasern aus Erdnußglobulin werden hergestellt, indem man das Globulin eine Zeitlang in wäßriger Lösung von pH 12,5 reifen läßt (die Lösung wird gebildet durch Auflösen von im isoelektrischen Punkt befindlichem Globulin mittels einer wäßrigen Lösung von Alkali, wobei jedoch kein starker Abfall der Viskosität eintreten soll). Nach dieser Reife wird versponnen. Die Lösung enthält 15—35 Teile Globulin und 0,7—1,5 Teile NaOH auf 100 Teile Wasser.

FP 885218 Süddeutsche Zellwolle 1943 — Man bringt Diisocyanate zur Einwirkung auf Eiweißfasern, auch in Gegenwart von organischen Basen, wie Pyridin (z. B. 1,12-Diphenyldodekamethylendiisocyanat).

FP 876134 Thüring. Zellwolle 1932 — Herstellung künstlicher Fäden aus Eiweißstoffen und regenerierter Cellulose, indem man zu einer Eiweißlösung einen schwefelhaltigen Stoff (Polyalkalisulfid und Chloralhydrat) und hernach eine Celluloselösung zusetzt und in ein Bad von hohem Neutralsalzgehalt und schwachem Säuregehalt spinnt; hierauf wird in einem Kochsalzbad verstreckt und dann durch Aluminiumsulfatbäder genommen. Hierauf wird bei 50° C in Bädern von NaCl und Al-Sulfat gehärtet.

FP 849969 Bergh, Mils, v. Dijk 1939 — Keratinfasern werden aus Keratinlösungen gesponnen, zu welchen man Stoffe gibt, die mit Keratin Kondensationsprodukte liefern. (Aldehyde, Sulfocyanate, Harnstoff-Formaldehydverbindungen oder Phenol-Formaldehydkondensate.) Die Keratinlösung wird dann versponnen. Die Zusätze können auch in das Fällbad gegeben werden. Benützt werden Keratinlösungen in NaOH, Cuoxam oder Schwefelalkali.

EP 626542 Cyanamid 1949 — Kollagenfäden werden in ein Lecithin enthaltendes Bad gesponnen.

EP 609047 Ned. Onderzoek 1948 — Stabile Keratinlösungen werden erhalten, indem man keratinhaltiges Material mit wäßrigen Lösungen von Schwefelalkalien behandelt.

EP 609018 Courtaulds 1948 (s. a. EP 575402) — Zur Herstellung von Proteinlösungen zur Fabrikation von Kunstfasern werden Erdnußmehle, die durch Abpressen entölt und mit Petroläther extrahiert wurden, mit einer Mischung von 2 Liter Äthylalkohol und 6 Liter dest. Wasser 1 Stunde behandelt, hierauf 25 ccm NaOH 20%ig allmählich zugesetzt, bis ein pH von 8,5 resultiert, 2 Stunden stehen gelassen, die überstehende Flüssigkeit abdekantiert, das Protein aus der Lösung mittels Schwefeldioxyd bei einem pH 4,7 gefällt, getrocknet und dann zum Verspinnen in Alkali aufgelöst.

EP 608464 Courtaulds 1948 — Alkalische Erdnußproteinlösungen, welche zum Verspinnen bestimmt sind, neigen zur Gelierung, Verfärbung und Hautbildung. Man kann dies verhindern durch Zusatz von Alkalicyanid. Z. B. benützt man eine Lösung, die 0,9% NaOH, 20% Erdnußglobulin und 0,1% Natriumcyanid enthält.

EP 608269 Courtaulds 1948 (s. a. EP 534851, EP 534728, AP 2260640) — Erdnußproteinlösungen werden erhalten, indem man die gemahlenen Samen mit verdünnter Schwefelsäure, Salzsäure oder Phosphorsäure behandelt und auf Temperaturen von etwa 95° C erhitzt. Hierauf wird filtriert und das Mehl mittels alkalischer Lösungen behandelt (EP 575402).

EP 607327 ICI 1948 — Die Fällung von Erdnußglobulin zur Herstellung von Fasern wird derart vorgenommen, daß beim isoelektrischen Punkt bei 40—60° C gefällt wird und das Globulin als Hydrat (s. Burnett, Ind. Engng. Chem., ind. Edit. 1945, 861) erhalten wird. Man setzt 3% NaCl zu und verspinnt mit einem Gehalt an etwa 60% Globulin zu Fäden.

EP 605826 Courtaulds 1948 — Proteinalkalilösungen enthalten dispergierte Kohlehydrate usw. Statt zu filtrieren, setzt man den etwa 7%igen Lösungen 0,02% Octadecylpyridiniumchlorid usw. zu.

EP 597497 ICI 1948 — Es wird die Herstellung von Proteinfasern beschrieben.

EP 596536 ICI 1948 — Die Härtung von Erdnußglobulin- oder von Caseinfasern wird derart vorgenommen, daß man erst ein Bad von HCOH und NaCl bei einem pH von 4—6, hernach das eigentliche Härtebad mit HCOH und 30 g NaCl/100 g-Lösung, mit HCl auf pH 1 gestellt, verwendet.

EP 593928 ICI 1947 — Erdnußglobulinfasern werden erhalten durch Verspinnen einer alkalischen Lösung des Globulins in ein Fällbad von 1,5% Schwefelsäure und 20% Glaubersalz, hierauf wird in einem Bad derselben Zusammensetzung gestreckt. Dann wird mit gesättigter NaCl-Lösung 10 Minuten bei 30° C behandelt, gehärtet in einem Bad von 2,5% Schwefelsäure und 1,5% Formaldehyd sowie 20% NaCl 10 Stunden bei 40° C, gewaschen mit 0,06%iger Lösung von Na-Cetylsulfonat und hierauf mit 0,5% Sodalösung behandelt, gewaschen und getrocknet. Der Faden besitzt eine Zugfestigkeit von etwa 7,1 kg pro qmm. Wird er nach dem Trocknen auf 150% gestreckt und dann wieder mit Formaldehyd bei pH 9—10 oder 2—3,5 behandelt, ist seine Zugfestigkeit 10,5 kg/qmm.

EP 593284 DuPont — Die Herstellung von Sojabohnenproteinfasern wird beschrieben, wobei alkalische Proteinlösungen zur Verdüsung kommen, welche 13—1% Protein, 1—1,4% Alkaliverbindungen und 1% oberflächenaktive Stoffe enthalten.

EP 580434 ICI 1946 — Pflanzenglobulin kann als Fasermaterial Verwendung finden. Man stellt eine alkalische Lösung her, welche in ein Fällbad von 1,5% Schwefelsäure und 20% Natriumsulfat bei 30° C verdüst wird. Die Fasern werden hierauf aufgewunden und mit gesättigter NaCl-Lösung gewaschen, bzw. 30—40 Minuten bei 40° C behandelt. Hierauf zerschneidet man auf Stapelfaser. Es folgt dann die übliche Härtung mit Formaldehyd in Gegenwart freier Schwefelsäure, worauf mit Wasser gespült wird. Die Fasern besitzen eine Festigkeit von etwa 7,7 kg/qmm. Durch eine Nachbehandlung mit 40%igem Formaldehyd mit etwas Schwefelsäure bei pH 3,3, worauf man wäscht, mit Fettalkoholsulfonat (0,06%) und 0,5% Soda aviviert und nach dem Waschen trocknet, erhöht sich die Faserfestigkeit auf 11 kg/qmm. Das Garn wird bei etwa 60% relativer Feuchtigkeit konditioniert (vgl. EP 551923, 549642).

EP 543586 ICI 1942 (s. a. EP 537740) — Herstellung von Sojabohneneiweißfasern.

EP 535012 Iwamae 1941 — Proteinfaserherstellung.

EP 528428 Feretti 1940 — Beschreibt die Gewinnung von Proteinfasern.

EP 525157 Coop. Kondensfabr. Friesland 1940 — Herstellung von Sojabohneneiweißfasern.

EP 513910 ICI 1939 (s. a. EP 513896) — Fasern aus Proteinen oder abgebauten Pflanzenglobulinen, die mit Formaldehyd gehärtet wurden, werden zur Erhöhung ihrer Widerstandsfähigkeit gegen kochendes Wasser und verdünnte Säuren eine Zeitlang mit einer verdünnten Lösung einer Halogenwasserstoffsäure in einer Salzlösung behandelt und hernach ausgewaschen und getrocknet. Die Behandlung erfolgt bei 34—50° C und kann mit der Härtung zusammen erfolgen. Als Salze werden Alkali-, Erdalkali-, Zink- und Ammoniumsalze verwendet.

EP 508840 Potter 1939 — Fäden aus Sojabohneneiweiß werden in der Herstellungsweise beschrieben.

EP 502047/48 Nihon Kari Kogyo Kabushiki Kaisha 1939 — Die Herstellung von Sojabohneneiweiß und Fasern daraus wird angegeben.

AP 2495566 ICI 1950 — Bei der Herstellung von Proteinfasern wird der gefällte Faden in ein schwach alkalisches, nicht härtendes Quellbad, welches eine wäßrige Lösung von aromat. Aminen darstellt, gebracht, dann wird der gequollene und gestreckte Faden in ein Schrumpfbad geführt und schließlich in einem sauren Formaldehydbad ungespannt gehärtet.

AP 2489519 ICI 1949 — Zur Herstellung von Fasern aus vegetabilischen Globulinen verdüst man deren Lösungen in ein entsprechendes Fällbad, worauf man in Berührung mit Salzlösungen bei Temperaturen unter 40° C streckt und dann heiße Salzlösungen zur Einwirkung bringt.

AP 2475879 DuPont 1949 — Das kontinuierliche Spinnen und Strecken von Zeinfasern (Vicara) erfolgt nach Verdüsen in Spinnbäder, die mindestens 0,52% Formaldehyd, 11—15% Schwefelsäure und Salze enthalten.

AP 2475129 Cyanamid 1949 — Beim Spinnen von Kollagenlösungen werden die Spinndüsen mit basischen Stickstoffverbindungen, die langkettige Alkylreste aufweisen, bestrichen. Der Überzug verhindert die Verkrustung.

AP 2474339 Inst. Agricultur USA 1949 — Zur Gewinnung verdüsbarer Proteinsubstanzen wird Keratin mit wäßrigen Lösungen aliphatischer Alkohole bei 50—150° C abgebaut.

AP 2463827 ICI 1949 — Zur Herstellung von spinnbaren, über 60% Globulin enthaltenden Lösungen werden 30%ige Lösungen von isoelektrisch gefälltem Globulin in Gegenwart von Salzen erhitzt, bis ihre Konzentration den gewünschten Wert erreicht hat.

AP 2462933 USA Governement 1949 — Die Herstellung von Fasern aus den Proteinen von Baumwollsamen wird beschrieben.

AP 2460627 Hercules 1949 — Zur Gewinnung von Sojaproteinen wird das Rohmaterial vermahlen, das Globulin beim isoelektrischen Punkt mit Wasser herausgelöst, dann gefällt und mit Alkali wieder gelöst.

AP 2459952 Courtaulds 1949 — Zum Verspinnen dient eine mit Cyaniden der Alkali- oder Erdalkalimetalle (0,1%) versetzte Proteinlösung.

AP 2451659 Drackett Co. 1948 — Bei der Herstellung von Proteinlösungen aus pflanzlichem Material wird während der Extraktion ein enzymwirkungstörender Stoff und eine flüssige organische Verbindung zugesetzt, die vom Protein adsorbiert wird und die so, in Wasser unlöslich, den Einfluß des Luftsauerstoffes auf das Protein ausschaltet. Dadurch wird eine Verfärbung des Proteins vermieden.

AP 2450810 Corolina Chem. 1948 — Die Fällung des aus Erdnuß oder Sojabohnen gewonnenen Proteins aus reinen alkalischen Lösungen erfolgt durch Säuren in Anwesenheit von Harnstoff, Thioharnstoff oder deren monosubstituierten Derivaten.

AP 2436156 DuPont 1948 — Fäden aus regeneriertem Keratin mit einer Festigkeit von 1 g/den bzw. naß 0,4 g/den und einer Dehnung von 10—20% werden erhalten, indem man Wolle mit einem Reduktionsmittel behandelt, hierauf diese, die etwa 50% der Disulfidbrücken aufgespalten enthält, in alkalischen Lösungen löst, mit Säure fällt, dann in wäßrigen kaustischen Alkalilösungen auflöst, und zwar in Gegenwart von Salzen wasserlöslicher mehrbasischer Carbonsäuren und hierauf in Spinnbäder verdüst.

AP 2429214 DuPont 1947 — Proteinfasern (Prolamine, Zein) werden hergestellt durch Verdüsen von wäßrigen Lösungen von 12—18% Zein in Koagulationsbäder, welche anorganische Salze, starke Mineralsäuren und Formaldehyd enthalten. Die so hergestellten Fäden werden teilweise gehärtet durch Behandlung mit gerbenden Mitteln und dann, während sie Lösungen von neutralen oder sauer reagierenden Salzen durchlaufen, gestreckt (Temperatur über 50° C). Hernach wird mittels Formaldehydlösung gehärtet.

AP 2424408 ICI 1947 — Betrifft die Herstellung von Erdnußglobulinlösungen zum Verspinnen.

AP 2417576 ICI 1947 — Herstellung von viskosen Proteinlösungen zur Fasererzeugung.

AP 2394308 Al. Prop. Cust. (Kagita Inoue) 1946 — Zur Herstellung von künstlichen Fasern aus Sojaprotein extrahiert man Sojabohnenrückstände mit verdünntem Alkali, fällt das Protein aus der erhaltenen Lösung durch Mineralsalze, wäscht mit Wasser, löst dann neuerlich in Alkali und spinnt in das Fällbad.

AP 2381088 ICI 1945 — Lösungen von pflanzlichen Proteinen werden bei der Lagerung einem partiellen Ammoniakdruck ausgesetzt, um ihre Spinnfähigkeit zu verbessern.

AP 2364053 Huppert 1944 — Man verbessert die Eigenschaften von Sojabohnenproteinfasern durch Zugabe von Co-Polymerisationsprodukten von Pseudothiohydantoin, Kresol und Formaldehyd.

AP 2358383 Astbury 1944 — Zu der Lösung von vegetabilischen Proteinen wird vor der Verdüsung Harnstoff, Thioharnstoff, Formamid oder Acetamid zugegeben.

AP 2358219 ICI 1944 — Man stellt Fasern aus Erdnußglobulin her, wobei man beim isoelektrischen Punkt mit der stöchiometrischen Menge (0,7—1,5%) NaOH löst und in ein Bad fällt, welches 10% Glaubersalz und 0,25—2,5% Schwefelsäure enthält und mit 40° C angewendet wird.

AP 2354077 Al. Prop. Cust. 1944 — Hochkochfeste Fasern aus Proteinen werden erhalten, wenn man die alkalische Proteinlösung in ein Koagulations- und Härtungsbad spinnt, welches Ameisensäureionen und mehrwertige Metallionen enthält und die Proteinlösung nicht mehr als 0,4 Mol freies Alkali aufweist.

AP 2347677 ICI 1944 — Man härtet Globulinfasern in einem Bade, welches 30% NaCl, HCl und Formalin enthält.

AP 2319039 ICI 1943 — Erdnußglobulinfasern usw., welche aus Harnstofflösung in saure Fällbäder gesponnen wurden, besitzen manchmal eine rötliche Färbung. Man nimmt nach dem Fällbad durch ein Bad von NaCl, hernach behandelt man in einem Bade von 4 Teilen Hydrosulfit, 120 Teilen NaCl, 4,8 Teilen HCl 30%, 4,6 Teilen Formaldehyd. Nachher wird heiß gewaschen. Die Faser ist entfärbt und widerstandsfähiger gegen Säuren. Auch Casein- oder Sojabohnenfasern können derartig behandelt werden.

AP 2319009 MacLean 1943 — Herstellung von Sojaproteinfasern.

AP 2310221 Denyes 1943 — Herstellung von Globulinfasern.

AP 2309113 Glidden 1943 — Aus mehr oder weniger hydrolysiertem Sojabohnenprotein kann man Fäden herstellen. Dieselben werden besonders biegsam gemacht, indem man sie in Bädern behandelt, welche 20% Glyzerin, Glykol oder Glykoläther enthalten. Man trocknet hernach langsam ansteigend bei 60—100° C.

AP 2298127 Glidden 1942 — Fasern aus Sojabohnenprotein oder aus nach AP 2112210 hergestelltem Proteindisulfid (gewonnen aus hydrolysiertem Sojabohnenprotein, welches mit CS_2 bei einem pH etwa dem des $Ca(OH)_2$ entsprechend behandelt wurde und nachfolgender Oxydation des geschwefelten Produkts) werden erhalten, indem man z. B. 300 g Protein in 1560 g Wasser und 15 g NaOH löst, die Lösung in ein Fällbad spinnt, welches 25% Schwefelsäure und 15% Glaubersalz enthält, hierauf durch ein Härtungsbad aus 5% Formaldehyd und 5% NaCl nimmt, mit 2% Na-Nitrit nachbehandelt und dann wäscht. Die Nitritbehandlung verhindert ein Kleben der Fäden bei der Verarbeitung.

AP 2297206 Donagemma 1942 — Herstellung von Sojabohneneiweißfasern.

AP 2289775 Graves 1942 — Fasern aus Mischungen von Proteinen und Polyamiden werden beschrieben.

AP 2272562 und AP 2272563 Iwamae, Otakecho 1942 — Man behandelt Sojabohnenprotein mit 0,1—1%iger schwefliger Säure, trennt die Proteinlösung vom Unlöslichen, fällt durch Neutralisieren bis zum isoelektrischen Punkt und wäscht. Oder man erzielt die Fällung des Proteins durch vollkommenes Austreiben der schwefligen Säure aus der wäßrigen Lösung. Hernach wird zu einer spinnbaren Proteinlösung neuerlich, diesmal in Alkali, aufgelöst und hernach verdüst.

AP 2237832 Kajita Inue 1941 — Faserherstellung aus Sojaprotein.

AP 2230624 McLean, Andrew 1941 — Gewinnung von Sojabohneneiweißfasern.

AP 2211961 DuPont 1940 — Die Herstellung von Fasern aus Globulinen, Prolaminen und Phosphorproteinen unter Streckung auf 300—2000% wird beschrieben.

AP 2202003 Haskins 1940 — Gewinnung von Fasern aus Chitin.

AP 2168374/75 Visking 1947 — Fasern aus Chitin werden hergestellt, indem man Chitin mit Lauge in Alkalichitin überführt und hierauf durch Xanthogenierung in Xanthatlösung verwandelt. Die erhaltene, etwa 6—8%ige Lösung, die 6,9% Natriumhydroxyd enthalten soll, wird in ein Fällbad verdüst und der koagulierte Faden im Gelzustande gewaschen.

Weitere US-Patente über Fasern aus Sojabohnen- sowie Erdnußproteinen sind unter anderen folgende:

AP 2385674, 2377885, 2377854, 2364035, 2364034, 2361713, 2358427, 2343012, 2343011, 2340909, 2333527, 2331434, 2309113, 2289775, 2211961, 2198538, 2192194, 2189481, 2156929.

B. Die Kunstseiden.

Als Kunstseiden werden neben den Regeneratcellulosefasern, wie Viskoseseide, Kupferseide und Nitroseide, auch acetylierte Cellulose (Acetatseide) und neuerdings die aus Alginaten bestehende Alginfaser (Alginkunstseide[53]) bezeichnet.

Die Fällung der Regeneratcellulose erfolgt bekanntlich bei der Herstellung der Viskoseseide (auch Rayon genannt) derart, daß Cellulosexanthogenatlösungen in saure Bäder versponnen werden, während die Kupferseide aus Lösungen von Cellulose in Cuoxam in Fällbädern hergestellt wird. Die kaum mehr als Textilmaterial verwendete Nitroseide (nitrierte Cellulose) wird aus Lösungen derselben in organischen Lösungsmitteln verdüst und nachher durch Alkalisulfide unter Abspaltung der Nitrogruppen in Cellulose rückverwandelt. Die Alginatseide spinnt man in Form von Alginatlösungen in Fällbäder, die ähnlich zusammengesetzt sind wie die für die Viskoseherstellung verwendeten. Die Molekularstruktur der Alginsäure steht in enger Beziehung zum Aufbau der Cellulose.

Acetatseide stellt eine Acetylcellulose dar, also einen Celluloseester, und wird aus organischen Lösungsmitteln verdüst, ohne daß die entstandene Faser chemisch verändert wird.

Da sich somit alle die angeführten Kunstseidenfäden auf Cellulose oder Derivate, bzw. hinsichtlich des Aufbaues der Cellulose naheverwandte Stoffe zurückführen lassen, können sie in einer Gruppe der künstlichen Fasern zusammengefaßt werden, obwohl die Fasereigenschaften und das chemische Verhalten naturgemäß beträchtliche Verschiedenheiten aufweisen.

1. Viskoseseide (Rayon); Zellwolle.

Der Ausgangsstoff für die Herstellung dieser künstlichen Faser ist weitgehend gereinigte Cellulose (α-Cellulose), welche durch Behandlung mit Alkali in Alkalicellulose übergeführt wird. Hernach wird diese durch den Xanthogenierungsprozeß in Cellulosexanthogenat bzw. eine alkalische Lösung desselben (die Viskose) verwandelt, welche in bekannter Weise in den sogenannten Müllerbädern versponnen wird.

Der Molekularaufbau reiner Cellulose kann nach Haworth wie folgt dargestellt werden[54]:

Cellobiose 10,3 Å

[53] Vgl. Alginfasern.

[54] Vgl. z. B. Marsh, Wood: Introduction on the Chemistry of Cellulose, Chapman & Hall, London 1945.

Der molekulare Aufbau der Regeneratcellulose ist im wesentlichen identisch, lediglich der Polymerisationsgrad (also die Anzahl der Cellobiosereste, welche das Fadenmolekül bilden) ist ein verschiedener.

Die chemischen Eigenschaften der aus Regeneratcellulose aufgebauten Kunstseiden sind von dem Verhalten der Cellulose gegen die einwirkenden Agentien bestimmt. Durch Säuren wird Cellulose in Hydrocellulose umgewandelt. Diese zeigt eine bedeutend herabgesetzte Festigkeit, welche in direkten Zusammenhang mit der sogenannten Kupferzahl gebracht werden kann. Hydrocellulose gibt eine Reihe von Farbreaktionen und besitzt eine große Affinität zu Methylenblau. Beim Kochen mit Wasser löst sich ein merklicher Anteil, mit Alkali gehen etwa 50% in Lösung. Hydrocellulose zeigt stark reduzierende Eigenschaften, während dies bei normaler Cellulose nicht der Fall ist. Die Einwirkung der Säure auf das Cellulosemolekül besteht in einer Hydrolysenwirkung auf die Glukosidbindungen, die die Cellobiosereste verbinden, wodurch die Molekülketten einer weitgehenden Spaltung (Verkürzung) unterworfen werden. Dies bedingt wieder die große Festigkeitsabnahme, die derart geschädigte Fasern aus Cellulose oder Regeneratcellulose aufweisen.

Bei der Behandlung von Cellulose mit Oxydantien wird Oxycellulose gebildet. Sie besitzt eine definierte Aldehydwirkung. Infolgedessen fällt sie aus ammoniakalischen Silberlösungen Silber aus, reduziert Methylenblau in Gegenwart von Alkali zur farblosen Leukoverbindung und gibt mit Eisensalzen Berlinerblau. Nach neuesten Untersuchungen tritt sie in zwei Formen auf.

Wird Cellulose feinst gepulvert, so liegt sie in amorpher Form vor. Setzt man heißes Wasser zu, so ergibt die röntgenographische Prüfung, daß mehr als 60% des Pulvers kristalline Struktur erhalten haben[55]. Cellulose besitzt einen bei pH 2,5 liegenden isoelektrischen Punkt[56].

Die Wasseraufnahme erfolgt durch Absorption und Imbibition. Neben natürlichen Verunreinigungen wird sie hauptsächlichst durch die sogenannten β- und γ-Cellulosen hervorgerufen. Auch reine Cellulose ist sehr absorptiv und kann das 18fache ihres Eigengewichtes an Wasser aufnehmen[57].

Der Durchschnittspolymerisationsgrad von Cellulose und ihren Derivaten bzw. Fasern aus Regeneratcellulose beträgt nach Houwink[58] für:

Baumwolle, nativ	3000—4000
Linters, roh	1400
Linters, gebleicht	700
Holzcellulose, gebleicht, für Viskose	800—900
Holzcellulose, gebleicht, für Acetatseide	720
Holzcellulose, gebleicht, für Nitroseide	680
Edelholzcellulose (96% α-Cellulose)	800—1450
β-Cellulose	10—90
γ-Cellulose	1—15
Viskose	300—400
Spezialzellwolle	400—800
Kupferseide	400—500
Nitroseide	170
Tylose (Celluloseäther)	200—500
Acetatseide (Cellulosester)	200—300

[55] Hermans, Weidinger: J. Amer. chem. Soc. **68**, 1138 (1946).

[56] Sookne, Harris: Text. Res. J. **11**, 307 (1941).

[57] Bolton, Morton: J. Soc. Dyers Colourists **56**, 145 (1940).

[58] Houwink: Chemie und Technologie der Kunststoffe, Bd. II, S. 210. 1942.

Es ist bekannt, daß gewisse Reinigungsprozesse der Cellulose vor der Herstellung der Viskose zu guten Resultaten hinsichtlich der Eigenschaften der erhaltenen Kunstseidenfasern führen[59]. Einesteils wird behauptet, daß die makromolekulare Struktur der regenerierten Fäden zur Gänze durch die physikalischen Bedingungen bestimmt wird, welche bei der Regenerierung, also der Koagulation, der Streckung und der Trocknung herrschen. Von diesem Standpunkt gesehen, ist also die Struktur der Ausgangscellulose von geringer Bedeutung, wenn nur gewisse Minimalforderungen hinsichtlich deren Kettenlänge erfüllt sind. Anderseits wieder geht eine Ansicht dahin, daß die Gestalt der einzelnen Kristallite in der Ausgangscellulose eine wichtige Rolle für die Struktur der erhaltenen Viskose spielt. Ist die Streckoperation unbestritten von größter Wichtigkeit für eine Reihe von Eigenschaften der hergestellten Viskose, so zeigt sich doch außerdem, daß die Art der Regeneration für Strukturverschiedenheiten in der Kunstseidenfaser von noch größerem Einfluß ist. Wurde nämlich der Regenerationsprozeß in zwei Stufen vorgenommen, so waren die erhaltenen Festigkeitswerte und die erzielte Dehnungsfähigkeit an den fertigen Fäden wesentlich besser als bei einstufiger Arbeitsweise. Der Unterschied war dabei größer als jener, der bei Einhaltung sonst gleicher Herstellungsbedingungen durch vermehrte Streckung erreicht werden konnte.

Für die spätere gleichmäßige Anfärbbarkeit der Viskosefaser ist der Quellungszustand bzw. die gleichmäßige Schrumpfung der nassen Fäden beim Trocknen der Spinnkuchen als wesentlich erkannt worden. Eine Reihe von Verfahren beschäftigen sich damit, durch entsprechende Trocknungsmaßnahmen (langsame Trocknung, Trocknung unter einmaligem Umspulen, Trocknung mittels Dampf oder Heißluft bei Wechsel der Durchblaserichtung, mehrmalige Trocknung bei Zwischenanfeuchtung mittels Naßdampf) eine gleichmäßige Schrumpfung der äußeren, mittleren und inneren Fadenlagen des Spinnkuchens zu erzielen.

Als Ausgangscellulose für die Viskoseherstellung kommt neben reinstem, hohe Gehalte an α-Cellulose aufweisendem Zellstoff vor allem ein Material in Frage, welches einen Polymerisationsgrad von etwa 500 besitzt. Kleinere Werte sind für die Viskoseherstellung unerwünscht, da sich bei diesen Cellulosen große Anteile aus dem Faden herauslösen. Höhere Werte bergen wieder die Gefahr in sich, daß das Makromolekül eine Anzahl von Fremdsubstanzen enthält, die beim Lösen der Alkalicellulose im Xanthogenierungsprozeß störend wirken. Wie Untersuchungen ergaben[60], beeinflußt ein Abbau des Polymerisationsgrades die Festigkeit von nativen Fasern vorerst nicht, insoweit ein Wert von 500 dabei nicht unterschritten wird. Dann fällt jedoch bei einer Verminderung des Polymerisationsgrades die Festigkeit sehr rasch, um bei Werten unter 200 überhaupt als Begriff aufzuhören. Bei regenerierten Cellulosen liegen die Verhältnisse etwas anders. Hier ist interessanterweise die Festigkeit bei Polymerisationsgraden zwischen 500 und 200 nur wenig verschieden. Dies dürfte seinen Grund darin haben, daß bei der Viskose die Molekülketten zu Bündeln vereinigt sind, die durch Querverbindungen eine Art Gitter innerhalb der Faser bilden.

Während es bei der Herstellung von Viskose- und Kupferseide gelingt, annähernd polymerhomologe Regenerate zu erhalten (also solche mit einem wenig streuenden Kettenstapeldiagramm), ist es bei der Fabrikation der Nitrocellu-

---

[59] Lovell, Goldschmidt: Ind. Engng. Chem. **38**, 811 (1946).

[60] Staudinger, Reinecke: Mitt. über makromolekulare Verbindungen. Zellwolle, Kunstseide, Seide **21**, 280 (1939).

lose auch bei vorsichtigster Denitrierung unmöglich[61], höhere Polymerisationsgrade als 150—300 zu erhalten, auch wenn Ausgangscellulosen mit Polymerisationsgraden von 1000—3000 verwendet werden. Bei Kupferseide ist im fertigen Faden ein Polymerisationsgrad von 500—550 vorhanden, weshalb die Faser auch eine größere Festigkeit als Viskoseseide aufweist. Gegenwärtig versucht man auch bei der Viskose höher polymere Erzeugnisse herzustellen. Gegenüber den älteren Verfahren, welche Viskosen mit Polymerisationsgraden von etwa 200 lieferten, sind bereits bedeutende Fortschritte erzielt worden.

Die Ausgangscellulosen für die Viskoseherstellung sind derzeit Holzzellstoffe aus Buchen oder Fichten. Die Pentosen, die bei der Filtration störend wirken würden, müssen vollkommen entfernt werden. Dies erfolgt durch eine besondere Führung des Sulfitprozesses mit kalkarmen, aber schwefeldioxydreichen Laugen oder durch eine vor der Kochung durchgeführte saure Hydrolyse des Holzes. Der gewonnene Zellstoff wird dann mittels Lauge von Mercerisierstärke in Alkalicellulose übergeführt, die einer Vorreife unterworfen wird. Diese Vorreife beeinflußt den Polymerisationsgrad der erhaltenen Faser wesentlich, während die Xanthogenatreife der Hauptsache nach nur mehr die für die Fällung des Xanthogenats notwendige Hydrolyse desselben herbeiführt. Die Löslichkeit der Cellulose in Alkali hängt von ihrem Polymerisationsgrad ab[61]. Nach anderer Ansicht[62] soll allerdings zwischen der Löslichkeit und dem Grad der Polymerisation der Cellulose kein Zusammenhang bestehen.

Bei der Herstellung der eigentlichen Viskose, also der Xanthogenatlösung, ist darauf hinzuweisen, daß über den Zustand der Lösung sehr verschiedene Ansichten herrschen. Nach einer Ansicht soll es sich um eine molekulare, nach anderen Anschauungen um eine mizellare Lösung handeln. Die technischen Spinnlösungen dürften aus Bündeln angeätherter oder angeesterter sowie solvatisierter Cellulosekettenmoleküle bestehen[63]. Viskositätsmessungen zeigten[64], daß mit zunehmender Vorreife die wahre Solvatation der Viskoseteilchen zunimmt, während die Teilchengröße sinkt. Mit zunehmender Nachreife nimmt dagegen die Solvatation ab, und zwar um so rascher, je länger die Vorreife der Alkalicellulose dauerte. Wahrscheinlich besitzen daher die Viskoseteilchen in der Spinnlösung eine gitterartige Struktur.

Zahlreiche Vorschläge und Versuche haben zur Entwicklung einer Reihe von Viskosesorten geführt, die auf Grund verschiedener Fadenstruktur (Kräuselung) oder erhöhter Festigkeit, Naßfestigkeit bzw. auch Farbstoffaffinität zu sauren Farbstoffen (animalisierte Viskosen) unterschieden werden können.

Durafil ist ein hochfester Viskosefaden, welcher durch Spinnen in ein Fällbad von Schwefelsäure mit Pergamentierstärke (65%) erzeugt wird. Dadurch bildet sich eine Haut von Xanthosulfat-Cellulose, welche die Streckung des Fadens vor der Regenerierung in Wasserbädern auf 100% gestattet.

Tenasco ist eine Viskosegattung, welche durch Fällung in Bädern, welche einen Zusatz von 4% Zinksulfat besitzen, bei hoher Temperatur entsteht. Es bildet sich Zinkxanthogenat, welches gleichfalls eine große Streckung des Fadens ermöglicht, so daß die so gebildete Viskosefaser ein hohes Schrumpfvermögen und gute Dehnbarkeit besitzt.

Gekräuselte Viskosefasern sind als Vistra XT (IG), Floxalan (Glanzstoff AG) sowie Wooly Fiber (Courtaulds) bzw. Helauca (Heberlein) bekannt.

---

[61] Staudinger, Jurisch: Zellwolle, Kunstseide **44**, 375 (1939). — Mark: Amer. Dyestuff Reporter **36**, 324 (1947).

[62] Marschall: Zellwolle, Kunstseide **48**, 117 (1943).

[63] Stickly: Kolloid-Z. **105**, 5190 (1943).

[64] Takei: Kolloid-Z. **106**, 30 (1944).

Artilana (IG) ist eine in Anwesenheit von Harzen gekräuselte Viskoseseide.

Cisalpha und Lacisana sind italienische Viskoseseiden, welche 4,5% bzw. 3% Casein enthalten. Ihr Anfärbvermögen gegenüber sauren Wollfarbstoffen ist geringer als von Wolle.

Rayolanda ist eine Harnstoff-Formaldehyd-Kondensate enthaltende aminierte Viskose.

Vistralan (IG) enthält ein Reaktionsprodukt von Schwefelkohlenstoff und Äthylenimin im Faserbau.

Fortisan wird aus Acetatseidenfäden durch Verseifung gewonnen, ist vollkommen verseifte Acetatseide und daher wie Cellulose färbbar.

Plexongarne sind Viskosefäden, die mit Hochpolymeren überzogen sind.

Nach neueren Untersuchungen[65] werden Viskosen streckfester, aber auch von größerer Quellfähigkeit, wenn man Acrylnitril in einer Menge von 6% zusetzt. Bei steigenden Zusätzen gelangt man dabei zu alkali- oder wasserlöslichen Fasern, welche für Spezialzwecke (Erzeugung künstlicher Spitzen usw.) verwendet werden können.

Die Zellwolle, eine aus Viskose hergestellte Stapelfaser, hat während der letzten Jahre, auch bedingt durch den Krieg, insbesondere in Deutschland eine Erweiterung ihres Anwendungsgebietes erfahren. Gleichzeitig wurden eine Reihe von Handelssorten entwickelt, die entweder dem Aussehen nach der Wolle ähneln (W-Zellwolle) oder aber durch besondere Herstellungsverfahren hochnaßfest sind (Vistra CCW, Duraflox, Phrixfestzellwolle).

Dabei handelt es sich durchwegs um hydrophobierte Fasern. Vistra XTH_3 ist eine mit Persistol hydrophobierte Zellwolle, die in Mischung mit Wolle gute Walkeffekte gibt[66].

Die Festigkeit von Viskoseseiden bzw. Zellwollen ist aus folgender Aufstellung ersichtlich (nach Fahl, Voth, Textilwarenkunde, bzw. Koch)[67].

Fasermaterial	Reißfestigkeit g/den	
	trocken	naß
Viskose-Kunstseide, normal	1,7	0,8
Viskose-Festkunstseide	4,5	3,2
Kupferseide	1,8	1,1
Acetatseide	1,3	0,8
Vistra CWW	2,6	1,6
Vistra, hochnaßfest	3,0—4,0	2,0—3,0
Baumwolle, amerikanische Mittelsorte	2,4	2,5
Merinowolle (AA)	1,56	1,15
Seide, entbastet	3,0	2,4
Tiolan	0,9	0,5
PC-Faser	5,0	5,0

Die hydrophobierte Zellwolle (Vistra XTH, Phrix BH) zeigt keine größere Naßfestigkeit als gewöhnliche Zellwolle.

Den Einfluß der Verstreckung von Viskose auf ihre Festigkeitseigenschaften soll folgende Tabelle (nach Houwink[68]) zeigen:

---

[65] Hollohan: Ind. Engng. Chem. **39**, 929 (1947).

[66] Siehe Hydrophobieren.

[67] Vgl. a. Frenzel: Melliand Textilber. **18**, 185 (1937).

[68] Houwink: Chemie und Technologie der Kunststoffe, 2. Bd., S. 207. 1942.

Verstreckungsgrad	Reißfestigkeit[69]				Reißdehnung in Prozent	
	in g/100 den		in kg/qmm			
	trocken	naß	trocken	naß	trocken	naß
ungestreckt	132	57	18,1	7,8	35	45
20%	160	71	21,9	9,7	21	24
40%	204	102	28,0	14,0	15	19
60%	260	144	35,6	19,7	11	12
70%	276	166	37,9	22,8	10	10
80%	290	188	39,8	25,8	9	8

Zur Unterscheidung verschiedener Zellwollsorten insbesondere von Lanusa und Schwarza W (Viskosezellwollen) gegenüber Cuprama (Kupferseide-Zellwolle) kann *Neocarmin W* dienen. Erstere werden dunkelmarineblau gefärbt, während Cuprama rötliche Tönung annimmt[70].

Literaturübersicht über Viskoseseide und Zellwolle.

Mitchell: Ind. Engng. Chem. **41**, 2197 (1949).
Jentgen, Busath: Kunstseide, Zellwolle **27**, 275 (1949).
Hermans: Physics and Chemistry of Cellulose Fibres, Elsevier, New York 1949.
Bergek: Norsk Skogsind. **2**, 289 (1948).
Kleinert, Mössmer: Svensk Papperstid N 22, 1948.
Hunter: Rubber Age & Synthetics, XXIX, **3**, 92 (1948).
Nelson: Kontinuespinnprozeß, Rayon Text. Monthly **28**, 59 (1947).
Hoffmann: Kunstseide u. Zellwolle **26**, 8 (1948).
AATCC: Amer. Dyestuff Reporter **37**, 10 (1948).
Swalm: Rayon Text. Monthly **29**, 68 (1948).
Pascu: Text. Res. J. **17**, 405 (1947).
Staudinger, Herrbach, Stock: Makromol. Chem. **1**, 60 (1947).
Hall: Silk J. Rayon Wld. **23**, 272 (1947).
Harris, Cox: Chem. Engng. News **25**, 96 (1947).
Bonnet: Amer. Dyestuff Reporter **35**, P 194 (1946).
Hollihan: Text. Res. J. **16**, 487 (1946).
Schmidt, Nordmeyer: Melliand Textilber. **27**, 126 (1946).
Rose: J. Soc. Dyers Colourists **61**, 113 (1945).
Venable: Rayon Text. Monthly **25**, 40 (1944).
Lauer, Mansch: Zellwolle, Kunstseide **1**, 39 (1943).
Kennette: Rayon Text. Monthly **24**, 55 (1943).
Jung: Kolloid-Z. **1942**, 192/199.
Hermans, Kratky, Treer: Kolloid-Z. **96**, 30 (1941).
Goldthwait: Rayon Text. Monthly **21**, 534 (1940).
Pakschwer, Frolow, Pribylow: Trans. Inst. chem. Techn. Iwanowo **3**, 158/60 (1940). UdSSR.
Michailow, Kargin, Buchmann: J. phys. Chem. **14**, 205 (1940). UdSSR.
Weltzien, Faust, Pyrrh: Zellwolle, Kunstseide, Seide **45**, 186 (1940).
Dewitt, Smith: Ind. Engng. Chem. **32**, 1555 (1940).

[69] Die Angaben der Reißfestigkeit in Reißkilometern oder Gramm/Den sind wie folgt umzurechnen: Reißlänge in Kilometern (Reißkilometer) entsprechen der Angabe in Gramm/100 Denier multipliziert mit 0,9. Die Reißfestigkeit in kg/mm² wird erhalten, indem der Wert Gramm/Den mit dem spezifischen Gewicht der entsprechenden Fasersubstanz multipliziert wird.

[70] Koch: Melliand Textilber. **20**, 177 (1939).

Patentschrifttum über Viskoseseide und Zellwolle.

a) Herstellung von Alkalicellulose.

OeP 160466 Maschinenfabrik Imperial 1941 — Beim Durchführen der Cellulosebahnen durch die Lauge wird Lauge durch die Cellulose gesaugt und im Gegenstrom daran vorübergeleitet.

OeP 159965 Maschinenfabrik Imperal 1940 — Die Cellulosebahn, welche durch die Lauge geführt wird, wird durch dachziegelartig übereinandergelegte Einzelteile gebildet.

OeP 157717 IG 1940 — Die Reifung der Alkalicellulose wird in Drehrohren vorgenommen. Siehe DP 748288 ohne Inhabernenn. 1943 — Gereifte Alkalicellulose wird hergestellt durch Alkalisierung feuchter Zellstoffmasse und nachherigem Fasern und Reifen.

DP 746574 ohne Inhabernenn. 1944 — Alkalicellulose mit geringem Hemicellulosegehalt wird hergestellt durch Laugen des Zellstoffes und anschließendes Verdrängen der Frischlauge ohne Abpressen durch hemicellulosehaltige Lauge. Darauf wird abgepreßt.

DP 730279 Glanzstoff 1943 — Die β-Cellulose wird entfernt, indem man erst mit 9%iger NaOH vorlaugt, wodurch die Lösung derselben erfolgt, und dann erst die zur Alkalicellulosebildung notwendige Menge an starker Lauge (40%) einspritzt.

DP 729340 Thüring. Zellwolle 1942 — Behandlung von Cellulose mit Alkalien.

DP 724989 IG 1942 (Zusatz zu DP 696628) — Die Alkalicellulosebahnen werden durch Aufspritzen bzw. Aufbringen eines Cellulosebreies auf die Tauchlauge passierende Trockensiebe hergestellt.

DP 711428 Forschungsinst. f. Text. 1941 — Der Abbau der Alkalicellulose beim Reifeprozeß wird dadurch eingeschränkt, daß man die Cellulose erst mit 17—30%iger NaOH taucht, abpreßt und hernach mit 10—16%iger Lauge behandelt, abpreßt und dann reifen läßt. Der Angriff der weniger konzentrierten Lauge auf die Faser ist während der Reifung ein geringerer.

<table>
<tr><td>SP 241141 Ciba 1945 (Zusatz zu SP 237388).</td><td rowspan="5">} Herstellung von Alkalicellulose.</td></tr>
<tr><td>SP 237388 Ciba 1945.</td></tr>
<tr><td>SP 236562 Süddeutsche Zellwolle 1945.</td></tr>
<tr><td>SP 236028 Balmer 1945.</td></tr>
<tr><td>SP 235996 Süddeutsche Zellwolle 1945.</td></tr>
</table>

SP 234585 Deutsche Gold- und Silberscheideanstalt 1945 — Die Alkalisierung findet in Gegenwart von Metallkatalyten statt. Auf 1 Tonne Zellstoff finden 1—50 g Metall Verwendung.

SP 228130 Süddeutsche Zellwolle 1943 — Man taucht mit NaOH und Schwefelnatrium.

SP 226031 Phrix 1943 — Pentosanreiche Rohstoffe werden vor der Behandlung mit Lauge mit weniger als 1% Schwefelsäure bei Temperaturen über 10° C behandelt. Alkalisiert wird mit NaOH und Schwefelnatrium.

SP 220177 Süddeutsche Zellwolle 1942 — Cellulose wird mit Kolloidmühlen zerkleinert und ohne Alkalisierung auf Viskose aufgearbeitet.

EP 583269 Cellophane 1946 — Man behandelt Cellulose mit NaOH und mischt bis zur gleichmäßigen Quellung.

FP 868158 Hess 1941 — In der Viskoseherstellung wird als Alkalicellulose eine Verbindung verwendet, die durch Einwirkung von 7—8-gewichtsprozentiger NaOH auf native Cellulose bei —7 bis —5° C erhalten wurde und nachher bei gewöhnlicher Temperatur einer mechanischen Behandlung unterzogen wird.

AP 2481692/3 Rayonier 1949 — Man behandelt die Rohbaumwolle mit aliphatischen langkettigen kationaktiven Ammoniumverbindungen, um reine Cellulose für die Herstellung von Viskose zu erhalten.

AP 2473954 Enka 1949 — Die Alterung von Alkalicellulose zur Viskoseherstellung wird in Gegenwart von kleinen Mengen Natriumtrithiocarbamat vorgenommen.

AP 2447914 Ciba 1948 — Herstellung von Alkalicellulose.

AP 2408849 Celanese 1946 — Man reinigt für die Viskoseherstellung bestimmte Cellulose durch Behandlung mit 7,5%iger NaOH, hierauf wird gechlort und dann erst alkalisiert.

AP 2296829 Dow 1942 — Man stellt Alkalicellulose mit einem geringen Wassergehalt her, indem man mit Ammoniaklösung behandelt und die Mischung von wäßrigem Ammoniak und Alkalicellulose trocknet.

AP 2274463 North Rayon 1942 — Man taucht hemicellulosehaltige Cellulose in verdünnte NaOH von 6—11%, entfernt den Überschuß der Lauge durch Pressen und behandelt dann mit einer NaOH von 30—40% unter Zerfaserung des Cellulosematerials.

AP 2145862 Dow 1939
AP 2143863 Dow 1939
AP 2143857 Dow 1939
AP 2143855 Dow 1939
} Herstellung von Alkalicellulose.

b) Maschinelle Neuerungen:

DP 748455, 748090, 736503, 733495, 730726, 729340, 711294, 706364, 697419, 696628, 689817, 684943, 681269, 672769, 672433, 670236.

SP 223774, 203670.

AP 2220600, 2218836, 2149178.

c) Herstellung von Viskose und Fäden:

OeP 164060 Lenzinger Zellwollfabrik 1949 — Betrifft einen oxydativen Abbau von Viskoselösungen.

OeP 164052 Research 1949 — Behandelt die Aufbereitung von Viskosebädern.

OeP 163828 Lenzinger Zellwollfabrik 1949 — Behandelt den thermischen Reifeprozeß von Viskoselösungen.

OeP 163827 Lenzinger Zellwollfabrik — Die Herstellung von Viskose aus alkaliarmen Viskoselösungen wird beschrieben.

OeP 162633 Lenzinger Zellwollfabrik 1949 — Verfahren zur Herstellung schwefelarmer Viskosefasern.

OeP 162290 Lenzinger Zellwollfabrik 1949 — Die Kühlung der Viskose erfolgt, um Korrosionen der Leitungen zu vermeiden, mit zirka 17%iger NaOH, die als Tauchlauge usw. anfällt und von Zeit zu Zeit durch Frischlauge ergänzt wird.

DP 750299 IG 1945 — Aus Celluloselösungen gesponnene Viskosekunstseidenfäden werden vor ihrer vollständigen Entwässerung mit einem Wasserverdrängungsmittel (organische Flüssigkeiten) behandelt und erhalten so einen wollähnlichen Griff. Man legt Viskoseseidenfäden nach dem Abschleudern und Abpressen in 95%igen Alkohol und wäscht hierauf mit Tetrachlorkohlenstoff oder Äther.

DP 750012 ohne Inhabernenn. 1944. — Die Herstellung von Regeneratcellulosefasern aus Cellulose-Na-Zinkatlösungen wird beschrieben.

<table>
<tr><td>DP 748054/55 IG 1944</td><td rowspan="6">Betreffen alle die Herstellung von Viskose.</td></tr>
<tr><td>DP 747489 IG 1944</td></tr>
<tr><td>DP 747488 AKU 1945</td></tr>
<tr><td>DP 746991 IG 1944</td></tr>
<tr><td>DP 746488 Breda 1944</td></tr>
<tr><td>DP 744891 IG 1944</td></tr>
</table>

DP 744773 Glauchau 1944 — Kunstseiden mit rauher Oberfläche werden erhalten, indem man sie nach der Fällung mit Celluloselösungen behandelt, welche gasabgebende Stoffe enhalten.

<table>
<tr><td>DP 744414 IG 1944</td><td rowspan="5">Betreffen die Fabrikation von Viskose.</td></tr>
<tr><td>DP 744026 Glanzstoff 1944</td></tr>
<tr><td>DP 743852 Phrix 1944</td></tr>
<tr><td>DP 743851 Forschungsinstitut 1944</td></tr>
<tr><td>DP 743596 Research 1943</td></tr>
</table>

DP 742452 Grünau 1943 — Gekräuselte Kunstseidenfasern werden hergestellt, indem man mit Kunstharzvorkondensatlösungen behandelt und nachher unter Hitze durch Riffelwalzen führt.

DP 742451 IG 1943 — Zur Herstellung naßfester Zellwolle bei gleichzeitiger Ölung wird mit Fettsäuren und geringen Mengen von Alkyleniminen behandelt.

<table>
<tr><td>DP 740136 Phrix 1943</td><td rowspan="3">Behandeln die Viskoseherstellung.</td></tr>
<tr><td>DP 739538 AKU 1943</td></tr>
<tr><td>DP 739537 Glanzstoff 1943</td></tr>
</table>

DP 738944 Zschimmer u. Schwarz 1943 — Weiche, konditionierte Viskosefasern werden durch Zusätze von Oxyalkylaminbasen zur Viskose erhalten.

DP 738486 IG 1943 — Viskosefabrikation.

DP 737562 Glanzstoff 1943 — Hochfeste Viskosefäden erhält man durch Verspinnen in ein Bad, welches an Stelle des bekannten Zinksulfatzusatzes (Courtaulds) Eisensulfat enthält.

<table>
<tr><td>DP 738486 IG 1943</td><td rowspan="2">Herstellung von Viskose.</td></tr>
<tr><td>DP 737438 Glauchau 1943</td></tr>
</table>

DP 736223 Phrix 1943 — Beschreiben Viskoseherstellungsverfahren.

DP 719389 Plauson 1942 — Viskoselösungen werden durch Behandlung in Kolloidmühlen homogenisiert.

DP 719691 Breda 1942 — Viskose aus ungereifter Alkalicellulose sulfidiert man erst mit einem Teil der Schwefelkohlenstoff- und Alkalimenge, leitet dann Luft über die Mischung und beendet dann durch Zusatz der Restmenge an Schwefelkohlenstoff und Alkali die Sulfidierung.

DP 715843 Degussa 1942 — Zur Herstellung gekräuselter Viskose wird diese mit Celluloseacetat imprägniert und hernach der Einwirkung von Viskose quellenden, Acetatseide unverändert lassenden Mitteln unterworfen.

DP 706879 Röhm u. Haas 1941 — Zur Herstellung klebriger Kunstseidenfäden als Schußfäden zur Erzeugung schiebefester Gewebe behandelt man mit Lösungen von Aluminiumphosphat u. Oxalsäure, wobei die Acidität durch Ammoniak abgestumpft wird.

DP 698782 Zschimmer u. Schwarz 1942 — Herstellung von Viskose.

SP 257688 Kunstzijde 1949 — Gleichmäßig anfärbende Kunstseide wird erhalten, indem man die frischgesponnenen Kuchen mit mit Wasserdampf gesättigter Heißluft behandelt, die von innen nach außen durch den Spinnkuchen gepreßt wird.

SP 256925 AKU 1949 — Herstellung von Viskoseseide.

SP 251094 Nyma 1948 — Beim Verspinnen von Viskose ergibt ein Zusatz von nicht kapillaraktiven Stoffen der Form:

```
     H     Rn—X
     |    /
R1 — C — CH
     |    \
     OH    R2
```

R_n ... Heterocyclus, R_1, R_2 cyclische Reste mit mindestens einer Doppelbindung, X einwertiges Radikal,

daß ein Verstopfen der Spinndüsen nicht eintritt. Angegeben werden 1 α-Furyl-2-phenyl-2-pyridiniumbromidäthanol(1) und 1,2-Diphenyl-2-pyridiniumbromidäthanol(1).

SP 249366 Ciba 1948 — Zum Entlüften der Viskosespinnmasse genügt ein Zusatz von 0,02% einer Mischung von 2-Äthylhexanol und Isopropylalkohol.

Sp 238668 IG 1945 — Es wird eine Vorrichtung zur Xanthatreife beschrieben.

SP 237729 Süddeutsche Zellwolle 1945 (Zusatz zu SP 227354) — Das Cellulosexanthogenat wird in Alkali gelöst und mit Formaldehyd behandelt, die Fasern zeigen verbesserte Eigenschaften.

SP 235547 Phrix 1945 — Rohzellstoff wird mit schwacher Lauge aufgeschlossen, zerkleinert und dann direkt sulfidiert.

SP 234333 Separator 1945 — Herstellung von Alkalicellulose.

SP 227954 Phrix 1943 — Man sulfidiert ungefaserte Alkalicellulose.

FP 940888 Canad. Paper 1948 — Betrifft Verfahren zur Viskoseherstellung.

FP 917814 Research 1947 — Die Widerstandsfähigkeit von Viskosefasern wird erhöht, indem man den Fällbädern 2% Aldehyd zugibt und hernach ein zweites heißes Wasserbad passieren läßt.

FP 917030 Research 1946 — Widerstandsfähige Viskosefasern werden erhalten, wenn man den Fällbädern eine derartige Menge von Schwefelsäure (50%) zusetzt, daß die Faser pergamentiert wird und die Faserstreckung hernach gleichzeitig mit dem Waschen vornimmt.

FP 894011 Bata 1944 — Kunstseidenfasern werden bei der Herstellung einer Torsion unterworfen, mit Kunstharz behandelt, aufgedreht und dann verarbeitet.

FP 885205 Phrix 1943 — Celluloseregeneratfasern werden, noch feucht, mit Formaldehyd behandelt bzw. setzt man zur Viskoselösung Formaldehydverbindungen, welche sich im Fällbade unter Freiwerden von Formaldehyd zersetzen. Man verwendet z. B. Viskoselösungen aus 7% Cellulose, 6,5% NaOH und 5% Harnstoff-Formaldehydvorkondensaten, wobei in Fällbädern gesponnen wird, die 27% Glaubersalz, 7% Schwefelsäure und 3% Zinksulfat enthalten.

FP 882295 Glanzstoff 1944 — Beschreibt die Herstellung hochfester Viskose.

FP 879474 Zellwollring 1943 — Viskosefäden werden vor dem ersten Trocknen mit in organischen Lösungsmitteln gelösten Polyamiden behandelt bzw. solche Polyamide der Spinnlösung zugegeben (Faserverbesserung).

FP 876135 Thüring. Zellwolle 1942 — Sulfidieren von Cellulose.

FP 872736 Süddeutsche Zellwolle 1942 — Lösungen von Cellulose in Säuren, Alkalien oder Xanthogenate werden mit Formaldehyd versetzt und dann versponnen.

FP 870723 Ubbelohde 1942 — Man setzt zu Viskosespinnlösungen alkalische Kunstharzvorkondensate, um die Fasereigenschaften zu verbessern.

FP 870258 IG 1942 — Hochfeste Viskoseseide wird erhalten, indem in Bädern versponnen wird, welche neben Natriumsulfat etwa 10—14% Schwefelsäure enthalten. Die frisch gesponnene Faser wird in einem kochenden alkalischen Bad gequollen und dann in Wasserdampf gestreckt.

EP 625748 AKU 1949 — Beim Spinnen von Viskose werden zur Verhinderung der Verkrustung die Spinndüsen mit Organosiliziumverbindungen überzogen.

EP 614282 Celanese 1948 — Zur Verhinderung des Verfärbens von Textilien aus regener. Cellulose werden dieselben mit einer Borsäurelösung behandelt und dann heiß kalandert oder dekatiert.

EP 614002 Kestner 1948 — Behandelt die Entschwefelung der Viskosefällbäder.

EP 612206 Celanese 1948 (s. EP 612207) — Die Herstellung hochfester Kunstseide erfolgt durch Verseifung stark gestreckter Acetatseide mit wäßrigen oder wäßrig-alkoholischen Alkalien.

EP 611331 Viscose 1948 — Stabile gekräuselte Viskose wird erhalten, wenn man den gekräuselten Faden durch Bewirkung mit Glyoxal in Anwesenheit saurer Katalyten stabilisiert.

EP 611081 Mo Och Domsja Aktiebolag 1948 — Herstellung von Alkalicellulose, wobei das Alkali in Gegenwart von Wasser und flüssigen cycl. Kohlenwasserstoffen (Benzol usw.) oder heterocycl. Verbindungen, wie Dioxan, sowie von Methanol oder Äthanol zur Einwirkung kommt.

EP 607816 Compt. Text. Artific. 1948 — Bei der Viskoseherstellung werden Lösungen von Xanthogenaten verwendet, welche nicht mehr als 0,8% Hemicellulosen enthalten, die Viskoselösung wird vor dem Spinnen auf 15° C abgekühlt, durch feinverteiltes Filtermaterial gefiltert und unter Zusatz von kationaktiven Substanzen verdüst, welche eine Verlegung bzw. Verkrustung der Düsen verhindern.

EP 604864 Donyö 1948 — Trennung von Cellulose und Ligninsubstanzen in feiner Vermahlung durch Ultraschallbehandlung der wäßrigen Aufschlämmung.

EP 603131 Canad. Paper 1948 — Herstellung besonders fester Viskose durch Verspinnen in ein Bad, welches 2—5% Zinksulfat enthält.

EP 602533 Rayon 1948 — Die Herstellung von gekräuselter Viskose durch besondere Maßnahmen hinsichtlich der Spannung während des Spinnens in Fällbäder wird beschrieben.

EP 601696 bzw. 601695 Compt. Text. Artific. 1948 — Man setzt zu der Viskosespinnlösung 4% des Gewichtes einer Lösung von 50% Trimethylolphenol in 6% NaOH und spinnt in ein Fällbad, welches 135 g Schwefelsäure, 250 g Glaubersalz und 10 g Zinksulfat pro Liter enthält. Die so erhaltene Viskoseseide besitzt eine sehr geringe Quellbarkeit und hohe Naßfestigkeit. Man kann auch Viskoseseide behandeln mit Lösungen von 2% Trimethylolphenol, die 2 g Weinsäure pro Liter enthalten, entwässert, trocknet, erhitzt auf 120° C. Die behandelte Viskoseseide besitzt eine Naßfestigkeit von etwa 1 g/den gegenüber unbehandelt 0,72 g/den.

EP 581354 Celanese 1947 — Beim Spinnen künstlicher Fäden werden dieselben nach deren Verdüsung aus Lösungen in Kammern geführt, welche einen Nebel fein verteilter Flüssigkeitströpfchen enthalten, welche durch ein Lösungsmittel für das in der Spinnlösung enthaltene gebildet werden, wobei der Faden jedoch darin nicht löslich ist. Hierdurch koaguliert der Faden und wird erst dann in ein Bad eingebracht, welche dasselbe Lösungsmittel, wie es in der Kammer in Form des Nebels verteilt angewendet worden war, enthält.

EP 537499 Bell Wylde 1941 — Elastische, füllige Zellwollgarne werden erhalten, indem man feuchte Gemische von Wolle und Cellulosefasern um 15 bis 25% verstreckt und hierauf entspannt trocknet. Die Streckung kann gegebenenfalls in Gegenwart von Quellmitteln erfolgen.

EP 530579 ICI 1941 — Das Entschwefeln von Viskose erfolgt mit Lösungen, die ein Metallsulfit und Metallcyanid enthalten.

EP 528804 Enka 1940 — Reißfeste Viskose wird durch Streckung der Faser erhalten.

EP 526206 Courtaulds 1940 — Die aus hoch gereinigtem Zellstoff hergestellte Viskoselösung enthält ein Netzmittel, etwa Terpenpolycarbonsäuren usw. Der Zusatz des Netzers kann bei der Alkalisierung oder Xanthogenierung erfolgen.

EP 522542 Compt. Text. Artific. 1940 — Viskoseherstellung.

EP 522023 Compt. Text. Artific. 1940 — Cellulosexanthogenierung.

EP 517464 Wallach 1940 — Wollähnliche Fasern werden erhalten, indem man Cellulosefasern mit Quellmittel behandelt und dabei eventuell auch verestert oder veräthert. Die Quellung bzw. Modifizierung soll nur an der Oberfläche stattfinden, wodurch bei der weiteren Behandlung mit Wasser Kräuselung eintritt.

EP 509852 IG (s. a. EP 505976) — Aminieren von Cellulosefasern, wie Viskose usw. durch Behandlung mittels benzolischer Lösungen von Äthylenimin und Nachbehandlung mit Lösungen von Phenylisocyanat; hernach dämpfen und trocknen und dann mit Seifenlösung waschen. Oder man setzt Viskosespinnlösungen Kondensationsprodukte von aromatischen Isocyanaten oder Thioisocyanaten und Proteinen und Stickstoffbasen zu. Z. B. 10000 Teile Viskosespinnlösung mit 300 Teilen Casein-Methylamin-Phenylisocyanatkondensationsprodukt in 200 Teilen Anilin versetzen.

EP 509572 Glanzstoff 1939 — Viskosefasern mit wollähnlicher Kräuselung werden erhalten, indem man alkaliarme Viskosespinnlösung (Alkali : Cellulose wie 6 : 8) in Bädern, die neutral, nur schwach sauer (weniger als 30 g Schwefelsäure/Liter) oder alkalisch sind, verdüst und die so erhaltenen, nicht zersetzten Fäden aus Xanthogenat in kurze Stapel schneidet. (Die Fällbäder sind reich an anorganischen Salzen.) Die erhaltenen Stapel werden in einem sauren Bade in Faserteile aus Regeneratcellulose verwandelt und wie gewöhnlich gewaschen usw. Sie haben eine große Voluminosität und zeigen Kräuselung wie Wolle.

AP 2492425 Viscose 1949 — Bildung von Hohlräumen im Viskosefaden durch Zusatz von Soda zur Spinnlösung.

AP 2489310 Viscose 1949 — Den Fällbädern zur Viskoseherstellung wird das Kondensationsprodukt von Glyzerin und 9 Mol Äthylenoxyd zugesetzt.

AP 2486522 Celanese 1949 — Betrifft die Waschoperationen bei der Viskoseherstellung.

AP 2483783 Enka 1949 — Zur Verhinderung des Verkrustens werden die Spinndüsen bei der Viskoseherstellung mit organischen Siliziumverbindungen, welche dann hydrolysiert werden, überzogen und so hydrophob gemacht.

AP 2479605 Celanese 1949 — Bei der Viskoseherstellung wird die eben gefällte Viskose mit Lösungen von Hexametaphosphat behandelt.

AP 2479218 Canad. Paper 1949 — Die Herstellung von Viskose von 1150 bis 1250 den mit 80 Fäden erfolgt in Fällbädern, die 4% Zinksulfat und 8% Schwefelsäure enthalten.

AP 2462927 DuPont 1949 — Die Herstellung hochdehnbarer Viskose wird beschrieben.

AP 2460400 Viskose 1949 — Es wird die Herstellung von Viskose beschrieben.

AP 2452542 DuPont 1948 — Kontinuierlicher Prozeß zur Herstellung von Alkalicellulose.

AP 2452130 Enka 1948 — Hochfeste Viskosen werden hergestellt, indem man in geeignete zinksulfathaltige Bäder fällt und vor einer Streckung in heißem Wasser mit Formaldehyd behandelt.

AP 2451148 Nyma 1948 — Beim Spinnen von Viskose werden den Fällbädern Verbindungen der Form

```
R'    X
|     |
CH — N(C6H5)
|
HCOH
|
R
```

zugesetzt, um die Verstopfung der Düsen zu verhindern. R... aromatischer Rest mit nicht mehr als 6 C-Atomen, R'... H oder aliphatischer Rest mit 2 C-Atomen, X... OH oder Säureradikal.

AP 2442331 Rayon 1948 — Man spinnt Viskoseseide in ein Bad, welches kleine Mengen oberflächenaktiver polymerer Alkylenoxyde enthält. Dadurch wird eine Verstopfung der Spinndüsen beim Spinnen vermieden.

AP 2447567 Dreyfus 1948 — Man erzielt feste Fasern aus Cellulosederivaten, wenn die Streckung derselben auf 500% vorgenommen wird, nachdem die Faser mit heißen wäßrigen Medien erweicht wurde.

AP 2440094 Rubber 1948 — Matte Fäden werden hergestellt aus einer Viskoselösung, die 0,2—2% eines Pigmentes und als Dispergiermittel ein Reaktionsprodukt aus Terpen und Alkylenoxyd enthält (s. a. AP 2440093).

AP 2440057 DuPont 1948 — Viskoseherstellung von Fasern mit seidenähnlichem Aussehen.

AP 2439829 DuPont 1948 }
AP 2439813 Viscose 1948 } Betreffen die Viskoseherstellung.

AP 2439039 Viscose 1948 — Beschreibt die Fabrikation von Viskose mit hufeisenförmigem Querschnitt.

AP 2422021 Rayon 1947 — Man spinnt die Viskose in ein Fällbad, welches ein oberflächenaktives Polyoxyalkylenglykolpolymeres enthält, dessen Molgewicht nicht unter 2000 liegt. Eine anionaktive Substanz wird außerdem zugegeben.

AP 2421624 Rayon 1947 — Beschreibt die Herstellung von Viskosefäden.

AP 2418660 DuPont 1947 — Bei der Viskoseherstellung bzw. der Entsulfurierung wird der Faden vor der Bleiche usw. mit Mineralsäure in einer Konzentration von 0,05—1,0% bei 80—100° C zur Entfernung des Schwefels behandelt.

AP 2416890 Attorney 1947 — Man setzt zu Viskosespinnmassen zur Verbesserung der Eigenschaften 5% Superpolyamide in Lösung hinzu.

AP 2415564 Röhm & Haas 1947 — Herstellung von Cellulosestapelfasern durch Imprägnierung von Zellwolle mit 5—20%igen Lösungen von Formaldehyd-Harnstoffvorkondensaten unter Druck und Härtung.

AP 2364273 DuPont 1945 — Man gibt zu den Fällbädern 10% Eisensulfat und 0,1—1% Zinksulfat.

AP 2359750 Rayon 1944 — Den Spinnbädern wird eine oberflächenaktive, nicht ionogene Verbindung zugesetzt.

AP 2359749 Collin 1944 — Man gibt zu den Spinnbädern eine kleine Menge Sorbit-monolaurat oder Derivate zu, um die Verkrustung der Düsen zu verhindern.

AP 2351090 DuPont 1944 — Die Herstellung von mit Kautschuk umhüllten Cellulosefäden wird beschrieben.

AP 2347884 und AP 2347883 DuPont 1944 — Man setzt zu den Fällbädern 1—8% Mangan- oder Chromsulfat und 0,1—1% Zinksulfat zur Verbesserung der Fasereigenschaften.

AP 2337398 Tootal 1943 — Zu Viskosespinnlösungen werden wäßrige Emulsionen von polymerisierten Alkylestern der Acryl- oder Methacrylsäure zugegeben, um die Fasereigenschaften zu verbessern.

AP 2327516 IG 1943 — Viskose von hoher Festigkeit und einer Dehnung von 10% wird hergestellt, indem man nach der Fällung bei 90° C mit 10—30% Glaubersalz unter Zusatz von 0,5—5% NaOH quillt und hierauf auf 50—100% der Länge streckt.

AP 2318544 Enka 1943 — Man stellt Mischfasern aus Cellulose und Proteinen her, indem man Viskosespinnlösungen mit alkalischen Proteinlösungen mischt, wobei ein Emulgator zugegeben wird und hernach in ein Bad, welches 9—10% Schwefelsäure, 23—30% Glaubersalz oder Magnesiumsulfat oder Zinksulfat (gerechnet als Natriumsulfatäquivalent) enthält, wodurch eine feste Hülle um den teilweise koagulierten Faden erzeugt wird. Hernach wird auf 125% gestreckt und dann derart nachbehandelt, daß die Fällung eine vollständige wird.

AP 2301003 IG 1942 — Viskose von erhöhter Dehnungsfestigkeit wird erhalten, indem man in ein Koagulationsbad spinnt, welches das Xanthat nicht vollständig zersetzt, dann unter Streckung durch ein Bad von 50—85° C nimmt, welches ein inertes Lösungsmittel enthält, wobei Erweichung der Faser eintritt und hernach durch ein weiteres Koagulationsbad die vollständige Koagulation des Fadens herbeiführt.

AP 2291718 Duisberg 1942 — Man koaguliert Xanthogenatlösung in einem Fällbade, welches Ammonsulfat, Natriumsulfat und Harnstoff enthält (zusammen 50%), wobei jedoch nur eine teilweise Zersetzung des Xanthogenats eintritt, streckt die Faser, während sie in der plastischen Form vorliegt und koaguliert nachher vollständig.

AP 2288106 Rayon 1942 — Viskose wird in der Spinnlösung durch Zugabe von Disulfiden behandelt. Es kommt zur Ausbildung von Disulfidbrücken.

AP 2287028 Ambrosio, Corbellini 1942 — Man behandelt fein gepulvertes Keratin mit alkalischer Sulfidlösung und setzt nach Durchknetung der Mischung eine Viskosespinnlösung zu.

AP 2249175 Brown 1941 — Xanthatlösungen werden in der Hitze gereift.

AP 2236544 DuPont 1941 — Es wird ein Verfahren zur Herstellung spinnfähiger Massen aus Celluloseätherxanthogenaten behandelt.

CanP 443652 Heberlein 1947 — Es wird die Herstellung von wollähnlichen Regeneratcellulosefäden behandelt

Weitere US-Patente über Viskoseseide sind:

AP 2432129, 2432128, 2432127, 2432126, 2385110, 2380157, 2348203, 2336778, 2334325, 2331840, 2327516, 2302589, 2296857, 2296856, 2294378, 2286962, 2265273, 2265033, 2249928, 2246899, 2228272, 2213129, 2211931, 2201992, 2195934, 2194084, 2192964, 2179196, 2179195, 2171485, 2169207, 2166051, 2163607, 2162575, 2145527, 2144653, 2142913, 2142911, 2142910, 2142909, 2142890, 2142722, 2142721, 2142720, 2142719, 2142717, 2142716.

2. Kupferseide und Nitroseide; Kunstseide aus Cellulosezinkatlösung.

Die aus Regeneratcellulose bestehende, aus Kupferoxydammoniak gefällte Kupferseide findet nur für Spezialzwecke Verwendung. Sie besitzt einen höheren Polymerisationsgrad als Viskoseseide und ihre Fasereigenschaften sind daher gegenüber normaler Viskoseseide entwas andere. Insbesondere ist die größere Trockenfestigkeit, aber auch die bessere Naßreißfestigkeit bemerkenswert, wenn man gewöhnliche Viskose vergleichsweise heranzieht. Die sogenannte hochfeste Viskose jedoch übertrifft hier die Kupferseide. Über die neuere Entwicklung der Kupferseide bzw. Verfahrensfortschritte während des Krieges berichtet der FIAT Final Report 653, 1947.

Wie schon bei der Viskoseseide erwähnt, kann auch Kupferseide durch Zusätze zur Spinnlösung animalisiert werden. Derartige Produkte sind z. B. unter dem Namen Cupralan im Handel.

Nach Hoch ergibt die Untersuchung mittels des Elektronenmikroskops, daß die Fibrillen der Kupferseide kürzer sind als die hochfester Viskose[71].

Der Zusammenhang des Polymerisationsgrades mit der Löslichkeit der Cellulose in Cuoxam ergibt sich nach folgendem Schema:

Celluloseart	Polymerisationsgrad	Moleküllänge	Löslichkeit in Cuoxam
γ-Cellulose	1—10	50 Å	leichtlöslich, nicht quellend
β-Cellulose	10—50	50—250 Å	löslich, nicht quellend
α-Cellulose	500—2000	über 2500 Å	quellend, langsam löslich

Über die Unterscheidung von Kupfer- und Viskoseseide durch Färbung machen Pakschwer, Frolow, Trans. Inst. chem. Techn. Iwanowo 1940, Nr. 3 173/77 folgende Angaben: Man färbt mit Mischungen von Rhodamin B extra und Alizarinreinblau FF, wobei die Kupferseide blau, die Viskose rot angefärbt wird. Eine Mischung von Rhodamin B extra und Chrysophenin ergibt auf Kupferseide eine orange (gelborange) Färbung, die Viskose wird rot. Kupferseidenfasern verschiedener Herkunft färben sich ziemlich einheitlich, dagegen zeigen sich Unterschiede in der Viskosefaser durch Farbtönungen sehr deutlich.

Die früher in größerem Umfang hergestellte Nitroseide findet heute als Textilfaser kaum mehr Verwendung.

In neuerer Zeit erscheinen gelegentlich Vorschläge, Kunstseide aus Cellulosezinkatlösungen zu spinnen.

Literaturübersicht über Kupferseide und Nitroseide.

Bonnet: Ind. textile **66**, 24 (1949).
Ashby: Text. Weekly **40**, 604 (1947).
Jentgen: Chemiker-Ztg. **66**, 502 (1942).
Fabel: Nitrocellulose **12**, 16 (1941).

Patentschrifttum über Kupferseide und Nitroseide.

OeP 154899 IG 1942 (s. SP 218044).

DP 750299 IG 1945 — Herstellung wollähnlicher Kupferseide.

DP 743596 Research 1943 (s. a. FP 885684) — Herstellung von Kunstseide aus Cellulosezinkatlösungen.

DP 719965 Dörfel 1942 — Eiweißhaltige Nitroseide wird erhalten, indem man den Nitrocelluloselösungen gelöste tierische Abfälle zugibt.

DP 712509 Bemberg 1941 }
DP 703020 IG 1941 } Behandeln die Kupferseidenherstellung.

DP 699422 IG 1940 — Dem Fällbade bei der Kupferseidenfabrikation wird Phosphorsäure zugegeben.

DP 687133 Budd. 1940 (s. a. DP 701335, bzw. FP 866348).

[71] Hoch: Text. Res. J. **18**, 366 (1948).

DP 685980 IG 1939 } Betreffen Herstellung von Kupferseide.
DP 682884 IG 1939 }

SP 218044 IG 1942 — Gekräuselte Kupferseide wird erhalten, wenn der entspannte Faden mit heißen Quellmitteln behandelt wird.

FP 885684 Research 1943 (s. DP 743596).

FP 866348 Budd. 1941 — Beschreibt die Herstellung von Kupferseidenspinnlösungen.

EP 600723 Ciba 1948 — Bei der Herstellung von Kunstseide aus Celluloselösungen (Kupferseide) oder Proteinfasern (Caseinfaser) werden der Spinnlösung Kondensate aus Stearinsäureamid, Formaldehyd und Oxyäthansulfonaten zugegeben. Es resultieren Fasern, welche weniger quellbar sind, naßfester erhalten werden und die auch nicht aneinanderkleben.

EP 527965 Bemberg 1940 — Fabrikation von Kupferseide.

EP 515573 Wallach 1940 — Herstellung von Nitroseide.

HollP 58487 AKU 1946 — Verspinnen von Cellulosezinkatlösungen.

AP 2447514 Bemberg 1948 — Lösungen von Cellulose in Cuoxam werden hergestellt, indem man bei niedriger Temperatur zusammenbringt und durch allmähliche Abkühlung auf 7—9° unter Null löst.

AP 2444022 Enka 1948 — Kunstseide aus Cellulose-Zinkatlösungen.

AP 2421391 Viscose 1947 — Denitrierung von Nitroseide.

AP 2395015 Rayonier 1946 — Wiedergewinnung der Chemikalien bei der Kupferseidenherstellung.

Weitere US-Patente über Kupferseide sind:

AP 2336481, 2322801, 2319428, 2289657, 2247124, 2225431, 2206889, 2174575.

3. Acetatseide; Kunstseide aus anderen Celluloseestern und aus Celluloseäthern.

Im Gegensatz zu den bisher besprochenen Kunstseidenarten stellt die Acetatseide einen Celluloseester dar. Entsprechend der Anzahl der OH-Gruppen im Glukoserest sind ein Mono-, Di- und Triacetat bzw. Zwischenstufen möglich. Im allgemeinen besitzt die Acetatseide des Handels 2,5 Acetylgruppen, d. h. sie liegt im Veresterungsgrad zwischen dem Di- und dem Triacetat[72]. Reines Triacetat ist nicht mehr acetonlöslich und könnte nur aus Chloroformlösungen versponnen werden.

Die Faser ist bekanntlich thermoplastisch und wird unter Hitzeeinwirkung bzw. durch plastifizierende Substanzen klebrig[73]. Man nützt diese Erscheinung bei der Herstellung von Mehrlagengeweben oder Steifgeweben aus, um Stofflagen aus anderen Fasern durch mitverwebte Acetatseidefäden dauerhaft zu steifen bzw. miteinander zu verbinden *(Trubenizieren)*[74].

Die Acetatseide ist als Ester durch Alkalien verseifbar, wobei Regeneratcellulose entsteht. Durch den Verseifungsvorgang wird die Faseraffinität zu Farbstoffen sowie der Glanz der Faser verändert. Durch diesen als Cotoni-

[72] Redfarn, Boyle: Brit. Plast. mould. Prod. Trader **20**, 63 (1948).

[73] Silk J. Rayon Wld. **17**, 240, 250, 368, 380, 502, 562 (1943).

[74] Siehe „Mehrlagenstoffe".

sieren bekannten Vorgang wird die Faser, die an sich keine Affinität zu substantiven Farbstoffen besitzt, wieder mit diesen anfärbbar.

Eine Glanzminderung der Faser kann schon durch Behandeln in heißen Bädern mit quellenden Zusätzen eintreten, ohne daß es zur Abspaltung von Acetylgruppen kommt. Es handelt sich um einen rein optischen Effekt, der dadurch entsteht, daß sich in der Faseroberfläche feine Risse bilden, die das auffallende Licht diffus reflektieren[75].

Der Polymerisationsgrad der Acetatseide liegt im Vergleich zur Viskoseseide und Kupferseide erheblich niedriger, ist jedoch höher als jener der Nitroseide. In der Literatur sind z. B. folgende Werte angegeben[76]:

	Kupferseide	Viskoseseide	Nitroseide	Acetatseide
Linters	1400	—	—	700—1400
Gebleichte Linters	700	—	—	700
Holzstoff	—	700—900	—	—
Spinnlösung	400—500	500	500	250—350
Fertigprodukt	350—500	300—400	200	250—350

Die Hitzeempfindlichkeit und Bügelechtheit der Acetatseide kann nach neueren Vorschlägen weitgehend erhöht werden, indem man die Faser mit Isocyanaten behandelt. Dabei wird auch die Farbstoffaufnahme des Materials verbessert[77].

Besondere Sorten des Handels sind Opaceta (Courtaulds), eine halbmatte Acetatseide, sowie eine der Celtaseide entsprechende, luftgefüllte und daher ebenfalls im Glanz verminderte Acetatseidenfaser, die Aeraceta. Sie besitzt eine größere Völle als die normale Acetatseide und neigt wegen des lufthaltigen Kernes weniger leicht zum Knittern. Wie die anderen Kunstseiden, ist auch Acetatseide als Stapelfaser versponnen worden und als Acetatzellwolle bekannt. Acetatseidenstapelfaser wird in England und Amerika auch als Celanese oder Lanese (Celanese Co.), Acele (DuPont), Teca (Eastman Co.), Seraceta (Amer. Viscose Co.) in den Handel gebracht.

Fortisan[78] ist eine Acetatseidenfaser, welche durch Hydrolyse mit verdünnter NaOH weitgehend verseift ist. Die Behandlung mit der Lauge erfolgt derart, daß man die Faser in gestrecktem Zustande durch Lauge zieht oder, auf Bobbinen aufgewickelt, mit NaOH behandelt. Um eine zu große Faserquellung zu verhüten, setzt man den Laugenbädern Na-Tartrat oder Laktat zu. Die erhaltene Faser ist — als Mittelding zwischen Regeneratcellulose und Celluloseacetat — mit substantiven und Acetatseidenfarbstoffen färbbar. Ihre Festigkeit ist gegenüber dem ursprünglichen Produkt wesentlich erhöht.

Neben der Acetatseide sind eine Reihe von Cellulosederivaten, insbesondere verschiedene Celluloseätherseiden, bekanntgeworden.

Um die neuere Patentliteratur auch hier anzuführen, werden als Anhang an die Patentzusammenstellung, welche hauptsächlich Vorschläge für die Fabrikation der Acetatseide beinhaltet, alle jene Literaturhinweise gebracht, welche die Veresterung und Verätherung von Cellulose zum Ziele haben. Ins-

---

[75] Siehe „Mattieren".

[76] Marsh, Wood: An Introduction on the Chemistry of Cellulose, 1945, l. c.

[77] Kline: Mod. Plastics **23**, 2—152 A. (1945); s. a. AP 2268648/9.

[78] Marsh: Textile Finishing **1947**, S. 237.

besondere sind die Celluloseäther neben einigen faserbildenden Vertretern für die neuzeitliche Appretur von Textilien von großer Bedeutung.

Vergleichende Bestimmungen der Festigkeitswerte und Dehnung einiger Celluloseester und -äther sollen eine Übersicht über deren textiltechnische Verwendungsmöglichkeit geben. Die entsprechenden Vergleichszahlen sind nach Marsh, Wood[79] folgende:

Celluloseester	Festigkeit in kg/qcm	Dehnung in Prozent
Acetat	9—12	15—25
Propionat	6—7	10—15
Butyrat	5—6	8—10
Valerat	4—5	18—25
Caproat	2—3	60
Pelargonat	3,5—4	20—30
Laurat	0,8—1	100—130
Stearat	0,5	über 140
Naphtenat	0,3	110

Äther der Cellulose	Festigkeit in kg/qcm	Dehnung in Prozent
Äthylbutyläther	6—6,5	30
Äthylbenzyläther	6—6,5	12
Propylbenzyläther	5	18
Butylbenzyläther	4,5	88

Die Quellbarkeit der Acetatseide steigt mit der Abnahme des Acetylierungsgrades, was folgende Tabelle zeigt:

Acetylierungsgrad in Prozent	39,5	37,7	36,0	35,4	34,4
Acetylgruppen pro Glukoseeinheit	2,42	2,25	2,12	2,02	1,95
Aufnahme von Acetatfarbstoff	31,3	34,4	39,5	39,4	42,0
Aufnahme von Baumwollfarbstoff	0,00	4,00	7,00	6,4	7,6
Zugfestigkeit naß/trocken	0,68	0,68	0,55	0,53	0,51
Dehnung naß/trocken	1,55	1,57	1,59	1,60	1,65

Literaturübersicht über Acetatseide.

Moncrieff: Plastics **14**, 108 (1949).
Preston, Jackson, Nimkar: J. Soc. Dyers Colourists **65**, 483 (1949).
Herrmann: Melliand Textilber. **30**, 145 (1949).
Vermaes, Hermans: J. Pol. Sci. **2**, 397, 406 (1947).
Borlaug: Rayon Text. Monthly **24**, 416 (1943).

a) Patentschrifttum über Acetatseide.

Über die Herstellung im allgemeinen vgl. z. B. folgende Patente:

OeP 158419 Czeja 1941.

DP 742671 Wacker 1943, 733688 Rhodiaceta 1942, 731668 Rhodiaceta 1942, 729010 Rhodiaceta 1942, 715929 Rhodiaceta 1941, 712785 Rhodiaceta 1941, 710903 Ciba 1941, Zusatz zu 706870, 710870 Ciba 1940, 706870 Rhodiaceta 1941.

[79] Marsh, Wood: An Introduction on the Chemistry of Cellulose, loc. cit.

SP 239736 Heberlein 1942, 222247 IG 1942.

EP 611353 Celanese, 611665 Celanese, 597295 Celanese 1948, 581157 Celanese 1946, 577103 Ciba 1946.

Spezielle Verfahren beschreiben folgende Patentschriften:

DP 701598 Rhodiaceta 1941 — Acetatseide mit rauher Oberfläche wird erhalten, indem man mit Quellmitteln der Pyridingruppe in aromatischen Kohlenwasserstoffen in der Nähe des Kochpunktes der letzteren behandelt.

FP 923633 Rhodiaceta 1947 — Herstellung von Celluloseestern, insbesondere Acetatseide.

EP 614659 Viscose 1948 — Celluloseacetat (Acetatseide) mit erhöhtem Erweichungspunkt und verringerter Löslichkeit in organischen Lösungsmitteln erhält man durch Zusatz von Formaldehyd oder Glyoxal zu Spinnlösungen in Anwesenheit saurer Katalyten und Verspinnen in Wärmekammern, wobei mit der Entfernung des Lösungsmittels auch die Modifikation des Celluloseesters, welcher noch freie OH-Gruppen aufweisen muß, eintritt.

EP 607993 Celanese 1948 — Künstliche Fasern werden hergestellt durch Verdüsen von Lösungen von Celluloseestern mit niedrigem Acylgehalt, gelöst in einem mit Wasser mischbaren Lösungsmittel in ein wäßriges Fällbad, welches ein mit Wasser mischbares Lösungsmittel für den Celluloseester enthält (Essigsäure). Dadurch werden die Fasern in Form stark streckbarer Gele erhalten. Nach der Verseifung unter Bildung von Regeneratcellulose werden Fäden mit hoher Zugfestigkeit gebildet.

EP 569878 DuPont 1945 — Verbesserung der mechanischen Eigenschaften von Celluloseesterfäden durch nasse Streckung in Gegenwart von Harnstoff.

EP 541660 Celanese — Die Festigkeit der Fasern aus Cellulosederivaten wird verbessert, wenn den Spinnmassen 10—50% Polymethylenoxyd zugegeben wird.

EP 537923 Moncrieff, Bates 1942 — Man verbessert Acetatseide in ihren physikalischen Eigenschaften durch Behandlung mit Quellmitteln, die keine wesentliche Schrumpfung bewirken.

EP 535298 Dreyfus 1941 — Die Festigkeit von Acetatseide wird erhöht, wenn man unterhalb 60° C mit Wasser netzt und feucht streckt.

EP 532113 Courtaulds 1941 — Man animalisiert Acetatseide durch Zugabe von aliphatischen Diaminen zur Spinnlösung.

AP 2460377 Celanese 1949 — Die Herstellung von Textilfäden aus einem niedrigen Ester der Cellulose mit Stabilisatoren und 2—50% an Weichmachern der Formel

$$\begin{matrix} Cl\,C_6H_4 \\ Cl\,C_6H_4 \end{matrix}\!\!>CH{-}C\,Cl_3$$

wird beschrieben.

AP 2447459 Gen. An. 1948 — Cellulosetriacetat mit einem Gehalt von 61—62,5% Essigsäure wird in einem Lösungsmittelgemisch von flüssigen Alkylpolyhalogeniden (mit einem Kp über 40° C) und flüssigen Alkoholen im Mischungsverhältnis 80—95 zu 20—5 bei 0° bis —75° C gequollen und durch Temperatursteigerung bis Raumtemperatur vollständig gelöst.

AP 2341586 DuPont 1944 — Naßspinnen von Celluloseacetat.

AP 2339912 DuPont 1944 — Behandlung von Celluloseacetat mit Di-isocyanaten.

AP 2339316 DuPont 1944 — Naßspinnen von Celluloseacetat.

AP 2328682 Al. Prop. Cust. 1943 — Man schrumpft Acetylcellulose mit einem Gehalt von 50% an Acetylgruppen mit wäßriger Essigsäure (40%) durch Quellung, hernach wird mit wäßrigen Salzlösungen zur Fixierung der Schrumpfung behandelt und dann gefärbt.

AP 2326842 Celanese 1943 — Zur Erhöhung der Dehnung von Cellulosederivatfasern behandelt man dieselben vor dem Verweben mit einer wäßrigen Dispersion, die in der dispergierten Phase ein wasserunlösliches Quellmittel enthält und entfernt dieses, bevor getrocknet wird. Das Verfahren ist für gestreckte Garne nicht anwendbar.

AP 2325153 Celanese 1943 — Man bereitet eine Spinnlösung für die Herstellung von Acetatseide, welche den in Aceton löslichen Ester in einer Lösung von Aceton und Polymethylenmonoxyd enthält.

AP 2324567 Celanese 1943 — Trockenspinnen von Celluloseacetat.

AP 2320704 IG 1943 — Man spinnt Cellulosederivate mit hohen Fasereigenschaften, indem man solche (OH-Gruppen-freie) Derivate vor dem Verspinnen mit Di-isocyanaten der Form

RO—CO—NH—X—NH—CO—OR oder Y—CO—NH—X—NH—CO—Y,

wobei R einen Aryläthylenrest, Y eine organische Verbindung mit aktiven Methylengruppen, X Arylen oder Alkylen bedeutet, behandelt und gelegentlich des Verspinnens der Hitze aussetzt, um eine Reaktion zu erzielen.

AP 2318573 Eastman Kodak 1943 — Herstellung hochviskoser Acetylcellulose.

AP 2303528 Celanese 1942 — Man erzeugt Celluloseestergarne durch Strangpressung aus der Schmelze einer derartigen Verbindungen, dann wird gehärtet und einer Esterifizierung mit einer mehrbasischen Säure unterzogen. Die Bügelechtheit der Garne wird erhöht.

AP 2301263 Celanese 1942 — Die Eigenschaften von Celluloseestergarnen mit freien OH-Gruppen werden verbessert, indem man diese mittels Dicarbonsäureanhydriden, gelöst in einem organischen Lösungsmittel, das die Faser nicht angreift, behandelt (Temp. über 100° C).

AP 2300472 Celanese 1942 — Man spinnt Cellulosederivate in ein Koagulationsbad, welches Quellmittel für den Faden enthält, sowie eine färbende Substanz, die man durch kurze Nachbehandlung entwickelt unter gleichzeitiger Streckung des Fadens.

AP 2290952 Celanese 1942 (s. a. AP 2290949) — Das Spinnfärben von Acetatseide erfolgt z. B. mit Carbidschwarz D, Neolanschwarz WA.

AP 2280933 Celanese 1942 — Schwer schmelzbare Celluloseester werden durch Einlagerung eines plastischen unlöslichen Materials mit gleichem Brechungsindex hergestellt, wobei dieses Material feinst verteilt wird. Der Zusatz wird so gehalten, daß der Glanz und die Durchsichtigkeit der Faser nicht vermindert wird.

AP 2277468 DuPont 1942 — Acetatseide wird in der Spinnmasse mit Proteinen oder desacyliertem Chitin animalisiert.

AP 2277093 Celanese 1942 — Um die Dehnung von Celluloseacetat günstig zu verbessern und die Schrumpfung zu vermindern, behandelt man mit Aldehyden in wäßriger Lösung unter gleichzeitigem Zusatz einer OH-Gruppen-haltigen Verbindung (Äthylalkohol und Acetaldehyd).

AP 2268649 Dreyfus 1942 (s. a. AP 2268648) — Der Schmelzpunkt und damit die Bügelwiderstandsfähigkeit von Celluloseacetat u. dgl. kann erhöht werden, wenn man Gewebe aus diesen Fasern mit esterifizierenden Mitteln, wie 98% Xylol und 2% Phtalsäureanhydrid, 1 Stunde bei 140° C behandelt, wobei Carbonylchlorid in das im Flottenverhältnis 1 : 50 angewendete Bad geleitet wird. Der Zusatz von Phtalsäureanhydrid kann eventuell unterbleiben. Das Fasermaterial wird dadurch auch unlöslich in Aceton, Eisessig und Chloroform (vgl. a. AP 2259518).

AP 2255776 Dreyfus 1941 — Cellulosederivatgarne, welche zur Verminderung ihrer Feuchtigkeitsaufnahme einer Streckung unterworfen wurden, werden vor der Verarbeitung mit Weichmachern versetzt.

AP 2159097 Celanese 1939 — Um die Dehnbarkeit von Cellulosederivatfasern zu erhöhen, werden die trocken gesponnenen Fasern mit nassem Dampf bei etwa 130° C 15—30 Minuten lang behandelt. Man kann auch auf etwa 180% gestreckte Celluloseacetatfaser (die Streckung wird in nassem Dampf vorgenommen) nachher mit heißem Wasser bei etwa 100° C 5—10 Sek. lang behandeln.

Mit der Herstellung von Acetatseide beschäftigen sich ferner folgende US-Patentschriften:

AP 2453275, 2432341, 2429643/45, 2427403, 2426982, 2415949, 2396165, 2387791, 2330932, 2285245, 2218029, 2210161, 2210116, 2179544, 2147641, 2145290, 2142121.

b) Patentschrifttum über die Herstellung von Celluloseestern.

OeP 160457, 159836, 159835, 159570, 159569, 157697.

DP 740895, 739752, 737505, 731601, 721785, 720935, 720734, 720109, 718070, 714149, 710851, 710307, 690339, 673183, 673535, 672854, 670081.

SP 235956, 232884, 232600, 232113, 226007, 223304, 205313, 201949.

EP 609790, 608310, 606610, 605584, 598886, 597677, 597295, 587854, 581157, 577103, 565179, 507946, 507722, 507126.

AP 2478396, 2478383, 2461572, 2433733, 2432341, 2432153, 2432128, 2432127, 2432126, 2431435, 2429643, 2426982, 2415949, 2414869, 2402942, 2400962, 2400494, 2400361, 2388833, 2388826, 2388764, 2371075, 2367493, 2363091, 2362575, 2360239, 2355712, 2355228, 2353423, 2353255, 2350391, 2346350, 2345406, 2342416, 2342415, 2342399, 2339912, 2339913, 2336159, 2329730, 2329718, 2329717, 2329706, 2329705, 2329704, 2303528, 2303340, 2303338, 2294995, 2294958, 2294957, 2292213, 2292211, 2275513, 2265528, 2253081, 2250201, 2248539, 2245408, 2245233, 2244295, 2241226, 2239782, 2239753, 2234706, 2234705, 2232795, 2232794, 2230387, 2229617, 2223376, 2218235, 2214943, 2150690, 2137594, 2146025, 2145110, 2143332.

c) Patentschrifttum über Celluloseätherseiden.

EP 584911 Winton, Somerville, ICI 1947 — Künstliche Fasern, die keine Flamme weiterleiten, bestehen aus dem wasserlöslichen Salz einer Cellulose-

Hydroxyfettsäure, welches aus Lösungen in ein Fällbad gesponnen wird, wobei das Kation durch Aluminium ersetzt wird.

AP 2250929 ICI 1941 — Die Wasserfestigkeit von Celluloseätherfasern kann durch Beigabe von quaternären Stickstoffverbindungen der Form: R—X—CH_2—N(tert.)—Y zur Spinnlösung erhöht werden, wobei R einen langkettigen aliphatischen Rest mit mehr als 12 C-Atomen oder RCO-Rest einer hochmolekularen Fettsäure, X ein O- bzw. S-Atom, eine Iminogruppe oder Carbamatrest, N ein tert. Stickstoffatom oder einen heterocyclischen Rest und Y ein einwertiges Anion bedeutet.

CanP 437516 Dreyfus 1946 — Celluloseätherfäden werden aus alkalischer Lösung mittels eines Fällbades, welches 5—15% organische Säure und 5—15% Salz einer organischen Säure enthält, gefällt.

Über die Herstellung von Celluloseäthern orientieren folgende Patentschriften:

OeP 158420.

DP 731233, 725658, 713231, 712666, 711429, 710626, 706527, 703003, 702062, 696902, 696627, 693987, 693030, 683369, 683205.

SP 241141, 237388, 237355, 227347, 222248, 210198, 205154.

FP 892943, 886325, 885360, 882860.

EP 605413, 605411, 605357, 580359, 578286, 574106, 572868, 507203, 504600.

AP 2447756, 2439111, 2438975, 2444563, 2414144, 2408326, 2388764, 2384888, 2381972, 2379264, 2340177, 2332049, 2332048, 2331865, 2331864, 2329741, 2313866, 2289039, 2285514, 2283809, 2270200, 2270180, 2268564, 2265917, 2265916, 2265915, 2264229, 2250929, 2241397, 2238714, 2236544, 2236533, 2235765, 2226823, 2224847, 2217904, 2216233, 2216095, 2216045, 2216107, 2214070, 2181264, 2176085, 2160782, 2160107, 2160106, 2159376, 2159375, 2159367, 2157683, 2157530, 2148952, 2146738, 2145273, 2143785.

4. Alginatfaser (Alginseide).

Alginsäure, die Grundsubstanz dieser Faserstoffe, kann durch folgende Formel versinnbildlicht werden:

```
      HOCH—CHOH            O—CH—COOH
     /         \          /         \
—O—CH           CH—O—CH             CH—O—
     \         /          \         /
      O—CH—COOH            OHCH—CHOH
```

Zum Vergleich sei die entsprechende Celluloseformel wiederholt:

```
      OHCH—CHOH            O——CH—CH2OH
     /         \          /         \
—O—CH           CH—O—CH             CH—O—
     \         /          \         /
      O—CH—CH2OH           HOCH—CHOH
```

Demnach ist Alginsäure polymere d-Mannuronsäure mit Pyranosestruktur[80] und besitzt das Molekulargewicht von etwa 48000—195000[81]. Sie bildet bekannt-

[80] Cody: Amer. Dyestuff Reporter **37**, 283 (1948); vgl. a. Astbury: Nature (London) **155**, 667 (1945).

[81] Speakman, Chamberlain: J. Soc. Dyers Colourists **60**, 264 (1944).

lich neben anorganischen Bestandteilen, Mannit, Pflanzenschleimen und Proteinen die Grundsubstanz der Meeresalgen, die 15—40% Alginsäure aufweisen. Nachdem schon 1934 Alginsäure zur Herstellung von Fäden vorgeschlagen wurde[82] (sie sollte gemeinsam mit Protein, Cellulose und Mannit aus Cuoxamlösungen verdüst werden), hat in den letzten Jahren insbesondere Speakman die Ausarbeitung von Fabrikationsverfahren für Fäden aus Alginaten vorgenommen. Tang wird erst mit Soda behandelt, wobei unter Zerfall der Pflanzen eine dicke, gelatinöse Masse erhalten wird. Diese wird gefiltert, mit Hypochloritlösung gebleicht und die Alginsäure mittels HCl gefällt. Sie wird gewaschen und mittels Soda in eine Natriumalginatlösung übergeführt. Die erhaltene Lösung wird in verdünnte Schwefelsäure (10%) verdüst (nach anderen Angaben werden Chlorcalciumlösungen, die mit verdünnter HCl angesäuert sind, als Fällbäder verwendet). Im letzteren Falle bildet sich ein Faden aus Calciumalginat. Er ist stabiler gegen Lagerung usf. als ein Alginsäurefaden. Die gesponnenen Fäden neigen zum Kleben, weshalb dem Fällbade auch Öle zugesetzt werden (Olivenöl, emulgiert mit einem Netzmittel). In Fällbädern mit verdünnter Schwefelsäure wird Fixanol verwendet[83]. Als Spinnlösung dient eine Alginatlösung von 8—9%. Die erhaltene Faser ist sehr hygroskopisch (44% Feuchtigkeitsaufnahme), sie ist nicht flammbar, besitzt jedoch eine sehr geringe Festigkeit und ist in Alkalien löslich. Letzteren Übelstand, der sich bereits in einem Faserangriff beim Waschen der Faser äußert, behebt eine Behandlung der Faser, die das Calciumalginat in Chromalginat oder Berylliumalginat überführt[84]. Das Chromalginat hat den großen Nachteil, eine starke Eigenfärbung zu besitzen. Die Erhöhung der Widerstandsfähigkeit gegen Alkali usw. kann auch durch Imprägnierung mit Harnstoff-Formaldehydkondensaten erfolgen[85].

Ferner kann man mit Di-isocyanaten behandeln oder durch ein ammonchloridhaltiges Formaldehydbad (pH = 3) nehmen. Dadurch wird die Naßfestigkeit der Faser erhöht und deren Quellbarkeit verringert[86].

Die Fasern können zu diesem Zwecke auch durch Gelatinelösungen gezogen und die Gelatineschichte mit Formaldehyd gehärtet werden[87].

Die Färbung kann mit sauren Farbstoffen, insbesondere Neolanen nicht vorgenommen werden. Dagegen ziehen Chromfarbstoffe und Metachromfarben gut. Substantive Farbstoffe färben gut an, besitzen jedoch in vielen Fällen keine Waschechtheit, weshalb man die Faser vor dem Färben mit dieser Farbstoffklasse mit Fixanol usw. vorbehandeln muß. Während Acetatseidenfarbstoffe kaum anfärben, ziehen basische Farbstoffe gut auf. Die Faseraffinität für saure und direkte Farbstoffe kann durch eine Behandlung mit Cyanamid-Formaldehydkondensaten, also eine Animalisierung, erhöht werden.

Alkalilösliche Alginfasern können zur Herstellung künstlicher Spitzen Anwendung finden, indem man aus den mit Alginfasern dessinierten Geweben diese durch Behandlung mit schwachen Laugen herauslöst.

Literaturübersicht über Alginatseide.

Speakman, Jonson: J. Soc. Dyers Colourists **62**, 4 (1946).

Speakman: J. Soc. Dyers Colourists **61**, 13 (1945).

---

[82] EP 417222, EP 420857 (Godha).

[83] Cefoil: EP 541848, 1942, bzw. EP 567641, 568177, 569212, EP 572778.

[84] Cefoil: EP 541847. — Speakman, Chamberlain: EP 545872.

[85] Cefoil: EP 575611.

[86] Cefoil: EP 572798.

[87] ICI: EP 578016.

Ripley: Text. Wld. **95**, 112 (1945).
Tupholme: Chem. Age **48**, 555 (1943); Chem. Engng. News **20**, 13 (1942).
Wilsome: Text. Col. **63**, 83 (1941); Silk J. Rayon Wld. **171**, 198 (1940).
Speakman: Text. Manufacturer **66**, 464 (1940); Wool Rec. Text. Wld. **58**, 721 (1940).

Patentschrifttum über Alginatseide.

FP 913423 Courtaulds 1946 — Man spinnt Alginatfasern in ein Fällbad, welches neben Calciumchlorid 0,01—1% einer kationenaktiven Substanz, wie etwa Cetyl-pyridiniumchlorid, enthält. Die Fäden kleben dann nicht aneinander.

FP 874642 Poulverel 1942 — Alginatlösungen werden beim isoelektrischen Punkt (5,5—5,8) mit Lösungen von Casein oder Sojaprotein vermischt und verdüst.

FP 824987 Courtaulds 1942 — Betrifft die Herstellung von Alginatfasern.

EP 621362 Alginate Ind. 1949 — Man behandelt Alginatfaserspinnlösungen mit Di-epoxyverbindungen, um eine Brückenbindung zwischen den OH- und COOH-Gruppen und damit eine Erhöhung der Widerstandsfähigkeit der Fasern zu erzielen.

EP 590941 Horton 1947 — Die Viskosität von Alginatlösungen wird durch Osmiumtetroxyd wesentlich erhöht. Es dürfte Vernetzung stattfinden.

EP 578016 ICI 1946 — Die Widerstandsfähigkeit von Alginatfasern kann erhöht werden, indem man sie mit animalischen oder vegetabilischen Proteinen behandelt und nachher diese mit Chromsalzen, Formaldehyd oder Tannin härtet.

EP 567101 Lawton Wood 1945 — Man behandelt Alginatfasern mit Harnstoff-Formaldehydvorkondensaten und härtet hiernach. Die Fasern werden wasserfest und formbeständig.

EP 575611 Cefoil 1947 — Zum Stabilisieren von Alginlösungen für die Herstellung von Fasern wird die Zugabe von Harnstoff-Formaldehydkondensaten und primärem Natriumphosphat empfohlen.

EP 573058 Speakman, Chamberlain und Cefoil 1945 — Alkaliwiderstandsfähige Gewebe aus Alginatfasern werden erhalten, indem man sie durch Behandlung mit n/10 HCl in aus freier Alginsäure bestehende Fasern überführt (das im Erdalkalisalz der Ursprungsfaser enthaltene Ca wird durch die Salzsäure herausgelöst) und durch eine weitere Behandlung mit basischem Chromsulfat oder basischem Berylliumacetat und Formaldehyd in die entsprechenden Cr- bzw. Be-Salze überführt und härtet. Es werden z. B. 200 g Chromalaun in 1500 ccm kaltem Wasser gelöst und eine Lösung von 31,9 g Bikarbonat in 400 ccm Wasser zugegeben. Man rührt bis zum Aufhören der Kohlensäureentwicklung, verdünnt auf 2000 ccm, so daß die entstehende Lösung etwa 2 g Chrom pro Liter enthält. Das Gewebe wird hierauf in einem Flottenverhältnis von 1 : 30 in einem Bade aus 1200 ccm Wasser und 300 ccm der oben beschriebenen Chromsulfatlösung bei Zimmertemperatur 3—4 Stunden behandelt und dann gewaschen. Das erhaltene Gewebe weist einen Chromgehalt von etwa 3—4% auf. Die nachfolgende Einwirkung von Formaldehyd wird mittels einer 20%igen Lösung, welcher 5% Ammoniumchlorid beigegeben sind und die auf ein pH von 3,5 eingestellt wird, vorgenommen. Sie dauert 30 Minuten, worauf man abquetscht und 9 Minuten auf etwa 98° C erhitzt. Es kommt zur Bildung von Methylenbrücken zwischen den einzelnen Fasermolekülen, was eine gesteigerte Widerstandsfähigkeit gegen die Wirkung von Alkali bedingt.

EP 572798 Cefoil 1945 — Alginatfasern werden zur Verbesserung ihrer Eigenschaften aus einem Bade gefällt, welches neben Säure auch Formaldehyd enthält.

EP 572778 Cefoil 1945 EP 569212 Cefoil 1945 EP 568177 Cefoil 1945 EP 567641 Cefoil 1945 EP 545872 Cefoil 1945 (vgl. EP 541848 und EP 550525)	Bildung von Chrom- oder Berylliumalginat aus der gefällten Calciumalginatfaser.

AP 2477861 Clark, Steiner 1949 — Die Herstellung wasserlöslicher Alginatfasern zu Sonderzwecken wird beschrieben.

AP 2422993 Courtaulds 1947 — Alginatfasern werden verdüst aus einer Lösung von Natriumalginat in ein Fällbad, welches 5% $CaCl_2$ und 0,01—0,1% Cetylpyridiniumchlorid sowie 0,1—5% Essigsäure enthält (vgl. auch AP 2375650 und 2371717 sowie FP 913423).

AP 2319168 Cefoil 1943 — Alginfasern werden statt mit Aluminiumsalzen mit Lösungen von basischem Chromacetat behandelt. Sie erhalten dadurch eine bessere Alkalibeständigkeit als bei anderen Arbeitsweisen und sind gleichzeitig von guter Affinität zu Chromfarbstoffen.

AP 2317492 Cefoil 1943 — Man erzeugt alkalifeste Alginatfasern, indem man Fäden aus Alkalialginat spinnt und diese durch Behandlung mit Berylliumsalzen in Berylliumalginat überführt.

CanP 432527 Cefoil 1946 — Alginatfasern werden gesponnen, indem man sie nach dem Fällbad vor der Vereinigung der Einzelfasern, um das Aneinanderkleben derselben zu verhindern, durch ein Bad, welches eine Emulsion eines vegetabilischen Öles enthält, durchnimmt. Als Ölemulgatoren können Fettalkoholsulfonate verwendet werden.

CanP 432415 Courtaulds 1946 — Erdalkalialginat wird mit wäßrigen Lösungen eines Alkalisalzes umgesetzt, so daß man eine Lösung von Alkalialginat enthält, welches unlösliches Erdalkalisalz feinst verteilt enthält. Diese Lösung wird dann verdüst. Ca-Alginat und Soda ergibt Natriumalginat und Ca-Carbonat. Das Fällbad enthält Säure und 5% Ca-Chloridzusatz.

III. Synthetische Fasern.

Ausgehend von der Herstellung von Fäden aus Polyvinylchlorid 1934 und von den Forschungen Carothers über die Polyamidfasern (1937) bzw. den Arbeiten der IG Farben über Polyurethanfäden (1938) hat das Gebiet der synthetischen Faserstoffe, also jener Textilrohstoffe, die unabhängig von nativen Faserbildnern durch chemische Synthese aufgebaut werden, einen außerordentlichen Aufschwung genommen. In den letzten zehn Jahren sind eine ganze Reihe Hochpolymerer zur Faserherstellung vorgeschlagen worden und einige Vertreter tatsächlich zur großtechnischen Erzeugung gelangt. Die synthetischen Faserstoffe sind teils Polymerisate, teils Polykondensate linear orientierter Struktur, welche durch Faserstreckung auf ein Mehrfaches der ursprünglichen Länge verstärkt wird. Diese neuen Textilrohstoffe zeigen gegenüber den nativen Fasern oder den Kunstseiden bzw. der Kunstwolle große Unterschiede. Ihre physikalischen Eigenschaften, wie Dehnung und Festigkeit, übertreffen in manchen Fällen die der bisher bekannten Faserstoffe weitgehend. Wichtiger jedoch als dieser Unterschied ist die Unempfindlichkeit der synthetischen Fasern gegenüber zahlreichen Chemikalien, die oft so weit geht, daß man tatsächlich von einem vollkommen resistenten Faden sprechen kann.

Nachteilig wirken sich gegenwärtig noch die Probleme der Faserfärbung aus. Manche der neuen Textilrohstoffe bereiten ihrer Anfärbung große Schwierigkeiten, oft läßt die Erzeugung bestimmter oder gleichmäßiger Färbungen zu wünschen übrig. Es steht jedoch außer Zweifel, daß alle diese Übelstände überwindbar sind. Manche der technisch hergestellten Vertreter dieser Gruppe werden für eine Reihe von bestimmten Zwecken für sich allein oder als modische Effekte im Gemisch mit nativen Fasern das Fabrikationsprogramm der Textilindustrie bereichern.

Hinsichtlich des Polymerisationsgrades der synthetischen Fasern wurde gefunden[88], daß ein Mindestpolymerisationsgrad von etwa 80 notwendig ist, um überhaupt mechanische Festigkeit erzielen zu können. Die Faserfestigkeit steigt dann mit zunehmendem Polymerisationsgrad stark an, um dann vom Wert 250 bis 600 nur mehr wenig zuzunehmen. Eine weitere Erhöhung bringt keinerlei praktische Effekte mehr mit sich, was bereits früher für die Kunstseiden festgestellt wurde.

1. Polyvinylchloridfasern (PC-Faser).

Fadenförmige Erzeugnisse aus nachchloriertem Polyvinchlorid mit einem ungefähren Chlorgehalt von 63%[89] wurden bereits 1934 von der IG-Farbenindustrie als PC-Faser[90] herausgebracht. Das Ausgangsprodukt für ihre Herstellung ist Acetylen, aus welchem durch HCl-Anlagerung Vinylchlorid gebildet wird. Dieses gelangt unter dem Einfluß verschiedener Katalyten zur Polymerisation und das gebildete Polyvinylchlorid wird schließlich einer Nachchlorierung unterworfen. Chloriertes Polyvinylchlorid stellt eine makromolekulare, semiplastische Masse dar, welche aus Lösungen in Aceton zu Fäden verdüst wird. Hierbei arbeitet der sogenannte Rhofilprozeß[91] der Rhodiaceta mit Lösungen des Materials in Schwefelkohlenstoff-Acetongemischen. Die erzeugten Fäden besitzen einen ungefähren Titer von 3,75 den und werden hauptsächlich zur Erzeugung von Filtertuch, Fischnetzen usw. verwendet. Die PC-Faser ist außerordentlich zugfest, hoch naßfest und vollkommen widerstandsfähig gegen Säuren, Alkali, Reduktions- und Oxydationsmittel. Sie wird von Bakterien, Schimmelpilzen und Motten nicht angegriffen und quillt in Wasser nicht. Einige organische Lösungsmittel, wie Ester, Ketone und chlorierte Aromaten, quellen die Faser und lösen sie an. Leider ist die PC-Faser thermoplastisch und daher gegen Temperaturen über 65—70° C empfindlich. Sie erweicht dann, schrumpft außerordentlich stark und ist nicht bügelecht. Derzeit wird daran gearbeitet, diese Nachteile zu beseitigen[92]. Ein Nachteil bei der

---

88 Mark: Amer. Dyestuff Reporter **36**, 324 (1947).

89 Hubert: Kunststoffe **1940**, 244.

90 Rein: Melliand Textilber. **22**, 5 (1941); **30**, 246, 299 (1949). — Jehle: Zellwolle, Kunstseide, Seide **45**, 185 (1940).

91 FP 913919.

92 Vgl. z. B. EP 587403.

Faserverarbeitung ist das Auftreten statischer Elektrizität. Die Strukturformel des Polyvinylchlorids ist bekanntlich[93]

$$-\underset{\mathrm{Cl}}{\mathrm{CH}}-\mathrm{CH_2}-\underset{\mathrm{Cl}}{\mathrm{CH}}-\mathrm{CH_2}-\underset{\mathrm{Cl}}{\mathrm{CH}}-\mathrm{CH_2}-\underset{\mathrm{Cl}}{\mathrm{CH}}-$$

wobei diese Modifikation durch Kaliumpersulfat als Katalyt der Polymerisation erhalten werden soll[94], während Benzoylsuperoxyd Strukturen der Form

$$-\mathrm{CH_2}-\underset{\mathrm{Cl}}{\mathrm{CH}}-\underset{\mathrm{Cl}}{\mathrm{CH}}-\mathrm{CH_2}-\mathrm{CH_2}-\underset{\mathrm{Cl}}{\mathrm{CH}}-\underset{\mathrm{Cl}}{\mathrm{CH}}-\mathrm{CH_2}-$$

ergibt. Die einzelnen Cl-Atome der Ketten[95] sollen abwechselnd nach verschiedenen Seiten angeordnet sein. Die Länge des Moleküls wurde mit 5 Å angegeben.

```
        H      Cl Cl     H H     Cl Cl     H
          \   /     \   /   \   /     \   /
            C         C       C         C
  \       /   \     /   \   / | \     / | \       /
    CH2         CH2       CH2 |   CH2   |   CH2
                              |___5 Å___|
```

Eine Übersicht über die Festigkeits- und Dehnungseigenschaften im Vergleich zu anderen Textilfasern zeigt folgende Tabelle:

	PC-Faser	Baumwolle	Wolle	Flachs	Hanf	Roßhaar
Reißfestigkeit in Reißkilometern	17,1	28,3	12,0	45,1	43,4	12,6
Naßreißfestigkeit in Reißkilometern	18,4	27,9	9,6	46,1	46,6	9,0
Dehnung, trocken, in Prozent	35,4	13,4	43,6	3,4	4,5	55,0
Naßdehnung in Prozent	30,6	16,8	53,0	3,9	6,7	63,0
Gewicht in kg/dm³	1,32	1,52	1,32	1,48	1,48	1,30

Die Orientierung der Faser kann durch Erhitzen auf 150° C und rasches Abkühlen verbessert werden[96].

Wegen des hydrophoben Verhaltens ist eine Färbung des Polyvinylchloridfadens schwierig. Man hilft sich derzeit so, daß man dem Färbebade die Faser anquellende Mittel zugibt und färbt mit einigen ausgesuchten Farbstoffen der Acetatseidenreihe.

Die PC-Faser ist wegen ihrer vollkommenen Löslichkeit in Xylol auf diese Weise quantitativ neben nativen Fasern bestimmbar[97].

Literaturübersicht über Polyvinylchloridfasern.

Staudinger: Text. Rdsch. St. Gallen **4**, 3 (1949).
Appleby: Amer. Dyestuff Reporter **38**, 149, 156, 189 (1949).
Casey, Grova: Ind. Engng. Chem. **40**, 1793 (1948).
Schäffer: Mitt. d. Forschungsinst. d. chem. Ind. Österr. **2**, 48 (1948).
Diamond: Rayon Text. Monthly **28**, 49, 60, 75 (1947).
Driesch: Melliand Textilber. **28**, 73 (1947).
Haber: Kunstseide u. Zellwolle **25**, 267 (1947).
Kirst: Melliand Textilber. **28**, 23 (1947).
Kainer-Kreil: Handbuch der Polymerisationstechnik. 1944.

[93] Lepsius: Kunststoffe **1943**, 5.
[94] Brit. Plast. mould. Prod. Trader **1947**, 175.
[95] Fuller: J. chem. Soc. (London) **1947**, 298.
[96] Vgl. z. B. DP 721886.
[97] Romeo: Kunststoffe **1944**, 18.

Patentschrifttum über Polyvinylchloridfasern.

DP 743597 IG 1944 — Behandelt die Fabrikation von Polyvinylchloridfasern.

DP 737321 IG 1944 — 24% Celluloseäther wurden zu Polyvinylchloridfasern zugesetzt.

DP 737123 IG 1944
DP 733434 AEG 1943
DP 721886 IG 1942
} Beschreiben die Polyvinylfaserfabrikation.

DP 711132 IG 1940 — s. a. DP 700944.

Die Schrumpfung von Polyvinylchloridfasern wird herabgedrückt, wenn man die gestreckte Faser in der Nähe des Erweichungspunktes einer Wärmebehandlung unterwirft, wobei der Streckzustand aufrechterhalten wird.

DP 710008 IG 1942
DP 679896 Deutsche Celluloid 1939
DP 676627 IG 1939
DP 671889 IG 1939
} Herstellung von Polyvinylchloridfasern.

SP 246677 Rhodiaceta 1947 — Zu 350 Teilen einer Mischung bzw. Lösung aus 30 Teilen unchloriertes Polyvinylchlorid in 70% Aceton und Schwefelkohlenstoff werden 10% einer 50%igen Lösung von Polymethacrylat des Dimethylaminoäthanols gegeben. Die hergestellten Fäden können, vermöge des Gehaltes an Polyacrylat mit sauren und gewissen direkten Farbstoffen gefärbt werden.

SP 239764 IG 1946
SP 228656 Wacker 1943
SP 226024 Rhodiaceta 1943
FP 913952 Rhodiaceta 1946
FP 913924/25 Rhodiaceta 1946
FP 913919 Rhodiaceta 1946
} Herstellung von Polyvinylchloridfasern.

FP 869765 IG 1942 — Zur Herstellung von Schutzkleidung werden Fäden aus Polyvinylchlorid oder Polyamiden mit Asbestzumischungen empfohlen.

FP 842532 CCCC 1940 — Herstellung von Vinyon.

FP 837215 IG 1940 — Durch Hitzebehandlung von PC-Fasern unter Spannung soll deren Schrumpfung verringert werden.

FP 832347 Carlier 1940 — Herstellung von Fasern aus Polyvinylchlorid-Casein.

HollP 51302 IG 1941 — Zur Verbesserung der Hitzebeständigkeit von Polyvinylchloridfasern werden dieselben mit gasförmigem oder gelöstem Halogen (Br) behandelt. Der Erweichungspunkt steigt z. B. auf 95° C.

EP 611796 CCCC 1948 — Verbesserung der physikalischen Eigenschaften von Fäden aus Vinylpolymeren.

EP 605579 Rhodiaceta 1948 — Trockenspinnprozeß von Lösungen von Vinylpolymeren, wobei die Atmospäre der Verdampfungskammer zirkuliert und die Zirkulation durch das austretende Garn verursacht wird.

EP 604234 Rhodiaceta 1948 — Herstellung von Fäden aus Polyvinylchlorid durch Trockenspinnen von Lösungen und Kaltstreckung.

EP 602191 Rhodiaceta 1948 — Fadenförmige Polymere aus Polyvinylchlorid und anderen Polymeren können leicht gefärbt werden, wenn ihnen 10% eines polymerisierten Dimethylaminoäthanolacrylates zugegeben werden.

EP 601413 Rhodiaceta 1948 — 83 Teile Polyvinylchlorid und 17 Teile lösliches Phenol-Formaldehydkondensat werden in Aceton-Schwefelkohlenstoff 1 : 1 gelöst und trocken verdüst. Man streckt auf 250% unter Passage von Wasser von 95° C und erhitzt zur Härtung des Harzanteiles im Faden auf 110° C. Die Schrumpfung tritt statt bei 84° C (reine PC-Faser) erst bei 110° C ein. Eine nachherige Behandlung mit kochendem Wasser erhöht die Schrumpfungsfestigkeit weiter.

EP 596263 Rhodiaceta 1947 — Polyvinylchloridfasern, wie sie z. B. nach EP 451675 erhalten werden, können aus Acetonlösungen, die 5% Wasser enthalten, versponnen werden. Man trocknet und streckt hernach in Abwesenheit von Quellmitteln bei Temperaturen dicht am Erweichungspunkt um 300%. Die Polymeren besitzen ein MG von etwa 25000.

EP 591863 1947.
EP 587948/49 Distillers Co. 1946.
EP 582093 ICI 1946
EP 581281 ICI 1946
EP 581620 ICI 1946
EP 580020 ICI 1946
EP 577861 Shawinigan Co. 1946
EP 574606 Pittsburgh Plate Glass Co. 1946
EP 574449 ICI 1946
AP 2438968 CCCC 1948
AP 2413197 DuPont 1946

} Beschreiben die Herstellung von Polyvinylchloridfasern.

AP 2403464 DuPont 1946 — Herstellung von Fasern aus hydrolysierten Polyvinylestern. Behandelt man Fasern, welche aus Hydroxyvinylpolymeren hergestellt sind und welche einen Gehalt von 45% C-Atomen besitzen, an welche OH-Gruppen substituiert sind, mit polyfunktionellen Verbindungen, welche mit zahlreichen Molen Diäthylamin reagieren können, so entstehen Fasern, welche in Wasser von 100° C nicht mehr angegriffen werden. Die Interpolymerisate entstehen durch Polymerisation von org. Vinylestern mit anderen Stoffen, welche polymerisierbar sind. Also OH-gruppenhaltige Vinylester zusammen mit Vinylchlorid, Vinylidenchlorid, Methacrylat usw. Nach der Polymerisation wird das Produkt einer Hydrolyse unterworfen, um die OH-gruppenhaltigen Interpolymeren zu bilden. Die Polymerisation kann in Emulsion bei 40° C stattfinden, als Katalyten werden Ammonpersulfat oder Benzoylsuperoxyd verwendet. Hydrolysiert wird in Lösung oder in der Schmelze, besser in Lösung in Alkohol unter Zugabe von NaOH. Die hydrolisierten Produkte werden nunmehr in Lösung oder in der Schmelze gesponnen (Lösungsmittel ist wäßriges Pyridin oder Chloroform-Methanol usf.).

Gesponnen wird in eine Lösung, welche das Polymere nicht löst, so daß dieses ausfällt, oder in eine geheizte Kolonne, so daß das Lösungsmittel verdunstet und der Faden zurückbleibt. Hierauf wird der Faden aufgewickelt, bobbiniert. Als polyfunktionelle Substanzen im Sinne der Behandlung können Methylol- oder Alkoxymethylderivate des Urons

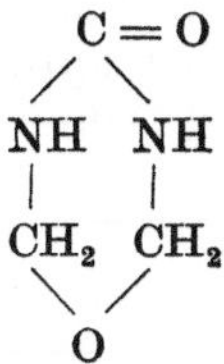

Melamin, Harnstoff oder dessen Derivate verwendet werden. Dimethylharnstoff, Trimethylolmelamin, Trimethyloluron, N,N'-Dimethylsuccinamid, N,N'-Dimethyloladipamid, Adipinchlorid usf., ebenso Chrom, Eisen und Schwermetallsalze, Formaldehyd, Acrolein, Glyzerin usw. Behandelt wird mit 3% Glaubersalz und 15% Wasser bei 102° C, und zwar sofort nach dem Spinnen, um eine gewisse Härtung zu gewährleisten, hernach erfolgt die eigentliche Behandlung gemäß der Erfindung, indem die bobbinierten Fasern mit einer 5%-Hexamethylendiisocyanatlösung in Kerosin bei 80° C 1 Stunde in Berührung gebracht werden.

Der Schmelzpunkt der Faser steigt von unbehandelt 105° auf behandelt 210° C, die Festigkeit beträgt in beiden Fällen etwa 2,0—2,2 g/den, die Elastizität geht von 14% auf 12% zurück.

Vgl. ferner die folgenden US-Patente, die sich mit der Herstellung von Polyvinylchloridfasern beschäftigen:

AP 2403215, 2402806, 2399653, 2347036, 2345659, 2338187, 2324838, 2295660, 2278231, 2245500, 2238956, 2233442, 2227163, 2185789, 1982765.

2. Fasern aus Co-Polymeren von Vinylchlorid und Vinylacetat (Vinyon), sowie aus Vinylchlorid und Acrylnitril (Vinyon N).

Ein Mischpolymerisat aus Vinylchlorid und Vinylacetat im Mischungsverhältnis 9 : 1 ist die von der American Carbide and Carbon Chemical Corp. (CCCC) herausgebrachte Vinyonfaser (AP 2161766). Der Gehalt an Vinylacetat wirkt plastifizierend auf das Polymer. Das in Aceton gelöste Polymere wird aus zirka 25%igen Lösungen nach mehrfachem Filtrieren bei 50° C durch Düsen von 0,06 mm Durchmesser versponnen. Der Faden wird durch eine Passage durch 5 m lange Trockenkammern mit Luft von 80° C vom Lösungsmittel befreit. Die Abzugsgeschwindigkeit beträgt etwa 250 m/Minute, der Fadentiter 2,5—3 Denier. Nach dem Spinnen wird durch eine Behandlung in Wasser von 65° C gealtert (12 Stunden) und hernach der Faden auf das Doppelte der ursprünglichen Länge gestreckt. Da die Faser die Tendenz besitzt, zu schrumpfen, muß die Streckung fixiert werden. Dies geschieht durch längeres Stehenlassen auf Streckspulen. Nach der Fixierung wird zur Erhöhung des Weicheffektes bei hoher Geschwindigkeit unter plötzlichen und scharfen Knickungen unter Wasser ablaufen gelassen[98]. Das Molekulargewicht des Polymerisates beträgt etwa 20000[99].

Der Faden wird von Mineralsäuren und Alkalien beliebiger Konzentration und Temperatur nicht angegriffen[100] und ist in Cuoxam unlöslich. Er ist nicht

---

[98] Windeck-Schulze: Zellwolle, Kunstseide, Seide **45**, 4 (1940).

[99] Heymann: Amer. Dyestuff Reporter **22**, 575; ref. in Kunststoffe **1944**, 172.

[100] Brit. Rayon Manual **1948**, 50.

entflammbar sowie bakterien- und mottenfest. Die Zugfestigkeit ist hoch, ebenso die Naßfestigkeit. Die Faser ist hydrophob und absorbiert praktisch keine Feuchtigkeit. Zufolge der Thermoplastizität erweicht Vinyon über 70° C[101] und zeigt eine sehr starke Schrumpfung. Die in der Textiltechnik interessierenden Werte für Festigkeit und Dehnung sind nach Barron[102] folgende:

	Reißfestigkeit in g/den	Dehnung in Prozent
Vinyon, ungestreckt	1,0	120
Vinyon, mittelgestreckt	2,3	25
Vinyon, hochgestreckt	4,0	18
Acetatseide	0,85	36
Viskoseseide	1,0	25
Seide, entbastet	3,6	26,3

Die Struktur der Faser kann wie folgt versinnbildlicht werden:

$$-CH_2-\underset{\displaystyle Cl}{\underset{|}{CH}}-CH_2-\underset{\displaystyle Cl}{\underset{|}{CH}}-CH_2-\underset{\displaystyle OCOCH_3}{\underset{|}{CH}}-CH_2-\underset{\displaystyle Cl}{\underset{|}{CH}}-$$

Die Anzahl der Acetatgruppen richtet sich natürlich nach dem Gehalt an Vinylacetat in der Faser.

Die Färbung der Vinyonfaser ist schwierig, kann aber in Anwesenheit vom Quellmitteln, wie Hydroxydiphenyl[103] mit Acetatseidenfarbstoffen erfolgen. Vinyon wird für technische Gewebe und Schutzkleidung verwendet.

In letzter Zeit ist ein Mischpolymerisat von Vinylchlorid und Acrylnitril unter der Bezeichnung Vinyon N[104] von der CCCC in den Handel gebracht worden. Der Gehalt an Polyvinylchlorid beträgt zirka 60%. Die Faser ist bedeutend weniger empfindlich gegen Hitze, schrumpft bei 100° C (in kochendem Wasser) kaum zu 0,5%, in Dampf von 120° C zu 6%. Sie ist beständig gegen Säuren, Alkalien, Chemikalien, unentflammbar usw. Sie ist etwas weniger hydrophob als Vinyon. Man spinnt sie ebenfalls aus Acetonlösung oder aus der Schmelze. Nach der Streckung wird sie durch eine Öl-Wasser-Emulsion geführt. Stapelfasern oder starke Titer werden naß gesponnen, feine Fasern nach dem Trockenspinnverfahren hergestellt. Da die Vinyon-N-Faser eine etwas größere Feuchtigkeitsaufnahme zeigt als PC-Fasern, ist hier das gefürchtete Auftreten statischer Elektrizität sehr vermindert. Gleich der PC-Faser werden zum Schutze gegen Verfärbung im Licht Stabilisatoren zugesetzt (Organozinnverbindungen). Die Struktur der Faser erweist sich auch nach Streckung als wenig kristallinisch. Die Reißfestigkeit beträgt etwa 3,5—4,0 g/den, die Dehnung etwa 12—30%. Gefärbt wird mit Acetatseidenfarbstoffen unter Zusatz von Quellmitteln bei 95—100° C. Die Bäder werden schlechter ausgezogen als bei der Acetatseidenfärbung. Die Waschechtheit und Reibechtheit der erhaltenen Färbungen ist als gut zu bezeichnen. Gewisse saure Farbstoffe ergeben auf Vinyon N allerdings nur lichte Töne von nicht sehr guter Lichtechtheit.

---

[101] Egger: Schweiz. Arch. **7**, 285/86 (1941).

[102] Barron: Mod. Plastics **1945**.

[103] Bonnet: Ind. Engng. Chem. **32**, 1564 (1940).

[104] Vgl. DP 713589 (IG).

Literaturübersicht über Co-Polymere aus Polyvinylchlorid und Polyvinylacetat sowie Acrylnitril:

Eckert: Kunstseide, Zellwolle 27, 93 (1949).
Stowell: Rayon Text. Monthly 29, 33 (1948). — Vgl. Chem. Eng. News 26, 746 (1948).
Rugelew, Feild, Fremon: Ind. Engng. Chem. 40, 1724 (1948).
Feild: Rayon synthet. Text. 29, 107 (1948).
Bunn: Rayon Text. Monthly 29, 53 (1948).
Gaines: Rayon synthet. Text. 29, 75 (1948).
Bonnet: Canad. Text. J. 64, 46 (1947).
Woodruff: Amer. Dyestuff Reporter 35, P 194 (1946).
Shearer: Rayon Text. Monthly 25, 69 (1944).
Lawton, Nason: Mod. Plastics 22, 145 (1944).
Bonnet: Amer. Dyestuff Reporter 29, 547 (1940).
Douglas: Ind. Engng. Chem. 32, 315 (1940).

Patentschrifttum über Co-Polymere aus Vinylchlorid und Vinylacetat sowie Acrylnitril.

DP 713589 IG 1940 — Mischungen aus 80% Vinylchlorid und 20% Acrylsäureester können nach der Polymerisation zu hochwertigen Fäden verarbeitet werden.

FP 925835 CCCC 1947 — Fasern aus Mischpolymerisation von Vinylchlorid und Acrylnitril werden beschrieben (Vinyon N).

FP 923336 DuPont 1947 — Eine Verbesserung der Eigenschaften von interpolymeren Äthylen-Vinylester-Fasern (Widerstandsfähigkeit gegen kochendes Wasser, Erhöhung der Affinität zu Farbstoffen usw.) wird erreicht, indem man die Fasern in gespanntem Zustande 5—20 Minuten mit 100—105° C dämpft.

FP 864882, s. a. FP 837215 CCCC — Man läßt Mischpolymerisate von Vinylestern und Vinylchlorid eine heiße Zone unter Spannung passieren und verbessert so deren Eigenschaften (s. a. DP 711132 und 700944).

EP 592113 ICI 1947 — Co-Polymere aus Vinylfluoriden und Vinylestern werden durch Hydrolyse des Esteranteils gut löslich in organischen Lösungsmitteln. Man kann sie in geschmolzenem Zustande oder aus Lösungen verdüsen und nachher kalt oder warm strecken (in letzterem Falle in Luft- oder besser heißen Mineralölbädern). Der Schmelzpunkt und die Schrumpffestigkeit der Fasern kann durch Behandlung mit Disisocyanaten bzw. anderen Agentien, die zur Brückenbildung zwischen den Molekülketten führen, erhöht werden. Gut geeignete Fasern besitzen einen Gehalt von etwa 63,3% an Polyfluorid, d. h. einen Anteil von etwa 26,15% Fluor. Die Hydrolyse des Polyesteranteils kann 50% und mehr, bis 100% betragen. Die Fasern können mit Acetatseidenfarbstoffen gefärbt werden.

EP 587403 CCCC 1947 — Schrumpffeste, einen hohen Erweichungspunkt besitzende Co-Polymerisate von Vinylestern zur Erzeugung von Fasern werden erhalten, wenn man z. B. Vinylchlorid und Acrylnitril (45—80% Vinylchlorid) polymerisiert. Temperaturen von 100° C ergeben keine Schrumpfung, die färberischen Eigenschaften sind sehr gut.

EP 584828 ICI 1947 — Vinylpolymere mit einem Zusatz von Polyacrylnitril (wobei letzteres nicht über ein Mischungsverhältnis von 1 : 3 bis 3 : 1 hinausgehen soll, da sonst die Faser feuchtigkeitsempfindlich wird) dienen, aus Acetonlösung verdüst, nach einer hydrolysierenden Behandlung mittels alkoholischer NaOH als Textilfaser. Sie werden in einem Mineralölbad von 100° C auf 200% gestreckt. Die Festigkeit beträgt 2,5 g/den, naß 1,5 g/den, die Dehnung 16% bzw. 24%.

EP 518555 CCCC 1940, s. a. EP 518710 — Es wird die Herstellung von Vinyonfasern beschrieben. Man spinnt aus Acetonlösungen und streckt die Faser nachher auf 75—250%. Die Faserschrumpfung in heißen Bädern wird angegeben mit: 30° C 0,70%, 60° C 8,50%, 70° C mit 21,0%. Schrumpfung über 10% vermindert den Faserglanz. Ein Fixieren der Faser ist möglich.

AP 2428453 CCCC 1947 — Textilfasern aus Co-Polymerisaten von Vinylchlorid und Vinylestern werden mit weichmachenden, die Elastizität erhöhenden Verbindungen, in welchen das Polymerisat unlöslich ist, versetzt. Diese Weichmacher sind höhere Alkylester von Dicarbonsäuren (Alkylgruppen 4 C-Atome) und Polyglykolester von Monocarbonsäuren, die 6—8 C-Atome aufweisen. Man erhitzt auf 40—100° C, kühlt ab und wäscht, um den Überschuß zu entfernen. Der Gehalt an Weichmacher soll etwa 20—50% betragen.

AP 2420565 CCCC 1947 (s. a. 2420350, 2418904, 2404714/28, 2403960) — Künstliche Fäden aus Vinylpolymeren und Acrylonitrilpolymeren, mit einem Gehalt von etwa 45—80% Polyvinylchlorid werden empfohlen (Vinyon N). Sie werden aus Acetondispersionen unter Druck durch Düsen von etwa 0,07 mm Öffnung gepreßt in Fällbäder aus Wasser, welches 3% Aceton enthält. Die Abzugsgeschwindigkeit beträgt etwa 20 m/Minute. Nachher folgt eine Streckung auf etwa 500—1000% bei gleichzeitiger Erhitzung auf 129° C. Die Fäden zeigen nach der bei 75° C erfolgenden Stabilisierung eine viel größere Schrumpfbeständigkeit als Vinyonfasern aus Polyvinylchlorid-Polyvinylacetat.

Vor der Faserstabilisierung:

	Festigkeit	Dehnung	Schrumpfung
Vinyon	4,69 g/den	19,9%	56% bei 79° C
Vinyon N	4,93 g/den	8,2%	19,4% bei 110° C

Nach der Faserstabilisierung:

	Festigkeit	Dehnung	Schrumpfung
Vinyon	4,10 g/den	30,1%	51,7% bei 79° C
Vinyon N	3,94 g/den	24,1%	2,31% bei 110° C

oder:

Vinyon N vor der Stabilisierung:

5,01 g/den bei 20,5 den/Fäden, 9,4% Dehnung, Schrumpfung 19% bei 100° C Wasser,

nach der Stabilisierung:

3,71 g/den bei 37 den/Fäden, 31,5% Dehnung, Schrumpfung 0,35% bei 125° C Oel.

Weitere Patente, die sich mit der Herstellung von Vinylchlorid-Vinylacetatcopolymeren beschäftigen, sind u. a.

AP 2400808, 2381020, 2374780, 2354744, 2353270, 2347508, 2345660, 2344002, 2339323, 2332974, 2327460, 2318670, 2307092, 2293825, 2278896, 2278895, 2277782, 2267779, 2267777, 2161766.

CanP 449461 CCCC 1948 — Künstliche Fasern aus Vinylchlorid-Vinylacetatpolymeren werden beschrieben.

3. Fasern aus Polyvinylidenchlorid (Saran), Polyvinylalkohol (Synthofil) und aus ähnlichen Polymerisaten.

Fäden aus Polyvinylidenchlorid werden von der Dow Chem. Co. als Saranfaser (auch Permalon- und Velonfaser) hergestellt. Nach anderen Mitteilungen ist Saran ein Co-Polymerisat aus Vinyliden- und Vinylchlorid. Die Faser ist beständig gegen Säuren und Alkalien, erleidet eine starke Schrumpfung bei 65° C, einen nennenswerten Festigkeitsverlust bei 90° C und wird bei etwa 115° C weich und klebrig. Sie ist schlecht beständig gegen Dioxan, Diäthyläther, Chlor- und Bromwasser.

Hierher gehört ihrer Zusammensetzung nach auch die von der IG erzeugte Faser PC 120.

Polyvinylalkohol in Form künstlicher Fäden ist unter dem Namen Synthofil bekannt. Die Faser wird hergestellt, indem Lösungen von Polyvinylalkohol in Wasser oder verdünnten Alkalien in ein Fällbad von verdünnter Schwefelsäure und Glaubersalz gesponnen werden. Die erhaltenen Fäden werden durch Formaldehyd gehärtet. Die Trockendehnung beträgt etwa 20%, die Bruchfestigkeit 3 g/den.

Fasern aus Polyvinylfluorid, welche durch Streckung orientiert wurden, sind hinsichtlich Temperatureinfluß und Schrumpfung wertvoller als Polyvinylchloridfasern[105].

Eine Reihe anderer Vorschläge betrifft Mischpolymerisate von Polyvinylchlorid- oder Polyvinylacetat, bzw. Acetal mit anderen Stoffen, wie Casein, Celluloseester usw.

Der Übersicht halber wurde die hierhergehörende Patentliteratur unterteilt in Patente, welche sich hauptsächlich mit der Herstellung von Polyvinylidenfasern beschäftigen, solche, welche Polyvinylalkoholfäden behandeln und schließlich Herstellungsverfahren für Polyvinylfluoride.

Der Rest betrifft Verfahren zur Erzeugung verschiedener Mischpolymerer.

Literaturübersicht über Fasern aus Polyvinylidenchlorid, Polyvinylalkohol u. a.

Looks: Canad. Text. J. **66**, 46 (1949).

Wakeman: Chem. Commercial Plastics. New York: Reinhold. 1947. — Vgl. a. Brit. Plastics **1947**, 561; bzw. Bios, Final Rep. 1478.

Fetter: Chem. Engng. **54**, 129 (1947).

Reinhardt: Ind. Engng. Chem. **35**, 422 (1943).

Mauersberger: Rayon Text. Monthly **23**, 69 (1942).

Goggins, Lowry: Ind. Engng. Chem. **34**, 327 (1942).

a) Patentschrifttum über Polyvinylidenchloridfasern.

EP 601305 Firestone Tire Co. 1948 — Es wird die Herstellung von Polyvinylidenchloridfasern beschrieben, welche eine konvexe und konkave Oberfläche aufweisen.

EP 591863 Distillers Co. 1947 (s. a. EP 590332, bzw. EP 532697) — Vinylidenpolymere für Fasern erhalten höhere Wärmewiderstandsfähigkeit, wenn man bei der Polymerisation des Vinylidenchlorids Isobuten und n-Butylat-chloracrylat zusetzt. Z. B. 85% Vinylidenchlorid, 10% Isobuten, 5% Acrylat. Die Fäden werden beim Lagern auch nicht brüchig.

EP 583474 Distillers Co. 1947 — Wärme- und hitzebeständige Polyvinylidenchloridfasern.

---

[105] Vgl. AP 2230654.

EP 581620 ICI 1946 — Fäden aus Polyvinylchlorid oder Polyvinylidenchlorid können in ihrem Schrumpfvermögen, welches bekanntlich in der Hitze gegen 60—80% beträgt und die textile Anwendung sehr erschwert, verbessert werden, wenn man die gestreckten Fäden bei Temperaturen von 130—150° C so lange in Kerosin bzw. anderen inerten Flüssigkeiten erhitzt, bis die Faser unlöslich gegenüber Lösungsmitteln geworden ist, welche die nicht behandelte Faser lösen. Dabei werden bei der Faserherstellung der Spinnmasse Härter, wie das Kondensationsprodukt aus Butyraldehyd und Anilin oder Acetaldehyd und p-Toluidin, Di-pentamethylen-thiuramtetrasulfid usw., zugegeben. Hierüber s. AP 2117591, AP 2070443, AP 2274616, AP 2148831 usw. Zusatz etwa 2%.

Die Herstellung von Polyvinylidenchlorid und Fasern daraus beschreiben folgende Patentschriften:

AP 2390035, 2377810, 2372627, 2361371, 2352861, 2348772, 2344511, 2332489, 2332485, 2321292, 2309370, 2293389, 2293317, 2287189, 2277504, 2274297, 2273262, 2251486, 2249917, 2249916, 2249915, 2238020, 2237315, 2235796, 2235782, 2233443, 2233442, 2232933, 2220543, 2206022, 2205449, 2196579, 2183602, 2160948, 2160947, 2160946, 2160944, 2160940, 2160939, 2160938, 2160937, 2160936, 2160904, 2160903.

b) Patentschrifttum über Polyvinylalkoholfasern.

DP 745580 Inst. Chem. Ind. 1944 — Polyvinylalkoholfasern werden mit einem Zusatz von Casein hergestellt.

DP 701001 Chem. Forschungsges. 1939 — Fäden aus Lösungen von Polyvinylalkohol.

FP 852613 DuPont (s. a. AP 2169250) — Man gibt der wäßrigen Lösung von Polyvinylalkohol eine Verbindung zu, die unter Komplexbildung reagiert, erhitzt und erzeugt dann Fäden. In Frage kommen: mehrbasische Säuren, Aldehyde, polymere Säuren, wie Polyacrylsäure und Polymethacrylsäure usw.

FP 848097 IG (s. a. ItalP 368995) — Wollähnliche Kunstfasern können aus amidierten Polyvinylacetalen erhalten werden. Man acetalisiert Polyvinylalkohol und Polyvinylester mit Aminocarbonylverbindungen, wie Dimethylbenzaldehyd oder p-Aminoacetophenon u. dgl.

EP 542943 Courtaulds (s. a. 542942) — Lösungen von Polyvinylalkohol werden in Bäder gesponnen, die Flüssigkeiten mit hoher Affinität enthalten, z. B. Aceton. Die Fäden werden zur Orientierung der Makromoleküle, vor Entfernung der letzten Reste an Lösungsmittel, einer Streckung unterworfen. Zur Stabilisierung der Fäden wird Formaldehydbehandlung vorgeschlagen.

AP 2447140 Johnson 1948 — Gewebe oder Fäden aus Polyvinylalkohol werden zur Erhöhung der Zugfestigkeit mit einem Feuchtigkeitsgehalt, welcher die maximale Orientierung durch Streckung gestattet, gestreckt bis unmittelbar zum Bruchpunkt, hierauf wird mit einer Feuchtigkeit von 6—12% über 4 Stunden auf 140—180° C erhitzt, ohne daß dabei die Dehnung oder Feuchtigkeit verändert wird.

AP 2413789 DuPont 1947 — Erhöhung der Wasserfestigkeit von Polyvinylalkoholfäden durch Erhitzen mit der wäßrigen Lösung einer starken Base (15%) auf 50—90° C.

AP 2403464 DuPont 1946 — Behandelt man Fasern, welche aus Hydroxyvinylpolymeren hergestellt wurden und die einen Gehalt von 45% C-Atomen besitzen, an welche OH-Gruppen substituiert sind, mit polyfunktionellen Verbindungen, so entstehen Fasern, die bei 100° von Wasser nicht mehr angegriffen werden. Die Interpolymerisate bilden sich durch Polymerisation von OH-gruppenhaltigen Vinylestern mit Vinylchlorid, Vinylidenchlorid, Methacrylat usf. Nach der Polymerisation wird das Reaktionsprodukt einer Hydrolyse unterworfen. Die Polymerisation kann z. B. in Emulsion bei 40° stattfinden, als Katalyten werden Ammonpersulfat oder Benzoylsuperoxyd verwendet. Hydrolysiert wird in Lösung oder in der Schmelze, besser in Lösung, und zwar alkoholischer Lösung mit NaOH. Die Hydrolysenprodukte werden aus der Lösung (wäßriges Pyridin oder Chloroform-Methanol) oder aus der Schmelze gesponnen. Man spinnt in ein Fällbad oder in geheizte Kammern, die das Lösungsmittel entfernen. Dann wird der Faden bobbiniert. Hierauf erfolgt eine Behandlung mit polyfunktionellen Verbindungen, wie Methylol- oder Alkoxymethylderivate des Urons

CO
NH NH
CH_3 CH_3
O

Melamin, Harnstoff oder dessen Derivate, z. B. Dimethylharnstoff, Trimethyloleylamin, Trimethyloluron, N-N'-Dimethylsuccinamid, N-N'-Dimethyloladipamid usf. unter Zusatz von Glaubersalz bei 102° C. Hernach werden die bobbinierten Fasern mit einer 5%igen Hexamethylendi-isocyanatlösung in Kerosin bei 80° C 1 Stunde lang behandelt. Der Schmelzpunkt der Faser steigt von unbehandelt z. B. 105 auf 210° C, die Festigkeit bleibt gleich, die Elastizität geht von 14% auf 12% zurück.

AP 2399705 Courtaulds 1946 — Fäden aus Polyvinylalkohol werden hergestellt, indem man wäßrige Lösungen von Polyvinylalkohol in ein Bad aus Aceton-Wasser spinnt, nachher durch ein Bad von Hydroäthoxyäthyläther und Wasser führt, streckt und trocknet.

Weitere US-Patente über Polyvinylalkoholfasern sind noch folgende:

AP 2388325, 2363457, 2322976, 2271468, 2265283, 2250664, 2239718, 2236061, 2210161, 2169250, 2146295.

c) Patentschrifttum über Polyvinylfluoridfasern.

EP 592113 ICI 1947 (vgl. auch EP 570941 sowie EP 605445).

AP 2419008/10 DuPont 1947 — Man stellt Fäden aus Polyvinylfluoriden her, die in Xylol unlöslich sind. Durch kalte Streckung um 100% erzielt man linear orientierte Fasern mit Röntgendiagramm (s. a. AP 2362094, 2344061).

d) Patentschrifttum über andere Polymerisate.

DP 730310 IG 1943 — Fasern werden aus Polyvinylcarbazolen hergestellt.

DP 703075 Chemische Forschungsges. 1940 — Polyvinylameisensäureester oder Mischpolymerisate mit diesem können zur Erzeugung wertvoller Fäden Anwendung finden.

DP 696696 Rhodiaceta 1940 — Fäden aus Polyvinylacetat werden mit sauren Farbstoffen färbbar, wenn man der Spinnmasse aralkylierte Naturstoffe (benzyliertes Keratin) zusetzt.

FP 918341/2 ICI 1947 — Es wird die Herstellung von Vinylpolymeren zur Faserbildung beschrieben, insbesondere auch Interpolymere aus Vinylchlorid, Vinylidenchlorid oder mit Methacrylsäurederivaten, Styrol usw.

FP 873366 Röhm u. Haas 1942 — Man setzt Polyvinylester mit ungesättigten Carbonylverbindungen (Acrolein oder Derivaten) um und spinnt aus den erhaltenen Polyvinylacetalen künstliche Fäden.

FP 832779 Ciba — Mischfasern aus Polyvinylacetat und Casein können hergestellt werden, indem man alkalische Caseinlösungen zu der Vinylverbindung gibt und dann die Polymerisierung durchführt.

FP 832663 Deutsche Celluloid Fabr. (s. a. EP 511154) — Man erzeugt durch Trockenspinnen aus chlorhaltigen Polymeren und Nitrocellulose in Gegenwart von Lösungsmitteln durch Verdüsen bei 110° C gebrauchsfähige Fäden.

EP 609138 DuPont 1948 — Neue Polymere werden erhalten, indem man Copolymere aus Vinylverbindungen mit Verbindungen, die freie Aldehydgruppen enthalten, die an der Polykondensation nicht teilnehmen, einer Hydrolyse, Alkoholyse oder Verseifung unterwirft. Vorgeschlagen werden Co-polymere aus p-Vinylbenzylidendiacetat und Vinylacetat usw. Die erhaltenen Verbindungen können durch Säurebehandlung dann vernetzt werden und in den unlöslichen Zustand übergeführt werden.

Für die Hydrolyse und Kondensation kann folgendes Schema dienen:

```
[  H  H  H  H  H  H  ]              [  H  H  H  H  H  H  ]
[ —C——C——C——C——C——C— ]  Hydrolyse   [ —C——C——C——C——C——C— ]    Säure
[  H  |  H  |  H  |  ]x ————————→   [  H  |  H  OH |  OH ]x  ————————→
      CH    O     O                       CH        H
     /  \   |     |                        \\
    O    O  C=O   C=O                       O
    |    |  CH3   CH3
  O=C    C=O
   CH3 CH3

                         [  H  H  H  H  H  H  ]
                         [ —C——C——C——C——C——C— ]
                         [  H  |  H  |  H  |  ]x
                               CH    O     O
         ————————→            /  \    \   /
                             O    O    CH
                         [   |  H  |  H  |  H  ]
                         [ —C——C——C——C——C——C— ]
                         [  H  H  H  H  H  H  ]x
```

EP 602549 DuPont 1948 (s. a. EP 602550) — Fäden aus hydrolysierten Interpolymeren aus Äthylen und Vinylestern, die aus der Schmelze gesponnen werden, werden beschrieben. Die Zugfestigkeit beträgt 3,7 g/den, die Bruchdehnung 15%, die Schrumpfung in heißem Wasser etwa 27%. Unter leichter Spannung mit Heißdampf fixiert, beträgt die Zugfestigkeit 3,4 g/den, die Dehnung 19% und die Schrumpfung nur mehr 7% (vgl. auch AP 2467196).

EP 601413 Rhodiaceta 1948 — Man erhitzt gesponnene, mit Vorkondensaten von härtbaren Harzen versetzte Polyvinylfasern.

EP 599523 DuPont 1948 — Herstellung von faserbildenden Co-Polymerisaten aus Vinylchlorid und Estern aus mehrwertigen Alkoholen und zweibasischen Säuren im Verhältnis von 96 : 4 bis 90 : 10. Die Verbindungen können auch als Gewebeaufstriche — in anderen Mischungsverhältnissen — angewendet werden.

EP 582013 Johnson 1946 — Hochnaßfeste Polyvinylacetatfasern werden erhalten, wenn sie in plastischem Zustande gestreckt und nachher unter Streckung erhitzt werden.

EP 529510 Dreyfus (s. a. EP 502191 Distillers Co.) — Polyvinylverbindungen werden erweicht oder geschmolzen und mittels erhitzter Flüssigkeiten oder erhitztem Dampf erzeugten Drucks durch Düsen gepreßt.

EP 519314 — Fasern aus Polyvinylacetal werden aus Lösungen dieser Substanz, deren Acetalisierung verschiedenen Grad erreicht hat, gesponnen. Als Lösungsmittel dient 6 n-Schwefelsäure.

AP 2467196 DuPont 1949 — Fasern aus hydrolysierten Äthylen-Vinylesterinterpolymeren werden durch Verdüsen in eine Lösung von saurem Natriumphosphat (spez. Gew. 1,38—1,42 bei 25° C) hergestellt. Die Interpolymerenlösung ist 5—30%ig und enthält außerdem noch 2—10% an Verbindungen der Form R_n—X, wobei R einen aliphatischen Rest mit 1—5 C-Atomen, *n* 1—3 und X die Gruppe OH, SH, NH_2 usw. bedeuten.

AP 2418507 CCCC 1947 — Emulsionen von Vinylverbindungen, die durch Emulsionspolymerisation gebildet wurden (in einem flüchtigen Lösungsmittel), enthalten die Polymerisate und unlösliche Anteile, die durch Filtrieren beseitigt werden. Man spinnt hierauf bei 30—55° zu Fäden, wobei vor dem Spinnen einige Minuten auf 80—100° C erhitzt wird (die Temperatur liegt über dem Kochpunkt des Lösungsmittels).

AP 2211920 DuPont — Stapelfasern aus polymeren Fäden werden erhalten, indem man in bestimmten Abständen mit einem Stoff behandelt, welcher den Faden zerstört.

4. Fasern aus linearen Polyamiden (Nylon, Perlon).

Die Polyamidfasern stellen dem Wesen nach Polykondensate dar. Ihr wichtigster Vertreter ist die von DuPont (Carother) entwickelte Nylonfaser[106]. Die Produkte ähneln in ihrem Aufbau der Wolle und Seide. Erhalten werden sie durch Polykondensation von Dicarbonsäuren mit Diaminen oder aus ω-Aminosäuren bzw. ihren Laktamen. Dieser Prozeß erfolgt nach dem Schema:

$$NH_2—(CH_2)_5—COOH \rightarrow —NH—(CH_2)_5—CO—NH—(CH_2)_5—CO—NH—$$

ω-Aminocapronsäure

Werden die Laktame verwendet, so muß in Anwesenheit von Wasser gearbeitet werden, welches durch Aufspaltung des Laktamringes die intermediäre Bildung der Aminosäure bewirkt.

Die ω-Aminocapronsäure kann aus Cyklohexanol über das Oxim des Cyklohexanons hergestellt werden:

```
    CHOH                        CO                         C=NOH
   /    \                      /  \                        /   \
CH2      CH2   oxydiert    CH2      CH2    NH2OH       CH2      CH2   Beckmannsche
|         |    -------->   |         |   -------->     |         |    ------------>
CH2      CH2               CH2      CH2                CH2      CH2    Umlagerung
   \    /                      \  /                        \   /
    CH2                         CH2                         CH2
Cyklohexanol               Cyklohexanon               Cyklohexanonoxim
```

[106] Bolton: Ind. Engng. Chem. **34**, 54/58 (1942). — Harold: Amer. Dyestuff Reporter **29**, 53/57 (1940).

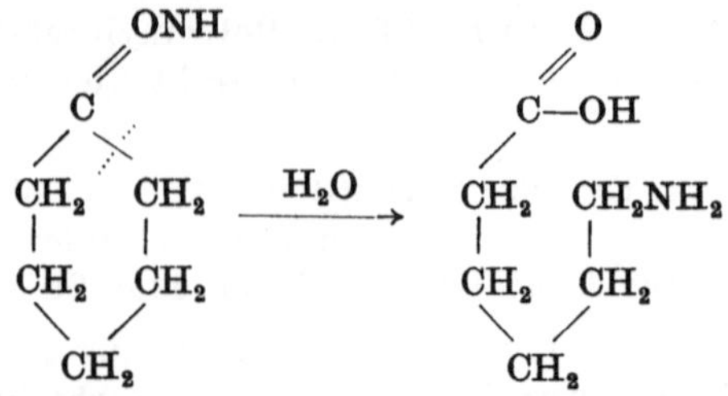

```
         ONH                          O
        //                           //
       C                            C—OH
      / \                          /
  CH₂   CH₂      H₂O          CH₂   CH₂NH₂
   |     |     ———————→        |     |
  CH₂   CH₂                   CH₂   CH₂
     \  /                        \  /
     CH₂                         CH₂
```

ε-Caprolaktam — ω-Aminocapronsäure

Für die Polykondensation von Dicarbonsäuren und Diaminen wird zur Bildung des Nylonfadens Adipinsäure mit Hexamethylendiamin in Reaktion gebracht (Nylonsalz). Die Herstellung der Adipinsäure erfolgt aus Phenol. Durch Hydrierung wird Cyklohexanol gebildet, welches zu Adipinsäure oxydiert wird.

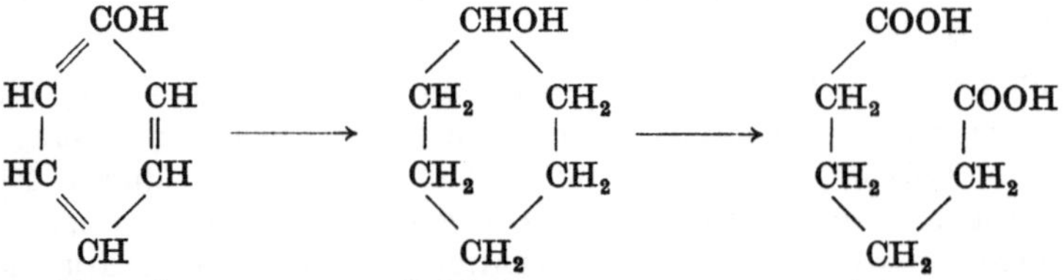

```
      COH               CHOH               COOH
     //  \             /    \             /
   HC     CH        CH₂      CH₂        CH₂      COOH
   |      ||  ———→   |        |  ———→    |        |
   HC     CH        CH₂      CH₂        CH₂      CH₂
     \\  /             \    /             \     /
      CH                CH₂                CH₂
```

Phenol — Cyklohexanol — Adipinsäure

Neuerdings dient als Ausgangsprodukt Furfurol.

Das zur Polyamidbildung notwendige Hexamethylendiamin kann aus Adipinsäure durch Überführung in Adiponitril und Reduktion desselben zum Diamin gewonnen werden.

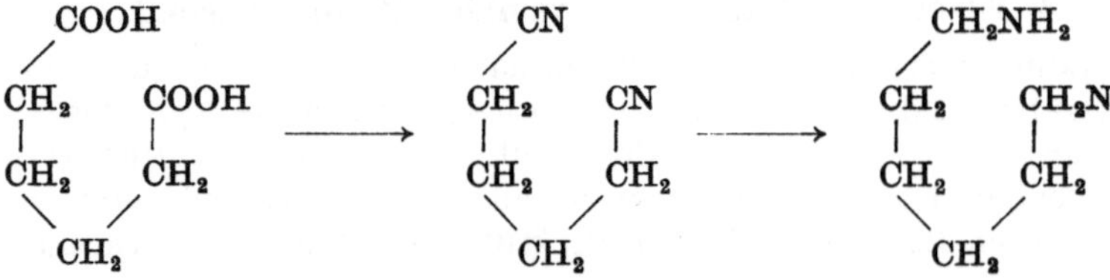

```
     COOH                  CN                    CH₂NH₂
    /                     /                     /
  CH₂     COOH          CH₂    CN             CH₂     CH₂NH₂
   |       |    ———→     |      |    ———→      |       |
  CH₂     CH₂           CH₂    CH₂            CH₂     CH₂
    \    /                \   /                 \    /
     CH₂                   CH₂                   CH₂
```

Adipinsäure — Adiponitril — Hexamethylendiamin

Die Polymerisation bzw. Polykondensation wird in einer inerten Gasatmosphäre vorgenommen, um Verfärbungen der Reaktionsprodukte durch den Luftsauerstoff zu vermeiden. Diese entstehen durch Oxydation der in den Oximen enthaltenen Verunreinigungen. Polykondensiert wird bei einem Druck von 5—6 at unter Zusatz von Naphtalin oder Phenolen zwecks Temperaturregelung[107].

Durch die Kondensation von Diaminen mit Dicarbonsäuren bilden sich lineare Polykondensate der Form:

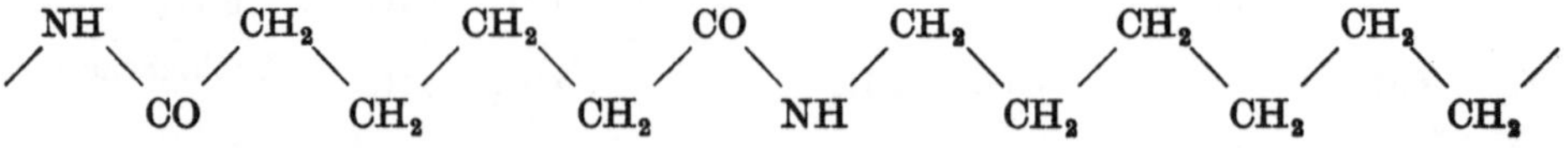

```
  NH       CH₂       CH₂       CO       CH₂       CH₂       CH₂
 /  \     /   \     /   \     /  \     /   \     /   \     /   \   /
     CO       CH₂       CH₂      NH        CH₂       CH₂       CH₂
```

Untersuchungen[108] haben ergeben, daß sich bei der Streckung der erhaltenen Polymeren erst eine flächige Struktur unter Ausbildung von seitlichen Bindun-

[107] Scheiber-Saendig: Chemie und Technologie der Kunstharze. 1943.

[108] Bunn (Garner): J. chem. Soc. (London) **1947**, 298.

gen zwischen den Sauerstoffatomen der Carbonylgruppe und der NH-Gruppe herausbildet, die erst bei weiterer Einwirkung der Streckungsoperation parallel zur Faserrichtung bis zu einem gewissen Grade rückgebildet wird. Ähnliches wurde auch bei β-Keratin gefunden.

Bei Nylon 66 (dem Polykondensat aus Adipinsäure und Hexamethylendiamin) beträgt der Abstand zwischen je zwei Molekülbausteinen 17,2 Å, wie folgendes Schema zeigt:

```
          \         /          \
           NH......OC           CH2
          /          \         /
 .......OC            CH2   CH2
          \          /         \
           CH2    CH2           CH2
          /          \         /
     CH2              CH2   CH2
          \          /         \
           CH2    CH2           CO.......
          /          \         /
     CH2              CO.....HN
          \          /         \
           CO.....HN            CH2
          /          \         /
 .......NH            CH2   CH2
          \          /         \
           CH2    CH2           CH2
          /          \         /
     CH2              CH2   CH2
          \          /         \

   CO    CH2   CH2   CH2   NH   CH2   CH2   CO    CH2
 / | \  /  \  /  \  /  \  /  \  /  \  /  \  / | \  /  \
   |  NH    CH2   CH2   CH2   CO    CH2   CH  |  NH
   |                                          |
   |________________ 17,2 Å __________________|
```

Andere Autoren[109] geben die Periode mit 17,3 Å an, die Atomgruppenzahl des Grundmoleküls soll 14 betragen.

Der Abstand der Polyamidketten voneinander beträgt 4,83 Å, bei Polypeptidketten des Seidenfibroins wurde ein Wert von 4,77 Å festgestellt[110].

Die erste Veröffentlichung über die Nylonfaser erschien 1932[111]. Großtechnisch wurde Nylon 1938 hergestellt. Die Polykondensationsprodukte besitzen ein Molekulargewicht von etwa 10000—20000. Die Nylonfaser wurde erst aus Chloroformlösungen gesponnen, heute wird die Schmelze des Polykondensats verdüst oder finden billigere Lösungsmittel Anwendung. Die Verdüsung erfolgt unter einem Stickstoffdruck von 0,6—0,7 at. Die Düsen sind elektrisch auf 220° C geheizt, der Durchmesser der Düsenöffnung beträgt etwa 0,47 mm. Die Faser wird mit einer Abzugsgeschwindigkeit von 21 m/Minute auf Trommeln gewickelt und mit einer Geschwindigkeit von 81 m/Minute gestreckt. Es tritt eine Streckung auf 286% der ursprünglichen Länge ein[112]. Der Streckprozeß kann bis auf das Vierfache der Länge erfolgen. Durch die Streckung erfolgt die Orientierung der Fadenmoleküle parallel zur Faserachse, wie Röntgendiagramme beweisen. Interessant ist, daß die mechanische Einrichtung (Lager der Pumpen usw.) durch Nylon selbst geschmiert wird.

Die Faser verliert bei der Behandlung mit 3 n H_2SO_4 bei 90° C (1 Stunde), n H_2SO_4 bei 90° C (5 Stunden), $\frac{n}{2}$ HNO_3 (95° C, 2 Stunden) oder $\frac{n}{2}$ HCl (98° C,

[109] Sakurada, Hizawi: J. Soc. chem. Ind. Japan, suppl. Bind. **43,** 34 (1940).

[110] Brill: Z. physik. Chem., Abt. B **53,** 61 (1943).

[111] Carother, Hill: J. Amer. chem. Soc. **54,** 279 (1932).

[112] Vgl. z. B. Kunststoffe **1939,** 114.

2 Stunden) zirka 20% an Festigkeit, 40° Bé NaOH bei 90° C bewirkt beginnenden Faserzerfall.

Nylon ist gegen verdünnte Säuren oder Alkalien widerstandsfähig, Chlor und Wasserstoffsuperoxyd sollen die Faser nicht angreifen[113], was andere Angaben widerlegen. Die Wasseraufnahme bei 60% relativer Feuchtigkeit beträgt lediglich 3—4%[114], nach anderen Angaben 4,5%[115], ist also jedenfalls sehr gering. Die Faser ist bakterien- und mottenfest. Die Trockenfestigkeit liegt bei 5 g/den und übertrifft die der Naturseide. Auch die Naßfestigkeit ist sehr hoch. Die Faser ist hochelastisch, schrumpft in kochendem Wasser, kann jedoch fixiert werden[116]. Nylon aus Adipinsäure-Hexamethylendiamin schmilzt bei 255—260°, Nylon 64 aus Tetramethylendiamin und Adipinsäure besitzt einen Schmelzpunkt von 278° C[117]. Beim Erhitzen über 220° C tritt Festigkeitsverminderung ein, ebenso wird — wie bei allen Textilfasern — Nylon durch lange Belichtung geschädigt. Tiefe Temperaturen haben keinerlei Einfluß auf die Biegsamkeit und Elastizität. In der direkten Flamme schmilzt Nylon zu einer leimartigen Masse, ohne flammbar zu sein[118]. Organische Lösungsmittel, wie Benzol, Alkohol, Tetrachlorkohlenstoff, Aceton und Solventnaphta usw. greifen das Material nicht an. Ebenso ist die Faser inert gegen halogenierte Kohlenwasserstoffe, Seifenlösung, Aldehyde und Ketone[119]. Sie ist bei 25° C leicht löslich in Phenol, m-Kresol, Xylol. Ameisensäure löst die Faser auf, andere organische Säuren sind in der Kälte ohne Wirkung.

Unter dem Einfluß von Sonnenlicht sinkt die Faserfestigkeit um zirka 23%, die Einlagerung von TiO_2 erhöht die Wirkung der Sonnenbestrahlung auf etwa das Doppelte[120].

Hinsichtlich des für die technische Verwendbarkeit wichtigen Schmelzpunktes von Polyamidfasern wurde gefunden[121], daß die N-substituierten linearen Polyamide tiefer schmelzen als die unsubstituierten Produkte. Solche Polyamide sind auch löslicher, die Biegsamkeit ist größer, wie denn überhaupt zwischen Schmelzpunkt und Biegsamkeit ein gewisser Zusammenhang besteht. Ein Polyamid mit einer 35%igen Methylierung, welches aus einer Mischung von primären und sekundären Diaminen durch Polykondensation mit einer Dicarbonsäure hergestellt wurde, besaß einen Fp. von 170° C, während das Produkt mit derselben Methylierungsziffer, jedoch aus primären und primärsekundären Diaminen bereitet, bei 133° C schmolz. Der Strukturunterschied wäre in den beiden Fällen etwa folgender:

$$\text{—NH—(CH}_2)_m\text{—NH—CO—(CH}_2)_n\text{—CO—}\underset{\displaystyle \text{CH}_3}{\underset{|}{\text{N}}}\text{—(CH}_2)_m\text{—}\underset{\displaystyle \text{CH}_3}{\underset{|}{\text{N}}}\text{—CO—(CH}_2)_n\text{—CO—NH—(CH}_2)_m\text{—}$$

bzw.

$$\text{—NH—(CH}_2)_m\text{—}\underset{\displaystyle \text{CH}_3}{\underset{|}{\text{N}}}\text{—CO—(CH}_2)_n\text{—CO—NH—(CH}_2)_m\text{—}\underset{\displaystyle \text{H}}{\underset{|}{\text{N}}}\text{—CO—(CH}_2)_n\text{—CO—}\underset{\displaystyle \text{CH}_3}{\underset{|}{\text{N}}}\text{—(CH}_2)_m\text{—}$$

---

113 Egger: Schweiz. Arch. **7**, 295/6 (1941).
114 Hoff: Ind. Engng. Chem. **32**, 1560/64 (1940).
115 Garner: Silk J. Rayon Wld. **19**, 18/22 (1943).
116 Koester: Amer. Dyestuff Reporter **36**, 189 (1947).
117 Kunststoffe **1939**, 21.
118 Text. Manufacturer **73**, 268 (1947).
119 Wakeman: Chemistry of Commercial Plastics, Reinhold, New York 1947.
120 Brit. Rayon Manual **49/50** (1948).
121 Briggs, Frosch, Ericcson: Ind. Engng. Chem. **38**, 1016 (1946).

Ebenso bewirken sterische Einflüsse eine Erniedrigung des Schmelzpunktes. Polyamide aus Methyladipinsäure und Hexamethylendiamin oder im anderen Falle aus Adipinsäure und Methylhexamethylendiamin zeigen dies besonders gut.

Über die Bruchfestigkeit bzw. Reißfestigkeit der Nylonfaser und ihre Dehnung liegen zahlreiche Angaben vor, die nicht immer übereinstimmen. Dies hat hauptsächlich seinen Grund darin, daß verschieden gestreckte Fasern zur Untersuchung gelangten. Die Reißfestigkeit beträgt nach Hazlewood[122] 4,5—7,5 g/den, die Dehnung 15—45%. Die Naßfestigkeit ist 90% des Trockenwertes, die Wasseraufnahme bei 65% relativer Feuchtigkeit etwa 4% (Wolle 15%, Viskoseseide 12%, Seide 11%, merc. Baumwolle 11%, Leinen 8%, Acetatseide 6%). Nach Trotman[123] ist die Reißfestigkeit der Faser trocken 5,0, naß 4,5, gegenüber den entsprechenden Werten für Naturseide von 4,0 bzw. 3 g/den.

Marsh[124] gibt die Festigkeit von Nylonfasern im Vergleich mit anderen Faserstoffen wie folgt an (alle in g/den):

Nylon, fest	7,0—6,0	Stahl	4,6
Acetatseide	7,0—4,6	Vinyon, fest	4,4—3,5
Glasfasern	6,5—3,3	Vinyon, normal	2,4—2,0
Baumwolle, Sea Island	6,0—4,0	Viskose, normal	2,4—1,7
Baumwolle, ägyptische	5,6—4,3	Kupferseide	2,3—1,6
Baumwolle, Upland	4,9—3,0	Acetatseide	1,7—1,2
Seide, entbastet	4,9—2,9	Wolle	1,7—1,0
Nylon, normal	4,7—4,5	Caseinfaser	1,0—0,6
Viskose, hochfest	4,6—3,4		

Eine Übersicht von Trotman[123] lautet wie nachstehend:

	Nylon	Seide	Viskose	Acetatseide	Viskose, hochfest
Trockenreißfestigkeit g/den	4,7—5,5	3,0—5,0	1,6—2,0	1,3—1,5	3,1—3,7
Dehnung in Prozent	13—20	15—25	15—23	22—27	8—13
Naßreißfestigkeit g/den	4,1—4,8	3,6—4,5	0,7—1,0	0,8—1,0	1,8—2,4
Wasseraufnahme in Prozent	3,5	11	12	6,5	12

Die Gebrauchstüchtigkeit der Nylonfaser im Vergleich zu nativen Faserstoffen berechnet Boehringer[125] als Mittelwert von Elastizität, Dehnung, Naßfestigkeit, Knickbruchfestigkeit, Knotenfestigkeit und Zugfestigkeit in Maßzahlen in folgender Weise:

Künstliche Cellulosefasern (Kunstseide)	100 (Maßzahlen)
Baumwolle	232
Naturseide	336
Wolle	463
Nylon	678

---

122 Hazlewood: Amer. Dyestuff Reporter **37**, 295 (1948).

123 Trotman: Bleaching, Dyeing, Chemical Technology **1946**.

124 Marsh: Textile Science **1948**, l. c. — Vgl. a. Simonds, Elbis: Handbook of Plastics, S. 371, 1943.

125 Boehringer: Kunststoffe **1941**, 404.

Kleine[126] errechnet Tragzahlen für Strümpfe durch Zählung der Spitzenfehler nach verschieden langer Tragzeit und kommt zu folgenden Ergebnissen:

Strümpfe aus	Tragfehler nach Tagen				
	5	15	20	30	50
Baumwolle, mercerisiert	0,3	2,0	—	4,7	—
Baumwolle, gewöhnlich	0,2	1,8	—	—	—
Seide	0,4	—	3,2	—	—
Perlon	0,05	0,05	—	—	0,2
Socken aus Wolle	0,3	1,7	—	—	—
Perlon	0,1	0,2	—	—	1,0

Die Färbbarkeit der Nylonfaser bildete den Gegenstand zahlreicher Arbeiten (vgl. „Färberei"). Die Faser färbt sich mit Acetatseidenfarbstoffen und sauren Farbstoffen am leichtesten, erstere sind wegen ihrer Unempfindlichkeit gegenüber etwaigen Spannungsunterschieden in Polyamidfasern vorzuziehen.

Über den Nachweis von Nylon in Fasermischungen liegen zahlreiche Vorschläge vor[127].

Man kann z. B. Vinyon und Acetylcellulose mittels Aceton herauslösen und dann mit HCl (60 Teile HCl konz. plus 40 Teile Wasser bei 30° C 1 Minute einwirken lassen, 4 Minuten rühren, dann absaugen. Nachwaschen mit Wasser und 2%iger Sodalösung) Nylon in salzsaure Lösung bringen[128].

Oder man löst die Naturseide mit Calciumthiosulfat, Wolle mit 5%iger KOH, dann Nylon durch Kochen mit Ameisensäure, während Baumwolle zurückbleibt[129].

Zum Unterschied von der Acetatseide, mit welcher Nylon am leichtesten verwechselt werden kann, lösen sich Polyamidfasern nur in heißem Eisessig und scheiden sich beim Erkalten als weißes Gel wieder aus, während Acetatseide auch im kalten Eisessig löslich ist[130].

Nylon wird von *Neocarmin W* hell- bis mittelgrün angefärbt. Millons Reagens ergibt mit Wolle und Seide eine ziegelrote Färbung, Nylon wird nur schwach gelblich. Jodlösung tönt Nylon braun bis schwarz. Die Färbung ist durch Waschen nicht entfernbar.

Die Trennung anderer Fasern von Nylon, soweit sie einzeln neben Nylon vorliegen, kann wie folgt vorgenommen werden[131]:

Nylon-Wolle: Behandlung mit 5%iger KOH; Wolle löst sich. Auch mit heißer Calciumrhodanidlösung kann die Wolle herausgelöst werden.

Nylon-Baumwolle: Behandlung mit heißem Eisessig: Nylon löst sich. Auch mittels verdünnter Schwefelsäure kann Baumwolle und Regeneratcellulose zerstört werden; Nylon bleibt zurück.

Nylon-Naturseide: Behandlung mit Calciumrhodanid von der Dichte 1,2—1,21 bei 70° C. Seide löst sich.

Nylon-Viskose: Behandlung mit Calciumrhodanidlösung der Dichte 1,36. Kunstseide wird gelöst.

Nylon-Acetatseide: Behandlung mit Aceton. Acetatseide löst sich auf.

---

126 Kleine: Zellwolle, Kunstseide, Seide **47**, 255 (1942).
127 Vgl. z. B. Rayon Text. Monthly **28**, 95 (1947).
128 J. Textile Ind. **1942**, 33, Trans. 75.
129 Text. Manufacturer **68**, Heft 1 (1941).
130 Barron: Mod. Plastics **1945**, l. c.
131 Gerber, Lathrop: Text. Colorist **63**, 253 (1941).

Ähnlich der Nylonfaser ist die von der IG hergestellte Perlonfaser gebaut. Perluron- (später Perlon-) Fäden kamen 1939 in Verwendung. Bei diesen Textilrohstoffen handelt es sich ebenfalls um Polyamide, wobei gemäß deren Herstellung drei Faserarten unterschieden werden können:

Perlon L ist ein Polykondensat aus ε-Caprolactam[132].

Perlon T entsteht gleich der Nylonfaser durch Polykondensation von Adipinsäure und Hexamethylendiamin.

Perlon U ist eine Polyurethanfaser, deren Strukturformel etwa wie folgt geschrieben werden kann[133]:

$$OH—R_1—OH + OCN—R_2—NCO + OH—R_1OH \rightarrow$$
$$\rightarrow O—R_1—O—CO—NH—R_2—NH—CO—OR_1—O.$$

Die Dihydroxyverbindungen (Glykole) geben, wie obiges Schema zeigt, mit Diisocyanaten unter Wasserstoffaustausch Polyurethane in linearer Form. Bei Verwendung von Polyoxyverbindungen tritt eine Vernetzung unter Bildung unlöslicher und unschmelzbarer Harze ein.

Durch Anhäufung von CH_2-Gruppen zwischen den Urethanbindungen entstehen vollkommen durchsichtige Fäden. Aromatische Isocyanate liefern Produkte, die, ohne streckbar zu sein, einer thermischen Spaltung unterliegen.

Die Polyurethane besitzen Schmelzpunkte von 183—260° C, sind jedoch oft löslicher als entsprechende Polyamide.

Perlon U, mit einem Molekulargewicht von etwa 10000, wurde hergestellt aus einem Gemisch von 1,4-Butylenglykol und 1,6-Hexandiisocyanat. Die Faser, die durch Verdüsung des Polykondensates entsteht, ist etwas resistenter gegen Wasser und Lösungsmittel als Nylon, jedoch diesem hinsichtlich Widerstandsfähigkeit gegen Temperatureinflüsse unterlegen. Sie besitzt auch eine geringere Elastizität. Nach dem Spinnprozeß, maximal 4 Stunden nachher, wird die erhaltene Faser gestreckt, unter Umständen auf 400% ihrer ursprünglichen Länge. Das gestreckte Material gibt ein scharfes Röntgenbild und zeigt eine Zugfestigkeit von 7,5 g/den. Die Wasseraufnahme beträgt etwa 0,5% des Fasergewichtes[134].

Silon bzw. Furon sind Polyamidfasern aus Laktam (Bata und Schlesische Zellwolle-Fabrik).

Literaturübersicht über Fasern aus linearen Polyamiden.

Kölsch: Silk and Rayon **23**, 220 (1949).
Abbott, Gooding: J. Textile Inst. **40**, T 232 (1949).
Bennet: J. Textile Inst. **40**, P 483 (1949).
Mirtschin: Melliand Textilber. **30**, 286 (1949).
Früh: Textil Praxis **4**, 404 (1949).
Köster: Textil Praxis **4**, 390 (1949).
Söhngen: Kunstseide, Zellwolle **27**, 283 (1949).
Schulhof: Kunstseide, Zellwolle **27**, 287 (1949).
Souve: Chimie et Industrie **62**, 451 (1949).
Cairns, Foerster, Larchar: J. Amer. chem. Soc. **71**, 651 (1949).
Rein: Angew. Chemie **61**, 241 (1948).
Bergmann, Fankuchen, Mark: Text. Res. J. **18**, 4 (1948).
Meredith, Peirce: J. Textile Inst. **39**, 164 Trans. (1948).
Dupont: Ind. Engng. Chem. **40**, 875 (1948).
Wengraf: Rayon Text. Monthly **1947**, Patentübersicht bis 1944.

---

[132] Koester: Amer. Dyestuff Reporter **36**, 189 (1947).
[133] Brit. Plastics **18**, 476 (1946). — Teintex **7**, 230 (1942).
[134] Pinner: Plastics **11**, 257 (1947).

Diamond: Rayon Text. Monthly **28**, 49, 60, 75 (1947).
Hall: Silk J. Rayon Wld. **23**, 30 (1947).
Miklowitz, J. Coll. Sci. **2**, 193 (1947).
Taylor: J. Amer. chem. Soc. **69**, 625, 638 (1947).
Waltz, Taylor: Anal. Chem. **19**, 448 (1947).
Coffman, Berchet, Peterson, Spanagel: J. polymeric. Sci. **2** 306 (1947).
Larson: Amer. Dyestuff Reporter **36**, 36 (1947).
Morel: Ind. plastiques **2**, 324 (1946).
AATCC: Amer. Dyestuff Reporter **34**, 146 (1945).
Dupont: Rayon Text. Monthly **25**, 51, 221 (1944).
Loasby: Rayon Text. Monthly **24**, 53 (1943).
Gaade: Chem. Weekblad **40**, 182 (1943).
Boulton, Jackson: J. Soc. Dyers Colourists **59**, 21 (1943).
Houwink: Chemie u. Technologie der Kunststoffe. 1942.
Heß u. Mitarb.: Naturwiss. **1943**, 171. — Tsimehc: Silk J. Rayon Wld. **17**, 200 (1941).
Hoff: Ind. Engng. Chem. **32**, 1560 (1940).

Patentschrifttum über Fasern aus linearen Polyamiden.

OeP 160896 IG 1943 — Gekräuselte Fäden aus Polyamiden werden erhalten, indem man gestreckte Polyamidfäden unter Entspannung dämpft oder kalt streckt, mit Wasser anfeuchtet, feucht erhitzt, kalt streckt und entspannt trocknet.

OeP 160641 IG 1941 — Zur Verbesserung der Fasereigenschaften werden die geschmolzenen Polykondensate abgeschreckt und dann kalt gestreckt. Das Abschrecken kann mit Wasser oder inerten flüssigen Mitteln erfolgen, die eine OH-Gruppe enthalten.

DP 750427 ohne Inhabernennung 1945 — Herstellung von Polyamiden.

DP 749747 ohne Inhabernennung 1944 — Polyamiddarstellung.

DP 748801 ohne Inhabernennung 1944 — Umsetzung von ε-Caprolaktam mit Alkylenoxyden ergibt zu Fasern verarbeitbare Massen. Man arbeitet im Druckgefäß, als Katalysatoren werden Amine verwendet.

DP 748460 ohne Inhabernennung 1944 — Man polymerisiert ω-Aminocapronsäure. Das zur Herstellung verwendete ε-Caprolaktam wird durch Zugabe von Wasser (50%) und Tierkohle gereinigt.

DP 748291 ohne Inhabernennung 1944 — Man behandelt die zu polymerisierenden Aminocapronsäuren, die aus Caprolaktamen hergestellt werden, zur Entfernung eines störenden Oximgehaltes mit Wasserstoff und Hydrierungskatalysatoren. Dadurch werden die färbenden Oxime zu Aminen reduziert, die sich durch Destillation leicht entfernen lassen.

DP 747940 ohne Inhabernennung 1944 — Herstellung von Polyamidfasern.

DP 747435 Dynamit 1944 — Die Vergütung von Polyamiden kann durch Zusatz von Formaldehyd zur Polyamidmasse (ohne Wasser) erfolgen.

DP 745828 IG (s. a. DP 745389 und 754029) 1944 — Darstellung von Polyamiden.

DP 745684 ohne Inhabernennung 1944 — Polyamidbildung aus CO—(NH—R—NH—CO)$_x$—NHRNH, Diamin und CO_2. Die Verbindungen liefern biegsame Fäden.

DP 745473 Phrix 1944 — Lineare Polyamide entstehen durch die Kondensation von Hydrazincarbonsäureamiden und Dicarbonsäuren.

DP 745389 ohne Inhabernennung 1944 — Man erhitzt polyamidbildende Stoffe, insbesondere Monoaminocarbonsäuren oder Dicarbonsäuren und Diamine, welche in der die Aminogruppe enthaltenden Atomkette eine CO-Gruppe besitzen, im Stickstoffstrom im geschlossenen Rohr bei 245° C und nach 1 Stunde auf 255° C.

DP 745224 IG 1944, sowie DP 739953 IG 1943 — Polyamidherstellung.

DP 745029 IG 1944 — Die Herstellung von Polyamiden wird vereinfacht, indem man primäre oder sekundäre aliphatische oder aromatische Aminocarbonsäurenitrile und primäre oder sekundäre Diamine in Gegenwart von Wasser unter Druck erhitzt.

DP 745028 IG 1944 — Niedrig schmelzende Produkte der Kondensation von Diaminen und Dicarbonsäuren, die entweder beide oder eines von ihnen in der Kette ein S- oder O-Atom enthalten, welches also zwischen der Aminogruppe und der COOH-Gruppe liegt, die zur Kondensation kommen, werden als Fadenbildner vorgeschlagen.

DP 744892 IG 1944
DP 742818 IG 1943
DP 741057 IG 1943 } behandeln die Polyamidherstellung.

DP 741038 IG 1943 — Herstellung von Laktamen durch Überleiten von Dicarbonsäuren mit mehr als 4 C-Atomen in Dampfform über Katalyten (Ni, Phosphorsäure oder Oxyde) mit Ammoniak. Ein Überschuß an diesem begünstigt die Amid- und Nitrilbildung.

DP 740829 Phrix 1943 — Man kondensiert Carbohydrazid mit Dicarbonsäuren bzw. deren Anhydriden zu Polyamiden, welche Fasern bilden können. Diese sind wasserbeständige, kochfeste Produkte.

$$\begin{matrix} NH_2\text{—}NH\text{—}CO\text{—}NH\text{—}NH\,H \\ NH_2\text{—}NH\text{—}CO\text{—}NH\text{—}NH\,H \end{matrix} + O\left\langle\begin{matrix} CO \\ CO \end{matrix}\right\rangle R \longrightarrow \begin{matrix} NH_2\text{—}NH\text{—}CO\text{—}NH\text{—}NH\text{—}CO \\ NH_2\text{—}NH\text{—}CO\text{—}NH\text{—}NH\text{—}CO \end{matrix}\Big\rangle R \longrightarrow$$

$$\longrightarrow [\text{—}NH\text{—}NH\text{—}CO\text{—}NH\text{—}NH\text{—}CORCO]_x.$$

DP 740460 1943 — Aminocarbonsäuren oder ihre funktionellen Derivate oder Laktame werden mit Polycarbonsäuren mit mehr als 3 COOH-Gruppen zur Einwirkung gebracht.

DP 740348 IG 1943
DP 740273 IG 1943 } beschreiben die Herstellung von Polyamiden.

DP 739279 IG 1943 — Polyamide werden hergestellt, indem man von reinen Aminosäuren bestimmter Kettenlänge (mindestens 7 C-Atome zwischen der Amino- und COOH-Gruppe) oder deren Estern usw. ausgeht. Man kondensiert in Gegenwart von Lösungsmitteln, bis fadenziehende Produkte entstehen.

DP 739001 IG 1943 — Cyklische Amide mit nicht weniger als 2 Aminogruppen und 7 Ringatomen werden erhitzt und liefern fadenziehende Produkte, welche nach dem Schmelz- oder Naßspinnverfahren orientierbare Fäden liefern (z. B. Hexamethylenadipinsäurediamid).

DP 737943 1943 — Man verbessert die Lichtechtheit von Polyamiden durch Zusatz kleiner Mengen von Mangansalzen während der Bildung oder nachher.

DP 734743 IG 1943 — Herstellung von Polyamiden durch Erhitzen von α-Monoaryl-β-aminosäuren oder deren Abkömmlingen.

DP 734344 Celluloid 1943 — Als Lösungsmittel für Polyamide kann Benzylalkohol Verwendung finden.

DP 730365 IG 1943 (s. a. DP 729442) — α,β-ungesättigte Monocarbonsäuren werden mit aliphatischen Aminen mit 2 Aminogruppen und mindestens 2 C-Atomen zwischen beiden Gruppen sowie mindestens einem freien H-Atom an den N-Atomen erhitzt.

DP 728981 IG 1942 — Behandelt die Herstellung von Perlon U-Fasern.

DP 727735 IG 1942 — Superpolyamide werden schrumpffest, indem man in Abwesenheit von Quellmitteln mit oder ohne Spannung auf Temperaturen über 100° C erhitzt. Das Verfahren dient der Behandlung trockener Polyamidgarne. bei der Herstellung.

DP 711682 IG 1941 — Die Herstellung von Polyamiden wird behandelt.

SP 252760 Rhodiaceta 1948 — Man stellt Polyamidlösungen in Alkohol-Äther-Gemischen (Tetrahydrofuran) her und verspinnt diese Lösungen zu Fäden.

SP 251398 AKU 1948 — Primäre aliphatische Dicarbonsäurehydrazide ergeben mit Nitriten erhitzt Stoffe, welche im Stickstoffstrom schmelzen und aus der Schmelze verdüst und hernach kalt gestreckt werden können. Es werden gleichmäßige wertvolle Kunstfäden erhalten.

SP 249381 Ibañez 1948 — Lineare Polyamide aus Hexamethylendiamin und Adipoaldehyd.

SP 248484 Rhodiaceta 1948 (s. a. SP 247448) — Behandlung von Polyamiden.

SP 246676 Bata 1947 — Verspinnbare Polyamide können durch einfaches Erhitzen von ω-Aminosäuren, wie z. B. ε-Aminocapronsäure, in offenen Gefäßen erhalten werden, wenn die Ausgangsstoffe einen Gehalt von unter 0,5% an Metall, wie etwa Ca usw. aufweisen. Innerhalb der ersten halben Stunde wird das durch die Kondensation freiwerdende Wasser abdestilliert und hernach der Fortgang der Polyamidbildung durch Verfolgen der inneren Viskosität bestimmt. Nach zirka 4 Stunden hat diese einen Wert von 1,05 erreicht, und die Schmelze ist direkt zu Fäden verspinnbar, die kalt gestreckt werden. Sie erreichen eine Festigkeit von 2,5—3,5 g/den und besitzen einen Aschengehalt von nur 0,1% an Metalloxyd.

SP 246263 Rhodiaceta 1947 (s. a. SP 245684) — Polyamidlösungen lassen sich herstellen durch Auflösen des Polyamides in 45—50%iger Schwefelsäure.

SP 246063 AKU 1947 — Verfahren zur Herstellung von Fäden aus Schmelzen Polymerer.

SP 244842 DuPont 1947 (s. a. SP 240789) — Herstellung von Polyamiden.

SP 244768 Bata 1947 (zu SP 236388) — Herstellung von Polyamiden.

SP 244113 Rhodiaceta 1947 (s. a. SP 243344) — Die Egalisierung und Homogenisierung der Polyamidmasse zur Herstellung von Polyamidfasern wird gefördert, wenn man während der Kondensation bzw. nach einer gewissen Zeit unter Rührung feine Teilchen fertigen Polyamides einbringt.

SP 242616 Bata 1946 — Lineare Polyamide werden bekannterweise durch intermolekulare Polykondensation von ω-Aminocarbonsäuren (ω-Aminocapronsäure oder ω-Aminooenanthsäure) hergestellt. Ferner kann man ε-Caprolaktam durch Erhitzen mit Wasser in Polyamide überführen. Dabei werden intermediär die entsprechenden Aminosäuren gebildet. In beiden Reaktionen wird viel Wasser frei, welches wieder entfernt werden muß, um die Polyamide nicht zu hydrolysieren. Dies muß für die letzten Wasseranteile in Form der molekularen Destillation erfolgen. S. Carother: Studies of Polymerisation and Ringformation (J. Amer. chem. Soc. 54, 1566—1569). Bei einem anderen Verfahren wird das Laktam mit Wasser gespalten. Bei der Kondensation ist es notwendig, das Reaktionsgemisch längere Zeit auf höherer Temperatur zu halten (150—300° C). Man muß im geschlossenen Gefäß unter Druck arbeiten, da sonst das Wasser schon vor Beginn der Reaktion, ohne daß das Laktam gespalten würde, entweicht. Bei höherer Temperatur bleibt aber das Wasser als Dampfphase über der dicken Flüssigkeit, daher ist eine Homogenität der Reaktionsmasse nicht leicht zu erzielen. Erfindungsgemäß kombiniert man beide Verfahren derart, daß man 6-Caprolaktam mit wenigstens 5% 6-Aminocapronsäure in einem nicht geschlossenen Gefäß bei 150° C kondensiert. Beide Komponenten geben reines Polyamid. Die Eigenschaften des Endproduktes können durch das Mischungsverhältnis Laktam : Säure geregelt werden. Die Reaktion findet bei Abdeckung mit inertem Gas (Kohlensäure) wie üblich statt. Das Wasser aus der Aminosäure wird vom Laktam langsam und dauernd aufgenommen.

SP 240789 DuPont 1946 — Herstellung von Polyamiden.

SP 240621 Bata 1946 — Man polymerisiert Laktam in Gegenwart von Sulfonen aromatischer Abkunft (Diphenylsulfon). Die erhaltenen Fasern sind matt.

SP 239218 Hydrierwerke 1945 — Als Weichmacher von Polyamidmassen für das Verspinnen usw. werden Methylolgruppen enthaltende organische Verbindungen mit einem Kp. über 240° C empfohlen, wie Dimethylolbenzol, Dimethylol-tetrahydronaphtalin, Methyloldiphenylendiamin usw.

SP 237400 Zellwollring 1945 — Die Polykondensation von Polyamidmassen wird in dünner Schichte empfohlen und so eine kürzere Erhitzungsdauer erreicht.

SP 237002 Celluloid 1945 — Man mischt Linearpolykondensationsprodukte (Polyamide) mit Chloralkanamidsäureestern als Weichmacher.

SP 236592 Rhone Poulenc 1945 — Als Quellmittel, insbesondere für das leichtere Anfärben von Polyamiden, wird Chloral empfohlen.

SP 235430 DuPont 1945, Zusatz zu SP 201945 — Polyamide aus Adipinsäure und Hexamethylendiamin sind trübe, schmelzen bei 263° C und zeigen unterhalb des Schmelzpunktes kristallinische Struktur (Röntgenbild). Sie lösen sich in Phenol, HCOOH oder heißem Eisessig, in den anderen üblichen Lösungsmitteln sind sie unlöslich. In feinverteiltem Zustand werden sie durch Mineralsäuren angegriffen, bei Erhitzen mit stärkerer Säure findet Hydrolyse statt. Sie sind ziemlich widerstandsfähig gegen starke Alkalien, werden jedoch mit der Zeit auch von diesen hydrolysiert. Erfindungsgemäß kombiniert man Adiponitril mit Hexamethylendiamin in Gegenwart von Wasser, wobei der Wasserüberschuß und das frei werdende Ammoniak entfernt werden. Es wird bis zu einer intrinsiken Viskosität (Grundviskosität) von 1,15 kondensiert, wobei eine Stickstoff- oder Kohlensäureatmosphäre angewandt wird.

SP 235288 IG 1945 — Zur Plastifizierung von Polyamiden in Gegenwart von Wasser bei höherer Temperatur wird z. B. 2,2'-Dioxydiphenyl verwendet.

SP 235287 IG 1945 — Die Wasserbeständigkeit von Superpolyamiden, insbesondere aus ω-Aminocapronsäure oder Adipinsäure und Hexamethylendiamin wird erhöht durch Behandlung der Produkte in erweichtem Zustande mit Toluylendiisocyanat in Knetern (2% Zusatz).

SP 234796 Phrix 1945 — Man polymerisiert ω-Aminocapronsäure unter Zusatz von Katalyten, wie techn. Al mit 4% Cu-Gehalt usf. bei gewöhnlichem Druck unter Luftausschluß in der Schmelze, eventuell unter Zusatz von Verdünnungsmittel, wie Kresol oder Benzylalkohol.

SP 234792 Dynamit 1945 — Vergütung von Polyamiden durch Formaldehyd s. DP 747435.

SP 234508 IG 1945 — Herstellung hydrophiler Polyamide durch Polykondensation von adipinsaurem Hexamethylendiamin und Aminoessigsäure.

SP 233852 Cell. A. G. 1944 (s. a. SP 230913) — Herstellung von Polyamiden.

SP 233396 DuPont 1944 — Polyamidherstellung aus Hexamethylendiamin, Adipinsäure und Methylenglykol.

SP 233194 Phrix Arb. G. 1944 — Polyamidherstellung.

SP 232611 IG 1944 — Hydrophile Polyamide aus ω-Aminocapronsäure werden erhalten, wenn man unter Zusatz von mindestens 0,03 Mol HCl kondensiert. Die HCl bleibt im Kondensat in gebundener Form vorhanden. Man kondensiert bei 200—250° C unter Luftabschluß, wobei die kleine Menge HCl bereits als Katalyt wirkt. Sinkt die HCl-Menge, die zugegeben wird, auf 0,08 und darunter, dann nimmt die Löslichkeit der erhaltenen Produkte rasch ab, bis nur mehr quellbare Kondensate entstehen.

SP 232574 IG 1944 — Gekräuselte wollähnliche Polyamidfasern oder Polyurethanfasern werden erhalten, wenn die Fasern nach dem Spinnen bis zu etwa 300% gestreckt, hernach geschnitten und in der Wärme mit einer methylalkoholischen Lösung von Ca- oder Mg-Chlorid gequollen werden.

SP 232111 IG 1944 (s. a. Zusatzpatent SP 236682) — Hydrophile Polyamide werden erhalten, wenn man den Ausgangsstoffen bei der Polykondensation Halogenwasserstoffverbindungen, welche das Radikal des Glykokolls enthalten, zusetzt. Zusätze von kleinen Mengen HCl-Glykokoll sind als Katalysator bekannt, doch handelt es sich hier um Beigaben von mindestens 10%, zweckmäßig 20% und mehr vom Gewicht der Ausgangsstoffe. Die erstehenden Endprodukte sind in kaltem Wasser unlöslich, in heißem Wasser löslich und können als Schlichte- und Appreturmittel Verwendung finden. Man kondensiert bei 150—250° C unter Ausschluß von Sauerstoff.

SP 231901 IG 1944 — Superpolyamide können hergestellt werden durch Kondensation von Gemischen vom Typus

```
          CH₂—CH₂                 CH₂—CH₂
         /       \               /       \
RHN—CH            CH—CH₂—CH               CH—NH—R
         \       /               \       /
          CH₂—CH₂                 CH₂—CH₂
```

wobei R ein bei der Reaktion sich abspaltender Rest ist, mit Verbindungen, die den Rest — CO—$(CH_2)_5$—NH — abgeben, wie Adipinsäure 4,4'-Diamindicyklohexan und ω-Aminocapronsäure. Es entstehen hochwasserfeste, gegen scharfes Knicken sehr widerstandsfähige, durchsichtige Produkte.

SP 231899 Phrix 1944 — Polyamidherstellung.

SP 231883 IG 1944 — Hydrophile Polyamide werden gewonnen durch Kondensation von sebacinsaurem Hexamethylendiamin mit salzsaurem Glykokolläthylester. Sie können auch als Schlichte- oder Appreturmittel Verwendung finden.

SP 228658 Celluloid 1943 — Polyurethane.

SP 228439 IG 1943 (s. a. 228444 Phrix u. SP 228441 — Polyamide aus Laktamen mit mehr als 6 Ringgliedern werden aus der Schmelze zu Fasern verdüst.

SP 227133 Kalle 1943 — Fäden aus Polyurethanen werden zur Erhöhung der Weichheit und Elastizität mit Formaldehyd unter Zusatz einer Säure behandelt. Die Bruchdehnung, gemessen am Schopperapparat, stieg von 70% auf 200%.

SP 222802 IG 1942 — Polyamide aus Hexamethylen-bis-carbaminsäurediphenylester und 1,4-Butylenglykol (Fp. 175° C).

SP 211291 IG 1940 — ω,ω'-Hexamethylendiisocyanat und 1,4-Butylenglykol werden erhitzt. Man erhält eine bei 175—178° C schmelzende Masse, welche einige Zeit im Vakuum im Schmelzfluß gehalten fadenbildende Eigenschaften annimmt.

FP 940917 ICI 1948 — Polyamidfasern können elastischer gemacht werden, wenn man sie mit einem sauren Katalyten imprägniert und Dämpfe von Formaldehyd und einwertigen Alkoholen einwirken läßt.

FP 940863 Mat. Plastiche 1948 — Nylonfasern werden mit Buna, Polyvinylverbindungen usw. überzogen.

FP 924312 DuPont 1948 — Zur Verbesserung der Eigenschaften von Polyamidfasern werden diese nach ihrer Herstellung auf 100° C erhitzt und auf das 4- bis 10fache verstreckt.

FP 921975 ICI 1947 — Die Pigmentierung von Polyamidmassen wird beschrieben.

FP 921696 DuPont 1947 — Nylonfasern werden nach Einverleibung von Phenol-Aldehydharzen widerstandsfähiger gegen Faltenbildung und organische Lösungsmittel, aber auch gegen mechanische Einflüsse, durch eine heiße Behandlung mit Barytwasser bei 85° C und etwa 6 Minuten bis 2 Stunden, wobei die Fasern in ihrer ursprünglichen Länge fixiert werden.

FP 921370 DuPont 1947 — Beschreibt die Herstellung von fadenbildenden Polyamiden aus cyklischen Amiden.

FP 920728 ICI 1947 — Die Eigenschaften von Polyamidfasern werden verbessert, indem man sie in vorgestrecktem oder nicht gestrecktem Zustande mit einem Resol in einem organischen Lösungsmittel, welches die Faser nicht angreift, behandelt und hernach unter Streckung das Phenolharz härtet.

FP 919718 ICI 1947 — Zur Modifikation von Polyamidfasern usw., welche nicht kalt gestreckt wurden, empfiehlt sich eine Imprägnierung mit einer 20%igen wäßrigen Formaldehydlösung bei einem pH von 3 und sauren Katalyten, wobei nach Entfernung der Lösung von der Oberfläche (Quetschen) kurze Zeit auf 100—150° C erhitzt wird. Die erhaltenen Produkte sind besser hitzebeständig, haben eine größere Affinität zu Farbstoffen, sowie eine größere Widerstandsfähigkeit gegen organische Lösungsmittel.

FP 919399 ICI 1947 — Man erhöht die Elastizität von Nylonfasern durch teilweise Desorientierung, welche derart vorgenommen wird, daß geschrumpfte Fasern (Behandlung mit wäßrigen Phenollösungen oder Säuren) in Gegenwart von Alkohol, Formaldehyd und einem sauren Katalyten erhitzt werden. Der Formaldehyd wird dampfförmig angewendet.

FP 918974 DuPont 1947 (s. a. FP 919132) — Die Herstellung von linearen Polyamiden aus Sebacinsäure und Bis(Amino-tert.-butyl)diphenyl wird beschrieben.

FP 918951 DuPont 1947 — Zur Verbesserung der mechanischen Eigenschaften von Polyamidfasern werden dieselben im trockenen Zustand unter Spannung einer Temperatur ausgesetzt, welche über 120° C, jedoch mindestens 30° C unter dem Schmelzpunkt des Polyamids liegt.

FP 918942 DuPont 1947 — Herstellung von Polyamiden.

FP 918336 DuPont 1947 — Um die Weichheit von linearen Polyamiden zu verbessern, werden denselben Sulfonamid-Formaldehydkondensate einverleibt, welche als Santolite im Handel sind. Die Menge beträgt 1—75% vom Polyamidgewicht.

FP 917735 Rhodiaceta 1946 — Herstellung von Polyamidfasern.

FP 917717 Rhodiaceta 1946 — Herstellung von Polyamidfasern.

FP 916439 ICI 1946 — Polyamidmassen werden vor der Faserbildung mit Formaldehyd oder Formaldehyd abgebenden Stoffen erhitzt, um die Löslichkeit der erhaltenen Fäden in Lösungsmitteln zu verringern.

FP 913911 Rhone-Poulenc 1946 — Durch Erhitzen von ε-Amino-capronitril wird unter Ammoniakabspaltung das Cyklo-azo-heptyliden-2-cyano-5-pentylimin erhalten, welches zu einer fadenbildenden Masse polymerisiert werden kann.

FP 912519 Rhodiaceta 1945 — Herstellung von Polyamidfasern.

FP 912463 Rhodiaceta 1945 — Herstellung von Polyamidfasern.

FP 899211 IG 1945 — Das Brüchigwerden von Polyamiden bei der Färbung wird durch Aldehydzusatz verhindert.

FP 893493 IG 1944 — Herstellung von Polyamiden aus Dicarbonsäuren und Dinitrilen.

FP 893026 DuPont 1944 — Herstellung von Polyamiden.

FP 891996 IG 1944
FP 891995 IG 1944
FP 891797 DuPont 1947
FP 891397 Phrix 1944
FP 889995 IG 1943
FP 889558 Deutsche Hydrierwerke 1943
FP 886622 Thüring. Zellwolle 1943
} betreffen die Polyamidherstellung.

FP 886211 Dynamit 1943 — Zur Erhöhung der Widerstandsfähigkeit werden synthetische lineare Polyamide mit freien CONH-Gruppen durch Behandlung mit Paraldehyd vernetzt.

FP 885498 Phrix 1943 — Polyamide durch Erhitzen von Formamidocarbonsäureestern usw.

FP 885497 Phrix 1943 — Die Polykondensation von Caprolaktam und Ameisensäure wird beschrieben.

FP 884938 Thüring. Zellwolle 1943 — Die Eigenschaften von albuminoiden oder Fasern aus Polyamiden können durch Behandlung mit chinoiden Stoffen (Chinon, Chinonimiden usw.) verbessert werden.

FP 884795 Phrix 1943 — Herstellung von Polyamiden aus Polymethylendicarbonsäuren und Polymethylendiisocyanaten.

FP 882461 IG 1943 — Reinigung von Polyamiden zur Faserherstellung.

FP 882260 IG 1943 (s. a. FP 880302, FP 882841, FP 886803) — Es wird die Herstellung von Polyamiden beschrieben.

FP 880756 Phrix 1943 — Herstellung von Superpolyamiden.

FP 880753 Phrix 1943 — Superpolyamide werden durch Kondensation von ω-Aminocarbonsäuren, Diaminen, Dicarbonsäureamiden usw. bei normalem Druck und in Anwesenheit eines inerten Schutzgases kondensiert.

FP 879790 IG 1942 (s. a. FP 880530)
FP 879769 IG 1943
FP 879471 Deutsche Zellwolle 1943
FP 879272 Phrix 1942 (s. a. FP 879070)
FP 879254 Deutsche Zellwolle 1942
FP 879253 Phrix 1942
FP 879249 Phrix 1943 (s. a. FP 879250)
} Herstellung von Polyamiden.

FP 879189 IG 1943 — Die Umbildung von Ketoximen zu Laktamen sowie zu den entsprechenden Carbonsäureanhydriden läßt sich durch Verwendung 98%iger Schwefelsäure kontinuierlich durchführen.

FP 878983 IG 1943 — Zur Erhöhung der Lichtechtheit von Polyamidfasern setzt man geringe Mengen von Mn-Salzen zu, eventuell Mattierungspigmente, welche mit geringen Mengen von Mn-Salzen behandelt wurden.

FP 878315 Phrix 1943 (s. a. FP 878697) — Aminonitrile oder Dinitrile lassen sich aus Polyamiden durch Einwirkung von Diaminen und Wasser herstellen.

FP 878300 IG 1942 (s. a. FP 879790) — Polyamidherstellung.

FP 877926 und FP 877923 IG 1943 (s. a. FP 877965) — Oberflächengekräuselte oder mattierte Polyamide werden hergestellt durch Anlösen und Niederschlagung von gelösten Substanzen auf der Polyamidfaser. Bei Verwendung von Bariumsulfat entstehen matte Fäden.

FP 876906 IG 1941 (s. a. FP 875643) u. FP 873993 — Herstellung von Superpolyurethanen.

FP 875389 Phrix 1942 — Dicarbonsäuren oder Derivate (Adipinsäureanhydrid) werden mit Hydrazin oder Hydrazinhydrat umgesetzt und die erhaltenen Produkte dann bei 200—300° C vorzugsweise im Vakuum polymerisiert. Die Endprodukte sind in geschmolzenem Zustande zu Fäden ziehbar.

FP 874720 Deutsche Celluloidfabrik 1942 — Polyamidherstellung.

FP 873983 IG 1942
FP 872609 IG 1942
} Polyamidbildung.

FP 872407 IG 1942 — Man kondensiert Ameisensäureverbindungen von organischen Diaminen oder Aminoalkoholen mit Dicarbonsäuren, gegebenenfalls in Anwesenheit von Wasser oder flüchtigen Hydroxyverbindungen in der Hitze (Octamethylenformiat und Adipinsäure).

FP 871030 IG 1942 — Man arbeitet bei der Polyamidherstellung erst unter Druck, dann im geheizten Gefäß, also in zwei Stufen.

FP 870736 1942 — Als Lösungsmittel und Weichmacher für Polyamide verwendet man alkoholische, gegebenenfalls Wasser enthaltende Lösungen von anorganischen Salzen ($CaCl_2$).

FP 870472 IG 1942
FP 870484 IG 1942
FP 870407 IG 1942
} Polyamidherstellung.

FP 870258 IG 1942 — Lineare Polyamide aus Adipinsäurediamid und Hydrazinderivaten.

FP 870161 IG 1942 — Die Kondensation von Diaminen, Dicarbonsäuren und Aminocarbonsäuren wird nicht, wie üblich, in der geschmolzenen, sondern in der festen Phase durchgeführt, d. h. unterhalb des Erweichungspunktes des entstehenden Polyamids oder unterhalb des Schmelzpunktes der Ausgangsstoffe.

FP 869533 IG 1942 — Herstellung von Kondensaten aus ε-Caprolaktam und γ-Aminobenzoesäure.

FP 868996 DuPont 1941
FP 867384 DuPont 1941
FP 867502 DuPont 1941
} Polyamidbildung. Herstellung von Polyamiden.

FP 860533 DuPont 1941 — Durch Erhitzen von ε-Caprolaktam mit Wasser werden fadenziehende Polyamide erhalten.

FP 845917 IG 1941 — Herstellung von Polyamiden.

FP 843633 DuPont 1940 (s. a. FP 845691) — Herstellung von Polyamiden.

FP 835556 Zellwolle 1944 — Darstellung von Polyamiden.

FP 833755/56 DuPont 1939 (s. a. FP 828848) — Herstellung von Polyamiden.

EP 627733 Wingfoot 1949 — Polyamide aus Arylendicarbonsäuren und aliphatischen Diaminen.

EP 627596 AKU 1949 — Polyamide aus Aminocarbonsäureamiden.

EP 627124 Fisher 1949 — Herstellung von Fasern aus Hexamethylendiadipamid, Adipinsäure und Polyaminotriazol.

EP 619707 DuPont 1949 — Herstellung von Polyamiden.

EP 619576 ICI 1949 — Herstellung von Polyamiden.

EP 616048 DuPont 1949 — Ausgestaltung der Herstellung von Nylon (Polyamidfasern), indem gezogene Fäden an der Oberfläche durch Erhitzen über den Schmelzpunkt wieder desorientiert werden, während der innere Fadenanteil orientiert bleibt. Dadurch wird die Knotenfestigkeit usw. wesentlich verbessert.

EP 610311 Allen, Drewitt 1948 — Die Herstellung von basischen Polyamiden als Faserbildner, aber auch Anstrichstoffe für Textilien usw. wird beschrieben.

EP 610304 Allen, Drewitt 1948 — Polymere zur Faserherstellung durch Polykondensation von Tetraaminen der Form NH_2—R—NH—CH_2—CH_2—NH—R_1—NH_2, wobei R und R_1 zweiwertige Reste mit n C-Atomen vorstellen, mit Oxalsäure usw. n = so groß, daß es zuzüglich der C-Atome in der Dicarbonsäure eine größere Zahl als 7 gibt. Die erhaltenen Polykondensate enthalten heterocyclische Ringe.

EP 610264 DuPont 1948 — Zur Herstellung von linearen, faserbildenden Polyamiden werden Diamine der Form

$$NH_2-CH_2-\underset{\displaystyle R}{\overset{\displaystyle CH_3}{\overset{|}{\underset{|}{C}}}}-\text{Arylen}-\underset{\displaystyle R}{\overset{\displaystyle CH_3}{\overset{|}{\underset{|}{C}}}}-CH_2-NH_2$$

wobei R Wasserstoff oder CH_3 bedeutet, mit einer zweibasischen Säure polykondensiert. Die erhaltenen Produkte sind wenig oder vollkommen löslich in Mischungen von $CHCl_3$—CH_3OH. Fäden aus Bis(Amino-t-butyl)diphenyl und Sebacinsäure besitzen nach Streckung eine Reißfestigkeit von 3 g/den und eine Bruchdehnung von 16—20%. Die Wasseraufnahme beträgt 2,9%.

EP 609167 Bakelite 1948 — Bei der Herstellung künstlicher Fasern kann so vorgegangen werden, daß das flüssige Polymere unter Fernhaltung von oxydierenden Einflüssen rasch erhitzt wird und ein Flüssigkeitsfilm erzeugt wird, welcher mittels eines gegen ihn gerichteten inerten Flüssigkeitsstromes zu Fäden oder Stapel geformt wird.

EP 608332 DuPont 1948 (s. a. EP 582517/18) — Elastische Nylonfasern werden erhalten, indem man ungestrecktes Hexamethylenadipatpolymer mittels einer Lösung von Alkohol, Formaldehyd und maximal 20% Wasser bei einem pH von unter 3 in Gegenwart sauerstoffhaltiger Katalyten behandelt, bis etwa 4% Formaldehyd an die Faser gebunden sind, d. h. ein großer Anteil der Amidogruppen in N-Alkoxymethylgruppen übergeführt wurde. Hernach kann kalt gestreckt werden. Man kann die Behandlung auch bei nylonhaltigen Mischgeweben usw. vornehmen. Gestreckte Fasern zeigen keinerlei Effekt. Die Behandlung wird bei etwa 60—80° C durch 15—75 Minuten vorgenommen, bis etwa 35—50% an N-Alkoxymethylgruppen vorhanden sind. Als Katalyt dient Oxalsäuredihydrat, als Alkohol wird Methanol verwendet (s. a. EP 608335 bzw. EP 573482).

EP 604902 ICI 1948 — Polyamidherstellung.

EP 601123 Celanese 1948 (s. a. EP 601142) — Polyamide sind auch aus β-Aminocarbonsäuren herstellbar.

EP 599669 Moncrieff, Sammons 1948 (s. a. EP 599671) — Phenolische Polyamidlösungen werden in Spinnbäder (Aceton usw.) verdüst.

EP 598820 DuPont 1948 — Die Eigenschaften von Polyamidfasern werden verbessert, wenn sie unter Spannung eine auf mindestens 80° C erhitzte Zone passieren, deren Temperatur jedoch niedriger als der Polyamidschmelzpunkt liegt.

EP 598367 DuPont 1948 — Polyamide werden mit farbstoffbildenden Körpern kondensiert.

EP 597783 Whinfield, Birtwistle 1948 (s. a. EP 598416) — Polyesteramide mit kautschukähnlichen Eigenschaften werden aus Dialkylol-tert. Aminen der Form OH—$(CH_2)_n$—NR—$(CH_2)_n$—OH und zweibasischen Säuren hergestellt.

EP 594075 ICI 1947 — Herstellung von Polyamiden.

EP 593091 ICI 1947 — Herstellung von Polyamiden.

EP 589568 DuPont 1947 — N-Methoxymethylpolyamide werden durch Behandlung mit Maleinsäure und Alkohol in ihrem Schmelzpunkt erhöht und in der Wasserfestigkeit verbessert. Es wird eine O-haltige Säure, wie z. B. p-Toluolsulfosäure, als Katalyt verwendet. Aus dem erhaltenen Material sind Fasern herstellbar. Der Schmelzpunkt wird von 107° C des unbehandelten Polyamids auf über 300° C hinaufgesetzt, die Fasern sind gegen kochendes Wasser beständig.

EP 588329 Heberlein 1947 — Hochgezwirnte Polyamide werden einer Behandlung mit einem organischen, quellend wirkenden Mittel unterworfen, wodurch die einzelnen Fasern in hochplastischen Zustand gebracht werden. Hierauf wird dann das Quellmittel entfernt und die Zwirnung zurückgedreht.

EP 587446 ICI 1947 — Die Eigenschaften von Polyamiden, besonders die Widerstandsfähigkeit gegen die Quellwirkung von Benzol, die Elastizität und die Nichtplastizität beim Erwärmen werden verbessert, wenn ungesättigte Polyamide mit Schwefel behandelt werden (erhitzen). Verwendet werden Polyamide aus 10 Teilen Decamethylendiamin und Maleinsäure, 70 Teilen N,N'-Dimethylhexamethylendiamin und Adipinsäure und 20 Teilen Hexamethylendiamin und Adipinsäuresalzen. Sie werden behandelt mit 1 Teil Schwefel und 1 Teil Zinkdiäthyldithiocarbamat auf 20 Teile Polyamid usw. Die erhaltenen Produkte haben kautschukähnliches Aussehen. Falls Vernetzung vermieden werden soll, können Zusätze von Polymerisationsverzögerer, wie Hydrochinon, Kupferpulver oder eine Harz-Kupferverbindung Anwendung bei der Polyamidherstellung finden.

EP 587439 DuPont 1947 — Behandelt die Herstellung von Polyamiden für Fasern.

EP 584985 DuPont 1947 — Man stellt Superpolyamidfasern mit einem Gehalt an Phenolharz (5—30%, am besten 10—20%) her. Das Phenolharz wird unter einem Molverhältnis von HCOH : Phenol wie 0,5 : 1 gebildet. Es werden unsubstituierte Phenole verwendet. Die entstehenden Harze sollen durch kurzes Erhitzen auf 285° C nicht unschmelzbar werden. Entweder werden die Superpolyamidfasern mit einem Überzug versehen oder in Mischung mit dem Phenolharz polymerisiert. Die erhaltenen Fasern werden in fixierter Länge mit alkalischen Lösungen, z. B. 5—10%igem $Ba(OH)_2$ 0,1—2 Stunden auf über 85° C erhitzt, gespült und zur Erzeugung von Geweben verwendet, bei denen hohe Festigkeit und Temperaturbeständigkeit verlangt wird. Das Harz ist mit organischen Lösungsmitteln aus der Faser nicht extrahierbar. Die Fasern können zur Herstellung von Pneumatikgeweben oder Insektengittern usf. Verwendung finden.

EP 584613 DuPont 1947 — Schwefelhaltige Polyamide (N-Mercaptomethylpolyamide) werden beschrieben.

EP 583014 ICI 1947 — Zur Herstellung elastischer Nylonfasern werden durch Streckung orientierte Nylongarne oder Fäden in Gegenwart von Alkohol, Formaldehyd und eines sauren Katalyten erhitzt. Formaldehyd wird hierbei in Dampfform angewendet. Kalt gestrecktes Nylongarn (Polyhexamethylenadipamid von 45 den) wird in eine 30%ige Lösung von Glykolsäure getaucht (10 Minuten bei 60° C), hierauf abgequetscht und bei 30° C luftgetrocknet. Dann wird das Garn auf 120° C erhitzt, einer Mischung von Methanol-Formaldehyddämpfen (65 : 35) ausgesetzt, mit Wasser gewaschen und an der Luft getrocknet. Das während der Behandlung geschrumpfte Garn hat einen Formaldehydgehalt von 11,4% und eine reversible Dehnbarkeit von 120%.

EP 582522 Lewis-Loasby 1946 (s. a. EP 582517, 582518, 582520, 566066 und 534698) — Man erhöht die Elastizität von Polyamiden durch Behandlung mit Formaldehyd. Das Verfahren ist besonders für Nylon geeignet. Durch diese Einwirkung wird erstens die Widerstandsfähigkeit der Faser gegenüber Uviollicht erhöht. Außerdem werden die Fasern elastischer, da sich durch die Behandlung mit alkoholischen HCOH-Lösungen Brücken zwischen den einzelnen Polyamidmolekülketten ausbilden etwa nach folgender Art:

$$\begin{array}{c} | \\ NH \\ | \\ CO \\ | \end{array} + HCOH \rightarrow \begin{array}{c} | \\ NH_2OH \\ | \\ CO \\ | \end{array} + ROH \rightarrow \begin{array}{c} | \\ NCH_2OR \\ | \\ CO \\ | \end{array} \quad \text{aber auch} \quad \begin{array}{ccc} | & & | \\ N & -CH_2- & N \\ | & & | \\ CO & & CO \\ | & & | \end{array} \quad \text{oder und}$$

$$\begin{array}{ccc} | & & | \\ N & -CH_2(OCH_2)_x- & N \\ | & & | \\ CO & & CO \\ | & & | \end{array}$$

Wird die Nylonfaser, welche bekanntlich kalt auf die vierfache Länge gestreckt werden kann, mit einer 5%igen wäßrigen Phenollösung behandelt, so schrumpft die Faser auf 50% ihrer ursprünglichen Länge. Erfolgt hierauf eine Behandlung mit Formaldehyd und Methanol (etwa in Dampfform mit Glykokollsäure als Katalyt), so wird eine elastische, dehnbare und wieder in die ursprüngliche Länge zurückgehende Faser erhalten. Das Dehnungsausmaß beträgt 30%.

EP 579419 ICI 1946 — Herstellung von Polyamidfasern mit wechselndem Querschnitt.

EP 576363 DuPont 1946 (s. a. 576362) — Man erhält N-Methylolpolyamide durch Behandeln der Fasern bzw. der Polyamide mit Formaldehyd. Polyhexamethylenadipinsäureamid wird mit Formaldehyd bei 60° C 20 Minuten behandelt, zur Fällung wird Methylformiat gegeben. 30% der Amidogruppen sind in die Methylolgruppe übergeführt und die erhaltenen Produkte in Äthanol löslich und leicht anfärbbar.

EP 576102 ICI 1946 (s. a. EP 582899, 582522, 582520, 582518, 582517) — Die Imprägnierung von Superpolyamidfasern in gestrecktem oder ungestrecktem Zustand mit einstufig hergestellten Phenolformaldehydkondensaten führt zu wesentlich verbesserten Fasern. Man imprägniert, vornehmlich in methylalkoholischer Lösung, um die Polyamidfaser nicht zu quellen, streckt hierauf und erhitzt kurze Zeit, um das Harz zu härten.

	Wasserabsorption		Bruchfestigkeit in lbs
unbehandelt:	2,4		7,6
behandelt:	4,2	(? d. V.)	8,7

EP 574739 ICI 1946 — Man behandelt zur Verbesserung der Fasereigenschaften Polyamidfasern mit Formaldehyd und Maleinsäureanhydrid.

EP 574713 Wingfoot 1946 — Polykondensate aus Sebacin- oder Adipinsäure mit Äthylen-bis-(3-aminopropyl-)äthan werden beschrieben. Man erhält spröde Harze.

EP 574455 DuPont 1946 — Zur Transparentierung von Polyamiden werden dieselben erst mit Chlorkalziumlösungen in Alkohol und hernach kurz mit Glyzerin behandelt. Man kann auch andere Metallsalze verwenden, wie Mg, Zn, und statt Glyzerin mit Weißöl oder Anilin behandeln (EP 563078). Am besten eignen sich Polyamide aus Hexamethylendiaminadipat und Hexamethylendiammoniumsebacat.

EP 573412 DuPont 1945 — Herstellung von Polyamidmethylolderivaten durch Behandlung mit Formaldehyd und Methanol (s. a. oben!).

EP 570858 DuPont 1945 — Herstellung von Polyamiden aus diprimären Diaminen und Tri- oder Tetracarbonsäuren, welche mindestens 2 COOH-Gruppen an benachbarten C-Atomen aufweisen.

EP 568977 DuPont 1945 — Die Steifheit von Polyamidfasern kann durch Zusatz niedrig schmelzender Produkte verbessert werden.

EP 561701 DuPont 1945 — Das Plastifizieren von Polyamiden erfolgt mit Methyl-10-hydroxyphenylstearat.

EP 557544 Brubaker, Hanford, Wiley 1942 — Die Struktur der normalen Diamin-dicarbonsäurepolymeren wird geändert durch Zugabe von Suberin- und Azelainsalzen des Hexamethylendiamins.

EP 555130 Nylon Spinners 1942 — Nylon wird in inerter Gasatmosphäre versponnen.

EP 553442 — Die Netzbarkeit von Nylon kann durch Phenol erhöht werden.

EP 535141 DuPont 1941 — Polyamidfasern durch Erhitzen von ε-Aminocapronitril, Abdestillieren des gebildeten Wassers und Weitererhitzen bis zur Bildung einer fadenziehenden Schmelze.

EP 533733 DuPont 1941 — Polyester werden mit Diisocyanaten umgesetzt und so Stoffe zur Bildung von künstlichen Fäden erhalten.

EP 528455 DuPont 1940 — Herstellung von Polyamidfasern.

EP 525516 DuPont 1939 — Polyamide werden durch Polykondensation von Dicarbonsäuren und aliphatischen Metadiaminen erhalten.

EP 523506 DuPont 1939 — Polyamidpolysulfonamide aus Aminobuttersäure, Diamin und Disulfurylchlorid besitzen einen hohen Schmelzpunkt. Sie können aus einer Lösung oder aus dem Schmelzfluß zu Fäden verdüst werden.

EP 522144 DuPont 1941 — Herstellung von Polyamid-Phenolformaldehydharzen durch Zusammenbringen in geschmolzenem Zustande oder in Lösung. Dasselbe erfolgt hier unterhalb des Schmelzpunktes des Polyamides.

EP 506125 DuPont 1939 — Hexamethylendiaminoadipat wird mit Hexamethylendiacetat polykondensiert. Bei einer Grundviskosität von etwa 0,82 werden Polykondensate mit guten fadenbildenden Eigenschaften erhalten. Siehe weiter noch: EP 504714, 504344, 501527.

BelgP 447582, 447612, 448187 Thüring. Zellwolle 1942 — Es wird die Herstellung von Superpolyamiden behandelt.

In letztzitierter Patentschrift werden Di-isocyanate mit Dicarbonsäureamiden umgesetzt.

HollP 58768 IG 1947 — Die Oberfläche von Polyamiden kann verändert, z. B. wollähnlich oder rauh gemacht werden, indem man die Fäden mit neutralen oder schwach sauren Quell- oder Lösungsmitteln für die Faser (starke Säuren ausgeschlossen, ebenso Säurechloride) behandelt und nachher durch Fällbäder nimmt: z. B. werden Faden mit Kresol und nachher mit 2 n NaOH behandelt (Polyurethanfäden), oder Fäden aus Caprolaktam mit 20% methylalkoholischen $CaCl_2$-Lösungen (4 Sekunden) behandelt und hernach durch Wasser laufen gelassen, oder Nylonfasern (Hexamethylen-Diamin-Adipinsäurekondensate) mit Methylalkohol bei 50° C behandelt und nachher gewässert. Man kann sie auch durch Dämpfe von Dichlorhydrin und nachher durch Aceton und dann Wasser nehmen, Caprolaktamfäden auch durch wäßrige Lösungen von 300 g Chloralhydrat/Liter und dann durch Wasser ziehen.
Letzteres Verfahren verhindert auch Laufmaschenbildung.

HollP 57429 Phrix 1946 — Gut hitzebeständige Kondensationsprodukte aus Aminodicarbonsäureamiden und Hydrazin werden als eine Art Polyamid-Polyhydrazydmischung erhalten. Bei der direkten Reaktion von Dicarbonsäuren mit Diamiden und Hydrazin entstehen nur kautschukartige Massen.

HollP 57210 Phrix 1946 (s. a. FP 855814) — Zur Herstellung linearer Polyamide werden Aminocarbaminsäuren ($NH_2R—NH—COOH$) mit Dicarbonsäuren kondensiert. Die entstehenden Produkte sind beständig gegen Lösungsmittel, empfindlich jedoch gegen Phenol, Kresol und Säuren.

HollP 57192 IG 1946 — Die Herstellung von linearen Polyamiden im Zweistufenverfahren wird beschrieben.

Die Polyamidbildung beinhalten ferner folgende holländische Patentschriften:

HollP 56563/65 Phrix 1943, 56378/79 IG 1943, 56318 Süddeutsche Zellwolle 1944, 56105 DuPont 1944, 55920 DuPont 1943, 55829 DuPont 1943, 55670 IG 1943, 55521 DuPont 1943, 55023 IG 1943, 55019 DuPont 1943, 54864 DuPont 1943, 54467/68 DuPont 1943, 54430 IG (s. a. HollP 54741).

HollP 54343 DuPont 1943 }
HollP 54155 DuPont 1943 } Polyamidherstellung.

HollP 53358 IG 1942 — Man kondensiert salzsaure Salze von Aminocarbonsäuren, die zwischen der Aminogruppe und der COOH-Gruppe nicht mehr als 3 C-Atome besitzen mit Phenylendiamin und Adipinsäure.

HollP 53337 IG 1942 — ω-Aminocapronsäure bzw. Aminocarbonsäuren mit einer Kette von mindestens 4 C-Atomen werden mit mindestens 10% ihrer Menge mit sauren Salzen von Aminocarbonsäuren mit höchstens 3 C-Atomen zwischen Amino- und COOH-Gruppe kondensiert.

HollP 53151 IG 1942 — Herstellung von Polyamiden.

HollP 52956 IG 1942 — Laktame, die Wasserstoff am Stickstoff tragen und vorwiegend mehr als 6 C-Atome im Ring besitzen, werden mit äquimolekularen Mengen mehrbasischer Säuren, wie Adipinsäure usw. acyliert und die erhaltenen Produkte mit Diaminen über 200° C erhitzt. Es werden fadenziehende Stoffe erhalten.

HollP 52865 IG 1942 — Zur Herstellung hochmolekularer schmelzbarer Verbindungen werden ω-Aminocarbonsäuren bzw. deren salzsaure Salze, gegebenenfalls im Gemisch mit Chloriden endständiger Diamine und Dicarbonsäuren, vornehmlich unter Verwendung eines Verdünnungsmittels mit Phosgen in der Wärme bis zum Aufhören der HCl-Entwicklung behandelt, worauf nach Entfernung des Verdünnungsmittels das Umsetzungsprodukt bis zur Erzielung des gewünschten Kondensationsgrades erhitzt wird.

HollP 52489 DuPont 1942 — Diamine und Dinitrile oder Aminonitrile, deren Kohlenwasserstoffradikal durch O- oder S-Atome unterbrochen ist, werden in Gegenwart von Wasser erhitzt und dann mehrere Stunden unter vermindertem Druck auf 245° C gebracht, wobei fadenziehende Kondensate entstehen.

HollP 52196 IG 1940 — An der Aminogruppe substituierte Aminocarbonsäuren werden mit eventuell aromatisch substituierten aliphatischen Aminocarbonsäuren oder deren Derivaten kondensiert.

ItalP 396707 Montecatini 1943 — Sebacinsäure, Hexamethylendiamin und Äthylenglykol werden 2 Stunden auf 150° C erhitzt und hernach mit etwas Hexamethylendiisocyanat bei 176° C 15 Minuten weiter erhitzt.

ItalP 395611 Montecatini 1941 — Man leimt Polyamidfasern durch Behandlung mit Gerbstofflösungen, denen ein wenig Oxalsäure beigegeben ist, und behandelt dann mit Polyhydrosilikat und Gelatine oder teilweise verseiftem Polyvinylacetat (8% Lösung).

ItalP 387601 Phrix 1941 — Dicarbonsäurediamide (Adipinsäurediamid) werden mit einem Glykol in Gegenwart von Jod oder Brom oder einem leicht Halogen abgebenden Stoff kondensiert. Anfangs wird unter Druck gearbeitet, das Kondensatwasser wird durch Entspannen entfernt und schließlich ohne Druck zu Ende kondensiert. Man kann auch in Gegenwart eines Lösungsmittels arbeiten.

ItalP 387235 DuPont 1940 — Man kondensiert Dicarbonsäuren, Diamine und primäre Glykole mit Wasser zu gummiartigen Produkten.

ItalP 386507 IG 1940 — Nicht- oder schwerflüchtige aromatische Oxyverbindungen, wie 2,2′-Dioxyphenyl oder 1,3′-Oxydiphenylamin usw. können als Weichmacher für Polyamide angewendet werden.

ItalP 384748 Phrix 1940 — Hydrazin-Dicarbonsäuren oder deren Derivate werden für sich oder in Gemischen umgesetzt mit Derivaten von Dicarbonsäuren. Man arbeitet bei 190—290° C, bis die Schmelze Fäden zieht.

ItalP 380590 IG 1939 — α-, ω-Dinitrile oder Diamine oder Aminonitrile von Carbonsäuren bzw. Gemische werden in Gegenwart von Wasser auf Kondensationstemperatur, zweckmäßig in Gegenwart von Schwefelwasserstoff, erhitzt.

AP 2456344 DuPont 1948 — Herstellung plastifizierter Polyamide.

AP 2456314 DuPont 1948 — Herstellung von Fasern aus Polyestern von Mercaptodicarbonsäuren und zweiwertigen Alkoholen.

AP 2456271 DuPont 1948 — Herstellung von Polyamiden.

AP 2451695 DuPont 1948 — Polyamidherstellung.

AP 2450940 Agriculture 1948 — Polyamidherstellung.

AP 2448978 DuPont 1948 — Es werden Co-Polymerisate aus hydrolysierten Äthylenvinylestern und N-substituierten Polyamiden beschrieben.

AP 2442958 Shell 1948 — Polyamide werden aus Trimethyladipinsäure und Diaminen hergestellt.

AP 2441085 DuPont 1948 — Nylonfasern, die nicht kalt gestreckt wurden, werden elastisch gemacht, durch Behandlung mit 20%igen Lösungen von Formaldehyd, sauren Katalyten und aliphatischen Alkoholen, bis etwa 35—55% des Wasserstoffs der Amidgruppen durch die Alkoxymethylgruppe ersetzt sind. Die Reaktion wird unterbrochen, bevor eine teilweise Lösung eintritt.

AP 2440516 Am. Cy. 1948 — Die Herstellung von Polyester-Polyamiden wird beschrieben.

AP 2435478 Teeter, Corwan 1948 — Polyamide werden durch Kondensation von Polyfettsäuren oder deren Ester mit Polyoctadecapolyenverbindungen hergestellt.

AP 2434247 ICI 1948 — Die Elastizität von Nylonfasern wird erhöht, indem man nicht gestreckte Fäden in Kontakt mit sauren Katalyten mit Dämpfen von Alkohol und Formaldehyd behandelt, so lange, bis die Faser etwa 4% Formaldehyd aufgenommen hat.

AP 2431783 DuPont 1947 — Als Spinnlösung wird eine Lösung von Polyamiden in Phenol unter Zusatz von Alkalihydroxyd vorgeschlagen.

AP 2430953 DuPont 1947 — Polyamide mit verbesserten Eigenschaften werden erhalten durch Behandlung von Polyamiden mit unorientierter Kette mit einer Lösung von Formaldehyd in Alkohol bei einem pH > 3 und in Anwesenheit eines Katalyten. Letzterer ist eine sauerstoffhaltige Säure. Die Reaktion wird so geführt, daß 1—20% der Wasserstoffatome der Amidogruppen durch die Alkoxymethylgruppe ersetzt werden. Hernach wird kalt gestreckt und durch Behandlung mit einer Säure mit einer Ionisationskonstante von 1×10^{-6} oder mehr und Erhitzen unlöslich gemacht.

AP 2430908, 2430910, 2430923 DuPont 1947 — Alkoxymethylpolyamide werden ohne Zerstörung der Polyamidkette durch Einwirkung von Formaldehyd und aliphatischen Alkoholen in Gegenwart einer sauerstoffhaltigen Säure als Katalyt (0,1—2%) bei pH 1,5—6,5 hergestellt, wobei die Säure eine Ionenkonzentration von $9{,}6 \times 10^{-6}$ besitzt und eine Puffersubstanz wie Amine oder Salze schwacher Säuren angewendet wird.

AP 2430907 DuPont 1947 — Polyamide mit einer Länge von 7 Einheiten, wobei der Amidwasserstoff durch die Gruppe CH_2—O—R—COOR′ ersetzt ist, werden beschrieben. R ist eine gesättigte zweiwertige Alkylgruppe mit 1—17 C-Atomen, R′ ist Wasserstoff, Metall oder die NH_2-Gruppe oder eine einwertige Alkylgruppe mit 1—7 C-Atomen.

AP 2430860 DuPont 1947 — Man behandelt Polyamidfasern in Gegenwart von Katalyten mit 5% Formaldehyd und Alkohol oder Mercaptan, wobei bei letzteren die Thiolgruppe an ein aliphatisches C-Atom gebunden ist. Das Verhältnis Formaldehyd zu Alkohol oder Mercaptan ist 1 : 1. Als Katalyt dient eine sauerstoffhaltige Säure, deren Ionisationskonstante etwa $9{,}6 \times 10^{-6}$ beträgt. Etwa 10% der Amidgruppen sollen in Reaktion getreten sein.

AP 2430859 DuPont 1947 — Schwefelhaltige Superpolyamidfasern enthalten am Amidwasserstoff substituiert Gruppen der Form CH_2—SH oder CH_2—SS—CH_2.

AP 2429219 USA. Gov. 1947 — Polyamidesterfäden werden hergestellt aus zweiwertigen Alkoholen und dimeren Dicarbonsäuren oder Estern der Fettgruppe, welche aus erhitzten vegetabilischen Ölen erhalten werden, wobei die Säuren mehrere Doppelbindungen enthalten.

AP 2428108 DuPont 1947 — Es werden lineare hydrophile Polyamidfasern behandelt, die als farbbildenden Köper Stoffe der Form

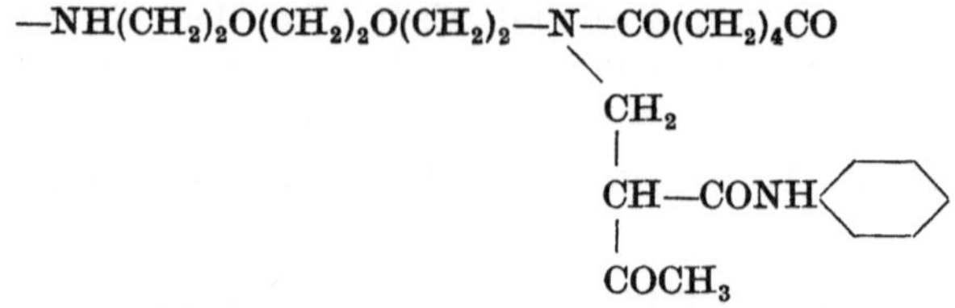

$$-NH(CH_2)_2O(CH_2)_2O(CH_2)_2-N(-CH_2-CH(COCH_3)-CONH-C_6H_{11})-CO(CH_2)_4CO$$

enthalten.

AP 2422666 Bell Teleph. 1947 — Lineare Polyamide mit einem Gehalt an Cr-Salzen in solcher Menge, daß die Produkte unschmelzbar werden, erhält man durch Behandlung von Polyamiden mit feinverteilten Chromsalzen, wobei eine Art Aminbildung eintritt.

AP 2422271 DuPont 1947 — Mit Polyisocyanaten modifizierte Polyesteramide werden beschrieben.

AP 2421024 Bell Teleph. 1947 — Polyamide mit cyklischen Iminogruppen werden hergestellt aus Tricarballylsäure und Nonamethylendiamin. Sie können zu Fasern verdüst werden, die kalt streckbar und orientierbar sind.

AP 2419277 Celanese 1947 — Zur Herabsetzung des Schmelzpunktes von Polyamiden werden diese aus der Lösung durch Zugabe eines Nichtlösungsmittels gefällt und bleiben so lange in Berührung damit, bis eine gleichmäßige Imprägnierung damit stattgefunden hat.

AP 2415193 DuPont 1947 (s. a. AP 2071250, 2071253, 2130948) — Die Polyamide werden meist durch „Verdüsen“ aus dem geschmolzenen Zustande in Fadenform gebracht. Für manche Zwecke ist der Gebrauch von Lösungen vorteilhafter. Erfindungsgemäß wird Polyhexamethylenadipinsäurediamid mit Isobutyraldehydcyanhydrin behandelt, wobei bei 150° C das Polyamid in Lösung geht. Aus dieser Lösung kann das Polykondensat durch Spinnen in geheizte Räume, in welchen das Lösungsmittel verdunstet, in Fadenform erhalten werden. Es kann auch Formaldehydcyanhydrin oder Äthylencyanhydrin verwendet werden.

AP 2412993 DuPont 1946 — Man erhält N-Methylolpolyamide, wenn man die Polykondensate in Lösungen in organischen Säuren (Essigsäure, Chloressigsäure, Propionsäure usw.) mit Formaldehyd-Methanol behandelt (siehe EP 582517 usw.).

AP 2412054 DuPont 1946 — Nylonfasern werden in ihren Eigenschaften verbessert, wenn ihnen 20% eines Phenolharzes zugegeben werden (siehe EP 584985).

AP 2405965 DuPont 1946 — Polyamidemulsionen werden hergestellt, indem man Polyamide in organischen Lösungsmitteln, welche über 50% Alkohol enthalten, löst und mittels Natriumcaseinat und einem anionaktiven Netzmittel in Wasser verteilt. Sie können zum Behandeln von Textilien eventuell gemeinsam mit Polyvinylalkohol usw. angewendet werden, z. B. zum Hydrophobieren.

AP 2396786 DuPont 1946 — Herstellung von linearen Polyamiden.

AP 2396715 DuPont 1946 — Man benützt zum Weichmachen von Polyamiden Verbindungen der Form $R-O-CO-R'-CH(R'')-C_6H_{10}-OH$, wobei R einen ali-

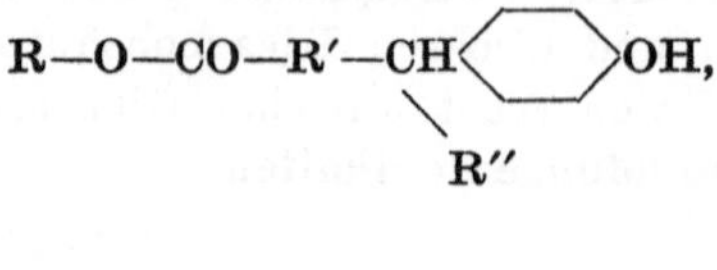

phatischen Rest von 1—6 C-Atomen, R' und R'' beliebige Reste bedeuten, und die Gruppe —CO—R'—CH— 6—32 C-Atome enthält.
\
R''

AP 2396248 DuPont 1946 — Lineare Polyamide können hergestellt werden aus einwertigen Monoamino-Alkoholen, in welchen die Aminogruppe noch mindestens einen freien Wasserstoff besitzt und durch wenigstens 4 C-Atome von der OH-Gruppe getrennt ist, und zweibasischen Carbonsäuren mit mehr als 6 C-Atomen, wobei die COOH-Gruppen gegenüber den Amino- und OH-Gruppen in etwa äquivalenter Menge anwesend sind.

AP 2393972 DuPont 1946 — Polyamidbildung.

AP 2392131 Dreyfus 1946 — Man erhitzt zur Herstellung linearer Polymerer zwei organische Verbindungen, von denen jede zwei reaktionsfähige Reste, verbunden durch eine Methylenkette von 2—10 Gruppen enthält, wobei die Reste
H
/
Hydroxy- oder Amino- oder substituierte Aminogruppen der Form —NRCXN—R_1 enthalten können und im Molekül eine derartige Stellung besitzen, daß keine cyklischen Verbindungen entstehen können; z. B. besitzen die Verbindungen Harnstoffreste, Thioharnstoffreste usw. und weisen einen großen Überschuß von Aminogruppen gegenüber anderen reagierenden Gruppen auf.

AP 2389662 DuPont 1945 — Polyamidbildung.

AP 2389628 DuPont 1945 — Man stellt lineare Polyamide aus 4-Mercaptopimelinsäure und Diaminen her.

AP 2388035 Bell Teleph. 1945 — Herstellung von Polyamiden.

AP 2378977 DuPont 1945 — Polyamidbildung.

AP 2378667 DuPont 1945 — Zur Verbesserung der Hydrophobität von Polyamiden werden Formaldehyd-Phenolharz-Zusätze gemacht.

AP 2374137 DuPont — Herstellung von Polyamiden.

AP 2359867 DuPont 1944 — Polyamidfasern, welche bessere Aufnahmsfähigkeit für Farbstoffe zeigen als Nylon, werden erhalten durch Reaktion zwischen Hexamethylendiamin und Adipinsäure unter Teilnahme von 5—15% einer bifunktionellen Verbindung mit mindestens 10 C-Atomen zwischen den beiden reaktiven Gruppen (Monoamine einbasischer Säuren).

AP 2357187 Al. Prop. Cust. 1944 — Hydrophile Polyamidfasern werden erhalten, wenn man Hexamethylendiaminsebacat erhitzt mit Glucosoläthylester-Hydrochlorid in äquimolekularen Mengen.

AP 2356702 Al. Prop. Cust. 1944 — Man stellt lineare Polyamidfasern her durch Reaktion zwischen Octamethylen-bis-carbamindiphenylsäure und einer Dicarbonsäure, welche erhalten wird durch Verseifung des Reaktionsproduktes aus Glutarsäuredichlorid und 2,2-N-Methylaminocapronsäureäthylester-hydrochlorid.

AP 2356622 Al. Prop. Cust. 1944 — Polyamidine aus Oxyalkyläthern eines Laktams mit mehrfunktionellen Verbindungen mit Amino-, Hydroxyl- oder Mercaptogruppen geben zu Fäden verarbeitbare Stoffe.

AP 2347525 Al. Prop. Cust. 1944 — Man stellt gemischte Cellulose-Polyamidfäden her durch Vereinigung einer sauren Polyamidlösung mit einer alkalischen Celluloselösung beim Verdüsen.

AP 2346208 DuPont 1944 — Thermoplastische Fasern werden in feuchtigkeitsfreiem Zustande durch Erhitzen mit Strahlungsenergie erweicht und gerade unterhalb des Erweichungspunktes einer Spannung von unter 1 g ausgesetzt, wobei man sie in diesem gespannten Zustande erkalten läßt.

AP 2345632 National Oil 1944 — Lineare Polyamide der Form: RCO—NH—CH_2—CH_2—NH—CH_2—CH_2—NH—COR'; COR = Fettsäurerest mit 8—22 C-Atomen, COR' ist ein Fettsäurerest mit 2—5 C-Atomen.

AP 2345533 DuPont 1944 — Zugabe von Pigmenten zur Spinnmasse von Polyamiden.

AP 2342370 DuPont 1944 — Polyamidherstellung.

AP 2341759 DuPont 1944 — Pigmentierung der Spinnmasse unter Zusatz eines Schutzkolloids.

AP 2341423 PuPont 1944 — Man behandelt Polyamide mit gelöstem Phenol, das Lösungsmittel darf die Polyamide nicht angreifen und entfernt das Phenol vom Faden durch Erhitzen desselben mit einem Lösungsmittel für Phenol, nicht aber für das Polyamid bei Temperaturen um 70° C.

AP 2340652 DuPont 1944 — Herstellung durchsichtiger Polyamidfasern.

AP 2339237 DuPont 1944 — Um die Farbstoffaufnahme von Polyamiden zu erhöhen, werden denselben gewisse Anteile von N-Methylpolytriglykoladipamid zugesetzt und damit eine gewisse Empfindlichkeit gegenüber Wasser erzielt. Während Hexamethylenadipamidpolykondensat bei 250° C schmilzt, liegt der Schmelzpunkt des Polytriglykolproduktes bei 160° C. Das letztere zeigt eine starke Schrumpfung in Wasser (14% gegenüber 5% von Nylon), daher soll sein Anteil innerhalb der Masse, die zur Faserbildung dargestellt wird, nicht zu groß sein. Ebenso ist der Feuchtigkeitsgehalt bzw. die Wasseraufnahme bei 25° C und 50% relativer Feuchtigkeit etwa 9%, wenn etwa 35% des Polyamidfadens als Polytriglykolverbindung vorliegt. Werden derartige Fasern in kochendes Wasser getaucht und dann naß gedämpft, so werden sie knickfest und sind außerordentlich elastisch. Die Angriffsfähigkeit durch Wasser (Gewichtsverlust durch Lösung) für verschiedene Mischungen ist:

	Fusionspunkt	Verlust	Wasserabsorption
10% Polytriglykoladipamat	242°	0	13,5%
20% „	235°	1,5%	18,0%
40% „	230°	3,8%	36%

Die Farbstoffaufnahme gegenüber Nylon zeigt sich wie folgt: Beimischung von 15% Polytriglykoladipamat:

Farbstoffart	Badkonzentration	Farbaufnahme	Farbaufnahme für Nylon
Anthrachinonküpenfarbstoff	3%	96%	40%
Anderer Küpenfarbstoff	5%	90%	40%
Indigoider Küpenfarbstoff	5%	96%	90%
Direktfarbstoff	2%	95%	25%
Neutralziehender saurer Farbstoff	4%	93%	37%
Saurer Farbstoff	2%	90%	25%

Die Farbstoffaufnahmswerte sind für die Mischung etwa dieselben wie für Naturseide. Für direkte oder Küpenfarbstoffe entsprechen sie fallweise auch der Absorption von Kunstseide.

AP 2338443 Al. Prop. Cust. 1944 — Polyamide aus Diaminen und Dicarbonsäuren unter Zusatz von 20% Diaminsalzen zweibasischer Säuren (Glutarsäure-Hexamethylendiaminsalz) sind stabiler in der Viskosität.

AP 2336824 DuPont 1943 — Biegsame Fäden aus Polyamiden werden erhalten, indem man Polykondensate herstellt, die aus etwa 38% Hexamethylenadipamat und 62% Tetramethylenadipamat gewonnen werden. Die erhaltenen Polyamide besitzen Schmelzpunkte über 165° C und zeigen eine Löslichkeit in Methanol, Methanol-Chloroformmischungen sowie in Äthylenchlorhydrin.

AP 2333914 DuPont 1943 — Die Oberfläche, Hitzebeständigkeit und Festigkeit von Polyamiden kann durch Behandlung mit Isocyanaten, Thioisocyanaten und Diisocyanaten verbessert werden.

AP 2327116 DuPont 1943 — Polyamidherstellung.

AP 2318704 DuPont 1943 — Man formt eine Lösung von Polyamiden in Phenol zu Fäden und härtet dieselben durch Koagulieren in einem organischen flüssigen Medium, welches 70—96% Aceton, Methylvinylketon usw. enthält und welches keine Quellung auf die Faser ausübt.

AP 2318679 Celanese 1943 — Herstellung von Fäden aus Polyamiden.

AP 2313871 DuPont 1943 — Man erhält Polyamide, die Schwefel enthalten, aus Polyaminen und Thiocarbonsäurederivaten (Äthylmethyltrithiocarbonat und Decamethylendiamin) usw. Man kann sie bei 185° C in Fäden ziehen. Schmelzpunkt 100° C.

AP 2312966 DuPont 1943 — Man polymerisiert Diamine und Dicarbonsäuren in Gegenwart einer höhermolekularen Monoaminomonocarbonsäure durch Erhitzen so lange, bis eine fadenziehende Schmelze erhalten wird, die kalt gestreckt werden kann.

AP 2312879 DuPont 1943 — Man stellt künstliche Fasern her durch Polymerisation von Monoaminoalkoholen, welche am N noch mindestens einen freien Wasserstoff tragen, zweibasischen Carbonsäuren und Glykol, wobei die Erhitzung bis zur Erzielung einer fadenziehenden Masse stattfindet. Die COOH-Gruppen werden in einer solchen Zahl angewendet, daß die Summe der Amino- und OH-Gruppen ungefähr äquimolekular ist.

AP 2311587 DuPont 1943 — Zugaben von Abietylalkohol oder Amylcyklohexanol zu Polyamiden erhöhen deren Biegsamkeit.

AP 2307846 DuPont 1943 — Man kann die Schrumpfung von Nylon bzw. Polyamidfäden verringern, wenn man sie in aufgewundenem Zustande, Gewebe am Brennbock usw. mit gesättigtem Dampf von etwa 120° C 20 Minuten behandelt. Derartig gedämpfte Garne zeigen z. B. eine Schrumpfung von nur 1% gegenüber 7% unbehandelt.

AP 2303177 Al. Prop. Cust. 1942 — Die Polykondensation von ε-Caprolaktam mit Adipinsäure und Diaminen in Anwesenheit von HCl führt zu quellbaren Polyamiden bzw. Fasern daraus.

AP 2302819 DuPont 1942 — N,N'-Polymethylen-bis-o-hydroxybenzamide als Zusätze zu Polyamiden ergeben eine Herabsetzung des Schmelzpunktes und Weicheffekte.

AP 2302332 DuPont 1942 — Herstellung von Lösungen und Dispersionen für Gewebe- und sonstige Anstriche aus Polyamiden.

AP 2299839 DuPont 1942 — Zur Verringerung der Wasserlöslichkeit löslicher Polyamide werden dieselben mit einem ionisierbaren Salz der Metalle der III—VIII-Gruppe des periodischen Systems behandelt. Als der Behandlung zu unterwerfende Mischungen kommen solche aus 80% Polytrimethylglykoladipamat mit Nylon oder 50% des ersteren mit 50% Polyvinylalkohol in Betracht. Behandelt wird mit gesättigten Lösungen von Al-Sulfat oder Acetat oder 5% Ammoniumbichromat usw. Man kann die Behandlung für Anstriche aber auch in der Drucktechnik (Photodruck) anwenden.

AP 2296555 Al. Prop. Cust. 1942 — Harte Fäden (aus der Schmelze spinnbar und durch Kaltstreckung orientierbar) werden erhalten durch Polykondensation von ε-Caprolaktam und Naphtalin 1,4-dicarbonsaurem Diamin. Fp. 125° C, glasklar, gelblich.

AP 2295590 DuPont 1942 — Man behandelt gezwirnte Nylonfäden, indem man sie naß bei einer relativen Feuchtigkeit auf 135—190° F erhitzt, wobei eine schwache Spannung eingehalten wird, um ein Schrumpfen zu vermeiden. Das Kräuseln der Zwirne wird dadurch vermieden.

AP 2293388 DuPont 1942 — Man stellt lineare Polyamide der Form —OC—R——NH—OC—R′CO—NH—R″—NH— her, wobei R, R′ und R″ zweiwertige Kohlenwasserstoffreste bedeuten.

AP 2292443 DuPont 1942 — Als fadenbildende Polyamide werden Reaktionsprodukte aus gleichen molekularen Anteilen von Diisocyanaten und Diaminen beschrieben (z. B. m-Phenylendiisocyanat und m-Phenylendiamin).

AP 2289775 DuPont 1942 — Zur Verbesserung der Zähigkeit, Dauerhaftigkeit und Biegsamkeit der Polyamidfasern werden der Schmelze Casein, Zein, Sojabohnenprotein, Gelatine usw. beigegeben.

AP 2289377 DuPont 1942 — Man härtet Polyamidfasern, indem man sie mit einem organischen, nicht quellend wirkenden Lösungsmittel imprägniert und dann über 65° C, jedoch unterhalb des Schmelzpunktes des Polyamids erhitzt, wobei die Lösungsmittelmenge während des Erhitzens beibehalten wird.

AP 2288279 DuPont 1942 — Man stellt Kondensationsprodukte von Polyamiden und Formaldehyd her, wobei die Polyamide durch Polykondensation von Diaminen mit zweibasischen Carbonsäuren und Monoamino-monocarbonsäuren gebildet wurden.

AP 2287099 DuPont 1942 — Die Herstellung wollähnlicher Polyamide wird beschrieben.

AP 2285178 Deutsche Celluloid Fabrik 1942 — Mischungen aus Polyamiden und Cellulosederivaten werden hergestellt.

AP 2285009 DuPont 1942 — Interpolyamide werden hergestellt durch Kondensation von Hexamethylendiammoniumadipat, Ammonsalzen von aus Oleinsäure durch Oxydation hergestellten Oxysäuren und Hexamethylendiammoniumsebacat.

AP 2284637 DuPont 1942 — Lineare Polyamide werden durch Kondensation von Diisocyanaten (Dithioisocyanaten) mit Diolen (Dithiolen) erhalten.

AP 2281961 DuPont 1942 — Superpolyamide werden hergestellt durch Kondensation von Hexamethylendiaminsalzen der Adipinsäure mit etwas Hexandiol.

AP 2281576 DuPont 1942 — Polyamidbildung.

AP 2281415 DuPont 1942 — Die Herstellung linearer Polyesteramide wird beschrieben.

AP 2279752 DuPont 1942 — Lineare Polyamide aus Phoronsäure und Decamethylendiamin usw.

AP 2279745 DuPont 1942 — Es wird die Herstellung von Polyamiden, etwa aus β-(p-Hydroxyphenyl)-ε-aminocapronsäure und Diaminen, beschrieben.

AP 2278350 DuPont 1942 — Herstellung von hitzebeständigen Polyamiden aus Kombinationen von Polyamiden, Hydroxamsäure bzw. Dihydroxamsäure und einem aromatischen Amin, welches einen freien H am Stickstoff trägt (Phenylnaphtylamin, Phenothiazin und Sebacodihydroxam- oder Adipodihydroxamsäure, sowie einem Polyamid).

AP 2277486 DuPont 1942 — Erhöhung der Affinität von Polyamiden zu sauren oder direkten Farbstoffen. Man setzt zu der Spinnmasse Derivate eines natürlichen Proteins und desacyliertes Chitin und behandelt das Spinngut dann mit einem alkalischen Verseifungsmittel.

AP 2277152 DuPont 1942 — Man erhitzt Monoaminomonocarbonsäuren, deren Ester, Laktame, Chloride oder Amide, wobei die Kette zwischen der Aminogruppe und der COOH-Gruppe mindestens 5 C-Atome aufweist.

AP 2277125 DuPont 1942 — Polyamidherstellung aus Carbonsäureamiden.

AP 2276437 DuPont 1942 — Zugabe von Amylbenzolsulfonamide oder Hexylbenzolsulfonamid als Weichmacher zu linearen Polyamiden.

AP 2276160 DuPont 1942 — Die Herstellung von schwefelhaltigen Polyamiden aus Thiolaktamen wird beschrieben.

AP 2275620 Bell Teleph. 1942 — Polyamide werden durch Ausbildung von Polyestergruppen (Acetylierung) stabilisiert.

AP 2275008 DuPont 1942 — Zur Erhöhung der Festigkeit und des Schmelzpunktes von Polyamidfasern wird eine Behandlung mit methylengruppenhaltigen Verbindungen der Form OH—CH_2—PO—(Äthyl)$_2$ oder CH_4—CH_2—S——CH_2—OH oder OH—CH_2—PO—(OH)$_2$ vorgeschlagen.

AP 2274831 DuPont 1942 — Polyamidbildung.

AP 2268586 DuPont 1942 — Herstellung von Polyamiden aus Verbindungen mit zwei reaktiven, amidbildenden Gruppen, wobei ein Teil dieser Gruppen COOH-Isocyanat- oder Isothiocyanatgruppen sind und an Zahl den anderen vorhandenen reaktiven Aminogruppen ungefähr gleich sind.

AP 2265119 DuPont 1941 — Zusatz von Phenolen, Carboxylsäuren, Sulfonamiden mit einem Kp. über 200° C als Weichmacher zu Polyamiden.

AP 2264293 DuPont 1941 — Zur Stabilisierung der Viskosität bzw. zur Erhöhung der Affinität von Polyamiden zu Farbstoffen werden Hydroxyamine zugegeben (Äthanolamin, o-Aminophenol usw.).

AP 2257825 DuPont 1941 — Polyamide erhalten zwecks Eigenschaftsverbesserung einen Zusatz von Äthern des Äthylenglykols bzw. Produkten, welche durch Verestern von Polycarbonsäuren mit Monoätheralkoholen entstehen.

AP 2257814 DuPont 1941 — ω-Aminocarbonsäurenitrile aus aliphatischen Dinitrilen mit wenigstens 4 C-Atomen in fortlaufender Kette zwischen den beiden

CN-Gruppen werden in flüssiger Phase in Gegenwart von Ammoniak mit einem gelinde wirkenden Co-Katalyten bei 100—140° C im Wasserstoffstromdruck von 30—300 at reduziert. Man unterbricht, wenn 40—70% des zur Umwandlung des Dinitriles in das Diamin erforderlichen Wassers aufgenommen wurden.

AP 2251508 DuPont 1941 — Nylon- bzw. Polyamidfasern werden oberflächlich mit Säuren angeätzt. Sie werden rauher und matter. Die Gewebe zeigen einen besseren Fall und geringere Bruchneigung. Bei vorsichtiger Arbeitsweise ist der Festigkeitsverlust etwa 10% des ursprünglichen Wertes.

AP 2249686 DuPont 1941 — Es werden Polyamide vorgeschlagen, welche 1—50% Polyamid und den entsprechenden Anteil Kautschuk enthalten.

AP 2245129 DuPont 1941 — Polyamide aus Polyhexamethylenadipamid oder Sebacinsäureamid werden hergestellt, indem die Reaktion in Gegenwart von Wasser unter Druck vorgenommen wird. Die Temperatur beträgt 150—300° C. Wenn die Viskosität 0,4 erreicht hat, ist das Produkt zur Herstellung von Fäden geeignet (s. a. AP 2130948).

AP 2244192 DuPont 1941 — Man stellt Polykondensate aus Dicarbonsäuren mit mindestens 5 C-Atomen und Diaminen mit mindestens 5 C-Atomen, die mindestens ein freies H-Atom am Stickstoff besitzen, in Gegenwart von Katalyten her, die keine Säuren sind.

AP 2244184 DuPont 1941 — Polyamidbildung aus Diaminen und Dicarbonsäuren unter Zusatz von Harnstoff. Das Polymerisat wird dann mit Formaldehyd behandelt.

AP 2244183 DuPont 1941 — Zugabe von Cyklohexansulfonamidharzen als Weichmacher zu Polyamiden.

AP 2241323 DuPont 1941 — Cyklische Amide mit mindestens 7 C-Atomen im Ring, bei denen ein N an der Ringbildung teilnimmt, werden über den Schmelzpunkt erhitzt, wobei die Temperatur jedoch unterhalb des Schmelzpunktes des entstehenden Polyamids bleibt. Man erhitzt so lange, bis das erhaltene Polyamid zu Fäden ziehbar ist; z. B. wird dimeres Hexamethylenadipinsäureamid unter Stickstoff bei 1 mm Druck auf 285° C erhitzt.

AP 2241322 DuPont 1941 — Man erhitzt ein cyklisches Amin mit Wasser (mindestens 0,1 Mol Wasser per Mol Amid) bis zur Polyamidbildung. Man arbeitet bei einem Druck von 6 at im geschlossenen Gefäß bei 245° C. Hierauf wird geöffnet und bei 255° C weiter erhitzt. Das Wasser verdampft und die Kondensation ist nach 4 Stunden beendet.

AP 2241321 IG 1941 — Man stellt Polyamide aus Laktamen her.

AP 2238694 DuPont 1941 — Nylonfasern werden, bevor sie einer Streckung unterworfen werden, mit einem Überzug von Celluloseacetat (im Chloroform gelöst) versehen. Hernach wird gestreckt, bevor alles Lösungsmittel verdampft ist. Der Überzug aus Celluloseacetat bricht und bleibt nur stellenweise fest an der Nylonfaser, die hierdurch eine rauhe Oberfläche erhält.

AP 2238640 DuPont 1941 — Herstellung von Polyamidharzen aus Polyamidausgangsstoffen und formaldehydbildenden Beimengungen (Hexamethylentetramin) in Anwesenheit von Aminophenolen usw.

AP 2228269 Du Pont 1941 (s. a. AP 2228268) — Man läßt Dibutylsebacat und Na in Xylol in einer Kolloidmühle bei 125—140° C reagieren. Hierauf wird der Na-Überschuß mit Methanol zerstört und das Reaktionsprodukt mit Wasser extrahiert. Das in Wasser und Xylol Unlösliche wird mit Butylacetat ausgezogen. Das darin lösliche Polymere zeigt kautschukähnliches Aussehen.

AP 2226529 DuPont 1940 (s. a. AP 2212772, 2157235) — Zum Zwecke der Verhütung einer Faserdeformation werden Polyamide bei 85° C mit Wasser behandelt. Bei einer Dicke von 0,003—0,006 inch kommt es leicht zum Fadenbruch beim Streckspinnen. Man kann das verhindern, indem man erst mit Wasserdampf behandelt und dann rasch abkühlt. Durch dieses Tempern (Quenching) erhält man besser spinnbare Fäden als beim langsamen Abkühlen in Luft. Eine gebräuchliche Methode ist auch, die Fäden direkt in Wasser zu spinnen. Hier wird die gesponnene und gestreckte Faser verbessert.

AP 2224037 DuPont 1941 (s. a. FP 860384) — Modifizierte Polyamide, die durch Streckung zu orientierten Fasern gezogen werden können, werden durch Kondensation von Dicarbonsäuren, Glykol und Diaminen, welche mindestens einen freien Wasserstoff am N-Atom besitzen, erhalten.

AP 2223304 DuPont 1940 — Dicarbonsäureamide, deren Amidogruppen bzw. COOH-Gruppen durch mindestens 4 C-Atome voneinander getrennt sind, werden in Gegenwart Hydrierungskatalysatoren und eventuell eines inerten Lösungsmittels unter Druck von 10—1000 at und bei 200—250° C mit Wasserstoff behandelt.

AP 2216835 DuPont 1940 — Als Zusätze, welche auf Polyamidfasern plastifizierend wirken, werden halogenierte Kohlenwasserstoffe oder Kohlenwasserstoffäther genannt. Tetrachlorbenzol, Hexachlorbenzol, Hexachlordiphenyl, Polychlordiphenyläther usw.

AP 2214405 DuPont 1940 — Zum Plastifizieren von Polyamidmassen, welche zur Herstellung von Fasern dienen können, werden Monoamide mit einem Kochpunkt über 220° C vorgeschlagen (N-Alkylarylsulfonamid).

AP 2214402 DuPont 1940 — Als plastifizierender Zusatz zu faserbildenden Polyamiden werden Phenole, auch mehrkernige genannt.

AP 2214397 DuPont 1940 — Das Plastifizieren von faserbildenden Polyamiden soll mit cyklischen Ketonen (Cyklohexanon, Kampfer) vorgenommen werden.

AP 2212772 DuPont 1940 — Besondere Maßnahmen bei der Herstellung geformter Polyamide werden angegeben. Es wird eine Art Temperung der gesponnenen Masse vor der Kaltstreckung (Einwässern durch 17 Stunden) empfohlen.

AP 2193529 DuPont 1940 — Zur Herstellung hitzebeständiger Fäden wird als Ausgangspunkt ein Gemisch niedrig- oder hochschmelzender Superpolyamide erhitzt, von denen wenigstens ein Vertreter durch Kondensation eines endständigen Diamins mit einer Dicarbonsäure oder deren amidbildenden Derivaten erhalten wurde.

AP 2190770 DuPont 1940 — Polyamidherstellung.

AP 2181663 DuPont 1939 — Polykondensationsprodukte von Diurethanen mit Diaminen werden beschrieben. Die erhaltenen Massen können aus Lösungen in Fällbäder, aber auch in erhitzte Kammern verdüst werden.

AP 2174527 DuPont 1939 — Herstellung von faserbildenden Polyamiden aus Diaminen und Dicarbonsäuren in Gegenwart von Viskositätsstabilisatoren.

AP 2163636 DuPont 1939 — Herstellung von faserbildenden Polyamiden, wobei, um die Masse bei der Polyamidbildung flüssig zu halten, Wasser zugegeben wird.

AP 2163584 DuPont 1939 — Polyamidbildung.

AP 2158064 DuPont 1940 — Man kann Polyamide herstellen aus Decamethylendiamin und Dithioglykolsäure oder Pentamethylendiamin und Dithioglykolsäure oder aus Hexamethylendiamin, Adipinsäure und Diphenylpropandiessigsäure.

AP 2157119 DuPont 1939 — Behandlung von Garnen aus Polyamiden vor der Verarbeitung bzw. Herstellung von Wirkwaren usw. und Heißbehandlung mit Wasser in auf Formen gespanntem Zustande (Strümpfe!).

AP 2157118 DuPont 1939 — Nylongarne werden durch Behandlung mit heißen Sulfitlösungen fixiert.

AP 2157117 DuPont 1939 — Durch Behandlung mit Dampf kann Nylon fixiert werden. Ebenso verbessert eine derartige Dämpfung die Kaltstreckbarkeit gesponnener Fäden.

AP 2137235 DuPont 1939 — Polyamidbildung (s. a. AP 2149286).

Weitere US-Patente, die sich mit Polyamiden befassen, sind noch folgende:
AP 2 483 514, 2 483 513, 2 474 924, 2 474 923, 2 467 186, 2 464 693, 2 462 430, 2 422 271, 2 389 655, 2 388 676, 2 388 278, 2 386 454, 2 379 557, 2 378 494, 2 374 647, 2 374 576, 2374069, 2365931, 2361717, 2360406, 2359877, 2359833, 2352725, 2347545, 2345700, 2342823, 2341611, 2338469, 2337834, 2335922, 2333923, 2333639, 2327131, 2327116, 2324397, 2323383, 2318679, 2314972, 2313871, 2304687, 2303340, 2300083, 2298868, 2295942, 2291873, 2289774, 2285552, 2284896, 2276164, 2257825, 2252557, 2252555, 2252554, 2251519, 2243662, 2223916, 2216406, 2214442, 2201741, 2201172, 2191556, 2190829, 2190772, 2176074, 2174619, 2172374, 2165253, 2149286, 2149273, 2145242, 2130953, 2130952, 2130948, 2130947, 2130523, 2071253, 2071252, 2071251, 2071250.

CanP 443424, 443427 Can. Ind. 1947 — Herstellung von Polyamiden für die Fasergewinnung aus Mercaptopimelinsäure und Diaminen.

CanP 443423 Can. Ind. 1947 — Herstellung von Polyamidfasern mit einem Schmelzpunkt über 220° C, welche eine größere Affinität zu Farbstoffen besitzen als die Polyhexamethylenadipate.

5. Fasern aus Terephtalsäure-Glykolpolykondensaten (Terylen) und aus anderen Polyestern.

Durch Polykondensation von Dicarbonsäuren mit Dialkoholen entstehen die sogenannten Polyester. Die Terylenfaser stellt das Polykondensationsprodukt der Umsetzung von Terephtalsäure und Äthylenglykol dar und wurde von der ICI nach Vorschlägen von Whinfield und Dixon der Calico Printers Assoc. entwickelt[135]. Das Reaktionsprodukt wird aus der Schmelze verdüst. Nachher wird kalt gestreckt. Die erhaltenen Fasern besitzen einen Schmelzpunkt von 240° C, ein spezifisches Gewicht von 1,41 und sind in den meisten organischen Lösungsmitteln unlöslich, gegen Hitze und Licht beständig und bakterienfest. Die Naß- und Trockenfestigkeit ist gut. Ihr Quellvermögen in Wasser ist gering. Die Färbung macht derzeit noch Schwierigkeiten, ist aber nach neuesten Vorschlägen in einigen Tönen mit Pelzfarbstoffen (Ursolen) möglich. Terylenfasern können wie Nylonfasern durch Hitze fixiert werden.

[135] Whinfield, Dixon: Nature (London) **158**, 930 (1946). — Vgl. a. Canad. Text. J. **63**, 29 (1946); Plastics **10**, 113 (1946); Technologist **116**, 910 (1947).

Die Umsetzung erfolgt nach folgendem Schema[136]:

$$\mathrm{COOH{-}C_6H_4{-}COOH + OHCH_2{-}CH_2{-}\boxed{OH + H}OOC{-}C_6H_4{-}COOH \rightarrow}$$

$$\mathrm{\rightarrow COOH{-}C_6H_4{-}COOCH_2{-}CH_2{-}OCO{-}C_6H_4{-}COOH}$$

bzw.

$$\mathrm{HO{-}CH_2{-}CH_2{-}O{-}OC{-}C_6H_4{-}CO{-}O{-}CH_2{-}CH_2{-}O{-}OC{-}C_6H_4{-}COO{-}}$$

Literaturübersicht über Fasern aus Terephtalsäure-Glykolpolykondensaten.

Cady: Amer. Dyestuff Reporter **37**, 699 (1948).
Brewster: Text. Wld. **97**, 123 (1947).
Turner: Text. Rev. **64**, 765 (1946).
Cook: Silk J. **23**, 28 (1946).

Patentschrifttum über Fasern aus Terephtalsäure-Glykolpolykondensaten.

SP 257995 ICI 1949 — Terylenfasern können vorteilhaft zur Herstellung von Wirkwaren Anwendung finden. Die Schmelze wird durch Sand filtriert, nachher verdüst, die Fäden nach Abkühlen verzwirnt, wobei vorher gestreckt wurde. Die Streckung wird über 60° C und weniger als 30° C unter dem Schmelzpunkt des Fadens durchgeführt.

SP 257729 ICI 1949 (s. a. SP 257730) — Fadenbildende hochpolymere Ester werden durch Polykondensation von α,β-bis-(Phenylthio-)äthan-4,4'-dicarbonsäure mit Äthylenglykol erhalten. Die Polymeren sind kalt streckbar. Ebenso entstehen fadenbildende Polyester durch Erhitzen von p-(β-Oxyäthoxy-)benzoesäure oder deren funktionellen Derivaten. Die Schmelzpunkte der Polykondensate liegen bei 190—210° C.

SP 255977 ICI 1949 — Faserbildende hochpolymere Ester werden aus 2,6-Naphtalindicarbonsäure und Äthylenglykol durch Erhitzen erhalten. Das erhaltene Polyäthylennaphtalin-(2,6)-dicarboxylat besitzt einen Schmelzpunkt von 255—260° C und ist durch Strecken linear orientierbar.

SP 255975 ICI 1949 — Herstellung von hochpolymeren Äthylenterephtalat (Terylen).

SP 255417 ICI 1949 — Terylenfasern (Polymere aus Terephtalsäure mit Äthylenglykol) können in guter Qualität nur erzeugt werden, wenn das Molekulargewicht der Schmelze annähernd konstant bleibt. Oftmals zeigen die Schmelzen einen starken Abfall des anfänglich etwa 8000—10000 betragenden Molekulargewichtes, wobei die Ursache wahrscheinlich in einem zu hohen Wassergehalt liegen dürfte.

Die Wasseraufnahme der Schmelze beträgt etwa 0,6%. Zur Vermeidung des Übelstandes wird vorgeschlagen, das erhaltene Polykondensat durch Erhitzen auf Temperaturen unterhalb des Schmelzpunktes in Anwesenheit von Feuchtigkeit absorbierenden Substanzen (die der Schmelze nicht einverleibt werden) im Vakuum zu trocknen und hernach zu Fäden zu verarbeiten. Den Wassergehalt bzw. das Molekulargewicht kann man kontrollieren durch die Bestimmung der Viskosität. Diese errechnet sich als

$$\frac{\log_e \eta r}{C}$$

wobei ηr die Viskosität einer verdünnten, etwa 0,5%igen Lösung des Produktes in einem Lösungsmittel, geteilt durch die Viskosität des Produktes bei der

[136] Astbury, Brown: Nature (London) **158**, 871 (1946).

Meßtemperatur (25° C) und *C* die in g pro 100 ccm ausgedrückte Konzentration bedeuten. Durch das Trocknen soll sich der Wassergehalt so einstellen, daß die Viskositätsbestimmung an der Schmelze innerhalb kürzerer Zeit keinen Abfall zeigt, der 20% (am besten nur 5%) des ursprünglich gemessenen Wertes übersteigt.

SP 254542 Calico Print. 1948 — Herstellung von Polyestern aus Glykolen und Terephtalsäure, welche sich zur Fadenbildung eignen (Terylen).

FP 924900 DuPont 1947 — Polymere als Faserbildner werden erhalten, indem man Aminoalkohole mit zweibasischen Carbonsäuren, eventuell unter Zusatz von Diaminen, Aminosäuren oder anderen Verbindungen ähnlicher Konfiguration polykondensiert. Die so gebildeten Produkte sind in Mischungen organischer Lösungsmittel löslich (Mischung von Chloroform und Alkohol). Die Fasern können kalt gestreckt werden, ziehen sich jedoch beim Behandeln mit warmen wäßrigen Lösungen zusammen, so daß sie zur Herstellung von zum Filzen neigenden bzw. dieses unterstützenden Fasern verwendet werden können. Als solche, also in nicht geformtem Zustande sind sie als Appreturmittel geeignet.

FP 922054 ICI 1947 — Die Herstellung von Kunstfasern aus Polykondensationsprodukten von Terephtalsäure und Äthylenglykol wird beschrieben (Terylenfaser).

FP 921683 Calico Print. 1947 (s. a. FP 919729) — Fasern, welche wenig Feuchtigkeit aufnehmen, resistent gegen Säuren, Alkalien und organische Lösungsmittel sind, werden durch Polykondensation von Diphenoxyalkyl-4,4'-dicarbonsäuren mit Glykolen erhalten, wobei die Polymerisate nachher kalt gestreckt werden.

FP 876283 IG 1942 — Zur Herstellung von Kunstfäden werden lineare Polyester von aliphatischen Dicarbonsäuren und Dialkoholen (Ester aus Bernsteinsäure, Adipinsäure, Sebacinsäure mit Diäthylenglykol usw.) verwendet.

EP 627270 Wingfoot 1949 — Lineare Polyester aus Dicarbonsäurechloriden (Sebacinsäurechlorid) und Glykolen.

EP 615954 ICI — Fadenbildende neue Polyamide werden aus Diaminen der Form $NH_2(CH_2)_3$—R—$(CH_2)_3NH_2$, R=O oder —$O(CH_2)_2O$— und Terephtalsäure gewonnen, verdüst und kalt gestreckt.

EP 610184 ICI 1948 (s. a. EP 610183) — Terylenfasern werden in der Schrumpffestigkeit verbessert, wenn man sie naß bei Temperaturen über 80° C fixiert. Unbehandelt schrumpfen die Garne bei 100° C in Wasser um 16—22% (je nach den), 30—60 Minuten bei 80—100° C in Wasser fixiert, sinkt die Schrumpfung derselben Garne auf 1—8,8%.

EP 610139 ICI 1948 — Behandelt das Schmelzspinnen von Terylenfasern.

EP 610138 ICI 6948 — Als Stabilisatoren für Polyäthylenglykolterephtalat werden Äthylbenzoat, Benzoesäure usw. empfohlen.

EP 610137 ICI 1948 — Terylenfasern (Polyäthylenglykolterephtalat) werden mit TiO_2 mattiert, indem Dimethylterephtalat und Äthylenglykol in Gegenwart von feinst gemahlenenem TiO_2 (0,3—1,3 μ) und MgO polymerisiert werden.

EP 610136 ICI 1948 — Zur Herstellung von Terylenfasern wird ungestrecktes Polyäthylenterephtalat in Äthylenglykol gelöst, erhitzt und dann verdüst.

EP 609796 und 609797 ICI 1948 (s. a. 609795 bzw. 609943, weiter 533306/07 und 536379/80) — Herstellung von Terephtalsäure-äthylenglykol-Polymeren (Terylen).

EP 609792 Birtwistle 1948 — Als fadenbildende Polymere werden polymere Ester aus Glykolen und Dicarbonsäuren der Form

$$\mathrm{COOH{-}C_6H_4{-}R{-}C_6H_4{-}COOH}$$

vorgeschlagen. Z. B. N,N'-Diphenyläthylendiamin-4,4'-dicarbonsäure verestert mit Äthylenglykol. Die Verbindungen sind kalt streckbar und besitzen Schmelzpunkte zwischen 173° und 265° C.

EP 604985 ICI 1948 — Es werden Kondensationsprodukte aus Äthylenglykol und Hydroxycarbonsäuren der Form $\mathrm{OH{-}R{-}C_6H_4{-}COOH}$ beschrieben.

EP 604073 ICI 1948 (s. a. 604074, 604075) — Methylennaphtalin-2,6- oder 1,5- oder 2,7-dicarbonsäuren werden mit Äthylenglykol unter Zusatz von Li und Mg erhitzt, bis fadenziehende Massen entstehen, die streckbar sind. Die Schmelzpunkte betragen 226—270° C. Polyester aus Phenoxybenzol-4,4'-dicarbonsäure besitzen Schmelzpunkte von 123—220° C.

EP 603840 ICI 1948 (s. a. EP 603841, 603842, 603843) — Die Streckung der Faser aus hochpolymeren Terephtalsäureestern erfolgt während Erhitzung auf etwa eine Temperatur, die 30° C unterhalb des Schmelzpunktes des Polymeren liegt. Bei Überstreckung tritt Milchigwerden der Fasern ein, hervorgerufen durch Ausbildung zahlreicher Oberflächenrisse.

EP 603838 ICI 1948 — Man stellt Polyterephtalsäureäthylenester her, welche eine Zugfestigkeit von 6,5 g/den bei einer Dehnung von 8% aufweisen.

EP 603827 Whinfield Dixon 1948 (s. a. EP 578079) — Die Herstellung von Fäden aus hochpolymeren Äthylenterephtalaten (Terylenfaser) mit einer Wasseraufnahme von etwa 4,4% sowie einer Zugfestigkeit von 40,75 kg/qcm und einer Dehnung von 10% wird beschrieben.

EP 590451 Dixon, Huggill 1947 — Terephtalsäurechlorid usw. wird mit Äthylenglykol polykondensiert.

EP 590417 ICI 1947 — Fasern werden gewonnen aus den Kondensationsprodukten von Methylterephtalat und Äthylenglykoldiacetat in inerter Atmosphäre, wobei das Kondensationsprodukt aus der Schmelze verdüst und nach Kühlung oder sofort kalt gestreckt wird. Fp. 254° C (Terylenfaser!).

EP 588833 Res. Prod. 1947 — Lineare Polyester werden aus Bernsteinsäure oder Sebacinsäure und Alkylenglykolen in Gegenwart von Triphenylphosphit hergestellt.

EP 588497 ICI 1947 — Fasern werden aus hochpolymeren linearen Polyestern erzeugt.

EP 588411 ICI 1947 — Fasern werden aus der Schmelze polymerer Polyester aus aromatischen Dicarbonsäuren mit Glykolen hergestellt.

EP 578079 ICI 1945 — Kondensation von Terephtalsäureestern mit Glykol.

EP 561104 1945 — Herstellung von Polyestern, die zur Fadenbildung verwendbar sind, durch Kondensation von Adipinsäure mit Glykolen.

AP 2249950 Bell Teleph. 1941 — Man stellt einen linearen Polyester von hohem Molekulargewicht her, indem man die Esterifikation eines mindestens zweiwertigen Alkohols mit mindestens einer zweibasischen Carbonsäure in Gegenwart eines nicht oxydierend wirkenden Salzes eines Schwermetalls mit einer starken Säure durchführt, bis ein linearer Polyester von genügend großem Molekulargewicht gebildet ist, um ihn kalt zu Fäden zu ziehen. Sebacinsäure wird mit Äthylenglykol erhitzt, wobei in Gegenwart von Calciumchlorid ein Wasserstoffstrom, welcher über blankem Cu gereinigt wurde, durch die Mischung geblasen wird.

6. Fasern aus Polyacrylsäure, Polyacrylsäureestern und Polyacrylnitril (Orlon).

Die Vorschläge, Polyacrylsäure oder deren Ester als Fasermaterial zu verwenden, sind schon älteren Datums.

Polyacrylnitrilfasern werden von DuPont seit kurzem unter dem Namen Orlon in den Handel gebracht. Sie sind motten-, termiten-, licht- und chemikalienfest und werden für Bespannungen von Autoverdecken, Plachen usw. empfohlen. Auch Vorhänge aus dieser Faser werden hergestellt, welche einen weichen und angenehmen Griff aufweisen. Orlon soll die lichtbeständigste Faser sein, die wir kennen. Die Färbung bereitet derzeit noch Schwierigkeiten. Für Pastelltöne kommen einzelne Acetatseidenfarbstoffe in Betracht. Auch die Aridyemethode mit Pigmenten kann erfolgreich angewandt werden[137].

Orlon (früher Fiber A) ist in konz. Salzlösungen (LiBr, NaCNS, $Al(ClO_4)_3$, $Ca(CNS)_2$ löslich. Es ist bis 200° C temperaturfest und besitzt ein sehr gutes Wärmehaltungsvermögen. Der Faserquerschnitt ist biskuitartig bis pilzförmig. Bewetterungsversuche (nach Rein) ergaben nach 1 Jahr, daß Orlon noch 80%, PC-Faser 30% und Baumwolle 5% der ursprünglichen Festigkeit besaßen. Alle anderen Fasern, auch Perlon, waren zerstört.

Literaturübersicht über Fasern aus Polyacrylaten und Polyacrylnitril.

Carpenter: J. Soc. Dyers Colourists **65**, 469 (1949).
Rein: Melliand Textilber. **30**, 246, 299 (1949).
Quig: Canad. Text. J. **66**, 42 (1949).
Rein: Angew. Chemie A **60**, 159 (1948); Text. Wld. **98**, 102 a (1948).

Patentschrifttum über Fasern aus Polyacrylaten und Polyacrylnitril.

DP 700006 Röhm u. Haas — Man kann aus Acrylsäuremischpolymerisaten Fäden herstellen.

DP 693889 Röhm u. Haas — Monomere Verbindungen, wie Acrylsäure, werden mit Polymerisationskatalyten durch ununterbrochene Verdüsung in sehr hoch erhitzten Gasen fein verteilt. Die Polymerisation tritt sofort ein und es entstehen fadenförmige Gebilde.

DP 685257 IG 1939 — Spinnfasern können aus Mischpolymerisaten von 80 Teilen Dichloräthylen und 20 Teilen Acrylsäuremethylester hergestellt werden. Man verdüst die Polymerisate unter Druck bei 60—70° C mit einer Geschwindigkeit von etwa 100 m/min. Ein Copolymerisat, erhalten aus einer Mischung von 30 Teilen Acrylnitril, 60 Teilen Vinylchlorid und 10 Teilen Acrylsäuremethylester kann aus einer 22%igen Acetonlösung in alkoholische Fällbäder versponnen werden. Die erhaltenen Fäden werden eventuell kalt gestreckt.

SP 251651 DuPont 1948 — Herstellung von Polyäthylenderivaten bzw. Fasern aus solchen, wie Polyacrylnitril usw. Die Polymerisation erfolgt unter Zugabe kleiner Mengen von Ascorbinsäure.

---

[137] Vgl. z. B. Quig: Amer. Dyestuff Reporter **37**, 879 (1948).

SP 239958 IG 1945 — Fäden können aus Lösungen von Polyacrylnitril in Malonsäurenitril hergestellt werden.

SP 236024 IG 1945 — Fäden aus Acrylnitrilpolymeren können erhalten werden, wenn man aus Lösungen cyklischer Carbonate (Glykolcarbonat) verdüst.

SP 231427 Röhm u. Haas 1945, Zusatz zu SP 229430 (s. a. SP 231426).

SP 208548 Röhm u. Haas — Fäden können aus Methacrylsäureamidpolymeren hergestellt werden.

FP 925328/29 DuPont 1947 (s. a. FP. 926386/88 bzw. FP 926389, FP 926737/40) — Fasern aus Polyacrylnitril oder Co-Polymeren mit mindestens 85% Gehalt an diesem werden aus Lösungen von N,N-Dimethylcyanoacetamid usw. oder Trimethylenthiocyanat usw. gesponnen.

FP 924312 DuPont 1947 (s. a. FP 924369) — Verbesserung von Fäden aus Polyacrylnitril durch Erhitzen auf 120—150° C, ohne ihnen Gelegenheit zur Schrumpfung zu geben und bei nachheriger Streckung auf 400—1000%.

FP 876032 Röhm u. Haas 1942 — Künstliche Fäden werden aus Acrylsäurepolymeren durch Verdüsen hergestellt.

FP 876031 Röhm u. Haas 1942 — Die Herstellung von Fäden aus Homologen der Acrylsäure wird beschrieben.

EP 614959 DuPont 1948 (s. a. EP 594999) — Verfahren zum Spinnen von Polyacrylnitrilfasern aus 25% Lösungen in Dimethylformamid.

EP 609838 DuPont 1948 — Faserbildende Polymere werden erhalten, indem man Verbindungen, welche eine Kohlenstoffdoppelbindung enthalten und eine durch Ätherbildung blockierte Aldehydgruppe zeigen, polymerisiert und hierauf die Aldehydgruppe in Freiheit setzt.

Die Verbindungen sind in organischen Lösungsmitteln löslich und können auch als Appretur usw. Verwendung finden.

Man setzt Methylmethacrylat mit Acroleinacetal oder Vinylacetat mit Acroleindiacetal um.

EP 607734 DuPont 1948 — Acrylnitril- und andere Polymere für die Fasergewinnung werden unter Zusatz von Ascorbinsäure und Peroxyden polymerisiert.

EP 605770 DuPont 1948 (s. a. EP 605771) — Polyacrylnitrilfäden mit mindestens 85% an diesem Stoff werden naß aus Dimethylformamid gesponnen. Die goldbraunen Fäden werden nachher ausgewaschen (das Fällbad besteht aus Glyzerin 140° C heiß, die Geschwindigkeit etwa 12 m/Minute). Sie werden unter einer Spannung von 2 g/den auf eine Weite von 0,5 m durchs Fällbad gezogen und hernach mit einer Geschwindigkeit von 90 m/Minute aufgewickelt.
Die Entfärbung der Fäden erfolgt durch Behandlung mit 10%igen Wasserstoffperoxydbädern bei 35° C oder durch Bleichung mit einem Hypochloritbad, welches 0,05—0,5% aktives Chlor enthält.

EP 597030 Thomson Houston 1948 — Polymerisationsprodukte von 40—80% Acrylnitril und Itakonsäureester (Diäthylitakonat) werden kalt zu Fäden gezogen. Die hergestellten Fasern sind wasserfest, biegsamer und zäher als Glasfasern, widerstandsfähig gegen Lösungsmittel und Chemikalien.

EP 595052/54 DuPont 1947 — Fasern aus Polymeren von Acrylnitril (85%) und Polyvinylverbindungen oder Polyamiden (15%) werden beschrieben. Die Verdüsung erfolgt in Wasser, Glyzerin, Alkohol oder Äther.

EP 586881 ICI 1947 — Beschreibt die Herstellung von Fasern aus Polymeren oder Co-Polymeren von Acrylnitril.

EP 585367/68 DuPont 1947 (s. a. EP 583939) — Die Herstellung von Polyacrylnitrilfasern von erhöhter Elistizität erfolgt durch Erhitzen eines orientierten Fadens bei Temperaturen über 75° C ohne Spannung, also in geschrumpftem Zustand, bis die Schrumpfungserscheinungen beendet sind, 1—24 Stunden. Die Faser zeigt ursprünglich nur etwa 8% Dehnung und eine Festigkeit von 0,9 g/den, ist kristallinisch, jedoch ist der Orientierungszustand gering. Wenn die Faser dann bei 100° C gestreckt ist (sie kann auf etwa das 4—10fache gestreckt werden), ist sie etwas brüchig und von geringer Dehnbarkeit. Die angegebene Behandlung verbessert dies. Eine zweite Methode besteht darin, das Polyacrylnitril in ein heißes Glyzerinbad mit 40% Calziumchloridgehalt bei etwa 140° C zu spinnen und hernach schwach zu strecken.

EP 584548 ICI 1947 — Hochfeste Fasern werden durch Verdüsen von Lösungen von Acrylnitrilpolymeren in einem flüchtigen Lösungsmittel in ein Fällbad, welches aus einer 30—50%igen $CaCl_2$-Lösung besteht und eine Temperatur von über 100° C aufweist, hergestellt (s. a. EP 584 066, 583 939, 581 526).

EP 579887 DuPont 1946 — Es wird die Herstellung von Polyacrylnitrilfasern besprochen.

EP 510875 ICI — Man setzt zu Polymethacrylsäureestern alkalische Lösungen von vegetabilischen Proteinen. Nach der Koagulation und Formgebung wird gehärtet.

AP 2420911 Gen. El. 1947 — Es wird ein Verfahren zur Herstellung von Co-Polymerisaten von Methacrylaten und Methylvinylpolysiloxanen beschrieben.

AP 2412034 Gen. El. 1946 — Fäden werden hergestellt aus orientierten Co-Polymeren von Acrylnitril und Äthylacrylat oder Butadien (40 : 60 bzw. 70 : 30).

AP 2404714 bis AP 2404728 DuPont 1946 — Es werden verschiedene Methoden zur Herstellung von Polyacrylfasern, insbesondere die verwendeten Lösungsmittel hierzu besprochen.

Vgl. ferner AP 2366495, 2356767, 2140921.

CanP 450544 Can. Ind. 1948 — Polyacrylnitrilfasern werden in Glyzerinbäder naß gesponnen.

CanP 449790 Gen. El. 1948 — Kunstfasern werden aus Co-Polymeren von Acrylnitril, Äthylacrylat und Äthylmethacrylat hergestellt.

CanP 449641 CCCC 1948 — Fasern werden aus kaltgestreckten Co-Polymeren von Acrylnitril, Äthylacrylat und Äthylmethacrylat hergestellt.

7. Polyäthylenfasern (Polythen).

Die Polythenfaser, ein Polyäthylen, kann nicht mit thermoplastischen Harzen vermengt werden. Eine Streckung der Faser auf das Doppelte bis Dreifache ihrer ursprünglichen Länge ist möglich. Das Material ist über 70° C in aromatischen Kohlenwasserstoffen löslich. Die Faser wird bei 100° C nicht angegriffen von HCl, Schwefelsäure und Salpetersäure[138]. Die Molekülkette in der Polymerkette beträgt etwa 2,53 Å[139].

---

[138] Wakeman: Chemistry of Commercial Plastics, S. 575. 1947.

[139] Bunn: J. chem. Soc. (London) **1947, 298.**

Wird die Polymerisation von Äthylen in Gegenwart von n-Butyllithium vorgenommen, so werden Polymere mit hohem Schmelzpunkt erhalten, die Fasern geben, welche sehr gut bügelfest sind. Polythenstapelfasern können ebenfalls gewonnen werden.

Polythenfasern werden bei 150° C aus der Schmelze gesponnen und entweder dabei gestreckt oder kalt orientiert. Ein Verspinnen ist auch aus heißen Lösungen von Benzol, Tetrahydronaphtalin usw. möglich. Kalt besitzt die Faser keine genügende Löslichkeit.

Polythen ist wachsähnlich; spezifisches Gewicht 0,93, sonst ist es der leichteste Kunststoff. Es kann entzündet werden, verbrennt aber sehr langsam, Fp. 105—120° C. Wasseraufnahme kleiner als 0,025%. In heißem geschmolzenem Paraffinwachs, in Kohlenwasserstoffen und in chlorierten Kohlenwasserstoffen ist es löslich. Widerstandsfähig gegen Säuren und Alkali, auch gegen nicht zu hoch konzentrierte Flußsäure.

Auch Fasern aus Tetrafluoräthylenpolymeren, durch Verdüsen erhalten, sind vorgeschlagen worden. Sie sind widerstandsfähig gegen konzentrierte Alkalien und Säuren, sowie organische Lösungsmittel, glühen in der Flamme, zersetzen sich aber nicht[140]. Sie sind nur aus den Elementen Kohlenstoff und Fluor aufgebaut (Teflon).

```
 F  F  F  F
 |  |  |  |
—C—C—C—C—
 |  |  |  |
 F  F  F  F
```

Die Reißfestigkeit — auch im nassen Zustand — beträgt 4—5 g/den, die Dehnung 14—22%. Das spezifische Gewicht ist 2,2—2,3. Das Material ist bis 300° C hitzebeständig.

Literaturübersicht über Polyäthylenfasern.

Hahn, Macht, Fletcher: Ind. Engng. Chem. **37**, 526 (1945).

Patentschrifttum über Polyäthylenfasern.

EP 612266 DuPont 1948 — Polyäthylenfasern zeigen nach dem Trockenspinnprozeß eine Reißfestigkeit von 6,4 g/den. Es wird die Polymerisation des Äthylens behandelt (s. a. EP 578584, 582890).

EP 608807 DuPont 1948 — Co-Polymere von halogenierten Äthylenen können zur Faserherstellung dienen. Z. B. Tetrafluoräthylen und Vinylfluorid zusammen polymerisiert ergeben in verschiedenen organischen Lösungsmitteln lösliche, nicht flammbare Fäden mit guter Zugfestigkeit und hoher Erweichungstemperatur.

EP 598464 DuPont 1948 — Fasern aus Polyäthylen (Polythen) werden aus Polyäthylen, gelöst in Xylol, hergestellt, indem man die Lösung in ein erhitztes, gasförmiges Medium verspinnt, welches eine Temperatur aufweist, die über dem Schmelzpunkt des Polymeren liegt und diese Gasatmosphäre parallel zum austretenden Faden in Bewegung hält. Als Charakteristik der erhaltenen Erzeugnisse wird eine Bruchfestigkeit von 3,1 g/den bei einer Dehnung von 18% angegeben. Die Schrumpfung bei 90° C wird mit 2% genannt.

---

[140] AP 2230654. — Vgl. a. Hanford, Joyce: J. Amer. chem. Soc. **68**, 2082 (1946); Catalogue of Plastics, S. 264. 1948.

EP 597833 DuPont 1948 — Polythenfasern können hergestellt werden, indem man Äthylenpolymere zur Verringerung der Löslichkeit derselben mit organischen Peroxyden, Metallalkylaten oder organischen Stoffen mit der Gruppe —N— in Mengen von 5—20% behandelt und aus Lösungen verdüst.
|
Cl

EP 585969 DuPont 1947 — Olefinpolymere, die auch für die Fasererzeugung geeignet sind, werden durch Erhitzen unter erhöhtem Druck aus Olefinen, insbesondere Äthylen in Gegenwart von Sauerstoff oder Peroxyden oder N-Chlorarylsulfonamiden hergestellt.

EP 583850 DuPont 1947
EP 582334 ICI 1946 (s. a. EP 583178) } Herstellung von Polyäthylenfasern.

EP 579023, 579022 DuPont 1946 — Durchsichtige Polyäthylenfasern werden beschrieben.

EP 574688 DuPont 1945 (s. a. 572265 DuPont) — Tetrafluoräthylen wird bei erhöhtem Druck (1000 at) und bei Temperaturen von vornehmlich 55—240° C in Gegenwart von Wasser (im Intervall 1 : 20 bis 20 : 1, vorzugsweise 1 : 2), welchem wasserlösliche Basen, wie Alkali, Erdalkalihydroxyd, oder auch Amine, Carbonate oder Bicarbonate (1—10%) zugesetzt sind, und Sauerstoff sowie fallweise in Gegenwart eines Katalyten, wie Peroxyd in einer Menge von 0,003—2% und eventuell eines inerten Gases, wie Wasserstoff, Stickstoff, Kohlensäure polymerisiert, wobei der Sauerstoffanteil 0,03—0,3% beträgt (vgl. auch EP 565282 und EP 564584).

EP 511054 ICI (s. a. AP 2210771) — Fasern aus Äthylenpolymeren vom Molekulargewicht über 6000 werden hergestellt, indem man 40%ige Lösungen von Polyäthylen in Glykol aus Düsen von 0,5 mm Durchmesser in Butylalkohol und Butylphtalat preßt. Die gefällten Fäden werden in Petroläther gewaschen und mit warmer Luft getrocknet.

Vgl. ferner folgende US-Patente:

AP 2367173, 2325060, 2230654, 2219700, 2210774, 2210771.

8. Polybutadienfasern (Dienfaser).

Die sogenannten Dienfasern aus Polybutadien werden nach dem Naßspinnverfahren hergestellt. Die Fasern neigen zum Kleben. Zur Verbesserung dieses Übelstandes werden sie mit einer Schutzschichte umgeben, die man z. B. herstellt, indem man dem Fällbade Schwefelverbindungen zusetzt, aus welchen man gleichzeitig bei der Faserfällung auch Schwefel auf die Oberfläche der Faser zur Fällung bringt. Nachpolymerisiert wird durch Erhitzen in sauerstofffreier Atmosphäre in Gegenwart von Monochlorbenzol. Während die Dehnbarkeit zurückgeht, steigt die Festigkeit durch diese Behandlung merklich[141].

In letzter Zeit werden Vorschläge dahingehend gemacht, Co-Polymerisate aus Butadien und Acrylnitril usw. als Faserbildner zu verwenden.

Patentschrifttum über Polybutadienfasern.

SP 244056 Bat. Petrol. My. 1947 — Reaktionsprodukte hochpolymerer Stoffe, wie polymerer Butadiene und deren Co-Polymerisaten mit z. B. Vinylverbindun-

---

[141] Kunststoffe **1943**, 279.

gen, wie Styrol usw., und organischen Säuren oder Säureanhydriden, werden beschrieben. Die Stoffe können auch durch Behandlung von Fäden aus den angegebenen Ausgangsmaterialien und den Reagentien gebildet und damit verbesserte Kunstfäden erhalten werden.

FP 837392 Bat. Petrol. My. (s. a. EP 500515 und ItalP 361576) — Herstellung von Fasern aus Polybutadien.

EP 608078 Bat. Petrol. My. 1948 — Man verdüst Butadienpolymer bzw. Co-Polymere aus diesen und Vinylverbindungen aus Xylollösungen in Fällbäder, die Schwefeldioxyd enthalten. Dadurch werden Fasern in Gelform gebildet, welche leicht verstreckbar sind.

EP 591184 Latex Fibres 1947 (zit. aus Plastics, Dezember 1947) — Auf Fasern werden vor dem Verweben derselben Co-Polymerisate von Butadien-1,3 und Styrol in einer Menge von 3—100% (auf das Fasergewicht bezogen) aufgebracht.

AP 2449949 Shell 1948 — Lineare transparente Hydrate von Co-Polymeren aus Gemischen von 85% 2-Methyl-1,3-pentadien und 15% 4-Methyl-1,3-pentadien mit mindestens 2% Styrol oder 1,3-Butadien usw. vom Molgewicht 50000—500000 werden beschrieben.

AP 2412034 Gen. El. 1946 — Fasern aus Butadien-Acrylnitril-Co-Polymeren, die beständig sind gegen Lösungsmittel und aus Lösungen verdüst werden, sind beschrieben. Die Fäden werden kalt gestreckt.

HollP 56515 Bat. Petrol. My. 1943 — Fäden aus Butadienpolymeren, die während der Herstellung mit Säureanhydriden bzw. SO_2 behandelt wurden, werden mit KOH oder Ricinusöl oder Triäthanolamin auf höhere Temperatur erhitzt. Der Schwefelgehalt der Fasern sinkt, wodurch die Zugfestigkeit erhöht wird.

9. Verschiedene andere synthetische Fasern.

Außer den bereits angeführten Polymerisaten bzw. Polykondensationsprodukten sind als Fasermaterial noch eine ganze Reihe der verschiedenartigsten Polymeren in Vorschlag gebracht worden.

Vor allem ist die Polystyrolfaser[142] hervorzuheben. Die Dow Chemical Co. bringt sie als Polyfibre in den Handel[143]. Nach dem Verdüsen wird der erhaltene Faden kalt gestreckt. Er zeigt eine starke Schrumpfung und weist eine Fadenstärke von etwa 2—5 μ auf; spezifisches Gewicht 1,05, Erweichungspunkt zirka 80° C. Die Polystyrolfaser kann von anderen Fasern (Caseinfasern, Wolle, Baumwolle und Kunstseide) durch Herauslösen mit Tetrachlorkohlenstoff getrennt werden[144].

Ein interessanter Vorschlag geht dahin, Hexamethylendiamin mit Schwefelkohlenstoff zu kondensieren, wobei beim Erhitzen Abspaltung von Schwefelwasserstoff und Bildung linearer Polymerer der Form

$$—CS—NH—(CH_2)_6—NH—CS—NH(CH_2)_6—NH—$$

eintritt. Der Erweichungspunkt derselben liegt bei etwa 160—170° C. Die Fäden sind kalt streckbar. Mischkondensate der Verbindung mit Nylon 7 : 3 sollen wesentlich besseren Griff und bessere Färbeeigenschaften aufweisen als Nylon allein[145].

---

142 Yarsley: Times Trade Engng. **1942.** — Anon: Brit. Plastics **9,** 477 (1938).

143 Wakeman: Chemistry of Commercial Plastics. 1947.

144 Howlett, Morley, Urquhart: J. Textile Ind. **33,** Trans. 75 (1942).

145 Vgl. z. B. Kunststoffe **1943,** 280.

Patentschrifttum über andere Kunstfasern.

DP 722355 IG 1943 — Die Herstellung von Polystyrolfasern wird beschrieben.

SP 257727 Glanzstoff 1949 — Hochpolymere Stoffe, die durch Einwirkung von kochendem Wasser auf Dicarbonsäureaziden und nachherigem Schmelzen unter Sauerstoffausschluß oder im Vakuum erhalten werden, können zu Fäden gezogen werden. Der Schmelzpunkt liegt bei zirka 250° C. Der Zusammensetzung nach handelt es sich um hochmolekulare substituierte Harnstoffe der Form —R—NH—CO—NH—R—NH—CO—NH—R—, da sich aus den Säureaziden $R(CON_3)_2 + H_2O \rightarrow 2N_2 + CO_2 +$ —R—NH—CO—NH—R Harnstoffe bilden.

SP 249381 Ibanez 1948 — Als Material zur Herstellung von künstlichen Fasern können die Polykondensationsprodukte aus Hexandiamin mit Adipinsäuredialdehyd Verwendung finden. Die allgemeine Form der erhaltenen Produkte ist:

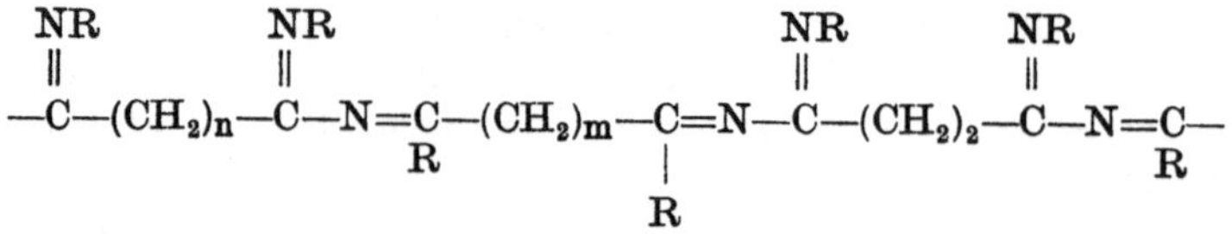

$$-\overset{NR}{\overset{\|}{C}}-(CH_2)_n-\overset{NR}{\overset{\|}{C}}-N=\underset{R}{C}-(CH_2)_m-\underset{\underset{R}{|}}{C}=N-\overset{NR}{\overset{\|}{C}}-(CH_2)_2-\overset{NR}{\overset{\|}{C}}-N=\underset{R}{C}-$$

FP 923421 DuPont 1947 — Fasern, welche gegen Wasser widerstandsfähig sind, werden erhalten durch Behandlung eines Fadens aus einem Mischpolymerisat aus Äthylen und Vinylacetat mit Adipinsäurechlorid, Hexamethylendiisocyanat, Tri(methoxymethyl)melamin usw.

FP 875712 IG 1942 — Kunstfäden werden aus hochmolekularen Paraffinen hergestellt, wie sie bei der Druckhydrierung der Kohle anfallen. Sie enthalten mehr als 400 C-Atome in der Kette. Man kann das Verdüsen aus Lösungen, aber auch aus Schmelzen vornehmen. Im ersteren Falle wird der noch plastische Faden, bei der zweiten Methode kalt gestreckt.

EP 615884 Dreyfus 1949 — Fadenbildende Polymere entstehen aus der Polykondensation von Hexamethylendiamin und Bis-chloroformglykolester.

EP 613020 Celanese 1948 (s. a. EP 612609 und 613497 bzw. 613986, 613988) — Faserbildende Polymere aus Polytriazolen mit der Struktureinheit

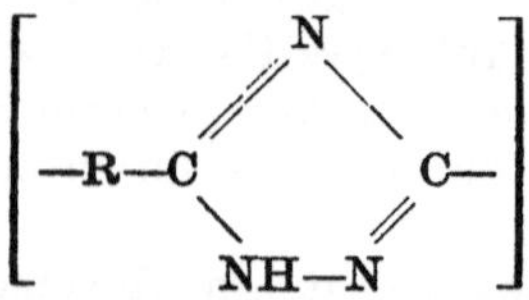

$$\left[\begin{array}{ccc} & N & \\ & /\!/ \quad \backslash & \\ -R-C & & C- \\ & \backslash \quad /\!/ & \\ & NH-N & \end{array}\right]$$

werden beschrieben. Sie werden durch gemeinsames Erhitzen von Dicarbonsäurediamiden mit Dihydraziden derartiger Säuren erhalten. Die Produkte sind mit Acetatseidenfarbstoffen färbbar, zeigen aber, wenn sie am Triazolring eine Aminogruppe aufweisen, auch Affinität zu sauren Farbstoffen.

EP 610879 DuPont 1948 — Herstellung von fadenbildenden Interpolymeren aus Fluoräthylenen, die max. 1 Atom Cl pro Molekül enthalten, mit Vinylverbindungen usw.

EP 610422 Erinoid Co. 1948 — Die Herstellung von Fäden aus Polystyrol-Polyisobutylenmischungen wird beschrieben, die aus Lösungen in flüchtigen organischen Lösungsmitteln verdüst werden können. Die Sprödigkeit der reinen Polystyrolfäden wird dadurch herabgesetzt.

EP 605985 ICI 1948 — Herstellung von Fäden aus Polykondensaten von p/β-Hydroxyäthoxybenzoesäure. Kaltstrecken.

EP 594508 Philpot 1947 — Dimercaptoacetonpolymere von niedrigem Molgewicht werden in der Schmelze zu fadenziehenden Harzen verwandelt.

EP 587003 Rubber 1947 — Es werden Fasern aus polymeren o-Benzoyl-benzoesäureallylestern vorgeschlagen.

EP 582327 Boake, Roberts 1947 — Die Herstellung von Polystyrolfasern wird beschrieben.

EP 577205 ICI 1946 (s. a. AP 2071250) — Fasern bzw. Polymere der Form

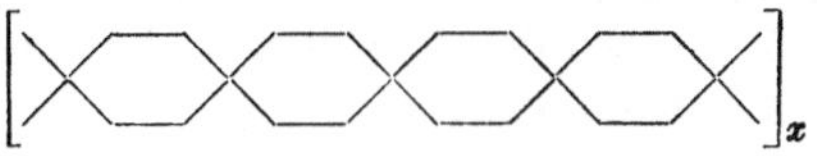

$$[\;\cdots\;]_x$$

können aus Spiran gebildet werden.

```
          CH2—CH2       CH2—CH2
         /       \     /       \
Spiran: CH2        C            CH2
         \       /     \       /
          CH2—CH2       CH2—CH2
```

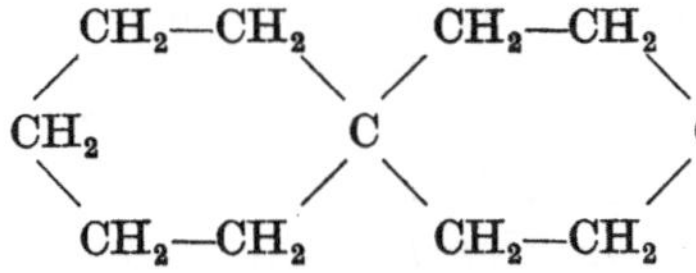

AP 2438612 Montclear 1948 — Co-Polymerisate von Tetraallylsiloxan mit Methylmethacrylat oder Vinylacetat (1—20%) vom Gehalt an Poly-Organosiliziumverbindungen.

AP 2420949 Röhm u. Haas 1947 — Fasern aus Carboxyalkylcellulose, die in Wasser unlöslich sind und gute Naßfestigkeit besitzen, die weiters alkalibeständig und säureunlöslich sind, bestehen aus einem Carboxyalkylcelluloseäther, dessen freie Säureform in überschüssigem Alkali löslich ist und welche Zr gebunden an die Carboxyalkylgruppe enthalten, und zwar in einem Ausmaße von 3—9% des Gesamtgewichtes, berechnet als ZrO_2.

AP 2419943 DuPont 1947 — Thioessigsäure und ungesättigte Verbindungen werden zusammen polymerisiert und ergeben schwefelhaltige Polyamide. Polyamidkautschuke, auch ungesättigte Kohlenwasserstoffe, wie Butadien usw., sind als Reaktionskomponente verwendbar.

AP 2389662 DuPont 1945 — Lineare Polymere zur Erzeugung von Fäden werden erhalten aus Spirothioketalen aus Tetrakis(mercaptomethyl)methan und Cyklohexandion-1,4.

AP 2366495 Gen. El. 1945 — Fasern werden aus Co-Polymerisaten von Acrylnitril und Diäthylitaconat hergestellt (50—20% Ester, 50—80% Acrylnitril). Die durch Schmelzspinnen oder Fällen erzeugten Fasern sind kalt streckbar. Die Fasern sind hydrophob und resistent gegen Chemikalien und Lösungsmitteln.

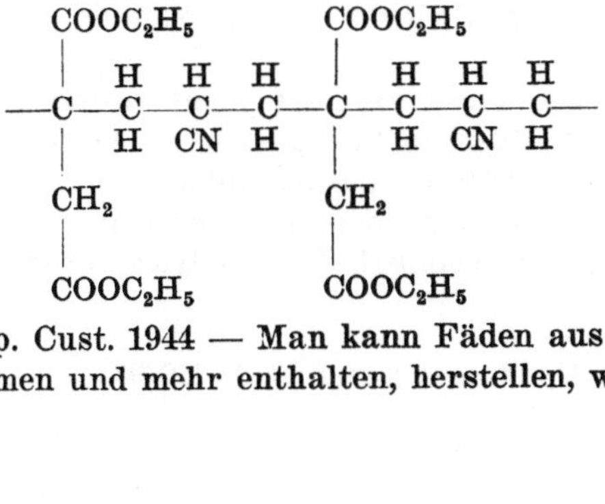

```
   COOC2H5           COOC2H5
   |                 |
   |   H   H   H     |   H   H   H
 —C——C——C——C——C——C——C——C—        (50:50)
   |   H   CN  H     |   H   CN  H
   |                 |
   CH2               CH2
   |                 |
   COOC2H5           COOC2H5
```

AP 2351345 Al. Prop. Cust. 1944 — Man kann Fäden aus Paraffinen, die eine Kette von 600 C-Atomen und mehr enthalten, herstellen, wobei diese Paraffine hergestellt werden durch Behandlung von CO mit Wasserstoff unter Druck bei 11 at und erhöhter Temperatur, ohne daß es zur Bildung aromatischer Verbindungen kommen kann. Die Produkte werden aus der Schmelze gesponnen.

AP 2310221 Tubize Chatillon 1943 — Man emulgiert Glycinin in alkalischer Lösung in Anwesenheit von Hydroxyalkylsulfoxylaten und spinnt in ein Bad, dem das gebildete Glycininsulfoxylat in Fadenform entnommen wird.

AP 2279881—AP 2279885 Gen. El. 1942 — Polymere aus Di-Itaconaten und Methacrylsäureestern.

AP 2190445 DuPont 1940 — Celluloseglykolsäuren mit einem Abbaugrad der Cellulose, der derart gehalten ist, daß die Äthercarbonsäuren nur in kalter NaOH löslich sind (0—5° C), werden aus diesen Lösungen durch Fällung in Viskosefällbädern in Fadenform gebracht.

CanP 432737/39 Dreyfus 1946 — Die Herstellung von Fäden aus Polykondensationsprodukten von Verbindungen der Form: $OH(CH_2)_nOH$ mit Stoffen der Form: NHR_1—CX—NR—$(CH_2)_m$—NR—CX—NHR_1, wobei R und R_1 = Kohlenwasserstoffreste oder H, X,... O oder S... oder NH = sein kann, und die OH-Gruppen bzw. die Gruppen NHR_1 die einzigen reaktiven Reste sind, wird beschrieben. Z. B. Fäden aus Hexamethylendiamin und Hexamethylendiamindiharnstoff.

10. Fasern aus anorganischen Stoffen (Glasfasern) und aus Metallen.

Die Owens Corning Glass Corp. stellt Glaswollegarne her, welche verwebt werden können[146]. Die Glasschmelze tritt am Boden des Schmelzgefäßes durch zahlreiche kleine Öffnungen aus, es bilden sich feine Fasern, die man zu einem Bündel vereinigt, wobei sie über Rollen mit einer Geschwindigkeit von 1800 m/Minute geführt werden. Der Faserdurchmesser beträgt etwa 0,6 mm. Nach einem anderen Verfahren bläst man die Fasern mittels hochgespanntem Wasserdampf gegen eine Trommel, wo reihenförmig angeordnete Schlitze passiert werden; hierauf vereinigt man zu einem Bündel. Es bilden sich Fasern von 20—38 cm Länge. Ein drittes Verfahren arbeitet derart, daß die Schmelze mittels eines eingeblasenen Gasstromes verspritzt wird.

Die Bezeichnung von Glasfasern erfolgt mit drei Buchstaben. Der erste (E oder C) bezeichnet die Glassorte, welche je nach Verwendungszweck (elektrische Isolation oder chemische Zwecke) gewählt wird. Der zweite Buchstabe besagt (S oder C), daß der Faden aus Stapelfasern oder kontinuierlicher Faden vorliegt. Der dritte Buchstabe (A bis D) gibt den Fadendurchmesser in Inches an. Ferner werden noch Zahlen gesetzt, welche die ungefähre Anzahl der Yards pro Pfund angeben.

Die Glasfasern sind leicht zu reinigen, widerstandsfähig und werden zur Herstellung von Vorhängen, Wandbespannungen, Filtertüchern usw. vorgeschlagen. Ihre Färbung ist durch Aufbringen von Pigmenten mittels Kunstharzüberzügen möglich.

Glasfäden sind wegen ihrer Feinheit nicht resistent gegen Wasser. Sie werden angegriffen und büßen an Festigkeit ein. Als Hydrophobierungsmittel werden in jüngster Zeit Polysiloxane empfohlen[147].

Zur Herstellung von Plexongarnen, das sind Garne, welche mit Kunststoff überzogen sind, werden vornehmlich Vinylpolymere verwendet. Der Überzug

---

[146] Vgl. Naturwiss. **1940**, 672.
[147] Helmus: Amer. Dyestuff Reporter **38**, 62 (1949).

macht die Garne beständig gegen Feuchtigkeit, Öl und viele Chemikalien. Hauptsächlich werden Glasfäden, aber auch Baumwolle, Kunstseide, Nylon, Seide usw. überzogen und für Vorhänge, Tischtücher usw. verwendet.

Als Vinylpolymere finden Polyvinylchlorid, dispergiert, sowie Mischungen aus Polyvinylidenchlorid- und Polyvinylchlorid, ferner Polyvinylchlorid-acetatmischungen Anwendung. Als Weichmacher werden Tricresylphosphat und Dioctylphtalat empfohlen[148].

Fasern aus Asbest stehen in der Textilindustrie insbesondere zur Herstellung von Arbeitskleidung für hitze- und feuergefährdete Werkleute, aber auch Schutzanzüge usw. gegen chemische Einflüsse usw. seit langem in Verwendung. Es werden dabei Garne, die aus der als Amiant bekannten Form des Minerals gesponnen wurden, angewendet. Sie sind hitze- und feuerbeständig und resistent gegen Säuren und organische Lösungsmittel aller Art. Starke Alkalien können einen gewissen Faserangriff bewirken.

Aus rostfreiem Stahl mit 18% Chrom und 8% Nickel sind Stahlfasern hergestellt worden, die aber vorläufig nur zur Erzeugung von Netzen dienen.

Auf Fäden aus Aluminium — allenfalls auch mit einem Überzug aus Celluloseacetat — soll hier nur verwiesen werden (Reymet, Reyspun)[149].

Literaturübersicht über Fasern aus anorganischen Stoffen und aus Metallen.

Leduc: Chim. et Ind. **61**, 246 (1949).
Page: Rayon Text. Monthly **25**, 81 (1944).
Slayter: Ind. Engng. Chem. **32**, 1568 (1940).
Anderegg: Ind. Engng. Chem. **31**, 290 (1939).

Patentschrifttum über Fasern aus anorganischen Stoffen und aus Metallen.

FP 941 084, 940 945.

EP 616153, 614254, 611630, 611623, 610845, 605002, 605001, 605000, 599199.

AP 2 491 761, 2 457 775, 2 428 302, 2 390 370, 2 380 915, 2 377 772, 2 371 933, 2 344 892, 2 338 973, 2 338 463, 2 335 135, 2 333 218, 2 331 946, 2 323 684, 2 318 243, 2 315 259, 2 314 944, 2 313 630, 2 313 296, 2 300 736, 2 272 588, 2 269 459, 2 265 186, 2 264 345, 2 257 767, 2 245 620, 2 234 986, 2 234 523, 2 230 435, 2 227 357, 2 219 066, 2 216 759, 2 212 448, 2 206 060, 2 206 058, 2 194 728, 2 194 727, 2 192 944, 2 184 320, 2 165 318, 2152423, 2150945, 2133238, 2133237, 2132702.

CP 74999, 74991.

Zusammenfassung.

Dieser im Hinblick auf die eigentlichen Textilveredlungsverfahren mehr einleitende Abschnitt über die derzeit bekannten künstlichen bzw. synthetischen Faserstoffe und über die modifizierten natürlichen Fasern wurde dem eigentlichen Werk aus mehreren Gründen vorangesetzt. Ohne Wissen um den Chemismus, die Herstellung und Zusammensetzung der neueren synthetischen Fasern ist deren Veredlung schwer oder gar unverständlich. Ebenso ist ohne Kenntnis des strukturellen Aufbaus der nativen Fasern die Methodik zur Modifikation derselben, z. B. durch Ausbau von Brückengliedern zwischen den Ketten der Fasermoleküle oder zwischen deren Endgruppen, kaum begreiflich. Bei der verwirrenden Fülle neuerer Vorschläge auf diesen Gebieten

[148] Trevor: Text. Recorder **66**, 74 (1948).
[149] Vgl. z. B. Rayon Text. Monthly **22**, 87 (1941).

— die zudem nicht immer leicht zugänglich sind — durften die Grundlagen über die Chemie und Physik der neueren Fasern nicht als allgemein bekannt vorausgesetzt werden. Durch deren Zusammenfassung in einem eigenen Abschnitt war Gelegenheit gegeben alle jene Hinweise aufzunehmen, die der Veredler für die zweckmäßige Ausrüstung des Textilmaterials benötigt. Die besonderen Eigenschaften der Textilfasern, deren chemisches und physikalisches Verhalten, ihre Widerstandsfähigkeit gegen äußere Beeinflussung, die Erkennung der einzelnen Faserarten, sowie die eventuelle Unterscheidung und Trennung von anderen Fasern sind auf diese Weise übersichtlich und leicht auffindbar zusammengefaßt. Hierbei fand die überaus umfangreiche Patentliteratur über die Herstellung der künstlichen und vollsynthetischen Fasern nur zum wichtigsten Teile Berücksichtigung, da dieser Abschnitt im wesentlichen einleitenden Charakter aufweist und da anders der Umfang dieses Abschnittes im Mißklang mit dem Hauptteil des Werkes stünde. Trotzdem kann den etwa 1500 hier zitierten Patentschriften und den rund 300 Schrifttumshinweisen alles im obigen Sinne Wissenwerte entnommen werden.

Wenn man die Fülle der Vorschläge über die Herstellung synthetischer Fasern einer abschließenden Betrachtung unterzieht, so zeichnet sich schon heute die Tatsache ab, daß vor allem die Polyamid- und Polyurethanfasern sowie die Polyacrylnitrilfasern besonders zu vermerken sind. Sie haben hinsichtlich ihrer mechanischen und chemisch-physikalischen Eigenschaften alle anderen bisher aufgefundenen künstlichen Fasern bei weitem übertroffen, wenngleich auch sie keine Universalfasern darstellen. Während die Polyamid- und Polyurethanfasern (Nylon und Perlon) bereits seit etwa 10 Jahren großtechnisch erzeugt werden, ist die Polyacrylnitrilfaser (Orlon) erst seit kurzem dem engeren Rahmen des Versuchsstadiums entstiegen. Die besondere Schwierigkeit bei ihrer Herstellung war, daß Polyacrylnitril in den üblichen Lösungsmitteln unlöslich ist. Es mußten erst billige und neuartige Lösungsmittel aufgefunden werden. Durch Verspinnen aus Lösungen in z. B. Dimethylformamid (vgl. S. 115, EP 605770/71) ist es gelungen, den Spinnprozeß in befriedigender Weise zu vollziehen. Allerdings bleiben noch manche Fragen bei der Veredlung von Orlon, vornehmlich beim Färben, offen, da Orlon kaum quillt und nur etwa 3% Wasser aufnimmt. Dabei weist gerade diese Faser einige besonders hervorragende Eigenheiten auf. Sie ist als Einzelfaden das seidenähnlichste und als Stapelfaser das wollähnlichste Textilmaterial das bisher bekannt ist. Gegen Licht und Luftfeuchtigkeit ist sie zweifellos die beständigste Faser die wir kennen. Ihr Griff ist warm; sie fühlt sich trocken an im Gegensatz zur Nylonfaser, die einen mehr kalten Charakter aufweist.

Hinweise auf die spezielle Veredlung der synthetischen Fasern konnten im vorliegenden Abschnitt nur vereinzelt gegeben werden. Die dem ersten Abschnitt vorangestellten Übersichtstabellen erlauben eine rasche Orientierung über die wichtigsten physiko-chemischen sowie mechanischen Eigenschaften der behandelten Fasern. Es schien von Wert, hierbei eine übersichtliche kurze Darstellung gewisser Veredlungsverfahren (u. a. besonders für Nylon) mit aufzunehmen. Die eingehende Behandlung aller Veredlungsfragen erfolgt in den folgenden Abschnitten.

Zweiter Abschnitt*.

Das Bleichen**.

Dieser Teil des Buches behandelt die wichtigsten Bleichoperationen, wie die Chlorbleiche, die Kombinationsbleiche und die Sauerstoffbleiche.

Der Systematik wegen wurden auch kurze Hinweise auf verschiedene andere Bleichverfahren und Bleichmittel sowie eine kurze Übersicht über organische Perverbindungen, die vereinzelt als bleichende Mittel Erwähnung finden, aufgenommen.

Die optisch wirkenden Bleichmittel, die große praktische Bedeutung erlangt haben, schließen dieses Kapitel ab.

1. Die Chlorbleiche (Hypochlorit- und Chloritbleichverfahren).

Die eingeführten Methoden der Hypochloritbleiche haben wenig Änderung gefunden. Einige Vorschläge gehen dahin, die Ausnützung des zur Verfügung stehenden aktiven Chlors durch Zugabe von Natriumstannat[1] zu verbessern. Weiters wird die Zugabe von Puffersubstanzen, Netzmitteln usf. empfohlen, wobei alle diese Arbeitsweisen darauf zielen, bei schonender Behandlung einen guten Ausfall hinsichtlich des Weißgehaltes zu gewährleisten.

Kupferkunstseide wird mit schwachen alkalischen Hypochloritlösungen gebleicht. Zum Bleichen von Acetatkunstseide werden schwach saure Hypochloritlösungen verwendet, da Celluloseacetat bekanntlich Alkali leicht aufnimmt und verseift bzw. geschädigt werden kann. Man bleicht mit Hypochloritbädern bei einem pH von 5,5 und behandelt unbedingt mit Bisulfitlösungen nach, da Chlor stark zurückgehalten wird.

Ein an sich interessanter, technologisch wegen des Preises wohl aber kaum durchführbarer Vorschlag geht dahin, als Bleichmittel tert. Butylhypochlorit[2] zu verwenden, welches insbesondere bei dunklen Cellulosematerialien, also solchen mit starker Naturfärbung, gute Resultate liefern soll. Nach einem

---

* *Dieser und die folgenden Abschnitte bringen unter der Bezeichnung DA . . . . . die vom „Printing and Stationary Service, Controll-Commission for Germany (B. E.), Berlin 1949" herausgegebenen deutschen Anmeldungen der Klassen 8 und 29b anschließend an die jeweils zitierten deutschen Patentschriften.*

** *In diesem und im vorhergehenden Abschnitt ist an Stelle von „Viskoseseide", „Kupferseide" und „Acetatseide" stets zu lesen: „Viskosekunstseide" (Rayon, Reyon), „Kupferkunstseide" und „Acetatkunstseide". Die Bezeichnung „Seide" ist für Erzeugnisse, die vom Seidenspinner (Bombyx mori) stammen, vorbehalten.*

[1] Solvay: AP 2417570.

[2] DuPont: 2152553.

anderen Vorschlag bleicht man unter Zusatz eines Aldehyds[3], welches die Entfernung der Naturpigmente und Verunreinigungen fördert.

Als neue Arbeitsweise ist auf die Bleiche mit Chloritbädern hinzuweisen, die sich gut bewährt haben soll. $NaClO_2$, welches nach den Patenten der Mathieson Alcali Works zum Bleichen empfohlen wird, wirkt milder als Hypochlorit. Man arbeitet in Bädern von etwa 70—75° C im sauren Milieu, daher sind Bleichgefäße aus Holz oder säurefestem Material anzuwenden. Aus der essigsauren Lösung wird Chlordioxyd[4] als wirkendes Agens frei, ein sehr giftiges, gelbliches Gas, weshalb beim Arbeiten eine gewisse Vorsicht am Platz ist. Das Natriumchlorit kommt als *Textone* (80%)[5] in den Handel.

Die Chloritbleiche wird für cellulosehaltige Materialien, auch Kunstseide[6], sowie für die neuen synthetischen Fasern, wie insbesondere Nylon oder Polyvinylfasern angewendet. Nylon wird durch Chlor- oder Superoxydlösungen nach einer Publikation der Rhodiaceta[7] kaum gebleicht, doch rasch angegriffen, während Natriumchloritbäder, die mit Ameisensäure auf ein pH von 3—4 eingestellt wurden, auch bei 80° C unbedenklich angewendet werden können. Nach anderen Mitteilungen[8] hingegen sollen Natriumchloritbleichbäder zwar unempfindlich gegen Fe, Cu oder Pb sein, jedoch bei einem pH von 3—3,5 einem schnellen Zerfall unterliegen, wobei die Gefahr von Faserschädigungen gegeben ist.

Wolle wird durch Chlordioxyd angegriffen und ist nach 5 Tagen zu etwa 40% zerstört.

Bei der Bleiche von knitterfest ausgerüsteten Waren bzw. Textilien, welche Aminoplaste enthalten, ist bei einer Chlorbleiche immer darauf zu sehen, daß eine Reihe von Kunstharzprodukten Chlor hartnäckig festhalten, wodurch beim Lagern leicht schwere Schäden auftreten können. Entsprechende Nachbehandlungen sind daher immer notwendig.

Der Nachweis von Chlorit-Ion neben Persalzen, Chlorat, Hypochlorit usw. erfolgt nach Gasser mit p-Phenetidin. Man löst 1 g in wenig Alkohol und füllt auf 1 l mit H_2O. Es wird eine stark mit Ameisensäure angesäuerte Menge mit Äther überschichtet und 2—3 g/l der zu prüfenden Lösung zugegeben. Es zeigt sich eine violette Färbung[9].

Literaturübersicht über die Chlorbleiche.

Speakman: Dyer, Textile Printer, Bleacher, Finisher **103**, 282 (1950).
Meybeck: Textil Rundschau **5**, 350 (1950).
Hundt: Textil Praxis **4**, 454 (1949).
Moore: Amer. Dyestuff Reporter **38**, 497 (1949).
Popp: Kunstseide, Zellwolle **27**, 349 (1949).
Edwards: Chem. Prod. and News **12**, 370 (1949).
Trevor: Text. Recorder **67**, 68 (1949).
Klein: Teintex **14**, 75 (1949).
Kayser: Textil Praxis **3**, 213 (1948); Melliand Textilber. **30**, 161 (1949).

[3] Mathieson Alkali Works: AP 2253823.
[4] Auch als *Diaphanol* bezeichnet: Teintex **6**, 745 (1941). — Vincent: Text. Colorist **62**, 736/780 (1940); vgl. auch Baier: Melliand Textilber. **31**, 696 (1950).
[5] Korte: Melliand Textilber. **23**, 234 (1942).
[6] Baffroy: Teintex **6**, 313 (1941).
[7] Schweizer Textilzeitung **39**, 1310 (1946).
[8] Elöd, Klein: Melliand Textilber. **27**, 191, 263 (1946).
[9] Gasser: Österr. Chemiker-Ztg. **50**, 78 (1949).

Cowles, Williams: J. Textile Inst. **39**, 175 (1948).
Sarkar, Chatterjee: J. Textile Inst. **39**, T 274 (1948).
Fenrich, Vincent: Amer. Dyestuff Reporter **31**, 263 (1942).

Patentschrifttum über die Chlorbleiche.

DP 738891 Albert 1944 — Als Netzmittel in Hypochloritbädern dient Dibenzylphenol-α,α'-glycerinäthersulfonat.

DP 720775 IG 1942 — Zur Vermeidung von Schäden bei Verwendung eisenhaltiger Chlorbleichbäder setzt man denselben ein im Fettsäurerest sulfoniertes Amid einer höheren Fettsäure (z. B. sulfoniertes Ölsäurediisobutylamid) zu.

DA 115258 Wenzl — Man bleicht mit Chlordioxyd im alkalischen Medium.

DA 114572 Wacker — Acetatkunstseide wird mit einer Flotte behandelt, die durch Einleiten von Clor in in Essigsäure gelöstem Natriumacetat entsteht.

SP 265175 Schweiz. Sodafabrik 1950 — Man bleicht mit Chlorit nach vorhergehender Behandlung mit einem Aktivator (z. B. CH_3COOH).

SP 235778 Degussa 1945 — Verfahren zum Bleichen von Zellstoff mittels einer so beschränkten Menge von Chlorit und Säure, daß das entstehende Chlordioxyd in einem Zeitraum von etwa 2 Stunden von den Inkrusten verbraucht wird, wobei bei gewöhnlicher Temperatur gearbeitet wird. Hernach wird eine Hypochloritbleiche vorgenommen.

FP 955437 Solvay 1950 — Man bleicht mit Chlorit unter Zusatz von P, As, Sb, Si, S, Se, Te in feinst verteilter Form; vgl. EP 639235.

FP 940754 Arlège 1949 — Man bleicht mit Magnesiumhypochlorit.

FP 933376 Mathieson 1949 — Chloritzugabe zu Entfettungsbädern der Wolle.

FP 928932 Mathieson 1948 — Chloritbleiche mit Aldehydzusatz.

FP 923449 Mathieson 1947 — Man imprägniert Textilien mit einer Bleichlösung aus Hypochlorit und Chlorit und dämpft nachher. Die Bleichlösung soll ein pH von über 7, am besten 9—11 aufweisen, der Gesamtchlorgehalt soll etwa 2,5—3 g/Liter betragen.

FP 923017 Maris 1947 — Zum Bleichen von Viskosefasern werden dieselben mit Chloriten bei 10—100° C unter Zusatz von Säure (pH 2—3) behandelt.

FP 919744 Mathieson 1947 (s. a. FP. 916389) — Man bleicht Cellulosefasern in einem Bad, bestehend aus Chlorit und Hypochlorit, sowie einem Reinigungsmittel, wobei nach beendeter Bleiche auf 90° C erhitzt wird und die Faser entölt erhalten wird. Vgl. auch FP 922055.

FP 918532 Rhodiaceta 1947 — Polyvinylfasern werden mit wäßrigen Chloritbädern gebleicht, die durch Säurezusatz auf ein pH von unter 5 gebracht wurden. Zur Beschleunigung der Bleichwirkung wird etwas Oleyl-N-methyltaurin-Natrium (Igepon T) zugesetzt.

FP 918044 Solvay 1946 — Man bleicht in üblicher Weise mit Hypochloritlösungen und entfernt etwaige Kalkniederschläge aus der Faser durch Behandlung mit Natriumhexametaphosphat.

FP 916442 Mathieson 1946 — Man behandelt Textilien zum Bleichen mit Lösungen von Chloriten und unterwirft das feuchte Textilgut dann einer Dämpfbehandlung. Neben der Bleichwirkung wird auch eine Entfernung der Verunreinigungen vorgenommen.

FP 916389 Mathieson 1946 — Zum Bleichen werden Hypochloritlösungen, die Chlorite enthalten, vorgeschlagen.

FP 916130 Mathieson 1946 — Bleichen von Textilien mit Chloritbädern bei einem pH von 3—5 eventuell unter Zusatz von etwas Essigsäure. Die Bleichoperation betrifft Textilien, welche mit Schwefel- oder Direktfarbstoffen usw. gefärbt sind. Die Arbeitstemperatur ist 60—94° C.

FP 915778 Mathieson 1946 — Man bleicht Cellulosematerial mit einer Mischung von Chloriten (Na-chlorit und Ca-chlorit) gemeinsam mit Aldehyden (Furfurol, Acetaldehyd, Formaldehyd) in wäßriger Lösung bei pH 3—9. Der Verbrauch an Chlorit wird durch Zugabe von Mono- oder Diphosphat vermindert.

FP 912469 Rhodiaceta 1946 — Bleiche von Acetatkunstseide mit Natriumchlorit.

FP 880623 Mathieson 1944 — Bleichen mit Chloriten. Vgl. auch FP 865678, FP 864868 und FP 862235.

FP 880145 Vigniolle 1943 — Zur Verhinderung der Bildung eines festen Bodenbelages in Kalziumhypochloritbädern wird Benzosulfonsäure zugegeben.

EP 625201 Mathieson 1949 — Zum Bleichen von Cellulose werden Mischungen aus Cl und ClO_2 (1 : 1—1 : 4) vorgeschlagen. Diese werden durch Einwirkung von Schwefelsäure auf Natriumchlorat und Natriumchlorid hergestellt.

EP 615604 Palestine Potash 1949 (s. EP 596192/3) — Es wird die Bleiche von Cellulose mit wäßrigen Hypobromitlösungen bei pH 7—8,2 vorgeschlagen.

EP 615385 Rhodiaceta 1949 — Polyvinylfasern oder Gewebe werden in Bädern gebleicht, die zirka 5—10 g Na-chlorit und 0,3—0,4 ccm HCOOH enthalten. Man behandelt 1 Stunde bei zirka 55° C, eventuell unter Zusatz von Igepon.

EP 612615 Nederld. Zoutind. 1948 — Herstellung von Na-chlorit aus ClO_2.

EP 608547 Mathieson 1948 — Das Bleichen von Cellulose erfolgt durch Tränken der Gewebe mit Chlorit- und Hypochloritlösungen und nachheriges Dämpfen derselben.

EP 608068/69 Mathieson 1948 — Es werden Mischungen aus Maleinsäureanhydrid oder Phtalsäureanhydrid, NaOH und Natriumchlorit oder Kalziumchlorit, die in Wasser Chlordioxyd freimachen, zum Bleichen empfohlen.

EP 605983 Solvay 1948 — Zur Herstellung von Alkalichloritlösungen für Bleichzwecke werden Alkali- oder Erdalkalichlorate mit HCl behandelt und das entstehende Gemisch von Chlor und Chlordioxyd getrennt.

EP 601645 Solvay 1948 — Cellulosetextilien werden in sauren Bädern gechlort, hernach gespült und zur Entfernung von Kalk- oder Mg-Salzen mittels Sulfamaten oder Alkalihexametaphosphaten behandelt. Hierauf wird wieder sauer gechlort. Das pH beträgt beim Chloren etwa unter 3, bei der Behandlung zur Entfernung der Kalksalze etwa 10,5—11,5; vgl. EP 637244.

EP 601643 Hercules 1948 (s. EP 601290) — Man bleicht Celluloselinters mit einer sauren Chlorlösung bei einem pH von etwa 1,5—4,5, welcher geringe Mengen Ammoniak zugegeben wurden und behandelt dann mit alkalischen Lösungen nach.

EP 601290 Hercules 1948 — Zur Bleiche von Celluloselinters werden saure Hypochloritbäder vorgeschlagen, welche kleine Zusätze von Stickstoffverbindungen, wie Ammoniak usw. 1 : 1000000 erhalten. Im Gegensatz zu der Verwendung von Chloraminen tritt keine Faserschädigung auf.

EP 596192/93 Palestine Potash 1948 — Wäßrige Hypochloritlösungen mit einem Gehalt an Bromid können vorteilhafter als die normalen Bleichungen angewendet werden. Man verwendet z. B. 750 g KBr auf 2000 l Hypochloritlauge mit einem Aktiv-Cl-Gehalt von 0,7—0,8 g/Liter.

EP 591537 Lockport Cotton Batting 1947 (s. AP 2422328 und 2407001) — Ein Kaltbleichprozeß in Gegenwart von anorganischen Glukonaten der Form:

$$\overbrace{CH-OR-CHOX-CHOH-CH}^{O}-CHOY-CH_2OH$$

R = Dextrose, X = H oder Alkali, Y = Alkali oder Phosphorsäurerest, z. B. Natriumpyrophosphoglukonat wird beschrieben. Es soll ein besseres Weiß erzielt werden.

EP 576910 Mathieson 1947 — Man bleicht mit Chloriten unter Zusatz von Aldehyden. Vgl. auch EP 576909.

EP 560995 Mathieson 1945 — Man bleicht mit Peroxyd und Chloriten.

EP 539566 Mathieson 1943 — Man bleicht Polyamide mit Chloriten. Vgl. auch FP 912469, FP 865678.

AP 2521344 Mathieson 1950 — Chlorit- und Hypochloritbleiche bei pH unter 7. Vgl. auch AP 2513787 und AP 2526839.

AP 2438781 Boyle 1948 — Die Stabilisation von Hypochloritlösungen erfolgt durch Zusatz von Verbindungen der Form:

$$X-R-SO_2-N\begin{matrix} \diagup Y \\ \diagdown Z \end{matrix}$$

wobei R ... Aryl, X ... H oder COOMe, Y ... H oder Alkyl, Z ... H, Alkyl oder Cl und Me ... Alkali bedeuten. Die Menge ist 0,001—1%.

AP 2433661 Mathieson 1947 — Nichtcellulosematerial wird mit Bädern von Alkalichloriten und Persulfaten bei pH 7—11 gebleicht.

AP 2433292 Mathieson 1947 — Zum Bleichen von Textilien, die keine Cellulose enthalten, werden Bäder, die Alkali- und Erdalkalichlorite, gemeinsam mit Alkali- und Erdalkalipersulfaten enthalten, beschrieben.

AP 2432447/8 DuPont 1947 — Die Bleiche von Polyacrylfasern wird mit Hypochloritbädern mit etwa 0,5—1% aktivem Chlor vorgenommen. Aus Dimethylformamidlösungen naßgesponnene Fasern werden bei einem pH von 2,1 bei 90—150° C unter Druck (Dampfatmosphäre) 30 Minuten behandelt. Man kann die Bleichbehandlung auch vornehmen, solange die Fasern noch im Gelzustande sind, also mehr als 100% Spinnlösung enthalten.

AP 2424797 Niagara Alkali 1947 — Bleichen von Cellulosemassen mit Hypochlorit.

AP 2417570 Solvay 1947 (s. AP 2170108, 1939) — Man bleicht B-wolle mit Hypochloritlösungen, die 0,10—2 g Natriumstannat und 0,25—1 g NaOH/Liter enthalten, bei 16—50° C. Eine bessere Ausnutzung des Aktivchlors und ein schöneres Weiß wird behauptet.

AP 2415657 Pennsylv. Salt 1947 (s. a. AP 2320280 Mathieson 1943, 2319697 Mathieson 1943, 2283199, All. Chem. 1943) — Zu Hypochloritbleichbädern werden als Netzmittel Alkylarylsulfonate, wie Nacconol usw. zugegeben, wobei gleichzeitig auch ein Zusatz von Pyrophosphat oder Metaphospat stattfinden kann.

AP 2383900 Mathieson 1945 — Man bleicht Textilien mit Natriumhypochloritlösung und einem Reinigungsmittel.

AP 2367771 Mathieson 1944 — Man bleicht unter Zusatz eines Aldehyds.

AP 2359782 Lockport 1944 — Bleiche unter Zusatz von Natriumglukonat. Vgl. auch EP 591537.

AP 2353823 Mathieson 1944 — Man bleicht mittels Lösungen von Alkalichloriten und Persulfat bei einem pH von 3—11.

AP 2260367 Mathieson 1941 — Nylonfasern können mit Chloritbädern gebleicht werden. Man verwendet Konzentrationen entsprechend 0,5—2 g/Liter an wirksamem Chlor. Gebleicht wird bei 25—75° C etwa 30 Minuten bis 2 Stunden. Der Faserangriff (Festigkeitsverlust) ist gering bei pH von etwa 3. Die Behandlung ermöglicht auch eine bessere Färbung der Faser.

AP 2256959 Pittsburgh Plate Glass 1941 (s. 2256958) — Zur Stabilisierung von Hypochloritlösungen werden Trimethylbenzylammonhydroxyd, N-methylpyridiniumhydroxyd usw. vorgeschlagen.

AP 2253368 Mathieson 1941 — Eine saure Chlorbleiche wird derart vorgenommen, daß man das Rohmaterial mit einem Bleichbad behandelt, welches ein pH von 3—5 und einen Chloritgehalt von 0,1—6 g/Liter aufweist, wobei Zusätze von gegen saure Reaktion und Oxydation unempfindlichen Reinigungsmitteln, wie aliphatische Alkoholsulfonate, sulfonierte Fettsäureamide usw. erfolgen. Das Bad kann erst bei niedriger Temperatur, später heiß zur Einwirkung kommen. Man erzielt bei gleichzeitiger Entschlichtung und halber Bleichdauer ein gutes Weiß ohne schädliche Chloritwirkung.

AP 2235837 Mathieson 1941 — Man leitet beim Bleichen von Cellulose gegen Ende der Bleichoperation Chlor in das Bleichbad bis zu einem Gehalt von 50% des Chlorgehaltes der Bleichflüssigkeit, hernach wird gewaschen. Während der Bleichoperation wird der pH-Wert eventuell durch Puffern auf 7,2—8,3 gehalten.

AP 2230957 IG 1941 — Künstliche Fasern bleicht man in Bündelform (aus Spinnlösungen entstanden und Ligninreste enthaltend) mit einem Chlorbad von 0,1% aktivem Chlor und einem pH-Wert unterhalb 6 zusammen mit etwas Mineralsäure (0,8%), wonach nach dem Spülen in einem alkalischen Chlorbad, welches durch Alkalisierung der erst verwendeten Bleichflüssigkeit erhalten wird, weiter bis zur Erschöpfung des Chlorgehaltes behandelt wird.

AP 2226162 Mathieson 1940 — Man behandelt die Baumwolle vor der Bleiche mit einer alkalischen Lösung von NaOH bei einer Konzentration von 20—100 g/Liter 2—12 Stunden bei mäßiger Temperatur. Geschlichtete Ware wird zweckmäßig vorher durch Enzymbehandlung entschlichtet.

AP 2184886 Pittsburgh Plate Glass 1939 (s. a. AP 2184883) — Ammelin wird mit Chlor behandelt. Das erhaltene Produkt ist als Stabilisator für Hypochloritlösungen bzw. selbst, da aktives Chlor abgebend, als Bleichmittel brauchbar.

AP 2161045 Dow 1939 — Man bleicht unter zusätzlicher Uviolbestrahlung.

AP 2155728 DuPont 1939 — Man behandelt mit dampfförmigem tert. Butylhypochlorit.

AP 2152553 DuPont 1939 — Dunkles Cellulosematerial wird mittels tert. Butylhypochlorit in organischen Lösungsmitteln (Chlorkohlenwasserstoffen) bei einer Konzentration von 2,5% der Bleichlösung behandelt.

AP 2152532 DuPont 1939 — Man bleicht mit einer Lösung von tertiärem Butylhypochlorit.

AP 2148842 Shennan 1939 — Man bleicht mercerisiertes Material und Kunstseide derart, daß man erst in einem Bade von 2% des Warengewichtes an Trinatriumphosphat, 4% calc. Soda und 2% Natriumstearat 5 Minuten kocht, hernach mit einem Bleichbad von 10% Hypochlorit, 2% Trinatriumphosphat, 2% Natriumstearat und Puffern 15 Minuten bei Zimmertemperatur und 20 Minuten kochend behandelt und dann wäscht.

AP 2143803 Shennan 1939 — Man bleicht mit Hypochloritlösungen, die NaOH, Na-Stearat und eine Puffersubstanz (Leim, Glukose, Dextrin, Zucker, Fettalkohole) enthalten.

2. Die Kombinationsbleiche.

Ein besonderer Hinweis ist hier nicht notwendig. Die zu verzeichnende Patentliteratur ist im Gegensatz zu den Verfahren der Chlorbleiche oder der Arbeitsweise mit Superoxydbädern eine außerordentlich geringe. Vielleicht sei der Vollständigkeit halber an das sogenannte CS-Bleichverfahren der Boehme-Fettchemie erinnert.[10]

Literaturübersicht über die Kombinationsbleiche.

Deuschle, Kling, Simon: Melliand Textilber. **24**, 21 (1943).

Patentschrifttum über die Kombinationsbleiche.

EP 500121 ICI 1939 — Man bleicht mit neutralen Hypochloritlösungen von 0,5—1,5 g Aktivchlor unter Zusatz von 2—5 kg $CaCO_3$/1000 Liter, hierauf folgt eine Superoxydbleiche.

EP 499873 ICI 1939 — Man bleicht mit einer neutralen Hypochloritlösung und hierauf mit Superoxyd unter Zusatz von Na_2CO_3.

AP 2165270 Buffalo 1939 — Das Bleichen von Textilien erfolgt durch Vorbehandlung mit Hypochloritlösungen (pH 4,5—7); hierauf tränkt man das Material mit Peroxydlösungen und bleicht dasselbe durch Dämpfen.

3. Die Sauerstoffbleiche.

Auf diesem, für das Bleichen von Seide, Wolle und Haaren, jedoch auch zur Erzielung des sogenannten Permanentweiß auf Baumwolle wichtigen Gebiete sind wieder eine Reihe von Vorschlägen zu verzeichnen, die sich einerseits mit der vorherigen oder gleichzeitigen Reinigung der Ware zur Erzielung des höchstmöglichen Weißgrades, andererseits mit der aus wirtschaftlichen Gründen außerordentlich wichtigen Stabilisierung der Bäder beschäftigen, die Sauerstoffverluste ausschließen soll.

---

[10] DP 653989.

Das Sauerstoffgleichgewicht ist in Wasserstoffsuperoxydbleichbädern abhängig von der Art und der Menge der Verunreinigungen, welche in das Bleichbad eingebracht werden. Es ist daher kürzlich versucht worden, den Sauerstoffverbrauch und die Sauerstoffbildung bei dieser Art von Bleiche laufend verfolgen zu können, um stets einen gewissen Anteil Sauerstoff als Bleichagens im Bleichbade vorrätig zu haben, andererseits wieder Sauerstoffverluste hintanzuhalten[11].

In diesem Zusammenhange soll auf Vorschläge verwiesen werden, das cellulosehaltige Material vor Einbringen in das Bleichbad einer Kochung mittels Kalkmilch zu unterziehen[12].

Nach einer anderen Arbeitsweise sucht man die besonders schwer entfernbaren Wachse in der Rohware durch Behandlung mit Aldehyden (wodurch der Schmelzpunkt erniedrigt werden soll) leichter entfernbar zu machen[13]. Dabei sollen auch die Pigmente in bequem entfernbare Verbindungen übergehen. Ein gleichartiger Vorschlag ist auch für die Vorbehandlung vor der Chlorbleiche gemacht worden.

Die Gefahr des Auftretens katalytischer Bleichschäden durch Metallreste in der Ware oder im Bade, insbesondere durch Rost — etwa von ungeschützten Rohrleitungen — ist jedem Fachmanne geläufig und trotz aller Vorsicht noch Ursache manchen Schadens. Die Superoxydbleiche von Kupferseide ist daher nicht anzuraten, da die in der Faser stets anwesenden Kupferspuren zu katalytischen Faserschädigungen führen können. Es soll ferner darauf hingewiesen werden, daß Nylon empfindlich gegen Superoxyd ist.

Das Stabilisieren der Bleichbäder ist Gegenstand mancher Patentschriften, wobei allerdings vielfach nur besondere Mengen der seit langem als wirksam bekannten Magnesiumverbindungen mit Wasserglas, welches z. B. in der Seidenbleiche als Alkalisierungsmittel für die Bäder bei Ausschluß aller anderen Alkalien verwendet wird, empfohlen werden. Als ähnlich stabilisierend wirkende Mittel sind noch Nitrilotriessigsäure oder Fettsäure-Eiweißkondensationsprodukte anzumerken[14].

Als Stabilisatoren für Superoxydbäder kann man auch Mischungen von Pyrophosphaten mit Oxalsäure oder Oxalaten anwenden.

Lediglich des Interesses wegen sollen jene Vorschläge behandelt werden, die die Bleiche mit organischen Perverbindungen, wie Monoperbernsteinsäure oder Monoperessigsäure betreffen. Wir glauben, daß sie wegen der Preisfrage wohl vorläufig nur Vorschläge bleiben werden[15].

Schließlich soll noch auf neuere Vorschläge zum Superoxyd-Kontinuebleichverfahren mit schwach alkalisch bis schwach sauren Wasserstoffsuperoxydlösungen (z. B. DP 755185) gegebenenfalls sogar in Gegenwart von Metallspuren, wie Kobalt (DP 706526), sowie auf das DuPont-Buffalo-Kontinueverfahren zum gleichzeitigen Beuchen und Bleichen verwiesen werden.

Literaturübersicht über die Sauerstoffbleiche.

Quern: Text. Wld. **97**, 192 (1947).
Howlett: Text. Manufacturer **72**, 412 (1946).
Schneller: Melliand Textilber. **25**, 235 (1944). — Teintex **8**, 150 (1943).

---

[11] Simon, Drehlich: Text. Res. J. **12**, 609 (1946).
[12] Vgl. z. B. OeP 159215.
[13] Vgl. AP 2220426.
[14] Vgl. AP 2254434, 2288410.
[15] Vgl. AP 2287064; SP 230678.

Colomb: Teintex 6, 222 (1941).
Letissier: Teintex 5, 269 (1940).
Weber: Melliand Textilber. 20, 209, 282 (1939).

Patentschrifttum über die Sauerstoffbleiche.

OeP 160 485 Kammer 1941 — Man bleicht mittels kochenden, 1% Wasserstoffsuperoxyd enthaltenden Bleichflotten, denen etwa 2% vom Warengewicht gerechnet Türkischrotöl zugegeben wird. Das Bleichgut wird unabgekocht behandelt.

OeP 159 215 Fürth 1940 — Man behandelt das Bleichgut erst mit $Ca(OH)_2$-haltigen Abkochbädern und hernach mit Peroxydlösungen, die eventuell einen Zusatz von Lauge, Soda usf. erhalten. Die Zusätze sind bestimmt, etwa auf der Faser niedergeschlagene Kalkseifen in Lösung zu bringen.

OeP 157 395 Buffalo 1939 — Man bleicht Pflanzenfasern mit alkalischen Superoxydflotten, indem man die damit getränkte Ware längere Zeit bei Zimmertemperatur liegen läßt. Man kann auch zwei Flotten verschiedener Konzentration hintereinander anwenden. Die verwendeten Konzentrationen würden die Ware bei Kochtemperatur schädigen, bewirken jedoch bei niedriger Temperatur (bis 40° C) eine rasche Bleiche ohne Beeinträchtigung der Faserfestigkeit. 1. Bad: 10—20 g NaOH, 30 ccm Natriumsilikat 42 Bé, 20 ccm Wasserstoffsuperoxyd 30% pro Liter. 2. Bad: 20—40 g NaOH, 60 ccm Natriumsilikat 42 Bé, 40 ccm Wasserstoffsuperoxyd 30% pro Liter.

DP 755 185 Degussa (nicht veröffentlicht) — Man tränkt mit Peroxydlösungen, die soviel Natriumpyrophosphat enthalten, daß die Ware nach dem Trocknen pH-Werte von rd. 8 aufweist.

DP 749 804 Ulrich 1945 — Man beucht mit Kalkmilch und bleicht anschließend die Ware samt dem in der Faser befindlichen Kalk.

DP 739 749 Grünau 1944 — Als Zusätze zu Peroxydbleichflotten für Cellulosematerial werden die Einwirkungsprodukte von Salzen niedrigmolekularer Carbonsäuren mit reaktivem Halogenatom auf Eiweißstoffe, deren Spaltprodukte oder deren Umsetzungsprodukte mit Harz- oder höheren Fettsäuren verwendet.

DP 738 889 Degussa 1944 — Beim Bleichen von Cellulosematerial werden ätzalkalische Wasserstoffsuperoxydflotten, die Alkalisalze aliphatischer Polycarbonsäuren enthalten, verwendet, wobei neben Stabilisatoren, wie Wasserglas und Alkalipyrophosphaten noch 3—6 g Alkalioxalat/Liter anwesend sind.

DP 737 552 Grünau 1943 — Man bleicht Faserstoffe mit Wasserstoffperoxyd in Gegenwart von oleyllysalbinsaurem Magnesium usw.

DP 728 171 Grünau 1942 — Bei der Wasserstoffsuperoxydbleiche werden als Stabilisatoren Eiweißstoffe oder Eiweißabbauprodukte verwendet.

DP 721 317 IG 1942 — Das Stabilisieren von Peroxydbleichflotten erfolgt mit Aminocarbonsäuren, die, bezogen auf ein basisches N-Atom, mehr als eine in α-Stellung befindliche Carboxylgruppe enthalten (nitrilotriessigsaures Na).

DP 716 215 Zschimmer-Schwarz 1942 — Zum Bleichen mit Superoxyd werden Flotten verwendet, die hochdisperse Suspensionen von wasserunlöslichen Salzen mehrwertiger Metalle und höherer Fettsäuren enthalten (Stabilisierung).

DP 707119 Grünau 1941 — Eiweißspaltprodukte oder Kondensationsprodukte werden Bleichflotten zugesetzt, um Schäden auf mattierter Kunstseide zu verhindern.

DP 706831 DuPont 1941 — Die Stabilisierung von H_2O_2 erfolgt durch Zugabe von Magnesiumsalzen und Silikat, wobei das gebildete Magnesiumsilikat durch Magnesiumsalze löslicher sein soll.

DP 701822 Ciba 1941 — Zum Stabilisieren von Peroxydlösungen sollen lösliche Salze der Sulfonierungsprodukte von Benzimidazolen zusammen mit löslichen Mg-Salzen dienen (N-methyl-μ-heptadecylbenzimidazolsulfonsaures Na).

Weitere DP über Bleichen mit Peroxyd: 706575, 706526, 698164, 691616, 684047.

DA 162856, 162819, 155873 — Stabilisatoren für Peroxydbäder sind Komplexe aus Eiweißabbauprodukten, Ammoniak und Magnesiumsalzen oder Kalziumsalze der Lysalbinsäure (vgl. DA 156695).

DA 83372 Degussa — Textilien werden mit Peroxyd getränkt und bei pH 5—7 bei 70° C getrocknet.

DA 80475 Franz — Als Stabilisatoren von H_2O_2 sollen aliphatische Säuren dienen.

SP 251400 Philips 1948 — Das Entfärben von Kunststoffen thermoplastischer Art kann durch Behandlung mit Wasserstoffsuperoxyd unter Zusatz von die Stoffe quellenden Mitteln erfolgen. Das Verfahren ist besser als die Behandlung mit Chlor oder Chlordioxyd, da keine Säurebildung eintritt.

SP 222780 Henkel 1942 — Als Stabilisatoren von Superoxydbleichbädern werden Lösungen von Wasserglas und wasserlöslichen Aluminium- oder Erdalkalisalzen verwendet. Z. B. 500 ccm Wasserglas 38 Bé und 55 ccm 0,5%ige Lösung von Magnesiumsulfat. Die Mischung hat gegenüber dem Wasserglas allein den Vorzug, unabhängig vom Härtegrad des verwendeten Wassers während der ganzen Benützungszeit des Bades einen wirksamen Stabilisatorgehalt zu verbürgen. Gegenüber der getrennten Zugabe der Komponenten in das Bad ist hier der stabilisierte Sauerstoffgehalt nach 15 Minuten Kochdauer wesentlich höher.

FP 956345 Electrochimie 1950 — Man bleicht vor oder nach einer Wasserstoffsuperoxydbleiche mit Persulfaten.

FP 875046 Degussa 1942 — Bleichflotten enthalten Waschmittel (Igepon), Wasserstoffperoxyd und Stabilisatoren, wie Kieselsäure (s. a. FP 875433).

FP 874917 Degussa 1942 — Regenerierte Cellulose wird mit Wasserstoffsuperoxyd gebleicht, indem man die Gewebe mit der Bleichlösung tränkt, den Überschuß abquetscht und nachher erhitzt. Verwendet werden Bleichlösungen mit einem pH von 5—7 (also schwach sauer). Die Hitzebehandlung erfolgt bei 70—100° C; vgl. auch EP 637150 und EP 637140.

FP 874774 Degussa 1942 — Man wäscht und bleicht Textilien mit Flotten, welche Waschmittel, sauerstoffabgebende Mittel und Stoffe enthalten, die schwerer oxydierbar als die Schmutzbestandteile, jedoch leichter oxydierbar als die Gewebefasern sind. Das verwendete pH beträgt 5—9. Als Zusätze werden Cellulosealkyläther, Stärke, Eiweißabbauprodukte usw. genannt.

FP 874026 Henkel 1942 — Als Stabilisatoren für die Superoxydbleichbäder werden Mischungen von Magnesium oder Al-Salzen und Wasserglas, eventuell unter Zusatz von Pyrophosphaten, vorgeschlagen.

FP 870079 Frenkel 1942 — Die Bleichlösungen von Superoxyd enthalten Harnstoff und Bentonit.

EP 585369 Buffalo 1947 — Zum Bleichen von Baumwolle und Leinen, welche mit Naphtolen gefärbte Stellen besitzt, wird das Bleichgut mit weniger als 90% seines Gewichts an Wasserstoffsuperoxydbleichflotte mit einem pH von weniger als 9,5 gedämpft. Kondensation des Wassers, aber auch Austrocknen der Ware muß dabei vermieden werden; vgl. EP 637928.

EP 507664 Buffalo 1939 (s. OeP 157395).

AP 2426142 DuPont 1947 — Man behandelt Bleichgut vor der Sauerstoffbleiche mit 5—20%igen Lösungen von Persäuren, wobei bessere Resultate, vor allem hinsichtlich Schonung der Festigkeit erhalten werden.

AP 2391710 Buffalo 1945 — Naphtolgefärbte Cellulosetextilien werden beim Bleichen mit alkalischen sauerstoffhaltigen Bädern durch Zugabe von frisch gefällten Magnesiumsilikaten vor Angriff geschützt.

AP 2366740 Buffalo 1945 (s. CanP 440056) — Man bleicht naphtolgefärbte Ware mittels Peroxyd bei pH 9,5 und darüber.

AP 2333916 DuPont 1943 — Zur Stabilisierung stark alkalischer Superoxydbleichbäder werden Zusätze von Alkalipyrophosphat und löslichen Magnesiumsalzen (Sulfat) empfohlen.

AP 2288410 Bay 1942 — Zum Stabilisieren von Alkali- und Erdalkalisuperoxyden werden fettsaure Salze, die in Wasser unlöslich sind, verwendet (90% NaCl, 0,5 Calciumperoxyd, 0,1—1% Magnesiumlaurat).

AP 2283350 McLaughlin, Wallenstein 1942 — Das Bleichen von Haaren mit Superoxydflotten liefert brüchige Ware. Besser erfolgt ein Zusatz von Monoäthanolamin, Mineralöl und einem höheren Alkohol zur Bleichflotte. Z. B. mischt man 1 Teil einer Mischung aus 50 Mineralöl, 30 Ölsäure, 20 Monoäthanolamin und 20 Teile Laurylalkohol mit 2—5 Teilen 17—20-Vol.-%igem Wasserstoffperoxyd. Die Lösung muß noch alkalisch reagieren.

AP 2283141 Buffalo 1942 — Man behandelt rohe Textilgewebe mit sauren wäßrigen Lösungen, dämpft und bleicht dann unter gleichzeitigem Dämpfen mit alkalischen Peroxydlösungen.

AP 2257716 Buffalo 1941 (s. OeP 157395 und EP 507664).

AP 2254434 Procter, Gamble 1941 — Als Stabilisator dient Nitrilotriessigsäuresalz und Mg-Silikat.

AP 2243683 DuPont 1941 — Haltbare trockene Mischungen, welche eine bestimmte Menge Sauerstoff abgeben, werden beschrieben.

AP 2231426 Buffalo (s. a. AP 2220682 1940) — Man bleicht erst mit wenig Flüssigkeit bei geringer Temperatur und einer alkalischen Peroxydlösung, vorher und nachher aber mit großen Flüssigkeitsmengen bei erhöhter Temperatur.

AP 2220426 Adox 1940 (s. a. AP 2126809) — Man behandelt das Bleichgut (Cellulose) mit Formaldehyd bei 104—120° F vor und unterwirft es hernach einer Oxydationsbleiche. Durch die Formaldehydbehandlung wird der Schmelzpunkt der natürlichen Wachse erniedrigt und die Pigmente in leicht entfernbare und bleichbare Verbindungen übergeführt. Verwendet werden Formaldehydlösungen von 2%.

AP 2173474 Evoy 1939 — Bleichen mit sauren H_2O_2-Lösungen.

AP 2160391 DuPont 1939 — Bleichbäder mit Mg-Verbindungen als Stabilisatoren werden beschrieben. Man gibt zu Wasserstoffsuperoxydbädern bei pH 2,5 Magnesiumsilikat zu und stellt durch Zusatz von löslichem Silikat auf einen pH-Wert von 9—10 ein. Es fällt kein Mg-Silikat aus. Man kann auch so arbeiten, daß zu 10 gall. Superoxydbad $^4/_5$ lbs Magnesiumsulfat 7 H_2O zugesetzt werden. Hierauf werden $^2/_5$ lbs Schwefelsäure 96% zugefügt, wobei ein pH von 2,5 resultiert. Dann werden 6 lbs Natriumsilikat 42 Bé beigegeben und durch Zugabe von Soda auf pH 10—10,5 eingestellt. Die Bäder bleichen ausgezeichnet und während 48 Stunden wird bei tiefer oder hoher Temperatur kein Mg-Silikat gefällt.

AP 2155704 ICI 1939 — Zum Stabilisieren von Peroxydlösungen, insbesondere Wasserstoffsuperoxydlösungen, werden dieselben mit Silicagel behandelt, welches nachher entfernt wird.

4. Verschiedene Bleichverfahren und Bleichmittel.

Hier sind kaum nennenswerte Vorschläge zu vermerken. Auf die Wollbleiche mit Clarite PS von Geigy, einem stabilisierten Natriumhydrosulfit mit 25% Natriumpyrophosphat für die Erzielung reiner Pastelltöne beim Wollefärben, soll bloß verwiesen werden.

Literaturübersicht über verschiedene Bleichverfahren und Bleichmittel.

Yates: Text. Recorder **65**, 774 (1947).

Patentschrifttum über verschiedene Bleichverfahren und Bleichmittel.

SP 231047 Béard 1944 — Zur Wäschebleiche wird eine Mischung von Ammonresinat, Enzym und ein Oxydationsmittel verwendet; z. B. 100 Teile Kolophonium werden mit 100 Vol.-Teilen 10%iges Ammoniak und 800 Vol.-Teilen Malzauszug auf 75° C bis zur Lösung erwärmt; hierauf wird abgekühlt und, wenn eben Gallertenbildung erfolgt, sofort 25 Vol.-Teile peroxydierte Terebinthessenz zugegeben.

SP 211283 IG 1940 — Die Fällung von Zinksalzen auf Wäsche oder Bleichgut wird verhindert durch Zusatz einer Mischung von 10 Teilen des Umsetzungsproduktes aus Ölsäurechlorid und Methyltaurin, 15 Teilen Na-Pyrophosphat, 10 Teilen Na-Salz der Nitrilotrieessigsäure, 15 Teilen Na-Perborat und 60 Teilen Glaubersalz.

FP 922055 Mathieson 1947 — Als Bleichmittel, welches in wäßrigen Bädern Chlordioxyd abspaltet, dient eine Mischung von Natriumchlorit, Phtalsäureanhydrid und eine geringe Menge Na-Monoxyd.

AP 2438100 Chem. Labor. 1948 — Man bleicht Textilien nach der Behandlung mit Mono-, Di- oder Triäthanolamin (Imprägnierung) mittels ozonisierter Luft und erhält vorzügliche Ergebnisse. Eventuell wird eine Vorbleiche mit Hypochlorit (bei Cellulose) vor der Imprägnierung mit Triäthanolamin vorgenommen. Die Affinität der Ware gegenüber Farbstoffen soll dabei erhöht werden.

AP 2243683 DuPont 1941 (s. AP 2287064 DuPont 1942) — Haltbare trockene Bleichmittel, die Sauerstoff abgeben, werden aus folgender Mischung gewonnen: 40—90 Perborat, 5—10 Na-Salz des Kokosnußfettalkoholsulfonats, 3—40 Pyrophosphat und 0,38—40 Glaubersalz. Das Natriumpyrophosphat wird als Puffersubstanz beigegeben.

AP 2231953 Celec Corp. 1941 — Man behandelt das Textilgut mit $7^1/_2$% Sodalösung, wäscht und läßt dann bei 80—100° C eine 5%ige schwefelige Säurelösung einwirken. Hierauf wird getrocknet und dann mit 5% Hypochloritlösung behandelt.

5. Organische Perverbindungen.

In den letzten Jahren ist eine Anzahl von Vorschlägen in der Patentliteratur zu finden, die sich mit der Verwendung von organischen Perverbindungen als Bleichmittel in der Textilindustrie befassen. Wenngleich derartigen Produkten bis jetzt keinerlei praktische Bedeutung zukommt, sollen derartige Vorschläge Erwähnung finden.

Patentschrifttum über organische Perverbindungen.

SP 230678 Degussa 1944 — Bleichmittel für die Baumwollbleiche können aus einer Mischung von organischen Persäuren oder deren Salzen und alkalischen Mitteln bestehen. Die Mischung ist so eingestellt, daß sie in Lösung ein pH von 6—8 hervorruft. Gebleicht wird mit 0,25—1% Monoperessigsäure.

SP 226012 Wacker 1943 — Acetylperoxyd kann als Bleichmittel verwendet werden. Es bildet sich durch Oxydation von Acetaldehyd mit molarem Sauerstoff und Katalyten bei 30° C.

FP 876284 Degussa 1942 — Zum Bleichen von Baumwolle usw. werden Persäuren verwendet. Man arbeitet bei einem pH von 6—9, ohne zu entschlichten oder zu beuchen. Ein Ausbluten von Naphtolen oder Küpenfärbungen findet dabei nicht statt.

EP 581046 Celanese 1946 — Zum Bleichen von Acetatkunstseide verwendet man 10—40% des Warengewichtes an Peressigsäure.

EP 573562 Distillers 1945 — Man stellt aus Crotonaldehyd und Wasserstoffsuperoxyd bei 0° C in Gegenwart von NaOH Säureperoxyde her. Es bildet sich eine kristallinische Masse vom Schmelzpunkt 40° C.

AP 2415971 Pittsburgh Plate Glass 1947 — Zur Stabilisierung von Perverbindungen werden kleine Mengen J empfohlen.

AP 2414769 Shell 1947 — Es wird ein Verfahren zur Herstellung von organischen Peroxyden, wie z. B. Äthyl-tert. Butylperoxyd beschrieben. Insbesondere werden Dialkylperoxyde der Form $(CH_3)_3$—C—O—O . R hergestellt, wobei R ein nichttertiäres niedriges aliphatisches Radikal bedeutet.

AP 2403772 Shell 1946 (s. AP 2414769) — Es wird die Herstellung von tert. Butylhydroperoxyd beschrieben (s. a. AP 2403771).

AP 2403758 Shell 1946 — Die Herstellung von asymmetrischen Dialkylperoxyden wird behandelt.

AP 2403709 Shell 1946 (s. AP 2400041) — Die Herstellung von tert. Butylhydroperoxyd wird behandelt.

AP 2287064 DuPont 1942 — Als Bleichmittel wird die Verbindung der Form:

$$\begin{array}{l} CH_2\text{—COO . OH} \\ | \\ CH_2COOH \end{array}$$

(Monoperbernsteinsäure) empfohlen. Man verwendet trockene Mischungen von Bernsteinsäureanhydrid und Natriumsuperoxyd unter Zusatz von Tetranatriumpyrophosphat oder Soda.

AP 2223807 Research 1940 — Tert. Butylhydroperoxyd aus Monoalkylester und Wasserstoffsuperoxyd wird behandelt (s. a. AP 2403771/2) $(CH_3)_3$—C—O—OH.

6. Sauerstoff abgebende Waschmittel.

Es handelt sich hierbei meist um Kombinationen aus kapillaraktiven Stoffen und Perverbindungen, wobei die Frage der Stabilisierung der Persalze im Vordergrund steht. Einige Vorschläge verdienen Beachtung.

Patentschrifttum über Sauerstoff abgebende Waschmittel.

DA 140975 Henkel — Sauerstoff abgebende Mittel aus 1 Teil Perborat, 2—6 Teile Seife, 1—3 Teile Tetranatriumpyrophosphat und 1—3 Teile Soda.

DA 138331 Henkel — Mischungen aus Schaummitteln, Perverbindungen und Alkaliphosphaten.

DA 89107 Degussa — Mischungen aus Percarbonat, Soda, Natriumsilikat und Magnesiumsilikat als Stabilisator.

SP 234573 Degussa 1945 — Man verwendet zur Reinigung von Wäsche Fettalkoholsulfonate in einer Menge von max. 60—85% der Gesamtmischung (Igepon, Gardinol) mit Percarbamid und etwas Kieselsäuresol als Stabilisator und arbeitet bei einem pH von etwa 6.

SP 225545 Henkel 1943 — 34,2 Teile Tetra-Natriumpyrophosphat, 38,8 Teile Seife (93%), 17,4 Teile Sodamonohydrat, 1,1 Teile Na-karbonat und 5 Teile Percarbamat werden gemischt, wobei noch 3,5 Teile Mg-Silikat (65%) zugesetzt werden. Man erhält lagerbeständige Waschmittel.

SP 207197 Henkel 1940 — Beschreibt die Herstellung von Perverbindungen enthaltenden Wasch- und Bleichmitteln durch Zerstäubung von Lösungen in einem Hohlkegel.

SP 206687 Henkel 1939 — Mischungen, die als Wasch- und Bleichmittel Verwendung finden können, werden erhalten aus: 10 Teilen Natriumperborat, 32 Teilen Seife, 12 Teilen Soda, 14 Teilen Natriumsalz der Nitrilotriessigsäure oder: 12 Teile Perborat, 8 Teile Soda, 20 Teile Iminodiessigsäure eventuell unter Zusatz von höheren Fettalkoholsulfonaten.

AP 2377066 ICI 1945 — Waschmittel aus Perborat, Percarbonat, Soda, Borax, Bicarbonat, Trinatriumphosphat und 0,001—0,1% Bis-(2-hydroxy-5-methylbenzol-)äthylendiamin.

AP 2163525 Caldwell 1939 — Die Herstellung von hydratisiertem Mg-Silikat aus präzipitiertem Ca-Silikat und Mg-Salzen durch Basenaustausch wird beschrieben.

AP 2152520 Henkel 1939 — Bleich-, Wasch- und Reinigungsmittel aus Seife, Na-Pyrophosphat, Na-Perborat, Soda und Na-Triphosphat und Metasilikat werden beschrieben. Z. B. mischt man: 50 Teile Seife, 24 Teile Pyrophosphat, 8 Teile Perborat, 17 Teile Soda oder: 60 Teile Seife, 9 Teile Perborat, 11 Teile Pyrophosphat, 8 Teile Trinatriumphosphat und 12 Teile Na-Metasilikat. An Stelle von Seife kann auch Oleyltaurin oder das Na-Salz eines Fettalkohol- bzw. Glyzerinestersulfonates verwendet werden.

7. Die optischen Bleich- und Aufhellmittel.

Während früher der Weißton gebleichter Ware vielfach durch das sogenannte Schönen mittels Ultramarin, bzw. später auch unter Verwendung hochlichtechter Alizarinviolettmarken verbessert wurde, ist seit 1943 ein neuartiger Weg eingeschlagen worden, eine derartige Verbesserung bzw. sogar eine „Vortäuschung“ eines Weißgrades ungebleichter Ware durch Behandlung mit außerordentlich verdünnten Lösungen fluoreszierender, zum Teil zur Textilfaser affiner organischer Stoffe, die an sich keine Eigenfärbung aufweisen, herbeizuführen.

Derartige Produkte sind als *Blankophore* (IG), *Tinopale* (Geigy), *Uvitex* (Ciba) sowie *Leukophor* (Sandoz) auf den Markt gekommen.

Es werden die Sondermarken *Blankophor WT, Leukophor W, Tinopal WR* und *Uvitex WS* für Wolle, *Blankophor R, B, RG, Leukophor R, S, Tinopal BV* und *Uvitex R, RBS* für Baumwolle sowie *Uvitex RP* für Weißätzen bzw. *Uvitex RW* für Mischgewebe empfohlen.

Ihr Absorptionsmaximum liegt bei etwa 3000—4000 Å. Sie lassen daher behandelte Ware im Tageslicht dem menschlichen Auge wesentlich weißer erscheinen, als sie ist, da die ihnen eigentümliche rötlichviolette oder bläulichviolette Fluoreszenz den Gelbgehalt der Textilien herabdrückt (Violett ist im Farbkreis bekanntlich die Komplementärfarbe zu Gelb). Die Wirkung im uviolstrahlenarmen Kunstlicht ist dagegen eine geringe.

Schon seit etwa zehn Jahren ist bekannt, daß β-Methyl-umbelliferon[16], aber auch das Aesculin[17] (das Glukosid des Aesculetins) derartige Wirkungen zeigen. Beide Stoffe können als Cumarinabkömmlinge bezeichnet werden. Auch das undiazotierte Diazolichtgelb[18] ist ein Vertreter hierhergehöriger Substanzen. Seine Formel ist

$$NH_2-C_6H_4-CO-NH-C_6H_3(SO_3Na)-NH-CO-NH-C_6H_3(SO_3Na)-NH-CO-C_6H_4-NH_2$$

Eine Reihe weiterer ähnliche Eigenschaften aufweisende Verbindungen sind 2,5-Dioxyterephtalsäure, Anthrachinon-2-sulfosaures Natrium, Amino- bzw. Oxynaphtalinsulfosäuren usw.

Besonders geeignet sind jedoch die Derivate der Diaminostilben-2,2'-disulfosäure der Formel

$$NH_2-C_6H_3(SO_3H)-CH=CH-C_6H_3(SO_3H)-NH_2$$

bzw. Benzidin- oder Diaminobenzylabkömmlinge, wie

$$R-C_6H_3(SO_3H)-CH_2-CH_2-C_6H_3(SO_3H)-R$$

$$R-C_6H_3(COOH)-C_6H_3(COOH)-R$$

Diese Gruppe von Verbindungen zeigt im allgemeinen eine gute Affinität zur Cellulosefaser.

Zu einer anderen Gruppe hierhergehöriger Vertreter zählt z. B. 4-Amino-1-phenyl-5-methyl-benzthiazol

---

[16] OeP 151635.

[17] Krais: Melliand Textilber. **10**, 468 (1929).

[18] Vgl. DP 250342.

N
CH_3— —C— —NH_2
S

welches eine ausgeprägte Substantivität für animalische Textilfasern aufweist.

Schließlich wären die Vertreter der Benzimidazole bzw. der Dibenzimidazyläthylene

N — C— — NH bzw. N — C—CH=CH—C — N — NR — N R

zu erwähnen.

Es ist darauf hinzuweisen, daß die Fluoreszenz der genannten Verbindungen in engem Zusammenhange mit dem konstitutionellen Aufbau steht und kürzlich die Anwesenheit von mindestens vier konjugierten Doppelbindungen

= C — C = C — C = C — C = oder

— N = C — C = C — C = N — C = C — usw.

im Molekül als besonderes Charakteristikum erwähnt wird.

Die Behandlung der Textilien erfolgt mit Bädern, welche 0,01—0,1 g/Liter des Wirkstoffes enthalten. Man kann, wie bereits geschildert, den Weißgrad von Bleichgut erhöhen, es ist aber auch möglich, die Bleiche unter Faserschonung nur bis zu einem geringen Grade an Weißgehalt durchzuführen und den optischen Effekt mittels der angegebenen Stoffe zu verbessern. Ferner können nur schwach gelbliche Textilien ohne Bleiche aufgehellt werden, Ätzböden, insbesondere Weißätzen geschönt, oder Färbungen in ihrem Reinheitsgrade erhöht werden. Schließlich können Pastelltöne, eventuell unter Zusatz des Bleichmittels ins Färbebad, hergestellt werden oder die optischen Bleichmittel den Waschbädern von Wäsche usw. beigegeben werden, um das Aussehen des Waschgutes zu verbessern.

Nicht alle Vertreter der hier genannten Stoffe sind säureecht, manche zeigen auf der mit ihnen behandelten Ware unter dem Einfluß von organischen Säuren mehr oder weniger starke Vergilbung. Auch die Waschechtheit[19] der erzielten Effekte ist nicht immer einwandfrei. Hinsichtlich der Lichtechtheit ist zu sagen, daß lichtechte Vertreter zur Verfügung stehen, daß es aber stets vorteilhaft ist, derartig behandelte Ware dem Sonnenlichte nicht allzusehr auszusetzen, da ein Zerfall der Körper im Laufe der Einwirkungszeit erfolgt[20]. Die optische Bleiche mittels Tinopal BV ergibt wasch-, merzerisier-, koch- und schweißechte Effekte. Sie sind beständig gegen NaOH, Hydrosulfit, Wasserstoffperoxyd. Die Zugabe des optischen Bleichmittels kann in die Hypochloritbleichlösung erfolgen, jedoch nicht in saure Bleichbäder. Vorteilhaft ist ein Zusatz in Wasserstoffsuperoxydbleichbäder. In Farbflotten wird eine Erhöhung der Brillanz der Färbung erzielt.

Ein interessanter Vorschlag geht dahin, die als optisches Bleichmittel bekannte 4,4'-Bis [2-amino-4-phenylamino-1,3,5-triazyl (6)] diaminostilben-2,2'-disulfosäure, mit Formaldehyd kondensiert, gleichzeitig zum Knitterfestmachen zu verwenden[21].

---

[19] Vgl. Spinner u. Weber **60,** 21 (1942).

[20] Vgl. Amer. Dyestuff Reporter **37,** 141/142 (1947).

[21] SP 237394.

Bei der Beurteilung der optischen Bleichmittel in ihrer Anwendungsmöglichkeit ist die Substantivität und die Lichtechtheit derselben zu beachten. Die rötliche Fluoreszenz der Produkte ist nicht mehr erwünscht. Man zieht heute des besseren Effektes wegen blaue bzw. blaugrüne Fluoreszenz vor. Dadurch wird bei Verwendung zu großer Mengen des Wirkstoffes oder im Falle der Kumulierung desselben eine rötliche Färbung des Textilgutes vermieden. Man hat auch zur Korrektur zu rötlicher Fluoreszenz Mischungen mit grünen Farbstoffen benützt. Beispielsweise wurde *Blankophor R* (IG) mit Anthracyaningrünmarken, wie Anthralangrün GR gemischt als *Blankophor RG* in den Handel gebracht. Eine allzu große Substantivität und Waschechtheit ist bei der Verwendung von optischen Aufhellmitteln als Zusätze zu Waschflotten nicht erwünscht. Nach wiederholten Waschoperationen sammeln sie sich in der Wäsche an und bewirken hierdurch eine unerwünschte Verfärbung. Weiters ist eine möglichst gute Löslichkeit der Produkte von großer Bedeutung für ihre Verwendung. Aus diesem Grunde gab Di-benzoylierte-bis-aminostilbendisulfosäure leicht fleckigen Ausfall. Zur Vermeidung dieses Übelstandes enthielt *Blankophor R* (IG) einen großen Anteil Harnstoff, der den Wirkstoff hydrotrop löste.

Die Konstitution der optischen Bleichmittel steht in engem Zusammenhang mit Substantivität, Fluoreszenz und Echtheitseigenschaften. So verleiht beispielsweise eine freie Aminogruppe im Benzolkern dem Produkt schlechte Lichtbeständigkeit. Sind sie hingegen an Triazinringen gebunden, so wirken freie Aminogruppen nicht in diesem Sinne. Die Naßechtheiten können sehr gesteigert werden, wenn man Triazinylgruppen enthaltende Abkömmlinge der Bis-amine-stilbendisulfosäure mit Formaldehyd umsetzt.

Eine übersichtliche Zusammenstellung über die Art des molekularen Aufbaues von optischen Bleichmitteln bringt die folgende Tabelle. Sie enthält ferner Angaben über Echtheitseigenschaften, Fluoreszenz, Löslichkeit und Substantivität. Als Ergänzung dieser Tabelle seien noch die Konstitutionsformeln für verschiedene Blankophormarken angegeben.

Blankophor WT (4,5-Diphenylimidazolon-2-disulfosäure):

$$NaSO_3-C_6H_4-CH-CH-C_6H_4-SO_3Na$$
(beide CH über NH—CO—NH zum Ring geschlossen)

Blankophor R:

$$C_6H_5-NH-CO-NH-C_6H_3(SO_3Na)-CH{=}CH-C_6H_3(SO_3Na)-NH-CO-NH-C_6H_5$$

Blankophor B:

$$C_6H_5-NH-C_3N_3H-NH-C_6H_3(SO_3Na)-CH=$$
$$=CH-C_6H_3(SO_3Na)-NH-C_3N_3H-NH-C_6H_5$$
(C₃N₃H = Triazinring aus C, N, C, N, CH, N)

Zusammenstellung über die Konstitution

Grundkörper der Aufhellmittel

Derivate der 4,4′-Diamino-2,2′-stilbendisulfosäure 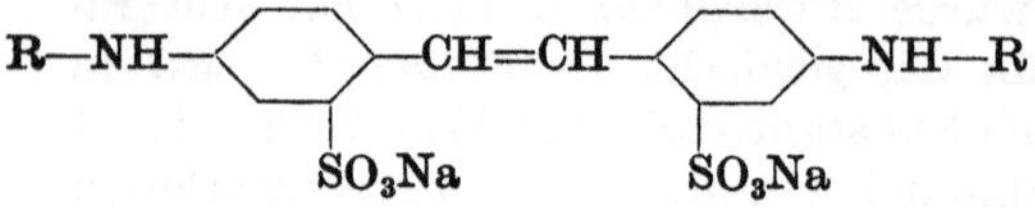	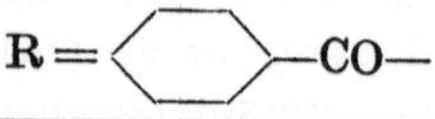
R—NH—⬡—CH=CH—⬡—NH—R (jeweils mit SO_3Na am Ring)	R = ⬡—CO—
	R = CH_3—CO—
	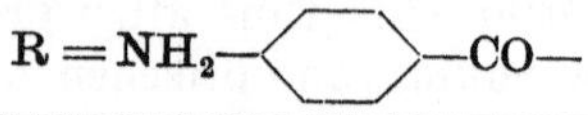 R = NH_2—⬡—CO—
	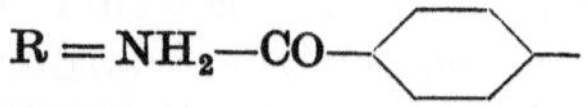 R = NH_2—CO—⬡—
	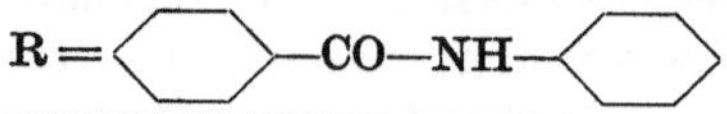 R = ⬡—CO—NH—⬡—
	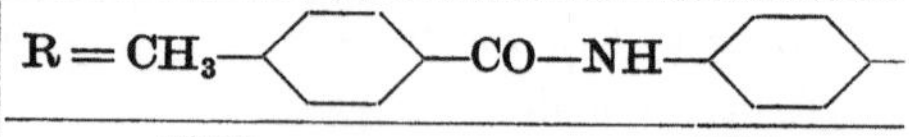 R = CH_3—⬡—CO—NH—⬡—
	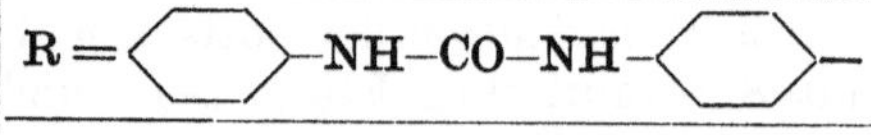 R = ⬡—NH—CO—NH—⬡—
	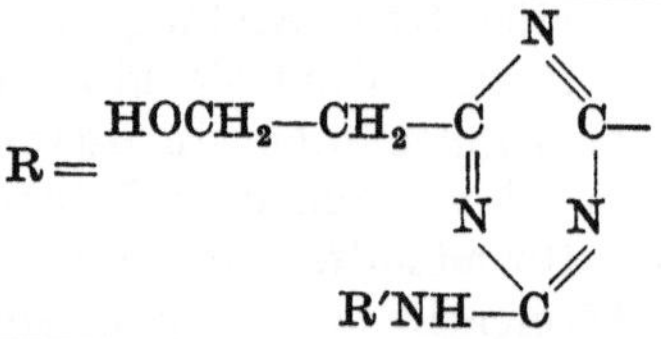 R = $HOCH_2$—CH_2—C(=N—C(NHR′)=N—)C— (Triazinring: N, C, C, N, N, R′NH—C)
	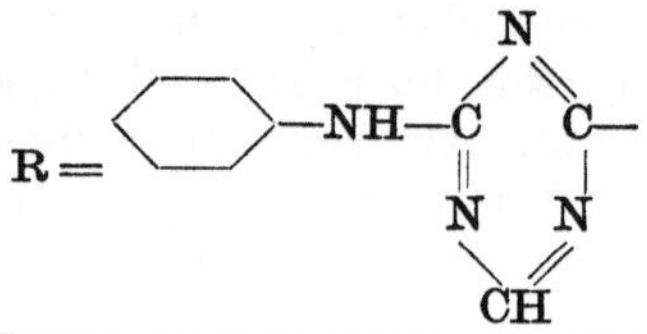 R = ⬡—NH—C(Triazinring: N, C—, N, N, CH)
	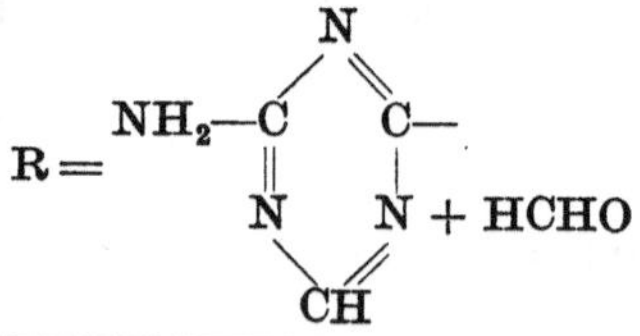 R = NH_2—C(Triazinring: N, C—, N, N, CH) + HCHO
	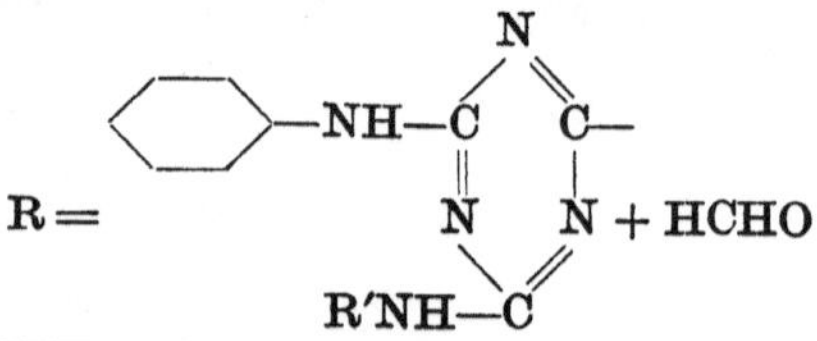 R = ⬡—NH—C(Triazinring: N, C—, N, N, R′NH—C) + HCHO
	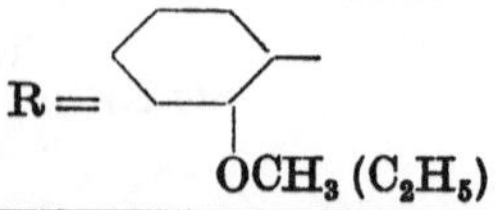 R = ⬡— mit OCH_3 (C_2H_5)
	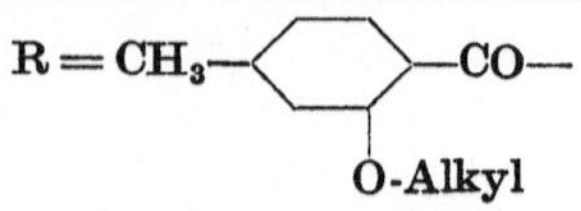 R = CH_3—⬡—CO— mit O-Alkyl

und Eigenschaften optischer Bleichmittel.

Fluoreszenz	Licht-echtheit	Wasser-echtheit	Wasch-echtheit	Alkali-echtheit	Säure-echtheit	Löslich-keit	Wirksam f. Wolle (W) od. Cellu-lose (C)	Patentliteratur
blau bis violett	mittel	gut	gut	mittel	mittel	schlecht	W, C	IG; AP 2089413
rötlich—violett	gut	gut	gut	—	gut	gut	W (C)	
rötlich bis violett	schlecht	gut	gut	mittel	mittel	mittel	W	IG; SP 225337, SP 223536
blau bis violett	gut	gut	gut	—	—	gut	W, C	Lever Brothers; SP 252517/18, EP 584435
blau bis violett	gut	gut	gut	—	—	gut	W, C	IG
blau bis violett	gut	gut	gut	—	—	gut	W, C	Lever Brothers; EP 585549
blau bis violett	gut	gut	gut	—	—	gut	W, C	IG; DP 746569
blau bis violett	gut	gut	gut	—	—	gut	W, C	ICI; EP 624051/52
blau bis violett	gut	gut	gut	mittel	mittel	gut	(W) C	IG; SP 224613
blau bis violett	mittel	sehr gut	sehr gut	gut	gut	gut	(W) C	Gy.; OeP 162947, SP 237394
blau	gut	sehr gut	sehr gut	gut	sehr gut	gut	(W) C	Gy.; OeP 162947
blau	gut	gut	gut	gut	gut	gut	W, C	Cyanamid; AP 2468431
blau	gut	gut	gut	mittel	gut	gut	W, C	Gy.; AP 2521665

Grundkörper der Aufhellmittel

R—NH—C_6H_3—CH=CH—C_6H_3—NH—X (beide Ringe mit SO_3Na)	R = C_6H_4—O—CH_2—CO X = Triamino(1,3,5)-triazinyl
	R = Aryloxyfettsäurerest X = CO—{O, NH, OCH_2}—{Alkyl, Aryl}
Thiazolderivate S, C—C_6H_4—NH_2, N	
Benzimidazolderivate R, N, C—R_1, N	1,4,5-Triphenylbenzimidazolin(2)-disulfosäure
Dibenzimidazolderivate R, R, N, N, C—(CH_2)—C, (—CH=CH—), N, N	
Aminocumarinderivate R, C, C—R_1, MeO_3S—CH_2—NR_2—, CO, O	
Cumarinderivate CH_3, C, CH, CO, O	Methylumbelliferon

Fluoreszenz	Licht-echtheit	Wasser-echtheit	Wasch-echtheit	Alkali-echtheit	Säure-echtheit	Löslich-keit	Wirksam f. Wolle (W) od. Cellu-lose (C)	Patentliteratur
blau	gut	gut	gut	sehr gut	vor-züg-lich	gut	W, C	Gy.; OeP 164035
blau bis grünblau	gut	mittel	mittel	gut	—	gut	W	Gy.; OeP 164036
blau bis violett	—	—	—	—	—	—	W	Lever Brothers; EP 584484
blau bis violett	—	—	—	—	—	—	W, C	IG; DP 735478, SP 234510
blau bis violett	gut	gut	gut	—	—	schlecht	C	Ciba; OeP 164489, OeP 162913, SP 240109 SP 238148 EP 588972
blau bis violett	—	—	—	—	—	gut	W (C)	Ciba; OeP 165049
blau bis violett	—	—	—	—	—	gut	W, C	Lever Brothers; AP 2424778 EP 522672

Literaturübersicht über die optischen Bleich- und Aufhellmittel.

Caspar: J. Soc. Dyers Colourists **66**, 101 (1950).
Moncrieff: Text. Manufacturer **76**, 186 (1950).
Kayser: Melliand Textilber. **30**, 161 (1949).
Weber: Österr. Chemiker-Ztg. **51**, 13 (1949).
Landolt: Textil Rundschau **3**, 376 (1948).
Yates: Text. Recorder **65**, 46 (1947).
Caspar: Textil Rundschau **2**, 212 (1947).

Patentschrifttum über optische Bleichmittel.

OeP 165049 Ciba 1950 — Als optisches Bleichmittel und als Waschmittelzusatz werden Verbindungen der Form

R_3
C
R C—R_4
MeO_3S—C—N—
CO
R_1 R_2 O

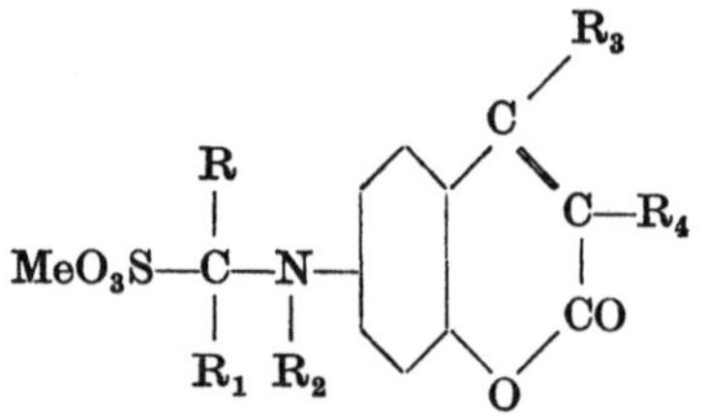

usw. (Cumarinderivate) angegeben.

OeP 164035/36 Gy 1949 — Als Aufhellungsmittel dienen Verbindungen der Form:

Aryl—O—Alkylen—CO—NH—⟨ ⟩—CH=CH—⟨ ⟩—NH—Y
SO_3H SO_3H

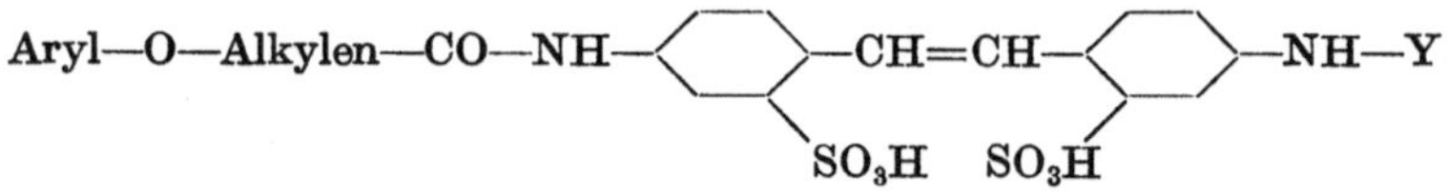

Y = Triazinring(1,3,5), mit Aminogruppen substituiert. Auch Verbindungen der Form:

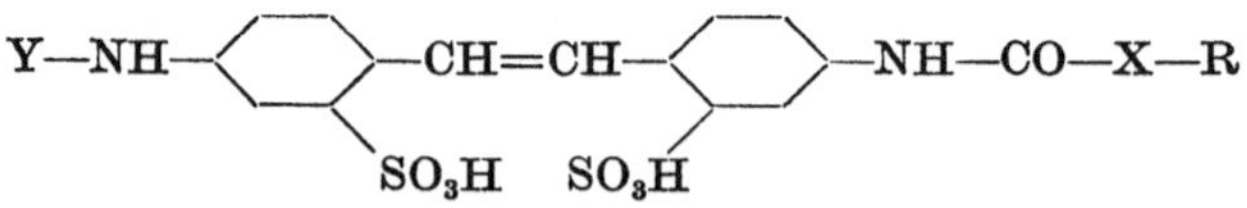

Y—NH—⟨ ⟩—CH=CH—⟨ ⟩—NH—CO—X—R
SO_3H SO_3H

wobei R ein Alkyl- oder Arylrest, Y der Acylrest einer niederen Aryloxyfettsäure, X eine direkte Kohlenstoffbindung oder ein Brückenglied, wie —O—, —NH—, Alkylen—O— usw. bedeutet, sind verwendbar.

OeP 163823 Ciba 1949 — Herstellung von Di-imidazolen.

OeP 162947 Gy 1949 — Alkaliechte, säure- und waschechte optische Bleicheffekte werden mit Kondensationsprodukten aus Aminostilbenderivaten, die einen oder mehrere 1,3,5-Triazinringe, wovon mindestens einer eine freie NH_2-Gruppe enthalten muß, mit Formaldehyd gewonnen. Die Verbindungen enthalten noch wasserlöslichmachende SO_3H- oder COOH-Gruppen.

OeP 162913 Ciba 1949 — Als optische Bleichmittel werden Diimidazole der Form

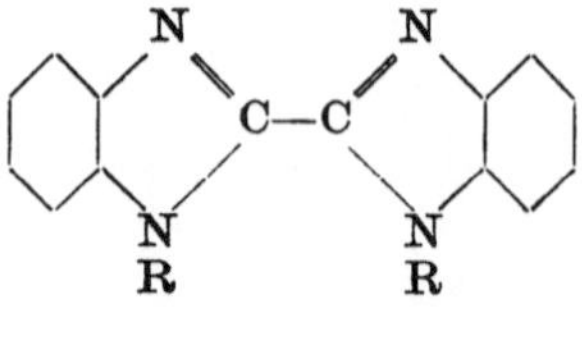

N N
C—C
N N
R R

vorgeschlagen. Es können auch substituierte Äthylene der Formel

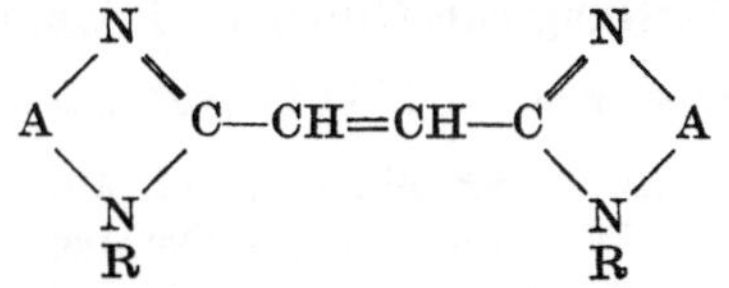

```
   N                N
  / \\            // \
A     C—CH=CH—C      A
  \  /            \  /
   N                N
   R                R
```

Anwendung finden (α,β-Di[benzimidazyl(2)]äthylen usw.).

DP 746569 IG 1944 (s. a. EP 522672) — Als Aufhellungsmittel werden sulfonsaure oder carbonsaure Salze von Verbindungen der Form

X—NH—CO—NH—Aryl—CH=CH—Aryl—NH—CO—NH—X

(wobei X Wasserstoff oder ein beliebiges org. Radikal bedeutet) empfohlen.

DP 735478 IG 1943 — Sulfonierungsprodukte von 4,5-Diarylimidazolinen können als Aufhellungsmittel für Textilfasern gebraucht werden.

DA 160602 Hoffmann — Als optisches Bleichmittel dient Phenylchinolincarbonsäuremethylester.

DA 93702 Hydrierwerke — Diacylimidgruppenhaltige Stilbenabkömmlinge mit blauer Fluoreszenz sind optische Aufhellmittel.

DA 72526 IG — Optische Bleichmittel der Form

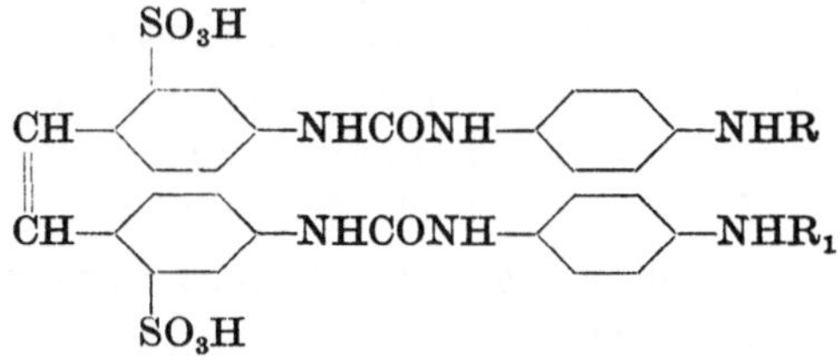

```
        SO3H
         |
CH—<    >—NHCONH—<    >—NHR
||
CH—<    >—NHCONH—<    >—NHR1
         |
        SO3H
```

Hierbei sind $R = COR_2$, $COOR_2$; $R_1 = H$ oder $COOR_2$ und R_2 = Alkyl oder Aryl.

DA 68685 IG — Bis-(p-diaminobenzoylbenzidin-3,3'-disulfosäure als optisches Aufhellmittel.

DA 68293 IG (vgl. DA 68644 und 68416) — Als optische Bleichmittel sind genannt: Äsculin, Aminostilbenderivate, Benzidinsulfosäuren, Thiazole, Terephtalsäureabkömmlinge, Amino- oder Oxynaphtalinsulfosäuren, Antrachinonabkömmlinge oder Verbindungen der Form

X—NHCONH—Aryl—CH=CH—Aryl—NHCONH—X

(X=H oder beliebiger org. Rest).

SP 267582 Ciba 1950 — Optische Bleichmittel der Klasse der Diimidazoläthylene (s. a. SP 267583—85 und SP 263627).

SP 265816 Ciba 1950 — Das Umsetzungsprodukt aus 2(4-Aminophenyl)benzthiazol mit Na-Formaldehydbisulfit dient zur optischen Bleiche; vgl. SP 270447/49.

SP 265707 Ciba 1950 — Optische Bleichmittel aus der Reihe der Amino-Cumarinderivate; z. B. 3-Benzoyl-4-metyl-7-äthylaminocumarinmonosulfosäure (vgl. auch SP 265708—15).

SP 263489/94 Ciba 1949 — Zusatz zu SP 251643 (vgl. auch SP 262958/59).

SP 263256 Gy 1949 — Optische Bleichmittel für Wolle der Form

Ar—X—CO—NH—Ph—CH=CH—Ph—NH—Y.

Hierbei ist Ar ein aromatischer Rest, Ph ein Phenylrest, X eine zweiwertige Brücke und Y ein in 3,5-Stellung substituiertes Triazin (vgl. auch SP 263935).

SP 262959 Ciba 1949 — Zusatz zu SP 251643 (vgl. auch SP 262958 und 261950).

SP 253876 Ciba 1948 (Zusatz zu SP 246967; vgl. auch SP 261950) — Als optische Bleichmittel werden Waschmittel im Gemisch mit Verbindungen der Form

```
   N           N
  / \\       // \
 A    C—R—C     A
  \  /       \  /
   N           N
   |           |
```

empfohlen, wobei A einen aromatischen Kern, in welchem vicinale C-Atome mit dem Imidazolstickstoff verknüpft sind und R einen aromatischen Rest darstellt, der mindestens zwei Doppelbindungen aufweist, die mit der >C=N— Gruppe des Imidazolringes eine ununterbrochene Kette konjugierter Doppelbindungen bilden.

SP 252517 Lever Brothers 1948 (s. a. SP 252518) — Zur Verbesserung des Weißgrades von Textilien, insbesondere in der Wäsche, werden als optische Bleichmittel Derivate der Diaminobenzoylaminostilbensulfosäure verwendet (4,4′-Di-p-acetylaminobenzoylaminostilben-2,2′-disulfosäure; vgl. SP 270035.

SP 251643 Ciba 1948 — α,β-Di[benzimidazyl(2)]äthylen ist als optisches Bleichmittel bekannt. Hier wird die Herstellung aus dem entsprechenden Äthanderivat mit dehydrierenden Mitteln beschrieben.

SP 246967 Ciba 1947 — Als optische Bleichmittel werden Waschmittel empfohlen, welche Stoffe der Formel

```
   N
  / \\
 A    C—R
  \  /
   N
```

(A ... aromatischer Kern, R ... Aryl) mit 4 konjugierten Doppelbindungen mindestens enthalten, zeigen Affinität zur Cellulosefaser. Benzimidazole mit einem Styrolrest usw. als Dispersionen oder Lösungen, zusammen mit Seifen, Polyglykoläthern von Fettalkoholen usw.

SP 243961 Ciba 1947. Zusatz zu SP 238148 — Verbindungen der Fumarsäure als optische Bleichmittel werden beschrieben.

SP 243782 Ciba 1947. Zusatz zu SP 238148 — 2,5-Di[benzimidazolyl(2′)]furan als optisches Bleichmittel wird angegeben.

SP 243781 Ciba 1947. Zusatz zu SP 235570 — Das Umsetzungsprodukt aus Trimethylamin und Methylchloracetamid wird mit α,β-Dibenzimidazyl(2)äthylen zur Reaktion gebracht.

SP 243780 Ciba 1947. Zusatz zu SP 235570 — Man sulfuriert 1,4-Di[benzimidazyl(2′)]benzol.

SP 243779 Ciba 1947. Zusatz zu SP 235570 — Man sulfuriert 2,5-Di[benzimidazyl(2′)]furan.

SP 243600 Ciba 1947 (s. a. SP 243599) — Man methyliert α,β-Di[benzimidazyl(2)]äthylen zu α,β-Di[N-methylbenzimidazyl(2)]äthylen. Durch Benzylieren wird das entsprechende Benzylderivat erhalten.

SP 240111 Ciba 1946. Zusatz zu SP 238148 (s. a. SP 240112 und 240110).

SP 240109 Ciba 1946 — α,β-Di[benzimidazyl(2)]äthylen, das aus o-Phenylendiamin und Maleinsäure gebildet wird, ist als optisches Bleichmittel verwendbar.

SP 239480 Gy 1946 — Beschreibt das Kondensationsprodukt von 4,4'-Bis[2-amino-4-m-carboxyphenylamino-1,3,5-triazyl(6)]diaminostilben-2,2'-disulfosäure und Formaldehyd als optisches Bleichmittel.

SP 239478 Gy 1946. Zusatz zu SP 237394 (s. a. SP 239479).

SP 238842 Ciba 1945 — Kondensationsprodukte von 2-Methylbenzimidazol und Benzaldehyd-2,4-disulfosäure.

SP 238148 Ciba 1945 — α,β-Di[benzimidazyl(2)]äthylen.

SP 237554 Ciba 1945. Zusatz zu 235570 — Man kondensiert α, β-Di[benzimidazyl(2)]äthylen mit N-Methylolacetamidsulfosäure.

SP 237553 Ciba 1945. Zusatz zu 235570 — α, β-Di[benzimidazyl(2)]äthylensulfosäure.

SP 237394 Gy 1945 — Man kondensiert 4,4'-Bis[2-amino-4-phenylamino-1,3,5-triazyl(6)diaminostilben-2,2']disulfosäure mit Aldehyden. Die Verbindungen sind optische Bleichmittel, die zum Teil auch einen sehr guten Knitterechtheitseffekt zeigen.

SP 234510 IG 1945 (s. a. SP 234509) — 1,4,5-Triphenylimidazolin(2)disulfosäure.

SP 225337 IG 1943 — Besondere Affinität zur Faser besitzen folgende Mischungen, die als optische Bleichmittel verwendet werden können: 33 Teile Natriumsulfit, 66 Teile Natriumhyposulfit, 1 Teil Na-Salz der 4,4'-Bis[2-oxy-4-phenylamino-1,3,5-triazyl(6)]diaminostilbendisulfonsäure (2,2'). Ungebleichte Merinowolle wird in einem Bleichbad, welches im Liter 20 ccm Wasserstoffsuperoxyd und 2 g Natriumpyrophosphat enthält, 6 Stunden lang bei 40—50° im Flottenverhältnis 1 : 40 behandelt. Dann wird die Wolle abgequetscht, gespült und in einem zweiten Bade, das 5 g der oben angeführten Mischung enthält, weitere 6 Stunden lang im Flottenverhältnis 1 : 40 behandelt. Nach dem Spülen wird gesäuert, gespült und getrocknet. Man erzielt einen guten Weißeffekt.

Oder: Man mischt 60 Teile Na-hyposulfit, 33 Teile Na-sulfit und 5 Teile Diazolichtgelb (Schultz, Farbstofftabellen 1931, Nr. 749). In einem üblichen Chlorbad vorgebleichte Baumwolle wird nun in einem Bad, welches 2 g im Liter des oben genannten Gemisches und 2 g Soda enthält, 45 Minuten bei 90° C im Flottenverhältnis 1 : 20 behandelt. Dann wird gespült und getrocknet. Man erhält eine reinweiße Baumwolle.

SP 224613 IG 1943 — 4,4'-Bis[2-oxy-4-phenylamino-1,3,5-triazyl(6)]diaminostilbendisulfosäure(2,2') wird als optisches Bleichmittel beschrieben.

```
               N                                                             N
             //  \                                                         /  \\
<C6H5>NH—C      C—NH<C6H4>—CH=CH—<C6H4>—NH—C      C—NH<C6H5>
             |      ||          SO3H        SO3H           ||      |
             N      N                                      N      N
              \\   /                                        \   //
               C                                             C
               OH                                            OH
```

oder

```
                     N                                                N
OHCH2CH2           /   \                                            /   \            CH2CH2OH
        >N—C          C—NH<      >—CH=CH<      >NH—C          C—N<
OHCH2CH2     |         ||          SO3H          SO3H     ||          |      CH2CH2OH
             N         N                                  N           N
               \     /                                      \       /
                  C                                             C
                  |                                             |
                  N                                             N
                /   \                                         /   \
            CH2      CH2                                  CH2      CH2
             |        |                                    |        |
            CH2      CH2                                  CH2      CH2
            OH       OH                                   OH       OH
```

Allg.: R—NH . CO . NH—Aryl—CH = CH—Aryl—NH . CO—NH—R

SP 223 536 IG 1942 — Optische Bleichmittel sind Verbindungen der Form:

```
                          SO3H                 SO3H
X—NH—CO—NH—<      >—CH=CH—<      >—NH—CO—NH—X
```

X = org. Rest oder H.

SP 206 440 IG 1939 — Substantive, ultraviolettes Licht absorbierende Triazinderivate für Verpackungshüllen usw. werden beschrieben.

SP 192 557 Ultrazell 1937 — Optisches Bleichen durch Behandeln der Cellulose mit einem Stärkepräparat, das *Ultralin L* (β-Methylumbelliferonessigsaures Natrium) enthält.

FP 925 641 Unilever 1947 (s. a. FP 925 640) — Optische Bleichmittel in der Form der Derivate der Diamino-dibenzoylaminostilbendisulfosäuren werden beschrieben. Z. B. 4,4'-Di-p-methylaminobenzoylamino-stilben-2,2'-disulfosäure, 4,4'-Di-p-acetylaminobenzoylamino-stilben-2,2'-disulfosäure.

FP 918 017 Ciba 1947 — Herstellung von optischen Bleichmitteln der Reihe der α,β-Di[benzimidazyl(2)]äthylene.

FP 877 623 IG 1942 — Der Bleicheffekt wird durch Behandlung mit optischen Bleichmitteln verbessert. Diese können den Bleichbädern zugesetzt werden.

FP 877 596 IG 1942 — Betrifft optische Bleichmittel (vgl. auch FP 870 470, 888 623 und 851 904).

EP 624 052 ICI 1949 (s. a. EP 624 051) — Man stellt Äthanolaminotriazinyldiaminostilbendisulfosäuren als optische Bleichmittel her (vgl. auch EP 623 849 sowie SP 269 482).

EP 611 510 Ciba 1948 — Als optische Bleichmittel werden Verbindungen der allgemeinen Formel

```
         N                    N                          N
                                                       /   \
            C—CH=CH—C                   bzw.       A         C—R
                                                       \   /
        NH                    NH                         N
                                                         R1
```

wobei A ein arom. Kern, R_1 ein Substituent und R ein Rest ist, der eine ununterbrochene Reihe von 4 konjugierten Doppelbindungen zeigt.

EP 600 696 Ciba 1948 — α,β-Di[benzimidazyl(2)]äthylene dienen als optische Bleichmittel.

EP 596 324 Unilever 1948 (s. a. EP 596 405) — Als optische Bleichmittel können 4,4'-Di-p-acetyl- oder -benzol- oder -ureido- oder -methyl-aminobenzoylaminostilben-2,2'-disulfosäuren angewendet werden.

EP 595 065 Gy 1947 — Optische Bleichmittel, die wäschebeständige, gegen Alkali und Säure unempfindliche Weißkorrekturen ergeben und deren Lichtechtheit vielfach besser ist als die bekannter ähnlicher Verbindungen, werden erhalten, indem man 4,4'-N,N'-bis-[amino-4-phenylamino-1,3,5-triazyl(6)]diamino-2,2'-disulfosäure bzw. ähnliche Derivate mit Formaldehyd kondensiert.

EP 588 972 Ciba 1947 — Optische Bleichmittel und Aufhellungsmittel, insbesondere zum Schönen von Färbungen, werden aus Sulfonierungsprodukten von Verbindungen der Form:

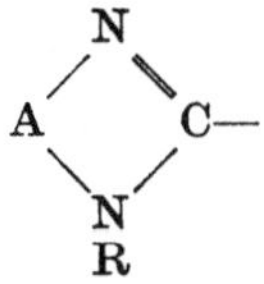

N
A C—
N
R

erhalten, wobei diese Verbindungen auch die Molekülstruktur:

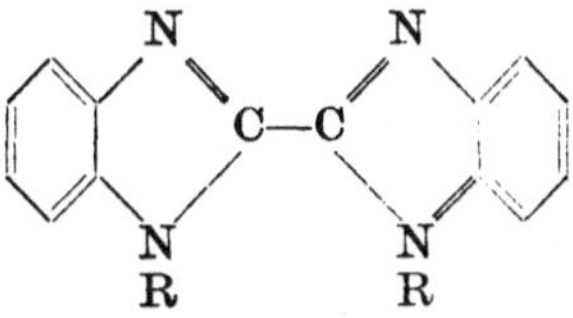

N N N N
C—C oder C—CH$_2$—C
N N N N
R R R R

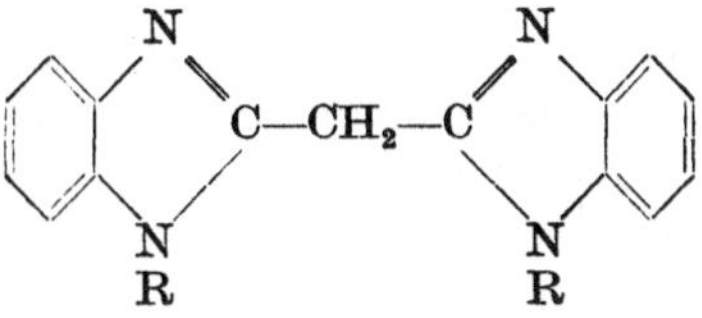

oder

N N
C—CH=CH—C
N N
R R

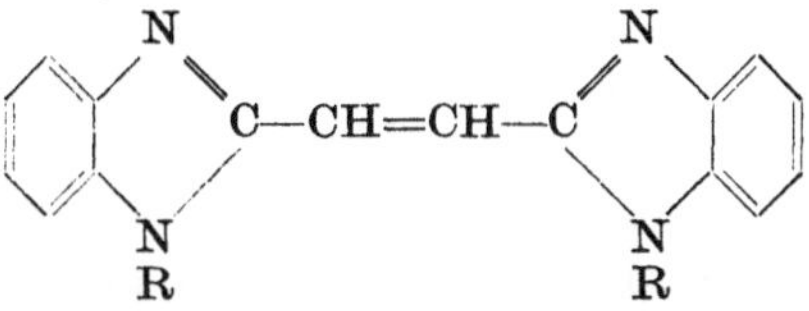

besitzen können. Z. B. wird ein Kondensationsprodukt von 2-Methylbenzimidazol und sulfonierten aromatischen Aldehyden angegeben.

EP 585 549 Unilever 1947 — Als optische Bleichmittel werden Lösungen von 0,01% 4,4'-di-[p-amino(benzoylamino)stilben-2,2']-disulfosaurem Natrium verwendet.

EP 584 484 Unilever 1947 — Zu einem Waschmittel werden als optische Bleichmittel blaufluoreszierende Substanzen gegeben, welche ein Absorptionsmaximum bei 3400—3700Å besitzen. Die angewandte Menge beträgt 0,001—0,1% des Waschmittels. Man verwendet als derartige Körper symmetrische Harnstoffe der 4-Amino-4'-benzoylaminostilben-2,2'-disulfosäure (s. a. EP 584436).

EP 584 436 Unilever 1947 — Optische Bleichmittel, die zusammen mit Waschmitteln verwendet werden können:

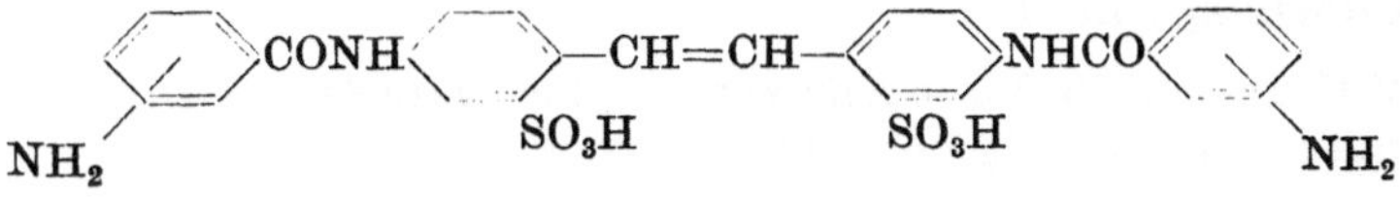

CONH—CH=CH—NHCO
NH$_2$ SO$_3$H SO$_3$H NH$_2$

oder

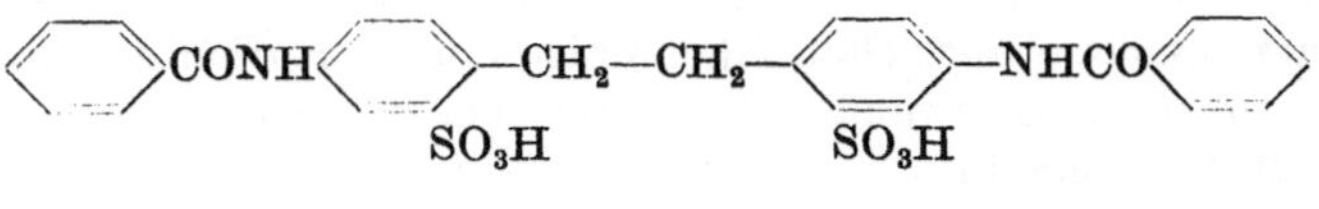

CONH—CH$_2$—CH$_2$—NHCO
SO$_3$H SO$_3$H

oder

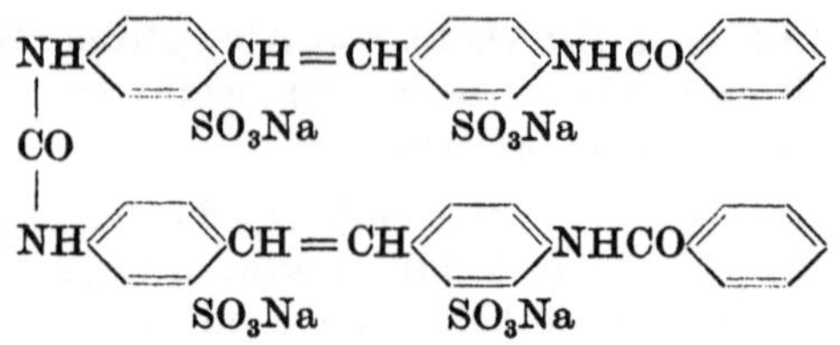

NH⟨⟩CH = CH⟨⟩NHCO⟨⟩
| SO$_3$Na   SO$_3$Na
CO
|
NH⟨⟩CH = CH⟨⟩NHCO⟨⟩
SO$_3$Na   SO$_3$Na

oder

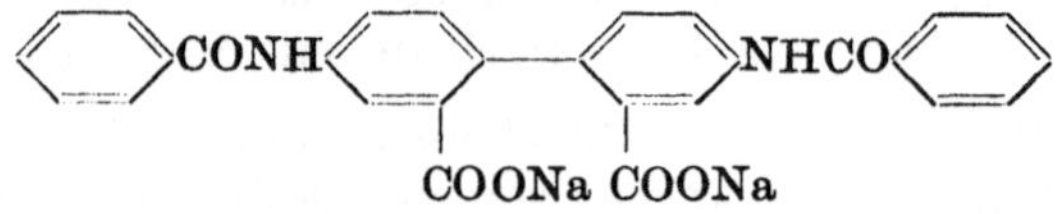

⟨⟩CONH⟨⟩—⟨⟩NHCO⟨⟩
COONa COONa

oder

CH$_3$ … S … C—⟨⟩NH$_2$ … N

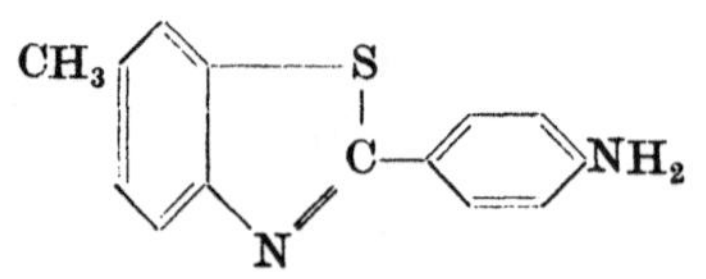

4'-Amino-1-phenyl-5-methyl-benzthiazol.

EP 584435 Unilever 1947 — Als Zusatz zu Spülbädern nach dem Waschen von Weißwaren werden als optische Aufhellmittel Aminostilbendisulfosäurederivate wie 4,4'-Di-p-methylbenzoylaminostilben-2,2'-disulfosäure empfohlen, welche in Mengen von 0,01—0,0001% angewendet werden.

AP 2527425/27 Gy 1950 — Als optische Bleichmittel werden Derivate der Aminostilbendisulfosäure vorgeschlagen, die folgende Formes besitzen:

a) 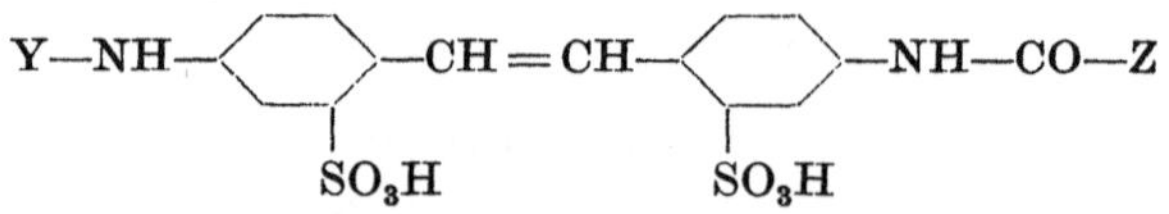 Y—NH—⟨⟩—CH = CH—⟨⟩—NH—CO—Z
SO$_3$H   SO$_3$H

Y = Acyl- oder Aryloxy- substituierter Essigsäurerest, Z = Aryl-, Aryloxy-, Alkyl-, Alkyloxybenzol- bzw. Arylaminobenzolrest und

b) 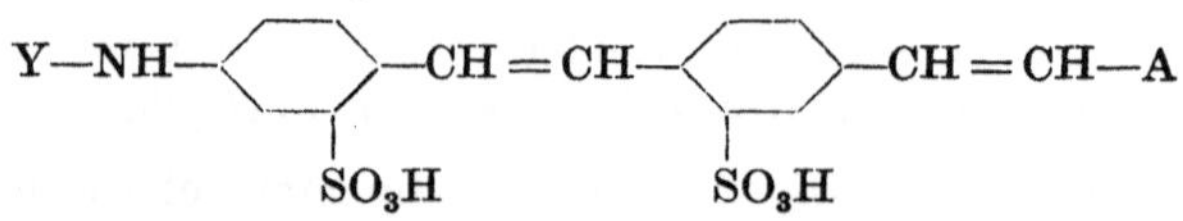 Y—NH—⟨⟩—CH = CH—⟨⟩—CH = CH—A
SO$_3$H   SO$_3$H

Y = chromophorloser Acylrest, A = chromophorloser aromatischer Rest der Benzolreihe (auch substituiert).

AP 2521665 Gy 1950 — Optische Bleichmittel der Form wie z. B.

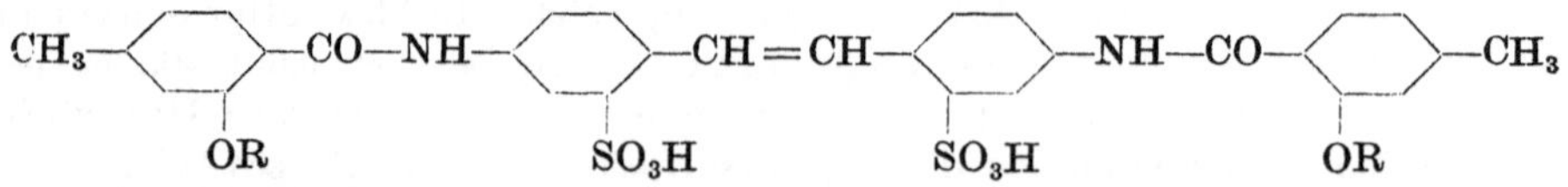

CH$_3$—⟨⟩—CO—NH—⟨⟩—CH = CH—⟨⟩—NH—CO—⟨⟩—CH$_3$
OR   SO$_3$H   SO$_3$H   OR

Derartige Verbindungen sind celluloseaffin und haben rein blaue Fluoreszenz.

AP 2483392 Ciba 1949 — Di-benzthiazolyl- oder benzoxazolyläthane sind optische Aufhellungsmittel.

AP 2468431 Cyanamid 1949 — o-Alkoxybenzoylderivate der 4,4'-Diaminostilben-2,2'-disulfonsäure werden als optische Bleichmittel angegeben.

AP 2424778 Unilever 1947 — Zum Verbessern des Weißeffektes gebleichter Waren werden Zusätze optischer Bleichmittel bzw. Aufhellungsmittel zusammen mit Blaumitteln angewendet. Z. B. verwendet man 0,01 β-Methylumbelliferon und 0,01 Ultramarin.

Dritter Abschnitt.

Die Färberei.

Auf diesem Gebiet sind eine ganze Anzahl von wertvollen Vorschlägen zu vermerken, die im einzelnen ausführlicher behandelt werden sollen. Um eine möglichst übersichtliche Einteilung des Stoffes zu ermöglichen, werden im Teil I die Färbeverfahren, gesondert nach den einzelnen Textilmaterialien, besprochen. Teil II bringt dann Färbemethoden, welche, ohne Rücksicht auf das vorliegende Textilmaterial, lediglich die Färbung mit bestimmten Farbstoffklassen beinhalten. Teil III betrifft die Affinitätsänderungen von Fasern hinsichtlich ihrer Anfärbbarkeit, also das Immunisieren, das Reservieren der Wolle beim Färbeprozeß in Mischungen mit anderen Fasern sowie das Animalisieren von Cellulosematerialien zwecks Färbung mit sauren Farbstoffen. Teil IV umfaßt die Nachbehandlung der Färbungen zwecks Verbesserung der Echtheitseigenschaften sowie zur Verhütung des Fadings von Acetatseidenfärbungen. Teil V schließlich bringt die Erschwerung der Seide.

I. Das Färben verschiedener Textilmaterialien.

Die Bestrebungen der neueren Färbeverfahren für Textilien gehen vor allem dahin, die Arbeitsweisen zu vereinfachen, die Echtheit der Färbungen zu erhöhen und das Material möglichst weitgehend zu schonen[1].

Zunächst wäre darauf hinzuweisen, daß Färbeverfahren unter Anwendung von Hochfrequenzschwingungen und Ultraschall vorgeschlagen wurden, die das Durchfärben bzw. die Färbung auch schwer anfärbbarer Materialien, wie z. B. der im letzten Jahrzehnt entwickelten synthetischen Fasern erleichtern sollen[2]. Hierbei soll es besonders bei Wolle zu Faserschädigungen durch Ultraschall kommen. Das Färben der synthetischen Fasern bildet überhaupt ein Gebiet, welches dem mehr oder weniger zu einer Rezeptwissenschaft gewordenen Färbevorgang der nativen Fasern und Kunstseiden wieder einen neuen, wissenschaftlicher Tätigkeit zugänglichen Impuls gibt.

Auf dem allgemeinen Gebiete der Färberei ist zu erwähnen, daß die Messung des Farbstoffgehaltes von Färbebädern, die bei Untersuchungen über das Ziehvermögen von Farbstoffen wichtig ist, entweder photoelektrisch mit dem Adsorptiometer nach Hilger, spektrometrisch nach Hilger-Nullin oder kolorimetrisch nach Dubosque erfolgen kann[3]. Das erstgenannte Verfahren

---

[1] Diserens: Neueste Fortschritte und Verfahren der chemischen Technologie der Textilfasern. 1946.

[2] EP 587214. — Vgl. auch Text. Wld. **97**, 220 (1947); Melliand Textilber. **31**, 438 (1950) sowie Alexander: Research **3**, 68 (1950).

[3] Hall: Text. Recorder **65**, 54ff. (1948).

gibt die genauesten, das letztgenannte die am wenigsten einwandfreien Resultate. Das Dyeometer nach Kienle, Royer, McCleary[4] gestattet die Messung der Farbstoffmenge in Bädern ohne Probennahme und daher die laufende Baduntersuchung während des Färbevorganges[5]. Viele Färbungen zeigen das Phänomen der Migration, des Wanderns des Farbstoffes auf der gefärbten Faser, insbesondere bei Trockenprozessen. Es wurde gefunden, daß Heißlufttrocknung zur Vermeidung dieses Übelstandes vorteilhafter ist als Zylindertrocknung[6]. Die Eigenschaften des Wanderns zeigen hauptsächlich Farbstoffe, deren Maximalaffinität zur Faser unterhalb einer Temperatur von 60° C liegt. Lediglich einige wenige Vertreter besitzen den entsprechenden Wert im Temperaturintervall zwischen 60 und 100° C[7].

Fluoreszente Farbstoffe (keine optischen Bleichmittel, sondern das Textilgut färbbare, gleichzeitig auch Fluoreszenz aufweisende Farbverbindungen) haben während des Krieges Verwendung gefunden. Ihre Anwendung in der modischen Textilmusterung ist beschränkt, da hauptsächlich die Vertreter der basischen, direkten, sauren Farbstoffreihe und hier wieder vornehmlich nur Rot und Gelb in Frage kommen.

Es soll hier auf Bestrebungen aufmerksam gemacht werden, wenig quellende synthetische Fasern bei Temperaturen über 100° C zu färben (Hochtemperaturfärberei, Thermosolverfahren). Acetatkunstseide wird hierbei leicht geschädigt, ebenso Nylon. Hingegen soll Orlon resistent sein.

Über die einzelnen Verfahren und Vorschläge, die auf dem Gebiete der Textilfärbung vorliegen, wird im Rahmen der entsprechenden Kapitel dieses Abschnittes eingehender berichtet.

Abschließend soll das interessante Ergebnis einer Untersuchung von Wojatschek über die Lichtreflexion von verschiedenen Färbungen angeführt werden.

Ausfärbung	Lichtreflexion
Acetatkunstseidenfärbung	60—80%
Saure Färbung	60—80%
Direkte Färbung	60—80%
Chromfärbung	20—40%
Küpenfärbung	30—50%
Schwefelfärbung	5—20%

Letztere eignet sich daher wenig für Sommerkleidung, da sie viel Wärme zurückhält.

Literaturübersicht über das Färben verschiedener Textilmaterialien.

Robinson, Zimmermann: Amer. Dyestuff Reporter **39**, P 250 (1950).
Wojatschek: Textil Praxis **4**, 337 (1949).
Vickerstaff: Amer. Dyestuff Reporter **38**, 305 (1949).
Justin-Mueller: Melliand Textilber. **30**, 27 (1949).
Gunther: Amer. Dyestuff Reporter **38**, 236 (1949).
Tisdale, Rayon Text. Monthly **29**, 79 (1948).
Millson, Stearns: Amer. Dyestuff Reporter **37**, 423 (1948).
Borghetty: Amer. Dyestuff Reporter **37**, 785 (1948).
Crank, J. Soc. Dyers. Colourists **64**, 386 (1948).
Boulton: J. Soc. Dyers Colourists **60**, 5 (1944).

[4] Kienle, Royer, Mc Cleary: Tex. Res. J. **16**, 616 (1946).
[5] Royer, Mc Cleary, de Bruyne: J. Soc. Dyers Colourists **63**, 254 (1947).
[6] Vgl. z. B.: Dyer **96**, 455 (1946).
[7] Vgl. EP 564131.

Patentschrifttum über das Färben verschiedener Textilmaterialien.

Es wird auf die Patentzusammenstellungen zu den einzelnen Kapiteln verwiesen.

1. Die Wollfärbung.

a) Färbeverfahren.

Nach wie vor werden zur Färbung der Wolle in ausgedehntem Maße die sauren Farbstoffe verwendet[8]. Bekanntlich unterscheidet man hier drei große Gruppen von Farbstoffen, welche je nach der erstrebten Echtheit der Färbung Anwendung finden. Neben den gewöhnlich im stark sauren Färbebade unter Zusatz von Glaubersalz gefärbten Egalisierungsfarbstoffen oder ihrer Lichtechtheit usw. wegen geschätzten Vertretern der Alizarinderivate bzw. Anthrachinonabkömmlinge sind es die für die Herstellung walkechter Färbung wichtigen Walkfarbstoffe, die Anwendung finden. Diese werden in essigsaurem Milieu aufgefärbt und geben beim Färbeprozeß öfters zu Egalisierungsschwierigkeiten Anlaß. Kürzlich wurde eine Reihe der bekanntesten sauren Farbstoffe hinsichtlich ihres Aufziehvermögens bzw. der Aufziehgeschwindigkeit untersucht[9]. Unter Feststellung des Einflusses des pH-Wertes wurde das Ausmaß der Aufnahme des Farbstoffes als Fläche der erhaltenen Kurve zwischen der Abszisse (pH) und der Ordinate (aufgenommene Prozent) gemessen. Zur Färbung wurden 1%ige Lösungen der Farbstoffe verwendet. Begonnen wurde bei pH 7, welches dann bis zu einem Wert von 3 erniedrigt wurde. Zwischen den beiden genannten pH-Grenzwerten wurde 1 Stunde kochend behandelt. Für die Egalisierung wichtig ist natürlich der in den ersten Minuten aufgenommene Anteil an Farbstoff, aber auch die innerhalb der Zeiteinheit auf die Faser ziehende Menge desselben. Es ist klar, daß Farbstoffe, welche am Schlusse der Färbeversuche gleichstark aufgezogen sind, sich hinsichtlich dieser beiden Werte recht verschieden verhalten können.

Wie zu erwarten, konstatieren die Untersuchungsergebnisse den großen Unterschied zwischen den sogenannten Egalisierungsfarbstoffen und etwa den Walkfarbstoffen. Dem untersuchungsmäßig festgestellten schnellen Aufziehen einer großen Anzahl von Farbstoffen in den ersten 5—10 Minuten wird in der Praxis schon lange dadurch begegnet, daß man mit dem Färbegut in das Bad bei tieferer Temperatur eingeht und die Säure eventuell in Anteilen zusetzt. Ein Glaubersalzzusatz zu Egalisierungsfarbstoffen bei Beginn des Färbens fördert die Egalisierung, bei Walkfarbstoffen ist er schädlich. Günstig ist der Zusatz der Säure in kleinen Anteilen oder von Salzen, die langsam Säure abspalten. Auch hier werden nur lange bekannte Erkenntnisse der Praxis bestätigt, es sei nur an die Färbung schwer egalisierender Farbstoffe bzw. das Verbessern unegaler Färbungen durch Kochen mit Ammonacetat usw. erinnert.

---

[8] Allgemeines über die Wollfärberei bringen:

Bird: Theorie und Praxis der Wollfärbung. Bradford: Verlag Soc. of Dyers Colourists. 1947.

Millson, Watkins, Royer: Amer. Dyestuff Reporter **36**, Febr.-Heft (1947).

Von Bergen, Crowley, Brommelsiek: Amer. Dyestuff Reporter **34**, 53 (1945).

Watkins, Royer, Millson: Amer. Dyestuff Reporter **32**, 502 (1943).

Royer, Millson: Amer. Dyestuff Reporter **29**, 697 (1940); Text. Recorder **64**, 769 (1947).

[9] Philadelphia Section des AATTC.: Amer. Dyestuff Reporter **37**, 149 (1948). — Vgl. auch Lemin, Vickerstaff: J. Soc. Dyers Colourists **63**, 405 (1947).

Beim Nachchromieren von Wollfärbungen soll sich ein Zusatz von Chromfluorid zum Bichromat als günstig erwiesen haben.

Die dritte Gruppe der Wollfarbstoffe, die sogenannten Chromierungsfarbstoffe, wird meist auf die Weise gefärbt, daß man die unter der nötigen Vorsicht aufgefärbten Farbstoffe nachchromiert. Eine vereinfachte Arbeitsmethode, die insbesondere für das Färben von Mischgeweben aus Baumwolle und Wolle große Bedeutung erlangte, ist das seit etwa 15 Jahren ausgearbeitete und seither ständig verbesserte Einbadchromverfahren[10], bei welchem Chromfarbstoffe und die Chrombeize aus einem Bade aufgefärbt werden. Dafür geeignete Farbstoffe für Wolle sind als Metachromfarbstoffe, Metomegachromfarben usw. bekannt. Viele dunkle Töne sind nach dem Metachromverfahren jedoch deshalb mit nicht genügender Güte herzustellen, da die im Färbebade entstehende große Menge Farblack nur oberflächlich auf der Faser sitzt, abreibt und das Ausmaß der Tiefe der Färbung wesentlich geringer ist, als vorerst optisch vorgetäuscht erscheint.

In diesem Zusammenhang soll auf den sogenannten Calcomet-Prozeß hingewiesen werden. Nach diesem kann man egale Färbungen auch mit sonst nicht für den Metachromprozeß geeigneten Farbstoffen erzielen, wenn man in einem Bade, welches zu Färbebeginn ein pH von etwa 7 aufweist, unter Verwendung einer günstigen, nicht zu hohen Bichromatkonzentration und unter Zusatz von oberflächenaktiven Mitteln arbeitet. Dabei setzt man der Flotte Magnesiumsulfat zu, welches mit dem verwendeten Farbstoff Komplexe bildet, die bei einem pH unter 7 nicht beständig zu sein scheinen. Auf diese Weise wird die Bildung größerer Mengen von Chromlack im Bade noch vor dem Aufziehen des Farbstoffes verhindert und mit Unterstützung des Netzmittels auch ein gutes Eindringen des Farbstoffes ins Textilgut bewirkt.

Ein Sorgenkind aller Wollfärber ist die bei ungenügend vorgereinigter (ölhaltiger) Wolle — die Mitverwendung von Mineralöl in Wollschmälzen begünstigt zufolge der Haftfähigkeit von Mineralölresten in der Faser diesen Umstand —, aber auch beim Nachchromieren oder besonders bei der Einbadchromfärbung häufig bei tieferen Tönen auftretende Reibunechtheit der Färbungen.

Auch hier wurde kürzlich eine ausgedehnte Untersuchung zahlreicher Farbstoffe und verschiedener Arbeitsweisen vorgenommen[11]. Es ergab sich dabei, daß bei der Wollfärbung ein kritischer Zeitpunkt vorhanden ist, zu welchem die Reibunechtheit der Färbung am größten ist. Zu dieser Zeit befinden sich große Farbstoffmengen an der Faseroberfläche, welche die Reibunechtheit verursachen, ohne daß sie aber zugleich auch das Farbtonmaximum bewirken. Die Reibunechtheit der Färbungen — und dies steht wieder mit den praktischen Erfahrungen in bester Übereinstimmung — hängt wesentlich mehr von der Färbemethode als vom verwendeten Farbstoff ab. Beispielsweise ergaben die Untersuchungen bei Walkrot BC, daß bei Erreichung des Kochpunktes der Flotte die Farbteilchen ringförmig an der äußeren Oberfläche des Textilmaterials angereichert waren, während schon nach 10 Minuten Kochen das Eindringen des Farbstoffs in die Faser begann und im Verlaufe des weiteren Kochendfärbens zunahm. Bei Zusatz von Glaubersalz tritt diese Anreicherung

[10] Über Metachromfärbung vgl. z. B.: Schmitt: Amer. Dyestuff Reporter **36**, 238 (1947). — Yates: Text. Recorder **64**, 769 (1947). — Stevens, Rowe, Speakman: J. Soc. Dyers Colourists **59**, 165 (1943). — Frische: Dtsch. Wollen-Gewerbe **74**, 625 (1942). — Noble: Text. Manufacturer **66**, 439 (1940).

[11] Watkins, Millson, Royer: Amer. Dyestuff Reporter **36**, 3 (1947).

des Farbstoffs an der Faseroberfläche schon bei tieferen Temperaturen zutage (Aussalzung), die Färbedauer bis zur genügenden Wanderung des Farbstoffs ins Faserinnere ist eine größere. Starke Salzzusätze begünstigen die Löslichkeitsverminderung schwach saurer Farbstoffe, ebenso aber große Zugaben an starken Säuren, die gleichfalls fällend wirken. In beiden Fällen ist auch nach längerer kochender Färbung Reibunechtheit die Folge. Die Ringbildung durch den Farbstoff tritt bei Zugabe löslichkeitsverbessernder Mittel oder bei Erhöhung der Badkonzentration erst zu einem späteren Zeitpunkte ein, weshalb auch hier wieder längeres Kochen notwendig ist, um die Wanderung ins Faserinnere zu bewirken.

Für substantive Farbstoffe wurde festgestellt, daß sich jene Vertreter, die eine ausgeprägte Affinität zur Wollfaser zeigen, wie saure Farbstoffe verhalten. Direktfarbstoffe mit weniger ausgeprägter Affinität geben keinen kritischen Zeitpunkt, ihre Reibechtheit bzw. Reibunechtheit ist während des ganzen Färbezeitraumes gleich. Vertreter ohne Affinität geben, wenn man eine Färbung durch Zugabe von Säure erzwingen will, eine Fällung auf der Faser und damit stets schlechte Reibechtheiten.

Bekannt ist die Wirkung der durch die Färbesalzzusätze in harten Wässern auftretenden Fällungen, die immer Reibunechtheit bedingen.

Sauer gechlorte Wolle zeigt beim Färben rasche Fällung des Farbstoffes auf der Faser und bei ungenügender Kochdauer schlechte Ergebnisse, schwach alkalisch gechlorte Wolle verhält sich besser.

Beim Trockenprozeß kann durch Migration von Farbstoff reibechte Ware wieder reibunecht werden, daher ist auf gleichmäßigen Wasserentzug zu achten.

Wolle erleidet bekanntlich unter dem Einfluß von Licht Schädigungen, die ihr Färbevermögen verändern. Die gefürchtete schipprige Färbung von Rohwollen ist auf diesen Umstand zurückzuführen. Die Ursache scheint in einer Photoreduktion der Wolle zu liegen, bei welcher der Schwefelgehalt sinkt und ein nennenswerter Anteil der Cystindisulfidbrücken in Sulfhydrylbindungen übergeführt wird.

Bei lichtgeschädigter Wolle färben sich entweder die dem Lichte am lebenden Schafe ausgesetzt gewesenen Spitzen wesentlich heller oder dunkler als die übrige Faser, je nach der Art des verwendeten Farbstoffes. Ausgedehnte Untersuchungen haben ergeben, daß ausgesuchte Farbstoffe verhältnismäßig egale Färbungen ergeben[12].

Nach einem anderen Vorschlag[13] wird die Egalisierung der Färbungen lichtgeschädigter Wolle verbessert, wenn man das Textilmaterial vor dem Färben mit einer 3%igen Lösung von basischem Chromacetat und 4% Essigsäure bei 40° C etwa 30 Minuten vorbehandelt.

Weitere Untersuchungen[14] haben ergeben, daß eine mechanische Schädigung des Wollhaares, etwa Haarbruch, ebenfalls zu tiefer Färbung an den Bruchenden führt, da hier der Farbstoff leichter in die Faser eindringen kann. Die Schipprigkeit von lichtgeschädigter Wolle ist insbesondere beim Metachromverfahren stark, da hier zufolge der Bildung des Farblackes im Bade eine Ausegalisierung der Färbung, wie dies etwa beim Vorfärben von Nachchromierungsfarbstoffen durch genügend langes Kochen eintritt, nicht stattfinden kann.

---

[12] New York Section des AATTC.: Amer. Dyestuff Reporter **37**, 221 (1948).
[13] Race, Rowe, Speakman: Amer. Dyestuff Reporter **34**, 46 (1945).
[14] Millson, Royer, Amick: Amer. Dyestuff Reporter **36**, 425 (1947).

Nach einer Mitteilung von Thommen[15] wird durch die Lichtschädigung der Spitzen der Wollhaare deren Faserstruktur verändert, so daß auch aggregierte Farbstoffmoleküle in die Faser eindringen, während molekular gelöste ebenso leicht wieder herausgehen. Daher sind meist die Spitzen dunkler als die Haarwurzeln. Durch Zusatz von desaggregierenden Mitteln (Eriochromalbeize TP und Ammonsulfat) soll ein Ausgleich erzielt werden.

Das Färben der Wolle mit metallisierten Farbstoffen: Palatinechtfarbstoffe (IG Farben), Neolanfarbstoffe (Ciba), Inochromfarben (Kuhlmann), Ultralanfarbstoffe (ICI) erfordert bekanntlich große Säuremengen. Man kann diese verringern, indem man mit dem seit Jahren bekannten Palatinechtsalz O färbt. Bei der Färbung mit dieser Farbstoffklasse kann eine Trübung des Farbtones, hervorgerufen durch Zersetzung der Chromkomplexverbindung, verhindert werden, wenn man den Färbebädern Formaldehyd oder solchen bildende Stoffe zusetzt[16]. Man kann auch faseraffine Aldehyde mit ionisierten Gruppen bzw. gelbgefärbte Aldehyde[17] verwenden, die mit den das „Verkochen" am stärksten zeigenden Grünmarken der Chromkomplex-Sortimente die geschätzten lebhaften Nuancen liefern. Das „Verkochen" ist auf eine Entmetallisierung des Farbstoffmoleküls zurückzuführen. Als solche Aldehyde seien genannt:

N

O = CH—⬡—NH—C   C—NH—⬡—SO_3Na

N   N

C

NH_2

CH_3

C=N

bzw. O=CH—⬡—N=N—C   Cl

C—N—⬡

OH SO_3Na

Im übrigen können auch Reste von Wasserenthärtungsmitteln, z. B. Phosphate, den Farbton des Chromkomplexes verändern.

Während des Krieges wurde von der I. G. Farbenindustrie A.-G. ein Sortiment von Wollfarbstoffen in den Handel gebracht, die bereits bei Temperaturen von 60—80° C unter Erschöpfung der Flotte auf die Faser zogen (Igelanfarbstoffe). Die Färbungen hatten bekanntlich den Nachteil, daß ihre Wasser- und Waschechtheit gering war. Der Warengriff war gut, da starkes Kochen die Wolle ja immer etwas hart macht. Zur Verbesserung ist von der IG vorgeschlagen worden, dem Färbebad ein Quellmittel für Wolle zuzugeben, ein Vorschlag, der bekanntlich schon zur Zeit, als die Acetatseide Schwierigkeiten beim Färben ergab, sowie jetzt neuerlich wieder bei den synthetischen Fasern bzw. ihrer Färbung zu vermerken ist. Pentachloraceton, Benzaldehyd, chlorierte Phenole seien genannt[18]. Bei tiefer Temperatur sollen auch die Carbolane (ICI) ziehen.

---

[15] Thommen, Textil Rundschau 3, 304, 367 (1948).

[16] Siehe AP 2422586 Am. Cyanamid Co.

[17] Siehe OeP 167095 Ciba bzw. DP 409563 oder SP 106929.

[18] Siehe auch BIOS Final Report 1239, bzw. Text. Manufacturer 73, 375 (1947).

Hinsichtlich der Echtheit der Wollfärbungen, die insbesondere während des Krieges von zahlreichen Stellen geprüft wurde, hat sich ergeben, daß die Meinungen hierüber sehr auseinandergehen. Küpengefärbte Wollen erwiesen sich als besser spinnbar, chromgefärbte als tragechter. Dieses Ergebnis ist einleuchtend und nicht überraschend, da die Chromierung die Faser stets spröde macht, die Küpenfärbung aber immer eine Faserschwächung mit sich bringt. Diese Faserschwächung soll allerdings durch die Verwendung von Cyclohexylamin statt Alkali beim Küpenfärben von Wolle zurückgedrängt werden. Wie gefunden wurde, soll eine Vorbehandlung der Ware vor der Färbung mit Epichlorhydrin eine die Waschechtheit saurer Egalisierungsfarbstofffärbungen erhöhende Wirkung haben.

Schließlich sei noch darauf verwiesen, daß die schädliche Einwirkung eisenhaltiger Färbebäder auf Chromfarbstoffe, die bekanntlich insbesondere bei nachchromierten Färbungen zu trüben und unechten Tönen führt, vermieden werden kann, wenn man hier zur Metachromfärbung greift[19].

Über die Färbung von chlorierten Wollen sind in jüngster Zeit sehr interessante Untersuchungen durchgeführt worden[20]. Es hat sich ergeben, daß die saure Naßchlorierung leichter zu unegal chlorierter Wolle führt als der alkalisch geführte Naßchlorprozeß, daß aber die behandelte Wolle im ersten Falle eine geringere Eigenfärbung zeigt wie bei der alkalischen Behandlung, die zu stark gelblichen Materialien führt, welche durch den Gelbstich naturgemäß die Erzielung heller reiner Blau- und Violettöne bei der nachherigen Färbung unmöglich machen. Entgegen der altbekannten Regel, daß chlorierte Wolle eine größere Affinität zu Farbstoffen zeigt, wurde gefunden, daß lediglich die Initialadsorption eine größere ist. Die Egalisierfähigkeit von sauren Farbstoffen auf chlorierter Wolle ist beim Kochen weitaus größer als für nichtchlorierte Wolle; daher ist die Waschechtheit der erzeugten Farbtöne schlechter als bei den entsprechenden Färbungen auf unbehandeltem Wollmaterial. Gleichmäßige Chlorierung vorausgesetzt, werden bei Benützung von chromkomplexhaltigen Farbstoffen (Palatinecht-, Neolanfarbstoffen) bei Verwendung von 4% Schwefelsäure und viel *Palatinechtsalz* O mit Palatinechtgelb GRNA, Orange GENA, Orange GNA, Rot HRNA, Marineblau LF, RENA, Blau GGNA, Braun GGND, Braun GRND und Schwarz WANA gute Färberesultate bei befriedigender Waschechtheit erhalten. Für brillante Töne eignen sich die Walkfarben, wie Sulfongelb RS, Walkgelb O, Supranolrot PG, Supranolgelb RA, Supranolorange RA, Säureanthracenrot GD, Wollechtblau BLA, Wollechtblau FFGA, Brillantindocyanin 6 BA usw., in sehr guter Waschechtheit sind auch chromierbare Farbstoffe anwendbar. Am besten werden sich jedoch die Küpen- und Leukoesterfarbstoffe einführen.

Carbonisierte Waren können mit der Carbonisiersäure gefärbt werden, indem man sie erst in der nur Wasser enthaltenden Flotte vorlaufen läßt, dann bis 10% Natriumformiat zusetzt (auf angenommenen Gehalt an Carbonisierschwefelsäure von 5%) und nach 10 Minuten zu der auf 40° erhitzten Flotte den gelösten sauren Farbstoff setzt und färbt[21].

Auf die Verbesserung der Färbung von animalischen Fasern mit Schwefelfarbstoffen durch Zusatz von sulfhydrierten Äthanolaminen soll nur verwiesen werden (Zukriegel).

---

[19] Schmitt: Amer. Dyestuff Reporter **36**, 238 (1947).

[20] Luttringhaus, Amer. Dyestuff Reporter **37**, 464 (1948). — Vgl. auch Barrett, Elsworth: J. Soc. Dyers Colourists **64**, 19, 32, 79 (1948).

[21] DuPont: Amer. Dyestuff Reporter **37**, 415 (1948).

Literaturübersicht über die Wollfärbung.

Carpenter: Text. Recorder **67**, 69 (1950). — Vgl. Text. Manufacturer **76**, 77 (1950).
Race: J. Soc. Dyers Colourists **66**, 141 (1950).
Shetty: Textil Rundschau **5**, 399 (1950).
Justin-Mueller: Teintex **15**, 57 (1950).
Luttringhaus: Amer. Dyestuff Reporter **39**, 153 (1950).
Alexander, Hatson: Text. Research J. **20**, 481 (1950).
Remington-Gladding: J. Amer. chem. Soc. **72**, 2553 (1950).
Zukriegel: Österr. Chemiker-Ztg. **51**, 230 (1950).
Gaunt: J. Soc. Dyers Colourists **65**, 429 (1949).
Royer, Millson, Amik, Melliand Textilber. **29**, 104 (1948).
Moncrieff: Dyer **99**, 77 (1948).
Peters: J. Soc. Dyers Colourists **61**, 95 (1945).
Stevens, Rowe, Speakman: J. Soc. Dyers Colourists **59**, 165 (1943).
Stott: Amer. Dyestuff Reporter **29**, 646 (1940).
Goodall: J. Soc. Dyers Colourists **55**, 529 (1939).

Patentschrifttum über das Färben von Wolle.

OeP 167 095 Ciba 1950 — Zur Verhütung des Verkochens von Chromkomplexfarbstoffen werden faseraffine, eventuell gefärbte Aldehyde mit ionisierbaren Gruppen verwendet.

OeP 166 455 Ciba 1950 — Man färbt Pelze mit in Wasser wenig löslichen Farbstoffen in Flotten, die viel organische Lösungsmittel (Alkohole, Glykol, Aceton usw.) enthalten.

OeP 166 226 Ciba 1950 (s. a. AP 2 422 586) — Zum Nachbehandeln von Chromkomplexfarbstoffen verwendet man Aldehyde bzw. aldehydabgebende Stoffe.

OeP 165 078 Ciba 1950 (vgl. AP 2 422 586) — Zur Verhinderung des Vorkochens (Trübung des Farbtones) wird beim Färben mit Chromkomplexen die Zugabe von Aldehyden mit ionisierbaren Gruppen, wie COOH, SO_3H usw., insbesondere Benzaldehydsulfosäuren, vorgesehen. Diese verhindern, ohne lästige Geruchsentwicklung und ohne flüchtig zu sein, die Entmetallisierung der aufgefärbten Farbstoffe vollständig.

DP 745 858 IG 1944 — Wolle kann mit Küpensäuren gefärbt werden unter Zugabe von Aminen. Man fällt die Küpensäure durch Eingießen der konzentrierten Küpe in eine wäßrige Lösung einer Säure, welche Dispergiermittel wie Leim oder Kondensationsprodukte von Naphtalinsulfosäuren mit Formaldehyd enthält.

DP 744 822 Ciba 1944 — Umsetzungsprodukte aus Imidazolinen, z. B. μ-heptadecylbenzimidazolsulfonsaurem Na mit Epichlorhydrin können als Egalisiermittel bei der sauren Wollfärbung verwendet werden.

DP 743 565 Ciba 1944 (s. a. DP 741 219) — Metallhaltige Beizenfarbstoffe finden zum Färben von Wolle usw. Anwendung, wobei man als Dispergiermittel quartäre Ammoniumverbindungen zusetzt, die aus N-alkylierten Benzimidazolen hergestellt wurden (z. B. Heptadecyl-N,N-dibenzylbenzimidazolchlorid, Menge 0,02%).

DP 739 034 Grünau 1943 — Bei der Färbung von Wolle mit sauren Farbstoffen unter Zugabe von Schutzkolloiden aus Eiweißabbauprodukten werden zur Vermeidung von Farbstoffschmieren heterocyclische Stickstoffbasen (Pyridin usw.) zugegeben.

DP 737 450 IG 1943 — Beim Färben von Wolle mit Chromierungsfarbstoffen tritt besonders bei helleren Tönen beim längeren Kochen das sogenannte Verkochen der Farbstoffe ein. Die Färbung wird stumpf. Dies kann verhindert werden, wenn dem Färbebade Aminocarbonsäuren, z. B. Phenylnitrilotriessigsäure, äthylenbisiminodiessigsaures Natrium usw. zugesetzt werden.

DP 734 398 Grünau 1943 — Das Färben von Wolle mit sauren Farbstoffen und aus sauren Bädern ziehenden Mottenschutzmitteln unter Verwendung von Eiweißspaltprodukten findet bei einem pH statt, welches keine Ausfällung von Niederschlägen aus Mottenschutzmittel und Eiweißabbauprodukt verursacht. Man arbeitet so, daß man erst eine Zeitlang färbt, bevor das Wollschutzmittel zugesetzt wird.

DP 728 463 Ciba 1942 — Neocotone können zum Färben und Drucken von tierischen Fasern verwendet werden. Die Verseifung des Farbstoffes findet durch Dämpfen statt, wobei man die in Gegenwart eines Puffers gefärbten Fasern längere Zeit ohne Druck dämpft.

DP 726 130 IG 1942 — Zum Färben von animalisierten Fasern und tierischen Textilien werden Bäder verwendet, welche das Kondensationsprodukt von Farbstoffen mit Eiweißabbauprodukten enthalten. Nachher wird gehärtet.

DP 724 494 IG 1942 — Tiefe reibechte Färbungen auf Wolle werden erhalten, indem man z. B. mit Äthylenoxydkondensaten von Dodecyläthanolamin vorbehandelt und nachher mit sauren Farbstoffen ausfärbt.

DP 715 376 IG 1941 — Zur Verhinderung des Filzens der Wolle beim Färben mit sauren Farbstoffen wird ein Zusatz von Polyvinylacetat empfohlen.

DP 703 051 Zink 1941 — Zum Färben von Altwolle, abgetragenen Kleidern usw., deren Wolle durch Witterungseinflüsse in ihren färberischen Eigenschaften verändert erscheint, werden als Vorbehandlungsmittel vor der Färbung solche Stoffe vorgeschlagen, die als Nachbehandlungsmittel zur Verbesserung der Echtheit saurer Färbungen bereits bekannt sind. Z. B. ist angegeben:

$$C_{17}H_{33}CO{-}NH{-}C_2H_4{-}N{\overset{\displaystyle (C_2H_5)_2}{\underset{\displaystyle SO_4CH_3}{\diagup\!\!\!\!{-}}}}CH_3.$$

DP 690 193 Baumheier 1940 — Zur Vermeidung von Färbeschwierigkeiten bei sauren Färbungen wird unter Verwendung von Wasser beliebiger Härte eine Säuremischung vorgeschlagen, bestehend aus: 2 Teilen Schwefelsäure 60 Bé, 2 Teilen Phosphorsäure spez. Gew. 1,4, 3 Teilen Salzsäure 19—20 Bé, 3 Teilen Milchsäure 80%, 1 Teil Kochsalz, 10 Teilen Wasser.

DA 63 932 IG — Man färbt Wolle mit Küpenfarbstoffen in Gegenwart von Aminen.

SP 268 512 Ciba 1950 — Pelzfärberei in Flotten mit viel organischen Lösungsmitteln.

SP 264 571 Ciba 1950 — Zur Verhinderung des Verkochens von Chromkomplexfarbstoffen verwendet man Aldehyde mit ionisierbaren Gruppen, z. B. 4-Nitrobenzaldehyd-2-sulfonsäure oder Benzaldehyd-2-carbonsäure (vgl. a. OeP 167 095).

SP 245 279 Ciba 1947 (Zusatz zu SP 242 605) — Der Schwefelsäureester des Kondensationsproduktes aus Stearinsäure-N-Methylolamid, Phenol, Formaldehyd und Diäthylolamin kann als Egalisierungsmittel beim Färben mit beizenziehenden Farbstoffen angewendet werden.

SP 241199 Ciba 1946 — Bei der Färbung von sauren Wollfarbstoffen, insbesondere solchen, die metallisiert sind (Metallkomplexverbindungen), werden reibechtere und tiefere Färbungen erhalten, wenn man den Färbebädern acylierte, mindestens eine Oxyalkyläthergruppe enthaltende Amine zusetzt. Angegeben sind z. B. das Di-Natriumsalz des sauren Dischwefelsäureesters des Triäthanolamin-tri-β-Oxyäthyläther-monokokosfettsäureesters.

SP 218887 Ciba 1942 — Als Egalisiermittel für saure Wollfarbstoffe, welches keine Farbstoffällung verursacht, kann das Umsetzungsprodukt aus Stearoyl-β-phenylhydrazin und Glyzid Anwendung finden.

FP 953801 Cyanamid 1949 — Die Reibechtheit von Färbungen nach dem Metachromprozeß wird durch Zusatz von Magnesiumsalzen verbessert.

FP 940852 Ciba 1949 — Farbstoffe für das Metachromverfahren vom Typus der o,o'-Dioxyazofarbstoffe, in welchen die Oxygruppen mit Säurechloriden verestert sind. Beim Färben tritt Verseifung ein und die freiwerdenden OH-Gruppen können zur Chromlackbildung herangezogen werden (vgl. auch AP 2478185).

FP 913715 Ciba 1946 (vgl. EP 526760) — Zum Egalisieren beim Färben lichtgeschädigter Wolle wird der Zusatz von kationaktiven Mitteln empfohlen.

FP 909592 Ciba 1946 — Wolle wird mit sauren Farbstoffen in Gegenwart von in verdünnter H_2SO_4 löslichen Acylaminen gefärbt, die Äthergruppen im Molekül aufweisen.

EP 635114 ICI 1950 — Zur Erzeugung von Kontrasteffekten beim Färben von Wolle wird diese örtlich chloriert und dann gefärbt.

EP 601347 Ciba 1948 — Wolle oder Mischgewebe, welche Wolle enthalten, aber auch Nylon oder Caseinfasern werden mit acylierten Azofarbstoffen unter gleichzeitiger Zugabe von Alkalichromat usw. einbadig ausgefärbt.

EP 588454 Noble 1947 — Das Färben von Wolle wird unter Zusatz von Orthophosphorsäure statt Schwefelsäure vorgenommen, wobei durch entsprechende Pufferung durch Alkali die Badazidität geändert werden kann.

AP 2520081 Cyanamid 1950 — Man färbt chromierbare saure Farbstoffe in Gegenwart von Chromsalzen und Metallsalzen der Gruppe II b des periodischen Systems (Calcomet-Prozeß). Vgl. auch AP 2520105/06.

AP 2516496 Ciba 1950 — Zur Verhinderung des Verkochens von Chromkomplexfarbstoffen wird mit Aldehyd nachbehandelt.

AP 2508203 All. Chem. 1950 — Küpen, die Alkali, Alkalisulfit und ein neutrales Alkalisalz enthalten, dienen zum Färben tierischer Haare mit antrachinoiden Küpenfarbstoffen.

AP 2501184 Bruce 1950 — Vorbehandlung von Wolle vor dem Färben zwecks besserer Anfärbbarkeit mit Essigsäure und Harnstoff.

AP 2450773 All. Chem. 1948 — Wolle wird mit Indigo in der Leukoform unter Zusatz von Hydrosulfit und Ammoniak gefärbt, wobei die Flotte durch Zugabe von Glaubersalz oder NaCl ausgezogen wird.

AP 2450767 All. Chem. 1948 — Man färbt Wolle mit Indigo durch Klotzen mit wäßrigen Suspensionen des unreduzierten Farbstoffs, reduziert dann in sauren Bädern bei pH 3,5—5 und reoxydiert.

AP 2434178 Cyanamid 1948 — Für die Metachromfärbemethode werden Mischungen von chromierbaren Farbstoffen mit hydrophilen Kolloiden und kationaktiven Netzmitteln empfohlen.

AP 2422586 Cyanamid 1947 — Metallisierte o-Aminoazofarbstoffe geben beim Färben von Wolle oft beim Kochen sogenannte verkochte Färbungen. Man behebt den Übelstand, indem man dem Färbebade Aldehyde, wie Formaldehyd, Paraldehyd oder Glyoxal bzw. Methylolharnstoff oder Methylolmelaminprodukte, zusetzt.

AP 2420729 All. Clem. 1947 — Zur Erzielung voller echter Töne wird Wolle mit Küpenfarbstoffen gefärbt und dann mit sauren oder Chromfarbstoffen überfärbt. Man kann auch umgekehrt mit Wollfarbstoffen grundieren und dann mit Küpenfarbstoffen überfärben.

AP 2346473 DuPont 1944 — Man färbt Wolle mit nichtmetallisierten sauren Farbstoffen bei pH 3—3,5 mit Glykolsäure.

AP 2336221 ICI 1943 — Färben von Schaffellen unter Zusatz von Cetylpyridiniumbromid.

AP 2297702/03 DuPont 1942 (s. a. AP 2297701) — Man färbt Wolle mit Naphtolfarben oder Indigo bzw. Küpenfarbstoffen, indem man die Faser vorher mit Bisulfit, Formaldehydsulfoxylat oder Hydrosulfit oder Formamidinsulfinsäurelösung behandelt und dann dämpft, spült und nachher in üblicher Weise färbt. Die erhaltenen Färbungen sind viel tiefer. Es ist lediglich zu beachten, daß für die Vorbehandlung Stoffe und Lösungen verwendet werden, die die Faser nicht angreifen.

AP 2228369 Gen. An. 1941 — Statt bei Kochtemperatur zu färben, wird vorgeschlagen, die Wolle mit sauren Farbstoffen in Gegenwart von sulfongruppenfreien wasserlöslichen kationaktiven Substanzen zu färben, welche Heteroatome enthalten und mit den Farbstoffen Salze bilden. Man arbeitet in Anwesenheit von Netzmitteln bei Temperaturen von 60—80° C.

AP 2224927 ICI 1940 — Lose Wolle oder Wollgewebe, welche durch atmosphärische Einflüsse zu unegalem Färben neigen, werden vor der Färbung mit einer warmen Lösung von basischem Chromacetat (hergestellt durch Zugabe von 3 Teilen basischem Chromacetat und 4 Teilen Eisessig zu 5000 Teilen Wasser) eine halbe Stunde bei 40° C behandelt. Dann wird mit Wasser gespült und entweder mit sauren oder Chromfarbstoffen gefärbt.

b) Faserschutzmittel bei der Wollfärbung.

Bekanntlich sind Eiweißderivate bzw. Eiweißabbauprodukte als Faserschutzmittel für die Wolle beim Färbeprozeß, aber auch beim Waschen usw. sehr wirksam. Im Berichtszeitraum sind hierüber einige Vorschläge zu verzeichnen.

Literaturübersicht über Faserschutzmittel bei der Wollfärbung.

Gerstner: Melliand Textilber. **29**, 25 (1948).

Patentschrifttum über Faserschutzmittel bei der Wollfärbung.

DP 750401 ohne Inhabernenn. 1945 — Eiweißabbauprodukte werden mit o-Chlorsubstitutionsprodukten aliphatischer Alkohole umgesetzt, Alkylenhalogenhydrine ausgenommen. Die Eiweißderivate können auch höhermolekulare Eiweißstoffe oder deren Umsetzungsprodukte mit höhermolekularen Fettsäuren, Benzylchlorid oder aromatischen Sulfosäuren sein.

DP 747667 ohne Inhabernenn. 1944 — Rückstände der alkalischen oder sauren Mineralölraffination in Form ihrer Sulfochloride werden auf Eiweißlösungen einwirken gelassen, wobei die erhaltenen Stoffe als Wollschutzmittel angewendet werden können.

DP 692070 Grünau 1940 — Als Faserschutzmittel werden Umsetzungsprodukte von Halogeniden höherer gesättigter oder ungesättigter Fettsäuren mit Eiweißstoffen empfohlen.

DP 671497 Grünau 1939 — Als Faserschutzmittel für Wolle usw. dienen amido-, imido- oder nitrilomethylschwefligsaure Salze.

DP 670097 Grünau 1939. Zusatz zu 670096 — Faserschutzmittel entstehen durch Einwirkung von aromatischen oder fettaromatischen halogenierten Kohlenwasserstoffen oder Säurechloriden auf Eiweißabbau- oder Eiweißverbindungen. Man läßt z. B. Benzylchlorid oder Transäurechlorid auf Eiweißlösungen einwirken.

DA 77908 IG — Man behandelt Wolle zwecks Verbesserung der Alkalibeständigkeit mit SH-Gruppen enthaltenden Verbindungen und hiernach mit Stoffen mit 2 Äthyleniminresten.

DA 77661 IG — Alkalibeständigere Wolle erhält man durch Behandlung mit Äthylenharnstoff.

AP 2355114 Hydronaphtene 1944 — Sulfonamide, z. B. der Formel

$$C_{10}H_5\left[SO_2-NH-C_6H_4-NO_2\right]_3$$

besitzen als Wollschutzmittel gute Wirkung.

2. Das Färben künstlicher Proteinfasern.

Die Färbung der Caseinfaser (Tiolan, Lanital, Aralac)[22] kann analog der Wollfärbung mit sauren Farbstoffen vorgenommen werden. Die Sandoz A. G. brachte seinerzeit hierfür ein Sortiment ausgesuchter Vertreter der Wollfarbstoffreihe als Casealfarbstoffe und die Ciba die sogenannten Neosole heraus.

Die Färbeaffinität der Farbstoffe ist im allgemeinen eine etwas größere als gegenüber Wolle[23].

Beim Färben ist darauf Rücksicht zu nehmen, daß starkes Kochen die Faserfestigkeit beeinträchtigt und daß die Caseinfaser während des Färbevorganges plastisch wird. Man soll daher, um ein Zusammenbacken zu vermeiden, Gewebe nicht in zu kurzen Flotten behandeln. Ein Färben im Packsystem führt aus den angegebenen Gründen meist zu Mißerfolgen. Das Textilmaterial neigt außerdem stark zur Ausbildung sogenannter Hitzefalten.

Caseinfasern können auch mit Chrom- oder Schwefelfarbstoffen gefärbt werden.

Hinsichtlich der Ardilfaserfärbung gelten ähnliche Verhältnisse wie für die Caseinfasern[24].

---

[22] Kahl: Mschr. Text.-Ind. **56**, 59/62 (1941).

[23] Tupholme: Text. Colorist **61**, 803 (1939).

[24] Vgl. Text. Manufacturer **71**, 27 (1945). — Text. Colorist **65**, 151, 198, 245, 294 (1943).

Die Sojabohneneiweißfaser und die aus Zein bestehende Vicarafaser färben sich mit Säurefarbstoffen weniger an als Wolle. Die Färbung der Vicarafaser wird zudem durch deren stark gelbe Eigenfarbe erschwert.

Zur Erkennung der verschiedenen Fasern aus regeneriertem Protein (Azlon in USA) wurde von Mecheels das Ninhydrin (Triketohydrinden) der Formel

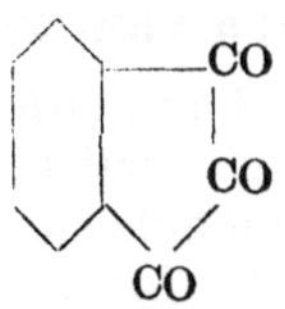

CO
CO
CO

angegeben. Caseinfasern färben sich mit 0,1% Ninhydrin violettblau, Vicara graublau und Sojabohneneiweißfasern bleiben ungefärbt.

Literaturübersicht über das Färben künstlicher Proteinfasern.

Draves, Lüttringhaus: Melliand Textilber. **31**, 89 (1950).
Croston: Ind. Engng. Chem. **42**, 482 (1950).
Koch: Textil Rundschau **5**, 278 (1950).
Elöd, Fröhlich: Melliand Textilber. **31**, 335 (1950).
Hayme: Dtsch. Wollen-Gewerbe **74**, 21 (1942).
Franz, Riederle, Fleischmann, Winkler: Z. Ver. Chem. **45**, 32 (1942).
Chwala: Österr. Chemiker-Ztg. **43**, 16, 147 (1940).
Grundy: J. Soc. Dyers Colourists **55**, 345 (1939).
Malard, Text. Colorist **61**, 195 (1939).

Patentschrifttum über das Färben künstlicher Proteinfasern.

DP 742663 Dosne 1943 — Zum Färben von Caseinfasern werden der Spinnlösung Lösungen von Schwefelsäureestersalzen von Leukoküpenfarbstoffen zugegeben.

DP 707264 IG 1941. Zusatz zu DP 703775 — Das Färben von Caseinfasern mit Azofarbstoffen (Eisfarben) geschieht in der Weise, daß man in schwach essigsaurer Lösung bei 40—50° C grundiert und in fast neutraler oder ganz schwach essigsaurer Diazolösung entwickelt. Es tritt so keine Faserschädigung oder ein Zusammenbacken ein.

DP 687675 Montecatini 1940 — Caseinfasern färben sich mit Chromfarbstoffen, wie Wolle, wenn man mit verdünnten Lösungen von Oxyfettsäuren oder Mineralsäuren vorbehandelt (Glykolsäure, Phosphorsäure). Mischgewebe aus Wolle und Lanital lassen sich auf diese Weise fasergleich mit Chromfarbstoffen färben.

DA 55400 Thüring. Zellwolle — Färben von Caseinfasern nach dem Verfestigen durch eine Vorbehandlung mit Formaldehyd.

EP 584889 Courtaulds 1947 — Gefärbte Caseinfasern werden unter Verwendung von Nachchromierungsfarbstoffen in der Spinnmasse hergestellt.

EP 572778 Courtaulds 1945 — Vor der Färbung behandelt man die Fasern mit sauren Lösungen von Cyanamid-Formaldehydkondensaten.

EP 508781 Vermögenswerte 1939 — Verbesserung der färberischen Eigenschaften von Caseinfasern.

AP 2412126 Collins 1946 (s. a. AP 2412125) — In Samten, deren Pol aus Caseinfasern besteht, können diese tongleich mit der enthaltenen Wolle gefärbt werden, wenn man vor der Färbung mit zirka 0,2% Tannin mit etwas Essigsäure 5 Minuten bei 70° C behandelt. Hernach läßt man eine zirka 3%ige Lösung von Stannochlorid oder Aluminiumsulfat bei 50° C einwirken. Nachher wird gespült und gefärbt. Das Färben findet nach der Klotzmethode statt; vgl. auch AP 2071922.

3. Das Färben von Baumwolle.

Das Arbeiten mit substantiven Farbstoffen ist noch immer ein wichtiges Gebiet dieser Faserfärberei. Grundsätzlich ist zu unterscheiden zwischen Direktfarbstoffen, die bei 40° C schon aufziehen, und solchen, die erst bei 100° C auf die Faser gehen. Die Färbung der Baumwolle beruht auf der Affinität der OH-Gruppen des Cellulosemoleküls zu polaren Gruppen des Farbstoffs, eine chemische Bindung wie etwa zwischen Farbsäure und NH_2-Gruppe des Wollmoleküls ist jedoch hier nicht festzustellen.

Die Färbung der Baumwolle mit unlöslichen Azofarbstoffen, Schwefel- und Küpenfarbstoffen wird in den Abschnitten, die die Färbung mit derartigen Farbstoffen behandelt, näher besprochen werden.

Für die Erzeugung echter Färbungen auf der Faser ist die Verwendung acylierter und dadurch löslich gemachter, an sich unlöslicher Vertreter der Reihe der Azofarbstoffe weiter ausgebaut worden. Derartige Farbstoffe sind bekanntlich seit einigen Jahren als Neocotone (Ciba) im Handel. Die Färbungen werden durch verseifende Nachbehandlungen unter Abspaltung der die Löslichkeit der Farbstoffe bedingenden Acylgruppe in ihrer vollen Echtheit erhalten.

In der Küpenfärberei wurde neben den Färbemethoden nach dem Küpensäureverfahren und dem Temperaturstufenverfahren hauptsächlich die Küpenklotzmethode verbessert. Auf das Färben von Baumwolle im Packsystem nach dem *Abbot-Cox*-Prozeß[25] wird kurz verwiesen. In der Reihe der Schwefelfarbstoffe sind nun vorreduzierte, in Wasser ohne weitere Zutaten lösliche Vertreter in den Eclipsolen (Gy) und Immedialsolen (IG) (Immedialleukofarbstoffe) im Handel. Die für die Baumwollfärbung ohne besondere Ansprüche auf Echtheiten allgemeiner Art gebräuchlichste Klasse der Direktfarbstoffe wurde durch das Coprantinsortiment (Ciba)[26], bzw. die Cuprofixreihe (Sandoz) ergänzt, deren Vertreter es ermöglichen, die die Lichtechtheit erhöhende Nachbehandlung mit Cu-Salzen gleichzeitig mit der Färbung, also einbadig, durchzuführen. Über die Pad-Steam- bzw. Williams-Methode vgl. S. 222.

Für die Verbesserung der Wasser- und Waschechtheit von Direktfärbungen sind wieder zahlreiche Vorschläge anzumerken, welche im entsprechenden Abschnitt (S. 261) besprochen werden. Hier soll nur erwähnt werden, daß gewisse substantive Farbstoffe (Resofixfarbstoffe der Sandoz A. G.) durch Nachkupfern mit Resofix VS Färbungen ergeben, die gegen Waschflotten von 90° C resistent sind.

Die Farbstoffe, welche durch eine Formaldehydnachbehandlung in ihren Naßechtheiten verbessert werden können, sind seit langen Jahren hinsichtlich ihrer Vertreter wenig verändert. Die Wirkung des Formaldehyds auf die Färbung gab zu vielen Deutungen Anlaß. Nachdem erst angenommen wurde, daß die Methylengruppe des Aldehyds die freien Aminogruppen im Farbstoffmolekül bindet, etwa wie folgt:

---

[25] Richardson, Wiltshire: Soc. Dyers Colourists **63**, 224 (1947).
[26] Wittwer: Melliand Textilber. **25**, 276 (1944).

$$\text{Farbstoffrest}\begin{matrix} \diagup NH_2 \\ \diagdown NH_2 \end{matrix} + HCOH \longrightarrow \text{Farbstoffrest}\begin{matrix} \diagup NH \diagdown \\ \diagdown NH \diagup \end{matrix}CH_2$$

gilt nunmehr die Auffassung, daß die Methylengruppe zwei Benzolkerne verbindet. Es entstehen dadurch Großmoleküle, die daher weniger leicht zum Bluten neigen[27].

$$A{-}N{=}N{-}C_6H_2(NH_2)_2{-}CH_2{-}C_6H_2(NH_2)_2{-}N{=}N{-}A$$

Unreife Baumwolle bringt bekanntlich beim Färben viele Schwierigkeiten, da sie eine geringere Farbstoffaufnahme zeigt und Garnpartien streifigen Ausfall zeigen[28]. Zur Bestimmung des Reifezustandes der Faser wird eine Farbstoffmischung empfohlen, die vollreife Cellulose rot, unreife dünnwandige Baumwolle aber grün färbt, so daß eine Vorprüfung des Textilmaterials möglich ist[29]. (Vgl. auch S. 23.)

Literaturübersicht über das Färben von Baumwolle.

Crank: J. Soc. Dyers Colourists **66**, 366 (1950).
Preston: J. Soc. Dyers Colourists **66**, 357 (1950).
Morton: Textil Rundschau **4**, 39 (1949).
Lehembre: Teintex **11**, 128 (1948).
Woodruff: Amer. Dyestuff Reporter **37**, 689 (1948).
Rabe: Melliand Textilber. **28**, 359 (1947).
Crank: J. Soc. Dyers Colourists **63**, 293, 412 (1947).
Schaeffer, Text. Praxis **2**, 307 (1947).
Neale, Text. Recorder **64**, 57 (1947).
Whittaker: J. Soc. Dyers Colourists **58**, 253 (1942).

Patentschrifttum über das Färben von Baumwolle.

OeP 160522 Ciba 1940 (s. a. OeP 159638 Ciba 1940) — Esterartige Farbstoffe werden erhalten, wenn man OH-Gruppen enthaltende Farbstoffe mit acylierenden Mitteln behandelt, welche außerdem noch eine die Löslichkeit des Farbstoffs erhöhende Gruppe tragen. Durch alkalische oder saure Verseifung kann auf der Faser der unlösliche Azofarbstoff rückgebildet werden (Neocotonfarbstoffgruppe!).

DP 743564 Oranienburg 1943 — Man färbt rohe Baumwolle unter gleichzeitigem Zusatz von faseraufschließenden Mitteln in ätzalkalischen Färbebädern in der Siedehitze (Zugabe von organischen Sulfosäuren, wasserlöslichen Silikaten, Perverbindungen und wasserlöslichen oder quellbaren Kolloiden).

---

[27] Whittaker: J. Soc. Dyers Colourists **63**, 37 (1947). — Fourness: J. Soc. Dyers Colourists **63**, 178 (1947).

[28] Wiktorow, Friedlaender, Iwanowa, Ssokolowna: J. Chim. appl. **12**, 113, 251, 440 (1939).

[29] Goldthwait, Smith: Chem. Engng. News **25**, Beiblatt USI (1947).

DP 702828 IG 1941 — Man färbt Cellulosefasern mit substantiven Farbstoffen, diazotiert und kuppelt mit dem Kupferkomplex einer Kupplungskomponente. Dadurch wird eine Erhöhung der Lichtechtheit bewirkt.

DP 699765 Ciba 1940 — Man erzielt echte Töne mittels substantiver Farbstoffe mit metallkomplexbildenden Gruppen, indem man mit metallabgebenden Verbindungen behandelt, wobei mindestens ein Teil der Behandlung in ätzalkalischem Medium stattfindet.

DP 684494 IG 1940 — Um ein Verschleiern des Farbtones beim Färben mit substantiven Farbstoffen in eisenhaltigen Flotten zu vermeiden, setzt man dem Wasser Pyrophosphat zu.

DP 674810 Schürmann 1939 — Zur Erhöhung der Anfärbbarkeit von Baumwolle, insbesondere in Mischung mit Kunstseide, behandelt man ohne Spannung mit Laugen von mindestens 10% Kaliumhydroxyd unter Zusatz von Glukose oder Dextrin bei 35° C. Man erhält so fasergleiche Anfärbungen.

SP 211417 und 211418 Ciba 1940 (Zusatz zu 208930) — Färbungen auf Cellulose entstehen durch Behandlung derselben mit einer Lösung von p-Nitrobenzoylaminomethylpyridiniumchlorid; hierauf wird mit alkalischer Hydrosulfitlösung reduziert, diazotiert und mit geeigneten Kupplungskomponenten entwickelt.

SP 211414 Ciba 1940 — Man behandelt Cellulose vor dem Färben mit N-Oxymethylsalicylsäurealdehyd und geht dann wie oben vor.

SP 211283 IG 1940 — Kalkempfindliche Farbstoffe, z. B. Siriuslichtgrün BL, werden mit dem Na-Salz der Äthylenbis(iminodiessigsäure) gemischt, um in hartem Wasser einwandfreie Färbungen zu liefern. Auch das Salz der Phenylnitrilotriessigsäure kann verwendet werden.

FP 880760 Manny, Berthot. 1944 — Helle Färbungen werden erhalten, wenn man mit Küpen- und Schwefelfarbstoffen in reduziertem Zustand behandelt und durch Oxydation auf der Faser fällt. Durch das Spülen wird ein Großteil des Farbstoffs abgezogen.

EP 579134 Mathieson 1946 — Die Oxydation einer Küpenfärbung mit Superoxyd erfolgt in Anwesenheit von Bikarbonat bei konstantem pH 8,5.

AP 2506892 ICI 1950 — Färbung von Cellulosegeweben mit wäßrigen Dispersionen von Pigmenten und Polyacrylaten als Bindemittel.

AP 2435591 Ciba 1948 — Zur Verhütung von Faserschwächungen bei Küpenfärbungen behandelt man die Färbung mit wäßrigen Lösungen von Reaktionsprodukten von Formaldehyd und Melamin oder Dicyandiamidin unter Zusatz von Cu-Salzen und Ameisensäuren (vgl. AP 2375124, 2364726, 2322333, 2253457, 2197357, 2185143, 2169546, 2161805; EP 558891).

AP 2363537 DuPont 1944 — Zur Erzielung waschechter Grün-, Blaugrün- und Grautöne werden auf die Faser diazotierte Polyamino-phtalocyanine aufgebracht und dann mit wasserlösliche Gruppen enthaltenden Kupplungskomponenten umgesetzt.

AP 2339739 ICI 1944 — Cellulose wird mittels Polydiazoniumverbindungen von Phtalocyaninen gefärbt und unter Freisetzung von Stickstoff der unlösliche Phtalocyaninfarbstoff auf der Faser gebildet. Man färbt z. B. mit tetrazotiertem Cu-tetra-4-aminophtalocyanin.

Anhang: Das Färben von Alginfasern.

Diesbezüglich sind nur wenige Vorschläge zu vermerken.

Chrom- und Metachromfarbstoffe ziehen gut auf. Direktfarbstoffe färben waschunecht. Basische Farbstoffe zeigen zur Alginatfaser gute Affinität.

Patentschrifttum über das Färben von Alginfasern.

EP 572778 Courtaulds 1945 — Ca-, Cr- und Ba-Alginate können mit direktziehenden Farbstoffen gefärbt werden, die Färbungen sind jedoch nicht tief. Behandelt man die Fasern vor dem Färben mit einer Mischung von Cyanamid und Harnstoff (s. a. EP 515847), so erhält man wesentlich tiefere Färbungen, da sich die Affinität der Faser zu Farbstoffen sehr vergrößert hat. Die Behandlung kann bei Temperaturen bis 100° C ausgeführt werden. Zweckmäßig ist es, Cu-Salze mitzuverwenden, um eine Beeinträchtigung der Lichtechtheit der Färbungen auszuschalten. Als Cu-Salz wird das Acetat in Gegenwart von etwas Essigsäure angewendet. Die Behandlung mit Cyanamid und Harnstoff wird bei etwa 65° C, eventuell auch unter Zugabe von Formaldehyd vorgenommen. Nach gutem Spülen wird dann z. B. mit Chlorazolhimmelblau FF (Col. Ind. 518) und 10% Glaubersalz bei 90° C gefärbt, man kann auch Pyrazolorange G oder Chlorantinechtblau GLN färben.

4. Das Färben der Viskose- und Kupferkunstseide sowie Zellwolle.

Es ist eine aus der ersten Zeit der Kunstseidenfärberei jedem Fachmanne unangenehm in Erinnerung gebliebene Tatsache, daß überstreckte Kunstseide wenig Farbstoff aufnimmt. Derartige Fehler sind dann als helle Schmitzer in Geweben deutlich bemerkbar, wobei der Farbunterschied noch durch den erhöhten Glanz der fehlerhaften Stellen verdeutlicht wird. Ebenso ist bekannt, daß Viskosen verschiedener Spinnpartien, also verschiedener Reifung, ungleiche Anfärbung zeigen können. Eine Unzahl von Fehlern der Fertigware hat darin ihre Ursache[30]. Kürzlich wurde wieder festgestellt[31], daß der Fadenquerschnitt, die Spinnbadtemperatur, die Streckung und die Zeit und Temperatur der Trocknung nach dem Spinnen für die Farbstoffaufnahme von Bedeutung sind. Die beachtlichsten Wirkungen zeigen unter allen diesen Faktoren aber die Streckung (eine Erhöhung des Orientierungsgrades der Faser verringert die Farbstoffaufnahme) und die Reifung, also wieder nur eine Bestätigung der schon altbekannten Erfahrungen, die sich derzeit interessanterweise bei der Verarbeitung der Nylonfaser wiederholen, wenigstens was die Unegalitäten durch verschieden starke Streckung anlangt.

Ein Unterschied in der Anfärbung zeigt sich bei der Viskoseseide und der Zellwolle durch die allein bei dieser Kunstseidenart auftretende Faserstruktur, die eine äußere dünne Hülle und einen inneren Kern aufweist. An abgeschnittenen Faserstücken ließ sich zeigen[32], daß z. B. Diaminreinblau FF leicht in das Faserinnere dringt, während es die Hüllenschichte kaum anfärbt. Erst nach längerem Färben stellt sich ein Gleichgewicht ein, wobei es beim Spülen gelingt, den Farbstoffanteil im Faserinnern herauszuwaschen, während die Hülle den Farbstoff festhält. Neocarmin W färbt bekanntlich Kupferkunstseide

[30] Thomas: Text. Manufacturer **69**, 126 (1943); **68**, 171 (1942).

[31] Preston, Pal, Kapedia: Text. Recorder **64**, 57 (1947).

[32] Hermans, Text. Res. J. **18**, 9 (1948). — Rickert: Dtsch. Färber-Ztg. **79**, 75 (1943).

dunkelblau, Viskosekunstseide hellviolett. An Faserabschnitten konnte nachgewiesen werden, daß sich der Unterschied in der Anfärbung dadurch erklären läßt, daß Kupferseide, die keine Struktur aufweist, blau, Viskoseseide aber nur in der Hülle violett gefärbt ist. Das Faserinnere von Viskose färbt sich ebenfalls dunkelblau, wenn die Farbstoffmischung Gelegenheit hat, von einem abgeschnittenen Faserende aus ins Faserinnere zu dringen.

Neuere Arbeiten[33] über die Färbung von Viskose haben gezeigt, daß die Direktfarbstoffe hinsichtlich ihres färberischen Verhaltens gegenüber dieser Kunstseidenart in drei Gruppen eingeteilt werden können[34]: Die erste Gruppe beinhaltet Farbstoffe, welche in Abwesenheit von Salz in der Flotte eine gute Egalität und gute Affinität zeigen. Zur zweiten Gruppe sind Farbstoffe zu rechnen, welche in salzfreien Bädern zwar gut ziehen, jedoch schlecht egalisieren. Die dritte Gruppe umfaßt schließlich Farbstoffe, welche schlecht ziehen und schlecht egalisieren, wenn die Farbflotten kein Salz enthalten.

Es sind Methoden bekannt, unegal ausgefallene Färbungen durch geeignete Behandlungsbäder zu verbessern bzw. ein streifiges Färben von Viskose durch Zusätze zum Färbebad zu vermeiden. Derartige Zusätze sind Alkalien, alkalische Salze, Betanaphtol und Pyridin (letzteres als Tetracarnit den Färbern wohlbekannt).

Zur Untersuchung[33] wurde Diphenylhimmelblau FF (Gy), dem Diaminreinblau FF (IG) entsprechend und als Reagenzfarbstoff auf streifig färbende Viskose seit Jahren in der Fachwelt geläufig, gewählt. Erfolgte gleichzeitig mit dem Färbebeginn ein Zusatz von 0,0125—0,0625% NaOH, so fiel die Färbung lichter aus und war nicht egal. Wurde nach 15 Minuten Färbedauer ein Zusatz von 0,0375% NaOH gemacht, dann wurde innerhalb weiterer 15 Minuten eine gute Gleichmäßigkeit erzielt. Wurde der Zusatz an NaOH verdoppelt, so trat eine Umkehrung in den Eigenschaften der streifig färbenden Viskose ein: die vorerst sich leicht anfärbenden Anteile der Viskose wurden nun dunkler gefärbt als die bei den ersten Versuchen sich dunkel färbenden Kunstseidenanteile. Wurde dem Färbebade eine 10%ige Natriumsilikatlösung zugegeben, so erfolgt eine wesentliche Verbesserung der Egalität der Färbung. Vollständige Ausgeglichenheit der Färbung wurde durch 40% Silikatlösung erzielt. Noch besser wirkt eine 5%ige Trinatriumphosphatlösung bei unmittelbarem Zusatz zu Beginn der Färbung. Die gleiche Wirkung wurde mit einer Flotte erzielt, die 5% Soda erhielt, jedoch nicht mehr, wenn die Soda erst 15 Minuten nach Färbebeginn zugesetzt wurde.

Bei der Untersuchung verschiedener Farbstoffe zeigte sich, daß der Zusatz von NaOH neben einer gewissen abziehenden Wirkung auch eine Reduktionswirkung auf den Farbstoff ausübt, insbesondere bei hohem NaOH-Gehalt der Flotte und hoher Temperatur. Der Farbstoff an den dunkel gefärbten Anteilen der Viskose ist weniger fest gebunden als an den hellen Stellen, so daß bei großen Gaben an Alkali erstere mehr Farbstoff verlieren und daher mit der Zeit die oben erwähnte Umkehrung eintritt, d. h. die erst lichteren Stellen dann eine dunklere Färbung aufweisen als früher die dunklen Stellen. Es werden folgende Resultate angegeben:

Verbessert werden durch Alkalizusatz Färbungen von Chlorazolechtblau 2BN (ICI), Naphtaminlichtblau 4B (IG), Pyrazolorange RR (Sandoz), Chry-

---

[33] Wilcock: Amer. Dyestuff Reporter **36**, 654 (1947). — Lemin, Vickers, Vickerstaff: **62**, 144 (1946). — Vgl. auch J. Soc. Dyers Colourists **62**, 280 (1946).

[34] Whittaker: J. Soc. Dyers Colourists **60**, 109 (1944).

sophenin G (div.), Benzoechtorange 2 RL (IG), nicht verbessert werden, da Reduktionswirkung eintritt: Chlorantinechtgrün BLL (Ciba), Benzoechtblau 8 GL (IG), Brillantechtblau 3 BX, Formalschwarz MTC (Gy), Direktechtorange SE, Benzoechtscharlach 4 BS (IG). Zugaben von β-Naphtol halfen immer, gleichgültig wann sie erfolgten. Am besten arbeitet man mit Gaben von 40% β-Naphtol und 40% Salz bei 90° C 30 Minuten. Die Behandlung kann auch als Nachbehandlung erfolgen. Wesentliche Verbesserung zeigen: Chlorantinlichtgrün BBL, Benzoechtblau 8 GL, Benzoechtorange 2 RL, Diphenylchlorgelb FF, sehr gute Verbesserungen ergeben sich bei: Benzoechtviolett 4 BL, Benzoechtgrau BL, Benzolichtscharlach 4 BL, gewisse Verbesserung zeigen: Benzoechtbraun GL, Brillantechtblau 3 BX, Diphenylhimmelblau FF.

Statt β-Naphtol ist auch α-Naphtol verwendbar, sowie Phenol, Resorcin, Pyrogallol, Benzoesäure, letztere Stoffe allerdings in großen Mengen. Mit β-Naphtol behandelte Kunstseide muß zur Vermeidung von Lichtempfindlichkeit mindestens zwei Wäschen mit je 2% Seife bei 40—50° C erhalten, wobei natürlich bei vielen Färbungen eine wesentliche Verringerung der Farbtiefe eintreten wird.

Die Lichtechtheit von substantiven Färbungen wird durch die Einlagerung von Kunstharzen in die Faser zwecks Knitterfestigkeit verringert. Ebenso beeinflußt die Antischrumpfbehandlung nach dem Lanasetverfahren mit Glyoxal die Lichtechtheit ungünstig.

Bei der Küpenfärbung liegen die Verhältnisse schwieriger. Schwach alkalisch färbende Küpenfarbstoffe werden bei 90° C aufgefärbt und liefern so bessere Resultate als bei tiefen Temperaturen. Eine Verbesserung ist durch den Zusatz der bekannten retardierenden Mittel, wie *Albatex PO* oder *Peregal* möglich, besonders aber mit Sulfitcelluloseablauge und Magnesiumsulfat (6% bzw. 2%) zu beobachten. Die Retardierung betrug bei gering konzentrierten Bädern bis 60%, bei 2% Farbstoffgehalt etwa 20%, bei 6% Farbstoffanteil 10%. Bei Kreuzspulfärbungen ist die Abbot-Cox-Methode vorteilhaft.

Hinsichtlich der Echtheit von Viskosefärbungen ist darauf hinzuweisen, daß für Viskosefärbungen in Mischgeweben, welche einer nachherigen Walke unterzogen werden sollen, eine geeignete Zusammenstellung von substantiven Farbstoffen, die gegen alkalische Walken beständig sind, im Viscowalksortiment (Sandoz) vorliegt.

Literaturübersicht über das Färben von Viskose- und Kupferseide sowie Zellwolle.

Ashpole, McFarlan, Wilcock: J. Soc. Dyers Colourists **66**, 17 (1950).

Zons: Kunstseide und Zellwolle **28**, 121 (1950).

Tyler: Brit. Rayon Silk J. **26**, 58 (1950).

Boulton: Amer. Dyestuff Reporter **37**, 438 (1948); J. Soc. Dyers Colourists **60**, 5 (1944).

Woodruff: Amer. Dyestuff Reporter **37**, 435 (1948); **36**, 549 (1947).

Royer: Amer. Dyestuff Reporter **37**, 525 (1948).

Creegan: Amer. Dyestuff Reporter **37**, 520 (1948).

Joerger: Text. Inst. **112**, 129 (1948).

Wilcock: J. Soc. Dyers Colourists **63**, 136 (1947); Silk J. Rayon Wld. **20**, **49** (1944).

Whittaker: Dyer, Textile Print. **97**, 554 (1947); J. Soc. Dyers Colourists **60**, 109 (1944); **58**, 253 (1942).

Smith: Amer. Dyestuff Reporter **35**, 413 (1946).

Cox: J. Soc. Dyers Colourists **62**, 440 (1946).

Jost: Textil Rundschau **1**, 67 (1946).

Schumacher: Melliand Textilber. **24**, 231 (1943).

Patentschrifttum über das Färben von Viskose- und Kupferkunstseide sowie Zellwolle.

OeP 164492 AKU 1949 — Eine verbesserte Farbstoffaffinität von Kunstseidenspinnkuchen wird erreicht, wenn man heiße, mit Wasserdampf gesättigte Luft durch den Spinnkuchen preßt.

OeP 162582 Lenzinger Zellwolle 1949 — Gespulte Textilien werden zwecks Erzielung guter Durchfärbung bei der Apparatefärberei vorher mit Wasserdampf unter Druck (3—5 at) behandelt und nach Abkühlung oder Befeuchten mit Wasser gefärbt.

OeP 162237 Mollnar 1949 — Das Spinnfärben von Viskose, insbesondere Kunstschwämmen erfolgt derart, daß die Färbung in natürlichen Tönen durch Zugabe von $CdSO_4$ oder bas. Wismutnitrat erfolgt, worauf die Viskose durch Zugabe erbsgroßer Natriumsulfatkörner koaguliert wird. Hierauf wird ausgewaschen. Die Gebilde sind durch Cd-Sulfid oder Wismutsulfid echt gefärbt. Andere Metallsulfide kommen nicht in Frage, da sie entweder alkali- oder säurelöslich sind, kolloidale Lösungen geben oder durch Luftoxydation in farblose bzw. weiße Verbindungen übergehen.

DP 738194 IG 1943 — Das Färben von Cellulose mit substantiven Farbstoffen kann gleichzeitig mit mattierend wirkenden Pigmenten erfolgen, indem man den Bädern oxyalkylierte Biguanide, eventuell gemeinsam mit Alkoholen, welche mindestens 10 C-Atome in offener Kette enthalten, zusetzt.

DP 672238 Durand & Huguenin 1939 — Die Färbung von Kunstseide kann mit Beizenfarbstoffen in Anwesenheit von Chromichromaten erfolgen, wobei in manchen Fällen zur Vermeidung einer Lackbildung im Farbbad oxyfettsaure Salze zugesetzt werden.

DA 113130 Schles. Zellwolle — Man färbt Viskose in der Spinnmasse, indem man Alkalicellulose in Gegenwart von OH-Gruppen enthaltenden Farbstoffen sulfidiert.

FP 882563 St. Claire du Rhône 1944 — Man färbt Cellulosetextilien mit substantiven Farbstoffen bei tiefen Temperaturen (30—40° C) unter Zusatz von Ätzalkalien. Z. B. 50 ccm NaOH 36° Bé/Liter für das Färben von Viskose-Kunstseide.

EP 604875 ICI 1948 — Zum Spinnfärben von Viskose in gedeckten Tönen werden Pigmentdispersionen vorgeschlagen, die dadurch erhalten werden, daß Azopigmente in Gegenwart von feinst verteiltem Gasruß erzeugt werden.

EP 576263 Courtaulds 1946 — Man färbt Viskose in der Spinnmasse, indem man in einem Teil der Spinnlösung einen wasserlöslichen Farbstoff, der alkaliumlöslich ist, mit Alkali fällt und die erhaltene feine Suspension der Spinnlösung zuführt (Primulin, Durazolfarben).

EP 506203 Courtaulds 1939 — Beim Färben von Kunstseide mit Küpenfarbstoffen ist das rasche Ausziehen des Färbebades für die Erzielung egaler Färbungen sehr nachteilig. Durch Zusatz von Polyvinylalkohol zu den Färbebädern wird ein langsameres Aufziehen des Farbstoffs und eine egalere und bessere Durchfärbung erzielt. Die zugesetzte Menge beträgt 5%.

AP 2308021 Gen. An. 1943 — Beim Färben mit hartem Wasser setzt man zum Schutze empfindlicher Farbstoffe Nitrilotriessigsäure [Trilon (IG)] 5 g/l oder

Methyliminodiessigsäure oder Anthranil-N,N-diessigsäure zu. Auch kann Äthylen-bis-iminodiessigsäure verwendet werden.

Weitere Formelbilder:

$$HN(CH(COOH)CH_2COOH)_2$$

$$HO{-}C_6H_4{-}CH_2{-}CH(COOH){-}N(CH_2COOH)_2$$

$$(HOOCCH_2)_2N{-}C_2H_4{-}N(CH_2COOH)_2$$

AP 2 265 559 DuPont 1941 — Zusätze von Polyamiden zur Viskosespinnmasse machen den erhaltenen Faden mit Acetatseidenfarbstoffen färbbar.

CanP 432 327/29 Dreyfus 1946 — Färbeverfahren für Cellulosederivate mit Farbstoffen, die keine Affinität besitzen. Man verwendet zur Imprägnierung des Textilmaterials Lösungen des Farbstoffs in organischen Lösungsmitteln, welche 80% niederer Alkohole enthalten, quetscht ab und trocknet rasch. Eventuell kann man der Imprägnierlösung Aceton als Quellmittel zusetzen. Schließlich kann man auch die erhaltenen Färbungen durch Behandlung in Bädern von wäßrigen Dispersionen oder Lösungen derselben Farbstoffe übersetzen.

5. Das Färben von Acetatkunstseide.

Da in der Acetatkunstseide die OH-Gruppen des Cellulosemoleküls großteils durch Acetylgruppen blockiert sind, ist eine Färbung mit Direktfarbstoffen nicht möglich. Daher sind für das Färben von Acetatseide[35] in der Regel aus Seifenbädern in feinster Dispersion aufziehende Farbstoffe der Anthrachinonklasse geeignet. Die Färbung ist als eine Lösung des Farbstoffs im Cellulosederivat aufzufassen. Begünstigt wird das Aufziehen der Farbstoffe vor allem durch den Quellungsgrad der Acetylcellulose, weshalb eine ganze Reihe von Vorschlägen dahingehen, den Flotten kleine Mengen von Lösungsmitteln für das Textilmaterial zuzugeben, so daß es zu einer Anquellung desselben kommt. Dabei kann durch geeignete Quellmittel ermöglicht werden, eine Färbung der Faser auch mit Farbstoffklassen zu erreichen, die ansonsten für die Acetatseidenfärberei ungeeignet sind, wie saure Farbstoffe usw. Auch die Animalisierung der Faser zwecks Färbemöglichkeit mit anderen Farbstoffen, sogar nach der Metachrommethode, wurde in Vorschlag gebracht.

In den Astrazonfarbstoffen sind in letzter Zeit Produkte erschienen, die nicht mehr im Färbebade dispergiert werden müssen, sondern aus Lösungen auf die Acetatseide gefärbt werden.

---

[35] Lister: J. Soc. Dyers Colourists **59**, 889 (1943). — Vickerstaff, Waters: J. Soc. Dyers Colourists **58**, 116 (1942).

Schließlich wurden auch Verfahren ausgearbeitet, Acetatseide mit Naphtolen zu färben[36], ohne derzeit allerdings in der Praxis ausgedehntere Anwendung zu finden.

Viele Acetatfärbungen zeigen starkes Fading[37], d. h. werden unter dem Einfluß einer Atmosphäre, die Rauchgase enthält, lichter bzw. bleichen aus. Zu dieser Erscheinung geben insbesondere vom Indophenol abgeleitete Vertreter Anlaß. (Vgl. auch S. 281.)

Nach dem Dytron-Prozeß werden saure Farbstoffe in Anwesenheit lösend wirkender Mittel gepflascht und im Kontinueverfahren in Behältern mit Bikarbonat, Kaltwasser, Waschmittellösungen und neuerlichem Kaltwasser nachbehandelt. Es soll mit einer Geschwindigkeit von zirka 30 m/min. gearbeitet werden[38].

Literaturübersicht über das Färben von Acetatkunstseide.

Mellor, Olpin: J. Soc. Dyers Colourists **63**, 396 (1947).
Mönch: Kunstseide u. Zellwolle **25**, 1341 (1947).
Hall: Fibres **8**, 270 (1947).
Lister: J. Soc. Dyers Colourists **59**, 89 (1943).
Sisley: Teintex **6**, 190 (1941).

Patentschrifttum über das Färben von Acetatkunstseide.

OeP 166918 Ciba 1950 — Die Affinität von Acetatkunstseidenfarbstoffen der Form

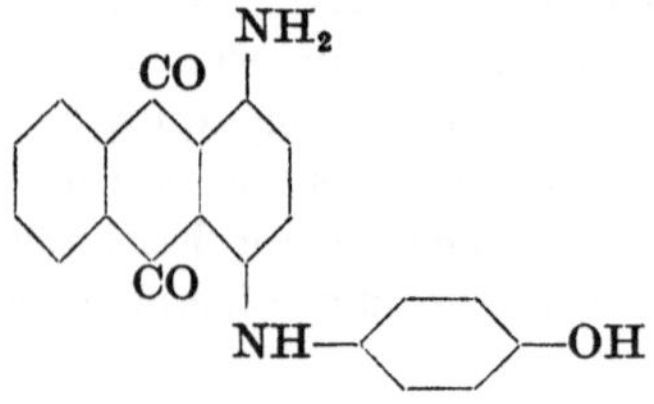

NH_2
CO
CO
NH—⟨ ⟩—OH

wird erhöht durch Zusätze von z. B. N-substituierten Aminobenzolsulfonsäuren.

OeP 158634 IG 1940 — In der Regel läßt sich Acetatseide nicht mit Entwicklungsfarbstoffen färben und Grundierungen mit Naphtolen sind wegen des fehlenden Ziehvermögens nicht durchführbar. Man kann zu guten echten Färbungen gelangen, wenn man Acetatseide verwendet, welche hydrophile Stoffe hochpolymerer Natur enthält. Namentlich solche Substanzen sind wirksam, die CO-Gruppen in Häufung enthalten und eine ausgesprochene Eigenquellung besitzen, wie z. B. Polymerisationsprodukte ungesättigter Säuren, Mischpolymerisate von Acrylsäure mit Vinylestern, Alkydharze, quaternäre Derivate von Polglyzid mit Pyridin, Polyvinyläthyläther, Celluloseäther usw. Schon ein Gehalt von 10% dieser Stoffe gestattet es, die Acetatseide gleich tief wie Viskose färben zu können. Der Zusatz der Substanzen erfolgt am besten direkt bei der Herstellung der Acetatseidenfaser. Beim Färben derartiger Acetatseide hat es sich als vorteilhaft erwiesen, den Grundierungsbädern organische Basen zuzusetzen. Bei Stoffen mit sauren Gruppen, wenn solche in der Acetatseide verteilt sind, empfiehlt sich nach alkalischer Vorwäsche die Grundierung mit Diazoniumsalzen.

---

[36] Baron: Teintex **8**, 264 (1943). — Jaek: Teintex **37** (1942).
[37] FP 851482, 850502, IG.
[38] Thompson: Amer. Dyestuff Reporter **38**, 278 (1949).

OeP 157 941 IG 1940 — Das Färbevermögen von Acetatseide und anderen Hochpolymeren ist abhängig vom Quellungsgrad dieser Gebilde. Wenn die Acetatseidenfaser Polyvinylverbindungen enthält, so kann sie direkt dem Färbeprozeß unterworfen werden, im anderen Fall kann man sie zur Erzeugung saurer Gruppen animalisieren oder mit Phenolformaldehydharzen oder Kondensationsprodukten von Polyacrylsäureestern und aus Diäthyläthylendiamin behandeln. Auf der so veränderten Faser kann eine Reihe von Farbstoffen nach dem Metachromverfahren gefärbt werden.

DP 748 887 IG 1944 — Man färbt Acetatkunstseide mit Mischungen von Azofarbstoffen der Form

$$X{-}N{=}N{-}Ar{-}N\begin{matrix}\diagup Y \\ \diagdown R{-}COOH\end{matrix} ,$$

worin X eine nichtionisierbare Azokomponente, Y Wasserstoff oder Alkyl, Ar einen Arylrest und R ein Alkylen bedeuten. Vgl. auch DP 744 073.

DP 748 533 IG 1945 — Zur Färbung von Fasern aus Celluloseacetat werden diesen Spinnmassen vorher Kunstharze mit basischen oder sauren salzbildenden Gruppen beigegeben (Maleinsäureanhydrid-Vinylmethyläthermischpolymerisate usw.). Man kann dann je nach den anwesenden basischen oder sauren Gruppen mit Metallsalzen oder Chromsäure behandeln und mit färbenden Säureresten bzw. Metallsalzlösungen zum Pigment entwickeln.

DP 745 751 ICI 1944 — Zum Färben von Celluloseestern werden die Affinität besitzenden Diazoamino- oder Triazenverbindungen in wäßriger neutraler oder schwach alkalischer Lösung aufgefärbt und dann mit einer Azokomponente behandelt. Schließlich wird in saurem Bade entwickelt.

DP 740 909 IG 1943 — Zum Färben von Acetatseide wird diese erst mit mindestens 30%iger Essigsäure oder einem gleichstarken Quellmittel, hierauf mit sulfongruppenfreien Netzmitteln und nachher, eventuell nach Zwischentrocknung, mit Farbstofflösungen behandelt.

DP 703 163 IG 1941 — Acetatseide kann mit sulfonsäuregruppenfreien Kondensaten, die einen heterocyclischen Ring, eine diazotierbare Aminogruppe und eine die Kupplung ermöglichende Oxygruppe enthalten, gefärbt werden, indem man die Kondensate aus Dispersionen aufbringt, diazotiert und nachher durch Behandlung mit alkalischen Mitteln oder Abstumpfung der Säure mit sich selbst kuppeln läßt.

DP 702 278 IG 1941 — Behandelt das Färben von Acetatkunstseide mit Naphtolen.

DP 687 062 Rhodiaceta 1940 — Acetatseide kann mit Farbstoffen in Lösung von Tetrahydrofurfurylalkohol gefärbt werden.

DP 676 916 Rhodiaceta 1939 — Man färbt Acetatseide in Bädern, welche Farbstoffe in organischen Lösungsmitteln enthalten, wobei die Gefahr der Knitterbildung dadurch beseitigt wird, daß während des Färbens ein unlöslicher Hilfsstoff (Gips) in feiner Verteilung im Bad suspendiert ist.

SP 264 572 Ciba 1950 — Acetatkunstseide wird durch Mischungen von Alkylamino- und Oxyalkylamino-4-phenylaminoanthrachinonen farbstärker angefärbt als durch die einzelnen Komponenten. Vgl. auch OeP 166 228 und OeP 164 009.

FP 940 611 United Turkey Red 1948 — Zum Färben von Acetatseide werden Flotten verwendet, die neben Farbstoffen (auch solchen, die keine Affinität besitzen) ein Thiocyanat bzw. Quellmittel enthalten.

FP 919 889 Textron 1947 — Zum Färben von Acetatseide mit sauren Farbstoffen werden Bäder verwendet, welche ein pH 0,4—1,4, am besten um 1 besitzen und die so lange und so heiß angewendet werden, daß sie die Acetatseide nicht verseifen. Die Badazidität bewirkt eine verbesserte Waschechtheit.

FP 913 158 Rhodiaceta 1946 — Das Färben von Acetatseide erfolgt mit Farbstoffen in wäßriger Suspension. Das Textilgut wird mit der Suspension imprägniert und dann mit Wasserdampf behandelt, so daß ohne Zwischentrocknung reibechte, volle Färbungen erzielt werden.

FP 883 142 Ciba 1944 — Die Acetatseide kann mit Neocotonen in Gegenwart von Verseifungsmitteln gefärbt werden. Man arbeitet mit 10 Teilen Farbstoff, 0,5 Teilen $Mg(OH)_2$, 9,5 Teilen Dextrin und rührt mit der 20—100fachen Gewichtsmenge einer 0,1—0,3%igen Lösung des Na-Salzes der N-Benzyl-ω-heptadecylbenzimidazoldisulfosäure an.

FP 857 904 Courtaulds 1940 — Acetatseide wird nach der Küpensäuremethode gefärbt, indem man aus der NaOH-Hydrosulfitküpe die Küpensäure mittels Kohlensäure ausfällt. Die Färbung erfolgt bei 60—70° C, worauf wie üblich reduziert und entwickelt wird.

EP 632 938 Textron 1949 — Acetatkunstseide wird in sauren Bädern in 50% alkoholischer Lösung mit Direktfarbstoffen gefärbt.

EP 631 765 Aniline 1949 — Behandelt das Färben von Acetatkunstseide mit Beizenfarbstoffen.

EP 622 676 Marchington 1949 — Das Färben von Acetatseide mit Küpenfarbstoffen erfolgt unter Reduktion derselben mit schwachen Alkalien unter Zugabe von Quellmitteln.

EP 614 600 Olpin, Jackson 1948 (s. EP 594 722) — Zur Färbung von Celluloseestern imprägniert man mit alkoholischen (50%) Lösungen von aromatischen Aminen (Anilin oder para-Aminodiphenylamin) in Gegenwart von Methyl cellulose als Verdickungsmittel und oxydiert nachher zum Farbstoff. Man kann diese Methode auch mit Estern von Leukoküpenfarbstoffen durchführen.

EP 614 334 Sandoz 1948 (s. EP 606 008, 613 076) — Beim Färben von Celluloseäthern oder Estern oder synthetischen N-haltigen Fasern (Nylon, Lanital) werden dieselben mit halogenierten Naphtochinonimiden getränkt (auch Derivaten) und mit Aminen, NH_3, mehrwertigen Alkoholen, Phenolen usw. zu Färbungen entwickelt.

EP 613 588 Textron 1948 — Celluloseacetat wird gefärbt, indem man zuerst mit dem bloß ein Netzmittel enthaltenden Bad imprägniert, abquetscht und hierauf in einem Farbbad färbt, welches ein Lösungsmittel für die Faser zum Anquellen derselben enthält.

EP 612 078 Marchington Co. 1948 (s. EP 592 858) — Acetatseide wird vor dem Färben mit Lösungen von Thiocyanaten und einem Quellmittel behandelt und dann sofort gefärbt. Man kann auch mit Direkt- und Küpenfarbstoffen arbeiten.

EP 607 085 Celanese 1948 — Fadingechte Celluloseesterfärbungen erreicht man, indem man beim Verspinnen der Celluloseester einen Zusatz von 1—5% eines wasserunlöslichen, in organischen Lösungsmitteln löslichen alkylierten Kondensationsproduktes eines Aminotriazins oder Diazins mit mindestens zwei an einem N-Atom befindlichen Wasserstoffatomen mit Formaldehyd vornimmt.

EP 606 943 Compt. Text. Art. 1948 — Mischgarne werden durch innige Vereinigung von in der Masse gefärbten künstlichen Fasern mit weißer Baumwolle hergestellt.

EP 606 896 Francolor 1948 — Zum Färben von Celluloseestern oder Nylon verwendet man eine feinst dispergierte Mischung einer diazotierten Farbbase und einer Kupplungskomponente unter Zusatz eines Dispergiermittels und eventuell auch Alkali. Hernach wird in einem Bade von Nitrit und Ameisensäure entwickelt.

EP 604 053 Celanese 1947 — Das Färben von Acetatseide am Foulard erfolgt bei mit Alkohol in Gegenwart von Rhodaniden gequollenem Material auch mit Farbstoffen, die gegen ein Spülen mit Wasser nicht echt sind. Man spült mit 20%iger Kochsalzlösung.

EP 601 706 versch. Inhb. 1948 — Zur Erhöhung der Anfärbbarkeit von Acetatseide wird diese mit dem Monoäthyläther des Äthylenglykols vorgequollen, worauf man sie mit direkten oder sauren Farbstoffen färben kann. Acetatseidenfarbstoffe geben bereits bei 40—50° C tiefe Töne.

EP 599 055 Celanese 1948 — Das Färben von Acetatseide erfolgt durch Imprägnierung mit einer Farbstofflösung in Äthylalkohol, welcher ein anorganisches Thiocyanat als Quellmittel für die Faser enthält. Hernach wird gedämpft.

EP 598 371 Kuhlmann 1948 — Verbesserungen in der Färbung von Celluloseesterfäden mit Nitrofarbstoffen durch Verwendung von Sulfonamidverbindungen der letzteren, welche die Faser weniger stark angreifen und bessere Löslichkeit zeigen.

EP 596 264 Rhodiaceta 1947 — Tetrahydrofuranderivate dienen als Zusatz zu Färbebädern von Acetatseide.

EP 592 858 Turkey Red 1947 — Die Färbung von Celluloseacetat wird mit Farbstoffen, auch solchen ohne Faseraffinität, Quellmitteln für die Acetatseidenfaser (Aceton, Äthyllactat) und Thiocyanaten vorgenommen. Insbesondere auch für Druckzwecke, nach dem Drucken dämpfen. Waschechte Drucke. Beispiele mit Rapidogenen, Indigosolen, sauren und direkten Farbstoffen sind angegeben.

EP 589 245 Textron 1947 — Zum Färben von Acetatseide mit sauren, basischen und direkten Farbstoffen sowie Indigosolen verwendet man Quellmittel für Celluloseacetat (Lösungsmittel) mit anorganischen oder organischen Säuren im Färbebad. Als Lösungsmittel werden Dioxan, Diacetonalkohol u. a. genannt.

EP 588 106 Turkey Red 1947 — Das Färben von Acetatseide bzw. auch das Drucken erfolgt mit substantiven, basischen oder Indigosolfarbstoffen unter Zusatz größerer Mengen Thiocyanat. Als Farbstoffe werden angegeben: Chlorantinlichtgelb 5 GGL (Ciba), Diazaminbordo BL (Sandoz), Viktoriablau B (Sandoz), Indigosol OR (Durand Huguenin) usw. Paste für Druck: 20 Teile Farbstoff, 200—350 Teile Ammonthiocyanat, 700—730 Teile Britishgumverdickung.

EP 583 349 Celanese 1946 — Man färbt mit verschiedenen Farbstoffen, die in einer Mischung von Wasser und Alkohol gelöst sind unter Zugabe eines Thiocyanats als Quellmittel.

EP 581 176 Ciba 1946 — Zur Verbesserung der Färbungen von TiO_2-mattierten Celluloseestern behandelt man mit Melamin.

EP 578 212 Celanese 1946 — Acetatseide kann mit Küpenfarbstoffen gefärbt werden, indem man sie erst mit der wäßrigen Dispersion des Farbstoffes tränkt, hernach durch ein Reduktionsbad aus Hydrosulfit und Soda nimmt und unmittelbar hernach oxydiert. Die Behandlungsbäder werden etwa 65—75° C heiß angewendet, vor der Anwendung des Reduktionsbades wird zwischengetrocknet. Als Reduktionsbad verwendet man eine wäßrige Lösung von etwa 0,2% Hydrosulfit und 1,5% Soda bei 35—60° C und mit 15—30 Minuten Behandlungsdauer. Die Färbungen sind lichtecht und gasecht.

EP 576 927 Celanese 1946 — Man färbt die Acetatseide mit direkten Farbstoffen aus einem Imprägnierbad mit mindestens 60% Äthylalkohol und 1—8% einer aliphatischen Monocarbonsäure mit höchstens 4 C-Atomen im Molekül (Eisessig). Gefärbt wird auf der Paddingmaschine; meistens genügt auch für tiefe Töne eine Passage, die Färbung läßt beim Seifen nur wenig an Tiefe nach. Nach der Passage wird sofort getrocknet, und zwar so schnell wie möglich und ohne Waschen.

EP 534 903 Celanese 1942 — Dunkle Töne auf oberflächlich verseifter Acetatseide werden erhalten, indem man mit Mischungen von durchfärbenden Acetatseidenfarbstoffen und grauen oder schwarzen Direktfarbstoffen färbt.

EP 530 013 Celanese 1940 — Das Färben von Celluloseestern erfolgt durch Behandlung in ganzer Breite (Jigger), wobei das Gewebe außerhalb des Farbbades ebenfalls auf der Färbetemperatur (70—100° C) gehalten wird.

EP 506 588 Rhodiaceta 1939 — Man färbt unter Zusatz von Tetrahydrofurfurylalkohol 100 ccm/l in organischem Medium (CCl_4, Benzol, CH_3OH usw.).

EP 504 558 Sowter, Meals 1939 — Die Färbung von Acetatseide kann derart vorgenommen werden, daß man das Material mit einer Lösung eines Farbstoffes in einem gegenüber Acetatseide als Quellmittel wirkenden Lösungsmittel sowie einem weiteren Lösungsmittel, welches den Farbstoff löst, aber gegenüber Acetatseide nicht quellend wirkt. Hernach wird das Färbegut direkt getrocknet. Man färbt z. B. in einer Lösung eines Anthrachinonderivates in einer Mischung von Dichloräthylen (85 Teile), Chlorbenzol (15%).

EP 503 704 Ciba 1939 — Färben der Spinnlösungen von Acetatseide durch Zugabe von metallisierten Azofarbstoffen, die in organischen Lösungsmitteln löslich sind.

EP 500 960 Moncrieff, Greasley 1939 — Man kann die Affinität der Acetylcellulose für Farbstoffe erhöhen, wenn man das Material mit 50% Essigsäure vor der Färbung behandelt. Voraussetzung ist das Vorliegen einer acetonlöslichen Acetylcellulose.

AP 2 524 072/73 Celanese 1950 — Acetatkunstseide kann mit Küpenfarbstoffen gefärbt werden, wenn die Küpe erhebliche Mengen Diacetonalkohol enthält.

AP 2 519 498 Celanese 1950 — Acetatkunstseide wird in Gegenwart von Quellmitteln mit sauren Farbstoffen gefärbt.

AP 2 518 644 Celanese 1950 — Man imprägniert Celluloseesterfasern mit Farbstofflösungen, die 20% niedermolekulare aliphatische Fettsäuren und 3—10% Thiocyansäure enthalten.

AP 2 518 153 DuPont 1950 — Färben von Acetatkunstseide mit Küpenfarbstoffen, wobei die Küpe Diäthylenglykol enthält.

AP 2517751 Viscose 1950 — Als Quellmittel beim Färben von Acetatkunstseide mit sauren Farbstoffen dienen aliphatische Alkohole, Resorcin (Phloroglucin) und Cyclohexanol.

AP 2504183 Celanese 1950 — Herstellung von gefärbten Stapelfasern aus Acetatkunstseide. Als Quellmittel dient Thiocyanat.

AP 2475672 Celanese 1949 — Zweiseitig verschieden gefärbte Gewebe aus Acetatseide werden erhalten durch Imprägnieren mit wasserunlöslichen Fettsäuren mit mehr als 12 C-Atomen und Ausfärben. Hernach wird die Imprägnierung entfernt und wieder gefärbt.

AP 2460875 Celanese 1949 — Das Kreppen und Färben von Acetatseidengeweben erfolgt durch mechanische Imprägnierung der Textilien mit einer wäßrig-alkoholischen Farbstofflösung, die als Lösungsmittel für den Farbstoff mindestens 70% an niedrigem aliphatischem Alkohol enthält, waschen und durch ein heißes Kreppbad ziehen.

AP 2454950 Celanese 1948 — Zur Herabsetzung der Empfindlichkeit von Celluloseacetat gegen Uviollicht setzt man der Spinnmasse einen Resorcindiester einer Oxycarbonsäure zu, welche die OH- und COOH-Gruppe an einem Benzol- oder Naphtalinkern tragen.

AP 2433939 Celanese 1948 — Reduktionsprodukte von 6-Cl-2,4-Dinitrobenzolazo-2'-acetylamino-4'-dihydroxyäthylanilin mit Formaldehydsulfoxylat färben Acetatseide fluoreszierend an. Die Färbungen sind waschecht.

AP 2428834 Celanese 1947 — Zur Färbung von Celluloseacetat wird das Textilmaterial mechanisch imprägniert, mit einer Lösung eines Direktfarbstoffes für Acetatseide in einer wäßrigen Lösung, die 60% niedrigmolekularen Alkohol und 1—8% einer niederen aliphatischen Säure enthält, und dann rasch getrocknet.

AP 2410867 Celanese 1946 — Die färberischen Eigenschaften hinsichtlich egaler Anfärbung werden bei Acetatseide verbessert, wenn den Creponierbädern kleine Mengen niedrigmolekularer aliphatischer Säuren (Eisessig 1—5%) zugegeben werden. Gemischte Kreppgewebe aus Acetatseide und Viskose werden unter Zugabe von Kreppmitteln und Quellmitteln, wie Methylenchlorid oder Essigsäureäthylester, der Kreppbehandlung unterworfen.

AP 2403900 Aniline 1946 — Zum Färben von Acetatseide können Direktfarbstoffe, diazotiert und entwickelt mit Betaoxynaphtoesäure, verwendet werden. Dieselbe ist schwer löslich, weshalb als Entwicklungsbad das Reaktionsprodukt der Verbindung mit Natriumformiat, welches leicht wasserlöslich ist, benützt wird. Man behandelt die gefärbte und diazotierte Acetatseide eine halbe Stunde bei 35—40° C beginnend und die Temperatur bis 60° C erhöhend.

AP 2403019 Celanese 1946 — Blaue Färbungen auf Acetatseide, welche man mit Aminoanthrachinonabkömmlingen erhalten hat, können echt gegen Fading durch die Atmosphäre gemacht werden, indem man die gefärbten Gewebe mit Polyamin-Formaldehydkondensaten imprägniert. Man behandelt bei pH 4—5, trocknet und erhitzt kurz auf 130° C. Ein Gehalt von etwa 2% Harz im Gewebe ist anzustreben, Melamin-Formaldehydkondensate sind gut geeignet.

AP 2399627 Celanese 1946 — Dichte Gewebe aus Acetatkunstseide werden vor dem Färben mit Türkischrotöl imprägniert, getrocknet, dann in einer Mischung aus Türkischrotöl, Xylol und Wasser gequollen und hierauf gefärbt.

AP 2 380 503 Celanese 1945 — Das Färben von Acetatseide mit neutralziehenden Wollfarbstoffen erfolgt in Anwesenheit von Aceton als Quellmittel, wobei man nachher rasch trocknet und sofort mit wäßrigen Färbebädern der angewandten Farbstoffe nachbehandelt.

AP 2 374 106 DuPont 1945 — Behandelt das Färben mit metallisierten Farbstoffen in wasserunlöslicher Form, wobei mit Seife (10%ig) pastenförmig angerieben, dann verdünnt und bei 90° C gefärbt wird.

AP 2 371 221 Celanese 1945 — Gefärbte Acetatseide wird fadingechter, wenn man sie mit Gerbsäurelösungen von 0,1—10% behandelt. Die Acetatseide ist mit Acetatseidenfarbstoffen der Anthrachinongruppe gefärbt.

AP 2 365 809 Celanese 1944 — Beizenfärbungen auf Acetatseide, wobei man vorfärbt mit einer Farbstofflösung, welche als Zusatz mehr als 25% eines auf die Faser quellend wirkenden organischen Lösungsmittels enthält.

AP 2 347 001 Al. Prop. Cust. 1944 — Zur Erhöhung der Farbstoffaffinität wird Acetatseide erst mit der Lösung einer quellend wirkenden Substanz und hernach mit einer Netzmittellösung behandelt. Man wendet erst ein essigsaures Bad an und behandelt dann mit den Äthylenoxydkondensaten von Oelylalkohol.

AP 2344973—2344974 Celanese 1944 — Man färbt Celluloseacetat durch Klotzen mit einer wäßrig-alkoholischen Lösung eines Farbstoffes (mindestens 70% eines niedrigen aliphatischen Alkohols, der ein Lösungsmittel für den Farbstoff ist) und trocknet rasch bei erhöhter Temperatur in einer besonders beschriebenen Vorrichtung. Hernach wird mit einer wäßrigen Farbstofflösung nachbehandelt.

AP 2 343 995 Celanese 1944 — Man färbt Acetylcellulose mit Diazofarbstoffen durch Behandeln mit 4-Nitro-4'-amino-2',5'-dimethoxy-azobenzol, diazotiert und kuppelt mit N-diäthyl-m-dianisidin.

AP 2 342 191 Ciba 1944 — Das Färben von Acetatseide mit Aminoanthrachinonen wird beschrieben.

AP 2 327 426 Celanese 1943 — Acetylcellulose wird mit 4-Amino-4'-nitro-azobenzol gefärbt, diazotiert und mit m-Chloranilin entwickelt.

AP 2 306 283 Celanese 1942 — Zur Spinnlösung von Acetatseide setzt man eine Suspension von Anilinschwarz und Alizarincyaninschwarz.

AP 2 292 436 Celanese 1942 — Acetatseide, welche oberflächlich verseift ist, kann in dunklern Tönen entweder aus einem Bade (Seifenbad) oder aufeinanderfolgenden Bädern (Seifen- bzw. Salzbad) mittels Acetatfarbstoffen und substantiven Grau- oder Schwarzfarbstoffen gefärbt werden.

AP 2 291 061 Duisberg 1942 — Man erhöht die Affinität von Celluloseestern zu Farbstoffen durch Behandlung mit Alkylenoxyden, -iminen oder -sulfiden.

AP 2 290 949 bzw. AP 2 290 952 Celanese 1942 — Man färbt Celluloseester in der Spinnlösung durch Zugabe von wasserunlöslichen Salzen sulfurierter Farbstoffe, wie Carbidschwarz D, E, Neolanschwarz WA, WAGA, WAB, die keine Affinität zur Faser zeigen.

AP 2 274 751 Celanese 1942 — Man färbt Fäden aus Celluloseestern kontinuierlich nach der Durchlaufmethode, indem man die Farbbäder aus einer Mischung eines niedrig siedenden organischen Lösungsmittels mit einem hochsiedenden, welches den Farbstoff löst, herstellt. Die Färbungen trocknen rasch und zeigen befriedigende Reibechtheit.

AP 2273305 Celanese 1942 — Diffuse Färbungen auf Acetatseide werden erhalten, indem man Anthrachinonfarbstoffe (Acetatseidendirektfarbstoffe) mittels Tragantverdickung aufdruckt und hernach mittels Dämpfens von Äthylendichlorid behandelt, so daß die bedruckten Teile in die unbedruckten Gewebestellen ausfließen. Durch Drucken von Mischfarben können mehrfarbige Fließstellen erhalten werden.

AP 2265559 DuPont 1941 — Zusätze von Nylonmasse zur Acetatseide machen diese für Baumwollfarbstoffe affin.

AP 2259515 Celanese 1941 — Acetylcellulose kann in Bädern mit quellend wirkenden Agentien auch mit sauren Farbstoffen gefärbt werden, z. B. färbt man aus einem Bade von 1000 Teilen Wasser, 30 Teilen Glyzerinbutal, 30 Teilen Glyzerinmonochlorhydrin, 10 Teilen Natriumnitrit, 3 Teilen Algosolblau, 60 Teilen NaCl oder mit 1130 Teilen Wasser, 30 Teilen Glyzerinbutal, 30 Teilen Äthylenchlorhydrin, 3 Teilen Eisessig, 3,4 Teilen Wollechtblau GL und 60 Teilen NaCl, wobei während des Färbens 60 Teile Glaubersalz zugegeben werden. Die Bäder werden gut ausgezogen. Schließlich kann man auch noch mit 1000 Teilen Wasser, 30 Teilen Glyzerinbutal, 30 Teilen Glyzerinmonochlorhydrin, 3 Teilen Essigsäure und 3 Teilen Chrysophenin G färben.

AP 2255130 Celanese 1941 — Man kann Acetatseide mit gewissen Basen (Echtblaubase 2 B oder 2 R) behandeln, hierauf diazotieren und mit Naphtol-AS-Abkömmlingen (Aryliden der 2,3-Oxynaphtoesäure) entwickeln, hierauf wird die Färbung einer Reduktionsbehandlung und Dämpfung unterworfen. Es entstehen auf diese Weise blaue oder grüne echte Färbungen.

AP 2255090 DuPont 1941 — Um die Färbungen auf Celluloseacetat gegenüber atmosphärischen Einflüssen beständig zu machen (insbesondere Rauch, der Schwefel- oder Stickstoffoxyde enthält), werden derartige Färbungen mit Phenylbiguanid oder Tolylbiguanid oder Mischungen der beiden nachbehandelt. Die Nachbehandlungsbäder enthalten Seife und das dispergierte Biguanid und werden bei 70° C bei einer Behandlungsdauer von 5—10 Minuten angewendet.

AP 2232470 Cyanamid 1941 — Das Anteigen von Acetatseidenfarbstoffen mit Bentonit ergibt bessere Dispersionen.

AP 2253641 Celanese 1941 — Man kann Acetatseide mit Leukoküpenestern färben, wenn man den Bädern ein das Material verseifendes Agens (10% Methylamin) zusetzt. Hernach wird gewaschen und mittels Nitrits reoxydiert.

AP 2228317 General Aniline 1941 — Man behandelt mit Aminonaphtolen, diazotiert und bringt durch alkalische Nachbehandlung den Farbstoff mit sich selbst zum Kuppeln.

AP 2211861 Celanese 1940 — Zur Verhütung des Fadings gefärbter Acetatseide setzt man den Färbebädern 2% Benzyläthylanilin (gerechnet vom Warengewicht) zu. Man entwässert und kalandert bei 180° C.

AP 2188160 Celanese 1941 — Die Färbung von Celluloseacetat wird in Gegenwart eines Weichmachers für Acetatseide im Färbebad ausgeführt (Dimethylphtalat unter Igeponzusatz).

AP 2183887 und AP 2183998 Eastman Kodak 1939 — Thiophosphorsäure- und Phosphorsäureester von Azofarbstoffen, die einen Benzol- oder Naphtalinkern im Molekül besitzen, eignen sich zum Färben von Acetatseide.

AP 2183754 IG 1939 — Celluloseacetatseide, welche etwa 10% an Polyvinylchlorid-acetat enthält, kann gefärbt werden, wenn den Bädern Äthylenthioharnstoff (10%) oder Pyridin oder Pyridin mit Essigsäure zugesetzt werden.

AP 2168338 DuPont 1939 — Zur Verbesserung der Affinität von Acetatseide zu Eisfarben oder substantiven Farbstoffen behandelt man mit polymeren Aminoalkoholestern der Acryl- oder Methacrylsäure (z. B. polymerem β-Dimethylaminoäthylmethacrylat).

AP 2148655 Celanese 1940 — Beim Färben der Acetatseide zeigt sich bei der Verwendung ein Zurückgehen der Färbung im Licht, bei Säuern und durch Einwirkung der Atmosphärilien. Auch entstehen eventuell Produkte, die die Faser angreifen. Diese Erscheinungen können verhindert werden, wenn die Acetatseide, auch in Mischungen mit anderen Fasern, mit Morpholinderivaten behandelt wird. Die Echtheit der Färbung wird erhöht und die Faser ist stabiler. Dabei ist es gleichgültig, welche Farbstoffe zum Färben verwendet wurden. Der Zusatz der Morpholinderivate kann im Färbebad in einer Menge von zirka 2% erfolgen. Man verwendet z. B. Phenylendimorpholin.

AP 2146755 Eastman Kodak 1940 — Zur besseren Emulgierung von Acetatseidenfarbstoffen, welche in Suspension zur Färbung der Acetatseide benützt werden, können wasserlösliche Salze von Cellulose- oder Stärkeestern zweibasischer Säuren verwendet werden. Man verwendet z. B. zum Anteigen der Farbstoffe 10% ihres Gewichtes an Ammonsalz des Cellulosemonoacetatdiphtalats.

CanP 450404 Celanese 1948 — Das Fading von Celluloseesterfärbungen wird verhindert durch Behandlung mit kleinen Mengen wasserlöslicher Aldehyd-Aminotriazinkondensate.

6. Das Färben von Mischgeweben.

Die Färbung von Mischgeweben aus Wolle und Cellulose, insbesondere in Unitönen, erfordert ausgedehnte Erfahrungen. Zufolge der steigenden Anforderungen an die Echtheit werden die sogenannten Halbwollchromverfahren, die mit der einbadigen Färbung von neutral ziehenden chromierbaren Wollfarbstoffen und chrombeständigen bzw. durch Chromierung in ihrer Echtheit verbesserten substantiven Farbstoffen arbeiten, seit geraumer Zeit in immer größerem Ausmaße angewendet. Dabei ist darauf zu achten, daß die Baumwolle genügend gedeckt ist (was durch Nachziehen bei abgestelltem Dampf gefördert werden kann), bzw. daß die Ware keine Hitzefalten erhält und kein Verkochen der Wollfärbung eintritt. Gegen letztere Erscheinung wird der Zusatz von Gelatineabbauprodukten bzw. Harnstoff zum Färbebade empfohlen.

Mischungen aus Wolle und Zellwolle zeigen die bei Wolle-Baumwollfärbungen in tiefen Tönen oft auftretende Reibunechtheit zufolge der größeren Affinität der Regeneratcellulose weniger stark, auch die Farbtiefe der Kunstseide ist besser als die bei Baumwolle erzielte. Zur Färbung können auch Halbwollfarbstoffe (Unionfarben), sowie die sogenannten Autazole (IG) angewendet werden[39]. Letztere stellen Entwicklungsfarbstoffe dar, welche nach der Färbung durch Diazotieren mit sich selbst auf der Faser kuppeln, wobei die Färbung der Wolle nachher mit sauren Farbstoffen vorgenommen wird. Eine Reihe von Problemen der Färbung von Mischgeweben wird durch die immer mehr zur Veredlung kommenden Wolle-Nylon-Mischgewebe verursacht. Vor

[39] Textil. Manufacturer **73**, 375 (1947), bzw. BIOS: Final Report 1239.

allem ist hier wegen der großen Schrumpfung, die die Nylonfaser in heißen Flotten erfährt, ein Fixieren der Gewebe durch heiße Vorbehandlung in gespanntem Zustande *(Presetting!)* notwendig. Gefärbt wird mit sauren Farbstoffen bei sorgfältiger Farbstoffwahl und Steuerung des Färbeverlaufs. Gefärbt wird meist am Jigger, vielfach in geschlossenen Apparaturen, da bei Temperaturen nahe dem Kochpunkt die Farbstoffaufnahme eine sehr gute ist. Für saure Farbstoffe ist diese Färbeweise wegen der erzielten guten Reibechtheit zu empfehlen. Man färbt unter Zusatz von organischer Säure, wobei die zugesetzten Salzmengen nicht zu groß sind. Unterschiede in der Streckung der Nylonfaser zeigen sich bei der sauren Färbung deutlich als „Barré"-Effekte. Manchmal tritt die Erscheinung der „Blockierung" ein, d. h. aus Farbstoffgemischen färben nur die schneller ziehenden Farbstoffe und die langsam ziehenden Komponenten werden von der Faser nicht mehr aufgenommen, da ihr Farbstoffaufnahmevermögen erschöpft ist. Manche Farbstoffe neigen dazu, von der Wolle im Verlaufe eines langen Färbeprozesses auf die Nylonfaser zu wandern. Die Nylonfaser färbt sich im Verhältnis zur Wolle erst weniger tief an, hält aber den aufgenommenen Farbstoff fest.

Eine sehr häufig anzutreffende Wolle-Polyamidfasermischung ist Nylaïne, bestehend aus 80% Wolle und 20% Nylonstapelfaser.

Zur sauren Färbung von Wolle-Polyamidmischungen (insbesondere Perlon L aus ε-Caprolactam [vgl. S. 85]) bringen die Farbwerke Bayer die sogenannten Telonlicht- und Telonechtfarbstoffe, die Gemische im Verhältnis 4 : 1 bis 1 : 1 noch fasergleich färben, heraus. Man färbt in Gegenwart von organischen Säuren bei möglichst hoher Temperatur.

Bei Chromierungsfarbstoffen bedingt die für die Nylonfaser notwendige erhöhte Chrommenge leicht eine Überchromierung der Wollfaser. Man arbeitet am besten so, daß man durchschnittliche Chrommengen bei tiefen pH-Werten zusetzt und 1 Stunde kocht. Ist die Chromierung der Nylonfaser dabei keine gute, kann man besser die Farbstoffkombination wechseln als die Chrommenge erhöhen.

Seide-Nylon-Mischgewebe werden gefärbt, indem man die Nylonfaser bei Kochtemperatur mit sauren Farbstoffen tönt und hernach bei 70—80° C die Seide deckt.

Die Färbung mit Schwefelfarbstoffen[40] [Immedialsolfarben (IG), Eclipsolfarben (Gy), die bekanntlich ohne Schwefelalkali gelöst werden können, da es sich um vorreduzierte Farbstoffe handelt] oder mit Küpenfarbstoffen, einbadig oder zweibadig, ist bei Wolle-Kunstseide-Mischungen empfohlen worden. Wolle-Nylon-Mischgewebe werden nicht derartig gefärbt, da Küpenfarbstoffe auf Nylon nur eine geringe Echtheit zeigen.

Färbungen von Geweben aus Wolle und Kunstseide bzw. künstlichen Proteinfasern (Aralac, Ardil, Lanital) und Viskose sind in Unitönen mit großer Vorsicht herzustellen. Bei höheren Temperaturen ziehen die substantiven Farbstoffe viel stärker auf die Caseinfaser als auf die Viskose, verhalten sich also hier etwa wie bei Wolle-Viskose-Mischungen. Temperaturen über 90° C sind daher zu vermeiden. Salzzusätze und lange Färbeflotten bewirken eine Verminderung des Aufziehens auf die Proteinfaser. Zur Korrektur kann man einzelne Wollfarbstoffe verwenden, die auf die Caseinfaser ziehen, Viskose aber kaum anfärben. Hat man Caseinfaser-Woll-Mischungen vor sich, so ist zu sagen, daß die Lanitalfaser gegenüber Wolle bei hohen Temperaturen schlech-

[40] Valette: Teintex **6**, 150 (1941).

Zusammenstellung von Farbtesten und Lumineszenz zur raschen Fasererkennung in Mischgeweben.

Textilfaser	Anfärbung durch Behandlung mit				Lumineszenz unter der Uviollampe
	Neocarmin W	Shirlastain*)	Malachitgrün und Oxaminrot	Ninhydrin**)	
Wolle	leuchtend gelb	orange	lebhaft grün	blaugrün	bläulichweiß
Seide	gold	braunorange	tiefgrün	grünblau	bläulichweiß
Caseinfaser (Lanital, Caslon, Tiolan, Aralac)	tieforange	gelborange	lebhaftgrün	violettblau	bläulichweiß
Erdnußproteinfaser (Ardil)	rötlichgelb	gelborange	grün	—	bläulich
Sojabohnenproteinfaser	hellorange	gelborange	grün	keine Färbung	bläulich
Maisprotein-(Zein-)faser (Vicara); Eigenfarbe goldgelb	gelborange	orangegelb	gelbgrün	graublau	—
Alginfaser	rötlichpurpur	lachsviolett	—	—	—
Baumwolle	hell- bis tiefblau	blau	—	—	gelblichweiß
Vikosekunstseide (Rayon, Reyon)	weinrot	lavendel	violett	—	gelb
Kupferkunstseide	tiefblau	leuchtendblau	lebhaftrot	—	rötlichweiß
Acetatkunstseide	gelbgrün	leuchtendgrün	—	—	bläulichviolett
Polyvinylchloridfaser (PC-Faser, Rhovyl, Rhofil)	—	—	—	—	mattblaugrün
Polyvinylidenchloridfaser (Saran)	—	—	—	—	hellblaulichtgrün
Polyvinylchlorid/Polyvinylacetat (Vinyon)	—				hellbläulichgrün
Polyvinylchlorid/Polyacrylnitril (Vinyon N)	—	—	—	—	gelblichgrün
Polyamidfaser (Nylon)	mittelgrün	goldgelb (kalt) rötlichbraun (heiß)	—	—	bläulichweiß
Polyamidfaser (Perlon)	mattgrün	rötlichgelb (kalt)	blaugrün	gelblich	—
Polyacrylnitrilfaser (Orlon, PAN-Faser)	—	—	helloliv	—	intensiv hellgelb

*) Zum Teil nach British Rayon Manual.

**) Vgl. hierzu S. 165; zum Teil verdanken wir spezielle Angaben Herrn Dr. Gasser (Privatmitteilung).

ter, bei niedrigen besser zieht als diese, wenn saure Farbstoffe Verwendung finden.

Hochfeste Kunstseide, wie sie als Durafil in den Handel kommt, zieht sehr schlecht. Sie ist bekanntlich durch Formaldehydbehandlung verändert und eine derartige Behandlung bedingt immer eine Verringerung der Affinität der Faser zu direkten Farbstoffen (vgl. S. 167). Man wählt daher substantive Farbstoffe mit niedriger Färbehalbzeit, also rasch ziehende Farbstoffe, und färbt kochend, in die Flotte eingehend.

Bei Effektfärbungen von Wolle-Nylon-Mischungen färbt man die Kunstfaser mit Acetatseidenfarbstoffen. Zweifarbeneffekte von Nylon-Baumwolle-Mischgeweben können erhalten werden, indem die Baumwolle substantiv gefärbt wird und Nylon gleich der Wolle in Halbwollgeweben durch Zugabe von *Katanol* oder *Thiotan* usw. reserviert wird. Zur Nylonreserve dient *Nylotan M* (Sandoz).

Die Färbung von Strümpfen aus Mischfasern, einem in der Praxis vielfach vorliegenden, heiklen Problem, ist der Gegenstand einer eingehenden Studie[41].

Die Erkennung der Faserarten in Mischgeweben ist für die Praxis von Bedeutung, wegen der Vielzahl neuartiger Fasern hingegen nicht leicht. Die nebenstehende Zusammenstellung ermöglicht eine rasche Orientierung über die Zusammensetzung von Fasergemischen auf Grund von Farbtesten, bzw. der Lumineszenz-Erscheinung unter der Uviol-Lampe.

Literaturübersicht über das Färben von Mischgeweben.

Wojatschek: Melliand Textilber. **31**, 415 (1950).
Mellor-Olpin: J. Soc. Dyers Colourists **66**, 44 (1950).
Gaunt: J. Soc. Dyers Colourists **65**, 429 (1949).
Wojatschek: Textil Praxis **3**, 285 (1948).
Thompson, Clapham, Turner: Amer. Dyestuff Reporter **36**, 265 (1947).
Koester: Amer. Dyestuff Reporter **36**, 190 (1947).
Smith: J. Soc. Dyers Colourists **61**, 8 (1945).
Thomas: Text. Manufacturer **69**, 310, 353 (1943).
Bonnet: Ind. textile **59**, 314 (1943).
Millson, Royer: Dyer, Text. Printer, Bleacher **88**, 87, 119, 159, 193, 231 (1942).
Köster: Melliand Textilber. **22**, 275 (1941).

Patentschrifttum über das Färben von Mischgeweben.

OeP 157400 IG 1939 — Man färbt Wolle-Baumwolle-Mischgewebe mit direkten Farbstoffen, die die Salicylsäuregruppe enthalten und durch einen Zusatz von essigsaurem Chrom im Färberbade oder auf Chromvorbeize gefärbt werden. Die erhaltenen Färbungen werden dann wie für Wollfarbstoffe üblich nachchromiert. Das Färbebad wird bereitet mit Farbstoff, ferner (alles auf Warengewicht berechnet) 10—30% Glaubersalz, 1—2% Schutzmittel, 1—3% essigsaures Chrom fest oder 10% essigsaures Chrom 20 Bé und 5—7% Essigsäure. Man läßt erst ohne Farbstoff bei 75° C zum Vornetzen eine halbe Stunde laufen, schreckt dann ab und setzt den Farbstoff zu. Man erwärmt auf 80° C und färbt fertig. Nach beendeter Färbung wird im selben Bade $^1/_2$ Stunde nachchromiert mit 0,5—3% Kaliumbichromat und 0,5—1% Essigsäure bei 90° C.

OeP 157399 IG 1939 — Zur Verhinderung des Verkochens der Färbung beim Färben von Mischgeweben wird dem Färbebade Harnstoff zugesetzt. Es kann

[41] Weber: Melliand Textilber. **19**, 656 (1938).

auch ein wasserlösliches Derivat des Harnstoffs Anwendung finden. Das Verkochen ist wahrscheinlich auf die durch einen Eiweißabbau aus der Wollfaser entstehenden Produkte und deren reduzierende Wirkung auf die substantive Färbung zurückzuführen.

OeP 156473 IG 1939 — Man färbt Halbwolle mit Pyrazolonmonoazofarbstoffen aus neutralem Bade zur Schonung des Wollmaterials bei 70—90° C. Die Farbstoffe ziehen gut aus.

OeP 156258 IG 1939 — Mischgewebe aus Wolle und Viskoseseide werden echt und gleichmäßig gefärbt, wenn man z. B. in einem Flottenverhältnis von 1 : 30 mit 3% des Dinatriumsalzes des Diamids der 4,4'-Diaminodiphenyl-3,3'-disulfonsäure und 2-Oxynaphtalin-3-carbonsäure 1 Stunde bei 90° C unter Zusatz von 20% Glaubersalz und 2% Essigsäure behandelt. Die Bäder ziehen fast vollständig aus. Nach der Färbung wird nach einem Spülprozeß mit einer neutralen Lösung des Diazoniumsalzes des 4-Äthoxy-4-aminodiphenylamins eine halbe Stunde lang bei 20—50° C eine tiefe marineblaue Färbung entwickelt. Je nach Ausgangsstoff und Entwickler kann man auch braune, grüne, rotblaue, orange und schwarze echte Färbungen herstellen.

OeP 153489 IG 1938 — Zellwolle-Wolle-Mischgewebe lassen sich nach dem Metachromverfahren färben, wenn man der Zellwollspinnmasse Polyamine, gewonnen durch Kondensation von Polyäthylendiamin und Trichlorhartparaffin zusetzt.

DP 749387 Gerstner 1944 — Beim Färben von Mischgeweben aus Wolle und Baumwolle usw. werden als Schutzmittel gegen das Verkochen der Färbungen Hydrolysate von Gelatine usw. angewendet.

DP 745497 IG 1944 — Man färbt mit wasserlöslichen aromatischen oder heterocyclischen Verbindungen, die NH_2- oder OH-Gruppen enthalten, aber keine Metallkomplexverbindung geben, diazotiert, entwickelt und behandelt mit Metall abgebenden Mitteln.

DP 743155 IG 1943 (s. a. DP 748970) — Zum Neutralfärben von Wolle in Mischung mit anderen Fasern werden komplexe Metallverbindungen von Azo- oder Azomethinfarbstoffen, die Sulfonamidgruppen, aber keine Sulfongruppen enthalten, empfohlen.

DP 742078 Grünau 1943 — Die Färbungen von substantiven Farbstoffen auf Mischgeweben von Wolle und Cellulosefasern werden durch eine Nachbehandlung mit wäßrigen Lösungen von Kondensaten aus Eiweißspaltstoffen und höhermolekularen Fettsäuren in ihrer Reibechtheit verbessert (Nachbehandlung mit 0,5 g Ölsäurechlorid-Eiweißspaltstoffen nach DP 702386 und 10 g Glaubersalz pro Liter bei 50° C $^1/_2$ Stunde).

DP 732021 IG 1943 — Behandelt das Färben von Mischgeweben mit Autazolen. Vgl. auch DP 731755 und DP 704111.

DP 729 287 IG 1942 — Um bei der Färbung von Mischgeweben beim Nachdecken der Baumwolle unter Verwendung auf Phenolbeizen ziehender Farbstoffe eine Trübung des Farbtones (Gelb-Braun-Tönung der Baumwolle) zu vermeiden, kann man optische Bleichmittel zugeben.

DP 721269 IG 1942 — Behandelt das Färben von Mischgeweben aus Wolle und Viskosekunstseide mit Naphtolen.

DP 702 277 IG 1941 — Beim Färben von Mischgeweben aus Wolle und Cellulosefasern kann das Verkochen der Färbung verhindert werden, indem man dem Färbebade Harnstoff zusetzt.

DP 696 448 Röhmer 1940 — Zellwolle-Kunstseide-Baumwoll-Mischungen können mit Alizarin nicht egal gefärbt werden, da die Zellwolle schlecht zieht. Man färbt diese mit Naphtolrot in hellen Tönen vor und führt dann die Alizarinfärbung durch.

DP 695 630 IG 1940 — Beim Färben von Mischgeweben aus tierischen und Cellulosefasern mit chromierbaren substantiven Farbstoffen oder Gemischen aus solchen und chromierbaren Wollfarbstoffen behandelt man das gefärbte Gewebe mit Lösungen von Salzen des dreiwertigen Chroms, wodurch z. B. beim Metachromverfahren bessere Naßechtheiten der Baumwollfärbung erzielt werden.

DP 694 881 IG 1940 — Mischgewebe aus Cellulose und Celluloseestern kann man mit Diazotierungsfarbstoffen färben, indem man zum Entwickeln nach dem Diazotieren statt β-Naphtol 1-Methylol-2-oxynaphtalin oder 2-Oxynaphtalin-1-carbonsäure verwendet. Dadurch bleibt die Acetatseide rein weiß und zeigt keinerlei Vergilbung, wie dies bei der Verwendung von β-Naphtol eintritt.

DP 693 586 IG 1940 — Mischgewebe aus Wolle und Zellwolle können gefärbt werden, indem man kupplungsfähige o-Oxyarylcarbonsäurearylide (die im Arylrest wenigstens eine wasserlöslichmachende Gruppe enthalten und außerdem eine diazotierbare Aminogruppe aufweisen) aus neutraler oder saurer Lösung auffärbt, das Textilmaterial von der Grundierung durch Ausquetschen befreit, hierauf diazotiert und nachher durch Abstumpfen des Bades mittels alkalischer Mittel eine Selbstkupplung auf der Faser herbeiführt.

DP 692 627 IG 1940 (s. a. DP 692 193) — Fasergemische aus tierischen und cellulosehaltigen Fasern können mittels bestimmter substantiver Sulfonsäuren gefärbt werden, die nach der Diazotierung zur Selbstkupplung gebracht werden.

DP 690 004 IG 1940 — Um Brüche, Knittern usf. in schweren Mischgeweben aus Wolle und Zellwolle zu vermeiden, wird aus organisch sauren Bädern mit Diazotierungsfarbstoffen und Chromkomplexverbindungen organischer Farbstoffe gefärbt.

DP 675 953 IG 1939 — Die Echtheit und Gleichmäßigkeit von Metachromfärbungen auf Mischgeweben läßt sich verbessern, wenn man das Material vor dem Färben mit Lösungen von Salzen hochmolekularer Basen, die Guanidinreste enthalten, behandelt (Oleylbiguanid usw.).

DP 674 800 Schürmann 1939 — Zur Erzielung tongleicher Färbungen auf Mischgeweben aus Cellulose und Kunstseide behandelt man vor dem Färben mit einer mindestens 10%igen Kalilauge unter Zusatz von Dextrose oder Glukose bei 35° C.

DA 123 338 Schubert — Halbwolle wird unter Zusatz von löslichen Ligninumwandlungsprodukten gefärbt.

DA 71 517 IG — Man reserviert Nylon in Mischgeweben durch Färben in alkalischer Flotte mit substantiven Farbstoffen unter Zusatz von Aralkylphenolsulfosäuren.

SP 206 685 IG 1939 — Zur Vermeidung des Verkochens werden den Farbbädern ein lösliches Carbamid- und ein Ammoniumsalz (Methylolharnstoff und Ammonchlorid) zugegeben.

FP 913 715 Everest-Wallwork 1946 — Beim Färben von Wollmischungen, die chemisch behandelte Fasern enthalten (carbonisierte oder chlorierte Wolle), werden Unitöne erzielt, wenn man den Färbebädern kationaktive Stoffe, wie Repellat, Sapamin KW usw. zugibt.

FP 913 595 Courtaulds 1946 — Beim Färben von Mischgeweben aus Wolle und animalisierter Cellulose (Rayolanda) mit Neolanen werden tiefere Töne auf der animalisierten Cellulose durch Zusatz von Tannin zum Färbebad erhalten.

FP 913 593 Courtaulds 1946 — Mischgewebe aus Wolle und mittels Kondensationsprodukten aus Dicyanamid und Formaldehyd animalisierter Cellulose werden vor dem Färben mit Neolanfarbstoffen oder Palatinechtfarbstoffen usw. beim Färben mit Tannin behandelt. Das Tannin befördert das Aufziehen der Farbstoffe auf die animalisierte Cellulosefaser.

AP 2 524 092/93 Celanese 1950 — Unifärbung von Mischgeweben aus Cellulosefasern und Acetatkunstseide in wäßrigen Lösungen, die das Natriumsalz eines Leukoküpenfarbstoffes, 0,5—5% Natriumthiocyanat und 20—35% Diacetonalkohol enthalten.

AP 2 456 288 All. Chem. 1948. — Das Färben von Mischgeweben aus Nylon und Acetatseide erfolgt mit einer wäßrigen Dispersion von 3-Nitro-4-amino-2-chlorbiphenyl in grünlichgelben Tönen.

AP 2 443 166 Cyanamid 1948 — Zur Verbesserung der Durchfärbung von Mischgeweben und des Egalisierens verwendet man im Metachromprozeß kationaktive und nicht ionisierbare Hilfsmittel.

AP 2 428 833 Celanese 1947 — Mischgewebe aus Cellulose und Celluloseacetat werden zur Färbung imprägniert mit einer Lösung von Äthylalkohol und Leukoküpenester in Wasser und durch saure Oxydation entwickelt.

AP 2 412 125 und AP 2 412 126 s. S. 165. Egale Färbungen auf Wolle und kstl. Proteinfasern in Mischung.

AP 2 391 942 DuPont 1946 — Zum Färben von Mischgeweben aus Wolle, Caseinfasern und Cellulose wird letztere durch Behandlung der Textilien mit Formaldehyd, Triäthanolaminhydrochlorid und Ammonchlorid, Trocknen und Erhitzen auf 90—150° C animalisiert.

AP 2 365 809 Celanese 1944 — Färben von Mischungen aus Wolle und Acetatkunstseide mit Beizenfarbstoffen in Gegenwart von Quellmittel für den Celluloseester.

AP 2 325 972 Gen. An. 1943 — Mischgewebe aus Casein oder Wollfasern und Nylon können mit sauren Alizarinfarbstoffen gefärbt werden, wenn man den Färbebädern neben der notwendigen starken oder schwachen Säure Glaubersalz und aromatische Sulfonsäuren, Carbonsäuren oder Sulfocarbonsäuren zusetzt, wie etwa Salicylsäure, Benzylnaphtalinsulfosäure usw.

AP 2 292 433 Celanese 1942 — Man färbt Mischgewebe aus tierischen Fasern und Acetatseide in einem Färbebad, welches Acetatseide nicht löst, aber eine leichte Quellung derselben bewirkt.

AP 2 282 724 Gen. An. 1942 — Färbungen mit direkten Farbstoffen auf Mischgeweben werden unter Zusatz von Harnstoff vorgenommen.

AP 2 277 551 Gen. An. 1942 — Echte Färbungen auf Cellulosederivatfasern und Mischungen derselben mit tierischen Fasern werden erhalten, indem man auf die Faser das wasserlösliche Salz eines wasserlöslichen Azofarbstoffes aufbringt, der eine Aminogruppe und mindestens einmal die Gruppe (X=NH) und hernach mit der Mischung eines Co-Salzes und eines Oxydationsmittels (Chromat, Perborat, Persulfat) nachbehandelt.

AP 2 277 544 Gen. An. 1942 — Zum Färben von Mischgeweben aus Cellulose und Wolle werden bei guter Echtheit und Farbtongleichheit der erhaltenen Färbung Farbstoffe verwendet, die etwa der folgenden Formel entsprechen

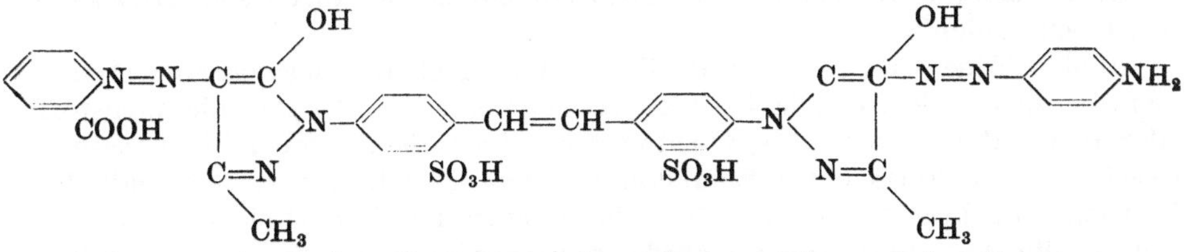

```
                          OH                                                      OH
                         /                                                       /
 <    >N=N—C=C                                                  C=C—N=N—<    >NH2
   COOH    |     >N—<    >—CH=CH—<    >—N<     |
           |                                                     |
          C=N        SO3H              SO3H          N=C
            \                                                        \
             CH3                                                      CH3
```

Auch können Azofarbstoffe verwendet werden, welche auf der Faser neuerdings diazotiert und entwickelt und schließlich nachgechromt werden.

AP 2263387 Röhm & Haas 1941 — Mischgewebe lassen sich mit Mehrfarbeneffekten herstellen, wenn man zu ihrem Färben Farbstoffe benützt, welche Phenolgruppen enthalten, die in Ortho- oder Parastellung zur phenolischen Gruppe noch mindestens ein freies H-Atom besitzen und diese Farbstoffe mit Formaldehyd und einem nichtaromatischen Amin, das mindestens ein freies, an N gebundenes H-Atom besitzt, behandelt. Die gebildeten Methylenderivate der Farbstoffe werden auf Textilien aufgebracht und diese erhitzt, bis eine Bindung des Farbstoffes an die Faser eingetreten ist. Zur Bildung derartiger Methylenderivate sind geeignet: Azofarbstoffe wie Resorcingelb, Betanaphtolorange, Sudan III oder Nitrosofarbstoffe wie Resorcingrün, Indophenolfarbstoffe wie Indophenolblau, Hydroxyketofarbstoffe wie Flavopurpurin, Alizarinirisol, Alizaringelb C oder auch Indanthrenfarbstoffe wie Indanthrenblau 5 G. Auch Triphenylmethanfarbstoffe wie Aurin oder Fluorescein können angewendet werden. Die gebildeten Verbindungen sind wasserlöslicher als das Ausgangsprodukt und enthalten etwa 2 Dimethylaminomethylengruppen. Man behandelt die Textilien mit wäßrigen Lösungen und erhitzt evtl. nach Abquetschen auf 130° C.

AP 2232460 Cyanamid 1941 — Behandelt das Färben von Baumwolle, Wolle und Vinyon. Vgl. S. 195.

AP 2 212 628 Gen. An. 1940 — Beim Färben von Halbwolle mit Farbstoffen, die chromierbar sind, und zwar sauren oder direkten, werden bei Mitverwendung eines Salzes des dreiwertigen Chroms besonders wertvolle Färbungen erhalten. Die Behandlung mit dem dreiwertigen Chromsalz (Chromsulfat oder -formiat) erfolgt nach dem Färben im Einbadchromverfahren und verbessert die Echtheit der Färbung, insbesondere deren Wasserechtheit wesentlich.

7. Das Färben von synthetischen Fasern.

a) PC-, Vinyon-, Saran- und Terylen-Fasern.

Die Färbung der PC-Faser bzw. Vinyonfaser ist ein derzeit keinesfalls gelöstes Problem[42]. Vorgeschlagen werden Acetatseidenfarbstoffe (Azo- und Anthrachinonfarbstoffe), wobei es in jedem Falle notwendig ist, namhafte Mengen eines die Faser quellenden Stoffes zuzugeben, um eine Anfärbung zu erreichen. Die Schwierigkeiten, die die Fasern der Färbung entgegensetzen, ist

[42] Vgl. z. B. Woodruff: Amer. Dyestuff Reporter **35**, 194 (1946); Silk J. Rayon Wld. **20**, 34 (1944).

in der geringen Wasseraufnahmsfähigkeit zu suchen, die dieses Textilmaterial auszeichnet. Bei der Färbung ist hinsichtlich der Auswahl des Quellmittels für die Faser günstig, ein solches zu nehmen, welches den verwendeten Farbstoff zu lösen vermag. *Eulysin PC* soll eine gute Wirkung zeigen, da es den eben formulierten Ansprüchen genügt; im Patentschrifttum werden noch eine Reihe anderer Quell- und Farbstofflösungsmittel (z. B. Methylisobutylketon) genannt[43]. Auch die Anwendung von Hochfrequenzschwingungen und Ultraschall wurde empfohlen[44].

Dunkle Töne sind auf der PC-Faser nur nach der sogenannten *Aridye*methode zu erzielen, das heißt man fixiert unlösliche Acetatseidenfarbstoffe oder andere Pigmente mittels Kunstharzen auf der Faser, wobei das Kunstharz zweckmäßig in Form einer Emulsion auf das Textilgut zusammen mit dem Pigment aufgebracht wird, um die Bildung eines kontinuierlichen Harzfilmes, welcher die Ware hart machen würde, zu vermeiden.

Interessanterweise wurde beobachtet, daß die Cellit- und Cellitonechtfarbstoffe nur eine sehr geringe Lichtechtheit aufweisen, wenn sie auf PC-Faser gefärbt sind. Man muß daher eine sehr genaue Farbstoffauswahl treffen. Beim Färben sind höhere Temperaturen als 70° C zu vermeiden, da die Faser dann thermoplastisch wird. Ebenso muß unterhalb dieser Temperatur getrocknet werden, um ein Verkleben und Hartwerden der Gewebe hintanzuhalten.

Das Färben der etwas größere Wasseraufnahme zeigenden Vinyon-N-Faser, einem Copolymerisat von Vinychlorid und Acrylnitril, kann mit Acetatseidenfarbstoffen bei 85° C, eventuell unter Zusatz von etwas Seife, erfolgen. Die Färbungen sind wasch- und reibecht, die Lichtechtheit ist dagegen gering. Bei Anwendung von zuviel Seife wird der Farbstoff retardiert. Das Flottenverhältnis soll klein sein. Küpenfärbungen sind reibunecht.

Interessant ist, daß Terylenfasern, die nur schwer färbbar sind, sich mit Ursolfarbstoffen (Phenylendiaminoxydationsprodukte) färben lassen[45].

Terylenfasern lassen sich bei sehr hohen Temperaturen ohne Quellmittel mit Acetatkunstseidenfarbstoffen in lichten Tönen färben. Quellmittelzusätze sind wenig zu empfehlen, da sie sich nach Walter aus der Faser nur schwer entfernen lassen.

Literaturübersicht über das Färben von PC-, Vinyon-, Saran- und Terylen-Fasern.

Walter: Dyer **101,** 453 (1949).

Baron: Teintex **14,** 181 (1949).

Helmus: Amer. Dyestuff Reporter **38,** 62 (1949).

Koester: Melliand Textilber. **28,** 200 (1947); Amer. Dyestuff Reporter **36,** 190 (1947).

Haworth, Leyland: Silk J. Rayon Wld. **23,** 30 (1947).

Kirst: Melliand Textilber. **28,** 23 (1947).

Patentschrifttum über das Färben von PC-, Vinyon-, Saran- und Terylen-Fasern.

DP 752518 IG (nicht veröffentlicht) — Beim Färben von PC-Fasern mit Acetatkunstseidenfarbstoffen werden sekundäre Amine, z. B. N,N'-Diphenyläthylendiamin verwendet. Man kann auch tertiäre aromatische Amine benützen. Vgl. auch DA 70344 IG.

---

[43] Vgl. z. B. AP 2347508.

[44] EP 587214.

[45] Siehe EP 609945.

DP 747 572 IG 1944 — Man färbt PC-Fasern mit Quellmitteln, Acetatseidenfarbstoffen und Badzusätzen, welche den Farbstoff und das Quellmittel verteilen (Quellmittel: Cyclohexanol, Verteiler: isopropyl- bzw. -butylnaphtalinsulfosaures Natrium).

DP 742 644 IG 1944 — PC-Fasern werden mit Acetatseidenfarbstoffen unter Zusatz von in Wasser schwerlöslichen Äthern, die mindestens einen aromatischen Rest enthalten, oder Thiophenolen gefärbt (1,2-Diäthoxybenzol, Dibenzylsulfid, 2-Mecaptotoluol usw.).

DP 742 372 IG 1944 — Man färbt PC-Fasern in Gegenwart von mindestens einen aromatischen Rest enthaltenden, bei der Färbetemperatur flüssigen Verbindungen, in welchen die Farbstoffe löslich sind, mit Metallkomplexverbindungen von Azo- oder Azomethinfarbstoffen.

DP 741 457 IG 1944 — Man färbt PC-Fasern mit Acetatseidenfarbstoffen in Gegenwart von wasserunlöslichen Ketonen, Carbonsäureestern, Carbaminsäure- oder Phosphorsäureestern.

DP 739 759 IG 1943 — Polyvinylchloridfasern werden aus wäßrigen Acetatseidenfarbstoff-Dispersionen unter Zusatz von Schwerbenzin oder anderen, die Faser quellenden Kohlenwasserstoffen unter Zusatz von Alkohol-Aceton-Gemischen und einem Produkt der Emulphorreihe gefärbt.

DA 75 853 IG — PC-Fasern werden mit metallisierten Farbstoffen unter Zusatz von neutralen Alkali-, Erdalkali- oder Ammoniumsalzen gefärbt.

SP 264 910 ICI 1950 — Zum Färben von Polyvinylchlorid in der Masse vermahlt man mit dem Farbstoff, der aus o-Dianisidin und Iminophtalimidin der Formel

—CO
NH
—C
||
NH

hergestellt werden kann.

SP 259 411 Rhodiaceta 1949 — Fasern aus Polyvinylchlorid werden mittels Anthrachinonfarbstoffen, die in Wasser dispergiert sind, gefärbt, wobei das Bad einen Terpenkohlenwasserstoff enthält.

SP 251 399 Ciba 1948 — Zum Färben von hydrophoben Fasern werden dem Färbebade Quellmittel zugegeben und außerdem Produkte verwendet, welche mit dem Material feste Lösungen ergeben. Man kann auf diese Art Celluloseacetat, Acryl- und Vinylpolymere sowie Polyamide färben.

FP 954 752 ICI 1949 — Vinyon N (Copolymerisat aus Acrylnitril und Polyvinylchlorid) wird mit sauren, basischen oder direkten Farbstoffen gefärbt, indem man den Farbstoffen Seife und anhydrische Phosphate zusetzt.

FP 923 188 Rhodiaceta 1947 — Zum Färben von Polyvinylfasern, wie z. B. Polyvinylchloridfasern, wird empfohlen, den Färbevorgang bei 100° C und unter Spannung mit Anthrachinonabkömmlingen vorzunehmen.

FP 922 236 Rhodiaceta 1947 — Zum Färben von Polyvinylverbindungen werden Azo-, Anthrachinon- oder Acetatseidenfarbstoffe verwendet, wobei in Gegenwart von Pine-öl gearbeitet wird.

FP 916787 ICI — Kupfercheliforme Verbindungen von β-Diketonen (Cu-acetylaceton) werden vor der Polymerisation zu Polyvinylchlorid als färbende Bestandteile zugegeben.

FP 916786 ICI 1946 — Das Färben von Polyvinylverbindungen kann derart erfolgen, daß man den Monomeren gefärbte Verbindungen von Metallen der Gruppen 6 A, 7 A und 8 des period. Systems mit Verbindungen, die —CO—CHR—CO-Gruppen enthalten (Cr- oder Fe-Acetylaceton usw.), zusetzt.

FP 913939 Rhodiaceta 1946 — Zum Entfärben von Polyvinylfasern wird eine Mischung von HCl und HNO_3 vorgeschlagen, erhalten durch Mischen von 10 Teilen HCl und 1 Teil Salpetersäure von 38° Bé.

FP 913917 Rhodiaceta 1946 — Man färbt Polyvinylfasern mit wasserunlöslichen Farbstoffen, z. B. der Aminoanthrachinonreihe unter Zugabe von Tetrahydrofuran und denat. Alkohol.

FP 901624 Rhodiaceta 1944 — Man färbt Polyvinylfasern (Rhovyl) mit Lösungen von Farbstoffen in organischen Verbindungen, die keine Lösungsmittel für die Fasern sind.

FP 896780 IG 1944 (vgl. FP 896735) — Beim Färben von Vinylpolymeren verwendet man wäßrige Acetatseidenfarbstoffdispersionen unter Zusatz von Ketonen, Carbaminderivaten usw., die einen aromatischen Kern besitzen, und arbeitet über 50° C.

FP 889189 IG 1944 — Zum Färben von Polyvinylchloridfasern wird eine wäßrige Dispersion von metallhaltigen Azofarbstoffen verwendet, welche ein wasserunlösliches Lösungsmittel für den Farbstoff enthält.

FP 886735 IG 1944 — Zum Färben von Polyvinylchloridfasern werden Azo- und Anthrachinonfarbstoffe, die in Wasser nicht löslich sind, unter Zusatz von Äthern oder Thioäthern, die mindestens ein Thiophenolradikal oder einen aromatischen Rest enthalten, beschrieben.

FP 884813 IG 1944 — PC-Fasern werden mit Acetatseidenfarbstoffen aus wäßrigen Dispersionen, unter Zusatz von sekundären oder tertiären Aminen mit mindestens einem aromatischen Rest (z. B. Diphenylamin) gefärbt.

FP 881852 IG 1944 (s. DP 739759) — Beim Färben von PC-Fasern werden dispergierende Mittel und Quellmittel (Aceton, Cyclohexanol) sowie Netzmittel zur Farbstoffdispersion zugegeben.

FP 865918 Rhodiaceta 1943 (s. a. FP 842967) — Das Färben von Polyvinylfasern erfolgt mit Acetatseidenfarbstoffen, die in Tetrahydrofuranestern gelöst sind. Nach dem Pflatschen wird das flüchtige Lösungsmittel entfernt (Trockenfärbung).

FP 857179 IG 1942 — Polyvinylfasern werden mit substantiven, basischen usw. Farbstoffen in Gegenwart von Seife bei 80—90° C gefärbt.

EP 618829 Rhodiaceta 1949 — Die Färbung von PC-Fasern erfolgt in Gegenwart von Pineöl.

EP 615835 Gy. 1949 (s. EP 582019) — Das Färben von Polyvinylharzen usw. erfolgt derart, daß den thermoplastischen wasserunlöslichen Polymeren wäßrige Lösungen saurer Farbstoffe zugegeben werden, wobei dann nach Zugabe des Weichmachers erhitzt wird, wobei die Härtung des Materials bei gleichzeitiger Entfernung des Wassers erfolgt (Solophenylgelb GFL, Neolanblau 2R, Eriochrombraun G usw.).

EP 609948 ICI 1948 — Man färbt Terylenfasern unter Zusatz von Quellmitteln mit basischen Farbstoffen, wie Triphenylmethanfarbstoffen, Azinen, Oxazinen, Thiazinfarbstoffen, oder aber auch mit Leukoküpenestern bzw. auch mit Naphtolen. Man grundiert z. B. bei 90° C mit 17,5 Teilen Naphtol AS in 2500 Teilen kochendem Wasser (Zusatz 30 Teile NaOH und 50 Teile TR-Öl), quetscht ab und entwickelt mit einer Lösung von 25 Teilen Echtrotsalz TR in 2500 Liter Wasser, wäscht kalt und seift dann leicht.

EP 609946 ICI 1948 — Musterungen auf Terylenfasergeweben werden erhalten, wenn Fasern verschiedener Streckung verwebt und gemeinsam bedruckt oder gefärbt werden. Die Fasern färben sich verschieden.

EP 609945 ICI 1948 (s. a. EP 609948) — Terylenfasern zeigen geringe Affinität zu Farbstoffen und eine geringe Benetzbarkeit. Die Fasern lassen sich in braunen, grauen und tiefgrauen Tönen mittels Pelzfarbstoffen (Ursolen) färben. Man behandelt in einem Bade mit p-Phenylendiamin und eventuell Wasserstoffsuperoxyd usw. Ein Zusatz eines Faserquellmittels ist sehr nützlich (Phenol, β-Naphtol, α-Naphthylamin, Anilin usw. Gefärbt wird bei 90° C.

EP 608534 DuPont 1948 (s. a. EP 565282) — Polythenfasern (Polyäthylene) können gefärbt werden, indem man Pigmente von einer Teilchengröße unter 2 Mikron bzw. Xylollösungen von Fettfarbstoffen zu einer Xylollösung des Polythens zugibt und verdüst.

EP 605325 Francolor 1948 — Das Färben von Acetatkunstseide, von PC-faser oder Polyamiden erfolgt mit affinen Farbstoffen der Form

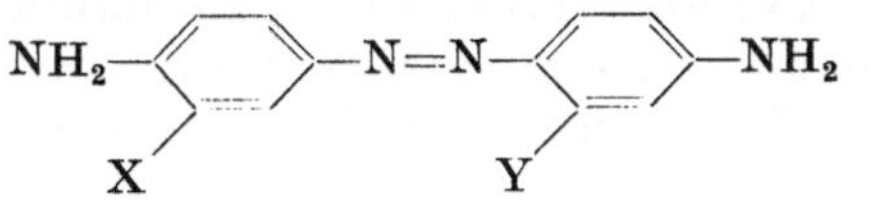

$$NH_2-C_6H_3(X)-N{=}N-C_6H_3(Y)-NH_2$$

X = Alkyl, Alkoxyrest
Y = H oder Alkyl

die auf der Faser tetrazotiert und mit 2-Oxy-3-naphtoesäure entwickelt werden, wobei aus den ursprünglich gelben Tönen blaue bis violette echte Färbungen resultieren.

EP 596264 Rhodiaceta 1947 — Zum Färben von Polyvinylverbindungen oder Cellulosederivaten setzt man den Dispersionsbädern Tetrahydrofuranderivate zu bzw. löst die Farbstoffe in diesen Stoffen.

EP 593567 Cyanamid 1947 — Zum Färben von Vinyonfasern werden Farbstoffe verwendet, die gute Lichtechtheit geben und auch für Acetatseidefärbung geeignet sind.

EP 592307 Ciba 1947 — Die Färbung von Vinyon oder Glasfasern erfolgt derart, daß man erst mit einer wäßrigen Lösung eines Reaktionsproduktes von Formaldehyd und acyclischen Verbindungen der Harnstoffreihe, welche die Gruppe

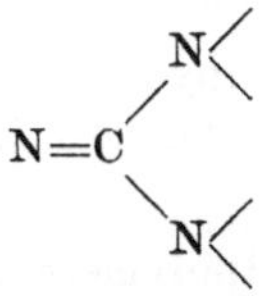

$$N{=}C\begin{matrix}\diagup N\langle \\ \diagdown N\langle\end{matrix}$$

enthalten, behandelt. Nachher wird die Färbung vorgenommen.

EP 587214 Viskose 1947 — Es wird ein Färbeverfahren beschrieben, das zwar für alle Faserarten, insbesondere jedoch für die schwer färbbaren neuen synthetischen Fasern, wie etwa Vinyon, Saran- oder PC-Fasern, anwendbar ist. Man färbt mit wäßrigen Färbebädern unter Anwendung von Hochfrequenzvibration von 1000—500 000 Zyklen per Sekunde. Die Vibration wird dem Textilmaterial indirekt durch das Färbebad mitgeteilt. Es wird das Eindringen der Farbstoffe in die wasserundurchlässigen und Wasser nicht aufnehmenden Fasern erleichtert und egale Ausfärbungen erhalten. Es können jedoch auch die anderen bekannten Faserarten derart gefärbt werden.

EP 545 117 Viscose 1943 — Zum Färben von Vinyon werden als Quellmittel Kohlenwasserstoffe, Phenole, Ketone, Amine, Ester, Aldehyde und Alkohole vorgeschlagen, wobei die Verteilung des Farbstoffs und Quellmittels eventuell unter Verwendung eines Dispergiermittels im Färbebade erfolgt.

HollP 59 804 Rhodiaceta 1947 (s. a. FP 842 967, 865 918) — Zum Färben von Kunststoffen, Cellulosederivaten und Polyvinylverbindungen werden Lösungen von Farbstoffen in Tetrahydrofuranderivaten vorgeschlagen (die angegebenen FP arbeiten mit Tetrahydrofurfurylalkohol), die auch beim Verdünnen mit Wasser sehr feine Dispersionen liefern.

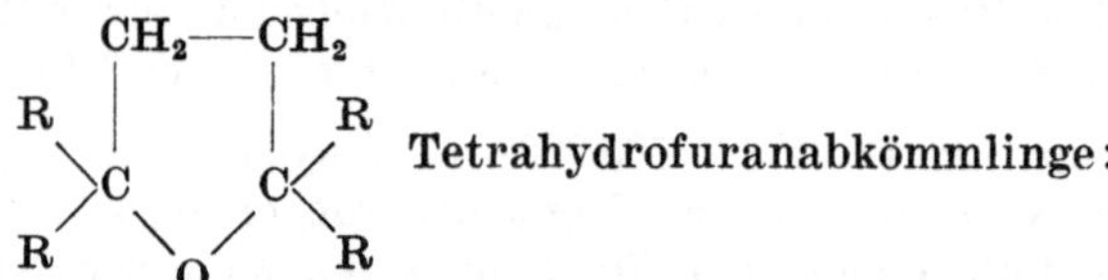

Man führt z. B. einen Polyvinylchloridfaden durch ein Bad (zirka 12 Minuten) von 20 Teilen Tetraamino-1,4-5-antrachinon, gelöst in 750 Teilen Tetrahydrofuran und 250 Teilen Alkohol; blaue Färbungen werden erhalten. Für Schwarz werden Mischungen aus 40 Teilen Tetraamino-1,4,5,8-anthrachinon-8-dimethyl-2,2′-azobenzol und 6-Hydroxy-amino-4-anthrachinon verwendet, wobei als Lösungsmittel 700 Teile Alkohol und 1300 Teile Tetrahydrofuran vorgeschlagen werden.

AP 2 489 537 Arpin Neumann 1949 — PC-Fasern werden mit basischen Farbstoffen aus alkoholischen Lösungen gefärbt, wobei die Farbstoffe in ihrer Leukoform vorliegen.

AP 2 394 689 (s. a. AP 2 394 688, AP 2 328 903 und AP 2 306 880) Viscose 1946 — Zum Färben von Polyvinylchloridfasern usw. werden wäßrige Dispersionen verwendet, welche einen festen, in Wasser unlöslichen Stoff enthalten, der sich im Polymeren löst (Naphtole oder Phenol).

AP 2 362 375—2 362 377 Viscose 1944 — Man färbt Vinylpolymere durch Behandlung mit einem wäßrigen Färbebad, das eine Farbstoffemulsion enthält, in Anwesenheit von 2,5-Dichloranilin, α-Naphtylamin, β-Naphtylamin, Phenyl-α-naphtylamin usw., o- oder p-Aminodiphenyl, Dibenzylsuccinat, Dicyclohexylphtalat, m- oder p-Kresylbenzoat oder β,β'-Diphenoxydiäthyläther, p-Methoxydiphenyl, p-Methoxybenzophenon usw.

AP 2 359 735 Cyanamid 1944 — Vinyon färbt man mittels eines öllöslichen Farbstoffs und 1—3% eines Esters, der kein Lösungsmittel für das Co-Polymere darstellt.

AP 2 351 046 Viscose 1944 — Vinylpolymere werden mit Emulsionsfarbstoffen in Gegenwart von p-Chlorbenzaldehyd, 2,4-Dimethoxybenzaldehyd, p-Dimethylaminobenzaldehyd gefärbt.

AP 2 347 508 CCCC 1944 — Man färbt Vinylpolymere in Fadenform derart, daß man sie durch ein heißes Färbebad in gestrecktem Zustande durchführt, welches den emulgierten Farbstoff und ein Lösungsmittel für die Vinylpolymerefaser enthält, wobei das Verfahren jedoch so ausgeführt wird, daß eine Festigkeitsverringerung oder Faserschädigung nicht eintreten kann (Temperatur, Passiergeschwindigkeit!). Lösungsmittel sind z. B. Mesityloxyd, Äthylenglykolmethyläther, Isophoron, Acetonylaceton, Fenchon, Cyclohexanon, Butylacetat usw. Die Temperatur steigt nicht über den Kochpunkt, es tritt nur eine Erweichung des Fadens ein.

AP 2 328 903 Viscose 1943 — Man gibt zu einer Farbstoffsuspension in Wasser einen Kohlenwasserstoff (z. B. Diphenyl), der unter den Bedingungen des Färbens im Vinylpolymeren löslich ist, und ein Emulgiermittel zu, welches den Kohlenwasserstoff in Wasser emulgiert hält.

AP 2 306 880 Viscose 1942 — Man färbt mit einer Suspension eines Farbstoffes, die noch Benzhydrol, Phenylbenzylcarbinol, Fluorenylalkohol, Kampfer u. dgl. enthält.

AP 2 270 706 Viscose 1942 — Vinyon kann gefärbt werden mit Acetatseidenfarbstoffen unter Zusatz von 5% Dimethylaminobenzaldehyd oder 1,5% Benzophenon oder 5% o-Hydroxydiphenyl oder 5% β-Naphtol oder 5% 8-Hydroxychinolin. Man arbeitet bei einem Flottenverhältnis von 1 : 30 unter Anwendung von etwa 1,5% dispergiertem Farbstoff bei 60° C.

AP 2 257 076 Cyanamid 1941 — Vinyon wird mit Küpen- oder Schwefelfarbstoffen in Bädern gefärbt, die neben den reduzierten Farbstoffen eine alkali- bzw. NH_3-freie starke Base (aliphatisches Amin) enthalten.

AP 2 251 486 Dow 1941 — Das Färben von Vinylidenfasern (Saran) wird vorgenommen mit Farbstoffen in einer Lösung, welche das Fasermaterial netzt und wobei die Fasern in überkühltem Zustande sind. (Die Temperatur liegt unterhalb des Gelierungspunktes.) Als Lösungsmittel kann Dioxan verwendet werden. Geeignete Farbstoffe sind z. B. Cibaölrot, Cibacetrot, Cibacetviolett usf.

AP 2 232 460 Cyanamid 1941 — Mischungen von Vinyon mit Naturfasern können wie folgt gefärbt werden: Vor dem Färben wird ein Schrumpfen der Fasern mit heißem Wasser vorgenommen. Oder der Schrumpfungsprozeß erfolgt durch Färben bei höherer Temperatur, etwa bei 75° C. Beispiele:

1. Mischung, die zum Färben vorliegt: 72% Baumwolle, 21% Vinyon, 7% Wolle. Eine Rotfärbung erfolgt mit:

  2,2 Benzopurpurin (Col. Ind. 448),
  0,02 Direktblau (Col. Ind. 1518),
  0,80 eines öllöslichen Farbstoffs, der durch Kuppeln von 1-Nitrosanilin und Phenyläthyläthanolamin hergestellt wurde.

Man erhitzt zum Kochen, kocht 20 Minuten, läßt 20 Minuten nachziehen, wäscht und trocknet.

2. Mischung, die zum Färben vorliegt: 25% Vinyon, 75% Viskose.

  0,07 Direktgrün (Pr 693),
  0,05 Direktblau (CI 518),
  0,60 Dispersion von 1-Methylamino-4-äthylolaminoanthrachinon,
  0,04 öllöslicher Farbstoff aus p-Nitranilin und p-Xylidin.

Man färbt bei 65° C, erhält dann 30 Minuten beim Kochen, läßt 30 Minuten nachziehen, wäscht und trocknet.

3. Mischung, die zum Färben vorliegt: 30% Vinyon, 70% Wolle. Eine Rotfärbung wird erhalten durch:

0,1 eines roten Küpenfarbstoffes in Pastenform, erhalten durch Reduktion von 0,1 Teil Farbstoff mit 1 Teil einer 60%igen Lösung von Äthylendiamin und 1 Teil Natriumhydrosulfit,
0,5 Dibutylphtalat,
0,3 10%ige Ammonlinoleatlösung.

Die Paste wird mit 150 Wasser angerührt und man färbt eine Stunde bei 85° C. Das Bad wird gut ausgezogen, man spült, entwickelt und trocknet.

b) Polyacryl- u. dgl. Fasern (Orlon).

Diese modernsten synthetischen Fasern lassen sich nur schwer anfärben. Mit Acetatseidenfarbstoffen lassen sie sich bei 100° C anfärben, doch ist die Affinität gering. Saure und substantive Farbstoffe zeigen keine Affinität. Der Zusatz von Quellmitteln, wie Kresol oder Anilin, erhöht etwas das Aufziehvermögen. Gewisse Küpenfarbstoffe der indigoiden bzw. thioindigoiden Klasse zeigen geringe Affinität. Man muß allerdings in der Kochhitze färben. Besser ist es zu klotzen und dann unter Druck (über 100° C) zu dämpfen. Polyacrylnitrilfasern werden in Deutschland auch als PAN-Fasern bezeichnet.

Literaturübersicht über das Färben von Polyacryl- u. dgl. Fasern (Orlon).

Koch: Textil Rundschau **5**, 417 (1950).
Niederhauser: Teintex **15**, 305 (1950).
Terr, Pulley, Todd: J. Soc. Dyers Colourists **65**, 315 (1949).
Thomas, Meunier: Amer. Dyestuff Reporter **38**, P 925 (1949).

Patentschrifttum über das Färben von Polyacryl- u. dgl. Fasern.

FP 919 808 ICI 1947 — Polyacrylsäureester werden in Bädern gefärbt, welche neben Acetatseidenfarbstoffen 0,1—5% Phenol, Naphtol, Amine, Amide, Acetamid usw. enthalten. Auch Benzoesäure, Cyclohexanol oder Cyclohexanon kommen in Frage.

FP 885 297 ICI 1944 — Polymere Methylmethacrylatfasern werden mit basischen Farbstoffen in wäßrigen Lösungen oder Dispersionen in Gegenwart von Butanol gefärbt.

EP 616 440 ICI 1949 — Zum Färben von Polyacrylnitrilfasern werden wäßrige Lösungen von Küpenfarbstoffen, einem reduzierenden Mittel, Alkali und Phenolderivate verwendet.

EP 616 385 ICI 1949 — Zum Färben von Polyacrylnitrilfasern werden Methinfarbstoffe, die frei von Sulfonsäure- oder Carboxylgruppen sind, vorgeschlagen. Man kann auch die Farbstoffbase anwenden.

EP 611 662 DuPont 1948 — Fäden aus Polyacrylnitril (Orlon) können nur schwer gefärbt werden. Die Naphtolfärbungen werden schwach und unegal. Man behandelt mit nekalhaltigen Naphtol-AS-Lösungen unter vorheriger Anquellung des Fadens, quetscht ab, säuert in einem Bade von 10% H_2SO_4, spült und entwickelt durch Einbringen in die Kupplungslösung.

EP 594 217 ICI 1947 — Herstellung gefärbter Fäden aus Polyacrylaten.

EP 576 793 ICI 1946 — Die Färbung von Polyacrylsäureestern wird mit Farbstoffen, welche für die Färbung von Celluloseestern Verwendung finden, unter Zusatz von 0,1—0,5% von organischen Aminen, Amiden, Phenolen, aromatischen cyclischen Säuren, Alkoholen oder Ketonen vorgenommen.

AP 2512969 DuPont 1950 — Beim Färben von Polyacrylnitrilfasern mit Acetatkunstseidenfarbstoffen werden den Flotten 1—5% m-Kresol als Quellmittel zugesetzt.

AP 2431956 DuPont 1947 — Das Färben von Polyacrylnitrilfasern mit Naphtolen erfolgt derart, daß man die noch in Gelform befindliche Faser (wie sie durch Spinnen in ein Glyzerinbad und Waschen als etwa 100% wasserhaltige Faser erhalten wird) mit einer Naphtol-AS-Lösung, die Nekal enthält, behandelt, abquetscht und mit diazotierten Basen entwickelt.

8. Das Färben von Polyamidfasern (Nylon, Perlon).

Im allgemeinen ist zu sagen, daß sich Polyamidfasern färberisch ähnlich wie Wolle verhalten. Während aber Nylon mit sauren, direkten Acetatseidenfarbstoffen und anderen Vertretern gefärbt werden kann, unterscheiden sich die Polyurethanfasern (Perlon U) grundlegend, da dieselben lediglich Affinität zu Acetatseidenfasern zeigen[46].

Die Nylonfaser ist gegen nasse Hitze außerordentlich empfindlich und neigt zum Kräuseln und Schrumpfen. Man muß daher Textilien, die Nylon enthalten, vor dem Färben stets durch Behandlung mit heißem Wasser fixieren. Dieser auch als *„Preforming“* oder *„Presetting“* bezeichnete Prozeß wird derart ausgeführt, daß Gewebe auf den üblichen Crabbmaschinen und Strümpfe[47] auf der Form aufgezogen behandelt werden. Statt mit heißem Wasser kann die Fixierung auch durch Dämpfen erfolgen.

Nylon hält Fettstoffe hartnäckig zurück; aus diesem Grunde muß vor der Färbung die Reinigung der Faser ziemlich energisch durchgeführt werden. Eine Vorbleiche ist bei Nylon nicht notwendig, kann aber mit Natriumchlorit[48] (vgl. S. 126) erfolgen. In Mischung mit Baumwolle oder Kunstseide können die Cellulosefasern mit Hypochlorit gebleicht werden, da Nylon gegen die verwendeten üblichen Konzentrationen unempfindlich ist. Nach anderen Angaben[49] wird die Nylonfaser durch Hypochloritbleichlaugen angegriffen. Dies ist jedoch in nennenswertem Maße nur bei höheren Arbeitstemperaturen der Fall.

Die Färbung mit sauren Farbstoffen zeigt, daß die Nylonfaser hinsichtlich des Aufnahmevermögens gegenüber der Wolle zurücksteht. Die Farbstoffaufnahme hängt vom pH-Wert des Färbebades ab und wächst mit steigender Acidität desselben. Mit Rücksicht darauf, daß Nylon gegen verdünnte Mineralsäuren empfindlich ist, sind der Verwendung zu stark saurer Bäder Grenzen gezogen[50]. Ameisensäure oder Essigsäure zeigen bei einer Konzentration unter 10% keine faserschwächende Wirkung. Die Säureaufnahme der Nylonfaser wurde mit etwa 0,22% bestimmt; läßt man Nylon mit einem Schwefelsäuregehalt dieser Höhe während eines Jahres lagern, so tritt keine Faserschädigung auf.

---

[46] Koester: Amer. Dyestuff Reporter **36**, 190 (1947). — Fridell, Royer, Millson: Amer. Dyestuff Reporter **37**, 166 (1948); Text. Wld. **98**, 216 (1948).

[47] Die Färbung von Nylonstrümpfen ist sehr aktuell, da sich bekanntlich Strümpfe aus diesem Material wegen der Maschenfestigkeit und Widerstandsfähigkeit gegen Nässe sehr gut eingeführt haben. Vgl. z. B. Olson: Amer. Dyestuff Reporter **38**, 60 (1949). — Sigrist: Rayon Text. Monthly **28**, 94 (1947). — Bowden: Text. Wld. **97**, 128 (1947).

[48] Vgl. z. B. FP 865678.

[49] Marsh: Textile Science **1948**, 225.

[50] Bei einem pH nicht unter 1,6 ist keine Faserschädigung zu befürchten.

Die Maximalfarbstoffaufnahme von Polyamidfasern beträgt etwa 1—4%, in der Regel 1—2,5%. Es lassen sich daher nur helle oder mittlere Töne färben. Polyamidfasern können zwar bei pH 1 und darunter noch weitere Mengen von Farbstoff aufnehmen, doch ist dieser zusätzlich gebundene Farbstoff nicht wasserecht fixiert. Es werden in so stark sauren Farbflotten die Iminogruppen der Peptidbindungen aufgeladen und binden dann Farbsäureanionen, allerdings auf Kosten der Reißfestigkeit (Elöd). Eine Aufspaltung der Peptidkette unter Freilegung von Aminogruppen findet hingegen nicht statt.

Die sauren Farbstoffe zeigen auf Nylon gefärbt oft die Erscheinung der „Blockierung". Dies hängt mit der für ein bestimmtes pH geltenden Maximalfarbstoffaufnahme der Faser zusammen. Die Blockierung tritt am deutlichsten bei der Verwendung von Farbstoffgemischen auf, so daß es vorkommt, daß etwa bei der Verwendung eines gelben und blauen Farbstoffes kein Grünton, sondern ein Blauton auftritt, da z. B. der verwendete Blaufarbstoff die Faser in ihrer Maximalaufnahmefähigkeit absättigt (blockiert) und eine Aufnahme von Gelb nicht mehr eintritt[51]. Man muß daher bei der Herstellung von Mischtönen eine sehr genaue Auswahl der Farbstoffe treffen. Die Erscheinung des „Blockierens" hängt eng mit dem Äquivalentgewicht der betreffenden Farbstoffkomponente zusammen bzw. mit der Anzahl der Sulfonsäuregruppen, die das Farbstoffmolekül aufweist. Farbstoffe mit nur einer Sulfonsäuregruppe werden bevorzugt gebunden. Dies geht so weit, daß disulfosaure Farbstoffe durch monosulfosaure Farbstoffe aus der Faser verdrängt werden können. Fast alle sauren Farbstoffe können auch als Reagens auf Streckungsunterschiede gelten und hier kann es bei Mischtönen ebenfalls vorkommen, daß nur einzelne Farbstoffe der Mischung auf die Faser ziehen. Das streifige Anfärben kann nach einem Verfahren von DuPont vermieden werden, wenn man in ammoniakalischer Lösung mit sauren Farbstoffen foulardiert oder pflatscht, dann dämpft und sauer fixiert. Nach einer Arbeitsweise der Ciba pflatscht man mit Quellmittel und Ammontartrat, wobei beim Dämpfen Quellung und Fixierung eintritt[52]. Trotzdem wird mit sauren Farbstoffen gerne gefärbt, da die erhaltenen Färbungen neben einer guten Naßechtheit auch eine gute Lichtechtheit aufweisen. Die bei der sauren Färbung beschriebenen Schwierigkeiten verringert man derart, daß man mit Essigsäure zu färben beginnt und dann gegen Ende der Färbung Schwefelsäure zugibt. Die Färbetemperatur wird nicht über 90° C getrieben. Palatinechtfarbstoffe werden am besten mit Schwefelsäure gefärbt, nach anderen Mitteilungen soll Ameisensäure hierfür am geeignetsten sein. Ebenso können Neolane zum Färben Anwendung finden.

Das Aufziehen von sauren Farbstoffen auf die Nylonfaser kann durch *Igepon T, Nekal BX, Setamol WS, Eulan neu* usw. retardiert werden.

Bei der Färbung von Nylon mit Chromfarbstoffen ist zu beachten, daß alles unverbrauchte Chromat entfernt wird, da dieses die Nylonfaser sehr schwächt[53]. Man färbt kalt eingehend mit 3% Essigsäure (30%ig) und bringt innerhalb 20 Minuten zum Kochen. Nach 10 Minuten werden 3% Ameisensäure (85%ig) zugegeben und weitere 10 Minuten gekocht. Nach Erschöpfung des Bades fügt man 0,5% Bichromat zu und kocht 1 Stunde. Hernach wird mit 2,5% Natriumthiosulfat 30 Minuten reduziert und gewaschen. Dunkle Töne

---

[51] Aus einer Mischung von Anthralangelb G und Anthralanblau G wird ersteres nicht aufgenommen. Man muß das rascher ziehende Anthralangelb GG verwenden.

[52] Siehe Wittwer: Teintex **13**, 48 (1948).

[53] Hadfield, Sharing: J. Soc. Dyers Colourists **64**, 381 (1948). — Vgl. auch Thommen: Textil Rundschau **3**, 312 (1948).

werden auf frischem Bad mit 1—2% Bichromat nachchromiert und mit 5—10% Thiosulfat reduziert.

Ausgedehnte Anwendung finden in der Nylonfärberei die Acetatseidenfarbstoffe, welche im allgemeinen eine gute Lichtechtheit neben guter Waschechtheit zeigen. Die Lichtechtheit erreicht allerdings nicht jene von sauren Färbungen. Dagegen sind die Egalisierungsschwierigkeiten bzw. die Färbeschwierigkeiten beim Vorliegen von verschieden gestreckten Nylonfasern bedeutend geringer. Man färbt auf die übliche Weise unter Verwendung von Cellitonecht- oder Cellitonfarbstoffen und Seife als Dispergiermittel. Die Farbtöne sind meist etwas anders als die auf Acetatseide erzielten. Orangemarken färben röter, Violett und Rot blauer als dort. Manche Acetatseidenfarbstoffe zeigen auf der Nylonfaser eine wesentlich schlechtere Lichtechtheit als auf Acetatseide. Ein schönes Schwarz kann mit Cellitazol STN (IG) bzw. Cibacetdiazoschwarz B oder GN (Ciba) oder Setacyldirektschwarz B (Gy.) bzw. Artisilschwarz GP (Sandoz) erzielt werden. Die Diazotierung der Diazoschwarzmarken muß vorsichtig vorgenommen werden[54].

Substantive Farbstoffe verhalten sich Nylon gegenüber wie saure Farbstoffe. Aus neutralem Bade ziehen nur wenige derselben. Man färbt daher aus schwach sauren Bädern, am besten unter Zusatz von Ammonacetat. Die Färbungen zeigen oft Dichroismus. Man kann in einigen Fällen das Aufziehen verbessern, indem man β-Naphtol zusetzt. Katanol SL verhindert das Aufziehen der substantiven Farbstoffe.

Das Färben der Nylonfaser mit Schwefelfarbstoffen ist nur in Ausnahmefällen möglich. Indocarbon kann für Schwarz angewendet werden. Die Alkalität der Bäder ist so gering wie möglich zu halten.

Indanthrenfarbstoffe sind ebenfalls nur in wenigen Fällen zur Färbung geeignet. Die Faser wird hier vorteilhaft vorgedämpft und dann bei 85° C gefärbt. Durch die hohe Färbetemperatur ist ein hoher Hydrosulfitzusatz notwendig. Am besten arbeitet man mit dem beständigeren Rongalit. Die Entwicklung des Farbtones erfolgt durch Perborat usw. Allerdings sind die Lichtechtheiten der Küpenfarbstoffe weit tiefer als auf Baumwolle[55]. Beim Dämpfen indanthrengefärbter Nylonfaser tritt eine Migration des Farbstoffs an die Oberfläche ein, wodurch sich die Reibechtheit verschlechtert[56].

Mit Rücksicht auf die Wichtigkeit der Färbung von Strumpfwaren aus Nylon bzw. Nylon-Wolle-Mischungen sei darauf hingewiesen, daß nach den bisher gesammelten Erfahrungen nach der Reinigung der Ware erst mit 5% Essigsäure (28%ig) vom Warengewicht und 0,5—1,0% Tannin bei 60° C vorbehandelt wird, hierauf der angeteigte Acetatseidenfarbstoff dem Bade zugegeben und auf 80° C erwärmt wird. Nach 1 Stunde Färben wird gespült. Männersocken werden der größeren Waschechtheit wegen mit sauren Farbstoffen oder diazotierten und entwickelten Acetatseidenfarbstoffen gefärbt; z. B. Braun: Mit Acetaminorange GR, entwickelt mit Acetaminentwickler AD oder β-Naphtol; Grün: Walkgelb 5 G konz. und Pentacylechtblau GB extra konz.; Braun: Walkgelb 5 G konz., Walkrot SWB. konz. und Anthrachinonblau SWF (DuPont); Schwarz: Acetamindiazoschwarz 3 B, entwickelt mit Acetaminentwickler AD (DuPont). Das Diazotieren erfolgt mit 8% Nitrit und 16% Salzsäure 1 Stunde bei 40° C; entwickelt wird mit 4% Acetaminentwickler AD extra und 10% Essig-

[54] Vgl. z. B. Vickerstaff: J. Soc. Dyers Colourists **37**, 21 (1948).

[55] Siehe z. B. Amer. Dyestuff Reporter **28**, 582 (1939).

[56] Hamm, Comer: Anal. Chem. **20**, 861 (1948).

säure (28%ig) bei 50° C, dann 30 Minuten bei 60° C, hierauf 15 Minuten bei 80° C behandeln. Schließlich wird gespült und getrocknet[57].

Das Färben von Nylon mit Blauholzschwarzextrakt und Bichromat ist ebenfalls vorgeschlagen worden[58].

Auch bei der Färbung der Nylonfaser werden Zusätze von die Faser quellenden Stoffen in der Patentliteratur zahlreich beschrieben. Desgleichen befassen sich einige Patente mit einer Art Faseraminisierung, um die Farbstoffaufnahme zu erhöhen.

Zur Färbung der in Deutschland erzeugten Perlonfaser, die im Gegensatz zur Nylonfaser aus ε-Caprolactam hergestellt wird, empfiehlt die B. A. S. F. ihr Perlitonsortiment, d. s. ausgesuchte Acetatkunstseidenfarbstoffe mit einer guten bis sehr guten Lichtechtheit (5—7) und guten Waschechtheit (3—4).

Nach Müller geben Küpenfarbstoffe auf Perlon nach dem Vordämpfen der Faser gute Resultate, da der Orientierungsgrad durch die Dämpfoperation sinkt und somit Affinitätserhöhung bewirkt. Ein Dämpfen gefärbter Fasern führt manchmal zur Konglomeration des Farbstoffs unter Lichtechtheitserhöhung; dabei werden aber die Färbungen oft trüb. Die Färbung mit Küpenfarbstoffen erfolgt bei 80—90° C in Anwesenheit von etwas Trinatriumphosphat. Das Temperaturstufenverfahren kann Anwendung finden. *Peregal*-Zusatz ist notwendig, die Oxydation schwierig. Manche Farbstoffe sind überhaupt nicht ausoxydierbar wegen des reduzierenden Einflusses der Faser. Noch schwieriger liegen nach Müller die Verhältnisse bei der Polyurethanfaser.

Saure Färbungen auf Perlon sind mit dem Telonlicht- und Telonechtsortiment möglich.

Literaturübersicht über das Färben von Polyamidfasern.

Müller: Melliand Textilber. **31**, 521 (1950).

Alter: Textile Age **14**, 68 (1950).

Schläppi: Textil Rundschau **5**, 135 (1950).

Munden, Palmer: J. Text. Inst. **41**, P 609 (1950).

Whittaker, Wilcock: „Dyeing with Coal Tar Dyestuffs", Balliere, Tindall u. Co., London 1949.

Wojatschek: Kunstseide und Zellwolle **27**, 289 (1949).

Köhler: Deutsches Textilgewerbe **1**, 286 (1949).

Turnbull: Amer. Dyestuff Reporter **38**, 747 (1949).

Niederhauser: Teintex **14**, 407 (1949).

Früh: Textil-Praxis **4**, 462 (1949).

Elöd, Fröhlich: Melliand Textilber. **30**, 103 (1949).

Müller: Melliand Textilber. **30**, 106 (1949).

AATCC: Amer. Dyestuff Reporter **38**, 7 (1949).

Thomas, Amer. Dyestuff Reporter **37**, 21 (1948).

Anacker: Melliand Textilber. **29**, 348 (1948).

Fidell, Royer, Millson: Text. Wld. **98**, 216 (1948).

Egerton: J. Soc. Dyers Colourists **64**, 336 (1948); Text. Recorder **18**, 659 (1948).

Carlene, Fern, Vickerstaff: Text. Recorder **64**, 57 (1947).

Lanczer: Textil Rundschau **2**, 252 (1947).

Meunier, Saville: Rayon Text. Monthly **28**, 69 (1947).

Koester: Melliand Textilber. **28**, 200 (1947).

Choquette: Rayon Text. Monthly **28**, 1 (1947).

---

[57] Clapham: Amer. Dyestuff Reporter **37**, 299 (1948).

[58] Siehe die Broschüre der Amer. Dyewood Co. N. Y.; vgl. auch Amer. Dyestuff Reporter **36**, 181 (1947).

Haber: Kunstseide, Zellwolle **25,** 267 (1947).
Joly: Teintex **11,** 315 (1946).
Saville: Amer. Dyestuff Reporter **35,** 51 (1946).
Boulton: J. Soc. Dyers Colourists **62,** 65 (1946).
Peters: J. Soc. Dyers Colourists **61,** 95 (1945).
McGregor: J. Soc. Dyers Colourists **61,** 122 (1945).
Grundy: J. Soc. Dyers Colourists **60,** 205 (1944).
Naylor: Dyer, Text. Printer, Bleacher **92,** 240 (1944).
Elöd: Melliand Textilber. **25,** 309 (1944).
Whittaker: J. Soc. Dyers Colourists **59,** 69 (1943).
Rose: Dyer, Text. Printer, Bleacher **88,** 53 (1942).
Carbone: Amer. Dyestuff Reporter **30,** 439 (1941).
White: Rayon Text. Monthly **21,** 555, 683 (1941).
Stott: Amer. Dyestuff Reporter **28,** 582 (1939).

Patentschrifttum über das Färben von Polyamidfasern.

DP 744362 Durand Huguenin 1944 — Polyamidfasern werden mit Gallocyaninfarbstoffen in Leukoform gefärbt.

DP 742424 IG 1944 — Superpolyamid- oder Polyurethanfasern werden in ihrer Farbtiefe aufgehellt, indem man mit wäßrigen Lösungen von Einwirkungsprodukten von Äthylenoxyd auf Octadecylalkohol behandelt.

DP 740100 Durand Huguenin 1944 (s. a. DP 744362) — Superpolyamidfasern werden mit den Leukoverbindungen wasserunlöslicher Gallocyaninfarbstoffe aus alkalischer Küpe gefärbt und hierauf in einem Bade, das ein Salz der Chromsäure enthält, entwickelt.

DP 740009 IG 1943 — Färbungen direkter Farbstoffe auf Superpolyamide und Polyurethane werden bei 80—90° C in Gegenwart von Ammoniumsalzen niederer Fettsäuren ohne Salzzusatz hergestellt, hierauf gespült, mit schwach organisch sauren Kupfersalzlösungen, welche aryl- oder alkylsubstituierte Naphtalinsulfosäuren enthalten, nachbehandelt, geseift und gespült. Die Färbungen sind lichtecht und naßecht.

DP 738763 Rhodiaceta 1943 (s. a. SP 230891) — Superpolyamidfasern werden mit Farbstoffen in organischen Lösungsmitteln, die über 100° C sieden, kurze Zeit bei dieser Temperatur in Berührung gebracht und hernach mit Wasser gespült.

DP 736021 IG 1943 — Gelbe Töne werden auf Superpolyamiden erhalten, indem man mit Perylenmono- oder -dicarbonsäureestern färbt.

DP 734990 IG 1943 — Zum Färben von Superpolyamiden werden komplexe Metallverbindungen von Azo- oder Azomethinfarbstoffen, welche keine Sulfonsäuregruppen enthalten, verwendet.

DP 733354 IG 1943 — Polyurethanfasern werden mit wasserunlöslichen Farbstoffen der Acetatseidenklasse aus wäßrigen Bädern gefärbt.

DA 77092 IG — Polyamide werden mit sauren Farbstoffen unter Zusatz von Ammoniumsalzen gefärbt.

DA 71517 IG — Das Reservieren von Nylon in Mischgeweben erfolgt durch Färben mit Direktfarbstoffen in alkalischen Bädern unter Zusatz von Aralkylphenolsulfosäuren.

DA 70938 IG — Das Färben von Polyamiden erfolgt in formaldehydhaltigen Farbbädern.

DA 67824 IG — Superpolyamide oder Polyurethane werden mit Lösungen oder Suspensionen von Sulfonamidgruppen enthaltenden Farbstoffen gefärbt.

DA 58368 Thüring. Zellwolle — Nylon wird mit basischen Farbstoffen gefärbt und zwecks Verbesserung der Lichtechtheit mit Phosphormolybdänsäure behandelt.

SP 259100 Rhodiaceta 1949 — Das Färben von Nylon erfolgt in Färbebädern, mit einem Anthrachinonfarbstoff, welcher in organischem Milieu, das Chloral enthält, dispergiert ist.

SP 254812 Sandoz 1948 — Pigmente werden mit einem Weichmachungsmittel innig vermengt, die Pigmentteilchen sollen etwa eine Feinheit von 1 μ besitzen. Man setzt die Mischung Massen aus Polyamiden oder Celluloseestern zu und erhält so gefärbte Spinnmassen, die echt gefärbt sind.

SP 236592 Rhone-Poulenc 1945 — Als Anquellmittel beim Färben von Polyamiden kann mit Vorteil Chloral Anwendung finden.

SP 231713 Ciba 1944 — Methinfarbstoffe sind affin für Polyamide.

SP 230891 Rhodiaceta 1944 — Die Färbung von Polyamiden in Mischgeweben erfolgt durch eine kurze Passage durch ein über 100° C erhitztes Bad, das eine Lösung eines Farbstoffes in einem über 100° C siedenden organischen Lösungsmittel (Diäthylenglykol, Triäthanolamin, Pyridin usw.) darstellt.

FP 923442 IG 1947 — Das Färben von Polyamidfasern bzw. Polyurethanfasern in egalen und echten Tönen wird bei hohen Temperaturen unter Verwendung von Metallsalzen von Azofarbstoffen vorgenommen, welche keine Sulfogruppen enthalten.

FP 919694 DuPont 1947 — Die Färbung von Polyamiden mit Pigmenten in der Masse wird behandelt.

FP 919325 Rhodiaceta 1947 — Man färbt Polyamide in Farbstofflösungen, welche Chloral enthalten, z. B. arbeitet man in einem Bade von 90% Äthylacetat und 10% Chloralhydrat.

FP 908609 Durand Huguenin 1946 — Die Lichtechtheit von Küpenfärbungen auf Polyamiden kann durch nachträgliches Dämpfen (eventuell unter Druck) verbessert werden.

FP 906232 IG 1945 — Die Färbung von Polyamidfasern mit Schwefelfarbstoffen wird beschrieben.

FP 905121 IG 1945 — Bei Färbungen von Polyamidfasern im Gemisch mit Cellulose kann bei Verwendung direktziehender Farbstoffe durch Behandlung der Polyamide vor dem Färben mit Säuren höheren Molekulargewichts (Naphtalinsulfosäuren, Aralkylphenylsulfosäuren usw.) eine Reserve derselben stattfinden.

FP 899211 IG 1945 — Zur Verhinderung des Brüchigwerdens von Polyamiden beim Färben werden der Flotte Aldehyde zugesetzt.

FP 898527 Durand Huguenin 1945 — Die Entwicklung von Küpenfärbungen auf Nylon erfolgt mit Na_4- oder $K_4Fe(CN)_6$ und Permanganat alkalisch oder neutral.

FP 890004 Durand Huguenin 1944 — Polyamide werden mit Leukoverbindungen der Gallocyaninreihe gefärbt und in sauren Bichromatbädern oxydiert.

FP 884445 IG 1944 — Das Färben von Polyamidfasern erfolgt bei oder dicht bei Kochtemperatur.

FP 882821 IG 1944 — Die Färbung von Mischtextilien aus Cellulose und Polyamiden kann durch Regelung des pH-Wertes und der Temperatur uni erfolgen.

FP 882436 IG 1944 — Nylon kann mit Entwicklungsfarbstoffen derart gefärbt werden, daß man Naphtol und Kupplungskomponente mit Lösungsmitteln anteigt (Alkohol, Thiodiäthylenglykol, Tetrahydrofurfurylalkohol) und Lauge zusetzt. Die klare Lösung wird in ein mit Lauge vorgeschärftes Färbebad gegossen, das Netzmittel enthält. Man färbt bei 60—90° C unter Salzzusatz und entwickelt in Nitrit-Ameisensäure-Lösung auf der Faser.

FP 881124 IG 1944 — Man färbt Polyamidfasern mit wasserunlöslichen, in organischen Lösungsmitteln löslichen Farbstoffen und verwendet wäßrige Dispersionen derselben.

FP 880580 IG 1944 — Das Färben von Polyamiden erfolgt mit wäßrigen Farbstoffdispersionen, wobei die sulfongruppenfreien Farbstoffe eine Sulfonamidogruppe aufweisen sollen.

EP 631073 ICI 1949 — Beim Färben von Nylon mit Chromfarbstoffen wird eine Überchromierung durch Formaldehyd, Hydrosulfit oder Bisulfit vermieden.

EP 626517 Courtaulds 1949 (s. a. FP 884445) — Man färbt Nylon mit Küpenfarbstoffen in Anwesenheit von Quellmitteln, jedoch ohne Reduktionsmittel. Die erzielten Färbungen besitzen eine größere Lichtechtheit als bei der normalen Färbung mit reduziertem Küpenfarbstoff, die bekanntlich nur sehr wenig echte Töne liefert.

EP 626419 ICI 1949 — Gemusterte Effekte auf Nylontextilien entstehen dadurch, daß man erst mit einem Farbstoff A Nylon färbt und dann Teile des Farbstoffs durch einen Farbstoff B ersetzt, der größere Affinität aufweist. Man blockiert also teilweise.

EP 614009 Marchington 1948 — Das Färben von Nylon erfolgt in der Weise, daß man das Textilmaterial in einem Bade, das Kresolsulfosäure enthält (auch Zimtsäure usw.), so vorbehandelt, daß das Material fixiert, nicht jedoch angegriffen wird. Hernach wird gewaschen und gefärbt. Man erhält auf diese Weise mit einer Anzahl von Farbstoffen verschiedener Klassen viel tiefere Färbungen.

EP 612944 Gy. 1948 — Zum Färben von Polyamiden (Nylon) mit Chromfarbstoffen wird mit den Farbstoffbädern behandelt (2% Farbstoff, 2% 56%ige CH_3COOH, kochend), hierauf in einem Bade mit $1^1/_2$% Bichromat pro Badvolumen behandelt, so daß die Faser einen Überschuß an Cr aufnimmt, dann wird ausgequetscht und ohne Spülen 45 Minuten mit 4 at gedämpft, hierauf gespült und getrocknet. Die Färbung ist seifenecht.

EP 596047 Levey 1947 — Man färbt mit wasserlöslichen Phenolalkoholen und Dispersionen von wasserunlöslichen Farbstoffen, welche eine reaktive Amino-, Imino-Carboxy- oder Hydroxy-Gruppe enthalten, z. B. mit Hydroxybenzylalkohol. Dem Färbebade können auch Kunstharzbildner, wie Melamin-Formaldehyd-Kondensate oder Polyvinylalkohol zugegeben werden. Entsprechende Mischungen sind auch für den Druck geeignet.

EP 595571 ICI 1947 — Zum Färben von Nylon usw. werden Farbstoffe der Oxindolklasse empfohlen.

EP 589367 DuPont 1948 — Man kondensiert Polyamide mit farbstoffbildenden Körpern.

EP 587439 DuPont 1947 — Polyamide mit erhöhter Anfärbbarkeit werden erhalten, indem man den Polykondensaten aus Hexamethylendiamin und Adipinsäure 5—15% einer Verbindung, welche eine sekundäre Aminogruppe enthält, zugibt: $CH_3—NH—(CH_2)_6—COOH$ oder ein Gemisch von dibasischen Säuren mit disekundären Aminen (Piperazin) mitkondensiert.

EP 586127 Ciba 1947 — Zum Färben von Superpolyamidfasern eignen sich Farbstoffe der Form:

$$\begin{array}{l} N{\equiv}C{-}C{-}COOR_3 \\ \qquad\;\; \| \\ \qquad CH{-}C_6H_4{-}N\begin{cases} R_1 \\ R_2 \end{cases} \end{array}$$

R_1 ... Wasserstoff oder niedriger Alkylrest, R_2 ... niedrigmolekularer Alkylrest, R_3 ... aliphatischer Rest mit mindestens 2 C-Atomen und einer OH-Gruppe, jedoch niedrigmolekular. Man färbt in Suspension.

EP 584758 Celanese 1947 — Polyamidfasern werden in Bädern gefärbt, die außer dem Farbstoff noch einen niederen aliphatischen Alkohol und ein Quellmittel (Phenol) für die Polyamidfaser enthalten. Der Alkoholgehalt des Bades beträgt etwa 55—65%.

EP 583795 Durand Huguenin 1946 — Es werden Gallocyaninfarbstoffe, insbesondere die sich vom Dimethylanilin ableitenden, zur Färbung von Nylonfasern verwendet.

EP 580092 Ciba 1946 — Betrifft das Färben von Nylon mit Monoazofarbstoffen. Die Farbstoffe werden mit Türkischrotöl angeteigt, so daß man eine etwa 25%ige Paste erhält. Diese wird mit Wasser von 50° C gut vermischt. Dem Färbebad wird Seife, etwa 2‰ zugegeben. Man geht bei tiefer Temperatur ein, treibt in etwa $^3/_4$ Stunden auf 75° C, hält $^1/_4$ Stunde auf dieser Temperatur und läßt dann nachziehen.

EP 575342 ICI 1945 — p-Nitranilin wird mit dem Schwefelsäureester des N-β-Hydroxyäthylanilin gekuppelt. Man erhält auf Nylon rote Töne in guter Licht- und Naßechtheit.

EP 570602 Courtaulds 1945 — Die Affinität von Nylonfasern zu direkten Farbstoffen kann erhöht werden durch Behandlung mit Diphenylguanidin-Essigsäure und Formaldehyd, wobei die Kondensate durch Härtung bei 140° C auf der Nylonfaser fixiert werden.

EP 558586 Courtaulds 1944 — Bei der direkten Färbung von Nylonfasern werden aliphatische einwertige Alkohole, wie Butanol, Äthanol oder ein ätherifiziertes Äthylenglykol dem Färbebad zugegeben.

EP 557939 Courtaulds 1944 — Die Farbaffinität von Nylonfasern wird erhöht durch eine Vorbehandlung mit oxydierend wirkenden Stoffen, wie Peroxyd, Permanganat, Hypochlorit, Salpetersäure, Natriumperborat oder Kaliumpersulfat.

EP 556925 Courtaulds 1944 (s. a. EP 550724) — Man behandelt vor dem Färben Nylon mit wäßrigen Metallsalzlösungen bzw. Heißwasser unter Druck, um die Anfärbbarkeit zu verbessern.

EP 553872 Courtaulds 1943 (vgl. AP 2371536) — Das Färben mit sauren Farbstoffen erfolgt für Polyamidfasern unter Zusatz von kationaktiven Stoffen (Cetyltrimethylammoniumjodid usw.).

EP 550724 1942 — Durch Behandlung von Nylon mit Wasser unter Druck bei Temperaturen über 100° C soll die Faser eine größere Affinität zu substantiven Farbstoffen erhalten.

EP 549369 1942 — Die Faltenbildung beim Färben von Nylon wird vermieden, wenn man im breiten Zustande bei 100—120° C kurz behandelt.

EP 547844 IG 1942 — Bei Zugabe von Naphtolen oder Phenolen, Naphtylamin, Acetanilid zu den Färbebädern wird das Ziehvermögen von Direktfarbstoffen auf Nylon wesentlich erhöht.

EP 539566 Mathieson 1941 — Die Affinität von Nylonfasern zu Farbstoffen wird erhöht durch Behandlung mit sauren Chloritbädern bei pH 3—5 oder basischen Bädern, welche Chlorit und Hypochlorit enthalten.

EP 534085 ICI 1941 — Polyamidfasern werden mit Anthrachinonküpenfarbstoffen, die mit Formaldehydsulfoxylat verküpt sind, bei 90—95° C gefärbt, wobei leicht tiefe Töne erhalten werden können.

HollP 60898 IG 1948 — Zum Färben von Polyamiden mit substantiven Farbstoffen werden diese Farbstoffe in Anwesenheit von Ammonsalzen niedriger Fettsäuren bei 80—95° C gefärbt, dann wird gespült und bei 85° C mit einer schwachen Lösung eines organischen Cu-Salzes und 5% Netzmittel gefärbt. 500 l Flotte, 250 g Natriumformiat beim Färben, zum Kupfern 500 l Flotte 300 ccm 30%ige Essigsäure, 300 g Cu-Sulfat, 500 g Dibutylnaphtalinsulfosäure.

HollP 60677 Rhodiaceta 1948 — Man färbt Polyamide mit Farbstoffen, die in organischen Lösungsmitteln gelöst oder dispergiert sind. Als solche Lösungsmittel werden Mischungen von Chloralhydrat mit Alkohol oder Äthylacetat angeführt (Chloralhydrat als Quellmittel für Polyamidfasern s. HollP 58768 bzw. SP 236592.)

HollP 57529 IG 1946 — Polyamidfasern besitzen eine gute Affinität zu sauren oder direkten Beizenfarbstoffen und werden in echten tiefen Tönen gefärbt. Die Färbung ist jedoch manchmal ungleichmäßig. Egale Färbungen werden erhalten, wenn man aus neutraler oder schwach saurer Farbflotte färbt mit Farbstoffen, welche keine Sulfonsäuregruppen aufweisen und mindestens eine Sulfonamidgruppe enthalten. Dem Färbebad können Ammonchlorid oder Natriumsulfat zugegeben werden. Auch Mischungen von Polyamiden sowie Polyurethanen mit Kunstseide oder Baumwolle können derart gefärbt werden.

AP 2499787 DuPont 1950 — Man färbt Nylon aus äußerst verdünnten Farbbädern.

AP 2459331 DuPont 1949 — Nylon wird mit sauren Farbstoffen, die schwer löslich sind, aus sehr verdünnten Bädern gefärbt.

AP 2458397 Courtaulds 1949 — Das Färben von Nylonfasern mit direkten Farbstoffen erfolgt, indem man vorher in den Fasern ein Kondensationsprodukt aus Melamin oder Cyanamid und Formaldehyd einlagert und aus sauren Bädern färbt.

AP 2421131 Gy. 1947 — Nylonfasern können mit sauren Chromfarbstoffen in guter Echtheit gefärbt werden, wenn man aus stark sauren Bädern färbt, hernach mit Kaliumbichromat nachchromiert und die erhaltene Färbung schließlich bei 112° C dämpft. Dann wird gespült und geseift.

AP 2415373 Cyanamid 1947 — Superpolyamide können mit neuen Farbstoffen der Form

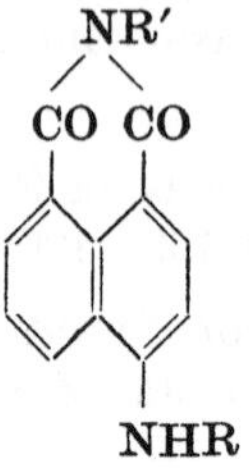

NR′

CO CO

NHR

(4-Amino-1,8-naphtalimide) gefärbt werden. Es werden gelbe Töne erhalten, die im Uviollicht grün fluoreszieren (Theatereffekte usw.).

AP 2411249 Durand Huguenin 1946 — Zum Färben von Nylon werden Farbstoffe der Gallocyaninreihe empfohlen. Man teigt mit NaOH von 36° Bé an, löst in Wasser und setzt Hydrosulfit zu. Färbebeginn bei 40° C, innert $^1/_2$ Stunde auf 90° C steigern. Nach $^3/_4$ Stunden spülen und mit Bichromat entwickeln (oxydieren).

AP 2396957 DuPont 1946 — Durch Behandlung von Nylon, aber auch Cellulose, Viskose, Polyvinylfasern usw. mit alkoholischen Lösungen von Dithioglycidol (10%) wird die Affinität der Fasern zu verschiedenen Farbstoffen wesentlich erhöht. Die Fasern enthalten fest gebundenen Schwefel. Dithioglycidol:

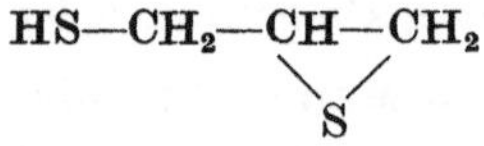

$$HS{-}CH_2{-}CH{-}CH_2$$

S

AP 2374106 DuPont 1945 — Nylon kann auch mit wasserunlöslichen Metallkomplexen von Azofarbstoffen aus wäßrigen Dispersionen dieser Farbstoffe gefärbt werden. Die Farbstoffe müssen frei von Sulfonsäuregruppen sein.

AP 2371536 Courtaulds 1945 (s. EP 553872) — Zusätze von Kationseifen zu sauren Färbebädern von Direktfarbstoffen begünstigen das Aufziehen der Farbstoffe, wenn die Zusätze zwischen 0,1—1%, berechnet auf das Nylongewicht, betragen. Größere Zusätze bewirken den gegenteiligen Effekt und verhindern eine tiefe Färbung.

AP 2347143 Courtaulds 1944 — Die Affinität von Nylon zu Direktfarbstoffen wird erhöht, wenn die Faser vorher mit Wasser bei Temperaturen über 100° C vorbehandelt wird.

AP 2347106 DuPont 1944 (s. a. AP 2347143, 2371536) — Die Färbung von Nylon mit direkten Farbstoffen wird beschrieben.

AP 2339237 DuPont 1944 — Um die Anfärbbarkeit von Nylongarnen mit Küpen-, sauren und Direktfarbstoffen zu erhöhen, werden Polymerisate der Nylontype mit wasserlöslichen Polymeren (Polyglykoladipamiden) vermischt. Die Garne färben sich wesentlich tiefer als reine Nylontypen.

AP 2325972 Gen. An. 1943 — Man färbt Mischungen von Wolle und Polyamiden mit sauren Farbstoffen in Gegenwart von Sulfocarbonsäureestern usw.

AP 2278888 DuPont 1942 — Die Affinität von Nylongarnen zu Direktfarbstoffen ist abhängig von der Streckung. Ungestreckte Garne haben die größte

Affinität. Ombrè-Effekte lassen sich einbadig erzielen, wenn man Nylongarne kalt streckt und stellenweise die Streckung durch geeignete mechanische Einrichtung unterbricht.

AP 2277486 DuPont 1942 — Um die Affinität von Polyamiden zu direkten und sauren Farbstoffen zu erhöhen, löst man in diesen Fasern Derivate eines natürlichen Proteins (desacyliertes Chitin).

AP 2276602 Gen. An. 1942 — Aminogruppenhaltiges Material wird gefärbt, indem man dieses Material bei höheren Temperaturen und in Gegenwart eines säurebindenden Mittels mit organischen Verbindungen mit chromophoren Gruppen behandelt.

AP 2220129 DuPont 1940 — Nylonfärbungen mit wasserlöslichen Acetatfarbstoffen (Azofarbstoffen oder Anthrachinonderivaten) können durch eine Behandlung mit einem Dispersionsmittel (Alkylsulfate, Türkischrotöl, Seifen usw.) bei 80—90° C abgezogen bzw. ausegalisiert werden.

AP 2157116 DuPont 1939 — Das Egalisieren von gefärbten Nylonstrickwaren kann erfolgen durch Behandeln in wäßrigen Dispergatorlösungen bei 80—90° C.

9. Das Färben von Tierhaaren und Pelzwerk.

Die Rauchwarenfärberei wird immer noch mit den von Erdmann erstmalig angegebenen aromatischen Aminen oder Phenolen vorgenommen, welche durch Wasserstoffperoxyd zu braunen, grauen oder schwarzen Tönen oxydiert werden. Eine Reihe von Mischungen solcher Stoffe, wie p-Phenylendiamin, m-Phenylendiamin, m-Toluylendiamin usw. sind als Ursolfarbstoffe seit langen Jahren bekannt. In Gegenwart von Peroxydase soll die Färbung von p-Aminophenol dunkler ausfallen, die Färbung von p-Phenylendiamin klarer werden. Wegen der Hautschädlichkeit letzterer Verbindung soll an ihrer Stelle p-Aminodiphenylamin Verwendung finden. Bei der Färbung ist die Einhaltung des richtigen pH wesentlich.

Literaturübersicht über das Färben von Tierhaaren und Pelzwerk.

Ginzel: Melliand Textilber. **23,** 292 (1942); — **24,** 87, 438 (1943).
Weisskopf, Dyer, Text. Printer, Bleacher **89,** 4 (1942).

Patentschrifttum über das Färben von Tierhaaren und Pelzwerk.

OeP 166455 Ciba 1950 — Empfindliche Pelze werden mit Farbstoffen, die in Wasser oder org. Lösungsmitteln löslich sind (z. B. auch solche vom Typus der Lackfarbstoffe), in Bädern, die neben Wasser wesentliche Anteile niedriger Alkohole usw. enthalten, gefärbt.

SP 229397 Mora 1944 — Man färbt schwarze Töne, indem man die Haare erst mit Kaliumpermanganatlösung und nachher mit 1—2%igen Pyrrollösungen behandelt. Braunfärbungen werden erhalten mit Ammonpersulfat und nachheriger Behandlung mit 1%iger Pyrrollösung (hauptsächlich für Menschenhaar).

EP 530680 Orelup 1940 — Das Färben von Pelz oder Haaren erfolgt derart, daß man erst mit Kondensationsprodukten aus einer oder mehreren Fettsäuren mit 6—20 C-Atomen und Alkylenpolyaminen behandelt und hernach mit sauren oder direkten Farbstoffen ausfärbt (z. B. wird das Kondensationsprodukt von Laurinsäure und Diäthylentriamin verwendet).

AP 2429073 Hat Corp. 1947 — Zur Herstellung von Hüten aus Mischfilz werden carrotierte Haare und gekämmte Baumwolle verwendet. Letztere wird echt gefärbt und nachher mit einem Überzug von Melamin-Formaldehyd und saurem Katalyten versehen und derart mit den Haaren verbunden, daß über einem Kern aus der gefärbten Baumwolle die Haarschicht liegt. Dann wird der so erzeugte Stumpen mit sauren Farbstoffen gefärbt, wobei der Baumwollüberzug und das Haar ihre Färbung erhalten.

AP 2338745 und AP 2338746 DuPont 1944 — Man beizt mit einer Lösung eines metallackbildenden Metallsalzes bei 70—130° F und färbt dann in saurer Lösung mit geeigneten Farbstoffen aus. Man kann die Färbung und Beizung auch zusammen durchführen.

AP 2212608 Gen. An. 1940 — Das Färbegut wird mit Eisen-, Chrom- oder Kupferbeize in einem Bade gebeizt, welches neben einem Oxydationsmittel eine salzähnliche Verbindung der Form

$$CH_3COHN\text{—}\langle\ \ \rangle\text{—}N{=}N\text{—}B\text{—}OH\,.\,NH_2\text{—}R$$

enthält, wobei B einen aromatischen Rest der Benzol- oder Naphtalingruppe, $R—NH_2$ eine Aminoverbindung, wie Aminobenzol, Aminodiphenylamin oder ein heterocyclisches Amin bedeutet.

10. Die Färbung von anorganischen Fasern, vornehmlich von Glasfasern.

Glasfäden, extrudiert oder auch aus kurzstapeligen Fasern gesponnen, werden in der Textilindustrie der Neuzeit außer zur Erzielung von modischen Effekten als Glasgewebe für Wandbespannungen, Möbelüberzüge usw. in immer größerem Maßstabe hergestellt.

Daher ist in diesem Abschnitt die Färbung dieser Fasern oder aus ihnen hergestellter Textilien besonders hervorzuheben. Die Färbung kann nach den verschiedensten Methoden erfolgen. Man kann den Glasfluß, der zur Herstellung der Fasern dient, durch Einverleibung von Metallverbindungen färben, erhält jedoch auf diese Weise nur farbschwache Töne. Nach einer anderen Arbeitsweise erzielt man eine Anfärbung durch einen Ionenaustausch[59]. Man behandelt Glasgespinste längere Zeit mit Lösungen von Metallsalzen, wie Blei- oder Ferrosalzen, und erzeugt dann durch Umsetzung mit Chromatlösungen usw. die entsprechend gefärbten Metallverbindungen. Gewisse basische Farbstoffe färben die Fasern in hellen Tönen an, man kann auch Metallverbindungen als eine Art Beize vorher durch Ionenaustausch in die Faser bringen und dann mit basischen Farbstoffen anfärben. Gemäß einem anderen Verfahren behandelt man die Fasern mit konzentrierten Lösungen von *Lyofix SB*[60]; hiernach wird mit einer Auswahl von Neolanfarbstoffen gefärbt. Ein Anätzen der Glasfasern mittels Flußsäure, wobei durch eine nachherige Behandlung mit Alkali eine Kieselsäureschicht in Gelform gebildet wird, gestattet die Färbung dieser oberflächlichen Schicht durch Absorption. Allerdings werden die Glasfasern dabei stark angegriffen und verlieren ihren Glanz.

Wieder andere Arbeitsweisen erzeugen einen Faserüberzug mit Proteinen, wie etwa Casein, härten denselben durch Formaldehyd, Tannin oder Chromsalze und färben den gebildeten Überzug mit sauren Farbstoffen in allerdings

[59] SP 248746.

[60] Vgl. z. B. Teintex **11**, 92 (1946).

wenig waschechten Tönen. Da der Überzug insbesondere bei der Härtung mit Chromsalzen spröde wird, müssen Weichmachungsmittel zugegeben werden.

Weiter ist es möglich, nach Art der Aridyemethode Farbstoffpigmente durch Harnstoff-Formaldehydharze, Melaminharze, Polystyrol usw. an die Faser zu binden. Auch gefärbte Nitrocelluloseüberzüge können Anwendung finden.

Man kann auch mit hochkonzentrierten Lösungen basischer Farbstoffe behandeln (vgl. EP 518826, FP 840755).

Eine interessante Arbeitsweise beinhaltet das Färben von Glasgeweben mittels substantiver Farbstoffe, die aus doppelt so konzentrierten Lösungen, wie für Textilien üblich, bei hohen Temperaturen aufgefärbt werden können. Man soll auch tiefere Töne erhalten. Manchmal ist ein vorheriges Anätzen der Oberfläche der Faser mit HF auch hier von Vorteil. Die Lichtechtheit und Naßechtheit soll dieselbe sein wie auf Textilien, die Reibechtheit ist gering. Gewisse Farbstoffe gestatten ein Nachkupfern. Blaue oder schwarze Töne sind allerdings nicht erzielbar. Sie sind nur durch Überziehen der Fasern mit Bindemittelschichten, die die entsprechenden Pigmentmengen enthalten, herstellbar. Inwieweit für die besprochene Arbeitsweise der Färbung mit direkten Farbstoffen die Ausbildung feiner Haarrisse im Glasfaden und die Einlagerung des Farbstoffes in diese Risse für die Erzeugung der Färbung verantwortlich ist, wäre zu untersuchen[61].

Literaturübersicht über das Färben von anorganischen Fasern.

Garner: British Rayon Silk J. **26**, 74 (1950).
Herberth: Kunstseide, Zellwolle **26**, 14 (1948).
Gund: Melliand Textilber. **27**, 196, 232, 267 (1946).

Patentschrifttum über das Färben von anorganischen Fasern.

DP 747512 IG 1945 — Glas- und Asbestfasern, welche keine Affinität zu organischen Farbstoffen zeigen, werden gefärbt oder bedruckt, indem man auf ihnen einen Überzug von wasserunlöslichen Celluloseäthern erzeugt und diesen mit Cellulosefarbstoffen färbt.

DP 747466 IG 1945 — Glas- oder Asbestfasern, welche keine Affinität zu Farbstoffen besitzen, werden derart gefärbt, daß man wasserlösliche Cellulosederivate zusammen mit solchen Farbstoffen auf die Faser bringt, die zu einer Umsetzung mit Metallsalzen (Tonerdesalzen) unter Bildung schwer bis unlöslicher Verbindungen befähigt sind. Nach dem Aufbringen wird getrocknet und durch Behandlung mit Metallsalzen sowohl Farbstoff als Celluloseäther gefällt. Angewendet können werden: cellulosefettsaure Salze (celluloseessigsaures Na), als Farbstoffe substantive und Säurefarbstoffe (die mit Bariumchlorid oder Tonerdesalzen gefällt werden) und Beizenfarbstoffe. 25 g des Celluloseestersalzes werden pro Liter Behandlungsbad genannt. Die Färbungen sind wasserecht.

DP 738145 Glastechnik 1943 (s. a. DP 737618, FP 880335) — Die Färbung von Glasfasern wird derart vorgenommen, daß man die Fasern erst mit HF anätzt und hierauf durch Behandlung mit NaOH einen Überzug kolloidaler Kieselsäure erzeugt, welcher die Farbstoffe adsorbiert.

DA 118277 — Glasfasern werden mit Albuminlösungen und Chromfluorid behandelt, getrocknet und dann mit sauren oder basischen Farbstoffen gefärbt.

---

[61] Vgl. Text. Manufacturer **73**, 381 (1947); FIAT Final Report 981.

DA 77103/4 IG — Man behandelt Glasfasern vor dem Färben mit kationaktiven Stoffen, die beim Färben mit den Farbstoffen schwer lösliche Umsetzungsprodukte geben.

DA 76107 IG — Glasfasern werden mit Lauge geätzt, gefärbt und mit Silikaten nachbehandelt.

SP 248746 My Beheer 1948 — Das Färben von Glasfasern wird entweder durch Bildung anorganischer Pigmente in der Faser oder mittels basischer Farbstoffe vorgenommen.

FP 950534/35 Owens 1949 — Behandelt das Färben von Glasfasern.

FP 922913 Scheurer Lauth 1947 — Man überzieht Glasfasern mit gefärbten Kunststoffen und versieht nachher zur Verbesserung insbesondere der Reibechtheit mit einer Schutzhülle aus synthet. Harzen.

FP 908599 Ciba 1946 — Glasfasern werden mit Aminoplasten überzogen und dieser Überzug dann mit einer Auswahl saurer oder direkter Farbstoffe gefärbt.

FP 895761 IG 1945 (s. a. FP 895584) — Glasfasern werden mit wasserunlöslichen Celluloseäthern überzogen und der Überzug gefärbt. Man kann auch gefärbte wasserlösliche Celluloseäther aufbringen und mit Metallsalzen nachbehandeln.

FP 892009 St. Gobain 1945 — Man überzieht Glasfasern mit Phenolformaldehydharz, das kationenaktive Verbindungen enthält, und färbt hernach.

FP 870050/51 St. Gobain 1944 — Glasfasern werden mit Pigmenten und Bindemitteln gefärbt. Als Bindemittel werden Kautschuk, Polyvinylharz usw. genannt.

EP 624453 Ciba 1949 (s. a. EP 529307) — Zum Färben von Glasfasern werden diese erst mit einem Melamin-Formaldehydvorkondensat behandelt und dann in Anwesenheit von Dimethylolharnstoff mit direkten Farbstoffen gefärbt. Hernach wird gehärtet.

EP 607035 Hartman 1948 — Man ätzt Textilien aus Glasfasern durch Behandlung mit Sodalösung an und überzieht hernach mit Cellulosederivaten, welche gefärbt sind oder nachher gefärbt werden können.

EP 559329 Stanning 1942 — Es wird die Färbung von Glasfasern behandelt.

EP 516826 St. Gobain 1940 — Man behandelt Glasfasern mit Lösungen von ionisierten Mg-, Ca-, Zn-, Al-Salzen. Diese werden in gefärbte Verbindungen umgewandelt, wenn die Faser genügend Metall aufgenommen hat.

AP 2462428 Ciba 1949 — Glasfasern werden vor dem Färben mit dem Kondensationsprodukt einer Verbindung, welche die Gruppe

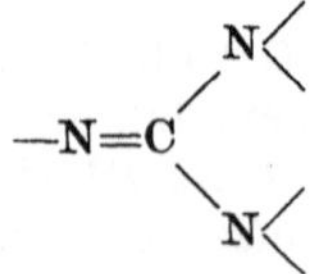

enthält, und Formaldehyd in wäßriger Lösung behandelt und hierauf das Harz unter Härtung fixiert. Die Färbung erfolgt mit wasserlöslichen, mindestens eine Sulfonsäuregruppe enthaltenden Farbstoffen.

AP 2450902 Interchemical 1948 — Das Färben von Glasfasern erfolgt mit Emulsionen, wobei eine wäßrige innere Phase von 20% der Masse sowie eine äußere Phase mit Melamin-Formaldehydharz und einem Vinylchlorid-Vinylacetat-Co-Polymeren vorhanden ist.

AP 2436304 Corning 1948 — Das Färben von Glasfasern wird vorgenommen, indem ein Film einer hydrolysierbaren Organosiliziumverbindung erzeugt wird. Danach wird mit basischen Farbstoffen gefärbt.

AP 2433293 Owens 1947 — Gefärbte Glasfasern werden hergestellt, indem man sie mit einem anorganischen Kolloid, welches den Farbstoff enthält, überzieht.

AP 2433292 Owens 1947 (s. a. AP 2145235, 2184316, 2245783, 2309962) — Zum Färben von Glasfasern werden diese mit Al- oder Mg-Silikaten behandelt, getrocknet und gefärbt.

AP 2428302 Owens 1947 — Textile Glasfasern werden zur Herstellung von Geweben dadurch gefärbt, daß sie mit einem Überzug aus formaldehydgehärteter Gelatine versehen werden, die einen durch Formaldehyd unlöslich gemachten Farbstoff enthält.

AP 2394493 Owens 1946 — Die Färbung von Glasfasern mit anorganischen Oxyden, insbesondere Vanadiumoxyd, in braunen Tönen wird beschrieben.

AP 2245783 Owens 1941 — Zum Färben von Glasfäden werden dieselben mit Salzen von Metallen behandelt und hernach gefärbte Metallpigmente erzeugt. (Z. B. behandelt man bei 85° C mit 5% Pb-Acetat und nach Waschen mit 2% Kaliumbichromat bei gew. Temp.)

AP 2215061 DuPont 1940 — Zur Färbung von Glasfasern werden Pigmentemulsionen in Nitrocellulose-Aceton-Alkoholsuspensionen vorgeschlagen.

AP 2149979 Lehon Co. 1939 — Man färbt Asbestfasern unter Ausnützung ihres Eisengehaltes, indem man erst mit organischer Säure wäscht und hierauf mit einer Ferrocyanidlösung behandelt (Blaufärbung).

II. Das Färben mit verschiedenen Farbstoffen.

1. Die Färbung mit löslichen Azofarbstoffen.

Besondere Hinweise erübrigen sich. Eine Reihe von Vorschlägen behandeln Egalisiermittel. Der Zusatz von Nitrilotriessigsäure *(Trilon)* beim Färben von metall- oder kalkempfindlichen Farbstoffen[62] sowie die Erhöhung der Brillanz von Chromkomplexen saurer Farbstoffe[63] (Neolan- oder Palatinechtfarbstoffklasse) durch Formaldehydzugabe zum Färbebade sind anzumerken (vgl. S. 158).

Literaturübersicht über das Färben mit löslichen Azofarbstoffen.

Nitschke: Melliand Textilber. **30**, 468 (1949).
Lemin, Rattee: J. Soc. Dyers Colourists **65**, 217 (1949).
Thommen: Textil Rundschau **3**, 304 (1948).
Yates: Text. Recorder **64**, 46 (1947).

Patentschrifttum über das Färben mit löslichen Azofarbstoffen.

OeP 162929 Ciba 1949 — In acetalartigen cyclischen Äthern von Aminen mit mindestens zwei Hydroxylgruppen wird mindestens ein Wasserstoffatom der

---

[62] AP 2308021.
[63] AP 2422586.

Aminogruppe durch andere Reste ersetzt und die Acetalbindung aufgespalten. Die erhaltenen Verbindungen können beim Färben mit Chromkomplexen von Farbstoffen (Neolanen), wo sie die Herabsetzung des Säuregehaltes des Färbebades erlauben, angewendet werden.

Zum Beispiel wird Ölsäureamino-bis-α,β-dioxypropylamid angegeben

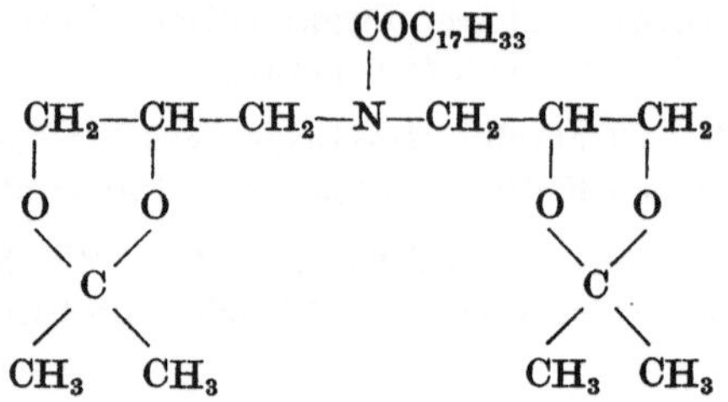

```
                         COC17H33
                            |
CH2—CH—CH2—N—CH2—CH—CH2
 |    |                    |    |
 O    O                    O    O
  \  /                      \  /
   C                         C
  / \                       / \
CH3  CH3                 CH3  CH3
```

OeP 162157 Chwala 1949 — Zur Verhinderung des Schäumens bei Färbe- oder Imprägnierungsbädern werden denselben 0,5—10 g/Liter Alkyl-imino-di-alkylglykoside zugesetzt. [Octyl-imino-di-(äthylglukosid)-mannosit usw.]

DP 750410 Ohne Inhabernenn. 1945 — Eiweißstoffe oder Abbauprodukte werden mit α-chlorsubstituierten aliphatischen Alkoholen behandelt. Man erhält Egalisier- und Wollschutzmittel.

DP 744814 IG 1944 — Als Netz-, Durchfärbe- und Walkhilfsmittel wird z. B.

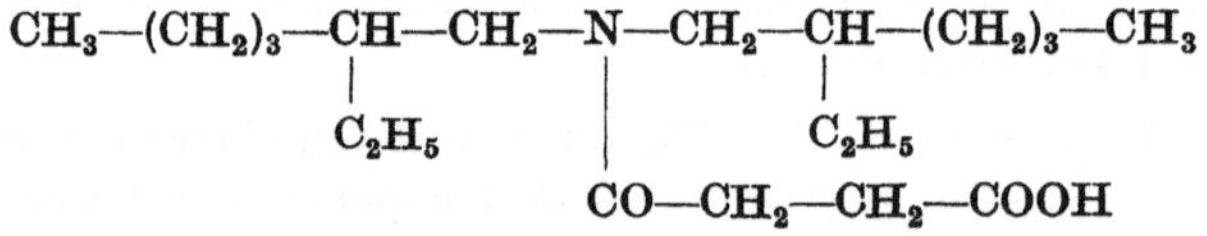

```
CH3—(CH2)3—CH—CH2—N—CH2—CH—(CH2)3—CH3
           |       |       |
          C2H5     |      C2H5
                   |
                   CO—CH2—CH2—COOH
```

empfohlen.

DP 711328 IG 1941 — Azofarbstoffe werden auf Celluloseestern gefärbt, indem man das Material mit Aminonaphtolen oder Kernsubstitutionsprodukten behandelt, welche gleichzeitig als Diazotierungs- und Kupplungskomponente wirken.

DP 692417 IG 1940 — Hochmolekulare N-Alkylpyridinhalogenide können zum Egalisieren von Färbungen dienen.

DP 685124 IG 1939 — Zur Verhinderung von Färbebadfällungen, hervorgerufen durch Härte des Wassers, wird den Bädern Metaphosphat zugegeben.

DA 104684 Götte — Man färbt dünne Textilien, indem man sie mit hochkonzentrierten Farblösungen mittels geriffelter Walzen bedruckt.

SP 255311 Ciba 1949, zu SP 249633, s. a. 255312, 255313 — Als Zusatz zu den Färbebädern chromhaltiger Azofarbstoffe kann Ölsäure-N-bis-[α,β-dioxypropyl]-amid dienen.

SP 246421 Ciba 1947 (Zusatz zu SP 243331, s. a. SP 246420, 246419) — Die Umsetzungsprodukte von N-d-Sorbityl-N-(p-stearoylaminophenyl)amin mit 7 Mol Äthylenoxyd können als Egalisiermittel beim Färben von metallhaltigen Azofarbstoffen verwendet werden.

SP 246420 Ciba 1947 (s. SP 246421 und 246419) — Egalisiermittel für Metallkomplexe von Azofarbstoffen werden durch Kondensation von N-d-Sorbityl-N-(p-oleylaminophenyl)amin und 7 Mol Äthylenoxyd oder aus der N-d-Sorbityl-N-(p-stearoylaminophenyl)amin und derselben Menge Äthylenoxyd erhalten.

Die Glukoseverbindungen werden durch Kondensation von p-Aminostearoylanilid bzw. p-Amino-oleoylanilid mit d-Glukose und Anlagerung von Wasserstoff an das Kondensat hergestellt.

SP 235190 Gy. (Zusatz zu 225155) 1945 — Als Egalisiermittel beim Färben kann sulfuriertes Stearoyldimethylphenylbiguanid dienen.

SP 220404 Ciba 1942 (Zusatz zu SP 217482) — Als Egalisiermittel in Färbebädern können sulfonierte N-Methyl-μ-heptadecyl-benzimidazolkondensate mit Glycin Verwendung finden.

EP 606131 Textron 1948 — Man färbt Textilien derart, daß man sie mit der Farbstofflösung tränkt und hierauf in eine heiße Atmosphäre bringt, welche mit Wasserdampf gesättigt ist und deren Temperatur so gewählt ist, daß die Farbflotte in der Ware die größte Wirksamkeit (größte Affinität) besitzt.

AP 2448515 Dan River 1948 — Das Färben von Geweben kann derart erfolgen, daß feinverteilter Celluloseäther gefärbt wird, hierauf wird er in Lauge gelöst, das Gewebe damit imprägniert und durch Säure gefällt.

AP 2434173 Cyanamid 1948 — Das Färben mit chromkomplexhaltigen Farbstoffen (Neolanen, Palatinechtfarbstoffen) führt zu leuchtenderen Tönen, wenn in Gegenwart von Salzen des dreiwertigen Chroms gearbeitet wird.

AP 2422586 Cyanamid 1947 — Chromhaltige Metallkomplexverbindungen saurer Azofarbstoffe (die sog. Palatinecht-, Neolan- usw. Farbstoffe) werden unter Zugabe von Aldehyden oder solche freimachende Verbindungen zum Färbebad gefärbt (Zusätze etwa 0,5—10% des Wollgewichts). Die Farbbrillanz z. B. wird wesentlich erhöht. Man kann Formaldehyd oder Paraldehyd bzw. andere Aldehyde mit weniger als 6 C-Atomen im Molekül anwenden.

AP 2363904 DuPont 1944 (s. a. EP 535935) — Beim Färben mit diazotierten Polyaminophtalocyaninen werden die Färbungen auf dem Textilmaterial tiefer, wenn man mit Lösungen von Natriumwolframat und Dinatriumphosphat unter Zugabe von HCl vorbehandelt und die gepflatschte Ware dann in die Lösung des diazotierten Phtalocyanins einbringt usw. Wenn das Bad ausgezogen ist, wird gespült und durch kochendes Wasser genommen (grünblaue Färbungen).

AP 2325062 Ninol Co. 1943 — Alkylolamine werden mit Carbonsäuren mit mehr als 6 C-Atomen umgesetzt und dann Halogenacylhaloide zur Einwirkung gebracht. Die sauren Verbindungen sind Egalisiermittel, können auch in der Carbonisation verwendet werden.

AP 2310074 Unichem. 1943 — Perhydrogenierte Kondensationsprodukte von isom. sek. Alkylcresolen und 10—17 Molen Äthylenoxyd verhindern im Färbebade den Verlust an Netzmitteln (Laurylalkoholsulfonat) durch Aufziehen auf Wolle. Man kann ohne weiteren Netzmittelzusatz in alten Bädern weiterfärben.

AP 2308021 Gen. An. 1943 — Metall- oder kalkempfindliche Farbstoffe werden unter Zugabe von Nitrilotriessigsäure gefärbt.

AP 2270756 All. Chem. 1942 — Beschreibt die Verbesserung der Löslichkeit verschiedener Farbstoffklassen mit Xanthinderivaten (Coffein).

AP 2232117 Monsanto 1941 — Als Egalisiermittel beim Färben werden Alkylbenzolsulfonate angegeben.

AP 2214352 Gen. An. 1940 — Egalisiermittel werden durch Einwirkung von Äthylenoxyd auf Stearylamin erhalten, bzw. durch Quaternierung des Kondensationsprodukts aus Oleylamin und Äthylenoxyd.

AP 2179371 Monsanto 1939 — Egalisiermittel zum Färben von Azofarbstoffen werden erhalten durch Kondensation von Naphtalinsulfosäure und Formaldehyd. Man kondensiert, bis ein gelartiges Produkt resultiert. Überkondensation liefert Stoffe mit schlechter Löslichkeit, zu geringe Kondensation ergibt Produkte mit geringer Wirkung.

2. Das Färben mit unlöslichen Azofarbstoffen.

a) Färbeverfahren.

Die durch Acylierung löslich gemachten Farbstoffe der Neocotonreihe (Ciba) Neogenolfarbstoffe (Sandoz), Tinogenole (Geigy) werden bekanntlich durch Verseifung nach der Färbung in die unlöslichen Ausgangsprodukte rückgebildet. Dabei tritt eine oft erhebliche Schwächung des Farbtons durch Verlust an Farbstoff ein, der in die Verseifungsbäder abgezogen wird. Ein Vorschlag geht nun dahin, die Verseifung in Gegenwart großer Mengen von Kochsalz vorzunehmen und so ein Ausbluten der Färbung zu verhindern[64].

Das Problem der Reibechtheit von Naphtolfärbungen, insbesondere bei Anwesenheit von kalkhaltigen Wässern, wird derart zu lösen versucht, daß man den Seifenbädern, die zur Nachbehandlung der entwickelten Färbung Verwendung finden, Pyrophosphate usw. zugibt, also Mittel, die in der Waschtechnik als Bestandteile von Waschbädern, insbesondere zur Entfernung und Verhütung von Kalkseifenfällungen allgemein bekannt sind[65].

Interessant sind die Vorschläge zur Echtheitsverbesserung insbesondere von Naphtolfärbungen, die darin bestehen, die Entwicklung in Gegenwart von Metallverbindungen vorzunehmen, die zur Bildung von Metallkomplexen geeignet sind[66].

Die Färbung von Acetatseide mit Naphtolen kann vorgenommen werden, indem man die entwickelte Färbung mit Reduktionsmitteln, wie Zinkformaldehydsulfoxylat behandelt. Der angewendete Stoff darf natürlich keine Ätzwirkung entfalten. Auf diese Weise werden Blau- und Schwarztöne vorteilhaft hergestellt[67]. Schließlich werden neue Vertreter der Autazole (IG Farben), der mit sich selbst auf der Faser kuppelnden Farbstoffreihe bzw. die Färbung mit ihnen angegeben[68].

Eine rasche Bestimmung von Naphtol bzw. Diazoniumverbindungen in Färbebädern ist nach G a s s e r möglich durch Messung des entwickelten Stickstoffs nach Zusatz von Kaliumjodid. Naphtole werden mit überschüssiger Diazoniumlösung gekuppelt und der Überschuß nach Kaliumjodidzusatz bestimmt.

Literaturübersicht über Färbeverfahren mit unlöslichen Azofarbstoffen.

G a s s e r: Österr. Chem.-Ztg. **51,** 206 (1950).
H e e s: Melliand Textilber. **30,** 359 (1949).
N u t t a l l: Amer. Dyestuff Reporter **38,** 232, 329 (1948).
H a s s m a n n: Textil Rundschau **3,** 433 (1948).
R e i c h e r t: J. Textile Inst. **38,** 156 (1947).
S e i d e n f a d e n: Melliand Textilber. **28,** 20 (1947).
D r a p a l: Melliand Textilber. **21,** 235 (1940).

---

[64] OeP 160522 bzw. SP 202559.
[65] Siehe z. B. DP 721217 usw.
[66] DP 746471, EP 502144.
[67] AP 2255130.
[68] AP 2263559, AP 2248091.

Patentschrifttum über Färben mit unlöslichen Azofarbstoffen.

OeP 163420 Ciba 1949 — Färben von Wolle mit Azofarbstoffestern in Gegenwart von Ammonsulfat und Bichromat nach dem Bichromat- bzw. Synchromatverfahren.

OeP 160522 Ciba 1941 — Man stellt Färbungen von unlöslichen Azofarbstoffen auf Wolle, Baumwolle, Kunstseide und Acetatseide her, indem man acylierte Farbstoffe, die durch die Acylierung wasserlöslich gemacht wurden, auf der Faser durch Verseifung unter Anspaltung der Acylgruppe zum unlöslichen Azofarbstoff regeneriert (Neocotone!). Die Verseifung kann durch Behandlung mit Säuren, aber auch und vorzugsweise mit Alkalien erfolgen (Alkalilauge, Alkalicarbonate, -borate, -phosphate, aber auch Hydroxyde der Erdalkalimetalle).

OeP 159638 Ciba 1940 — Esterartige Farbstoffe werden erhalten durch Behandlung von OH-gruppenhaltigen Farbstoffen mit organischen Acylierungsmitteln, die neben der die Acylierung bewirkenden Gruppe noch Substituenten besitzen, welche die Löslichkeit der Produkte erhöhen (z. B. Sulfogruppen). Durch Verseifung der Verbindungen auf der Faser wird der unlösliche Farbstoff rückgebildet, wobei am besten und schnellsten alkalische Mittel Anwendung finden.

OeP 158265 Böhme 1940 — Chlorsulfonsäure, Pyridin usw. und Dodecanol (1) werden umgesetzt. Es entstehen Mittel zum Reibechtmachen von Küpen- und Naphtolfärbungen und zum Beizen für Baumwolle beim Färben mit basischen Farbstoffen.

OeP 156801 IG 1939 (s. a. OeP 155964) — Herstellung echter Färbungen auf Cellulose oder regenerierter Cellulose durch Affinität zur Faser zeigende Diazoverbindungen aus drei oder mehr kondensierten Ringen, einen diphenylähnlichen Bau zeigend, die zwei oder mehr Carboxylaminogruppen sowie eine Gruppe der Form: R—N=N—R, R—CH=CH—R, NH—CO—NH, R—N=CH—R aufweisen, wobei R aromatische Reste darstellen. Man bringt das Färbegut in eine Lösung der Diazoverbindungen, der man noch Netzmittel zusetzt. Nach einiger Zeit (eventuell wird zur Beschleunigung des Aufziehens Salz zugegeben) wird das Gut aus dem Bad genommen, abgequetscht und mit der Lösung einer kupplungsfähigen Verbindung behandelt. Alle Vorgänge werden bei gewöhnlicher Temperatur vorgenommen. Die erzielten Färbungen können fallweise mit Metallsalzen, Formaldehyd oder Hypochlorit nachbehandelt werden.

DP 760442 Bucherer (nicht veröffentlicht); s. a. DP 762483 — Textilgut wird mit Phenolformaldehydvorkondensaten imprägniert und nach dem Trocknen mit einer Kupplungslösung sowie einer Diazolösung behandelt.

DP 748972 IG 1945 — Zur Verbesserung der Naßechtheit von Eisfarben auf Cellulose wird die gefärbte Ware mit wäßrigen Lösungen von wasserlöslichen basischen Aluminiumsalzen bei erhöhter Temperatur ohne Druck behandelt (s. a. DP 718408).

DP 746571 Kuhlmann 1944 — Zur Verbesserung der Lichtechtheit von Eisfarben werden Azofarben aus Diazoverbindungen wasserlöslicher Diamine und 6-Aminoindazolen mit kupferabgebenden Mitteln behandelt.

DP 746471 Kuhlmann 1944 und DP 739777 Kuhlmann 1943 — Die Lichtechtheit von unlöslichen Azofarbstoffen wird erhöht, wenn man dieselben nach der

Kupplung in Cu-Komplexsalze überführt. Man behandelt zu diesem Zwecke mit 5 g Kupfersulfat und 0,5 g Essigsäure/Liter Behandlungsflotte.

DP 744812 Ciba 1944 — Man färbt Faserstoffe tierischen Ursprungs mit Azofarbstoffen, indem man Azofarbstoffe verwendet, welche durch einen Pyridiniumrest wasserlöslicher oder löslich gemacht wurden, behandelt und nachher durch Verseifung wieder unlöslich werden. Die Pyridiniumverbindungen werden durch Behandlung des Farbpigmentes mit Paraldehyd und Pyridinhydrochlorid in Gegenwart von Pyridin erhalten. Die Färbung erfolgt unter Zusatz von Natriumacetat. Die gefärbte Ware wird nach Trocknung bei tiefer Temperatur 1—2 Stunden auf 115—120° C erhitzt.

DP 741150 IG 1943 — Zur Verbesserung der Naßechtheiten von Azofärbungen werden diese, so sie sich mit metallabgebenden Mitteln nachbehandeln lassen und mit Diazoverbindungen umsetzbar sind, dadurch erzeugt, daß man den Azofarbstoff auf Baumwolle oder regenerierte Cellulose auffärbt und mit wasserunlöslichen diazotierten Aminen und Chromchlorid entwickelt.

DP 727685 IG 1942 — Zur Herstellung konzentrierter Diazolösungen aus festen Aryldiazoniumchloriden-Chlorzinkdoppelsalzen werden diese in Wasser in Gegenwart von Oxalsäure oder deren saurer oder neutraler Salze gelöst.

DP 722729 IG 1942 — Zur Erhöhung der Naßechtheiten von Eisfarben werden die Färbungen mit Chromisalzlösungen bei erhöhter Temperatur ohne Druck nachbehandelt.

DP 721217 IG 1942 — Zur Erhöhung der Reibechtheit von auf der Faser erzeugten unlöslichen Azofarbstoffen wird eine Behandlung mit Kondensationsprodukten von Äthylenoxyd und aliphatischen oder aromatischen Alkoholen oder Phenolen empfohlen. Eventuell kann dies unter Zusatz von Pyro- oder Metaphosphaten, sowie Salzen von Aminosäuren oder in gewissen Fällen auch einer kleinen Menge sauerstoffabgebender Verbindungen, wie Perborat, Percarbonat, erfolgen.

DP 719603 IG 1942 — Man stellt substantive Grundierpräparate zur Herstellung von Eisfarben dar, indem man Arylessigsäureester (auch Arylbisacrylsäureester) mit Arylaminen kondensiert:

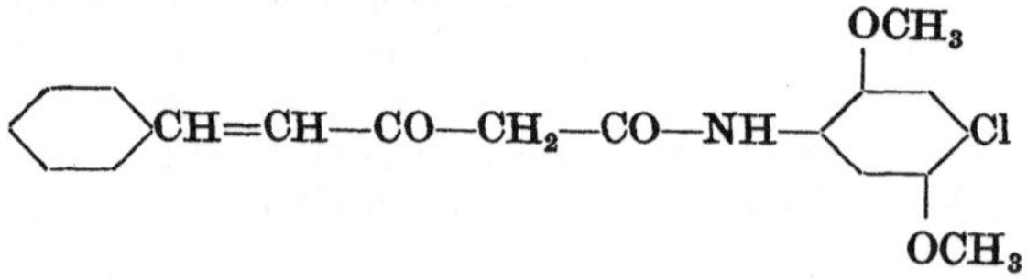

$$C_6H_5{-}CH{=}CH{-}CO{-}CH_2{-}CO{-}NH{-}C_6H_2(OCH_3)_2Cl$$

(Strukturformel: Benzolring —CH=CH—CO—CH₂—CO—NH— an Benzolring mit OCH₃ oben, Cl, OCH₃ unten)

Die Produkte zeigen große Affinität zur Cellulosefaser und können nach dem Diazotieren durch Kupplung mit geeigneten Komponenten zu echten Färbungen dienen.

DP 718408 IG 1942 — Die Naßechtheit von Eisfarben wird verbessert, indem man die gefärbte Ware mit Lösungen von organisch-sauren Aluminiumsalzen bei erhöhter Temperatur ohne Druck behandelt.

DP 711328 IG 1941 — Färbung von Celluloseestern mit Aminonaphtolen, die gleichzeitig als Diazotierungs- und Kupplungskomponente wirken.

DP 702278 IG 1941 — Man färbt mit Dispersionen von Farbstoffen, die eine diazotierbare Aminogruppe enthalten, diazotiert und kuppelt alkalisch mit sich selbst.

DP 696362 IG 1940 — Zum Färben von Eisfarben werden den Kupplungsbädern Chromisalze zugesetzt.

DA 58162 — Zum Färben der Viskose mit Naphtolen wird die Grundierung bereits der Spinnlösung zugesetzt.

SP 211417 und SP 211418 Ciba 1940 — Färbungen auf Cellulose entstehen durch Behandeln derselben mit Lösungen von p-Nitrobenzoylaminomethylpyridiniumchlorid, wobei man nachher auf 115° C erhitzt. Dann reduziert man die entstandene Celluloseverbindung mit alkalischer Hydrosulfitlösung und diazotiert und kuppelt mit entsprechenden Kupplungskomponenten. In derselben Weise kann man SP 211414 Ciba 1940 mit Lösungen von N-Oxymethylsalicylsäurealdehyd arbeiten.

SP 202559 Ciba 1939 — Neocotonfärbungen werden mit Erdalkalisalzen oder alkalisalzhaltigen Lösungen verseift, um den Farbton nicht zu schwächen.

FP 877306 IG (s. a. FP 846748 bzw. FP 871865) — Zum Lösen von Naphtol werden flüchtige organische Basen vorgeschlagen, welche beim Dämpfen flüchtig sind und dann zufolge des Verschwindens einer alkalischen Reaktion die Kupplung des Naphtols mit der mitgedruckten Diazoniumverbindung ermöglichen. Als derartige Base wird z. B. Diallyloxyäthylamin vorgeschlagen (späterhin als Rapidogenentwickler N bekannt geworden).

FP 851482 und FP 850502 IG, siehe Färberei der Acetatseide S. 174.

FP 842215 IG — Eine Verbesserung der Echtheit von Naphtolfarben wird erzielt, wenn man dem Kupplungsbade Cr-, Ni-, Co- oder Al-Salze (der Weinsäure, Oxalsäure oder Essigsäure) zugibt. Der unlösliche Azofarbstoff wird metallisiert.

FP 837182 IG — Die Reibechtheit von Naphtol-AS-Färbungen wird erhöht, wenn die gefärbte Ware in einem Seifenbade behandelt wird, das außer Fettalkoholsulfonat, Emulphor O oder Seife noch organische Körper enthält, die die Bildung von Erdalkalisalzen verhindern, wie Pyro- oder Metaphosphate, Triglykolaminsäure usw. Insbesondere in der Apparatfärberei ist diese Behandlung von Vorteil.

EP 587540 Radio 1947 — Die elektrolytische Erzeugung von Azofarbstoffen auf Fasermaterial wird beschrieben. Insbesondere zur Herstellung von Faksimiles. Eine Mischung von Aminen, Nitrit, Kupplungskomponenten, wobei dieser sauer kuppelt, werden elektrolytisch diazotiert und so die Farbstoffbildung eingeleitet.

EP 514059 IG 1940 — Die Reibechtheit von Naphtolfärbungen wird verbessert durch kochende Nachbehandlung mit Lösungen, die außer Waschmitteln auch noch wasserunlösliche Salze enthalten (Salze der Diäthylen-bis-iminodiessigsäure).

EP 506740 Celanese 1939 — Neue Kupplungskombination.

EP 505504 Ciba 1939 — Neocotonprinzip; vgl. auch AP 2276187 1942.

EP 502144 IG 1939 — Man gibt zu der Diazoverbindung ein Metallsalz (Cr oder Al) und erhitzt im Dampf, so daß die Bildung von Komplexsalzen eintritt. Die zu färbende Baumwolle wird grundiert mit Naphtol AS und die Färbung mit den Diazofarbstoffen entwickelt, wobei Cr-Salz zugegeben und gedämpft wird.

AP 2363904 DuPont 1944 — Man klotzt Textilien mit einer Lösung einer Polydiazo-Phtalocyaninverbindung bzw. einer stabilen Verbindung dieser Produkte mit Salzen der Mo-, Wo- oder V-Säure, wobei letztere die Affinität der Faser erhöhen. Nach AP 2363905—06 kann man auch die gefärbte Faser mit Metallen vom Atomgewicht 51—64 nachbehandeln.

AP 2273117 Gen. An. 1942 — Betrifft selbstkuppelnde Azofarbstoffe.

AP 2270520 Ciba 1947 — Eine echte Färbung mit Azofarbstoffen kann auf den verschiedensten Materialien, hauptsächlichst Cellulose oder Cellulosederivaten dadurch erfolgen, daß in Anwesenheit saurer Katalyten die mit einem Methylolamid niedrigen Molekulargewichts imprägnierte Cellulose mit einer Diazoniumverbindung gekuppelt wird.

AP 2263559 Gen. An. 1941 — Die Herstellung echter Färbungen wird durch Verwendung von Azofarbstoffen ermöglicht, die entstehen, wenn man mit sich selbst kuppelnde Verbindungen der Form

X, NH_2 (Benzolring) CO—NH— (Benzolring) CONH— (Naphthalinring) SO_3H, OH

auf die Faser bringt, diazotiert und entwickelt. Z. B. werden 1 kg Garn aus Wolle und Stapelfaser (70 : 30) eine Stunde bei 85° C in einer Lösung, die auf 24 Liter 30 g obiger Verbindung enthält, unter Zusatz von 50 g Ammonsulfat pro Liter behandelt. Dann wird auf 70° C abgekühlt, 60 g Glaubersalz zugegeben und weiter behandelt. Schließlich wird geschleudert und in einem Bade, welches auf 30 Liter Wasser 30 g $NaNO_2$ und 80 g Ameisensäure 85% enthält, diazotiert. Entwickelt wird mit 30 Liter Wasser, in dem 45 ccm Ammoniak 25% und 14 ccm 30%ige Lösung des Umsetzungsproduktes aus Äthylenoxyd und Octodecylalkohol gelöst sind. Man erhält waschechte und reibechte Rotorangefärbungen. Wenn an der Stelle X sich NH_2 befindet, entsteht eine Scharlachrotfärbung, mit der Verbindung

SO_3H, OH (Naphthalinring) —NH—CO—NH (Benzolring) NHCONH— (Benzolring) NH_2

werden Bordeauxtöne erhalten.

AP 2255130 Celanese 1941 — Acetatseide wird in einem Bade behandelt, welches diazotierbare Basen enthält, unter Zusatz von Türkischrotöl und etwas Lauge. Hernach wird gewaschen und mit gewissen Naphtolen (z. B. Naphtol AS, ASD oder ASSR) entwickelt. Die vorerst noch unechte Färbung wird durch Behandlung mit einem Reduktionsmittel, welches keine Ätzwirkung entfaltet, und unter Dämpfen in eine echte Färbung, meist in den auf Acetatseide schwer erhältlichen Grün- und Blautönen, übergeführt. Als Reduktionsmittel findet Zinkformaldehydsulfoxylat Anwendung, gedämpft wird mit Naßdampf bei 100° C.

AP 2248091 Gen. An. 1941 — Man kann echte Färbungen auf Textilien erhalten, wenn man dieselben aus schwach sauren oder schwach alkalischen Bädern mit Farbstoffen färbt, die eine diazotierbare Aminogruppe und eine zur Kupplung befähigte OH-Gruppe enthalten. Man diazotiert die ursprüngliche Färbung und kuppelt den Farbstoff mit sich selbst. Die erzielten Färbungen zeigen eine ausgezeichnete Naßechtheit.

AP 2222285 Gen. An. 1940 — Man erhöht die Reibechtheit von auf der Faser erzeugten Färbung durch Zugabe von Salzen zur Seifenflotte, welche Erdalkalihydroxyde zu lösen vermögen. In Frage kommen Meta- und Pyrophosphate, Salze von Aminosäuren mit einem tertiären N-Atom und mehr als einer Carboxylgruppe je N-Atom im Molekül, wie z. B. Nitrilotriessigsäure, Äthylenbis-imidodiessigsäure usw. (Trilonmarken).

AP 2186274, AP 2185154, AP 2185153, AP 2185152, AP 2183997/98, AP 2178757, AP 2164786, AP 2153539 beschreiben Entwicklungsfarbstoffe und das Färben mit ihnen.

AP 2144578 Ciba 1939 — Man färbt oder druckt mit unlöslichen Azofarbstoffen derart, daß man die Faser erst mit einem diazotierten bzw. diazotierbaren festen Amin vom Schmelzpunkt unterhalb 50° C, welches mit 80%iger Essigsäure ohne Anwendung von Mineralsäure diazotierbar ist und keine Diazoaminoverbindung gibt und einer Mischung des Kupplungskomponenten mit Alkali oder dem Alkalisalz des Kupplungskomponenten und Nitrit behandelt, worauf unter Einhaltung einer Temperatur nicht über 25° C mittels starker Säure der Farbstoff auf der Faser gebildet wird. Säurebindende Mittel sind zuzugeben.

b) Haltbare Diazopräparate.

Abgesehen von der Herstellung bestimmter haltbarer Diazoniumverbindungen werden eine Reihe allgemein anwendbarer Stabilisatoren, wie Chromisalze, Kobaltchlorür, Mangansalze und Guanidinderivate sowie Sulfamsäure oder deren Salze genannt.

Patentschrifttum über haltbare Diazopräparate.

OP 155964 IG 1939 — Färbepräparate zur Herstellung unlöslicher Farbstoffe auf der Faser enthalten zur Stabilisierung der Diazoverbindung wasserlösliche Chromisalze.

DP 748715 ohne Inhabernenn. 1943 — Man erhält technisch vorteilhaft anwendbare feste Diazoverbindungen, wenn man diazotierte Lösungen primärer Amine in Gegenwart von säurebindenden Mitteln mit Lösungen der Monoalkalisalze von 2-Oxy- oder 2-Cycloalkylamino-5-sulfobenzoesäuren umsetzt und die so gebildeten Diazoaminoverbindungen in an sich bekannter Weise aussalzt. Die Regenerierung der Diazoverbindung kann in Gegenwart verdünnter Säuren schon bei gewöhnlicher Temperatur erfolgen.

DP 723629 IG 1942 (s. a. SP 210991) — Man stellt haltbare Diazoniumsalze durch Doppelsalzbildung mit Kobaltchlorür her.

DP 690723 IG 1940 (s. a. SP 210990) — Haltbare Diazopräparate werden durch Herstellung der benzolmonosulfosauren Salze gewonnen.

DP 689456 IG 1940 — Diazopräparate.

DP 671788 IG 1939 — Diazopräparate.

DP 670099 Ciba 1939 — Diazopräparate werden stabilisiert durch Zugabe von Mangansalzen.

SP 233184 IG 1944 — Man stellt Diazoaminoverbindungen aus 4'-Methoxy-4-aminodiphenylamin mit Methylaminoessigsäure bei einem pH von 9—11 her. Allgemein wird bei der Herstellung derartiger Verbindungen die Alkalität der Reaktionsmischung in engen Grenzen gehalten und so gewählt, daß einerseits die Umsetzung der Diazoverbindung mit dem Stabilisator rasch verläuft, anderseits die Zersetzung durch das Alkali gering bleibt.

SP 227977 IG 1943 — Diazoaminoverbindungen, welche in dem an der Farbstoffbildung nicht beteiligten Rest saure salzbildende Gruppen tragen, werden in der Färberei und Druckerei vielfach angewendet. Sie regenerieren bei der Behandlung mit Säuren leicht die kuppelnden Diazoverbindungen. Der an der Farbstoffbildung nicht beteiligte Rest der Diazoaminoverbindung wird als Stabilisator bezeichnet.

SP 210991 IG 1941. Zusatz zu 209641 (s. DP 723629).

SP 210990 IG 1941. Zusatz zu 209639 (s. DP 690723).

SP 206686 IG 1939 (s. OeP 155964) — Färbepräparate für die Herstellung von Eisfarben enthalten die Diazoniumverbindung der für die Eisfarbenherstellung geeigneten Basen im Gemisch mit wasserlöslichen Chromisalzen. Sie sind außerordentlich haltbar und gestatten durch Eintragen von Mineralsäure Entwicklungsbäder herzustellen.

SP 202226 IG 1939 — Ein haltbares Präparat zur Herstellung von Azofarben, welches aus einer Mischung der Kupplungskomponenten mit solchen Diazoaminoverbindungen besteht, welche am an der Farbstoffbildung nicht teilnehmenden Rest saure, salzbildende Gruppen tragen, die durch flüchtige Basen abgesättigt sind.

SP 201517, SP 201516, SP 201515, SP 201514 IG. Zusatz zu SP 199458 1939 — Feste Diazoniumsalze aus einer mineralsauren Diazolösung von 1-Amino-2-phenoxy-5-chlor-benzol durch Zusatz von äthylschwefelsaurem Natrium werden beschrieben.

FP 860132 Kuhlmann 1942 — Als Stabilisatoren für Diazoniumsalze können Verbindungen der Form

$$HO_3S-C_6H_4-NHCH_2-CH_2OH$$

angewendet werden.

FP 840666 May Chem. 1940 — Als Stabilisatoren für Diazoverbindungen können die Amidine der Carbaminsäure dienen.

EP 515980 und EP 515981 Calco Chem. 1940 — Zur Herstellung stabilisierter Diazoniumbasen können deren Umsetzungsprodukte mit Guanylharnstoffsulfat verwendet werden. Es sind kristallinische, in vermahlenem Zustande mit der Kupplungskomponente und einem Dispergiermittel gut lagerbeständige Produkte (s. a. FP 840322 und FP 840441).

EP 507260 Calco Chem. 1939 — Als Zusatz zu Druckfarben für den Eisfarbendruck können stabile Diazoverbindungen von Biguaniden genommen werden.

AP 2402106 Gen. An. 1946 — Beschreibt die Herstellung von Diazopräparaten für die Färberei mit Azofarbstoffen zur Erzeugung von unlöslichen Eisfarben auf der Faser.

AP 2396357 DuPont 1946 — Als Stabilisator für Diazoverbindungen wird 6-Sulfotetrahydrochinolin-8-carbonsäure vorgeschlagen. Diese kann mit Diazoverbindungen negativer Arylamine kondensiert werden.

AP 2381145 Gen. An. 1945 — Die Herstellung stabiler Diazosalze erfolgt durch Mischen von Diazo-$ZnCl_2$-Doppelsalzen mit äthandisulfosaurem Natrium.

AP 2378305 Cyanamid 1944 — Zur Stabilisierung von Diazoniumverbindungen eignen sich bestimmte sulfosaure Salze, z. B. $CH_2{=}CH{-}CH_2SO_3Na$ (2-Propenyl-1-sulfonsaures Natrium).

AP 2375012 Cyanamid 1945 (s. a. AP 2386646) — Zur Stabilisation von Eisfarbenkomponenten werden Alkylol- oder Alkoxyalkylolderivate des Dicyandiamids vorgeschlagen.

AP 2369308/09 Cyanamid 1945 — Man verwendet Monoäthylguanaminreaktionsprodukte von Diazoverbindungen als stabilisierte Verbindungen beim Färben mit Eisfarben.

AP 2314652 Cyanamid 1943 — Als Stabilisatoren für Diazopräparate zum Färben und Drucken können Alkoxy-alkylol- oder Alkylolguanylharnstoffe dienen.

AP 2314196 All. Chem. 1943 — Die Zersetzung von Diazoniumsalzen von Farbstoffen kann durch Zugabe von Sulfamsäure oder deren Salzen verhindert werden. Sulfamsäure (Amidosulfonsäure, Sulfaminsäure): $NH_2—SO_3H$.

AP 2290130 Cyanamid 1942 — Zur Stabilisierung gewisser Diazolösungen für Eisfarbenherstellung wird Guanylharnstoff-N-sulfosäure, der Kupplungskomponent, Zucker und ein Alkohol zugesetzt. Die Lösung ist alkalisch, um eine Kupplung zu verhindern. Man druckt, trocknet, dämpft mit essigsäurehaltigem Dampf, spült, seift, spült und trocknet.

AP 2230965 Cyanamid 1941 — Guanyltaurin wird zum Stabilisieren von Diazoverbindungen verwendet.

AP 2214559 Cyanamid 1940 — Beständige Diazolösungen zur Herstellung von Eisfarben werden beschrieben. Die älteste Form stabiler Lösungen ist die Bildung von Nitrosaminen. Sie werden in Mischung mit Kupplungskomponenten insbesondere in der Drucktechnik verwendet. Andere Präparate enthalten die Diazoaminoverbindungen, die durch Behandlung mit Säuren zur Diazoverbindung regeneriert werden können. Auch Diazoamidine, insbesondere löslich gemachte Guanidine, die durch Einführung von Sulfo- oder COOH-Gruppen ihre Löslichkeit erhalten haben, werden als beständige Produkte angewendet. Schließlich werden auch die Cyanamide und Cyanamidcarbonsäuren als Stabilisatoren benützt. Erfindungsgemäß benützt man als Stabilisatoren niedrige aliphatische quaternäre Ammoniumverbindungen, wie z. B. Tetramethylammoniumhydroxyd, Trimethyl-β hydroxyäthylammoniumhydroxyd usw. Auch Basen mit mehr als einem quaternären N-Atom sind verwendbar. Beispielsweise wird eine haltbare Lösung zur Erzeugung von Eisfarben hergestellt, indem man eine stabilisierte Diazoverbindung, eine Kupplungskomponente und eine quaternäre Base obiger Art mischt. Nach Behandlung der Faser oder Aufdrucken einer derartigen Mischung wird die Ware mit verdünnter Essigsäure in Dampfform oder Lösung behandelt, wobei die Kupplung stattfindet und der unlösliche Farbstoff auf der Faser sich bildet. Durch den Zusatz der quaternären Verbindungen werden solche Lösungen monatelang haltbar.

AP 2175807 Gen. An. 1939 — Stabile Diazoniumsalze werden beschrieben.

AP 2173324 Gen. An. 1939 — Beschreibt wasserlösliche, stabile Diazoaminoverbindungen, die mit Säure oder sauren Salzen in die Diazoverbindung und den Stabilisator

```
CH2—CH—NH—Alkylen—
|    |
CH2  CH2
  \  /
   SO2
```

gespalten werden.

AP 2171976 DuPont 1939 — Stabilisierte Diazoverbindungen werden hergestellt, indem man die stabile Diazosubstanz aus wäßriger Lösung fällt, teerige Verunreinigungen und das Wasser aus der filtrierten Fällung durch Behandlung mit Aceton entfernt und dann erst die stabile Diazoverbindung aus der Pastenform zur Trockene bringt.

AP 2166681 Kuhlmann 1939 — Betrifft die Herstellung haltbarer Diazopräparate.

3. Das Färben mit Küpenfarbstoffen.

a) Färbeverfahren.

Die drei wichtigsten neueren Methoden der Küpenfärbung mit unveresterten Farbstoffen sind die Küpenklotzmethode (Pigmentklotzverfahren), das Küpensäure- und das Temperaturstufenverfahren.

Von diesen modernen Arbeitsweisen ist das erstgenannte bereits seit einer Reihe von Jahren insbesondere zur Färbung von Stapelartikeln eingeführt.

Man klotzt die zu färbenden Gewebe mit einer Suspension des unlöslichen Küpenfarbstoffes unter Zusatz von Netz- und Emulgiermitteln, behandelt anschließend in alkalischen, hydrosulfithaltigen Bädern zur Lösung des Farbstoffes und bringt diesen schließlich zur Entwicklung. Der *Pad-Steam*-Prozeß[69] stellt die amerikanische Modifikation dieser Arbeitsweise dar. Die Gewebe werden in einer Kontinueanlage mit der Küpenfarbstoffsuspension getränkt, aufgerollt und durch eine Paddingmaschine geführt, welche alkalische, 80° C heiße Hydrosulfitlösung enthält. Hierauf wird mit nassem, luftfreiem Dampf bei 100° C 10—30 Sekunden behandelt, dann gewaschen, oxydiert und geseift. Letztere Prozesse erfolgen auf Kontinuewaschmaschinen. Die Warengeschwindigkeit in der Färbeanlage beträgt 50—80 m/Minute.

Es wird darauf hingewiesen, daß bei der Durchnahme der mit dem Pigment geklotzten Ware durch die heiße alkalische Hydrosulfitlösung darauf zu achten ist, daß keine Überreduktion eintritt[70]. In diesem Falle kommt es zur Umbildung von Chinongruppen zu OH-Gruppen, die Affinität des Farbstoffs zur Faser nimmt ab und es entstehen hellere Färbungen. Es kann auch Abspaltung von Chlorsubstituenten im Farbstoffmolekül eintreten, wodurch sich hellere rötere Töne ergeben.

Küpenblau BCS ist sehr empfindlich gegen starke Reduktionslösungen, insbesondere bei höherer Temperatur. Es wird unter Umständen vollständig zerstört.

Wird die geklotzte Ware rasch (etwa 36 m/Minute) durch die Hydrosulfitflotte genommen, so zeigt es sich, daß bei den meisten Farbstoffen bei 45° C und 1 Minute Einwirkung die Reduktion vollständig war und eine nachteilige Beeinflussung nicht eintrat.

Eine Abänderung des Pigmentfärbeprozesses für die Apparatefärberei stellt das *Abbot-Cox*-Verfahren dar. Man schlägt hier aus der Pigmentsuspension den Farbstoff mittels Salzlösungen auf der Faser nieder[71].

Der Küpensäureprozeß wurde etwa 1937 entwickelt. Er soll die Küpenfärbung von Wolle, aber auch die Färbung von Textilien im Packsystem oder

---

[69] Nach DuPont-Williams Unit, s. Amer. Dyestuff Reporter **36**, 13 (1947), bzw. AP 2415379.

[70] Clark: Amer. Dyestuff Reporter **37**, 82 (1948). — Brown: Text. Colorist **63**, 166 (1941).

[71] Siehe FP 926338, aber auch EP 593008.

rasch ziehender, schwer durchfärbender Zellwolle- oder Kunstseidenwaren ermöglichen[72].

Man arbeitet dabei mit Farbstofflösungen, bei welchen durch Neutralisation des Alkalis die Küpensäure in feinster Form dispers verteilt ist. Die Säure besitzt eine weniger große Affinität zur Faser als der reduzierte Farbstoff. Man behandelt das Textilgut erst mit der Suspension der Küpensäure, dann mit NaOH und Hydrosulfit, die langsam zugegeben werden. Dadurch entsteht allmählich die Leukoverbindung des Farbstoffs. Hernach wird wie üblich entwickelt[73].

Das Verfahren hat also große Ähnlichkeit mit der Pigmentklotzmethode, nur daß hier das Textilgut mit der Suspension der Küpensäure, im anderen Falle mit der des Küpenfarbstoffs behandelt wird, bevor Alkali und Hydrosulfiteinwirkung den Leukofarbstoff erzeugen.

Wichtig ist, daß die Verteilung der Küpensäure eine feine ist, weshalb vielfach in Gegenwart von Dispersionsmitteln gefällt wird oder indem man die Küpe des Farbstoffs in verdünnte Essigsäure fließen läßt. Die erhaltenen Dispersionen sind längere Zeit (etwa 24 Stunden) stabil.

Notwendig ist weiter, daß bei der Färbung die Ware alkalifrei ins Bad kommt.

Gefärbt wird im Packapparat derart, daß man die Suspension der Säure in ein bis zwei Anteilen dem Bade zugibt, welches ein Netzmittel enthält. Hernach wird in mindestens drei Anteilen die zur Bildung des Leukofarbstoffs notwendige Alkali- und Hydrosulfitmenge zugegeben. Der erste Anteil wird nach etwa 10—15 Minuten nach der letzten Zugabe von Küpensäuresuspension (die Behandlung mit der Säuresuspension soll insgesamt etwa 25—30 Minuten dauern) zugesetzt. Während man mit der Säuresuspension bei etwa 36—40° C arbeitet, wird die Temperatur bei Zugabe des Alkalis und Hydrosulfits langsam so erhöht, daß nach Zusatz der gesamten Menge an Alkali und Reduktionsmittel etwa 55° C erreicht sind. Nach etwa 10 Minuten erhitzt man auf 80° C und färbt fertig. Der Flottenlauf wird etwa alle 2,5 Minuten gewechselt.

Die beschriebene Färbeweise ist nicht allgemein anwendbar, liefert jedoch für helle Farbtöne und gewisse Grün-Gelb-Mischungen zweifellos egalere Ausfärbungen als das normale Färbeverfahren[74]. Für Textilfasern mit großer Farbstoffaffinität kann die eingangs letztgenannte Methode der Färbung, das Temperaturstufenverfahren, angewendet werden[75]. Hier wird die Temperatur des Aufziehens des Farbstoffs auf die Faser geregelt. Direkt hat diese Färbeweise mit den bekannten IK-, IW-, IN-Färberegeln der Küpenfarbstoffe nichts zu tun.

Man arbeitet so, daß man die Färbetemperatur zu Beginn der Färbung von 15 auf 50° C treibt, wobei das Intervall von 20—35° C besonders vorsichtig passiert werden muß, da hier meist große Änderungen der Aufziehgeschwindigkeit der Küpenfarbstoffe eintreten. Schließlich wird bei 50—70° C fertig gefärbt. Die Methode eignet sich insbesondere für die Färbung von Kunstseide oder für die Apparatefärberei[76].

---

[72] Vgl. z. B. Henessey: Amer. Dyestuff Reporter **36**, 595, 775 (1947). — Müller: Melliand Textilber. **28**, 93 (1947).

[73] Gund: Melliand Textilber. **24**, 399, 435, 470 (1943).

[74] Stierwaldt: Dtsch. Färber-Ztg. **79**, 1 (1943).

[75] Drapal: Melliand Textilber. **21**, 294 (1940).

[76] Hees: Melliand Textilber. **21**, 179 (1940).

Acetatseide soll ohne Gefahr für eine Verseifung mit Küpenfarbstoffen bei Temperaturen bis 80° C gefärbt werden können, wenn die in den Bädern vorhandene Menge an NaOH 0,45 g/Liter nicht übersteigt[77]. Es wird unter Zusatz von Setamol WS gefärbt, nach der Färbung mit schwach hydrosulfithaltigem Wasser und nachher mit Wasser, beide Male unter Zusatz eines Polyglykoläthers (Peregal 0 usw.) gespült und schließlich mit Wasserstoffsuperoxyd bei pH 8,5 oxydiert.

Ein Küpenkontinueverfahren, bei welchem die mit Küpenfarbstofflösung geklotzten Gewebe durch 95—105° C heiße Metall-Legierungen (z. B. Woodsches Metall, F. P. = 71° C) geführt und rasch erhitzt werden, soll nur erwähnt werden. Ebenso auch eine andere Ausbildung des auf S. 222 beschriebenen Pigmentklotzkontinueprozesses (Farger).

Literaturübersicht über die Färbeverfahren mit Küpenfarbstoffen.

Boardman: J. Soc. Dyers Colourists **66**, 397 (1950).

Fox: Textil Rundschau **5**, 36 (1950).

Niederhauser: Teintex **15**, 109 (1950).

Farger: Dyer, Text. Printer, Bleacher **103**, 347 (1950).

Berthold: Melliand Textilber. **31**, 422 (1950).

Fox: J. Soc. Dyers Colourists **65**, 508 (1949).

Müller: Melliand Textilber. **30**, 364 (1949).

Egerton: J. Text. Inst. **39**, T 293, 305 (1948); J. Soc. Dyers Colourists **64**, 336 (1948).

Turner: J. Soc. Dyers Colourists **63**, 372 (1947).

Müller: Melliand Textilber. **28**, 353 (1947).

Fox: Vat Dyeing and Vat Dyestuffs. London: Chapman & Hall. 1946.

Colomb: Teintex 307, 337 (1941); 6, 41, 78, 109, 143, 170, 194, 223, 255, 309 (1942).

Deschalyt, Wassiljew: Acta physikochem. (Moskau) **13**, 697/714 (1940).

Moryganow: Baumw. Industr. (Moskau) **10**, 9/10, 33 (1940).

Kornreich: J. Soc. Dyers Colourists **58**, 177 (1942).

Figurowski, Planowski, Jampolskia: Acad. USSR. **26**, 921/24 (1940).

Patentschrifttum über die Färbeverfahren mit Küpenfarbstoffen.

OeP. 155312 Durand & Huguenin (s. EP 503699, S. 226).

DP 747861 IG 1944 — Zur Erzielung gleichmäßiger Küpenfärbungen auf Zellwolle usw. wird den Färbebädern Cellulosestaub zugegeben, welcher den aufgenommenen Farbstoff allmählich an das Farbgut abgibt.

DP 745858 IG 1943 — Man färbt Wolle mit Küpenfarbstoffen unter Bildung der Küpensäuren in Gegenwart von Aminen. Die Küpensäuren werden hergestellt durch Eingießen einer konzentrierten Stammküpe des Farbstoffs in verd. Säure, wobei als Dispergiermittel die Kondensationsprodukte von Naphtalinsulfosäuren mit Formaldehyd und als Schutzkolloid Leim mitverwendet werden. Flotten-pH = 6,2.

DP 737449 Phrix 1943 — Man erzielt egalere Färbungen von Küpenfärbungen auf regenerierter Cellulose, wenn man die Ware, nachdem man sie vorher mit einem Bad von 2 g Soda und 1 g Fettalkoholsulfonat bei 50° C behandelt hat, nach dem Spülen mit einer 20%igen Aluminiumsulfatlösung bei 85° C für das

---

[77] Joly, s. Diserens: Neueste Fortschritte in der Textilveredlung, Bd. III, 1946.

Färben vorbereitet. Man quetscht dann ab und färbt wie üblich. Die Fadenkreuzungsstellen auch dichterer Ware sind gut durchgefärbt.

DP 735093 IG 1943 (s. a. DP 734399) — Bei der Entwicklung von Färbungen, die mit Leukoküpenfarbstoffestern hergestellt wurden, werden dem Nitritbade Formamidinsulfinsäure oder Thioharnstoff (3—5 g/Liter) zugegeben.

DP 711976 IG 1941 (s. a. DP 692626) — Man tränkt die Textilien mit Aufschlämmungen von Küpensäuren, läßt, eventuell nach Zwischentrocknung, eine Behandlung mit alkalischen Reduktionsmitteln folgen und reoxydiert und stellt fertig.

DP 699029 Delden 1940 — Die Reoxydation von Küpenfärbungen findet statt, indem man sauerstoff- oder lufthaltiges Wasser verwendet.

DP 679767 Durand & Huguenin 1939 — Als Schutzsubstanzen werden bei der Oxydation von Leukoküpenesterfärbungen Stoffe verwendet, welche leicht in Chinone übergehen [Hydrochinon (0,1 auf 1000 Teile Bad)].

DA 74694 IG — Cellulose wird mit Leukoschwefelsäureestern von Küpenfarbstoffen nach dem Nitritverfahren unter Zusatz von N-substituierten Thioharnstoffen gefärbt.

FP 926338 ICI 1947 (*Abott-Cox*-Prozeß) — Textilien im Packsystem werden mit Küpenfarbstoffen gefärbt, indem man bei zirkulierender Flotte unreduzierte Küpenfarbstoffe, die mittels eines Dispergiermittels verteilt sind, durch Zugabe eines wasserlöslichen Salzes zum Färbebad auf der Faser niederschlägt, hernach sofort die Reduktion und anschließend die Oxydation vornimmt. Z. B. werden Viskosespinnkuchen in einem Apparat gefärbt unter Druck mit einer Flotte, welche auf 10000 Teile Wasser 25 Teile Küpenfarbstoff und 50 Teile Dispergator enthält. Man läßt eine Stunde zirkulieren, setzt fünfmal in Abständen von 10 Minuten 12,5 Teile Salz, gelöst in 125 Teilen Wasser, zu, wobei die Anfangsbadtemperatur von 90—95° C auf 65° C reduziert wird. Das Bad ist fast entfärbt, der Farbstoff befindet sich in gleichmäßiger Verteilung auf der Faser. Hernach wird nach üblichen Methoden reduziert und dann reoxydiert.

FP 901268 Ciba — Textilien, die mit gewissen Küpenfarbstoffen gefärbt sind, werden bekanntlich durch Belichtung fasergeschädigt. Man kann diesen Nachteil beheben, indem man sie mit wäßrigen Kondensationsprodukten von Harnstoffverbindungen und Formaldehyd und Katalyten imprägniert, trocknet und härtet. Auch Metallsalze (Kupfersalze) können mitverwendet werden.

FP 863256 IG 1942 — Küpenfarbstoffpulver in feiner Verteilung werden erhalten, indem man Natriumdikresylphosphat usw. zugibt.

FP 857904 Courtaulds — Das Färben mit Küpensäuren auf Wolle und Acetatseide erfolgt derart, daß erst die Küpenfarbstoffe mit Lauge und Hydrosulfit in Lösung gebracht werden. Hierauf wird die Lauge durch Kohlensäure oder Bikarbonatlösung neutralisiert. Die Färbung erfolgt bei etwa 60—70° C.

EP 634973 ICI 1950 — Beim Färben von Cellulosematerial mit Küpenfarbstoffen der Anthrachinonreihe klotzt man mit dem Leukoküpenfarbstoff (als Küpensäure) in Gegenwart eines Dispersionsmittels in neutraler oder saurer Dispersion, behandelt dann mit Lauge und oxydiert schließlich (vgl. auch „Küpensäureprozeß").

EP 593008 IG 1947 — Färben von Küpenfarbstoffen in Packapparaten.

EP 587214 1947 — Das Durchfärben des Textilgutes mit Küpenfarbstoffen wird durch Anwendung von Flüssigkeitsvibrationen von 1000—50000 Sekundenzyklen leicht erzielt.

EP 582895 Mathieson 1946 — Man setzt dem zur völligen Entwicklung der Küpenfärbung meist angewendeten Peroxydbad an Stelle von etwas Säure Natriumbicarbonat zu, wodurch die Oxydation der Leukoverbindung bei Erzielung egaleren Ausfalls bei pH 8,3—10 stattfindet. Die Stabilität der Superoxydbäder ist gewährleistet, da die durch die Ware eingebrachten Reste von Alkali durch das Bicarbonat gepuffert werden und so eine höhere Alkalinität der Bäder, die zu einer raschen Zersetzung des Superoxyds führen würde, verhindern.

EP 579134 Mathieson 1946 — Man arbeitet bei der Oxydation der Küpenfärbung mit Bicarbonat, um ein Streifigwerden der Färbungen zu verhindern. Es bleibt ein konstantes pH 8,3 vorhanden. Der Zusatz von Bicarbonat beträgt das fünffache des Superoxyds, dies zu 100 Vol.-% gerechnet.

EP 576292 [nach Silk Rayon 20, 985 (1946)] — Natriumchlorit kann als Oxydationsmittel für Schwefel- oder Küpenfärbungen angewendet werden. Man verwendet 0,8 g/Liter und 4 ccm Essigsäure 28% bei 60° C.

EP 506203 Courtaulds 1939 — Die egalere Durchfärbung von Viskose bei der Färbung mit Küpenfarbstoffen wird durch einen Zusatz von 5% Polyvinylalkohol zur Küpe verbessert.

EP 503699 Durand & Huguenin 1939 — Die Überoxydation von Indigosolfärbungen wird vermieden, wenn man dem Oxydationsbade o- oder p-Dihydroxy- oder Aminohydroxy-substituierte Körper zugibt, wie: Pyrocatechin, Hydrochinon usw. Diese werden leicht zu Chinon oxydiert.

EP 502412 IG 1939 — Zur Herstellung von Indigofärbungen wird die Ware mit Indigweiß in alkalischer, saurer oder neutraler Suspension geklotzt, wobei ein Netz- und Dispergiermittel verwendet wird. Die so behandelte Ware wird dann in einem alkalischen Bad behandelt und schließlich durch eine Luftpassage oxydiert. Das Wesentliche an dem Verfahren ist darin zu sehen, daß die Ware erst mit der Suspension des Küpenfarbstoffpigments in im wesentlichen unreduziertem Zustand geklotzt wird, worauf in einem weiteren alkalischen, reduzierend wirkenden Bad die Überführung des Pigments in den Leukofarbstoff stattfindet und schließlich durch Oxydation die Rückentwicklung des unlöslichen Pigments erfolgt.

EP 500582 Celanese 1939 — Acetatseide wird mit Küpenfarbstoffen gefärbt, indem man sie mit einer Lösung behandelt, die ein Verseifungsmittel für den Celluloseester und ein Salz eines sauren Esters des Leukoküpenfarbstoffes enthält, worauf unter Rückbildung des Küpenfarbstoffes die Färbung des Textilmaterials erfolgt. Man behandelt z. B. Acetatseidengarn mit Indigosololivgrün IB in pulv. in wäßriger 10% methylaminhaltiger Lösung 5 Stunden bei 25° C. Dann wird mit heißem Wasser gewaschen und hierauf einer Oxydation unterworfen. Als Verseifungsmittel für die Celluloseester können ganz allgemein Alkyl- oder Arylamine, Cyclohexylamin oder Guanidine verwendet werden, wobei die Verseifung ganz oder teilweise erfolgen kann.

CP 75076 Ohne Inhabernenn. 1945 — Indigo kann nach der Küpenklotzmethode nicht gefärbt werden. Das auf der Faser sitzende Pigment wird durch

Behandlung mit der Reduktionslösung wieder abgezogen, so daß nur ganz helle, unegale Färbungen erhalten werden. Man arbeitet mit Indigweiß und klotzt in alkalischer, neutraler oder saurer Flotte mit oder ohne Zusatz von Fließ- und Dispergiermitteln. Hernach wird durch ein alkalisches Reduktionsbad fixiert (ein Teil des Indigweiß wird beim Klotzen oxydiert) und entwickelt. Es resultieren kräftige Färbungen, ein Herunterlösen des Farbstoffs durch die Reduktionsflotte tritt nicht ein.

AP 2503300 Gen. An. 1950 — Die Entwicklung von Färbungen mit Leukoküpenester von Küpenfarbstoffen erfolgt mit Verbindungen der Form NH_3OHX, wobei X das Säureradikal einer starken Säure darstellt (Hydroxylaminsalz).

AP 2415379 DuPont 1947 (s. z. B. auch AP 2318133) (*Pad-Steam*-Prozeß) — Das Verfahren ist eine Abänderung der Pigmentklotzmethode und erfolgt derart, daß man die zu färbende Ware mit dem unreduzierten Küpenfarbstoff imprägniert, hierauf mit einer ätzalkalischen Lösung eines Reduktionsmittels unter Bedingungen behandelt, welche die Reduktion des Pigmentes zur Leukoverbindung nicht unmittelbar bewirken, durch Dämpfen in Anwesenheit der alkalischen, das Reduktionsmittel enthaltenden Lösung bei Ausschluß von Luft die vollständige Reduktion und Fixierung des Farbstoffes auf der Faser vornimmt und dann wie üblich entwickelt. Z. B. behandelt man ein Gewebe mit einer Suspension von Küpenfarbstoffen derart, daß die Ware 50% ihres Gewichtes an Suspension nach dem Abquetschen enthält. Hierauf wird getrocknet, mit einer Lösung von Hydrosulfit und NaOH bei 20° C imprägniert und in einer dampfgesättigten Entwicklungskammer bei 100° C gedämpft. Dann wird in bekannter Weise oxydiert, geseift, gespült und getrocknet. Man erhält gut reibechte Färbungen, die das Material in großer Tiefe durchdringen.

AP 2382188 Mathieson 1945 — Man kann die Oxydation der Küpenfärbung durch Behandlung mit Natriumchlorit bei pH etwa 3 und mehr durchführen.

AP 2343233 Cyanamid 1944 — Färbungen von Garnen mit Küpenfarbstoffen im Packsystem.

AP 2318439 DuPont 1943 — Herstellung feiner Küpenfarbstoffemulsionen für die Pigmentklotzmethode, indem man in eine feine Dispersion des Küpenfarbstoffs einen Alkanolaminester einer langkettigen Fettsäure bringt und dann die Emulsionen zerstäubt und trocknet.

AP 2304502 ICI 1942 — Man verwendet beim Färben von Küpenfarbstoffen Bäder, die ein Kondensationsprodukt von Hexamethylentetramin und Alkylhalogenid (nicht mehr als 4 C-Atome im Molekül) enthalten.

AP 2302753 Huguenin 1942 — Siehe Druckerei von Küpenfarbstoffen.

AP 2297701 DuPont 1942 — Man behandelt animalische Fasern mittels S-haltigen Küpenreduktionsmitteln ohne Zufügung von Alkali vor und färbt dann mit aus alkalischem Bade mittels reduziertem Küpenfarbstoff. Hernach wird oxydiert.

AP 2286262 All. Chem. 1942 — Zum Färben von Baumwolle nach dem Küpenklotzverfahren werden der Pigmentsuspension des Küpenfarbstoffs für je 100 Teile des Küpenfarbstoffs 450 Teile eines organischen Polyamins der Form NH_2—R—NH_2 zugesetzt, wobei R einen aliphatischen, durch NH-Gruppen unterbrochenen Rest bedeutet.

AP 2256808 Gen. An. 1941 — Polyamine der Form:

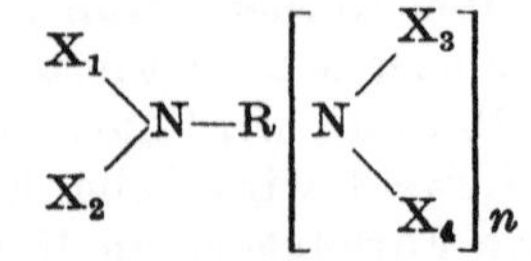

$$\begin{matrix} X_1 \\ & \rangle N-R \\ X_2 \end{matrix} \left[\begin{matrix} & X_3 \\ N \langle & \\ & X_4 \end{matrix} \right]_n$$

(R ist ein Alkylradikal, X_1, X_2, X_3, X_4 sind H, Alkyl, Aralkyl, Hydroxyalkyl und *n* ist eine kleine ganze Zahl) haben sich als Zusätze zu Küpenfarbstoffbädern zur Erzielung besonders brillanter, egaler Färbungen bei guter Materialdurchfärbung, auch für Kunstseide, als vorteilhaft erwiesen. Die Färbungen können auf dem Jigger oder der Paddingmaschine ausgeführt werden. Auch auf Apparaten kann gefärbt werden. Insbesondere werden als Zusätze: 2-Hydroxy-1,3-di(hydroxyäthylamino)propan (1) oder 1,4-Di(propandiol-2,3-)piperazin (2) oder 1,2-Di(4-cyclohexanolamino)äthan (3) angegeben (s. a. AP 2256807, AP 2256806, AP 2256805).

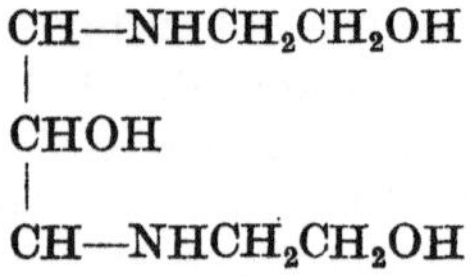

$$\begin{matrix} CH-NHCH_2CH_2OH \\ | \\ CHOH \\ | \\ CH-NHCH_2CH_2OH \end{matrix} \qquad (1)$$

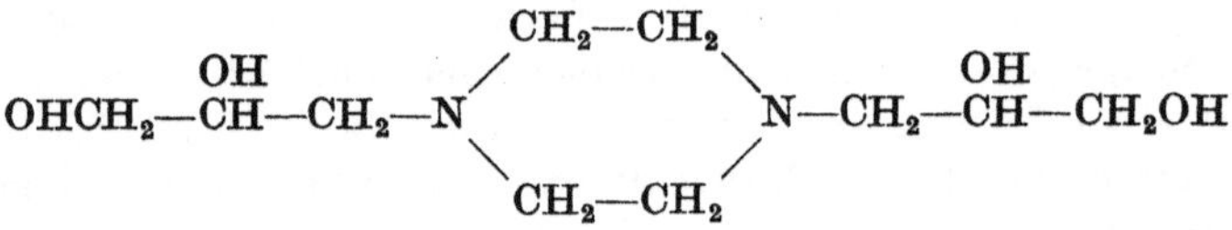

$$\begin{matrix} & & CH_2-CH_2 & & \\ OH & / & & \backslash & OH \\ OHCH_2-CH-CH_2-N & & & & N-CH_2-CH-CH_2OH \\ & \backslash & & / & \\ & & CH_2-CH_2 & & \end{matrix} \qquad (2)$$

$$\begin{matrix} & CH_2-CH_2 & & & CH_2-CH_2 & \\ OHCH & & CH-NH-CH_2CH_2-NH-CH & & & CHOH \\ & CH_2-CH_2 & & & CH_2-CH_2 & \end{matrix} \qquad (3)$$

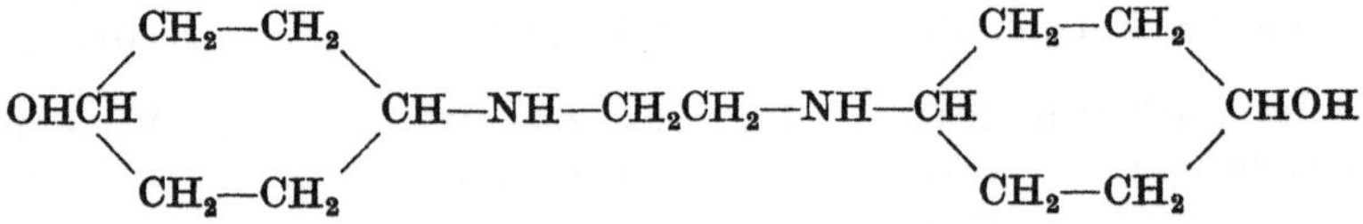

AP 2234301 Huguenin 1941 (s. OeP 155312, EP 503699) — Beim Färben und Drucken von Leukoestersalzen von Küpenfarbstoffen tritt beim Oxydieren der Färbung leicht eine Überoxydation ein, wodurch die erzielten Farbtöne von den gewünschten abweichen. Man kann diese Erscheinung verhindern, wenn man den Oxydationsbädern Verbindungen zusetzt, die durch Oxydationsmittel leicht in Chinone übergehen, wie aromatische Polyoxyverbindungen, Aminooxyverbindungen usw., wie z. B. Hydrochinon, 1,4-Naphtohydrochinon, 1-Amino-2-naphtol-4-sulfosäure, Pyrocatechin, Pyrogallol, Gallussäure. Der Zusatz beträgt für 1000 Teile Entwicklungsbad mit 36 Teilen 96%iger Schwefelsäure, 1 Teil Na-Nitrit, etwa 0,5 Teile Hydrochinon. Man oxydiert etwa $^1/_4$ Stunde bei 20—50° C.

AP 2233101 Nat. An. 1941 — Beim Küpenfärbeprozeß nach der Pigmentklotzmethode ist der Erfolg einer gleichmäßigen Färbung zum großen Teil davon abhängig, daß die Pigmentemulsion in gleichmäßig verteiltem Zustande auf die Faser aufgebracht wird. Zu diesem Zweck ist es vorteilhaft, den Druck-, Padding- oder Färbebädern einen löslichen Isobutylester einer aliphatischen Polycarbonsäure zuzusetzen, die als die Suspension fördernde Produkte wirken: Methylisopropylsulfosuccinat, Di-isobutylphosphatosuccinat, Di-isobutylpyrotartrat, Di-isopropylsulfoglutarat oder -adipat usw.

AP 2227834 Gen. An. 1941 — Zur Herstellung von grünen Küpenfärbungen mit Mischungen von Küpenfarbstoffen werden, um keine Verschlechterung der

Lichtechtheit der Kombination zu erhalten, grüne Farbstoffe der Dialkoxydibenzanthronserie mit einer Gelbkomponente der allgemeinen Form:

CO S—C—R—C—S CO
N N
CO CO

etwa

S—C— —C—S
CO CO
—N Cl N—
CO CO

verwendet.

AP 2221780 Collins & Aikman Co. 1940 — Färbevorrichtung zum Färben mit Küpenfarbstoffen.

AP 2215556 und AP 2215555 Celanese 1940 — Man führt die Leukoderivate von Anthrachinonabkömmlingen durch Oxydation in die unlöslichen Farbstoffe über. Die Leukoderivate werden erfindungsgemäß bei der Herstellung mit Äthylenoxyd behandelt.

AP 2174372 Carp's Garnenfabrieken 1939 — Färben von Garnen mit Küpenfarbstoffen in Gegenwart von 20% Alkoholen mit nicht mehr als 5 C-Atomen im Molekül.

AP 2155135 Sandoz 1939 — Zur Erzielung heller und egaler Farbtöne mit Küpenfarbstoffen werden hydroxylierte Polyamine in einer Menge von 0,01 bis 0,02 Teilen pro Liter Farbbad verwendet. Gleichzeitig bewirken diese Zusätze auch stabilere Bäder. Die Polyamine werden hergestellt durch Kondensation von α,γ-Glyzerindichlorhydrin mit Ammoniak oder mit Polyäthylenpolyaminen.

AP 2145193 Nat. An. 1939 — Zur Herstellung feinster Dispersion von Pigmenten und Farbstoffen werden lösliche Salze von sauren Alkylestern mehrbasischer Säuren verwendet. Ihre Anwendung kann insbesondere beim Klotzen mit Pigmentsuspensionen in der Küpenfärberei erfolgen. Z. B. verwendet man Schwefelsäureester vom N-Hydroxy-isopropyl-n-butylamin oder Schwefelsäureester vom Monohydroxyäthyläther des N-Hydroxyäthyl-di(n-butylamin) usw.

b) Küpenfarbstoffpräparate.

Die Leukoschwefelsäureester von Küpenfarbstoffen sind als Indigosole (Durand Huguenin) bzw. Anthrasole (IG) oder Soledone (ICI) sowie als Tinosole (Gy.), Cibantine (Ciba), Sandozole (Sandoz) allgemein bekannt. Kürzlich wurde zur Erhöhung der erzielten Farbtiefe, insbesondere im Druck, der Vorschlag gemacht, den Präparaten quaternäre Ammonverbindungen zuzugeben.

Die Indigosole werden in letzterer Zeit vielfach auch geklotzt. Nach einem bekanntgewordenen Verfahren wird die Ware mit der Indigosollösung, die 5—15 g Nitrit/Liter je nach angewendetem Farbstoff sowie 1 g Bikarbonat enthält und der noch etwas Verdickungsmittel, wie Traganth oder Cellappret beigegeben werden können, um die Anwendung zu erleichtern, bei 40—50° C behandelt. Es ist darauf zu achten, daß beim Warendurchlauf der Flüssigkeitsspiegel im Chassis gleichbleibt, daß also so viel unverdünnte Stammlösung zuläuft, als die Ware mitnimmt. Als Ansatz wird eine Menge von 250 l Stamm und 4—7 l Wasser gewählt.

Nach dem Pflatschen wird abgequetscht auf einen Wassergehalt von etwa 100%, dann eine Luftpassage von 15 Sek. gegeben, in einer Waschmaschine gesäuert (2—3 Sek. mit 20 ccm Schwefelsäure conc. pro Liter bei 80° C), nach je 2 Stück Ware 1 l Schwefelsäure 25% zufließen lassen, dann eine Luftpassage von 20—30 Sek. eingeschaltet und hierauf kalt gewaschen und mit einer Lösung von 2 g Soda/Liter kalt neutralisiert. Für je 2 Stück Ware 1 l 4%ige Sodalösung zugeben.

Für tiefe Töne ist zwischen dem Klotzen und der Weiterbehandlung eine Zwischentrocknung zu empfehlen.

Ein Zusatz von Thioharnstoff[78] zum Leukoschwefelsäureesterklotzbad soll sich empfehlen. Auch Kupfercyanid, Thiodiäthylenglykol usw. verhindern eine Überoxydation. Ebenso Hydrochinon, Formamidinsulfinsäure u. dgl. (z. B. DP 735093).

Da unentwickelte Leukoküpenesterverbindungen lichtempfindlich sind, geht ein Vorschlag dahin, den Präparaten schon vor der Färbung Verbindungen zuzugeben, die die Uviolstrahlen absorbieren (Cumarinderivate usw.)[79].

Literaturübersicht über Küpenfarbstoffpräparate.

Dierkes: Melliand Textilber. **25**, 248 (1944); Allg. Textil-Ztg. 149 (1944).
Frische: Dtsch. Wollen-Gewerbe **74**, 876 (1942).
Colomb: Teintex **7**, 255 (1942).
Hall: Amer. Dyestuff Reporter **29**, 59, 68 (1940).

Patentschrifttum über Küpenfarbstoffpräparate.

DP 735093 IG 1943 — Die Empfindlichkeit von Leukoestern von Küpenfarbstoffen gegen salpetrige Säure wird durch Zugabe von Formamidinsulfinsäure

```
NH          O
  \\       //
    C——S
  /       \
NH2         OH
```

zum Entwicklungsbad herabgesetzt.

DP 734400 IG 1943 (s. a. DP 734399) — Die Empfindlichkeit von Indigosolen gegen überschüssige salpetrige Säure bei der Entwicklung der Färbungen kann durch Zusatz von Thioharnstoff behoben werden (insbesondere Indigosolblau IBC).

DP 717292 IG 1942 — Küpenfarbstoffpulver werden hergestellt, indem man den Küpenfarbstoff mit Kondensationsprodukten aus 1 Mol Phenol, $^1/_2$ Mol Amin und $^1/_2$ Mol Formaldehyd vermengt.

DP 670472 IG 1939 — Man vermischt Küpenfarbstoffe mit Alkalimetasilikaten und conc. Alkalihydrosulfit.

SP 247717 Cyanamid 1948 — Ein wirtschaftliches Verfahren zur Herstellung von Küpenfarbstoff-Schwefelsäureestern ist die rasche Umsetzung von Leukoderivaten mit SO_3-Derivaten stark basischer, nichtaromatischer Amine in alkalischem Milieu. Es findet keine Hydrolyse statt, die erhaltenen Produkte sind durch Aussalzen in quantitativer Ausbeute erzielbar.

---

[78] HollP 57122.

[79] SP 231874.

SP 231874 IG 1944 — Leukoküpenfarbstoffpräparate sind lichtempfindlich, wenn sie noch nicht entwickelt sind, was zu unegalen Ausfärbungen führen kann. Man setzt den Präparaten daher Stoffe zu, die das ultraviolette Licht absorbieren, wie Cumarinderivate.

SP 227111 Durand & Huguenin 1943 — Küpenfarbstoffpräparate.

FP 834113 Durand & Huguenin (s. auch OeP 155312) — Schwer und leicht entwickelbare Indigosolfärbungen können gemeinsam oxydiert werden, wenn man dem Oxydationsbade Stoffe zusetzt, die leicht in Chinone übergehen, wie: Pyrogallol, Hydrochinon usw. Die Lösungen sind dadurch auch gegen den Einfluß von Sonnenlicht geschützt.

EP 592778 Celanese 1947 — Leukoküpenesterpräparate werden hergestellt durch Mischen einer wäßrigen alkalischen Lösung eines Leukoküpenfarbstoffes mit einer neutralen organischen, mit Wasser mischbaren Flüssigkeit, so daß die Leukoküpenverbindung ausgefällt wird. Als Fällmittel soll z. B. Äthylalkohol dienen. Die Präparate dienen zum Färben von Acetatseide nach der üblichen Methode aus wäßriger Lösung (ohne Hydrosulfitlaugezusatz) und nachherigem Oxydieren. Man kann am Jigger färben oder klotzen usw. Die Oxydation soll mit 0,5—1% wäßrigen Bichromatlösungen vorteilhaft sein.

EP 585106 Cyanamid 1947 — Herstellung von Schwefelsäureestersalzen von Küpenfarbstoffen, indem man dieselben in alkal. wäßriger Lösung mit SO_3 in Gegenwart von tert. Aminen bzw. mit SO_3-Verbindungen tert. Amine, die bei 25° C mindestens eine Dissoziationskonstante von 1×10^{-7} besitzen, reagieren läßt.

EP 583413 Durand & Huguenin 1946 — Küpenfarbstoffe, enthaltend die Estersalze von Leukoküpenfarbstoffen in Mischung mit quaternären Ammoniumverbindungen, die eine OH-Gruppe enthalten (Überführung von tert. Alkylolen in quaternäre Verbindung) sowie wasserlösliche Säureamide, auch Harnstoffderivate, können zum Färben und Drucken verwendet werden und geben tiefere und brillantere Töne, auch egalere Färbungen.

EP 577167 Kuhlmann 1946 — Die Herstellung von Küpenfarbstoffpräparaten wird beschrieben.

EP 500120 ICI 1939 — Behandelt die Herstellung von Küpenfarbstoffpräparaten.

HollP 57122 IG 1946 — Beim Färben mit Leukoschwefelsäureestern von Küpenfarbstoffen wird dem Klotzbade Thioharnstoff zugegeben. Man verwendet etwa 5 g/Liter, wobei das Klotzbad noch 8 g Leukoküpenester, 2 g Netzmittel, 2 g Soda und 5 g Nitrit/Liter enthält. Hernach wird durch eine Passage durch ein Schwefelsäurebad von 20 ccm Schwefelsäure 96%/Liter, 3 Sekunden bei 70° C entwickelt, gespült, mit lauwarmer Sodalösung entsäuert und hernach geseift.

AP 2431708 Durand & Huguenin (s. a. AP 2432041) 1947 — Zur Herstellung beständiger Indigosollösungen von schwerlöslichen Küpenfarbstoffleukoestern wird der Zusatz von tert. oder quaternären Ammonbasen mit einer oder mehreren COOH- oder Sulfogruppen, wie Sulfobetaine, von quaternären Ammonsalzen, z. B. von Trimethyl oder Dimethyl-benzyl-phenylaminosulfosäure mit Druckverdickern und Lauge und Nitrit vorgeschlagen, wobei nachher durch Passage durch verdünnte Schwefelsäure entwickelt wird.

AP 2406586 All. Chem. 1946 — Küpenfarbstoffpräparate.

AP 2403226 Cyanamid 1946 — Küpenfarbstoffpräparate.

AP 2267609 Nat. An. 1941 — Leukoesterpasten zum Klotzfärben enthalten Natriumcyclohexylsulfoacetat. Auch für Druckzwecke sind derartige Präparate geeignet. Siehe auch AP 2249973, 2245535, 2218801, 2211126.

AP 2234301 Durand Huguenin 1941 — Zur Verhinderung der Überoxydation wird den Oxydationsbädern Hydrochinon zugesetzt.

c) Egalisiermittel für Küpenfärbungen.

Die Zahl der zur Küpenfärbung empfohlenen Egalisiermittel, die in den meisten Fällen auch zum Abziehen von Küpenfärbungen als Hilfsmittel angewendet werden können, ist ziemlich umfangreich. Besonders wirksam sollen anionaktive Präparate sein, während bekanntlich die Polyäthylenglykolverbindungen, wie *Peregal 0* usw. keine Ionenaktivität zeigen.

Unter den neu vorgeschlagenen Stoffen befinden sich neben Glykoläthern eine Reihe von Sulfonierungsprodukten, darunter auch solche von Guanidinbzw. Biguanidderivaten.

Nach Wengraf kann man die Schutzkolloidwirkung von Leim, Gelatine, *Peregal* usw. bei der Oxydation von Küpenfarbstoffen mittels Cibanongelb G und Perborat bestimmen. Hierbei verhält sich *Peregal* am besten.

Literaturübersicht über Egalisiermittel für Küpenfärbungen.

Wengraf: Amer. Dyestuff Reporter **39**, 449 (1950). — Vgl. auch Textil Rundschau **4**, 328 (1949).

Hall: Text. Recorder **65**, 54 (1948).

Graham, Seager: Canad. Res. J. **24**, 474 (1946).

Patentschrifttum über Egalisiermittel für Küpenfärbungen.

OeP 166462 Ciba 1950 (s. DP 744822) — Als Egalisierungsmittel und Weichmachungsmittel werden Imidazoline der Form

```
      R1
      |
      N
     / \
    A   C—R2
     \ //
      N
```

(A = aromatischer Kern mit Sulfonsäuregruppe, R_1, R_2 Substituenten, kein H einer Amido-, Imino- oder einer an C gebundenen OH-Gruppe angehört), mit 1,2-Alkylenoxyden oder deren Substitutionsprodukten behandelt. Auch Waschmittel.

OeP 162949 Gy. 1949 — Egalisiermittel und Abziehmittel für Küpenfärbung werden durch Umsetzung von organischen, HSO_3-Gruppen enthaltenden Verbindungen, die gerbende Eigenschaften besitzen, mit quaternären NH_4-Verbindungen, die höhermolekulare, aliphatische oder cycloaliphatische Reste enthalten, erhalten. Das Kondensat von Rohkresolsulfonsäure, Harnstoff und Formaldehyd (FP 660008) wird mit Phenyl-stearyl-dimethyl-NH_2-Methylsulfat umgesetzt.

DP 747861 1944 — Man färbt Cellulosefasern mit Küpenfarbstoffen, wobei den Bädern vor oder nach der Verküpung bzw. schon den Blindküpen Cellulosestaub zugesetzt wird. Man erreicht egale Färbungen.

DP 746576 Gy. 1944 (Zusatz zu DP 735596) — Als Egalisier- und Abziehmittel für Küpenfärbungen werden 2,4-Diamino-1,3,5-Triazinderivate empfohlen, z. B.:

```
                    C17H35
                   /
              N—C
             //   \\
   NH2—C           N      usw.
             \     /
              N=C
                |
               N—CH3
              /
         C6H5
```

DP 739860 IG 1942 — Als Egalisiermittel für Küpenfärbungen werden hochsubstituierte Amine, wie Laurylamin oder Dodecylmonoäthanolamin usw. vorgeschlagen.

DP 730173 IG 1943 — Als Egalisierungsmittel beim Färben von Cellulose mit Küpenfarbstoffen werden acetalartige Kondensationsprodukte aus Polyvinylalkohol und Aldehyden oder Ketonen, welche wasserlöslichmachende Gruppen enthalten, vorgeschlagen.

DP 726213 Sandoz 1942 — Man setzt zu Küpen- oder Schwefelfarbstoffbädern Kondensate aus Glyzerindihalogenhydrinen mit Ammoniak oder primären Aminen und erhält egale Färbungen.

DP 678131 Ciba 1939 — Als Egalisier- und Abziehmittel von Küpenfarbstoffen können sulfonierte Benzimidazolderivate angewendet werden (z. B. N-Methyl-μ-heptadecylbenzimidazol, N-methylhexadecylanilinsulfosaures Na usw.).

DP 673158 Böhme 1939 — Zur Herstellung von egalen Färbungen werden den Küpenfarbstoffbädern erst kationaktive Netzmittel und hierauf anionaktive Mittel zugesetzt.

DA 1154 Blumer — Egalisiermittel für die Färberei sind ätherartige Umsetzungsprodukte aus mehrwertigen Alkoholen und Oxyfettsäuren, deren Estern oder anderen Oxyverbindungen.

SP 267360 Gy. 1950 — Als Egalisiermittel werden Mischungen aus Kondensaten hochmolekularer Hydroxyverbindungen mit 8 Molen Äthylenoxyd einerseits und beständigen Kohlensäureamiden anderseits beschrieben.

SP 245642 Gy. 1947 — Das Umsetzungsprodukt von Phenyl-Stearyl-dimethyl ammonmethylsulfat mit dem Kondensationsprodukt von Rohkresolsulfosäure, Harnstoff und Formaldehyd kann als Küpenegalisiermittel angewendet werden.

SP 245278 Ciba 1947 (Zusatz zu SP 242605) — Das Kondensationsprodukt von Kokosfettsäure-N-methylolamid, Phenol, Formaldehyd und Diäthylolamin wird mit 4 Mol Äthylenoxyd umgesetzt. Man erhält ein Egalisiermittel.

SP 240357 Gy. 1946 (Zusatz zu SP 234350) — Als Egalisiermittel in der Küpenfärberei dienen sulfurierte Biguanidderivate, die entstehen, wenn man Stearinsäure, Dicyandiamid und o-Phenetidin umsetzt, das Reaktionsprodukt methyliert und dann sulfoniert.

SP 235190 und SP 235189 Gy. 1945 — Die Sulfonierungsprodukte von Stearoyldimethyl-phenylbiguanid oder von Methyl-lauroyl-phenylbiguanid können als Egalisiermittel in der Küpenfärberei angewendet werden.

SP 234709 IG 1945. Zusatz zu SP 228928 (s. a. SP 234711/713) — 2,4,6-Triisopropyl-1-benzyl-monoglykoläther ist ein Egalisiermittel in der Küpenfärberei.

SP 233346 Gy. 1944 (Zusatz zu SP 230904) — Das Kondensationsprodukt von Lauroylaminomethylcyanguanidin und Anilin nach der Methylierung und Sulfurierung ist ein Egalisiermittel für Küpenfarbstoffe.

SP 227071 und SP 227073 Gy. 1943 (Zusatz zu SP 223303) — Octadecenylanilin wird mit p-Toluolsulfochlorid oder Benzolsulfochlorid acyliert und die erhaltene Verbindung sulfoniert. Es entstehen wertvolle Egalisiermittel für Küpenfarbstoffbäder.

SP 225155 Gy. 1943 — Sulfoniertes Methyl-lauroylphenylbiguanid ist ein Küpenegalisiermittel.

EP 589535 Ciba 1947 — Als Egalisiermittel für Küpenfärbungen wird N-d-Sorbityl-N-(p-laurylaminophenyl)amin, mit Äthylenoxyd kondensiert, empfohlen. Weichmachungsmittel für Kunstseide werden erhalten durch Reduktion von Umsetzungsprodukten aus p-Aminostearinsäureanilid und Glykose.

4. Das Färben mit Schwefelfarbstoffen.

In den letzten Jahren sind hier die bekannten Eclipsolfarben (Gy.) bzw. Immedialsolsortimente (IG), früher Immedialleukofarbstoffe, erschienen, welche den Farbstoff bereits in vorreduzierter Form enthalten, also lediglich in Wasser aufzulösen sind.

Ihre Anwendung ist in der Mischgewebe- (Wolle—Kunstseide-), aber auch Zellwollefärberei mehrfach empfohlen worden[80].

Von den anzumerkenden Vorschlägen ist die Verhütung von bronzierenden Färbungen bei der Oxydation durch Zugabe von Nitrilotriessigsäure *(Trilon)* bzw. die Herstellung von als Schwefelfarbstoffe färbbaren Phtalocyaninderivaten anzumerken, von denen einige im Gegensatz zu den bisher herstellbaren dunkleren und stumpferen Grüntönen auch lebhaftere Färbungen erzielen lassen[81].

Wolle kann nach Zukriegel mit Schwefelfarbstoffen in Gegenwart von sulfhydrierten Alkylolaminen mit Vorteil gefärbt werden.

Literaturübersicht über das Färben mit Schwefelfarbstoffen.

Zukriegel: Österr. Chem.-Ztg. **51,** 230 (1950).
Böhnisch: Deutsche Wirker-Ztg. **70,** 5 (1949).
Landolt: Textil Rundschau **2,** 201 (1947).
Köster: Melliand Textilber. 265 (1943).
Boothroyd: J. Soc. Dyers Colourists **58,** 25 (1942).

Patentschrifttum über das Färben mit Schwefelfarbstoffen.

OeP 162596 Ciba 1949 — Präparate zur Reduktion von Schwefelfarbstoffen werden durch Erhitzen von Abbauprodukten nativer Kohlehydrate (Stärke)

[80] Vgl. z. B. Dtsch. Wollen-Gewerbe **73,** 266/68 (1947). — Valette: Teintex **6,** 150 (1941).

[81] SP 246259.

mit Schwefelnatrium erhalten, wobei Temperaturen unter 130° C angewendet werden. Die derart aus Glukose, Dextrin usw. hergestellten Stoffe können mit Schwefelfarbstoffen trocken vermischt werden, so daß die erhaltenen Mischungen geeignet sind, durch Lösen in sodaalkalischen Bädern, eventuell unter Zusatz von etwas Alkalihydroxyd, direkt Färbebäder liefern. Die Mischungen sind kaum sauerstoffempfindlich oder hygroskopisch.

DP 743992 IG 1944 — Beim Oxydieren von Schwefelfarbstoffen ergeben sich oft Unregelmäßigkeiten, welche daher kommen, daß oxydierte Farbstoffpartikel auf der Warenoberfläche ausfallen. Man setzt dem Färbebad aromatische Säuren oder Salze zu, die in ihrem Molekül auf 1 N-Gruppe mehrere an das N-Atom gebundene COOH-Gruppen enthalten, z. B. die Natriumsalze der Triglykolamidsäure *(Trilon A)*, Äthylen-bis-(iminodiessigsäure) *(Trilon B)*.

$$N\begin{cases} CH_2COONa \\ CH_2COONa \\ CH_2COONa \end{cases} \qquad \begin{matrix} COOH{-}CH_2 \\ COOH{-}CH_2 \end{matrix}\!\!>\!NCH_2{-}CH_2N\!<\!\!\begin{matrix} CH_2{-}COOH \\ CH_2{-}COOH \end{matrix}$$

DP 743566 IG 1944 — Das Färben und Drucken mit Schwefelfarbstoffen erfolgt derart, daß man Mercaptoverbindungen als Reduktionsmittel anwendet. Man setzt z. B. den Druckpasten Thiodiglykol zu bzw. gibt in die Färbebäder Thiosalicylsäure. Die Reduktionsmittel können auch zur Herstellung haltbarer Schwefelfarbstoffpräparate verwendet werden.

DP 696267 IG 1940 — Schwefelfarbstoffe werden mit wasserfreien Alkalisulfiden und Glukose oder Glyzerin, Harnstoff usw. versetzt. Durch die Wasseranziehung der Zusätze bildet sich eine Schutzschicht, welche das Farbstoffpräparat vor der Einwirkung des Luftsauerstoffs schützt.

DA 73964 IG — Beim Färben mit Schwefelfarbstoffen werden Mercaptoverbindungen als Reduktionsmittel empfohlen.

SP 246259 ICI 1947 — Schwefelfarbstoffe, die die Baumwolle grau bis schwarz anfärben und nach der Oxydation hellgrüne Töne liefern, werden aus Kupfer-Phtalocyanin-tetra-(4)-sulfonylchlorid und Phosphorsulfiden durch Erhitzen hergestellt. Die Färbungen besitzen gute Echtheit gegen Licht und Naßbehandlung.

HollP 58749 IG 1947 — Die Färbungen mit Schwefelfarbstoffen werden egaler und bronzieren weniger leicht, wenn in das Färbebad und die Spülbäder kleine Mengen 1—2% von Nitrilotriessigsäure usw. zugegeben werden (Trilon). Die Zugabe ist insbesondere auch für das Färben von Kreuzspulen usw. im Packapparat vorteilhaft.

FP 918404 Mathieson 1946 — Zur Oxydation von Schwefelfärbungen können Na-Chloritbäder mit Bikarbonatpuffer (pH 8—10,5) verwendet werden.

5. Das Färben von Anilinschwarz.

Hierüber ist nur wenig zu berichten. Wesentliche Fortschritte sind nicht zu vermerken.

Literaturübersicht über das Färben von Anilinschwarz.

Popp: Textil Praxis **4**, 518, 623 (1949).
Green: J. Soc. Dyers Colourists **60**, 86 (1944).
Dax: Mschr. Text.-Ind. **56**, 45, 72, 109, 131 (1941).

Patentschrifttum über das Färben von Anilinschwarz.

DP 734702 Schmidt 1943 (s. a. DP 683951) — Man färbt Anilinschwarz in der Weise, daß man mit Anilinsalzlösungen klotzt, welche neben einem Oxydationsmittel und dem Katalyten noch Eiweißabbaustoffe (26—100% der angewendeten Anilinsalzmenge), wie z. B. Peptone usw., enthalten. Die Faserfestigkeit wird geschont.

DA 57507 Ehrenpreis — Anilinschwarz wird aus Furanaldehyd enthaltenden Flotten hergestellt.

EP 502454 Rhodiaceta 1939 — Mischungen zur Herstellung von Anilinschwarz, welche an Stelle der Salze die freie Ferrocyansäure enthalten, bewirken, daß die entstehenden Schwarzfärbungen auf Baumwolle, aber auch auf Acetatkunstseide weiß ätzbar werden.

AP 2229649 Gen. An. 1941 — Um eine bessere Reibechtheit zu erhalten, werden der Färbeflotte 1—10 g eines Schwefelsäureesters aus Gemischen von Ketonalkoholen oder Ketonen und Alkoholen zugesetzt (z. B. Pentatriacontanolsulfat usw.).

6. Das Färben mit basischen Farbstoffen.

Auch hier sind kaum nennenswerte Vorschläge anzuführen.

Patentschrifttum über das Färben mit basischen Farbstoffen.

DP 738692 Benkiser 1943 — Fixiermittel für basische Farbstoffe oder Mattierungsmittel für Kunstseiden werden aus Phenol, Phosphorsäure und Formaldehyd erhalten, wobei nach der Kondensation Glyzerin oder Harnstoff zugesetzt werden.

DP 709882 Böhme 1941 — Basische Färbungen auf Cellulose werden hergestellt, indem man unter Zusatz kationaktiver Stoffe färbt und dann geringe Mengen anionaktiver Stoffe zugibt. Man behandelt unegale basische Färbungen auf Katanolbeize, z. B. nach dem Färben mit Laurylpyridiniumsulfat bei 70° C, wobei Egalität eintritt. Der zum Teil abgezogene Farbstoff wird sodann durch Zugabe von Fettalkoholsulfonat wieder aufgetrieben.

DP 684494 IG 1939 (s. a. DP 701863) — Eisenempfindliche basische oder substantive Farbstoffe werden auf Kunstseide in eisenhaltigen Farbflotten in Gegenwart von Pyrophosphaten neutral oder schwach sauer gefärbt. Auch Fettsäureamide, die im Säurerest sulfoniert sind, können angewendet werden.

EP 581652 Sandoz 1946 — Thiophenole werden mit Sauerstoff bei Anwesenheit von Alkaliüberschuß und Sulfit mit Katalyten, die die Oxydation beschleunigen, zu festen, wasserlöslichen, nicht färbenden Faserbeizen umgesetzt.

AP 2435905 Gen. An. 1948 — Die Glyzerophosphorsäureester basischer Farbstoffe sind leicht wasserlöslich.

7. Das Färben mit Pigmenten.

a) Färbeverfahren.

Das Färben mit Pigmenten, sei es solchen anorganischer oder organischer Natur, ist an sich schon vor vielen Jahren vorgeschlagen worden.

Erst in letzter Zeit haben sich infolge der Verwendungsmöglichkeit der Kunstharze und insbesondere der Arbeitsverfahren mit Mehrphasenemulsionen und festem Pigment, welche die Bildung eines zusammenhängenden Bindemittelfilms auf der Faser verhindern und so den sich ansonsten einstellenden harten Griff der gefärbten Ware vermeiden, tatsächlich brauchbare Resultate erzielen lassen. Die angewendeten Bindemittel sind hinsichtlich ihrer Wasserfestigkeit und ihrer Waschbeständigkeit wesentlich verbessert worden und auch das Problem der Reibechtheit der erhaltenen Färbungen scheint in letzter Zeit befriedigend gelöst zu sein.

Die Färbeweise ist als *Aridye*verfahren (Interchemical Corp.) seit einigen Jahren allgemein bekanntgeworden und hat vornehmlich in der Textildruckerei Eingang gefunden. Ihre Vorteile sind unleugbar, da die Färbung des Textilmaterials vollkommen unabhängig von der vorhandenen Affinität des verwendeten Farbstoffs zur Faser ist und vor allem eine Reihe der neuen Kunstfasern, insbesondere jedoch Glasfasern und Glasgewebe erst durch diese Färbeweise befriedigend getönt werden können. Als Bindemittel werden insbesondere Melamin-Formaldehydharze verwendet, deren Härtung leicht und rasch, eventuell sogar ohne Katalyt erfolgt und die eine große Wasserfestigkeit besitzen. Der Warengriff kann durch Zusatz von Weichmachern, aber auch durch Behandlung der gefärbten Ware in Brechmaschinen weiter verbessert werden (vgl. Pigmentdruck).

Patentschrifttum über das Färben mit Pigmenten.

OeP 166692 Interchem. 1950 — Die klassische Aridyefärbemethode mit Pigmenten wird beschrieben. Man arbeitet mit Öl-in-Wasser-Emulsionen mit zirka 0,2—0,4% Pigment und 2,6% Harz (Carbaminformaldehydharz + Alkydharz).

DP 741458 IG 1943 — Man kann farbige Pigmente, welche die Fasern gleichzeitig mattieren, wasch- und überfärbeecht fixieren, indem man geschwefelte Phenole, wie sie als Beize für basische Farbstoffe verwendet werden, und Farbstoffe, welche saure Gruppen enthalten und aus neutralen Bädern auf regenerierte Cellulose ziehen, aus schwach saurem Bade auf die Faser einwirken läßt. Man kann auch in schwach saurem Bade erst mit dem Phenol behandeln und dann z. B. mit Ponceau R usw. färben.

DA 117989 Schubert — Man tränkt Textilien mit farbstoff- und kunstharzbildenden Komponenten und kondensiert (s. a. DA 119911).

DA 69040 IG — Als Pigmentfixierer auf Textilien dienen:

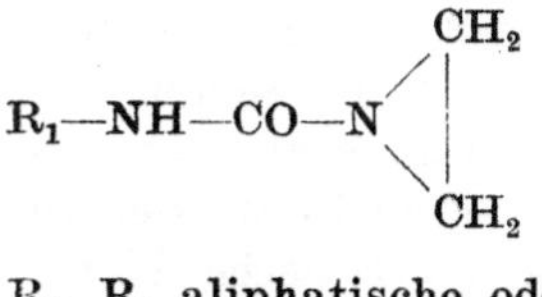

$$R_1\text{—NH—CO—N}\begin{array}{l}\diagup CH_2\\ \diagdown CH_2\end{array}\!\!\Big| \quad \text{oder} \quad \Big|\!\!\begin{array}{r}CH_2\diagdown\\ CH_2\diagup\end{array}\text{N—CO—NH—}R_2\text{—NH—CO—N}\begin{array}{l}\diagup CH_2\\ \diagdown CH_2\end{array}\!\!\Big|$$

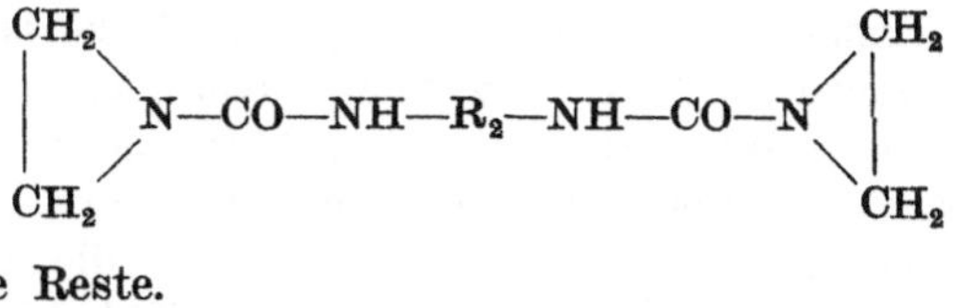

R_1, R_2 aliphatische oder isocyclische Reste.

FP 870865 Schubert 1942 — Man behandelt in Bädern, welche Ligninumwandlungsprodukte, Kunstharzvorkondensate und Stoffe enthalten, die mit den Ligninderivaten Färbungen ergeben (Carbazole — kirschrot, Phenole — blaugrün usw.).

EP 633602 ICI 1949 — Färbung von Phtalocyaninderivaten, die Isothiouroniumgruppen enthalten, auf Cellulose. Man färbt mit 10 Teilen CH_3 COOH auf 3000 Teile Wasser bei 100 Teilen Material unter Erhitzen auf 90° C. Hierauf wird portionenweise 15 Teile Na-Acetat zugegeben, dann spülen, hernach in kochender Sodalösung (9 Teile/3000 Teile H_2O) 15 Minuten behandeln und schließlich 9 Teile Seife zugeben. 20 Minuten behandeln, spülen. Man erhält türkisblaue Töne.

EP 631882 Interchemical 1949 (s. EP 561641/42) — Man imprägniert mit einer Dispersion des Pigments in wasserlöslicher, in der Hitze fällbarer Alkylcellulose, erhitzt, bevor eine nennenswerte H_2O-Verdampfung stattfinden kann und trocknet. Eventuell wird ein härtbares Harzvorkondensat zugegeben.

EP 614046 Plastics 1948 — Zum Färben oder Mattieren von Textilien werden Mischungen aus verätherten Aminotriazinharzen, dem Pigment und Wasser aufgebracht (pflatschen) und die Ware dann gehärtet.

EP 604589 Cotton 1948 — Man behandelt mit Eisen-, Chrom- oder Aluminiumoxyd gefärbtes Textilmaterial, welches die zur Bildung des Pigmentes verwendete Alkalimenge fest bindet, hernach mit Cuoxamlösung, die etwa 0,05% Cu enthält. Die Stabilität der Gewebe wird erhöht.

EP 570742 Kuhlmann 1944 — Zum Färben werden Emulsionen vorgeschlagen, welche aus einem ölmodifizierten Alkydharz und einem Pigment bestehen, wobei beide Stoffe mittels Methylcellulose in Wasser emulgiert sind.

AP 2515170 Interchemical 1950 — Man verwendet eine Dispersion von Farbstoffpigmenten in der wäßrigen Lösung eines härtbaren Kunstharzvorkondensats, die einen wasserlöslichen, durch Hitze fällbaren Celluloseäther und einen auch heiß gelöst bleibenden Celluloseäther enthält.

AP 2342641 Interchemical 1944 — Färben von Textilien mit Pigmentemulsionen des Typs Öl-in-Wasser, die etwa 5,5% Harz enthalten. Erst wird eine Wasser-in-Öl-Emulsion hergestellt, indem man sulfoniertes Tannin, ein Farbpigment, Pineöl und ölmodifiziertes Alkydharz, wobei das sulfonierte Tannin gelöst angewendet wird, emulgiert. Hierauf wird ein Petroleumderivat vom Kp. 135—177° C zugegeben und dann unter raschem Rühren langsam eine Lösung von Natriumlaurylsulfonat in Wasser zugesetzt, wobei die Emulsion sich in eine Öl-in-Wasser-Emulsion umwandelt.

AP 2334199 Copeman 1943 — Man klotzt mit feinen Öl-in-Wasser-Emulsionen, die in der inneren Phase den Farbstoff und einen harzartigen Körper enthalten. Der Farbstoff wird auf der Faser fixiert, gleichzeitig werden abstehende Härchen des Textilgutes vom Harz angeklebt.

AP 2248696 Interchemical 1941 — Man färbt Textilien mit Pigmenten unter Vermeidung der Wanderung der Farbe beim Trockenprozeß, indem man eine Pigmentemulsion verwendet, die mindestens 20% innere wäßrige Phase und eine äußere, lackartige Phase enthält und hernach trocknet. Man schlug bereits vor, Textilien mit einer Emulsion von pigmenthaltigen Lacken in Wasser zu färben, wobei als Bindemittel für die Lackherstellung synthetische Harze fungieren. Diese Arbeitsweise ergibt egale Färbungen, wenn das Textilgut imprägniert und ausgequetscht wird. Beim Trocknen jedoch kommt es zu Wanderungen des Pigments und die erhaltenen Färbungen werden ungleichmäßig.

Erfindungsgemäß verwendet man Mischungen etwa folgender Art:

Man stellt eine Emulsion her von:

Harnstoff-Formaldehydharze löslich	50	Teile
Butanol	30	„
Xylol	20	„

Von dieser Mischung werden verwendet:	12 Teile
Dazu Äthylcellulose mit 47% Äthoxygehalt	10 „
Butanol	4 „
Hydrogenierte Petroleumfraktion vom Kp. 175—210° C	44 „
Dazu gemischt wird eine Lösung von:	
Benzidingelb	2 „
Wasser als wäßrige Phase	28 „
	100 Teile

Man kann verdünnen mit:

Äthylcellulose	0,4 Teile
Pine Oil	2,6 „
Petroleumfraktion wie oben	25,0 „
Wasser	72,0 „

b) Die Erzeugung anorganischer Pigmente in der Faser.

Diese Methode der Färberei, die einige Zeit zur Herstellung von sogenanntem Mineralkhaki bzw. zur Ausführung der Chromgelb- oder Chromorangetöne für Baumwollgarne oder Gewebe (insbesondere auch solchen, die zur Erzeugung von Ballonstoffen verwendet werden sollten) ausgedehnte Anwendung fand, ist heute nur mehr vereinzelt in Gebrauch.

Literaturübersicht über die Erzeugung anorganischer Pigmente in der Faser.

Race, Rowes, Speakman: J. Soc. Dyers Colourists **58**, 32 (1942); **57**, 213 (1941).

Patentschrifttum über die Erzeugung anorganischer Pigmente in der Faser.

AP 2215196 Gen. An. 1940 — Auf Fasern künstlicher Natur, welche aus Celluloseestern, aber auch Vinylpolymeren, Polyvinylestern usf. bestehen und die einen Zusatz von künstlichen Harzen mit einer salzbildenden Gruppe enthalten, werden mittels Metallverbindungen bzw. durch Fällung von unlöslichen Metallpigmenten in der Faser echte Färbungen erzielt. Durch Behandlung mit Cu-Acetat und Fällung mit Ammonsulfid wird eine grünschwarze bis braunschwarze Färbung erhalten. Wird eine 2%ige Lösung von Dimethylglyoxim verwendet, so erhält man eine apfelgrüne Färbung, mit Ferrocyaniden eine rotbraune Tönung.

8. Das Abziehen von Färbungen.

Auf diesem Gebiet sind in den letzten Jahren nur wenige Neuerungen zu verzeichnen, was wohl darauf zurückgeführt werden kann, daß die bisher geübten Arbeitsweisen bereits beachtliche Effekte ergaben. Lediglich auf dem speziellen Sektor des Abziehens (und Egalisierens) von Küpenfärbungen sind einige Vorschläge zu vermerken. Neben den schon früher bekannten Äthylenoxydanlagerungsprodukten (z. B. vom Typ des Peregals) sind auch die Salze anionaktiver höhermolekularer Sulfonsäuren, die sich von komplizierten, stickstoffhaltigen Zwischenprodukten ableiten, Gegenstand entsprechender Patente. Erwähnenswert sind in diesem Zusammenhang die Sulfonate hochmolekularer Benzimidazole[82], Triazine[83], Biguanide[84] u. a.

[82] Vgl. z. B. DP 701845.
[83] Vgl. z. B. SP 217129.
[84] Vgl. z. B. SP 240357, 235190; EP 604351.

Als Abziehmittel für Küpenfarbstoffe ist auch ein Zusatz von Cyclohexylamin zur Abziehflotte vorgeschlagen worden.

Literaturübersicht über das Abziehen von Färbungen.

Mönch: Text. Praxis **3**, 25 (1948).
Starkie: J. Soc. Dyers Colourists **63**, 340 (1947).

Patentschrifttum über das Abziehen von Färbungen.

OeP 165059 Gy 1950 — Das Abziehen erfolgt in Gegenwart von Acylbiguaniden.

OeP 163430 Gy 1950 — Als Abziehmittel sind Verbindungen der Form

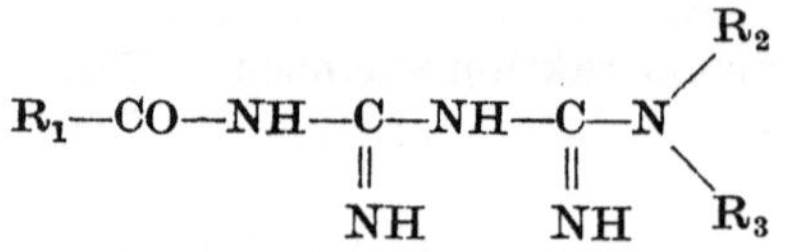

```
                                   R2
                                  /
R1—CO—NH—C—NH—C—N
          ‖    ‖  \
          NH   NH  R3
```

geeignet.

OeP 162920 Ciba 1949 — Als Abziehmittel eignen sich Verbindungen der Form

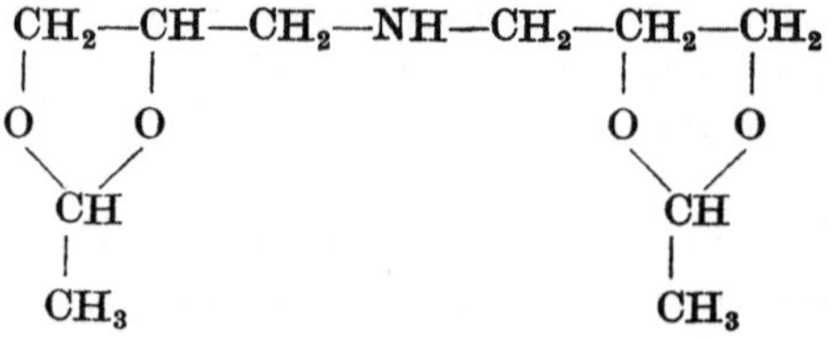

```
CH2—CH—CH2—NH—CH2—CH2—CH2
|   |              |   |
O   O              O   O
 \ /                \ /
  CH                 CH
  |                  |
  CH3                CH3
```

DP 717155 IG 1942 — Es werden eine Reihe von Abziehmitteln für Färbungen genannt.

DP 715605 IG 1942 (Zusatz zu 714585) — Polymeres Butyläthylenimid (aus 4 Molen monomeren gewonnen) wird mit chloräthansulfosaurem Natrium umgesetzt, wobei hernach das erhaltene Produkt mit Octadecylbromid oder Butylchlorid oder Hexylchlorid kondensiert wird. Die Produkte besitzen neben einer Abziehwirkung auf Färbungen auch vorzügliche weichmachende Wirkungen.

DP 701845 Ciba 1940 — Beim Abziehen von Färbungen setzt man zu den als Abziehmittel verwendeten Sulfoxylaten Sulfosäuren höherer Amine (Laurylbenzylmethylamin) oder hochsubstituierte Benzimidazole (Methylheptaldecylbenzimidazol) zu. Auch kleine Mengen von Anthrachinon begünstigen den Effekt.

DA 76375 IG — Das Abziehen von Färbungen auf Polyamidfasern erfolgt durch Einwirkung höhermolekularer organischer Säuren.

SP 245642 Gy. 1947 — Organische, sulfonierte Verbindungen mit gerbenden Eigenschaften werden mit quatern. Ammonverbindungen umgesetzt. (Kondensationsprodukt von Kresolsulfosäure, Harnstoff und Formaldehyd mit Phenylstearyldimethylammonmethylsulfat.) Es entstehen Abziehmittel für Küpenfärbungen.

SP 240357 Gy. 1946 (Zusatz zu SP 234350) (s. a. SP 240355) — Zum Abziehen von Küpenfärbungen kann das Reaktionsprodukt aus Stearinsäure, Dicyandiamid und o-Phentidin, welches mit Dimethylsulfat methyliert und hernach sulfuriert wurde, verwendet werden. Es handelt sich um einen Biguanidabkömmling.

SP 235190 und SP 235189 Gy. 1945 — Als Egalisier- und Abziehmittel in der Küpenfärberei kann das Sulfonierungsprodukt des Stearyl-dimethyl-phenylbiguanids oder Lauroyl-phenyl-biguanids verwendet werden.

SP 234716 IG 1945 (s. a. SP 234713, 234712) — S. Seite 234.

SP 233346 Gy 1944 — Als Abziehmittel für Küpenfärbungen eignen sich Kondensationsprodukte aus Lauroylamino-methylcyanguanidin, die sulfoniert sind.

SP 228928 Ciba 1942 — 2,4,6-Triisopropylbenzylalkohol wird mit 6,5 Mol Äthylenoxyd behandelt. Das Produkt kann zum Abziehen von Färbungen Anwendung finden.

SP 225155 Gy. 1943 — Sulfuriertes Methyl-lauroyl-phenyl-biguanid ist für Egalisierungszwecke und zum Abziehen von Küpenfärbungen geeignet.

SP 217129 Gy. 1942 (Zusatz zu SP 214610) (s. a. SP 217128) — Als Abziehmittel für Küpenfärbungen kann Dimethyl-2,4-diamino-5-(4'-äthoxyphenyl)-6-heptadecyl-1,3,5-triazinsulfosäure dienen.

SP 201509 Gy. 1939 (Zusatz zu SP 199452) — Als Abziehmittel für Naphtolfärbungen werden p-Dimethylaminonaphtenoylbenzylammoniumverbindungen verwendet.

FP 894715 IG 1945 (s. a. DP 742424) — Das Abziehen von Färbungen auf Acetatkunstseide erfolgt mit Stoffen, die durch Einwirkung von Äthylenoxyd auf das Kondensationsprodukt aus Octadecylalkohol und Stearylbiguanid erhalten werden.

EP 610038 Gy. 1948 — Als Abziehmittel für verschiedene Färbungen usw. können Salze von synthetischen Gerbstoffen, welche im aromatischen Rest mindestens eine Sulfogruppe aufweisen, mit quaternären Basen verwendet werden. Die Basen tragen einen aliphatischen, cycloaliphatischen oder araliphatischen Rest von mindestens 10—18 C-Atomen.

EP 604351 Gy. 1948 — Schwefelsäureester von Cyanguanidinderivaten werden zum Abziehen von Küpenfärbungen vorgeschlagen.

EP 509542 Gy. 1939 — Behandelt das Abziehen von Küpenfärbungen.

AP 2525770 Arkansas 1950 — Zum Abziehen von Küpenfärbungen werden Kondensate aus höhermolekularen Fettsäuren und Polyalkylenpolyiminen der Form

$$NH_2—(CH_2—CH_2—NH)_m—CH_2—CH_2—NH—CO—R$$

vorgeschlagen; m ist 2—8, R ein Alkylrest mit 12—32 C-Atomen.

AP 2304435 DuPont 1942 — Naphtolflecken werden durch Behandlung mit wäßrigen Persäuren entfernt.

AP 2296226 Gen. An. 1942 — Man behandelt 1,2-Alkylenimine oder deren nicht kristalline Polymerisate mit Fettsäurechloriden. Man erhält u. a. Abziehmittel für Färbungen.

AP 2293826 Gy. 1942 — Zum Abziehen von Naphtolfärbungen werden Verbindungen der Form:

$$C_6H_{11}—N(CH_3)_2(SO_4CH_3)—C_{18}H_{37} \quad \text{usw.}$$

angegeben.

AP 2235234 Celanese 1941 — Das Abziehen von Celluloseacetatfärbungen kann durch Behandlung mit einer Mischung von Kohlenwasserstoffen (Petrol) und Methylenchlorid bei 15° C erfolgen.

AP 2222526 Cable 1940 — Das Abziehen von Küpenfärbungen erfolgt mit einer Mischung von Monocalciumphosphat, basisches Zinkformaldehydsulfoxylat, Natriumbisulfit und Natriumhyposulfit.

AP 2185163 IG 1939 — Als Abziehmittel für Küpenfärbungen kann das Produkt der Formel

$$\begin{array}{l} R_1 \\ \quad\diagdown \\ R_2-N-(C_nH_{2n}-O)_x-SO_3H \\ \quad\diagup OH \\ R_3 \end{array}$$

dienen.

AP 2155135 Sandoz 1939 — Als Abziehmittel für Küpenfärbungen sind hydroxylierte Polyamine geeignet.

9. Das Blenden und Märken von Geweben und Garnen.

Das Blenden erfolgt bekanntlich mit Farbstoffen, welche leicht aus der Ware wieder herausgewaschen werden können. Es bezweckt die Kennzeichnung von Garnen verschiedener Provenienz oder Drehung, insbesondere bei der Herstellung von Crêpe- oder Mischgeweben aus Kunstseide. Vielfach wurden auch Kunstseiden verschiedener Spinnpartien so bezeichnet.

Für Kunstseiden werden fast ausschließlich grelle Färbungen ergebende saure Farbstoffe angewendet, welche ausgiebig sind und durch Seifenbehandlung, wie sie die erzeugten Waren bei der Vorbehandlung bzw. beim Kreppen erfahren, leicht herauswaschbar sein müssen.

Die Blendung kann durch Aufsprühen der Farbstofflösung nach der Texspraymethode erfolgen.

Bei der Farbstoffwahl ist darauf zu achten, daß spinnmattierte Kunstseiden den Farbstoff oft hartnäckig zurückhalten oder daß zum Schlichten der Garne verwendete, bei Lagern sauer werdende Schlichten leicht zu einer Fixierung bzw. Faserschädigung Anlaß geben können. Dies trifft besonders beim Blenden von Acetatkunstseide zu.

Ferner sind gewisse Farbstoffe öllöslich, werden in Ölresten im Garn festgehalten und tönen örtlich, wenn diese Verschmutzungen nicht durch Wäsche entfernbar sind (Strumpferzeugung bei unsachgemäßer Nadelölung).

Als Blendfarben sind u. a. Orange II, Azogrenadin S, Sulfongelb 5 G, Naphtalingrün, Guinearot 4 R gut geeignet. Säuregrün B und Wollblau R sind zuweilen nur schwer restlos entfernbar.

Das Märken findet meist in der Weise statt, daß Gewebe mit Anhängseln versehen werden, die den Wasch-, Bleich- und Färbeprozeß möglichst ohne Schaden und Anfärbung überstehen. Man kann auch Gewebeenden durch Einnähen, Überziehen mit Nitrocelluloselack usw. vor der Einwirkung der Behandlungsflotten schützen. Ein interessanter Vorschlag geht dahin, die Kennzeichnung mit optischen Bleichmitteln vorzunehmen, die im Uviollicht die Markierung wiedergeben. Diese Arbeitsweise ist vorerst wohl nur für reine Wäschereien anwendbar[85].

---

[85] AP 2267758.

Literaturübersicht über das Blenden und Märken.

Kellner: Rayon Text. Monthly 21, 540 (1940).

Patentschrifttum über das Blenden und Märken.

DP 720415 Stöhr 1942 — Zum Kennzeichnen (Blenden) von Wolle wird der Schmälze Mangandioxydhydrat zugesetzt.

DP 674818 Nat. Marking 1939 — Zum Märken von Geweben und Wäsche usw. werden optische Bleichmittel enthaltende Tinten vorgeschlagen, z. B. wird die Verbindung

CH_3 S

C—⟨ ⟩—OH

N

mit Glyzerin und Gummiarabikum gemischt angegeben. Auch feinzermahlener Willemit, mit Mineralöl abgerieben, wird vorgeschlagen.

EP 623428 Ciba 1949 — Als Märkmittel sollen α,β-Di[thiazolyl(2)]-äthane dienen.

EP 609003 Celanese 1948 — Flüchtige Märkfärbungen auf Celluloseester werden hergestellt mittels saurer Farbstoffe und kationaktiver Seifen, wobei gleichzeitig der Faden geölt werden kann, in dem geeignete Produkte zugegeben werden. Als kationaktive Seifen usw. können Salze von Mono-acyl-unsymm.-N-dialkyl-alkylendiaminen mit einer Säure oder quaternäre Ammonsalze eines solchen Diamins und Alkylsulfat verwendet werden, wobei der Acylrest mindestens 12 C-Atome enthalten soll.

EP 604824 Hurst 1948 — Das Märken von Textilien erfolgt durch Umdruck von auf Papier aufgebrachten pigmentierten Melaminformaldehydharzen mittels heißen Bügelns.

EP 579930 Braithwaite 1946 — Man märkt Textilien durch Bestreichen mit Celluloseacetat und Aufbringen eines Zeichens aus einer Polyäthylenfolie bestehend.

EP 526683 Courtaulds 1941 — Zur Kennzeichnung von Acetatseidengarnen werden die Fäden mit einer Flüssigkeit, die ein Schmälz- bzw. Ölungsmittel und einen auswaschbaren (keine Affinität für die Faser zeigenden) Farbstoff enthält, behandelt (Mischungen aus sulfuriertem Pflanzenöl, Mineralöl, Triäthanolamin und saurem Farbstoff).

EP 502738 Celanese 1939 — Blendfärbungen von Celluloseestern mit sauren Farbstoffen, wie Kitongelb, Supraminviolett, Eriocyanin, Säuregrün usw.

AP 2339340 DuPont 1944 — Man blendet Celluloseacetat mit einer wäßrigen Lösung von 0,5% und höher von Naphtalingrün B.

AP 2271198 Celanese 1942 — Als Märken für Textilien werden Steifgewebestücke verwendet, die sich in heißen Bädern nicht einrollen. Man imprägniert eine Textilgrundlage aus Cellulosederivaten mit einer 1—1,5%igen Lösung von Dimethoxyäthylphtalat in Alkohol, quetscht ab und trocknet bei 70° C. Die so erhaltenen Gewebestücke dienen zum Märken.

AP 2267758 Nat. Marking 1941 — Zum Märken von Textilien werden substantive, nicht gefärbte fluoreszierende Verbindungen der Art der optischen Aufhellmittel vorgeschlagen, wie:

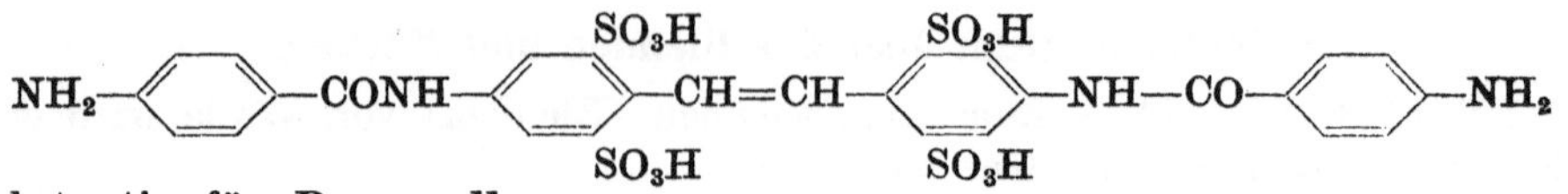

substantiv für Baumwolle,

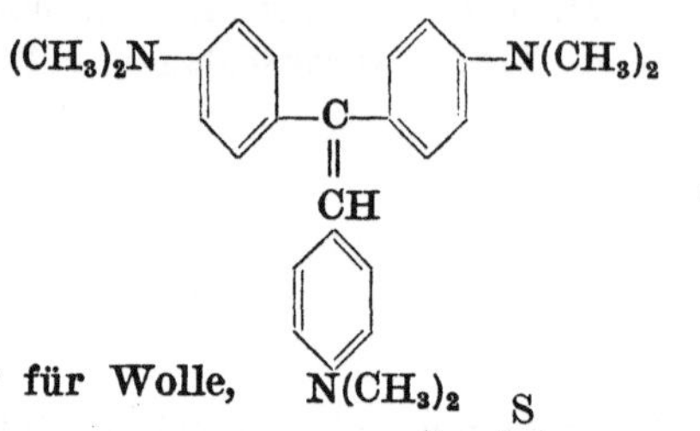

oder

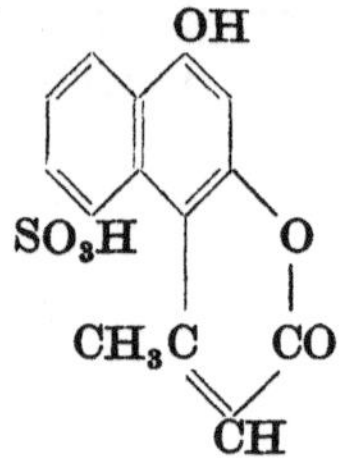

substantiv für Wolle,

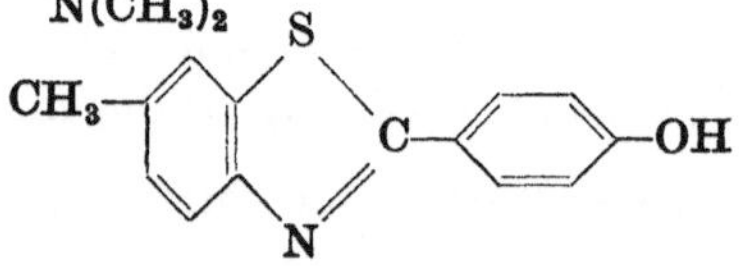

substantiv für Wolle und Baumwolle.

Der Aufdruck erfolgt gemeinsam mit Glyzerin (500 ccm), Isopropylalkohol (100 ccm) und Äthylenglykolmonobutyläther (500 ccm) auf 20 g Farbstoff.

AP 2247259 Foster D Snell 1941 — Das Märken, insbesondere auch von Pelzen usw., erfolgt mit im kurzwelligen Licht fluoreszierenden Stoffen (Anthracen usw.).

AP 2222798 Celanese 1940 — Die Blendung von Material erfolgt mit leicht entfernbaren Farbstoffen. Sie dient der Unterscheidung von verschieden gedrehten Garnen usf. Cellulosegarne, auch Derivate, können geblendet werden durch Behandlung mit gelatinehaltigen Lösungen saurer Farbstoffe. Der Gelatinegehalt beträgt maximal 10%, der Farbstoffgehalt etwa 0,4%.

AP 2213126 Interchemical 1940 — Zum Märken von Geweben bzw. zum Drucken werden Druckpasten bzw. Pasten aus Pigmenten anorganischer Art mit einer Verdickung aus einem Gemisch von Nitrocellulose und Äthylcellulose im Verhältnis der beiden Cellulosederivate von 1 : 3 bis 3 : 2 angegeben.

10. Anhang.

a) Färbevorrichtungen.

Einige Vorschläge aus der Patentliteratur müssen hier genannt werden.

Literaturübersicht über Färbevorrichtungen.

Williams: Amer. Dyestuff Reporter **36**, 256 (1947).

Patentschrifttum über Färbevorrichtungen.

EP 584589 Bromley 1946 — Garnfärbeapparat nach dem bekannten Propellersystem für Strähngarn in hängendem Zustand.

EP 579005 Viscose 1946 — Vorrichtung zur Behandlung von Garnen mit Flüssigkeiten. Die Garne werden als endlose Fäden behandelt.

EP 507763 Oliver, Marsden 1939 — Garnfärbeapparat, das Garn hängt an durchlochten Stäben, die aufsitzenden Garnteile werden durch die Färbeflotte oder Luft unter Druck von Zeit zu Zeit abgehoben.

EP 505343 Smith 1939 — Beim Färben in Kufen wird das Färbebad erst mit Dampf auf Kochtemperatur gebracht, dann mit geringer Dampfzufuhr auf Kochhitze erhalten und die Bewegung (Wallen) des Färbebades wird durch Einblasen von Preßluft aus einer getrennten Leitung erzielt.

AP 2410336 Carter 1946 — Färbevorrichtung für das kontinuierliche Färben einzelner Fäden (z. B. beim Nähen usw.).

AP 2402313 Burke 1946 — Garnfärbeapparat.

AP 2366347 Cyanamid 1945 — Man färbt Fasermaterial in einer Farbstofflösung, indem man damit imprägniert und in einem elektrostatischen Feld einer Wellenlänge über dem sichtbaren Licht und unterhalb der Radiokurzwellen erhitzt und damit die Färbung und Trocknung und Verdunstung des Lösungsmittels gleichzeitig erzielt.

AP 2292811 Wolfenden 1942 — Garnfärbeapparat.

AP 2255952 Traver 1941 — Hälter für Copsfärbeapparate.

AP 2235869 Celanese 1941 — Vorrichtung zum Vorbehandeln von Geweben, insbesondere Acetatseide, wobei das Gewebe vom gelegten Zustand durch ein Wasserbad (über Rollen) gezogen wird, so daß eine Längsspannung eintritt. Hernach wird abgesaugt und auf eine Holzrolle gewickelt. Durch die Längsspannung soll das Auftreten von Brüchen verhindert werden.

AP 2234914 Roanoke Mills 1941 — Vorrichtung zum Färben von Garnen. Die Farbflotte wird durch Spritzdüsen auf das Garn gespritzt.

b) Vorrichtungen zum Mustern.

Zwei nicht uninteressante Vorschläge seien hier angemerkt.

Patentschrifttum über Vorrichtungen zum Mustern.

SP 202527 Wagner 1939 — Farbmusterkarte, derart gearbeitet, daß die Farbmuster über eine Falzstelle der Karte hinausragen, so daß man den zu vergleichenden Gegenstand (Stoff usw.) unmittelbar unter das Farbmuster halten kann.

AP 2229025 Keyes 1941 — Farbenkarte, welche auf einem Kreis angeordnete Farben zeigt, die durch Rotation und Aussparung geeigneter Stellen die Vorführung von Mischtönen gestatten.

III. Affinitätsänderungen von Fasern.

1. Erhöhung des Farbstoffaufnahmevermögens.

Die Farbstoffaufnahme der Wolle kann durch Behandlung derselben mit NaOH in Anwesenheit von Rohrzucker vergrößert werden. Auch die Chlorierung der Wolle gibt bekanntlich gute Resultate, insbesondere der *Drisol*prozeß (Trockenchlorierung)[86]. Die Chlorung der Wolle erhöht durch Angriff auf die das Wandern des Farbstoffs in die Faser verzögernde Schuppenschichte

[86] Vgl. z. B. Dyer, Text. Printer, Bleacher **89**, 49, 163 (1943).

die Affinität, aber auch die Schnelligkeit der Farbaufnahme. Diese Erscheinung tritt nur bei der sauren Chlorierung ein. Erfolgt die Einwirkung des Halogens in alkalischen Bädern, so tönt sich die Faser schwächer als normal. Bei einem pH von 4—6 soll die Anfärbung gleich der normaler Wolle sein (Whevell).

Formalisierte Cellulose nimmt substantive Farbstoffe nur viel schwächer auf als normal; es wird zur Behebung dieses Mangels eine Behandlung mit Säure vorgeschlagen. Hernach folgt eine Laugenbehandlung (IG-Anmeldung 74123).

Literaturübersicht über die Erhöhung des Farbstoffaufnahmevermögens.

Whevell: Dyer Text. Printer Bleacher **103**, 93 (1950).
Goetze: Kunstseide u. Zellwolle 129 (1941).
Mecheels: Melliand Textilber. **22**, 265 (1941).

Patentschrifttum über die Erhöhung des Farbstoffaufnahmevermögens.

DP 744178 IG 1944 — Echte Färbungen oder Drucke werden erhalten, indem man Textilfasern mit Diäthylenharnstoffen oder Äthylenharnstoffen behandelt (tierische, Glasfasern, Polyamidfasern usw.) und färbt nachher den erhaltenen Überzug. Bei Vorfärbung kann durch Aufdruck der erwähnten Verbindungen eine Musterung eintreten.

DP 742373 IG 1943 — Das Aufnahmevermögen von tierischen Fasern gegenüber sauren Farbstoffen wird durch Behandlung mit Glycid oder Alkylenoxyden erhöht.

DP 729774 IG 1942 — Zum Behandeln von Fasern bzw. zur Erzielung eines sauren Fasercharakters werden Polyvinylalkohol und Benzaldehydcarbonsäure verestert. Die erhaltenen Acetale sind zur Bildung von Chromkomplexen fähig. Als Benzaldehydcarbonsäure kann z. B. eine Verbindung der Form

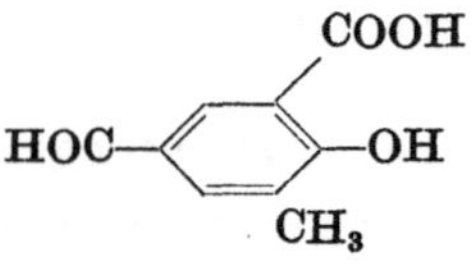

COOH
HOC—⟨benzene ring⟩—OH
CH_3

verwendet werden.

DA 77783 Aceta — Man behandelt Acetatseide mit Alkylenoxyd in alkalischem Milieu.

DA 74123 IG — Formalisiertes Textilgut färbt schlecht. Man behandelt vor dem Färben mit HCl oder H_2SO_4 oder deren Salzen und dann mit Lauge.

FP 944752 AKU 1949 — Erhöhung der Affinität von Regeneratcellulose durch deren Behandlung mit Wasserdampf gesättigter Luft.

FP 840009 ICI 1940 — Zur Erhöhung der Affinität saurer Farbstoffe für tierische Fasern behandelt man mit Bädern, die unlösliche dissoziierbare Basen und HCOH liefernde Körper enthalten.

EP 546131 IG 1944 — Man färbt Cellulosefasern mit substantiven Farbstoffen, bedruckt mit animalisierend wirkenden Harzen, härtet und färbt mit sauren Farbstoffen nach.

AP 2430153 Dan River Mills 1947 — Cellulosematerial erhält Affinität zu Acetatseidenfarbstoffen, wenn man mit Verbindungen der Form

$$R—X—CH_2—N(\text{tert.})—Y$$

behandelt, wobei X ... O oder CO—N—R', R ... H oder Alkylrest, R' ... Alkyl mit weniger als 5 C-Atomen, wenn X gleich CON—R', oder mit mehr als 12 C-Atomen, wenn X gleich O ist. Z. B. verwendet man eine 6%ige Lösung von Octadecyloxymethylpyridiniumchlorid und 4% Natriumacetat.

AP 2371536 Courtaulds 1946 — Zur Erhöhung der Farbstoffaffinität von Nylon behandelt man mit kationaktiven Seifen, z. B. mit

$$\begin{array}{l} \qquad\qquad CH_3 \\ \qquad\quad / \\ CH_2—N{=}(C_2H_5)_2 \\ | \qquad\quad \backslash \\ | \qquad\quad SO_4CH_3 \\ CH_2—NH—CO—C_{17}H_{33} \end{array}$$

AP 2366241 Dreyfus 1945 — Man erhöht die Affinität von Cellulosederivaten zu Farbstoffen, die aus wäßrigen Dispersionen färben und beseitigt die Beeinflussung der Färbung durch Säure usw., indem man vor der Färbung mit einer wäßrigen Lösung von 23—40% NaOH 30—120 Sekunden bei 20—30° C vorbehandelt und nach dem Spülen färbt.

AP 2336341 Röhm & Haas 1943 — Man behandelt Cellulose mit 10%igen Lösungen von Verbindungen der Form:

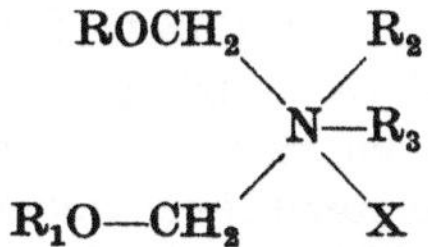

wobei R ein aliphatischer Rest von 8—12 C-Atomen, R_1 ein aliphatischer, alicyclischer oder Aralkylrest mit weniger als 13 C-Atomen und R_2 und R_3 niedrige Alkylgruppen vorstellen. X ist ein salzbildendes Anion. R_2 und R_3 können mit N auch einen heterocyclischen Ring bilden. Nach der Behandlung wird erhitzt. Hernach wird gefärbt. Die Baumwolle hat eine verminderte Affinität zu direkten, jedoch eine erhöhte Affinität zu Acetatseidenfarbstoffen.

AP 2339237 DuPont 1944 — Um die Farbstoffaufnahme von Polyamiden zu erhöhen, werden denselben Anteile von N-Methylpolytriglykoladipamid zugesetzt und damit eine geringe Empfindlichkeit gegenüber Wasser erzielt. Die erhöhte Farbstoffaufnahme durch die Beimischung von 15% Polytriglykoladipamat gegenüber Nylon ist zwei- bis dreimal so hoch. Vgl. S. 104.

AP 2330775 Röhm & Haas 1943 — Zur Verminderung der Affinität gegen substantive und Erhöhung der Anfärbbarkeit mit Acetatseidenfarbstoffen wird mit einer Lösung von 10—20% Dodecyloxymethylbenzyldimethylammonchlorid behandelt. Man quetscht ab, erhitzt auf 100° C und färbt unmittelbar darauf.

AP 2297702/03 DuPont 1942 — Erhöhung der Affinität von Wolle. Man behandelt mit Hydrosulfitlösungen in einer Menge bzw. Konzentration, daß die Wolle nicht reduziert wird. Hernach wird getrocknet.

AP 2246070 Duisberg 1941 — Man behandelt tierische oder aminisierte cellulosehaltige Fasern mit Lösungen von Reaktionsprodukten aus sekundären Aminen und Formaldehyd.

AP 2238949 Duisberg 1941 — Man behandelt Wolle mit Thioharnstoff und hernach mit Äthylbromiddämpfen. Die Wolle ist weniger alkaliempfindlich und die Affinität gegenüber sauren Farbstoffen ist wesentlich größer.

AP 2171241 Textile Foundation 1939 — Behandelt man Naturseide mit Keten-

$\left(\text{Diketen}\ \begin{matrix} CH_2—CO \\ | \quad\quad | \\ CO—CH_2 \end{matrix}\right)$-Dampf, so wird dieses an die freien OH- und Aminogruppen addiert. Die Farbstoffaufnahme wird verändert, außerdem ist die Seide resistenter gegen Belichtung.

2. Das Animalisieren von Cellulosefasern.

Wie bekannt ist, wird der Färbeprozeß mit sauren Farbstoffen durch die Ausbildung von Verbindungen zwischen den im Wollmolekül anwesenden Aminogruppen und der Farbsäure erklärt. Die Animalisierung von Cellulosefasern geht also im wesentlichen darauf hinaus, in oder auf die Faser Verbindungen mit solchen reaktiven Aminogruppen zu bringen, wodurch die Affinität zu sauren Farbstoffen erreicht wird[87].

Kunstseiden, die animalisiert sind, sind in zahlreichen Marken im Handel. Es sei auf folgende Handelsprodukte verwiesen: Rayolanda ist eine Casein enthaltende Viskose der Courtaulds Ltd., Vistralan XT bzw. Floxalan sind Viskosezellwollemarken, welche bis zu 30% Casein bzw. Polyamide enthalten. Cupralan ist animalisierte Kupferseide.

Die Erkennung aminierter (animalisierter) Cellulose ist durch Kaltfärbung mittels eines Wollegalisierfarbstoffs (0,5 g) und Schwefelsäure conc. (0,5 ccm) pro 100 ccm Wasser möglich. Andere Fasern färben nicht an. Verwendet werden können: Xylenlichtgelb GG (Sandoz), Erioechtcyanin S conc. (Gy.) usw.[88].

Die neuere Patentliteratur enthält wieder zahlreiche Vorschläge für die Animalisierung von Cellulosematerialien, wobei die verschiedensten Kondensate aus Aminoverbindungen, Harnstoffderivaten usw. mit Aldehyden, Pyridiniumabkömmlinge bzw. Proteinen und Isocyanaten usw. vorgeschlagen werden. Auch Verfahren zur Aminisierung von Cellulosederivaten, insbesondere Acetatseide, sind anzumerken. In einigen Fällen tritt gleichzeitig mit der Behandlung ein permanenter weicher Griff des Textilgutes auf, vielfach werden auch Echtheitsverbesserungen der erzeugten Färbungen angemerkt.

Literaturübersicht über das Animalisieren von Cellulosefasern.

Eckert, Abedi: Kunstseide und Zellwolle **27**, 386 (1949).
Guthrie: Text. Res. J. **17**, 625 (1947).
Mc Farlane: Text. Manufacturer **71**, 74 (1945).

Patentschrifttum über das Animalisieren von Cellulosefasern.

OeP 160041 IG 1941 — Aminierte Viskoseseide oder andere entsprechend behandelte Fasern werden vor der Färbung mit Äthylenoxyd behandelt. Es können auch Abkömmlinge dieser Verbindung, wie Epichlorhydrin usw. angewendet werden. Die Aufnahme für saure Farbstoffe wird dadurch wesentlich gesteigert und die Echtheit der erzielten Farbstoffe erhöht.

OeP 158632 IG 1940 — Aminierte Viskose oder Acetatseide wird mit Thioharnstoffen und Senfölabkömmlingen behandelt, wodurch das Aufnahmevermögen für saure Farbstoffe wesentlich gesteigert wird. Das Verfahren ist aber auch für die Behandlung von Wolle geeignet, wobei die Echtheit mancher saurer Farbstoffe bei Wollfärbungen wesentlich verbessert werden kann.

---

[87] Andersson: Text. Colorist **63**, 542 (1941).
[88] Wilcock, Tattersfield: J. Soc. Dyers Colourists **57**, 147 (1941).

OeP 157680 IG 1940 — Zur Erhöhung der Aufnahmefähigkeit von Cellulosefasern oder Celluloseestern werden dieselben mit Alkylierungsmitteln (Estern anorganischer oder organischer-anorganischer Säuren) behandelt. Man läßt z. B. auf aminierte Viskose, welche mit einer 10%igen Lösung von Octodecyltriäthylentetramin 1 Stunde bei 50—80° C in einem Flottenverhältnis 1 : 50 aminiert wurde, Epichlorhydrin und 1,4-Dibrombuten-(2,3) gasförmig einwirken. Hierauf wird mit Essigsäure angesäuert und dann geseift. Das Farbaufnahmevermögen für saure Farbstoffe ist wesentlich erhöht. Auch Wolle zeigt nach dieser Behandlung eine erhöhte Affinität zu Farbstoffen bzw. die Echtheit der Färbung ist eine wesentlich größere.

OeP 157392 IG 1939 — Man behandelt Cellulosefasern oder solche aus Celluloseestern mit einem Kondensationsprodukt von mit Benzolsulfochlorid behandelter Stärke und Pyridin. Dabei werden 40 Teile dieses Produkts auf 100—12000 Teile Wasser verwendet, das Produkt wird hierzu in 200—300 Teilen Eisessig gelöst. In einem derartigen Bade behandelt man z. B. Acetatseide etwa 20 bis 30 Minuten bei 40—50° C, schleudert ab und behandelt das Material mit einer heißen Lösung von 10—15 Teilen Kochsalz in 1000 Teilen Wasser nach. Ein eventueller Zusatz von Thioharnstoff oder von Rhodansalzen kann erfolgen. Das essigsaure Präparationsbad kann bis zur Erschöpfung Verwendung finden und etwa 1000 Teile Fasermaterial kann behandelt werden. Die so präparierten Fasern zeigen eine gute Affinität zu sauren Farbstoffen.

DP 751175 IG (nicht veröffentlicht) — Zum Animalisieren verwendet man die nach den DP 688337, 688379/80, 692695 hergestellten Kondensate.

DP 749051 Courtaulds 1945 (s. EP 506793) — Man behandelt Cellulosematerial mit Kondensationsprodukten aus Cyanamid und Formaldehyd, die erhaltenen Fasern können mit sauren Farbstoffen, wie Azogeranin 2 GS oder Sulfocyanin GR gefärbt werden.

DP 747395 IG 1944 — Zum Animalisieren von Textilien verwendet man Lösungen von Aminen oder Iminen und solche von Isocyanaten usw. gemeinsam oder nacheinander, wobei man dann bis zur Bildung unlöslicher Stoffe erhitzt. Die Kondensationsprodukte sollen weniger als 30 C-Atome aufweisen (z. B. N-Benzyläthylenimin und getrennt Phenylisocyanat).

DP 744751 Ciba 1944 — Man erhöht die Affinität von Cellulose zu Farbstoffen, welche Sulfongruppen enthalten, indem man mit Lösungen von Kondensaten aus Chlormethyl-β-chloräthyläther, Chloracetamid und Pyridin usw. behandelt.

DP 738015 IG 1943 — Cellulose wird mit wäßrigen Lösungen von Aminen oder Ammoniumbasen, die mit sauren Wollfarbstoffen in Reaktion treten können und mindestens eine einfache Kette mit 8 C-Atomen und mehr enthalten, zusammen mit Formaldehyd behandelt und bei 80—90° C getrocknet. Die Farbaufnahme für saure Wollfarbstoffe ist sehr erhöht (vorgeschlagen werden u. a. Stearylaminacetat, N-Dodecyl-1,3-propylendiaminformiat, Stearylpyridiniumchlorid usw.).

DP 736245 Zschimmer Schwarz 1943 — Animalisierte Cellulosefasern werden hergestellt, indem man den Viskosespinnlösungen usw. Eiweißprodukte nach DP 726175 zusetzt.

DP 735962 Glanzstoff 1943 — Zum Animalisieren von Cellulose wird dieselbe mit Carbonsäurehalogeniden (Naphtensäurechlorid in organischem Lösungsmittel) verestert, nachdem man vorher mit Alkalien behandelte. Hierauf wird

Ammoniak unter erhöhtem Druck und bei erhöhter Temperatur einwirken gelassen.

DP 735497 IG 1943 — Zum Animalisieren von Kunstseide werden Harze, hergestellt aus Äthylenimin, Brenzcatechin und Phenylisocyanat (DP 701003) verwendet. Die erhaltenen Fäden zeigen in Mischung mit Wolle beim Färben mit sauren Farbstoffen Unitöne.

DP 734243 IG 1943 — Durch Zugabe von Trichlorhartparaffin-Polyäthylendiamin-Kondensaten zur Viskosespinnmasse werden Fasern erhalten, welche in Mischung mit Wolle mit Metachromfarbstoffen echt färbbar sind.

DP 730925 Zschimmer Schwarz 1942 — Animalisiert kann Textilgut werden, indem man Viskosespinnlösungen, Eiweißverbindungen (Umwandlungsprodukte aus Eiweiß und Octadecyloxymethylpyridiniumchlorid) zusetzt.

DP 728464 Ciba 1942 — Zur Animalisierung behandelt man mit Carbonsäuremethylolamiden, gegebenenfalls in Gegenwart von Formaldehyd.

DP 714790 IG 1941 — Man animalisiert Cellulosekunstfasern, indem man Äthylenimin oder andere cyclische, eine Iminogruppe enthaltende Basen oder deren Polymere und Schwefelkohlenstoff auf der Faser umsetzt, dämpft und hierauf mit kochenden Salz- oder Säurelösungen auswäscht.

DP 711761 IG 1942. Zusatz zu DP 697761 — Animalisierungsmittel für Cellulose werden erhalten, wenn man Alkylenimine mit Estern höherer Alkohole mit anorganischen, sauerstoffhaltigen Säuren kondensiert (Äthylenimin wird mit Palmkernfettalkoholschwefelsäure umgesetzt).

DP 711408 IG 1941 — Man kondensiert 1,2-Alkylenimine mit cyclischen oder aliphatischen Carbonsäuren (Äthylenimin wird mit Abietinsäure umgesetzt).

DP 709721 IG 1940. Zusatz zu DP 697761 — Zur Animalisierung von Fasern werden Äthyleniminpolymere auf der Faser selbst erzeugt. Man imprägniert Kunstseide mit Äthyleniminlösungen und erhitzt in Anwesenheit saurer Katalysatoren auf 80—90° C.

DP 697761 IG 1939 — Siehe DP 709721.

DP 681520 IG 1939 — Als Animalisierungsmittel wird das Umsetzungsprodukt aus polymerem Äthylenimin und Isooctylisocyanat empfohlen.

DP 678907 IG 1939. Zusatz zu DP 676197 — Durch die Umsetzung von Äthyleniminbasen mit Schwefel (in Schwefelkohlenstoff gelöst) werden Harze erhalten, welche Fasern oder Spinnlösungen einverleibt werden können und diesen eine gute Anfärbbarkeit für saure Farbstoffe verleihen.

DA 197614 Brandt, s. a. 180450 bzw. 199335, 201605 — Das Animalisieren bzw. Reservieren von Cellulose erfolgt mit Säureimiden oder Amiden, eventuell mit gleichzeitiger oder nachträglicher Verätherung bzw. Veresterung.

DA 151988 Hiltner — Man setzt Viskosespinnlösungen Eiweiß aus tierischen Muskelfasern zu (Fischeiweiß usw.).

DA 74147 Aceta, s. 74447 — Die Affinität von Kunstseide zu sauren Farbstoffen wird durch Zusatz von hochmolekularen Stoffen mit leicht reagierenden Halogen-, Oxido- oder Sulfoestergruppen und Umsatz mit Aminen erhöht.

DA 65163 IG — Als Animalisierungsmittel für Polyurethane dienen solche wie für Cellulose. Sie werden der Schmelze einverleibt.

DA 64229 IG., s. 64249 — Zum Animalisieren von Cellulose sollen höhermolekulare Additionsprodukte aus Diisocyanaten mit Verbindungen, die unter Harnstoff- oder Urethangruppenbildung reagieren, brauchbar sein.

DA 61588 IG — Zum Animalisieren werden Kondensate aus einem Aldehyd und einer Verbindung mit 5- bzw. 6gliedrigen heterocyclischen Ringen, in der mindestens zweimal die Gruppe —N=C—NH—X (X = H oder NH_2) vorkommt, verwendet.

DA 58161 Heyden — Zum Animalisieren löst man in der Spinnviskose Guanidinxanthogenat.

DA 55427 Benckiser — Man bringt eiweißhaltige Viskoselösungen mit wasserlöslichen Salzen von Phosphorsäuren, wasserärmer als Orthophosphorsäure, zur Koagulation.

SP 253709 Sandoz 1948 — Zum Animalisieren werden Umsetzungsprodukte von

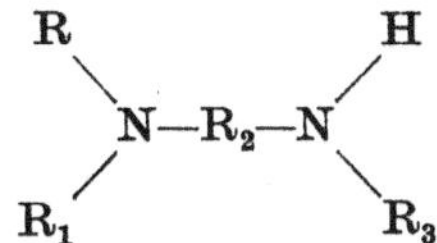

(Triäthyltetramin) mit Cyanamid empfohlen, s. S. 267.

SP 253455 Gy. 1948 — Kondensationsprodukte von Dicyandiamid werden zum Animalisieren von Cellulose empfohlen.

SP 238788 Ciba 1945. Zusatz zu SP 220744 — Man acyliert das Kondensationsprodukt von Trimethylamin und 4-Chlormethylbenzhydroxamsäure mit Essigsäureanhydrid und erhält einen zum Animalisieren von Textilien brauchbaren Stoff.

SP 231842 IG 1944. Zusatz zu SP 227351 — 1 Mol Triäthanolamin wird mit 3 Molen Äthylenoxyd umgesetzt.

SP 229608 IG 1944 — Triäthanolamin wird mit Monoäthanolamin und Formaldehyd kondensiert. Das Reaktionsprodukt ist ein Animalisierungsmittel.

SP 229183 IG 1944 — Man behandelt mit Lösungen von Alkylolmelaminen.

SP 228435 IG 1943 — Man kondensiert Monoäthanolamin und Harnstoff.

SP 219662 IG 1942 (s. Hydrophobieren).

SP 218055 IG 1942 (s. Hydrophobieren).

SP 212403 Ciba 1941 — Formanilid wird mit α,α'-Dichlordimethyläther umgesetzt und das Reaktionsprodukt mit Thioharnstoff behandelt.

SP 211416 Ciba 1940. Zusatz zu SP 208930 — Cellulose wird mit einer wäßrigen 10%igen Lösung von $(CH_3)_3NCl—CH_2—CO—NH—CH_2—ClN(CH_3)_3$ behandelt. Die Faser läßt sich dann mit sauren Farbstoffen in tiefen echten Tönen färben, s. a. SP 211415.

SP 208930 Ciba 1940 — Man behandelt Cellulose mit einer Lösung von β-Chloräthoxymethylpyridiniumchlorid und erhitzt das so behandelte Material 2 Stunden auf 115—125° C.

SP 208929 Ciba 1940 — Man behandelt Cellulose mit einer Lösung von Methylolchloracetamid und erhitzt 4 Stunden auf 110—150° C. Hierauf läßt man Pyridin einwirken, wobei eine Animalisierung der Cellulosefaser eintritt und diese mit sauren Farbstoffen gefärbt werden kann.

SP 208132 (s. a. SP 208133 und SP 208131, 208130, SP 208129 ICI 1940) — Zusätze zu 207201. Allophanodimethyl-methylcyclohexylammoniumchlorid

$$NH_2CO—NH—CO—(CH_2)_3—\overset{\displaystyle CH_3}{\underset{\displaystyle Cl\;\;C_6H_{11}\,(Cyclo)}{N}}—CH_3$$

(erhalten durch Kondensation von Chloracetylharnstoff und Dimethylcyclohexylamin) kann, ebenso wie die Verbindung

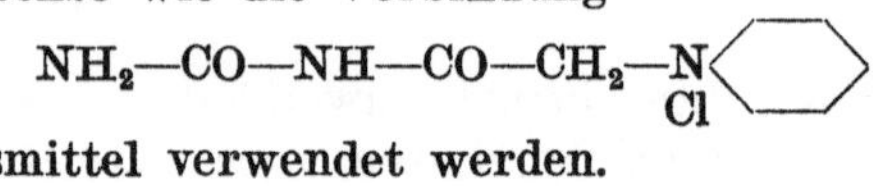

$$NH_2—CO—NH—CO—CH_2—\underset{Cl}{N}\langle C_5H_{10}\rangle$$

als Animalisierungsmittel verwendet werden.

SP 207203 ICI 1939 — Das Produkt

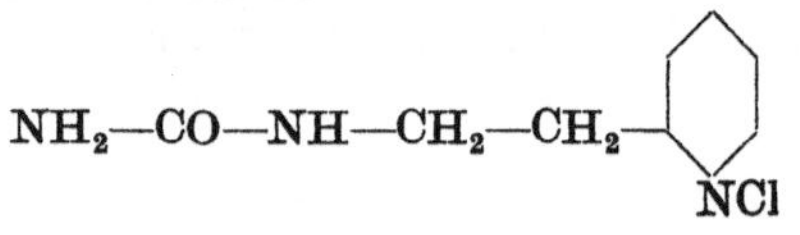

$$NH_2—CO—NH—CH_2—CH_2—C_5H_4NCl$$

ist als Animalisierungsmittel für Cellulosefasern verwendbar.

SP 206441 Schlesische Zellwolle 1939 — Beim Sulfidieren von Alkalicellulose wird gleichzeitig mit dem Schwefelkohlenstoff eine stickstoffgruppenhaltige, freie OH-Gruppen besitzende organische Verbindung verwendet. Die so hergestellte Viskose weist einen guten Griff auf und ist mit sauren Farbstoffen färbbar. Außerdem verläuft der Sulfidierungsvorgang wesentlich rascher. Man verwendet z. B. einen 5%igen Zusatz (auf α-Cellulose gerechnet) von Aminostearylalkohol.

FP 925788 Gen. An. 1947 — Zur Erhöhung der Affinität von Cellulosefasern zu sauren Farbstoffen werden Kondensationsprodukte von aliphatischen Aminen, organischen Säuren und Aldehyden, z. B. Tetradecylamin, Glykolsäure und Formaldehyd, verwendet. Manche der in Frage kommenden Stoffe können auch als Weichmacher oder Mattierungsmittel angewendet werden.

FP 914805 Rhodiaceta 1946 — Zum Animalisieren von Fasern aus Cellulose wird Diäthylaminoäthanol-methacrylat empfohlen:

$$CH_2=\underset{\displaystyle CH_3}{\underset{|}{C}}—CO—O(CH_2)_2—N\begin{matrix}\diagup C_2H_5\\ \diagdown C_2H_5\end{matrix}$$

FP 903934 Hydrierwerke 1945 — Affinität zu Säurefarbstoffen erhalten cellulosehaltige Textilien durch Behandlung mit Kondensaten aus 1 Mol Melamin, 3 Mol Guanylharnstoffchlorid, 1 Mol Dicyandiamid und 1 Mol HCl bei Nachbehandlung im alkalischen Seifenbad.

FP 880189 IG 1943 — Zum Animalisieren von Kunstfasern werden Kondensationsprodukte von Alkylolverbindungen mit Alkylolaminen und Formaldehyd vorgeschlagen.

FP 850498 Ital. Viscosa 1940 — Zur Animalisierung wird der Viskoselösung vor dem Verspinnen ein wasserlösliches Kondensationsprodukt aus Phenolformaldehyd oder Formaldehyd-Amid oder -amin zugegeben.

FP 844289 IG 1939 — Zum Animalisieren von Viskose oder Acetatseide werden Umsetzungsprodukte von Albumin, Stickstoffbasen und aromatischen Isocyanaten polymerisiert. Die erhaltenen Stoffe werden den Spinnlösungen zugesetzt.

FP 840773 IG 1939 (s. EP 501653) — Zum Animalisieren von Cellulose (Vistralan XT) wird der Viskose 8% Casein und 2% des Kondensationsproduktes von Äthylenimin und Phenylisocyanat einverleibt (vgl. auch AP 2232318).

FP 831554 IG 1939 —
FP 831576 IG 1939 — } Behandlung von Viskose mit Kondensaten von Äthylenimin und Schwefelkohlenstoff.

EP 613817 Drevitt, Stephens 1948 (s. EP 613818) — Zum Animalisieren von Cellulose oder Kunststoffasern werden Polyamine vorgeschlagen (5%ige Lösung von 1,16-Diamino-7,10-diazo-hexadecan). Nach dem Behandeln wird $2^1/_2$ Stunden auf 100° C erhitzt.

EP 590536 Stevenson 1947 — Zur Erhöhung der Affinität von vegetabilischen Fasern usw. oder zur Verbesserung der Färbungen von wasserunechten Farbstoffen werden Kondensationsprodukte aus aromatischen Aminen (wie z. B. p-Phenylendiamin, Toluidin, Benzidin, p,p″-Diaminodiphenylmethan usw.) mit Formaldehyd vorgeschlagen. Kondensiert wird in alkalischem oder saurem Milieu. Die Produkte werden vor oder nach der Färbung angewendet.

EP 568628 Courtaulds 1945 — Die Affinität von cellulosehaltigen Textilien zu Säure, Chrom-Direkt- und Schwefelfarbstoffen sowie Küpenfarbstoffen usw. wird erhöht, indem man die Waren vor dem Färben mit einer wäßrigen Lösung von Guanidinsalzen ungesättigter aliphatischer oder aromatischer ein- oder zweibasischer Säuren und Formaldehyd behandelt. Es werden Malein-, Acryl- oder Methacrylsäure genannt. Das Material erhält einen elastischen, weichen, überfärbechten Griff.

EP 560121 Courtaulds 1945 — Als Animalisierungsmittel dienen Kondensate von Dicyandiamid, Formaldehyd und Resorcin.

EP 549214 Courtaulds 1942 — Zum Animalisieren von Cellulose werden Kondensate aus Guanidinadipat oder -sebacat mit Formaldehyd vorgeschlagen.

EP 536686 Courtaulds 1941 (s. a. EP. 532113) — Die Affinität der Cellulose zu Farbstoffen wird gesteigert, wenn man mit Phenylisocyanaten behandelt (in Pyridin), und zwar bei 80° C etwa 4 Stunden.

EP 531751 Ciba 1941 — Zur Animalisierung von Kunstseide werden wasserlösliche oder dispergierbare Carbonsäuremethylolamide, wie Methylolchloracetamid, angewendet, das Textilmaterial dann getrocknet und schließlich mit basischen N-Verbindungen, wie Triäthanolamin usw., behandelt.

EP 528741 Courtaulds 1941 (s. a. AP 2234889) — Das Animalisieren von Cellulose erfolgt mit wäßrigen Formaldehydlösungen in Gegenwart saurer Katalyten und kleiner Mengen Harnstoff (s. EP 510199 und EP 528740), abquetschen und erhitzen und einer Weiterbehandlung mit Aminen (Äthanolamin), Amiden (Cyanamid) oder quaternären Basen (Pyridiniumverbindungen), worauf wieder erhitzt wird.

EP 524292 Dreyfus 1940. — Celluloseäther werden animalisiert durch Einführung von Arylsulfonsäuregruppen, welche mit Diaminen umgesetzt werden, die 3 C-Atome zwischen den beiden Aminogruppen aufweisen.

EP 514867 ICI 1939 — Zum Animalisieren von Cellulosetextilien wird eine Behandlung mit Äthern quaternärer Diammoniumderivate vorgeschlagen.

EP 510516 Courtaulds 1939 — Die Affinität von Cellulose zu sauren Farbstoffen wird durch Einlagerung von Aminoplasten erhöht.

EP 509852 IG 1939 (s. a. EP 505976) — Viscosefasern können nach Behandlung mit Isocyanaten, Proteinen und Stickstoffbasen mit Walk- und schwach sauren Farbstoffen gefärbt werden.

EP 509408/07 Courtaulds 1939 — Man behandelt Baumwolle mit löslichen Kondensationsprodukten von Biguaniden und Formaldehyd; sie ist mit sauren Farbstoffen anfärbbar. Man kann auch eine Mischung der Biguanid-formaldehydderivate mit Harnstoff-Formaldehydkondensaten verwenden.

EP 506793 Courtaulds 1939 — Gewebe werden mit einer Lösung von Cyanamid und Dicyanamid in Formaldehyd unter Zusatz von etwas Ammonchlorid (als Härtungsmittel) behandelt und nach Abquetschen durch 20 Minuten auf 140° C erhitzt. In gleicher Weise können Mischungen aus Harnstoff und Cyanamid oder Dicyandiamid benützt werden (s. a. EP 510516 und 524511).

EP 505976 IG 1939 — Man animalisiert Kunstseide mit dem Reaktionsprodukt von Casein und Phenylisocyanat.

EP 501913 Stolte 1939 — Man behandelt Viskoseseide einige Sekunden lang mit einer 10%igen Lösung der Verbindung der Formel:

$$OC{=}N{-}C_6H_4{-}CON(C_{16}H_{33})(C_{18}H_{37})$$

in Benzin, hierauf wird geschleudert und dann für 10 Minuten auf 140° C erhitzt. Die Viskose kann dann z. B. mit Polarrot 3B (Schultz, Farbstofftabellen, 7. Auflage, Nr. 475) aus schwach saurer Lösung gefärbt werden. Das Animalisieren läßt sich auch mit einer wäßrigen Lösung von Hexadecyl-methyl-aminomethylisocyanat durchführen. Als Farbstoffe kommen in erster Linie die schwach sauer färbbaren Walkfarbstoffe in Betracht.

EP 500110 ICI 1939 — Man behandelt Cellulose bei niedriger Temperatur mit Verbindungen der Form:

$$R_1R_2R_3N(X){-}L{-}CO{-}NH_2$$

R_1, R_2, R_3 bedeutet Aryl, Alkyl, Aralkylreste mit nicht mehr als 8 C-Atomen, L einen heterocyclischen Rest, X einen Säurerest; z. B. Carbamyl-hydroxymethyl-methylpyridiniumchlorid (1) oder Ureidoäthylpyridiniumchlorid (2). Man erhitzt kurze Zeit auf 140° C und kann mit sauren oder sauren Chromfarbstoffen färben.

1 $$Cl{-}N(C_5H_5){-}CH_2N(CH_2OH){-}CO{-}NH_2$$

2 $$Cl{-}N(C_5H_5){-}CH_2{-}CH_2{-}NH{-}CO{-}NH_2$$

AP 2518676 Eastman 1950 — Zum Animalisieren von Acetatkunstseide wird mit Äthylenimin 2—6 Stunden bei 50—150° C behandelt.

AP 2439074 Eastman Kodak 1948 — Celluloseacetatfasern mit Affinität zu sauren Farbstoffen werden hergestellt durch Zugabe von 10—30% eines primären Amins der Form

$$(\text{—R—N—R'—O—CO—R''—COO})n$$

(als viskose Flüssigkeit) zur Spinnmasse. Das Molgewicht der Verbindung, die zugesetzt wird, soll nicht höher als 14000 sein. R... Alkylrest mit 1—4 C-Atomen, R'... Rest mit 2—4 C-Atomen, COR" Rest mit 1—8 C-Atomen, *n* ist größer als 6.

AP 2418696 Courtaulds 1947 — Zur Veränderung der Affinität von Cellulose oder deren Derivaten zu Farbstoffen werden derartige Textilien mit Kondensaten aus Aldehyden und Verbindungen der Form: X—NH—C(NH)—NYZ, wobei X... H oder NH_2—O(NH), Y... Aralkyl oder Alkyl oder ein Heterocyclus mit Z ist, behandelt (vgl. auch AP 2417312).

Man imprägniert mit einer Lösung, welche 2% Äthylenbiguanid, 6% Formaldehyd 40%ig enthält und mit NaOH auf pH 9 eingestellt ist. Hierauf wird auf 100% Feuchtigkeit abgequetscht, bei 60° C getrocknet, 15 Minuten auf 140° C erhitzt. Die Textilien sind affin gegen *saure* Farbstoffe, wobei die Färbungen gute Lichtechtheit zeigen.

Man kann auch Mischungen von Äthylendiaminchlorhydrat mit Cyanamid oder Dicyanamid verwenden.

AP 2391942 DuPont 1946 — Zum Färben von Mischgeweben bzw. zur Erhöhung der Affinität von Baumwolle für saure Farbstoffe wird die Behandlung letzterer mit Formaldehyd und einem tert. Oxyaminderivat beschrieben. Man behandelt z. B. mit einer Lösung von 5% Formaldehyd, 10% Triäthanolaminchlorhydrat und 0,2% Ammonchlorid, trocknet bei gewöhnlicher Temperatur und erhitzt dann kurz auf 90—150° C.

AP 2382185 Gen. An. 1945 — Alkylenimino-Carbonsäurekondensationsprodukte können zum Animalisieren dienen.

AP 2375124 Courtaulds 1944 — Eine Animalisierung von Cellulose ist mit den Kondensaten aus Diphenylbiguanid und Formaldehyd möglich.

AP 2358188 DuPont 1944 — Man behandelt zur Erhöhung der Affinität von Kunstseide oder reg. Cellulose gegenüber Farbstoffen mit Lösungen von Diisocyanaten in Benzol (10%ige Lösungen), trocknet und erhitzt kurz auf 140° C oder kocht mit einer 3%igen Xylollösung von Isocyanaten.

AP 2356677 Courtaulds 1944 — Man behandelt mit einer Lösung von Formaldehyd und Guanidinsalzen einer langkettigen aliphatischen Dicarbonsäure mit mindestens 6 C-Atomen und erhitzt.

AP 2356079 Gen. An. 1944 — Cellulosefasern behandelt man mit einem Reaktionsprodukt aus aromatischen Diisocyanaten und einer Mischung von N,N',N"-Trimethyldiäthylentriamin und N,N',N",N'"-Tetramethyltriäthylentetramin.

AP 2350188 DuPont 1944 — Man behandelt Textilien mit Phenylisocyanat und kann nachher mit sauren Farbstoffen färben.

AP 2348305 Celanese 1944 — 100 Teile Cotton-Linters werden mit Essigsäure vorbehandelt, dann verestert, mit 300—350 Teilen Essigsäureanhydrid und 50 Teilen Essigsäure sowie 250 Teilen Chloressigsäure und 20 Teilen Schwefelsäure gereift und nachher mit Pyridin reagieren gelassen. Die Acetylcellulose ist animalisiert.

AP 2333203 Gen. An. 1943 — Die Anfärbbarkeit von Cellulose wird erhöht, indem man sie mit Pyridin- oder Chinolinderivaten in Gegenwart eines Verdünnungsmittels behandelt und mit Verbindungen der Form R—O—CH_2—Hal (Hexadecylchlormethyläther) bei erhöhter Temperatur behandelt.

AP 2332047 Röhm & Haas 1943 — Man stellt N-haltige Cellulosederivate her, indem man Cellulose mit einer Lösung eines Amino-1,3,5-triazins erhitzt.

AP 2328900 Röhm & Haas 1943 (s. a. AP 2328901) — Man behandelt Textilien aus Cellulose mit einer Lösung eines wasserlöslichen Polyamids, einem Aldehyd und einem nicht aromatischen Amin, erhitzt und kann dann mit sauren Farbstoffen färben.

AP 2325586 DuPont 1943 — Zum Animalisieren wird der Viscose Poly-hexamethylenguanidin zugesetzt.

AP 2318464 Courtaulds 1943 — Man imprägniert Cellulose mit einer wäßrigen Cyanamidlösung, die ein Hydroxyaldehyd, ein Hydroxyketon sowie kleine Mengen einer Phenolkomponente und einen Katalyten enthält, worauf man trocknet und erhitzt.

AP 2317965 Gen. An. 1943 — Zur Erhöhung der Affinität von Regeneratcellulose oder Celluloseäthern oder Estern zu sauren Farbstoffen werden Verbindungen der Form:

$$\begin{array}{llll} CH_2 & & & CH_2 \\ | \quad \diagdown & & & \diagup \quad | \\ | \qquad N{-}CO{-}NH{-}R{-}NH{-}CO{-}N & & & | \\ | \quad \diagup & & & \diagdown \quad | \\ CH_2 & & & CH_2 \end{array}$$

vorgeschlagen, welche auf der Faser polymerisiert werden.

AP 2312199 Courtaulds 1943 — Vicosespinnlösungen erhalten zwecks Animalisierung den Zusatz von Kondensaten aus Polyalkylenpolyaminen und Arylisocyanaten oder -isothiocyanaten.

AP 2307973 Gen. An. 1943 — Man erhöht die Naßechtheit von sauren Färbungen auf amidierter Cellulose, indem man in der Spinnlösung neben dem Animalisierungsmittel eine Beize für basische Farbstoffe zusetzt und im Faden niederschlägt. Dann wird gefärbt. (Siehe die Verwendung von Tannin bei der Polyamidfärbung oder Schlichtung!)

AP 2300589 IG 1942 — Man verwendet hochmolekulare, wasserunlösliche, alkalilösliche Sulfonate bzw. Sulfonamide, die einen basischen N in der Amidogruppe enthalten.

AP 2296226 Gen. An. 1942 — Man behandelt 1,2-Alkylenimine oder deren nicht kristalline Polymerisate mit Fettsäurechloriden und erhält u. a. Mittel zum Animalisieren.

AP 2296211 Gen. An. 1942 — 1,2-Alkylenimine werden mit Fettsäurechloriden umgesetzt. Die Reaktionsprodukte verleihen Cellulosefasern erhöhte Affinität zu sauren Farbstoffen, auch sind sie zur Verbesserung der Wasch- und Wasserechtheit von Direktfärbungen geeignet.

AP 2291061 Duisberg 1942 — Zur Verbesserung der Affinität von Cellulosederivatfasern gegen saure Farbstoffe wird eine Behandlung mit den Kondensationsprodukten von Polyacrylsäure und Äthylpolyacrylsäureester mit

Dimethylaminoäthylamin bzw. ein Gehalt von 10% in der Faser vorausgesetzt und die Faser dann mit Epichlorhydrindämpfen bei 79° C behandelt.

Ap 2287523 Röhm & Haas 1942 — Verbindungen der Form

$$\begin{matrix} R_1 & & & & R_1 \\ & \diagdown & & \diagup & \\ & N\!-\!CH_2\!-\!N & & & \\ & \diagup & & \diagdown & \\ R_2 & & & & R_2 \end{matrix} \qquad (R_1,\ R_2 \text{ Alkylreste})$$

können zum Animalisieren und Wasserabstoßendmachen von Cellulose angewendet werden.

AP 2287028 Ambrosio Corbellini 1942 — Vgl. S. 55.

AP 2284962 Ciba 1942 — Schwefel- und stickstoffhaltige Viskose mit Affinität zu direkten und sauren Farbstoffen wird erhalten, wenn man Cellulosegarne in wäßrigen Verbindungen der Form $RNH_3[Ac]$ mit Chlor behandelt und xanthogeniert (R ... Alkyl oder Wasserstoff, Ac ... Säurerest).

Z. B. wird Baumwollgarn 0,5 Std. mit 2000 Teilen einer Lösung von 300 Teilen Soda, 150 Teilen NaOH und 1550 Teilen Wasser behandelt, dann zentrifugiert, xanthogeniert und anschließend 20—60 Min. in einer Ammonchloridlösung 10%ig mit 200 Teilen Natriumhypochlorit mit einem Gehalt an 10% aktivem Chlor behandelt. Nach dem Waschen ergibt sich eine Gewichtszunahme von 10—20%, das Garn enthält etwa 9% Schwefel und 1,74% Stickstoff.

AP 2277486 DuPont 1942 — Zur Animalisierung und zur Erhöhung der Elastizität von Celluloseacetatseidenfasern werden der Spinnlösung benzyliertes Albumin oder benzyliertes, deacetyliertes Chitin zugegeben. Die erhaltenen Fasern sind mit sauren Farbstoffen färbbar.

AP 2272489 IG 1941 — Zum Knitterechtmachen, Weichmachen, zur Nachbehandlung von Direktfärbungen oder zum Animalisieren werden Kondensate von Poly-äthyleniminen mit Fettsäurechloriden mit mehr als 16 C-Atomen empfohlen.

AP 2267842 Duisberg 1941 — Zur Erhöhung der Affinität von Celluloseestern oder Fasern aus Polyvinylestern, Polyacrylestern usw. gegenüber sauren Farbstoffen werden den Spinnmassen usw. hochmolekulare, in organischen Lösungsmitteln lösliche, in Wasser kaum oder unlösliche Verbindungen, die basische Reste enthalten, zugegeben. Z. B. Polymeres Methylenaminobenzylanilin, Reaktionsprodukte von Novolak mit β-Chloräthyldiäthylamin, Reaktionsprodukte von chlorierten Methylenalkylharzen mit Aminen usw. usw.

AP 2265559 DuPont 1941 — Zu Viscose- oder Acetatseidespinnlösungen werden Polyamide zugesetzt (5—20%). Das Polyamid ist in feinsten Teilchen im Faden eingelagert.

AP 2261294 Schlack 1941 — Man erhöht die Affinität von Fasern für saure oder direkte Farbstoffe durch Imprägnieren mit basischen Körpern, die die COOH- oder OH-Gruppen der Fasern blockieren. Bei der Behandlung von Celluloseacetat mit N-Butyläthylenimin erhält die Faser Affinität zu sauren Farbstoffen (Alizarindirektblau, Alizarincyaningrün, Orange II usw.). Wird Viskose mit Katanol O und dann mit Tetra-(γ-Cl-β-OH-propyl)-aminhydrochlorid und Na-Antimonat behandelt und hierauf mit 8% Äthyleniminlösung bei 40° C behandelt, ist die Viskose hernach mit sauren Farbstoffen färbbar.

AP 2261240 Duisberg 1941 — Man lagert in Cellulosefäden Kunstharz ein, indem man erst mit Äthyleniminlösung, hernach mit CS_2 behandelt und nachher kochend reinigt.

AP 2259545 Celanese 1941 —

AP 2243630 Röhm & Haas 1942 — Zum Animalisieren werden der Viscosespinnmasse Pyrrol, Polyamine und Formaldehyd zugesetzt.

AP 2238947 Duisberg 1941 (s. 5. Abschnitt).

AP 2237829 DuPont 1941 (s. a. AP 2191887) —Cellulosederivatfasern, wie z. B. Acetylcellulose, werden mit einer Lösung von polymerisiertem β-Diäthylaminoäthyl-α-methacrylat in Aceton behandelt. Man setzt eine derartige Lösung direkt der Spinnlösung zu, welche dann auf einen Gehalt von 20% des Celluloseesters 2% der Polymerverbindung aufweist. Die erzeugte Faser ist mit sauren, aber auch mit direkten Farbstoffen färbbar (s. a. AP 2234905 und AP 2234889 Courtaulds, S. 278).

AP 2232318 Duisberg 1941 — Man setzt den Kunstseidenspinnlösungen ein Polymeres des Reaktionsproduktes aus Alkylenimin und Protein einerseits mit Alkylisocyanaten oder Iso-thiocyanaten anderseits zu.

AP 2231890 Duisberg 1941 — Zu Spinnlösungen gibt man Reaktionsprodukte aus Alkyleniminen und Arylisocyanaten bzw. Arylisothiocyanaten.

AP 2231291 Duisberg 1941 — Man behandelt Cellulosegarne mit einer Lösung von Äthylenimin und Casein (3 : 1) und nachher mit cyclohexanolischer Phenylisocyanatlösung. Dann wird getrocknet und 1 Stunde bei 80° C behandelt.

AP 2222208 Gen. An. 1940 — Man verdünnt Polyäthylenimine mit Wasser und setzt mit Isooctylestern der Isocyansäure um. Auch 1,2-Propylenimin kann verwendet werden.

AP 2219369 Fahlberg & List 1940 — Man trocknet eine Lösung von p-Toluolsulfonamid und Protein in Alkali, erhitzt dann mit Formaldehyd auf 100° C. Das erhaltene Produkt ist zum Animalisieren von Cellulosefasern verwendbar.

AP 2185480 IG 1940 — Zum Animalisieren von Fasern können Kondensationsprodukte aus Alkyleniminen und Estern aus Alkoholen mit mindestens 6 C-Atomen und anorganischen mehrbasischen Säuren Anwendung finden. Äthylenimin wird mit Schwefelsäureestersalzen von Octadecylalkohol oder Palmkernfettalkoholen umgesetz.

AP 2161805 Celanese 1939 — Acetatseidefasern werden mit Lösungen von Kunstharzen (Methylolharnstoff), die ein Quellmittel für die Faser enthalten, behandelt, getrocknet und kurz auf 120—130° C erhitzt.

3. Das Immunisieren von Textilien.

Zum Unterschiede von der Reservierung der Wollfaser beim Färben der Baumwolle in Halbwollwaren mit substantiven Farbstoffen, wozu bekanntlich geschwefelte Phenole angewendet werden, wird unter Immunisierung die Zerstörung der Affinität von Fasermaterialien verstanden, und zwar gegenüber jener typischen Farbstoffklasse, die zur Färbung der nicht immunisierten Textilien in erster Linie in Frage kommt.

Als Immungarn oder Passivgarn ist behandelte Baumwolle lange bekannt. Dieselbe wird nach geschützten Verfahren acyliert und kann als Effektgarn, welches von Direktfarbstoffen reserviert wird, Verwendung finden.

Neuere Arbeitsweisen schlagen nun für diesen Zweck Pyridiniumderivate und Morpholiniumabkömmlinge vor.

Nach einer besonderen Arbeitsweise soll Nylon durch Einwirkung von Aminonaphtoldisulfosäure in Gegenwart von Ameisensäure immunisiert werden.

Patentschrifttum über das Immunisieren von Textilien.

DP 726212 Kammer 1942 — Immungarne werden hergestellt, indem man nach vorangegangener Alkalisierung der Fäden mittels Toluolsulfochlorids in organischem Lösungsmittel in der Kälte tränkt und den Faden mittels auf 100° C erwärmter Luft behandelt.

DP 726131 Hermann 1942 — Immunfäden als Effekte sind herstellbar, indem man die Veresterung des Materials unter bestimmten Vorsichtsmaßnahmen in einem geheizten, die Veresterung verlangsamenden Raum (dampfgefüllt) vornimmt.

FP 872911 Glanzstoff 1942 — Immungarne werden hergestellt, indem man auf mit 1—3%iger NaOH getränkte Cellulose Halogennaphtensäurechlorid in organischen Lösungsmitteln einwirken läßt und nachher auf höhere Temperatur erhitzt. Das Garn kann durch eine Nachbehandlung mit Ammoniak leicht in Amingarn (also animalisierte Cellulose) übergeführt werden.

EP 552015 Courtaulds 1943 — Nylon kann gegen Farbstoffe immun gemacht werden durch Behandlung mit Ameisensäure und Aminonaphtoldisulfosäure.

EP 510199 Courtaulds 1940 — Behandlung mit Thioharnstoff, Formaldehyd und Tetroxalat.

EP 505563 Celanese 1939 (vgl. AP 2221118) — Zur Verminderung der Affinität von Cellulosematerial gegen Direktfarbstoffe behandelt man mit 57,5 Teilen Tetrachlorkohlenstoff, 30 Teilen Essigsäureanhydrid, 11,5 Teilen Essigsäure, 1 Teil Acetylchlorid und 1 Teil Zinkchlorid im Flottenverhältnis 1 : 40 bei 20° C.

AP 2430153 Dan River Mills 1947 — Zum Immunisieren von Cellulosefasern gegenüber direkten Farbstoffen werden Verbindungen, die ähnlich dem Zelan sind, vorgeschlagen: Alkyl-CO-NH-CH_2-Pyridiniumchlorid usw. Man kann die mit Küpenfarbstoffen vorgefärbte Cellulosefaser behandeln und als Effektgarn für direkte Färbungen verwenden.

AP 2336341 Röhm & Haas 1943 — Zur Verminderung der Affinität von Cellulose für Direktfarbstoffe bei erhöhter Farbaufnahme für Acetatseidenfarbstoffe behandelt man mit Lösungen von Verbindungen der Form:

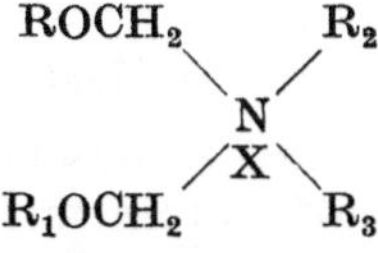

(R... aliphatischer Rest mit 8—12 C-Atomen, R_2 u. R_3 niedrige aliphatische Reste oder Heterocyclus, X... Halogen), z. B. Octyloxymethylbutyloxymethylmorpholinchlorid oder 20% Dodecyloxymethyläthoxyäthyldimethylammoniumchlorid, wobei nachher bei 130—150° C erhitzt wird.

4. Das Cotonisieren von Acetatkunstseide.

Acetatseide enthält im Gegensatz zu normaler Cellulose veresterte OH-Gruppen und wird daher von Direktfarbstoffen nicht angefärbt.

Verseift man den Acetylcelluloseester jedoch weitgehend, so tritt neben einer Verminderung des Glanzes auch die Affinität der Faser zu substantiven Farbstoffen wieder auf.

Während man beim Mattieren von Acetatseide manchmal schwach alkalische Bäder anwendet, um eine gewisse Glanzminderung hervorzurufen, wobei hier keineswegs eine Abspaltung der Acetylgruppen im Fasermolekül eintreten muß (die Glanzverminderung wird vielmehr durch das Auftreten feinster Risse in der Faseroberfläche verursacht), ist beim Cotonisieren der Acetatseide nicht die Glanzveränderung, sondern die Änderung des färberischen Verhaltens der Faser das Ziel.

Literaturübersicht über das Cotonisieren von Acetatkunstseide.

Tattersfield: J. Soc. Dyers Colourists **66**, 9 (1950).

Patentschrifttum über das Cotonisieren von Acetatkunstseide.

DA 92154 Rhodiaceta — Acetatseidestreckfäden werden durch Behandlung mit Alkohol, Wasser und NH_3 desacetyliert.

EP 580433 Celanese 1946 (s. a. EP 581947) — Zum Cotonisieren von Acetatseide durch vollständige Verseifung wird an Stelle der manchmal einen Festigkeitsverlust der Faser verursachenden starken Alkalien eine Lösung von 0,6% NaOH, 3% Formaldehyd und 25% Na_2SO_4 vorgeschlagen, wobei zirka 90 Minuten in einem Bad bei 80° C gearbeitet wird.

AP 2162881 Celanese 1939 — Acetatseide wird mit 2—4%igen Lösungen von Monobenzylamin usw. behandelt.

AP 2144202 IG 1939 — Man verwendet alkalische Bäder mit einem Gehalt von 3 g/Liter Dodecyltrimethylammoniumbromid.

5. Das Reservieren von Wolle.

Als Reservierungsmittel für Wolle gegen das Anschmutzen derselben beim Färben in Mischung mit Baumwolle sind geschwefelte Phenolderivate, wie *Katanol SL* oder *Thiotan MS* seit langem bekannt und in Gebrauch.

Eine Reihe von Vorschlägen zur Herstellung ähnlich zusammengesetzter Wollreserven ist in der Patentliteratur des Berichtszeitraumes anzumerken.

Das Reservieren von Polyamidfasern kann mit *Katanol SL* oder *Nylotan MS* erfolgen. (Vgl. auch S. 185.)

Patentschrifttum über das Reservieren von Wolle.

DP 746305 ohne Inhabernennung 1945 — Reservierungsmittel für Wolle werden erhalten, wenn man Naphtalinsulfosäuren mit mindestens drei Sulfogruppen mit Aminen, welche eine oder mehrere acylierte Aminogruppen im Kern und mindestens eine wasserlöslichmachende Gruppe enthalten, kondensiert. Man bringt z. B. Naphtalin-1,3,6-trisulfosäure mit 3,4-Diaminotoluol-6-sulfosäure in Reaktion und führt hierauf die restlichen Aminogruppen mit Toluolsulfochlorid in die Toluolsulfonamidgruppen über.

DP 737622 IG 1943 — Lichtechte und wasserlösliche Wollreservierungsmittel werden erhalten, wenn man Phenol mit Bariumhydroxyd, Zinnchlorür und Schwefel behandelt.

DP 729431 IG 1942. Zusatz zu DP 723276 — Ester der Schwefelungsprodukte von Phenolen sind Wollreservierungsmittel; s. a. DP 727156 IG 1942 und DP 723276 sowie SP 219653 IG 1942.

DP 701075 Heyden 1941 — Oxyarylsulfosäuren ergeben mit Formaldehyd in Gegenwart von Naphtalin wasserlösliche Produkte, die als Wollreservierungsmittel und Beize für basische Farbstoffe verwendet werden können.

SP 230624 IG 1944. Zusatz zu SP 219653 — Der durch Umsetzung des Zinnkomplexsalzes des Schwefelungsproduktes aus Phenol in Gegenwart von Alkali und Schwefel mittels o-Sulfobenzoesäure erhaltene Ester ist ein wertvolles Reservierungsmittel für tierische Fasern.

SP 220405 IG 1942. Zusatz zu SP 217486 — Man behandelt die Zinnkomplexsalzverbindung der durch Einwirkung von Schwefel und Alkali auf p-Chlorphenol erhaltenen Thioverbindung mit einem Salz der schwefeligen Säure.

SP 217486 IG 1942 — Man behandelt die Zinnkomplexverbindung der Thioverbindung aus Phenol, Schwefel und Alkali mit schwefligsaurem Natrium.

SP 203324, 203323, 203322, 203321, 203320, 203319, 203318, 203317, 203316, 203315, 203314 Gy. 1939. Zusatz zu 199778 — Man verwendet als Wollreservierungsmittel die Sulfurierungsprodukte von Kondensationsprodukten (Ester) aus Benzaldehydsulfosäuren, Naphtylaminderivaten und Alkylphenolen, z. B. setzt man 2-Chlorbenzaldehyd-5-sulfosäure, Amylnaphtalin und Di-isobutylphenol um und sulfoniert das Reaktionsprodukt.

FP 838318 Gy. 1939 — Das Kondensationsprodukt von aromatischen Aldehydsulfosäuren mit aromatischen Kohlenwasserstoffen kann als Wollreserve beim Färben mit substantiven Farbstoffen dienen (s. a. SP 203314/24).

AP 2230587 Gen. An. 1941 — Disulfoniumverbindungen der Form:

$$\begin{array}{c} \quad\;\; Ac \qquad\;\; Ac \\ \quad\;\; | \qquad\quad\; | \\ (R)_2{=}S{-}R_1{-}S{=}(R_2) \end{array}$$

wobei R_2 Methyl, Äthyl oder Benzylreste, R_1 einen aliphatischen Rest mit mehr als 10 C-Atomen und Ac einen Säurerest bedeuten, können als Wollreservierungsmittel beim Färben von Mischgeweben dienen.

IV. Nachbehandlung von Färbungen.

1. Die Verbesserung der Wasser- und Waschechtheit direkter Färbungen.

Die Verbesserung der Wasser- und Waschechtheit ist dank der Fortschritte, die in den letzten Jahren gemacht wurden, für die Praxis bedeutungsvoll geworden. Während früher die meist anionaktiven direkten Farbstoffe auf dem Fasermaterial mittels höhermolekularer kationaktiver seifenartiger Stoffe zu in Wasser unlöslichen salzartigen Verbindungen umgesetzt wurden, wobei eine befriedigende Wasserechtheit, aber keine besondere Waschechtheit erzielt werden konnte, sind gerade in der Berichtsperiode Bestrebungen zur wesentlichen Verbesserung der Waschechtheit festzustellen. Die Vorschläge der letzten Jahre gehen dahin, die Nachbehandlung mit löslichen Kunstharzvorkondensaten durchzuführen. Letztere können allein oder bevorzugt in Gegenwart von Kationseifen Verwendung finden. Neben den bereits bekannten Vorkondensaten aus Harnstoff bzw. Melamin und Formaldehyd wurden vielfach die Kondensate aus Formaldehyd und Dicyandiamid und anderen Stickstoffverbindungen vorgeschlagen. Die Mitverwendung von Kupferkomplexverbindungen soll die Beeinträchtigung der Lichtechtheit durch die Nachbehandlung verhindern.

Im Zuge der vorerwähnten Echtheitsbestrebungen bei der Erzielung gefärbter Textilien war das Problem der Verbesserung von substantiven Färbungen hinsichtlich Naß- und Waschechtheit durch eine Reihe Verfahren gelöst worden. Geeignete Präparate kamen als Lyofix (Ciba), Sandofix (Sandoz), Tinofix (Geigy) auf den Markt. Bald jedoch ergab sich, daß bei einer Reihe von Direktfarbstoffen, auch solchen der Sirius- bzw. Chlorantinlicht-, Solar- oder Diphenylecht-Klasse die Lichtechtheit durch derartige Maßnahmen oft nicht unbeträchtlich herabgesetzt wurde. Im Coprantinverfahren (Ciba, FP 809893) wurden daher vorerst lichtunechte Farbstoffe, die früher in frischen Bädern nachgekupfert wurden, auf einfache Weise mit Cu-Salzen im Färbebade behandelt und die Lichtechtheit erhöht (s. a. FP 815134, 839451). Es war naheliegend, zu versuchen, die oben genannten Mittel zur Naßechtheitsverbesserung und ein Nachkupfern vorzunehmen, um so die Lichtechtheitseinbuße, die bei der Verbesserung der Naßechtheiten von substantiven Farbstoffen eintritt, auszugleichen. Dies ist nun tatsächlich gelungen. Ein geeignetes Farbstoffsortiment wird von der Sandoz AG. z. B. als Cuprofixfarbstoffe bzw. als Neocupran- (Ciba) und Cuprophenylfarbstoffe (Geigy) herausgebracht. Behandlungsmethoden derartiger Art schildert die Ciba-Patentschrift OeP 165053 usw.: Man arbeitet entweder mit $CuSO_4$ und Sandofix (Sandoz), bzw. Cu-Salzen mit Melamin- oder Dicyandiamidinvorkondensaten (Ciba) oder $CuSO_4$ und Tinofix (Geigy).

Im nachstehenden werden einige bei derartigen Behandlungen erzielte Werte angegeben (s. OeP 165053).

Farbstoff für die Färbung	I			II			III		
	Wasser-	Wasch-	Licht-	Wasser-	Wasch-	Licht-	Wasser-	Wasch-	Licht-
	Echtheit			Echtheit			Echtheit		
Carbidschwarz E (Schultz-Tabellen Nr. 671)	5 (3)	4—5 (3)	2—3 (3)	5	4—5	2—3	3—4	3	3
Direkthimmelblau grünlich (Schultz-Tabellen Nr. 510)	2 (2)	2—3 (2)	1 (2)	5	5	5	2	2	2
Chlorantinlichtbraun BRLL (Schultz-Tabellen II. Bd.)	3—4 (3)	2—3 (3)	4—5 (6)	5	5	6	3	2	6

Nachbehandlung mit Kondensaten und Kupferverbindungen gleichzeitig.

I. Färbung, nachbehandelt mit dem Kondensat aus 1 Mol Melamin und 6 Mol Formaldehyd (40%) (FP 826631), sauer reagieren lassen.

II. Färbung, nachbehandelt mit dem Kondensat aus 2 Mol Dicyandiamid, 3 Mol Formaldehyd (40%) und 5 Gew.-T. $CuCl_2$ in ameisensaurem Milieu (OeP 165053).

III. Färbung, nachbehandelt mit der Cu-Verbindung des Äthylendiamins (DP 657117).

Wasch- und Naßechtheit 1 geringste, 5 höchste Echtheit, Lichtechtheit 1 geringste, 8 höchste Echtheit. In der Kolonne I sind in ( ) die Werte für die unbehandelte Färbung angegeben. Es zeigt sich, daß die Nachbehandlung I (ohne Cu) die Lichtechtheit der Färbung herabgesetzt hat.

Die Werte für die angegebenen Farbstoffe (Ciba) gelten auch für Chloraminschwarz EX extra, Chloraminblau FF und Solarbraun PL (Sandoz) bzw. Columbiaschwarz EAW extra, Diaminreinblau FF, Siriusbraun BRL (IG) bzw. Formalschwarz C conc., Diphenylreinblau FF, Diphenylechtbraun BRL (Geigy).

Eine Reihe von Verfahren stellen nunmehr Farbstoffe her, die sich zum Färben nach den eben genannten Methoden eignen. OeP 162591 (Ciba) rotviolette Töne, 162598, 162599 (Ciba) marine, schwarz oder braun, 162600 (Ciba) grau, 162603 (Ciba) gelb, 162618 (Ciba) schwarz, 162946 (Gy.) marine, schwarz. Weitere Produkte betreffen die OeP 164490 (Ciba) rot, 164015 (Ciba) grünblau—rotblau, 163617 (Ciba) gelb—orange, marine, oliv, 165077 (Ciba) marine, 166464 (Ciba) braun, 166697 (Ciba) gelb, 164536 (Gy.) violett—bordeaux, 164557 (Gy.) gelb—rotbraun usw.

Bei der Auswahl von Direktfarbstoffen ist weiter auch auf eventuelle Tonveränderungen zu achten, die durch Knitterfest- oder Schrumpffestappreturen erfolgen können.

Für die Wollfärberei, auch in Mischgeweben, interessant sind die aus neutralem Bade ziehenden esterartigen Farbstoffe (Neocotonreihe), die nach der Metachrom- oder Synchromat- bzw. dem Halbwollchromverfahren gefärbt werden können. Man arbeitet bekanntlich so, daß man den neutralziehenden sauren chromierbaren und den chrombeständigen Direktfarbstoff gleichzeitig ins Bad bringt. Z. B. 2 Teile Farbstoff, 2,5 Teile $(NH_4)_2SO_4$, 2,5 Teile Na-Chromat, 10 Teile Na_2SO_4 cryst. auf 100 Teile Textilmaterial. Man geht bei 60—70° C ein, steigert innerhalb 30 Minuten zum Kochen, färbt $^3/_4$ Stunden kochend, setzt dann 0,5—1% CH_3COOH 40%ig zu. Man erhält ohne direkte Verseifung den Chromkomplex des Farbstoffs in walkechter Färbung auf der Faser. Im übrigen sind nach dieser Methode auch Caseinfasern bzw. Superpolyamide färbbar (s. OeP 163420 [Ciba], 165042 [Ciba], 166215 [Ciba] usw.).

Das Coprantex-A-Verfahren der Ciba (Behandlung von substantiven Färbungen mit Coprantex A) soll die Naßechtheiten derart erhöhen, daß die nachbehandelten Färbungen resistent gegen eine Wäsche bei 90° C sind. Hieher zählt auch das Resofix-Sortiment (Sandoz), welches durch Nachbehandlung mit Resofix VF hochwaschechte Färbungen ermöglicht.

Literaturübersicht über die Verbesserung der Wasser- und Waschechtheit direkter Färbungen.

Krähenbühl: Textil Rundschau **4,** 157 (1949).
Landolt: Textil Rundschau **3,** 108 (1948); **1,** 41 (1946).
Waller, Nelson: Text. Res. J. **18,** 114 (1948).
Wittwer: Melliand Textilber. **25,** 274 (1944).
Nitschke: Kunstseide u. Zellwolle **25,** 33 (1943).

Patentschrifttum über die Verbesserung der Wasser- und Waschechtheit direkter Färbungen.

OeP 166457 Ciba 1950 — Verbindungen der Form

$$C_{17}H_{35}\text{—}\overset{\overset{\displaystyle O}{/\!/}}{C}\text{—}NH\text{—}CH_2\text{—}S\text{—}CH_2\text{—}\overset{\overset{\displaystyle O}{/\!/}}{C}\text{—}OH$$

werden vorgeschlagen.

OeP 165053 Ciba 1950 — Man behandelt zur Verbesserung der Echtheit direkter Färbungen mit Kondensationsprodukten aus Formaldehyd und Verbindungen, die die Atomgruppierung

$$-C\begin{matrix}\nearrow\!\!\!\!\!\!\!\nearrow N- \\ \searrow NH_2\end{matrix}$$

enthalten, gemeinsam mit Kupfersalzen nach.

OeP 163429 Gy. 1949 — Zur Verbesserung der Echtheit von direkten Färbungen dienen Kondensate aus Dicyandiamid und Harnstoff sowie Ammoniumsalzen von Mineralsäuren mit Formaldehyd.

OeP 163416 Ciba 1949 — Man behandelt mit Kupfersalzen und Verbindungen der Gruppierung

$$-N{=}C\begin{matrix}\nearrow N= \\ \searrow N=\end{matrix}$$

nach.

OeP 162948 Gy. 1949 — Dicyandiamid-Formaldehydkondensate werden durch Nachkondensieren mit Ammonsalzen von Mineralsäuren und Weiterkondensation mit Formaldehyd in nicht hygroskopische, sulfationenbeständige Produkte zur Verbesserung der Naßechtheiten direkter Färbungen übergeführt.

OeP 160370 Gy. 1941 — Man benützt quaternäre Salze von Aminofettsäureamiden.

OeP 159876 Chwala 1940 — Man behandelt Direktfärbungen mit einer Lösung von 1 g Dichlorhydrat des Methyltetramethylendi-imidazolins bei 20—30° C. Die erzielte Verbesserung der Wasserechtheit erfolgt ohne Beeinträchtigung der Lichtechtheit.

OeP 159423 Waldmann, Chwala 1940 — Man verwendet das Chlorhydrat des 2-Undecyl-Δ^2-imidazolins aus zweibasischen Carbonsäuren mit mehrwertigen Aminen hergestellt.

OeP 157964 IG 1940 — Cyclische Säureamidine werden durch Umsetzung zwei- oder mehrbasischer Carbonsäuren mit aliphatischen primären bzw. sekundären Aminen erhalten. Ausgangsstoffe sind Malonsäure, Bernsteinsäure usw. bzw. Äthylendiamin, Propylendiamin, o-Cyclohexylendiamin usf. Die erhaltenen Basen erhöhen die Wasserechtheit von Direktfärbungen, ohne deren Farbton oder die Lichtechtheit so stark zu ändern, wie z. B. auf kationaktiven Stoffen aufgebaute Nachbehandlungsmittel.

DP 751174, s. a. DP 763183 (IG), nicht veröffentlicht — Man verwendet die Umsetzungsprodukte aus Amino- oder Iminogruppen enthaltenden Verbindungen mit Aldehyden und NH_4-Salzen.

DP 750397 IG 1945 — Die Erhöhung der Naßechtheit von Färbungen erfolgt durch Nachbehandlung mit Lösungen von Harnstoff-Formaldehydharzen, die einen Überschuß an Formaldehyd aufweisen.

DP 746596 Gy. 1944 (Zusatz zu DP 735596) — Methylphenylbiguanid wird mit Stearinsäurechlorid behandelt und eventuell mit Dimethylsulfat methyliert. Neben der Verbesserung der Wasserechtheit bewirkt die erhaltene Verbindung auch einen weichen Griff der behandelten Textilmaterialien.

DP 745624 Baumheier 1944 — Als Mittel zur Verbesserung der Echtheit von Direktfärbungen wird das Umsetzungsprodukt von Pyridin mit Oleylalkohol, welches mit Sulfuryl- oder Pyrosulfurylchlorid behandelt wird, empfohlen.

DP 743563 Sandoz 1944 — Substantiv gefärbte Cellulose wird mit Kondensationsprodukten von Glyzerindihalogenhydrinen mit Ammoniak oder primären aliphatischen Aminen behandelt. Die Echtheit der Färbungen gegen saures Überfärben wird wesentlich erhöht.

DP 742078 Grünau 1943 — Zur Verbesserung der Echtheit von substantiven Färbungen auf Wolle-Cellulosemischtextilien werden diese mit den Kondensationsprodukten von höheren Fettsäuren und abgebauten Eiweißverbindungen nachbehandelt.

DP 739695 Sandoz 1943 — Zur Verbesserung der Wasser-, Wasch- und Schweißechtheit von direkten und sauren Färbungen werden Verbindungen der Form:

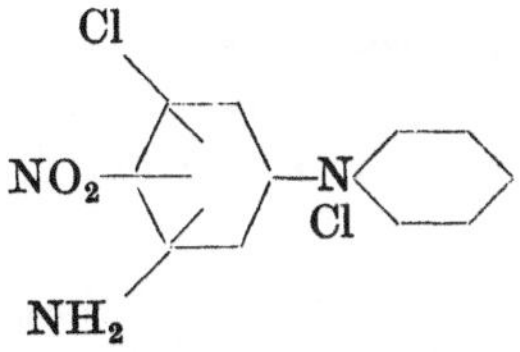

Cl

NO_2 — — N Cl

NH_2

angewendet, wobei dieselben mit Aldehyden oder Alkylolharnstoffen umgesetzt und die Reaktionsprodukte acyliert oder alkyliert werden. Z. B. läßt man 2,4-Diaminophenylpyridiniumchlorid mit Furfurol reagieren.

DP 728157 IG 1942 — Die Echtheit von substantiven Färbungen gegenüber saurem Überfärben wird verbessert durch Nachbehandlung mit Lösungen von Salzen von Polyalkylenpolyamingemischen.

DP 727917 IG 1942 — Die Verbesserung von substantiven Färbungen auf Cellulose wird durch Behandlung mit Lösungen von Salzen quartärer Ammoniumbasen vorgenommen, welche durch Peralkylierung von Basengemischen aus Polyalkylenpolyaminen entstehen.

DP 720936 IG 1942 (s. a. DP 691970) — Dodecylaminhydrochlorid und Epichlorhydrin werden nach DP 691970 umgesetzt und das Reaktionsprodukt mit Diäthylamin bis zur Umsetzung des Halogens reagieren gelassen. Das erhaltene Endprodukt kann zum Wasserechtmachen von Direktfärbungen verwendet werden.

DP 704110 IG 1941 (s. a. DP 704169, 704288) — Die Verbesserung der Echtheit substantiver Färbungen auf pflanzlichen Textilien wird durch Behandlung mit Lösungen von hochmolekularen quartären Ammoniumbasen, deren Stickstoffatome an Kohlenstoffatomen heterocyclischer Reste (keine 1,3,5-Triazine) sitzen, erzielt.

DP 700371 Waldmann, Chwala 1940 — Wasserechte Färbungen werden durch Behandlung mit

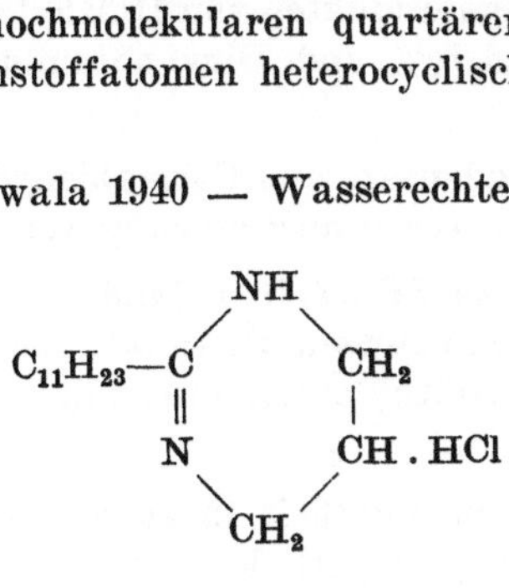

NH

$C_{11}H_{23}$—C CH_2

N CH . HCl

CH_2

erzielt.

DP 696320 IG 1940 — Durch Kondensation von 5-Oxyphtalsäuredimethylester und Propylendiamin-(1,3) wird ein hochmolekulares Polyamid erhalten. Dieses wird mit Piperidomethanol erhitzt und das Reaktionsprodukt mit Dimethylsulfat methyliert. Bei Behandlung von Direktfärbungen mit dieser Verbindung wird die Wasser- und Waschechtheit erhöht.

DP 690240 IG 1940 — Färbungen, die mit Säuregruppen enthaltenden Baumwollfarbstoffen hergestellt wurden, können in ihrer Naßechtheit durch Nachbehandlung mit Lösungen substantiver, quaternärer Ammonbasen, die mindestens einen aromatischen Rest enthalten, verbessert werden. Vorgeschlagen werden u. a. Verbindungen, die unter Umständen selbst Farbstoffe sein können, z. B.

$$(CH_3)_3\equiv\underset{\displaystyle CH_3SO_4}{\underset{|}{N}}-C_6H_4-N=N-C_6H_4-C_6H_4-N=N-C_6H_4-\underset{\displaystyle CH_3SO_4}{\underset{|}{N}}\equiv(CH_3)_3$$

DP 671782 Ciba 1939 — Die Verbesserung der Naßechtheiten von substantiven Färbungen findet durch Nachbehandlung mit Lösungen des Cetyläthers des N-Oxymethylpyridiniumchlorids oder Ölsäureesters des N-Oxyäthylpyridiniumchlorids usw. statt.

DP 670471 Calico Printers 1939 — Die Nachbehandlung von Direktfärbungen mit Harnstofformaldehydvorkondensaten in Gegenwart von Formaldehydüberschuß bei einem pH von unter 4 wird zur Verbesserung der Echtheit der Färbungen empfohlen.

DA 77740 IG — Man verbessert die Naßechtheiten substantiver Färbungen durch Lösungen von polymeren quaternären Ammonverbindungen oder durch Behandlung mit Kupferkomplexen hochmolek. Polyalkylenpolyaminen (78078) bzw. Metallverbindungen von Diguaniden zwei- oder mehrwertiger Amine (78106) bzw. durch Kondensate aus Dicyandiamid, Aminsalzen und Aldehyden in Gegenwart von Salzen komplexbildender Metalle (78107, s. a. 78483).

DA 77085 IG — Verbesserung der Naßechtheit von direkten Färbungen durch Nachbehandlung mit kationenaktiven Verbindungen und polyfunktionellen Isocyanaten.

DA 64678 IG — Man behandelt mit Mono- oder Diäthylenharnstoffen.

DA 52029 IG — Es werden Lösungen von hochmolekularen quartären NH_4-Basen, die aromat. Reste, keine aliphat. Ketten mit mehr als 7 C-Atomen und weniger als 8 konjugierte Doppelbindungen enthalten.

SP 263481/82 Sandoz 1949 (Zusatz zu SP 258276) — Es werden Kondensationsprodukte aus den Umsetzungsprodukten von Diäthylentriamin mit α,β-Glyzerindichlorhydrin und Formaldehyd und Dicyandiamid, eventuell mit Cu-Salzen gleichzeitig verwendet.

SP 261539 Ciba 1949 — Kondensate aus Formaldehyd, Cyanamid und komplexe Kupfersalze werden zur Echtheitsverbesserung verwendet.

SP 261048/261052 (Zusätze zu SP 253709) Sandoz 1949 — Zum Verbessern der Echtheit von substantiven Färbungen allein oder mit Kupfersalzen werden die Umsetzungsprodukte von Diäthylentriamin mit Phenylbiguanid usw. vorgeschlagen.

SP 260856 Sandoz 1949 — Die Echtheit substantiver Färbungen wird mit dem schwefelsauren Salz der aus Triäthylentetramin und Dicyandiamid (nach

SP 253709) erhältlichen Base oder deren wasserlöslichem Kupferkomplexsalz erhöht.

SP 258276 Sandoz 1949 — Zur Verbesserung der Naßechtheit von Direktfärbungen werden Kondensate aus aliphatischen Aminen (mit mindestens einer OH-Gruppe) in Gegenwart von Katalyten mit Dicyandiamid und Formaldehyd hergestellt und die Färbungen mit diesen gegebenenfalls gleichzeitig mit Kupfersalzen behandelt.

SP 253709 Sandoz 1948 — Zur Verbesserung der Naßechtheiten direkter Farbstoffe können die Umsetzungsprodukte von Verbindungen der Form:

$$\begin{matrix} R & & & & H \\ & \diagdown & & \diagup & \\ & N & -R_2- & N & \\ & \diagup & & \diagdown & \\ R_1 & & & & R_3 \end{matrix}$$

(R ... H oder Alkyl, R_1 gleich R oder Aminoäthyl- oder -propyl, R_2 ... substituierte Äthylen- oder Propylenreste, R_4 ... H oder R) mit Cyanamid verwendet werden (z. B. Triäthyltetramin).

SP 253632 Ciba 1948 (Zusatz zu SP 247682) — Zur Verbesserung der Echtheitseigenschaften von substantiven Färbungen können Kondensationsprodukte von Formaldehyd mit Verbindungen angewendet werden, welche mindestens einmal die Atomgruppe

$$\begin{matrix} & & & \diagup \\ & & N & \\ & \diagup & & \diagdown \\ -N{=}C & & & \\ & \diagdown & & \diagup \\ & & N & \\ & & & \diagdown \end{matrix}$$

aufweisen, und Substanzen, welche komplexe Cu-Salze bilden können (eventuell Ammonsalze mit löslichen Kupfersalzen, Alkalicarbonate mit Cu-Salzen usw.).

SP 253455 Gy. 1948 — Man kondensiert Dicyandiamid und Formaldehyd. Die erhaltenen Produkte können zur Verbesserung der Waschechtheit von direkten Färbungen Anwendung finden.

SP 247682 Ciba 1947 — Zur Verbesserung der Wasserechtheit von Direktfärbungen ohne Beeinträchtigung der Lichtechtheit und ohne wesentlichen Farbumschlag werden Mischungen von Formaldehydkondensaten mit wasserlöslichen Kupferkomplexverbindungen verwendet. Die Formaldehydkondensate werden erhalten durch Einwirkung des Aldehyds auf Verbindungen, die mindestens einmal die Gruppe

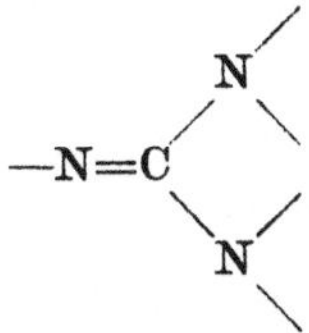

enthalten. (Formaldehyd-Dicyandiamidkondensate und Diäthylendiamin-CuII-Acetat bzw. Tetrammin-Cu II-sulfaminat oder Triäthanolamin-Soda-Kupferacetat-Mischungen. Man behandelt $^1/_2$ Stunde bei 20^0 C mit 5 g/Liter und trocknet hernach (insbesondere für Chlorantinlichtgrünmarken usw.).

Sp 240349 Gy. 1946 (Zusatz zu SP 238832; s. a. SP 240348, SP 240347) — Kondensationsprodukte aus 1,6-Hexamethylenbiguanid, Formaldehyd und Dicyandiamid werden zur Echtheitsverbesserung von Direktfarbstoffen verwendet.

SP 240218 Gy. 1946 — Das Kondensationsprodukt aus Dicyandiamid und Formaldehyd wird mit Formaldehyd und Ammonchlorid umgesetzt.

SP 238832 Gy. 1945 — Durch Kondensation von 4,4'-Di(biguanido)-diphenylsulfon mit Formaldehyd und Dicyandiamid werden Produkte erhalten, welche zur Verbesserung der Naßechtheit von Direktfärbungen bei geringer Beeinträchtigung der Lichtechtheit und Nuance der Färbung Verwendung finden können. In vielen Fällen wird auch die Wasch- und nicht nur die Wasserechtheit der Färbung erhöht.

SP 237394 Gy. 1945 — Kondensationsprodukte aus Formaldehyd und Aminostilbenderivaten mit einer freien Aminogruppe und wasserlöslichmachenden Carboxyl- oder Sulfonsäuregruppen (4,4'-Bis-[2-amino-4-phenylamino-1,3,5-triazyl-(6)]-diaminostilben-2,2'-disulfosäure) können zur Verbesserung der Wasserechtheit von Direktfärbungen verwendet werden. Sie besitzen auch einen erheblichen optischen Aufhellungseffekt, der säure- und alkalibeständig ist und können auch zum Knitterfestmachen von Textilien Anwendung finden.

SP 232284 Gy. 1944 (Zusatz zu SP 225155) — Man quaterniert Stearyltriaminoäthylenbiguanidcitrat.

SP 232132 Gy. 1944 — Man erhitzt Dicyandiamid mit Harnstoff und kondensiert hierauf mit Formaldehyd. Ein Teil des Harnstoffs kann auch durch Ammonsalze ersetzt werden.

SP 228583 Röhm & Haas 1943 (Zusatz zu SP 224219) — Thioharnstoff wird mit Acrolein kondensiert. Das erhaltene Produkt verbessert die Licht-, Wasser- und Wasch- und Schweißechtheit von direkten Färbungen.

SP 228435 IG 1943 — Monoäthanolamin und Harnstoff werden erhitzt, bis diejenige Menge Ammoniak abgespalten ist, die der mit dem Harnstoff eingeführten Stickstoffmenge entspricht. Es entsteht eine Reihe von Produkten in Mischung:

$$NH_2—CO—NH—CH_2—CH_2—OH$$

$$\begin{array}{l} \;\;\; CH_2—CH_2 \\ \;\,/ \qquad\quad | \\ NH \qquad\quad | \\ \;\,\backslash \qquad\quad | \\ \;\;\; CO—O \end{array} \qquad NH_2—CH_2—CH_2—\left[NH—CH_2—CH_2\right]_n—N\begin{array}{l} \;\, / \; CH_2—CH_2 \\ \qquad\qquad | \\ \;\, \backslash \; CO—O \end{array}$$

Diese Mischung verbessert die Wasserechtheit direkter und saurer Färbungen.

SP 226854 Gy. 1943 (Zusatz zu SP 224216) — Man kondensiert Methylurethan, Formaldehyd und Dicyandiamid bis zur Erreichung der in Wasser löslichen Kondensationsstufe.

SP 226853 Gy. 1943 (Zusatz zu SP 224216) — Man kondensiert Urethan, Stearoyl-triamino-triäthylenbiguanid und Formaldehyd.

SP 224216 Gy. 1943 — Kondensation von Acetamid, Formaldehyd und Dicyandiamid führt zu wasserlöslichen hellen Harzen, die die Echtheiten substantiver Färbungen verbessern.

SP 223884 Gy. 1943 (Zusatz zu SP 208535) — Man kondensiert Formaldehyd, Triäthylentetramin und Acetamid.

SP 212568 Sandoz 1941 (Zusatz zu SP 208949, s. SP 212567) — Man setzt 2,4-Diaminophenylpyridinium-1-chlorid-chlorhydrat mit Dimethylolharnstoff um.

SP 211792 Gy. 1941 (Zusatz zu SP 200669) — Octadecylanilinmethylsulfat bzw. Octodecyldimethylanilinmethylsulfat können zum Wasserechtmachen von Direktfärbungen herangezogen werden (s. SP 211790).

SP 210989 Gy. 1940 (Zusatz zu SP 208535) — Triäthylentetramin wird mit Formaldehyd und Äthylmethylketon kondensiert. 0,02 Teile des erhaltenen Stoffes werden in 125 Teilen Wasser gelöst unter Zusatz von etwas Essigsäure. Die mit der Lösung behandelten substantiven Färbungen werden wasserecht.

SP 210988 Gy. 1940 — Polyäthylenpolyamine werden mit Formaldehyd und Aceton umgesetzt.

SP 208949 Sandoz 1940 (s. DP 739695) — Verbindungen der Form

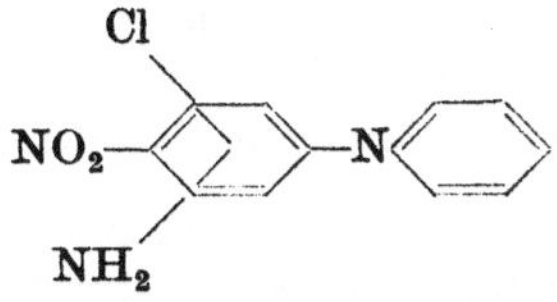

Cl

NO_2—[Benzolring]—N[Pyridinring]

NH_2

bilden mit Sulfogruppen von Farbstoffen schwer oder unlösliche Additionsprodukte.

SP 208690 Gy. 1940 (Zusatz zu SP 207344) — Umsetzungsprodukte aus Schwefelphenolen und Dimethylamin eignen sich zum Verbessern der Echtheit substantiver Färbungen auf nativer und regenerierter Cellulose.

SP 208535 Gy. 1940 — Kondensationsprodukte von aliphatischen Di- oder Polyaminen bzw. ihrer hydroxylsubstituierten Derivate mit Aldehyden oder Verbindungen mit reaktionsfähigen Methylengruppen verbessern die Wasser-, Säure-, Koch- und Naßbügelechtheit von Direktfärbungen.

SP 203017 Waldmann, Chwala 1939 (Zusatz zu SP 193046) — 2-Heptadecenylimidazolinchlorhydrat wird zum Verbessern der Wasserechtheit von Färbungen empfohlen (s. a. SP 201502).

SP 202852 Sandoz 1939 — Das Kondensationsprodukt von Monoäthanolamin und α,γ-Glyzerindichlorhydrin verbessert die Wasser-, aber auch die Wasch- und Schweißechtheit von Direktfärbungen.

SP 202725 Gy. 1939 (Zusatz zu SP 199456) — Man setzt 2-Undecyl-2,3dihydro-N-dimethylaminoessigsäureindol mit Chloressigsäureäthylester um.

SP 202724 Gy. 1939 (Zusatz zu SP 199456) — Man läßt Äthylenoxyd auf 2-Undecyl-2,3-dihydroindol einwirken und methyliert dann mit Dimethylsulfat. S. a. SP 202723 und SP 202722.

SP 202550 Gy. 1939 — Zum Wasserechtmachen von Direktfärbungen dienen folgende Verbindungen:

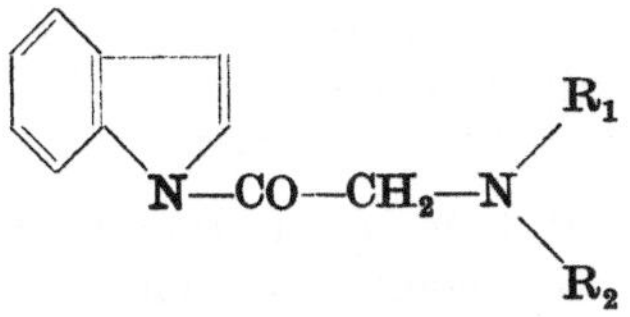

$$\text{[Indol]}\,N\!-\!CO\!-\!CH_2\!-\!N\begin{matrix} R_1 \\ R_2 \end{matrix}$$

R_1 und R_2 bedeuten einen Alkyl- oder Aralkylrest.

SP 200994 IG 1939 — Die Umsetzungsprodukte von 8-Aminochinaldin mit Kupfersulfat (maigrün) werden erhitzt, bis die Farbe schwarzgrün ist. Lösungen des Produktes verbessern die Wasserechtheit von direkten Färbungen.

FP 956577 Baur, Gäbel 1950 — Die Umsetzungsprodukte aus Alkylolaminen und den Estern höhermolekularer Alkohole werden zur Echtheitsverbesserung substantiver Färbungen vorgeschlagen.

FP 956501 Sandoz 1950 — Umsetzungsprodukte aus Cyanamid und Polyaminen können zur Verbesserung der Echtheiten von substantiven Färbungen angewendet werden.

FP 940593 Gy. 1948 — Zur Verbesserung der Echtheiten von Direktfärbungen werden Kondensationsprodukte aus Dicyandiamid und Formaldehyd in Gegenwart von Ammonsalzen von Mineralsäuren vorgeschlagen, die nachher nochmals mit Formaldehyd kondensiert wurden.

FP 923763 Ciba 1947 — Zur Verbesserung der Echtheit von substantiven Färbungen werden Vorkondensate von Harzen verwendet, die man dann härtet und nachher mit Cu-Salzen in alkalischen Bädern nachbehandelt.

FP 917496 Sandoz 1947 — Zur Verbesserung der Naßechtheiten von direkten Färbungen werden Kondensationsprodukte empfohlen, welche aus Oxyaminen oder Oxyiminen mit Aldehyden, welche nachher mit Metallsalzen nachbehandelt werden, erhalten sind. Glykolmonochlorhydrin wird in wäßriges Ammoniak eingeleitet und dann mit Dicyanamid und Formaldehyd erhitzt. Cu-Formiat wird zugesetzt.

FP 896792 DuPont 1945 — Quaternäre Ammoniumverbindungen, entstehend durch Einwirkung von Alkylierungsmitteln auf Polymerisate von Acrylverbindungen der Form

$$CH_2{=}\underset{\displaystyle R}{\underset{|}{C}}{-}CO{-}X{-}\text{Alkylen}{-}N\begin{matrix} \diagup R_1 \\ \diagdown R_2 \end{matrix}$$

($R = H$ oder CH_3, $X = O$ oder NH, R_1, R_2 = aliphatische Reste oder cyclisch gebundenes Alkylen) erhöhen die Wasserechtheit von substantiven Färbungen.

FP 887016 IG 1944 (vgl. FP 880207) — Die Echtheit substantiver Polyamidfärbungen soll durch Nachbehandlung mit Kupfersalzen bei 80° C, in Anwesenheit von Ammonsalzen niedriger aliphatischer Säuren, verbessert werden.

FP 883253 ICI 1943 — Die Nachbehandlung von substantiven Färbungen mit Kondensationsprodukten von Halogenalkylen mit Hexamethylentetramin verbessert die Naßechtheit der Färbung.

FP 869870 Schubert 1942 — Man färbt Textilien unter Zusatz von Kunstharzvorkondensaten zu den Färbebädern und trocknet nach Spülen bei höherer Temperatur.

FP 862209 Ciba 1942 (s. AP 2322333) — Man behandelt substantive Färbungen mit Bädern, die neben Melamin-Formaldehydvorkondensaten Ameisensäure und Kupfersalze enthalten. Dadurch wird die Naßechtheit erhöht. Nach dem Trocknen muß auf 130° C erhitzt werden.

FP 857429 Ciba 1942 — Direktfärbungen werden in der Naßechtheit verbessert, indem man mit Bädern behandelt, die Melamin-Formaldehydkondensate, HCOOH und NaCl enthalten, spült und härtet.

FP 852031 IG 1942 — Zur Verbesserung der Naßechtheiten von direkten Färbungen werden Polyäthylenpolyamine vorgeschlagen.

FP 846681 Ciba 1940 — Färbungen, die zur Erhöhung ihrer Naßechtheit mit hochmolekularen basischen Verbindungen behandelt wurden, werden mit Kupfersalzen nachbehandelt.

EP 619969 Ciba 1949 — Man behandelt mit Kupfersalzen und Kondensaten aus Aldehyd und Verbindungen mit der Gruppe

```
          N=
         /
   —N=C
         \
          N=
```

EP 611235 Sandoz 1948 — Die Naßechtheiten von substantiven Färbungen werden durch Behandlung mit Lösungen der Kondensationsprodukte von Hydroxyalkylguanidinen oder Hydroxyalkylbiguaniden mit Aldehyden verbessert.

EP 609362 Ciba 1948 — Man behandelt mit Harnstoff-Formaldehydvorkondensaten und nachher mit alkalischen Kupfersalz-Bädern.

EP 605402 ICI 1948 — Das Umsetzungsprodukt aus Dodecylnitrat mit Pyridin oder Triäthylamin ergibt, quaterniert, Produkte, welche Direktfärbungen fixieren bzw. als Waschmittel verwendet werden können.

EP 599830 Ciba 1948 — Mit Kupfer nachbehandelte Färbungen werden statt eines Nachseifens mit einer wäßrigen Lösung eines Harnstoff-Formaldehydkondensats behandelt.

EP 590536 Stevenson 1947 — Man behandelt direkte Färbungen mit Kondensationsprodukten aus Benzidin, Toluidin, p-Phenylendiamin u. dgl. und Formaldehyd nach.

EP 588990 Gy. 1947 (s. EP 576562) — Man verwendet zum Wasserechtmachen von Direktfärbungen Kondensate aus Dicyandiamid und Formaldehyd, die neuerlich mit Formaldehyd in Gegenwart der Ammoniumsalze von Mineralsäuren kondensiert wurden.

EP 586429 Cyanamid 1947 — Direkte Färbungen werden wasserecht durch Behandlung mit Guanaminen der Form:

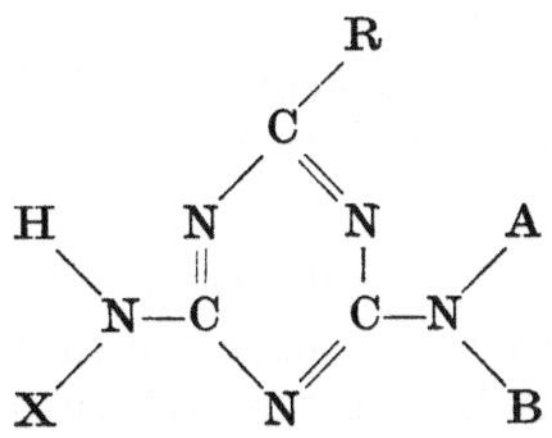

(R... aliphatischer oder alicyclischer Rest mit mehr als 7 C-Atomen, A, B, X... H oder alphatischer Rest, A, X, B, R... Σ der C-Atome mehr als 7), die mit HCOH unter Beigabe eines sauren Katalyten angewendet werden.

EP 576562 Gy. 1946 — Zum Wasserechtmachen von Direktfärbungen benützt man wasserlösliche Gemische, hergestellt aus Dicyandiamid, Harnstoff und Ammonchloridkondensaten mit Formaldehyd und Essigsäure.

EP 573790 DuPont 1945 — Monomeres Poly-(N-alkoxymethyl)-amid einer mehrbasischen organischen Säure (auch Kohlensäure) oder das monomere Poly-

N-alkoxymethylamin kann zum Verbessern der Echtheit von substantiven Färbungen dienen. Man behandelt das gefärbte Material mit einer 20%igen Lösung (Imprägnieren), quetscht aus und trocknet. Dann wird 10 Minuten auf 125° C erhitzt und dann gespült. Behandelt man das Textilgut vor dem Färben, so wird dieselbe Wirkung erzielt.

EP 551693 1943 — Zur Erhöhung der Naßechtheiten substantiver Färbungen sind Keton-Formaldehydkondensate geeignet.

EP 550663 1943 — Eine Nachbehandlung von Direktfärbungen mit Harnstoff-Formaldehydkondensaten erhöht die Naßechtheiten.

EP 549328 Richards 1942 — Zum Wasserechtmachen von Färbungen können Verbindungen der Form:

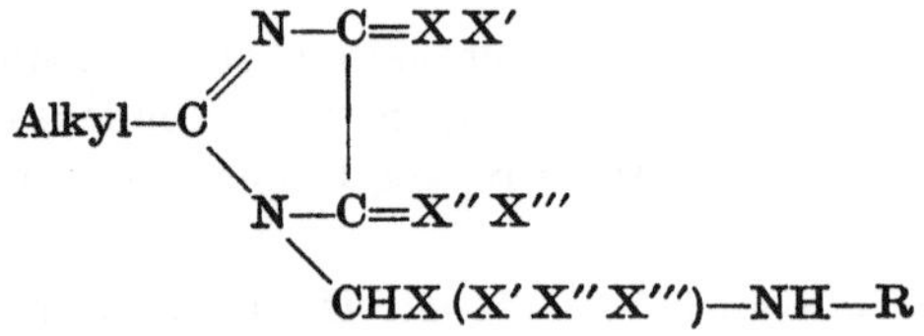

```
            N—C=XX'
           //  |
Alkyl—C        |
           \   |
            N—C=X''X'''
             \
              CHX(X'X''X''')—NH—R
```

wobei X, X', X'', X'''... H oder Alkyl und R eine Alkylgruppe mit mehr als 6 C-Atomen bedeuten, Anwendung finden.

EP 536480 Ciba — Zum Wasserechtmachen von Direktfarbstoffen werden Kondensationsprodukte von Formaldehyd und Basen, die die Atomgruppierung

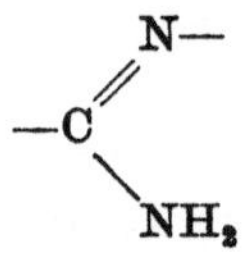

```
      N—
     //
—C
     \
      NH₂
```

enthalten, in Kombination mit Kupfersalzen vorgeschlagen, wobei die Lichtechtheit der Färbung insbesondere bei kupferbaren Direktfarbstoffen in keiner Weise ungünstig beeinfluß wird. Die erzielten Färbungen halten einer Seife-Sodawäsche bei 60—70° C stand.

EP 515847 Courtaulds 1940 (s. a. EP 506793) — Kondensate von Cyanamid-Formaldehyd erhöhen die Naßechtheit von direkten Färbungen auf Cellulose und Viscose.

EP 509542 Gy. 1939 — Zur Verbesserung der Echtheit von Direktfärbungen werden die Kondensate aus quaternären Stickstoffbasen mit Dodecylanilin empfohlen.

EP 508079 IG 1939 — Man behandelt direkte Färbungen mit einer Lösung von 0,05% Octadecylaminooxazolidin oder einem Imidazolinderivat aus Octadecylaminchlorhydrat und Aminochlormethyloxazolin und erhält wasserechte Färbungen bei weichem Griff des Textilgutes.

EP 503168 ICI 1939 — Die Wasserechtheit von Färbungen mit Direktfarbstoffen wird verbessert, indem man mit Formaldehyd und Aminoverbindungen, wie Ureidoäthylpyridiniumchlorid

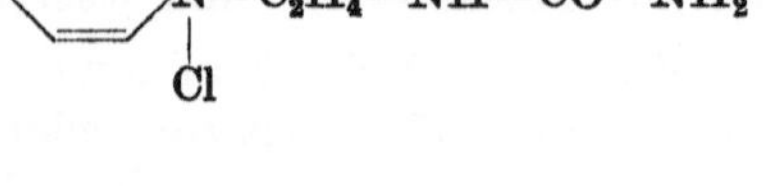

$$\text{C}_5\text{H}_5\text{N}(\text{Cl})\text{—C}_2\text{H}_4\text{—NH—CO—NH}_2$$

behandelt.

EP 501480 Flores 1939 — Man stellt das Umsetzungsprodukt von Hexamethylentetramin, Stearinsäurechlorid und Pyridin zur Naßechtheitserhöhung her.

AP 2454547 Röhm & Haas 1948 — Zur Verbesserung der Naßechtheit können polymere quaternäre Ammoniumverbindungen folgender Form verwendet werden:

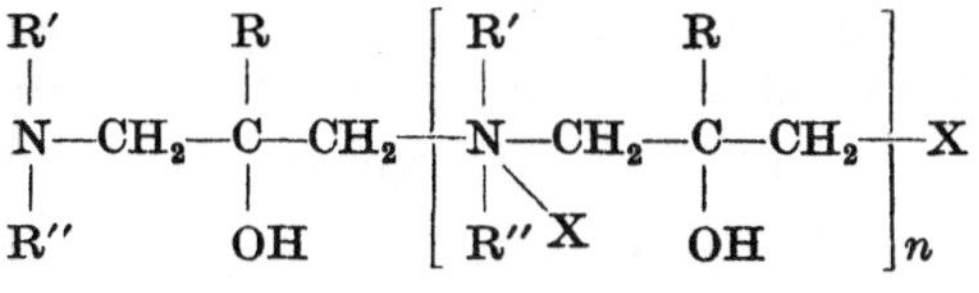

$$\begin{array}{ccccc} R' & & R & & \\ | & & | & & \\ N & -CH_2- & C & -CH_2- & \\ | & & | & & \\ R'' & & OH & & \end{array} \left[\begin{array}{ccccc} R' & & R & & \\ | & & | & & \\ N & -CH_2- & C & -CH_2- & \\ | \diagdown & & | & & \\ R'' \; X & & OH & & \end{array} \right]_n -X$$

R = H oder CH_3, R' = CH_3 oder C_2H_5, R'' = aliphatischer oder araliphatischer Rest, X = Cl oder Br und $n = 1$ bis 19.

AP 2431562 Ciba 1947 — Halogenierte Formaldehydharze werden erhalten durch Behandlung von Vorkondensaten von Formaldehydharzen mit verd. HCl und mehrere Tage langem Stehen. Die Faser nimmt dieselben leicht auf. Die Echtheit der direkten Färbungen kann mit solchen Produkten wesentlich verbessert werden (s. a. AP 2322333 Ciba 1944). Melamin-Formaldehydharze werden zur Erhöhung der Echtheit von Färbungen vorgeschlagen.

AP 2416884 DuPont 1947 — Zur Verbesserung der Echtheit von Färbungen von Direktfarbstoffen werden N,N'-Bis-(methoxy-methyl)-adipamide der Form:

$$CH_3OCH_2NH{-}CO{-}(CH_2)_4{-}CO{-}NHCH_2OCH_3$$

vorgeschlagen.

AP 2411655 Ciba 1946 — Man kondensiert Thioharnstoff mit Methylolverbindungen von Amiden, Harnstoffen oder Urethanen. Die Verbindungen müssen mindestens 13 C-Atome besitzen, wovon 7 unmittelbar miteinander verbunden sind.

AP 2374354 Richards 1945 — Zum Wasserechtmachen von Direktfärbungen und zum Abziehen von Küpenfärbungen werden polymere Imidazoline der Form

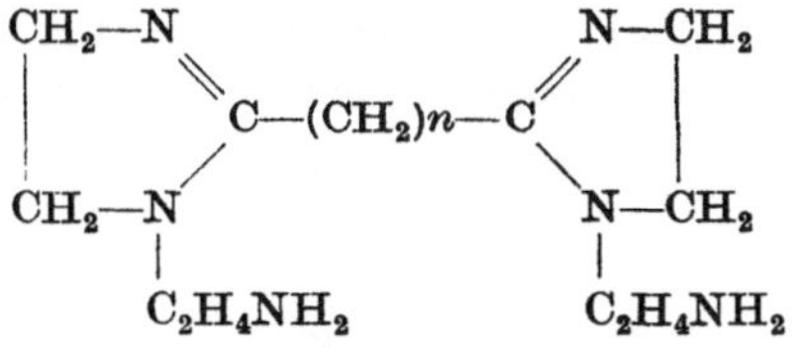

$$\begin{array}{ccccccc} CH_2{-}N & & & & & & N{-}CH_2 \\ | & \diagdown\!\!\diagdown & & & & /\!\!/ & | \\ | & & C{-}(CH_2)n{-}C & & & & | \\ | & / & & & & \diagdown & | \\ CH_2{-}N & & & & & & N{-}CH_2 \\ | & & & & & & | \\ C_2H_4NH_2 & & & & & & C_2H_4NH_2 \end{array}$$

empfohlen.

AP 2364725 Ciba 1944 (s. AP 2364726) — Man behandelt mit einer kationaktiven hochmolekularen basischen Verbindung in wäßriger Lösung nach, wobei der Wirkstoff noch eine Cu-Salzlösung enthalten kann, die die Lichtechtheitsverminderung der Färbung hintanhält. Nach dem AP 2364726 werden Kondensationsprodukte von Formaldehyd mit Verbindungen, die mindestens einmal den Rest

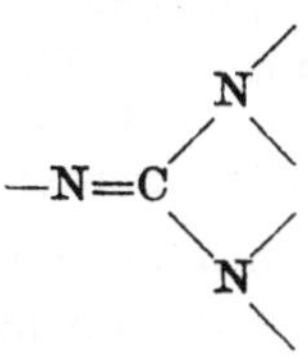

$$\begin{array}{ccc} & & / \\ & N & \\ & / & \diagdown \\ -N{=}C & & \\ & \diagdown & / \\ & N & \\ & & \diagdown \end{array}$$

enthalten, verwendet, neben Cu-Salzen.

AP 2362915 Courtaulds 1944 — Man erhöht die Waschechtheit von Färbungen durch Nachbehandlung mit Kondensationsprodukten von Formaldehyd und Arylguanidinen, einem Guanidinsalz einer aliphatischen Dicarbonsäure und einem Alkylester einer aliphatischen Dicarbonsäure und führt durch Erhitzen in den unlöslichen Zustand über.

AP 2352552 Al. Prop. Cust. 1944 — Zur Erhöhung der Naßechtheit von direkten Färbungen werden Kondensate aus Harnstoff und Aminen, wie

$$OH{-}CH_2{-}CH_2{-}N(C_2H_5)_2$$

$$(OH{-}CH_2{-}CH_2)_2N{-}C_6H_{11}$$

oder Harnstoff + Triäthanolamin usw. empfohlen. Man kondensiert die Amine in Form ihrer quaternären Salze.

AP 2345543 (s. a. AP 2356719) — Verwendung positiv geladener kolloider Melamin-Formaldehydharzlösungen zur Nachbehandlung von Fasern.

AP 2338177 Ciba 1944 (s. AP 2338178) — Als Mittel zum Wasserechtmachen von Direktfärbungen, aber auch zum Hydrophobieren von Textilien bei gleichzeitig weichem Griff werden Verbindungen der Form:

$$C_{17}H_{35}{-}C({=}O){-}N(CH_3){-}X{-}N(Cl)C_5H_5$$

$$X = {-}CH_2{-}O{-}CH_2{-}$$

oder

$$C_{17}H_{35}{-}C({=}O){-}N(X{-}Cl){-}CH_2{-}N(X{-}Cl){-}C({=}O){-}C_{17}H_{35}$$

empfohlen.

AP 2331387 Ciba 1943 — Zur Verbesserung der Wasserechtheit von Direktfärbungen werden Salze der Kondensationsprodukte von Verbindungen, welche die Gruppe

$$HS{-}C({=}N{-}){-}N<$$

enthalten, mit Chlormethylcarbonsäureestern oder -thioäthern, empfohlen.

AP 2322333 Ciba 1943 — Zur Verbesserung der Naßechtheiten behandelt man mit Formaldehyd-Melaminvorkondensaten.

AP 2321963 Gen. An. 1943 — Zur Verbesserung der Waschechtheit von substantiven Färbungen werden quaternäre Ammoniumverbindungen vorgeschlagen, die durch Peralkylierung der Kondensationsprodukte aus 1 Mol Phenol oder Naphtol mit mindestens 3 Molen eines aliphatischen Aldehyds in Gegenwart von Ammonsalzen erhalten werden.

AP 2296226 Gen. An. 1942 — Man behandelt 1,2-Alkylenimine oder deren nicht kristalline Polymerisate mit Fettsäurechloriden. Man erhält unter anderem Mittel zum Verbessern von Direktfärbungen.

AP 2296211 Gen. An. 1942 — Zur Verbesserung der Echtheit saurer Färbungen werden Kondensate von Ammonchlorid, Formaldehyd und Crotonaldehyd empfohlen.

AP 2293826 Gy. 1942 — Zur Erhöhung der Wasser- und Waschechtheit von direkten Färbungen wird eine Nachbehandlung mit Verbindungen der Form

$$C_6H_5-N(=(Alkyl)_2)(-SO_4CH_3)-\text{Alkyl (höher)} \quad \text{oder} \quad C_6H_5-N(CH_3)(CH_3)(SO_4CH_3)-C_{18}H_{37}$$

vorgeschlagen.

AP 2292479 ICI 1942 — Die Echtheit von Färbungen auf Cellulose wird durch Behandlung mit Verbindungen der Form Y—Z—A—CH_2—O—CH_2—Z′—X, wobei Z und Z′ ein tert. Amin, Y und X Cl oder Br und A ein zweiwertiges Kohlenwasserstoffradikal bedeutet, wesentlich erhöht. Z. B. wird das Dichlorid des Pyridyläthyl-pyridylmethyläthers der Formel

$$Cl—NC_5H_5—CH_2—CH_2—O—CH_2—NC_5H_5—Cl$$

in 20%iger Lösung vorgeschlagen. Man arbeitet bei einem pH von 3—6,5 und erhitzt nachher auf 130—170° C.

AP 2276587 Gy. 1942 — Mittel zum Wasserechtmachen von Direktfärbungen sind Verbindungen der Form:

$$C_6H_5-CH(C_{11}H_{23})-N(CH_3)_3 \cdot SO_4CH_3 \quad \text{oder} \quad NH_2-CH(C_{11}H_{23})-C_6H_4-N(CH_3)_3(SO_4CH_3)$$

AP 2272783 Gy. 1942 — Man behandelt direkte Färbungen mit einem Kondensationsprodukt aus Aldehyd, Polyäthylenpolyamid und einem gesättigten offenkettigen, aliphatischen Keton.

AP 2272489 IG 1941 — Zur Nachbehandlung von Direktfärbungen werden Kondensate von Polyäthyleniminen mit Fettsäurechloriden mit mehr als 16 C-Atomen empfohlen.

AP 2257239 Gen. An. 1941 — Zur Verbesserung der Echtheiten von direkten Färbungen werden Verbindungen verwendet, die durch Kondensation von Aminen, Ammoniak, Mono-, Di- und Trialkylolaminen, Arylaminen, Guanidin, Thioharnstoff usw. mit Formaldehyd entstehen.

AP 2256186 Gen. An. 1941 — Man verwendet die Verbindung N-Dimethyl-N-acetostearylamid-betain-dodecyl-amidchlorid zur Nachbehandlung von Direktfärbungen:

$$(CH_3)_2N(Cl)(CH_2CONHC_{18}H_{37})(CH_2CONHC_{12}H_{25})$$

AP 2255090 DuPont 1941 — Zum Verbessern der Echtheit von substantiven Färbungen dienen Stoffe der allgemeinen Form:

$$R-\left[R'N-\underset{\underset{NH}{\|}}{C}-NH-\underset{\underset{NH}{\|}}{C}-NH_2\right]_m$$

wobei R einen Benzol-, Naphtalin- oder Diphenylrest der Form

$$C_6H_5—(X)_p—C_6H_5$$

worin $X = O$, S, $SO_2 . NH—CO . NH—CO—NH$ usw. und $m = 1—3$ bzw. p eine Zahl größer als 2 bedeuten. R_1 = H, Alkyl, Oxyalkyl von 1—5 C-Atomen.

AP 2253457 Courtaulds 1941 (s. EP 506793) — Zur Erhöhung der Naßechtheit von direkten Färbungen oder zur Erhöhung der Affinität von Textilmaterial zu Indigosolen behandelt man das gefärbte bzw. ungefärbte Textilgut mit Kondensationsprodukten von Cyanamid und Formaldehyd, aufgelöst in angesäuertem Wasser (pH 6—8).

AP 2230587 Gen. An. 1941 — Disulfoniumverbindungen, z. B.

$$\begin{matrix} CH_3 & & & & CH_3 \\ & \diagdown & & \diagup & \\ & CH_3—S—C_nH_{2n-1}—S—CH_3 & & & \\ & \diagup & & \diagdown & \\ CH_3SO_3 . O & & & & O . SO_3CH_3 \end{matrix}$$

erhöhen die Echtheit von substantiven Färbungen.

AP 2229024 Röhm & Haas 1941 — Zum Verbessern der Echtheit von Direktfarbstoffen wird

$$CH_3—CH_2—C(CH_3)_2—C_6H_4—O—CH_2—CH_2—O—CH_2—CH_2—N(Cl)\equiv(CH_3)_3$$

vorgeschlagen.

AP 2218924 Gen. An. 1940 — Sulfate der 1-Monoäthylbiguanid-Kupferverbindung oder auch ein Sulfat der 1,1-Dimethylbiguanidkupferverbindung werden zur Echtheitserhöhung direkter Färbungen verwendet; s. a. AP 2214067.

AP 2212654 DuPont 1940 — Stearamidomethylpyridiniumchlorid

$$C_{17}H_{35}—CO—NH—CH_2—N(Cl)C_5H_5$$

werden zur Verbesserung der Wasserechtheit von Direktfärbungen vorgeschlagen.

AP 2211280 Gy. 1940 — Zur Nachbehandlung substantiver Färbungen verwendet man alkylierte oder aralkylierte Amidine, z. B. Dodecyläthylpiperidylbenzamidin.

AP 2180809 Sandoz 1939 — Zur Verbesserung der Echtheit von Direktfärbungen kann die Verbindung dienen:

$$\begin{matrix} NH— & CH_2—CH— & CH_2— & \left[—N— \right. & CH_2—CH— & \left. CH_2—\right]_x & —NH \\ | & | & & | & | & & | \\ C_2H_4 & NCl & & C_2H_4 & NCl & & C_2H_4—N(Cl)C_5H_5 \\ | & | & & | & | & & \\ NCl & C_5H_5 & & NCl & C_5H_5 & & \\ | & & & | & & & \\ C_5H_5 & & & C_5H_5 & & & \end{matrix}$$

AP 2149527 Sandoz 1939 — Zur Überführung von substantiven Farbstoffen in schwer oder unlösliche Salze werden Verbindungen folgender Form vorgeschlagen:

$$\underset{\underset{C_2H_4OH}{|}}{NH}-CH_2-\underset{\underset{OH}{|}}{CH}-CH_2-\left[-\underset{\underset{C_2H_4OH}{|}}{N}-CH_2-\underset{\underset{OH}{|}}{CH}-CH_2-\right]_x-NH-C_2H_4OH$$

$$\begin{matrix}C_2H_4OH\\ \diagdown\\ \diagup\\ C_2H_4OH\end{matrix}N-CH_2-CHOH-CH_2-\left[-\overset{Cl}{\underset{C_2H_4OH\;\;C_2H_4OH}{N}}-CH_2-CHOH-CH_2-\right]-\underset{\underset{C_2H_4OH}{|}}{\overset{\overset{C_2H_4OH}{|}}{N}}$$

AP 2147401 Gen. An. 1939 — Man setzt Stearinsäureamidin (1) mit Acetamidin (2) um und erhält Mittel zur Erhöhung der Naßechtheit von direkten Färbungen.

$$1\quad C_{17}H_{35}-C\begin{matrix}\nearrow NH\\ \searrow NH_2\,.\,HCl\end{matrix}\qquad\qquad 2\quad CH_3-C\begin{matrix}\nearrow NH\\ \searrow NH_2\,.\,HCl\end{matrix}$$

2. Die Verbesserung der Echtheit saurer Färbungen.

Die Verbesserung der Naßechtheit saurer Färbungen kann nach neueren Verfahren dadurch erfolgen, daß Wolle bzw. aminisierte Cellulosen vor der Färbung mit sauren Farbstoffen mit Epichlorhydrin oder Thioharnstoffen bzw. Senfölderivaten vorbehandelt werden. Auch die Einwirkung von gasförmigen Epichlorhydrin und 1,4-Dibrombuten erhöht die Echtheit von Wollfärbungen wesentlich.

Patentschrifttum über die Verbesserung der Echtheit saurer Färbungen.

OeP 158632 IG 1941 — Wolle kann durch Behandlung mit Thioharnstoffen oder Senfölabkömmlingen mit sauren Farbstoffen gefärbt werden, wobei die Echtheit der erhaltenen Färbungen verbessert ist.

OeP 157680 IG 1940 — Nach der Behandlung von Wolle mit Epichlorhydrin und 1,4-Buten-2,3 ist die Echtheit der erzielten sauren Färbungen eine wesentlich verbesserte.

DP 748450 IG 1945 — Die Waschechtheit saurer Färbungen auf tierischen Fasern oder Caseinfasern wird verbessert, wenn man sie mit Methanol in Gegenwart von Veresterungskatalysatoren nachbehandelt.

DP 740009 IG 1943 — Die Echtheit von Nylonfärbungen soll durch Nachbehandlung mit Kupfersalzen erhöht werden.

DP 714789 IG 1941 — Die Echtheit von Färbungen saurer Farbstoffe auf animalisierten Fasern (Naßechtheit) wird verbessert, wenn man während oder nach dem Färben als Beize für basische Farbstoffe angewendete Verbindungen (Tannin usw.) einwirken läßt.

DP 693352 und DP 686988 Haßler 1940 — Phenolformaldehyd wird in Gegenwart von Ammonchlorid kondensiert. Das Endprodukt ist säurelöslich und kann zur Verbesserung der Wasser- und Waschechtheit von sauren Färbungen dienen.

SP 266613 Ciba 1950 — Die Seewasserechtheit saurer Färbungen wird durch Behandlung der Wolle mit Tannin oder synthetischen Gerbstoffen (die normalerweise als Wollreserve dienen) erhöht.

SP 237919 Ciba 1945 (vgl. SP 235767) — Zum Wasserechtmachen von Färbungen saurer Farbstoffe wird das diquaternäre Ammoniumchlorid der Umsetzung von N,N'-Di(chlormethyl)-N,N'-dioleoyl-methylendiamin mit Monochloressigsäureamid und nachfolgender Behandlung mit Pyridin vorgeschlagen.

FP 838151 IG 1939 — Die Wasserechtheit von mit Polyalkylenamin animalisierten und mit Supranol- oder Supramin-Farbstoffen gefärbte Cellulose kann durch Nachbehandlung mit Tannin oder synthetischem Gerbstoff erhöht werden.

EP 509407 Courtaulds 1939 — Bei Mitverwendung von Harnstoffharzen beim Aminieren von Cellulose wird die Echtheit der erzielbaren sauren Färbungen wesentlich verbessert.

AP 2307973 Gen. An. 1943 — Die Naßechtheit saurer Färbungen auf amidierter Cellulose wird erhöht, indem man der Spinnlösung neben dem Animalisierungsmittel eine Beize für basische Farbstoffe zugibt.

AP 2285763 Duisberg 1942 — Die Nachbehandlung von animalisierter Acetatseide (z. B. mit Acrylharzen) mit Epichlorhydrindämpfen erhöht die Echtheit der erzielten Färbungen.

AP 2234905 und AP 2234889 Courtaulds 1941 — Kondensate aus Thiocyanamid verbessern die Waschechtheit von sauren Färbungen auf animalisierter Faser. wobei zum Animalisieren dieselben Verbindungen gebraucht werden können.

3. Die Erhöhung der Lichtechtheit von Färbungen.

Die Verbesserung der Lichtechtheit von Direktfärbungen durch Nachkupferung derselben ist bekannt. Die Verbesserung der Naßechtheit von substantiven Färbungen mittels verschiedener Kondensationsprodukte hat vielfach ergeben, daß die Lichtechtheit der Färbungen dadurch verringert wird.

Man verwendet daher Kondensationsprodukte gemeinsam mit Kupfersalzen (vgl. S. 262).

Lange bekannt ist auch, daß Färbungen auf mit TiO_2 spinnmattierten Kunstseiden, insbesondere im feuchten Zustande, gegen Sonnenbestrahlung außerordentlich empfindlich sind und die Lichtechtheit eine starke Beeinträchtigung erfährt. Man hat vorgeschlagen, diese Erscheinung des raschen Verbleichens durch Behandlung mit Chromsalzen zu verhüten. In letzter Zeit wird hiefür Melamin empfohlen.

Eine weiters allgemein bekannte Erscheinung ist die Faserschwächung und Lichtechtheitsbeeinträchtigung, welche gewisse gelbe, orange usw. Küpenfarbstoffe auf Baumwolle verursachen. Insbesondere wurde der Einfluß trockener oder feuchter Atmosphäre untersucht. Interessanterweise wurde festgestellt, daß auch mit Küpenpigment behandelte Baumwolle, bei welcher also der Farbstoff nur in grobdisperser Form auf der Faser saß, die Faserschwächung in gleichem Maße verursachte als aufgefärbter Farbstoff.

Letztlich werden verschiedene Kondensate zur Verbesserung bzw. Hintanhaltung der Faserschwächung angegeben.

Die Lichtechtheit der Farbstoffe ist genormt. Neuerdings durch einen Blaumaßstab, den die verschiedenen Farbstofferzeuger unter sich festlegten. Entgegen den früheren Gepflogenheiten werden jetzt meist drei Wertziffern für diese Echtheit eines Farbstoffes in den Farbkarten angegeben.

Die üblichen Methoden der Lichtechtheitsbestimmung durch Auslegen im Sonnenlicht sind langwierig, während künstliche Lichtquellen zu wenig brauchbaren Werten führen. Es soll deshalb besonders auf einen neuen Apparat von Gasser und Zukriegel verwiesen werden, der durch Sammellinsen aus Quarz- oder Uviolglas gebündeltes Sonnenlicht verwendet, wodurch die Belichtungszeit bis auf $^1/_{25}$ der bisher aufgewendeten Zeit verringert werden kann. Eine übermäßige Erwärmung des Textilgutes wird hierbei vermieden.

Literaturübersicht über die Erhöhung der Lichtechtheit von Färbungen und Lichtechtheitsmessungen.

Gasser, Zukriegel: Österr. Chemiker-Ztg. **51**, 230 (1950).
Newsome: J. Soc. Dyers Colourists **66**, 277 (1950).
Rabe: Melliand Textilber. **30**, 470 (1949).
Bowen: J. Soc. Dyers Colourists **65**, 613 (1949).
Leal: J. Soc. Dyers Colourists **65**, 723 (1949).
Morton: J. Soc. Dyers Colourists **65**, 597 (1949).
Vickerstaff, Tough: J. Soc. Dyers Colourists **65**, 606 (1949).
Landolt: J. Soc. Dyers Colourists **65**, 659 (1949).
Bamford, Dewar: J. Soc. Dyers Colourists **65**, 674 (1949).
Lanigan: J. Textile Inst. **39**, T 285 (1948).
Egerton: Amer. Dyestuff Reporter **36**, 561 (1947); J. Text. Inst. **39**, T 293, 305 (1948); J. Soc. Dyers Colourists **64**, 336 (1948).
Mueller: Melliand Textilber. **28**, 353 (1947).
Beha: Ind. textile **59**, 293, 313 (1942).
Salquin: Teintex **7**, 275, 303 (1942).
Markuse, Tjuremnowa: Seide (USSR.) **10**, 12, 18/20 (1940).

Patentschrifttum über die Erhöhung der Lichtechtheit von Färbungen.

OeP 165053 Ciba 1950 (s. a. FP 826631 bzw. DP 657117) — Die Lichtechtheit von Direktfärbungen wird verbessert, indem man gleichzeitig mit Aminoplastvorkondensaten und Kupfersalzen behandelt und nach dem Trocknen kurz härtet.

DP 749388 Sandoz 1944 — Die Lichtechtheit von Färbungen auf spinnmattierter Kunstseide, insbesondere Acetatseide wird wesentlich erhöht durch Behandlung mit Melaminlösung.

DP 746571 Kuhlmann 1944 (s. a. DP 739977) — Die Lichtechtheit von Färbungen mit unlöslichen Azofarbstoffen (Naphtolrot) kann durch Nachbehandlung derselben mit Lösungen von 0,5 g Kupfersulfat und 0,5 g Essigsäure/Liter Flotte durch Bildung von Kupferkomplexen verbessert werden.

DP 744957 Ciba 1944 — Die Lichtechtheit von Direktfärbungen kann durch Nachbehandlung mit primären oder sekundären wasserlöslichen Phosphorsäuren aromatischer Oxyverbindungen (Phosphorsäuremono[4]diphenylester usw.) verbessert werden.

DP 743221 IG 1943 (Zusatz zu DP 736882) — Der schädigende Einfluß mancher Küpenfarbstoffe auf die Faser bei Belichtung tritt nicht ein, wenn die Färbungen bei 30—40° C mit Sulfamiden oder 2% Harnstoff oder Thioharnstoff behandelt werden.

DP 736882 IG 1943 — Faserschädigungen durch Küpenfarbstoffe bei Belichtung werden verhindert, wenn die gefärbte Ware in einem Bade nachbehandelt wird, welches die Salze niedriger Oxydationsstufen von Mn, Co, Cr usf. enthält.

DP 723491 IG 1942 (s. a. DP 722335) — Man erhöht die Lichtechtheit von mit sauren Wollfarbstoffen auf animalisierten Cellulosen hergestellten Färbungen durch Behandlung mit Polyhalogenpolyoxytriphenylmethansulfosäuren.

DA 92477 Rhodiaceta — Die Lichtechtheit von Cellulose soll durch Zusatz von Phosphorsäure verbessert werden.

DA 75139 IG — Lichtechtheiten von Direktfärbungen erhöht man durch Behandeln mit Salzen der Ortho-, Pyro- oder Metaphosphorsäure.

SP 262776 Sandoz 1949 (s. SP 258276) — Zur Verbesserung der Lichtechtheit von Färbungen werden Kondensationsprodukte des SP 258276 mit Cu abgebenden Mitteln (Cu-Formiat) behandelt und als Nachbehandlungsmittel für Färbungen substantiver Art verwendet.

SP 200994 IG 1939 — Das Umsetzungsprodukt aus 8-Aminochinaldin und Kupfersulfat wird zur Verbesserung der Lichtechtheit von substantiven Färbungen verwendet.

FP 923763 Ciba 1947 — Beim Knitterechtausrüsten wird die Verminderung der Lichtechtheit durch Nachbehandlung mit komplexen Kupfersalzen in alkalischer Lösung (z. B. mit 0,25 g/Liter Kupfertartrat bei 50° C) vermieden. Dieser Effekt tritt besonders bei Chlorantinlicht-blau 2 GLL, 3 GL, 4 GL, -gelb 4 GLL, 2 GLL, SL, -orange 2 GL, TGLL, -grün 2 BLL, RLN, -rot 5 SLL, -rubin RNLL, -violett BLL, -grün BLL auf.

FP 911625 Ciba 1946 — Direkte Färbungen werden nachgekupfert und dann mit dem Kondensationsprodukt aus Dicyandiamidin und Formaldehyd behandelt. Die erhaltenen Färbungen sind lichtechter.

FP 906700 IG 1946 — Die Lichtechtheit von substantiven Färbungen auf Cellulosematerial wird durch Behandlung mit Lösungen von orthophosphorsauren Salzen verbessert.

FP 852255 IG 1942 — Die Lichtechtheit von Färbungen mit Entwicklungsfarbstoffen kann erhöht werden, wenn man die diazotierte Färbung mit Kupferkomplexverbindungen von Azofarbstoffen entwickelt.

FP 852030 IG 1942 (s. DP 722335) — Die Lichtechtheit von Färbungen auf animalisierten Cellulosefasern kann erhöht werden, indem vor oder nach der Färbung mit Polyhalogenpolyhydroxytriphenylmethansulfosäure behandelt wird, z. B. mit 3,5,3′,5′-Tetrachlor-2,2′-dihydroxytriphenylmethan-2-sulfosäure.

EP 617080 Stevenson 1949 — Man behandelt zwecks Lichtechtheitserhöhung Färbungen mit basischen Farbstoffen mit komplexen Phosphormolybdän- oder Phosphorwolframsäure nach.

EP 609362 Ciba 1948 — Mit Harnstoff-Formaldehydkondensaten nachbehandelte Direktfärbungen werden nach der Härtung des Harzes mit alkalischen Kupfersalzlösungen (Cu-Tartrat) behandelt, und die Lichtechtheit der nachbehandelten Färbung zu erhöhen.

EP 603154 Huguenin 1948 — Man erhöht die Lichtechtheit von Färbungen auf Polyamiden durch Dämpfen unter Überdruck.

EP 582143 Ciba 1946 — Zur Verhinderung der Beeinträchtigung der Lichtechtheit von Küpenfärbungen bzw. der Faserschwächung, die beim Belichten derartiger Färbungen eintreten, werden die gefärbten Textilien mit wasserlöslichen

Vorkondensaten von Formaldehyd und Stickstoffverbindungen, welche die Gruppe

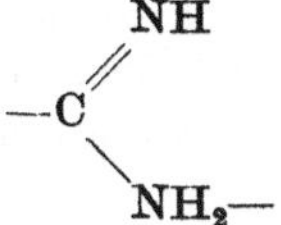

enthalten, imprägniert.

EP 581176 Ciba 1946 (s. a. EP 527384) — Die Echtheit von Acetatkunstseidenfärbungen gegen das Ausbleichen unter dem Einfluß von Säure- oder Verbrennungsgasen kann vermieden werden durch Behandeln mit Melamin.

Es ist bekannt, daß Acetatkunstseidefärbungen, insbesondere auf spinnmatter (mit TiO_2 mattierter) Kunstseide und Acetatkunstseide gegen den Einfluß von Sonnenlicht besonders empfindlich sind. Durch Behandlung derartiger Färbungen mit Melamin wird diese Empfindlichkeit wesentlich herabgesetzt. Die Behandlung erfolgt in einem kalten Bade von 10 Teilen Melamin in 3000 Teilen Wasser.

AP 2440330 Celanese 1948 — Zur Echtheitsverbesserung gefärbter Textilien, insbesondere von Celluloseestern werden dieselben mit Cyanamidlösungen behandelt, getrocknet und so lange erhitzt, bis unlösliche Stickstoffverbindungen entstehen.

AP 2435591 Ciba 1948 — Textilien werden nach der Färbung mit gelben oder orangefärbigen Küpenfarbstoffen zur Verhinderung eines Faserangriffes bei Belichtung der Färbung mit wasserlöslichen Reaktionsprodukten aus Formaldehyd und Verbindungen, welche 1—3mal die Gruppierung

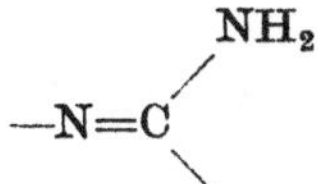

enthalten und höchstens einmal die Gruppe $—C{=}ONH_2$ aufweisen, bei einem pH über 7 behandelt und bei einem pH unter 7 getrocknet.

AP 2322333 Ciba 1943 — Man behandelt zur Erhöhung der Lichtechtheit Färbungen mit Formaldehyd-, Melamin- oder Harnstoffkondensaten in einer Konzentration von unter 5% in Lösungen unter Zusatz gewisser Cu-Salze bzw. Nachbehandlung mit solchen.

AP 2320588 Ciba 1943 — Zur Erhöhung der Lichtechtheit von Färbungen behandelt man sie mit dem primären Ester einer Phosphorsäure und eines Hydroxybenzols.

AP 2300470 Celanese 1942 — Die Lichtechtheit von Färbungen auf mit Titandioxyd mattierten Fasern wird erhöht, wenn man dem Titanpigment Aluminium- und Antimonoxyd zusetzt.

AP 2277202 Gen. An. 1942 — Komplexsalze von kationaktiven Verbindungen mit Cu, Co, Cr, Ni, z. B. Umsetzungsprodukte von Kupferchlorid und Octadecylbiguanid, zeigen keine Einflußnahme auf die Lichtechtheit der Färbung der behandelten Gewebe.

4. Die Verhütung des Fadings von Acetatkunstseidenfärbungen.

Acetatkunstseidenfärbungen zeigen vielfach unter dem Einfluß von sauren Rauchgasen bzw. atmosphärischen Bedingungen ein rasches Bleichen der Färbung. Man nennt diese Erscheinung das Fading.

Zur Verbesserung dieses Übelstandes sind zahlreiche Vorschläge im neueren Patentschrifttum zu verzeichnen.

Empfohlen werden Melaminharze; auch Phenylbiguanid soll von guter Wirkung sein. Neuerdings wird statt Triäthanolamin bzw. Methylolmelamin Diphenylacetamidin oder Diphenyläthylendiamin empfohlen (Mellon).

Literaturübersicht über die Verhütung des Fadings von Acetatkunstseidenfärbungen.

Mellor, Olpin: J. Soc. Dyers Colourists **66**, 44 (1950).

Ray und Mitarbeiter: Amer. Dyestuff Reporter **37**, 391, 629 (1948).

Rowe, Chamberlain: J. Soc. Dyers Colourists **53**, 268 (1937).

Patentschrifttum über die Verhütung des Fadings von Acetatkunstseidenfärbungen.

DP 740983 IG 1943 — Das Fading von Acetatkunstseidenfärbungen kann verhindert werden, wenn man in den Färbebädern oder vor- bzw. nachher mit 1-Amino-2-acetylamino- oder 3-Benzoylaminobenzolen, die im Benzolrest substituiert und nicht wasserlöslich sind, behandelt.

EP 612601 Celanese 1949 — Man behandelt mit wäßrigen alkoholischen Lösungen von hydroxyalkylaliphatischen Diaminen; s. a. EP 607085.

EP 597704 Celanese 1947 (s. EP 563287) — Die Lichtechtheit von Acetatseidenfärbungen wird durch Behandlung mit Salicylaten von Phenolen, Naphtolen usw. verbessert.

EP 581176 Ciba 1946 (s. a. EP 527384) — Die Behandlung erfolgt mit Melamin; vgl. auch S. 281.

EP 569557 Celanese 1944 — Färbungen von Aminoanthrachinonfarbstoffen auf Acetatseide werden in den Echtheiten (Fading) verbessert, wenn man mit wasserlöslichen Vorkondensaten von Melamin-Aldehyden behandelt und nach dem Trocknen bei 130° C härtet.

EP 548876 1942 — Das Fading von Acetatkunstseidenfärbungen wird durch eine Behandlung mit Arylbiguaniden der Form

$$\begin{array}{ccccccccc} R & - & N & - & C & - & NH & - & C & - & NH_2 \\ & & | & & \| & & & & \| & & \\ & & R & & NH & & & & NH & & \end{array}$$

verbessert.

AP 2440330 Celanese 1948 — Die Verbesserung der Echtheit von Acetatkunstseidenfärbungen gegen Fading erfolgt durch Cyanamid statt Dicyanamid oder Melamin, welche viel weniger löslich sind (5% gegenüber 0,5—1% bzw. 2%).

AP 2416380 ICI 1947 (s. a. AP 2298401) — Zur Verhinderung des Gasfadings von Acetatfärbungen werden den Färbebädern von insbesondere Aminoanthrachinonen N,N'-Diphenyläthylendiaminen zugesetzt.

AP 2409325 Celanese 1946 — Um die Echtheit von Acetatkunstseidenfärbungen zu erhöhen, werden sie in wäßrig-alkoholischen Lösungen mit aliphatischen Hydroxyaminen mit mindestens 3 C-Atomen in mindestens einer der Alkylgruppen, die am N-Atom gebunden sind, behandelt. Man verwendet 2%ige Lösungen, wobei diese 10—75% Alkohol enthalten. Der Alkohol verringert die Behandlungszeit, fördert das Eindringen in das Material und verhindert dessen allzustarke Quellung; s. a. AP 2409257 und AP 2403019.

AP 2369122 ICI 1945 — Man behandelt mit N,N'-Diarylformamidinen der Form:

$$\begin{array}{ccccc} & X & X & & \\ & | & | & & \\ R— & N— & C= & N— & R \end{array}$$

R bedeutet Aryl (Phenyl oder Tolyl), X Wasserstoff oder Alkylreste mit nicht mehr als 4 C-Atomen, z. B. C_6H_5—NH—CH=N—C_6H_5.

AP 2340375 ICI 1945 — Man behandelt Acetatkunstseidenfärbungen mit 2-Methylbenzimidazol.

AP 2298401 Eastman Kodak 1942 — Das Fading von mit Anthrachinonderivaten gefärbten Acetatseiden wird durch Behandlung mit Stoffen der Form OH—R—NH—R'—NH_2 (R oder R' = Äthylen- oder Propylenrest) verhindert. Z. B. verwendet man N-β-Hydroxyäthyläthylendiamin.

AP 2255090 DuPont 1941 — Man behandelt Acetatkunstseidenfärbungen mit Phenylbiguanid.

AP 2211861 Celanese 1940 — Man behandelt Acetatseidenfärbungen mit Benzyläthylamin und erhitzt auf 150—180° C. Insbesondere für Aminoanthrachinonfärbungen anwendbar; vgl. auch AP 2148655.

AP 2176506 Eastman Kodak 1939 — Fadingvermindernd auf Acetatseidenfärbungen wirkt Behandlung mit wäßrigen Melaminlösungen.

V. Die Erschwerung der Seide.

Die Erschwerung von Reinseide wird bekanntlich meist nach dem Verfahren von Neuhaus vorgenommen. Nach einem ein- oder mehrmaligen Behandeln mit starken Zinnchloridlösungen (Pinken) mit nachfolgender Hydrolyse des von der Faser aufgenommenen Chlorzinns durch Waschen wird die das Zinn nunmehr in Form von Zinnhydroxyd enthaltende Faser auf warmen Phosphatbädern schwach alkalischer Natur behandelt und nach mehrmaliger Wiederholung der als „Zug" bezeichneten Zinnchlorid-Wäsche-Phosphat-Arbeitskombination, je nach der verlangten Erschwerungshöhe, dann schließlich noch mit Silikatbädern entsprechender Konzentration fixiert.

Für Seidenschwarzfärbungen, die mit einer Erschwerung verbunden sein sollen, wird die Faser erst durch eine oder mehrere Chlorzinn-Phosphatbehandlungen vorerschwert, um dann mittels einer Kombination von oxydiertem und unoxydiertem Blauholzextrakt gleichzeitig gefärbt und weiter erschwert zu werden. Die erhaltenen rotstichigen Blauholzschwarzfärbungen werden durch Nitrieren bzw. auch Nuancieren mit basischen Farbstoffen geschönt und auf diese Weise das mehr oder weniger blaustichige Seidenschwarz erzielt.

Die Verfahrensweise der Erschwerung sowie die der Erschwerung und gleichzeitigen Schwarzfärbung ist in ihren Grundzügen seit Jahren unverändert. Trotz vielfacher Vorschläge anderer Art ist auch die Zusammensetzung der verschiedenen Bäder der Zinnerschwerung gleichgeblieben. So sehr sich moderne maschinelle Neuerungen bewährt haben, so wenig konnten sich chemische Verfahrensänderungen behaupten, da sie alle mehr oder weniger auf die Faser schädigend einwirkten.

Über die chemischen Vorgänge im Verlaufe des Erschwerungsvorganges und die Ursachen der Fehler und Mißerfolge, die dabei auftreten können, haben Elöd und seine Mitarbeiter sowie auf Grund ausgedehnter betriebsmäßiger

Untersuchungen auch Weber diesbezügliche Hinweise, aber auch detaillierte Arbeitsweisen veröffentlicht.

Zur Erschwerung der Kunstseide, die unter gewissen Vorsichtsmaßregeln besonders bei Mischgeweben aus Seide und Kunstseide angewendet wird, benützt man unter entsprechenden Maßnahmen die in der Seidenerschwerung üblichen Bäder. Kunstseidengewebe an sich werden, der hohen Kosten wegen, mit Seidenerschwerungsbädern nur selten behandelt. Mit Rücksicht auf die Faserempfindlichkeit gegen die stark sauren Pinken ist größte Vorsicht zu üben. Bei den mechanischen Operationen erfordert der erhöhte Quellzustand der Kunstseide womöglich noch größere Aufmerksamkeit als bei der Seide. Zur Erzielung gewisser Matteffekte werden Erschwerungsbäder in stark herabgesetzter Konzentration hin und wieder angewendet.

Neuerdings ist auch die Erschwerung von Polyamidfasern (Nylon, Perlon) vorgeschlagen worden.

Literaturübersicht über die Erschwerung der Seide.

Laurenzen: Textil Praxis **5**, 160 (1950).
Tyler: Dyer, Text. Printer, Bleacher **101**, 543, 601 (1949).
Möller: Kunstseide u. Zellwolle **47**, 98 (1949).
York: Text. Recorder **64**, 53 (1947).
Bonnet: Ind. textile **59**, 208, 271 (1942).
Jonte: Text. Colorist **63**, 299 (1941).
Weber: Melliand Textilber. **17**, 145, 224, 328 (1936); **18**, 96, 169, 306 (1937).

Patentschrifttum über die Erschwerung der Seide.

DP 742374 Rhodiaceta 1944 — Superpolyamide werden erschwert wie Naturseide, indem man unter Mitverwendung von Quellmitteln mit Zinnchlorid- und Phosphatbädern arbeitet. Den Pinkbädern (Chlorzinn) werden 2% Phenol, welches als Quellmittel für Nylon bekannt ist, zugesetzt, nach mehrmaligen Zügen wird ein Wasserglasbad gegeben und so Erschwerungen über 30% erhalten!

FP 920615 Rhodiaceta 1947 — Zum Beschweren von Polyvinylfasern werden nach Art der Seidenerschwerung Behandlungsbäder von Zinntetrachlorid und einem Quellmittel für die Faser unter nachheriger Anwendung von Phosphatbädern und Silikatbädern empfohlen. Als Quellmittel kommen Cyclohexanon, Aceton oder Methyläthylketon usw. in Frage. Das Zinnsalz kann auch durch Pb-, Ti-, Zn-, Sb- oder Al-Salze ersetzt werden.

AP 2147057 und AP 2147056 Celanese 1939 — Man erschwert Acetatkunstseidenkrepp ohne vorheriges Kreppen, indem man kalt netzt, 1 Minute in einem Bade von 30 Bé und 53° C warmem Zinnchlorid im Verhältnis 1 : 30 behandelt, dann mit kaltem Wasser hydrolysiert und spült (eventuell kann nach dem ersten Zinnbad eine zweite Behandlung mit einem 10—15° C warmen Bade gleicher Konzentration erfolgen), dann wird in einem Bade von 6,5 Bé bei 50° C 30 Minuten phosphatiert, wobei Dinatriumphosphat Verwendung findet, schließlich wird bei 5—55° C mit 2,5° Bé starken Wasserglaslösungen silikatiert, wobei die volle Kreppentwicklung eintritt. Der Krepp ist sehr fein, das Gewebe ist mit direkten Farbstoffen färbbar und schiebefest.

AP 2025072 und AP 2034696 (cit. Marsh, Introd. Text. Finishing) — Die Erschwerung der Seide wird mit 35% Antimontrichlorid in Tetrachlorkohlenstoff vorgenommen, hernach zentrifugiert, bei niedriger Temperatur getrocknet und in eine wäßrige Lösung von Natriumdiphosphat (5%) gebracht.

Vierter Abschnitt.

Die Druckerei.

I. Allgemeine Verfahren.

Die Entwicklung der Textilchemie hat auch auf dem Gebiet der Druckerei manche Fortschritte gebracht.

Hier sind vor allem die schon 1939 in Verwendung gekommenen *Rapidazole* näher zu erwähnen[1]. Zufolge der Umständlichkeit der Verfahren waren die Naphtolfarbstoffe in der Drucktechnik zu keiner weitgehenden Anwendung gelangt. Die dann entwickelten *Rapidechtfarben* (1915) gestatteten die Verwendung der beiden Farbstoffkomponenten in einem Arbeitsgange durch die Möglichkeit der Herstellung beständiger Diazoniumverbindungen. Einen weiteren Fortschritt brachten die *Rapidogene* (1932), welche die Feststellung, daß Arylanilide der 2,3-Oxynaphtoesäure und Diazamine geeigneter Basen in alkalischem Milieu nicht kuppeln, zum gemeinsamen Druck der beiden Verbindungen ausnützen. Werden die so hergestellten Drucke dann gesäuert, so bildet sich der unlösliche Farbstoff. (Das Nichtkuppeln der Diazoniumverbindung bei den Rapidechtfarbstoffen wird bekanntlich mit der Bildung eines Antidiazotats erklärt, welches sich erst durch Einwirkung von Säure in das Syndiazotat umlagert und als solches sofort kuppelt. Bei den *Rapidogenen* [IG], *Momentogenen* [Sandoz AG.], *Tinogenen* [Geigy], *Cibagenen* [Ciba] usw. entstehen[2] aus den verwendeten Diazoaminoverbindungen durch Umlagerung stabile Aminoazoverbindungen. Erst durch Säurebehandlung lagern sich die letzteren wieder in die kupplungsfähigen Diazoaminoverbindungen um.)

Bei den *Rapidazolen* nun wird die Diazoniumverbindung mittels Natriumsulfit behandelt, wodurch beständige Produkte gebildet werden, die zusammen mit dem Kupplungskomponenten gedruckt werden. Beim Erwärmen tritt Umlagerung unter Bildung der kupplungsfähigen Form und Kupplung zum Farbstoff ein.

$$C_6H_5{-}N{\equiv}N\cdot Cl \xrightarrow[\text{Sulfit}]{} C_6H_5{-}N{=}N\cdot SO_3Na \xrightarrow[\text{Erwärmen}]{} C_6H_5{-}N{\equiv}N{-}SO_3\cdot Na.$$

---

[1] Ausführliche Angaben über die Entwicklung der neueren Druckmethoden finden sich in Diserens, Neueste Fortschritte auf dem Gebiete der chemischen Technologie der Textilfasern, Bd. III, 1946.

[2] Reichert: J. Text. Inst. **38**, A 56 (1947).

In diesem Zusammenhange wäre auf die sogenannten Nitraminate hinzuweisen, welche sich durch Säure in die kupplungsfähige Diazoniumverbindungen überführen lassen, die dann der Kupplung unterworfen werden.

Eine Druckmethode geht auch dahin, den Diazokörper einerseits und die Kupplungskomponente andrerseits in verschiedenen Phasen einer Druckemulsion anzuwenden, so daß im Moment des Aufdruckes Kupplung und damit Farbstoffbildung eintritt.

Die besondere Art des Aufdrucks an sich unlöslicher Farbstoffe wird durch Acylierung derselben ermöglicht *(Neocotone)*, wobei durch Verseifung nach erfolgtem Aufdrucken der löslichen acylierten Derivate der unlösliche Farbstoff rückgebildet wird. Um Verluste an Farbstoff dabei zu vermeiden, wird in Gegenwart von NaCl gearbeitet (vgl. S. 310).

Für den Druck auf Zellwolle oder Viskose werden auch substantive Farbstoffe empfohlen, welche, gemeinsam mit Kupferverbindungen aufgedruckt, echte Drucke liefern, wie z. B. das *Coprantin*- bzw. *Cuprofix*-Sortiment der Ciba bzw. Sandoz. Schließlich ist der Druck mit der Klasse der *Autazole* (IG) anzumerken. Die mit diesen Farbstoffen bedruckten Textilien werden nach Diazotierung des Drucks in alkalischen Bädern behandelt, so daß der Aufdruck mit seinem eigenen Molekül unter Farbstoffbildung kuppelt.

Für Acetatkunstseidendrucke ist ein Vorschlag interessant (EP 579718), nach welchem saure Farbstoffe in Gegenwart von Alkohol, Isothiocyanat als Quellmittel und Säure aus wäßrigen Lösungen gedruckt werden.

Der Pigmentdruck als neuestes Verfahren der topischen Gewebefärbung mit den *Orema*- (Ciba) oder *Impralac*- (Francolor) Farbstoffen bzw. *Acramin*-Farben (Bayer) wird ausführlich im entsprechenden Kapitel behandelt. Über neue Verfahren zur Erzielung befriedigender Weißätzen auf Fonds, die mit gekupferten oder kupferhaltigen Farbstoffen hergestellt wurden, siehe S. 333.

Literaturübersicht über allgemeine Druckverfahren.

Haller: Theoretische Grundlagen von Färberei und Zeugdruck. Wien: Springer-Verlag. 1950.

Bolliger: Beitrag zur Entwicklung des europäischen Textildrucks. Wien: Springer-Verlag. 1950.

Fordenwalt, Witschonke: Amer. Dyestuff Reporter **39**, 607 (1950).

Duparc: Ind. textile, Photodruck **67**, 38 (1950).

Saville: Amer. Dyestuff Reporter **38**, 310 (1949).

Nuttall: Amer. Dyestuff Reporter **38**, 232 (1948).

Wolff: Teintex **7**, 284 (1942).

Fischer: Mschr. Text.-Ind. **57**, 115, 345 (1942).

Fischer: Melliand Textilber. **23**, 493 (1942).

Morgan, Vaugham: Amer. Dyestuff Reporter **30**, 254 (1941).

Bonnet: Teintex. **5**, 225 (1940).

Patentschrifttum über allgemeine Druckverfahren.

OeP 167301 Heberlein 1950 — Flockdruckeffekte auf Geweben werden haltbar erzielt, indem man zum Festhalten des Flocks am Gewebe beide Faserarten (Flock und Gewebe) anlösende Mittel, wie Rhodanide, Zinkchlorid, Cellulosexanthogenat usw., aufdruckt und mit Flock bestäubt usw. Auch Triton T (Benzyltrimethylammoniumhydroxyd) kann verwendet werden.

OeP 166437 Messerli 1950 — Man bedruckt Textilien mit basischen Farbstoffen derart, daß man die basischen Farbstoffe in Form ihrer wasserunlöslichen

Umsetzungsprodukte mit aliphatischen Carbonsäuren mit mehr wie 6 C-Atomen aufdruckt. Es findet kein Ausfließen der Drucke statt.

SP 267674 Messerli 1950 — Zum Flachdruck werden Druckpasten verwendet, die das wasserunlösliche Umsetzungsprodukt eines basischen Farbstoffs mit einem Farbstoff, der im Molekül eine COOH-Gruppe aufweist, enthalten; vgl. DP 742572.

SP 264574 Messerli 1950 — Flachdruck von Geweben unter Verwendung unlöslicher Umsetzungsprodukte aus basischen Farbstoffen und aliphatischen Carbonsäuren und Bindemitteln, wie Leinölfirnis, Kunstharzlack usw. (s. OeP 166437 und FP 967508).

EP 640308 Holden 1950 — Beim photographischen Bedrucken von Textilien, die mit lichtsensitiven Materialien getränkt sind, wird das Textilgut, bevor es durch ein Negativ belichtet wird, gesteift.

EP 633160 ICI 1949 — Das Drucken mit Thio-uroniumfarbstoffen der Phtalocyaninreihe in türkisblauen Tönen in Mehrfarbeneffekten mit anderen Farbstoffen wird beschrieben.

EP 632932 General Aniline 1949 — Das Hervorbringen von Mustern erfolgt durch Imprägnieren des Gewebes mit lichtempfindlichen Diazoniumverbindungen, die bei Belichtung in nichtkuppelnde Stoffe übergehen, und entsprechende Nachbehandlung. Beim Imprägnieren wird unter Zusatz von 4 bis 10% $ZnCl_2$ gearbeitet (vgl. EP 604696).

EP 591493 Winzeler, Ott 1947 (s. a. EP 542554) — Beim Dämpfen von Drucken usw. wird die abwechselnde Behandlung mit Naßdampf, in geschlossenem Raum mit Über- und Unterdruck empfohlen. Die Fixierung des Farbstoffes soll eine weitaus bessere sein als durch das übliche Dämpfen.

AP 2368706 United Merchands 1945 — Betrifft Flockdruck; vgl. AP 2311850.

AP 2364359 Cyanamid 1944 — Bedrucken von Textilien nach der planographischen Methode mit Küpenfarbstoffen, Reduktionsmittel, Alkali und hydrophilem Kohlehydrat-Gummi.

AP 2359776 Bancroft 1944 — Man erhält Zweifarbeneffekte auf Geweben, wenn dieselben erst mit einer Reservedruckpaste, welche ein wasserlösliches Verdickungsmittel enthält, bedruckt werden. Nachher wird ausgefärbt, wobei bei kurzer Färbedauer ein Teil der Reserve zufolge Aufweichen der Verdickung in Lösung geht.

AP 2330707 ICI 1943 — Man bedruckt Acetatkunstseide mit Anthrachinonfarbstoffen unter Zusatz von Ammonadipat.

AP 2310436 Pittsburg Plate Glass 1943 — Zur Erzielung von farbigen oder weißen Mustern auf dunkel gefärbten Textilien druckt man mit Pasten aus einer Mischung von Alkydharzen und Harnstoff-formaldehydharz, welchen eventuell noch ein Ätzmittel für den Fond beigegeben werden kann:

Beispiele:			
Alkydharz	12 Teile	15 Teile	10 Teile
Harnstoff-formaldehydharz	12 Teile	6 Teile	15 Teile
Pigment	55 Teile	50 Teile	50 Teile
Xylol	13 Teile	21 Teile	15 Teile
Butylalkohol	8 Teile	4 Teile	10 Teile
Nitrocellulose	—	4 Teile	—

AP 2214365 Waldrich 1940 — Ein Gewebe wird mit einer ameisensäurehaltigen Lösung eines Leukoküpenfarbstoffesters imprägniert und durch ein photographisch hergestelltes Negativ belichtet. Dann kommt der unexponierte Teil der Farbe zum Auswaschen und der exponierte Teil zur Entwicklung.

II. Druckpasten und Druckverdickungen.

Neben verschiedenen Verdickungsmitteln und Spezialrezepten von Druckpasten für besondere Zwecke werden hier auch eine Reihe von Druckpasten, die für den Pigmentdruck geeignet sind, besprochen.

Außer den verschiedensten Kondensaten und Polymerisationsprodukten, welche als Verdickungsmittel für Druckfarben empfohlen werden, sind besondere Arbeitsweisen vorgeschlagen worden, um Mängel der klassischen Verdickungen, wie Stärke, Tragant, Gummi oder Johannisbrotkernmehl zu beseitigen. Besondere Stärkederivate werden z. B. durch Erhitzen mittels Phenolen[3] oder Harnstoff[4] erhalten. Das bekannte Ausfallen von Johannisbrotkernmehl aus Verdickungen unter dem Einfluß von Alkali kann durch Zugabe geringer Eiweißmengen vollkommen vermieden werden[5]. Dieselben wirken als Schutzkolloid. Pottaschebeständige Johannisbrotkernmehlverdickungen werden erhalten, indem man den Pflanzenschleim mit mehrwertigen Phenolen erhitzt[6]. Die Koagulation von Gummi beim Druck von Chromfarbstoffen wird durch Zugabe von Triäthanolaminsalzen der Bernsteinsäure oder Phtalsäure verhindert[7]. Der Zusatz von Quellmitteln zu Druckpasten für Cellulosederivate, ähnlich den in der Färberei üblichen Arbeitsweisen, um die Farbstoffaufnahmsfähigkeit von Textilien zu erhöhen, ist auch in der Drucktechnik vorgenommen worden[8]. Er wird auch beim Bedrucken der synthetischen Fasern angewandt.

Neben den eingangs aufgezählten Verdickungsmitteln für Druckpasten werden als brauchbar auch Ligninderivate oder Lignin- bzw. Celluloseäther angegeben[9].

Zahlreiche Vorschläge betreffen die Verstärkung bzw. Erhöhung der Ausgiebigkeit von Drucken durch Zusatz verschiedener Stoffe, wie z. B. Hydantoin bei Neocotondrucken usf.

Die Farbfixierung findet beim Druck erst beim Dämpfen statt. Die Ausgiebigkeit der Drucke hängt von der Affinität des Farbstoffs zur Faser und zur Druckpaste sowie von der Struktur und dem Trockenstoffgehalt der Verdickung ab.

Literaturübersicht über Druckpasten.

Berthold: Melliand Textilber. **31**, 575 (1950).
Zonnenberg: J. Soc. Dyers Colourists **66**, 132 (1950).
Zülcher: Melliand Textilber. **31**, 51 (1950).
Schmidt: Melliand Textilber. **31**, 194 (1950). — Textil Praxis **5**, 446 (1950).
Walter: Melliand Textilber. **31**, 351 (1950); **30**, 467 (1949).
Munshi, Turner: J. Soc. Dyers Colourists **65**, 434 (1949).

---

[3] DP 713454.
[4] DP 742874.
[5] SP 204507.
[6] DP 719787.
[7] EP 499876.
[8] EP 595344.
[9] AP 2280600, AP 2272706.

Haller: Textil Praxis **4**, 440 (1949). — J. Soc. Dyers Colourists **66**, 132, 139 (1949).
Gerber: Melliand Textilber. **20**, 286 (1939); **24**, 150 (1943). — Vgl. auch Text. Manufacturer **73**, 515 (1947) und Text. Wld. **97**, 143 (1947).

Patentschrifttum über Druckpasten.

OeP 167614 Durand Huguenin 1951 — Behandelt das Aufdrucken von Pigmenten in Gegenwart von Albumin.

OeP 162950 Gy. 1949 — Man kann das Hartwerden von Chromierfarbstoff, Chromat und Gummi enthaltenden Druckfarben vermeiden, wenn man Verbindungen von Metallsalzen zugibt, die in wäßriger Lösung farblose, 2- bis 3wertige Kationen liefern und mit Chromaten keine unlöslichen Salze bilden. Man verwendet z. B. 2 g einer Mischung von 3 Teilen Na-bichromat, 3,9 Teilen $ZnSO_4$ und 3 Volumteilen NH_3 konz., die zur Trockene eingedampft wurde, als Zusatz.

DP 751655 Schmidt (nicht ausgegeben) — Als Verdickungsmittel werden quellbare Tone mit Celluloseglykolsäureäthern und deren Salzen vorgeschlagen.

DP 750397 IG 1945 (s. a. DP 749390) — Zur Erzielung besonders waschechter Drucke werden den Druckpasten außer Harnstoff-formaldehydkondensaten auch noch Vorkondensate aus Polyvinylalkohol und Formaldehyd zugegeben. Z. B. verwendet man eine Druckpaste aus: 100 g Farbstoffpaste 20⁰/₀ig, 50 g Wasser, 100 g Tragantverdickung 6⁰/₀ig, 300 g Kondensat aus Harnstoff-formaldehyd 1 : 2, 400 g Kondensat aus Polyvinylalkohol, Formaldehyd 1 : 1 und 50 g Glykolsäure.

DP 750328 IG 1945 — Als Verdickungsmittel für Druckpasten wird das Einwirkungsprodukt des durch Einwirkung von Monohalogenessigsäuren auf mit Alkalihydroxyden vorbehandeltes Holz erhältlichen Erzeugnisses verwendet (DP 712666).

DP 745220 Ciba 1944 — Man druckt unter Mitverwendung von Harnstoff und fixiert mit formaldehydhaltigem Wasserdampf. Die Druckpaste enthält Katalyte.

DP 742874 Diamalt 1943 — Man erhält eine als Druckpastenverdickung brauchbare Masse, wenn man Kartoffelstärke mit Harnstoff vermischt und so lange erhitzt, bis starke Ammoniakentwicklung auftritt und die Masse sintert (1 Teil Stärke, 1 Teil Harnstoff, 180° C). Aus 100 Teilen der Mischung werden 90 Teile Fertigprodukt erhalten. Man kann auch Mehle oder andere Stärkesorten so behandeln, wobei die erhaltenen Stoffe auch als Appreturmittel und Klebstoffe brauchbar sind.

DP 738982 IG 1943 — Siehe auch Neocotonverfahren! Neue wasserlösliche Ester werden erhalten, wenn man nicht sulfonierte Kondensationsprodukte aus aromatischen Oxyverbindungen und Aralkylhalogeniden in Gegenwart von Pyridin oder anderen Basen mit solchen Mitteln behandelt, daß wasserlösliche Ester entstehen [Chlorid, Anhydrid mehrbasischer Carbonsäuren, Chlorsulfonsäure oder einseitige Halogenide aromatischer Sulfonsäuren von Carbonsäuren (Benzoesulfosäurechlorid)]. Die Ester werden mit Säuren oder Alkalien wieder aufgespalten. Bei ihrer Verwendung sind während des Druckvorganges die lackbildenden Gruppen blockiert, so daß eine vorzeitige Bildung derselben nicht stattfinden kann. Auf der Faser wird dann der Ester verseift, und es kann aus der entstehenden unveresterten Verbindung und einem z. B. mit aufgedruckten, z. B. basischen Farbstoff Lackbildung stattfinden.

DP 738890 Gossler 1943 — Als Ersatz für Stärke oder Gummi in Druckmassen wird die durch Eindampfen von mit größeren Mengen Alkali versetzter Wasserglaslösung erhaltene, nicht kristallinische Masse nach Zugabe von Aluminiumhydroxyd verwendet.

DP 723492 IG 1942 — Als Verdickungsmittel dient eine Mischung von wäßrigen Lösungen von Celluloseäthercarbonsäuren mit Aluminiumlösungen unter Zugabe von wasserlöslichen Oxycarbonsäuren in einer Menge von 20% der angewendeten Celluloseäthercarbonsäuren.

DP 723380 Diamalt 1942 — Man verwendet als Druckverdickung feinvermahlenen Pflanzengummi zusammen mit Natriumpyrophosphat.

DP 721531 Diamalt 1942 (Zusatz zu DP 719787) — Pottaschebeständiges Johannisbrotkernmehl wird durch Einwirkung von mehrwertigen Phenolen (Erhitzen in organischen Lösungsmitteln) hergestellt.

DP 720573 Diamalt 1942 — Klumpenfreie Johannisbrotkernmehllösungen werden erhalten, wenn den Mehlen anorganische, nicht quellend wirkende Salze oder Zucker zugesetzt wird (Bittersalz, Kaliumsulfat, Kochsalz, Dextrose usw.).

DP 719787 Diamalt 1942 — Pottaschebeständige Johannisbrotkernmehlverdickungen werden erhalten durch Erhitzen des Mehles mit mehrwertigen Phenolen, wie z. B. Pyrogallol, Resorcin usw.

DP 716912 Diamalt 1942 — Johannisbrotkernmehl wird mit Harnstoff gemischt und 20—60 Minuten auf 150—180° C erhitzt. Man erhält Verdickungen für Druckpasten.

DP 713903 Röhm & Haas 1942 — Druckpasten aus Mischpolymeren kann man verbessern durch Zusatz von wasserlöslichen Silikaten.

DP 713902 IG (s. FP 863256).

DP 713454 Diamalt 1941 (Zusatz zu DP 709652) — Man erhitzt Stärke und mehrwertige Phenole in einem organischen Lösungsmittel (Alkohol) in der Nähe des Siedepunktes desselben. Dabei muß bei neutraler Reaktion gearbeitet werden. Die erhaltenen, keine Quellstärke aufweisenden Produkte sind ausgezeichnete Druckverdickungsmittel.

DP 712666 IG 1940 — Als Druckverdickung usw. werden celluloseglykolsaures Natrium (Colloresin V) vorgeschlagen.

DP 709495 Diamalt 1941 (Zusatz zu DP 708618) — Man erhitzt Stärke und Resorcin in Abwesenheit von Wasser auf höhere Temperatur, eventuell unter Harnstoffzusatz. Gleiche oder bessere Ergebnisse werden mit Pyrogallol, Hydrochinon oder Phloroglucin erzielt; z. B. wird ein Gemisch von 100 Teilen Stärke mit 30 Teilen Pyrogallol 1—2 Stunden auf 120—140° C erhitzt. Die Reaktionsprodukte können als Druckverdickungsmittel verwendet werden. Sie werden z. B. in der Rapidogendruckerei durch Rapidogenentwickler nicht gefällt, während unbehandelte Kartoffelstärken zu unbrauchbaren Gallerten verwandelt werden.

DP 707847 Diamalt 1941 — Druckverdickungen aus Kirschgummi, der mit Erdalkalihydroxyden behandelt wurde.

DP 707029 Ciba 1941 — Druckereihilfsmittel, welche günstiger als Toluolsulfonamid wirken, werden erhalten, wenn man Sulfonsäureester aus Cymolsulfosäuren und Alkoholen mit weniger als 8 C-Atomen mit tertiären Aminen behandelt und den Druckpasten zusetzt.

DP 683205 Kalle 1939 — Celluloseätherlösungen verlieren beim Stehen an Viskosität. Dieser Viskositätsabbau kann durch Zusatz von Formaldehyd verhindert werden. Derartige Lösungen werden als Druckverdickung angewendet.

DA 52979 Grünau — In Zeugdruckpasten werden Verdickungen verwendet, die Emulsionen von Ölen oder Fetten in Lösungen von N-substituiertem Eiweiß oder Abbauprodukten enthalten.

SP 251101 Kornis 1948 — Als Verdickungsmittel für Druckpasten wird Johannisbrotkernmehl, eventuell in Mischung mit Dextrin angegeben.

SP 247430 Ciba 1947 — Zum Bedrucken von Textilien wird eine Druckpaste verwendet, die maximal 0,4% eines optischen Bleichmittels enthält, wobei dieses in Form eines wasserlöslichen Na-salzes der Verbindung der Form

N N

$NaSO_3$ C—CH=CH—C SO_3Na,

N—R R—N

einem Di[benzimidazyl-(2)]äthylenderivat, vorliegt.

SP 246970 Kornis 1947 — Man röstet 200 Teile Stärke mit 0,5—1,5 Teilen Natriumcarbonat 6 Stunden bei 190° C. Das erhaltene Stärkeabbauprodukt kann als Druckverdickung, die keine Farbverschleierung bewirkt, Verwendung finden. Die Verdickung ist resistent gegen saure oder alkalische Agentien.

SP 240998 Scholten 1946 (s. a. Holl. P 55779 sowie SP 240997) — Als Verdickungsmittel für den Textildruck bzw. als Appreturmittel wird Quellstärke verwendet, welche mit einem Zusatz versehen ist, der mit der Stärke in wäßriger Dispersion lösliche Stärkeäther oder -ester bildet. Z. B. werden 1000 Teile Quellstärke mit 316 Teilen bromäthansulfosaurem Na und 160 Teilen wasserfreier Soda vermengt. Das Produkt kann vor Gebrauch mit 2—4 Teilen Wasser auf 1 Teil Mischung zu einer homogenen viskosen Masse verrührt werden, wobei nach Erwärmung eine Lösung von stärkeäthersulfonsaurem Na entsteht.

SP 240970 Cyanamid 1946 — Herstellung von Emulsionen für Druckzwecke usw. durch Emulgierung von synthetischen Harzen mittels ungesättigter hochmolekularer Fettsäuresalze.

SP 237175 Cyanamid 1945 — Haltbare Diazoverbindungen oder Küpenester werden gedruckt in einer Druckfarbe, welche aus einer Mischung eines Alkydharzes und eines Aminoplasten sowie einem Celluloseäther in wäßriger Emulsion und dem Farbstoff besteht. Die erhaltenen Drucke werden durch kurzes Dämpfen fixiert, Weichmacher können zugegeben werden. Die erhaltenen Drucke sind waschecht und naßecht.

SP 223928/29 Bubeck, Dolder 1943 — Druckverdickung aus Mehl der Kornrade.

SP 213036 Ciba 1941 — Präparat zum Drucken, welches das wasserlösliche Amid einer Carbonsäure enthält. Es quillt die Faser und man erhält daher tiefere Drucke (s. a. FP 815575 und 828532). Angegeben werden Äthylglykolsäureamid oder Oxyäthylthioglykolsäureamid (s. a. AP 2184495 und EP 514078).

SP 213035 Ciba 1941 — Grundlegendes Patent über Emulsionsverdickungen für Druckfarben.

SP 208730 Gossler 1940 — Als Druckfarbenverdickung wird eine unter Zusatz von Ätzalkali stark eingedampfte Wasserglaslösung empfohlen.

SP 206688 Ciba 1939 — Als Zusatz zu Druckpasten werden wasserlösliche Hydantoinderivate verwendet (s. a. FP 856693).

SP 204507 Durand & Huguenin 1939 (s. a. DP 578776) — Zusätze von Eiweiß zu Johannisbrotkernmehlverdickungen in Druckfarben verhindern die durch Alkali sonst eintretende Fällung (s. weiters a. FP 838904 und EP 508135).

SP 203928 Ciba 1939 [s. a. SP 204218 Ciba 1939 (ähnlich)] — Zugabe von Thioglykol erhöht die Ausgiebigkeit und Reinheit von Druckfarben, die Alkalinitrit, Alkalisalze von Kupplungskomponenten und primäre substituierte Amine enthalten (Druck unlöslicher Azofarben, s. a. AP 2184495 und EP 514078).

SP 203116 IG 1939 — Als Bindemittel für Druckpasten verwendet man gesättigte, hochpolymere, aliphatische oder alicyclische Kohlenwasserstoffe, wie z. B. hochpolymeres Isobutylen, wobei selbst auf Tüllgeweben weiche Druckmuster erhalten werden.

SP 200662 Ciba 1939 — Man verbessert Druckfarben für Küpendrucke durch Zugabe von etwa 50 g/kg Druckfarbe der quaternären Verbindung aus Cymolsulfomethylester und Pyridin.

FP 926019 CCCC 1947 — Zum Drucken usw. werden Dispersionen von Polyvinylharz in Kohlenwasserstoffgemischen, die etwa 20—70% Aromaten enthalten, unter Zusatz von Weichmachern vorgeschlagen. Durch Erhitzen wird das Pigment der Druckpaste mit der Faser verbunden.

FP 895249 Kornis 1944 — Als Druckverdickungen werden Mischungen von Dextrin mit Johannisbrotkernmehl empfohlen.

FP 872734 Ciba 1942 — Durch Zusatz von Harnstoff wird die Beständigkeit von Druckpasten, welche Antidiazotate enthalten, erhöht.

FP 872539 Durand & Huguenin 1941 — Druckpasten von basischen Farbstoffen, Tannin, Cellulosederivaten und Dispergier- und Weichmachungsmitteln geben reibechte und waschechte Drucke.

FP 866085 Durand & Huguenin 1941 — Als Druckpaste für Eisfarben oder Leukoküpenfarbstoffe werden Wasser-in-Öl-Emulsionen verwendet, die man durch Emulgieren einer wäßrigen Lösung des Farbstoffpräparates in einem flüssigen, organischen, mit Wasser nicht mischbaren Lösungsmittel (Lösung von Celluloseäthern) erhält.

FP 863256 IG — Druckpasten erhalten einen Zusatz von neutralen, schwerlöslichen oder unlöslichen Phosphorsäureestern, wie Tributylphosphat, Triisobutylphosphat usw.

FP 838904 Durand & Huguenin (s. EP 508135) — Die Empfindlichkeit von Johannisbrotkernmehl enthaltenden Druckverdickungen gegen Alkali wird behoben, wenn man einen Proteinkörper, wie Leim oder Eiweiß, in einer Menge von 50% des Johannisbrotkernmehls diesem zusetzt, wobei der Zusatz als Schutzkolloid wirkt.

FP 835148 ICI (s. a. EP 491896) — Man erhält beim Drucken von schwerfixierbaren Anthrachinonküpenfarbstoffen bessere Resultate, wenn man der

Druckfarbe 3—4% alkylierte Trimethylentriaminderivate zugibt, insbesondere beim Drucken von Kunstseide, z. B.

```
              CH2
             /   \
     H5C2·N       N·C2H5
          |       |
        H2C       CH2
             \   /
             N·C2H5
```

FP 833197 Rosenthal — Eine Verbesserung der Drucke von Küpenfarbstoffen, aber auch von sauren und Acetatkunstseidenfarbstoffen, erzielt man durch Zugabe des Umsetzungsproduktes von Triäthanolharnstoff und Salicylsäure:

```
        N——CO——C6H4
       / \        OH
      /   C2H4OH
   C=O
      \   C2H4OH
       \ /
        N
         \
          C2H4OH
```

FP 833100 Ciba — Als Druckverstärker, insbesondere für den Küpendruck, eignen sich wasserlösliche Salze von Ketocarbonsäuren. Sie werden in einer Menge von 5% der Druckfarbe zugegeben. Es sind genannt u. a. Benzoylessigsäure, Acetophenoncarbonsäure usw.

FP 822739 Sandoz — Aliphatische Amine mit mehreren OH-Gruppen können als Hilfsmittel zum Zusatz zu Druckfarben dienen. Auch schwerlösliche Farbstoffe werden gut dispergiert (s. a. AP 2155135; s. S. 242).

EP 639207 ICI 1950 — Druckpasten, die neben Harzvorkondensaten Verbindungen der Form $R(O—CO—NH—CH_2—A—X)_n$ enthalten. Hierbei bedeuten R einen aliph. Rest, A ein aliph. oder heterocycl. Amin, X ein Säureanion und *n* eine ganze Zahl, größer als 1; ähnl. EP 633932.

EP 631907 Turkey Red 1949 — Als Druckverdickung wird eine Mischung von 20 Teilen Clay (colloid), 50 Teilen H_2O, 0,83 Teilen Glyzerin, 0,67 Teilen benzylsulfanilsaures Na, 2,46 Teilen Turbinenöl, 0,83 Teilen NaOH, 11,44 Teilen K_2CO_3 und 13,75 Teilen Formosul empfohlen.

EP 610126 Cyanamid 1948 — Zum Drucken von Eisfarben werden Druckpasten verwendet, die neben einer Farbstoffkomponente (Diazonium usw.) ein Amid einer Olefincarbonsäure enthalten, wobei als Verdickungsmittel ein Kohlehydrat Anwendung findet. Die mit der Kupplungskomponente imprägnierte Ware wird mit der diazoniumsalzhaltigen Paste bedruckt, wobei der Zusatz des Amids (Methacrylsäureamid usw.) ein Dünnwerden der Paste verhindert.

EP 595344 Turkey Red 1947 — Zum Drucken von Farbstoffen auf Acetatkunstseide werden Druckpasten verwendet, welche Thiocyanat und ein flüchtiges organisches Quellmittel für Acetatkunstseide (mit Ausnahme niedriger aliphatischer Alkohole) enthalten. Als Farbstoffe kommen Pigmente, Rapidogene, Naphtole, gewisse saure oder direkte Farbstoffe, Chromfarben, Indigosole in Betracht. Die Druckpaste besteht z. B. aus: 20 g Farbstoff, 160 g Äthyllactat, 100 g Ammonthiocyanat, 550 g Britishgum (2 kg/Lit. Wasser), 170 g Wasser. Nach dem Drucken wird bei 80—100° C getrocknet. Die Naphtole, Indigosole usw. werden nachher entwickelt.

EP 594722 Celanese 1947 — Man bedruckt Celluloseester mit Farbstoffen, welche in wäßrigen Lösungen von Alkohol (mindestens 50%ig) gelöst und die mit wäßrigen Methylcelluloselösungen als Verdickungsmittel versetzt sind. In dieser Weise kann man auch saure, Chrom- oder direkte Farbstoffe drucken.

EP 583349 Celanese 1948 (s. a. EP 551991 bzw. 542180) — Der Druck von Acetatkunstseidengeweben usw. wird mit Farbstofflösungen auch solcher Farbstoffe vorgenommen, die an sich keine Affinität für das Celluloseestermaterial besitzen. Den Pasten werden Alkohol und Thiocyanat (letzteres zum Anquellen der Faser) beigegeben. Die Drucke besitzen gute Haftfestigkeit.

EP 545081 Calico Printers — 103,5 Teile Glyzerin werden mit 75 Teilen Paraformaldehyd und 1 Teil Ammoniak s. G. 0,880 gemischt und auf 110—115° C erhitzt. Das Vorkondensat wird mit Algenschleim gemischt. Die Mischung kann als Druckverdickung Verwendung finden und ist z. B. für den Pigmentdruck wertvoll. Die Drucke werden bei 105° C getrocknet und sind reibecht, seifenecht, weich und biegsam.

EP 544157 (vgl. a. EP 543860 und 525190) — Druckpasten für den Pigmentdruck.

EP 543432 Röhm & Haas (s. a. 543433) — Stärkepasten werden durch Zugabe von Enzymen weniger viskos gemacht und hernach durch Beifügung von Harnstoff-formaldehydkondensaten stabilisiert. Die erhaltenen Produkte können zum Drucken (als Verdickung) sowie zur Erzielung eines wasserfesten Apprets herangezogen werden.

EP 539737 Ciba — Bindemittel für Druckpasten, bestehend aus dem Esterifizierungsprodukt von Glyzerin, Phtalsäureanhydrid und Öl, sowie Hexamethylolamin. Man verwendet es in Lösung von Kohlenwasserstoffen und trocknet die Drucke bei 150° C.

EP 514078 Ciba 1940 — Als Zusatz zu Druckfarben für den Küpendruck werden Amide der Form

$$R_1{-}S{-}R_2{-}CO{-}N\begin{matrix} \diagup R_3 \\ \diagdown R_4 \end{matrix}$$

empfohlen. Dabei bedeutet R_1 Alkyl oder Alkoxy oder Hydroxyalkyl, R_2 einen eventuell auch substituierten Alkylenrest, R_3 und R_4 Alkyl oder Hydroxyalkylreste.

EP 508554 IG 1939 — Zur Verbesserung des Effektes, insbesondere bei Küpendrucken, werden den Druckfarben wasserlösliche Salze von phosphorsauren Estern mit mindestens einem aliphatischen oder cycloaliphatischen Rest von mindestens 6 C-Atomen zugegeben. Die Druckfarbe enthält außerdem den Farbstoff, Butylalkohol, Glyzerin, Pottasche, Rongalit und die Verdickung.

EP 508135 Durand & Huguenin 1939 — Druckverdickungen für die Verwendung beim Drucken von sauren Chromfarbstoffen und unlöslichen Azofarbstoffen, Küpenfarbstoffen und Indigosolen, welche Johannisbrotkernmehl mit Zusätzen von Proteinsubstanzen enthalten, sind beständig gegen Alkali.

EP 502479 1939 — Die Fixierung von Küpen- und basischen Farbstoffen (Indulin) wird durch Zusatz von wasserlöslichen Polyalkoholen, z. B. 1,3,5,7-Tetrahydroxyoctan, verbessert. Die Durchdringung des Druckgutes ist besser und die Drucke fallen kräftiger aus.

EP 499876 Durand & Huguenin 1939 — Beim Druck mit sauren Chromfarbstoffen wird die Koagulierung der Druckverdickung (Gummi senegal usw.) durch Zugabe von Ammoniak oder Monoäthanolaminsalzen der Bernsteinsäure oder Phtalsäure verhindert.

EP 499377 ICI 1939 (s. a. S. 303).

AP 2533635 Monsanto 1950 — Druckpasten, die Copolymere aus Styrol und Maleinsäureanhydrid usw. enthalten.

AP 2416998 Aspinook Co. 1947 — Druckfarben, welche ätzende Wirkung besitzen, ohne Hydrosulfit zu enthalten, werden aus einem Cellulosesol bzw. Oxycellulosesol hergestellt, welches durch Einwirkung von Säuren unter Anwesenheit von Chromaten gebildete Oxycellulose, in wenig Alkali gelöst, enthält.

AP 2416620 Interchem. 1947 — Druckpasten für verschiedenste Zwecke bestehen aus Emulsionen, die ein hitzehärtbares Harz in einem Lösungsmittel enthalten, wobei ein Teil dieses Harzes in Gelform vorliegt. Als Harz kann ein Carbamidaldehydharz verwendet werden.

AP 2416187 DuPont 1947 — S. Druck unlöslicher Azofarbstoffe S. 308.

AP 2414117 Musher Foundat 1947 — Als Verdickungsmittel für die verschiedensten Zwecke, auch für Druckfarben, kann ein aus Haferkorn gewonnenes Produkt Anwendung finden.

AP 2405151 Cyanamid. 1946 — Anthrachinonsulfonsäurearylaminsalze erhöhen die Farbtiefe von Küpendrucken. Z. B. wird hierfür das Anilinsalz der β-Anthrachinonsulfosäure vorgeschlagen.

AP 2401755 Stein, Hall 1946 — (s. a. EP 573471/472) — Zum Unlöslichmachen von Stärke in Drucken werden Pyroantimoniate empfohlen.

AP 2394542 Interchem. 1946 — Eine Druckpaste für Textildruck, bestehend aus einer wäßrigen inneren Phase (mindestens 20% der Gesamtpaste) und einer äußeren organischen Phase, welche das Farbstoffpigment und eine Lösung von synthetischem Kautschuk (der erhalten wird durch Co-Polymerisation von Butadien und Acrylnitril oder Polychloropren) sowie ein Vulkanisationsmittel aufweist. Man erhält nach dem Druck und der Vulkanisation weiche waschechte Drucke.

AP 2389245 Sandoz 1945 — Eine Küpendruckfarbe, enthaltend das Alkalisalz eines schwefelsauren Esters des Leukoküpenpräparats, ein Oxydationsmittel, ein säureabspaltendes Mittel, einen Katalyten und mindestens eine organische Base. Man braucht nach dem Druck nur kurz dämpfen.

AP 2381878 und AP 2381868 Interchem. 1945 — Als Bindemittel für Druckpasten wird eine Mischung, bestehend aus 1—4 Teilen Harnstoff-formaldehydharz, gelöst in einer Mischung von Butanol und Xylol, sowie 1 Teil Methylabietat verwendet. Oder es wird eine Mischung von 1 : 20 bis 1 : 1 aus Harnstoff-formaldehydharz und Celluloseäther in Tetrachlorkohlenstoff verwendet und nach dem Druck gehärtet.

AP 2364692 Interchem. 1944 — Textildruckpasten aus Emulsionen, bestehend aus einer wäßrigen Phase, sowie einem mit Wasser nicht mischbaren Lösungsmittel, welches flüchtig ist und dem etwa 10% Harz zugesetzt sind, werden beschrieben.

AP 2356794 Cyanamid 1944 — Wasser-in-Öl-Emulsionen für den Textildruck enthalten in der Ölphase Gemische von Alkyd- und Harnstoff-formaldehydharzen neben Äthercellulose.

AP 2343781 DuPont 1944 — Alkoholische Druckfarben, bestehend aus basischem Farbstoff, einem Harz der Abietinsäuregruppe und einem organischen Lösungsmittel mit einem Kochpunkt von 30—200° C werden beschrieben. Das Harz und der Farbstoff sind in einem Verhältnis von 3 : 1 vorhanden, das Lösungsmittel in einer derartigen Menge, daß eine 0,25—4%ige Farbstofflösung resultiert.

AP 2342885 Arnold, Hoffman Co. 1944 — Als Verdickungsmittel für Druckfarben werden Gemische von Seifen und Fettsäuren verwendet, bei welchen der Gehalt an Seife und Fett 3—24% der Gesamtdruckpastenmenge ausmachen.

AP 2336365 DuPont 1943 — Scharfe, nicht fließende Drucke werden erhalten, wenn man die zu bedruckende Ware erst mit verd. Lösungen von Chlorkautschuk, Polyamiden, Polyvinylacetat usw. behandelt, um die Kapillarität des Gewebes zu vermindern.

AP 2335905 DuPont 1943 — Die Herstellung von Druckemulsionen zum Drucken mit Schwefelfarbstoffen wird angegeben. Die Schwefelfarbstoffe werden in oxydierter Form angewendet. Die Drucke sind echt und zeigen dieselbe Tiefe wie aus Schwefelalkalibädern gefärbte Töne.

AP 2332121 Hercules Co. 1943 — Druckpasten aus Suspensionen von Celluloseestern des Typs Wasser-in-Öl oder Öl-in-Wasser werden beschrieben.

AP 2309982 Interchem. 1943 — Druckpasten zum Drucken von Azofarbstoffen werden beschrieben, welche eine Emulsion darstellen, deren äußere Phase ein mit Wasser nicht mischbares Lösungsmittel und eine wasserunlösliche, filmbildende Substanz, die innere Phase eine wäßrige Lösung ist. Das diazotierte Amin und die Kupplungskomponente befinden sich in verschiedenen Phasen der Emulsionspaste.

AP 2309946 Interchem. 1943 — S. S. 331.

AP 2308763 Hercules 1943 — Als Durchdringungsmittel zu einer Druckpaste, welche die Emulsion eines Pigmentes in einer Lösung eines wasserunlöslichen, filmbildenden Stoffes in einem mit Wasser nicht mischbaren, flüssigen Lösungsmittel enthält, werden Terpenäther verwendet.

AP 2307097 Hercules 1943 — Ein Farbstoffpigment ist emulgiert in einer Phase, die, eine wasserunlösliche Celluloseätherlösung, in einem mit Wasser nicht mischbaren Lösungsmittel besteht, wobei die wäßrige Phase, welche kontinuierlich ist, noch Feststoffe enthält, die etwa 20% der Paste ausmachen.

AP 2294246 DuPont 1942 — Druckpasten von Neocotonen (wasserlösliche Derivate wasserunlöslicher Farbstoffe, deren löslichmachender Rest beim Druck abgespalten wird) enthalten den Farbstoff, eine Verdickung, ein Puffersalz, welches verhindert, daß die Paste während des Druckes sauer wird, und 1% eines Esters einer monohydroxy-aliphatischen Carbonsäure:

$$(OH—C_nH_{2n}—COO)_m—R—(OH)_{x-m},$$

wobei $R—(OH)_{x-m}$ der Rest eines Glyzerins oder Trimethylenglykols, n 1—3, m 1—x (x Zahl der OH-Gruppen) ist.

AP 2288992 Interchem. 1942 — Als Druckpasten wird eine Emulsion empfohlen, bestehend aus einer diskontinuierlichen wäßrigen Phase, welche einen wasserlöslichen Farbstoff enthält, und einer kontinuierlichen Phase, welche eine Lösung eines wasserunlöslichen Celluloseäthers in einem flüchtigen hydrophoben Lösungsmittel darstellt. 0,45 Äthylcellulose (Viskosität 241 Centipoise), 0,68 Pine Oil, 13,58 Xylol, 14,27 hydrierte Petrolkohlenwasserstoffe vom Kochpunkt 135—177° C. Einrühren in obige Lösung eine Lösung von: 13,50 Rapidogen-R-Lösung, 1,00 50$^0/_0$ige NaOH, 56,52 Wasser. Man erhält klare Drucke; hernach wird durch Säurepassage entwickelt.

AP 2288261 Interchem. 1942 (s. Küpendruck) — Wasserunlösliche Farbstoffe zeigen die Tendenz, aus der dispersen wäßrigen Phase in die kontinuierliche Ölphase zu wandern. Dies ergibt Schwierigkeiten beim Druck. Man setzt daher der Ölphase Lezithin in geringen Mengen zu. Auch andere Phosphatide haben diese Wirkung.

AP 2284086 Cyanamid 1948 — Verdickungsmittel für Druckpasten bestehen aus Verbindungen der Form:

```
R—CH·COOH
  |
  |        NH
  |       //
  NH—C     R1
      \   /
        N
         \
          R2
```

wobei R einen aliphatischen Rest mit mehr wie 3 C-Atomen, R_1, R_2 Wasserstoff, Alkyl, Oxyalkyl oder Aryl bedeuten.

AP 2280600 Heyden 1942 — Als Verdickungsmittel in Pasten wird Lignin empfohlen.

AP 2276704 Gen. An. 1942 — Druckpastenverdickungen (auch für Ätzpasten) werden hergestellt aus Monohalogenessigsäureeinwirkungsprodukten auf Holz, wobei dieses vorher mit Alkylihydroxyd behandelt wurde.

AP 2275991 Röhm u. Haas 1942 — Öl-in-Wasser-Emulsionen als Druckpasten; die wäßrige Phase enthält die üblichen Druckverdickungen nebst dem Pigment, die Ölphase ein mit trocknenden Ölen modifiziertes Acrylharz.

AP 2272706 1942 — Druckpastenverdickungen bestehen aus Äthylcellulose und dem Methylester der Abietinsäure.

AP 2267620 Interchem. 1941 (s. Pigmentdruck S. 332).

AP 2265450 IG 1941 — Als Verdickungsmittel für Druckpasten usw. werden polymere N-Vinyllactame empfohlen.

AP 2259225 Cyanamid 1941 — Als Druckverdickungsmittel werden wasserlösliche Alkydharze verwendet, welche keine Steifung des Gewebes ergeben. Polyäthylenglykolmaleat, 80 Teile, werden mit 50 Teilen Wasser und 2 Teilen Pigmentfarbstoff verwendet (s. Pigmentdruck).

AP 2248048 Celanese 1941 — Als Verdickungsmittel für Druckpasten werden Carboxyalkylcelluloseäther verwendet.

AP 2245123 Nobel 1941 — Man verwendet als Binder für Druckfarben Cellulosederivate in organischen Lösungsmittel emulgiert. Zusätze von Weichmachern können erfolgen.

AP 2238855 Interchem. 1941 (s. a. SP 232868 S. 305).

AP 2235165 Celanese 1941 — Druckpasten, insbesondere zum Druck von Acetatseide, werden hergestellt, indem man den Acetatseidenfarbstoff mit Wasser, einem wasserlöslichen Hydroxyäthyläther der Cellulose, Glyzerin, Türkischrotöl und Essigsäure mischt. Nach dem Drucken wird gedämpft, gewaschen und gespült.

AP 2225384 Ciba 1940 — Man setzt den Druckfarben von Neocotonen Hydantoinderivate zu, wobei man tiefere Drucke als sonst erzielt. S. a. FP 856693.

AP 2225004 Ciba 1940 — Man druckt Neocotone unter Zusatz von Diäthylharnstoff oder einer Mischung von Monoäthylharnstoff und Harnstoff.

AP 2220573 Stein Hall 1942 — Als Verdickungsmittel für Druckpasten werden Stärken, welche mit Alkalien in einer Menge von unter 8% des Gewichtes behandelt wurden, vorgeschlagen.

AP 2213126 Interchem. 1940 (s. S. 332).

AP 2188073 Atlas Powder 1940 (s. S. 332).

AP 2184495 Ciba 1939 (s. a. EP 514078) — Zur Verbesserung der Druckresultate setzt man den Druckfarben die Verbindung der Formel

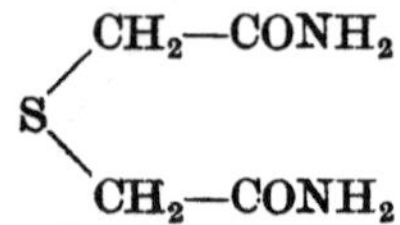

zu.

AP 2174486 DuPont 1939 — Zugabe von dibenzylthioglykolsaurem Natrium zu Druckpasten.

AP 2173824 DuPont 1939 — Bessere Druckergebnisse werden erhalten, wenn man den Druckfarben Benzylalkohol und Fettalkoholsulfonat zusetzt.

AP 2172833 Claflin 1939 — Statt Glyzerin verwendet man in Druckpasten Natriumlaktat. Es ist ebenso hygroskopisch, setzt jedoch im Gegensatz zu Glyzerin die Viskosität nicht herab, sondern erhöht sie. Ein besserer Druckausfall ist dadurch gewährleitet.
Beispiele: 100 Farbstoff, 100 Glyzerin, 75 Sodalösung, 50 Glukose, 285 Wasser, 250 Brit. Gum; statt der 100 Glyzerin auch 100 Natriumlaktat, Wasser 325, Brit. Gum 200.

AP 2136911 Hercules 1939 — Textildruckpasten, bestehend aus Emulsionen, die in der Phase des organischen Lösungsmittels als Bindemittel für das Farbpigment Kondensate von Äthylenglykol und α-Pinen enthalten.

III. Das Drucken mit verschiedenen Farbstoffen.

1. Der Druck mit löslichen Azofarbstoffen.

Der Druck mit löslichen Farbstoffen kommt wegen der geringen Echtheit der erzielten Drucke nur in Spezialfällen in Frage. Viskose kann mit sauren Farbstoffen im Filmdruck unter Verwendung von Britishgum-Verdickung bei Zusatz von Harnstoff und Glyecin A koloriert werden. Bei violetten Tönen werden basische Farbstoffe zum Schönen zugesetzt (Weiß wird als Pigmentdruck mit Eiweiß-Appretanverdickung hergestellt). Der Zusatz von

Harnstoff erhöht die Wasserechtheit der Drucke; er erfolgt auch beim Druck von Kunstseide mit Direktfarbstoffen. Es werden hier bis 20% verwendet.

Nylon kann auch in Mischung mit anderen Fasern mit direkten oder sauren Farbstoffen, eventuell unter Zusatz von Quellmitteln, bedruckt werden[10].

Obwohl nicht direkt hierhergehörig, sei auf die löslich gemachten Phtalocyanine hingewiesen, z. B. Alcianblau 8 GS (ICI). Man druckt mit Essigsäure oder Milchsäure und Na-acetat, dann wird 2—5 Minuten auf 100—110° C erhitzt und bei 100° C gedämpft. Der Druck ist waschecht, reibecht und oxydations- bzw. reduktionsecht. Der lösliche Farbstoff wird von Ätzen angegriffen!

Nach dem Druck wird kalt gewaschen und kochend geseift[11].

Literaturübersicht über das Drucken mit löslichen Azofarbstoffen.

Rostovtsev: Tekstilprom. **10**, 26 (1950).
Franzoso: Melliand Textilber. **24**, 313 (1943).
Jacoby: Text. Colorist **63**, 397 (1941).

Patentschrifttum über das Drucken mit löslichen Azofarbstoffen.

DP 745220 Ciba 1944 — Man setzt den Druckpasten Harnstoff und säureabspaltende Katalysatoren zu und dämpft mit formaldehydhaltigem Dampf.

DP 742572 IG 1943 — Man bedruckt Textilien im Flachdruck mit Farbstoffpasten, welche als Verdickung fette Bindemittel (Mineralöl, Firnis usw.) sowie in Wasser schwer oder nicht lösliche Salze aus Farbstoffsäuren und Aminen oder Ammoniumverbindungen enthalten, und dämpft sodann.

EP 588106 Turkey Red 1947 — Acetatkunstseide bzw. Acetylcellulose als sekundäres Acetat kann mit Direktfarbstoffen bedruckt werden, wenn der Druckpaste Mittel zugesetzt werden, welche die Acetatseide quellen und oberflächlich verseifen, wie etwa Zinkchlorid, Sulfocyanide, aber auch organische Weichmacher, wie Dibutylphtalat, Glykollaktat usf. Es werden klare Drucke erhalten, welche nach dem Dämpfen eine gute Echtheit aufweisen. Z. B. wird der Druck ausgeführt mit einer Druckpaste von 75 lbs. British-Gum-Standardlösung (4 lbs. British Gum in 1 Gallone Wasser), 0,5 lbs. Direktfarbstoff, 25 lbs. Ammonthiocyanat. Nach dem Drucken wird 15 Minuten im Mather-Platt behandelt und hernach 20 Minuten bei 50° C geseift.

EP 579718 Celanese 1946 — Acetatkunstseide läßt sich mit Küpenfarbstoffen wegen der Alkalinität der Druckfarben schlecht drucken. Gute Echtheit und vor allem auch Beständigkeit gegen saure Einwirkungen läßt sich erzielen, wenn man mit sauren Farbstoffen unter Zusatz von organischen Isothiocyanaten als Quellmittel, Monoalkoholen der aliphatischen Reihe mit mehr als 5 C-Atomen und einer Carbonsäure mit weniger als 4 C-Atomen sowie einer Verdickung arbeitet. Als geeignete Farbstoffe werden angegeben: Polarrot G, Sulfoninrot G, Xylenwalkblau GL, Guineagrün BA. Als Alkohole werden Methylalkohol oder Propylalkohol, als Säuren Essigsäure oder Propionsäure verwendet. Natriumthiocyanat wird in einer Menge von etwa 6—10% der Druckpaste zugesetzt. Z. B. 5 Teile Xylenwalkblau GL werden in 5,2 Teilen Essigsäure eingerührt und die Mischung zu 76 Teilen Äthylalkohol gegeben. 100 Teile 6%iger Gummitragantlösung werden zugegeben und dann sorgfältig

[10] Amer. Dyestuff Reporter **37**, 6 (1947); s. auch Bedrucken von Kunststoffolien und Kunstfasern.

[11] Paint Manufact. **18**, 2 (1947).

vermischt. Hernach werden 15 Teile Na-thiocyanat in 25 Teilen Wasser beigefügt. Nach Vermischen ist die Paste fertig für den Gebrauch. Das bedruckte Gewebe wird dann mit kaltem Wasser gewaschen, hernach leicht mit 0,3% Seifenlösung bei 60° C geseift, um einen Farbüberschuß zu entfernen. Hernach wird mit Luft bei 110° C getrocknet. Brillante Blaumusterung, lichtecht und säureecht, werden erhalten. Die Ware blutet nicht beim Seifen und der Druck ist sehr waschecht.

EP 566977 1944 — Die bessere Chlorechtheit von sauren Färbungen auf animalisierten Cellulosefasern ist auf die Zurückhaltung bzw. Chloraufnahme durch die Harzeinlagerung zurückzuführen. Daher werden beim Druck von Cellulose mit sauren Farbstoffen kleine Mengen HF-Harz zugesetzt.

AP 2468940 DuPont 1949 — Drucken mit sauren Farbstoffen in Gegenwart von Caprolactam und Thioharnstoff.

AP 2439745 DuPont 1948 — Zum Bedrucken von Nylonfasern mit sauren oder direkten Farbstoffen wird eine Druckpaste vorgeschlagen, welche Caprolaktam und ein Ammonsalz (saures oder neutrales Ammonsulfat, Phosphat oder Pyrophosphat) enthält.

AP 2428836 Celanese 1947 — Schwach saure Farbstoffe werden auf Acetatkunstseide in Gegenwart von Quellmitteln für dieselbe gedruckt. (Xylenwalkblau GL [Sandoz], Polarrot G [Geigy], Pontacylblau RR [DuPont].)

AP 2428835 Celanese 1947 — Celluloseacetat kann mit sauren Farbstoffen bedruckt werden, indem eine Druckpaste Anwendung findet, welche den sauren Farbstoff, 30—60% ihres Gewichtes an niedrig molekularem Alkohol, 2—4% einer niedrigen aliphatischen Säure, 6—10% Thiocyansäure als Quellmittel für das Celluloseacetat und 1,5—5% eines wasserlöslichen Verdickungsmittels enthält. Nach dem Drucken wird gewaschen und getrocknet.

AP 2343781 DuPont 1944 — Der Druck mit basischen Farbstoffen erfolgt mit alkoholischen Lösungen derselben, welche Abietinsäure enthalten.

AP 2321501 DuPont 1943 — Man druckt Viskose mit sauren oder direkten Farbstoffen unter Zusatz von Benzyl- oder Alkyl- (1—12 C-Atome) thioglykolsäure, wobei diese in einem Verhältnis von 3 : 3 bis 20 : 3 zum verwendeten Farbstoff zugegeben wird.

AP 2291052 DuPont 1942 — Man bedruckt Acetatkunstseide in Gegenwart von Zinkrhodanid als Quellmittel.

AP 2169546 Ciba 1939 — Zum Bedrucken von Cellulosematerial ermöglichen Melamin-Formaldehydharze die Verwendung auch nicht affiner Farbstoffe.

2. Der Druck mit Beizenfarbstoffen.

Zum Drucken von Chromfarbstoffen können Gummiverdickungen verwendet werden, wenn ihnen Triäthanolaminsalze von Bernsteinsäure oder Phtalsäure zugegeben werden[12].

Statt der anorganischen Chromsalze können auch Chromsalze niedriger Fettsäuren (Acetat) Anwendung finden[13].

Durch Zusatz von Metallverbindungen, die in wäßriger Lösung farblose zwei- oder dreiwertige Kationen liefern und keine unlöslichen Chromate bilden

[12] EP 499876 und EP 499377.

[13] DP 732682.

können, wird das Hartwerden von Drucken von Chromfarbstoffen, die Gummiverdickungen enthalten, verhindert, trotzdem man Chrom zugibt[14].

Echte Chromdrucke unter Vermeidung einer Dämpfoperation können durch Zugabe von Harnstoff oder Thioglykol erhalten werden. (Vgl. auch die Echtheitsverbesserung von löslichen Azofarbstoffen beim Druck unter Zusatz von Harnstoff[15].)

Literaturübersicht über den Druck mit Beizenfarbstoffen.

Barth: Melliand Textilber. **30,** 213 (1949); vgl. auch Silk & Rayon **23,** 1086.

Patentschrifttum über den Druck mit Beizenfarbstoffen.

OeP 162950 Gy. 1950 — Man druckt mit Pasten, die Metallverbindungen enthalten, welche in wäßriger Lösung 2—3wertige Kationen liefern und keine unlöslichen Chromate bilden.

DP 742752 Durand & Huguenin 1943 — Beizenfarbstoffdrucke können ohne Dämpfprozeß hergestellt werden, wenn man den Farbstoff in Monoäthylglykol usw. löst, in Celluloselack (Nitrocellulose) einbringt und ein bei erhöhter Temperatur säureabspaltendes Mittel zugibt. Nach dem Drucken muß scharf getrocknet werden.

DP 740010 Durand & Huguenin 1943 — Man druckt Beizenfarbstoffe in Celluloselack, aufgelöst unter Zusatz von säureabgebenden Mitteln und Weichmachern und trocknet hernach auf der Trockentrommel.

DP 733682 Durand & Huguenin 1943 — Man druckt mit Pasten, welche den Chromfarbstoff, ein Chromsalz einer niedrigen Fettsäure, lösliche Salze einer organischen Säure, die mit Chrom keine Komplexe bildet (HCCOH), und komplexbildende Carbonsäuren (Phtalsäure) enthalten.

DP 732682 Durand & Huguenin 1943 — Beim Chromfarbstoffdruck werden Chromsalze niedriger Fettsäuren ohne Beimengung anorganischer Chromverbindungen verwendet (Chromacetat). Beigegeben werden ein lösliches Salz einer organischen, nicht zur Metallkomplexbildung befähigten Säure (Natriumformiat) sowie eine einen Chromkomplex bildende Säure (Oxyessigsäure, Aminoessigsäure, Milchsäure, Salicylsäure, Phtalsäure usw.). Man erzielt eine bessere Fixierung des Chromfarbstoffes.

DA 64390 — Man druckt mit Chromfarbstoffen unter Mitverwendung von Carbonsäureamiden oder Nitrilen.

SP 247429 Durand & Huguenin 1947 — Beständige Druckfarben für den Druck von Chromfarbstoffen, welche die Erzielung echter Drucke ohne Dämpfen gestatten, werden hergestellt, indem man den Druckpasten eine Schwefel-Sauerstoffverbindung (Hydrosulfit, Sulfit) und eine aromatische Verbindung, welche die reversible Umwandlung Chinon-Hydrochinon eingehen kann, beisetzt; z. B. wird als Farbstoffmischung angewendet: Farbstoff 46 Teile, Thiosulfat wasserfrei 30 Teile, Harnstoff 10 Teile, Hydrochinon 1,5 Teile, Dextrin 12,5 Teile. Für die Druckpaste selbst werden angewendet: Farbstoffmischung von oben 6 Teile, Harnstoff 5 Teile, Dihydroxydiäthylsulfid 3 Teile, Heißwasser 26 Teile, Tragantverdickung 50 Teile, Ammonrhodanid 1 : 1

[14] SP 243322.

[15] EP 582089.

3 Teile, Natriumchromat 1 : 2 6 Teile, Ammoniak 1 Teil. Man druckt, läßt 48 Stunden liegen oder verhängt, hierauf wird ohne jegliches Dämpfen gespült, bei 60° C geseift, gewaschen und getrocknet.

SP 243322 Gy. 1946 — Druckpasten, die neben Chromierungsfarbstoffen Gummi enthalten, und Chromat ergeben harte Drucke. Man setzt Verbindungen von Metallen zu, die in wäßriger Lösung farblose zwei- oder dreiwertige Kationen liefern und keine unlöslichen Chromate bilden (Zn, Cd, Mg, Ca, Sr, Al). Günstigstes Verhältnis von Cr zu Metall 3 : 2.

FP 865067 IG — Man kann beizenziehende Chromfarbstoffe im Druck durch kurzes Dämpfen fixieren, wenn man der Druckfarbe Carbonsäureamide oder Nitrile (Formamid, Acetamid) zugibt. Auch Amide der Äthylthioglykolsäure können Anwendung finden.

EP 602099 Durand & Huguenin 1948 — Beim Druck von Chromfarbstoffen auf Cellulosematerial wird zur Beschleunigung der Farbstoffixierung eine Druckpaste vorgeschlagen, die neben dem Farbstoff und der Verdickung ein Carboxylsäureamid, Alkalichromat oder Bichromat, ein lösliches Salz einer Säure, die sich von Oxydationsprodukten des Schwefels ableitet und reduzierende Eigenschaften besitzt, eine Verbindung, die in der Hitze eine starke Säure abspaltet und gegebenenfalls eine aromatische Verbindung, welche die reversible Umwandlung Chinon-Hydrochinon eingehen kann, enthält. Man trocknet bei 60° C und lagert hernach einige Stunden.

Druckpastenbeispiel: 3 Teile Chromfarbstoff, 3 Teile Thiodiglykol, Wasser heiß 2,9 Teile, 50 Teile Tragantverdickung, 3 Teile Ammonthiocyanat 1 : 1, 6 Teile Natriumchromat 1 : 2, 6 Teile Natriumthiosulfat 1 : 1, 1 Teil Ammoniak, 0,1 Teil Hydrochinon.

EP 600090 Gy. 1948 — Zum Drucken von Chromfarbstoffen werden den Druckpasten Lösungen von zwei- oder dreiwertigen Kationen zugesetzt, welche farblos sind und auch keine gefärbten Chromverbindungen geben (Zn, Mg, Al). Das Textilgut wird auch unter Verwendung von Gummi als Verdickungsmittel nicht hart. Z. B. verwendet man folgenden Druckansatz: 2 Teile Chromazurol S konz., 8 Teile Harnstoff, 27 Teile Wasser, 60 Teile Industriegummi 1 : 3, 3 Teile Essigsäure, 2 Teile einer Verbindung, die erhalten wird, wenn man eine Lösung von 30 Teilen Bichromat in 75 Teilen Wasser in eine Lösung von 41 Teilen Zinksulfat in 45 Teilen Wasser gießt, 25 Teile Ammoniak zusetzt, den Niederschlag filtriert, wäscht und trocknet.

EP 582089 Durand & Huguenin 1947 — Zum Drucken mit Chrombeizenfarbstoffen werden die Farbstoffe in Gegenwart eines Lösungsbeschleunigers und Harnstoff in der geringstnotwendigen Menge Wasser gelöst. Hierauf wird mit einer Lösung von Cellulosederivat in organischen Lösungsmitteln innig gemischt, dann ein Chromsalz und Ameisensäure oder ein ameisensaures Salz zugegeben. Man druckt und trocknet.

EP 579718 Celanese 1946 — Man druckt Acetatkunstseide mit sauren Farbstoffen in Gegenwart von niedermolekularen Alkoholen und Thiocyanaten als Quellmittel.

EP 566258 Calico Printers 1944 — Druck mit basischen Farbstoffen, wobei in der Druckpaste der basische Farbstoff in einer Mischung von Wasser, Äthylenglykol oder Äthylalkohol usw. gelöst ist und als säureliefernder Stoff ein neutrales wasserlösliches Salz einer anorganischen Säure vorhanden ist. Ferner wird Harnstoff zugegeben, welcher beim nachfolgenden Dämpfen mit Essigsäuredämpfen, wodurch sich auf der Faser der Farblack durch Ansäuerung bildet, als Hygroskopizitätsmittel wirkt. In der Paste ist als lackbildende weitere Komponente Natriummolybdat bzw. ein Weichmacher zugegen. Das pH ist 9—11.

EP 508135 Durand & Huguenin 1939 — Druckverdickungen von Chromfarbstoffen aus Johannisbrotkernmehl erhalten einen die Fällung verhindernden Zusatz von Proteinen.

EP 499876 Durand & Huguenin 1939 (s. S. 300).

EP 499377 ICI 1939 — Um die Fällung der Druckverdickung beim Drucken mit Chrombeizenfarbstoffen hintanzuhalten, werden wasserlösliche Salze der Bernsteinsäure oder Phtalsäure, wie etwa Ammonium- oder Monoäthanolaminsalze dieser Säuren zugesetzt. Es findet keine Koagulation der Druckverdickung (Gummi senegal usw.) statt.

AP 2514410 Celanese 1950 — Man bedruckt Acetatkunstseide mit Pasten, die neben Chromfarbstoff Chromacetat, gelöst in wäßrigem Alkohol von 55—75%, enthalten. Als Verdickung dient 1—2% wasserlösl. Methylcellulose, die in 2%iger wäßriger Lösung bei 25° C eine Viskosität von 150 Centipoises besitzt.

AP 2456471 Durand & Huguenin 1948 (s. z. B. a. SP 247429) — Druckpasten für Chromfarbstoffe enthalten neben dem Farbstoff, einem Verdickungsmittel, einem wasserlöslichen Carbonsäureamid, als Chrombeize ein Alkalichromat, eine Substanz, welche in der Hitze eine starke Säure abspaltet (Ammonchlorid), ein Salz einer von einer S—O-Verbindung abgeleiteten Säure mit reduzierenden Eigenschaften, z. B. Na-thiosulfat, eine Verbindung, welche den Wechsel Hydrochinon-Chinon einzugehen vermag (Hydrochinon, Resorcin) und ω,ω'-Dihydroxydiäthylsulfid.

AP 2456470 Durand & Huguenin 1948 — Zum Drucken von Chromfarbstoffen werden Pasten verwendet, die neben dem Farbstoff und einem Verdickungsmittel Chromat, wasserlösliche Säureamide, eine Säure abspaltende Verbindung (Ammonsalz), Hydrochinon und ein Salz einer S und O aufweisenden Säure ($Na_2S_2O_3$) enthalten.

AP 2454623 Gy. 1948 — Als Chromdruckpasten werden Mischungen aus dem Farbstoff, einem Pflanzengummi, einem hexavalenten Chromsalz und einem Chromit, welcher wasserlöslich ist und eine farblose Kationen bildende Metallverbindung eines 2—3wertigen Metalls enthält, vorgeschlagen.

AP 2416382 Durand & Huguenin 1947 (s. a. AP 2232067) — Zum Drucken von Chrombeizenfarbstoffen werden folgende Druckpasten empfohlen: Man löst den Chromfarbstoff in möglichst wenig Wasser, setzt Harnstoff, aliphatische Polyalkohole, Celluloseester oder -äther als Druckverdickung und chromsaure Salze sowie säureabgebende Substanzen, wie Ammonphosphat usw., zu. Insbesondere verwendet man als Polyalkohole ω,ω'-Dihydroxydiäthylsulfid.

AP 2353411 DuPont 1944 — Zum Bedrucken von Nylon mit Beizenfarbstoffen werden Druckpasten vorgeschlagen, welche neben einem Verdickungsmittel, dem Farbstoff und dem wasserlöslichen Metallsalz noch Triäthanolamin enthalten, so daß ein pH 8—10,5 vorhanden ist.

3. Der Druck mit unlöslichen Azofarbstoffen (Rapidogene, Rapidechtfarbstoffe, Rapidazole, Neocotone usw.).

Grundsätzliche Hinweise über derartige Druckverfahren wurden bereits auf S. 285 gemacht. Im besonderen sind eine Anzahl von Vorschlägen aus der Patentliteratur ersichtlich.

Patentschrifttum über den Druck mit unlöslichen Azofarbstoffen.

DP 740010 Durand & Huguenin 1943 (s. a. FP 866654) — Man löst Rapidogene oder Rapidechtfarbstoffe in Celluloselack (Nitro- oder Acetylcellulose), welcher Produkte enthält, die bei höherer Temperatur Säure abspalten (Diäthyltartrat oder Ammonoxalat). Der Farbstoff entwickelt sich bei der Erwärmung durch die freiwerdende Säure. Um den harten Griff der Drucke zu mildern, werden Weichmacher zugesetzt. Man druckt und trocknet bei 120—130° C. Ein Dämpfen oder Waschen ist überflüssig.

DP 738982 IG 1943 (s. S. 289).

DP 729846 Durand & Huguenin 1943 — Zum Druck von Eisfarben (unlöslichen Azofarbstoffen) werden Druckpasten angegeben, welche neben den üblichen Hilfsmitteln ein Alkalinitrit, das Alkalisalz einer Eisfarbenkomponente, sowie ein primäres aromatisches Amin und Harnstoff enthalten, wobei die Färbung durch nachfolgende Einwirkung von Säure und säurebindenden Mitteln entwickelt wird. Den Druckpasten wird Zinkoxyd zugesetzt, das die Haltbarkeit der Pasten und Tiefe der Drucke erhöht.

DP 716433 IG 1942 (zu DP 704541) — Beim Drucken von wasserunlöslichen Azofarbstoffen verwendet man alkalische Gemische aus Arylnitrosaminen oder wasser- bzw. alkalilöslichen Aryldiazoamino- oder -iminoverbindungen, die keine wasserlöslichmachenden Gruppen im Diazorest enthalten, Metallkomplexverbindungen, sowie wasserunlöslichen Azofarbstoffen und dämpft nachher.

DP 712893 IG 1941 (zu DP 697185) — Zum Druck von Eisfarben werden Pasten verwendet, die neben aromatischen Nitrosaminen Eisfarbenkomponenten üblicher Art sowie mit Wasserdampf genügend flüchtige sauerstoffhaltige Basen enthalten (Diäthylaminoäthanol, Diäthyläthanolamin usw.).

DP 704542 IG 1940 — Eisfarben werden neben Küpenfarbstoffen gedruckt, indem man Küpenfarbstoffdruckpasten und Gemische aus Eisfarbenkomponenten, Stabilisatoren für die Diazoaminoverbindungen und Verbindungen, die mit Alkalikarbonat bei gewöhnlicher oder erhöhter Temp. Umsetzung zu nicht alkal. Verbindungen eingehen, druckt, mit neutralem Dampf dämpft und den Küpenfarbstoff reoxydiert; vgl. auch DP 704541.

DP 696270 IG 1940 — Man druckt ätzalkalische Gemische von Oxynaphtalincarbonsäurearyliden und leicht spaltbare Diazoaminoverbindungen (aus Diazoverbindungen stark negativ substituierter Amine) auf die Faser, trocknet und dämpft zur Entwicklung unter Zusatz von flüchtigen organischen Säuren.

DP 696269 IG 1940 — Man druckt Pasten, welche Salze aus flüchtigen Basen und Diazoaminoverbindungen mit sauren Gruppen im Stabilisator sowie Eisfarbenkomponenten und flüchtige Basen enthalten und entwickelt durch Dämpfen mit neutralem Dampf.

DP 683201 Ciba 1939 — Man druckt Gemische aus kupplungsfähigen Oxyverbindungen, Alkalien, diazotierbaren Aminen und Alkalinitriten, diazotiert durch Säurepassage und führt hierauf zur Kupplung durch säurebindende Mittel.

DP 679768 St. Denis 1939 — Man druckt mit alkalischen Gemischen aus löslichen Salzen von Arylantidiazosulfonsäuren und substantiven Azokomponenten, behandelt eventuell nach Zwischentrocknung mit Oxydationsmitteln (ohne Zusatz starker Säuren) und gegebenenfalls nachher noch mit Alkalien.

SP 238677 Ciba 1945 — Zur Herstellung neutral dämpfbarer echter Drucke wird ein Druckpräparat verwendet, welches keine nennenswerten Mengen an organischen Basen enthält. Neben einer getarnten Diazoverbindung und einem Natriumsalz der Kupplungskomponente ist noch das Ammmonsalz einer starken Säure und ein Oxydationsmittel vorhanden. Z. B. besteht die Druckfarbe aus dem Antidiazotat einer organischen Base, der Kupplungskomponente, Türkischrotöl, Alkohol, NaOH, Stärketragantverdickung, m-nitrobenzolsulfosaurem Natrium und Rhodanammon.

SP 237175 Cyanamid 1945 (s. S. 291).

SP 232868 Interchem. 1944 (s. a. SP 222135) — Um das Fließen von Druckfarben zu verhindern, werden Druckfarben angewendet, welche eine beständige Emulsion eines wasserlöslichen und eines wasserunlöslichen Produkts enthalten. Dabei enthält die Druckfarbe den wasserunlöslichen Stoff gelöst in einem mit Wasser nicht mischbaren Lösungsmittel, welches flüchtig ist. Der wasserunlösliche Stoff bildet nach dem Verdunsten des Lösungsmittels einen Film. Z. B. wird Blau-BB-Base zu der organischen Phase von 0,8 Teilen Äthylcellulose, 3,0 Teilen Fichtenöl, 8,2 Teilen Xylol und 23 Teilen hydrierter Petrolnaphta gegeben, dann 0,4 Teile Nitrit in 39,3 Teilen Wasser und schließlich 1,7 Teile HCl in 20 Teilen Wasser zugegeben. Die Diazotierung ist in 15—30 Minuten bei 0—5° C beendet und die Druckpaste zum Drucken fertig. Das Drucken mit Rapidogenfarbstoffen wird beschrieben.

SP 222532 Interchem. 1942 — Man mischt die wäßrige Lösung eines wasserlöslichen Reaktionsteilnehmers mit der Dispersion eines unlöslichen Teilnehmers in einer mit Wasser nicht mischbaren Flüssigkeit, die ein filmbildendes Mittel enthält, wobei das Wasser emulgiert und das Reaktionsprodukt gebildet wird. Dieses Prinzip ist für den Druck von Rapidogenen ausgebildet, wobei als filmbildendes Mittel gewalzter Crêpegummi, als Lösungsmittel hydriertes Petrolderivat verwendet wird. Auch Celluloseäther können als filmbildende Mittel angewendet werden.

SP 203928 Ciba 1939 (s. S. 292).

FP 953500 ICI 1949 — Zum Drucken von Azofarbstoffen verwendet man Pasten aus stabilisierten Diazoverbindungen, Kupplungskomponenten, Aminen, welche beide Farbstoffbildner lösen, und organische Ester. Als Verdickungsmittel wird Tragant verwendet. Beim Dämpfen bildet sich organische Säure, die die Kupplung auslöst.

FP 871865 IG 1942 — Im Gegensatz zu den mit NaOH bereiteten Rapidogenen sind die mit Rapidogenentwickler N (Diallyloxyäthylamin) bzw.

$$(C_2H_5)_2\!>\!N{-}CH_2{-}CH_2{-}OH$$

angesetzten Druckpasten befähigt, den Zusatz eines säureabspaltenden Mittels ohne Beeinträchtigung ihrer Beständigkeit zu vertragen. Man verwendet dann

Zusätze von organischen Lösungsmitteln. Glyecin R kann (nach Diserens, l. c. S. 492ff.) dabei durch Alkohol und Harnstoff ersetzt werden. Die Verdickung muß neutralisiert sein. Nach dem Druck wird neutral gedämpft, gespült und geseift.

FP 871658 IG 1942 (s. a. FP 838947, FP 841521, FP 843266) — Druckverfahren mit unlöslichen Azofarbstoffen, welche mit sich selbst kuppeln.

FP 862040 Ciba — Neocotone und Indigosole kann man zusammen drucken. Man druckt, trocknet und dämpft 7 Minuten. Das Entwicklungsbad wird mit NaOH, $BaCl_2$ und NaCl sowie etwas m-nitrobenzolsulfosaurem Natrium bestellt. Hernach wird abgequetscht und wie üblich fertiggestellt.

FP 859710 St. Denis — Man verhütet beim Drucken von Naphtolen jegliche Alkalinität der Druckpaste, indem man das Naphtol nur emulgiert. Die Druckfarbe enthält ein kupplungsfähiges Arylamid einer Oxycarbonsäure ohne wasserlösliche Gruppen, die Diazoniumverbindung und als Verdickung Tragantschleim, und Thioäthylenglykol als Zusatz. Nach dem Druck wird kurz (15 Minuten) in neutralem Dampf gedämpft, gewaschen und geseift. Das Verfahren eignet sich insbesondere für den Druck von Wolle oder Seide. Allerdings entstehen weniger satte Drucke als bei normaler Arbeitsweise.

FP 858333 Ciba — Die Anwesenheit von Methylenderivaten beim Druck von Neocotonen ist vorteilhaft. Man verwendet Verbindungen der Form:

$$R_1—NH—CH_2—NH—R_2,$$

R_1 = HCOH-Rest, R_2 = Säurerest mit mindestens 4 C-Atomen. Es werden tiefere Drucke erhalten, die lebhafter und echter sind. Die Zusätze bewirken ein Quellen der Faser und damit ein leichteres Eindringen des Farbstoffes.

FP 856693 Ciba (s. a. AP 2225384) — Beim Drucken von Neocotonfarbstoffen erhält man bessere Ausbeuten, wenn man den Druckfarben Hydantoinderivate zusetzt:

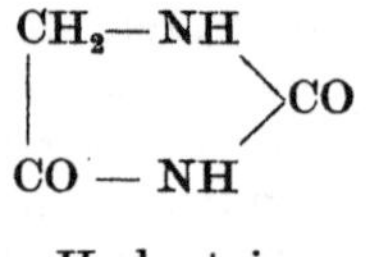

```
CH2—NH                 R1      CO—N—R4
|      \                 \    /      |
|       >CO               >C<        |
|      /                 /    \      |
CO — NH                R2      N—CO
                               R3
Hydantoin              Allg. Derivat
```

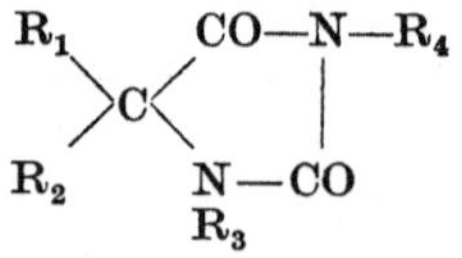

R_1, R_2 bedeuten H oder Alkyl, R_3, R_4 sind H oder Alkyl oder niedrigmolekulare Säurereste.

FP 849849 Ciba 1941 — Die Tiefe der Drucke mit unlöslichen Azofarbstoffen wird erhöht, wenn man den Druckpasten Thiodiäthylenglykol zugibt.

FP 849848 Ciba — Das Anschmutzen von Weiß durch Ausbluten der Drucke beim Rapidogendruck wird verhindert, wenn man die bedruckten und entwickelten Textilien vor dem Seifen in Wasser von über 75° C behandelt.

FP 843266 IG (s. a. FP 841521) — Man druckt mit Druckpasten, welche als Kupplungskomponente Sulfamine enthalten, die mit sich selbst kuppeln können. Z. B. verwendet man als Druckfarbstoff 1-Oxy-3-sulfonaphtalin. Man druckt in Gegenwart von Nitrit, dämpft 10 Minuten sauer, nimmt dann durch ein Sodabad, spült und wäscht. Trotz der im Farbstoffmolekül enthaltenen Sulfogruppe sind die erzielten Drucke von guter Waschechtheit.

FP 843174 Ciba — Als Reserve unter Neocotondrucken werden Farbstoffpasten verwendet, die einen Zusatz von 10% Formaldehydsulfoxylat enthalten.

FP 842560 Ciba — Neocotone können zum Buntätzen von Anilinschwarz Verwendung finden.

FP 840697 Sandoz — Als Ersatz der Druckverfahren nach dem Nitraminprinzip verwendet man Aminoarylsulfamide.

FP 840459 Ciba — Während der Entwicklung der Neocotondrucke wird ein Teil der wasserlöslichen Acylierungsprodukte der Farbstoffe von der Faser abgezogen. Man kann dies zum Teil vermeiden durch Zurückdrängen der Ionisation derselben mittels Bariumchlorid oder Kochsalz, die man den Entwicklungsbädern zusetzt.

FP 840445 Calco Co. (s. a. FP 840322 — Man setzt den Druckpasten zur Herstellung von Drucken aus unlöslichen Azofarbstoffen Guanylharnstoff (1) oder N-Nitroguanylharnstoff (2) zu.

$$\begin{array}{l} NH_2\text{—}C\text{—}NH\text{—}CO\text{—}NHSO_3H \\ \quad\;\; \| \\ \quad\; NH \end{array} \qquad (1)$$

$$\begin{array}{l} NH_2\text{—}C\text{—}NH\text{—}CO\text{—}NH\cdot NO_2 \\ \quad\;\; \| \\ \quad\; NH \end{array} \qquad (2)$$

EP 618616 ICI 1949 — Das Drucken mit stabilisierten Diazoniumverbindungen erfolgt in Anwesenheit eines Amins als Lösungsmittel für die Diazoverbindung und den Kupplungskomponenten (β-Diäthylaminoäthanol) und einem Carbonsäureester (Diäthyltartrat).

EP 587930 Cyanamid 1947 (s. a. EP 587929, EP 587928) — Beim Druck mit Eisfarben werden die Textilien grundiert und durch Aufdruck eines Diazoniumsalzes der kupplungsfähigen Substanz in die unlösliche färbende Verbindung übergeführt. Die Druckpasten sind nicht stabil, sondern werden bei längerem Stehen leicht dünn. Man kann diesen Fehler vermeiden, wenn man ihnen Verbindungen, wie Diallylamin, N-Methyl-allylamin, NNN-Triäthylallylammoniumhydroxyd, N-Allyl-dimethyl-phenylammoniumhydroxyd, N-Allylharnstoff usw. zugibt. Auch Mono- und Diallylnatriumsuccinate können Anwendung finden. Auch Sulfonsäuren mit nicht mehr als 15 C-Atomen und mindestens einer Doppel- oder dreifachen Bindung sind vorgeschlagen.

EP 514059 IG 1940 — Zur Verbesserung der Reibechtheit von Drucken unlöslicher Azofarbstoffe behandelt man mit Waschmittelflotten, welchen man Äthylen-bis-iminoessigsäure zusetzt.

EP 512664 Ciba 1940 — Neocotondruckpasten werden verbessert durch Zusatz unsymmetrisch substituierter Harnstoffe.

EP 502861 IG 1939 — Man kann Acetatkunstseide mit Naphtolen bzw. Rapidogen in der Tiefe wie auf Viskose erhältlich bedrucken, wenn man dem Acetatseidenfaden Polyvinylchloracetat oder Maleinsäureanhydrid und Vinylmethyläther-Co-Polymere zugibt, wobei die Menge des Zusatzes (zur Spinnlösung) bereits bei 2,5% eine genügend große Wirkung ergibt.

AP 2422359 DuPont 1947 — Druckfarben mit unlöslichen Azofarbstoffen bzw. speziellen, in alkalischem Milieu stabilen Diazoaminoverbindungen.

AP 2416549 DuPont 1947 — In der Druckfarbe für unlösliche Azofarbstoff-Drucke mischt man Arylide von Oxysäuren mit durch Methylglukamin stabilisierten Diazoverbindungen. S. a. AP 2255130 Seymour 1941.

AP 2416187 DuPont 1947 (s. a. AP 2229744 [Kern] 1941, AP 2162960 [1939]) — Zum Drucken unlöslicher Azofarbstoffe mischt man in der Druckfarbe neben einer entsprechenden Verdickung und Alkali einen Kupplungskomponenten ohne wasserlösliche Gruppen mit einem Diazoaminokörper der folgenden Form:

$$B-\left[-N{=}N-\underset{R}{N}-C_6H_2(R''')(ANR'-R'')(A'-N(R'')R')\right]_x$$

B ist ein Rest einer Eisfarbendiazoverbindung, R Wasserstoff oder Alkyl mit 1—3 C-Atomen, Hydroxyalkyl mit 2—4 C-Atomen und 1—3 OH-Gruppen, A, A' ist SO_2 oder CO, R' Wasserstoff, Alkylol mit 1—4 C-Atomen und 1—3 OH-Gruppen, ebenso R'', R''' ist Wasserstoff, NO_2, Cl, Br, CH_2OH, Alkyl mit 1—4 C-Atomen oder Alkoxyrest mit 1—2 C-Atomen, x ist größer als 2.

AP 2349561 Interchem. 1944 — Man druckt zur Herstellung unlöslicher Azofarbstoffe auf Geweben eine Druckfarbe, bestehend aus einem diazotierten Amin, einem löslichen Nitrit sowie eine Kupplungskomponente, und behandelt, solange die Drucke noch naß sind, mit Säure.

AP 2339935 Cyanamid 1944 (s. a. AP 2339934, 2362983 bzw. 2154470) — Stabilisierte Diazoverbindungen werden durch Reaktion eines Eisfarbenkomponenten, in diazotierter Form, mit Alkylolderivaten von Biguaniden hergestellt. Die Diazoverbindung wird in dieser Form zusammen mit der kuppelnden Verbindung aufgedruckt; durch Einwirkung von Säure (beim Dämpfen) oder durch Erhitzen der Drucke, welche in der Paste eine säureabgebende Substanz enthalten, tritt Zersetzung ein, die Diazoverbindung wird frei und es tritt Kupplung und damit Bildung des Farbstoffs ein.

AP 2310012 und AP 2310013 Interchem. 1943 (s. S. 329).

AP 2309982 Interchem. 1943 — Eine Druckemulsion enthält den diazotierten Aminokörper und die Kupplungskomponente in den beiden Phasen getrennt voneinander. Siehe Druckpasten.

AP 2309946 Interchem. 1943 — Eine Druckpaste für Azodruckfarben besteht aus einer mit Wasser nicht mischbaren Lösung eines wasserunlöslichen, filmbildenden Materials in einem mit Wasser nicht mischbaren Lösungsmittel, das mit Wasser eine stabile Emulsion bildet, die mikroskopisch verteilte wasserunlösliche Triazine, Diazoimino- oder Diazoniumverbindungen enthält, welche unangegriffen bleiben, wenn eine neutrale oder alkalische wäßrige Lösung zugesetzt wird, und die wasserdispersible Diazosalze bildet, wenn eine stark saure wäßrige Lösung in der organischen Phase emulgiert wird.

AP 2294246 DuPont 1942 — Druckfarben für die Herstellung unlöslicher Azofarbstoffe, die den Farbstoff in wasserlöslicher Form (Neocotontyp) enthalten. Siehe Druckpasten.

AP 2290945 DuPont 1942 — Beim Neocotondruck verwendet man zur Erzielung tieferer brillanter Drucke Verbindungen der Form:

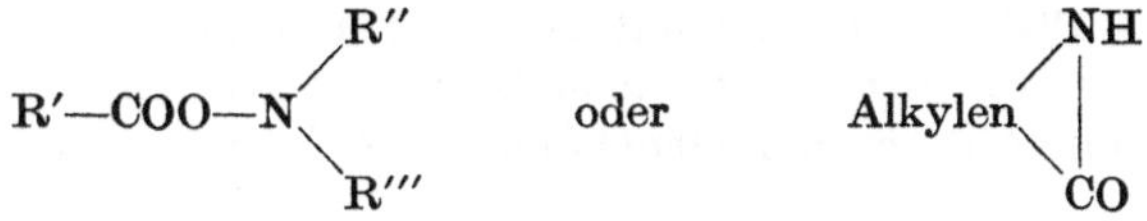

$$R'\text{—COO—N}\begin{matrix} R'' \\ R''' \end{matrix} \quad \text{oder} \quad \text{Alkylen}\begin{matrix} \text{NH} \\ | \\ \text{CO} \end{matrix}$$

R′ ist H, CH_3, C_2H_5, OH, CH_3O und $\begin{matrix} R'' \\ R'' \end{matrix}\!\!>\!N$ stellt ein Amin, auch Piperidin, oder den Morpholinrest dar. Beispielsweise sind genannt: Methylolacetamid, Dichloressigsäureamid, N-formyl-morpholin.

AP 2274544 DuPont 1942 — Druckpasten mit acylierten unlöslichen Farbstoffen, welche durch die Acylierung löslichgemacht wurden (Neocotontyp), enthalten neben dem Verdickungsmittel als Hilfsmittel noch einen aliphatischen gesättigten Kohlenwasserstoff mit Nitro- und OH-Gruppe im Molekül:

$$C_nH_{2n-m+1}(OH)_mNO_2$$

Die Nitro- und OH-Gruppen stehen an verschiedenen C-Atomen, n ist 2—6, m 1—3. Die Drucke werden dann in bekannter Weise verseift, so daß sich der unlösliche Farbstoff rückbildet.

AP 2270756 All. Chem. 1942 — Zur Erhöhung der Löslichkeit von Küpenfarbstoffen oder Azofarbstoffen werden Xanthinbasen (Caffein) empfohlen. Die Bildung der Azofarbstoffe kann auch aus einer Mischung von Amin, Nitrit, Kupplungskomponente und Xanthinbase, durch Einwirkung von Säure erfolgen, ein Verfahren, wie es beim Druck von unlöslichen Azofarbstoffen angewendet werden kann.

AP 2267760 May Chem. Co. 1941 — Druck mit Diazoaminoverbindungen, die durch Umsetzung aromatischer Amine und Dicyandiamid erhalten werden.

AP 2263616 DuPont 1941 — Man stellt Kupplungskomponenten für Eisfarben für den Zeugdruck her, indem man eine Mischung aus einem Arylamid der 2,3-Oxynaphtoesäure mit Alkali und einem Emulgator (das Kondensationsprodukt aus Naphtalinbetasulfosäure und Formaldehyd) aus einer wäßrigen Lösung zur Trockene bringt. Mit dieser Mischung kann man direkt auf grundierte Gewebe drucken, kann aber auch eine haltbare Diazoverbindung zugeben und so die Farbe auf der Faser durch direkten Druck herstellen.

AP 2232406 Gen. An. 1941 — Man kann einen Großteil des Alkalis in Rapidechtdruckfarben ersetzen, wenn man Aminoalkohole sowie Butanonderivate und N-Hydroxyäthylpyrrolidin zusetzt. Trotzdem genügen 3—5 Minuten Dämpfen zur Bildung und Fixierung des Farbstoffs. S. a. AP 2232405.

AP 2230099 DuPont 1941 — Den Druckpasten unlöslicher Azofarbstoffe wird der Äthyläther des Äthylenglykols zugesetzt.

AP 2225384 Ciba 1941 — Druck mit acylierten Azofarbstoffen unter Zugabe von alkylsubstituierten Hydantoinen als Hilfsmittel.

AP 2225004 Ciba 1941 — Man setzt Neocotonfarbstoffdruckpasten Diäthylharnstoff oder eine Mischung von Monoäthylharnstoff und Harnstoff zu.

AP 2220402 Ciba 1940 — Man druckt schwerlösliche Farbstoffe, indem man sie vorher acyliert und dann die so erhaltenen wasserlöslichen Derivate mit

Stärke-Tragantverdickung und einem Zusatz von Methylenformamid druckt (Neocotone).

AP 2187453 Ciba 1940 — Drucke mit Neocotonen (acylierte unlösliche Azofarbstoffe) werden verseift, unter Zusatz von NaCl zum Verseifungsbad (NaOH dil.), um ein Ablösen der Druckfarbe vom Textilgrund zu verhüten.

4. Der Druck mit Küpenfarbstoffen.

Der Druck von Küpenfarbstoffen der Anthrachinonreihe gibt vielfach in Ton und Tiefe von den entsprechenden Färbungen abweichende Resultate, wenn man nach dem Pottascheverfahren arbeitet.

Indigosole (Cibantin-Farbstoffe [Ciba], Sandozolfarbstoffe [Sandoz]) werden mit einer Natriumbromid-Natriumbromat-Mischung als Oxydationsmittel unter Zusatz von Ammonsulfat als Säureentwickler und Ammonvanadat als Katalyt gedruckt. Als Verdickungsmittel wird Stärke-Tragant empfohlen. In Fällen, wo die Löslichkeit Schwierigkeiten macht, soll Glyzerin oder Harnstoff zugesetzt werden. Beim Druck auf Baumwolle wird 7 Minuten, auf Viskose 14 Minuten gedämpft, hernach gespült und kochend geseift. Manche Töne, wie Orange, Rot, Braun oder Violett, fallen mit Bromat etwas heller aus. Verdickungsfreie Druckpasten von Indigosolen werden hergestellt, indem man Wasser in einem organischen Lösungsmittel dispergiert. In der Wasserphase befinden sich die Druckfarbe und alle Zusätze. Im Bedarfsfalle kann zur weiteren Verdickung die Ölphase einen Celluloseäther enthalten[16]. Zur Verhinderung des Übertrittes des Farbstoffs in die äußere Phase wird Lecithin zugegeben. Manche Indigosole drucken auf Viskose mangelhaft. Man setzt dann oxydationsbeständige organische Basen zu[17].

Die Zugabe von Ferrocyannatrium oder Ferricyannatrium zu Indigosoldruckfarben, um die Fixierung derselben zu erleichtern, führt oft zu Trübungen des Tones durch gebildetes Berlinerblau[18]. Quaternäre Verbindungen werden vielfach empfohlen, wenn die Löslichkeit von Indigosolen in Druckpasten nicht befriedigend ist[19].

Der Ersatz des auf Viskose oft schlechte Resultate gebenden Ammonvanadats durch langsamer wirkende Oxydantien, wie Nitroprussidnatrium oder Kaliumferrocyanid (letzteres siehe oben), ist empfohlen worden[20].

Zur Erhöhung der Farbtiefe von Küpendrucken, sei es mit Küpenfarbstoffen oder Leukoestern von solchen, werden statt der Thioglykoläther die säurebeständigen Äthylglykolsäureamide vorgeschlagen. Auch Salze von Alkoxyaminen usw. werden in der Patentliteratur genannt[21]. Die Anwesenheit von Cu gibt vielfach zu Faserschädigungen Anlaß, die durch Zusatz von Polyoxy- oder Polyaminoverbindungen verhütet werden können.

Literaturübersicht über den Druck mit Küpenfarbstoffen.

Barth: Melliand Textilber. **31,** 707 (1950).
Schönberger: Melliand Textilber. **31,** 636 (1950).
Berthold: Melliand Textilber. **31,** 422 (1950).

---

[16] DP 743460 bzw. AP 2288261 bzw. auch „Pigmentdruck".
[17] SP 223765.
[18] FP 898527 und FP 895751.
[19] AP 2406586.
[20] EP 583115.
[21] AP 2184495, AP 2302753 usw.

Haller: Teintex 12, 335 (1947). — Vgl. auch Amer. Dyestuff Reporter 37, 6 (1947).
Wolterek: Melliand Textilber. 27, 303 (1946).
Torinus: Melliand Textilber. 21, 530 (1940).

Patentschrifttum über den Druck mit Küpenfarbstoffen.

OeP 167540 Durand & Huguenin 1950 — Zur Vermeidung von Überoxydation verwendet man Druckpasten, die Sulfosäuren eines Naphtols oder Naphtalinsulfosäuren enthalten. Als Oxydans dient Natriumchlorat in Gegenwart von Ammoniumvanadat.

OeP 156347 Durand & Huguenin 1939 — Das Drucken und Färben mit Leukoestersalzen von Küpenfarbstoffen beruht auf der Aufbringung dieser Körper auf die Faser aus wäßriger Lösung unter Rückbildung des Küpenfarbstoffes durch saure Oxydation. Die Entwicklung der Färbung oder der Drucke kann durch bloßes Verhängen erfolgen, wenn man den Druckpasten oder Färbebädern Ammonchlorat oder Ammonpersulfat und als Katalyt Ammonvanadat zugibt. Die Druckpaste hat beispielsweise folgende Zusammensetzung: Leukoestersalz 8%, Äthylenglykol 6%, Wasser heiß 28%, Stärke-Tragantverdickung 50%, Ammonchloratlösung 15 Bé 3%, Lösung von 1 Teil Ammonpersulfat, 1 Teil Ammoniak 20% und 2 Teilen Wasser, davon 4%, Ammonvanadatlösung 1%ig 1%.

DP 749708 Kästner 1944 — Man druckt Küpen- und Schwefelfarbstoffe mit Pflanzenschleimen und behandelt nach dem Trocknen mit Lösungen von Alkalicarbonaten und Natriumformaldehydsulfoxylat.

DP 748974 Stockhausen 1944 — Man druckt mit Druckpasten aus Küpenfarbstoff und mit Alkali fällbaren Verdickungen, klotzt mit alkalischen Formaldehydsulfoxylatbädern, trocknet, dämpft und reoxydiert.

DP 746633 IG 1944 — Man druckt Küpenfarbstoffester mit Pasten, die mit fetten Bindemitteln verdickt sind und Amine oder Ammoniumverbindungen enthalten. Auf diese Weise kann man auch im Flachdruck arbeiten.

DP 743460 Durand & Huguenin 1943 — Zur Vermeidung der besonderen Entfernung der Indigosolpastenverdickung nach dem Druck durch eine Waschoperation druckt man derart, daß man den Farbstoff und die zur Entwicklung notwendigen Chemikalien in Wasser anrührt und diese Lösung und Emulsion mit einem in Wasser unlöslichen Lösungsmittel verrührt. Es entstehen Wasser-in-Öl-Emulsionen, die ohne Verdickung gedruckt werden können und nach dem Dämpfen den weichen Griff des Textilmaterials nicht beeinträchtigt haben. Im Bedarfsfalle kann das organische Lösungsmittel einen Celluloseäther enthalten.

DP 740812 Durand & Huguenin 1944 — Man druckt auf Textilien ein Gemisch, das durch saure Fällung aus Lösungen eines Cellulosederivats, eines Estersalzes eines Küpenfarbstoffs, eines Oxydationsmittels in aliphatischen Alkoholen erhalten wurde, und fixiert durch einfaches Trocknen. Durch die feine Verteilung des Farbstoffs werden tiefe Drucke erhalten.

DP 735093 IG 1943 — Durch Zusatz von Formamidinsulfinsäure kann die Empfindlichkeit der Leukoester gegen salpetrige Säure aufgehoben werden, wobei Zusätze von 1—3 g ins Entwicklungsbad erfolgen. Formamidinsulfinsäure:

$$\begin{array}{ccccc} NH & & & & O \\ & \diagdown\!\!\diagdown & & \diagup\!\!\diagup & \\ & & C\!-\!S & & \\ & \diagup & & \diagdown & \\ NH_2 & & & & OH \end{array}$$

DP 734399 IG 1944 — Die Entwicklung der Indigosole mit Nitrit unter Zusatz von Thioharnstoff (bei Indigosolblau OBC) verhindert die Empfindlichkeit der Farbe oder deren Beeinträchtigung durch die gebildete salpetrige Säure.

DP 724848 Durand & Huguenin 1943 — Schwerlösliche Alkaliestersalze von Küpenfarbstoffen druckt man unter Zusatz von Salzen von Oxyalkylaminen (Triäthanolaminsulfat).

DP 720077 Durand & Huguenin 1942 — Man druckt mit Estersalzen von Küpenfarbstoffen, wobei die Pasten neben der Verdickung und dem Sulfoxylat noch Natriumchlorat und einen Oxydationskatalyten enthalten.

DP 719336 Van Delden 1942 — Beim Drucken mit ätzalkalischen Küpendruckpasten wird nach der luftfreien Dämpfung mit Wasser oder angesäuertem Wasser gewaschen.

DP 696722 IG 1940 — Man druckt mit Küpenfarbstoffen unter Verwendung dicker Metalloxydsole.

DP 696268 Durand & Huguenin 1940 — Behandelt den Druck von Leukoküpenfarbstoffen neben Eisfarben.

DP 694602 Ciba 1940 — Den Küpendruckpasten werden wasserlösliche Salze von Cymolmonosulfosäuren zugegeben.

DP 694312 Ciba 1940 — Man druckt Küpenfarbstoffe in Anwesenheit von wasserlöslichen Salzen der Monoester oder Monoamide der Phtalsäure oder ihrer keine Oxygruppen enthaltenden Abkömmlinge.

DP 692895 IG 1940 — Zum Drucken von Küpenfarbstoffen werden Pasten vorgeschlagen, in welchen der Alkalizusatz ganz oder teilweise durch Amide der Fettreihe mit mindestens zwei basischen N-Atomen ersetzt ist, z. B. Äthylendiamin, Triäthylentetramin.

DP 691176 Nat. An. 1940 — Als Verteilungsmittel für Anthrachinonküpenfarbstoffe in Druckpasten wird der Zusatz von sauren Alkylestern mehrbasischer sauerstoffhaltiger anorganischer Säuren, wie z. B. Natriumisobutylsulfat, empfohlen.

DP 671996 IG 1939 — Beim Drucken von Küpenfarbstoffen gibt man Zusätze von Kondensationsprodukten von Halogenalkylsulfonsäuren mit organischen Basen mit tert. Stickstoff, z. B.:

N
O CH_2
SO_2 CHOH
CH_2

oder

N
O CH_2
SO_2—CH_2

DP 670961 Ciba 1939 — Man setzt Küpendruckfarben Alkylaminobenzolcarbonsäuren zu.

SP 267099 ICI 1950 — Thioindigorot konnte bisher als beständiger Leukoester nicht erhalten werden. Haltbare Präparate aus Na-carbonat und 3—20% J-haltigen Dihalogenanthrachinonen werden beschrieben.

SP 261339 Ciba 1949 — Küpendruckpräparat unter Zusatz von Sulfitablauge.

SP 237175 Cyanamid 1945 (s. S. 291).

SP 230620 Durand & Huguenin 1944 (Zusatz zu SP 226219) — Zu den Druckfarben für Indigosole setzt man Trimethylbenzylammoniumsulfonsäurebetain oder Triäthylbenzylammoniumsulfonsäurebetain bzw. Dimethylphenylbenzylammoniumsulfonsäurebetain.

SP 226219 Durand & Huguenin 1943 — Die Druckpaste enthält Farbstoffe in der Form ihrer sauren Schwefelsäureester (abgeleitet von den Enolkörpern zyklischer Polyketone), welche durch Oxydation Farbstoffe geben, sowie quaternäre Ammoniumverbindungen, die wenigstens eine löslichmachende Gruppe enthalten, die mit dem N-Atom nicht direkt verbunden ist. Z. B. wird neben dem Küpenpräparat angewandt: Methyltriäthanolammoniummethylsulfat oder das Einwirkungsprodukt von Dimethylsulfat auf Tetraoxypoläthyläther oder den Oxyäthyläther des Oxyäthylpyridiniumchlorids. Gedruckt wird unter Zusatz von Natriumchlorat sowie Ammonvanadat, hernach wird getrocknet, 8 Minuten gedämpft und kochend geseift.

SP 223765 Sandoz 1943 — Die Drucke einiger Indigosole, insbesondere auf Viskose, sind sehr mangelhaft, z. B. Indigosolgrün IB, IGG, Indigosololivegrün IB, Indigosolrot IFBB, Indigosolbrillantviolett 14 R. Man arbeitet mit Vordämpfung und nasser Entwicklung. Man kann nun die Resultate verbessern, wenn man den Druckfarben gegen Oxydation beständige organische Basen zusetzt, wie Mono-, Di-, Triäthanolamin, Triäthylentetramin usw. Ist die Base schwer wasserlöslich, dann wird sie in Thioglykol oder Alkohol gelöst der Druckfarbe zugesetzt.

SP 219632 Durand & Huguenin 1942 — Die schwerlöslichen und bisher für den Druck unbrauchbaren Alkalisalze einiger Leukoküpenschwefelsäureester liefern ausgiebige und gleichmäßige Drucke, wenn man den Druckpasten Salze von Oxyalkylaminen zusetzt. Insbesondere sind Salze starker anorganischer Säuren von Wirkung. Es kommen Diäthanolamin, Triäthanolamin usw. in Betracht.

SP 212183 Ciba 1941 — Die Druckpasten enthalten ein Chinhydron-Küpenpräparat und hydrotrope Mittel. Sie können durch Vermischen derselben entstehen oder dadurch, daß man den chinhydronartigen Küpenfarbstoff in Gegenwart hydrotroper Mittel erzeugt. Chinhydronartige Derivate sind solche, bei welchen eine Leukoküpenverbindung mit einem Küpenfarbstoff verbunden ist, ähnlich wie Hydrochinon und Chinon im Chinhydron. Zur Herstellung eignen sich indigoide und anthrachinoide Küpenfarbstoffe (s. a. SP 207513 sowie die Zusätze SP 209112/13, SP 209577/78 und SP 211055/58). Als hydrotrope Mittel sind toluolsulfosaures Natrium, cymolsulfosaures Natrium und Glyzerin usw. angegeben.

SP 200662 Ciba 1939 (s. S. 292).

FP 898527 Durand & Huguenin 1943 (s. a. FP 895751 Ciba 1943) — Indigosole werden insbesondere auf Zellwolle gedruckt, indem als Sauerstoffüberträger in den Druckpasten an Stelle von Vanadiumverbindungen Ferrocyanate verwendet werden.

FP 866935 Durand & Huguenin — Man setzt zur Erzeugung glatter und tiefer Drucke der Druckpaste von Indigosolen Alkylolamine zu.

FP 835148 ICI (s. S. 292).

FP 833197 Rosenthal (s. S. 293).

FP 833100 Ciba (s. S. 293).

EP 639161 Marchington 1950 — Man bedruckt Acetatkunstseide mit Küpenfarbstoffen in Gegenwart von Formamidinsulfinsäure.

EP 638124 ICI 1950 — Behandelt das Drucken von Küpenfarbstoffen im Verein mit Phtalocyaninen („Oniumfarbstoffen").

EP 633536 ICI 1950 — Leukoschwefelsäureester von Küpenfarbstoffen werden zusammen mit sulfonierten Guanidinabkömmlingen gedruckt. Man erhält lebhaftere und tiefere Drucke.

EP 605696 Durand & Huguenin 1948 (s. a. EP 547063) — Als Dispergierungsmittel zum Zusatz zu Druckpasten von Leukoestersalzen von Küpenfarbstoffen wird z. B. das Lactat des β-Trihydroxyäthyläthers des Trimethylamins empfohlen, welches als Dispergiermittel wirkt.

EP 605457 Durand & Huguenin 1948 — Druckpasten bestehen aus einem esterartigen Salz eines Leukoküpenfarbstoffes, gebildet aus einem Betain- oder Sulfobetainsalze einer organischen quaternären Base, die außer der salzbildenden sauren Gruppe keine anderen derartigen Gruppen enthält (Sulfobetain der Trimethylphenylammonium-p-sulfosäure).

EP 605314 Durand & Huguenin 1948 — Zum Druckansatz eines Salzes des sauren Esters einer mehrbasischen Säure und eines enolischen Reduktionsproduktes eines zyklischen Polyketons werden zur Erzielung eines wasserunlöslichen Farbstoffs bei saurer Oxydation Ioniumverbindungen (keine Betaine), welche eine wasserlöslichmachende Gruppe enthalten, die nicht ionogen gebunden ist, verwendet. Die Verbindungen enthalten einen nichtaliphatischen Rest mit mehr wie 7 unmittelbar aneinandergebundenen C-Atomen.

EP 604696 Bleachers Assoc. 1948 — Man bedruckt Textilien zur Erzeugung einer Musterung mit einer Dispersion eines unverküpten Küpenfarbstoffes, Bichromat und einem Bindemittel (Protein oder Gelatine), welches durch Bichromat und Lichteinwirkung unlöslich wird. Die Behandlung erfolgt bei Lichtabschluß. Hernach wird durch Schablonen oder Photonegative belichtet und hierauf das unveränderte Bindemittel an den nicht belichteten Stellen durch Lösungsmittel entfernt. Mittels einer Lösung, welche Reduktionsmittel für den Küpenfarbstoff enthält, wird dieser verküpt und an den belichteten Stellen aufgefärbt und hernach oxydiert.

EP 583413 Durand & Huguenin 1946 (s. a. AP 2372370) — Zur besseren Verteilung von Indigosolen in Druckpasten, wobei die Dispersionen gegen Elektrolyteinwirkung unempfindlich sind, werden quaternäre Ammonverbindungen, wie etwa das Reaktionsprodukt aus Trioxyäthern des Triäthanolamins und alkylierenden Mitteln, zugesetzt.

EP 583115 Ciba 1946 (s. FP 895751) — Als Oxydans für Indigosoldrucke werden an Stelle des manchmal zu rasch wirkenden Ammonvanadats, welches insbesondere für Kunstseide schlechte Resultate gibt, langsamer wirkende Stoffe, wie Kaliumferrocyanid oder Nitroprussidnatrium angewendet.

EP 514078 Ciba 1940 — Amide der Form

$$R_1—S—R_2—C(=O)—N(R_3)(R_4)$$

(R_1 = Alkyl, R_2 = Alkylen, R_3, R_4 = H, aliphat. Red., eventuell mit OH-Gruppen) verbessern beim Küpendruck die Affinität der Farbstoffe.

EP 508554 IG 1939 (s. S. 294).

EP 502479 1939 (s. S. 294).

AP 2521485 Gen. An. 1950 — Es wird mit Leukoküpenestern von Anthrachinonfarbstoffen in Mischung mit Verdickern, Oxydantien, Oxydationskatalyten und Aldehydbisulfit oder Sulfoxylaten gedruckt.

AP 2503300 Gen. An. 1950 — Die Entwicklung von Drucken mit Leukoküpenfarbstoffestern erfolgt mit Verbindungen der Form NH_3OHX (X = Radikal stark saurer Säuren, z. B. Chlorid, Sulfat, Thiocyanat) und kurzes Dämpfen. Die Druckfarben bestehen z. B. aus: 4 g Küpenfarbstoffleukoschwefelsäureester, 1 g Glyecin A, 1 g $NH_2OH.HCl$, 1 g Na-chlorat, 0,01 g Ammonvanadat, 90 g Stärke-Tragant-Verdickung. Nach dem Drucken und Trocknen wird 5 Min. im Mather Platt gedämpft und nachher gewaschen.

AP 2466656 Cyanamid 1949 — Druck schwer oxydierbarer Schwefelsäureester von Leukoküpenfarbstoffen in Gegenwart von Chromaten und Sulfonsäuren, z. B. 2-Hydroxy-1-methyl-naphtalinsulfosäure. Vgl. über Küpendruck auch AP 2445632, 2432041, 2431708, 2394918 und 2372370.

AP 2451270 Cyanamid 1948 — Man druckt mit Küpenfarbstoffen unter Zusatz von β-Naphtochinonyl- oder β-Anthrachinonylamiden einer Dicarbonsäure.

AP 2437554 Durand & Huguenin — Zum Drucken von Estersalzen von Leukoküpenfarbstoffen wird der Farbstoff gemeinsam mit einem wasserlöslichen Säureamid und einem wasserlöslichen Salz einer Aminosäure mit tertiärer oder quaternärer Aminogruppe (Betain bzw. Sulfobetain), welches eine Aralkylgruppe enthält, angewendet.

AP 2421622 Cyanamid 1947 (s. AP 2143490) — Beim Drucken von Leukoküpenestern werden Alkylcarbamate der Form

$$R—O—CO—NH_2 \quad \text{bzw.} \quad R—O—C(=O)—N(R_1)(R_2)$$

wobei R Alkylreste von 3—12 C-Atomen, R_1 und R_2 Wasserstoff oder Alkylreste von 1—4 C-Atomen bedeuten, angewendet. Die erhaltenen Drucke fallen farbtiefer aus. Z. B. verwendet man eine Druckpaste von 5 Teilen Küpenfarbstoffpulver leicht dispergierbar, welches einen Effektivgehalt von 1,8 Teilen Farbstoff, besitzt, 1 Teil Butylcarbamat und 94 Teile Verdickungsmittel. Letzteres wird hergestellt durch Erhitzen von 2000 Teilen einer Mischung von 127 Teilen British gum und 5000 Teilen Wasser auf 185° F, wobei nach 1,5 Std. 450 Teile Pottasche und 450 Teile Soda zugegeben und dann bis zur Lösung gerührt wird. Man läßt unter Rühren auf 150° F abkühlen und setzt dann 700 Teile

Natriumformaldehydsuloxylat zu, 600 Teile Glyzerin und verdünnt unter Rühren auf 10.000 Teile. Unter Rühren wird vollständig erkalten gelassen.

AP 2406586 All. Chem. 1946 — Indigosole werden durch Zusatz von kleinen Mengen von Caffein zur Druckpaste in ihrer Löslichkeit erhöht. Das pH der Pasten soll etwa 7 betragen. Auch andere Xanthinderivate, wie z. B. Theobromin, sind wertvoll.

AP 2405151 Cyanamid 1946 (s. S. 295).

AP 2389245 Sandoz 1946 — Zu Indigosolküpendruckpasten werden zur Stabilisierung der Dispersion Triäthanolamin oder Polyamine zugegeben.

AP 2388285 Durand & Huguenin 1945 — Druckfarben für Küpendruck enthalten neben dem Leukoküpenpräparat noch quaternäre Ammoniumsalze, erhalten aus Pyridinabkömmlingen durch Einwirkung von Äthylenoxyd.

AP 2383393 Cyanamid 1945 — Küpenfarbstoffdruck in Anwesenheit von Chinonsulfonamidderivaten; vgl. auch AP 2394918 und AP 2391836.

AP 2371101/4 Cyanamid 1945 — Beim Druck von Küpenfarbstoffen werden Derivate von Dicarbonsäureamiden verwendet.

AP 2354463 Cyanamid 1944 — Eine Küpendruckfarbe besteht aus einem dispergierten Küpenfarbstoff sowie einem Ester einer Sulfopolycarbonsäure mit aliphatischen Alkoholen von 3—10 C-Atomen im Molekül, wobei der Esterzusatz etwa 10% des Farbstoffgehaltes der Druckpaste beträgt.

AP 2327405 ICI 1943 — Zu Küpendruckfarben werden Eisenphtalocyanine in einer Menge von etwa 1% zugegeben.

AP 2302753 Durand & Huguenin 1942 — Druck mit Küpenfarbstoffen unter Zusatz von Triäthanolaminsulfat ergibt tiefere Töne.

AP 2288261 Interchem. 1942 — Druck von Küpenfarbstoff enthaltenden Wasser-in-Öl-Druckemulsionen. Eine Mischung von 10 Teilen Küpenfarbstoff, 5 Teilen Glyzerin, 5 Teilen Glyecin A, 9 Teilen K_2CO_3, 9 Teilen Rongalit C 40% und 37 Teilen H_2O wird in einer kontinuierlichen Phase von 0,275 Teilen Äthylcellulose, 0,150 Teilen Pineöl, 12,075 Teilen Toluöl, 12,500 Teilen hydriertem Petroleumdestillat 182—210° C und 0,500 Teilen Sojabohnenlecithin emulgiert. Das Lecithin verhindert den Übertritt des Küpenfarbstoffs von der wäßrigen Phase in die äußere Phase der Emulsion.

AP 2286262 All. Chem. 1942 — Druck von Küpenfarbstoffen unter Zusatz von nicht mehr als 450 Teilen eines Polyamins (z. B. Triäthylentetramin) pro 100 Teile Farbstoff, wobei gute Durchdringung, Egalität, Brillanz und Farbtiefe erreicht werden.

AP 2270756 All. Chem. 1942 (s. S. 213).

AP 2267609 Nat. An. 1941 — Als Küpendruckpasten werden wäßrige Lösungen bzw. Emulsionen von Farbstoff unter Zugabe eines Dispergators und Ester organischer Monocarbonsäuren mit 2—4 C-Atomen und aliphatischen Alkoholen mit 2—6 C-Atomen und einer Phosphorsäure, Sulfat- oder Sulfonitgruppe empfohlen.

AP 2255778 Ciba 1941 — Zur Herstellung von Küpendrucken werden den Druckpasten chinhydronähnliche Derivate von Küpenfarbstoffen zugesetzt.

AP 2224280 Durand & Huguenin 1940 — Zur Verhütung einer Überoxydation beim Drucken von N-Dihydro-1,2,2',1'-dianthrachinonazinleukoestersalzen druckt man in Gegenwart von Oxydationskatalyten den Tetraschwefelsäureester dieser Küpenfarbstoffe und entwickelt in Anwesenheit von Ammonnitrat, welches die erforderliche Säuremenge liefert, gleichzeitig aber als Puffer wirkt.

AP 2185143 Cyanamid 1939 — Herstellung von trubenisierechten schwarzen Küpenfarbstoffen durch Alkalischmelze von Nitrodibenzanthronen. Der Druck ist echt gegen Celluloseacetatlösungen in Aceton.

AP 2184495 Ciba 1939 — Zur Erzielung farbtieferer Drucke, insbesondere beim Druck mit Leukoküpensäureestern, aber auch mit Küpenfarbstoffen in unverestertem Zustande, werden die säurebeständigen, festen und daher bereits mit dem Farbstoff mischbaren Äthylglykolsäureamide der Form:

$$C_2H_5—S—CH_2—CO—NH_2; \quad OH—CH_2—CH_2—S—CH_2—CO—NH_2;$$
$$CH_3—S—CH_2—CO—NH_2$$

empfohlen. Sie sind wegen ihrer Säurebeständigkeit vorteilhafter als die ähnlich wirkenden Thioglykoläther.

AP 2174005 DuPont 1939 — Druckfarben für Küpendruck mit Acetaldol sind beständig und gut geeignet.

AP 2173824 DuPont 1939 — Druckpasten mit Küpenfarbstoffen, denen Benzylalkohol und ein Netzmittel, wie TR-Öl oder Alkoholsulfat (6—12 C-Atome im Mol), zugesetzt sind.

AP 2147635 DuPont 1939 — Zwecks Stabilisierung der Leukoverbindungen von B_z-2-B_z-2′-Dihydroxydibenzanthronalkyläthern werden der Druckpaste Trialkylolamine beigegeben.

AP 2146646 Gen. An. 1939 — Man setzt Sulfobetaine der allgemeinen Form:

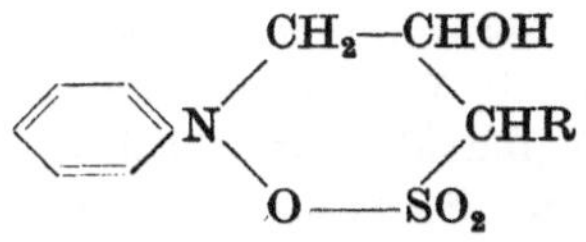

CH_2—CHOH
N (Benzolring) — CHR
O — SO_2

zu Druckpasten von Leukoküpen- und Küpenfarbstoffen, welche denselben Stabilität verleihen. Auch Verbindungen der Form:

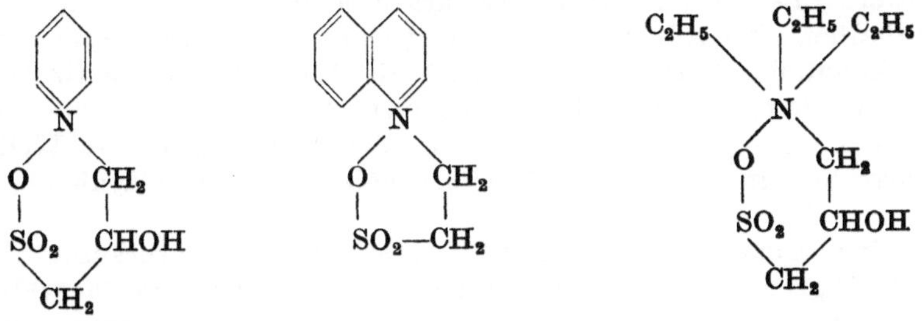

N (Pyridinring); O, CH_2; SO_2, CHOH; CH_2

N (Chinolinring); O, CH_2; SO_2—CH_2

C_2H_5, C_2H_5, C_2H_5; N; O, CH_2; SO_2, CHOH; CH_2

können verwendet werden.

DA 132707 Kästner — Zum Druck von Küpen- oder Schwefelfarbstoffen werden Pflanzenschleime verwendet, die durch Alkalien beim Druck- und Dämpfprozeß nicht koaguliert werden. (Mischungen aus Tragant und Johannisbrotkernmehl DA 137072, 164314, 164372.)

DA 63537 IG — Man druckt Küpenfarbstoffe unter Zusatz aldehydabgebender Stoffe.

DA 26023 Zschimmer, Schwarz — Man druckt Küpenfarbstoffe mit Johannisbrotkernmehl als Verdickung und koaguliert dieses vor dem Dämpfen durch $MgSO_4$, Benzidinchlorid usw.

5. Der Pigmentdruck.

Lange bekannt ist es, Pigmente auf Textilien mit Hilfe von Nitrolack zu fixieren bzw. auch aufzudrucken. Dabei wurde das den Bindefilm liefernde Mittel durch Zusätze von Weichmachern in seinen elastischen Eigenschaften verbessert. Für die Zwecke des Textildrucks mit Pigmenten, welcher gestattet, unabhängig von der Affinität der Faser zu arbeiten und durch geeignete Bindemittelwahl naßechte und reibechte Drucke zu erzielen, wurden neben Nitrocellulose auch schon Kunstharzvorkondensate in den Druckpasten verwendet, welche durch nachheriges Erhitzen der fertigen Drucke gehärtet und damit wasserunlöslich gemacht wurden. Auch Kautschuklösungen oder Latexemulsionen sind als Bindemittel für das Farbstoffpigment empfohlen worden. Zur Erzielung einer besonderen Weichheit der hergestellten Drucke beschäftigen sich die Vorschläge der letzten Jahre mit der Ausarbeitung von Emulsionen, welche die Erzeugung eines kontinuierlichen Bindemittelfilms an der bedruckten Stelle verhindern und so das Textilmaterial in seiner ursprünglichen Weichheit kaum verändern. Derartige Emulsionen werden in letzter Zeit durchaus mehrphasig, entweder als Öl-in-Wasser-Typ oder Wasser-in-Öl-(Lack-)Typ mit dem Pigment als feste Phase empfohlen. Während die ersteren mehr für Färbezwecke geeignet sein sollen, scheinen Wasser-in-Öl-Emulsionspasten für den Druck besonders geeignet. Entweder befinden sich Pigment und Bindemittel in der wäßrigen Phase und die Ölphase ist nur zur Versteifung (Verdickung) da, oder aber sind Pigment und Bindemittel in der Öl-(Lack-)Phase. Auch Pasten, die in beiden Phasen Bindemittel enthalten, sind vorgeschlagen. Die Anwesenheit des Pigmentes in der wäßrigen Phase soll naßechtere Drucke geben. Um die stets eintretende Wanderung des Farbpigments in die Ölphase zu verhindern, werden Phosphatide bzw. Lecithin zugesetzt.

Besondere Pigmente nach Sherwin-Williams sind Bestandteil der Sherdye-Produkte, die mit Kunstharz und organischen Lösungsmitteln gedruckt werden.

Farbstoffe, die für den Emulsionsdruck u. a. in Betracht kommen und Zusätze enthalten, sind z. B. als *Impralac-* (Kuhlmann) oder *Orema*-Farbstoffe (Ciba) bekannt, das Verfahren wird auch als *Aridye*-Verfahren (insbesondere für die Vollfärbung von Textilien) bezeichnet. Als Bindemittel sollen sich für glatte Drucke insbesondere Aminoplaste oder Phenoplaste, für Weißdrucke Acrylsäureester- und Vinylharze bewährt haben[22]. Auch Alkydharze werden angegeben.

Neuerdings kommen als *Acramin*-Farbstoffe (Bayer, Leverkusen) lösungsmittelfreie Pigmentfarbstoffe in den Handel, die mittels Polyacrylderivaten als Bindestoff für den Pigmentdruck verwendet werden können. Die Reibechtheit der erzielten Drucke ist — was durchaus verständlich erscheint — bei glatten Fasern besser als bei anderen. Für den Pigmentdruck sind auch Phtalocyanine, wie die lichtechten, türkisblauen Monastralechtblau-B- und G-Marken der Scottish Dyers geeignet[23]. Es sei in diesem Zusammenhange erwähnt, daß das von der ICI herausgebrachte Alcianblau 8 GS, welches neben

[22] Melliand Textilber. **24**, 277, 315 (1943).

[23] Paint Manufact. **17**, 369 (1947).

allen anderen Farbstoffklassen druckbar ist, ein zeitweilig löslich gemachtes Phtalocyanin darstellt; gedruckt wird hier mit Essigsäure oder Milchsäure und Natriumacetat (s. a. EP 633160, S. 287).

Monastralechtblau B (Cu-Phtalocyaninpigment, der sogenannten Klasse der Chelidone angehörend).

Eine Übersicht über die einzelnen Pigmentemulsionen in Typ und Zusammensetzung geben die Tabellen auf S. 320 und S. 321.

Literaturübersicht über den Pigmentdruck.

Enderlin, Schibler: Melliand Textilber. **31**, 267 (1950).
Nestelberger: Melliand Textilber. **30**, 214 (1949).
Young: Amer. Dyestuff Reporter **38**, 135 (1949).
Silverman: Amer. Dyestuff Reporter **37**, 44 (1948).
Hall: Text. Recorder **65**, 54 (1948).
Wengraf: Textil Rundschau **2**, 125 (1947).
Hesse: Melliand Textilber. **24**, 277 (1943).
Huebler: Teintex **8**, 64 (1943).
Kraehenbuehl: Teintex **8**, 160 (1943).

Patentschrifttum über den Pigmentdruck.

OeP 166692 Interchem. 1950 — Pigmentdruck nach dem Aridyeverfahren; vgl. auch S. 237.

OeP 166437 Messerli 1950 — Man druckt wasserunlösliche Carbonsäuresalze basischer Farbstoffe im Flachdruck und dämpft; vgl. FP 967508.

OeP 164795 Gy. 1949 — Pigmentdruckemulsionen unter Verwendung von härtbaren Bindemitteln und von nicht härtbaren Alkydharzen als Dispersionsmitteln.

OeP 162905 Ciba 1949 — Als Emulsionsbindemittel für den Pigmentdruck werden verätherte, mit Formaldehyd kondensierte Methylolverbindungen vorgeschlagen.

DP 761642 Fussenegger (nicht mehr ausgegeben) — Beim Pigmentdruck werden Tragant und Stärke verwendet und die Gewebe mit konz. H_2SO_4 behandelt (s. „Transparentieren“).

DP 750397 IG 1945 — Pigmentdruck mittels Kondensationsprodukten von Harnstoff-formaldehyd unter Zusatz von Polyvinylalkohol.

Pigment-Druckemulsionen.

Typ	Phase	SP 253 454	SP 251 629	SP 248 194	SP 238 988	SP 224 615	EP 602 886	EP 592 841	AP 2 453 752	AP 2 345 879	AP 2 317 359	AP 2 494 810
Öl-in-Wasser	äußere	Wasser + Pigment + Lecithin	Wasser + Methylcellulose + Pigment + Bindemittel	Wasser + Casein + Pigment + Alkylätherharz	Wasser	Wasser	Wasser + Alkylol + Pigment	Wasser + Celluloseäther + Bentonit	Wasser + Protein + Harnstoff-Formaldehydvorkondensat	Wasser	Wasser + Pigment (?)	Wasser + Pigment + Alkydharz-Alkylolamin-Kondensat
	innere	org. Lösungsmittel + Bindemittel	org. Lösungsmittel	org. Lösungsmittel Kp. 80 bis 220° C	org. Lösungsmittel + Melaminätherharze + Pigment	org. Lösungsmittel + Pigment + Ester oder Äther von Polyglykolen und ein- oder mehrwertige Carbonsäuren	org. Lösungsmittel + härtbares Harz	org. Lösungsmittel (Petroleum-Kohlenwasserstoffe) + Pigment	org. Lösungsmittel + vulkanisiertes vegetabiles Öl + Pigment	org. Lösungsmittel + wasserunl. Celluloseäther + Pigment	Xylol + Dammarharz	Pigment-Bindemittel

Pigment-Druckemulsionen.

Typ	Phase	EP 612 892	EP 523 090	AP 2 421 000	AP 2 394 543	AP 2 383 937	AP 2 361 454	AP 2 346 041	AP 2 364 692 (3 Phasenemuls.)
Wasser-in-Öl (Lack)	äußere	org. Lösungs-mittel + Kondensat aus Aldehyd, Leinöl und Fumarsäure + Pigment	org. Lösungs-mittel (Petrol-kohlen-wasser-stoffe) + Alkydharz + Aminoplast + Butanol	org. Lösungs-mittel + Dialkyl-äther von Dimethylol-harnstoff + Pigment	org. Lösungs-mittel + Poly-chloropren + Pigment	org. Lösungs-mittel + Kautschuk	org. Lösungs-mittel + Bindemittel	org. Lösungs-mittel + Harnstoff-Form-aldehydvor-kondensat + Äthyl-cellulose	org. Lösungs-mittel + härt-bares Harz + Pigment
									{ Lösungs-mittel + Binde-mittel
	innere	Wasser	Wasser + Pigment	Wasser	Wasser	Wasser + Pigment + Emulgator	Wasser + Pigment + Stärke	Wasser + Pigment + Seife	Wasser

DP 749708 Kästner 1944 — Man druckt den Farbstoff als Pigment mit Pflanzenschleim als Verdickung auf und klotzt nach dem Trocknen mit Lösungen von Alkalicarbonaten und Formaldehydsulfoxylat. Hernach wird abgequetscht und ohne Zwischentrocknung gedämpft.

DP 749390 IG 1945 — Als Pigmentdruckpasten werden solche, die Polyvinylalkohol-Formaldehydkondensat als Bindemittel für das Pigment enthalten, empfohlen. Nach dem Drucken wird getrocknet. Als weitere Zusätze werden Formaldehyd und als Katalyt HCl angewendet. Das Trocknen kann bei niedriger Temperatur erfolgen. Die Drucke sind waschecht.

DP 748973 IG 1944 (s. a. DP 730174 sowie DP 744180) — Man druckt Pigmente in Gegenwart von Triazin-formaldehydvorkondensaten und erhitzt nachher.

DP 748884 ohne Inhabernennung 1945 — Man druckt Pigmente, wobei man neben Harnstoff-formaldehydvorkondensaten Kondensate aus Polyvinylchlorid und Formaldehyd benützt.

DP 748833 (s. a. AP 2361277, EP 544157, FP 865752, SP 213035 Ciba 1944) — Zum Drucken von Pigmenten werden Öl-in-Wasser-Emulsionen vorgeschlagen, welche als *Orema*-Farbstoffe in den Handel gebracht werden.

DP 742572 IG 1943 — Man verwendet zum Pigmentdruck unlösliche Salze von Farbstoffsäuren und Aminen bzw. Ammoniumverbindungen.

DP 740846 IG (nicht ausgegeben) — Pigmente werden mit wäßrigen Dispersionen gesättigter oder ungesättigter aliphatischer oder alizyklischer Kohlenwasserstoffe und Harnstoff-Melaminharzen gedruckt und bei höherer Temperatur fixiert.

DP 740672 Färbereien AG 1943 — Man bedruckt Textilien usw. mit Pigmenten unter Verwendung von wäßrigen Lösungen von Bindemitteln aus Harnstoff, Formaldehyd und Dichlorhydrin, wobei man ein Umsetzungsprodukt aus Schwefelnatrium und Dichlorhydrin und ein Kondensationsprodukt aus 1-Phenyl-3-chlor-2-propanol mit Schwefelnatrium zusetzt und hierauf dämpft.

DP 730174 IG 1943 — Man fixiert Pigmentdrucke durch Verwendung wäßriger Dispersionen von Polymerisationsverbindungen und Harnstoff-formaldehydkondensaten.

DP 716432 IG 1942 — Man bedruckt mit Pigmenten, wobei die Druckpasten Lösungen von Acetylcellulose in Laktonen niedriger Fettsäuren enthalten (Caprolakton).

DP 715377 Ciba 1941 — Man druckt durch Acylierung wasserlöslich gemachte Farbstoffe auf Baumwolle oder Wolle unter Zusatz von wasserlöslichen Hydantoinen (3,5,5'-Trimethylhydantoin)

$$\begin{array}{ccl} CH_3 \diagdown & & \diagup CO-N-CH_3 \\ & C & \qquad\quad | \\ CH_3 \diagup & & \diagdown NH-CO. \end{array}$$

DP 707848 IG 1941 — Superpolyamide werden als Bindemittel im Zeugdruck verwendet.

DA 122090 Schlieper & Baum — Als Bindemittel im Pigmentdruck dienen Vinyl-Glyptalharze oder Kautschukumwandlungsprodukte.

DA 78782 IG — Man fixiert Pigmente mittels COOH-Gruppen-haltigen hochmolekularen Stoffen und Alkyleniminen und dämpft.

DA 69040 IG — Zur Fixierung von Pigmenten werden Äthylen- bzw. Bis-Äthylenharnstoffe und Polymerisate verwendet.

DA 63048 IG — Als Bindemittel im Pigmentdruck soll Polyvinylalkohol und seine Derivate dienen.

SP 270806 ICI 1950 — Pigmentdruckpasten, die neben Pigment und Bindemittel quaternäre Ammoniumsalze der Form:

$$R(O{-}CO{-}NH{-}CH_2{-}\underset{\displaystyle X}{\underset{|}{N}}{\equiv})_n$$

enthalten. R ist ein aliph. Rest, X ein Säureanion und *n* eine Zahl größer als 1.

SP 268511 Interchem. 1950 — Pigmentdruckemulsionen, die in der wäßrigen Phase einen Celluloseäther enthalten, welcher in der Hitze ausfällt.

SP 267362 ICI 1950 — Vgl. SP 270806.

SP 265818 Heberlein 1950 — Permanente Pigmenteffekte auf Nylon werden erzielt, indem man den Druckpasten, die außer dem Pigment, einem Bindemittel für dasselbe (Cellulosederivat) sowie ein organisches Lösungsmittel für den Pigmentbinder enthalten, noch ein Quellmittel zum oberflächlichen Anlösen der Faser gibt (Phenol, m-Kresol usw.).

SP 253454 Gy. 1948 — Pigmentemulsionen zum Drucken und Färben, welche dem Typ Öl-in-Wasser angehören, ergeben, wenn das Pigment und das Bindemittel beide in der kontinuierlichen wäßrigen Phase, oder das Bindemittel in der wäßrigen, das Pigment aber in der Ölphase befindlich sind, keine naßechten Drucke. Anders ist dies, wenn das Bindemittel in der Ölphase, das Pigment der wäßrigen Phase enthalten ist. Die Emulsionen können auch in konzentrierter Form erhalten werden.

SP 251629 Cyanamid 1948 — Gefärbte Druckemulsionen des Öl-in-Wasser-Typs enthalten in der wäßrigen Phase das Pigment und den filmbildenden Stoff. Die Ölphase dient nur zur Verdickung und verhindert eine übermäßige Erhärtung durch Bildung eines kontinuierlichen Films. Um die Emulsion zu erhalten, ist es notwendig, der wäßrigen Phase noch hydrophile Kolloide, wie etwa Methylcellulose, zuzugeben. Die Menge muß so gewählt werden, daß der Zusatz die Härte des gebildeten Films nicht beeinträchtigt.

SP 248194 Ciba 1948 — Für den Pigmentdruck werden Emulsionen verwendet, welche als äußere Phase eine Lösung von Säurecasein sowie Methylätherderivate von Methylolverbindungen, die mit Formaldehyd kondensierbar sind und Harze bilden, als innere Phase ein organisches, mit Wasser nicht mischbares Lösungsmittel enthalten, das einen Kochpunkt von 80—220° C besitzt. Die erhaltenen Drucke sind reib- und waschecht. Z. B. werden 52,5 Teile Casein, 5 Teile 22%iges Ammoniak, 2 Teile Phenol in 340,4 Teilen Wasser und 25 Teilen Butanol gelöst, 85 Teile Dimethylolharnstoff-Dimethyläther zugegeben und unter Rühren 450 Teile Lackbenzin vom Kochpunkt 140—200° C eingetragen und emulgiert.

SP 240970 Cyanamid 1940 — Vgl. S. 291.

SP 240799 Bader — Der Druckfarbe wird ein Produkt zugesetzt, welches durch Einwirkung von Schwefel oder Chlorschwefel auf fette Öle erhalten wird und welches in organischen Lösungsmitteln löslich ist.

SP 238988 Ciba 1945 (s. a. FP 827014 und SP 235038) — Die Herstellung haltbarer Druckfarben durch Verwendung wäßriger Emulsionen, die in der öligen

Phase Kondensationsprodukte aus Aminotriazinen, Alkoholgruppen enthaltenden Verbindungen und Aldehyden enthalten. Man kann so das Farbpigment in reinster Form verteilen. Z. B. wird eine Druckpaste aus Cibascharlach G beschrieben, wobei der Stoff nach dem Tiefdruckverfahren bedruckt und der Druck dann gehärtet wird. Es werden Drucke mit großer Reib- und Waschechtheit und weichem Griff erhalten.

SP 237175 Cyanamid 1945 — Als Farbbindemittel dienen Mischungen aus Alkydharz, Aminoplasten und Celluloseäthern.

SP 235742 Cyanamid 1945 — Man stellt eine Druckfarbe her, die einen Aminoplasten, der in Wasser unlöslich ist und mittels einer alkalischen Caseinlösung suspendiert wird, und einen Farbstoff enthält. Nach dem Drucken wird kurze Zeit gehärtet. Es werden lichtechte und waschechte Drucke erhalten, wobei auch Küpenfarbstoffe oder Phtalocyanine verwendet werden können.

SP 232519 und SP 232518 IG 1944 (Zusatz zu SP 222260) — Als Verdickungsmittel oder als gefärbtes Verdickungsmittel (nach Umwandlung in einen Farbstoff, wenn das Verdickungsmittel einen farbbildenden Rest enthält) kann das hochpolymere Umsetzungsprodukt aus Polyvinylalkohol und Salicylaldehyd verwendet werden (s. a. ItalP 381799, SP 222260). In den Zusatzpatenten wird das Umsetzungsprodukt aus Polyvinylalkohol und 2-Oxy-3,4-dichlor-benzaldehyd-5-carbonsäure bzw. o-Oxyzimtaldehyd beschrieben.

SP 228906 Fussenegger 1943 — Druckfarbe bzw. -masse zur Erzeugung örtlicher Pigmentmusterung auf pergamentierten Geweben. Die Druckmasse besteht aus Weizenstärke 400 g (bestehend aus 1 Teil Stärke, 2 Teilen Tragant und 5 Teilen Wasser), 100 g Ramasit III konz., 80 g Wasserglas 38 Bé, 50 g Glyzerin, 160 ccm Wasser und 200 g Titanoxyd 1 : 1 sowie 10 ccm 2%ige Indanthrenblau-RBZ-Lösung.

SP 227782 Kuhlmann 1943 — Pigmentdruckfarben enthalten als Verdickung ein Glyzerinphtalat, welches in Wasser feinst emulgiert ist. Man trocknet kurz bei über 100° C und erhält gut wasch- und reibechte Drucke.

SP 224615 Ciba 1943 (s. a. FP 786065) — Man verwendet als stabile Druckfarben Öl-in-Wasser-Emulsionen, die in der öligen Phase Ester-Ätherverbindungen enthalten, die aus Polyglykolen höherer einbasischer Carbonsäuren oder mehrbasischer Carbonsäuren und verätherbare Gruppen enthaltenden Kondensationsprodukten von Triazinen und Formaldehyd hergestellt sind. (Es werden z. B. Holzöl, Glyzerin und Alkalilauge erhitzt und dann Phtalsäureanhydrid zur Veresterung angewendet. Schließlich wird mit Hexaäthylolamin und Butanol veräthert.) Man reibt die harzartigen Esteräther in einer Mischung von Xylol und Lackbenzin mit Cibarot R an und emulgiert dann in Wasser unter Zusatz von Schutzkolloiden und Weichmachern. Man druckt, trocknet bei 60° C und erhitzt kurz auf 150° C. Die erhaltenen Drucke sind weich und waschecht.

SP 221307 Cyanamid 1942 — Stabile wäßrige Emulsionen von Aminoplasten, die als Druckfarbenzusätze verwendet werden können, erhält man durch Emulgieren von wasserunlöslichen Aminoplasten in Gegenwart von Alkoholen mit weniger als 4 C-Atomen im Molekül mittels Caseinalkalilösung in Wasser (s. a. SP 235742).

SP 217455 Interchem. 1942 — Als Druckemulsionen werden solche, bestehend aus einer organischen ein filmbildendes, mit Wasser nicht mischbares Bindemittel enthaltenden äußeren und einer wäßrigen Farbstofflösung als innere Phase beschrieben.

SP 213035 Ciba 1941 — Zum Pigmentdruck werden Druckverdickungen verwendet, welche als wäßrige Phase eine formaldehydhaltige Alkalicaseinatlösung und als ölige Phase eine mit Wasser nicht mischbare Flüssigkeit, wie Benzin, enthalten. In der wäßrigen Phase soll der Caseingehalt nicht über 12% betragen. In der öligen Phase können auch Lacke, Öle usw. gelöst sein.

SP 203116, s. S. 292.

FP 953088 ICI 1949 — Man bedruckt Textilien mit Waser-in-Öl-Emulsionen, die als Pigmentbindemittel Dialkyläther des Dimethylolharnstoffs und Äthylcellulose enthalten.

FP 945972 Interchem 1949 — Zum Drucken werden Wasser-in-Öl-Emulsionen vorgeschlagen, welche in der wäßrigen Phase ein filmbildendes Material, in der anderen Phase ein flüchtiges Lösungsmittel, welches dieses Material nicht löst, ein weiteres filmbildendes Material und das Pigment enthalten.

FP 944319 Ciba 1949 — Man bedruckt wasserunlösliche Polymerisatfolien oder Gewebe in Anwesenheit von Netzmitteln mit Acetatseidenfarbstoffen.

FP 942298 Chemitalia 1949 — Man bedruckt Textilien mit Pigmenten und Phenolaldehydkondensaten in Anwesenheit von Ölen und Alkoholen oder Estern als Dispersionsmittel.

FP 917719 Kornmann 1947 — Zum Drucken von Pigmenten werden als Bindemittel Polyvinylacetale vorgeschlagen. Druckpasten bestehen z. B. aus 100 g Pigment, 50 g Polyvinylacetal mit 10% freien OH-Gruppen, 10 g Weichmacher, 400 ccm Äthylacetat, 400 g Äthylalkohol, 100 ccm Wasser.

FP 889709 IG 1945 — Pigmente werden im Klotzfärbeverfahren oder im Druck auf Geweben fixiert, indem man sie mit wäßrigen oder organischen Lösungen von Kunstharzen gemischt aufbringt, wobei man in Gegenwart von Formaldehyd und säureabspaltenden Stoffen arbeitet und hernach härtet, oder indem man die Gewebe erst mit Formaldehyd und einem Katalyten behandelt und hernach das Pigment und das Bindemittel färbt oder aufdruckt. Als Bindemittel werden Harnstoff-, Aminotriazinderivate oder Polyvinylalkohol usw. angegeben bzw. deren Kondensate mit Formaldehyd.

FP 871820 IG 1942 — Zum Drucken werden Pasten aus Emulsionen von Harnstoff- oder Triazinformaldehydkondensaten mit Pigmenten empfohlen.

FP 866493 Interchem. 1942 (s. a. FP 852619) — Für den Pigmentdruck werden Pigmente, sowie als Bindemittel Kunstharzlösungen in organischen Lösungsmitteln vorgeschlagen.

FP 865752 Ciba 1942 — Vgl. SP 213035.

FP 856732 Interchem. (s. a. EP 524803 1941) — Das Drucken erfolgt mit Wasser-in-Öl-Emulsionen von wasserlöslichen Farbstoffen; die Ölphase enthält Kautschuk, Celluloseäther oder Kunstharze.

EP 647251 Interchem. 1950 — Druckemulsionen, wobei die filmbildende Substanz der inneren (wäßrigen) Phase nicht in der äußeren (organischen) Phase löslich ist.

EP 644390 Interchem. 1950 — Druckemulsionen, die als äußere Phase eine mit Wasser nicht mischbare Lösung mehrerer filmbildender Körper aufweisen, wobei einer hiervon Kautschuk ist.

EP 643724 Interchem. 1950 — Pigmentdruckemulsionen, die Phtalocyaninpigment sowie ein härtbares Harz und organische Lösungsmittel enthalten.

EP 639294 ICI 1950 — Vgl. EP 633932.

EP 634835 Berger & Sons 1950 — Beschreibt die Herstellung von Pigmentemulsionen in Gegenwart organischer Amine.

EP 633932 ICI 1950 (s. EP 622967) — Zum Pigmentdruck werden als Druckverdickung Verbindungen der Form

$$R \begin{cases} (O{-}CONH{-}CH_2OH)_n \\ (O{-}CONH{-}CH_2{-}A{-}X)_m \end{cases} \quad \text{z. B. auch} \quad \begin{matrix} CH_2{-}OCONH{-}CH_2OH \\ | \\ CH_2{-}OCONH{-}CH_2{-}\underset{\underset{\displaystyle Cl}{|}}{N}C_5H_5 \end{matrix}$$

(A = Heterocyclus, R = aliphatischer Rest, X = Anion) vorgeschlagen, wobei gleichzeitig ein wasserabstoßender Effekt der bedruckten Stellen erzielt wird. Man verwendet Pigment, Mittel und Verdickung.

EP 628882 Ciba 1949 — Als Emulsionen für Druckzwecke (s. a. EP 544157) werden solche vorgeschlagen, welche als äußere Phase eine wäßrige, Säurecasein enthaltende aufweisen, wobei das Casein mittels Alkali in Lösung gebracht wurde und außerdem einen mit Wasser mischbaren Äther eines aliphatischen Alkohols mit einer Methylolverbindung härtbarer Vorkondensate aufweisen.

EP 626581 DuPont 1949 — Bindemittel für den Pigmentdruck bestehen aus Polyamiden, die an den Stickstoffatomen die Gruppierung $—CH_2—CH_2R$ aufweisen.

EP 625609 Courtaulds 1949 — Druckpasten für Pigmentfarbstoffe, die Alginat und Formaldehyd enthalten.

EP 622967 ICI 1949 — Das Drucken von Textilien mit Pigmenten erfolgt in Gegenwart von Verbindungen der Form $R(O—CO—NH—CH_2—A—X)n$, wobei R ein aliphatischer Rest, A ein aliphatisches oder heterozyklisches Amin und X ein Anion bedeuten. *n* ist größer als 1.

EP 620791 DuPont 1949 — Pigmentdruckemulsionen, die als Bindemittel lineare Vinylpolymere mit OH-Gruppen enthalten. Vgl. auch EP 614046, 604904, 603871, 600924.

EP 612892 ICI 1948 — Zum Drucken von Textilien mit Pigmenten werden Emulsionen in Vorschlag gebracht, die als äußere Phase ein flüchtiges, mit Wasser nicht mischbares Lösungsmittel, das als Binder für das Pigment einen nicht harzartigen, niederen Dialkyläther des Dimethylolharnstoffs und ein OH-Gruppen-haltiges Cellulosederivat (Nitrocellulose) enthält, aufweisen. S. EP 523090 und EP 548704 (Druck mit Pigmentemulsionen).

EP 602886 Gy. 1948 — Pigmentemulsionen zum Färben und Drucken des Öl-in-Wasser-Typs enthalten in der wäßrigen Phase das Pigment, welches mit Hilfe von Alkylolen usw. emulgiert ist, in der öligen Phase die mit Wasser nicht mischbare organische Flüssigkeit und das als Bindemittel dienende härtbare Harz.

EP 598260 Francolor 1948 — Beim Überdrucken gefärbter Textilien mit Pigmentdruckpasten decken letztere den gefärbten Untergrund nur ungenügend. Man hat daher versucht, den Druckpasten Ätzmittel zuzugeben, welche die

Grundfärbung wegzuätzen vermögen. Allerdings tritt dabei die Schwierigkeit auf, daß die Druckpasten in Emulsionsform zuwenig Wasser enthalten, um das feste Ätzmittel zu lösen bzw. die Lösung desselben oftmals die Druckemulsionen zerstört. Nunmehr wird vorgeschlagen, zu einer Druckemulsion, welche eine wäßrige und eine Ölphase enthält, eine wäßrige Ätzmittellösung, die mit Schutzkolloiden und Verdickungsmitteln versetzt ist, zuzugeben. Als Schutzkolloide, die verdickend wirken, werden wasserlösliche Cellulosederivate, Polyvinylalkohol, Gummi und Tragant genannt.

EP 597868 Kuhlmann 1948 — **Zum Drucken von Pigmenten werden Emulsionen** von sojabohnenölmodifizierten Glyptalharzen empfohlen. Z. B. verwendet man eine Emulsion von 100 Teilen Harz, 100 Teilen Schwerbenzin, 10 Teilen Pigment, welche Mischung man einer Lösung von 15 Teilen Methylcellulose, 5 Teilen Triäthanolamin in 135 Teilen Wasser zugibt. Hierauf setzt man noch 100 Teile Xylol und 255 Teile Wasser zu. Nach dem Drucken wird getrocknet und in der Luft verhängt oder 20 Minuten bei 120° C gedämpft. Die Drucke sind reib- und waschecht.

EP 592841 Cyanamid 1947 — **Man druckt mit Pigmentemulsionen des Typs** Öl-in-Wasser. Zu einer wäßrigen 5%igen Methylcelluloselösung wird eine 30%ige Dimethoxymethylolharnstofflösung gegeben, hierauf 10% Bentonit zugesetzt, das Pigment eingerührt und hernach eine Petroleumfraktion darin emulgiert.

EP 591939 Cyanamid 1947 — **Zum Färben und Bedrucken von Textilien mit** anorganischen Pigmenten werden folgende Mischungen empfohlen:

a) Man mischt 45 Teile Eisenoxydgelb, 14 Teile sojabohnenölmodifiziertes Glyptalharz, 7 Teile einer 50%igen Lösung butylierten Dimethylolharnstoffs und gleicher Teile Xylol und Butanol, 24 Teile Pineöl, 5 Teile Ölsäure und 5 Teile NH_3 26° Bé.

b) Andererseits wird eine Öl-in-Wasser-Emulsion hergestellt aus: 0,4 Teilen Methylcellulose, 81,6 Teilen Wasser und 0,7 Teilen NH_3 26° Bé, wobei in diese Lösung eine Mischung eingerührt wird von 0,3 Teilen Ölsäure, 17 Teilen Petroleumdestillat, Kp. 160—250° C, mit 16% aromat. Anteilen. Zu q Teilen der Mischung a werden 91 Teile der Emulsion b gegeben und das Textilgewebe auf der Pflatschmaschine behandelt. Hierauf wird ausgequetscht, getrocknet und 3 Minuten bei 12° C gehärtet.

Nachbehandelt wird die Färbung mit einer Lösung von 8 Teilen eines 50%igen wäßrigen Formaldehyd-Harnstoffharzes, welches durch Erhitzen mit Äthylenglykol alkyliert wurde, 91,5 Teilen H_2O und 0,5 Teilen 85% Orthophosphorsäure. Man quetscht ab, trocknet und härtet bei 120° C 3 Minuten. Das Gewebe ist weich und die Färbung waschecht. Es soll dadurch die Reibechtheit der Drucke gehoben werden.

EP 589782 Celanese 1947 — **Für den Pigmentdruck, z. B. von Titandioxyd,** werden Kondensationsprodukte von Aldehyden mit Biguanidalkyl- usw. Derivaten vorgeschlagen. Man erhält Drucke, welche einen weichen Griff aufweisen. Z. B. verwendet man eine Druckpaste von: 50 Teilen Tragant 6%, 15 Teilen wäßriger 50%iger TiO_2-Paste, 27 Teilen Wasser, 8 Teilen einer Lösung von: 4 Teilen Äthylendiaminchlorhydrat, 5 Teilen Dicyandiamid (zusammenschmelzen bei 200° C 7 Std.), 18 Teile des erhaltenen Produktes mit 33 Teilen 40%igen Formaldehyds bei 70° C 1 Stunde kondensieren, hierauf 2,7 Teile Weinsäure zugeben. Nach dem Trocknen wird bei 90° C erhitzt.

EP 583844 Ciba 1947 — Als Druckverdickung für Pigmentdrucke kann mit Pyridin stabilisiertes Melaminharz verwendet werden.

EP 574814 Sylvana 1946 — Man druckt mit einer Paste, welche eine durch Behandlung von Cellulose mit Schwefelsäure erhaltene Oxycellulose in Alkali sowie ein Pigment enthält und fällt dieses Pigment zugleich mit der Oxycellulose durch Behandlung mit starker Säure.

EP 573558 ICI 1945 — Man druckt mit einer Pigmentemulsion, bei welcher die äußere Phase, ein Lösungsmittel, das in Wasser unlöslich ist, ein härtbares Melaminformaldehydkondensat enthält, während die wäßrige Phase die Farbemulsion trägt. Dem Harz können Weichmacher zugesetzt sein. Die Entfernung des Lösungsmittels und des Wassers sowie die Härtung des Harzes erfolgt durch Erhitzen nach dem Druck.

EP 570742 Kuhlmann 1945 — Der Druck mit Pigmentemulsionen, welche als Bindemittel Glyptalharze enthalten, wird beschrieben.

EP 523090 Interchem 1947 — Als Druckpasten werden Emulsionen, welche als äußere Phase die Lösung eines Harnstoff-formaldehydharzes in Butanol sowie Alkydharz und Petrolkohlenwasserstoff enthalten, als wäßrige Innenphase eine Pigmentdispersion vorgeschlagen. Nach dem Drucken wird getrocknet.

EP 522941 Interchem. 1940 — Emulsionsdruckpasten für das Aridye-Verfahren; vgl. auch EP 524803 und EP 526853.

AP 2527530 Interchem. 1950 — Pigmentdruckpasten, die neben Pigment einen wasserunlöslichen, gelatinierten, sowie einen wasserlöslichen Celluloseäther enthalten.

AP 2504136 Interchem. 1950 — Man druckt eine pigmentierte Dispersion eines körnigen, thermoplastischen Copolymeren einer monovinylaromatischen Verbindung und eines aliphatischen Olefins mit konjugierten Doppelbindungen sowie einer organischen Flüssigkeit, welche das Copolymere nicht löst, aber quillt, wobei das Verhältnis des Copolymeren zum Pigment zwischen 0,5 : 1 bis 100 : 1 schwanken kann. Z. B. die Dispersion eines Pigments (Eisenoxyd, Chromgelb) (30 Teile) in einer 50%igen Lösung eines butylierten Melamin-Formaldehydharzes in gleichen Teilen Butanol und Xylol (20 Teile) wird vermischt mit dem halbfesten Gel, bestehend aus 10 Teilen des Copolymerisats aus Styrol und 1,3 Butadien in 40 Teilen Xylol. Die Mischung wird gemahlen und vor Gebrauch in Wasser dispergiert und gedruckt. Das bedruckte Textilmaterial bleibt weich, ist füllig und die Drucke reiben nicht ab.

AP 2498454 Ciba 1950 — Stabile Kunstharzvorkondensate für den Pigmentdruck; s. a. AP 2494810.

AP 2494810 Gy. 1950 — Zum Färben usw. mit Pigmentemulsionen werden solche verwendet, die als Öl-in-Wasser-Type das Pigment in der wäßrigen, den Binder in der organischen Phase aufweisen. Die Herstellung solcher Emulsionen ist schwierig, da das Pigment das Bestreben hat, in die Ölphase zu migrieren. Dies kann verhindert werden, indem man als Dispersionsmittel für den Farbstoffkörper eine wasserlösliche Verbindung eines Alkydharzes und NH_3 oder Alkylolamin nimmt.

AP 2488544 Sherwin-Williams 1949 — Pigmentdruck; vgl. S. 318.

AP 2474909 Celanese 1949 — Druckpasten, die neben dem Pigmentfarbstoff eine organische Säure sowie wasserlösliche Kondensationsprodukte von Biguanidderivaten und Formaldehyd enthalten. Vgl. auch AP 2374602, 2363537, 2323871, 2310012/13.

AP 2455820 Kelco 1948 -- Öl-in-Wasser-Emulsionen werden hergestellt, indem man als Dispergator für das Öl Glykolalginat verwendet.

AP 2454391 Cranston 1948 — Man bedruckt Textilien mit Melamin-formaldehydharzen und trocknet, ohne zu härten. Hierauf wird gehärtet, geschliffen und dann ausgewaschen (vgl. Glanzappretur).

AP 2453752 Stein, Hall 1948 — Zum Drucken von Textilien werden Emulsionen empfohlen, welche ein Pigment, dispergiert in einer Emulsion eines vulkanisierten vegetabilischen Öls in einer organischen, mit Wasser nicht mischbaren Flüssigkeit als innere Phase enthalten. Als äußere Phase ist eine Dispersion eines Produkts enthalten, welches durch Zugabe von Harnstoff und Formaldehyd zu einer wäßrigen Proteindispersion gebildet wird.

AP 2437554 Durand & Huguenin 1948 — In Druckfarben für das Drucken von Küpenfarbstoffleukoestern werden wasserlösliche Säureamide gemeinschaftlich mit wasserlöslichen tertiären oder quaternären Aminosäuren der Betain- oder Sulfobetaingruppe verwendet, welch letztere Aralkylreste aufweisen.

AP 2424284 Celanese 1947 — Die Fixierung von Pigmenten auf Cellulose wird behandelt.

AP 2421000 Interchem. 1947 — Druckpasten werden hergestellt aus Wasser-in-Öl-Emulsionen, wobei das filmbildende Agens und Dispergiermittel innerhalb der Ölphase aus den Kondensationsprodukten von Formaldehyd mit den Umsetzungsprodukten ungesättigter Fettöle mit α-olefinischen Dicarbonsäuren (Maleinsäure, Fumarsäure usw.) besteht. Als ungesättigte Fettöle können Sojabohnenöl und Leinöl Verwendung finden.

AP 2416620 Interchem. 1946 — Pigmentdruckverfahren nach der Aridye-Methode (erste Veröffentlichung Patent 2222581, 1940), wobei eine äußere wasserunlösliche Phase verdickt wird durch eine innere wäßrige Phase, welche etwa 20% der Emulsion ausmacht. Der gebräuchliche Zusatz von Harzlösung wird hier in Form von teilweise gelierten Lösungen vorgenommen.

AP 2413320 Stein, Hall 1947 (s. a. AP 2377709 DuPont 1946) — Pigmentdrucke mit Stärke als Verdickungsmittel, wobei sich diese in den als Druckemulsionen vorliegenden Pasten einmal in der wäßrigen Phase, zugleich mit einem Produkt wie Pyroantimonat befindet, welches die Stärke beim Trocknen unlöslich macht, wobei in der Lackphase das Pigment, eventuell unter Zusatz eines weiteren Bindemittels, wie eines Celluloseäthers, vorhanden ist. Im anderen Falle befindet sich die Stärke ebenfalls in der wäßrigen Phase, in der Ölphase ein Celluloseäther, welcher in dem verwendeten Öl löslich ist.

AP 2401755 Stein, Hall 1946 — Als Druckverdickung für Pigmentfarben dienen die üblichen Stoffe, wobei für deren geeignete Dünnflüssigkeit das pH 3,5—9,5, welches durch Zugabe von fünfwertigen Antimonverbindungen erreicht wird, nötig ist.

AP 2396430 Interchem. 1946 — Emulsionsdruckpasten; vgl. AP 2376319.

AP 2394543 Interchem. 1946 — Als äußere Phase von Pigmentdruckemulsionen des Wasser-in-Öl-Typs dient Polychloropren in organischem Lösungsmittel gelöst.

AP 2394542 Interchem. 1946 (vgl. AP 2381868 und 2381878 Interchem. 1945).

AP 2389988 Ciba 1945 — Emulsionsdruckpasten für den Pigmentdruck.

AP 2389371 Levey 1945 — Zum Bedrucken von Textilien werden Druckpasten vorgeschlagen, welche aus einer Suspension eines Pigments in einem Polyglykol bestehen, das ein Harz gelöst enthält und dem außerdem noch Pineöl und Monoterpinylglykoläther zugesetzt sind.

AP 2385737 Smith 1945 — Beim Pigmentdruck werden zur Erzielung guter Ergebnisse Terpenäther zugesetzt.

AP 2385320 Cyanamid 1945 — Im Pigmentdruck mit Alkyd- oder Alkylamidoaldehydharzen als Bindemittel werden die erhaltenen Drucke nachher mit einem Überzug von Amid-formaldehydharzen, die mit einem mehrwertigen Alkohol ätherifiziert sind, versehen.

AP 2383937 Cyanamid 1945 — In der Lackphase der Emulsion ist als Bindemittel eine Kunstkautschukverbindung vorgesehen, die Wasserphase enthält Pigment und Emulgator.

AP 2376319 Interchem. 1945 — Pigmentdruckpasten.

AP 2364738 Interchem. 1944 — Druckpasten, bestehend aus Pigmenten, die in wäßrigen Polyvinylalkohollösungen dispergiert sind und welchen zur Erhöhung der Farbtiefe 0,1—1% wasserlösliches Kaliumalginat zugesetzt werden, ergeben gegenüber Druckpasten mit Albumin oder Harnstoffharzen erhöhte Ausgiebigkeit bei guter Waschechtheit. Z. B. 10%ige Polyvinylalkohollösung 100 g, wasserlösliches Melaminformaldehydharz 4 g, Tributylphosphat (als Schaumbrecher) 1 g, Kaliumalginat 1 g, Pigmentteig 20 g, Wasser 73,5 g, Pyridin 0,5 g.

AP 2364692 Interchem. 1944 — Druckpasten aus einer wäßrigen Phase sowie einer Phase, bestehend aus einer konzentrierten Lösung von Kunstharz in einem organischen Lösungsmittel und schließlich einer Phase eines mit diesen Phasen nur teilweise mischbaren Lösungsmittels mit niedrigem Gehalt an Feststoffen werden beschrieben. Das Pigment ist in der Kunstharzphase emulgiert.

AP 2361454 Aridye 1944 — Textildruckemulsion, bestehend aus einer äußeren Phase aus organischem Lösungsmittel, dem Bindemittel; die innere wäßrige Phase enthält das Pigment und Stärke. Diese verhindert das zu tiefe Eindringen der Druckfarbe in das Textilmaterial, so daß tiefere Drucke entstehen.

AP 2361277 Ciba 1944 — Stabile Druckemulsionen werden hergestellt, indem mit Wasser nicht mischbare, einen Kp. von 100°—250° C besitzende organische Flüssigkeiten (Chlorbenzol usw.) in einer wäßrigen Lösung von Alkalikaseinat, Formaldehyd und Harnstoff dispergiert werden. Der Emulsion wird das Farbpigment einverleibt.

AP 2346957 DuPont 1944 — Als Pigmente für Druckfarben des Wasser-in-Öl-Typs für den Baumwolldruck werden Anthrimidderivate empfohlen.

AP 2346041 Hoffmann 1944 — Als Druckfarbe wird eine Emulsion, bestehend aus einer äußeren Phase aus organischem Lösungmittel, welches gelöst enthält: Harnstoff-formaldehydvorkondensat und Äthylcellulose sowie einer inneren wäßrigen Phase, die das Pigment und als Emulgator hierfür Seife enthält, vorgeschlagen.

AP 2345879 Hercules 1944 — Druckpasten, bestehend aus einem in einer Öl-in-Wasser-Emulsion emulgierten Pigment, wobei man als Bindemittel in der

Ölphase einen in Wasser unlöslichen Celluloseäther anwendet, werden beschrieben.

AP 2342641 Interchem. 1944 — Verfahren zum Färben mit Pigmentemulsionen des Wasser-in-Öl-Typs. Die Konzentration des Harzes und Pigments muß derart eingestellt werden, daß die gefärbte Ware keinen harten Griff aufweist. Verwendet werden Alkydharze als Bindemittel.

AP 2338252 Interchem. 1944 — Als Druckpasten, aber auch zum Färben nach dem Aridye-Verfahren (s. a. AP. 2248696, 1941) werden Mischungen empfohlen, welche eine Dispersion von Polyvinylalkohollösung und Carbamid-formaldehydharz enthalten. Zur Verhinderung der sonst eintretenden Gelatinierung beim Stehen werden kleine Mengen N-haltiger Basen zugegeben, wie Pyridin, Morpholin usw.

Beispiel:

Polyvinylalkohollösung 10%ig	100	Teile
Melamin-formaldehydharz wasserlöslich	4	Teile
Tributylphosphat	1	Teil
Kaliumalginat	1	Teil
Pigment	20	Teile
Wasser	73,5	Teile
Pyridin	0,5	Teile

AP 2335905 DuPont 1943 — Emulsionsdruckpasten mit Schwefelfarbstoffen werden beschrieben.

AP 2334199 Copeman 1943 — Zum Druck von Pigmenten auf Textilien werden Öl-in-Wasser-Emulsionen vorgeschlagen, wobei die innere Phase ein in Wasser unlösliches Lösungsmittel, den Farbstoff und ein Harz enthält.

AP 2326265 Sherwin 1943 — Für den Pigmentdruck werden als Bindemittel Harnstoff-formaldehydkondensate, welche in Gegenwart von Alkohol kondensiert wurden, empfohlen. Die alkoholmodifizierten Harze ergeben, eventuell in Verbindung mit Alkydharzen, gute Resultate.

AP 2323591 Interchem. 1943 — Als Druckpasten für den Textildruck werden Mischungen vorgeschlagen, die einen Pigmentfarbstoff und depolymerisierten Kautschuk oder Chlorkautschuk und die Reaktionsprodukte von Kautschuk mit den Halozeniden amphotärer Metalle in organischen Lsungsmitteln dispergiert enthalten. Vulkanisatoren und Antioxydantien können zugesetzt werden.

AP 2322837 DuPont 1944 — Emulsionen des Typs Wasser-in-Öl oder Öl-in-Wasser, welche als filmbildendes Mittel das Zwischenpolymerisat eines trocknenden Öls mit Vinylderivaten enthalten, werden zum Pigmentdruck empfohlen.

AP 2317359 Interchem. 1943 — Eine Druckpaste, bestehend aus einer wäßrigen Phase, einer 20%igen Ba-Pigmentemulsion, sowie einer dispersen Phase aus Damarharz in Xylol, wird beschrieben.

AP 2310436 Pittsburgh Plate Glass 1943 — Man bedruckt Gewebe mit Pasten, welche 30—65 Teile Pigment, 10—15 Teile Aminoplast und als Weichmacher 15 Teile modifiziertes Alkydharz sowie zirka 25 Teile organische Lösungsmittel (Xylol, Butylalkohol, Amylacetat, Nitrocellulose usw.) enthalten.

AP 2309946 Interchem. 1943 — Pigmentdruckemulsionen; vgl. auch AP 2309982, 2308763, 2294246, 2288992, 2288261, 2248696, 2245123.

AP 2307097 Hercules 1943 — Druckfarbe, bestehend aus einer Wasser-in-Öl-Emulsion, wobei die kontinuierliche Phase aus einem mit Pigment gemischten Celluloseäther besteht.

AP 2292200 Interchem. 1942 — Beim Druck anorganischer Pigmente (z. B. Chromgelb) kann die eine Komponente in der organischen, die andere in der wäßrigen Phase enthalten sein, so daß beim Brechen erst die Pigmentbildung erfolgt.

AP 2275991 Röhm, Haas 1942 — Man druckt mit Pigmentemulsionen, wobei als Bindemittel Alkydharze oder Polyacrylsäure usw. Anwendung finden; z. B. werden in einer wäßrigen Verdickung von 1,5%iger Methylcellulose, Polyacrylsäure, Johannisbrotkernmehl, Alginat oder Tragant oder Mischungen dieser Stoffe 1—10% feinstverteilter Farbstoff, der wasserunlöslich ist, verteilt und dann 2,5—15% wasserunlösliches Harz (Acrylsäurepolymere, Acrylsäureesterpolymere oder Alkydharz), das aus wäßrigen Lösungen in feinverteilter Form fällbar ist, zugegeben.

AP 2267620 Interchem. 1941 — Es werden Wasser-in-Öl-Emulsionen für den Pigmentdruck angegeben.

AP 2259796 Sylvania 1941 — Man färbt oder bedruckt Textilien mit einer Emulsion eines unentwickelten Farbstoffes und einer koagulierbaren, alkalilöslichen, wasserunlöslichen Celluloseätherverbindung, koaguliert hierauf und entwickelt den Farbstoff.

AP 2259225 Cyanamid 1941 (s. S. 297).

AP 2251914 Interchem. 1941 — Drucke nach dem Aridyeverfahren sind oft stumpfer als normale. Man druckt daher neben dem Pigment organische Rapidogen- oder Rapidechtfarbstoffe. Zu diesem Zwecke werden in eine normale Druckpaste dieser Farbstoffe, in welche eine ein Dispersionsmittel und das Pigment enthaltende Phase aus organischen Lösungsmitteln eindispergiert ist, ein solches Lösungsmittel eingebracht, welches das Bindemittel der verwendeten Pigmentdispersion lösen kann.

AP 2245100 Interchem. 1941 — Als Pigmentbindemittel für den Pigmentdruck werden natürliche Harze in Mischung mit starken Basen vorgeschlagen (Schellak-Ammoniak usw.).

AP 2235165 Celanese 1941 (s. S. 298).

AP 2222581 (s. a. 2222582 bzw. EP. 523090 Interchem. 1940) — Grundlegende Patente des Aridyeverfahrens. Es wird eine Textildruckfarbe vorgeschlagen, welche aus einer Emulsion besteht, die in der äußeren Phase aus organischen Lösungsmitteln ein härtbares Harz enthält. Die innere Phase besteht aus Wasser, eventuell enthält sie das Pigment (Phtalocyaninfarbstoff). Sie dient vor allem zum Verdicken der Druckpaste und zur Verhinderung der Ausbildung eines kontinuierlichen Harzfilms auf dem Textilmaterial nach dem Druck, der die bedruckten Stellen hartmachen würde. Zum Färben werden derartige Emulsionen im AP 2248696 vorgeschlagen.

AP 2213126 Interchem. 1940 — Zum Drucken werden Pasten aus Pigmenten mit einer Verdickung aus Nitrocellulose und Acetylcellulose im Verhältnis der beiden Cellulosederivate von 1 : 3 bis 3 : 2 angegeben.

AP 2188073 Atlas Powder 1946 — Die Druckfarbe enthält einen Celluloseäther, Alkydharze, Schellak, Pigment und Weichmacher.

AP 2157385 Interchem. 1939 — Pigmentdruck mittels eines Pigments, welches in einem Lösungsmittel und zusammen mit Nitrocellulose auf Textilien aufgedruckt wird. Nach dem Druck wird das Lösungsmittel (ein Glykoläther) mittels eines anderen flüchtigen Mittels weggelöst, so daß das Bindemittel (Nitrocellulose) und das Pigment auf der Faser zurückbleibt.

AP 2118431 Interchem. 1940 (s. a. FP 800715, 845628/29, 1939) — Man druckt ein Pigment, welches in einem organischen Lösungsmittel gelöst ist, auf Textilien und fällt nachher mit Wasser. Z. B. wird eine alkoholische Lösung von Rhodamin, welche Phosphorwolframsäure enthält, mittels Nitrocellulose verdickt, auf Textilien gedruckt. Beim Behandeln mit Wasser bildet sich der entsprechende Farblack auf der Faser.

IV. Das Ätzen von Färbungen.

1. Die Herstellung von Weißätzen.

Die Verbesserung des Weißeffekts bei Weißätzen durch die Zugabe von optischen Bleichmitteln ist verschiedentlich empfohlen und wird in manchen Fällen zu einer namhaften Verbesserung führen[24].

Vielfach wird den Ätzpasten für normale Fonds Anthrachinon usw. zugesetzt. Um den schädlichen Einfluß auf Acetatseide zu vermeiden, wird hier zur Erzielung guter Ätzen Salicylsäure vorgeschlagen[25]. Eine Vorbehandlung von animalischen Fasern mit Formaldehyd, um den faserschwächenden Angriff der Sulfoxylatätzen zu verringern, ist in jüngster Zeit empfohlen worden[26]. Ätzen auf Polyamiden werden mit Formaldehydsulfoxylat durchgeführt.

Schlecht ätzbar sind bekanntlich Färbungen mit kupferhaltigen Direktfarbstoffen, weshalb für den Zweck der Vorfärbung meist besonders kupferarme, geprüfte Marken Verwendung finden.

Derartige Färbungen bzw. solche, die durch Nachkupfern nach der Coprantin- (Ciba) oder Cuprofix- (Sandoz) usw. Methode erhalten wurden und gute Allgemeinechtheiten aufweisen, liegen neuerdings sehr oft vor. Es ist daher wichtig, tadellose Weißätzen auf solchen Fonds zu erreichen.

Man soll sehr gute Resultate erhalten, wenn man nach dem Ätzprozeß mit Bädern, welche Ammoniak oder Polyalkylolamine enthalten, nachbehandelt (die Entfernung der Kupferspuren durch Komplexbildung kann wohl vermutet werden)[27].

Auch die Behandlung mit Cyaniden scheint in der Patentliteratur auf.

Den Einfluß von Zinkcyanidzusätzen zu Druckpasten zeigt z. B. folgende Aufstellung (OeP 162900), S. 334.

Literaturübersicht über das Ätzen von Färbungen.

Pinte, Pierret, Roches: Bull. Inst. text. France Nr. **15,** 43 (1949).
Patrick: Text. Wld. **99,** 137 (1949).
Taussig: J. Textile Inst. **38,** A 418 (1947).

[24] Siehe z. B. EP 580205 bzw. J. Soc. Dyers Colourists **87,** 447, 454 (1942).
[25] AP 2409980.
[26] EP 589193.
[27] Siehe FP 915639.

Weißätzen auf Viskosematerial.

Farbstoff der Grundfärbung	Nachbehandlung mit Fibrofix + Cu-acetat		Nachbehandlung mit Cuprofix		Nachbehandlung mit Tinofix + Cu-acetat	
	Ätze		Ätze		Ätze	
	normal	+ Zn-cyanid	normal	+ Zn-cyanid	normal	+ Zn-cyanid
Direktechtscharlach B (Schultz, Farbstofftabellen Nr. 584).....	grau-braun	gelblich-weiß	grau-braun	gelblich-weiß	grau-braun	gelblich-weiß
Cupranilbraun R (Schultz, Tabellen Nr. 682)............	grau	weiß	grau	weiß	grau	weiß
Direktbraun M (Schultz, Tabellen Nr. 412)	grau-braun	weiß	grau-braun	weiß	grau-braun	weiß
Diphenylbrillantblau FF (Schultz, Tabellen Nr. 510)	bräunlich	weiß	bräunlich	weiß	bräunlich	weiß

Fibrofix (Courtaulds Ltd.), *Cuprofix* (Sandoz) und *Tinofix* (Geigy) sind Mittel zur Verbesserung der Naßechtheit von Direktfärbungen (s. Seite 262).

Patentschrifttum über die Herstellung von Weißätzen.

OeP 164006 Ciba 1949 — Man behandelt Weißätzen auf Cu-haltigen Direktfonds mit Ammoniak oder basischen Aminen (Triäthanolamin). Die Ätzpasten sind sodaalkalische Sulfoxylatätzen.

OeP 162900 Gy. 1949 — Nachgekupferte Färbungen oder solche aus kupferhaltigen Farbstoffen werden reinweiß ätzbar, wenn vor, während oder nach der Hydrosulfitätzung CN-Ionen abgebende Verbindungen auf die betreffenden Stellen gebracht werden.

DP 747575 IG 1944 — Weiß- und Buntätzen auf gefärbten Cellulosematerialien werden durch Aufdruck von Ätzpasten erhalten, die Natriumformaldehydsulfoxylat, Alkali, Verdickungsmittel und Farbstoffe enthalten.

DP 743568 IG 1944 — Ein mit Reduktionsätzen, ätzbaren Pigmenten und Bindemitteln gefärbtes Textilgut wird mit einer neutralen oder alkalischen Reduktionsätze bedruckt und gedämpft.

DP 735476 IG 1943 — Die Herstellung von Druckmustern auf Färbungen metallhaltiger Azofarbstoffe erfolgt, indem man die direkten Färbungen der Azofarbstoffe mit alkalische Reduktionsmittel enthaltenden Druckpasten (Oxyäthylamine) bedruckt, dämpft und dann mit Chromaten oder Cobaltsalzen oder Mischungen aus Cobaltsalzen, Chromaten, Persulfaten, Perboraten oder Wasserstoffsuperoxyd behandelt.

DP 698451 IG 1940 — Färbungen mit substantiven Azofarbstoffen werden geätzt, indem man die gefärbte Ware (die infolge ihrer Herstellung Hydrytoder Oxycellulose enthält) mit Druckpasten bedruckt, die Alkalicarbonat und organische Reduktionskatalyten neben gebräuchlichen Verdickungen enthält, trocknet und dämpft.

DA 78829 IG — Zum Ätzen von Färbungen auf Polyamiden wird Formaldehydzinksulfoxylat verwendet.

SP 256484 Gy. 1949 — Um reinweiße Ätzeffekte zu erzielen, setzt man den Ätzpasten CN-Ionen abgebende Verbindungen zu (NaCN, $Zn(CN)_2$, komplexe Salze) oder behandelt mit derartigen Stoffen nach.

FP 916709 Mathieson 1946 — Zum Ätzen gewisser Schwefel- oder Direktfärbungen usw. werden Pasten, die Chlorite enthalten, bei einem pH von 5—6 vorgeschlagen. Man fährt über erhitzte Zylinder oder dämpft.

FP 915639 Ciba 1946 — Beim Ätzen von mit direkten, kupferhaltigen Azofarbstoffen gefärbten Textilien werden die Ätzeffekte niemals rein weiß. Man erhält tadellose Ätzen, wenn man nach der Sulfoxylatätze und dem Dämpfprozeß mit Bädern, die 2—10% Teile Ammoniak bzw. Mono-di-triäthanolamine usw. auf 1000 Teile Wasser enthalten, nachbehandelt.

FP 842809 Ciba 1941 — Das Ätzen von Neocotonfärbungen erfolgt mit Natriumformaldehydsulfoxylat, Pottasche und Anthrachinon. Buntätzen werden mit Küpenfarbstoffen hergestellt.

EP 647098 Krause, Wainwright 1950 — Herstellung von Ätzdrucken.

EP 616950 Gy. 1948 — Vgl. OeP 162900.

EP 604690 Ciba 1948 — Zur Erhöhung der Weiße von Ätzeffekten, die auf Färbungen mit Cu-haltigen direkten Azofarbstoffen hergestellt wurden, behandelt man nach dem Dämpfen mit wäßrigen Lösungen von Ammoniak oder basischen Aminen.

EP 589193 Bleachers Assoc. 1947 — Ätzdrucke werden hergestellt, indem man die gefärbten Textilien vorher mit Formaldehydlösungen behandelt. Insbesondere für Wolle wird dadurch der schädliche Einfluß der Ätzpaste zurückgedrängt. In Verwendung kommt eine Formaldehydlösung von 200 ccm 40%igen Formaldehyds, angesäuert mit 0,8 ccm Schwefelsäure konz. auf 4 Liter mit einem pH bei 20° C von 1,8.

EP 580205 ICI 1946 — Den Ätzpasten werden optische Bleichmittel zur Verbesserung des Weißeffektes der Ätzung zugesetzt.

EP 505765 Celanese 1939 — Ätzeffekte auf Acetatkunstseide werden erhalten, indem man das Material mittels ätzbarer Farbstoffe unter Zusatz von Diäthylenglykol und Oxyäthylcellulose pflatscht und unmittelbar hernach mittels einer Ätzpaste von Zinkformaldehydsulfoxylat, Diäthylenglykol und Glyzerin und Tragant (25, 12, 3, 60/60 : 1000) bedruckt. Hierauf wird kurz gedämpft, bis die Ätzung erfolgt ist, und jetzt erst die Fixierung des Grundes durch längeres Dämpfen vorgenommen.

AP 2446992 Gy. 1948 — Herstellung reiner Weißätzeffekte auf Cellulosematerial, indem Ätzen mit Formaldehydsulfoxylat, dargestellt auf nachgekupferten Färbungen, mit Cyanverbindungen nachbehandelt werden.

AP 2436059 Eastman Kodak 1948 — Acetatkunstseide wird geätzt, indem man vor der Ätzung mit einer sauren anorganischen Thiocyanatlösung behandelt und dann die Ätzung mit einem Alkalisalz der Formaldehydsulfoxylatverbindung ausführt.

AP 2435658 Celanese 1948 — Die alkalischen Ätzpasten sind für Acetatkunstseide ungeeignet, da sie die Faser verseifen. Man benützt daher z. B. für Buntätzen Leukoküpenfarbstoffester und Zinkformaldehydsulfoxylat, wobei der Farbstoff in organischen Lösungsmitteln gelöst ist (Monoäthyläther des Äthylenglykols oder Alkohol usw.) und als Quellmittel ein Thiocyanat zugesetzt wird. Weiterhin wird Nitrit zugegeben. Das bedruckte Gewebe wird 10—15 Minuten gedämpft und nachher in einem Säurebad entwickelt, wobei das Nitrit in der Ätzpaste den Farbstoff reoxydiert.

AP 2416998 Aspinook 1947 — Man verwendet als Ätzmittel eine Cellulosedispersion, die Cellulose enthält, welche durch Einwirkung saurer Bichromatlösung auf native Cellulose oxydiert wurde, wobei das erhaltene Oxycelluloseprodukt in einer Natriumzinkatlösung gelöst wurde. Die Oxycellulose kann als Ätzmittel für ätzbare Farbstoffe, aber auch als Reduktionsmittel für Küpenfarbstoffe verwendet werden.

AP 2409980 Eastman Kodak 1946 — Zum Ätzen von Acetatkunstseide werden zur Erzielung guter Ätzen Salicylate oder Salicylsäure unter Zusatz eines Quellmittels für die Faser, wie Triäthylenglykol, angegeben. Anthrachinon oxydiert in seinen Resten und macht die Ätzen braun, Hydrochinon greift die Faser etwas an.

AP 2354588 All. Chem. 1944 — Weißätzen von guter Reinheit werden erhalten, wenn man den Färbebädern Katanol W zusetzt. Auch Tannin kann verwendet werden.

AP 2257189 Wolf 1941 — Zum Drucken von Ätzen auf ätzbare Grundfarben werden wasserfreie Celluloseester empfohlen, welche das Ätzmittel enthalten. Die Ätzung erfolgt durch Behandlung mit feuchtem Dampf.

2. Die Herstellung von Buntätzen.

Hier sind nur einige Vorschläge aus der Patentliteratur zu vermerken, die sich hauptsächlich mit der Herstellung von Neocoton- oder Küpenfarbstoffilluminationen befassen.

Patentschrifttum über die Herstellung von Buntätzen.

DP 692743 Ciba 1940 — Buntätzen von mit Küpenfarbstoffen erzeugten Färbungen erfolgen durch Bedrucken mit Pasten, die Alkalien, Alkalisalze von Kupplungskomponenten und Sulfonsäuren organischer Ammoniumverbindungen (z. B. Salz des Anlagerungsproduktes von Benzylchloridsulfonsäure an Dimethylanilin) enthalten; nach Dämpfen wird mit Diazolösungen entwickelt.

FP 950694 Interchem. 1949 — Zur Illumination von Weißätzen wird mit Emulsionen bedruckt, die Rongalit, rongalitbeständige Farbstoffe und eventuell Pigmente enthalten.

FP 842809 Ciba — Zum Buntätzen von Neocotonfärbungen können Küpenfarbstoffe benützt werden. Die Ätzpaste enthält neben Pottasche-Rongalit noch etwas Anthrachinon.

FP 842560 Ciba — Als Buntätzen von Anilinschwarz können Neocotonfarbstoffe benützt werden.

EP 598260 Francolor 1948 — Buntätzen mittels Pigmentemulsionen, denen ein Ätzmittel zugesetzt ist.

EP 595959 Celanese 1947 — Ätzeffekte mittels Pasten aus Zinkformaldeydsulfoxylat, Leukoestern von Küpenfarbstoffen und Nitrit, insbesondere auf gefärbten Cellulosederivaten, werden beschrieben.

AP 2435658 Celanese 1948 — Illuminierte Ätzeffekte auf Acetatkunstseide werden hergestellt, indem man mit Ätzpasten bedruckt, die als Illuminationsfarbstoff den Leukoester eines Küpenfarbstoffes, das Ätzmittel und ein Oxydationsmittel zur Rückbildung des Küpenfarbstoffs enthalten, wobei die Nachbehandlung in saurem Medium stattfindet.

AP 2368940 DuPont 1946 — Beim Ätzdruck mit Küpenilluminationen zeigen die Ätzungen oft einen Hof. Man kann die Resultate verbessern, wenn man nur eine kleine Menge Alkalicarbonat und keine andere alkalische Substanz der Paste zugibt. Nur Mengen von 0,1—0,5%, d. i. 1—5 g/kg Paste, kommen in Frage.

AP 2322322 und AP 2322323 Celanese 1943 — Buntätzen auf Azofarben werden hergestellt durch Aufbringen einer reduzierenden Druckfarbe mit Küpenfarbstoffen, die basisches Phosphorsäuresalz enthält. Nach der Reduktion waschen und den Küpenfarbstoff entwickeln.

AP 2248128 Celanese 1941 — Man verwendet zum Buntätzen von Küpenfarbstoffen oder Azofarbstoffen eine Ätzpaste, welche aus einer Mischung von 20—50% Tragantverdickung, 5—10% Netzmittel (Monoacetin), 5—10% Puffer zum Einstellen eines pH unter 7 (Dinatriumphosphat) und 10—15% eines Reduktionsmittels der allgemeinen Form

$$\begin{matrix} RR'N \diagdown \\ C = SO_2, \\ RR'N \diagup \end{matrix}$$

z. B. Thioharnstoffdioxyd, besteht.

V. Die Reserven im Textildruck.

In der Berichtszeit ist eine Anzahl von diesbezüglichen Vorschlägen im Patentschrifttum zu finden, ohne aber bemerkenswerte Neuerungen zu bringen. Als Weiß- und Buntreserve für Drucke auf Nylon dienen die geschwefelten Phenole; Sandoz empfiehlt hier z. B. *Nylotan M.*

Literaturübersicht über Reserven im Textildruck.

Hess: Melliand Textilber. 23, 23 (1942).
Lanczer: Melliand Textilber. 22, 36 (1941).

Patentschrifttum über Reserven im Textildruck.

DP 744275 Schmidt 1944 — Buntreserven unter Anilinschwarz.

DP 743461 Scheurer 1943 (vgl. FP 848727) — Zur Herstellung von Buntreserven unter Anilinschwarz wird die mit der Anilinschwarzklotzlösung getränkte und getrocknete Ware mit alkalischen Lösungen der Estersalze von Leukoküpenfarbstoffen bedruckt, getrocknet, gedämpft und die Buntreserve durch Behandlung mit einer Lösung von Ferrisalzen und Schwefelsäure entwickelt. Hierauf folgt eine Behandlung mit Lösungen von Verbindungen, die mit Eisensalzen lösliche Komplexe bilden.

DP 708256 IG 1941 — Reserven mit Küpenfarbstoffen werden unter Klotzungen mit Salzen des 2,2'-Dichlordianthrachinonazinleukotetraschwefelsäureesters hergestellt, indem man reservierende Druckpasten verwendet, welche betainartige Kondensationsprodukte und gegebenenfalls Oxydationskatalyten enthalten (Pyridiniumoxypropansulfobetain oder Pyridinbetain usw.).

DP 702280 Ciba 1941 — Zur Weiß- und Buntreservierung von auf der Faser entwickelbaren Azofarbstoffen werden auf die mit Eisfarbenkomponenten grundierte Ware Xanthogenatester aufgedruckt, die Salze der Erdalkalimetalle enthalten. Auf die so behandelte Ware werden dann die zur Entwicklung der Grundierung notwendigen Diazoverbindungen einwirken gelassen.

DP 701282 IG 1941 — Buntreserven mit Leukoestern von Küpenfarbstoffen werden unter Färbungen mit Leukoestern von Küpenfarbstoffen hergestellt, indem man Reservedruckpasten, welche Leukoester, Verdickungsmittel, säureabspaltende Mittel, Oxydationsmittel, eventuell farblose Pigmente und Katalyten enthalten, auf die Faser druckt und nach Trocknung durch Dämpfen entwickelt. Hernach wird das Textilgut mit einer Lösung eines Leukoesters geklotzt und ohne Trocknung mit einer verdünnten Säurelösung entwickelt. Das Oxydationsmittel befindet sich entweder in der Klotzlösung oder in der Säurelösung.

DP 700641 Durand & Huguenin 1941 — Buntreserven unter Anilinschwarz werden mit Schwefelsäureestersalzen von Küpenfarbstoffen erzeugt, indem man auf die mit dem Anilinschwarzansatz geklotzte Ware Reserven aufbringt, welche neben einem Estersalz des Leukoküpenfarbstoffes und einem Oxydationskatalyten auch ein Alkalisalz einer flüchtigen Säure, Alkalicarbonat und Diäthyltartrat enthält und zirka 4 Minuten mit Dampf, welcher eine flüchtige organische Säure enthält (HCOOH, Essigsäure), dämpft.

DP 686846 Rhodiaceta 1940 — Anilinschwarzfärbungen auf Acetatkunstseide können reserviert werden, indem man das Textilmaterial mit einem Anilinschwarzansatz klotzt, welcher Anilin, Ferrocyanwasserstoffsäure, Natriumchlorat und Ameisensäure enthält, vor oder nachher mit Bunt- oder Weißreservepasten bedruckt, trocknet, dämpft, wäscht und mit warmer, angesäuerter Bichromatlösung behandelt.

DP 679769 Benckiser 1939 — Weiß- und Buntreservedrucke oder Ätzdrucke mit oder unter Eisfarben werden zur besseren Entfernung des nicht gekuppelten Naphtols mit sauren oder alkalischen Bädern nachbehandelt, welche Phosphorsäuren, die wasserärmer sind als Orthophosphorsäuren, oder deren wasserlösliche Salze enthalten.

FP 843174 Ciba 1940 — Das Reservieren von Neocotonen erfolgt mit Farbstoffen, welche einen Zusatz von 10% Formaldehydsulfoxylat erhalten.

EP 646690 ICI 1950 — Zum Reservedruck auf chlorierter Wolle werden Druckpasten verwendet, die neben Reduktionsmitteln ein säureabspaltendes Salz enthalten. Vgl. auch EP 633160 und EP 587636.

EP 581090 (s. a. EP 580205) 1947 — Gute Weißeffekte unter Reserven bzw. beim Ätzen werden erzielt, indem man die Ware vorher mit einer Lösung eines optischen Bleichmittels, z. B. 4,4-Di(benzoylamino)-stilben-2,2'-disulfosäure behandelt. Man kann sowohl Baumwolle als auch Kunstseide oder animalische Fasern verwenden. Als Weißreserve unter Anilinschwarz druckt man Zinkoxydpaste, Natriumacetat, Tragantverdickung, Kaliumsulfit und ein optisches Bleichmittel auf. Dann wird mit einer Lösung von Chlor-p-phenylendiaminsulfat, Monoacetin, Ammoniak, Tragant, Natriumchlorat, Vanadiumchlorit gepflatscht, getrocknet, gedämpft, gespült und geseift.

EP 502454 Rhodiaceta 1939 — Als Reserve für Weiß unter Anilinschwarz druckt man Zinkoxyd, Natriumformaldehydsulfoxylat und Gummiarabikum-

Verdickung, als Buntreserve z. B. Zinkacetat, Methylenblau, Formaldehydsulfoxylat und Gummiarabikum auf. Man pflatscht nach dem Trocknen und Stapeln (1—5 Tage) durch rasche Passage bei 25° C mit einer Lösung von Anilin, Ferrocyansäure, Ameisensäure, Natriumchlorat und Wasser, quetscht auf 100% Flüssigkeitsgehalt ab, trocknet an der Luft, dämpft 10 Minuten, wäscht und chromiert 10 Minuten in einem Bade von 5 g Kaliumbichromat pro Liter bei 50—60° C.

AP 2298147 DuPont 1942 — Als Reserveaufdrucke vor dem Färben von Textilien mit Küpenfarbstoffen werden Mischungen der Zusammensetzung: 12,5 Teile Hartparaffin, 12,5 Teile weißes Paraffinöl, 10,0 Teile Leimlösung 10%, 4,8 Al-acetat, 60,2 Wasser verwendet. Man druckt die Mischung auf und trocknet. Dann wird mit Küpenfarbstoffleukoesterverbindungen unter Nitritzusatz gefärbt, abgequetscht, sauer entwickelt und gespült. Die Weißeffekte sind ohne harten Griff.

AP 2272810 ICI 1942 — Weiß- oder Buntreserven unter Küpenfärbungen werden hergestellt, indem man die Gewebe erst mit Druckpasten bedruckt, die neben einem Verdickungsmittel quaternäre Ammoniumverbindungen enthalten, wobei Produkte der Form

$$R\,.\,CO\,.\,\underset{X}{N}{-}CH_2N(\text{tert.})Y$$

(RCO ... Fettsäurekette mit mehr als 11 C-Atomen im Mol, X ... H oder organischer Kohlenwasserstoffrest, Y ... einwertiges Anion, N ... Ammoniumstickstoff oder ein heterocyclischer Rest [z. B. Stearamidomethylpyridiniumchlorid]) angegeben werden. Nach dem Drucken wird gedämpft. Setzt man der aufgedruckten Reserve einen Azofarbstoff zu, so wird mit säurehaltigem Dampf entwickelt. Hernach wird durch kurze Behandlung bei möglichst tiefer Temperatur mittels eines Küpenleukoesters gefärbt. Das Färbebad enthält 3 Teile Farbstoff, 5 Teile Stärke-Tragant 1:1, 30%ige $NaNO_2$-Lösung 3 Teile sowie 89 Teile Wasser. Nach dem Pflatschen wird getrocknet, durch ein Säurebad entwickelt und geseift.

AP 2256809 Nat. An. 1941 — Wenn man Weiß- oder Buntreserven gewisse hydroxylierte Amine zusetzt, dann fallen die Reserveeffekte besser und schärfer aus. Aus einer großen Anzahl angegebener Verbindungen seien erwähnt:

1,2-Di-(2'-äthanolamino)-äthan

$$OH\,.\,CH_2{-}CH_2{-}NH\,.\,CH_2\,.\,CH_2\,.\,NH{-}CH_2{-}CH_2\,.\,OH,$$

1,4-Diäthanolpiperazin

$$OH\,.\,CH_2\,.\,CH_2{-}N\begin{matrix} / CH_2{-}CH_2 \backslash \\ \backslash CH_2{-}CH_2 / \end{matrix}N{-}CH_2\,.\,CH_2\,.\,OH,$$

Di-(N-Methyl-N-gluko-2-aminoäthyl)-äther

$$O\begin{matrix} / CH_2{-}CH_2{-}N\begin{matrix} / CH_3 \\ \backslash CH_2(CHOH)_4CH_2OH \end{matrix} \\ \backslash CH_2{-}CH_2{-}N\begin{matrix} / CH_2(CHOH)_4CH_2OH \\ \backslash CH_3 \end{matrix} \end{matrix},$$

1,2-Di-(äthanolamino)-3-aminopropan

$$\begin{array}{l} CH_2{-}NH{-}CH_2CH_2OH \\ | \\ CH{-}NH{-}CH_2CH_2OH, \\ | \\ CH_2{-}NH_2 \end{array}$$

1-p-Hydroxybenzylamino-2-hydroxyäthylaminoäthan

$$OH\,.\,CH_2\,.\,CH_2{-}NH{-}CH_2{-}CH_2{-}NH{-}CH_2{-}C_6H_4{-}OH,$$

Bis-(Di-2'-äthanol-2-aminoäthyl)-sulfid

$$S\begin{cases} CH_2{-}CH_2{-}N(CH_2CH_2OH)_2 \\ CH_2{-}CH_2{-}N(CH_2CH_2OH)_2 \end{cases}.$$

AP 2217805 ICI 1940 — Als Druckfarbenzusatz für die Herstellung von Buntreserven mit Eis- und Küpenfarbstoffen wird Heptylisocyanat, als Verdickungsmittel British Gum oder Gummi senegal oder Gummiarabikum verwendet.

AP 2217697 ICI 1940 — Man druckt Reserven, die ein organisches Isocyanat enthalten, zusammen mit Küpenfarbstoffen und imprägniert kurz nachher bei tiefer Temperatur mit einer Lösung eines Indigosols mit Nitrit und etwas Tragantverdickung.

AP 2217696 — Wie oben, hier wird Heptyldecylisocyanat als Zusatz vorgeschlagen.

AP 2182140 Durand & Huguenin 1939 — Als Reserven unter Küpenfarbstoffen dienen alkalische Druckpasten von Dimethylbenzylphenylammonchlorid.

VI. Das Bedrucken von Kunststoffolien und synthetischen Fasern.

Man druckt mit härtbaren Kunstharzen (modifizierten Phenolharzen oder Alkydharzen) unter Zusatz von Leinöl und Pigment, wobei man etwa 10% eines starken Lösungsmittels für die Folie zugibt, welches dieselbe anlöst und den Druck festhält.

Drucke auf Polyvinylchlorid leiden darunter, daß der in der Druckpaste befindliche Weichmacher in das bedruckte Material migriert und so den Druck hart und abblätternd macht. Man verwendet als Bindemittel vorwiegend Harze aus Polyvinylacetal oder Co-Polymere von Vinylchlorid-acetat und gibt Weichmacher zu[28]. Vgl. DP 740112.

Drucke auf Nylon mit Küpenfarbstoffen erfolgen ohne Alkali. Quellmittelzusatz ist überall notwendig, Netzmittelzusatz vorteilhaft.

Literaturübersicht über das Bedrucken von Kunststoffolien und synthetischen Fasern.

Beton: J. Soc. Dyers Colourists **64**, 276 (1948).
Wall: Text. Manufact. **74**, 584 (1948).

[28] Vgl. Plastics **12**, 572 (1948).

Jacobs: Rayon Text. Monthly **28**, 89 (1947); vgl. J. Soc. Dyers Colourists **63**, 197 (1947).
Knowlton: Text. Wld. **97**, 106 (1947).
Leffingwell: Rayon Text. Monthly **28**, 107 (1947).
Metzl: Melliand Textilber. **27**, 124 (1946).
Heyman: Rayon Text. Monthly **23**, 74 (1942).

Patentschrifttum über das Bedrucken von Kunststoffolien und synthetischen Fasern.

OeP 163817 Ciba 1949 — Das Bedrucken wasserunlöslicher Polymerer, insbesondere Vinylpolymerer, erfolgt nach Vorbehandlung derselben mit Netzmitteln bzw. mit Druckpasten, die Tragant, Acetatkunstseidenfarbstoffe und Netzmittel enthalten.

DA 78778 IG — Küpenfarbstoffdrucke auf Polyamiden werden ohne Alkali vorgenommen.

SP 251649 Ciba 1948 — Zum Bedrucken von Kunststoffen, insbesondere in Folienform, werden Acetatseidenfarbstoffpasten verwendet, welchen Netzmittel, wie Terpene oder Isophoron, zugegeben werden. Man kann den Kunststoff auch vor dem Druck mit Lösungen von Seifen in Alkohol, eventuell ebenfalls unter Zusatz von Terpen usw., behandeln.

SP 237008 Lange 1945 — Man bedruckt eine auf einen Träger aufgebrachte Folie aus thermoplastischen Polymerisationsprodukten mit nichtverharzende Öle enthaltenden Druckfarben, auch Leucht- und fluoreszierenden Farbstoffen, wobei die Kunststoffolie vornehmlich aus Polyacrylsäure besteht.

EP 647105 Celanese 1950 — Behandelt das Bedrucken von Celluloseacetatfolien.

EP 646742 Ciba 1950 — Zum Bedrucken von Polyamiden werden saure Farbstoffe zusammen mit dem Salz einer flüchtigen Base mit einer weniger flüchtigen Säure oder mit dem in der Hitze zersetzbaren Ester einer Säure verwendet. Als solches Salz wird z. B. Ammoniumtartrat angegeben.

EP 642837 Ciba 1950 — Das Bedrucken von Polyamiden mit Leukoküpenestersalzen erfolgt in Gegenwart von Ammoniumrhodanid und m-nitrobenzolsulfonsaurem Natrium.

EP 641835 Celanese 1950 — Behandelt das Bedrucken von Celluloseacetat mit Leukoküpenfarbstoffen in Gegenwart von Alkohol und Harnstoff.

EP 609944 und 609947 ICI 1948 — Der Druck von Terylenfasern erfolgt mit Acetatkunstseidenfarbstoffen oder Leukoküpenschwefelsäureestern unter Zusatz von Faserquellmitteln.

VII. Die Druckschablonen und der Filmdruck.

Der Filmdruck, welcher gestattet, auch kleine Mengen von Textilien ohne kostspielige Walzengravuren in subtilen, vielfältigen Mustern zu bedrucken, hat aus modischen, wirtschaftlichen und technischen Gründen einen immer größeren Aufschwung genommen. Ein wichtiges Anwendungsgebiet des Filmdrucks ist das Bedrucken von Plüschen und Florgeweben.

Die für ihn in Frage kommenden Farbstoffe umfassen fast die ganzen Klassen des auch für den Rouleauxdruck benützten Farbstoffmaterials.

Im allgemeinen ist zu sagen, daß die beim Filmdruck verwendeten Druckpasten weniger viskos und ärmer an Trockensubstanz sein sollen als die sonst üblichen. Als Verdickung kommen hauptsächlich Tragant und Johannisbrotkernmehl in Frage. Eine verhältnismäßig große Anzahl von Patentschriften beschäftigt sich mit technischen Einrichtungen, wie Drucktischen, Schablonenrahmen, Rapportsicherungen usw., die hier aus Raumgründen außer acht bleiben müssen.

Hinsichtlich des Druckes von Küpenfarbstoffen sei auf die Formosulmethode bzw. das Colloresinverfahren hingewiesen[29].

Der Herstellung der Druckschablonen sind einige neuere Patentschriften gewidmet. Das photochemische Verfahren, welches die alten Arbeitsweisen des Auszeichnens völlig verdrängt hat, erlaubt die rasche Schablonenherstellung auch der kompliziertesten Musterungen.

Als verbreitetstes Material für die Filmdruckschablonen ist nach wie vor Seidengaze, und zwar jene gleichmäßige Qualität in Verwendung, die als Beutelgaze, Müllergaze usw. bekannt ist. Der ebenfalls vorgeschlagene Organdy hat den Nachteil, daß er Flusen enthält, die die Gewebeporen verstopfen und unregelmäßige Drucke liefern können.

Ein oft erwähnter Nachteil der Seidengaze ist die Empfindlichkeit der Proteinfaser gegenüber Alkalien. Doch kann man dieser Empfindlichkeit dadurch begegnen, daß man Küpenfarbstoffpasten mit dem Minimum an Alkali in Form von Alkalikarbonaten verwendet[30]. Naphtole, Cibagene, Momentogene usw. sollen nur mit der kleinstmöglichen Menge Ätzalkali gelöst werden. Konzentrierte Mineralsäuren, aber auch starke organische Säuren, wie Eisessig oder Oxalsäure, sind beim Arbeiten mit Seidengaze ebenfalls zu vermeiden. Wichtig ist stets eine sorgfältige und rasche Reinigung der Schablonen und Vermeidung von hohen Trockentemperaturen[31].

Als weiteres Schablonenmaterial ist Phosphorbronze wegen der Widerstandsfähigkeit in Verwendung. Allerdings ist zu sagen, daß sich dieses Material dem zu bedruckenden Gewebe nicht so anschmiegt wie Seidengaze, daß es oxydativen Vorgängen unterliegt und bei Stoß usw. sich leicht verbeult.

Neuere Vorschläge weisen auf Nylongaze hin, deren Resistenz ja wesentlich höher ist als Seidengaze, ohne die Nachteile der Drahtgaze zu haben. Nylon ist aber zu elastisch, so daß es wieder besonderer Rahmenkonstruktionen bedarf, um diesem Umstand zu begegnen.

Die Reinigung der Seidengazeschablonen erfolgt zweckmäßig mit Schwämmen und Wasser bei 30° C. Bürsten ist zu unterlassen. Nach einem anderen Vorschlag soll man mit 3 ccm Natronlauge 40 Bé/1 Liter Wasser kurz behandeln und mit Biolase und Kaltnetzen bei 70° C weiter reinigen. Nylongaze bietet eine bessere Möglichkeit der Reinigung wegen der geringen Wasseraufnahme der Faser an sich beim Druckgang. Phosphorbronze wird in Natronlauge von 40 Bé 1 : 1 eingeweicht.

Das Herablösen der mit Lacken überstrichenen Chromgelatine ist sowohl bei Seidengaze als auch bei Phosphorbronzegaze mühsam. Chromgelatinereste lösen sich in 50%iger Milchsäure. Jedenfalls sind derartige, für eine Wiederverwendung vom Druckmuster befreite Schablonen in jedem Falle zweitrangig.

Die Musterung, d. h. das Aufbringen der Musterabdeckung auf die Schablonen, erfolgt nach den neueren Verfahren durch Aufkleben eines in Musterform nach dem sogenannten Filmhaut-Schnittverfahren[32] hergestellten,

[29] Vgl. Amer. Dyestuff Reporter **39**, P 558 (1950); Text. Recorder, Mai 1950.

[30] Vgl. die detaillierte und aufschlußreiche Broschüre: Der Filmdruck (Schweiz. Seidengazefabrik A. G. Thal), sowie SP 271899.

[31] Franken: Dtsch. Textilwirtsch. **9** (1942).

[32] Siehe Schweiz. Seidengazefabrik A. G., l. c.

aus Acetylcellulose bestehenden Reservefilms oder durch Bestreichen der Gaze mit Chromgelatine usw. und nachherigem Belichten und Auswaschen, also photochemisch. Bei letzterem Verfahren darf die Dicke der Chromgelatineschicht nicht zu groß sein, da sonst enge Musterstellen durch Quellung verkleben. In der neueren Patentliteratur werden als Auftrag auf die Schablonengewebe auch die Kunststoffe empfohlen.

Das Filmhaut-Schnittverfahren zur Schablonenherstellung eignet sich vor allem für großflächige Muster mit geraden Linien. Es wird daher für solche Musterungen, aber auch beim Fahnendruck und in der graphischen Industrie angewendet.

Über den Durchdruck bei der Filmdruckmethode ist zu sagen, daß der Rakeldruck, die Gewebedichte, die Vorreinigung des Textilmaterials und die Druckpaste eine große Rolle spielen. Vermehrte Rakelstriche geben leicht unscharfe Drucke. Die Rakel soll Hasenhaar aufweisen; die Druckpaste soll möglichst wenig Trockensubstanz enthalten. Ein Vorfoulardieren der Ware mit Netzmittellösungen begünstigt den Durchdruck; vgl. Ciba-Revue 93, 1950.

Auch Halbtöne können im Filmdruck erzielt werden, indem für die Bildzerlegung Raster (Netz- oder Linienraster) verwendet werden. Zur Herstellung werden gekörnte, rauhe Papier- oder Celluloseacetatfolien über die Vorlage gebracht und mittels Fettkreide kopiert. Das Bild wird auf photographischem Wege umkopiert. Das Diracop-Verfahren der Schweizerischen Seidengazefabrik, Thal, gestattet eine direkte Umwandlung zu kopierfähigen Positiven.

Der Filmdruck auf Glasfasern erfolgt nach dem Hycar-Quilon-Verfahren mit Pigmenten, Verdickern und Latex in Emulsion. Nach dem Druck wird erhitzt.

Literaturübersicht über Druckschablonenherstellung und Filmdruck.

Thomas: Rayon Synth. Textiles **31**, 30 (1950); vgl. Text. Recorder **68**, 96 (1950).
Scholl: Textil Praxis **5**, 32 (1950).
Mackenzie: Dyer, Text. Printer, Bleacher **103**, 803 (1950).
Schweiz. Seidengazefabrik A. G. Thal: Der Filmdruck. Eigenverlag. 1950.
Roth: Melliand Textilber. **31**, 55 (1950).
Taussig: Screen Printing, Manchester: Clayton Aniline Co. (1950); vgl. auch Text. Recorder 1950, Mai, bzw. Amer. Dyestuff Reporter **39**, P 558 (1950).
Clauss: Melliand Textilber. **30**, 472 (1949).
Thornton: Dyer, Text. Printer, Bleacher **102**, 707 (1949).
Kuenzl: Melliand und Textilber. **30**, 422 (1949); **32**, 63 (1951).
Mackenzie: Dyer, Text. Printer, Bleacher **101**, 567 (1949).
Wall: Text. Manufacturer **75**, 292 (1949).
Hall: Plastics **12**, 142 (1948).
Streng: Textil Praxis **3**, 118 (1948).
Kuenzl: Melliand Textilber. **23**, 551 (1942).
Sieger: Melliand Textilber. **22**, 37 (1941); **21**, 534 (1940).
Rolf: Melliand Textilber. **22**, 213, 336 (1941).
Heritsch: Silk and Rayon **15**, 704 (1941).

Patentschrifttum über die Druckschablonen.

SP 263677 Seidengazefabrik Thal 1950 — Die Herstellung bildmäßig gerasterter Vorlagen erfolgt derart, daß man durch Zeichnung ein Dessin auf eine unregelmäßig gekörnte, transparente Folie überträgt und auf das so erhaltene gerasterte Zeichenpositiv eine aus Kunstharzlack bestehende Fixierschicht aufbringt.

SP 256215 Jánč 1949 — Einrichtung zum Bedrucken von Geweben mit Druckschablonen.

SP 237363 Züricher Beuteltuchfabrik 1947 — Beim Schablonendruck mit Seidengaze entstehen leicht ungenaue Rapporte durch Verziehen der Gaze. Der Übelstand kann vermieden werden durch fadengerades Einlegen der Gaze in den Schablonenrahmen, was aber bei der dünnfädigen Gaze sehr schwerfällt. Erfindungsgemäß wird dies erleichtert dadurch, daß man in gewissen Abständen die Kett- oder Schußfäden oder beide durch andersaussehende (andersfarbige) Fäden unterbricht, womit eine deutliche Kennzeichnung des Fadenlaufes erreicht wird.

EP 633293 ICI 1949 — Herstellung von Filmdruckschablonen.

EP 596281 ICI 1948 — Beim Filmdruck wird das Unterlagstuch durch einen dünnen Aufstrich von Vinyl-isobutyläthylenpolymeren schwach klebrig gemacht, so daß der zu bedruckende Stoff fixiert wird, sich aber auch leicht wieder ablösen läßt.

EP 587957 Kodak 1947 — Zur Herstellung von Schablonen für den Seidenfilmdruck wird eine Seidenstoffunterlage mittels einer Mischung von mit Bichromat behandeltem Albumin und Leim exponiert und dann die unbelichteten Stellen ausgewaschen. Nach der Erfindung wird ein auf einer Silberhalidschicht gebildetes Negativ auf eine Seidenunterlage übertragen, die mit Hypochlorit und Natriumsilikat getränkt, gespült und getrocknet ist. Nach der vollständigen Trocknung in Kontakt mit dem Negativ wird mit Natriumfluoridlösung und nachher mit Salzsäure in einer Verdünnung von 1 : 100 behandelt. Hierauf wird die Seide vorsichtig abgezogen. Die Gelatineschicht des Negativs haftet auf ihr. Hernach wird in üblicher Weise die Schablone fertiggestellt.

AP 2385562 Baczewski 1945 — Zur Herstellung von Filmdruckschablonen werden Seidengazeunterlagen mit Filmen aus copolymeren Vinylchlorid-Vinylacetatharzen, Äthylcellulose oder chloriertem Kautschuk versehen. Z. B. 80 Teile Vinylestercopolymer und 20 Teile Dibutylphtalat, zu einer 20%igen Lösung in Äthylmethylketon gelöst; bzw. 80 Teile Äthylcellulose und 20 Teile Dibutylphtalat in einer Knetmaschine mischen und heiß zu einem Film kalandern. Die Filme werden auf einer Papierunterlage aufgebracht, die Muster ausgestanzt und hierauf der ausgestanzte Film mit der Textilunterlage bedeckt. Hierauf wird mit Aceton befeuchtet, so daß der Film an der Textilunterlage haftet, dann das Aceton verdunsten gelassen, das Papier durch Befeuchten mit Wasser entfernt. Der Verbund des Films mit der Textilunterlage kann auch durch Hitze und Druck (Kalandern) erfolgen.

AP 2370874 Liberty Glass 1945 — Zur Herstellung von Filmdruckschablonen werden Gewebe aus synthetischen Fasern feucht gestreckt auf einem Rahmen befestigt und getrocknet. Hernach wird mit Gelatinelösung bestrichen, getrocknet und darüber einer lichtempfindliche Schicht aufgetragen.

AP 2335021 Al. Prop. Cust. 1943 — Man bringt dünne Filme von Polyvinylalkohol auf Gazegewebe; ein Chromat wird der Schicht zugesetzt. Man exponiert, wäscht aus und führt dann mit Aldehyden in ein Acetal über und härtet. Der Filmrest haftet fest auf der Grundlage und ist alkaliunlöslich.

AP 2314913 Weiller Processes 1943 — Filmdruckmethode im Mehrfarbenmuster.

Fünfter Abschnitt.

Die Appretur.

Die Appretur der Textilien bezweckt deren Zurichtung für den Verkauf und Verwendungszweck. Wenn von Maßnahmen abgesehen wird, die qualitativ minderwertigen Waren das Aussehen von hochwertigen Erzeugnissen geben sollen, so erstreben die wichtigsten modernen Ausrüstungsverfahren den Textilien Formtreue (Schrumpffestigkeit), Tragechtheit[1], einen gefälligen Griff oder Glanz (Lüstrieren) zu verleihen oder Kunstseidengeweben usw. die Eigenschaften des Knitterns zu nehmen. Weitere Arbeitsweisen zielen darauf hin, Gewebe mit hydrophoben Eigenschaften (wasserabstoßend, wasserdicht) zu erhalten bzw. Textilien widerstandsfähig gegen Mottenfraß, Fäulnis, Bakterienangriff oder Chemikalien zu machen. Schließlich sei die Herstellung von Mehrlagenstoffen, Steifgeweben, Kunstleder oder Wachstuch erwähnt.

Als Mittel zur Erzeugung einer Reihe der angegebenen Effekte haben sich in den letzten Jahren in immer ausgedehnterem Maße die sogenannten Kunststoffe eingeführt. Diese nicht gerade glückliche deutsche Bezeichnung (das englische „Plastics" ist leider in kurzer Form unübersetzbar) bedeutet keineswegs, daß es sich hier etwa nur um künstlich hergestellte Ersatzstoffe altbekannter natürlicher Appreturmittel handelt. Vielmehr sind die Eigenschaften der Kunststoffe so mannigfaltig, daß mit ihnen eine ganze Reihe von neuen, bisher nicht erzielbaren Effekten erreicht werden kann und Textilien hergestellt werden können, die in ihren Eigenschaften die unter Verwendung der hierfür seit langem gebrauchten klassischen Appreturmittel hergestellten weit übertreffen.

Wegen der Wichtigkeit der sogenannten Kunststoffe[2] in der modernen Ausrüstung scheint es daher angezeigt, kurz das Wesentliche über deren Hauptvertreter anzugeben.

Unter der Bezeichnung Kunststoffe werden eine Reihe chemisch durchaus verschieden zusammengesetzter Verbindungen verstanden. Die Produkte, die hierher gehören, weisen vor allem makromolekulare Ketten auf, die entweder lineare Form besitzen oder aber durch Seitenketten untereinander verbunden (vernetzt) sind. Nach einer in den englisch sprechenden Ländern geltenden Unterteilung werden die Stoffe dieser Klasse mit dem Ausdruck „thermosetting" und „thermoplastic" unterschieden, d. h. in solche, welche durch Erhitzen hart und unschmelzbar und wiederum andere, die in warmem

---

[1] Wagner: Melliand Textilber. **28**, 30 (1947).

[2] Lepsius: Kunststoffe **11** (1944), **5** (1943). — S. a. Fornelli: Amer. Dyestuff Reporter **36**, 285 (1947). — Jaeger: Amer. Dyestuff Reporter **36**, 352 (1947).

Zustande erweich- und formbar werden, eingeteilt. Zu der ersten Gruppe gehören die als „Kunstharze“ bekannten Phenoplaste und Aminoplaste, also die Phenol-formaldehydkondensationsprodukte und die entsprechenden Erzeugnisse der Reaktion zwischen Harnstoff oder Harnstoffabkömmlingen, Triazinen usf. mit Aldehyden. Ferner gehören hierher die Glyptalharze (aus Phtalsäure und Glyzerin), auch als „Alkydharze“ bekannt, und weiters die erst kürzlich entwickelten Polysiloxanharze. Zu den thermoplastischen Stoffen zählen die synthetischen Kautschuke bzw. die Polymerisate von Butadien, die Polyvinylester (Polyvinylchlorid), Polystyrol, die Polyacrylharze, die Inden- und Cumaronharze, die Celluloseäther und Ester, die Polyamide (Polykondensate aus Dicarbonsäuren und Diaminen usw.) bzw. Polyurethane (Polykondensate aus Di-isocyanaten und Glykol) und die Thioplaste (Kondensationsprodukte von Äthylendichlorid und ähnlichen Stoffen mit Alkalipolysulfiden).

Die wichtigsten Formelbilder derartiger Kunststoffe sind die folgenden:

A. Künstliche Elastomere:

Polyisobutylen *(Oppanol)*:

$$-\underset{\diagup\ \diagdown \atop CH_3\ \ CH_3}{C}-CH_2-CH_2-\underset{\diagup\ \diagdown \atop CH_3\ \ CH_3}{C}-CH_2-CH_2-\underset{\diagup\ \diagdown \atop CH_3\ \ CH_3}{C}-CH_2-$$

Polybutadien (Buna 85), vulkanisierbar:

$$-CH_2-CH{=}CH-CH_2-CH_2-CH{=}CH-CH_2-CH_2-$$

Poly-2,3-Methylbutadien (Methylkautschuk), vulkanisierbar:

$$-CH_2-\underset{CH_3}{C}{=}\underset{CH_3}{C}-CH_2-CH_2-\underset{CH_3}{C}{=}\underset{CH_3}{C}-CH_2-CH_2-$$

Poly-2,3-Chlorbutadien (Chlorkautschuk, Allopren usw.), vulkanisierbar:

$$-CH_2-\underset{Cl}{C}{=}\underset{Cl}{C}-CH_2-CH_2-\underset{Cl}{C}{=}\underset{Cl}{C}-CH_2-CH_2-$$

Polystyrolbutadien-Mischpolymerisat *(Buna S)*, vulkanisierbar:

$$-CH_2-\underset{C_6H_5}{CH}-CH_2-CH{=}CH-CH_2-CH_2-\underset{C_6H_5}{CH}-CH_2-$$

Acrylsäurenitril-Butadien-Mischpolymerisat *(Perbunan)*, vulkanisierbar:

$$-CH_2-\underset{CN}{CH}-CH_2-CH{=}CH-CH_2-CH_2-CH{=}CH-CH_2-\underset{CN}{CH}-CH_2-$$

B. Polyvinylverbindungen:

Polyvinylchlorid (*Igelit, Vinylite* usw.):

$$-CH_2-\underset{Cl}{CH}-CH_2-\underset{Cl}{CH}-CH_2-$$

Polyvinylalkohol *(Vinarol)*:

$$-CH_2-\underset{OH}{CH}-CH_2-\underset{OH}{CH}-CH_2-$$

Polyvinyläther (*Movital, Alvar* usw.):

```
—CH—CH₂—CH—CH₂—CH—CH₂—CH—CH₂—
 |        |    |        |
 └── O ───┘    └── O ───┘
```

Polyvinylcarbazol *(Luvican)*:

$$-CH_2-\underset{\substack{| \\ N(C_{12}H_8)}}{CH}-CH_2-\underset{\substack{| \\ N(C_{12}H_8)}}{CH}-CH_2-$$

C. Polyacrylsäureverbindungen:

Polyacrylsäureester *(Acronal)*:

$$-CH_2-\underset{\substack{| \\ COOCH_3}}{CH}-CH_2-\underset{\substack{| \\ COOCH_3}}{CH}-CH_2-\underset{\substack{| \\ COOCH_3}}{CH}-CH_2-$$

Polymethacrylsäureester (*Plexigum, Diakon* usw.):

$$-CH_2-\underset{CH_3\ \ COOCH_3}{C}-CH_2-\underset{CH_3\ \ COOCH_3}{C}-CH_2-\underset{CH_3\ \ COOCH_3}{C}-CH_2-$$

D. Polyamide:

Polyamid (Nylon, auch *Igamid* oder *Lyafol* usf.):

$$-NH-CH_2-CH_2-CH_2-CH_2-CH_2-CONH-CH_2-CH_2-CH_2-CH_2-CH_2-CH_2-NH-$$

Polyurethan (Perlon U):

$$-CO-O-(CH_2)x-O-CO-NH(CH_2)x-NH-CO-O-(CH_2)x-O-$$

E. Thioplaste:

Polyäthylentetrasulfid:

$$-CH_2-CH_2-\underset{\substack{\| \\ S}}{S}-\underset{\substack{\| \\ S}}{S}-CH_2-CH_2-\underset{\substack{\| \\ S}}{S}-\underset{\substack{\| \\ S}}{S}-CH_2-$$

Polyäthyläthertetrasulfid *(Thiokol, Perduren)*:

$$-CH_2-CH_2-\underset{\substack{\| \\ S}}{S}-\underset{\substack{\| \\ S}}{S}-CH_2-CH_2-O-CH_2-CH_2-\underset{\substack{\| \\ S}}{S}-\underset{\substack{\| \\ S}}{S}-CH_2-$$

F. Kunstharzvorkondensate:

Phenol-formaldehydkondensat, linear:

$$-C_6H_3(OH)-CH_2-C_6H_3(OH)-CH_2-C_6H_3(OH)-$$

Harnstoff-formaldehydkondensat, unvernetzt:

$$>N-CO-N\begin{matrix}CH_2\\ \\ CH_2\end{matrix}N-CO-N\begin{matrix}CH_2\\ \\ CH_2\end{matrix}N-CO-N<$$

Phtalsäureglyzerinkondensat (Glyptal), linear:

$$-CH_2-\underset{\substack{| \\ OH}}{CH}-CH_2-O-\overset{\substack{O \\ \|}}{C}-C_6H_4-\overset{\substack{O \\ \|}}{C}-O-CH_2-\underset{\substack{| \\ OH}}{CH}-CH_2-O-\overset{\substack{O \\ \|}}{C}-C_6H_4-\overset{\substack{O \\ \|}}{C}-O-$$

Polysiloxan, linear:

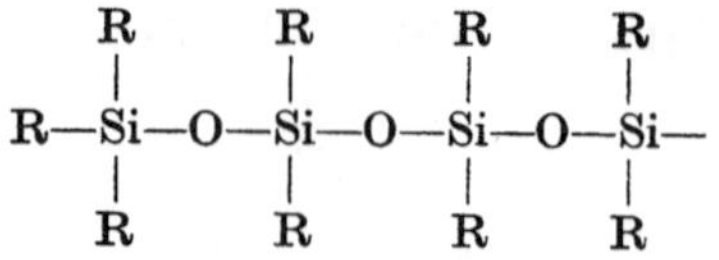

```
   R     R     R     R
   |     |     |     |
R—Si—O—Si—O—Si—O—Si—
   |     |     |     |
   R     R     R     R
```

G. Gehärtete Kunstharze.

Bei den härtbaren („thermosetting") Produkten der Gruppe F bilden sich bei fortschreitender Erhitzung (Härtung), insbesondere unter dem Einfluß von Katalysatoren, zwischen den einzelnen linearen Molekülen bzw. Ketten Querverbindungen („cross links"); es tritt Vernetzung ein, wobei dieselbe nicht bloß in der Ebene, sondern auch räumlich zu denken ist.

Vernetzter Phenoplast:

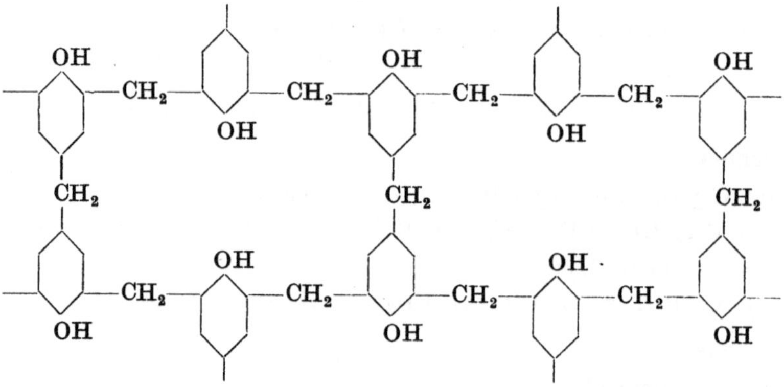

```
 OH                        OH                        OH
—C6H3—CH2—C6H3—CH2—C6H3—CH2—C6H3—CH2—C6H3—
  |         OH        |         OH        |
 CH2                 CH2                 CH2
  |        OH         |        OH         |
—C6H3—CH2—C6H3—CH2—C6H3—CH2—C6H3—CH2—C6H3—
 OH                        OH                        OH
```

Harnstoff-formaldehydharz, vernetzt:

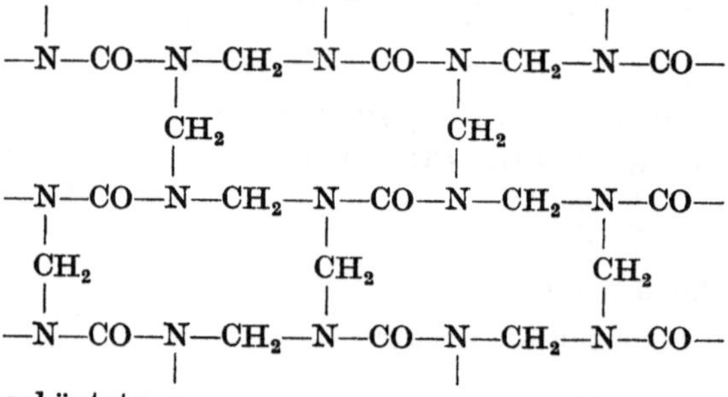

```
  |              |              |
—N—CO—N—CH2—N—CO—N—CH2—N—CO—
       |              |
      CH2            CH2
       |              |
—N—CO—N—CH2—N—CO—N—CH2—N—CO—
  |              |              |
 CH2            CH2            CH2
  |              |              |
—N—CO—N—CH2—N—CO—N—CH2—N—CO—
       |              |
```

Glyptalharz, gehärtet:

```
   O   O                              O   O
   ||  ||                             ||  ||
—O—C   C—O—CH2—CH—CH2—O—C   C—O—CH2—
                |
                O
                |
               O=C
               O=C
                |
                O
                |
—O—C   C—O—CH2—CH—CH2—O—C   C—O—CH2—
   ||  ||                             ||  ||
   O   O                              O   O
```

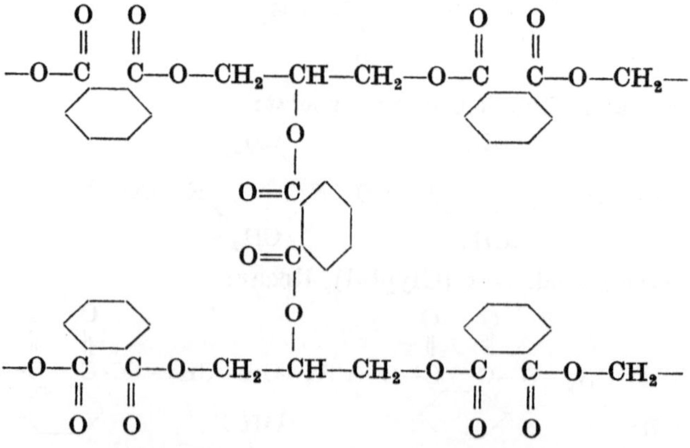

Bei den Siloxanharzen entstehen Gebilde der Form:

```
      R       R       R       R
—O—Si—O—Si—O—Si—O—Si—O—
              |               |
              O               O
              |       R       |
—O—Si—O—Si—O—Si—O—Si—O—
      |       R       |       R
      O               O
      |       R       |       R
—O—Si—O—Si—O—Si—O—Si—O—
      R               R       |
```

doch sind auch zyklische Polymere, wie etwa:

```
        R     R                 R                 R
         \   /                   \               /
          Si                      >Si — O — Si<
         /  \                    /   |         |  \
   R    O    O    R             R    |         |   R
    \  /      \  /                   O         O
     Si —— O —— Si              R    |         |   R
    /            \               \   |         |  /
   R              R               >Si — O — Si<
                                 /               \
                                R                 R
```

durch Infrarotspektroskopie nachgewiesen worden[3].

Zu den einzelnen Vertretern wird bei den Spezialappreturverfahren noch Näheres zu sagen sein.

Für den Veredler wichtig dürfte die Angabe der Fluoreszenz verschiedener Kunststoffe im Uviollicht sein, da sie in einem oder anderem Falle die Identifizierung von Appreturmustern gestatten wird:

Kunststoff	Fluoreszenz im Uviollicht (nach Houwink bzw. Barron)
Casein	weiß
Hydrocellulose	weiß
Alkylcellulose	sehr schwach bläulich bis bläulichviolett
Nitrocellulose	gelblichbraun
Phenolformaldehydharz mit Füllstoff	intensiv bläulichviolett
Phenolformaldehydharz ohne Füllstoff	grün
Harnstoff-formaldehydharz	bläulichweiß
Cumaronharz	dunkelviolett, in der Durchsicht hellbraun
Polyvinylacetat	hell leuchtend, weißbläulich
Polyvinylchlorid	matt blaugrün (n. a. A. bräunlichblau)
Polystyrol	stark blauviolett
Polyacrylsäure	intensiv blau mit rosa
Polyacrylsäuremethylester	stumpf weißblau (n. a. A. leuchtendblau)
Polyacrylnitril	intensiv hellgelb
Polybutadien	stark violett
Polyvinylalkohol	weißlichblau
Glyptalharz	lichtblau
Polyamid	bläulichweiß

[3] Thompson: J. chem. Soc. (London) **1947,** 289, 294. — Hall: Plastics **1945,** 273. **1946,** 406. — Bass, Hyde, Britton, McGregor: Mod. Plastics **22,** 124 (1944); J. Amer. Chem. Soc. **29,** 66 (1946). — Baker: Ind. Engng. Chem. **38,** 1117 (1946).

Eine bequeme Kaltlichtquelle für schnelle Fluoreszenzuntersuchungen haben **Zukriegel** und **Dangl** angegeben[3a].

Die Prüfung synthetischer Polymerer kann rasch etwa nach **Goldstein**[4] wie folgt erfolgen:

Untersuchung mit	Harnstoff-formaldehyd-Vorkondensate	Melamin-formaldehyd-Vorkondensate	Wasserlösliche Celluloseäther	Alkalilösliche Celluloseäther
H_2O	l	l	l	ul
3n HCl	l	l bis ul	l	ul
96%igem Alkohol	ul	ul	ul	ul
6%iger NaOH	ul	ul	quillt	ist langsam l
Äthylacetat	ul	ul	ul	ul
Eisessig	ul	l	ul (geliert)	ul
Pyridin	ul	l	ul (geliert)	ul
Benzol	ul	ul	ul (geliert)	ul
Formaldehydprobe (s. u.)	+	+	—	—
Probe Storch (s. u.)	—	—	langsam gelb bis hellgrün	—
Bei Verbrennung: Geruch	nach NH_3	nach HCOH	nach Papier	nach Papier
Bei Verbrennung: Kohle	+	+	+	+
Bei Verbrennung: Rauch	schnell	weißlich	beträchtliche Rauchentwicklung	
Bei Sodaschmelze: Geruch	nach NH_3	nach HCOH	—	—
Bei Sodaschmelze: Kohle	+	+	+	+
Acetylzahl	—	—	120	200—300
Säurezahl	—	—	5	—

Nachweis von Formaldehyd:

Ist der zu untersuchende Körper als synth. Harz festgestellt, wird eine Probe mit der 10- bis 20fachen Menge (Gewicht) 5%iger Schwefelsäure erhitzt. Dann wird abgekühlt und die Lösung tropfenweise zu einer frisch bereiteten Carbazollösung von 0,1 Teilen in 100 Teilen Schwefelsäure (spez. Gew. 1,84) gegeben (weiße Unterlage). Formaldehyd ergibt hierbei eine blaue Fällung oder Färbung.

Liebermann-Storch-Probe:

Nachweis von Harz- bzw. Naphtensäuren. Etwas Probe wird in 10 Tropfen Essigsäureanhydrid, eventuell unter Erhitzen, gelöst. Nach dem Abkühlen wird auf eine weiße flache Schale gegossen und 1 Tropfen Schwefelsäure (spez. Gew. 1,53) zugegeben. Violettfärbung zeigt Harze, Gelbfärbung, die in Braun umschlägt, Naphtensäuren, grünliche Färbung Vinylharze, Orange- bis Rotfärbung Cumaronharze an.

Nach **Barron**[5] ist auf Grund des Verhaltens beim Verbrennen folgende Unterscheidung von Kunststoffen möglich:

Das Harz wird seitlich in eine Bunsenflamme gehalten, bis es brennt, aber nicht länger als 10 Sek.

A. Keine Flamme. Das Harz oder der Gegenstand behält seine Gestalt. Geruch nach Formaldehyd:

[3a] Österr. Chemiker-Ztg. **51**, 152 (1950).

[4] Goldstein: Amer. Dyestuff Reporter **36**, 22 (1947).

[5] Barron: Modern Plastics 1945.

1. Kein anderer Geruch: Harnstoff-formaldehyd.
2. Fischgeruch: Melaminharz.
3. Phenolgeruch: Phenol-formaldehydharz.

B. Das Harz, welches brennt, löscht bei Entfernung von der Flamme aus:
1. Eine grüne Zone wird erzeugt. Geruch nach verbr. Kautschuk:
a) Stark grün: „Pliofilm",
b) schwach grün, überdeckt von Gelb: Neoprene,
c) Geruch nicht nach Kautschuk: Vinylchlorid,
d) Geruch süß, schwere schwarze Asche: Vinylidenchlorid.
2. Geruch nach verbrannter Milch: Casein.
3. Geruch nach Essig: Celluloseacetat.

C. Kunststoff brennt auch nach Entfernung aus der Flamme. Flammenfärbung in den ersten Sekunden des Brennens:
1. Rasche Verbrennung, weiße Flamme:
a) Geruch nach Kampfer: Celluloid,
b) kein Kampfergeruch: Cellulosenitrat.
2. Flamme vorwiegend blau, aber mit weißer Spitze:
a) starker Früchtegeruch: Methacrylate,
b) Geruch nach verbranntem Laub usw.: Nylon. In 60% HCl lösliches Harz: Nylon,
c) süßer Geruch: Polyvinylformal,
d) Geruch nach ranziger Butter oder Käse: Celluloseacetobutyrat, oder bei ruhiger Verbrennung: Polyvinylbutyral.
3. Flamme umgeben von breitem grünem Mantel, Kautschukgeruch: „Pliofilm".
4. Flamme purpur, Geruch nach Essig: Polyvinylacetal.
5. Leuchtende gelbweiße Flamme:
a) Geruch nach Buttersäure: Celluloseactobutyrat,
b) Geruch nach verbrannter Milch: Casein,
c) Flamme rauchend, Geruch nach Blumen: Polystyrol,
d) weicher süßer Geruch: Polyvinylformal,
e) Geruch nach verbranntem Papier: Cellulose,
f) Geruch nach verbranntem Kautschuk, grüner Saum, gelbe Flamme: Neopren.
6. Flamme umgeben von gelbgrünem Rand:
a) brennt schwer, essigsaure Dämpfe: Celluloseacetat,
b) süßlicher Geruch, brennt schnell: Celluloseäthylat.

Eine rasche Methode zur Untersuchung von mit Formaldehyd oder Kunstharz behandelten Fasern gab kürzlich auch Schaeffer.

Von Interesse für die Appretur bzw. insbesondere für die Herstellung von Gewebeaufstrichen und Beschichtungen dürften auch Angaben über die Lichtechtheit und Eigenschaften von Kunststoff-Filmen sein[5]:

Phenol-formaldehydharze zeigen meist eine schwach gelbe bis gelblichbraune Tönung. Durch Licht- und Hitzeeinfluß dunkeln sie nach. Verunreinigungen durch Eisenspuren verursachen starke Gelbfärbung. Die Filme trüben daher violette und blaue Gewebefärbungen. Ihrer Eigenfärbung wegen wurden sie z. B. bei der Knitterechtappretur durch die ungefärbten Aminoplaste ersetzt. Durch Weißpigmente opak gemachte Harzfilme leiden mitunter in der Lichtechtheit. Aminoplaste sind farblos, durchsichtig und lichtecht. Sie trüben keine Färbungen und sind selbst in allen Farben färbbar, ohne daß eine Lichtechtheitsbeeinträchtigung eintritt.

Celluloseester sind farblos und durchsichtig. Sie sind gegen Lichteinfluß stabil. Lediglich Nitrocellulose wird bei längerer Belichtung gelblich.

Polymethacrylate und Acrylate sind farblos und lichtecht. Sie sind bekanntlich derart klar in der Durchsicht, daß ihre Verwendung sogar für optische Zwecke möglich ist.

Polyvinylacetal und Polyvinylacetat sind praktisch farblos. Ihre Lichtechtheit ist gut, doch hat das Butyral die schlechteste Echtheit und auch einen schwachen Gelbstich.

Polyvinylchlorid, Polyvinylidenchlorid und Co-Polymere sind durchsichtig, farblos und gut lichtecht. Die Echtheit erreicht allerdings nicht jene der vorgenannten Produkte oder gar der Polyacrylate. In Abwesenheit von Stabilisatoren und bei der Einwirkung von Hitze und Licht kann es zu Gelbfärbung, unter Umständen auch zur Bräunung kommen.

Für die Herstellung von wasserdichten Geweben ist die Wasserabsorption von Kunststoffaufstrichen interessant[6]. Phenoplaste, auch die in der letzten Zeit entwickelten kalt härtbaren Produkte, sind wasserfest, jedoch hart und daher wenig in Gebrauch. Alkydharze, insbesondere oelmodifizierte Formen, werden als Zusatz zu Nitrocelluloseaufstrichen gern verwendet. Sie sind im Gegensatz zu Nitrocellulose beständig gegen Uviolstrahlen, ihre Widerstandsfähigkeit gegen Wasser und Alkali hängt von der Art des für die Modifikation verwendeten Öles ab. Erhöht wird die Wasserbeständigkeit durch Ersatz eines Teiles der Phtalsäure durch Maleinsäure. Aminoplaste sind hinsichtlich der Wasserfestigkeit weniger gut, lediglich Melamin-formaldehydkondensate verhalten sich in dieser Beziehung ausgezeichnet. Nitrocellulose ist leicht entflammbar im Sonnenlicht und neigt zur Zersetzung, ihre Wasserbeständigkeit ist als gut zu bezeichnen. Celluloseacetat zeigt die Fehler der Nitrocellulose nicht, ist aber weniger biegsam und besitzt eine sehr merkliche Feuchtigkeitsaufnahme. Besser verhalten sich hier Cellulosetriacetat, ebenso Cellulose-acetopropionat und -butyrat. Celluloseäther übertreffen die Celluloseester hinsichtlich Hitzebeständigkeit, Biegsamkeit (auch bei tiefer Temperatur), Lichtunempfindlichkeit und Widerstandsfähigkeit gegen Alkalien bedeutend. Polyvinylacetat ist wenig wasserbeständig und erweicht in der Hitze. Das Acetal ist jedoch widerstandsfähig, auch gegen ultraviolette Strahlen, und im übrigen auch haftfester. Polyvinylbutyral wird gerne zum Wasserdichtmachen von Geweben angewendet. Co-Polymerisate von Vinylchlorid und Vinylacetat weisen den Nachteil auf, daß sie zur Säureabspaltung und zum Nachdunkeln unter Hitze und Lichteinwirkung, insbesondere in Anwesenheit von Metallspuren, neigen. Hier hilft unter Umständen ein Zusatz kleinster Mengen Bleisalz. Polystyrole zeigen außerordentlich geringe Wasseraufnahme, große Härte und Unempfindlichkeit gegen Säuren und Alkalien. Acryl- und Methacrylharze sind für Gewebeüberzüge ausgezeichnet verwendbar. Polymethylacrylat ist weich und kautschukähnlich, Polymethylmethacrylat dagegen hart und glasähnlich. Die Harze sind sehr beständig gegen Hitze und Licht sowie gegen Wasser, Säuren und alkalische Lösungen. Zu hoch polymerisierte Produkte sind für die Spritzappretur nicht geeignet, doch werden solche niedrigeren Grades hierfür als geeignet empfohlen (AP 2204517). Über den Ersatz von Stärke durch Kunstharze, insbesondere Alkydharze und Polystyrol, wurden kürzlich Untersuchungen veröffentlicht, die den Appretureffekt hinsichtlich Steifheit, Tragechtheit und Lichtechtheit untersuchen. Es wurde dabei gefunden, daß Appreturen mit Polystyrol ohne Einfluß auf die Dehnung der Faser und Lichtechtheit

[6] Yarsley-Jones: Plastics Applied (1946).

der Färbung bleiben. Der Gebrauchswert der Textilien ist wesentlich erhöht, ein Vergilben tritt nicht ein. Alkydharze geben, bis zu 10% angewendet, keine Dehnungsverminderung, der Griff ist füllig. Die Scheuerfestigkeit der Gewebe ist erhöht. Bei Gehalten bis 3% Alkydharzen ist ein Vergilben nicht anzumerken, darüber hinaus und insbesondere über 8% jedoch merklich festzustellen.

Die Festigkeitsprüfungen der mit Styrol- und Alkydharz appretierten Textilien führten zu folgenden Werten[6a]:

Material	Reißfestigkeit		Dehnung		Zugfestigkeit		Scheuerfestigkeit
	Kette	Schuß	Kette	Schuß	Kette	Schuß	
Baumwolle mit 3,5% Stärke	71	43	10%	15%	3,0	2,7	710
2% Styrolharz	75	49	10%	13%	2,0	2,0	2150
2,8% Alkydharz	76	51	11%	14%	2,3	2,0	870
Kunstseide mit 2% Styrolharz	77	40	11%	25%	3,2	3,7	180

Die Veröffentlichungen über die Verwendung von Kunststoffen in der Textilveredlung, insbesondere der Appretur, sind außerordentlich zahlreich. Übersichtlich gehaltene Tabellen über die Widerstandsfähigkeit derselben gegen chemische Agentien und Lösungsmittel sind für den Ausrüster von großem Vorteil[7].

Bezüglich der zahlreichen Handelsprodukte, die unter verschiedenen Bezeichnungen verkauft werden, wird auf umfangreiche Zusammenstellungen an anderen Orten hingewiesen[7]; die Tabelle auf S. 354 bringt Hinweise über die wichtigsten Kunststoffe.

Untersuchungen von Nüssle und Bernard[8] über das Zurückhaltevermögen von Kunstharzen in Geweben für Chlor ergaben unter anderem, daß dieses stark von der Konzentration des Bleichbades (Cl-Gehalt), vom Flottenverhältnis und von der Art des Harzes abhängt, dagegen kaum von der Menge des Harzes im Gewebe und wenig von der Art der Wäsche.

Melaminharze, die Cl zurückhielten, neigten beim Bügeln des Gewebes stark zum Gilben. Z. B. ergeben sich für den Chlorgehalt von kunstharzhaltigen Geweben nach dem Behandeln mit Cl-haltigen Flüssigkeiten und Waschen:

Cl-Gehalt des Bades (Flotte 1 : 30, 40° C, 10 Min. Einwirkung).

	0·005%	0·5%	0·10%	0·40%	1%
15% Harnstoffharz	0,11% Cl	0,43% Cl	0,75% Cl	2,11% Cl	3,52% Cl
15% Melaminharz	0,18	0,53		2,60	4,70
12% methyliertes Melaminharz	0,08	0,26	0,95	2,18	3,57
8% modifiziertes Harnstoffharz	0,06	0,18	0,26	0,32	0,30

[6a] Vgl. z. B. Amer. Dyestuff Reporter **36,** 107 (1947).

[7] Baker: Ind. Engng. Chem. **38,** 1117 (1946). — Schwen: Melliand Textilber. 23, 41 (1942). — Walter: Zellwolle, Kunstseide, Seide **46,** 174 (1941). — Weltzien: Zellwolle, Kunstseide, Seide **45,** 213 (1940). — Ellis: Chemistry of the Synthetic Resins. 1935 bzw. Van Nostrand, NY, 1949. — Krčil-Kainer: Handbuch der Polymerisationstechnik, Berlin: Springer-Verlag, 1944.

[8] Amer. Dyestuff Reporter **39,** P396 (1950).

Handelsnamen verschiedener Kunststoffe.

Chem. Zusammensetzung	Deutschland	England	Amerika
Phenol-formaldehydkondensat	Trolitan (IG)	Bakelite (Bakelite Ltd.) Rockite (Hughes)	Resinox (Resinox Co.) Luxene (Bakelite Co.)
Phenol-furfurolkondensat			Durite
Harnstoff-formaldehydkondensat	Crystalite (Röhm & Haas) Kaurit (IG) Plastopal (IG)	Beetle (Brit. Ind. Plastics)	Plaskon (Plaskon Co.)
Melamin-formaldehydkondensat		Beetle Melamin (Brit. Ind. Plastics)	Melmac
Acetylcellulose	Cellon (Celluloid A. G.)	Celastoid (Celanese) Plexoid	Lumarite (Celluloid Co.) Fibestos (Monsanto)
Acetylbutylcellulose			Rexenite Tenite II (Eastman)
Nitrocellulose	Athrombit (Lautenschläger) Polysit (IG)	Xylonite (BX Plastics)	Hecolithe (Hecolithe Co.) Pyralin (DuPont)
Äthylcellulose	Tylose (IG)		
Polyacrylsäureester	Acronal		
Polymethylmethacrylat	Plextol, Plexigum (Röhm & Haas)	Diakon (ICI) Perpex (ICI)	Acryloid Lucite (DuPont)
Polystyrol	Stynon, Styroflex (IG) Trolitul (Troisdorf)	Distren (ICI)	Styron (Dow Chem. Co.) Lustron (DuPont)
Polyvinylchlorid	Igelit (IG)	Welvic (ICI) PVC (BX Plastics)	Koroseal (Goodrich) Vinylite (CCCC)
Polyvinylidenchlorid	PVC 120 (IG)		Saran, Velon (Dow Chem. Co.)
Polyvinylacetat	Mowilith (IG) Vinnapas (Wacker)	Gelva (Shawinigan)	
Polyvinylacetal	Mowital (IG) Vinarol (IG)	Alvar, Formvar Butacil (Shawinigan)	Butal
Polyäthylen		Alkathene, Polythen (ICI)	
Glyptalharz		Erinite (Erinoid) Paralac (ICI)	Glyptal (Gen. El. Co.)
Casein-formaldehyd	Akalit (Akalit)	Erinoid (Erinoid Ltd.) Lactoid (BX Plastics) Galalith (Galalith)	Amberloid (Am. Plastics)
Chlorkautschuk	Chlorbuna (IG)	Allopren (ICI) Duropren (Aavis)	Chloropren (DuPont) Dupren (DuPont)
Polybutadien	Buna (IG) Polynit (IG)		

Patentangaben über die Herstellung von Kunststoffen werden nicht gebracht. Appreturfragen betreffende Patentvorschläge sind im Patentschrifttum der einzelnen Kapitel ersichtlich.

Literaturübersicht.

Schaeffer: Textil Praxis **4**, 287 (1949); vgl. Lepsius: Chem.-Ztg. **75**, 105 (1951).
Weiss: Kunststoffe in der Textilveredlung. Wien: Springer. 1949.
Jones: J. Soc. Dyers Colourists **60**, 225 (1944).
Salkeld: J. Soc. Dyers Colourists **58**, 24—31, (1942).
Lachmann: Dtsch. Chem.-Ztg. **66**, 24—26 (1942).
Bonnet: Teintex **7**, 145 (1942).
Laurie: J. Soc. Dyers Colourists **57**, 180 (1941).
Krannich: Jentgens Kunstseide, Zellwolle **23**, 202—207 (1941).
Nute: Amer. Dyestuff Reporter **30**, 417 (1941).
Evans: Text. Manufacturer **67**, 194 (1941).
Walter: Zellwolle, Kunstseide, Seide **46**, 174—180 (1941).
Mosher: Amer. Dyestuff Reporter **29**, 531—533 (1940).
Roberts: Amer. Dyestuff Reporter **29**, 396—399 (1940).

I. Spezielle Appreturverfahren.

In diesem Abschnitt kommen zahlreiche Behandlungsmethoden zur Besprechung, die bestimmte Effekte auf Textilien liefern. Es ist bei manchen Verfahrensweisen jedoch durchaus möglich, daß, je nachdem größere oder kleinere Mengen Wirkstoff zur Anwendung kommen, eine Reihe spezifischer Ausrüstungseigenschaften erzielt werden: quellfest, schrumpffest, knitterfest oder hydrophob (wasserabstoßend) und wasserdicht machende Effekte. Eine scharfe Trennung der Verfahren ist in solchen Fällen nicht möglich, und dieser Umstand wird dann durch Hinweise auf andere Kapitel betont. (Vgl. auch Tab. 5, S. 9.)

1. Die Verminderung der Quellfähigkeit von Textilien; das Formalisieren (Sthénosage).

Eine kurze Besprechung der Modifikation von Cellulosefasern mit Formaldehyd wurde bereits im ersten Abschnitt dieses Buches gegeben. Die Behandlung von Baumwolle oder Kunstseide (Regeneratcellulose) mit Formaldehyd in Gegenwart von sauren Katalyten führt bekanntlich zu einer starken Verminderung der Quellfähigkeit der Faser. Dies bedingt unter Umständen auch eine gewisse Knitterfestigkeit und Schrumpfechtheit der Textilien, da diese Eigenschaften ja mit dem Quellvermögen der Fasern eng zusammenhängen. Die erzielten Effekte hängen von den Wirkstoffmengen und Verfahrensweisen ab.

Die Behandlung ist nicht ungefährlich, da durch die dabei verwendeten sauren Katalyten bei der höheren Temperatur, unter welcher die Einwirkung vor sich geht, leicht eine Schwächung der Fasern eintreten kann.

Messungen der Trocken- und Naßfestigkeit sowie der Knitterfestigkeit von Kunstseide (in Deutschland heute Reyon genannt) nach Formaldehydbehandlung ergaben[9], daß eine Dehnungsverminderung auf Werte unter 10% erst bei Bindung von mehr als 1% Formaldehyd an die Cellulose eintritt. Knitter-

[9] Marsh: Textile Finishing 134—151 (1947); s. auch Saegusa: J. Cell. Ind. Tokio **17**, 81 (1941).

festigkeit wird nur erreicht, wenn der Formaldehydgehalt der Faser mehr als 2% beträgt. Bei Mengen von 3—9% Formaldehyd in der Faser steigt die Naßfestigkeit erheblich.

Bei Verwendung von Paraldehyd ist der Effekt wesentlich stärker als bei Anwendung des Monomeren.

Der Imbibitionswert für Wasser beträgt bei einem Gehalt der Faser an 1% Formaldehyd noch etwa 55%, fällt bei 2% Aldehydgehalt auf 45% und erreicht bei 5% an die Faser gebundenem Formaldehyd nur mehr 30%.

Der Polymerisationsgrad der Cellulose ist für den erreichbaren Effekt von Bedeutung. Depolymerisierte Fasern zeigen wesentlich weniger gute Ergebnisse.

Zwischen Laugelöslichkeit und Naßfestigkeit besteht bei formalisierter Zellwolle kein Zusammenhang.

Durch die Einwirkung des Aldehyds tritt Bildung von Methylenbrücken zwischen den Molekülketten der Cellulose ein, wobei unter dem Einfluß des sauren Katalyten Hydratcellulose gebildet wird, deren vermehrte OH-Gruppen den Aldehyd anlagern[10]. Nach anderen Ansichten kommt es zu ätherartigen Polyoxymethylenverbindungen mit zwei Glukoseresten, wobei die Brückenbildung jeweils zwischen zwei Cellulosemolekülen erfolgt.

Auch Wolle ergibt, mit Formaldehyd behandelt, Ausbildung von Methylenbrücken und eine gewisse Schrumpfechtheit[10a].

Casein reagiert beim Quellfestmachen mit Formaldehyd nach Nitschmann und Hadom unter Reaktion des Lysins und der Peptidbindung bei der Methylenbrückenbildung.

Zahlreiche Vorschläge gehen dahin, die durch die Behandlung auftretende Faserschädigung auf ein Minimum herabzusetzen oder ganz zu verhindern. So soll dies der Fall sein, wenn die Textilien vor der Formaldehydbehandlung einer Quellbehandlung unterworfen werden oder Zugaben von vegetabilischen Kolloiden, wie Stärke usw. erfolgen, die eventuell mit dem Aldehyd unter Bildung von permanente Appreturen liefernden Verbindungen reagieren. Auch kann diese Behandlung vor der eigentlichen Formaldehydeinwirkung erfolgen. Die Zugabe von *Velan PF* oder Dimethylolharnstoff zu den Behandlungsbädern wurde ebenfalls vorgeschlagen. Ein weniger aggressives Arbeiten soll mit verschiedenen, den Aldehyd allmählich abgebenden Stoffen möglich sein.

Statt Formaldehyd ist auch Glyoxal als Behandlungsmittel schon vor längerer Zeit von der IG, Raduner usw. vorgeschlagen worden. Dieses Verfahren wurde wieder aufgegriffen und der Prozeß als BR 1- bzw. Sanforset G-Prozeß in letzter Zeit bekannt (Cluett, Peabody) geworden[11]. Eine nähere Besprechung desselben wird unter den Verfahren zum Schrumpfechtmachen von Textilien erfolgen.

Eine etwas modifizierte Aldehydbehandlung ist als *Zehlendorf „F"*-Verfahren, insbesondere für die Zellwolleherstellung in Anwendung[12]. Formalisierte Cellulose hat eine bedeutend geringere Farbstoffaffinität als unbehandelte. Man kann sie daher durch Vergleichsfärbungen mit IG-Lösung, Neocarmin W usw. an der helleren Färbung, die erhalten wird, erkennen. Über einen Vorschlag zur Behebung dieses Effektes s. S. 246.

---

[10] Marguin: Rev. univ. Soie Text. artific. **15**, 105 (1940).

[10a] Middlebrook, Phillips: Biochem. J. **36**, 294—302 (1942).

[11] EP 586598.

[12] Vgl. Melliand Textilber. **25**, 205 (1944).

Literaturübersicht über die Verminderung der Quellfähigkeit von Textilien.

Croston, Bradford: Ind. Engng. Chem. **42**, 482 (1950).
Münch: Textil Praxis **4**, 396 (1949), **5**, 438 (1950).
Rath: Textil Praxis **4**, 135 (1949).
Goryet, Pinte: Bull. de l'Ind. Text. de France **6**, 25 (1948).
Winkler: Kunstseide und Zellwolle **26**, 114 (1948).
Schmidt, Nordmeyer: Melliand Textilber. **27**, 126 (1946).
Richter: Melliand Textilber. **27**, 273, 296 (1946).
Bartl: Allg. Text. Z. **2**, 212 (1944).
Dillenius: Jentgens Kunstseide, Zellwolle, Seide **25**, 69 (1943), **24**, 520 (1942).
Speakman, Peill: J. Textile Inst. **34**, 70 (1943).
Stadler: Melliand Textilber. **23**, 593 (1942).
Rath: Melliand Textilber. **23**, 127—129 (1942).
Schubert: Melliand Textilber. **23**, 239 (1942).
Goetze, Reiff: Zellwolle, Kunstseide, Seide **46**, 331 (1941).
Münch: Melliand Textilber. **22**, 280 (1941).

Patentschrifttum über die Verminderung der Quellfähigkeit von Textilien.

OeP 166913 Heberlein 1950 — Man appretiert mit pflanzlichen oder tierischen Kolloiden und formalisiert nachher; vgl. auch OeP 164809.

OeP 164809 Heberlein 1949 — Pflanzliche und tierische Kolloide werden mit Formaldehyd in Gegenwart saurer Katalyten durch Erhitzen zur Reaktion gebracht.

OeP 164007 Cilander 1949 — Man behandelt Cellulosetextilien mit Aldehyden in Anwesenheit von das Textilmaterial veräthernden oder veresternden Mitteln. Die Quellfestigkeit wird ohne Festigkeitseinbuße erhöht.

OeP 162392 Weiß 1949 — Beim Quellfestmachen von Regeneratcellulose mit Formaldehyd werden schützend wirkende Polypeptide oder Eiweißabbauprodukte zugegeben, welche mit Formaldehyd keine unlöslichen Kondensate geben. Dadurch wird insbesondere die Tragechtheit erhöht, die ohne Zusatz dieser Stoffe leidet. Außerdem wird verhindert, daß die behandelte Ware einen unerwünschten steifen Griff aufweist.

OeP 155867 Heberlein 1939 — Man behandelt Gewebe mit Formaldehyd in Gegenwart saurer Katalyten und erhitzt nach dem Trocknen auf 90—160° C, wobei das Textilmaterial vor dieser Behandlung erst mit Quellmitteln, die nach ihrer Einwirkung ausgewaschen werden, in Reaktion gebracht wird.

DP 801400 Glanzstoff 1951 — Regeneratcellulosefasern werden mit Acetaten imprägniert und im trockenen Zustand mit Säureanhydriden in organischen Lösungsmitteln bei erhöhter Temperatur umgesetzt. Der Quellwert der Faser geht auf ein Drittel zurück.

DP 747928 Heberlein 1944 — Man behandelt vor dem Formalisieren mit Quellmitteln.

DP 747435 Dynamit 1944 (vgl. SP 234792) — S. S. 90.

DP 717186 Forschungsgesellschaft 1940 — Man macht Viskose wasserfest und vermindert deren Naßdehnung, indem man sie mit Polyvinylacetal behandelt; s. a. unter „Hydrophobieren".

DP 713744 Böhme 1941 — S. S. 396.

DP 670504 IG 1939 — Man behandelt mit Glyoxal.

DA 170437 Heyden (DA 170466) — Man behandelt Viskosefäden mit HCOH in Gegenwart von $AlCl_3$.

DA 156908 Süddeutsche Zellwolle — Zur Viskosespinnflüssigkeit wird krist. Dimethylol gegeben und quellfeste Viskose erhalten.

DA 140021 Zehlendorf — Man behandelt Kunstseide mit HCOH, Cyansalzen und Ammonsalzen.

DA 114420 Lenzing — Es wird Viskose versponnen, die alkalilösliche Ligninsubstanzen enthält und mit Aldehyd nachbehandelt.

DA 113946 Schubert — Man imprägniert mit Bädern, welche die Bildungskomponenten oder Vorkondensate von Aldehydharzen und polymerisierbare Produkte enthalten, und erhitzt darnach.

DA 90245 — Es wird ohne Katalyt mit hochkonz. HCOH-Lösungen (6—40%) bei 100—140° C behandelt.

DA 86574 Phrix — Cellulosehydrat wird mit HCOH und Alkaliphosphat quellfest gemacht.

DA 84117 — Man behandelt mit Paraldehyd oder HCOH und Bisulfit und trocknet.

DA 83227 Phrix — Die aus dem Spinnbad austretenden nassen Viskosefäden werden in Gegenwart saurer Katalyten mit HCOH behandelt.

DA 83121 Phrix — Erhöhte Alkalifestigkeit und verringerte Quellung werden bei Viskose erreicht, wenn die Alkalikonzentration in der Spinnlösung weniger als die Hälfte der Konzentration der Cellulose beträgt.

DA 82701 Phrix — Zur Spinnlösung der Viskose setzt man Formaldehydreaktionsprodukte, die erst im Spinnbad HCOH abspalten.

DA 76954 IG — Man formalisiert in Gegenwart quaternärer NH_4-Verbindungen, die mehrmals die Gruppe A—CH_2—N(quat.)—X enthalten. A = O, S, Alkyl, Arylimino, $CONH_2$, SO_3NH_2, X = Anion.

DA 76860 IG — Man behandelt mit HCOH, vorher jedoch hoch erhitzen (DA 77612).

DA 76719 IG — Es wird mit Äthern von N-Methylverbindungen in saurem Milieu behandelt.

DA 76594 IG — Man tränkt mit Di- oder Trimethylolverbindungen niederer aliphat. Aldehyde und erhitzt dann auf 100—140° C.

DA 75077 IG — Es wird mit Methylolverbindungen von Äthylidenharnstoffen in saurem Milieu behandelt (DA 75346).

DA 75033 IG — Nach Behandlung mit HCOH in saurer Flotte wird in alkalischer Lösung mehrere Stunden geknetet und gestaucht.

DA 74607 IG — Man behandelt mit HCOH und HNO_3 bei pH 2,5—1,1 und Celluloseätherzusatz.

DA 73582 IG — Es wird mit HCOH und $ZnCl_2$ behandelt (DA 76593).

DA 73527 IG — Man behandelt in saurem Milieu mit Oxybutanol und erhitzt hernach.

DA 73106 IG — In Gegenwart saurer Mittel wird mit Dimethylolverbindungen behandelt und hernach oder gleichzeitig Stoffe, die aliphatisch oder cycloaliphatisch gebundene OH-, NH_2- oder $CONH_2$-Gruppen besitzen, zur Einwirkung gebracht (DA 76718).

DA 59595 IG — Es wird mit HCOH-Sulfocarbonsäurelösung behandelt und erhitzt.

DA 58203 Chwala — Man behandelt mit sauren HCOH-Lösungen unter Zusatz von N-Methylolverbindungen niedriger Carbonsäureamide (s. DA 57764).

DA 57889 Stockhausen — Man behandelt Kunstseide mit HCOH-Zuckerlösung und sauren Katalyten, trocknet und erhitzt (DA 58093).

DA 57764 — N-Alkoxymethylderivate von Carbonsäureamiden (N-Methoxymethylacetamid) machen quellfest.

DA 57636 Stockhausen — Man behandelt mit Pentaerythrose bei höherer Temperatur und sauren Katalyten (DA 58093).

DA 57090 Thüring. Zellwolle — Man spinnt Viskose in ein Fällbad von 60—70 g $ZnSO_4$/Liter und behandelt den xanthogenathaltigen Faden mit HCOH.

DA 56193 Ehrenzweig — Man behandelt mit Formaldehyd, Hexosen, Rongalit, Weinsäure oder Phosphorsäure und erhitzt.

DA 56000 Pfersee. — Es wird Aldehyd verwendet, der durch Erhitzen mit kleinen Mengen SO_2 polymerisiert ist (s. DA 56243).

DA 55972 Stockhausen — Man behandelt mit verd. Säuren, sauren Salzen oder Säure abgebenden Stoffen (? d. V.).

DA 54375 Stockhausen — Man behandelt mit saurer Formaldehydlösung von nicht mehr als 50 g/Liter bei über 50° C und erhält quell- und knitterfeste Textilien.

DA 39598 Vereinigte Färbereien — Man behandelt mit monochloressigsaurem Na und überschüssigem Formaldehyd bei pH 4,5—5,4 und erhitzt dann auf 100—120° C.

DA 38806 Glanzstoff — Mit HCOH quellfest gemachte Kunstseide wird durch Entfernung des überschüssigen Aldehyds mit H_2O_2 in alkalischer Lösung verbessert.

DA 15846 Ubbelohde — Textilgut aus Viskose wird durch Behandeln mit HCOH und $AlCl_3$ quellfest gemacht, wobei Stoffe beigegen werden, die mit den Katalyten Komplexe bilden (Hemicellulosen, Glykolsäure, Oxyalkohole usw.).

SP 247212 Heberlein 1947 — Vorappretierte Textilien werden mit Formaldehydlösungen nachbehandelt, wobei die Appreturmittel mit dem HCOH reagieren können und neben einem bleibenden Griff und geringer Schrumpfung auch eine gute Scheuerfestigkeit aufweisen.

SP 234764 Phrix 1945 — Fasern mit geringem Quellvermögen aus Viskose werden hergestellt, indem man die aus dem Fällbade austretenden, noch feuchten Viskosefäden mit mindestens 2%igen wäßrigen Formaldehydlösungen tränkt, vor dem Trocknen aber mit einer verdünnteren Formaldehydlösung, deren Gehalt über 0,2% liegt, spült. Die Arbeitsweise gestaltet die Formaldehydbehandlung wirtschaftlicher als das Spülen mit Wasser, insbesondere im Hinblick auf die Formaldehydwiedergewinnung.

SP 228446 Phrix 1943 — Quellfestere Fäden aus Viskose werden erhalten, indem man der Viskose Formaldehydverbindungen zusetzt, die eventuell unter den Spinnbedingungen HCOH abspalten.

FP 940917 ICI 1948 — Die Vergütung von Nylon erfolgt durch Behandeln mit Alkoholen und Formaldehyd in Dampfform in Anwesenheit saurer Katalyten.

FP 919718 ICI 1947 (s. S. 91).

FP 919203 Research 1947 — Zur Erhöhung der Widerstandsfähigkeit und Verminderung des Quellvermögens von Viskosefasern werden diese kurze Zeit mit Mono- oder Disubstitutionsprodukten von o- oder p-Phenoldialkoholen oder -monoalkoholen, welche durch Kondensation von Phenol mit Formaldehyd entstehen, behandelt. Verbindungen, welche in Frage kommen, sind z. B.:

ONa
$HOCH_2$ ⟨Benzolring⟩ CH_2OH
CH_3

oder

OH
$HOCH_2$ ⟨Benzolring⟩ CH_3
CH_3

FP 916575 Research 1946 — Um die Quellfähigkeit von Cellulosehydratfasern zu vermindern, werden dieselben mit einer Feuchtigkeit von 17—25% $^1/_2$ bis 1 Stunde auf 115° C erhitzt.

FP 913780 Courtaulds 1946 — Das Formalisieren von Regeneratcellulose wird in einem Bade vorgenommen, welches enthält: 139 Teile Formaldehyd 40%, neutral, 10,7 Teile Milchsäure 95%, 7,5 Teile Kochsalz, 1350 Teile Wasser.

FP 896878 Röhm & Haas 1944 (s. S. 367).

FP 892457 Heberlein (s. FP 53585 Zusatz) — Man arbeitet beim Formalisieren von cellulosehaltigen Textilien mit Lösungen von weniger als 10% Formaldehyd und neben Katalyten in Gegenwart von vegetabilischen oder animalischen Kolloiden, wie Stärke, Tragant, Gummiarabikum, Johannisbrotmehl usw. Die Scheuerfestigkeit soll dadurch wesentlich höher sein als bei einer anderen Arbeitsweise. Nach dem Zusatzpatent arbeitet man so, daß man erst das Appreturmittel auf die Faser bringt und nachher mit Formaldehyd behandelt. Die Gewebe sind schrumpffest und haben einen fülligen Griff.

FP 886211 Dynamit 1943 (s. S. 93).

FP 881854 bzw. Zusatz FP 52132, 1943 Phrix — Cellulosegewebe werden mit Formaldehyd in Gegenwart ein- oder zweibasischer Säuren, die Chlor- oder OH-Gruppen enthalten, insbesondere Monochloressigsäure, behandelt. Die Quellfähigkeit wird wesentlich herabgesetzt (s. a. FP 52133). Bei diesem Verfahren erfolgt die Behandlung in Gegenwart von Glykol, Mannit, Zucker oder Stearylalkohol.

FP 881324 IG 1943 (s. S. 408).

FP 880399 IG 1943 — Beim Formalisieren von Cellulosehydraten werden Zusätze von Stärke oder deren Abbauprodukte sowie Harnstoff oder Melamin gegeben. Die Reißfestigkeit wird verbessert.

FP 877371 Pfersee 1942 — Man formalisiert Cellulose unter Verwendung von schwefliger Säure oder bei mäßiger Temperatur diese abgebenden Verbindungen als saurer Katalyt oder imprägniert das Textilmaterial mit einer Lösung, die man durch Verkochen von Formaldehydlösung mit 3—5% schwefliger Säure erhalten hat. Man erhitzt hernach das imprägnierte Gewebe kurz auf höhere Temperatur. Das Textilmaterial ist knitter- und schrumpffest.

EP 639893 ICI 1950 — Behandlung von Nylon mit Kunstharzen in Gegenwart von H_3PO_2 bzw. deren Verbindungen.

EP 639363 ICI 1950 — Beim Behandeln von künstlichen Proteinfasern mit Formaldehyd wird die Festigkeit durch Zusatz von Uranylsalzen verbessert.

EP 634812 Research 1950 — Man behandelt künstliche Proteinfasern zur Verminderung der Quellfähigkeit mit Aldehyd-resorcinvorkondensat und härtet.

EP 611310 Compt. d. Text. Art. 1948 (s. a. EP 601695/96) — Die Quellfähigkeit von Viskosekunstseide wird verringert, wenn man das Textilmaterial mit einer 30%igen Lösung von Trimethylolphenol tränkt, abquetscht und unter Druck mit heißem gesättigtem Wasserdampf behandelt.

EP 597404 Ciba 1948 (s. S. 30).

EP 587446 ICI 1947 — (s. S. 96).

EP 586598 Cluett Peabody 1947 (s. a. EP 585679) — Das Textilmaterial, welches schrumpffest und knitterfest bzw. auch quellfest zu machen ist, wird mit einer wäßrigen Lösung von Glyoxal (30%) unter Zusatz von 0,125—4 g saurem Katalyten pro Liter behandelt. Polyvinylalkohol wird zugegeben. Hierauf wird bei höherer Temperatur polymerisiert (man erhitzt 2—40 Min. auf 150—212° C, wobei auch ein Zusatz von Harnstoff-formaldehyd oder Melaminformaldehyd zur Bildung entsprechender Harze führen kann). Polyvinylalkohol ergibt mit Glyoxal die Bildung von Verbindungen der Art:

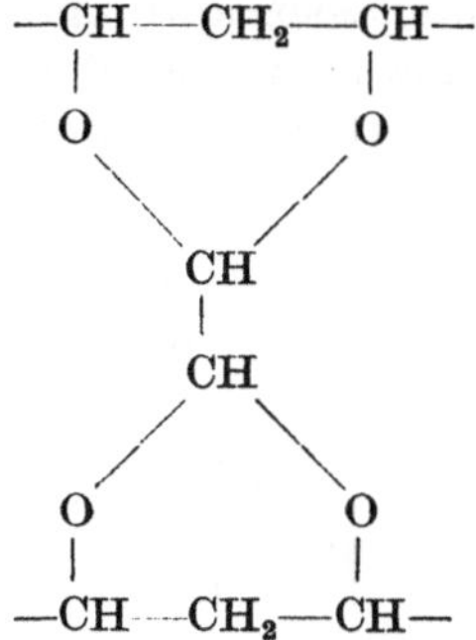

aber Glyoxal reagiert auch mit der Faser, daher tritt eine festere Bindung der entstehenden Stoffe an die Faser ein. Schädliche Festigkeitseinbußen sollen nicht auftreten.

EP 586637 Cluett Peabody 1947 — Zum Schrumpffestmachen und Quellfestmachen von Textilien erfolgt die Einwirkung von Glyoxal in Anwesenheit von härtenden Kunstharzvorkondensaten und sauren Katalyten.

EP 582517/22 Lewis-Loasby 1946 (s. S. 97).

EP 581418 Heberlein 1946 — Vor der Formalisierung von Geweben werden diese mit Appreturmitteln behandelt, während im EP 565337 die Formaldehydeinwirkung gleichzeitig mit der Appretur, also z. B. Anwendung von Stärkelösungen usw., erfolgt.

EP 579588 ICI 1946 — Protein wird zur Herabsetzung der Quellfähigkeit in Gegenwart saurer Salze mit Formaldehyd gehärtet. Es findet nachher eine neuerliche Behandlung mit Formaldehyd, jedoch bei einem pH von 8,6—10,4, statt.

EP 574739 ICI 1946 — Polyamide der Form

$$-NH-\underset{\underset{X}{|}}{C}-Q-,\quad X = O \text{ oder } S,\ Q = NH,\ O,\ S \text{ oder } NR,$$

werden zur Erhöhung ihrer Biegsamkeit, Widerstandsfähigkeit gegen Lösungsmittel und ihres Schmelzpunktes mit Formaldehyd behandelt.

EP 565337 Heberlein 1944 (s. a. EP 581418, S. 361) — Man imprägniert mit Formaldehyd in Gegenwart saurer Salze und Stärke und erhitzt nach dem Lufttrocknen auf 70—160° C.

EP 547846 Cilander 1943 — Beim Formalisieren von Geweben arbeitet man mit einem Zusatz von ätherifizierenden oder esterifizierenden Stoffen, um Griff und Festigkeit zu verbessern.

EP 510199 Courtaulds 1940 — Viskose wird mit einer Lösung von Formaldehyd 35% 450 ccm, Thioharnstoff 45 g, Kaliumtetroxalat 16 g in 1950 ccm Wasser imprägniert, abgequetscht und unterhalb 100° C getrocknet. Hierauf wird kurze Zeit auf 140° C erhitzt. Die Kunstseide verliert dadurch einen großen Teil ihres Quellvermögens, wird immun gegen direkte Farbstoffe und unlöslich in Cuoxam.

HollP 60908 Glanzstoff 1948 — Zur Erniedrigung des Quellvermögens von Cellulosehydraten (Kunstseide, Zellwolle) werden diese mit einer Lösung von Cyanamid und Formaldehyd, die Essigsäure enthält, in Gegenwart von überschüssigem Formaldehyd und etwas Ammonchlorid bei einem pH von 3—3,5 (eingestellt durch verd. HCl) behandelt, ausgequetscht und bei mäßiger Temperatur getrocknet.

HollP 60794 Research 1948 — Zur Verminderung des Quellvermögens und Erhöhung der Säurebeständigkeit von Caseinfasern werden dieselben mit Verbindungen der Form

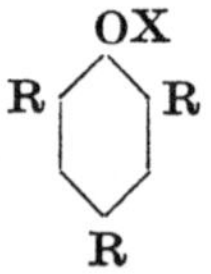

OX
R ⬡ R
R

behandelt, z. B. 6-Methylol-2,4-dimethylphenol oder Parakresoldialkohol. In der obigen allgemeinen Formel bedeuten R... Gruppen wie CH_3, OCH_3 oder Cl, X... Alkalimetall. Die Verbindungen besitzen 1—2 OH-Gruppen. Sie treten wahrscheinlich unter Ausbildung von Brücken mit dem Eiweißmolekül in Verbindung.

AP 2532350 ICI 1950 — Behandelt das Formalisieren von Globulinfasern; vgl. auch AP 2533297.

AP 2524625 Compt. Textiles 1950 — Hochquellfeste Viskose wird erhalten, indem man den Spinnlösungen Vorkondensate von Polymethylolphenolen (Trimethylolphenol) einverleibt und in Bäder spinnt, die eine Fällung beider Bestandteile hervorrufen. Hernach wird zur Ausbildung von Brückenbindungen zwischen den Cellulosemolekülketten und zur Umsetzung mit den OH-Gruppen der Cellulose erhitzt.

AP 2524042 USA 1950 — Man vergütet Prolaminfasern mit Aldehyd oder Aldehyd abgebenden Stoffen in inerten organischen Flüssigkeiten in Anwesenheit von 5% Säure (Dissoz.-Konstante $K = 1{,}5 \times 10^{-3}$) und maximal 2% H_2O bei 70—150° C. Hierauf wird gewaschen und getrocknet.

AP 2514550 Celanese 1950 — Polyamide oder Polyurethane werden mit Formaldehyd bei pH 10 vergütet.

AP 2495232/34 Compt. Text. Artific. 1950 (s. a. AP 2495239) — Zum Quellfestmachen von Cellulose wird mit Trimethylolphenol behandelt und trocken gedämpft.

AP 2468530 Enka 1949 — Das Quellvermögen von Textilien aus Viskose wird verringert, wobei diese gleichzeitig hydrophobiert werden, indem man mit wäßrigen Lösungen von Mono- oder Dimethylolphenolen, die an zwei H-Atomen des Kernes noch CH_3 oder Cl oder beides tragen, tränkt, abquetscht, trocknet und härtet.

AP 2441859 Alrose 1948 — Man kann Textilmaterial ohne Festigkeitsverlust formalisieren, wenn man vorgenetzte Gewebe mit einer wäßrigen Aldehydlösung in Abwesenheit von sauren Katalyten behandelt, abquetscht, trocknet und dann in Anwesenheit von Säuredämpfen einer Dämpfbehandlung bei Temperaturen über 100° C unterwirft.

AP 2441085 DuPont 1948 — Behandelt das Formalisieren von Nylon.

AP 2434247 ICI 1948 (s. S. 101).

AP 2430953 DuPont 1947 (s. a. AP 2430860, s. S. 101).

AP 2420735/36 Gen. Mills 1947 (s. S. 33).

AP 2411828 Heberlein 1946 — Man läßt formaldehydhaltige Melaminformaldehydkondensate in Lösung auf Gewebe einwirken.

AP 2411818 Heberlein 1946 — Man behandelt Gewebe in Gegenwart von Katalyten und vegetabilischen oder animalischen Kolloiden mit Formaldehyd und erhitzt auf 70—160° C.

AP 2311080 DuPont 1943 (s. AP 2311027) — Die Formaldehydbehandlung von Textilien, insbesondere Kunstseidenwaren, erfolgt derart, daß man dieselben mit wäßrigen Lösungen (3—5%) von Formaldehyd unter Zusatz von Ammonchlorid als Katalysator (0,4%) imprägniert, hierauf trocknet und dann zur Bewirkung der Reaktion durch nicht hydrolysierbare heiße Flüssigkeiten (Xylol) nimmt, wobei 2 Minuten auf eine Temperatur von 138° C gehalten wird. Hernach wird mit Methanol gewaschen, mit Ammoniak nachgewaschen und hernach geseift. Die Gewebe sind gut knitterecht, bei Vermeidung von Faserschwächung.

AP 2292479 ICI 1942 — Bei der Behandlung von Textilien mit Formaldehyd wird die Affinität zu Farbstoffen nicht beeinträchtigt, wenn das Erhitzen auf höhere Temperatur in einem Bade einer organischen, basisch reagierenden Flüssigkeit (Anilin) erfolgt.

AP 2242051 Heberlein 1942 — Man behandelt Gewebe mit Dialdehyden.

AP 2233402 Rayon 1941 — Durch Einwirken von Formaldehyd und α-Halogenfettsäure wird Kunstseide quellfest und steif.

AP 2163204 Calico Printers — Die Behandlung wird mit 14% Formaldehyd und 1—3% isozyklischen Sulfonsäuren vorgenommen, wobei die Festigkeit und Knitterechtheit von Geweben erhöht wird.

2. Die Verbesserung der Elastizität, Festigkeit und Tragechtheit von Geweben.

Wie bereits in der Einleitung zu diesem Abschnitt angegeben wurde, kann die Tragechtheit von Textilien durch Appretur mit Kunststoffen wesentlich erhöht werden. Die Fasern erhalten einen Überzug aus Kunstharzen oder thermoplastischen Stoffen und werden dadurch auch scheuerfest. Die Begriffe: Tragfestigkeit, Festigkeit und Scheuerfestigkeit werden oft auch durch den Ausdruck: Gebrauchstüchtigkeit ersetzt.

Als Appreturen kommen solche aus Polystyrolen, Isobutylenpolymeren, Polyacrylsäureharzen oder auch Alkydharzen in erster Linie in Frage. Untersuchungen haben ergeben, daß z. B. Textilien aus Cellulosematerial durch Behandlung mit Polystyrollösungen bei Anwendung einer Lösung von 1,6%, wenn die Scheuerfestigkeit für das unbehandelte Material mit der Maßzahl 32 bezeichnet wird, auf den Wert von 660 gesteigert werden konnten. Bei Kunstseidengeweben betrugen die entsprechenden Werte 30 bzw. 210[13]. Powers[14] fand für derartige Appreturbehandlung folgende Werte:

	Zugfestigkeit		Scheuerfestigkeit		Steifheit	
	Baumwolle	Kunstseide	Baumwolle	Kunstseide	Baumwolle	Kunstseide
Unbehandelt	131	121	3000	2000	2,0	2,0
Behandelt mit:						
a) weichem Acrylharz	121	134	14000	4000	2,0	2,1
b) mittelhartem Acrylharz	130	141	9000	5000	2,8	3,6
c) hartem Harz	132	128	10000	3000	4,0	4,0

Den Gebrauchswert der Harzappreturen in Funktion der Aufbringungsform zeigt folgende Tabelle:

Textilmaterial	Zugfestigkeit	Steifheit	Dauerhaftigkeit
Unbehandelt	51	2,0	10
Harnstoff-formaldehyd-kondensat-Behandlung:			
a) in Lösung	47	2,4	11
b) in Dispersion	61	4,0	45

Daraus ergibt sich z. B. klar die überlegene Arbeitsweise mit Dispersionen.

Das Arbeiten mit Kunststoffimprägnierungen ist streng zu unterscheiden von den für ganz andere Zwecke (Kunstleder-, Wachstuchherstellung usw.) durchgeführten Kunststoffbeschichtungen (s. Beschichten).

Auch Celluloseätherappreturen ergeben gebrauchstüchtige Textilien. Die Aufträge sind am Grundgewebe gut verankert und machen kaum steif.

Für die Erhöhung der Elastizität durch Appreturmaßnahmen sind eine Reihe sehr verschiedener Vorschläge in der Patentliteratur enthalten.

Hinsichtlich weiterer Appreturmöglichkeiten wird auf das Kapitel „Permanentappreturen und Steifappreturen" hingewiesen. Insoweit die Festigkeitserhöhung auch durch Formaldehydbehandlung erfolgen soll, siehe neben hier aufscheinenden Hinweisen auch „Formalisieren", S. 355.

[13] Vgl. z. B. Amer. Dyestuff Reporter **36**, 170 (1947).

[14] Powers: Ind. Engng. Chem. **32**, 1543 (1940).

Patentschrifttum über die Verbesserung der Elastizität, Festigkeit und Tragechtheit von Textilien.

OeP 164000 Hollandsche Kunstzijde Unie 1949 — Um Kunstseidenstrickwaren ein dichteres Aussehen zu geben, werden sie mit 8—10% NaON, die Na_2SO_4 enthält, behandelt und hernach mit Glaubersalzlösung und dann mit Wasser gespült.

OeP 155795 Carp 1939 — Man mercerisiert Garne oder Gewebe unter Spannung und läßt in der Lauge schrumpfen. Hierauf wird die Lauge entfernt und in trockenem Zustande gestreckt. Man erhält glänzende elastische Gewebe. Z. B. läßt man Garn bei Zimmertemperatur 2 Minuten nach dem spannungslosen Mercerisieren schrumpfen (in der Mercerisierlauge), darnach wird getrocknet und nach Spülen, Säuern, Spülen trocken gestreckt. Die Elastizität ist auf 11% gestiegen, der Glanz ist unverändert.

OeP 155618 Cela 1939 — Elastische Gewebe werden durch besondere Behandlung von Textilien, die aus Garnen mit ausgesuchter und spezieller Drehung hergestellt werden, erhalten. Derartige Gewebe werden mit NaOH geschrumpft, wobei die ursprünglich sehr große Maschenweiten aufweisenden Erzeugnisse zu dichten, elastischen Materialien modifiziert werden.

OeP 155617 Cela 1939 — Feste und elastische Gewebe werden erhalten, wenn man zwei oder mehrere Vorgarne, die für sich einen Drall erhalten haben, unter Einhaltung desselben Dralls miteinander vereinigt, wobei jedoch im entgegengesetzten Sinne gezwirnt wird. Die daraus hergestellten Gewebe werden dann geschrumpft (s. a. OeP 155616 und OeP 155613).

DP 747435 Dynamit 1944 (s. S. 86).

DP 742451 IG 1943 (s. S. 49).

DP 733688 Rhodiaceta 1943 (s. a. DP 731668 und DP 729010 bzw. DP 730514) — Acetatstreckkunstseide wird durch Einwirkung von Mischungen aus Chloroform und Essigsäureäthylester in der Elastizität verbessert.

DP 727737 Rhodiaceta 1942 — Zur Erhöhung der Elastizität von Acetatkunstseide wird mit Mischungen aus Chloroform und Äthylalkohol usw. behandelt.

DP 683790 Shepherd 1939 — Herstellung von elastischen Geweben, welche Kautschukfäden enthalten.

DP 671404 Intern. Latex 1939, Zusatz zu DP 664319 (s. a. DP 671405 und 682190) — Elastische Gewebe werden erhalten, indem man mechanisch zusammengeschobene (gekrumpfte) Gewebe mit einer Latexemulsion bespritzt und so in der Form fixiert.

DA 149664 Spinnstoff — Die Festigkeit von künstlichen oder natürlichen Eiweißfasern wird durch Behandeln mit Formaldehyd und anhydr. polym. Phosphaten (Na-hexametaphosphat) unter Zugabe von wasserlöslichen Silikaten und Crotonaldehyd verbessert.

DA 145477 Spinnfaser — Hochfeste Viskose wird erhalten, wenn unter Zusatz von 2 g/l Sulforicinat zur Spinnlösung bei 45° C in ein Bad von 115 bis 125 g/l H_2SO_4, 280—320 g/l Na_2SO_4 und 35—40 g/l $ZnSO_4$ gesponnen wird. Hernach wird in einem Bade von 15—25 g/l H_2SO_4, 50—70 g/l Na_2SO_4 und 3—6 g/l $ZnSO_4$ um mindestens 40% verstreckt.

DA 122588 Schwab — Strümpfe sollen verschleißfester werden, wenn sie mit Lösungen von mit Kampfer verkneteter Nitrocellulose und Weichmachern behandelt werden.

DA 115094 Waentig (s. DA 115093 bzw. 115283) — Die Naßreißfestigkeit von Textilien wird durch Behandlung mit Hexamethylolmelamin verbessert.

DA 70655 — Kunstseide wird durch Behandlung mit Formaldehyd und Säureamiden oder -imiden elastischer.

DA 59696 Thüring. Zellwolle — Man erhöht die Gebrauchstüchtigkeit von Geweben, indem man erst schrumpffest macht und dann eine Quellfestbehandlung durchführt (?).

DA 59153 Thüring. Zellwolle — Durch Behandlung mit sehr verdünntem Formaldehyd erhöht sich die Gebrauchstüchtigkeit.

DA 57224 Grünau — Die Scheuerfestigkeit von Textilien wird durch Behandeln mit Kondensaten von Eiweißspaltprodukten und Fettsäuren oder Harzsäuren verbessert.

DA 56393 — Man verleibt den Textilien Schmelzen von Ölen, Fetten oder Wachsen ein.

DA 56071 (s. DA 55864, 55387) — Die Eigenschaften von Eiweißfasern können durch Behandlung mit Dialdehyden, Alkylenoxyden, Epichlorhydrin, Chinonen, Chinonimiden usw. verbessert werden.

DA 55044 — Man bringt auf die Gewebe Kunstharzvorkondensate in Gegenwart von Talkum auf und härtet hernach.

SP 270805 Rhodiaceta 1950 — Zwecks Vergütung von Acetatkunstseide behandelt man mit Lösungen von $SiCl_4$ in organischen Lösungsmitteln.

SP 269484 Laurits, Wind, Christensen 1950 — Die Gebrauchstüchtigkeit von Textilien soll durch Lösungen von Paraffin in organischen Lösungsmitteln unter Zusatz von Weichmachern verbessert werden.

SP 248780 Calosso 1948 — Behandeln von Anzügen zwecks Erhöhung der Tragechtheit mit Phenol-formaldehydkondensaten.

SP 229183 IG 1944 (s. DP 702449) — Tragfeste Gewebe werden erhalten durch Imprägnieren mit Lösungen von Kondensaten aus 1 Mol Melamin und 5 Mol Formaldehyd, die in Anwesenheit von Formamid kondensiert werden.

SP 227133 Kalle 1943 (s. S. 91).

SP 218877 Buschmann 1942 — Zur Verbesserung der Reißfestigkeit von Textilien wird eine Salzmischung aus 50 bzw. 79,5% Natriumbicarbonat, 20 bzw. 49,5% Alaun und 0,5% Natriumthiosulfat vorgeschlagen.

SP 208340 Frankfurter 1940 — Tragfeste Textilien werden hergestellt durch Auftragen nichtklebender, versteifend wirkender Mittel in wechselnden Mengen (für Kleidung). Es handelt sich um die Herstellung von die Faser schützenden Überzügen aus Kunststoffen usw.

FP 940917 ICI 1948 (s. S. 91).

FP 919399 ICI 1947 (s. S. 92).

FP 917030 Research (s. S. 50).

FP 913398 Courtaulds 1946 — Zum Tragechtmachen von Cellulosetextilien wird eine Behandlung mit einer Lösung von Formaldehyd, Harnstoff oder

Thioharnstoff und nachheriger Härtung empfohlen, wobei der Behandlungsflüssigkeit eine kleine Menge Diarylguanidin zugesetzt wird.

FP 897487 Schubert 1944 — Zur Erhöhung der Scheuerfestigkeit von Geweben wird empfohlen, dieselben (insbesondere Kunstseide) mit Dispersionen oder Emulsionen von plastischen Polymerisaten (Plextol, Vinnipas) unter Zusatz von sauren Metallsalzen und Weichmachern zu appretieren und nachher mit Formaldehyd zu behandeln. Schließlich wird bei 100° C getrocknet. Die Trokken- und Naßfestigkeit sowie Schrumpffestigkeit und Scheuerfestigkeit werden erhöht.

FP 896878 Röhm & Haas 1944 — Zur Erhöhung der Formfestigkeit von Textilien wird ein Harz, welches durch Erhitzen von Harnstoff und Acrolein erhalten wird (schwach saure Lösung), unter Zusatz von Formaldehyd verwendet. Man arbeitet mit 5%igen Lösungen. Die Gewebe sind quellfest.

FP 885929 IG 1943 — Die Schrumpffestigkeit und Reißfestigkeit von Cellulosehydrattextilien wird erhöht, wenn man mit Bädern von Methylolverbindungen in Gegenwart von Säuren oder sauren Salzen (Ammonnitrat, Glykolsäure usw.) behandelt und nachher auf höhere Temperatur erhitzt.

FP 884883 IG 1943 — Die Gebrauchstüchtigkeit erhöhende Appreturen werden durch Imprägnieren mit Äthyleniminen und Eiweißstoffen erhalten.

FP 884092 Röhm & Haas 1943 — Tragechte Textilien werden durch Imprägnieren mit Formaldehyd-Harnstoff-Acroleinharzen hergestellt.

FP 879159 IG 1943 — Tragfeste Kunstfasern aus Casein oder Proteinen, wie Fischeiweiß, Sojabohneneiweiß usw., werden hergestellt, indem man mit Verbindungen der Form:

$$R_1{-}NH{-}CO{-}N\Big\langle\begin{matrix}CH_2\\ |\\ CH_2\end{matrix} \qquad \text{oder} \qquad \begin{matrix}CH_2\\ |\\ CH_2\end{matrix}\Big\rangle N{-}CO{-}NH{-}R_2{-}NH{-}CO{-}N\Big\langle\begin{matrix}CH_2\\ |\\ CH_2\end{matrix}$$

(Alkylenharnstoffe) behandelt.

FP 878843 Röhm & Haas 1943 — Gebrauchstüchtige Gewebe werden erhalten durch Behandlung mit Eiweißstoffen, Algenschleimen und abgebauten Derivaten derselben, eventuell unter Zusatz von Acrolein-Thioharnstoffkondensaten bei Mitverwendung von Polyacrylaten.

FP 878644 Vereinigte Färbereien 1943 — Eine Erhöhung der Tragechtheit von Cellulosehydratfasern wird erzielt, wenn man das Textilmaterial mit schwach ammoniakalischen Lösungen von Natriumcellulosexanthogenat und monochloressigsaurem Natrium bei pH 4,6—5,4 und 80° C unter Zusatz von überschüssigem Formaldehyd behandelt. Man erhält gleichzeitig auch eine knitterfreie, schrumpffeste Ware.

FP 874039 IG 1942 — Zur Erhöhung der Gebrauchstüchtigkeit werden Textilien aus Cellulose mit Diäthylenharnstoffen behandelt. Gleichzeitig werden sie knitterfest und hydrophob.

FP 871517 Buschmann 1942 — Zur Verbesserung der Festigkeitseigenschaften von Textilien und zum Auffrischen gebrauchter Kleider werden Zubereitungen aus Alaun, Natriumbicarbonat und Thiosulfat vorgeschlagen.

FP 870258 IG 1942 (s. S. 51).

FP 869736 Schubert 1942 — Die Behandlung von Textilien mit Weichmachern und Kunstharzen erhöht den Gebrauchswert derselben.

EP 639342 ICI 1950 — Behandelt die Verbesserung der Gebrauchstüchtigkeit von regenerierten Proteinfasern.

EP 612206 Celanese 1948 (s. S. 51).

EP 612055 Celanese 1948 — Zum Bügelfestmachen werden Acetatkunstseidengewebe mit 15%iger Borsäurelösung bei 85° C behandelt, auf 100% Feuchtigkeit abgequetscht, im Luftstrom bei 100° C getrocknet und bei 90—100° C dekatiert.

EP 608332 DuPont 1948 (s. a. EP 582517, 582518, 582520, 582522; s. S. 95).

EP 608292 Am. Rubber 1948 — Um die Zugfestigkeit von Baumwolle zu erhöhen, behandelt man die Fasern kontinuierlich mit quellend wirkenden Mitteln und hernach mit organischen Lösungsmitteln, welche die in der Baumwolle enthaltenen Wachse zu lösen imstande sind, oder umgekehrt. Z. B. verwendet man Amylacetat und Ammoniak usw.

Zugfestigkeit:	unbehandelt	2,02 g/den,	behandelt	2,94 g/den,
Bruchdehnung:	„	8,97%,	„	8,50%.

EP 607696 Monsanto 1948 — Zur Verbesserung der Zugfestigkeit usw. werden Textilfasern beim Verspinnen mit kolloidalen Lösungen von Kieselsäure, welche Alkohol enthalten, behandelt und gleichzeitig die Gleitfähigkeit der Fasern erhöht.

EP 600222 Cyanamid 1948 — Trikotagen usw. werden gegen Verdrehungen usw. beim Waschen geschützt, indem man mit Emulsionen, die in der dispersen Phase ein Alkydharz mit einem Alkylmelaminharz, in der wäßrigen Phase ein wasserlösliches Methylolmelaminvorkondensat enthalten, behandelt.

EP 591184 Latex Fibre 1947 — Gewebe aus Fasern, die eine Auflage von Co-Polymeren, von Butadien-1,3 und Styrol besitzen, werden beschrieben.

EP 587801 Intern. Latex 1947 — Elastische Gewebe werden erhalten, wenn man Gewebe, die in bestimmter Art gedehnt werden, in diesem Zustande mit einer Gummischicht verklebt.

EP 584985 DuPont 1947 (s. S. 96).

EP 583014 ICI 1947 (s. S. 97).

EP 582899 ICI 1946 (s. a. EP 576102; s. S. 97).

EP 582522 Lewis-Loasby 1946 (s. EP 534698, 582517/18; s. a. EP 566066; s. S. 97) — Behandlung von Nylongeweben mit Formaldehyddämpfen in Anwesenheit von Alkohol und einem sauren Katalyten. Das Material wird vorher einer Schrumpfung unterworfen. Diese soll etwa 10—15% betragen. Das Erhitzen bei der Formaldehydbehandlung wird auf 80—150° C vorgenommen. Hernach wird gewaschen. Es werden außerordentlich elastische Waren erhalten.

EP 576102 ICI 1946 (s. S. 97).

EP 573081 DuPont 1945 — Man erhöht die Dehnungsfestigkeit von Artikeln aus linearen Polyamidfäden, indem man dieselben über 120°, jedoch unterhalb des Schmelzpunktes des Polyamids, erhitzt, während sie sich in einer inerten Atmosphäre in trockenem Zustande befinden und eine Streckung besitzen, die eine Verkürzung der ursprünglichen Länge verhindert. Der Prozeß ist als „Quenching“ bekannt.

EP 569878 DuPont 1945 (s. S. 60).

EP 557067 Tootal 1942 — Tragechte Textilien werden unter Verwendung von Polyacrylat oder Methacrylatpolymeren in Verbindung mit weniger als 15% einer Verbindung, die zwei $CH_2=C=$-Gruppen enthält, in wäßriger Lösung durch Imprägnierung hergestellt.

EP 537923 Moncrieff, Bates. 1942 — Cellulosederivatfasern werden in ihren physikalischen Eigenschaften verbessert, wenn man mit Quellmitteln behandelt, die keine wesentliche Schrumpfung bedingen.

EP 536841 Atlantic Research 1941 (s. S. 31).

EP 535298 Dreyfus 1941 — Acetatkunstseide wird fester, wenn man sie bei Temperaturen unterhalb 60° C mit Wasser netzt und noch feucht verstreckt.

EP 527762 Tootal 1941 — Die Gebrauchstüchtigkeit von Geweben wird erhöht, indem man mit Lösungen von Polyisobutylen, Polybutadien usw. behandelt, trocknet und vorher oder nachher 0,5—1%ige NaOH, welche 0,5—1% Seife enthält, zwecks Befreiung von Fett, Wachs usw. einwirken läßt.

EP 510199 Courtaulds 1939 — Viskose wird mit einer Lösung von 450 ccm Formaldehyd 35% und 16 g Kaliumtetroxalat in 1950 ccm Wasser imprägniert, dann wird abgequetscht und unterhalb 100° C getrocknet. Hierauf erhitzt man kurze Zeit auf 140° C. Das erhaltene Textilprodukt besitzt eine sehr geringe Quellfähigkeit, ist knitterfest, immun gegen direkte Farbstoffe und unlöslich in Cuoxam.

EP 506783 Tootal 1939 — Gewebe werden mit Pyridiniumsalzen (Octadecyloxymethylpyridiniumchlorid (Velan PF) behandelt und nachher dem Einfluß von quellend wirkenden Mitteln ausgesetzt. Man erhält tragfestere Gewebe. Z. B. wird mit Velan wie üblich imprägniert, getrocknet, dann 2 Minuten auf 100° C erhitzt, mit verd. Ammoniak gewaschen, das Gewebe dann durch ein Bad geführt, das etwa 1% Netzmittel enthält, und schließlich durch ein NaOH-Bad von 63° Tw. genommen. Hernach wird alkalifrei gewaschen.

EP 498771 Burgess 1939 — Strümpfe, welche zum Schutze der Haltbarkeit mit Lösungen von Proteinen appretiert werden, sind wesentlich weniger feuchtigkeitsempfindlich. Die Imprägnierlösung wird wie folgt hergestellt: 30 lbs. Sojabohnencasein werden in 13 Gall. Wasser auf 140—150° F erhitzt, dann werden 1,5% NaOH, gelöst in 1 Gall. Wasser, zugegeben und gerührt, bis das Casein vollkommen gelöst ist. Nach der Zugabe von 15 lbs. Ammonoleat werden noch 90 lbs. geschmolzenes Wachs zugefügt und gut durchgerührt. In einem getrennten Gefäß wurde inzwischen eine Lösung oder Emulsion von 60 lbs. Sojabohnencasein in 125 Gall. Wasser nach Zugabe von 3 lbs. NaOH hergestellt. Die erste wachshaltige Caseinlösung wird mit der zweiten Caseinlösung vereinigt und in der erhaltenen Flüssigkeit werden die Strümpfe, insbesondere Woll- oder Seidenstrümpfe, behandelt. Man kann eventuell noch 1% Formaldehyd (gerechnet auf das Proteintrockengewicht) zugeben.

NorwP 66071 Buschmann 1943 — Man taucht Textilien in stark verdünnte Lösungen von Na-thiosulfat, Bikarbonat und Alaun (z. B. wird eine 1%ige Lösung eines Gemisches von 49,5 Teilen Thiosulfat, 50 Teilen Bikarbonat und 0,5 Teilen Alaun verwendet). Die Behandlung dauert 1—8 Stunden. Die Reißfestigkeit steigt um 22—27%, die Elastizität um 3—15%. Kunstseide wird matter und seidenähnlich.

AP 2515402 Celanese 1950 — Elastische Acetatkunstseidengarne werden erhalten, wenn man erst auf zirka das Siebenfache streckt und hernach in Diäthylketon bei 80—100° C schrumpft.

AP 2515181 Albany Felt 1950 — Wolle wird gegen Wärme bzw. Erhitzen über 180° C resistent durch Behandlung mit Metallthiocyanaten.

AP 2506252/53 ICI 1950 — Verbesserung von Proteinfasern mit Formaldehyd.

AP 2505048 Celanese 1950 — Verbesserung der Festigkeit von Acetatkunstseide durch Behandeln mit Wasser und nachfolgendem Verstrecken in Gegenwart von Wasserdampf.

AP 2497546 Griffin 1950 — Um die Tragechtheit von Geweben zu erhöhen, werden Suspensionen von Cer-acetat und alkohollösliche Harze in Wasser-Isopropylalkohol-Mischungen verwendet.

AP 2482578 Little Inc. 1949 — Das Tragfestmachen von Textilien erfolgt durch Aufbringen von 3% einer Verbindung der Form R—X=C=Y, wobei R einen Alkylrest mit mindestens 10 C-Atomen, X... C oder N, Y... O oder S oder NR' und R'... H oder Alkyl bedeuten.

AP 2473308 Röhm & Haas 1949 — Die Gebrauchstüchtigkeit von Geweben wird erhöht durch Behandlung des Cellulosematerials mit 10—30% NaOH bei 0—30° C, Abquetschen und Einwirkenlassen von 5—50% Lösungen von Acrylnitril in organischen, mit Wasser nicht mischbaren Lösungsmitteln bei 0—35° C, 1—24 Stunden.

AP 2452130 Enka 1948 (s. S. 53).

AP 2447567 Dreyfus 1948 (s. S. 54).

AP 2434247 ICI 1948 (s. S. 101).

AP 2430953 DuPont 1948 (s. AP 2430860; s. S. 101).

AP 2423348/9 Cyanamid 1947 — Die Festigkeit von Textilien erhöht man durch Behandlung mit 0,5—2%igen Lösungen von Melaminharzvorkondensaten. Nylongewebe werden durch die Behandlung auch schiebefest.

AP 2422078 Rubber 1947 — Zur Erhöhung der Festigkeit behandelt man Gewebe mit Salzen von Harzsäuren, die aus Kongokopal gewonnen werden.

AP 2407988 Luckite 1946 (s. a. AP 2407989) — Man imprägniert poröses Cellulosematerial mit einer Lösung von Terpendihydrochlorid und Celluloseacetat und erhitzt über den Schmelzpunkt der Terpenverbindung. Man erhält so sehr feste Produkte. Es kann auch eine Mischung von Terpen und Celluloseacetat Verwendung finden.

AP 2390032 Röhm & Haas 1946 — Zur Verbesserung der Reißfestigkeit von Baumwolle oder anderen Cellulosegarnen behandelt man das Material allenfalls unter Spannung in getrennten Bädern von Acrylonitril und dann mit einer wäßrigen 2—30%igen Lösung von NaOH, wäscht alkalifrei und trocknet.

AP 2372713 General Printing Inc. 1945 — Masslinn oder andere Textilien aus Faservliesen werden mit alkalilöslichen Alkylcellulosen imprägniert, um die Festigkeit der Erzeugnisse zu erhöhen.

AP 2365931 DuPont 1944 — Um Nylongewebe hinsichtlich Elastizität usw. zu verbessern, führt man unter Druck oder ohne Druck über bis dicht an den Schmelzpunkt geheizte Metallwalzen.

Temperatur	Kontaktzeit in Sekunden	Knickwinkelrest von 180°	Bemerkung
210	12	34	Festigkeit unverändert
220	12	22	„ „
230	6	18	„ „
230	12	18	„ „
230	30	17	„ „
235	6	18	„ „
240	12	—	zerstörtes Gewebe

AP 2347024 Beer 1944 — Zur Erhöhung der Gebrauchstüchtigkeit und zur Verminderung des Schrumpfens wird mit Lösungen von 1,8—2,2% Kunstharzvorkondensaten, die 0,3—0,6% Octadecyloxymethylpyridiniumchlorid enthalten, behandelt. In Gegenwart eines sauren Katalyten wird getrocknet und gehärtet.

AP 2336824 DuPont 1943 (s. S. 105).

AP 2327516 IG 1943 (s. S. 54).

AP 2326842 Celanese 1943 (s. S. 61).

AP 2301003 IG 1942 (s. S. 55).

AP 2299786 Tootal 1942 — Tragechte und gummierte Textilien werden erhalten durch Behandlung mit Harnstoff-formaldehydharz und Latex, wobei neben dem sauren Katalyten zur Harzhärtung ein Fettalkoholsulfonat oder Triammonphosphat usw. zugesetzt wird, um die Koagulation der Latexdispersion zu verhindern.

AP 2285490 CCCC 1942 — Imprägnierungen mit Kondensaten aus wasserlöslichen Celluloseäthern, einem niedermolekularen Alkohol und α-Ketoaldehyden werden empfohlen, wobei feste Erzeugnisse, insbesondere Papiere, erhalten werden.

AP 2282415 und 2282416 Celanese 1942 — Organische Cellulosederivate werden in nassem Dampf auf das mehr als Fünffache ihrer Länge gedehnt, dann in diesem Zustande kurze Zeit (10 Minuten) bei 15° C in einem Bad von Alkylformiat behandelt und auf 10—15% über die ursprüngliche Länge schrumpfen gelassen.

AP 2277747 Celanese 1942 — Cellulosederivatfasern von erhöhter Elastizität erhält man, wenn man mit Weichmachern versehene Fasern obiger Art, hernach mit in organischen Lösungsmitteln löslichen Harzen behandelt. Man behandelt z. B. ein Gewebe aus Celluloseacetatfasern, welche einen Zusatz von 15—25 Gew.-% an Weichmacher besitzen (Dimethylphtalat), nach ihrer Herstellung mit einer Lösung von Harnstoff-formaldehydkondensationsprodukten in Methanol. Die Lösung ist sauer (pH unter 5). Man behandelt 20—30 Minuten, hierauf wird luftgetrocknet und 5 Minuten auf 180—200° C erhitzt. Hernach wird durch eine Brechmaschine genommen. Die Gewebe sind auch knitterfest.

AP 2277093 Celanese 1942 — Acetatkunstseide wird elastischer, wenn sie mit oder ohne Spannung mit Acetaldehyd und Alkohol oder Wasser behandelt wird.

AP 2275008 DuPont 1942 (s. S. 107).

AP 2273148 Enka 1942 — Elastische Gewebe werden durch Aufbringen ganz dünner Kautschuk- oder Latexschichten hergestellt.

AP 2241246 Eastman Kodak 1941 — Man erhält elastische Garne, wenn man dieselben mit einer Mischung eines Gleit- und Weichmachungsmittels versieht, dessen hauptsächlichster Bestandteil Nitroalkan oder Nitroalkanester von mono- oder polyaliphatischen oder aromatischen oder heterozyklischen Carbonsäuren sind. Z. B. Di-β-Nitropropylsuccinat oder Nitropropyladipat oder β-Methoxyäthylsuccinat usf.

AP 2159097 Celanese 1939 — Elastische Acetatkunstseidengarne werden hergestellt, indem naßdampfgestreckte Acetatseide mit kochendem Wasser 5—10 Sekunden oder ungestreckte Acetatseide mit Naßdampf bei 135° C 15 bis 30 Minuten behandelt wird.

3. Die Schrumpffestausrüstung von Textilien. Verfahren zur Herabsetzung der Filzfähigkeit von Wolle.

Die hier zu behandelnden Textilveredlungsprozesse des Schrumpffestmachens und der Verringerung der Filztendenz stehen nur für Wollmaterialien in Zusammenhang. Lediglich die Wollfaser zeigt, bedingt durch ihren besonderen Aufbau und die Schuppenschicht, die sie aufweist, die Erscheinung, daß bei Stoß- oder Reibeinwirkung, insbesondere in Anwesenheit von Seife usw. eine Verschlingung und Wanderung einzelner Fasern eintritt, die zu einem verflochtenen, „verfilzten" Aussehen führen. So sehr diese Eigenschaft bei der Herstellung von Lodentuch usw. geschätzt ist, so wenig erwünscht ist sie bei Wollgeweben oder Garnen, da insbesondere erstere dadurch ein unansehnliches Aussehen erhalten und gleichzeitig mit der eingetretenen Verfilzung auch eine sehr namhafte Schrumpfung des Materials festzustellen ist. Dieselbe Erscheinung tritt auch im Gebrauch wollener Textilien, insbesondere bei deren Wäsche, nur allzuleicht auf und beeinträchtigt die Verwendbarkeit wesentlich.

Mit Rücksicht auf die besondere Wertung, die Wollgewebe hinsichtlich ihrer Herstellungskosten und ihres Anschaffungspreises erfahren, ist daher insbesondere das Augenmerk der Appretur darauf gerichtet gewesen, der Wollfaser die Tendez des Filzens und damit auch die Neigung zum Schrumpfen zu nehmen, ohne dabei die Faser zu schädigen[15]. Was die anderen Textilrohmaterialien anlangt, so ist hier die Frage der Schrumpffestausrüstung eine nicht so brennende wie bei der Wolle, jedoch sind auch schrumpffeste Gewebe aus Kunstseide usw. immer mehr im Verlangen des Verbrauchers gelegen, insbesondere da sich Kunstseide (Rayon, Reyon) leicht verzieht und Formtreue entsprechender Kleidungsstücke gefordert wird.

Die Verfahren der Schrumpffestausrüstung lassen sich in zwei prinzipiell verschiedene Arbeitsweisen gliedern:

a) Man kann Textilien dadurch schrumpffrei oder mit einer geringen Neigung zum Eingehen erhalten, indem man denselben nach dem Durchlaufen aller Veredlungsoperationen beim Spann- und Trockenprozeß ein Längen- und Breitenmaß gibt, welches nicht nur jegliche Überschreitung der vorgesehenen Ausmaße, somit jede Dehnung des Gewebes vermeidet, sondern das Textilmaterial sogar zwingt, durch Stauchung verringerte Maße anzunehmen. Derartige, rein mechanische Verfahren sind als *Sanforisieren* bzw. als *Rigmelprozeß* allgemein bekannt[16].

---

[15] Speakman, Barr, Capp: J. Soc. Dyers Colourists **62**, 338 (1946). — Speakman: Text. Manufacturer **67**, 182 (1941). — Bonnet: Rayon Text. Monthly **27**, 403 (1946). — Nitschke: Melliand Textilber. **25**, 26 (1944). — Phillips: J. Soc. Dyers Colourists **58**, 245 (1942).

[16] Vgl. z. B. Marsh: Textile Finishing **1947**.

b) Die zweite Methode, Textilien schrumpffrei auszurüsten, besteht darin, die Textilfaser chemisch zu beeinflussen. Bei dieser Art der Schrumpffestveredlung sind die angewendeten Verfahren je nach der Art des vorliegenden Fasermaterials verschieden. Sie können entweder derart sein, daß man den strukturellen oder makromolekularen Faseraufbau durch chemische Behandlung beeinflußt (man spricht dann von der sogenannten Modifikation der Fasern) oder durch Ab- und Einlagerung von Kunstharzen die Tendenz zum Schrumpfen weitgehend vermindert.

Bei Betrachtung der Wollfaser ist hinsichtlich der ersten Art der chemischen Behandlung zu sagen, daß die größte Anzahl der heute hierfür in Frage kommenden Verfahren unter Chloren der Wolle besprochen wird; in den Grundzügen sind die Behandlungsweisen im ersten Abschnitt dieses Werkes (s. S. 20ff.) angegeben worden. Alle diese Verfahren setzen also neben der Schrumpftendenz auch die Filzfähigkeit der Wollfaser herab oder nehmen ihr diese letztgenannte Eigenschaft vollständig. Hierher gehören alle Behandlungsweisen der Faser, die mit Halogenen arbeiten.

Die Verfahren zum Chloren der Wolle sind derzeit kurz wiederholt aufgezählt: Die Arbeitsweisen mit Hypochloriten, als da sind: a) *Harriset*-Prozeß: AP 2457033; b) *Proton*-Verfahren: AP 2247097; c) *Scholler*-Verfahren; d) *SW*-Verfahren von Cluett Peabody: AP 2429082 (mit Permanganat und Hypochlorit), bzw. die Verfahren, die mit Chlor in wäßriger Lösung oder in organischen Lösungsmitteln arbeiten (*Drisol-*, *Negafel*-Prozeß). (Vgl. auch Epelberg (l. c.) und sechster Abschnitt: Chloren von Wolle.)

Untersuchungen über die erzielten Effekte bei derartigen Behandlungen führten Lipson bzw. Moncrieff aus. Sie messen den DFE (Directional Frictional Effect), das ist die Differenz aus den Reibungswerten in Richtung der Schuppen und gegen die Schuppenrichtung.

	Reibung mit den Schuppen	Reibung gegen die Schuppen	DFE
Unbehandelt	0,14	0,40	0,26
Sulfurylchlorid	0,10	0,11	0,01
Wäßriges Brom	0,09	0,11	0,02
Wäßriges Chlor	0,01	0,03	0,02
Alkoholisches K_2CO_3	0,30	0,45	0,15

Eine weitgehendere Veränderung der Wollstruktur, nämlich die vollkommene Entfernung der Schuppenschicht des Wollhaares, bewirkt die Behandlung mit gewissen Enzymen[17], wie insbesondere dem vom Papayabaum, einem in Asien heimischen und auch in Ostafrika vorkommenden Gewächs, stammenden Papain. Im *Chlorzym*-Verfahren[18] wird nach einer Naßchlorierung der Wolle die Entfernung der gelockerten und geschädigten Schuppen durch Papain vorgenommen, der *Perzym*-Prozeß[18] arbeitet ohne vorherige Vorchlorierung des Textilmaterials zuerst mit einer verdünnten Wasserstoffperoxydlösung, die mit Silikat auf ein pH von etwa 10,5 eingestellt ist, und nachheriger Behandlung der Wolle mit einer 1%igen Bisulfitlösung, die etwa 0,03% Papain enthält. Die Einwirkung erfolgt bei etwa 50° C und einem pH von 6,6—7,5 durch 30—90 Minuten. Das Wollmaterial behält im Gegensatz

[17] Jones: Text. Age **11**, 52 (1947). — Philipp: J. Soc. Dyers Colourists **57**, 137 (1941).

[18] Briggs: Text. Rdsch. St. Gallen **1946**, 78.

zu gechlorter Wolle einen weichen Griff. Das Bisulfit wirkt als Akzelerator, die Einhaltung des pH ist von großer Wichtigkeit. Die Behandlung muß äußerst vorsichtig erfolgen, da lediglich die Entfernung der Schuppenschicht erreicht werden soll und nicht etwa ein vollständiger Abbau der Wollsubstanz selbst, wie er sich durch Verwendung zu hoher Papainkonzentrationen, zu langer Einwirkungszeit usw. ergibt. Ein Gewichtsverlust der Wolle von etwa 1—3% ist für den erwünschten Effekt genügend. Interessant ist, daß bei dieser Behandlung ein guter Bleicheffekt erreicht wird, welcher größer ist als der durch das verwendete Bisulfit bedingte und der fast an den durch Superoxyd bewirkten heranreicht. Bei Mischgeweben aus Wolle und Seide kann durch die Behandlung mit Papain auch die Entbastung der Seide erfolgen.

Schäden beim Schrumpffestmachen von Wolle können nach Moncrieff durch den Test nach Pauly, Rimington, Edwards bzw. die Prüfung nach Whevell, Austerlitz [J. Soc. Dyers Colourists **59**, 45 (1943)] bestimmt werden. Auch die Schnellmethode nach Groß, von Roll, Schreiber [Melliand Textilber. **20**, 357 (1939)], Patat [Melliand Textilber. **20**, 277 (1939)] und Trotman ist anwendbar; vgl. auch Grieve [J. Text. Inst. **37**, T 267 (1946)]. Kalte Lösungen von Kitonrot G färben geschädigte Epithelschuppen an; vgl. Carter, Consdens [J. Text. Inst. **37**, T 227 (1946)].

Die Veränderung der inneren, mikromolekularen Struktur der Wollfaser geht hauptsächlich dahin, die die einzelnen Molekülketten der Faser verbindenden Cystindisulfidbrücken anzugreifen und teilweise zu zerstören. Diese Verfahren sind bereits auf S. 8 und 21 angegeben. Als derartige Arbeitsweisen seien kurz die Behandlung mit Oxydationsmitteln, wie Permanganat[19] usw., der Einfluß von alkoholischer NaOH oder deren Dispersion in Schwerbenzin, die Wirkung gewisser Metallsalze (Hg-Salze), die Behandlung mit Thioglykolsäure und Methylendibromid, Mercaptanen u. a. wiederholt.

Ähnliche Beeinflussungen, nämlich die Ausbildung von Methylenbrücken zwischen den Molekülketten der Wollfaser, ergibt die Behandlung der Wolle mit Aldehyden.

Nach einem Verfahren der Alrose Chem. Co. (EP 595518) wird mit Formaldehyd und Sulfaminsäurederivaten gearbeitet[20].

Die eigentlichen chemischen Appreturverfahren zur Herabsetzung der Schrumpftendenz der Wolle bestehen in einer Einlagerung von Kunstharzen in der Wollfaser selbst. Hier sind der *Resloom*-Prozeß[21] und das *Lanaset*-Verfahren[22] anzuführen. Die verwendeten Kunstharze sind in letzterem Falle alkylierte Melamin-formaldehydharze und sollen in einer Menge von 2—15% vom Warengewicht eingelagert werden. Man behandelt mit den Vorkondensaten in wäßriger Lösung und härtet durch nachträgliches Erhitzen nach Abquetschen und eventuellem Zwischentrocknen bei niedriger Temperatur. Eine weitere Methode ist die Bildung von Äthylensulfidpolymeren[23] in der Wollfaser, wodurch es zur zusätzlichen Bildung von Disulfidbrücken kommen kann. Bei diesem Verfahren können Änderungen der Faseraffinität stattfinden. Zur Verminderung der Schrumpfung von Wolle kann auch Polymethacrylsäure in der Faser abgelagert werden. Zu dem gleichen Zweck prüf-

---

[19] EP 579584, 586020.

[20] Middlebrook, Phillips: Biochemic. J. **36**, 294 (1942).

[21] EP 562977.

[22] AP 2329622.

[23] Speakman: Textil Rundschau **2**, 244 (1947).

ten kürzlich Alexander und Mitarbeiter die Faserbehandlung mit N-Carboxylglycinaminosäureanhydriden.

Die Verfahren zur Verbesserung der Schrumpffestigkeit von Cellulosefasern sind als Formalisierung *(Sthénosage)*[24] bzw. *BRM*$_1$- oder *Sanforset G*-Prozeß bekannt[25]. Auch auf das *Zehlendorf „F"*-Verfahren bzw. das *FK*-Verfahren[26] und das *Waschtreu*-Verfahren von Stockhausen sei hingewiesen.

Beim *FK*-Verfahren, auch Kauritverfahren genannt, arbeitet man mit Lösungen von Dimethylolharnstoff und sauren Katalysatoren. Beim *Waschtreu*-Verfahren benutzt man Harnstoff, Formaldehyd und Katalyte. Beim *Zehlendorf*-Prozeß wird nur mit Formaldehyd gearbeitet.

Bei der Formalisierung werden die Gewebe mit Formaldehydlösungen in Gegenwart von sauren Katalyten, eventuell auch in Anwesenheit von Appreturmitteln oder *Kaurit* behandelt, hierauf getrocknet und kurz erhitzt. Die Faser wird quell-, knitter- und schrumpffest. Es kommt zur Ausbildung von Methylenbrücken zwischen den einzelnen Cellulosemolekülketten. Das Sanforset G-Verfahren arbeitet mit dem Dialdehyd Glyoxal, nach einer neueren Variante in Gegenwart von Polyvinylalkohol oder Harnstoff-formaldehydvorkondensaten, die Faserschädigung ausschließen sollen. Nach dem Abquetschen auf etwa 100% Feuchtigkeitsgehalt wird vorgetrocknet, kurz in einem Heißluftrahmen erhitzt und hernach in offenem Zustande gewaschen. Dann wird ohne Spannung, eventuell mit Vorschub nach Art der Sanforisierung, getrocknet.

Ähnlich der schon bei der Wolle besprochenen Arbeitsweise kann das Schrumpffestmachen auch bei cellulosehaltigen Textilien, weiters aber auch durch Einlagerung von Melamin-formaldehydharzen erfolgen.

Man behandelt mit Melamin-Aldehydvorkondensaten, welche man erst unmittelbar vor der Verwendung den sauren Katalyten zugesetzt hat. Zur Erzielung eines guten Effektes ist es notwendig, daß die Ware beim Imprägnieren keine Streckung erfährt. Man färbt am spannungslosen Jigger und trocknet am Vorschubrahmen. Dadurch wird erreicht, daß die Kett- und Schußfäden des Gewebes offener bleiben und sich das Harz somit tief im Faserinnern ablagern kann. In dieser Weise wird der sonst auftretende rauhe und harte Griff, welcher von großen Harzmengen an der Warenoberfläche herrührt, vermieden oder gemildert. Beim Imprägnieren ist darauf zu sehen, daß die Vorkondensatlösung gut ins Faserinnere dringt. Daher wird vorteilhaft ein Dreiwalzenfoulard verwendet und nicht zu kurz behandelt.

Das Trocknen nach dem Imprägnieren (vor dem Härten) erfolgt wieder am Vorschubspannrahmen. Da die Gewebeoberfläche schneller trocknet als das Innere, so kann es hier zu einer Wanderung des Vorkondensats an die Gewebeoberfläche mit allen besprochenen Nachteilen kommen. Man trocknet deshalb oft auf einer Zylindertrockenmaschine bis zu 50% Feuchtigkeit und dann am Rahmen fertig. Eine derartige Harzmigration ist auch bei der Infrarottrocknung zu beobachten. Die Wirkung der Trocknung bei Passage durch heiße Metallbäder (*Standfast*-Methode usw.) ist noch zu wenig erprobt, um hier ein endgültiges Urteil abgeben zu können.

Nach der Trocknung wird gehärtet. Das Härten erfolgt durch eine etwa 5 Minuten dauernde Erhitzung auf 150° C. Zu hohe Temperaturen schädigen die Faser.

---

[24] S. S. 355, sowie EP 586598.

[25] Greegan: Text. Manufacturer **73**, 865 (1947).

[26] Dillenius: Jentgens Kunstseide, Zellwolle, Seide **25**, 69 (1943); **24**, 520 (1942); vgl. auch Melliand Textilber. **23**, 239 (1942).

Die anschließende Waschoperation muß die Ware vollkommen säurefrei machen. Ansonsten tritt beim Lagern durch Säure Celluloseabbau und Materialzerfall ein.

Ist es notwendig, das Gewebe nachzubleichen (meist tritt eine leichte Bräunung der Ware ein), so ist zu beachten, daß Kunstharzeinlagerungen Chlor hartnäckig zurückhalten (vgl. S. 353). Man verwendet daher stets ein Antichlorbad. Eventuell empfiehlt sich die Anwendung eines optischen Bleichmittels.

Kunstharzbehandelte Ware zeigt oftmals einen Fischgeruch. Über seine Entstehung und die analytische Bestimmung des ihn verursachenden Trimethylamins vgl. S. 403. Eine Ozonbehandlung soll ihn zum Verschwinden bringen (Ryle).

Im *Kaurit AFL* (IG), einem Reaktionsprodukt von Glyoxal, Harnstoff und Formaldehyd, ist ein Mittel zum Schrumpffestmachen empfohlen worden, das keinen überschüssigen Formaldehyd enthält, gut waschecht ist und eine Nachwäsche überflüssig macht.

Kaurit 140 (IG), Tetramethylolacetylenharnstoff, ist ebenfalls anwendbar (Hartmann).

Alle chemischen Verfahren zum Quellfestmachen, Knitter- oder Schrumpffreimachen der Cellulose mit Kunstharzen bewirken einen Rückgang der Gewebefestigkeit. Kann diese Schädigung z. B. beim Formalisieren auf die sauren Katalyten bzw. die hohe und längere Erhitzung zurückgeführt werden, so kommt bei der Einlagerung des Kunstharzes in die Faser hinzu, daß die im Faserinneren abgelagerten Kunstharzteilchen die Nebenvalenzkräfte der Hydroxylgruppen des Cellulosematerials absättigen und dadurch die gegenseitige Bindung der Hydroxylgruppen untereinander auflockern. Ähnlich liegen bekanntlich die Verhältnisse bei der Seidenerschwerung (Weber); vgl. auch S. 284.

Schließlich wäre noch der von der Alrose Chem. Co. entwickelte *Definized*-Prozeß[27] zu erwähnen. Er besteht in der Anwendung hochkonzentrierter Natronlauge mit anschließender sofortiger Neutralisation. Die Ware wird mit 40%iger Lauge imprägniert, auf 90% Feuchtigkeit abgequetscht und dann mit 5—10%iger Schwefelsäure neutralisiert und warm gewaschen.

Literaturübersicht über die Schrumpffestausrüstung von Textilien.

Zahn: Kolloid-Z. **121,** 39 (1951).

Moncrieff: Text. Manufacturer **76,** 347, 502, 552, 608 (1950).

Trotman: Textile Recorder **68,** 70 (1950).

Alexander et al.: Text. Res. J. **20,** 385 (1950); s. a. J. Soc. Dyers Colourists **66,** 349 (1950); vgl. Anon: Dyer **104,** 181 (1950).

Wengraf: Textil Rundschau **5,** 49 (1950).

Katy, Tobolsky: Text. Manufacturer **76,** 238 (1950).

Rath: Textil Praxis **4,** 135 (1949).

Farnworth, Neish, Speakman: J. Soc. Dyers Colourists **65,** 447 (1949).

Alexander: Research J. **2,** 246 (1949); vgl. Alexander, Carter: Soc. Dyers Colourists **65,** 152 (1949); **66,** 579 (1950).

Maresh, Royer: Text. Res. J. **19,** 449 (1949).

Moncrieff: Text. Manufacturer **75,** 388 (1949).

Münch: Textil Praxis **4,** 396 (1949).

Weiner: Amer. Dyestuff Reporter **38,** 289 (1949).

Helmus: Amer. Dyestuff Reporter **38,** 64 (1949).

Johnston: Amer. Dyestuff Reporter **38,** 66 (1949).

---

[27] Greegan: Text. Manufacturer **73,** 865 (1947); Text. Wld. **97,** 216 (1947).

Lipson, Speakman: J. Soc. Dyers Colourists **65**, 390 (1949).
Laneres: Teintex **6**, 275 (1949).
Powell: Amer. Dyestuff Reporter **37**, 466 (1948).
Borsten: Teintex **5**, 165 (1948).
Kirst: Melliand Textilber. **28**, 314 (1948).
Marshall, Aula, Baugh: Text. Res. J. **17**, 622 (1947).
Epelberg: Amer. Dyestuff Reporter **35**, 343 (1946).
Baldwin, Barr, Speakman: J. Soc. Dyers Colourists **62**, 4, 338 (1946).
Powers: Ind. Engng. Chem. **37**, 188 (1945).
Nute: Amer. Dyestuff Reporter **34**, 167 (1945).
Philips: Text. Manufacturer **68**, 19 (1943).

Patentschrifttum über Schrumpffreimachen bzw. Verminderung der Filzfähigkeit von Wolle.

OeP 166913 Heberlein (zu OeP 164809) 1950 — Man appretiert mit versteifend wirkenden, mit Formaldehyd reagierenden kolloiden Mitteln, hernach mit Aldehyd in Gegenwart saurer Kondensationsmittel bei 70—160° C so lange, bis das Material in Cuoxam quellbar, doch unlöslich ist. Die Ware ist schrumpffest und tragfest.

OeP 166907 Cyanamid 1950 (s. „Hydrophobieren“).

OeP 166457 Ciba 1950 — Verbindungen der Form

$$C_{17}H_{35}CO{-}NH{-}CH_2{-}S{-}CH_2{-}C\begin{matrix}\diagup\!\!\!\diagup O\\ \diagdown OH\end{matrix}$$

setzen die Filzfähigkeit von Wolle herab.

OeP 163624 Tootal 1949 — Das Filzvermögen der Wolle wird herabgesetzt durch Behandlung mit in organischen Flüssigkeiten gelösten anorganischen oder organischen Basen, wobei die Lösung nur geringe Mengen (2—15%) Wasser enthält (NaOH in Methyl- oder Äthylalkohol).

DP 748884 Ohne Inhabernennung 1945 — Textilien aus Cellulose oder Cellulosehydratfasern werden krumpfecht, ohne jedoch quellresistent oder knitterfest zu werden, indem man sie mit wäßrigen Formaldehydlösungen unter Zusatz von sauren Katalyten behandelt und hernach bei 90—160° C so lange erhitzt, bis eine Probe in Cuoxam unlöslich, jedoch noch quellbar ist.

DP 742994 Schubert 1943 — Zum Schrumpffestmachen behandelt man Textilien mit Lösungen von Harnstoff-formaldehydvorkondensaten und Vorkondensaten, die weitere Harze liefern (Bernsteinsäure-Glyzerin), trocknet und härtet.

DP 737329 IG 1943 — Zum Formfestmachen von Polyamiden (Strümpfen) werden die daraus hergestellten Textilien in der gewünschten Form mit heißen, nicht lösend wirkenden Quellmitteln oder Wasserdampf in Gegenwart eines wasserlöslichen Sulfits oder Bisulfits behandelt.

DP 728673 Stöhr 1942 — Zur Verminderung der Schrumpfung wird Wolle mit Chlorsulfonsäure in organischen Lösungsmitteln behandelt und nachher mit Ammoniak oder Sodalösungen gewaschen.

DP 727736 IG 1942 (s. S. 88).

DP 711132 IG 1940 (s. S. 69).

DP 684585 Hall, Hicking, Pentecost 1939 — Zur Verhinderung des Filzens von Wolle wird diese mit Sulfurylchlorid in Lösung oder Dampfform oder dessen Komponenten (Schwefeldioxyd und Chlor) behandelt, hernach mit Wasser oder mit Lösungen säurebindender Stoffe gewaschen.

DP 676267 Böhme 1939 — Zur Verhinderung der Schrumpfung von Wollgeweben wird das Textilmaterial mit wasserunlöslichen Celluloseäthern oder Estern niedriger Carbonsäuren (Celluloseacetat in Aceton) behandelt und hernach mit Weichmachungsmitteln grifflich verbessert.

DA 187906 Biener (s. DA 196063) — Man behandelt spannungsfrei mit wäßrigen Dispersionen von Polyvinylacetat, Weichmachern und Paraffin und trocknet am Filzkalander.

DA 112066 Wacker — Polivinylchloridfasern schrumpfen nach Behandlung mit inerten Gasen (Vinylchlorid, flüssiges NH_3, CO_2) weniger.

DA 67258 IG — Wolle wird mit Dialdehyden der Form

$$X\begin{cases}(CH_2)_n COH,\\ (CH_2)_m COH\end{cases}$$

($X = O, S, NH, NR, CH_2$, R = Alkyl, n, m, ganze Zahlen) behandelt.

DA 51204 IG — Man behandelt mit Aldehyden und Aminen bei Temperaturen über 100° C (Glyoxal und Stearylaminsulfat).

DA 41291 Glanzstoff — Man behandelt mit 2% Na-salicylatlösung und hernach mit einem Säurechlorid der aromatischen Reihe, in organischem Lösungsmittel gelöst.

DA 40857 Glanzstoff — Man behandelt mit Säurechloriden der aromatischen Reihe.

DA 39750 Glanzstoff — Man tränkt mit stabilen Harnstoff-formaldehydvorkondensaten, schleudert und trocknet.

SP 270037 Textilwerk Gossau 1950 — Schrumpffestmachen von Wollgarn durch Melamin-Aldehydvorkondensate in Gegenwart von Formaldehyd und Ameisensäure.

SP 269771/72 United Merchants 1950 — Zum Schrumpffestmachen sollen Lösungen von Harnstoff und Alkalistannaten dienen.

SP 267673 Drechsel 1950 — Zum Schrumpffreimachen staucht man durch Kalandern.

SP 267356/57 United Merchants 1950 — Zum Schrumpffestmachen werden Lösungen von Harnstoff und einem Alkalizinkat angegeben.

SP 266614 Research 1950 — Zum Imprägnieren zur Erreichung schrumpffreier Ware werden Vorkondensate von Resorcin und Aldehyd empfohlen.

SP 263255 Cyanamid 1949 — Zum Knitterfest-, Schrumpffest- und Wasserabstoßendmachen wird die Imprägnierung von Textilien mit alkylierten Methylolmelaminen und Carbonsäureamiden empfohlen. Die Alkylgruppen der Melamine besitzen höchstens 4 C-Atome, die Carbonsäureamide mindestens einen Carbonsäurerest von 7 C-Atomen.

SP 261338 Cluett Peabody 1949 — Schrumpffeste Kunstseide erhält man durch Behandlung mit Glyoxal, sauren Katalyten und Aminoplastvorkondensaten.

FP 950928 Cyanamid 1949 — Zur Herabsetzung der Schrumpfung von Cellulose werden Methylolmelamine mit mindestens 2, durch Alkohole mit nicht mehr als 4 C-Atomen verätherten Methylolgruppen und Verbindungen der Form Y—N(X)—CO—R vorgeschlagen, in welchen Y = H, Alkylol und X und R = H bzw. Alkylreste mit mindestens 7 C-Atomen bedeuten.

FP 944402 Cluett Peabody 1949 — Man behandelt zum Schrumpffest- und Knitterechtmachen mit Lösungen von 1,12—7,5% Glyoxal, eventuell unter Zusatz von Polyvinylalkohol (FP 944401) in Anwesenheit saurer Katalyten bei pH 1—2,5.

FP 944333 Stein Hall 1949 — Zum Schrumpffreimachen überzieht man Regenerattextilien usw. mit einem Schutzfilm, indem man mit Aminoplastvorkondensat und Milchsäure imprägniert und hernach durch Alkalibehandlung unlöslich macht. Dann wird gekocht, gebleicht und gefärbt (? d. V.).

FP 938735 Monsanto 1948 — Das Schrumpffreimachen erfolgt mit Tetramethylolmelaminen bei pH größer als 7, wobei nachher mit Katalysatorlösung behandelt und auf 117—149° C erhitzt wird.

FP 925501 Tullie, Salter, White 1947 — Zum Schrumpffestmachen von Wolle behandelt man erst bei pH 4 mit Hypochloritlösung, setzt nach Erschöpfung des Bades Na-sulfit kristall. zu und wäscht. Hernach behandelt man mit Wasserstoffperoxydbädern.

FP 923482 Cyanamid 1947 — Schrumpffestmachen durch Behandlung der Textilien mit einem Kondensationsprodukt von Methylolmelaminen und Formaldehyd.

FP 915782 Finishing Processes 1946 (s. a. FP 915972) — Zum Schrumpffestmachen von Wolle bzw. zur Verringerung der Filzfähigkeit behandelt man mit Hypochlorit und Ameisensäure, eventuell unter Zusatz von Harnstoff oder Thioharnstoff in wäßriger Lösung, pH 4, Temp. 5—10° C. Anderseits wird eine Behandlung mit Hypochlorit bei einem pH von 10,5 beschrieben, wobei die Behandlungsflüssigkeit mit Kohlendioxyd gesättigt wird.

FP 911855 Montclear 1946 — Wollgewebe werden schrumpffest gemacht, indem man sie mit einer wäßrigen Emulsion von Butadienpolymeren oder Co-Polymerisation von Butadien und Vinylverbindungen behandelt. Es muß schließlich im Material ein Gehalt von etwa 1,2% an Polymeren vorhanden sein.

FP 896878 Röhm & Haas 1944 (s. S. 367).

FP 884385 Tootal 1945 — Das Schrumpffestmachen von Wollgeweben erfolgt durch Behandlung von Dispersionen von NaOH in Butylalkohol in Petrol.

FP 883547 IG 1943 (s. S. 408).

FP 876750 Tootal 1942 — Zum Nichtfilzendmachen von Wolle werden Alkalien in organischen Lösungsmitteln vorgeschlagen.

FP 861779 Calico Printers Assoc. 1941 (s. EP 526098, S. 386).

FP 859555 Studies 1940 — Nicht schrumpfende Wollgewebe werden erhalten durch Behandlung mit verd. HCl (2 g/l), wobei einmal unter Kett-, das andere Mal unter Schußspannung gearbeitet und jedesmal Hypochloritlösung einwirken gelassen wird. Hernach wird erst sauer und dann mit Wasser gespült und getrocknet.

FP 850480 Friesland 1939 — Casein- oder Proteinfasern werden einer Behandlung mit Wasserdampf, eventuell unter Zusatz von Ammoniak, Stickstoff, Schwefeldioxyd usw. ausgesetzt. Derart behandelte Fasern zeigen ein wesentlich reduziertes Schrumpfvermögen, welches von 30—60% auf 6—12% zurückgeht.

EP 646809 Harris 1950 — Zur Wollmodifizierung dient die Behandlung mit reduzierenden Mitteln (Hydrosulfit, Formamidinsulfinsäure) in Gegenwart eines Alkylendihalids.

EP 639576 Preston 1950 — Eine Verminderung des Schrumpfens von Wolle soll durch eine Behandlung mit Zucker, Natriumalginat, Methylcellulose, Tragant oder Polyvinylalkohol erzielt werden.

EP 639155 Research 1950 — Zum Schrumpffestmachen von Wolle behandelt man mit Vorkondensaten aus Formaldehyd und Resorcin.

EP 638580 Stevensons 1950 — Man behandelt Wolle zum Schrumpffestmachen mit verdünnten Permanganatlösungen (60° C und pH 5—10) vor oder nach einer Behandlung mit schwefelhaltigen reduzierenden Mitteln.

EP 637656 Alrose 1950 — Viskosekunstseide wird mit hochkonzentrierter Natronlauge gequollen und sofort neutralisiert.

EP 635034 ICI 1950 — Zur Stabilisation von Textilien werden diese mit Methylglyoxal in Anwesenheit saurer Mittel behandelt und nachher auf 120—160° C erhitzt. Derartig behandelte Ware zeigt folgenden Einsprung.

		Kette %	Schuß %	Flächen %
1. Wäsche (20 Min. 60° C)	behandelt	7,5	0,7	10,9
	unbehandelt	14,0	4,7	20,0
2. Wäsche (60 Min. 100° C)	behandelt	7,9	4,9	12,3
	unbehandelt	16,1	7,9	22,4
3. Wäsche (60 Min. 100° C)	behandelt	7,9	3,9	11,6
	unbehandelt	16,1	7,8	22,3

EP 629329 Wolsey 1949 — Schrumpffeste Textilien werden erhalten, wenn man dieselben mit einer Feuchtigkeit von 10—30% mit Organosiliziumverbindungen (Silanen) behandelt und durch Hydrolyse Polysiloxanharze einlagert.

EP 628605 Monsanto 1949 — Man behandelt Wollgewebe mit Melamin-formaldehydvorkondensaten oder deren Alkyläthern.

EP 627910 Wolsey 1949 — Wolle wird mit Anhydrocarboglycin in organischen Lösungsmitteln behandelt.

EP 624733 Cluett Peabody 1949 — Man behandelt Textilien aus Cellulose zum Schrumpffestmachen mit Glyoxallösungen und einem sauren Katalyten, quetscht, trocknet und erhitzt über 100° C.

EP 620369 Cluett Peabody 1949 (s. a. EP 586598) — Man behandelt Wolle mit Glyoxallösung, die Polyvinylalkohol und einen sauren Katalyten enthält, und härtet nach Abquetschen und trocknen.

EP 617868 Edelstein 1949 — Zur Erhöhung der Festigkeit werden Kunstseidetextilien mit wäßrigen Lösungen von Na-zinkat behandelt und gesäuert. Die Ware wird auch schrumpffest.

EP 615838 ICI 1949 — Zum Schrumpffestmachen eignen sich hochmolekulare, quartäre Carbamate; vgl. AP 2518266.

EP 615473 Cyanamid 1949 (s. EP 562977 EP 615673) — Schrumpffeste und bakterienfeste Wollgewebe werden hergestellt, indem man mit wäßrigen Lösungen alkylierter Methylolmelamine behandelt, die ein Fluorid oder Silicofluorid enthalten.

EP 614966 Cotton Wool Dyers 1948 — Zur Herabsetzung der Filzfähigkeit und Schrumpfung von Wolle wird dieselbe mit Cu-, Ni- oder Hg-salzen (Sulfat, Acetat) getränkt und mit Peroxydlösungen behandelt.

EP 614271 Palest. Potash Co. 1948 — Schrumpffeste Wollgewebe werden erhalten, indem man mit einer wäßrigen Bromatlösung von unter 0,7 g/l Br und einem HCl-Zusatz der Größe $c = 1{,}25\,a + K$, wobei c = g HCl/l, a = g Br/l, K = 3,5 bei 11—12° C, 2 bei 25° C, 1 bei 35° C bedeuten, behandelt.

EP 614214 ICI 1948 — Schrumpffeste oder knitterfreie Textilien werden erhalten, wenn man dieselben mit Harnstoff-formaldehydvorkondensaten alkalisch oder neutral behandelt.

EP 613267 Wolsey 1948 (s. a. EP 594901) — Zum Schrumpffestmachen werden Wollgewebe mit Alkyl- oder Arylsilantrihaliden in entsprechenden Lösungsmitteln behandelt und dann die Organosiliziumverbindung hydrolysiert. Das Textilmaterial wird auch scheuerfest.

EP 612745 Calico Printers 1948 — Zum Schrumpffestmachen von Cellulosetextilien (insbesondere Viskosegeweben) werden die Gewebe mit Quellmitteln für die Faser derart behandelt, daß keine Faserschädigung eintritt, gewaschen, in beiden Richtungen über das gewünschte Maß gestreckt und erhitzt. Z. B. behandelt man mit NaOH von 2—5% oder 10—40% KOH oder mit 6—13% NaOH unter Zusatz von Glyzerin, Na-salzen oder Formaldehyd und wäscht mit Säure oder sauren Salzen. Das Trocknen kann auch bei höherer Temperatur als bei 100° C ausgeführt werden.

EP 611828 Wolsey 1948 (s. EP 611829) — Zum Filz- und Schrumpffestmachen von Wolle und zur Erhöhung der Scheuerfestigkeit behandelt man mit einem kationaktiven Emulgiermittel, hierauf mit der Dispersion eines Vinylharzes, die einen anionaktiven Emulgator enthält, und trocknet. Es soll eine bessere Verankerung des Harzes im Material eintreten.

EP 611360 Wolsey 1948 — Wolle wird schrumpffest, wenn man mit konz. Methylolharnstofflösungen imprägniert, abquetscht und bei 80—135° C härtet. Nachher wird mit n/1- oder 2 n-H_2SO_4 behandelt, gespült und neuerlich auf 80—135° C erhitzt. Dadurch soll die Harzeinlagerung mit der Wolle verankert werden, da im ersten Behandlungsgang das Vorkondensat mit den Aminogruppen der Wolle reagiert und erst beim zweiten Erhitzen Harzbildung stattfindet.

EP 610001 Earl 1948 — Man behandelt Gewebe mit Melaminformaldehydvorkondensaten unter Zusatz von 10—15% Resorcin. Hernach heiß kalandern! Die Resorcinzugabe setzt die Härtungstemperatur herab.

EP 608375 Cyanamid 1948 (s. a. EP 563172 und EP 562977) — Zum Schrumpffestmachen von Textilien werden wäßrige Lösungen von alkylierten Methylolmelamin-formaldehydkondensaten in Anwesenheit von Harnstoff oder Thioharnstoff verwendet, wodurch insbesondere bei Cellulose und Kunstseide keine Festigkeitsverminderung eintritt.

EP 607950 Cyanamid 1948 — Textilgewebe werden hydrophobiert und schrumpfecht gemacht, indem man mit wäßrigen Dispersionen von mit Alkoholen umgesetzten Methylolmelaminen und Fettsäureamiden behandelt, wobei auf 10 Teile Methylolmelamin etwa 0,5—5 Teile Fettsäureamid kommen.

EP 603494 Tootal 1948 (s. a. EP 538396) — Man behandelt Wolle zum Schrumpffestmachen usw. mit der Lösung von KOH in einem einfachen aliphatischen Alkohol, welche mit einem organischen Lösungsmittel verdünnt ist, das KOH nicht löst, mit dem Alkohol aber mischbar ist.

EP 603379 Vicars 1948 — Schrumpffeste Wolle wird durch Behandlung mit sauren Kaliumpermanganatbädern bestimmter Konzentration erhalten. Der Braunstein wird durch Bisulfit entfernt bzw. wird durch HCl ein lösliches Mn-salz gebildet. Das entstehende Cl begünstigt die Antifilzwirkung.

EP 601995 Montclear 1948 — Zum Schrumpffestmachen von Wolle werden Emulsionen von Co-Polymeren aus Butadien und Isopropenylmethylketon vorgeschlagen. Man verwendet Bäder aus 2,8 Teilen einer Emulsion, hergestellt aus dem Polymerisat von 20 Teilen Butadien, 20 Teilen Isopropenylmethylketon, 100 Teilen Pufferlösung von pH 10,2, 5 Teilen Wasserstoffsuperoxyd 30% und 5 Teilen Natriumlaurylsulfat und 300 Teilen Wasser, 20 Teilen Essigsäure und 1 Teile Natriumsulfat. Die Wolle wird bei 55° C eingebracht und 1,5 Stunden gekocht; sie nimmt 5% Co-Polymer auf.

EP 601183 Redman 1948 (s. a. EP 571821) — Zur Verhinderung des Schrumpfens wird nach Art des Sanforisierens vorgeschlagen, angefeuchtete Textilien zwischen Kalanderwalzen passieren zu lassen, worauf sie auf eine bewegte Fläche durch den Trockenofen geschickt werden. Die Schnelligkeit der Fläche ist geringer als jene, mit welcher die Ware den Kalander passiert, so daß sie in geschopptem Zustande getrocknet wird.

EP 601167 Monsanto 1948 — Man behandelt Textilien zur Erzielung von Schrumpffestigkeit mit wäßrigen Lösungen von Methylolmelaminen, hergestellt aus Melamin und Formaldehyd bei einem pH von 8,8—9,5 und Anwendung der Ausgangsprodukte im Verhältnis 1 : 2 bis 6. Empfohlen werden Lösungen von 1—15%, wobei höher konzentrierte einen Steifgriff geben. Die Ware ist auch knitterfrei. Die Lösung wird durch Zugabe von Ammoniak auf pH 7 eingestellt und unmittelbar vor Gebrauch der Katalyt zur Härtung zugegeben. Nach dem Trocknen findet bei 106—140° C die Härtung statt (1—20 Minuten).

EP 595518 Alrose Chem. 1947 — Schrumpf- und filzfreie Wolle wird erhalten, indem man mit Formaldehyd und Sulfaminsäurederivaten behandelt:

$$R{-}SO_2{-}\underset{Cl}{N}{-}X$$

(R ... OH, Alkyl, alizykl. Rest, Aryl, X ... H oder Cl). Z. B. behandelt man Wolle 50 Teile bei 20—25° C 30—60 Minuten mit 1 g Netzmittel pro Liter Flotte und 15—20 ccm 37% Formaldehyd. Hierauf wird behandelt mit einer Flotte 1:25, bestehend aus Dichlorsulfaminsäure mit etwa 7—8,5% Cl-Ion und etwas Schwefelsäure 66% sowie Formaldehyd bei 20—25° C 30—60 Minuten. Hierauf spülen und in einem Bad mit Bisulfit und Soda neutralisieren.

Als wirksam werden angegeben: N-Chlorsulfaminsäure, Natrium-N-dichlorsulfaminat, p-N,N-Dichlorsulfonamidobenzoat.

EP 594901 Wolsey 1947 — Zum Schrumpffestmachen von Wolle behandelt man das Textilmaterial mit Organosiliziumverbindung der Form

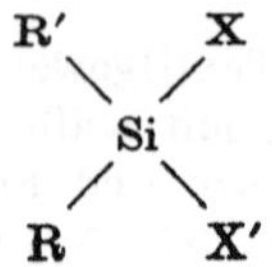

(R, R′ = Alkyl, X, X′ = Halogen) in organischen Lösungsmitteln beim Kochpunkt der Lösung und entfernt nachher das Lösungsmittel mittels Warmluft, worauf man bei 110° C 30 Minuten nachtrocknet. Z. B. wird Dimethylsiliziumdihalogenid empfohlen.

EP 592880 Tootal 1947 — Um das Filz- und Schrumpfvermögen der Wolle herabzusetzen, wird in mit NaOH gesättigtem Methyl- oder Äthylalkohol (1% NaOH) und Trichloräthylen behandelt, wobei auf 10% alkalischen Alkohol 90% Tri kommen. Die Schrumpfung beträgt 8% gegenüber 45% unbehandelt bzw. 20% bei Verwendung anderer Alkohole.

EP 589557 Haighton 1947 — Man trocknet nasse Gewebe in fixiertem Maße mit infraroten Strahlen und soll schrumpfechte Erzeugnisse erhalten.

EP 586637 Cluett Peabody 1947 — Verfahren zum Schrumpffestmachen mit Glyoxal in Anwesenheit von härtbaren Kunstharzvorkondensaten und sauren Katalyten.

EP 586598 Cluett Peabody 1947 (s. a. EP 585679) — Das Textilmaterial, welches schrumpffest und knitterfest bzw. auch quellfest zu machen ist, wird mit einer wäßrigen Lösung von 1—10 g Glyoxal unter Zusatz von 0,125—4 g saurem Katalyten pro Liter behandelt. Polyvinylalkohol wird zugegeben. Hierauf wird bei höherer Temperatur polymerisiert. Man erhitzt 2—40 Minuten auf 150—212° C, wobei auch ein Zusatz von Harnstoff-formaldehyd oder Melamin-formaldehyd, bei Bildung der entsprechenden Harze, erfolgen kann. Polyvinylalkohol ergibt mit Glyoxal die Bildung von Verbindungen der Art:

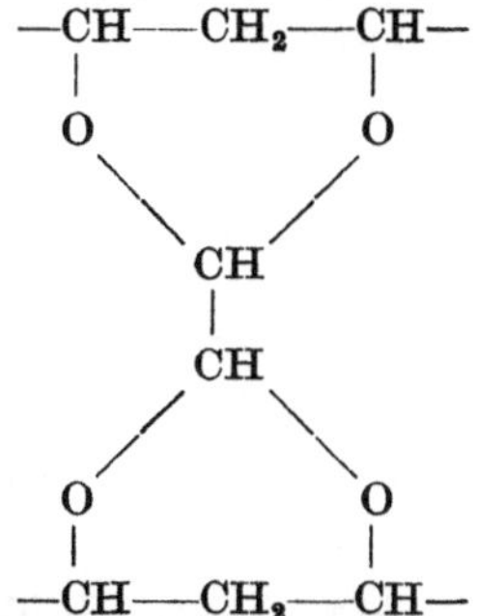

aber Glyoxal reagiert auch mit der Faser, daher tritt eine festere Bindung der entstehenden Stoffe an die Faser ein. Schädliche Festigkeitseinbußen sollen nicht auftreten.

EP 586020 Wolsey 1947 — Eine Antischrumpfbehandlung der Wolle erfolgt durch Behandlung bzw. Tränkung mit einem Bade, welches eine Lösung von Kaliumpermanganat und Säure darstellt, wobei das pH nicht mehr als 2,0 beträgt. Die Behandlungsdauer darf nur einige Minuten betragen. Z. B. behandelt man Wollgewebe, nachdem man sie mit Seife gereinigt und gespült hat, in einem Bad von 320 l Wasser, 0,5 kg Permanganat und 3,5 kg konz. Schwefelsäure 2 Minuten bei 20° C (pH des Bades 1,5—1,7). Hernach wird gut gespült und nachbehandelt mit einer Flotte von 320 l Wasser, 0,5 kg 25% Natriumbisulfitlösung (20° C) 5 Minuten, hernach wieder gut gespült, eventuell mit einer Seife-Ammoniaklösung zur Verbesserung des Griffs.

EP 585679 Cluett Peabody 1947 (s. S. 397) — Man behandelt mit sauren Glyoxallösungen von 15—120 ccm 30%iger Glyoxallösung pro Liter und erhitzt kurz. Der weiche Griff des Textilmaterials bleibt erhalten.

EP 583428 ICI 1946 — Man imprägniert Gewebe mit einer wäßrigen Lösung eines ätherifizierten Melamin-formaldehydproduktes, welches noch freien Formaldehyd enthält, und erhitzt nachher zur Bildung eines unlöslichen Harzes. Es werden 10%ige Lösungen des Produktes verwendet, wobei man 1% vom Gewicht dieser Verbindung an Ammonphosphat und Formaldehyd zusetzt. Erst wird nach der Imprägnierung bei 60° C getrocknet und dann 5 Minuten auf 150° C erhitzt. Die Schrumpfung ist auf die Hälfte vermindert. Sowohl Baumwolle als auch Kunstseide lassen sich derart behandeln.

EP 581418 Heberlein 1946 — Zum Schrumpffestmachen von Geweben wird das Textilgut mit Formaldehydlösungen, wie im EP 565337 beschrieben, behandelt. Hier findet jedoch die Behandlung mit Formaldehyd erst nach einer Appretur statt, die eine gewisse Beschwerung und Steifheit der Gewebe zum Ziele hat. Z. B. werden mit Stärke oder Gelatine appretierte Gewebe aus Baumwolle oder Kunstseide mit einer Lösung von 100 Teilen Formaldehyd 40%, 3 Teilen Aluminiumchlorid krist. und 900 Teilen Wasser imprägniert, bei 60° C getrocknet, wobei die Längen- und Breitenspannung nur etwa 4% unterhalb der normalen Dimension gehalten wird, und dann kurze Zeit auf 140° C erhitzt. Dann wird sofort gewaschen, geseift und auf über 6% der normalen Breiten- und Längenmaße gestreckt getrocknet. Man erhält eine gesteifte Ware, die schrumpffrei ist, eine erhöhte Scheuerfestigkeit besitzt und ihre Steifheit auch in der Wäsche beibehält. Statt Aluminiumchlorid kann auch Zinkchlorid mit einem Zusatz an Kalialaun genommen werden.

EP 579588 ICI 1946 — Künstlich unlöslich gemachte Proteine werden mit Formaldehyd bei pH 8,6—10 nachbehandelt. Die vorhergehende Härtung findet mit Formaldehyd in Gegenwart saurer Salze statt.

EP 579584 Bleachers Assoc. (s. a. EP 553923) — Zum Schrumpffestmachen von Wolle behandelt man erst mit Bisulfit- usw. Lösung und nachher mit Wasserstoffsuperoxyd. Man verwendet z. B. eine 2,5%ige Lösung von Na_2SO_3 bei einem pH von etwa 7, spült kalt und verwendet dann eine Lösung von Wasserstoffsuperoxyd von 2 Vol.-% bei einem pH von 10.

EP 575264 Dunlop Rubber 1946 — Polyvinylharze machen Textilien schrumpffest.

EP 573322 Fuller Earth 1945 — Man behandelt Wollengewebe oder solche, die Wolle enthalten, mit einem pulverförmigen Material in Anwesenheit eines nichtwäßrigen Mediums (Öl), um das Gewebe gegen Seifenlösung schrumpfbeständig zu machen. Als Pulver wird Fullererde, Kaolin oder Bentonit verwendet.

EP 572041 DuPont 1945 — Um Wolle schrumpffest zu machen, wird die Behandlung mit einem Mercaptan in wäßriger Lösung vorgeschlagen. Man arbeitet z. B. mit einer Lösung von 1,5% Thiosorbitol, welche auf 239 Teile 2,37 Teile n/10-NaOH enthält, 1 Stunde bei 26° C. Hernach spülen und trocknen.

EP 569730 Raynes-Stevenson 1944 (s. EP 570582) — Man behandelt Wollgewebe zum Schrumpffestmachen mit Chlor und Permanganat; vgl. auch SP 257697.

EP 567501 Baldwin, Barr, Speakman 1944 — Man behandelt Wolle mit Lösungen von Anhydrocarboglycin und polymerisiert in der Faser bei 90—140° C.

EP 565337 Heberlein 1944 — Textilgut wird mit Stärke, Formaldehyd und einem Katalyten, wie Aluminiumchlorid oder Zinkchlorid, und Kalialaun imprägniert und nach dem Trocknen kurz auf 70—160° C erhitzt. Man erhält eine schrumpffeste, waschecht gesteifte Ware mit großer Scheuerfestigkeit. Die Zusammensetzung des Imprägnierbades ist etwa: 5 kg Weizenstärke, 15 l Formalinlösung 40%, 4 l Aluminiumthiocyanatlösung 17 Bé, mit Wasser auf 100 l aufgefüllt. Oder: 4% Kartoffelstärke, 4,8% Formalinlösung 40%, 1% Soromin BS und 0,4% Aluminiumchlorid auf 100 Wasser. Oder per Liter Imprägnierbad: 100 g lösliche Stärke, 100 ccm Formalinlösung 40%, 20 g Zinkchlorid und 10 g Kalialaun.

EP 564958 Greenwood 1944 — Zum Schrumpffestmachen von Wolle wird diese chloriert und nachher mit Peroxyd nachbehandelt.

EP 562977 Monsanto (s. AP 2329622) — Wolle wird mit wäßrigen Dispersionen (5—15% vom Wollgewicht) von alkyliertem Methylolmelamin behandelt und nach der Trocknung auf 100—105° C erhitzt. Das Filzvermögen ist stark vermindert.

EP 559787 Barr, Speakman 1944 — Man tränkt Wolle mit Lösungen von Ammonpersulfat und behandelt nachher mit Methylmethacrylat, welches durch Erhitzen polymerisiert wird. Man kann auch Polystyrol verwenden.

EP 551310 Tootal 1944 — Die Wolle wird zum Filzfest- und Schrumpffestmachen mit üblichen Chlorierungsmitteln kurz behandelt und sofort gewaschen. Die Prozedur wird mehrmals wiederholt.

EP 549629 Bleachers Assoc. 1943 — Zum Schrumpffestmachen von Wolle werden starke Alkalien vorgeschlagen (schwache Lösungen greifen Wolle an).

EP 547846 Cilander — Zur Erzielung schrumpfechter Gewebe wird Formaldehyd in Verbindung mit ätherifizierenden oder esterifizierenden Mitteln für Textilien aus Baumwolle vorgeschlagen.

EP 541965 Tootal — Wolle wird in ihrem Filzvermögen durch Behandlung mit Natriumhydrosulfit, Stannochlorid oder Titanchlorid herabgesetzt. Die Behandlung muß mit Rücksicht auf eine mögliche Faserschädigung vorsichtig erfolgen.

EP 539057 Bleachers Assoc. 1941 — Man behandelt Wolle mit Lösungen von Kaliumsulfid in organischen Lösungsmitteln.

EP 538711 Tootal 1941 — Zur Verringerung der Filzfähigkeit und Schrumpfung der Wolle behandelt man dieselbe mit einer kleinen Menge Alkali oder eines Stoffes, der Alkali abgibt, in einem nicht wäßrigen Milieu, das vorzugsweise flüssig ist. Hierauf wird das freie Alkali entfernt, damit die Wolle beim weiteren Verarbeiten nicht leidet. Man dreht z. B. Wollgewebe durch eine Mangel beim Netzen, so daß der Wassergehalt der Ware etwa gleich dem Warengewicht ist. Dann wird mit einer Lösung von 70 VT Schwerbenzin und 0,009 GT Na in 30 VT Butylalkohol behandelt, nach 3 Minuten abgepreßt, schwach gesäuert, gewaschen und gespült. Das Filzvermögen ist sehr verringert.

EP 538665 Heberlein 1941 — Man lagert Harz in die Wolle ein und sanforisiert gleichzeitig beim Trocknen (200° C), wodurch eine schrumpffeste Ware erhalten wird.

EP 538428 Tootal 1941 — Wolle wird mit alkoholischer NaOH behandelt (0,6 g NaOH in 100 ccm Butylalkohol) oder man behandelt Wolle mit einer Lösung von Alkali in Mischung von 10 ccm Aceton und 30 ccm Äthylendiamin, quetscht ab, säuert und wäscht. Das Filz- und Schrumpfvermögen der Faser ist weitgehend verringert.

EP 538396 Tootal 1941 (s. a. FP 884355) — Verminderung der Filz- und Schrumpffestigkeit von Wolle wird erzielt, wenn man mit alkalischen Stoffen in organischen Lösungsmitteln, verteilt in einem weiteren Verdünnungsmittel, welches mit der Lösung vermischbar ist, aber den alkalischen Stoff selbst nicht löst, behandelt, z. B. mit einer Lösung von NaOH in Butylalkohol, verteilt in Tetrachlorkohlenstoff usw.

EP 526098 Calico Printers 1940 (s. FP 861779 1941) — Es wird festgestellt, daß für den Fall, als nur eine Schrumpffestbehandlung ohne Knitterfestigkeit erreicht werden soll, eine unterhalb von 15% liegende Konzentration des Formaldehydbades genügt, mit welchem Cellulose- oder Regeneratcellulose behandelt werden. Die Formaldehydaufnahme für Kunstseide liegt bei etwa 0,1—1,75% für Kunstseide und 0,1—0,4% für Baumwolle. Als saure Katalyten werden mit Rücksicht auf die Vermeidung von Faserangriffen Sulfosäuren der aromatischen Gruppe mit einer Dissoziation zwischen $3 . 10^{-1}$ und $3 . 10^{-4}$ gewählt. Erhitzt wird schließlich auf etwa 130° C.

EP 519343 Calico Printers 1940 — Wolle oder Woll-Acetatkunstseidegemische werden mit wäßrigem Formaldehyd und Säure (pH = 2) behandelt und bei höherer Temperatur getrocknet. Man behandelt z. B. mit 18,5% Formaldehyd und 3,7% Schwefelsäure, trocknet hernach unter Spannung auf das gewünschte Maß bei 70° C, erhitzt dann 10 Minuten auf 130° C, wobei die Gewebe schrumpfecht werden.

EP 518872 Heberlein — Kunstseidengewebe werden schrumpffest gemacht, indem man sie mit Formaldehydlösungen niedrigerer Konzentration, als für Cellulose üblich, nämlich etwa 50—200 g einer 40%igen Formalinlösung pro Liter Wasser, imprägniert, wobei unter dem Einfluß saurer Katalyten die Bildung von Methylenäthercellulose stattfindet (also eine die Quellfähigkeit herabsetzende Blockierung der freien OH-Gruppen des Cellulosemoleküls eintritt). Die notwendige Erhitzung wird auf 90—160° C vorgenommen.

EP 513919 Wool Research 1939 — Schrumpffeste Wolle wird erhalten, indem man sie mit einer wäßrigen Lösung von 0,2—0,5 g/l Papain und 10 g/l Natriumbisulfit behandelt. Man arbeitet bei Temperaturen von 40—60° C. Die Wirksamkeit des Enzyms ist am größten bei etwa 65° C. Es kann nicht in das Faserinnere eindringen, wirkt jedoch an der Faseroberfläche absorbierend und wirkt abbauend. Bisulfit ist notwendig, da es eine aktive Rolle bei dem Angriff des Fermentes auf die Faser zu spielen scheint.

EP 512187 Röhm & Haas 1939 — Zum Schrumpffestmachen und Schiebefestmachen werden wasserunlösliche, jedoch in organischen Lösungsmitteln lösliche Kondensationsprodukte von Harnstoff-formaldehyden verwendet, wobei Celluloseäther zugegeben werden können.

EP 501292 Jones 1939 — Zur Herabsetzung der Filzfähigkeit der Wolle wird dieselbe mit Natriumsulfit und Ammonchloridlösung kochend behandelt. Das pH des Bades soll durch Zugabe von Ammoniak auf 8 eingestellt sein.

HollP 60727 Tootal 1948 — Zum Schrumpffestmachen und zur Verhinderung des Filzens von Wolle behandelt man diese oder Gewebe daraus mit Lösungen von NaOH in Butylalkohol, wobei als Verdünnungsmittel Weißöl angewendet wird. Die Stärke der alkoholischen Lösung des NaOH beträgt etwa 6 g/100 ccm

Alkohol. Die Einwirkungstemperatur ist 20—60° C, dementsprechend die Dauer derselben 2—16 Stunden. Nachher wird geschleudert, sauer gespült und mit verd. Ammoniak gewaschen, hernach mit Wasser gespült, leicht geseift, nachgespült und getrocknet.

AP 2524399 Rubber 1950 — Zum Schrumpffestmachen von Cellulosetextilien werden diese mit Divinylsulfon behandelt.

AP 2524113 Stein Hall 1950 — Kunstseidentextilien werden schrumpffest, indem man sie mit wäßrigen Lösungen von 3—25% eines Kondensates von Aldehyd, α-Oxycarbonsäure und α-substit. Äthanol mit Harnstoff, Thioharnstoff, Biuret oder Aminotriazinen mit mindestens einer primären NH_2-Gruppe behandelt, über 100° C erhitzt und hernach mit 10—35%iger Alkalilösung bei 10—25° nachbehandelt.

AP 2522338 Cyanamid 1950 — Man behandelt zur Erzielung schrumpffester Textilien die lose Wolle mit 2,5—30% Harnstoff-, Thioharnstoff- oder Melaminformaldehydvorkondensat, trocknet, härtet und verspinnt dann zu Garnen.

AP 2521328 Alrose 1950 — Zum Schrumpffestmachen imprägniert man Mischungen von Regeneratcellulose und Celluloseestern mit wäßrigen Lösungen von 1—10% Glyoxal und einem Metallsilikofluorid (0,03%), quetscht auf 100% ab, trocknet und erhitzt dann auf über 100° C.

AP 2519842 Enka 1950 — Man behandelt Wolle mit schwach sauren Lösungen eines Kondensates von Formaldehyd und Resorcin oder chloriertem Resorcin, schleudert und erhitzt (6 Mol HCOH : 1 Mol Resorcin).

AP 2517573 US Secretary 1950 — Zur Modifikation von Wolle wird diese unter wasserfreien Bedingungen mit β-Propionsäurelacton behandelt.

AP 2516055 Botany Worsted 1950 — Man macht Wolle schrumpffest durch Halogenierung und nachherige Kunstharzeinlagerung, wobei keine der Behandlungen den Effekt allein erzielt.

AP 2515107 Cyanamid 1950 — Zum Schrumpffestmachen behandelt man mit wäßrigen Lösungen methylierter Methylolmelamine, die in Aceton gelöstes 1,1'-Bis-(chlorphenyl)-2,2-dichloräthylen im Verhältnis 1 : 10 zum Melaminharzvorkondensat enthalten. Nachher wird abgequetscht, getrocknet und gehärtet. Die Ware ist mottenfest.

AP 2514517 Montclair 1950 — Zum Schrumpffestmachen von Wolle dienen Dispersionen von Co-Polymeren aus 1,3-Butadien und Vinylestern mit einem kationaktiven Dispergator. 25% an Puffersalz (gerechnet auf Co-Polymer) zur Einstellung auf pH kleiner als 7 ist vorhanden. Die Ware soll nach der Behandlung 1—25% an Co-Polymer aufweisen (25% ?).

AP 2514132 Cyanamid 1950 — Zum Schrumpffestmachen von Wolle werden Bäder, die auf 1 Teil alkyliertes Methylolmelamin $^1/_2$—1 Teil Melaminfluorsilikat enthalten, vorgeschlagen.

AP 2508713 Harris Research Lab. 1950 — Zur Modifikation von Wolle (Widerstandsfähigkeit gegen Alkali) behandelt man mit reduzierenden Substanzen, die die S—S-Bindung zerstören, in Gegenwart von mindestens 0,00045 Mol pro Gramm Wolle an HCOH zur Ausbildung von Methylenbrücken, und zwar bei pH 3—9 bei 60—100° C.

AP 2508007 Bloch 1950 — Zum Schrumpffestmachen von Wolle verwendet man Lösungen von Bromaten und Salzsäure.

AP 2504835 Reichhold Chem. 1950 — Zum Stabilisieren von Textilien sollen Harze Verwendung finden, die durch Reaktion von 1 Mol aliphatischem oder hydroaromatischem Keton mit 5 Mol HCOH in Anwesenheit eines nicht flüchtigen alkalischen Katalyten bei pH 8—10 und 40—65° C erhalten werden. Nach der Reaktion wird sofort unter Vakuum entwässert.

AP 2499987 Harris Research Lab. — Wolle wird schrumpffest durch nur sekundenlange, bei Raumtemperatur vorgenommene Einwirkung einer Hypochloritlösung von 1—$6^3/_4$% freies Cl und darauffolgende plötzliche Erwärmung der Lösung auf zirka 45° C und darüber.

AP 2499653 Cyanamid — Herabsetzung des Filz- und Schrumpfvermögens von Proteinfasern durch Behandlung mit einer Mischung von 2—20% Maleinsäureanhydrid und 98—80% eines niederen Acrylsäurealkylesters und nachherige Polymerisation auf der Faser.

AP 2493765 Le Compte 1950 — Schrumpffeste Wolle erzielt man durch Behandlung mit Morpholin in der Hitze.

AP 2491584 Montclair 1949 — Zum Schrumpffestmachen von Wolle dienen Bäder, die ein Co-Polymer aus 1,3-Butadien mit 5—40% ungesättigtem Keton der Form $CH_2{=}CR_2{-}COR_3$ (R_2 = Alkyl oder H, R_3 = Alkyl), im Molekül nicht mehr als 12 C-Atome enthaltend, sowie einen nichtkationaktiven Emulgator und anorganische Salze als Konditioniermittel enthalten. Man arbeitet bei einem pH unter 7.

AP 2485250 Wolsey 1949 — Wolle wird schrumpffest durch Methylolharnstoff und nachfolgendem Härten in Gegenwart verdünnter Schwefelsäure.

AP 2484962 Montclair 1949 — Durch Behandeln mit einer wäßrigen stabilen Emulsion von Co-Polymeren aus 1,3-Butadien und Acrylnitril (10—40%) mit mindestens 25 Gew.-% an Neutralsalzen als Konditioniermittel bei pH = 7 erhält man schrumpffeste Wolle.

AP 2484599 Alrose Chem. 1949 — Schrumpffeste Wolle erhält man durch Behandeln mit Vorkondensaten härtbarer Aminoplaste ohne Katalyt. Hernach härtet man durch Dämpfen in Anwesenheit flüchtiger organischer Säuren.

AP 2484545 Alrose Chem. 1949 — Das Schrumpffestmachen von Wolle bzw. Mischgeweben mit mehr als 50% Celluloseestern erfolgt mit wäßrigen Glyoxallösungen mit Alkalisalzen oxydierend wirkender Säuren. Man trocknet ohne Spannung, bis die Hauptmenge an Wasser entfernt ist, und erhitzt dann auf 150° C und höher.

AP 2471456 Montclair 1949 — Beim Schrumpffestmachen von Wolle werden wäßrige Dispersionen, die die Ablagerung von 1—25% Chloroprenpolymer auf der Wolle gestatten, verwendet. Die Dispersion enthalten nichtkationaktive Emulgatoren und weisen ein pH von 7 auf.

AP 2470453 Wolsey 1949 — Schrumpffeste Wolle soll durch Beschallung (3—3000 Kilocyklen je Sekunde) bei Temperaturen unter 5° C und beim isoelektrischen Punkt schrumpffest werden.

AP 2467233 Montclair 1949 (s. a. AP 2173242, 2211959, 2299786, 2340358, 2384880, 2405038) — Zum Schrumpffestmachen wird eine Behandlung mit einer Mischung eines Polybutadien-1,3 und eines Melaminformaldehydharzes vorgeschlagen.

AP 2466457 Cyanamid 1949 (s. a. AP 2174534, 2311489, 2339203) — Man imprägniert zum Schrumpffestmachen mit wäßrigen Dispersionen von härtbaren Alkylmethylolmelaminen und 1—10% Formaldehyd bindenden Stoffen, wie Harnstoff usw., trocknet und härtet (vgl. AP 2468716).

AP 2457033 Harris Research Lab. 1948 — Das Schrumpffestmachen von Wolle erfolgt durch Behandlung mit einer Hypochloritlösung, die mit Borax auf pH 8—9 gepuffert ist (vgl. AP 2403906 und AP 2403937).

AP 2456586 Monsanto 1948 — Zur Behandlung von Geweben werden Kondensate aus Formaldehyd und Methylolmelaminen und Thioharnstoffen bei pH 8 bis 9 hergestellt.

AP 2456191 Reichhold 1948 — Die Herstellung stabiler wäßriger Harnstoffformaldehydkondensatlösungen zum Stabilisieren von Textilien wird ermöglicht, indem man in 1,9—2 Mole Formaldehyd auf 1 Mol Harnstoff verwendet, unter Zugabe eines flüchtigen alkalischen Katalyten und mittels eines Puffers auf ein pH von 5 einstellt. Die Wahl des besonderen Verhältnisses der Ausgangsstoffe soll die besondere Stabilität bedingen. Eine nähere Erklärung wird nicht gegeben.

AP 2447538 Montclair 1948 — Zum Schrumpffestmachen von Wolle wird diese mit Emulsionen von Butadienpolymeren und einem nicht kationenaktiven Stoff in Gegenwart von 25% (gerechnet auf das verwendete Polymere) wasserlöslichen neutralen Alkalisalzen bei einem pH unter 7 behandelt, so daß 1—25% Polymeres auf der Wolle abgeschieden wird. Insbesondere werden Co-Polymere aus Butadien-1,3 mit 5—50% Methacrylsäureestern, besondere Formen des Polymeren, Co-Polymere aus Butadien-1,3 und 10—40% 2-Methylbutadien-1,3 oder Chloropren bzw. Co-Polymere aus Chloropren und Polymethacrylaten vorgeschlagen (s. a. AP 2447539, AP 2447772, AP 2447877, AP 2448004, AP 2448005, AP 2447878).

AP 2438328 Fullers Earth 1948 — Zur Verminderung des Filzens und Schrumpfens von Wollgeweben werden diese mit Walkerden und Ölen behandelt.

AP 2436076 Cluett Peabody 1948 (s. a. AP 2412832) — Schrumpffeste Textilien aus Cellulosematerial werden unter Verwendung von Lösungen von Glyoxal hergestellt, wobei der Behandlungslösung noch ein Melaminformaldehydharz zugegeben wird. Es wird bei pH = 1—2,5 mit 1,12—7,5% Glyoxal gearbeitet.

AP 2434688 Evans 1948 — Wolle oder Keratinsubstanz wird mit reduzierenden Mitteln behandelt (mit einem nichtpolaren Mercaptan in wäßriger Lösung bei einem pH über 3, jedoch unter 13,5), dann aufgelöst in wäßrigem Alkali bei pH 9—13,5 und in Säurebädern gefällt.

AP 2434562 Harris 1948 — Wolle, Tierhaare usw. werden mit reduzierenden Mittel, wie Thioglykolsäure, Alkylmercaptanen oder β-Mercaptoäthanol, bei einem pH unter 9 zwecks Aufspaltung der Disulfidbrücken und Umwandlung in Sulfhydrylgruppen behandelt und hernach zur Ausbildung von Bis-thioätherbrücken mit Alkylendihalogeniden behandelt.

AP 2429082 Stevensons 1947 — Zum Schrumpffestmachen von Textilien, welche Wolle enthalten, werden dieselben mit einem Bad behandelt, welches eine verdünnte Lösung von Alkalipermanganat vom pH größer als 5 darstellt, hernach Alkalihypochloritlösung von einem pH größer als 7,5 und eine Lösung einer NCl-Verbindung, die ein pH von 1—3 besitzt, in Anwendung gebracht.

AP 2427097 Kamlet, Weißberg, Beer 1947 — Zur Herabsetzung des Schrumpfens und der Filzfähigkeit von Wolle erfolgt eine Formaldehydbehandlung und eine Behandlung mit einer Verbindung der Form

$$OH-SO_2-N\begin{matrix}X\\Cl\end{matrix}$$

oder deren wasserlöslichen Salzen, wobei X ein H-Atom oder Cl bedeutet.

AP 2418497 DuPont 1947 — Zur Reduktion der S—S-Gruppen in Wolle und Herstellung einer gegen Alkali widerstandsfähigen Faser wird Wolle mit alkalischen Lösungen von N,N'-Bis-(acetylthiomethyl)-harnstoff bei pH-Werten von 5—8 imprägniert und dann mit Alkylendihaliden (Trimetylendibromid) behandelt.

AP 2418071 Milton, Harries, Patterson 1947 — Zum Schrumpffestmachen von Wolle werden die Disulfidbrücken im Wollmolekül durch Behandlung mit Thioglykolsäure zu Sulfhydrilbrücken reduziert und diese durch Methyljodid, Äthylbromid oder Diazomethan alkyliert. Die Reduktion findet bei einem pH von 9, die Alkylierung bei einem pH von 7,9 statt: Wolle S—S Wolle → → Wolle SH—SH Wolle → Wolle $S(CH_3)—S(CH_3)$ Wolle.

AP 2416116 Goodall Sanford 1947 — Ein Gewebe, welches durch die Wahl des Webmaterials nicht filzt und schrumpft, wird beschrieben.

AP 2414704 DuPont 1947 — Man behandelt Wolle mit 1,3-Dichlor-5,5'-dimethylhydantoin.

AP 2412832 Cluett Peabody 1946 (vgl. a. AP 2409832) — Zum Schrumpffestmachen von Cellulosegeweben werden Behandlungsbäder vorgeschlagen, die 0,6—4,65% Glyoxal, 1—5% Amin-formaldehydvorkondensat und einen sauren Katalyten enthalten (z. B. 20 g Glyoxal, 3 g Oxalsäure und 45 g eines in Wasser dispergierbaren Vorkondensates von Harnstoff und Formaldehyd). Die behandelte Ware wird nach dem Abquetschen durch Erhitzen auf 100—160° C gehärtet.

AP 2411818 Heberlein 1946 — Man behandelt Gewebe in Gegenwart von sauren Katalyten und vegetabilischen oder animalischen Kolloiden, die mit Aldehyden reagieren können, mit Formaldehyd, erhitzt das so behandelte Gewebe auf 70—160° C und erhält ein Produkt, welches nicht schrumpft, dessen Quellfähigkeit herabgesetzt ist und das scheuerfest ist.

AP 2409894 Cluett Peabody 1946 — Kunstseidengewebe werden schrumpffest gemacht durch chemische Verfahren, kombiniert mit mechanischen Methoden, ähnlich dem Sanforisierverfahren (AP 1861424).

AP 2406958 DuPont 1946 — Man verändert den Charakter von Wolle oder Wollgeweben durch Spaltung der Disulfidbrücken des Moleküls. Diese Spaltung erfolgt durch Behandlung der Faser in wasserfreiem Äther mit Acrylnitril oder Styrol in Anwesenheit kleiner Mengen Jod. Z. B. wird ein Wollgewebe 24 Stunden in einer Lösung von 6,9 Styrol, 1,65 Jod und 2830 Äther bei 30_0 C behandelt. Das erhaltene Gewebe ist alkalifest, mottenfest und schrumpft weniger als unbehandeltes.

AP 2406412 ICI 1946 — Verminderte Schrumpfung, vollen Griff und Beschwerung zeigen Wollgewebe, die in Wasser genetzt, nachher der Wirkung von Methylmethacrylat-Wasserdämpfen ausgesetzt werden, wobei sich in der Faser polymeres Methacrylat bildet.

AP 2403937 DuPont 1946 — Um die Schrumpfung von Wollgeweben zu vermindern, behandelt man diese mit wäßrigen Formamidinsulfinsäuren, wodurch die Disulfidgruppen in die SH-Brücken übergehen. Man bereitet z. B. die Behandlungslösungen, indem man 1172 Teile 3%iges Wasserstoffsuperoxyd zu einer Lösung von 39,4 Teilen Thioharnstoff in Wasser zugibt, wobei eine Temperatur unterhalb 10° C eingehalten werden muß und das pH 8,2 beträgt, was durch weitere Zugabe von so viel Ammoniak bewirkt wird, bis dieser Wert erreicht ist. Hierauf puffert man mit 5000 Teilen 2-molarsaurer Dinatriumphosphatlösung. Die Gewebe werden bei 20° C 24 Stunden behandelt, hierauf mit Wasser und Äthanol gewaschen und an der Luft getrocknet. Formamidinsulfinsäure:

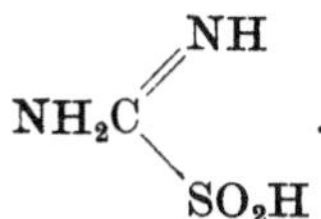

AP 2403906 DuPont 1946 — Zur Herabsetzung der Schrumpfung von Wolle oder Haar, ebenso zur Erhöhung der Widerstandsfähigkeit derselben gegen Alkali und zur Fixierung einer dauernden Kräuselung wird eine Behandlung der erwähnten keratinhaltigen Materialien mit monomerem N-(Acylthiomethyl)-carbonamid in alkalischer Lösung bei einem pH von 5,0—6,5 vorgenommen.

AP 2401479 Tootal 1946 — Um das Filzvermögen von Wolle herabzusetzen, behandelt man das Material mit Lösungen von Alkalien, die stärker sind als Ammoniak (NaOH oder organische Basen, wie z. B. Trialkylbenzylammoniumhydroxyd), in alkoholischer Lösung (Butylalkohol), wobei die anwesende Wassermenge unterhalb 13% liegen muß und die Behandlung nur so lange dauert, als kein nennenswerter Gewichtsverlust oder eine Griffverschlechterung des Materials eintritt.

AP 2395791 Cluett Peabody 1946 — Man stabilisiert Wolle gegen Schrumpfen mit einer alkoholischen kaustischen Lösung, um dadurch die Filzfähigkeit herabzusetzen. Man stoppt ab, wenn die Wolle etwa 16,7% Dehnungsfestigkeit verloren hat, und behandelt dann mit einer Kunstharzmischung in wäßriger Dispersion weiter. Schließlich wird durch Härtung fixiert.

AP 2395724 Tootal 1946 — Zum Schrumpffestmachen von Wolle werden Polymerisate aus Phosphorchlornitril $(PNCl)_x$ bzw. Kondensate aus Harnstoff, Melamin usw. mit Formaldehyd vorgeschlagen, wobei dieser Behandlung eine Chlorierung bzw. Bromierung der Wollfaser folgt.

AP 2394772 Celanese 1946 — Man schrumpft Celluloseacetat mit einer Mischung von Methylenchlorid und Äthylendichlorid.

AP 2382632 Ellis Foster 1945 — Das Schrumpfechtmachen von Wolle erfolgt mit sekundären Aminen oder quaternären Ammoniumverbindungen.

AP 2378186 Sylvana 1945 — Zum Stabilisieren von Textilien, welche Kunstseide enthalten, werden die Gewebe mit alkalischen Lösungen von Cellulosederivaten heiß behandelt, wobei die Alkalimenge so gehalten wird, daß kein Faserangriff erfolgt und der verwendete Celluloseäther koaguliert, wobei das Textilmaterial während dieser Operation in den gewünschten Massen fixiert ist.

AP 2351718 Speakman 1944 — Die Schrumpfung von Wollgeweben wird vermindert, indem man das Material mit einer Sulfitlösung behandelt und nach dem Spülen mit Peroxyd oxydiert.

AP 2351 581 Röhm & Haas 1944 — Textilien schrumpfen durch Behandlung mit einer 5—20%igen Lösung von

$$\mathrm{ROCH_2{-}\overset{\displaystyle R_1}{\underset{\displaystyle X\ \ R_3}{N}}{-}R_2}$$

(R_1, R_2, R_3 = Reste mit weniger als 13 C-Atomen, X ein Anion). Nach einer derartigen Behandlung wird schrumpffestes Material erhalten. Auch zum Kreppen ist die Methode geeignet.

AP 2347024 Beer 1944 — Man behandelt mit Lösungen von härtbaren Vorkondensaten in Gegenwart von Octadecyloxymethylpyridiniumchlorid.

AP 2338983 Röhm & Haas 1944 — Das Schrumpffestmachen von Textilien erfolgt durch kombinierte Behandlung mit Kunstharzlösungen (auf etwa 1—6% Harzgehalt vom Warengewicht) und nachheriges Sanforisieren.

AP 2337652 Dreyfus 1943 — Cellulosederivatgewebe werden schrumpffest gemacht, indem man sie bei 80° C in einem wäßrigen Bade behandelt, welches 60—90 g/l eines Salzes enthält, das die Faserquellung der Acetatseide zurückdrängt.

AP 2336340 Röhm & Haas 1943 — Schrumpffeste cellulosehaltige Textilien werden ohne Einlagerung von Kunstharzen durch Behandlung der Ware mit Lösungen von mehr als 5%, aber nicht mehr als 15% quaternärer Ammonsalze der Form

$$\begin{matrix} \mathrm{R{-}O{-}CH_2} & & \mathrm{R_2} \\ & \mathrm{N} & \\ & \mathrm{X} & \\ \mathrm{R_1{-}O{-}CH_2} & & \mathrm{R_3} \end{matrix} ,$$

wobei R eine aliphatische Gruppe mit 2—10 C-Atomen, R_1 mehr als 12 C-Atome, R_2, R_3 ein Alkyl mit 1—4 C-Atomen oder zusammen mit N ein heterozyklischer Ring, X ein halogen- oder säurebildendes Anion ist, erhalten. Man behandelt das in den gewünschten Massen fixierte Gewebe, wobei die NH_3-Gruppe abgespalten wird, der Rest verbindet sich mit der Cellulose. Es wird bei 130° C gearbeitet; dann trocknen, heiß seifen, waschen, spülen, trocknen.

AP 2331579 Cyanamid 1943 — Zum Stabilisieren von Textilien behandelt man mit Glyceriden höherer Fettsäuren, sulfonierten höheren Fettsäuren und Formaldehyd-Natriumbisulfit.

AP 2329651 Röhm & Haas 1943 — Das Filzvermögen und die Schrumpfung von Wolle werden reduziert bzw. Textilien stabilisiert durch Imprägnierung mit Harnstoff-formaldehydharzen; abquetschen, trocknen, härten.

AP 2329622 Cyanamid 1943 — Wollgewebe werden schrumpffest, wenn man sie mit Lösungen von alkylierten Methylolaminen behandelt. Gleichzeitig wird die Filzfähigkeit der Wolle herabgesetzt. Verwendet werden Lösungen oder Dispersionen von 2—15% in Wasser; die wasserunlöslichen höheren Methylolamine werden mit Alkohol dispergiert, welcher in Mengen bis 50% dem Wasser zugesetzt wird. Nach der Behandlung wird getrocknet und kurz gehärtet. Ein

Härtungskatalyt kann der Behandlungslösung beigegeben werden. Z. B. verwendet man als Agens Butylmethylolmelamin.

AP 2329406 Alframine 1943 — Als Emulgiermittel für Kunstharze, insbesondere beim Schrumpfechtmachen von Textilien, werden Kondensationsprodukte der Form

$$R{-}CO{-}NH{-}C_2H_4{-}N\begin{matrix} \diagup C_2H_5 \\ \diagdown C_2H_4OH \end{matrix} \quad .\,OH{-}SO_2{-}OC_2H_5$$

vorgeschlagen.

AP 2322313 Philipps, Middlebrock 1943 — Durch Behandlung von Wolle mit Bisulfit und Papain bei einem pH von 6,7 wird das Textilgut schrumpffest.

AP 2312348 Sears Roebuck 1943 — Vorschrumpfen von Geweben mittels einer Passage durch Kupfersulfat und NaOH-Lösung; Cellulosegewebe werden dadurch gequollen. Dann wird gesäuert und getrocknet.

AP 2311507 DuPont 1943 — Man macht Wolle schrumpffest durch Behandlung mit einem Chlorierungsmittel, welches mit Wasser Hypochlorit entwickelt, in einer Lösung von Dioxan.

AP 2284387 Albany Fell 1942 — Um wollehaltige Textilien schrumpfecht zu machen, werden dieselben mit sauren Lösungen von Bichromaten behandelt und das von der Faser aufgenommene Chromat zu dreiwertigem Chrom reduziert.

AP 2251127 Gessner 1941 — Man konditioniert und finisht Worsted Cloth durch Schrumpfen und Trocknen bei entsprechender Feuchtigkeit.

AP 2238672 DuPont 1941 — Man behandelt Wolle oder Wollgewebe zur Verminderung des Schrumpfens in alkoholischen Lösungen mit Formthional oder Äthynthiol und kleinen Mengen NaOH. An Stelle der genannten Verbindungen können auch Thioglykole, Aralkylmerkaptane oder polymere Merkaptane verwendet werden. Z. B. wird 1 Teil Wolle bei 25° C mit 10,5 Teilen einer 1,7%igen Dispersion von Cyclohexanthiol und 0,53% NaOH in 95% Alkohol und 0,5% Benzol behandelt.

AP 2213399 Solvay 1940 — Schrumpf- und filzfeste Wolle wird erhalten durch Behandeln mit Nitrosylchlorid (NOCl) in organischem Lösungsmittel (CCl_4 oder Petroleum) (2%ige Lösung).

AP 2159875 Cilander 1939 — Zur Verringerung des Schrumpfvermögens wird ein Voilegewebe getränkt mit einer Mischung von 5 Teilen Aceton und 25 Teilen Formalin 40% sowie 7 Teilen konz. NaOH. Die Mischung wird vor Gebrauch eisgekühlt. Durch Harzbildung erhitzt sich das nach dem Abquetschen der Luft zum Trocknen ausgesetzte Gewebe. Nach der Trocknung wird geseift, nach vorheriger Säuerung gespült und fertiggestellt.

AP 2158147 Celanese 1939 — Um die Breite eines Gewebes konstant zu halten, auch wenn das Gut den verschiedenen Naßbehandlungen ausgesetzt wird, wird ein Rundstuhlgewirke, welches aus Cellulosederivatfäden besteht, gestreckt und in diesem Zustande einer Behandlung mittels heißer wäßriger Seifenlösung unterworfen. Die Einwirkung wird hinsichtlich Dauer und Temperatur so vorgenommen, daß eine Erweichung der Fäden eintritt.

AP 2145385 DuPont 1939 — Ein mit einer Appretur aus Cellulosederivaten überzogenes Gewebe wird einer Schrumpfbehandlung derart ausgesetzt, daß das einmal geschrumpfte Gewebe nach der Nässung keine Schrumpfung mehr erfährt.

AP 2050156 Borgetty 1938 — Schrumpffeste Gewebe werden erhalten, indem diese mit wasserlöslichen Kondensationsprodukten von Harnstoff und Formaldehyd derart behandelt werden, daß die verwobenen Fäden an den berührenden Oberflächen durch eine transparente Schicht von Harnstoff-Harz leicht verbunden werden.

CanP 463651 Cyanamid 1950 — Zum Schrumpffreimachen behandelt man mit Wachsemulsionen und sulf. Fetten in Anwesenheit von $NaHSO_3 . CH_2O$-Additionsverbindungen.

CanP 449551 United Merchants 1948 (s. a. 449552, 449553, 449554, 449555) — Textilien werden gegen Schrumpfen in der Wäsche widerstandsfähig, wenn sie mit wäßrigen Lösungen von Harnstoff, Zinkoxyd und NaOH behandelt werden.

4. Das Knitterfestmachen von Geweben.

Infolge der großen Quellfähigkeit von Regeneratcellulose wird die Knitterfestappretur vor allem für Gewebe aus solchen, also für Kunstseide enthaltende Textilien, angewendet. Bei den Arbeitsmaßnahmen sind grundsätzlich zwei Arten der Knitterfestappretur zu unterscheiden. Die eine Methode arbeitet ohne Kunstharzeinlagerung in der Textilfaser, und zwar meist derart, daß die bereits unter den Appreturverfahren des Quellfestmachens von Cellulosefasern beschriebene Formaldehydbehandlung Anwendung findet. Bei der Formalisierung bzw. *Sthénosage* von cellulosehaltigen Textilien tritt neben einer Verringerung der Quellfähigkeit auch eine Verminderung des Knitterns der behandelten Ware ein. Auch die Einlagerung amorpher Salze, meist in Verbindung mit weichmachenden Mitteln, wird angewendet.

Bei der zweiten Art der Knitterfestappretur werden Kunstharze, meist Aminoplaste, in der Textilfaser abgelagert. Bei dieser Arbeitsweise kann auch die Schrumpffestigkeit bzw. die Echtheit direkt gefärbter Textilien verbessert werden.

Während vielfach die Ansicht vertreten wird, daß die durch die Formaldehydeinwirkung bzw. Einwirkung des Methylolharnstoffs bzw. Methylolmelamine usw. direkt gebildeten Methylen- bzw. Kunstharzmolekülbrücken zwischen den Celluloseketten den Knittereffekt bewirken und auch, als Voraussetzung dafür, eine bedeutende Herabsetzung der Quellung eintritt, sind letztlich andere Ansichten geäußert worden (Nickerson)[28]. Dieser erklärte die Behandlung mit Vorkondensat und nachheriges Erhitzen in Anwesenheit von Wasser als reine Polymerisation, und erst nachher, bei genügend langer Erhitzung in Abwesenheit von Feuchtigkeit trete die Brückenbildung ein. Dies sollte dadurch bewiesen werden, daß eine Ware des ersten Behandlungsstadiums beim Mercerisieren noch schrumpft, während der genügend lange zweite Prozeß diese Schrumpfung bei der Mercerisierung an der Ware nicht mehr eintreten läßt.

a) Verfahren ohne Anwendung von Kunstharz.

Die wichtigsten hier zu nennenden Verfahren arbeiten, wie bereits ausgeführt, mit der Einwirkung von wäßrigen Lösungen von Formaldehyd. Statt Formaldehyd kann, wie bereits an anderer Stelle besprochen und von der IG vor Jahren vorgeschlagen, auch Glyoxal verwendet werden. Dieser Prozeß ist

[28] Nickerson: Amer. Dyestuff Reporter 39, P 46 (1950).

aus USA. als *BR1*-Verfahren nach Cluett-Peabody bzw. *Sanforset G*-Methode bekannt[29]. Er bewirkt gleichzeitig auch ein Schrumpffestwerden der Ware.

Statt der Einwirkung von Aldehyden wird nach dem bekannten Rotta-Quellverfahren durch Einlagerung amorpher Salze, gemeinsam mit Weichmachern usw., eine Knitterfestappretur erzielt.

Bei letzterer Arbeitsweise, dem *Preska*-Finish, ist darauf zu achten, daß die Einlagerung der Salze in der Faser in amorpher Form erfolgt; langsame Trocknung begünstigt eine kristallinische Struktur und vermindert daher den Effekt. Der Einfluß der Trocknungsart auf den Knitterwinkel (Winkel, den eine geknickte Faser nach Aufhören der Knickung bildet) ist aus folgender Tabelle (nach Quehl) zu ersehen:

	Knitterwinkel		
	Baumwolle	Viskose	Viskose-Krepp
Unbehandelt	98°	89°	138°
Preska-Finish, rasch getrocknet	128°	122°	154°
Preska-Finish, luftgetrocknet	104°	97°	142°

Literaturübersicht über das Knitterfestmachen ohne Kunstharze.

Gagliardi, Nüssle: Amer. Dyestuff Reporter **39**, P 12 (1950).

Nickerson: Amer. Dyestuff Reporter **39**, P 46 (1950); vgl. auch Text. Manufacturer **76**, 134 (1950).

Quehl: Melliand Textilber. **30**, 535 (1949).

Morton: Text. Colorist **70**, 6, 21, 52 (1948).

Baylé: J. Textile Inst. **38**, A 419 (1947); vgl. auch Rayon Text. Monthly **28**, 72 (1947).

Peters: Text. Colorist **63**, 515 (1941).

Quehl: Melliand Textilber. **20**, 76 (1939).

Patentschrifttum über das Knitterfestmachen ohne Kunstharze.

OeP 166047 Research 1950 — Quellfestmachen von Cellulosefasern bei einem Punkte, wo chemisch gebundenes Wasser in adsorptiv gebundenes übergeht und bei diesem Wassergehalt (17—25%) in abgeschlossenen Räumen $^1/_2$ Stunde auf 115° C erhitzen.

OeP 151640 Heberlein 1937 — Man behandelt KS-Gewebe usw. in Gegenwart geeigneter Katalyten mit Formaldehyd, seinen Polymeren oder aldehydabgebenden Stoffen, trocknet und erhitzt auf 90—150° C. Als Katalyten werden Al-Salze abgegeben.

DP 755103 IG (nicht ausgegeben) — Man setzt den Viskosespinnlösungen in Wasser schwer lösliche oder quellbare Äthylenoxydanlagerungsprodukte an höhere Fettsäuren oder Fettsäureglyzeriden zu und erhält knitterfeste, weiche Kunstseide.

DP 747928 Heberlein 1944 — Zum Knitterfestmachen werden wie üblich saure Formaldehydlösungen verwendet. Das Textilmaterial wurde jedoch vorher mit Quellmitteln geschrumpft und dann gespannt.

DP 742451 IG 1943 — Zur Herstellung veredelter Zellwolle wird die Regeneratcellulose mit Fettsäuren und geringen Mengen von Alkyleniminen behandelt.

[29] Vgl. Amer. Dyestuff Reporter **36**, 515 (1947).

DP 724424 IG 1942 — Man behandelt zum Knitterfestmachen mit Lösungen von Formaldehyd und Salzen von Iminoäthern oder Amidinen und erhitzt dann auf über 120° C.

DP 722096 Rotta-Quehl 1942 — Man behandelt mit Alkalistannat in Gegenwart von Fett- und Wachsemulsionen.

DP 714147 IG 1941 — Nach der Behandlung mit Lauge von Nichtpergamentierwirkung wird knitterfest gemacht.

DP 713744 Böhme 1941 (s. DP 703207) — Knitterfeste Textilien werden erhalten, indem man mit Lösungen von wachsartigen Körpern in organischen Lösungsmitteln (Walrat) behandelt und vorher Formaldehyd und Essigsäure einwirken läßt.

DP 703207 Böhme 1941 — Man behandelt Gewebe zum Knitterfestmachen mit Lösungen von wachsähnlichen Körpern oder von Naturharzen in organischen Lösungsmitteln und hierauf mit Aldehyden unter Zusatz niedrigmolekularer Carbonsäuren und erhitzt.

DP 670504 IG 1939 — Man behandelt Gewebe mit Lösungen eines Dialdehyds (Glyoxal) und erhitzt kurze Zeit. Es werden knitterfeste Textilien erhalten. Die Behandlung erfolgt neutral oder ganz schwach alkalisch.

DA 170779 Böhme — Es wird mit Formaldehyd sauer behandelt und auf 130—170° C erhitzt.

DA 153948 Hiltner — Man behandelt mit Eiweiß-Harnstoffverbindungen. Das Eiweiß stammt vom Muskelfleisch von Fischen.

DA 72194 Günther — Nach Einwirkung von NaOH wird mit wäßrigen Lösungen von Leim, Eiweiß, Gummi usw. behandelt.

DA 56193 Ehrenzweig — Man läßt Hexosen, Formaldehyd, Rongalit, Weinsäure, Phosphorsäure einwirken.

DA 56000 Pfersee — Es wird mit Formaldehyd behandelt, der durch Erhitzen mit kleinen Mengen SO_2 polymerisiert ist (DA 56243).

DA 54375 Stockhausen — Man behandelt mit sauren Formaldehydlösungen mit nicht mehr als 50 g/l bei über 50° C.

DA 51994 Rotta-Quehl — Die Behandlung erfolgt mit wäßriger Boraxlösung, die geringe Mengen Fett, Paraffin, Leim, Stärke und Glyzerin enthält. Auch andere Borate sind verwendbar.

FP 877200 Peluches 1943 — Man behandelt Textilien mit wäßrigen Lösungen von Metallboraten, Zucker, Glyzerin, Pflanzenschleimen und Formaldehyd und trocknet bei 100—130° C (s. Quehlverfahren).

EP 640960 ICI 1950 — Man behandelt mit einem flüchtigen Katalysator und gasförmigem Aldehyd bei 100—250° C; vgl. auch EP 552097.

EP 634690 Courtaulds 1950 — Die Knitterfestigkeit und Flammsicherheit von Textilien, insbesondere aus Kunstseidenstapelgarnen, wird erhöht, indem man mit wäßrigen Lösungen von Cyanamid, die nichtflüchtige Mineralsäuren enthalten, imprägniert und dann trocknet. Hernach wird erhitzt. Eine Ausführungsform sieht die Mitverwendung von Formaldehyd vor. Es soll eine Verbindung der Cellulose mit der Mineralsäure und dem Cyanamid stattfinden. Als Mineralsäuren werden H_3PO_4, H_3PO_3, $H_4P_2O_7$, H_2SO_4 und $NH_2 . HSO_3$ genannt

(s. AP 2212152, 2227353 bzw. EP 506793, gegen welche sich das Verfahren abgrenzt).

EP 612527 Bat. Petrol. My. 1948 (s. EP 608922) — Zum Knitterechtmachen behandelt man Gewebe mit Lösungen von Produkten, die durch Einwirkung von Alkalien auf die Umsetzungsprodukte aus Kautschuk und SO_2 erhalten wurden, und läßt dann SO_2 auf die behandelten Gewebe einwirken. Z. B. wird das 13% S enthaltende Reaktionsprodukt aus Kautschuk und SO_2 mit einer alkoholischen KOH gekocht, gesäuert und das Koagulat in NaOH gelöst. Man aktiviert mit geringen Mengen H_2O_2, imprägniert mit der Lösung ein Viskosegewebe und behandelt dieses dann 15 Minuten bei 25° C mit gasförmigem SO_2.

EP 586598 Cluett Peabody 1947 (s. a. EP 585679 und S. 8, 361, 383) — Es wird mit Glyoxal behandelt.

EP 585679 Cluett Peabody 1947 — Knitterfeste Gewebe werden erhalten, indem man das Material mit einer Lösung behandelt, welche 15—120 ccm einer 30%igen Glyoxallösung und 0,125—4 mg eines sauren Katalyten enthält. Hernach wird kurz erhitzt. Der weiche Griff, insbesondere bei Geweben aus regenerierter Cellulose, bleibt erhalten.

EP 538520 Moncrieff, Bates 1941 — Textilgut wird unter Erhaltung seiner Struktur acetyliert in Gegenwart hochsiedender Flüssigkeiten, die nicht lösend wirken (Xylol). Als Acetylierungsmittel werden höhere aliphatische Monocarbonsäuren oder Amide von Polycarbonsäuren bei 100—160° C angewendet. Man erhält wasserfeste, gebrauchstüchtige, knitterfeste Gewebe.

EP 505970 Rotta, Quehl 1939 — Durch Behandlung von Geweben mit Lösungen von Boraten oder Stannaten mit Beigabe von Natriumtartrat werden auch ohne Zugabe von Fettemulsionen usw. knitterfeste Artikel erhalten, die auch eine Beschwerung von 5—10% zeigen.

EP 504343 Rotta, Quehl 1939 — Das Knitterfestmachen erfolgt mit Lösungen von Natriumsulfat, wobei durch Zugabe von kolloidalen Substanzen oder Emulsionen von Fetten, Ölen oder Wachsen die kristalline Abscheidung des Salzes innerhalb der Faser verhindert wird.

EP 504303 Rotta, Quehl 1939 — Zum Knitterfestmachen wird ein amorphes oder feinkristallines Salz, das kein Borat oder Stannat ist (z. B. Natriumsulfat), in Anwesenheit von Kolloiden, Glyzerin, Zuckern oder Emulsionen von Wachs, Paraffin, Fetten oder Ölen aufgebracht.

EP 504273 Rotta, Quehl 1939 — Auf Textilien, insbesondere Kunstseide, wird zum Knitterfestmachen ein amorpher oder feinkristalliner Niederschlag von Boraten oder Stannaten, eventuell gemischt mit Kalium- oder Natriumtartrat, aus Lösungen, die Kolloide, Glyzerin, Zucker oder Dispersionen von Fetten, Wachsen, Ölen, Paraffin usf. enthalten, hergestellt.

EP 500184 Robert, Watkins 1939 — Viskosegewebe werden mit einer Lösung von Formaldehyd, Eisessig und Wasser behandelt. Hierauf wird abgequetscht und im geschlossenen Gefäß bei 10 at und 130° C 30 Minuten erhitzt.

AP 2364737 DuPont 1944 — Zum Knitterfestmachen von Cellulose enthaltenden Textilien, aber auch von Polyamidfasern, werden als Behandlungslösungen solche von Äthern von Poly(N-methylolcarbonamiden) empfohlen, z. B. N,N'-Bis-(methoxymethyl)-adipamid usw.

AP 2313621 Röhm & Haas 1943 — Zum Behandeln von Textilien werden wasserlösliche Alkali-Enolate von Diketonen empfohlen, wie:

Decandion-2,4: $CH_3—(CH_2)_5—CO—CH_2—CO—CH_3$,

Dodecylthiopentandion-2,4: $C_{12}H_{25}—S—CH_2—CO—CH_2—CO—CH_3$,

Hexadecandi-dion-2,4,13,15:

$CH_3—CO—CH_2—CO—(CH_2)_8—CO—CH_2—CO—CH_3$.

Die Textilien werden knitterfest.

AP 2311080 DuPont 1943 (s. AP 2311027) — Man behandelt zum Knitterfestmachen von Kunstseide mit 3—5% Lösungen von Formaldehyd unter Zusatz von 0,4% NH_4Cl als Katalyt. Hierauf wird getrocknet und durch Xylol von 138° C (2 Minuten) genommen. Man wäscht mit Methanol, Ammoniak und seift hernach.

AP 2242218 Auer 1941 — Es wird mit

—COOH
X

behandelt (X = H oder COOH) und mit Formaldehyd nachbehandelt.

AP 2175183 Celanese 1939 — Knitterfestmachen von Kunstseide, auch Acetatkunstseide, erfolgt durch Behandlung mit 20%iger Formaldehydlösung, die 3% HCl enthält; dann bei 50° C trocknen, hierauf 5 Minuten mit einer Lösung von Äthylstearat (bzw. einem Alkylester höherer Fettsäuren) in Methanol behandeln, bei 50° C trocknen und hernach 5 Minuten auf 140° C erhitzen.

AP 2163204 Calico Printers 1939 — Gewebe werden mit Formaldehydlösung 14%ig in Gegenwart von Sulfonsäuren des Naphtalins behandelt und einige Zeit auf 70° C erhitzt. Neben einem Knitterechtheitseffekt wird auch die Waschechtheit der Färbung erhöht. Die Färbung kann gleichzeitig mit der Formaldehydbehandlung erfolgen, wobei Farbstoffe verwendet werden, die mit Formaldehyd behandelt, waschechter werden. Man verwendet ein pH von 0,82—2. Als Sulfosäuren können auch 2,2'-Benzidindisulfosäure (4%), Phenol-2-sulfonsäure (1,4%) oder 2-Naphtol-6-sulfosäure (3%) angewendet werden.

AP 2161808 Celanese 1939 — Man behandelt Textilien mit Lösungen von Hydroxylamin, Hydrazin bzw. deren Derivaten, trocknet und führt dann durch Formaldehydlösung. Hernach wird auf 130° C erhitzt. Z. B. verwendet man eine 5%ige Lösung von Hydrazinsulfat oder Hydroxylaminhydrochlorid, behandelt mit 40% HCOH und erhitzt 5 Minuten auf 130° C.

b) Knitterfestappretur mit Kunstharzen.

Die bei diesen Verfahrensarten angewendete Einlagerung von Kunstharzen in der Faser wird derart vorgenommen, daß die Textilien mit Lösungen von Kunstharzvorkondensaten und sauren Katalyten imprägniert, hierauf bei niedriger Temperatur getrocknet und schließlich zwecks Kondensationsbeendigung (Härtung) kurze Zeit auf höhere Temperaturen gebracht werden[30].

Als Kunstharze werden Harnstoff-, Harnstoffderivat-formaldehydharze sowie Triazin- bzw. Melamin-formaldehydkondensate verwendet. Wichtig ist, daß die Vorkondensate trocken und kühl aufbewahrt werden und der Zusatz des

[30] Bonnet: Teintex **6**, 281 (1941). — Truax: Text. Manufacturer **68** (1941).

sauren Katalyten erst unmittelbar vor Verwendung der Vorkondensatlösung erfolgt[31]; vgl. auch DP 731666.

Derartige Knitterfestappreturen verbessern in vielen Fällen auch die Naßechtheit von substantiv gefärbten Geweben, ebenso wird die Schiebefestigkeit erhöht. In manchen Fällen erfolgt jedoch eine Herabsetzung der Lichtechtheit der Färbungen bzw. auch eine Änderung des Farbtons, weshalb zur Färbung von für die Knitterfestappretur bestimmten Waren eine gewisse Farbstoffauswahl notwendig ist (vgl. S. 403). Der Einfluß von Sonnenlicht oder Uviollicht auf die Faserfestigkeit (nicht also auf die Farbstoffechtheit) ist hinsichtlich seiner schädigenden Wirkung weitgehend vermindert.

Faserschwächung durch Einwirkung von Uviollicht (44 Stunden) nach Wood.
(Der Harzgehalt der Gewebe betrug etwa 15%, auf Cellulose gerechnet.)

Viskose	Bruchlast trocken	Bruchlast naß (2-Inch.-Streifen)
Unbehandelt und unbelichtet	63 lb.	31 lb.
Unbehandelt, belichtet	30 lb.	null
Behandelt, unbelichtet	83 lb.	63 lb.
Behandelt, belichtet	80 lb.	57 lb.
Faserschwächung durch Einwirkung von Uviollicht wie oben, die Viskose enthielt 7,5% Harz:		
Unbehandelt und unbelichtet	60 lb.	30 lb.
Unbehandelt, belichtet	20 lb.	null
Behandelt, unbelichtet	74 lb.	39 lb.
Behandelt, belichtet	59 lb.	21 lb.

Faserschwächung gefärbter Viskose durch Sonnenlicht zeigt folgende Tabelle:

	Blau		Gelb		Grün	
	trocken	naß	trocken	naß	trocken	naß
Unbehandelt und unbelichtet	60 lb.	27 lb.	98 lb.	42 lb.	60 lb.	30 lb.
Unbehandelt, belichtet	47 lb.	19 lb.	46 lb.	null	47 lb.	12 lb.
Behandelt, unbelichtet	80 lb.	35 lb.	120 lb.	52 lb.	84 lb.	48 lb.
Behandelt, belichtet	52 lb.	24 lb.	91 lb.	38 lb.	65 lb.	33 lb.

Der Harzgehalt ist 8—10%; die Belichtungsdauer war so gewählt, daß die Naßfestigkeit der unbehandelten Ware mit gelber Färbung unterhalb 5 lb. lag. Es wurden Färbungen benützt, die besonders starken destruktiven Einfluß unter Belichtung zeigen (Küpenfärbungen!) (nach Marsh).

Der Knitterfestigkeitseffekt hängt außer von der Warengattung und den verwendeten Harzmengen auch außerordentlich von der relativen Feuchtigkeit ab (RH = rel. Feuchtigkeit).

	30% RH	45% RH	60% RH	75% RH	90% RH
Muster 0,35 mm dick	35,5 mm	34,5 mm	33,5 mm	31,5 mm	22,5 mm
„ 0,64 mm „	38,5 mm	37,7 mm	34,5 mm	32,5 mm	18,7 mm

[31] Vgl. z. B. Powers: Modern Plastics **15**, 306, 313—316 (1937).

Bei der Behandlung ist es von Wichtigkeit, daß die Ablagerung des Harzes nicht auf der Gewebe- bzw. Faseroberfläche erfolgt, da dann neben einem rauhen Griff die erzielten Effekte außerordentlich gering sind. Wie Untersuchungen ergaben, ist das Harz nicht in den Mizellen abgelagert, sondern muß zwischen den Kristalliten liegen. Dies ist zu erwarten, da auch Wasser nicht in die Mizellen eindringt, so daß man für eine wäßrige Lösung der Vorkondensate auch nicht annehmen kann, daß sie den Weg ins Mizelleninnere nehmen kann. Knitterfeste Waren zeigen eine gewisse Art des „Fallens“, auch wenn sie bei der Behandlung nur leicht beschwert wurden. Durch die Verminderung des Auftretens von Knittern halten sie sich auch staubfreier als gewöhnliche Gewebe. Der Knitterfesteffekt ist auch nach zahlreichen Wäschen, sofern diese nur vorsichtig vorgenommen werden und nicht Kochen mit alkalischen Laugen angewendet wird, beständig. Ein kleiner Verlust an Harz, meist in den ersten drei Waschoperationen nachzuweisen, ist für den Effekt ohne Bedeutung. Knitterfest appretierte Ware zeigt eine bemerkenswerte Zunahme der Tragfestigkeit, der Widerstandsfähigkeit gegen Fäulnis und eine Verminderung der Schrumpfung, was mit der Verringerung der Quellung zusammenhängt. Die Feuchtigkeitsaufnahme ist, sofern nur bei der Berechnung des aufgenommenen Wassers (es ist hier die Aufnahme von Feuchtigkeit aus der Luft verstanden) unter Zugrundelegung des reinen Fasergewichtes und nicht etwa des aus Fasergewicht und Harzgewicht zusammengesetzten Gesamtgewichtes ausgegangen wird, etwa gleich der unbehandelten Ware. Lediglich bei starker relativer Luftfeuchtigkeit, wie 90% und mehr, bleibt die Feuchtigkeitsaufnahme der behandelten Ware hinter der unbehandelter zurück. Die Wasseraufnahme durch direkte Befeuchtung mit Wasser ist bei knitterfest appretierten Waren geringer. Aus den angeführten Gründen ist auch eine Erhöhung der Naßfestigkeit bei knitterecht ausgerüsteten Kunstseiden festzustellen. Auch die Trockenfestigkeit ist eine größere. Bei Baumwolle ist jedoch eine gewisse Abnahme der Festigkeit zu beobachten, die ihren Grund aber nicht in einer etwa eingetretenen Faserschwächung durch die hohen Härtungstemperaturen bzw. das Erhitzen in Anwesenheit saurer Stoffe hat. Dies zeigen Messungen, die man durch Prüfung der aus knitterfest appretierten Baumwollgeweben hergestellten Celluloselösungen erhalten hat. Interessant ist, daß sich nach einer Mercerisation von knitterfest ausgerüsteten Waren, insbesondere Leinen, nach der Härtung des aufgenommenen Harzes eine Zunahme der Imbibition zeigt.

Naßfestigkeit in Prozent der Trockenfestigkeit von Viskosefäden in Zusammenhang mit deren Harzgehalt (Harnstoffharz) (nach Marsh).

Viskosefaden		Faden aus Viskose nach dem Streckspinnprozeß	
Harzgehalt %	Verhältnis Naßfestigkeit zu Trockenfestigkeit %	Harzgehalt %	Verhältnis Naßfestigkeit zu Trockenfestigkeit %
0	31	0	41
3,3	47,5	2	50
6	50	5,3	55
9	58	8,8	58
12	63	10,2	64
16	65	16,2	69
23	59	21,3	66

Die Wirkung verschiedener Kunstharzeinlagerungen bringt nachstehende Tabelle.

Kunstharzart	Steifheit	Reibfestigkeit	Zugfestigkeit in kg/qcm
Unbehandelt	2,0	10	3,6
Harnstoff-formaldehydlösung	2,4	11	3,3
Harnstoff-formaldehydemulsion	4,0	45	4,3
Acrylharz-Lösung	11,7	36	4,4
Acrylharz-Emulsion	2,2	42	4,3

Der Prozeß der Kunstharzeinlagerung zum Knitterfestmachen ist nach den Erfindern (Tootal Broadhurst Lee Corp.) in England als *„Tebelizing“* bekannt.

Die Knitterfestprobe nach Tootal Broadhurst Lee besteht darin, daß Gewebestreifen von 4×1 cm in der Schußrichtung, das andere Mal genau in der Kettenrichtung geschnitten werden. Die Streifen werden dann in die Hälfte gefaltet und unter ein Gewicht von $^1/_2$ kg gelegt. Der Querschnitt des Gewichtes ist genau so groß wie die Fläche des gefalteten Gewebestreifens. Nach 5 Minuten Belastung werden die Streifen 3 Minuten auf Drähte gehängt und hernach der Abstand ihrer Ränder mittels eines kalibrierten Planspiegels gemessen, der unmittelbar unterhalb des Streifens angeordnet ist. Das erhaltene Maß in Zentimeter ist ein Maßstab für die Knitterfestigkeit. (Je näher an der Zahl 8 liegend, desto besser knitterfest ist das Gewebe.)

Eine kürzlich veröffentlichte Versuchsreihe von Gagliardi-Nüssle ergab hinsichtlich der Verwendung verschiedener Kunstharzmaterialien beim Knitterfestmachen folgende Quellwerte:

Kunstharzvorkondensat	Katalyt	Quellung %	Ketten-schrumpfung %
Unbehandelt	—	100	10,0
5% Formaldehyd	0,3% NH_4Cl	16	0,8
5% Glyoxal	0,3% NH_4Cl	22	1,1
5% Harnstoff-formaldehyd	0,5% $(NH_4)_2HPO_4$	51	6,7
5% Melamin-formaldehyd	0,5% $(NH_4)_2HPO_4$	49	5,5
5% subst. Harnstoff-formaldehyd	0,3% NH_4Cl	36	2,5
5% Keton-formaldehyd	1% Na_2CO_3	60	7,3

Nach Behandlung mit n/10-HCl waren die ursprünglichen Eigenschaften des Materials wieder vorhanden, was dafür gedeutet wird, daß keine Oxydation oder Hydrolyse der Cellulose stattfand.

Die Festigkeitsabnahme zeigt folgende Zusammenstellung:

10% Einlagerung vom Fasergewicht	Festigkeit g/den	Bruchdehnung %
Unbehandelt	2,28	16,8
HCOH	2,30	2,7
Glyoxal	1,90	3,7
Harnstoff-formaldehyd	2,64	7,0
Thioharnstoff-formaldehyd	2,30	3,1
Subst. Harnstoff-formaldehyd	2,47	5,7
Melamin-formaldehyd	2,33	6,5
Subst. Melamin-formaldehyd	2,37	6,7
Acetylenharnstoff-formaldehyd	2,19	7,8
Keton-formaldehyd	2,27	9,8

Die für die Härtung der Kunstharzeinlagerungen notwendige Temperatur kann nach neueren Vorschlägen durch Behandlung mit infraroten Strahlen[32] (vgl. S. 375) oder Führung der Gewebe durch geschmolzene Metallbäder (Pb, Sn, Sb, Cd) erzielt werden. Die Metall- bzw. Legierungsschmelze wird elektrisch geheizt. Eine Überhitzung des Textilgutes ist ausgeschlossen[33].

Neuestens wurde wieder darauf hingewiesen (Gutmann, l. c. u. a.), daß der oft bei der behandelten Ware auftretende „Fischgeruch" nur von der Art der Härtung abhänge. Zu rasche Vernetzung ist zu vermeiden. Es ist ja allgemein bekannt, daß der Griff von Ware mit Kunstharzeinlagerung immer eine Verschlechterung erfährt. Der beste Effekt hinsichtlich Knitterechtheit und Weichheit wird erhalten, wenn das Harz im Faserinneren sitzt. Dies wird begünstigt durch vorhergehende Quellungsbehandlung (Alkali), langsame, mehrmalige Imprägnation und vor allem durch sehr gleichmäßige Trocknung vor der Härtung bei zirka 70° C, die eine Migration des Harzes an die Oberfläche der Faser ausschließt. Die Infrarottrocknung, die vorerst die Gewebeoberfläche austrocknet, begünstigt eine derartige Wanderung.

Eine neuerdings vorgeschlagene Arbeitsweise sieht den Zusatz thermoplastischer Stoffe zu den Kunstharzkomponenten vor. Z. B. werden beim Knitterfestmachen mit Mischungen aus methylierten Methylolmelaminen (härtbar) mit thermoplastischen (also nicht härtbaren) Modifikationszusätzen (OeP 165080) folgende Meßwerte erhalten (W = Kette, F = Schuß):

Angewendet: 10% methyliertes Methylolmelamin und 20% Co-Polymer gemäß Tabelle (% auf Bäder als Gewichtsprozente bezogen; behandelte Ware: Baumwollperkal 80 × 80).

	Gesamtzugfestigkeit W + F in kg	Verlust durch Behandlung in %	Gesamtknitterfestigkeit W + F in cm
Unbehandelt	40,9	—	3,6
Kein thermoplastischer Zusatz, also reines Kunstharz	31,0	24	5,5
Zusatz: 30% Styrol + 70% Äthylacrylat-Co-Polymer	40,0	2	5,7
Zusatz: 90% Äthylacrylat + 10% Acrylnitrilpolymer	37,8	8	6,4
Zusatz: 80% Äthylacrylat + 20% Acrylnitril-Co-Polymer	37,8	8	6,9
Zusatz: 70% Äthylacrylat + 30% Acrylnitrilpolymer	37,8	8	6,0
Zusatz: 80% Äthylacrylat + 20% Dimethylstyrol-Co-Polymer	39,6	3	6,0

Die in der Faser eingelagerten Harze halten bei Warenbleiche usw. Chlor hartnäckig zurück (vgl. S. 353). Dieser Umstand kann insbesondere bei der Hauswäsche knitterfest ausgerüsteter Waren mit chlorhaltigen Waschmitteln zu Warenschädigung und Reklamationen führen. Aceton-Aldehydkondensate zeigen dieses Verhalten nicht. Leider verfärben sie sich im Licht, so daß ihre Verwendung aus diesem Grunde nicht oder nur beschränkt möglich ist.

---

[32] Textil Rundschau **2**, 315 (1947); vgl. Berlepsch, Valendas: Melliand Textilber. **31**, 710 (1950).

[33] Amer. Dyestuff Reporter **36**, 19 (1947); vgl. auch FP 900758.

Wie bereits erwähnt, können Knitterfestappreturen den Farbton und die Lichtechtheit von Färbungen herabsetzen, deren Naßechtheiten jedoch erhöhen. Bei der Auswahl der Farbstoffe für Gewebe, die für Knitterfestappreturen bestimmt sind, sind daher Unterlagen, die entsprechende Farbkarten der Farbstoffabriken liefern, wertvoll. In welchem Maße z. B. Knitterfestappreturen auf Basis Harnstoff-Formaldehyd bzw. Melamin-Formaldehyd die Lichtechtheit verschiedener Farbstoffe beeinflussen, zeigen die Tabellen auf S. 404 bis S. 406. Aus den gleichen Tabellen geht auch die größere Verbesserung der Waschechtheit durch Melaminharze im Vergleich zu den Harnstoffharzen hervor. Alle Werte sind aus der Farbkarte P 2 der Sandoz A. G. (1950) entnommen.

An Stelle der Verwendung von Ammonsalzen als Härtungskatalyten wird der neue *Katalysator A* (Ciba) empfohlen, wodurch die Lichtechtheitsverminderung bei Verwendung von Melaminharzen vermieden werden soll.

Es ist bekannt, daß Knitterfestappreturen auf Harnstoffbasis zuweilen unter dem Einfluß von Wärme und Feuchtigkeit zu „fischeln" beginnen, was auf die Bildung von Trimethylamin zurückgeführt wird. Kraus hat eine analytische Methode entwickelt, um Gewebe auf Trimethylamingehalt zu prüfen. Das Gewebe wird mit HgO bestäubt (macht NH_2 unschädlich) und mit Melamin (macht HCOH unschädlich) und Wasser erhitzt. Die Wasserdämpfe werden in J-KJ-Lösung geleitet, wo Trimethylamin einen schwarzbraunen Niederschlag verursacht.

Literaturhinweise zum Knitterfestmachen.

Gutmann: Melliand Textilber. **31**, 639 (1950).
Kraus: Textil Rundschau **5**, 395 (1950).
Quehl: Melliand Textilber. **30**, 535 (1949); vgl. **20**, 76 (1939).
Gruntfest, Gagliardi: Ind. Engng. Chem. **41**, 760 (1949); vgl. Text. Res. J. **20**, 180 (1950) bzw. Melliand Textilber. **31**, 704 (1950).
Shapiro: Rayon and Synth. Text. **30**, 39 (1949).
Stoeckhert: Melliand Textilber. **30**, 76 (1949).
Hartmann: Melliand Textilber. **30**, 70 (1949).
Buck, McKord: Text. Res. J. **19**, 219 (1949).
Weiss: Kunststoffe in der Textilindustrie. Wien: Springer-Verlag. 1948.
Wengraf: Textil Rundschau **3**, 1 (1948).
Landolt: Textil Rundschau **3**, 109 (1948).
Cameron, Morton: J. Soc. Dyers Colourists **64**, 329 (1948).
Waard, Hyizdak, Stock: Amer. Dyestuff Reporter **37**, 513 (1948).
Smith: J. Soc. Dyers Colourists **61**, 11, 269 (1945).
Elöd, Haas, Wittmus: Melliand Textilber. **21**, 461 (1940).

Patentschrifttum über die Knitterfestappretur mit Kunstharzen.

OeP 165080 Cyanamid 1950 — Knitterfeste Textilien mit erhöhter Zugfestigkeit werden erhalten, indem man mit Melamin-formaldehyd- oder methylierten Methylolaminvorkondensaten, gemeinsam mit thermoplastischen Co-Polymerisaten aus Acrylat oder Acrylnitril und Styrol ($1:1^1/_2$—2), in einer Gesamtmenge von zirka 20% auf das Warengewicht gerechnet, behandelt.

OeP 160675 Axelrad 1941 — Man behandelt Textilien zum Zwecke des Knitterfestmachens in Bädern von Vorkondensationsprodukten von Glyzerin und Formaldehyd, Methylal oder Acetal, nimmt dann eine Behandlung mit einem Amid, wie z. B. Thiocarbamid, vor und erhitzt schließlich auf 80° C. Z. B. werden 98 Teile Glyzerin unter Zusatz von 0,44 Teilen Natriumacetat 2,5 Stunden auf

Harnstoff-formaldehyd-knitterfest-appreturechte Direkt-, Solar- und Cuprofixfarbstoffe.

Farbstoff	Nuancenänderung durch Knitterfestappretur		Lichtechtheit			Waschechtheit			Ausbluten in Appretur		Nuancenänderung bei Belichtung		
	a	b	vor	Appretur a	Appretur b	vor	Appretur a	Appretur b	a	b	unbehandelt	Appretur a	Appretur b
Solargelb 2 GL	Spur grüner	unv.	7	7	5	4	4—5	4—5	4	4	unv.	unv.	unv.
Solarorange D	unv.	unv.	5	6—7	5	3	4	4—5	3—4	3—4	unv.	unv.	unv.
Solarscharlach BL	Spur blauer	Spur blauer	6	6—7	4	2—3	3—4	4—5	3—4	3—4	unv.	unv.	unv.
Solarrubinol B	etwas blauer	reiner	7	7	3	2—3	3	4	3	3	unv.	unv.	unv.
Solarviolett 4 RL	Spur blauer	Spur reiner	6	6	3	2	3—4	3—4	2—3	2	Spur blauer	unv.	unv.
Solargrün 5 GL	Spur blauer	blauer	6—7	6—7	5	3	3	4—5	3—4	3	unv.	unv.	etwas trüber
Solarbraun PL	Spur röter	etwas röter	6	6—7	3—4	2—3	3—4	4—5	4—5	3—4	unv.	unv.	unv.
Cuprofixgelb GL	unv.	unv.	7	7—8	6—7	4—5	4—5	5	4	4	Spur reiner	unv.	unv.
Cuprofix Bordo BL	Spur reiner	Spur blauer	7	6—7	5—6	4	4—5	4—5	4—5	4—5	unv.	etwas gelber	unv.
Cuprofixblau 3 GL	Spur grüner	unv.	7	7	6	4—5	4—5	4—5	5	5	etwas trüber	unv.	etwas trüber
Cuprofixmarineblau GL	unv.	Spur trüber	7	7	6—7	4—5	4—5	4—5	5	4—5	unv.	unv.	unv.

Cuprofixgrün BL	unv.	Spur blauer	5	5—6	4—5	4	4	4	4	3—4	unv.	Spur trüber	etwas trüber
Cuprofixbraun 5 GL	unv.	etwas reiner	5—6	6—7	6	3—4	3—4	4	4—5	3—4	grüner	unv.	unv.
Direktgelb C	Spur grüner	Spur röter	4	6	3—4	2—3	3—4	4	3—4	3—4	unv.	unv.	unv.
Pyrazolorange GH	Spur grüner	etwas röter	3	5—6	4—5	2	3	4	4	3—4	Spur trüber	unv.	Spur trüber
Chloraminechtorange RS	unv.	unv.	3	4—5	3	2—3	3—4	4	2—3	2—3	unv.	unv.	unv.
Chloraminechtscharlach SE ...	unv.	unv.	4	5	3—4	2—3	3—4	4	3—4	3—4	unv.	unv.	unv.
Chloraminreinblau FF	etwas grüner	Spur trüber	2	4	2	2—3	4	4—5	3—4	3	unv.	unv.	unv.
Viscoblau E	unv.	unv.	3	4	2	3	3—4	4—5	3	2—3	etwas röter	Spur röter	unv.
Trisulfonblau W	Spur grüner	etwas trüber	3	4—5	3	4	4	4—5	4	3—4	etwas röter		
Chloraminschwarz ZAR	Spur blauer	Spur grüner	6	6—7	5	2	3—4	4—5	2—3	3	unv.	unv.	Spur röter
Viscoschwarz N	Spur blauer	etwas blauer	5	5—6	4—5	3	4	4—5	4	3—4	unv.	unv.	unv.

a) Harnstoff-formaldehyd: Knitterfestbehandlung mit Vorkondensat und Diammonphosphat oder Borsäure oder Ammonrhodanid + + Na-hexametaphosphat.

b) Melamin-formaldehyd mit Weinsäure.

*Melamin-formaldehyd-knitterfest-appreturechte Direkt-, Solar- und Cuprofixfarbstoffe**.

Farbstoff	Nuancenänderung durch Knitterfest-appretur		Lichtechtheit			Waschechtheit			Ausbluten im Behandlungsbad		Nuancenänderung bei Belichtung		
	a	b	vor	Appretur a	Appretur b	vor	Appretur a	Appretur b	Appretur a	Appretur b	unbehandelt	Appretur a	Appretur b
Solarflavin 5 G	unv.	Spur grüner	5	6—7	5—6	2	3—4	4	3—4	3—4	unv.	unv.	unv.
Solarflavin R	unv.	unv.	5	6—7	5	3	3—4	4	4	4	unv.	unv.	unv.
Solarbraun GCR	etwas reiner	röter	6	7	6	2—3	3—4	4	4—5	4—5	unv.	unv.	unv.
Cuprofixmarineblau CGBL	unv.	Spur trüber	6—7	6—7	6—7	4—5	4—5	4—5	5	4—5	Spur grüner	unv.	Spur grüner
Cuprofixbraun 5 GL	unv.	etwas röter	5—6	6—7	6	3—4	3—4	4	4—5	3—4	grüner	unv.	unv.
Pyrazolorange GH	Spur grüner	Spur röter	3	5—6	4—5	2	3	4	4	3—4	Spur trüber	unv.	Spur trüber
Pyrazolorange R	unv.	Spur röter	2	5	4	2—3	2—3	3—4	3—4	3—4	unv.	unv.	unv.
Chloraminrot 3 B	Spur gelber	unv.	2	3—4	2	2	3	3—4	3	3	unv.	unv.	unv.
Chloraminreinblau FF	etwas grüner	Spur trüber	2	4	2	2—3	4	4—5	3—4	3	unv.	unv.	unv.
Trisulfonblau FO	Spur röter	unv.	3	4—5	3	3	3—4	4—5	4—5	4—5	etwas röter		
Trisulfonbraun 3 G	Spur gelber	etwas röter	2	3—4	2	2	3	3—4	3—4	3	unv.	unv.	unv.
Trisulfonbraun 33	unv.	röter	2	3	2	2	2—3	3—4	4	3—4	unv.	unv.	unv.
Chloraminschwarz FF	Spur blauer	etwas blauer	3	4	3	3—4	4	4	4	3—4	unv.	unv.	unv.
Viscoschwarz NF extra	Spur blauer	Spur blauer	4—5	5	5	4	4	4—5	4—5	4	unv.	unv.	unv.

* Hinsichtlich Appretur a und b vgl. vorhergehende Tabelle.

280° C erhitzt und hernach 3200 Teile 30% Formaldehyd zugegeben. Es bildet sich Methylal und Acetal. Dann wird Thioharnstoff zugegeben, die Ware in das Behandlungsbad gebracht und nach dem Abquetschen 12 Stunden bei 50° getrocknet. Es bildet sich aus dem Thioharnstoff und dem Acetal das Kondensationsprodukt, welches den Knitterfesteffekt hervorruft.

DP 755103 IG (nicht veröffentlicht) — Man setzt der Viskosemasse Umsetzungsprodukte aus Äthylenoxyd und Fettsäuren zu.

DP 749928 ohne Inhabernennung 1944 — Knitterfestmachen mit Harnstoff- bzw. Thioharnstoffharzen; vgl. DP 725864.

DP 749091 ohne Inhabernennung 1944 — Harnstoff-Acroleinharze als Knitterfestappretur.

DP 742994 Schubert 1943 — Harnstoff-formaldehydvorkondensate dienen gemeinsam mit Glyptalharzen zur knitterfesten Ausrüstung.

DP 738087 IG 1943 — Zum Knitterfestmachen von Textilien behandelt man mit wäßrigen Lösungen von Amiden der Schwefelsäure oder Sulfamiden der aliphatischen Reihe und Formaldehyd, eventuell unter Zusatz von Appreturmitteln. Man trocknet bei erhöhter Temperatur vor und erhitzt kurze Zeit auf 120° C.

DP 735811 Schlieper & Baum 1943 — Zum Knitterfestmachen von Textilien werden wasserlösliche Vorkondensate aus Harnstoff und Formaldehyd unter Zusatz von Pyridinbasen angewendet. Nach dem Trocknen wird kurz gehärtet.

DP 734208 Flores 1943 — Zum Knitterfestmachen und Hydrophobieren wird Cellulosematerial mit wäßrigen Lösungen behandelt, die knitterfestmachende Mittel und wasserlösliche quartäre Ammoniumverbindung aus Halogenmethyläthern höherer Fettalkohole und tert. Basen enthalten. Nach dem Trocknen wird erhitzt.

DP 728611 Houghton 1942 — Mischungen aus aliphatischen mehrwertigen Alkoholen und Borsäure dienen als Kondensationsmittel für die harzbildenden Produkte.

DP 717692 Flores 1942 — Zum Knitterfest- und Schrumpffestmachen behandelt man mit Lösungen von knitterfestmachenden Mitteln in Gegenwart wasserlöslicher quartärer Ammoniumverbindungen aus einen Alkylrest mit mindestens 10 C-Atomen enthaltenden Fettsäureoxymethylamidchlormethyläthern.

DP 715139 IG 1943 — Sulfonierte Phenol-formaldehydkondensate werden zum Knitterfestmachen verwendet.

DP 714393 Durst, Krey 1941 — Man behandelt zum Knitterfestmachen mit Lösungen von Harnstoff, Formaldehyd und Wasserstoffperoxyd, wobei noch Appreturmittel zugegeben werden, trocknet rasch bei 80° C und erhitzt auf 110—150° C.

DP 702449 IG 1941 — Man tränkt Gewebe zum Knitterfestmachen mit Aldehyden und Aminoverbindungen des 1,3,5-Triazins oder mit den wasserlöslichen Vorkondensaten daraus und erhitzt auf höhere Temperatur.

DP 685545 Zänker 1939 — Gewebe werden mit Kunstharzlösungen behandelt, indem man sie während der Härtung des Harzes in schnelle Schwingung, z. B. durch Bearbeitung mit Bürsten, versetzt. Dadurch wird ein tieferes Eindringen des Harzes erzielt und die Verklebung an der Oberfläche mit ihren Nachteilen verhindert.

DA 104420 Röhm & Haas — Es wird mit Harnstoff-formaldehydvorkondensat oder Acroleinharnstoffharzvorkondensat behandelt.

DA 85150 — Man behandelt mit wäßrigen Emulsionen polymerisierter oder kondensierter Kunstharze (DA 146318).

DA 66421 IG — In der Faser werden Mischkondensate aus Ureiden, Formaldehyd und hochmolekularen Aminen, eventuell unter Zusatz von H_2O_2 oder Peroxyden, gebildet.

DA 56102 Baumheier — Man behandelt mit Mischungen von Harnstoff, Formaldehyd und Basen (Pyridin, Piperidin, Alkylamin).

DA 51088 — Es wird mit Lösungen aus Aceton, HCHO und SO_2 behandelt und auf 100° C erwärmt.

DA 51042 IG — Man imprägniert mit Harnstoffharzvorkondensat und Wachs (DA 56161).

DA 51041 IG — In der Wärme wird mit Säureamiden und Formaldehyd behandelt.

SP 267685 Cyanamid 1950 — Man verwendet teilweise polymerisierten Dimethylolharnstoff.

SP 259409 ICI (s. a. SP 259410 1949) — Knitterfrei und hydrophob werden Cellulosetextilien durch Behandlung mit den wasserlöslichen Kondensaten aus Pyridinformiat und Hexamethylolmelaminhexamethyläther.

SP 237394 Gy. 1945 — Textilien werden mit dem Kondensationsprodukt aus 4,4'-Bis-[2-Amino-4-phenylamino-1,3,5-triazyl-(6)]-diaminostilben-2,2'-disulfosäure behandelt, wobei diese außerdem als optisches Bleich- bzw. Aufhellungsmittel wirkt. Die Kondensation wird mit Formaldehyd oder anderen Aldehyden oder solche abgebenden Verbindungen nach einer Imprägnierung bei erhöhter Temperatur vorgenommen oder die bereits gebildeten Kondensate verwendet.

SP 219662 IG 1942 (s. Hydrophobieren).

SP 202548 Ciba 1939 — Man kondensiert 2,4,6-Triamino-1,3,5-triazin (Melamin) mit Formaldehyd und Äthylalkohol bis zur Harzbildung. Das Produkt ist in Alkohol löslich und kann als Mittel zum Knitterfestmachen verwendet werden.

FP 938735 Monsanto 1948 — Zum Knitterfestmachen werden Melaminformaldehydkondensate in Anwesenheit von Katalyten verwendet.

FP 900758 IG 1945 — Zum Härten von Kunstharzimprägnierungen erhitzt man Gewebe derart, daß man sie ein Bad aus geschmolzenem Metall (100—150° C) passieren läßt (6—40 Sekunden).

FP 883547 IG 1943 (s. a. Zusatz 52197 1943) — Zur Erhöhung der Schrumpf-, Reiß- und Knitterfestigkeit werden Lösungen oder Dispersionen von Kondensationsprodukten aus Harnstoff und Carbaminsäureestern oder niedrigmolekularen Carbaminsäureamiden usw. angewendet. Nachher erfolgt eine Wärmenachbehandlung mit sauren Katalyten.

FP 881324 IG 1943 — Verminderte Quellfähigkeit und erhöhte Knitterfestigkeit wird erzielt, wenn Gewebe aus Cellulosehydraten mit Vorkondensaten von Harnstoff-formaldehydharzen behandelt und bei höheren Temperaturen in Anwesenheit von Oxydation bewirkenden Mineralsäuren oder Salzen (HNO_3, Persulfate usw.) gehärtet wird. Eine Temperatur von 100° C genügt, so daß geheizte Trockenzylinder Anwendung finden können.

FP 875512 IG 1942 — Behandelt man Textilien aus Cellulose oder Regeneratcellulose mit wäßrigen Lösungen von Harnstoff-formaldehydkondensaten oder Vorkondensaten in Gegenwart wesentlicher Mengen von mineralsäurefreien Salzen drei- oder mehrwertiger Metalle (Al) bei erhöhter Temperatur, so wird nach Nachbehandlung mit Alkalien die Scheuerfestigkeit, Naßreißfestigkeit und Krumpfechtheit neben der Knitterfestigkeit erhöht.

FP 875425 IG 1942 — Eine gleichzeitige oder nachher erfolgende Diastasebehandlung macht knitterfeste Textilien, die durch Einwirkung von Aldehydkondensaten hergestellt wurden, weicher im Griff.

FP 866320 Ciba 1942 — Zum Knitterfestmachen von Textilien werden Melaminformaldehydkondensate vorgeschlagen.

FP 836872 IG 1939 — Zusammen mit Alkoxymethylpyridiniumchlorid werden Melaminformaldehydharze verwendet und Textilien gleichzeitig wasserabweisend und knitterfest gemacht.

EP 646205 Cyanamid 1950 — Vorkondensate aus Melamin, Thioharnstoff und Formaldehyd werden verwendet.

EP 645926 Ciba 1950 — Zur Vermeidung der Harzmigration setzt man den Vorkondensaten Tragant, Stärke oder Polyvinylalkohol zu; vgl. auch EP 597390.

EP 614504 Yorkshire 1948 — Zur Verhinderung von Knittern und Brüchen in geschrumpften (gekreppten) Geweben werden dieselben vor dem Trocknen mit Lösungen von Proteinen in Mischung mit härtbaren Kunstharzen behandelt, nachher, ohne dem Gewebe Gelegenheit zum Schrumpfen zu geben, getrocknet (gehärtet), hernach mit wäßrigen Netzmittellösungen spannungslos geschrumpft und ohne Spannung getrocknet.

EP 614307 Cyanamid 1948 — Stabile kolloidale Lösungen von Vorkondensaten des Dimethylolharnstoffs werden hergestellt, indem man eine wäßrige Lösung des Dimethylolharnstoffs mit SO_2 (gelöst) versetzt, bis ein pH zwischen 0,5—3 resultiert, altern läßt, bis sie kolloid wird und die freie Säure nachher neutralisiert.

EP 608487 Cyanamid 1948 — Zur Behandlung von Textilien werden anionaktive Dispersionen von Dimethylolharnstoff verwendet, welche erhalten werden, indem Dimethylolharnstofflösungen unter Zusatz von Schwefeldioxyd bei pH von 0,5—3 altern gelassen werden, bis die Polymerisation zu Teilchen von Kolloidgröße eingetreten ist. Man kann mit derartigen Dispersionen, welche negativ elektrisch geladene Teilchen enthalten, insbesondere positiv geladene mineralische Fasern, wie Asbest, aber auch Wolle usw. behandeln; vgl. SP 267685.

EP 607582 Ewart 1948 — Zur Herstellung knitterfester mercerisierter Leinengewebe werden dieselben nach der Imprägnierung mit Kunstharzvorkondensaten und der Härtungsoperation nicht geseift, sondern ein Teil des Harzes (bis auf etwa 6—8%) mittels heißer Sodalösungen oder verdünnter organischer Säuren abgezogen. Dadurch steigt auch die Tragfestigkeit der Ware.

EP 591496 Monsanto 1947 (s. a. AP 2409906) — Zum Knitterfestmachen werden Melamin-formaldehydkondensate, welche mit Aminodiphenyl stabilisiert wurden, verwendet. In Lösung in Furfurylalkohol oder Toluol usw. können sie auch zum Hydrophobieren und für permanente Appreturen angewendet werden.

EP 587572 Cyanamid 1947 — Gewebe werden zum Knitterfestmachen mit Melamin-formaldehydkondensationsprodukten quaternärer Art in Lösung oder Dispersion imprägniert und zur Zersetzung der Verbindung auf mindestens 80° C erhitzt. Pyridiniumsalze von Melaminkondensaten oder alkylierte Produkte davon werden angegeben.

EP 586997 Cyanamid 1947 — Man imprägniert Textilien mit wäßrigen Lösungen oder Dispersionen von Verbindungen der Form

$$ROCH_2\text{—}NH\text{—}CO\text{—}NH\text{—}CH_2\text{—}\underset{\text{Anion}}{N(\text{tert.})}$$

und erhitzt auf Temperaturen über 80° C, die genügen, um das N-salz zu spalten (eventuell wird noch Methylolmelamin oder Methylolharnstoff zugesetzt). Z. B.:

$$C_{12}H_{23}OCH_2\text{—}NH\text{—}CO\text{—}NH\text{—}CH_2\text{—}\underset{(CH_3)_3}{\underset{|||}{N}}\text{—}Cl$$

oder

$$C_{18}H_{37}OCH_2\text{—}NH\text{—}CO\text{—}NH\text{—}CH_2\text{—}\underset{Cl}{N}\langle C_5H_5\rangle.$$

EP 583844 Ciba 1947 — Man behandelt Textilien mit Melamin-formaldehydkondensaten unter Zugabe von Katalyten und Pyridin als Stabilisator. Man erhält knitterfeste Produkte. Auch die Naßechtheit von Direktfärbungen kann verbessert werden.

EP 579709 Courtaulds 1946 — Man behandelt Kunstseidenstapelfasergewebe mit einer Lösung, die wie folgt hergestellt wird: 50 Teile Formaldehyd 40% werden mit NaOH auf ein pH von 7 eingestellt und hernach 21,6 Teile Harnstoff zugegeben. Durch weitere Zugabe von NaOH wird auf ein pH von 9 gebracht, eine äquivalente Menge Wasser zugesetzt, auf 80° C erhitzt, 15 Minuten auf dieser Temperatur gehalten und dann rasch abgekühlt. 80 Teile der Lösung werden mit 20 Teilen Wasser verdünnt und 2% Ammonthiocyanat sowie 0,2% Natriumhexametaphosphat beigegeben. Nach der Behandlung wird das Textilgut abgequetscht (Effekt 90%), auf 70° C erhitzt und so getrocknet. Dann wird schließlich bei 140° C 4 Minuten gehärtet.

EP 562790 Courtaulds 1944 — Zum Knitterfestmachen von Cellulosematerial wird dasselbe mit einem Imprägnierbad behandelt, welches Formaldehyd neben Harnstoff oder Thioharnstoff oder Vorkondensaten aus Formaldehyd und diesen Verbindungen enthält. Als Katalysator wird Borsäure in Mischung mit aliphatischen Oxysäuren (Milchsäure, Weinsäure usw.) angewendet. Nach der Behandlung wird getrocknet und gehärtet. Die Mischung der Katalyten soll eine geringere Faserschädigung ergeben.

EP 540219 Courtaulds 1942 — Die Herstellung von Präparaten zum Knitterfest- und Wasserabstoßendmachen wird beschrieben.

EP 537971 DuPont — Methylolharnstoff-Diäther, welche nach dem Verfahren des EP 522643 (DuPont) erhalten werden, können zum Knitterfestmachen von Textilien Anwendung finden. Z. B. werden 70 Teile Dimethylolharnstoff, 150 Teile Methylalkohol und 30 Teile Magnesiumsulfat wasserfrei gemischt und 1 Stunde am Rückfluß behandelt. Nach Entfernung des unlöslichen Magnesiumsulfats wird die Lösung mit Wasser verdünnt und zur Imprägnierung von Textilien verwendet. Hernach wird getrocknet und 6 Minuten auf 170° C erhitzt.

EP 518916 ICI 1940 — Knitterfeste Textilien aus Cellulose erhält man durch Behandeln mit Polyäthylen in Verbindung mit Harnstoff-formaldehydharzen, Wärmenachbehandlung über dem Schmelzpunkt des Polymeren, wobei die Ware auch einen weichen Griff aufweist.

EP 517011 Battye 1940 — Das Knitterfestmachen erfolgt mit Harnstoff-formaldehydkondensaten unter Zusatz von aliphatischen Urethanen. Die erhaltenen Textilien sind auch hydrophob.

EP 509079 Röhm & Haas 1939 — Kunstseidengewebe werden mit Harnstoff-formaldehydkondensatlösungen, die eine quaternäre Ammoniumverbindung, wie z. B. Diäthylallylcetylammonchlorid enthalten, imprägniert. Letzteres macht die Textilien weicher und biegsamer.

EP 506721 Tootal — Zum Knitterfestmachen von Cellulosegeweben werden dieselben mit einer Lösung imprägniert, welche wie folgt hergestellt wird: Man löst 100 Teile Harnstoff in 200 Teilen neutralisiertem Formaldehyd (40%), welchem man 7,5 Teile Ammoniak ($d = 0{,}88$) zugegeben hat. Es wird nun einige Minuten zum Kochen erhitzt und dann rasch abgekühlt. Dann werden 8 Teile Octadecyloxymethylpyridiniumchlorid (Velan PF) und 6 Teile Diammoniumphosphat zugegeben, die in 50 Teilen kaltem Wasser gelöst wurden, und das Ganze auf ein Gesamtvolumen von 400 Teilen verdünnt. Nach dem Tränken wird die Ware abgequetscht, bei 40° C getrocknet und 3 Minuten auf 140° C erhitzt. Hernach wird geseift, gewaschen und getrocknet. Auch Stearoamidomethylpyridiniumchlorid ist verwendbar.

EP 503679 IG 1939 — Knitterfeste Gewebe werden erhalten, indem man sie erst mit einem Weichmacher (in Lösung) und dann mit der Lösung eines Dimethylolharnstoffs behandelt. Hernach wird gehärtet. Die erhaltene Ware ist weniger steif und besitzt eine bessere Elastizität sowie Festigkeit, als wenn die Weichmachungsbehandlung nach der Harzeinlagerung erfolgt.

EP 503670 Ripper 1939 — Vorkondensate aus Dicyandiamid und Formaldehyd dienen zum Knitterfreimachen.

EP 501206 Thomas & Wardle 1939 — Man imprägniert Viskose mit einer Lösung von 120 Teilen Harnstoff und 320 Teilen Formaldehyd, die mit NaOH neutralisiert und dann 5 Minuten mit 400 Teilen Wasser gekocht wurden, wobei der Lösung nachher 80 Teile Diäthylenglykolborat in Wasser gelöst zugegeben und auf 1000 Teile mit Wasser verdünnt wird. Dann wird abgequetscht und getrocknet und schließlich bei 130° C 3 Minuten gehärtet. Nach dem Seifen und Spülen wird fertiggestellt.

EP 499207 Tootal 1939 — Man erhitzt 50 Teile Harnstoff, 100 Volumteile Formaldehyd 40% und 3 Volumteile Ammoniak 5 Minuten, kühlt rasch ab und versetzt nach Verdünnung auf das doppelte Volumen mit 0,66% Weinsäure. Man imprägniert mit dieser Lösung das Textilgut. Vor der Trocknung bleibt die imprägnierte Ware zur Fällung des Methylenharnstoffs liegen, wird dann getrocknet und 2 Minuten auf 170° C erhitzt.

ItalP 387414 Bossi 1941 — Zum Knitterfestmachen von Textilien imprägniert man mit Lösungen von 1 Mol Harnstoff und 2 Mol Aldehyd unter Zusatz von Al-salzen.

HollP 51551 Glazener 1941 — Knitterfestmachen von Geweben mit wäßrigen 13%igen Formaldehydlösungen, die HCl oder Oxalsäure sowie kleine Mengen Harnstoff enthalten, wobei nach dem Abquetschen der Imprägnierflotte kurz auf über 80° C erhitzt wird.

AP 2530261 Courtaulds 1950 — Man behandelt mit einer sauren Lösung von Cyanamid.

AP 2504857 Bancroft 1950 — Knitterechte Baumwollgewebe werden erhalten, indem man sie mit wäßrigen Lösungen von Mischungen aus Methylolmelamin und methyliertem Methylolamin (80 : 20—20 : 80) behandelt, bei 100% Quetscheffekt und einer Lösungskonzentration von 3—20% entwässert, trocknet und härtet.

AP 2493381 US Finishing 1950 — Knitterechte Textilien werden erhalten, wenn man sie mit einer wäßrigen Lösung eines härtbaren Harzes behandelt, hierauf eine Schicht fein verteiltes wasserunlösliches hydrophiles Material aufbringt, abquetscht und härtet.

AP 2486399 Dan River Mills 1949 — Kondensate aus mehrwertigen Alkoholen und Formaldehyd werden verwendet.

AP 2484598 Alrose 1949 — Knitterfeste Cellulosetextilien werden erhalten, indem man mit einer wäßrigen Lösung eines Vorkondensats von Harnstoff oder Melamin und Formaldehyd in Abwesenheit von sauren Katalyten behandelt, abquetscht und hernach mit organische Säure enthaltendem Dampf 8 Minuten bei 100° C dämpft, bis das Harz gehärtet ist.

AP 2455540 Wrinkle 1948 (s. a. AP 2455541) — Knitterfreier Oilcloth wird erhalten, wenn man zur Imprägnierung eine Mischung von rohem Rizinusöl und dehydriertem Rizinusöl auf 200—250° C erhitzt, einen Trocknungskatalyten zugibt und auf 300° C bringt, bis die gewünschte Viskosität erreicht ist. Hierauf wird Zinkoxyd zugesetzt. Man trägt auf, läßt 10—30 Minuten lufttrocknen und trocknet dann mit Infrarotstrahlung.

AP 2428752 Reichhold 1947 — Harnstoff-formaldehydvorkondensate werden mit mehrwertigen Alkoholen umgesetzt, wobei bei der Herstellung des Vorkondensats eine Katalytenmischung aus Borsäure und Borax bei einem pH von 6,7—7,3 und ein Molarverhältnis von 2 Harnstoff : 2,5 Formaldehyd benützt wird. Durch Zusatz von Borsäure bei pH 5 erfolgt die Umsetzung mit dem Alkohol.

AP 2420157 Cyanamid 1947 — Das Knitterfestmachen mit Melamin- bzw. Methylolmelaminkondensaten mit quaternären Ammoniumverbindungen ergibt ausgezeichnete Resultate. Bislang war es notwendig, die wasserunlöslichen Melamin- bzw. Methylolmelamin-Behandlungsmittel in organischen Lösungsmitteln anzuwenden. Es wurde gefunden, daß ungehärtete Vorkondensate von Melamin-formaldehyd mit Salzen tert. Stickstoffbasen unter Bildung wasserlöslicher Salze reagieren. Diese dissoziieren bei Temperaturen über 80° C. Man bringt z. B. Formaldehyd und Melamin im Verhältnis von 4 Mol : 1 Mol in der Wärme zur Einwirkung, bis Lösung eintritt. Hierauf wird abgekühlt, wobei das gebildete Methylolmelamin auskristallisiert. Es wird in Äthanol gelöst und mit Pyridinhydrochlorid auf 30—35° C erhitzt. Gießt man die Mischung in Aceton, so fällt das Salz in Form eines weißen, wasserlöslichen Pulvers aus.

AP 2416151 Courtaulds 1947 (s. AP 2219375) — Man mischt eine Lösung von Harnstoff und Formaldehyd mit der Lösung eines sauren Katalyten, wie Borsäure oder Milch- oder Weinsäure, imprägniert das Textilgewebe sofort mit der Mischung und erhitzt nach Abquetschen zur Vornahme der Härtung des gebildeten Kondensationsproduktes. Z. B. stellt man eine Lösung von 5000 Teilen Formaldehyd 40% und 2160 Teilen Harnstoff her und setzt NaOH zu, bis ein pH-Wert von 9—9,5 resultiert. Hernach wird 5 Minuten zum Kochen erhitzt, dann rasch abgekühlt und 40 Teile der Lösung mit 40 Teilen Wasser verdünnt. Eine zweite Lösung, bestehend aus 0,16 Teilen Borsäure und 0,52 Teilen Milchsäure 50% in 20 Teilen Wasser, wird unmittelbar vor Gebrauch zugesetzt und hernach die Imprägnierung vorgenommen.

AP 2413755 Cyanamid 1947 — Zum Knitterfestmachen verwendet man die Umsetzungsprodukte von Ammelin mit Alkylenoxyden.

AP 2410395 Sylvana 1946 — Knitterechte Gewebe werden erhalten, wenn man Textilien mit Kunstharzlösungen behandelt, wobei die angewendeten Lösungen der Vorkondensate als Katalyten für die nachträgliche Härtung Polysulfonverbindungen enthalten.

AP 2392346 Wrinkle Co. 1946 — Knitterfeste Textilien entstehen durch Behandlung mit einer Mischung von öllöslichen Harzen aus mehrfach modifizierten Alkylharzen und trocknenden Ölen ohne konjugierte Doppelbindung sowie Verdünnungsmittel, trocknenden Substanzen und auf je 100 lbs. Harz 1,5—2,5 lbs. Polyoxycarbonsäure.

AP 2390153 Al. Prop. Cust. 1945 — Zum Knitterfestmachen werden die Umsetzungsprodukte von aliphatischen Diaminen mit mehr als 5 C-Atomen mit Aldehyden oder Ketonen mit dem dreifachen Gewicht an 30%igem HCOH bis zur Löslichkeit in Wasser oder organischen Lösungsmitteln erhitzt. Derartige Lösungen dienen zur Behandlung der Textilien.

AP 2373135 DuPont 1945 — Zum Knitterfestmachen werden monozyklische Harnstoffderivate (N,N'-Bis-methoxymethyluron) empfohlen.

AP 2357273 Cyanamid 1944 — Zum Knitterfestmachen werden alkylierte Methylolmelamine empfohlen.

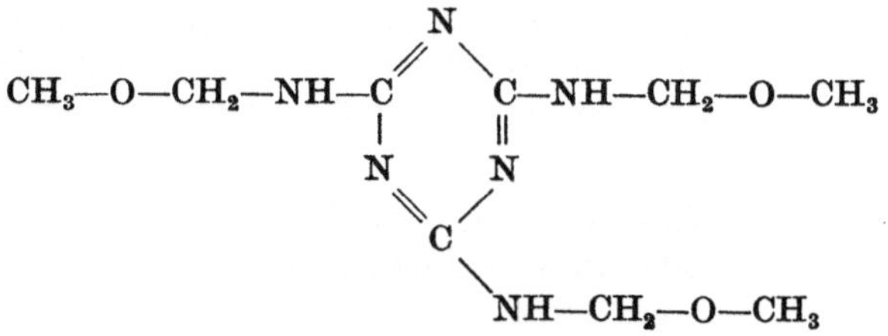

```
                         N
                       // \
CH3—O—CH2—NH—C           C—NH—CH2—O—CH3
                   |           ||
                   N           N
                     \\       /
                         C
                          \
                           NH—CH2—O—CH3
```

AP 2350139 Ciba 1944 — Monostearyl-p-phenylendiamin-trimethylammoniumsulfat dient zur Herstellung knitterfester Textilprodukte.

AP 2345109 Ciba 1944 — Zum Knitterfestmachen, Schiebefestmachen, zum Hydrophobieren, zur Verbesserung der Naßechtheit von Direktfärbungen usw. können Kondensationsprodukte von Thioharnstoff der Form

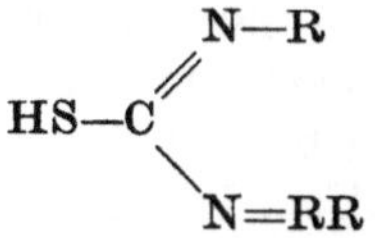

```
          N—R
         //
HS—C
         \
          N=RR
```

(R = Alkyl, Aryl, Aralkyl oder H) mit Methylolverbindungen von Carbonsäureamiden und Urethanen Verwendung finden, welche mindestens 14 C-Atome besitzen.

AP 2344934 Cyanamid 1944 — Zum Knitterfestmachen und Hydrophobieren von Textilien können die Kondensationsprodukte von Dimethylolharnstoffäthern und Salzen tert. Basen dienen. Die Produkte besitzen die Form:

$$ROCH_2—NH—CO—NH—CH_2—N(tert.)—Y$$

[R = alkoholbildender Rest, Y = Anion, N(tert.) = Base].

AP 2327760 IG 1943 — Textilien werden zur Erzielung eines Knitterfesteffektes mit Verbindungen der Form

$$\begin{array}{c} CH_2 \\ | \\ CH_2 \end{array} > N—CO—NH—R—NH—CO—N < \begin{array}{c} CH_2 \\ | \\ CH_2 \end{array}$$

behandelt. Sie werden auch hydrophob und verlieren ihr Quellvermögen.

AP 2299807 ICI 1942 — Knitterfesteffekte, die waschbeständig sind, werden erhalten, indem man Textilien mit einer Lösung von Äthylenpolymeren und Harnstoff-formaldehydharzen oder Phenolformaldehydharzen behandelt, bzw. derartige Mischungen auf das Gewebe bringt, dann über dem Erweichungspunkt des Äthylenpolymeren erhitzt (4 Minuten auf 125° C).

AP 2299786 Tootal 1942 — Zum Knitterfestmachen werden Mischungen von Kunstharzvorpolymerisaten und künstlichem oder natürlichem Kautschuklatex empfohlen. Die Latexbehandlung kann auch vor oder nach der Behandlung mit Kunstharzvorkondensaten erfolgen. Wichtig ist, daß ein saurer Katalyt, wie Ammontartrat oder Weinsäure, zugegeben wird und zur Verhinderung der Koagulation des Latex durch diesen der Zusatz von Fettalkoholsulfonaten erfolgt.

AP 2294703 Wrinkle 1942 — Durch Erhitzen von Chinawoodöl und Harz auf 220—250° C wird nach Verdünnung ein niedrig viskoser Firnis erhalten, der, als Gewebeanstrich gebraucht, das Textilgut knitterfest macht.

AP 2293844 DuPont 1942 — Textilien werden durch Behandlung mit dem Carboxylester einer Hydroxamsäure, die im Hydroxamrest eine aliphatische Kette von mindestens 9 C-Atomen enthält, und nachherigem Erhitzen auf 90 bis 200° C knitterfest.

AP 2284609 Cyanamid 1942 — Knitterfesteffekte werden erzielt durch Behandlung von Textilien mit Melamin-formaldehydharz und N-Äthanolstearinsäureamid.

AP 2277747 Celanese 1942 (s. S. 371).

AP 2272489 IG 1941 — Zum Knitterechtmachen, Weichmachen, zur Nachbehandlung von Direktfärbungen sowie zum Animalisieren von Fasern werden Kondensationsprodukte von Polyäthyleniminen mit Fettsäurechloriden, die mehr als 16 C-Atome enthalten, empfohlen.

AP 2267276 Röhm & Haas 1941 — Zur Geruchlosmachung von mit Harnstoff-formaldehydharz behandelten Textilien werden diese mit einer wäßrigen Lösung einer Peroxydverbindung bei pH 7—11 behandelt (Perborat oder H_2O_2 mit Trinatriumphosphat und sulfon. Produkten).

AP 2254001 DuPont 1941 — Zum Knitterechtmachen von Geweben können Kondensate von Dimethylolharnstoff und Methylalkohol angewendet werden. Das entstehende Dimethylacetal des Dimethylolharnstoffs ist in wäßriger

Lösung ausgezeichnet haltbar und bewirkt auch eine Hydrophobierung bzw. Animalisierung der damit behandelten Textilien. Die Kondensation erfolgt in Gegenwart von verd. HCl. Nach der Reaktion wird mit Bleicarbonat neutralisiert, wobei das Acetal ausfällt.

AP 2242218 Auer 1941 — Behandlung mit

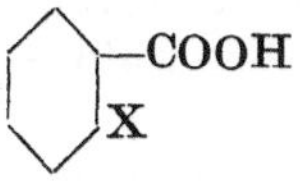

—COOH (X = H, COOH) + Formaldehyd.
X

AP 2238839 Watkins 1941 — Man behandelt Gewebe mit Harnstoff-formaldehydlösungen, eventuell unter Zusatz von Blutalbumin, Casein oder Johannisbrotkernmehl, quetscht ab und härtet wie üblich.

AP 2234141 Celanese 1941 — Gewebe, insbesondere aus Cellulosederivaten, wie Acetylcellulose, werden mit Lösungen von Methylol- oder Dimethylolharnstoff behandelt und hierauf zur Bildung des unlöslichen Kondensates bei höherer Temperatur HCl-Dämpfen ausgesetzt.

AP 2224293 Celanese 1940 — Man behandelt insbesondere Acetylcellulose mit Lösungen aus Harnstoff-formaldehydvorkondensaten und setzt diesen Lösungen sulfonierte Öle zu, wodurch Emulsionen der Vorkondensate entstehen. Nach dem Imprägnieren wird wie üblich gehärtet; vgl. AP 2235141 und 2161808.

AP 2219375 Röhm & Haas — Die Textilien werden mit einer 20%igen Lösung von Dimethylolharnstoff und Glaubersalz 4 : 1 behandelt, der man noch 1 Teil Di-(monomethyl)-ammoniumphosphat zusetzt. Man trocknet bei etwa 75° C und erhitzt dann 3 Minuten auf 120° C, wäscht und stellt fertig.

AP 2166325 IG 1939 — Vor der Behandlung von Cellulosefasern oder Textilien mit Kunstharzen, um sie knitterfest zu machen, wird das Textilmaterial in eine Lösung von Wachs oder in eine Wachsemulsion getaucht, hernach zentrifugiert und mit der Kunstharzlösung behandelt. Dadurch wird die imprägnierte Faser waschecht gemacht. In Verwendung kommen Wachsemulsionen von etwa 3%.

AP 2163204 Calico Printers 1939 — Man färbt Gewebe und behandelt nach dem Färben so, daß neben der Knitterechtheit auch eine Wasserechtheit der Färbung erzielt wird (s. S. 363, 398).

AP 2143352 IG 1939 — Gewebe werden mit Lösungen von Dodecylaminchlorhydrat und Formaldehyd oder Stearylaminsulfat und Formaldehyd behandelt und nach dem Trocknen auf 100—110° C erhitzt.

5. Das Transparentieren und Pergamentieren.

Transparente bzw. pergamentierte Gewebe sind als Organdy (Glasbatist) und mit Musteraufdrucken als Imagogewebe seit viel Jahren bekannt.

Die neueren Vorschläge dieses Gebietes der Textilveredlung betreffen meist Verfahren zur Erzielung örtlicher Muster. Zur Verhinderung eines eventuellen Faserangriffs durch das Transparentiermittel wird der Zusatz von Harnstoff[34] oder Melamin[35] empfohlen. Auch Formaldehyd verhindert Schädigung des Textilmaterials[36]. Ähnlich den Ölseiden werden transparente Gewebe auch durch Imprägnierung mit Alkydharzen oder durch Behandlung der Gewebe

[34] AP 2174534.

[35] AP 2299200.

[36] Siehe Marsh: Textile Finishing 123 ff. (1947).

mit öllöslichen Triazinharzen hergestellt[37]. Durchsichtige Cellulosetextilien werden auch durch Tränken mit Polystyrol- oder Polyvinylharzlösungen erzeugt.

Auch mit nicht trocknenden Ölen und Aminoplasten modifizierte Alkydharze sind verwendbar[38].

Wolkenfreie, gleichmäßig transparente Ware wird durch Breitbehandlung der Gewebe in allen Stadien der Verarbeitung, vor, während und nach der Transparentierung, erhalten[39].

Das Rollen der transparentierten Gewebe verhindert man nach einem neuen Vorschlag durch gewisse gemusterte Aufdrucke bzw. Verwendung von Geweben, die annähernd gleiche Anteile an S- und Z-Draht aufweisen[40].

Patentschrifttum über das Transparentieren und Pergamentieren.

OeP 167833 Bener 1951 — Man behandelt mit stark alkalischen Quellmitteln unter Dämpfen in Gegenwart von Rongalit oder Hydrosulfit, um die Oxycellulosebildung zu vermeiden.

OeP 166912 Heberlein 1950 — Durchscheinende Cellulosefasern werden durch Tränken mit Lösungen oder Dispersionen von Harnstoff- oder Melaminformaldehydbutylätherharzen (über 5%) und nachherige Wärmebehandlung hergestellt (auch örtlicher Aufdruck).

OeP 166442 Raduner 1950 — Nichtrollende Transparentgewebe erhält man, wenn Gewebe behandelt werden, deren Kette und Schuß oder Kette zur Hauptsache aus gleichen Anteilen S- und Z-Drahtgarnen besteht.

OeP 165768 Bener 1950 — Transparentieren von Geweben, die als Musterelemente synthetische Fasern enthalten.

OeP 164810 Heberlein 1949 — Man transparentiert mit Cellulosezinkatlösung; vgl. FP 915042.

OeP 164526 Heberlein 1949 — Behandelt das Transparentieren mit Quellmittel.

OeP 164514 Bener 1949 — Alkalische Quellmittel werden nach dem Transparentieren mit heißer Säure neutralisiert.

OeP 164008 Cilander 1949 — Beim Transparentieren von Zellwollgeweben werden alle Vorbehandlungen in breitem Zustande ausgeführt.

OeP 162597 Cilander 1949 — Nichtrollende Steifgewebe erhält man, wenn man dieselben vor der Transparentierbehandlung mit Reserven derart bedruckt, daß keine größeren zusammenhängenden Gewebestellen in Richtung Schuß oder Kette freibleiben (schachbrettmusterartig usw.).

OeP 160442 Hohenems 1941 — Zur Erzielung von örtlichen Effekten auf Geweben werden diese mit pergamentierenden oder schrumpfend wirkenden Mitteln behandelt. Nach einer Reservierung, die teils wasserlöslich, teils unlöslich ist, wird erst mit pergamentierenden und nach dem Auswaschen mit schrumpfenden Bädern eine doppelte Musterung hervorgerufen, deren Effekte ineinander übergreifen können.

---

[37] Vgl. z. B. HollP 60914, FP 898559.

[38] EP 520579.

[39] SP 247683.

[40] OeP 162597, OeP 166442.

OeP 160005 Ciba 1941 — Man druckt auf ein Gewebe Melamin-formaldehydharzreserven und transparentiert nachher. Eventuell können säure- und alkalibeständige Pigmente wahlweise oder gemeinsam den Druckpasten zugesetzt werden, so daß ungefärbte, gefärbte oder zweifarbige Muster entstehen.

OeP 158529 Hohenems 1939 — Man behandelt ein mit Reserven versehenes Gewebe mit Schrumpfungsmitteln (örtlich), so daß einander überdeckende Musterungen entstehen.

OeP 157560 Heberlein 1939 (Zusatz zu OeP 145047) — Gemusterte versteifte Effekte auf weitmaschigen Flächengebilden werden erzielt, wenn man mit Reserven aus Polystyrol, Harz oder Kaurit mit oder ohne Pigment und organischen Lösungsmitteln bedruckte Gewebe nachher mercerisiert und pergamentiert. Man druckt z. B. ein mercerisiertes Baumwollgewebe mit einer Paste aus Kauritlösung 50%ig, und zwar 20 Teile, 5 Teile Wasser, 8%ige Stärkelösung 30 Teile, einbasisches Ammonphosphat 0,8 Teile, Titanweiß 9 Teile und trocknet, behandelt mit Schwefelsäure 54° Bé bei 11° 8 Sekunden wäscht, mercerisiert unter Spannung mit NaOH von 30° Bé, wäscht, säuert und stellt fertig.

OeP 155958 Heberlein 1939 — Gewebe, welche aus Baumwollgarn und schwach nitriertem Baumwollgarn hergestellt sind, werden örtlich mit einer alkalischen Druckpaste von NaOH 30° Bé bedruckt, kurz gedämpft und ausgewaschen. Hierauf wird mit Schwefelalkali denitriert, mercerisiert, einer Weichtransparentierung unterworfen und dann neuerlich mercerisiert.

DP 746538 Fussenegger 1944 (s. EP 512721, FP 823281) — Zur Erzeugung von Pigmentdruckmustern unter Schwefelsäureveredlung bedruckt man mit Druckpasten, welche ein Pigment oder ein pigmentbildendes Metallsalz, eine auswaschbare Verdickung sowie eine wäßrige Emulsion öliger oder Fettstoffe enthalten. Nach dem Trocknen wird gedämpft und dann mit Schwefelsäure von 40° Bé unter Spannung behandelt.

DP 743993 Heberlein 1944 (s. a. DP 743827) — Man bedruckt Gewebe mit wasserunlöslichen organischen Pigmenten und gleichzeitigem Zusatz von Pergamentierungsmitteln. Als Pigmente können gelöste oder kolloidverteilte Küpenfarbstoffe oder unlösliche Azofarbstoffe Anwendung finden.

DP 738559 Heberlein 1943 — Zur Erzielung von Musterungen werden Gewebe aus gebeuchten und rohen Cellulosefasern einer Transparentierbehandlung unterworfen.

DP 733078 Heberlein 1943 — Man erzielt eine Flockmusterung pergamentierter Gewebe, indem man einen gegen die Schrumpfbehandlung resistenten Lack aufdruckt, diesen beflockt und nachher pergamentiert.

DP 729231 Ciba 1942 — Transparentmusterung auf cellulosehaltigen Textilien wird erzielt, indem man als Reservierungsmittel gegen die Transparentierungsbehandlung Aminotriazinaldehydkondensate aufdruckt.

DP 716086 Cilander 1942 — Herstellung von Transparentmustern auf Geweben, indem man gemusterte transparente Gewebe mittels an sich bekannter Umsetzung zwischen Bariumchlorid-Sulfatlösungen an den nichtpergamentierten Stellen mit einem Niederschlag versieht, während die pergamentierten Stellen freibleiben.

DP 711050 Heberlein 1941 (Zusatz zu DP 623820) — Versteifte Muster auf Transparentware werden erhalten, indem man eine mit Pigment versetzte Lösung von Eiweißkörpern aufdruckt und nach der Fixierung transparentiert.

DP 692690 Heberlein 1940 — Zur Erzielung von Gewebemusterungen werden Garne mit Formaldehyd behandelt und mit unbehandelten Garnen zusammen verwebt. Hernach wird einer Transparentierbehandlung unterworfen.

DP 683795 Heberlein 1939 — Gewebe aus nitrierten und unbehandelten Garnen werden nach einer vollständig oder teilweise durchgeführten Denitrierung transparentiert.

DP 677259 Heberlein 1939 (zu DP 654155) — Sich überdeckende Transparent- und Schrumpfmuster werden erhalten, indem man bereits örtlich transparentierte Gewebe mit wasserresistenten Reserven aus pigmentierten Lacken oder Kautschuklösungen aufdruckt, welche die alte Musterung teilweise überdecken, und dann mit Schrumpfungsmitteln behandelt.

DP 677258 Heberlein 1939 (Zusatz zu DP 654155) — Musterung von Textilmaterial durch örtliche Pergamentierung und hernach nach Aufdruck von Reserven aus pigmentierten Celluloselösungen folgende Behandlung mit schrumpfenden Mitteln.

SP 257936 Heberlein 1949 (zu SP 249341) — Zum Transparentieren werden die Lösungen von teilweise mit Alkydharzen verätherten Aminoplasten vorgeschlagen. Z. B.: Harzlösung in Butanol 800 g, Nitrocellulose mittl. Viskosität 20 g (angefeuchtet mit 35% Butanol), Amylacetat 180 g.

SP 249341 Heberlein 1948 — Zum Transparentieren von Textilien ohne Versteifung derselben werden verätherte Aminotriazinharze in hochdispersen Lösungen (20—70%ig) vorgeschlagen (Melaminformaldehydätherharze).

SP 247685 Heberlein 1947 — Man druckt auf ein Gewebe eine Lösung von Kunstharzvorkondensat mit saurem Katalyt, eventuell unter Zusatz von wasserlöslichen Celluloseäthern, oder eine Lösung von Johannisbrotkernmehl mit Zusatz von 1,2% Formaldehyd, gaufriert, erhitzt nachher 15 Minuten auf 140° C und spült kalt und heiß. Man erhält auf mattem Grund glänzende Effekte, die eventuell durch den Zusatz eines Küpenfarbstoffes zur Druckpaste illuminiert werden können.

SP 247683 Cilander 1947 — Um glatte, bruchfreie Ware beim Transparentieren zu erhalten, wird in den einzelnen Bearbeitungsphasen die Ware stets breit und faltenlos behandelt.

SP 246969 Heberlein 1947 — Zellwolle wird mit einer Kunstharzlösung, die eventuell pigmentiert sein kann, vorbehandelt, derart, daß eine örtliche Musterung auftritt (Druck). Hierauf wird eventuell noch gaufriert und hernach mit Schwefelsäure pergamentiert. Man erhält wasserfeste, eventuell gefärbte Muster von seidigem Glanz an den bedruckten Stellen.

SP 246968 Heberlein 1947 — Zellwolle oder Viskosegewebe können auch unter Zusatz von Harnstoff nur schwer gleichmäßig transparentiert werden. Das Ergebnis kann durch eine Nachbehandlung des transparentierten Gewebes mit Lauge in einer Stärke, die nicht transparentierend wirkt, wesentlich verbessert werden. Man verwendet z. B. 30° Bé KOH, behandelt 6 Sekunden, wäscht heiß, säuert mit Schwefelsäure von 1° Bé ab, spült kalt. Das Gewebe ist transparent und wenig steif.

SP 244315 Bener 1947 — Zur Erzeugung von Musterungen bei der Hochveredlung von Textilien (Pergamentieren, Transparentieren) werden Mischungen von quellfesten und quellresistenten Fasern verwendet, wobei als letztere Superpolyamidfasern in Anwendung kommen.

FP 916769 Heberlein 1946 — Zum Transparentieren von regenerierter Cellulose wird erst mit Schwefelsäure über 42° Bé und hernach mit 30° Bé Kalilauge oder 6—10° Bé NaOH behandelt.

FP 915042 Heberlein 1946 — Zum Transparentieren von cellulosehaltigen Textilien werden alkalische Lösungen von Cellulosezinkat, gefolgt von einer Mercerisage, empfohlen.

FP 903596 Cilander 1946 — Zellwollgewebe werden zur Erzielung von Transparenteffekten vor oder nach der Behandlung mit Quellmitteln einer alkalischen Behandlung ohne Spannung bei einer Temperatur von mindestens 25° C durch 5 Sekunden oder mehr unterworfen, wobei die verwendete Lauge mindestens Mercerisierkonzentration besitzt. Eventuell kann durch Aufdruck von Reserven ein gemusterter Effekt erreicht werden. Das Aussehen der Ware ist sehr gleichmäßig.

FP 898559 Heberlein 1945 (s. a. Add. 53975 1947; s. EP 581785) — Zum Transparentieren von Fasern können an Stelle von Aminoplasten, die in Gegenwart von Alkoholen gebildet wurden, auch ätherifizierte Aminoplaste Verwendung finden. Die Verätherung findet mit Alkydharzen statt.

FP 865504 Cilander 1941 — Nichtrollende gemusterte Transparentgewebe werden erhalten, wenn man Gewebe vor dem Transparentieren mit Reserven bedruckt, welche z. B. aus 200 Teilen TiO_2, 130 Teilen Äthylenglykolacetat, 30 Teilen Butanol, 440 Teilen Nitrocellulose, 200 Teilen Alkohol und 35 Teilen Dibutylphtalat bestehen und das Bedrucken derart vorgenommen wird, daß sowohl in Kett- als auch in Schußrichtung des Gewebes keine größeren zusammenhängenden Flächen unreserviert bleiben. Hernach wird einer Transparentierungsbehandlung unterworfen.

FP 865187 Cilander 1944 — Zur Herstellung transparenter Mustereffekte werden Reserven aufgedruckt, die gegenüber Säuren und Laugen besonders widerstandsfähig sind (Cellulosederivate + Harze + Weichmacher).

EP 643386 Bener 1950 — Man behandelt mit Quellmittel, wie Natronlauge von 32—50° Bé oder Schwefelsäure von 41—51° Bé, wobei die Gewebe gegen Quellmittel resistente synthetische Fasern enthalten.

EP 630172 — Bleachers Assoc. 1950 — Effekte auf pergamentierten Geweben werden erhalten, wenn das Textilmaterial vor der Schwefelsäurebehandlung usw. mit Velan PF (s. Wasserabstoßendmachen) bedruckt und erhitzt wird.

EP 613979 Cilander 1948 — Vor dem Transparentieren werden die entsprechenden Operationen im breiten Zustande vorgenommen, um Falten und Brüche zu vermeiden.

EP 605536 Bener 1948 — Nach einer Alkalibehandlung regenerierter Cellulosen werden die Textilien mit warmen Säuren behandelt, um das Alkali sofort zu neutralisieren, bevor eine Faserschädigung eintritt; vgl. EP 615741.

EP 604713 Heberlein 1948 (s. a. EP 577233) — Transparenteffekte auf Regeneratcellulose werden homogenisiert, wenn man nach der Quellmittelbehandlung eine Behandlung mit 30° Bé Sodalösung oder 6—10° Bé NaOH folgen läßt, welche bei 20° C 15—20 Minuten unter leichter Spannung erfolgt. Die Alkalibehandlung darf auf die Faser nicht quellend wirken.

EP 591594 Celanese 1947 — Transparente Gewebe werden erhalten, wenn man das angefeuchtete Textilmaterial Dämpfen oder hydrophoben organischen

Flüssigkeiten so lange aussetzt, bis die Durchsichtigkeit der Fasern erreicht ist. Beispiele: Benzin, Perchloräthylen. Das Material kann nachher noch mit einer durchsichtigen filmbildenden Substanz oder Mischung behandelt werden (s. EP 591593).

EP 588469 Heberlein 1947 (s. EP 581785) — Organdy- oder Transparenteffekte werden erhalten, indem man Harnstoff- oder Melaminharze, welche ganz oder teilweise mit Alkydharzen ätherifiziert sind, auf Textilgewebe aufdruckt. Z. B. 800 Teile einer 80%igen Lösung von Alkydaminotriazinaldehydharz in Butanol, 20 Teile Nitrocellulose und 180 Teile Amylacetat. Man druckt, trocknet und härtet 5 Minuten bei 130° C. Die erhaltenen Drucke sind transparent und reservieren gegen die Anfärbung mit direkten Farbstoffen.

EP 581785 Heberlein 1946 — Transparente Organdyeffekte werden durch Imprägnierung mit Lösungen oder Emulsionen von Aminoätherharzen in organischen Lösungsmitteln (5%) unter Zusatz von Melaminharzen bei nachheriger Härtung erzielt. Die örtlich imprägnierten Stellen widerstehen der Transparentierung. Ebenso wird die Anwendung von Kondensationsprodukten von Harnstoff oder Melamin und Formaldehyd in Gegenwart von Alkoholen (Methyl- oder Butylalkohol) angegeben.

EP 581436 Heberlein 1946 (s. a. SP 243583) — Cellulosezinkatlösungen werden beim Transparentieren angewendet. Man behandelt Gewebe mit Lösungen von 4% Cellulose, 2% Zinkoxyd und 6% NaOH und läßt unmittelbar hernach eine Mercerisierlauge passieren. Hernach wird heiß gespült und getrocknet. Man erhält transparente, doch nur leicht steife Gewebe (s. a. Edelstein-Patente, EP 573768).

EP 574455 DuPont 1946 (s. S. 98) — Die Transparentierung von Polyamidfasern erfolgt mit $CaCl_2$ und Glyzerin (s. a. EP 563078).

EP 543899 Cilander 1944 — Die Erzeugung gemusterter Effekte beim Transparentieren und Pergamentieren kann durch Bedrucken des Gewebes vor der Quellbehandlung mit plastifizierter Nitrocellulose bewirkt werden.

EP 527520 Röhm & Haas 1942 — Weitmaschige Gewirke oder Gewebe mit lockerer Bindung werden, mit Alkydharz und Celluloseäthern imprägniert, als Fensterglasersatz vorgeschlagen.

EP 520579 1942 — Transparente Gewebe werden durch Imprägnierung mit modifizierten Alkydharzen erhalten. Die Modifikation der Harze erfolgt mit nicht trocknenden Ölen und Harnstoff-formaldehydharzen.

EP 510083 Bancroft 1940 — Opaleszente Effekte auf vorgeprägten Waren werden erhalten, wenn den Transparentierungsbädern Harnstoff und Paraformaldehyd zugegeben werden. Beim Waschen entsteht Methylenharnstoff, der den Effekt erzeugt. Der Zusatz an Harnstoff und Formaldehyd beträgt etwa 2—6% vom Säuregewicht. Es entsteht keine Fällung, wenn das Molekularverhältnis von Formaldehyd und Harnstoff 2 : 1 übersteigt.

EP 504666 Ciba 1939 — Man erzeugt Muster auf transparentem Grundgewebe, indem man Textilien mit einer Reserve von Aminotriazin-Aldehydkondensationsprodukten bedruckt und danach transparentiert.

HollP 60956 Heberlein 1948 — Transparenteffekte bei Cellulosefasern, auch Zellwollen usw., werden gleichmäßig, wenn die transparentierte Ware nachher unter leichter Spannung mit Lauge von Mercerisierstärke behandelt wird. Das Auswaschen der Lauge erfolgt mit heißem Wasser. Beim Auswaschen ist bekanntlich auf die faserschädigende Wirkung verdünnter, etwa 10%iger Laugen zu achten!

HollP 60914 Heberlein 1948 — Durchscheinende Gewebe werden erhalten, indem man dieselben mit einer Mischung eines Aminoplasten, der in Gegenwart eines Alkohols vorkondensiert wurde, imprägniert und dann erhitzt. Als Kunstharz wird z. B. verwendet das Kondensat aus einer Mischung von 454n Butanol, 300 Paraldehyd, 6 Hexamethylentetramin, 240 Harnstoff, 0,6 Ameisensäure. Die Imprägnierungslösung ist: 600 g Harz, 400 g Äthanol, 3 g Weinsäure.

AP 2531813 Heberlein 1950 — Man druckt gegen Pergamentierbehandlungen resistente Reserven auf, die aber für schrumpfende Mittel durchlässig sind; vgl. AP 2531814.

AP 2516083 Heberlein 1950 — Zum Transparentieren von regenerierter Cellulose dient H_2SO_4 von 42—48° Bé, $ZnCl_2$ von 50° Bé, HCl von 20° Bé, $Ca(CNS)_2$ von 25° Bé usw., wobei 10 Sekunden bei Zimmertemperatur oder darunter behandelt wird. Der Ausfall ist oft unregelmäßig. Diese Unregelmäßigkeiten verschwinden durch Nachbehandlung mit KOH von 30° Bé oder NaOH von 6—12° Bé einige Sekunden lang.

AP 2510919 Heberlein 1950 — Zum Transparentieren wird ein wasserunlösliches H-F-Ätherharz verwendet. Das bedruckte Gewebe usw. wird nach der Behandlung erhitzt. Der Harzgehalt beträgt 15—45% vom Warengewicht.

AP 2506040/46 Cilander 1950 — Transparenteffekte auf regenerierter Cellulose werden erhalten, indem man mit NaOH von 30° Bé bei —5° bis 25° 5 Minuten behandelt und hernach 5 Minuten auf 45° C erhitzt, oder mit H_2SO_4 40—52° Bé 5—7 Minuten behandelt und dann mit NaOH-Lösung mercerisiert, 5—10 Sekunden auf 60° C erhitzt oder umgekehrt usw.

AP 2466066 Heberlein 1949 — Das Transparentieren von Geweben erfolgt durch Imprägnieren derselben mit Harnstoff-formaldehyd-butylätherharzen.

AP 2382416 Heberlein 1945 — Textilien mustert man, indem wasserlösliche oder unlösliche Reserven abwechselnd vor einer Quell- oder Schrumpfbehandlung aufgedruckt werden.

AP 2368948 Röhm & Haas 1945 — Zum Transparentieren behandelt man mit wäßrigen Dispersionen von Co-Polymeren aus Acrylnitril und Acrylsäureestern, die einen Erweichungspunkt unter 100° C besitzen, und trocknet über dem Fließpunkt. Man kann auch Gewebe aus mit derartigen Co-Polymerisaten geschlichteten Garnen herstellen und dann die Hitzebehandlung vornehmen.

AP 2312346 Heberlein 1943 — Farbmuster werden gleichzeitig mit pergamentierend wirkenden Stoffen auf Gewebe aufgedruckt.

AP 2299200 Cyanamid 1942 — Ein Zusatz von Melamin zur Pergamentierschwefelsäure setzt den Faserangriff der Säure herab.

AP 2263900 DuPont 1941 — Durchsichtige, glasartige Textilien werden erhalten, indem man die Gewebeporen eines aus synthetischen Fasern hergestellten Fabrikats mit einem Anstrich bzw. Füllfilm von Methylcellulose in Mischung mit Kunstharz versieht.

AP 2245289 Cilander 1941 — Ein pergamentiertes und ein unpergamentiertes Musselingewebe werden nach einem bestimmten Muster mit Klebstoff zusammengeklebt und hernach einer Schrumpfung unterworfen. Durch Faltung des nicht pergamentierten Gewebes an den nicht festgeklebten Stellen entstehen Musterungen verschiedenster Art.

AP 2239914 Heberlein 1941 — Flockdruckmuster auf schrumpfenden bzw. pergamentierbaren Geweben werden hergestellt, indem man die Gewebe mit einem Schutzlack bedruckt, hierauf beflockt und nachher pergamentiert.

AP 2233609 Heberlein 1941 — Herstellung von gemusterten Geweben durch Aufdruck von Reserven vor einer Pergamentierung mit Säure (s. a. OeP 157560).

AP 2174534 DuPont 1939 — Beim Pergamentieren wird zur Pergamentiersäure Harnstoff zugegeben. Man behandelt z. B. bei 20° C 30 Sekunden mit einer Säure von 96% (Schwefelsäure) welcher man eine Lösung von 20 g Harnstoff auf 100 g Wasser zugesetz hat, wäscht, wäscht hernach mit 3% Ammoniaklösung und trocknet.

AP 2172443 Heberlein 1939 — Gewebe aus nitrierten und nicht nitrierten Fäden, die durch Entfernung bestimmter Anteile der ersteren mittels Alkalien gemustert wurden, werden denitriert und mit Schwefelsäure von über 50,0° Bé unter 0° C transparentiert.

AP 2171513 Heberlein 1939 — Gewebe aus inkrustierten Rohfasern und gereinigten Fasern werden geschrumpft bzw. transparentiert, wobei Crêpe- und Transparenteffekte erhalten werden können.

AP 2157600 Bancroft 1939 — Voile, Organdy usw. werden mit einer alkalischen Cuoxamlösung imprägniert und hierauf durch ein Säurebad genommen. Die Cuoxamlösung wird unter Zusatz eines Netzmittels angewendet. Es entsteht ein griffiges, transparentes Gewebe.

6. Das Lustrieren.

Die Vorschläge der neueren Patentliteratur gehen dahin, Glanzchintz oder glänzende Gewebe mit permanenten Effekten oder Mustereffekten in der Weise herzustellen, daß dieselben mit Kunstharzlösungen imprägniert werden oder Kunstharzaufstriche bzw. -aufdrucke erhalten, worauf getrocknet und mit etwas Feuchtigkeitsgehalt heiß im Friktionskalander oder Gaufrierkalander usw. behandelt wird. Hierauf wird gehärtet. Die Gewebe können auch durch das bekannte Schleifen glänzend gemacht werden.

Wichtig ist, daß der Kunstharzüberzug auf der Faseroberfläche sitzt und nicht allzutief in das Faserinnere dringt (zu steife Ware). Man hilft sich z. B. dabei so, daß man das Textilgewebe mit Stärkeappretur füllt, dann den Harzaufstrich anbringt, heiß auf Glanz kalandert und zugleich härtet und nachher durch Behandlung mit Entschlichtungsmitteln (Enzymen) die Stärke entfernt. Der erzeugte Glanz leidet durch die notwendige Naßbehandlung nicht[41].

Literaturübersicht über das Lustrieren.

Lippert: Dyer **99**, 363 (1948).

Patentschrifttum über das Lustrieren.

DP 727472 Rhodiaceta 1942 — Zur Wiederherstellung des Glanzes mattgewordener Acetatseide behandelt man die Ware mit 1,5%igen Lösungen von organischen Celluloseesterquellmitteln in flüchtigen, die Celluloseester nicht lösenden und nicht quellenden Flüssigkeiten (Phenol in Tetrachlorkohlenstoff).

---

[41] Vgl. z. B. EP 501442.

FP 923141 Rhodiaceta 1946 — Matte Acetatseide wird durch Lösungen von Chloral in Wasser glänzend gemacht.

EP 635923 Bancroft 1950 — Man imprägniert Textilmaterial mit einem härtbaren Vorkondensat eines Kunstharzes, trocknet und kalandert heiß. Dabei enthält die Imprägnierungslösung ein sulfoniertes Öl mit mindestens 8 C-Atomen in der Kette, um das Kleben des mit dem Kondensat behandelten Gewebes am Kalander zu verhindern. Das Öl (z. B. verwendet man 15—60% der mit 10—30% angegebenen Vorkondensatkonzentration) wird nachher durch Waschen entfernt. Das Textilmaterial erhält einen permanenten Glanz.

EP 623805 ICI 1949 — Man behandelt Gewebe aus synthetischen Fasern (Nylon) mit heißen metallischen Flächen.

EP 614047 British Plastics 1948 — Man imprägniert mit Triazinvorkondensaten und nimmt durch einen heißen Kalander.

EP 610103 Bancroft 1948 — Glänzende, permanente, gefärbte Muster auf Textilien werden erzeugt, indem man die geschreinerten Gewebe mit einer Kupplungskomponente in Lösung tränkt und eine Diazoverbindung gemeinsam mit einem härtbaren Kunstharzvorkondensat aufdruckt. Hierauf wird vorgetrocknet und heiß kalandert, wobei gleichzeitig die Härtung des Harzes erfolgt (s. a. EP 596569).

EP 610001 Earl 1948 — Glanzchintz wird mit Melamin-Alkydharzen hergestellt.

EP 609739 Watkins 1948 — Man erhält permanente Glanzeffekte, wenn man Baumwollgewebe stark heiß schreinert und hierauf mit verdünnten Cuoxamlösungen oberflächlich anlöst und die gelösten Celluloseanteile wieder fällt.

EP 597435 Cranston 1948 — Man druckt Muster auf Gewebe mit einer Druckpaste, die ein Melaminformaldehydharz enthält, trocknet und nimmt durch Glanzkalander. Man erhält matte Muster aus Glanzgeweben.

EP 596569 Bancroft 1948 — Man druckt Pasten von Pigmenten, Kunstharz, Weichmachern usw. auf Gewebe und kalandert auf Glanzwirkung, wenn die Ware noch etwa 10% Feuchtigkeit enthält.

EP 523731 Corteen, Foulds, Wood 1940 — Glanzchintz wird erzeugt, indem man ein Gewebe erst mit einem Emulsionspolymeren, wie Polymethylenmethacrylat oder Polyisobutylen, imprägniert und dann einen dünnen Überzug von Kunstharz (Harnstoff-formaldehyd) gibt, der mit Alkydharz modifiziert ist. Es wird dabei beim ersten Anstrich bzw. der Imprägnierung eine derartige Viskosität gewählt, daß das Polymere nicht in die Gewebeporen eindringen kann. Hernach wird kalandert.

EP 521906 Bleachers Assoc. 1940 — Chintzgewebe werden hergestellt, indem man Gewebe mit einem einseitigen oder beidseitigen Überzug aus thermoplastischen Polyvinyl- oder Polyacrylsäureestergemischen versieht, darüber einen dünnen Überzug eines gehärteten Harnstoff-formaldehydharzes oder Glyptalharzes aufbringt, kurz auf 165° C zum Härten erhitzt, dann wächst und glättet.

EP 512236 Ridgway, Whitnig, Bodenschatz 1940 — Cellulosegewebe werden mit wasserlöslichen Kupfersalzen imprägniert und hernach mit Ammoniak und NaOH behandelt. Die Ware bekommt einen waschfesten Glanz.

EP 503414 Bancroft (s. a. AP 2103293 1940) — Glanzchintz kann auch durch Behandlung von Geweben mit Mischungen von Harnstoff-formaldehydharzen und Caseinlösungen erhalten werden. Nach dem Trocknen wird im Heißkalander zur Härtung und Koagulation des Casein-formaldehydproduktes behandelt.

EP 501442 Albert Print W. 1939 — Glanzchintz wird hergestellt durch Füllung des Gewebes mit Stärke, wonach zur Erzielung eines Glanzes und zur Füllung der Gewebezwischenräume ein paarmal kalandert wird. Dadurch wird bei der nun nachfolgenden Behandlung mit einer Harnstoff-formaldehydlösung verhindert, daß das Harz in die Gewebeporen dringt. Dann wird getrocknet, durch einen heißen Kalander genommen. Die Stärke wird durch Enzyme entfernt und die Steifheit des Gewebes durch Maschinen gebrochen. Man erhält einen weichen, biegsamen Stoff mit Hochglanz auf einer Seite.

HollP 53351 Servo 1942 — Durch örtliches Bedrucken von Geweben mit quellend wirkenden Mitteln werden bei nachheriger Trocknung derselben unter Spannung Glanzeffekte, ungespannt getrocknet aber Kreppeffekte erhalten.

AP 2465520 Edelstein 1949 — Glänzende permanente Appretureffekte erhält man durch Behandlung mit Celluloseätherzinkatlösung und nachherige Behandlung mit 30° Bé NaOH sowie Auswaschen, Säuern und Spülen.

AP 2390032 Röhm 1946 — Der Glanz von Textilien wird erhöht, indem man mit Acrylnitril und nachher mit einer Hydroxyverbindung behandelt.

AP 2356879 Pense 1944 — Chintzappret wird hergestellt, indem man Mischpolymerisate aus Maleinsäure, Styrol, Vinyläther usw. in pastöser Form gemischt mit Pigmenten usw. auf Textilien aufbringt und glänzt.

AP 2314277 Röhm & Haas 1943 — Zur Herstellung glänzender Textilgewebe werden dieselben mit Celluloseätherlösungen behandelt, der Celluloseäther durch Säurebäder niedergeschlagen, hierauf mit einer etwa 20%igen Lösung einer Verbindung der Form

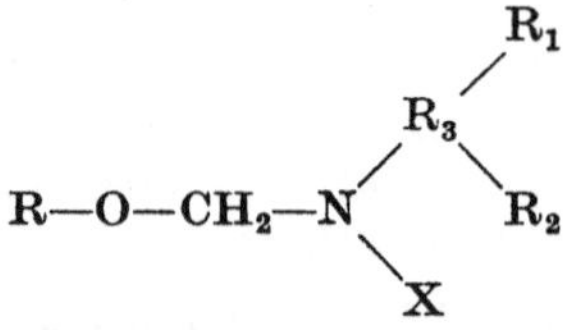

(R = aliph. Rest, X = Halogen usw., R_1, R_2, R_3 = dreiwertiger Rest bzw. drei Reste) behandelt bei 65—70° C und hydraulisch heiß kalandert bei 130° C (Verwendung findet z. B. Oleyloxymethylpyridiniumacetat). Man kann auch mit einer Lösung von 3% wasserlöslicher Äthylcellulose und 8% Oleyloxymethyldimethylbenzylammonchlorid, eventuell unter Zugabe von $^1/_{10}$% Paraffin, behandeln und hierauf heiß kalandrieren.

AP 2307876 Tootal 1943 (s. EP 523731 1940) — Glänzende Chintzware erhält man, indem man einen Überzug eines Acrylsäureesterpolymeren aufbringt und darüber eine Schicht eines Harnstoff-formaldehydharzes, dem Alkydharz und Weichmacher zugegeben sind, erzeugt.

AP 2294651 Hercules Powder Co. 1942 — Hochglänzende Textilien werden erhalten durch Behandlung des Textilgutes mit einer Mischung von 70—95 Teilen Äthylenglykol-terpen-maleinsäureanhydridharz, 5—30% Polyäthylenglykolterpenmaleinsäureanhydridharz, Erhitzen über den Schmelzpunkt (165° C), wobei die Mischung flüssig aufgebracht wird.

AP 2267291 Röhm & Haas 1942 — Glanzappreturen nach Art des Mercerisiereffektes werden hergestellt, indem man Gewebe mit einer wäßrigen Lösung eines wasserlöslichen Carbamid-formaldehydkondensats von geringer Viskosität behandelt, wobei man mehr als 5%, aber weniger als 10% des Kondensats anwendet. Zu geringe Mengen geben keinen Effekt, zu große Mengen verursachen einen steifen Griff. Dabei muß getrachtet werden, daß jeder auf der Faseroberfläche sitzende Überschuß der Behandlungslösung vermieden wird, weshalb auf einen Feuchtigkeitsgehalt von etwa 60% auszuquetschen ist. Die Faser soll dabei gut durchgefeuchtet werden, daher kann der Behandlungslösung ein Netzmittel zugegeben werden. Hernach wird auf einen Feuchtigkeitsgehalt von etwa 4—8% getrocknet, eingesprengt und eine Zeitlang liegengelassen. Hierauf wird Pressung bei gleichzeitiger Reibung der Gewebelagen aneinander angewendet (Chasingkalander, Dekatur usw.), wobei 12—1 Lagen des Gewebes übereinander zu liegen kommen sollen. Der erzielte Glasglanz und Papiergriff wird zu einem waschechten, weichen Glanz gewandelt, indem die Gewebe durch Wasser gezogen, danach gemangelt und schließlich getrocknet werden, wobei dem Anfeuchtebad auch Appreturen oder Weichmacher zugesetz werden können.

AP 2255901 Cyanamid 1941 — Permanenter Glanz wird auf Geweben erzielt, indem man sie mit Melaminharzvorkondensat, sek. Butylalkohol und Wasser (1 : 2 : 2) behandelt und dann quetscht und trocknet. Hierauf wird mit etwas Feuchtigkeit heiß kalandert.

AP 2185746 Arnold Print Works 1940 — Man bringt einen Füllstoff auf ein Gewebe, kalandert, überzieht mit einem Kunstharz, kalandert neuerlich und löst den Füllstoff aus dem Gewebe. Auf diesem Weg wird Glanzchintz erzeugt.

AP 2148316 Bancroft 1939 — Ein permanenter Glanz wird Geweben erteilt, wenn man sie mit wäßrigen Lösungen von Harnstoff-formaldehyd in einer Konzentration von 15—20% imprägniert und trocknet, so daß keine Härtung eintritt. Dann wird bei 100° C unter einem Druck von 5000 lbs. pro Quadratinch kalandriert.

7. Das Entglänzen und Mattieren.

Das Mattieren von Textilfasern kann entweder in der Weise erfolgen, daß dem Textilmaterial, soweit es sich um künstliche Fasern handelt, bei dessen Herstellung Pigmente einverleibt werden, die das matte Aussehen verursachen, oder indem man Textilien durch Veränderung der Oberflächenbeschaffenheit ihres Glanzes beraubt. Je nach den angewendeten Verfahren unterscheidet man bei dieser Appreturbehandlung das

Entglänzen von Acetatkunstseide (Acetat Reyon).
Mattieren mit Pigmenten,
Mattieren mit Methylenharnstoff und anderen Mitteln.

a) Das Entglänzen von Acetatkunstseide.

Das Entglänzen der Acetatkunstseide erfolgt in der Regel durch Behandlung mit heißen Lösungen von Seife mit oder ohne Zusätze. Früher wurde angenommen, daß sich dabei unter Abspaltung der in der Acetylcellulose vorhandenen Acetylgruppen normale Cellulose rückbildet (Cotonisierung), also eine Verseifung eintritt, wodurch eine Verminderung bzw. vollständige Entfernung des Glanzes bewirkt wird. Die genannte Behandlung des Materials kann aber, ohne daß es zur Rückbildung der Cellulose kommt (was an der Nichtänderung des Verhaltens der Faser zu substantiven Farbstoffen festgestellt werden kann), ebenfalls zu Glanzverminderung führen. Dies wird dadurch erklärt, daß es unter dem Einfluß der Quellung, der die behandelte Faser durch die Behandlungsbäder unterliegt, zur Ausbildung von kleinsten Rissen usf. in der Faser kommt, welche das Licht diffus zerstreuen und so das matte Aussehen hervorrufen. Der Zusatz von Quellmitteln für Acetatkunstseide, wie etwa Phenol, wirkt in diesem Falle begünstigend auf den Effekt, allerdings tritt bei größeren Mengen als 0,5% leicht eine Faserschädigung ein.

Das pH der Behandlungsflotte ist hierbei von großem Einfluß auf die Größe der erzielten Glanzminderung, wie dies aus folgender Tabelle ersichtlich ist.

Behandlung: 2%ige Seifenlösung, 30 Minuten

pH	Temperatur ° C	Entglänzungseffekt
6	100	leicht opak
7	100	halbmatt
8	85	glänzend
	95	halbmatt
	100	dreiviertelmatt
11	100	vollmatt

Die matte Acetatkunstseide wird allerdings durch heißes Bügeln wieder glänzend.

Matte oder halbmatte Acetatkunstseidefäden können auch durch Lenkung des Trockenspinnvorganges erhalten werden, allerdings in geringerer Festigkeit als normal. So bedingt eine Herabsetzung der Spinntemperatur auf etwa 40—50° C Fäden, die $^3/_4$- bis $^1/_2$-matt sind, da sie noch Gehalte von ca. 4,8—8,4% Lösungsmittel aufweisen. Ihre Festigkeit wurde mit 1,3—1,4 g/den, die Dehnung mit 34—38% angegeben.

Literaturübersicht über das Entglänzen von Acetatkunstseide.

Marsh: Textile Finishing (1947).
Stahl: Melliand Textilber. **13**, 200 (1932).

Patentschrifttum über das Entglänzen von Acetatkunstseide.

DP 734244 Cottbus 1943 — Die oberflächliche Verseifung von Acetatkunstseide kann mit Enzymen aus Leberextrakten erfolgen.

DP 691868 Rhodiaceta 1940 — Man verseift Acetatkunstseide mittels Bädern bestimmter Alkalicarbonatkonzentration und Borsäure.

EP 580433 Celanese 1946 — Man verseift mit Alkalien in Gegenwart von aliphatischen Aldehyden und einem Salz, welches die Faserquellung zurückdrängt, um die Bruchfestigkeit der Fasern zu schonen. Z. B. enthält ein wäßriges Verseifungsbad für Acetatseide 3% Formaldehyd und 25% Glaubersalz, neben 0,6% NaOH als verseifendes Agens, wobei ein Flottenverhältnis von 1:80 angewendet wird; vgl. EP 645761.

FP 913775 Ciba 1946 (FP 883142) — Das Verseifen von Acetatkunstseide in Gegenwart alkaliempfindlicher Fasern erfolgt mit Erdalkalihydroxyden bei 40° C in Gegenwart von Alkalisalzen.

AP 2417535 Celanese 1947 — Behandlung mit Mineralsäurelösung; vgl. AP 2394212.

AP 2211872 Celanese 1940 — Beim Verseifen von Acetatkunstseide können Faserangriffe durch die Verseifungslauge hintangehalten werden, wenn man ihr 10% Glukose zusetzt. Es tritt eine starke Cotonisierung hinsichtlich Farbaufnahmevermögen für Baumwollfarbstoff ein, doch ist die Verseifung nur eine geringe.

AP 2162881 Celanese 1939 — Man führt die Verseifung von Acetatkunstseide schonend durch, indem man wäßrige Lösungen von organischen Stickstoffbasen verwendet, deren Molekül einen mit dem N-Atom durch eine aliphatische Gruppe verbundenen aromatischen Rest enthält, z. B. Monobenzylamin, Benzyltrimethylammoniumhydroxyd in 2—4%igen Lösungen.

AP 2145364 Celanese 1939 — Rasche örtliche Verseifung der Acetatkunstseide wird erreicht, indem man die vor der Verseifung zu schützenden Stellen mit Stearinsäure reserviert und stark verseifend wirkende Bäder anwendet.

AP 2144636 Celanese 1939 — Man verseift mit aliphat. Aminen. Die Faser bleibt gegen Direktfarbstoffe reservierend.

AP 2144202 IG 1939 — Die Verseifung der Acetatkunstseide zwecks Affinitätserhöhung zu direkten Farbstoffen wird in NaOH-Bädern vorgenommen, welchen man 3 g/l Dodecyltrimethylammoniumbromid zusetzt.

b) Das Mattieren mit Pigmenten.

Die Mattierung mit Pigmenten erfolgt durch Zusatz derselben zur Spinnlösung oder durch Fällung von Pigmentkörpern auf der Faser. Letzteres kann im Zweibad- oder Einbadverfahren geschehen. Die Wirkung der Pigmente auf die Glanzverminderung ist um so größer, je höher der Brechungsindex des verwendeten Pigmentes ist. Das seit langem für diese Zwecke gebrauchte TiO_2 zeigt insbesondere in der Rutilmodifikation eine gute Wirkung. Neuere Verfahren der im Anhang angeführten Herstellungsvorschläge für Titanoxydpigmente haben daher alle das Ziel, das Pigment wenigstens zum größten Teil in der Rutilform zu erhalten. Außerdem soll nach neueren Untersuchungen die Teilchengröße zwischen 0,2—2 μ liegen. Für den Brechungsindex von Kunstseiden und Pigmenten gibt Marsh folgende Aufstellung:

Viskose	1,536	Titandioxyd als:		Talk	1,59
Acetatkunstseide	1,477	Rutil	2,712	Bariumsulfat	1,637
Zinkoxyd	2,04	Anatas	2,534	Methylenharnstoff	1,55

Wie allgemein bekannt, kann es bei der mit Titandioxyd mattierten Kunstseide zur Beeinträchtigung der Lichtechtheit von Färbungen und zu Faserschädigungen kommen. Man setzt daher dem Pigment ChromIII-salze zu[42], welche dies verhindern. Ebenso wird eine Nachbehandlung gefärbter Kunstseiden mit Chromsalzen unter Zugabe von Aluminiumsalzen empfohlen[43]. Bei der Herstellung des Titandioxydpigmentes (s. Anhang) wird auch vorgeschlagen, etwas dreiwertiges Titansalz zuzusetzen[44].

Die Mattierung durch Fällung von Pigmenten an der Faseroberfläche hat die alten Zweibadverfahren, von denen die bekannteste Arbeitsweise in einer Bariumchloridbehandlung und nachheriger Fällung mit Schwefelsäure bestand, verlassen. Man arbeitet heute vielfach mit substantiv aufziehenden kationaktiven Substanzen, wodurch das Pigment auf der Faser fixiert wird. Eine Kombination der letzteren Methode mit der Bariumsulfatbildung stellt ein

[42] AP 2132491.
[43] AP 2232168.
[44] DP 708381.

Vorschlag dar, das Textilmaterial mit Stearylbiguanidsulfat und dann mit Bariumchlorid zu behandeln[45].

Literaturübersicht über das Mattieren mit Pigmenten.

Haller: Textil Rundschau **5**, 94 (1950).
Schäppi: Textil Rundschau **2**, 363 (1947); **3**, 9 (1948).
Hünlich: Appretur-Ztg. **33**, 150 (1941).
Foulon: Appretur-Ztg. **32** (1940); vgl. auch Teintex **7**, 332 (1942).

Patentschrifttum über das Mattieren mit Pigmenten.

OeP 167614 Durand & Huguenin 1950 — Mattieren mit Pigmenten in Gegenwart von Albumin; vgl. SP 262542.

OeP 166692 Interchem. 1950 — Man mattiert mit Öl-in-Wasser-Emulsionen, die als Bindemittel Alkydharz, als Pigment TiO_2 und als Emulgiermittel Na-laurylsulfonat enthalten.

OeP 166460 Ciba 1950 — Zum Mattieren werden Suspensionen anorganischer Pigmente, die Lösungen von Al-salzen enthalten, verwendet. Dadurch erhalten die Pigmente eine gewisse Faseraffinität.

DP 739137 Böhme 1943 — Als Mattierungsmittel dienen Pigmente, die man unter Zusatz negativ aufladender Emulgatoren anteigt und hierzu eine Lösung von positiv aufladenden Emulgatoren in einer der Menge des negativ aufladenden Emulgators äquivalenten Menge zugibt.

DP 738194 IG 1943 — Gleichzeitiges Mattieren und Färben von Cellulosefasern.

DP 737569 IG 1943 — Glanzmuster auf mattierten Geweben werden hergestellt, indem man das Textilmaterial mit Lösungen von Harnstoff-, Thioharnstoff- oder Aminotriazin-(Melamin-)formaldehydkondensationsprodukten, die Pigmente und Emulgatoren für diese (Emulphor) enthalten, behandelt, vor oder nach dieser Behandlung alkalische Mittel aufdruckt und anschließend fixiert. Der alkalische Aufdruck dient als Reserve, er hält das Gewebe an den betreffenden Stellen glänzend.

DP 737414 IG 1943 — Zum Mattieren von cellulosehaltigen Textilien dienen wäßrige Lösungen eines Zirkonsalzes, die ein pH besitzen, daß die Hydrolyse des Salzes allmählich erfolgt. Man arbeitet in der Wärme.

DP 736970 Zschimmer u. Schwarz 1943 — Zum Mattieren von Kunstseide usw. dienen wäßrige Emulsionen von bekannten Mattpigmenten, die quartäre Ammonbasen mit mindestens zwei an N gebundenen Oxyalkylgruppen und mindestens einen höheren aliphatischen oder zykloaliphatischen Rest mit mehr als 8 C-Atomen aufweisen. Z. B. Dioxyäthyldidodecylammoniumhydroxyd usw.

DP 727401 Zschimmer u. Schwarz 1942 — Zur Mattierung behandelt man Kunstseidenwaren mit einer Emulsion von 2 g/l des Formiats des Dilauryläthers von Triäthanolamin, 2 g TiO_2 und 2 g ZnS und trocknet hernach.

DP 716881 Stockhausen 1942 — Mattierung durch in der Faser erzeugte Erdalkaliseifen.

DP 710444 Röhm & Haas 1941 — Zum Mattieren von Kunstseide behandelt man die Ware erst in einem Bad von Polyacrylsäureesterdispersionen, hernach

[45] EP 503548.

mit einer Dispersion eines Polymethacrylsäureesters unter Zusatz von Aluminiumformiat.

DP 707848 IG 1941 — Durch den Aufdruck von Superpolyamiden werden waschechte Mattierungen erhalten. Man kann auch Pigmente zusetzen.

DP 707320 IG 1941 — Zum Mattieren werden nach DP 685765 in der Faser unlösliche Stannate gebildet. Hier erfolgt diese Bildung derart, daß man mit Natriumstannat unter Zusatz von Anlagerungsprodukten von Äthylenoxyd an Oleylalkohol und Octadecylaminacetat arbeitet.

DP 704349 Böhme 1941 — Die Textilien werden zum Mattieren mit wäßrigen Lösungen bzw. Dispersionen behandelt, die mit Hilfe anionaktiver oder kationenaktiver Dispergiermittel aus Pigmenten und Hexosaminsalzen bereitet wurden.

DP 680654 IG 1939 — Man mattiert mit pigmenthaltigen Bädern unter Zusatz von Harnstoff.

DP 679465 Stockhausen 1939 — Mattiert wird mit Pigmentdispersionen; welche gleichzeitig Seifen und Alkalialuminate enthalten, wobei ein Zusatz eines in der Wärme säureabspaltenden Stoffes die Aluminate in die Aluminiumsalze überführt. Nachher wird heiß getrocknet.

DA 113591 Schubert — Mattierungspigment wird durch gleichzeitiges oder nachträgliches Aufbringen von Kunstharz gebunden.

DA 86747 Phrix — Der Spinnviskose wird frischgefälltes Bariumsulfat zugesetzt.

DA 86522 — Zum Mattieren von Fäden werden diese, solange noch nicht erstarrt, durch feinverteiltes Mattierungsmittel geführt.

DA 76502 IG — Man mattiert durch Behandlung mit optischen Bleichmitteln mit kleinen Mengen Weißpigment.

DA 76370 Aceta — Vor dem Mattieren wird das Material zur Erzielung eines gleichmäßigen Ausfalls mit quell- und kationenaktiven Mitteln behandelt.

DA 62834 IG — TiO_2 wird mit Solen aus Zirkonoxyd und Aluminiumoxyd auf der Faser waschecht fixiert (DA 64773).

DA 58569 Thüring. Zellwolle — Polyamide werden vor dem Mattieren mit Sulfit, Bisulfit und gerbenden Stoffen behandelt.

SP 262542 Durand & Huguenin 1949 (s. a. SP 222229) — Als Mattierungsmittel für Glas- oder synthetische Fasern dienen Emulsionen von Weißpigmenten des Wasser-in-Öl-Typs, die als Bindemittel Albumin enthalten.

SP 240621 Bata 1946 (s. S. 89).

SP 228131 Durand & Huguenin 1943 (Zusatz zu SP 222229) — Gefärbte Mattierungsmittel bestehen aus einer Mischung von 0,6 Teilen Küpenfarbstoffschwefelsäureester, 36,4 Teilen Wasser, 1 Teil Rhodanammonlösung 1 : 1, 2 Teilen Na-chloratlösung 10%, vermischt mit einer Emulsion von 6 Teilen TiO_2, 2,5 Teilen Eialbumin, 1 Teil Ricinusöl, 16 Teilen Petroleum, 1 Teil Seife, 33,5 Teilen Wasser. Andere Mischungen mit Azofarbstoffen oder Chromfarbstoffen zum färbigen Mattieren von Viskoseseide durch Klotzen, Trocknen, Dämpfen, Spülen usw. werden angegeben.

SP 222229 Durand & Huguenin 1942 — Um im Klotzverfahren, aber auch im Druck Gewebe im Stück waschecht mit Pigmenten mattieren zu können, werden feine Dispersionen eines Weißpigmentes in Wasser mit einem in Wasser schwer löslichen Körper und einem Fixierungsmittel vermischt. Man klotzt Gewebe in einem Bad, welches erhalten wird, indem man 1 Teil Titanoxyd, 1 Teil Eialbumin und 36 Teile Wasser einer Emulsion von 46 Teilen Wasser, 1 Teil Marseillerseife, 14 Teilen hochsiedendem Petrol und 1 Teil Ricinusöl einverleibt. Nach dem Klotzen wird 8 Minuten lang gedämpft, gewaschen und 3—5 Minuten bei 60° C geseift.

FP 921975 ICI (s. S. 91).

FP 903934 Hydrierwerke — Beim Behandeln von Textilien mit Kondensationsmitteln aus Kunstharz können verschiedene Effekte erhalten werden: z. B. mit einem Kondensat aus 1 Mol Dicyandiamid, 1 Mol Guanylharnstoffsulfat, 1 Mol Guanylharnstoffchlorid und 4 Mol Formaldehyd und Nachbehandlung mittels $BaCl_2$ eine waschechte Mattierung.

FP 888963 Ciba 1943 — Zum Mattieren werden an sich bekannte Mattierungspigmente verwendet, zu deren wäßrigen Dispersionen Säuren wie HCl, H_2SO_4, H_3PO_4 usw. zugegeben werden, wobei noch Salze wie $CaCl_2$ oder $MgSO_4$ verwendet werden können. Das pH der Lösungen liegt unterhalb eines Wertes von 7.

FP 878983 IG 1943 s. a. FP 877926; s. a. 877923; s. S. 93).

FP 875606 IG 1942 — Zum Mattieren von Cellulose- oder Celluloseesterfasern werden wäßrige Zirkonsalzlösungen (Zirkonoxychlorid, Acetat) verwendet, die auf ein pH von 11 eingestellt sind und unter Hydrolyse auf der Faser Niederschläge bilden. Die Mattierung ist wasserecht und waschecht.

FP 872252 Ciba 1942 — Es wird mit Pigmentemulsionen mattiert, die lösliche Al-, Ti- oder Zr-salze enthalten.

FP 872222 Ciba 1942 — Man mattiert Textilien mit wäßrigen Dispersionen von Pigmenten unter Zusatz von wasserlöslichen Al-, Zr- oder Titansalzen.

EP 617167 Sochor, Gewing 1949 — Matte Muster werden hergestellt oder Matt-Textilien erzeugt, indem TiO_2 mit Bindemitteln, und zwar Mischungen von Mono- oder Dimethylolharnstoff und Dimethyläther von Melaminen auf die Textilien aufgebracht werden.

EP 610137 ICI 1948 — Terylen wird mit Emulsionen von Titandioxyd in Glykol mattiert.

EP 609257 Tootal 1948 — Nylon mattiert man durch Behandlung mit Lösungen von Antimontrichlorid (10 g/100 ccm HCl 10%ig), quetscht ab und wäscht mit kaltem Wasser, wodurch Hydrolyse des Antimonsalzes eintritt. Man kann auch Lösungen von Antimonoxyd in HCl anwenden.

EP 597435 Cranston 1948 — Zum Erzeugen von Mattdruckmustern druckt man Melamin-formaldehydharze und Pigmente auf Gewebe.

EP 582641 ICI 1946 — Man mattiert Polyamidgarne mit verseiftem Polyvinyläther und Bariumchlorid.

EP 577313 ICI 1946 — Man behandelt die Textilien mit Lösungen kationaktiver Substanzen und bringt dann Pigmentdespersionen mit anionenaktiven Mitteln unter Harnzusatz auf der Faser zur Fällung.

EP 574785 ICI 1946 — Örtliche Matteffekte auf Nylon werden hergestellt, indem man mit Druckmassen, bestehend aus äthylalkoholischen Kolophoniumlösungen, Chlorcalcium und Äthylalkohol bedruckt. Man trocknet und wäscht mit Alkohol.

EP 504714 DuPont 1939 (s. a. 504715) — Man setzt den Spinnmassen von Polyamiden Titandioxyd zu.

EP 503548 IG 1939 — Um Textilien zu mattieren, behandelt man diese mit Lösungen von Stearylbiguanidsulfat und nachher mit Lösungen von Bariumchlorid. Die Methode ist eine Kombination von substantiver Mattierung mit der gewöhnlichen Bariumsalzmattierung.

EP 503079 Fletcher, Orell 1939 — Man druckt Pigmente auf Acetatseide zwecks örtlicher Mattierung, wobei die Druckpasten auch noch Quellmittel für die Faser enthalten. Als solche Quellmittel dienen organische Lösungsmittel, zur Fixierung des Pigmentes wird Gummiarabikum, als Verdickung der Paste wird Tragant angewandt. Schwache organische Säuren halten die Paste sauer.

AP 2440094 Rayon 1948 (s. a. AP 2440093) — Mattierte Viskose wird aus Spinnlösungen, die ein Mattierungspigment mittels eines Dispergators feinverteilt enthalten, hergestellt.

AP 2423185 Hydronaphtene 1947 — Viskosegewebe können waschfest mattiert werden, indem man das Material 15 Minuten in ein Bad bringt, welches auf 1 Liter Wasser 15 Teile HCl konz. und 10 Teile des Kondensationsproduktes aus 1 Mol Dicyandiamid, 1 Mol Guanylharnstoffsulfat, 1 Mol Guanylharnstoffchlorid und 4 Molen Formaldehyd enthält und eine Temperatur von 50° C besitzt. Nachher wird geschleudert, 15 Minuten in einem Bad von 20 Teilen Bariumhydroxyd pro Liter behandelt.

AP 2376908 Durand & Huguenin 1945 — Zum Mattieren werden Mischungen von $BaSO_4$ und TiO_2 mit Seifen, Albumin usw. angegeben. Als Dispersionsmittel für das Pigment werden z. B. Akylolaminsalze von Fettsäuren zugesetzt.

AP 2334517 Enka 1943 — Man setzt zur Viskosespinnlösung Co-Polymere von Acrylsäure und Vinylchlorid sowie Titandioxyd.

AP 2309964 Ciba 1943 — Man mattiert mit anorganischen Pigmenten in wäßriger Emulsion, wobei diese das Salz eines mehrwertigen Metalles enthält und das Metall als Kation anwesend ist. Das Metall ist mindestens dreiwertig zu wählen.

AP 2300470 Celanese 1942 — Als Mattierungspigment werden Mischungen aus Titandioxyd und Antimonoxyd vorgeschlagen.

AP 2289282 Gen. An. 1942 — Mattiert werden Gewebe mit anorganischen Pigmenten, welche als Aluminium- oder Zinkoxydsol in der Pigmentemulsion enthalten sind; vgl. AP 2390975.

AP 2278878 DuPont 1942 — Polyamidfasern werden mit feinverteiltem inertem Material mattiert. Man behandelt mit Titandioxyd mattierte Fasern mit Vanadiumsalzen, um die Beeinträchtigung der Lichtechtheit der Färbungen hintanzuhalten.

AP 2251508 DuPont 1941 (s. S. 108).

AP 2217114 Cilander 1940 — Mustereffekte auf Textilien sind erzielbar, wenn man reservierte Textilien einer Transparentierung unterwirft und nach dem Waschen im Zweibadverfahren Weißpigmente auf der Faser erzeugt. Die

Pigmente haften nur an den reservierten, nicht aber an den transparentierten Stellen. Man erzeugt Bariumsulfat oder Titandioxyd nach der Zweibadmethode aus Bariumchlorid und Schwefelsäure oder Titanchlorid und NaOH, eventuell aber auch gefärbte Pigmente, wie Bariumchromat u. a.

AP 2206278 Dreyfus 1940 — Titandioxyd für Mattierungszwecke, mit Mn-, Fe-, Ni-, Co-, Cu-salzen vorbehandelt, gibt lichtechte Mattierungen.

Anhang: Die Herstellung von Titandioxydpigmenten.

Das Titandioxydpigment wird aus den natürlich vorkommenden Titanerzen, wie Rutil, Brookit und Ilmenit, erhalten. Rutil ist verunreinigtes TiO_2, Ilmenit Titaneisensulfat. Die Erze werden mit Schwefelsäure oder Salzsäure aufgeschlossen und aus der erhaltenen Titansalzlösung Titansäure durch Hydrolyse abgeschieden. Das erhaltene Produkt wird durch Calcination in das Pigment verwandelt. Die meisten Handelssorten desselben, insbesondere die aus Titansulfatlösungen abgeschiedenen, liegen in der Anatasmodifikation vor. Die Rutilmodifikation hat große pigmenttechnische Vorteile, auch in der Anstrichherstellung. Sie wird erhalten durch Hydrolyse von Titantetrachloridlösungen. Das Verfahren hat den Nachteil, daß die sich bildende Salzsäure die Appreturen stark angreift. Die Anatasmodifikation kann durch Calcinieren bei hohen, über 1000° C liegenden Temperaturen in die Rutilform (technisch nur zum Teil) umgewandelt werden[46].

Patentliteratur.

DP 748826, 748765, 748015, 746928, 732235, 726506, 718526, 718169, 717077, 715279, 714230, 712097, 708834, 708381, 708275, 707020, 703182, 700918, 700800, 695633, 694140, 690302, 675686, 675408, 671279.

SP 221309, 207202.

EP 632191, 602094, 596656, 581008, 580809, 580734, 576588, 574818, 568232, 561144, 561142, 535214, 535213, 508530, 500012.

AP 2531926, 2519389, 2516548, 2511218, 2508272, 2508271, 2505344, 2503692, 2502347, 2494492, 2488439/40, 2486465, 2480869, 2480192, 2479637, 2477559, 2464192, 2462978, 2452390, 2448683, 2445691, 2444940, 2444939, 2444238, 2444237, 2441856, 2441225, 2427165, 2426788, 2425058, 2406465, 2403228, 2394633, 2389026, 2387534, 2379019, 2378790, 2369468, 2369246, 2365135, 2364085, 2361987, 2358167, 2355187, 2353918, 2346322, 2346091, 2345985, 2345980, 2342483, 2340610, 2337215, 2333660/63, 2331496, 2326182, 2326156/58, 2321490, 2319824, 2316840/41, 2307048, 2305368, 2304947, 2304719, 2304110, 2303305/7, 2299120, 2296618, 2293861, 2292507, 2290539, 2290111, 2289211, 2287861, 2286910, 2286882, 2285485/86, 2285104, 2284772, 2280795, 2278709, 2273431, 2269139, 2260826, 2260177, 2259178, 2253590, 2257278, 2246062, 2246030, 2240343, 2237764, 2234681, 2232723, 2232168, 2232164, 2231456, 2231455, 2226142, 2224987, 2224777, 2220966/7, 2219129, 2218655, 2216879, 2216536, 2214132, 2213542, 2212935, 2212629, 2211828, 2187050, 2184938, 2184884, 2182420, 2174920, 2170940, 2170800, 2166257, 2166221, 2166082, 2165315, 2161755, 2150236, 2148283, 2144577, 2143530.

CanP 450537.

[46] Vgl. z. B. Paint Manufact. **17**, 386 (1947).

c) Das Mattieren mit Methylenharnstoff und anderen Mitteln.

Derartige Verfahren haben größere Bedeutung erlangt, da die damit erzielten Matteffekte überfärbeecht sind (*Uromatt II*-Mattierung der Ciba). Neben Methylenharnstoff wurden auch die Kondensationsprodukte aus Melamin und Formaldehyd vorgeschlagen.

Patentschrifttum über das Mattieren mit Methylenharnstoff und anderen Mitteln.

OeP 160577 Ciba 1941 — Als Mattierungsmittel können acylierte Triazine verwendet werden, deren Lösungen auf die Faser gebracht und dort verseift werden.

OeP 155796 Ciba 1939 — Zum Mattieren von Textilien können Kondensationsprodukte von Harnstoff und Formaldehyd angewandt werden. Diese unlöslichen Produkte können nach OeP 149978 durch Behandlung z. B. mit Ameisensäure gelöst werden, doch stößt dieser Löseprozeß manchmal auf Schwierigkeiten. Man läßt die Produkte daher längere Zeit in Wasser quellen, bevor man mit Säure löst. Verfahrensmäßig läßt man z. B. 1 kg feinvermahlenes Kondensat mit 1 Liter Wasser über Nacht vorquellen, verrührt nachher nochmals mit 1 Liter Wasser und versetzt hierauf mit 8 g 85%iger Ameisensäure bei 70° C. Es tritt rasche Lösung ein. Nach 10 Minuten Stehen wird mit 600 Liter Wasser von 40° C ein Mattierungsbad hergestellt, welchem 1800 g NaCl zugesetzt werden. Man behandelt das Textilgut 20 Minuten und spült mit frischem Wasser. Es wird eine sehr starke Mattierung erzielt.

OeP 155792 Tootal 1939 — Man fällt oder erzeugt auf dem Gewebe zu Mattierungs- oder Beschwerungszwecken unlösliche, nicht harzartige Kondensationsprodukte aus Harnstoff oder seinen Derivaten mit Formaldehyd, indem man auf mit derartigen Teilkondensaten imprägnierten Geweben das unlösliche Produkt mit Säuren niederschlägt. Z. B. vermischt man 60 Teile Harnstoff und 100 Volumteile Formaldehyd 40% und 100 Teile Wasser ohne Erwärmung, imprägniert das Gewebe, quetscht ab und führt dann durch ein Bad von 2%iger HCl, bis die Mattierung vor sich gegangen ist. Hierauf wird mit Sodalösung und dann mit warmem Wasser gewaschen und nicht über 100° C getrocknet; vgl. SP 202831.

DP 766544 IG (nicht ausgegeben) — Kunstseide wird mit der wäßrigen Dispersion des Sulfates einer Stickstoffbase, die kationaktiv ist, und hernach mit der Lösung eines Erdalkalisalzes behandelt.

DP 748039 Wünschmann 1944 — Zum Mattieren wird das Material mit Harnstoff und Formaldehyd bzw. deren Homologen unter Zusatz von Alaunen in der Wärme behandelt. Die Mattierung kann vor, mit oder nach dem Färben erfolgen.

DP 747117 IG 1944 — Man behandelt Nylonwaren mit Säuren bzw. Säurehalogeniden bis zu einem Festigkeitsverlust von 2—40%, so daß durch den Angriff die Faseroberfläche rauh und matt wird.

DP 742993 Ciba 1943 — Zum Mattieren von Textilien dienen Bäder, die die bekannten wasserlöslichen Formaldehyd-Harnstoffkondensate enthalten, wobei man auf stehenden Bädern arbeitet.

DP 727401 Zschimmer, Schwarz 1942 — Man verwendet zum Mattieren Alkylolaminderivate.

DP 671724 Ciba 1939 — Melamin und Formaldehyd werden kondensiert und mit den Kondensaten mattiert.

DA 111077 Wünschelmann — Mattiert und knitterfest wird durch Behandlung mit kochenden Lösungen von Formaldehyd, Harnstoff und Alaun bei Trocknen ohne Spülen gemacht (DA 113302).

DA 76436 IG — Polyamide werden durch Behandlung mit Lösungen von Harnstoff-formaldehydvorkondensaten unter 60° C mattiert.

DA 68963 IG — Man läßt Lösungen von geschwefelten Phenolen (Katanol) einwirken und säuert hernach.

DA 58364 Albert — Man behandelt Kunstseide mit ammoniakalischen Lösungen von komplexbildenden Metalloxyden oder -salzen anorganischer oder organischer Säuren (Cu-phosphat, Zn-citrat).

DA 57756 Benckiser — Es wird mit Umsetzungsprodukten aus aromatischen Hydroxyverbindungen und Phosphorsäure (Kresol + Tripolyphosphorsäure) behandelt.

DA 55734 Aussig — Kunstseide wird mit Titanoxydpigment von Rutilstruktur mattiert.

DA 53061 Stockbaum — Mattiert wird mit wasserlöslichen Harnstoff-formaldehydharzvorkondensaten und Al-seifen oder mineralsauren Al-salzen (DA 53506).

DA 51189 Eberle — Auf und in der Faser werden Kondensate aus Cyanamid und Formaldehyd eingelagert (DA 52993).

DA 28768 Zellwollring — Es wird mit geschwefelten Phenolen vor-, mit Thoriumsalz bei pH 5—6 warm nachbehandelt.

DA 25458 Zschimmer, Schwarz — Acetatseide wird durch Behandeln mit wäßrigen heißen Dispersionen von chlorierten Terpenalkoholen mattiert.

DA 16295 Ubbelohde — Der Spinnlösung wird Kieselgur von max. 2 μ zugegeben.

SP 233344 IG 1944 (Zusatz zu SP 229183; s. a. SP 233343) — Man setzt Melamin mit 8 Mol Formaldehyd in Anwesenheit von Glykol und Formamid um. Das erhaltene Produkt gibt in Wasser eine klare Lösung, welche, auf ein pH von 8 eingestellt, als Appret und Mattierungsmittel verwendet werden kann.

SP 229183 IG 1943 — Kondensate aus Melamin und Harnstoff werden zum Mattieren angewandt.

SP 202522 Ciba 1939 (s. OeP 155796).

FP 925788 Gen. An. 1947 (s. S. 252) — Mattierungsmittel in Form von Kondensationsprodukten aus Aminen aliphatischer Reihen mit mehr als 6 C-Atomen, organischen Säuren und Formaldehyd.

FP 878424 IG 1943 — Zum Mattieren von Textilien behandelt man mit Lösungen von geschwefelten Phenolen, wie sie zum Fixieren basischer Farbstoffe Anwendung finden. Hierauf wird gesäuert. Die erhaltenen Mattierungen sind waschecht (FP 877926 bzw. 877923 IG 1943; s. S. 93).

FP 866321 Ciba 1941 — Zum Mattieren und Knitterfestmachen von Textilien werden Kondensationsprodukte aus Formaldehyd mit Verbindungen, welche die Gruppen

$$\begin{array}{c} \diagdown \quad\quad\quad \diagup \\ N—\underset{X}{C}—N \\ \diagup \quad\quad\quad \diagdown \end{array}$$

enthalten, und Stoffe der Form R—X—CH_2—Y—Z verwendet. X = O, Y = S, O, Z = Rest mit löslichmachenden Gruppen.

EP 577313 ICI 1946 — Man behandelt Textilien mit Lösungen von kationaktiven Stoffen vor und fällt mit anionaktiven Produkten hergestellte Harzdispersionen auf der Faser.

EP 574785 ICI 1946 — Als Mattierung für Nylonfasern, insbesondere für Druckzwecke, kann eine Mischung von 24 Teilen Kolophonium, 15 Teilen Kalziumchlorid und 61 Teilen Äthanol verwendet werden. Man trocknet und wäscht hernach mit Äthanol, um den Harzüberschuß zu entfernen.

Man kann Nylongewebe auch durch Imprägnieren mit einer Lösung von 25 Teilen Kalciumchlorid calc. in 75 Teilen Äthanol mattieren. Nach der Imprägnierung wird getrocknet und gespült. Die Nitrate usw. von Kalcium, Lithium und Zink sind ebenfalls verwendbar.

EP 537467 Ciba 1942 — Das Mattieren mit Uromatt in stehenden Bädern wird beschrieben (s. AP 2302778/79).

EP 528686 Ciba (s. a. EP 537467) — Zum Mattieren von Kunstseiden werden Kondensationsprodukte von Harnstoff- und Formaldehyd verwendet, wobei diese in Form von Methylolharnstoff angewendet werden. Durch Zugabe von Säure bildet sich Methylenharnstoff, welcher nach Maßgabe seiner Bildung von der Faser aufgenommen wird (s. Uromatt-Mattierung Ciba).

EP 528358 Tootal 1940 (Zusatz zu EP 467480) — Zum Mattieren von Textilien werden dieselben mit Lösungen von Harnstoff-formaldehydvorkondensaten behandelt, bei niedriger Temperatur getrocknet, nacherhitzt und dann mit verdünnten Säurelösungen behandelt (die eventuell noch Formaldehyd enthalten), bis die gewünschte Mattierung erreicht ist. Wird die Ware vor der Säurebehandlung mit einem säurebindenden Mittel örtlich bedruckt, so können Musterungen hergestellt werden.

EP 506721 Tootal 1939 — Mattieren, Knitterfestmachen und Steifen von Viskosematerial usw., indem man dieses mit Kondensationsprodukten von höheren Urethanen und Formaldehyd, in Gegenwart von tert. Aminen hergestellt, imprägniert, eventuell unter Zusatz von Kunstharzen. Z. B. behandelt man mit einer Lösung von Harnstoff und Formaldehyd, quetscht ab, nimmt durch verd. HCl, wäscht und behandelt mit Velan PF nach.

EP 503548 IG 1939 — Man imprägniert mit Stearylbiguanidsulfat und hernach in einem zweiten Bade mit $BaCl_2$. Man erhält dadurch eine Kombination einer Pigmentmattierung mit einem Polykondensatfilm. Die Textilien sollen einen weichen Griff aufweisen. Durch die Verwendung von Stearylbiguanidsulfat erhält die Mattierung kationaktiven Charakter.

EP 499207 Tootal 1939 — Mattieren mit teilweise ausgehärteten Kunstharzvorkondensaten.

AP 2440094 Rayon 1948 — Matte Viskosefäden werden erhalten durch Zusatz von Pigment und einem Kondensationsprodukt von Terpen und Äthylenoxyd zur Spinnmasse (s. a. AP 2440093).

AP 2424284 Celanese 1947 — Melamin-formaldehydkondensate können zur Fixierung von Pigmenten auf der Faser angewendet werden. Man kann diese Fixierung gelegentlich der Mattierung von Textilien gebrauchen. Man geht so vor, daß die Ware erst durch ein Bad von 10% Weinsäure genommen wird, die als Katalyt für die Härtung des Harzes dient, hernach wird mit einer Lösung eines Melamin-formaldehydvorkondensats, die eine Suspension des Pigmentes enthält, nachbehandelt und hernach bei 60—100° C getrocknet. Man wäscht in kaltem Wasser, trocknet und seift nachher.

AP 2416988 Tootal 1947 (s. a. OeP 155792 1939) — Zum Mattieren von Geweben werden im Zweibadverfahren Harnstoff-formaldehydkondensate angewendet. Erst wird mit einer Harnstofflösung, hernach mit Formaldehyd behandelt. Die Bildung von ausfallendem Methylolharnstoff, wie sie bei der Einbadmethode eintreten kann, wird dadurch vermieden (s. a. AP 2302778/79 Ciba).

AP 2350032 Röhm & Haas 1944 — Mattiert wird mit Co-Polymerisaten von 50—90% Acrylnitril und 50—10% Äthylacrylat in 4—6%igen Emulsionen.

AP 2302778/79 Ciba 1942 — Zur Mattierung von Textilien behandelt man in einem Bade, welches Harnstoff, Formaldehyd und ein wasserlösliches Harnstoff-formaldehydderivat enthält. Es entsteht ein wasserunlöslicher Aminoplast, welcher von der Faser aufgenommen wird und der Ware ein mattes Aussehen verleiht. Als erfindungsgemäße Maßnahme wird das Arbeiten in kontinuierlicher Form angegeben, indem man der Mattierungsflotte von Zeit zu Zeit die notwendigen Ergänzungen an Chemikalien zugibt: Für ein Badverhältnis von 1 : 15 setzt man für 10 kg Viskoseseide an: 100 l Flüssigkeit mit 10 g Monomethylolharnstoff und 10 ccm HCl 36%, nach 1 Stunde Behandlung der Seide wird gespült und getrocknet. Zusatz vor Einbringen der neuen Partie: 6 g Monomethylolverbindung und 2 ccm HCl.

AP 2302777 Ciba 1942 — Mattiert wird mit einer Lösung, die das Kondensationsprodukt eines Harnstoff- oder Thioharnstoffderivates mit Formaldehyd enthält. Durch Säure wird die Kondensation bzw. Härtung katalysiert und das Produkt fällt in feiner Form auf die Faser aus.

AP 2274363 Tootal 1942 — Mattiert und pergamentiert wird gleichzeitig mit Schwefelsäure, Harnstoff und Formaldehyd.

AP 2261556 Tootal 1941 — Zur Herstellung mattierter Fäden werden in der Spinnlösung von Viskose Methylenharnstofflösungen in Wasser, die einen Zusatz von Fixanol (Alkylpyridiniumbromid) und Weinsäure enthalten, dispergiert und dann versponnen. Man kann auch Textilien mit Methylenharnstofflösungen behandeln.

AP 2261508 DuPont 1941 (s. a. EP 543125) — Matte Nylonfasern werden erhalten durch Behandlung mit Sulfurylchlorid in Petroläther oder Chloracetylchlorid. Die Behandlung muß vor einer Schädigung der Faserfestigkeit abgebrochen werden.

AP 2230656 Scholler 1941 — Seife, Gelatine, Paraffin und Wasser werden emulgiert, anderseits Alaun, Wasser, NaOH und Formaldehyd gemischt. Man stellt daraus eine Emulsion her, der man Tapioca, TiO_2, Wasser und Benzoesäure zusetzt. Durch geeignete Verdünnung erhält man eine Emulsion zum Mattieren und Wasserdichtmachen.

AP 2217114 Cilander 1940 (s. Transparentieren).

AP 2169200 DuPont (s. AP 2169199) — Ein matter Gewebeanstrich wird erhalten, indem man einer klaren Lösung von Celluloseacetat und Nitrat einen organischen flüchtigen Stoff (Benzol) zusetzt, der Celluloseacetat in feiner Form präzipitiert.

AP 2147401 Gen. An. 1939 — Mattierungsmittel aus acylierten Amidinen.

AP 2145011 Ciba 1939 — Man mattiert Textilien mittels Kondensationsprodukten von Harnstoff-formaldehyd durch Fällung mit HCl, Milchsäure usw. Die Mattierung erfolgt im Gegensatz zu den üblichen Verfahren mit dem gefällten Produkt aus der sauren Lösung desselben. Z. B. wird Harnstoff-formaldehydkondensat aus einer Lösung von Harnstoff in wäßrigem Formaldehyd durch Zugabe von Salzsäure ausgefällt. Die Fällung wird gefiltert, gewaschen und getrocknet. Es wird dann das Fällungsprodukt in seinem Gewicht an HCl heiß zu einer klaren Lösung gebracht. Zum Mattieren verwendet man 300 Teile kaltes Wasser und 2 Liter dieser erhaltenen salzsauren Lösung und behandelt $^3/_4$ Stunden. Nachher wird gewaschen und getrocknet. Die erhaltene Mattierung ist waschecht.

AP 2143326 Ciba 1939 — Harnstoff-formaldehydkondensate werden in Ameisensäure gelöst und mit Wasser verdünnt als Mattierungsbäder angewendet. Zur besseren Lösung der Kondensate in der Ameisensäure werden sie vorher mit Wasser gequollen.

8. Die Erzeugung eines Krachgriffs (Craquant).

Diese gelegentliche Appreturausführung wird in vielen Fällen auf Cellulosematerial in altgewohnter Weise durch Behandlung der geseiften Ware (Seifenbäder mit Silikatzusatz), kurzem Schleudern und Weiterbehandlung in Bädern von Milchsäure oder Weinsäure erzielt.

Eine Reihe besonderer organischer Verbindungen wird in der nicht sehr umfangreichen Patentliteratur empfohlen. Vor allem sollen sich gewisse Äthylenoxydanlagerungsprodukte an hochmolekulare Fettsäuren hierfür bewähren.

Patentliteratur über Erzeugung eines Krachgriffs (Craquant).

OeP 162914 Ciba 1949 — Acylierte Polyglykoläther, aus Fettsäuren mit 2—4 Molen C_2H_4O hergestellt, können als Avivagemittel zur Erzielung eines Krachgriffs und als Mittel zur Verbesserung der Spinnfähigkeit angewendet werden.

DP 737413 Böhme 1943 — Zur Erzielung eines Krachgriffs auf Kunsteide oder Zellwolle behandelt man mit wäßrigen Emulsionen von ungesättigten Fettalkoholen mit 12—22 C-Atomen, die als Emulgatoren Polyglykoläther von Fettalkoholen derselben Molekulargröße enthalten, und trocknet.

DA 206265 Böhme — Man behandelt Kunstseide mit Wachsemulsionen und Gelatine oder Leim.

DA 57924 Pfersee — Kunstseide wird mit Polyglykoläthern höherer Alkohole (6—8 Polyglykolreste im Molekül) behandelt.

SP 248686 Ciba 1948 (Zusatz zu SP 244048; s. a. SP 248685) — Zur Erzeugung eines Krachgriffs auf Zellwolle werden die Umsetzungsprodukte aus 1 Mol Ölsäure und 3 Mol Äthylenoxyd bzw. 1 Mol Kokosfettsäure und 3,8 Mol Äthylenoxyd empfohlen. Sie geben in Wasser bei 40—50° C opalisierende Verteilungen.

SP 217748 Böhme 1942 — Krachgriff kann man durch Behandlung von Kunstseide oder Zellwollen mit wäßrigen Emulsionen von ungesättigten Fettalkoholen mit 12—22 C-Atomen, wobei als Emulgatoren Polyglykoläther angewandt werden, erzeugen.

EP 599280 Ciba 1948 — Zur Herstellung eines Krachgriffs und zur Verbesserung der Spinnfähigkeit von Fasern werden Fettsäuren mit 12—22 C-Atomen mit 2—4 Molen Äthylenoxyd umgesetzt (als Fettsäuren werden Kokosnußfettsäure, Stearinsäure usw. empfohlen). Ölsäure und Stearinsäure oder Mischungen aus Stearin- und Palmitinsäure ergeben bei dieser Behandlung Produkte, die einen guten Krachgriff auf regenerierter Cellulose hervorrufen.

EP 593405 Richards 1947 (s. EP 541749) — Den Effekt aufweisende Textilien erzielt man durch Imprägnieren mit Öl-in-Wasser-Emulsionen, die als disperse Phase den Ester einer höheren Fettsäure mit einem Alkohol der Form $OH—(C_2H_4O)_n—R$ (R = Alkyl mit 2—5 C-Atomen, $n = 0—3$) und als kontinuierliche Phase die wäßrige Lösung eines filmbildenden Schutzkolloids enthalten. Z. B. Butyloxyäthylstearat und Gelatine usw.

EP 586155 Richards 1947 — Man imprägniert Gewebe oder Fasern mit Lösungen von Äthylenglykolmonolaurat oder Monokokosnußfettsäureester des Äthylenglykols, oder Gummiarabikum und Wasser und erhält nach dem Trocknen einen beständigen Krachgriff. Angewendete Lösungen z. B.: Äthylenglykolmonolaurat 10,0 kg, Gelatine 1,0 kg, diisopropylnaphtalinsulfosaures Natrium (als Netzmittel) 0,05 kg, Pentachlornatriumphenolat 0,1 kg, Wasser 380 kg, oder α,β-Propylenglykolmonokokosnußfettsäureester 7,5 kg, 50%ige Gummiarabikumlösung 3 kg, Wasser 40 kg.

AP 2482917 Onyx 1949 — Man verwendet Emulsionen von Butoxyäthylstearat in Lösungen von Gummiarabikum.

AP 2410382 Onyx 1946 — Zur Herstellung eines Krachgriffs, insbesondere auf Kunstseide, werden Emulsionen von Estern höherer Fettsäuren angewendet. Die Emulsionen vom Typ „Öl in Wasser“ enthalten Monoester von Fettsäuren mit 10—14 C-Atomen.

AP 2159113 Celanese 1939 (s. S. 464) — Man behandelt Acetatkunstseide mit Cyclohexanolfettsäureestern.

9. Die Mittel zur Erzielung eines weichen Griffs (Softenings).

Neben den natürlichen weichmachenden Mitteln, wie Fetten, Ölen und Wachsen, ist wieder eine erhebliche Anzahl synthetischer Weichmacher vorgeschlagen worden.

Die Produkte betreffen sowohl Stoffe, welche in die Klasse der Sulfonierungserzeugnisse fallen, wie auch Äthylenoxydkondensate von Fettsäuren (nach Art der Soromine), aber auch Kondensate mit Biguaniden usw.

Eine ausgedehnte Anzahl von Patentschriften befaßt sich mit der Herstellung von Weichmachern, die der Gruppe der quaternären Stickstoffbasen angehören.

Eine Reihe der behandelten Produkte haben, soweit sie kationaktive quaternäre Basen betreffen, unter Umständen auch noch hydrophobierende Eigenschaften, andere wieder, insbesondere von Guanidinen oder Biguaniden abgeleitete Derivate, bewirken bei ihrer Anwendung auch eine Erhöhung der Naßfestigkeit von direkten Färbungen.

Zahlreiche der neueren Vorschläge der Patentliteratur betreffen Softenings, welche permanent, d. h. beständig gegen Wäsche sind, also einen dauernden Weicheffekt zu liefern vermögen.

Vielfach wurde beim Weichmachen von Textilien mit kationaktiven quaternären Basen eine Verringerung der Lichtechtheit der Färbung des Textilmaterials festgestellt. Wie gefunden wurde, zeigen anionaktive Mittel diese Eigenschaft nicht. Fettsäureamide mit langen Alkylketten als Träger des eigentlichen Weichmachungseffektes bilden mit starken Laugen Alkalisalze, wobei Metallion an die Stelle von Amidwasserstoff tritt. Diese Verbindungen sind gute Weichmacher und beeinträchtigen die Lichtechtheit nicht.

Literaturübersicht über die Mittel zur Erzielung eines weichen Griffs.

McLeod: Amer. Dyestuff Reporter **37**, 30 (1948).
Rabold: Text. Wld. **97**, 197 (1947).

Patentschrifttum über die Mittel zur Erzielung eines weichen Griffs.

OeP 166926 Ciba 1950 — Tertiäre Amine, die mindestens eine an einen aus 2 C-Atomen und mehr bestehenden Alkylrest gebundene OH-Gruppe aufweisen, werden mit Formaldehyd und Amiden mit mindestens einem freien H-Atom am Amidstickstoff umgesetzt, um Weichmacher zu erhalten (s. OeP 166925, OeP 166924).

OeP 166925 Ciba 1950 (s. FP 858459) — Durch Umsetzung von Carbonsäuremethylolamiden oder Mischungen aus Carbonsäureamiden und Formaldehyd mit Mercaptanen werden Weichmachungsmittel für Textilien erhalten.

OeP 166462 Ciba 1950 — Es können Imidazolabkömmlinge Verwendung finden.

OeP 166457 Ciba 1950 — Zum Weichmachen usw. können Verbindungen der Form

$$C_{17}H_{35}{-}\overset{\overset{\displaystyle O}{\|}}{C}{-}NH{-}CH_2{-}S{-}CH_2{-}\overset{\overset{\displaystyle O}{\|}}{C}{-}H$$

verwendet werden.

OeP 165059 Gy. 1950 — Es werden wasserlösliche Acylbiguanide (quartäres Stearoyloxyäthylbiguanid) vorgeschlagen.

OeP 162920 Ciba 1949 — Waschmittel und Weichmacher werden erhalten, wenn man in acetalartigen cyclischen Äthern von mindestens 2 OH-Gruppen aufweisenden Aminen mindestens 1 H der NH_2-Gruppe durch einen organischen Rest ersetzt. Z. B. werden

```
NH2—CH2—CH—CH2      oder    CH2—CH—CH2—NH—CH2—CH—CH2
        |   |               |   |              |   |
        O   O               O   O              O   O
         \ /                 \ /                \ /
          C                   C                  C
         / \                 / \                / \
      CH3   CH3           CH3   CH3          CH3   CH3
```

acyliert.

OeP 162919 Ciba 1949 — Als Weichmacher und zum Wasserabstoßendmachen werden Kondensationsprodukte von Amiden oder Urethanen mit Formaldehyd und Harnstoffderivaten umgesetzt. Z. B.:

$$\begin{array}{l} C_{17}H_{35}\text{—CO—NH—}CH_2\text{—NH—CO—NH} \\ \hspace{16em}| \\ \hspace{15.5em}CH_2 \\ \hspace{16em}| \\ C_{17}H_{35}\text{—CO—NH—}CH_2\text{—NH—CO—NH} \end{array}$$

OeP 159870 IG 1940 — Man setzt 2-Alkyl-Δ^2-imidazolin oder 1,4,5,6-Tetrahydropyrimidine mit 1,2-Alkylenoxyden oder monohalogenierten mehrwertigen aliphatischen Alkoholen um.

OeP 159619 IG 1940 (s. a. DP 670419) — Halogenierte Oxyalkyläther, hergestellt durch Umsetzung von Halogen- oder OH-gruppenhaltigen organischen Verbindungen mit Alkylenoxyden (Äthylenoxyd) werden vorgeschlagen.

OeP 157718 Gy. 1940 — Merkaptal- oder Merkaptolsulfosäuren sollen als weichmachende Mittel verwendbar sein.

OeP 157403 IG 1939 — Für Kunstseidengewebe wirken Lösungen von Stearylbiguanidchlorhydrat und einem Dispersionsmittel in einer Konzentration von 0,2 g/l.

DP 755103 — Man setzt den Viskosespinnlösungen in Wasser schwer lösliche oder nur quellbare Umsetzungsprodukte von Alkylenoxyden mit Fettsäuren oder Fettsäureglyzeriden zu und erhält weiche, knitterfeste Fäden (Patent nicht ausgegeben).

DP 746596 Gy. 1944 (Zusatz zu DP 735596) — Methylphenylbiguanid wird mit Stearylchlorid umgesetzt und dann eventuell sulfoniert. Neben einer die Wasserechtheit von Direktfärbungen erhöhenden Wirkung ist das Produkt auch als Weichmacher für Textilien anwendbar.

$$\begin{array}{c} C_{17}H_{33} \\ / \\ N\text{—}C \\ \quad\text{//}\qquad\text{\\\\} \\ NH_2\text{—}C \qquad\quad N \\ \quad\backslash\qquad / \\ N{=}C \qquad CH_3 \\ \backslash \quad / \\ N \\ \backslash \\ C_6H_5 \end{array}$$

DP 744274 IG 1944 — Es werden wasserlösliche Salze von Dialkylessigsäuren mit mehr als 12 C-Atomen im Molekül empfohlen.

DP 743928 Blumer 1944 (Zusatz zu DP 739299) — Sulfurierungsprodukte der Arylätherester mehrwertiger Alkohole eignen sich als Weichmacher, insbesondere auch für die Imprägnierung mit Aluminiumseifen zwecks Wasserdichtmachen von Geweben. Man setzt z. B. den Monophenyläther des Glyzerinchlorhydrins mit Ricinolsäure um und sulfuriert das Reaktionsprodukt.

DP 742148 Böhme 1943 — Äthanolamine werden in die Alkohole übergeführt und mit hochmolekularen, mindestens 8 C-Atome enthaltenden Alkylhalogeniden umgesetzt.

DP 741891 Zschimmer Schwarz 1943 — Als Weichmacher für Textilien können die Umsetzungsprodukte von höhermolekularen Alkylchloriden mit mehr als

8 C-Atomen und Aldehydverbindungen von Aminen oder Ammoniak verwendet werden, z. B. das Reaktiosprodukt aus Cetylchlorid mit Anhydroformaldehydcyclohexylamin.

DP 739299 Blumer 1943 — Aryläthereester mehrwertiger Alkohole werden empfohlen.

DP 738675 Böhme 1943 — Zum Avivieren von Textilien sollen Lösungen oder wäßrige Dispersionen von Alkoholen, die den hochmolekularen Fettsäuren entsprechen, dienen.

DP 737738 Sandoz 1943 — Man führt tertiäre aliphatische Polyamine bzw. Poloxyamine in ihre Ester über.

DP 737543 IG 1943 — Höhermolekulare Amine geben mit Dicyandiamid Weichmacher, welche oft, insbesondere bei substantiven Färbungen, den Farbton bei ihrer Anwendung verändern. Sehr gute Weichmacher, welche auch bei empfindlichen Färbungen eine derartige Tonveränderung nicht bewirken, werden als Reaktionsprodukte von höhermolekularen Biguaniden (Dodecyloder Stearylbiguanid) mit niedrigen aliphatischen Aldehyden oder solche abgebenden Stoffen, z. B. Hexamethylentetramin oder Formaldehyd und Ammoniak erhalten. Die Produkte eignen sich für alle Gewebe aus regenerierter Cellulose, insbesondere aber zum Weichmachen von Kupferkunstseide.

DP 736194 IG 1943 — Waschfeste Weichmacher und Hydrophobierungsmittel sind acylierte Alkylenimine.

DP 734991 Gy. 1943 — Man quaterniert aromatische Amine, die am Stickstoff einen höhermolekularen gesättigten oder ungesättigten aliphatischen Rest tragen, der mehr als 8 C-Atome besitzt (Behandlung von Octodecylanilin mit Dimethylsulfat).

DP 732172 IG 1942 — Beim Weichmachen und Ölen setzen Polyvinyläther die oberflächenglättende Wirkung herab und bedingen einen fülligeren Griff.

DP 732127 Kalle 1943 — Weichmacher für Superpolyamide, wobei die Weichmacher wasserunlöslich sind, sind Verbindungen, wie z. B. 3-Chlor-propylenglykol(2)-phenyläther(1).

DP 731981 IG 1943 — Polyalkylenpolyamine mit mehr als zwei basischen N-Atomen werden mit mindestens 1 Mol Harnstoff kondensiert und schließlich mit mindestens 1 Mol höhermolekularer Fettsäure umgesetzt. Neben einer hydrophobierenden Wirkung sind die Produkte mit einem guten Weichmachungseffekt für Textilien ausgezeichnet.

DP 729796 Houghtongesellschaft 1942 (s. a. DP 721002).

DP 728876 IG 1942 — Ester von Polymethylenpolycarbonsäuren mit Alkoholen, die mehr als 6 C-Atome enthalten (Butan-1,2,3,4-Tetracarbonsäure-dodecylester), sind Avivagemittel.

DP 728464 Ciba 1942 — Durch Behandlung von Cellulose mit Methylolamiden wird ein weicher Griff erzielt. Kupplungsfähige derartige Verbindungen ermöglichen die Herstellung waschechter Färbungen.

DP 728410 IG 1942 — Man setzt 2-Aminopropansulfosäure mit Oleylaldehyd um.

DP 722458 IG 1942 — Als Weichmacher werden Komplexsalze aus Schwermetallsalzen und höhermolekularen Aminen, Guaniden oder Biguaniden vorgeschlagen. Diese Salze eignen sich auch zum Mattieren und Konservieren.

DP 722281 IG 1942 — Als Weichmachungsmittel wird Octadecyloxyäthylaminacetat empfohlen.

DP 721051 Oranienburg 1942 — Man verwendet Dispersionen aus an sich bekannten Sulfonierungsprodukten, die erdalkalibeständig sind, solchen, die unbeständig sind (Öl-, Fett-, Phosphatidsulfonierungsprodukte) und wasserlöslichen Magnesiumsalzen.

DP 720936 IG 1942 (s. a. DP 691970) — Epichlorhydrin wird mit Pyridinacetat und nachher mit Octadecylamin umgesetzt bzw. wird Tetrachloroxypropylpyridiniumchlorid mit Kalimoleat als Weichmachungsmittel insbesondere für Acetatseide verwendet.

DP 717938 IG 1942 — Kunstseidengewebe werden weichgemacht durch Behandlung mit wäßrigen Lösungen von Salzen von Sulfonsäuren höhermolekularer aliphatischer oder gemischt aliphatisch-aromatischer Verbindungen, wie sulfopalmitinsaures Natrium usw.

DP 717155 IG 1942 (s. S. 240).

DP 715605 IG 1942 (Zusatz zu DP 714585) — Polymeres Buthyläthylenimid aus 4 Monomeren wird mit chloräthansulfosaurem Natrium umgesetzt und das Reaktionsprodukt dann mit Octadecylbromid oder Hexylchlorid oder Butylchlorid alkyliert.

DP 714146 IG 1941 — Es werden Alkylbiguanide im Gemisch mit Oxygruppen enthaltenden Estern seifenbildender Fettsäuren empfohlen.

DP 713961 IG 1941 — Das Weichmachen von Kunstseide erfolgt mit Lösungen von Alkylaminotriazolen, deren Alkyl mehr als 8 C-Atome enthält, bzw. deren Salzen.

DP 711760 Servo 1941 — Monooctadecylglykoläther wird mit PCl_3 behandelt und das Reaktionsprodukt sulfoniert.

DP 710228 IG 1941 — Mischungen von Schwefelsäureestern und den ätherartigen Reaktionsprodukten der Umsetzung von Octyl- oder Oleylalkohol mit Äthylenoxyd sind bei guter Netzwirkung wertvolle Softenings.

DP 705436 Gy. 1941 (s. a. AP 2235471) — Amino-ortho-oxycarbonsäureester der Diarylmethanreihe (erhalten z. B. durch Umsetzen von Äthyloctadecylanilin und Chlormethylsalicylsäure) sind in wäßriger Lösung gute Weichmacher für Textilien, insbesondere Kunstseide. Die Verbindungen sind substantiv und können auch im Färbebad angewendet werden.

DP 702242 Grünau 1941 — Mischungen von höhermolekularen Fettsäureamiden, die in der Amidogruppe durch Alkyl- oder Arylgruppen substituiert sind, einerseits und Kondensationsprodukte aus Einweißstoffen oder deren Abbbauprodukten mit höheren Fettsäuren oder Harzsäuren andererseits können, insbesondere für Wollgewebe, als Weichmacher benützt werden.

DP 699110 IG 1940 — Als Weichmacher werden die aus den Kondensationsprodukten von höheren aliphatischen Carbonsäuren und Oxyalkylaminen mit organischen Säuren oder Basen erhaltenen Salze verwendet, z. B. das Sulfopalmitinsäuresalz des Kondensats aus Stearinsäure und Triäthanolamin.

DP 699028 IG 1940 — Textilien werden mit Lösungen von Salzen kationaktiver Stickstoffbasen die schwer lösliche Phosphate oder Sulfate bilden, und Dispergatoren behandelt; vgl. DP 699110.

DP 697170 IG 1939 — Verbindungen der Form

$$C_{15}H_{31}\text{—CO—O—}CH_2\text{—}CH_2\text{—N}\begin{cases} CH_2\text{—}CH_2\text{—O—}CH_2\text{—}CH_2\text{—OH} \\ CH_2\text{—}CH_2\text{—O—}CH_2\text{—}CH_2\text{—OH} \end{cases}$$

werden vorgeschlagen.

DP 696780 IG 1940 — Kondensationsprodukte von Aminen und Äthylenoxyd werden quaterniert und dienen zum Walken, Waschen und als Softenings.

DP 689247 IG 1940 — Weichmacher sind Verbindungen, hergestellt aus Palmitinsäuremethylamid mit Paraldehyd, Pyridin und Schwefelsäure.

DP 682642 Gy. 1939 — Man sulfoniert Verbindungen der Form

$$\begin{array}{c} X \\ | \\ \text{Ar—CH—CO—Ar,} \end{array}$$

wobei Ar einen aromatischen Rest, X in meso-Stellung einen aliphatischen oder alicyclischen Substituenten bedeuten (Hexadecyldesoxybenzoinsulfonat).

DP 682579 IG 1939 — Zum Weichmachen von Kunstseide dienen Mischungen von höhermolekularen Fettsäureamiden und deren Derivaten sowie sauren Schwefelsäureestern höhermolekularer aliphatischer Alkohole oder von Fettsäureoxyalkylamiden.

DP 680835 Hydrierwerke 1939 — Als Softenings können Oxyäther oder Ester von Fettalkoholen mit mehr als 10 C-Atomen mit mehrwertigen Alkoholen bzw. niedermolekularen mehrbasischen aliphatischen Säuren angewendet werden (Natriumsalz des sauren Oxalsäureesters des Oleinalkohols, Monoglyzerinäther des Gemisches aus Hexadecyl- und Octadecylalkohols.

DP 680774 Zschimmer Schwarz 1939 — Salze der Monophtalsäureester mit höhermolekularen Fettalkoholen werden vorgeschlagen.

DP 678678 Voss 1939 — Oleinsulfosäure hochbeständiger Art wird durch Behandlung von Ölsäure mit Essigsäureanhydrid, Trichloräthylen und Oleum erhalten.

DP 677601 IG 1939 (Zusatz zu 640581) — Schwefelsäureester von Carbonsäureamiden können als Weichmacher, insbesondere in alkalischen Bädern, verwendet werden.

DP 676853 Gy. 1939 (Zusatz zu DP 675616) — 2-Heptadecyl-2,3-dihydroindol wird mit Dimethylsulfat methyliert und mit Benzylchlorid zur quaternären Verbindung umgesetzt. Neben einem auch in saurer Lösung guten Netzeffekt wirkt sie als Weichmacher.

DP 672710 IG 1939 — Die Kondensationsprodukte aus chlorhaltigen carboxylgruppenfreien organischen Verbindungen mit langer C-Kette und aliphatischen oder aromatischen Verbindungen, die an O oder N gebundene reaktionsfähige Atome besitzen, sind als Weichmacher brauchbar. Z. B. wird Paraffin chloriert und dann mit Methylolamin umgesetzt, oder es wird chloriertes Hartparaffin mit Polyäthylendiamin behandelt.

DP 669955 Böhme 1939 — Als Weichmacher für Kunstseide werden die Sulfonationsprodukte von Alkoholen (höhermolekulare aliphatische Reihe) in Gegenwart von niedrigen aliphatischen wasserbindenden Säuren oder deren Chloriden empfohlen.

DP 669849 IG 1939 — Verbindungen der Form

$$R_1{-}O{-}R_2{-}N\begin{matrix}\diagup R_3\\ \diagdown R_4\end{matrix}$$

(Oktadecylpiperidyläthyläther usw.) werden vorgeschlagen.

DA 186436 Byk-Guldenwerke — Zum Weichmachen dienen wäßrige Lösungen von Alkaliglykolat und Oxyäthern der Form $R—(—O—CH_2—CHR')_n—OH$, R, R' = H oder Alkyl.

DA 78430 IG — Kondensate aus Mischestern von Polyglyzerinen mit aliphatischen Resten von max. 3 C-Atomen und Stoffen mit aliphatischen oder cycloaliphatisch gebundenem Kohlenstoff werden als Weichmacher vorgeschlagen.

DA 74324 IG — Man verwendet hochmolekulare Alkylbiguanide, deren C-Kette durch Hetero-Atome unterbrochen ist.

DA 72916 IG — Es werden Verbindungen der Form

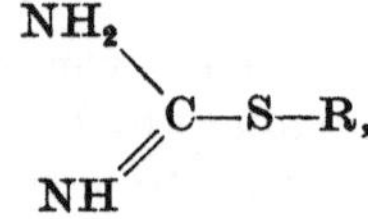

(R = Alkyl[aliphatischer Rest] mit mehr als 8 C-Atomen) vorgeschlagen.

DA 72339 IG — Man sulfoniert den zwischen 350—400° C rektifizierten Anteil gesättigter Kohlenwasserstoffe mit SO_2 und Cl und verseift hernach.

DA 66440 IG — Ester aus Stearylalkohol und Aminoessigsäureäthylesterchlorhydrat (DA 75381/82) dienen als Weichmacher.

DA 65923 IG — Aminoalkohole der aliphatischen und cycloaliphatischen Reihe werden mit Isocyansäureestern mit 12 C-Atomen im Mol umgesetzt (Triäthanolamin + Phenylisocyanat).

DA 20898 Oranienburg — Als Weichmacher dienen oberflächenaktive Sulfonierungsprodukte und lösliche Mg-, Zn- und Erdalkalisalze.

SP 268510 Ciba 1950 — Zum Weichmachen werden Emulsionen von Triglyceriden vorgeschlagen, wobei als Dispergator Seifen verwendet werden, deren Kohlenstoffkette durch ein Stickstoffatom unterbrochen ist; vgl. SP 272747.

SP 263839/40 Ciba 1949 (Zusatz zu SP 260278) — Als Weichmacher können Verbindungen der Form

$$R—CO—NH—CH_2—O—CH_2—CH_2—N(CH_2—CH_2—OH)_2$$

verwendet werden, wobei R—CO den Rest techn. Öl- oder Stearinsäure bedeutet.

SP 260278 Ciba 1949 — Das Reaktionsprodukt von 3 Molen C_2H_4O und der Verbindung $RCO—NH—CH_2O—CH_2CH_2—N(CH_2CH_2—OH)_2$ (RCO ist der Acylrest der Stearinsäure) ist als Weichmacher oder zellwollkabelöffnendes Mittel verwendbar; s. SP 241211.

SP 256763/67 Ciba 1949 — Die Umsetzungsprodukte von N-(β-Oxyäthyl)-ölsäureamid usw. und Bernsteinsäureanhydrid, Malonsäure oder Phtalsäure bzw. deren Anhydriden sind als Softenings anwendbar.

SP 255311 Ciba 1949 (zu SP 249633; s. a. SP 255312, 255313) — Als Weichmachungsmittel wird Ölsäure-N-bis-[α,β-dioxypropyl]-amid empfohlen.

SP 251642 Ciba 1948 (s. a. FP 867109, 827014, SP 228440, SP 231424/5) — Beschrieben werden Aminotriazin-formaldehydkondensate aus Hexamethylolmelaminen, deren Methylolgruppen mindestens teilweise methyliert sind, wobei diese mit Stearinsäure umgesetzt werden. Die erhaltenen Produkte können als Weichmacher und Hydrophobierungsmittel Anwendung finden.

SP 249633 Ciba 1948 — Es können acylierte Verbindungen der Form:

```
CH2—CH—CH2—NH—CH2—CH—CH2
 |    |               |    |
 O    O               O    O
  \  /                 \  /
   C                    C
  / \                  / \
CH3  CH3             CH3  CH3
```

Verwendung finden, z. B. Stearinsäure-N-bis-[α,β-dioxypropyl]-amid.

SP 248687 Ciba 1948 (Zusatz zu SP 244048) — Zum Avivieren von Zellwolle wird das Kondensationsprodukt aus 1 Mol Stearinsäure und 2 Mol Äthylenoxyd vorgeschlagen.

SP 248209 Ciba 1948 — 1 Mol N-(β-Oxyäthyl)stearinsäureamid wird mit 1 Mol Maleinsäure oder deren Anhydrid umgesetzt.

Sp 247984 Ciba 1948 — Carbonsäure-N-methylolamide geben mit Mercaptanen oder Thioglykolsäure umgesetzt Produkte, deren wäßrige Emulsion zum Weichmachen von Textilien empfohlen wird.

SP 247919 Ciba 1948 (Zusatz zu SP 237621) — 1 Mol Ölsäureamid, 1 Mol Formaldehyd, 1 Mol Triäthanolamin werden kondensiert.

SP 247918 Ciba 1948 (Zusatz zu SP 237621) — Kokosfettsäureamid wird mit Formaldehyd in Kokosfettsäure-N-methylolamid verwandelt und hierauf mit äquimolekularen Mengen Triäthanolamin unter Essigsäurezusatz umgesetzt. Man erhält ein Produkt, dessen schäumende Lösung als Textilhilfsmittel, eventuell zum Weichmachen, angewendet werden kann.

SP 246418 Ciba 1947 (Zusatz zu SP 243331) — Man kondensiert p-Aminostearinsäureanilid und d-Glukose und lagert durch kat. Hydrierung 1 Mol Wasserstoff an.

SP 246253 Zimmerli 1947 — Halogenalkyläther höherer Alkohole und Dicyandiamid, insbesondere Cetylchlormethyläther, werden zum waschechten Hydrophobieren und Weichmachen von Textilien angegeben.

SP 245277 Ciba 1947 (Zusatz zu SP 242605) — Das Kondensationsprodukt aus Stearinsäure-N-methylolamid, Phenol, Formaldehyd und Diäthylolamin ist als Weichmachungsmittel brauchbar.

SP 244507 Ciba (Zusatz zu SP 237621) 1947 — Das Kondensationsprodukt aus 1 Mol techn. Ölsäureamid, 1 Mol Formaldehyd und 1 Mol Triäthanolamin kann zum Weichmachen von Viskosekunstseide angewendet werden.

SP 241823 Ciba 1946 (s. a. SP 241820, 241821, 241822; Zusatz zu SP 237621) — Säureamidderivate, die durch Einwirkung von Säureamiden auf Alkylolamine und Formaldehyd entstehen, sind als Weichmachungsmittel für Viskose brauchbar. Z. B. werden Stearinsäureamid oder Ölsäureamid mit Triäthanolamin und Formaldehyd im Verhältnis 1 : 1 : 1 oder 1 : 0,5 : 1 umgesetzt.

SP 241144 Ciba 1946 (s. a. 241142, 241143; Zusatz zu 238330) — Ölsäure- oder Stearinsäuremethylolamide werden mit Biguanidnitrat und einer kleinen Menge Guanidinnitrat umgesetzt.

SP 240357 Gy. 1946 (Zusatz zu SP 234350; s. a. SP 240354) — Stearinsäure wird mit Dicyandiamid und o-Phenetidin behandelt und dann mit Dimethylsulfat methyliert. Neben guter kalkseifendispergierender Wirkung besitzen die erhaltenen Verbindungen einen ausgeprägten Weichmachungseffekt.

SP 240107 Ciba 1946 (s. a. SP 240106, SP 240105 und SP 240104; Zusatz zu SP 238329) — Stearinsäureamid wird mit Methylolamid und Formaldehyd umgesetzt, dann wird das Salz des p-Aminodimethylanilins und Formaldehyd einwirken gelassen.

SP 239218 Hydrierwerke 1945 (s. S. 89).

SP 238950 Ciba 1945 (Zusatz zu 236995) — Man setzt Ölsäurediäthanolamid mit Ameisensäure zu dem Salz eines Aminoesters um (s. a. SP 238948, SP 238949).

SP 238785 Gy. 1945 (Zusatz zu 234581) — Man quaterniert Äthyllauroylcyanguanidin (aus Lauroylcyanguanidin und Diäthylsulfat) durch erschöpfende Äthylierung.

SP 238690 IG 1945 — Thiophenole und Vinylaceton werden zu Thioäthern umgesetzt.

SP 238622 Ciba 1945 (Zusatz zu SP 208530) — Stearinsäureamid wird mit Formaldehyd und Thioglykolsäure im Verhältnis 1 : 1 : 1 in wäßriger Lösung umgesetzt.

SP 238330 Ciba 1945 — Weichmachungsmittel aus der Umsetzung von Stearinsäure-N-methylolamid und Guanidinnitrat.

SP 238329 Ciba 1945 — Stearinsäure wird mit Formaldehyd und einem Ammonsalz umgesetzt.

SP 237958 Büchi 1945 — Wolldecken werden im Griff veredelt, indem man sie mit einer Glyzerinlösung bespritzt. Eine entsprechende Vorrichtung wird beschrieben.

SP 237002 Celluloid 1945 (s. S. 89).

SP 236995 Ciba 1945 — Diäthanolamin wird mit Stearinsäure umgesetzt und dann mit Ameisensäure auf 100° C erhitzt. Das Formiat kann als Weichmachungsmittel dienen.

SP 236917 Ciba 1945 (Zusatz zu SP 208530) — Stearinsäure-N-methylolamid wird mit Thioglykolsäure umgesetzt.

SP 235767 Ciba 1945 — Man setzt das Reaktionsprodukt von N,N′-Di-(chlormethyl)-N,N′-distearoylmethylendiamin und Monochloressigsäureamid mit Pyridin um.

SP 234581 Gy. 1945 — Aralkyl oder Alkylacylcyanguanidine werden erschöpfend alkyliert.

SP 234350 Gy. 1945 — Als Weichmacher werden wasserlösliche höhermolekulare Guanamine, hergestellt aus Acylbiguaniden nach den SP 225155 und 232822, durch Erhitzen über 170° C, empfohlen, wobei die Erhitzungsprodukte quaterniert werden. Auch Wasch-, Abzieh- und Egalisiermittel derselben Art werden angegeben.

SP 233345 Gy. 1944 (Zusatz zu SP 230904) — Man kondensiert Stearoylaminomethylcyanguanidin mit einem Gemisch aus Mono- und Diäthanolamin (1 : 2) und methyliert hierauf erschöpfend. Man erhält vorzügliche Weichmacher.

SP 233183 Ciba 1944 — Man stellt Aminoalkylester durch Umlagerung von Stearinsäureäthanolamid mit Triäthanolamin in die quaternären Verbindungen her. Z. B. wird Tetraäthanolammoniumstearat als Weichmacher empfohlen.

SP 232822 Gy. 1944 (Zusatz zu SP 225155) — Man methyliert Stearoylcyanguanidin und setzt dann mit Monoäthanolamin um.

SP 232285 Gy. 1944 — Stearoyltriaminotriäthylenbiguanid wird quaterniert (s. a. SP 232284 und SP 232283 sowie SP 232277 und SP 232278).

SP 231239 Goldschmidt 1944 — Verbindungen der Form $R—(OR_1)_n—NH_2$, wobei R Alkylreste mit mindestens 8 C-Atomen, R_1 einen Alkylenrest mit höchstens 3 C-Atomen und n mindestens 1 ist (z. B. Dodecyldioxyäthylamin), sind gute Weichmachungsmittel für Textilien.

SP 229608 IG 1944 — Man kondensiert Trimethylolmelamin mit Monoäthanolamin und Formaldehyd, wobei das erhaltene Produkt als Weichmachungs-, aber auch Animalisierungsmittel verwendet werden kann.

SP 227070 IG 1943 (Zusatz zu SP 223066) — Man setzt Adipinsäure mit 1,4-Butylenglykol und β,β'-Dioxyäthylmethylamin und 1,6-Hexamethylendiamin zu einem Weichmacher um, der insbesondere für Kunstseide geeignet ist.

SP 226695 IG 1943 — Man setzt ein Superpolyamid aus Adipinsäure und Hexamethylendiamin mit Äthylenoxyd um, wobei das erhaltene Produkt ein Weichmacher für Superpolyamidfasern ist.

SP 224859 Ciba 1943 (Zusatz zu SP 221923) — Dimethylanilin wird mit dem Kondensationsprodukt aus α,α'-Dichlormethyläther und hydrierten Tranfettsäureamiden zur Reaktion gebracht.

SP 223066 IG 1942 — Adipinsäure wird mit 1,4-Butylenglykol und β,β'-Dioxyäthylmethylamin kondensiert.

SP 222461 Gy. 1942 (Zusatz zu SP 219930; s. a. SP 222460, 222459, 222458) — Alkyloxymethylverbindungen der o-Oxybenzoesäure können als Weichmacher angewendet werden, z. B. 5-Cetyloxymethyl-5-methyl-2-oxybenzoesäure oder 5-Octadecyloxymethyl-2-oxybenzoesäure.

SP 222458/60 Gy. 1942 (Zusätze zu SP 219930) — Halogenierte Methyloxybenzoesäuren und Derivate derselben, mit Cetyl- oder Oleylalkohol kondensiert, ergeben Weichmacher.

SP 222453 Ciba 1942 — Man setzt p-Octadecylphenol mit N-Methylolchloracetamid zu Weichmachungsmittel um.

SP 222451 Ciba 1942 (Zusatz zu SP 219925) — Stearinsäureanilid wird mit N-Methylolchloracetamid kondensiert und dann mit Alkylthioharnstoff zur Reaktion gebracht.

SP 219930 Gy. 1942 (s. Zusätze SP 222458—222461) — 5-Octadecyloxymethyl-2-oxybenzoesäure kann als Weichmachungsmittel für Textilien angewendet werden.

SP 219925 Ciba 1942 — Stearinsäureanilid wird mit N-Methylolchloracetamid und Trimethylamin umgesetzt.

SP 219858 Ciba 1942 (s. a. SP 219857) — Dichlordimethyläther wird mit N,N'-Distearoylbenzidin zu Weichmachern umgesetzt.

SP 218877 Buschmann 1942 — Man behandelt Kunstseidengewebe mit einer Mischung aus Natriumthiosulfat, Natriumbicarbonat und Alaun, wobei insbesondere bei gebrauchten Geweben ein weicher Griff, Festigkeit und matter Glanz erzielt werden soll.

SP 218578 Sandoz 1942 (Zusatz zu 215938) — Man verestert N-β-Dioxypropyl-N-oxyäthylstearylamin mit Stearinsäure (s. a. SP 218577 und SP 218576 sowie SP 218573, SP 218574 und SP 218575).

SP 218055 IG 1942 — Emulsionen, welche hochmolekulare lipophile Stoffe sowie Verbindungen enthalten, die durch Polymerisation von Alkyleniminringe enthaltenden Produkten entstanden sind, können als Weichmacher, Hydrophobierungs- und Animalisierungsmittel angewendet werden.

SP 217482 Ciba 1942 — Man setzt N-Methyl-μ-heptadecylbenzimidazol mit Äthylenoxyd um und erhält Weichmachungs- und Egalisiermittel.

SP 216942 Ciba 1942 — Gehärtetes Tranfett wird mit α,α'-Dichlordimethyläther umgesetzt und das Endprodukt dann mit dem Reaktionsprodukt aus Hexamethylolmelamin und Methylamin behandelt. Der erzielte Weicheffekt ist waschecht.

SP 213176 IG 1941 (Zusatz zu SP 206407) — Das Imidazolderivat der Form

$$C_{15}H_{31}-C\begin{matrix}\nearrow NH-CH_2 \\ \quad\quad\quad | \\ \searrow N\!=\!-CH_2\end{matrix}$$

kann als Weichmacher verwendet werden.

SP 212567 Sandoz 1941 (Zusatz zu SP 208949) — Umsetzungsprodukte aus Diaminodiphenylpyridiniumchlorid mit Harnstoffderivaten (z. B. Dimethylolharnstoff) haben neben ihrer die Wasser- und Waschechtheit von direkten Färbungen verbessernden Wirkung auch weichmachende Eigenschaft.

SP 212564, SP 212563, SP 212562 Gy. 1941 (Zusatz zu SP 193076) — Man quaterniert z. B. α-Undecyl-benzyl-dimethylaminoacetamid nach Umsetzung mit Benzylchlorid.

SP 211657/55 Ciba 1941 — Weichmacher aus Stearinsäureamid, Dichlormethyläther und Thioharnstoff.

SP 211248 Ciba 1940 (Zusatz zu SP 209972) — Stearinsäure-N-methylamid wird mit Chlormethyl-β-chloräthyläther und Pyridin zur Verbindung der Form

$$C_{17}H_{35}CO-\underset{\displaystyle CH_3}{N}-CH_2-O-CH_2-CH_2-\underset{Cl}{N}\langle C_5H_5 \rangle$$

umgesetzt.

SP 211247, SP 211246, SP 211245 Ciba 1940 (Zusatz zu SP 209972) — Verbindungen der Form

$$C_{12}H_{25}-S-CH_2-O-CH_2-CH_2-\underset{Cl}{N}\langle C_5H_5 \rangle$$

zeigen weichmachende Eigenschaften.

SP 211244 und SP 211243 Ciba 1940 (Zusatz zu SP 209972) — Verbindungen der Form

$$C_{15}H_{31}{-}CO{-}OCH_2{-}CO{-}CH_2{-}\underset{Cl}{N}\langle C_5H_5 \rangle$$

werden als Weichmacher empfohlen.

SP 210987 Gy. 1940 (Zusatz zu SP 208532; s. a. SP 210986) — Verbindungen der Form

$$(CH_3)_3\overset{Cl}{N}{-}C_6H_4{-}CH_2{-}C_6H_4{-}N(CH_3)_2(C_2H_4OCOR)\,SO_4 . CH_3$$

zeigen für Textilien weichmachende Eigenschaften.

SP 210974 Ciba 1940 (Zusatz zu SP 209637) — Man setzt Stearinsäureamid mit dem Additionsprodukt von Trimethylamin und Methylolchloracetamid um.

SP 210958 Ciba 1940 (Zusatz zu SP 206173) — Man behandelt Laurinsäure-N-methylolamid mit Benzolsulfochlorid, wobei ein waschechter Weicheffekt auf Textilien mit dem erhaltenen Produkt erzielbar ist.

SP 210485 IG 1940 — Triäthanolamin wird mit 1-Halogenoctodecan umgesetzt und in das Reaktionsprodukt ein Stearinsäurerest eingeführt.

SP 208532 Gy. 1940 — Als Weichmacher für Textilien kann die Verbindung der Form

$$C_6H_{11}{-}CH_2{-}C_6H_{10}{-}\overset{Cl}{N}(CH_3)_2{-}CH_2CH_2OCOC_{17}H_{35}$$

angewendet werden.

SP 208530 Ciba 1940 — Die Verbindung der wahrscheinlichen Formel

$$C_{17}H_{35}\overset{O}{\overset{/\!/}{C}}{-}NH{-}CH_2{-}S{-}CH_2{-}\overset{O}{\overset{/\!/}{C}}{-}OH$$

aus dem Kondensationsprozeß von Stearinsäure-N-methylolamid und Thioglykolsäure ist als Softening brauchbar (insbesondere für Viskoseseide).

SP 208001 Ciba 1940 — Man setzt Laurinsäuremethylolamid, Chloressigsäure und Pyridin um.

SP 207204 IG 1939 — Das Produkt der Umsetzung von Triäthanolamin mit 1-Halogen-n-octodecan wird empfohlen (Dioctodecyläther).

SP 206917 ICI 1939 (Zusatz zu SP 203138) — Octadecyloxymethylpyridiniumsulfat wird mit Ölsäure reagieren gelassen.

SP 204237 Ciba 1939 — Man behandelt Stearinsäuremethylamid mit m-Benzoesäuresulfochlorid. Neben weichmachenden Eigenschaften besitzt das erhaltene Produkt auch die Fähigkeit, Textilien zu hydrophobieren (wasserabstoßend zu machen).

SP 203947 Ciba 1939 — Das Umsetzungsprodukt aus N-Oxymethylstearinsäureamid, Pyridin und Phtalsäureanhydrid macht Textilien weich und hydrophob. Die Effekte sind waschecht; vgl. SP 203357.

SP 202727 Gy. 1939 (Zusatz zu SP 200365) — p-Trimethylammonium-ms-hexadecyl-desoxybenzoinmethylsulfat ist ein Weichmachungsmittel für native und regenerierte Cellulosen.

SP 202720 Gy. 1939 (Zusatz zu SP 199782) — Das Natriumsalz einer Sulfosäure des N-Aceto-N-heptadecylcarbaminsäuremethylesters ist ein Weichmachungsmittel für Textilien; s. a. SP 202722/24.

SP 202550 Gy. 1939 — Verbindungen der Form

$$\text{(Indol)}\,N{-}CO{-}CH_2{-}N\begin{matrix}R_1\\R_2\end{matrix}$$

sind als Weichmachungsmittel verwendbar.

SP 201509 Gy. 1939 (Zusatz zu SP 199452) — Man wandelt p-Dimethylaminonaphtenoylbenzylamin in quaternäre Verbindungen um; vgl. SP 196872.

SP 201508, 201506, 201505 Gy. 1939 (Zusatz zu SP 199452) — Verbindungen der Form

$$C_{17}H_{33}.CO.NH{-}CH_2{-}C_6H_4{-}N\begin{matrix}CH_3\\CH_3\\OSO_3CH_3\end{matrix}$$

sind Weichmachungsmittel.

SP 200921 IG 1939 (Zusatz zu SP 193927) — Das Anlagerungsprodukt von 1 Mol Äthylenoxyd an 1 Mol Triäthanolaminstearat ist als Weichmacher für Kunstseide geeignet.

SP 200669 Gy. 1939 — Als Weichmacher (auch zum Abziehen von Naphtolfärbungen, zur Verbesserung der Naßechtheit von Direktfärbungen und als Mottenschutzmittel) kann Dodecyldimethylanilinmethylsulfat verwendet werden; vgl. AP 2293826.

FP 948595 Ciba 1949 — Zum Weichmachen werden Ester oder Amide von Säuren (Ölsäure usw.) oder Sulfonierungsprodukten dieser Verbindungen vorgeschlagen.

FP 936507 Rhodiaceta 1948 — Synthetische Fasern werden durch Behandlung in Chloralbädern weicher.

FP 925788 Gen. An. 1947 (s. S. 252) — Als Weichmacher werden Kondensate aus aliphatischen Diaminen mit mehr als 6 C-Atomen, organischen Säuren und Formaldehyd vorgeschlagen.

FP 918336 DuPont 1947 (s. S. 92) — Santolite als Weichmacher für Polyamide.

FP 887285 Goldschmidt 1943 — Als Weichmachungsmittel werden Verbindungen der Form $R_1{-}(OR_2)_n{-}NH_2$ (R_1 = Alkyl, gerade oder verzweigt mit mehr als 8 C-Atomen, R_2 = Alkylen [Äthylen oder Propylen], $n > 1$), z. B. Isopentadecyltrioxyäthylamin, empfohlen.

FP 881787 Hydrierwerke 1943 — Als Weichmachungsmittel werden Ester aus Adipindiessigsäure und Hexylalkohol oder Furanalkohol und Nitrilotriessigsäure empfohlen.

FP 879487 IG 1943 — Als Weichmachungsmittel sind Carbaminsäureester aus Isocyanaten und Aminoalkoholen wertvoll.

FP 879190 IG 1943 — Weichmachende Stoffe für Textilien erhält man durch Kondensation von höheren Fettsäuren mit Polyaminen und Harnstoff.

FP 879053 IG 1943 — Als Weichmacher für Kunstseiden werden die Verseifungsprodukte von Sulfochlorierungsprodukten von Kohlenwasserstoffen mit mehr als 8 C-Atomen empfohlen.

FP 870736 IG 1942 (s. S. 94).

EP 621324 Ciba 1949 — Zum Weichmachen von Cellulosetextilien werden Semi-Ester von Dicarboxylsäuren, z. B. das Umsetzungsprodukt von N-(β-Oxyäthyl)-ölsäureamid und Phtalsäureanhydrid, vorgeschlagen.

EP 616694 und 616247 Ciba 1949 — Als Weichmacher für Kunstseide werden die Umsetzungsprodukte von Methylolamid mit Verbindungen, die die Gruppe

$$-N{=}C\begin{matrix}\diagup N \diagdown \\ \diagdown N \diagup\end{matrix}$$

enthalten, vorgeschlagen.

EP 602048 All. Colloid 1948 — Zum Weichmachen und zur Echtheitsverbesserung von Direktfärbungen werden Dispersionen wachsartiger Kondensationsprodukte aus Adipinsäure, Triäthanolamin und Palmitinsäure, welche mit Dimethylsulfat quaterniert wurden, empfohlen. Man behandelt mit 0,2%igen Dispersionen bei 30° C etwa 10—15 Minuten.

EP 598556 Watkins 1948 — Wenn man Cellulosetextilien mit einer wäßrigen Lösung von 5% mit $Cu(OH_2)$ gesättigten Äthylendiamin behandelt, erhalten sie einen weichen seidigen Griff.

EP 596154/153 ICI 1947 — Das Kondensationsprodukt von Stearamid mit Hexamethoxymethylmelamin wird mit Formaldehyd und Pyridin in HCl-Anwesenheit umgesetzt. Das erhaltene Produkt kann zum Weichmachen und Wasserabstoßendmachen verwendet werden.

EP 575608 Cyanamid 1947 — Asparaginsäureester als Weichmacher.

EP 574488 DuPont 1946 — Als Weichmacher für Polyamide werden Verbindungen wie

$$CH_3-\underset{\underset{O}{\|}}{C}O-(CH_2)_8-\underset{\underset{OH}{|}}{\underset{C_6H_4}{|}}{CH}-(CH_2)_7-CH_3$$

vorgeschlagen.

EP 561701 DuPont 1945 (s. S. 98).

EP 553236 1943 — Nylongewebe erhalten einen weichen Griff, wenn man sie über eine Oberfläche zieht, die nahe dem Schmelzpunkt der Faser erhitzt ist.

EP 549328 Richards 1942 — Es werden wäßrige Lösungen von 0,1% μ-Heptadecyl-N-benzamidoäthylimidazolinchlorhydrat usw. vorgeschlagen. Die allgemeine Formel ist:

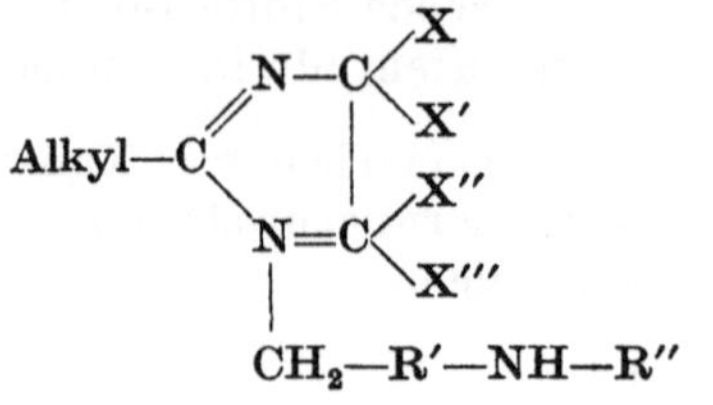

```
            X
      N—C<
     //  |  X'
Alkyl—C    |
     \   |  X''
      N=C<
      |     X'''
      |
      CH2—R'—NH—R''
```

bzw. auch

```
          N—CH2
         //    |
C17H35—C       |
         \     |
          N—CH2
          |
          CH2CH2NH—CO—CH3.
```

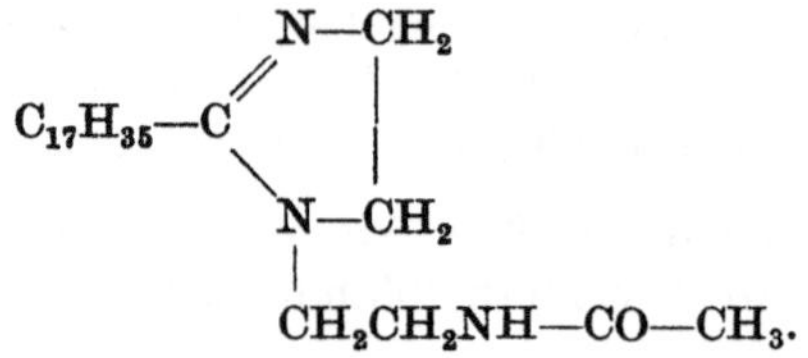

EP 542173 und 515847 Courtaulds — Einen weichen Griff auf Textilien erzielt man durch Behandlung derselben mit dem Kondensationsprodukt aus Cyanamid und Formaldehyd, in alkalischem Milieu hergestellt.

EP 509542 Gy. 1939 (s. S. 272).

EP 508519 Atlas Powder 1939 — Als Weichmachungsmittel wird eine Mischung von Sorbitol, Na-salzen von Hydroxycarbonsäuren, Monoanhydrohexitolen und Alkoholen angegeben.

EP 507138 Lilienfeld 1939 — Beschreibt das Aufbringen einer Lösung oder Dispersion eines Abbauproduktes von Cellulose zwecks Erzielung eines weichen vollen Griffs. Das Abbauprodukt kann dabei in alkalischer Lösung angewendet werden, worauf eine Fällungsreaktion stattfindet. Die Abbauprodukte werden durch sauren Abbau hergestellt.

EP 506610 Gy. 1939 — Das Sulfonierungsprodukt von Hexadecyldesoxybenzoin wird als Weichmachungsmittel für Cellulose empfohlen (DP 682642).

EP 505599 Celluloid 1939 — Aufbringen von Celluloseestern als Weichappret. Ein Zusatz eines Phosphorsäureesters mit mindestens einer Ketogruppe in der Estergruppe ist vorteilhaft, z. B.:

$$(CH_3COCH_2)_2 = PO_4—C_4H_9.$$

EP 501522 IG 1939 (s. a. DP 695473) — Verbindungen der Form

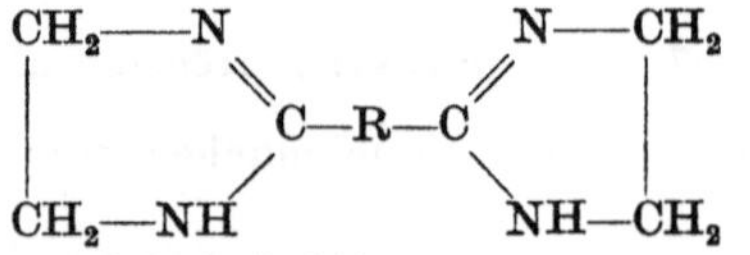

```
CH2——N              N——CH2
|      \\          //     |
|        C—R—C            |
|      /          \       |
CH2—NH              NH—CH2
```

verleihen Textilien einen weichen Griff.

AP 2525771 Arkansas Co. 1950 — Zur Herstellung von Softenings werden höhermolekulare Fettsäuren mit 12—14 C-Atomen mit wasserlöslichen gesättigten aliphatischen Aminen bei 165—205° C umgesetzt und hierauf mit Polyäthylenglykol mit einem Molgewicht von 200—1500 bei 150—175° C in Reaktion gebracht.

AP 2483969 Gen. An. 1949 — Weichmacher sind Verbindungen der Form:

$$R—CO—NH(CHR'—CHR''—NH)_x—\underset{\underset{NH}{\|}}{C}—NH—\underset{\underset{NH}{\|}}{C}—NH_2.$$

AP 2478859 Cyanamid 1949 — Alkylenoxydanlagerungsprodukte von aliphatischen Acylcarbamylverbindungen dienen als Weichmacher.

AP 2471039 Attorney Gen. 1949 — Das Weichmachen von Cellulose erfolgt in der Spinnlösung durch Beigabe von Na-salzen von Sulfonamiden.

AP 2459062 Cyanamid 1949 — Weichmacher der Form:

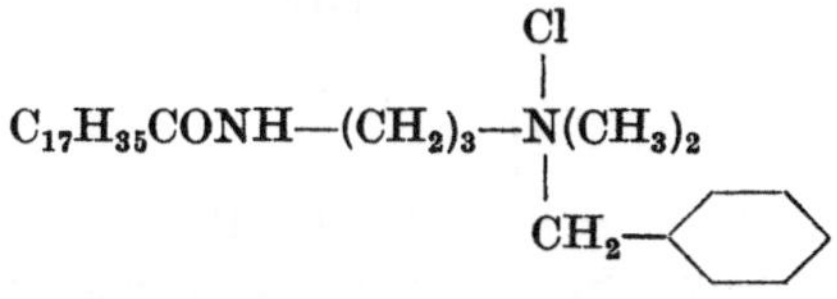

$$\begin{array}{c} \qquad\qquad\qquad\qquad\qquad\qquad\quad Cl \\ \qquad\qquad\qquad\qquad\qquad\qquad\quad | \\ C_{17}H_{35}CONH{-}(CH_2)_3{-}N(CH_3)_2 \\ \qquad\qquad\qquad\qquad\qquad\qquad\quad | \\ \qquad\qquad\qquad\qquad\qquad\qquad\qquad\quad CH_2{-}C_6H_{11} \end{array}$$

werden vorgeschlagen.

AP 2456344 DuPont 1948 (s. S. 100).

AP 2454547 Röhm & Haas 1948 — Polymere quartäre Ammoniumverbindungen der Form:

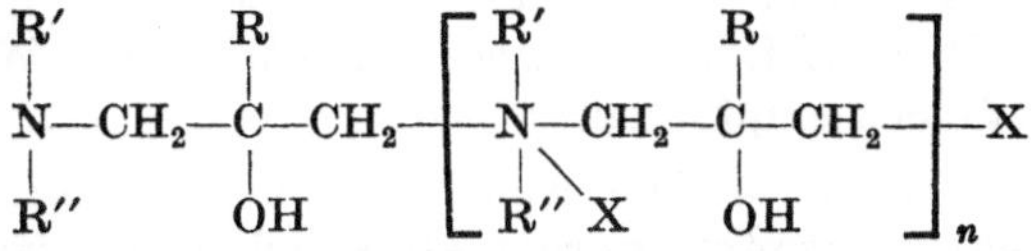

$$\begin{array}{ccccccc} R' & & R & & & R' & & R \\ | & & | & & & | & & | \\ N{-}CH_2{-}&&C&{-}CH_2{-}&\Big[&N{-}CH_2{-}&&C{-}CH_2{-}\Big]_n{-}X \\ | & & | & & & |\diagdown & & | \\ R'' & & OH & & & R''\ X & & OH \end{array}$$

werden vorgeschlagen. R ist ein CH_3- oder C_2H_5-Rest, R″ ein aliphatisches oder araliphatisches Radikal mit 8—18 C-Atomen, R ist ein H-Atom oder eine CH_3-Gruppe, X ein Halogen und $n = 1$—19. Das Molekulargewicht der Produkte liegt bei 4000.

AP 2427242 Cyanamid 1947 — Es werden Gemische von 90—94% des Kondensationsproduktes aus 5—7 Mol Äthylenoxyd und einer Mischung von 50—70 Mol-% eines aliphatisch substituierten guanidinium-N-aliphatischen Carbamats und 50—30 Mol-% eines aliphatischen amin-N-aliphatischen Carbamats, wobei die aliphatischen Reste 16—18 C-Atome enthalten, einerseits, mit 10—6% einer anionaktiven Substanz, die eine einzige lange Kette von 16—18 C-Atomen besitzt, anderseits, verwendet, wobei dieser Mischung 0,1—4% eines wasserlöslichen Aluminiumsalzes zugesetzt werden.

AP 2417513 Attorney 1947 — Basische lineare Esterpolymere aus aliphatischen Dicarbonsäuren und aliphatischen zweiwertigen Alkoholen können als Weichmachungsmittel für Textilien Verwendung finden. Man kondensiert z. B. Adipinsäure mit 1,4-Butylenglykol und Hexamethylendiamin oder Adipinsäure mit β,β'-Dihydroxyäthylmethylamin. Erstere Reaktion ist ähnlich dem SP 223066.

AP 2413755 Cyanamid 1947 — Die Kondensationsprodukte aus Ammelin (Triazinderivat) und Äthylenoxyd können als Weichmachungsmittel verwendet werden. Die Produkte besitzen eine gute Netz- und Emulgierwirkung und zeigen einen guten Knitterfesteffekt auf Kunstseide.

AP 2410788 Arnold, Hoffmann 1946 (s. a. AP 2410789) — Man kondensiert Stearinsäure mit N-3-Amino-2-propanoläthylendiamin zu Verbindungen der Form

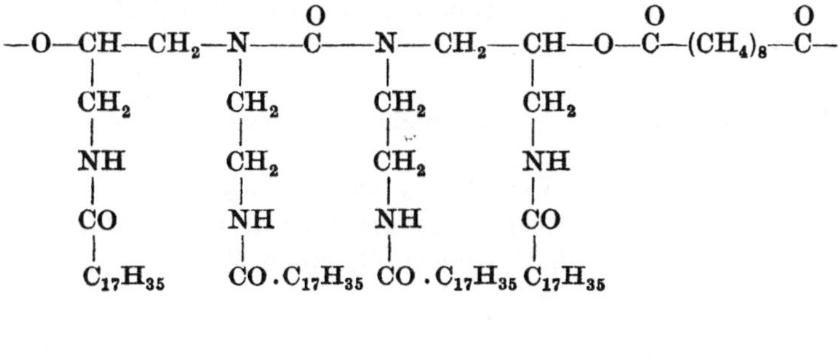

$$\begin{array}{lllllllll} & & & & O & & & O & O \\ & & & & \| & & & \| & \| \\ {-}O{-} & CH{-}CH_2{-} & N & {-} & C & {-}N{-}CH_2{-} & CH{-}O{-} & C{-}(CH_4)_8{-} & C{-} \\ & | & | & & & | & | & & \\ & CH_2 & CH_2 & & & CH_2 & CH_2 & & \\ & | & | & & & | & | & & \\ & NH & CH_2 & & & CH_2 & NH & & \\ & | & | & & & | & | & & \\ & CO & NH & & & NH & CO & & \\ & | & | & & & | & | & & \\ & C_{17}H_{35} & CO\cdot C_{17}H_{35} & & & CO\cdot C_{17}H_{35} & C_{17}H_{35} & & \end{array}$$

AP 2402767 Solvent 1946 — Man verwendet als Softening eine wäßrige Emulsion von Alkylaminoacetonoxim, wobei die Alkylgruppe sich von einer höheren Fettsäure ableitet.

AP 2396715 DuPont 1946 — Polyamidfasern werden weichgemacht mit Verbindungen der Form

$$\mathrm{ROC(=O)—R'—CH(C_6H_{10}OH)—R''}$$

wobei R einen aliphatischen Rest von 1—6 C-Atomen und R' eine Gruppe der Form —Alkyl— und die Gruppe —CO—R'—CH—R''' 6—22 C-Atome enthält.

AP 2372985 Richards Chem. Works 1945 — Eine Mischung von Laurylimidazolin mit Emulphor EL oder Mineralöl wird zum Weichmachen für Wolle und Cellulosefasern empfohlen.

AP 2368082 Gen. An. 1945 — Die Kondensationsprodukte von 1,2-Alkyleniminen und Chloräthansulfosäuren werden als Weichmacher vorgeschlagen.

AP 2365931 DuPont 1944 — Weichmachen von Nylon.

AP 2359884 DuPont 1944 — Als Weichmachungsmittel für Textilien werden quaternäre Ammoniumverbindungen der Form

$$\mathrm{R—CH(N(CH_3)_3X)—COO—N(CH_3)_3—CH(COOR_1)—R}$$

insbesondere

$$\mathrm{C_{14}H_{29}—CH(N(CH_3)_3Br)—COO—N(CH_3)_3—CH(COOCH_3)—C_{14}H_{29}}$$

empfohlen; vgl. AP 2359863.

AP 2359043 Sandoz 1944 — als Weichmacher wird die Verbindung

$$\mathrm{C_{17}H_{35}CH_2 \begin{cases} C_2H_4COOC_{11}H_{23} \\ C_2H_4OH \end{cases}}$$

vorgeschlagen.

AP 2357598 Alframine 1944 — Als Weichmacher für Textilien werden quaternäre Verbindungen der Form

$$\mathrm{R—CO—(NH—C_{\mathit{x}}H_{2\mathit{x}})_{\mathit{n}}—NH—C_{\mathit{y}}H_{2\mathit{y}}—OH}$$

(aus aliphatischen Estern und Monoalkylolamiden), wobei R eine aliphatische Kette von 7 C-Atomen mindestens, x und y jedes 2—5 und $n = 1—3$ bedeuten, verwendet.

AP 2345632 Nat. Oil 1944 — Als Weichmachungsmittel werden Polyamide der Form

$$\mathrm{R_1—CO—N—R_3—X—CO—R_2}$$

beschrieben, wobei R_1—CO einen Fettsäurerest mit 16—22 C-Atomen, CO—R_2 einen Fettsäurerest mit 2—5 C-Atomen, R_3 einen Wasserstoff- oder Acylrest mit 2—5 C-Atomen, X die Gruppierung $(CR_4R_5—CR_4R_5—CH_2)_n$ bedeuten, wobei R_4, R_5 ein Wasserstoff oder Alkyl und n größer als 1 ist. Z. B. wird Tetraäthylenpentamin mit Kokosnußöl und Essigsäureanhydrid erhitzt und das entsprechende Produkt in der Schmelze oberhalb seines Schmelzpunktes neuerlich mit Essigsäure behandelt. Die erhaltenen Produkte sind wasserlöslich.

AP 2340881 Nat. Oil 1943 — Kondensationsprodukte aus Hydroxyalkylpolyaminen und Glyzerid, die keine OH-Gruppen frei enthalten, sind als Weichmacher anzuwenden.

AP 2338178 Ciba 1944 — Verbindungen der Form:

```
       O
      //
R—C            NH
    \          //
     N—CH₂—S—C.HCl
     |          \
     CH₂         NH₂
     |           NH
     |          //
     N—CH₂—S—C.HCl
    /           \
R—C              NH₂
    \\
     O

oder

                   O
                  //
       C₁₇H₃₅—C              NH
                  \          //
                   N—CH₂—S—C.HCl
                   |          \
                  C₆H₅         NH₂
```

besitzen Affinität zur Cellulosefaser und können als Netzmittel sowie zum Weichmachen oder Wasserabstoßendmachen von Textilien verwendet werden.

AP 2334852 Alrose Chem. 1943 — Zum Weichmachen von Textilien werden Bäder empfohlen, welche Salze von Kondensationsprodukten von höheren Fettsäuren enthalten, z. B. das Kondensationsprodukt aus Stearinsäure mit Tris-(methoxy)-aminomethan

$$NH_2—C{\equiv}(CH_2OH)_3$$

oder mit 2-Amino-2-methyl-1,3-propandiol

```
           NH₂
          /
CH₂OH—C—CH₂OH.
          \
           CH₃
```

AP 2334764 DuPont 1943 — Es können Mischungen, bestehend aus Paraffinwachs mit einer kleineren Menge von sulfurierten Paraffinen (sekundäre Sulfonate) in Wasser angewendet werden.

AP 2333770 Eastman Kodak 1943 — Als Weichmacher und Glättemittel wird Triäthanolamin-monoacetat-dipropionat angewandt.

AP 2327213 DuPont 1943 — Weichmacher und Hydrophobierungsmittel für Textilien sind Verbindungen der Form

```
                              NH.HCl
                             //
C₁₇H₃₅—CO—N—CH₂—S—C
             |               \
             CH₂              NH₂
             |                NH.HCl.
             |               //
C₁₇H₃₅—CO—N—CH₂—S—C
                             \
                              NH₂
```

Sie können auch zum Knitterechtmachen angewendet werden.

AP 2321621—2321625 Indust. Patent 1943 — Man behandelt Wollgewebe, um sie weich zu machen, mit proteolytischen Enzymen.

AP 2316258 Oranienburger Chem. Fabr. 1943 — Alkaliglykolate und Laktate mit Oxypolyalkyläthern geben Weichmacher.

AP 2312135 Gen. An. 1943 — Kondensationsprodukte aus Alkylhalogeniden und Polyalkylolaminen dienen als Weichmacher.

AP 2310795 Stein, Hall 1943 — Weichmachende Emulsionen von flüssigen Kohlenwasserstoffen.

AP 2304369 Arnold, Hoffman 1942 — Verbindungen der Form

$$\begin{array}{l} C_{17}H_{35}CO—NHCH_2CH_2—N—CH_2CH_2OH \\ \qquad\qquad\qquad\qquad\qquad\quad | \\ \qquad\qquad\qquad\qquad\qquad C{=}NH \\ \qquad\qquad\qquad\qquad\qquad\quad | \\ C_{17}H_{35}CO—NHCH_2CH_2—N—CH_2CH_2OH \end{array}$$

usw. sind zum Weichmachen von Textilien geeignet.

AP 2304157 DuPont 1942 — Als Weichmachungsmittel für Cellulose werden Verbindungen der Form

$$\begin{array}{l} R—N—CH_2—PO(OH)_2 \\ \quad R' \end{array} \qquad \text{oder} \qquad \begin{array}{l} R—N—CH_2—PO(OH)_2 \\ \quad\; | \\ \quad CH_2 \\ \quad\; | \\ R'—N—CH_2—PO(OH)_2 \end{array}$$

angegeben, R′ ist H, niedriges Alkyl, R ein Alkylrest mit mehr als 10 C-Atomen, der frei von wasserlöslichmachenden Gruppen ist und am Stickstoffatom mittels einer CO- oder CS-Gruppe gebunden ist. Das Verfahren macht auch hydrophob.

AP 2304113 Arnold, Hoffman 1942 — Die Verbindung

$$\begin{array}{l} C_{17}H_{35}—CO—NH—CH_2—CH_2—N—CH_2—CH_2—OH \\ \qquad\qquad\qquad\qquad\qquad\qquad\quad | \\ \qquad\qquad\qquad\qquad\qquad\qquad CO \\ \qquad\qquad\qquad\qquad\qquad\qquad\quad | \\ C_{17}H_{35}—CO—NH—CH_2—CH_2—N—CH_2—CH_2—OH \end{array}$$

ist ein Weichmachungsmittel für Textilien.

AP 2302819 DuPont 1942 (s. S. 105).

AP 2296226 Gen. An. 1942 — Man behandelt 1,2-Alkylenimine oder deren nicht kristalline Polymerisate mit Fettsäurechloriden. Die erhaltenen Produkte sind Weichmacher.

AP 2296225 Gen. An. 1942 — Weicheffekte und Knitterfestigkeit werden erzielt durch Behandlung von Kunstseidentextilien mittels Kondensationsprodukten von Polyalkyleniminen und Aldehyden oder Ketonen.

AP 2293826 Gy. 1942 (s. a. AP 2324354, Hydrophobieren) — Als Weichmacher, zum Mottenechtmachen, als Abziehmittel für Naphtolfärbungen und zum Nachbehandeln von substantiven Färbungen werden Produkte der Form

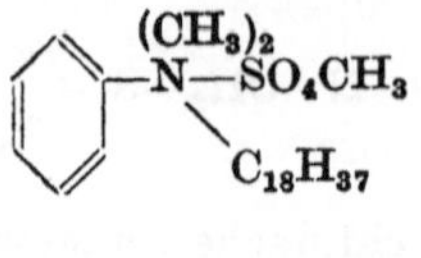

$$C_6H_5—N(CH_3)_2(C_{18}H_{37})—SO_4CH_3$$

usw. empfohlen.

AP 2288432 Hercules 1942 — Füllige weiche Appreturen erzielt man durch Verwendung von Diäthylenglykolestern von Kolophonium.

AP 2284609 Cyanamid 1942 — N-Alkylolamide höherer Fettsäuren sind Softenings.

AP 2273636 Patchem Co. 1942 — Baumwollgewebe werden weichgemacht durch Behandlung mit einer Lösung von 1,5% Glyzerinmonomethyläther und mehr als 1,5% Triacetin.

AP 2272489 1941 — Zum Knitterechtmachen, Weichmachen, zur Nachbehandlung von Direktfärbungen sowie zum Animalisieren von Fasern werden Kondensationsprodukte von Polyäthyleniminen mit Fettsäurechloriden, welche mehr als 16 C-Atome enthalten, angegeben.

AP 2271708 Gen. An. 1941 — Verbindungen der allgemeinen Formel:

$$R{-}CH_2{-}\underset{\displaystyle ONa}{\underset{|}{CH}}{-}CH_2{-}COR'$$

werden vorgeschlagen.

AP 2268273 CCCC 1941 — Als Weichmacher für Textilien, insbesondere Cellulosederivate, werden substituierte Glyoxalidine angewendet.

```
                N
              // \
            RC    CH . R1
             |     |
     X—R2—N———CH . R1.
```

AP 2259650 DuPont 1941 — Stearinsäuremethylolamid, mit tert. Stickstoffbasen umgesetzt, ergibt weichmachende Mittel, wie z. B. die Verbindung folgender Form:

```
                           Cl            Cl
C17H35—CO—NH—CH2—N—(CH2)y—N—CH2—NH—CO—C17H35.
                          / \           / \
                       CH3   CH3     CH3   CH3
```

AP 2256186 Gen. An. 1941 — Als Weichmacher und zur Erhöhung der Echtheit von Direktfärbungen empfiehlt man

```
CH3                    H
   \ Cl               /
    N—CH2—CO—N
   /  |                \
CH3   |            H    C18H37
      |           /
     CH2—CO—N
                \
                 C12H25
```

oder

```
C2H5
    \ Cl
     N—CH2—CH2—CO—NH—CH2—CH2—OH
    /  |
C2H5   |            H
       |           /
      CH2—CO—N
                 \
                  C18H37
```

usw.

AP 2253773 Gy. 1941 — Es werden Verbindungen wie

$$C_{17}H_{35}\text{—NH—CO—NH—}C_6H_4\text{—}\overset{CH_3}{\underset{CH_3}{N}}(CH_3)\text{—}OSO_3C_2H_5$$

oder

$$C_{17}H_{35}\text{—}\underset{C_6H_5}{N}\text{—CONH—}CH_2\text{—}CH_2\text{—}N(CH_3)_3\text{—}O\text{—}SO_3\text{—}CH_3$$

angegeben.

AP 2247482 Eastman Kodak 1941 — Man setzt Acetale und Alkohole um. Z. B. wird α-Tetrahydrofurfuryloxy-β-chloräthyläther (1) mit 4-Tetrahydrofurfurylalkohol und NaOH umgesetzt. Oder man bringt α-Methoxyäthyl-β-chloräthyläther (2) mit der Lösung von Na in 2-Äthoxyäthanol zur Reaktion.

$$\begin{array}{l} CH_2\text{—}CH_2 . C_2H_5O \\ \quad\quad\quad\quad\quad\quad\quad\quad \diagdown CHCH_2Cl \\ CH_2 \quad CH . CH_2\text{—}O \diagup \\ \quad \diagdown O \diagup \end{array} \quad (1) \qquad \begin{array}{l} CH_3O\text{—}C_2H_4\text{—}O \\ \quad\quad\quad\quad\quad\quad \diagdown CH\text{—}CHCl \\ \quad\quad C_2H_5\text{—}O \diagup \end{array} \quad (2)$$

AP 2246085 DuPont 1941 — Als Weichmacher werden eine 0,2%ige wäßrige Lösung von Na-cetylsulfat und 0,4% Harnstoff bei 50° C empfohlen.

AP 2243980 Sandoz 1941 — Acylierte Polyalkylenpolymere sind als Weichmacher verwendbar.

$$\begin{array}{ccc} RCO & & X \\ & \diagdown \quad\quad\quad\quad\quad\quad \diagup & \\ & N(C_nH_{2n}NY)_m\text{—}C_nH_{2n}\text{—}N & \\ & \diagup \quad\quad\quad\quad\quad\quad \diagdown & \\ R_1 & & R_2 \end{array}$$

Man kann gehärtetes Spermacetöl mit Diäthylentriamin umsetzen. Eine 4—5 g/l starke Emulsion dieses Produkts erzeugt auf Kunstseide einen weichen Griff.

AP 2233676 Textilwerke Horn 1941 — Paraffin wird in flüssigem Zustande mit Chlor und Schwefeldioxyd behandelt. Das erhaltene Produkt wird mit Alkali verseift.

AP 2231502 Gen. An. 1941 — Man setzt hochmolekulare N-freie Stoffe der Form:

$$R\text{—}CH_2\text{—}O\text{—}R_1\text{—}Z$$

(worin R einen Abietinrest, R_1 ein Alkylen oder Hydroxyalkylen, Z ein Halogen bedeuten) mit organischen N-haltigen Basen um. Die erhaltenen Verbindungen, z. B.

$$R\text{—}CH_2\text{—}O\text{—}CH_2\text{—}\underset{OH}{CH}\text{—}CH_2\text{—}\underset{Cl}{N}C_5H_5$$

$$R\text{—}CH_2OCH_2\text{—}\underset{OH}{CH}\text{—}CH_2\text{—}N(CH_3)_3Cl$$

können zum Weichmachen, aber auch zum Schiebefestmachen von Kunstseidegeweben verwendet werden.

AP 2229803 Gy. 1941 — Man quaterniert Verbindungen der Form

$$R{-}CO{-}NH{-}CH_2{-}C_6H_4{-}N\begin{matrix} R' \\ R'' \end{matrix}$$

mit Alkylierungsmitteln, welche auch Halogen und OH-Gruppen enthalten können.

AP 2216835 DuPont 1940 (s. S. 109).

AP 2215974 DuPont 1940 — Äthanolaminhydrochloride sind als Weichmacher für Celluloseregeneratfaser verwendbar. Sie können auch der Spinnmasse (8—25%) zugesetzt werden.

AP 2214397 DuPont 1940 (s. S. 109).

AP 2213673 Ninol 1940 — Zum Weichmachen von Garnen oder Geweben werden Kondensationsprodukte von Diäthanolamin und Stearinsäure, die mit Dimethylsulfat nachbehandelt wurden, in einer Lösung von 0,003—0,01% verwendet. Man behandelt bei 50—80° C.

AP 2213360 DuPont 1940 — Man behandelt zur Erzielung eines weichen Griffes Textilien mit Paraffinseifen, die entstehen, wenn man Paraffinkohlenwasserstoffe mit Schwefeldioxyd und Chlor behandelt und die entstandenen Verbindungen mit N-haltigen organischen Basen umsetzt.

AP 2211001 Gen. An. 1940 (s. OeP 159870) — Höhermolekulare Imidazoline werden mit Äthylenoxyd umgesetzt.

$$C_{11}H_{23}{-}C\begin{matrix} \overset{}{=}N{-}CH_2 \\ \quad | \\ {-}N{-}CH_2 \end{matrix}$$

$$\underset{|}{N}{-}CH_2 \qquad CH_2{-}CH_2NH{-}CH_2CH_2OCH_2\overset{OH}{\overset{|}{C}}H_2.$$

Die Produkte besitzen einen weichmachenden Griff.

AP 2186894 Gen. An. 1940 — Als Weichmacher für Acetatseide sowie als Mittel zur Erhöhung der Wasserechtheit von Direktfärbungen können die Kondensationsprodukte von Oxazolinen mit hochmolekularen aliphatischen Aminen Verwendung finden. Das Amidazolin aus Stearylaminchlorhydrat und Aminochlormethyloxazolinchlorhydrat wird z. B. in einer Lösung von 0,05 g/l bei 45° C $^1/_2$ Stunde als Behandlungsmittel angewendet. Man wäscht und trocknet. Man erhält eine bemerkenswerte Verbesserung der Naßechtheit von Direktschwarzfärbung sowie einen weichen Griff.

AP 2183721 DuPont 1939 — Ein Weicheffekt entsteht auf Textilmaterial, insbesondere Kunstseide, bei der Behandlung mit wäßrigen Dispersionen von Natriumcetylsulfonat 0,2% und 0,1% Natriumsulfamat bei 50° C.

AP 2175101 Ciba 1939 — Es werden Verbindungen der Form:

$$A{-}O{-}\underset{\underset{O}{\|}}{C}{-}A{-}Y{-}Z$$

(wobei A Alkyl-, Aryl-, Cycloalkylreste, Y eine $\overset{O}{—CO—}$Gruppe und Z einen aliphatischen Rest mit mehr als 8 C-Atomen bedeuten), etwa z. B.

$$C_6H_4\begin{cases}—CO—OMe\\—\overset{}{\underset{O}{C}}—O—(CH_2)_{17}CH_3\end{cases}$$

verwendet.

AP 2174760 IG 1939 — Als Weichmacher können die Äthylenoxydanlagerungsprodukte an Carbonsäuren (Stearinsäure usw.) verwendet werden.

AP 2149709 IG 1939 — Octadecylbiguanid, Dodecylbiguanid bzw. Substanzen der allgemeinen Form:

$$NH_2—C(=NH)—NH—C(=NH)—N\begin{matrix}R_1\\R_2\end{matrix}$$

sind Softenings.

AP 2147811 ICI 1939 (s. SP 200916) — Verbindungen der Form

$$CH_3—O—CH_2—N(SO_3NH\,.\,C_6H_5)—C_6H_5$$

machen Textilien weich und hydrophob.

AP 2147785 DuPont 1939 — Als Weichmacher kann z. B. das Umsetzungsprodukt von Harnstoff und 9,10-Octadecenylalkohol und Schwefelsäure dienen. Die normale Sulfurierung führt zu weniger guten Erzeugnissen.

AP 2146408 DuPont 1939 — Einen weichen Griff auf Textilien erzielt man durch Verwendung von Verbindungen der Form:

$$R—CO—NH—CH_2—N(C_6H_5)—OCOCH_3$$

(R = Alkylrest mit mehr als 8 C-Atomen).

AP 2146392 ICI 1939 — Als Weichmacher werden Verbindungen ähnlich der angegebenen verwendet:

$$C_{17}H_{35}CONH—CH_2—N(C_6H_5)—O\,.\,SO_3H.$$

10. Das Schiebefestmachen von Geweben und das Maschenfestmachen von Gewirken.

Zu den hier vorliegenden Vorschlägen der Patentliteratur ist keine besondere Anmerkung zu machen. Weiterhin werden eine Reihe von Stoffen angegeben, deren Wirkung im wesentlichen darauf beruht, die webtechnisch gebundenen Fäden der Textilien an ihren Kreuzungsstellen miteinander durch möglichst nicht zu stark steifende Mittel zu verkleben[47].

[47] EP 538865.

In ebensolcher Weise wird die Laufmaschenbildung bei Strümpfen zu verhindern versucht. Ein Vorschlag auf diesem Gebiet, die Maschenfestigkeit durch eine Art Trubenisieren zu erzielen, ist, wie bei Geweben oben beschrieben, ebenfalls zu verzeichnen.

Erwähnung soll noch der Vorschlag finden, kolloide Kieselsäure zum Schiebefestmachen zu verwenden.

Patentschrifttum über das Schiebefestmachen von Geweben und Maschenfestmachen von Gewirken.

DP 741887 IG 1943 — Man verwendet schwach saure Kieselsäuresole, die hydrolisierbare Aluminiumsalze enthalten.

DP 737152 IG 1943 — Zum Schiebefestmachen von Geweben wird erst mit Erdalkalisalzen getränkt und hernach mit Lösungen von Kieselsäure behandelt.

DP 717093 Oranienburg 1942 — Kunstseidengewebe werden schiebefest, wenn man sie mit einer wäßrigen Lösung des Kondensationsproduktes aus Harnstoff, Formaldehyd und Aceton unter Zugabe von Kolophonium, Glyzerin und eines Kohlenwasserstoffes in flüssiger Form sowie von Natronlauge behandelt und heiß trocknet.

DP 714572 IG 1941 — Zum Schiebefestmachen von Kunstseide wird das Gewebe mit der wäßrigen Lösung eines wasserlöslichen Salzes der sauren Phosphorsäureester von aliphatischen oder araliphatischen Alkoholen oder Phenolen getränkt und getrocknet. Man behandelt z. B. in einem Bade von 10,2 g Aluminiumsulfat, 7,5 g Natriumacetat und 13,8 g Monobutylphosphat pro Liter.

DP 711408 IG 1941 — Man setzt Abietinsäure mit Äthylenimin um und erhält ein Produkt zum Schiebefestmachen und Hydrophobieren von Textilien.

DP 710679 Böhme 1941 — Hochmolekulare hydrierte Kondensationsprodukte werden sulfoniert (z. B. Formaldehydkondensate).

DP 706879 Röhm & Haas 1941 — Eine Behandlung von Kunstseide mit oxalsauren Aluminiumphosphatlösungen soll die Kunstseide schiebefest machen.

DP 705045 Stockhausen 1941 — Man behandelt die Gewebe zum Schiebefestmachen mit wasserlöslichen Salzen von Sulfonierungsprodukten des Kolophoniums und Phenolen. Eventuell werden Weichmacher zugesetzt.

DP 704758 Röhm & Haas 1941 (s. a. DP 703556) — Zur Verfestigung von Wirkwaren (Laufmaschenfestigkeit) wird mit Lösungen behandelt, welche Aluminiumphosphat und Oxalsäure enthalten und deren Acidität abgestumpft wurde.

DP 703556 Röhm & Haas 1941 (s. a. DP 704758) — Man behandelt mit Lösungen aus Aluminiumphosphat und Oxalsäure, die mit Ammoniak abgestumpft wurden und die gegebenenfalls noch Stärke enthalten.

DP 700094 Svensson 1940 — Zum Maschenfestmachen von Gewirken oder Strümpfen werden die Textilien mit Linien oder Zickzackmustern unter einem Winkel von 45° gegen die Maschenrichtung mit Klebstoff bedruckt.

DP 692688 Kymeia 1940 — Zur Schiebefestigkeitserhöhung bzw. zum Verfestigen von Wirkware wird mit Mitteln behandelt, welche die Faser teilweise in Celluloseexanthogenat überführen, und dann gesäuert.

DP 687349 IG 1940 — Man behandelt mit Lösungen von Salzen ester- oder amidartiger Kondensationsprodukte hydroxyl- oder aminogruppenhaltiger Carbon- oder Sulfonsäuren mit Harz- oder Wachssäuren.

DP 676407 IG 1939 (Zusatz zu DP 656934) — Das Umsetzungsprodukt aus polymerem Äthylenimin und Äthylenoxyd (s. a. DP 651797) wird mit Acetessigester in Reaktion gebracht. Die erhaltene Verbindung kann zum Schiebefestmachen und Animalisieren verwendet werden.

DP 671276 IG 1939 — Man behandelt Kunstseidewaren zur Verhinderung des Schiebens mit wäßrigen Lösungen von Alkalisalzen der Sulfonierungsprodukte der Ester oder Amide von Harzsäuren.

DA 194003 Böhme — Maschenfeste Trikotagen werden durch Behandlung mit auf Cellulose quellend wirkenden Salzlösungen (Rhodansalze, $ZnCl_2$) erhalten.

DA 158210 Sagel — Maschen- und schiebefestes Textilgut erhält man durch Polymerisationsprodukte von Säuren des Typs Cyan(2)-hexadien(2,4)-säure(1) bzw. deren Estern.

DA 126552 — Man bespritzt mit Nitrocelluloselösung.

DA 125919 Schering — Es wird mit wäßrigen Lösungen von Kondensaten aus Isothymolen oder Aminonaphtionsäuren mit Aldehyden behandelt.

DA 117841 Reim — Maschenfestes Textilgut resultiert durch Behandlung mit Saponin.

DA 107903 — Man macht Textilien durch Behandeln mit wäßrigen Lösungen, die Al, eine dem Al äquivalente Menge Phosphorsäure und eine organische Säure enthalten, schiebefest.

DA 71765 — Gewirke werden mittels wäßriger Silikatlösungen und Zirkonsalzhydrolysaten maschenfest (DA 67024).

DA 67660 IG — Man behandelt mit Isobutylen, Mischpolymerisaten aus Butadien und Acrylnitril usw.

DA 67024 IG — Es wird mit wäßrigen Silikatlösungen und Zirkonsalzhydrolysaten behandelt.

DA 59859 — Es werden Gerbstofflösungen und Brechweinstein angewendet.

DA 55236 IG — Man behandelt mit Guanidinreste enthaltenden Harzaminen: Abietinylbiguanid.

DA 53615 IG — Es wird mit Harzaminen und deren Salzen oder Umsetzungsprodukten behandelt.

DA 28618 Zellwolle Ring — Auf der Faser werden schwerlösliche subst. Phenole oder deren schwerlösliche Salze seltener Erden gebildet (aufeinanderfolgende Behandlung mit Dimethylol-p-kresol und Zirkonoxychlorid).

DA 28442 Zellwolle Ring — Celluloseanthogenatlösung wird aufgebracht und hernach durch neutrale oder schwach saure Salzbäder die Cellulose regeneriert.

SP 233347 Ciba 1944 (Zusatz zu SP 231061) — Man setzt den α,α'-Dichlormethyläther mit dem Kondensationsprodukt aus Kolophonium und Phenol um und behandelt hernach mit Pyridin.

SP 233342 Ciba 1944 (Zusatz zu SP 231061; s. a. SP 233341) — Kondensationsprodukte aus 1 Mol Phenol, 2 Mol Formaldehyd, 2 Mol Dicyandiamid und 2 Mol HCl dienen zum Schiebefestmachen. Man kann auch o-Chlorphenol mit Thioharnstoff, Formaldehyd und Chlorwasserstoff behandeln.

SP 233340 Ciba 1944 — Man kondensiert Rohkresol, Thioharnstoff, Formaldehyd und Chlorwasserstoff.

SP 233339 Ciba 1944 — Man stellt das Kondensationsprodukt von 1,1-Di-(p-oxyphenyl)-äthan, Thioharnstoff, Formaldehyd und Chlorwasserstoff her.

SP 233338 Ciba 1944 — Kolophonium wird mit Thioharnstoff, Formaldehyd und HCl umgesetzt.

SP 231838 Ciba 1944 (Zusatz zu SP 228429; s. a. SP 231837) — Man behandelt Kolophonium mit α,α'-Dichlormethyläther und setzt das erhaltene Chlormethylderivat mit Thioharnstoff um. Statt Thioharnstoff kann auch Dicyandiamid verwendet werden.

SP 231061 Ciba 1944 — Dipenten, Phenol, Thioharnstoff und Formaldehyd werden kondensiert.

SP 229125 Sandoz 1944 (Zusatz zu SP 223775) — Monooxyäthylthioharnstoff wird mit Formaldehyd umgesetzt.

SP 228429 Ciba 1943 — Man behandelt ein Alkalisalz der Abietinsäure mit α,α'-Dichlordimethyläther und setzt das entstehende Chlormethylderivat mit Thioharnstoff um.

SP 226834 und SP 226833 Ciba 1943 (Zusatz zu SP 225337) — Man setzt β-Naphtol mit Dipenten um und kondensiert das erhaltene Produkt mit Formaldehyd und HCl, worauf die erhaltene Chlormethylverbindung mit Pyridin behandelt wird. Statt der Umsetzung mit Formaldehyd und HCl kann man auch zur Bildung des Chlormethylderivates mit α,α'-Dichlordimethyläther behandeln.

SP 226819 Ciba 1943 (Zusatz zu SP 225357) — Dipenten wird mit Oxydiphenyl umgesetzt und dann mit α,α'-Dichlormethyläther behandelt. Dann wird mit Thioharnstoff kondensiert.

SP 223763 Reichenbauch 1943 — Zum Maschenfestmachen von Textilien wird abietinsaures Natrium, Carbonat und Stärke vorgeschlagen.

FP 889016 IG 1943 — Schiebefeste Gewebe aus Kunstseide erhält man durch Behandlung mit wäßrigen Kieselsäurelösungen oder Solen.

FP 881680 Brandeis 1943 — Zur Verhinderung der Bildung von Laufmaschen bei Strümpfen behandelt man das Textilgut mit wäßrigen Emulsionen, die natürliche Harze, Seife, Wachse und Ammoniak usw. enthalten, z. B. mit einer 2—3%igen Emulsion einer Mischung von 30% Harz, 30% Bienenwachs, 25% K-Seife, 7,5% Ammoniak und 7,5% Ricinusöl.

FP 875688 IG 1942 — Schiebe- und maschenfeste Textilien werden erhalten, indem man mit wäßrigen Lösungen von Silikaten behandelt und nachher mit Zinksalzen bewirkt.

EP 626847 Monsanto 1949 — Zum Schiebefestmachen von Geweben behandelt man mit kolloiden Dispersionen von SiO_2; s. AP 2375738, 2361092.

EP 612227 Ewing 1948 — Das Schiebefest- und Maschenfestmachen von Geweben oder Gewirken usw. erfolgt durch Aufbringen von Co-Polymeren aus acetonunlöslichem Polyvinylchlorid-acetat mit 80—95% Vinylchloridgehalt.

EP 574644 Ciba 1946 — Man behandelt Gewebe mit Verbindungen der Form R—A—CH_2—R_1, wobei R einen cycloaliphatischen oder aromatisch-aliphatischen Rest, A ein Hydroxyarylradikal und R_1 einen Isothioharnstoffrest in Salzform darstellt (s. a. SP 233338 bis 233342).

EP 538865 1943 — Zum Maschenfestmachen werden Textilgarne aus thermoplastischen Fasern, verzwirnt mit nichtthermoplastischem Material, verwendet. Die Fertigware wird quellenden Mitteln ausgesetzt, die den thermoplastischen Faseranteil klebrigmachen und so an den Kreuzungsstellen der Fäden Verkleben bewirken. Es ist das Prinzip des bekannten Trubenisierens, das hier Anwendung findet.

ItalP 395109 Ciba 1942 (s. a. ItalP 395314) — Zur Verhinderung der Laufmaschenbildung wird eine schwache Kunstharzimprägnierung vorgeschlagen, wobei Harze aus Acrylsäure oder Mischpolymerisate derselben mit Maleinsäure mit α,α'-Dichlordimethyläther umgesetzt werden. Man kann auch verdünnte Dispersionen von Verbindungen verwenden, die man erhält durch Einwirkung von Formaldehyd und Diäthylamin auf das Kondensationsprodukt von Kolophonium und o-Kresol nach Umwandlung in das HCl-salz der Base.

ItalP 388046 Pezzoni 1940 — Maschenfeste Textilien werden erhalten, indem man mit Kautschuklösungen behandelt, schleudert und vulkanisiert.

AP 2526684 Monsanto 1950 — Laufmaschenfeste Strümpfe enthalten 0,1—5% Kieselsäure auf der Faser; s. AP 2443512, 2387367.

AP 2491454 Cyanamid 1949 — Man imprägniert Nylongewebe mit einer 3 bis 20%igen Lösung von alkylierten Methylolmelaminen in ungehärtetem Zustand und härtet. Man erhält schiebefeste Erzeugnisse.

AP 2423428/29 Cyanamid 1947 — Zum Schiebefestmachen von Geweben imprägniert man dieselben mit kalten sauren Lösungen von Melamin-formaldehydvorkondensaten in einem Lösungsmittel und fixiert etwa 0,01—2% Kunstharz unlöslich in der Faser.

AP 2390046 Ciba 1945 — Schiebefeste Textilien erhält man durch Behandlung des Textilgutes mit Verbindungen der Form: R_2—Aryl—CH_2—Thioharnstoffrest.

AP 2345109 Ciba 1944 (s. unter Knitterfestappretur); vgl. AP 2405806.

AP 2343091/92 DuPont 1944 — Zur Herstellung ziehfester, laufmaschenfester usw. Erzeugnisse aus Seide, Nylon usw. werden wäßrige Dispersionen von polymerisierten Vinylidenverbindungen mit Esterharzen empfohlen; als Dispergatoren dienen teilweise verseifte Polyvinylester oder Tylose oder das Äthylenoxydanlagerungsprodukt an Oleylalkohol. Zur Erzielung einer Substantivität wird das Salz eines mehrwertigen Metalls (Al-acetat) angewendet; vgl. AP 2443512.

AP 2295429 Wingfoot Co. 1942 — Zum Maschenfestmachen werden Mischungen von Paraffin, Stearinsäure, Lanolin, Gelatin, Öl, Glycerin, Acetonilid, Dextrin, Al-acetat 20%, Hexamethylentetramin, Diastase und geringen Mengen Essigsäure, zu einer wäßrigen Emulsion gebracht, empfohlen.

AP 2231502 Gen. An. 1941 (s. S. 458; vgl. AP 2298841).

AP 2228712 Hercules 1941 — Schiebefeste Textilien werden durch Behandlung mit dem wasserlöslichen Metallsalz (Ni) eines sulfonierten Terpen-Phenolkondensates erhalten.

AP 2159113 Celanese 1939 — Man behandelt Textilien zum Schiebefestmachen mit Cyclohexanolfettsäureestern. Das Verfahren ist insbesondere für Acetatseide anwendbar. Gleichzeitig wird ein Krachgriff erzielt.

AP 2155961 Hercules Co. 1939 — Wasserunlösliche Metallsalze von sulfonierten Kondensaten aus Terpenen und Phenolen können in Lösungen in organischen Lösungsmitteln oder Dispersionen zum Schiebefestmachen von Textilien angewendet werden.

CanP 432582 Ciba 1946 — Zum Schiebefestmachen von Geweben werden Verbindungen der Form:

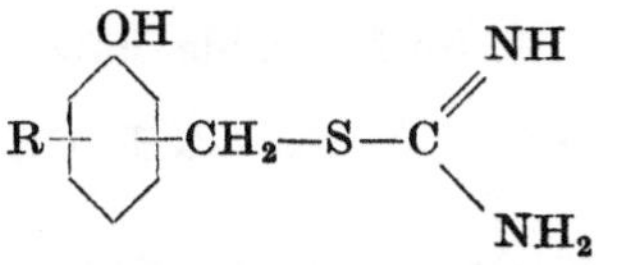

OH, NH, R—, —CH_2—S—C, NH_2

(wobei R ein Phenol-formaldehydkondensat oder eine offene Kette von 3 C-Atomen oder ein Kolophoniumderivatrest sein kann) vorgeschlagen.

CanP 389679 Hill — Zur Verhütung von Laufmaschen werden die Strümpfe mit einer Mischung von Schwerbenzin (4,5 Liter), die zirka 56 g Kautschuk und 56 g Wachs enthält, behandelt, dann ausgequetscht und getrocknet.

11. Das Mottenechtmachen von Textilien.

Die Mittel zum Mottenechtmachen von Textilien können hinsichtlich ihrer Wirkung auf die Larven des Insekts in Repellate, welche bewirken, daß die behandelte Faser von den Schädlingen nicht gefressen wird, sowie in Magengifte und solche eingeteilt werden, welche durch Berührung töten (Kontaktgifte). Manche Stoffe können auch als Atmungsgifte wirken.

Als abstoßende Mittel (Repellate) sind *Preventol GD* (IG) von der Zusammensetzung:

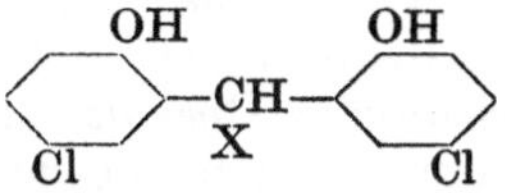

OH, OH, —CH—, X, Cl, Cl

sowie *Eulan NK* derselben Herstellerin

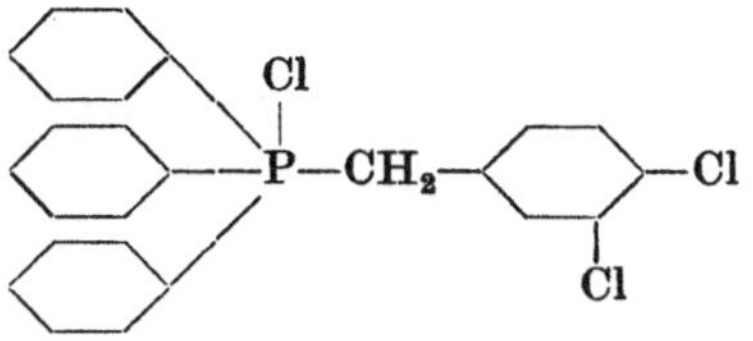

Cl, —P—CH_2—, —Cl, Cl

und *Eulan CN*

Cl, Cl, OH, OH, Cl, —CH—, Cl, SO_3Na, Cl

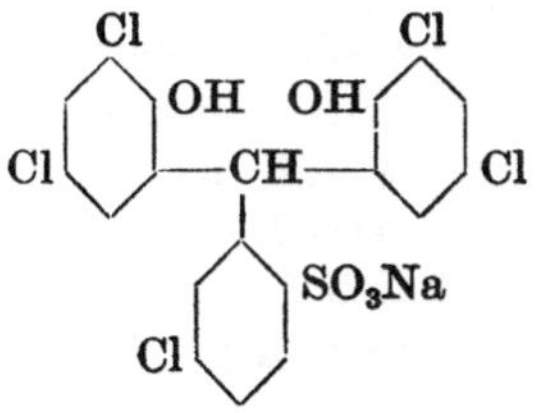

(Eulan Neu mit der Formel

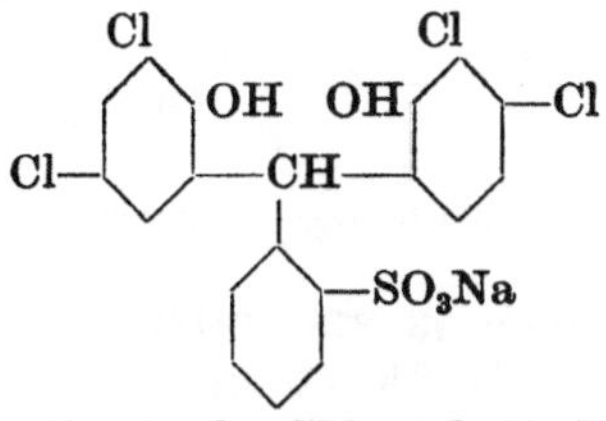

Cl, Cl, OH, OH, —Cl, Cl—, —CH—, —SO_3Na

ist nur halb so wirksam wie die Marke CN; vgl. die Formeln!) zu erwähnen.

Als Magengift wirkt das bekannte *Mitin FF* (Gy.)

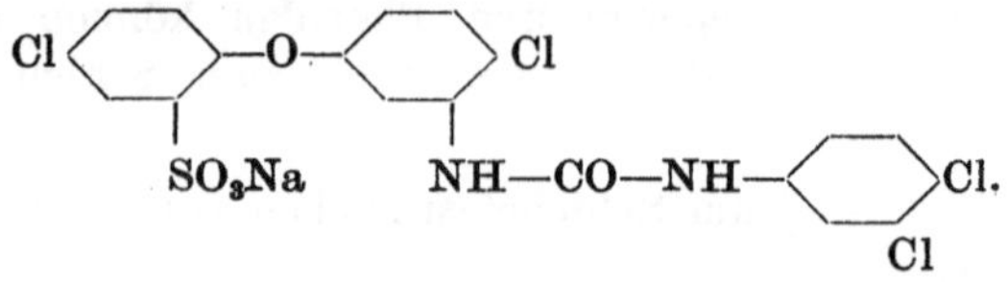

$$\text{Cl}\langle\bigcirc\rangle\text{—O—}\langle\bigcirc\rangle\text{Cl}$$

(unter dem ersten Ring: SO_3Na; unter dem zweiten Ring: NH—CO—NH—$\langle\bigcirc\rangle$Cl, mit Cl am Ring)

Auch *Eulan AL* und *BL,* als Sulfonamide, haben toxische Wirkung.

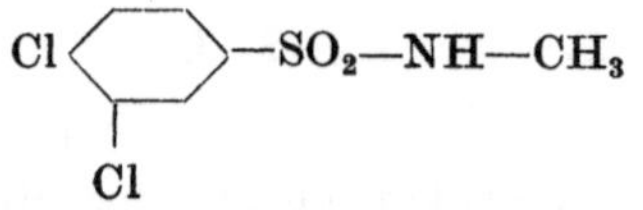

$$\text{Cl}\langle\bigcirc\rangle\text{—}SO_2\text{—NH—}CH_3$$

(mit Cl am Ring)

Die *Eulan*-Marken[48] der I. G. Farben wurden, nachdem das *Eulan E* extra als Doppelfluorid des Al und Ammoniums nicht wasserecht war und auch das *Eulan W* extra als saures Kaliumfluorid diesen Übelstand ebenfalls zeigte, über die Dermatitis verursachenden Marken BS und BL und dem *Eulan AL,* welches als löslich in organischen Mitteln in der Trockenreinigung Anwendung findet, zu den Marken RH und RHF entwickelt.

Eulan RH ist vermutlich 1-hydroxy-4-chlor-6-methyl-2-benzoesaures Na. Das *Eulan CN,* welches aus Lösungen ausgezogen wird, dürfte das Natriumsalz der 4,3′,5′,3″,5″-Pentachlor-6,6″-dihydroxytriphenylmethan-2-sulfosäure sein. Durch Ätherifizierung wurde daraus das *Eulan CN neu* entwickelt[49]. Es wird aus neutralen Bädern bei 40° C aufgenommen und ist in Mischung mit Seifenpulver als *Movin-Mottenseife* bekannt. Das Produkt ist lichtecht, alkaliecht und waschecht. Es soll seiner schlechten Löslichkeit wegen mit Trilonzugabe gelöst werden. *Eulan* ist auf der Faser bestimmbar[50].

Wie *Eulan CN* ist *Mitin FF* licht-, wasch- und walkecht. Es wird am besten kochend fixiert und ist bleichbeständig. Über das Aufnahmevermögen der Wolle für *Mitin FF* und *Eulan Neu* unterrichten folgende Werte:

Mitin FF:	sauer	6,5%	(der Wolle),	neutral 6,0%,
Eulan Neu:	,,	5,5%	(,, ,,),	,, 4,0%.

Als bekanntestes Kontaktgift ist das *DDT* anzusprechen:

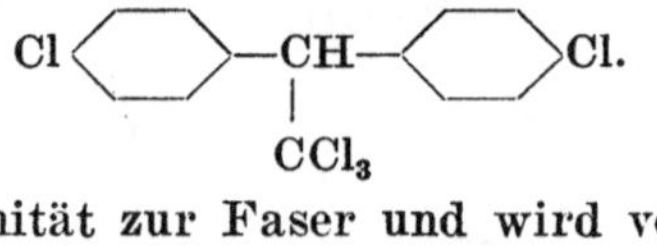

$$\text{Cl}\langle\bigcirc\rangle\text{—}\underset{CCl_3}{\text{CH}}\text{—}\langle\bigcirc\rangle\text{Cl.}$$

Es hat jedoch keine Affinität zur Faser und wird von organischen Lösungsmitteln herausgewaschen. Auch die Wasserfestigkeit der Behandlung ist nicht sehr groß. Über 100° C kann sich das Produkt übrigens zersetzen. Die entsprechende Fluorverbindung wurde von der IG unter der Bezeichnung GIX entwickelt. 5—25mal stärker als DDT soll *Parathion* (Cyanamid) wirken, welches wasser- und petroleumlöslich ist und in Deutschland als *E 605* entwickelt wurde[51]. Es ist eine phosphorhaltige Verbindung der Formel:

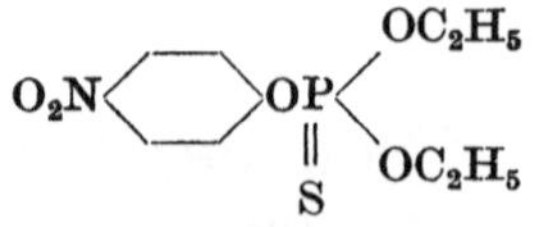

$$O_2N\langle\bigcirc\rangle\text{O}\underset{\underset{S}{\|}}{\text{P}}\begin{cases}OC_2H_5\\OC_2H_5\end{cases}$$

[48] Vgl. z. B. Marsh: Textile Finishing S. 492ff. — Diserens: Teintex 5, 172, 214 (1940).

[49] Vgl. z. B. Text. Manufacturer 73, 378 (1947).

[50] Rath: Melliand Textilber. 21, 640 (1940).

[51] Vgl. Chem. Engng. Nieuws 118 (1948).

(Diäthyl-p-nitrophenyl-thiophosphat) mit toxischer Wirkung auf Warmblütler und starkem Geruch, weshalb seine Anwendung in der Textilveredlung nicht in Frage kommen dürfte; vgl. Schrader, Angew. Chem. **62**, 471 (1950).

Das Mottenschutzmittel *Bional* hat die Zusammensetzung

$$\bigcirc\!\!-CH_2-\underset{CH_3\quad CH_3}{\overset{Cl}{N}}-R.$$

Larvex, ein Natriumsilikofluorid, ist seit langem bekannt; es ist nicht waschecht. Ammonfluorantimoniat wird im *Kydo*-Prozeß verwendet[52].

Neben kompliziert gebauten organischen Verbindungen bringt die neuere Patentliteratur auch anorganische Stoffe, wie Bariumchlorid, Chromtrifluorid und Cadmiumverbindungen[53], letztere insbesondere zum Mottenfestmachen von gummierten Waren, in Vorschlag. Auch eine Formaldehydbehandlung der Wolle wird empfohlen[54], wobei bekannt ist, daß zur Erzielung von Schrumpffestigkeit behandelte formalisierte Wolle gegen Mottenfraß widerstandsfähig ist. In ähnlicher Weise wirken sich auch Kunstharzbehandlungen der Faser aus.

Da die Mottenlarven die Cystindisulfidbrücken enthaltende native Wollsubstanz bevorzugen, bleiben Seide, aber auch alle Wollen, die zum Schrumpffestmachen chemisch unter Spaltung der Disulfidbrücke modifiziert wurden, von Mottenfraß verschont[55].

Hexachlorcyclohexan *(BHC, 666, Gammexan)* ist in letzter Zeit als Mottenschutzmittel für Textilien empfohlen worden. Es wird jetzt in desodorisiertem Zustande hergestellt, so daß dem Präparat, welches eine Mischung verschiedener Stereoisomerer ist, der muffige Geruch nicht mehr anhaftet. Wirksam ist das γ-Isomere, wovon sich auch der Name ableitet.

Als *DCPA* oder *2-4 D* (USA.), in England *2 D,* wird auch 2,4-Dichlorphenoxyessigsäure als Mottenschutzmittel propagiert.

Hexachlorcyclohexan wird durch Chlorierung von Benzol unter aktinischer Bestrahlung und nachheriger Konzentration des γ-Isomeren erzeugt. 2,4-Dichlorphenoxyessigsäure entsteht durch Chlorierung von Phenoxyessigsäure in organischen Lösungsmitteln.

Als Bestandteile des als besonders waschbeständiges Mottenschutzmittel jüngst in USA. empfohlenen *Boconits* werden aromatische und aliphatische Amine und Fluorsiliziumhydrochlorid angegeben.

Hinsichtlich der Aufnahme von Mottenschutzmitteln in Wolle-Polyamid-Mischungen ist anzuführen, daß die Konzentration des Wirkstoffes wesentlich höher genommen werden muß als für Wolle allein. Eulan NK wird sehr rasch aufgenommen, während Eulan Neu und CNA erst bei höherer Temperatur (65—90° C) und insbesondere aus saurer Flotte sehr stark aufgenommen werden (um 50% mehr als Eulan NK).

Literaturübersicht über das Mottenechtmachen von Textilien.

Lotmar: Melliand Textilber. **32,** 68 (1951).

Moncrieff: Moothproofing, Hill Ltd, London 1950.

Carpenter: Text. Recorder **68,** 83 (1950).

Burgess: J. Text. Inst. **41,** P 56 (1950).

Barritt: Dyer **101,** 200 (1949).

---

[52] EP 516317.

[53] EP 589498, AP 2288810, AP 2184147.

[54] AP 2424068.

[55] Geiger, Kobayashi, Harris: J. Res. Bur. Stand. **29,** 381 (1942).

Fischer, Seidenberg, Weis: Helv. chim. Acta **32**, 8 (1949); s. auch Manuf. Chem. **19**, 548 (1948).
Lüttringhaus: Amer. Dyestuff Reporter **37**, 57 (1948).
Drapal: Melliand Textilber. **29**, 136 (1948).
Goldenson, Sass: Anal. Chem. **19**, 320 (1947).

Patentschrifttum über das Mottenechtmachen von Textilien.

OeP 163433 Gy. 1949 — Halogensubstituierte Acylaminosulfonsäuren der aromatischen oder heterocyklischen Reihe sind Mottenschutzmittel.

OeP 160370 Gy. 1941 — Quaternäre Ammoniumsalze von Aminofettsäureamiden, wie sie durch Umsetzung von N-Dodecyl-(dimethylamino)-essigsäureanilid mit Allybromid entstehen, können zum Mottenechtmachen von Textilien, aber auch als Netzmittel und zur Verbesserung der Wasserechtheit von substantiven Färbungen Anwendung finden.

DP 743974 Fuchs 1944 (Zusatz zu DP 731339) — Als Mottenschutzmittel werden alkoholische Lösungen von Salicylsäure, Borsäure, Formaldehyd und Pikrotoxin vorgeschlagen.

DP 733513 IG 1943 — Verbindungen der Form:

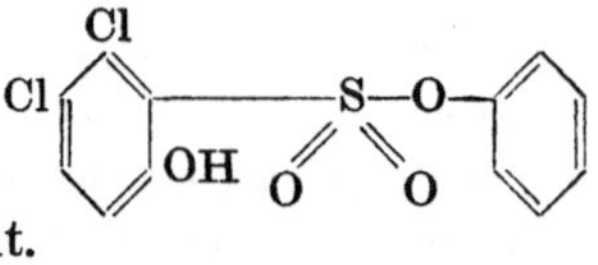

Cl
Cl–C₆H₂(OH)–SO₂–O–C₆H₅

machen Textilien mottenecht.

DP 731339 Fuchs 1943 — Als Mottenschutzmittel wird auf Fertigfabrikate eine alkoholische Lösung von Salicylsäure, Borsäure, Formaldehyd, Pikrotoxin und Veratrin aufgespritzt.

DP 723275 Gy. 1942 — Rhodanverbindungen mit quaternären Stickstoffgruppen sind Netz- und Dispergiermittel, aber auch, bei geeigneter Auswahl, Mittel zum Mottenechtmachen.

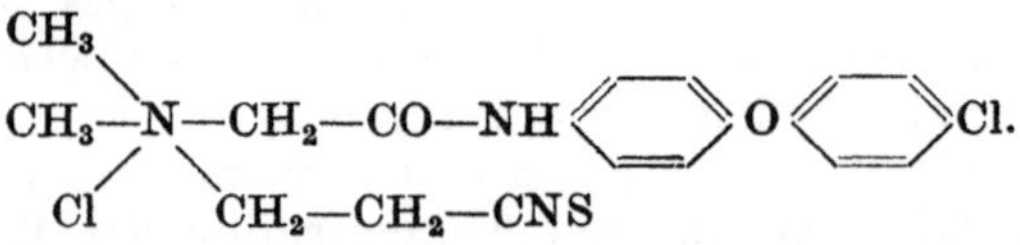

$$\begin{array}{l} CH_3 \\ CH_3{-}N{-}CH_2{-}CO{-}NH{-}C_6H_4{-}O{-}C_6H_4{-}Cl. \\ Cl \quad CH_2{-}CH_2{-}CNS \end{array}$$

DP 705433 IG — Mottenschutzmittel für Zellwolle, Wolle, die aus neutralem und saurem Bad aufziehen, werden behandelt. Man setzt Naphtalin- oder Diphenylabkömmlinge mit mehreren Chloratomen und einer oder mehreren OH-Gruppen in Gegenwart tertiärer Basen mit halogenierten Sulfocarbonsäuren oder deren Anhydriden um. Z. B. wird Benzoesäuresulfochlorid mit 2,2′-Dioxy-3,3′,5,5′-tetrachlordiphenyl zur Reaktion gebracht.

DP 704410 IG 1940 — Man verwendet die Imidazoline oder Tetrahydropyrimidinderivate in Form ihrer quaternären Verbindungen oder Salze, z. B.

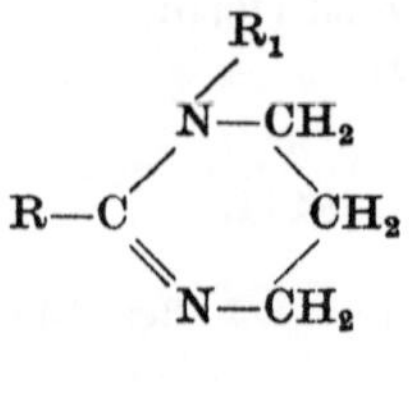

$$\begin{array}{c} R_1 \\ N{-}CH_2 \\ R{-}C \qquad CH_2 \\ N{-}CH_2 \end{array}$$

DP 703924 Hydrierwerke 1940 — Zum Mottenfestmachen von Textilien werden dieselben mit geruchschwachen oder geruchlosen Lösungen von aromatischen Oxyverbindungen, wie z. B. Cyclohexylresorcin, 4-Methylcyclohexylphenol, in Benzin behandelt.

DP 703191 Hydrierwerke 1941 — Es werden Dimethylbenzyl-(2-oxy-5-chlorbenzyl)-ammonchlorid oder 5,5′-Dioxy-2,2′-dichlordibenzylpiperidinchlorid usw. vorgeschlagen.

DP 699887 IG 1940 — Die Verbindung

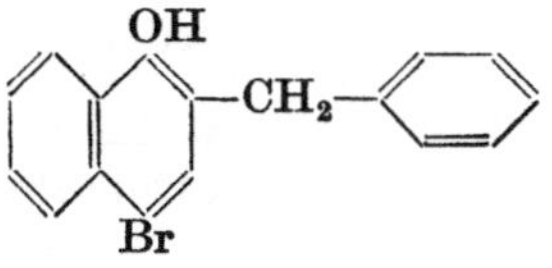

OH

$-CH_2-$

Br

kann zum Mottenechtmachen angewendet werden.

DP 695691 Gy. 1940 (Zusatz zu DP 641625; s. a. SP 203305 bzw. SP 203304, 203303, 203302, 203301) — Man setzt Isatinderivate mit Phenol und seinen Derivaten um. Eventuell werden die erhaltenen Produkte sulfoniert oder besitzen die Ausgangsprodukte Sulfogruppen, z. B. Benzylisatinsulfosäure.

DA 128730 Schering — Man imprägniert mit Lösungen von α,α-Bis-(p-chlorphenyl)-β,β,β-trichloräthan (DDT) gelöst in Spindel- oder Vaselinöl.

DA 75135 Aceta — Man behandelt mit Alkylenoxyden.

SP 226180 Gy. 1943 — Als Insektenbekämpfungsmittel, auch als Mottenschutz, können die halogenierten Nitrile nur in unbewohnten Räumen verwendet werden. Verbindungen wie

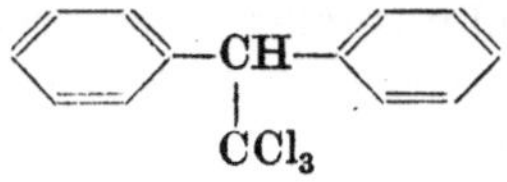

$-CH-$ (CCl_3) oder Cl $-CH-$ (CCl_3) Cl

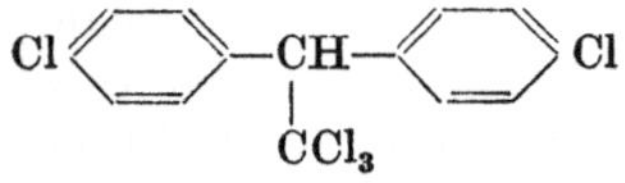

(das bekannte DDT) und

$Cl-C_6H_4-CH_2-S$ \
$CH-CCl_3$
$Cl-C_6H_4-CH_2-S$ /

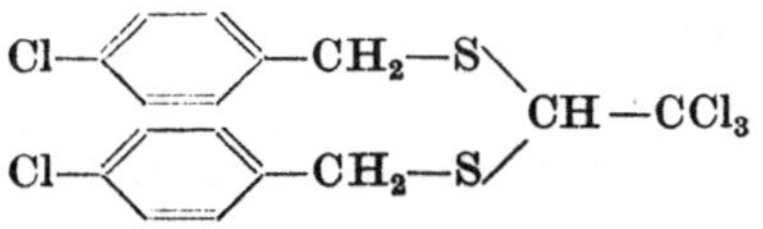

wirken sicher und ohne Reiz auf die menschliche Haut.

SP 225104 IG 1943 (s. a. SP 225103; Zusätze zu SP 218639) — Verbindungen der Form

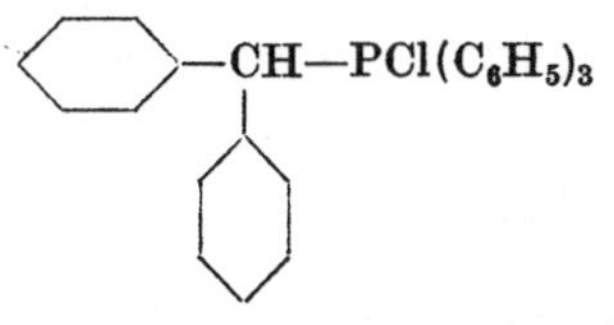

$-CH-PCl(C_6H_5)_3$

in welche 2 Chloratome eingeführt werden, sind Mottenschutzmittel.

SP 224829 IG 1943 (Zusatz zu SP 214561; s. SP 224830) — 2,2-′Hydroxy-3,3′,5,5′,2″,4″-hexachlortriphenylmethan wird mit Sulfoessigsäure umgesetzt.

SP 222981 bis SP 222988 IG 1943 (Zusätze zu SP 218639) — Es werden Verbindungen der Form

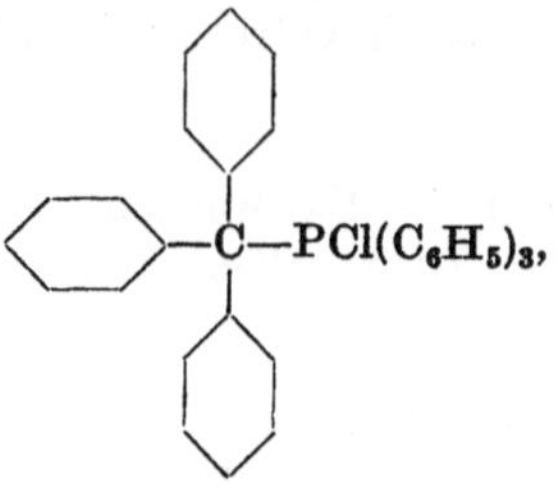

$-C-PCl(C_6H_5)_3$,

in welche 1—4 Chloratome eingeführt werden, empfohlen.

SP 221814, 221813, 221812, 221811, 221810, 221809, 221808 Gy. 1942 — Verbindungen wie untenstehend können als Mottenschutzmittel verwendet werden:

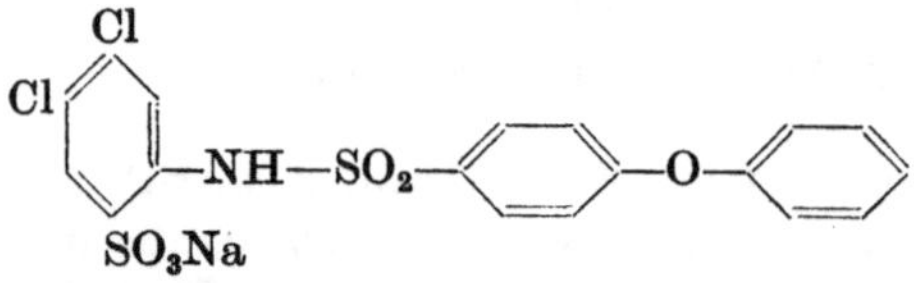

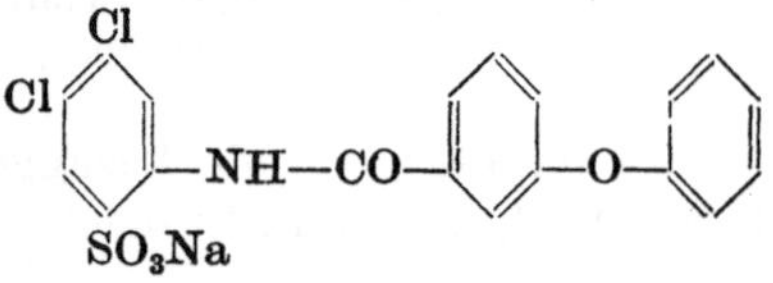

Cl Cl $-NH-SO_2-$ $-O-$ SO_3Na

Cl Cl $-NH-CO-$ $-O-$ SO_3Na

SP 218802 Hydrierwerke 1942 (Zusatz zu SP 215088) — Die Äther und Ester von Alkylphenolen, wie Isooctylphenol, Isodecylphenol, Lauroylphenol, 4-Chlor-2-isoheptylphenol, 4-Chlor-2-stearoylphenol, sowie *α,ω*-Bis-(2-oxy-5-methylphenyl)-hexan usw. können als wäßrige Emulsionen, auch in Verbindung mit Seifen oder Netzmitteln, aber auch aus Lösungen in organischen Lösungsmitteln, wie Tetrachlorkohlenstoff oder Trichloräthylen oder Benzin zum Versprühen, Tränken usf. von Geweben bzw. auf Geweben angewendet werden, um diese gegen tierische Schädlinge zu schützen.

SP 214901 Gy. 1942 (s. a. SP 221814 und SP 221813) — Verbindungen wie

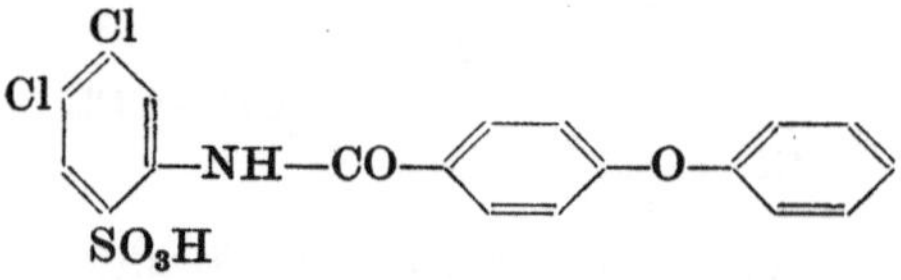

Cl Cl $-NH-CO-$ $-O-$ SO_3H

sind Mottenschutzmittel.

SP 212985/86 Gy. 1941 (zu SP 209163; s. a. 212987/88) — Als Mottenschutzmittel werden z. B. 3′,4′-dichlorbenzoyl-3,4-dichloranilin-6-sulfosaures Na, 4-(2″,3″,4″,6″-tetrachlorbenzoylamino)-4′-tert.-amyl-1,1′-diphenyläther-2-sulfosaures Na usw. empfohlen.

SP 212789 Gy. 1941 — Die Verbindung

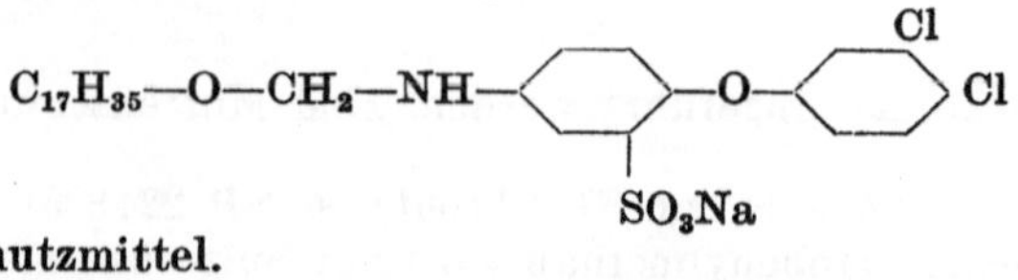

$C_{17}H_{35}-O-CH_2-NH-$ $-O-$ Cl Cl SO_3Na

ist ein Mottenschutzmittel.

SP 212783 Gy. 1941 (Zusatz zu SP 210200; s. a. SP 212782, 212781, 212780, 212779 bzw. 212784 und 212785) — Die Verbindung

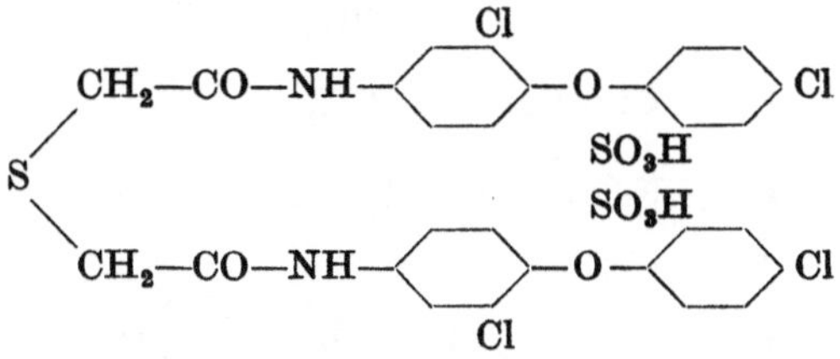

Cl
CH_2—CO—NH—⟨ ⟩—O—⟨ ⟩ Cl
S
SO_3H
SO_3H
CH_2—CO—NH—⟨ ⟩—O—⟨ ⟩ Cl
Cl

ist als Mottenschutzmittel verwendbar.

SP 212408 Gy. 1941 — Zum Mottenechtmachen wird die Verbindung

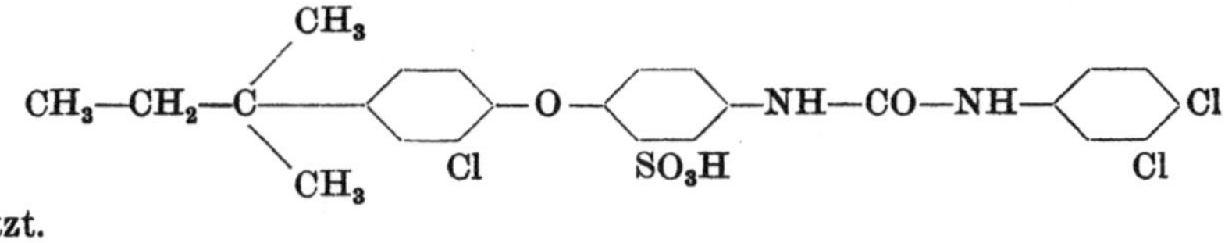

CH_3
CH_3—CH_2—C—⟨ ⟩—O—⟨ ⟩—NH—CO—NH—⟨ ⟩ Cl
CH_3 Cl SO_3H Cl

benützt.

SP 211792 Gy. 1941 (Zusatz zu SP 200669) — Octodecylmethylanilin wird methyliert und quaterniert mit Dimethylsulfat zu Octodecyldimethylanilinmethylsulfat.

SP 211790 Gy. 1941 (Zusatz zu SP 200669) — Ähnlich wie SP 211792. Es wird Octodecyldiäthylanilinäthylsulfat hergestellt.

SP 211490 Gy. 1940 — Das Umsetzungsprodukt aus 1 Mol Cyanurchlorid und 2 Molen 3′-Methyl-4-amido-1,1′-diphenyläther-2-sulfosäure wird chloriert und kann zum Mottenfestmachen dienen.

SP 210963 bis 210973 Gy. 1940 (Zusätze zu SP 209163) — Verschiedene Verbindungen des folgenden Typs:

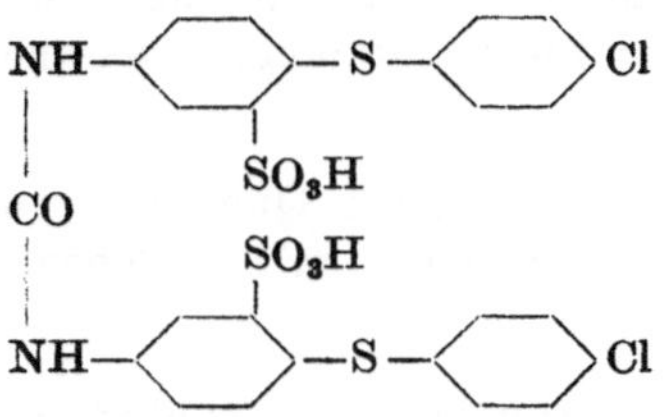

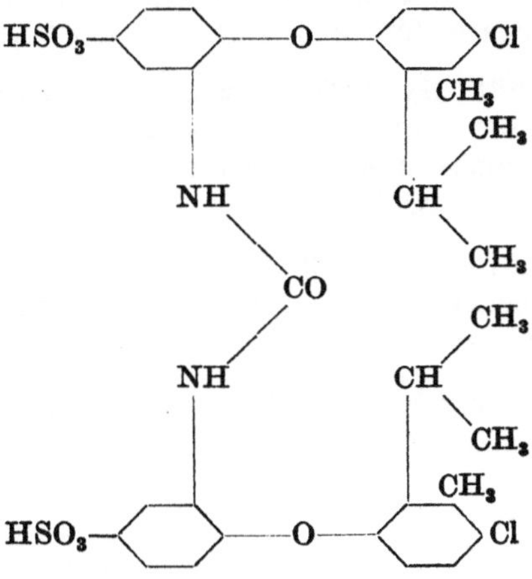

NH—⟨ ⟩—S—⟨ ⟩ Cl
SO_3H
CO
SO_3H
NH—⟨ ⟩—S—⟨ ⟩ Cl

HSO_3—⟨ ⟩—O—⟨ ⟩ Cl
CH_3
CH_3
NH CH
CH_3
CO
CH_3
NH CH
CH_3
CH_3
HSO_3—⟨ ⟩—O—⟨ ⟩ Cl

sind anwendbar.

SP 210833 Gy. 1940 — Als Mottenschutzmittel dient folgende Verbindung:

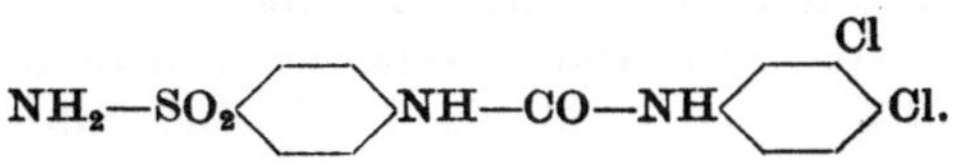

Cl
NH_2—SO_2⟨ ⟩NH—CO—NH⟨ ⟩Cl.

SP 210482 und weiters SP 210467 bis SP 210481 Gy. 1940 (Zusätze zu SP 193076) — Verbindungen folgender Form:

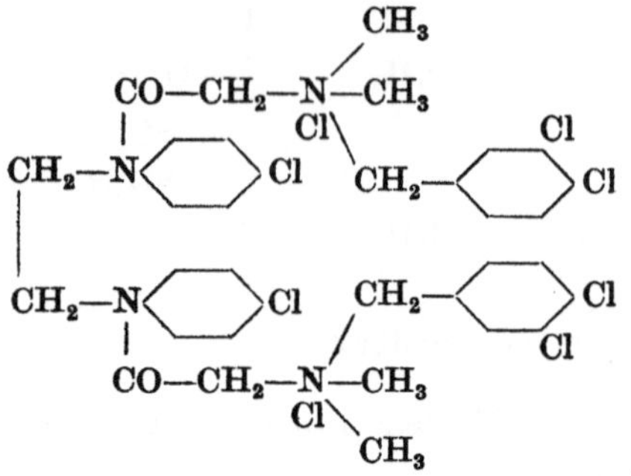

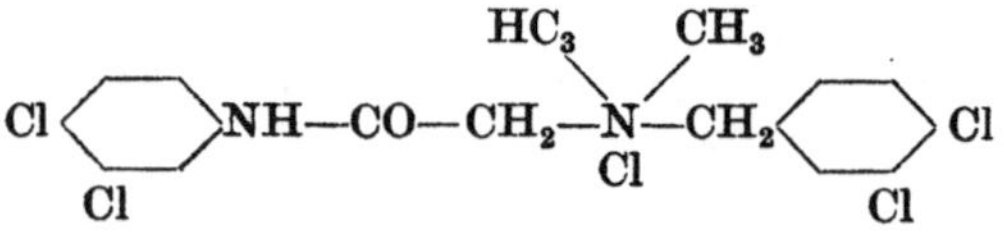

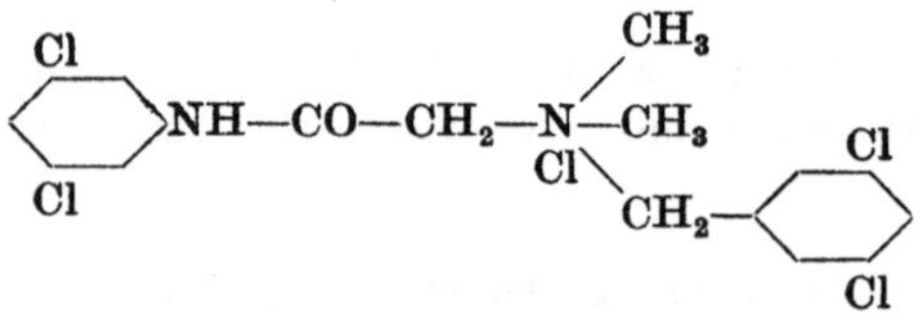

CH_3
$CO—CH_2—N—CH_3$
Cl Cl
$CH_2—N\langle\ \rangle Cl$ $CH_2—\langle\ \rangle Cl$

$CH_2—N\langle\ \rangle Cl$ $CH_2—\langle\ \rangle Cl$
Cl
$CO—CH_2—N—CH_3$
Cl
CH_3

HC_3 CH_3
$Cl\langle\ \rangle NH—CO—CH_2—N—CH_2\langle\ \rangle Cl$
Cl
Cl Cl

Cl CH_3
$\langle\ \rangle NH—CO—CH_2—N—CH_3$ Cl
Cl Cl
$CH_2—\langle\ \rangle$
Cl

sind verwendbar.

SP 206914 bzw. SP 206896 bis SP 206912 Gy. 1939 (Zusätze zu SP 193076) — Man stellt Dimethylaminoaceto-4-amino-2-chlor-1,1′-diphenylsulfid her. Oder man setzt Dimethylaminoessigsäure-4,4′-chlorphenoxyanilid mit ω-Chlor-2,5-dichloracetophenon um und quaterniert.

SP 206913 Gy. 1939 (Zusatz zu SP 193076) — Man führt Dimethylaminoessigsäure-2-(2′,4′-dichlor-6′-methylphenoxy)-5-chloranilid mit Benzylchlorid in die quaternäre Verbindung über (s. a. SP 206904 bzw. SP 206903).

SP 206912 Gy. 1939 (Zusatz zu SP 193076; s. a. SP 206907, 206906) — Durch Umsetzen von Chloracetyl-2-amino-4,4′-dichlor-1,1′-diphenylmethan mit Dimethylamin und Quaternierung mit Benzylchlorid entstehen wasserlösliche Mottenschutzmittel.

SP 206900 Gy. 1939 (Zusatz zu SP 193076) — Durch Quaternierung von 4-(Dimethylaminoacetylamino)-4′-phenoxydiphenyläther mit Benzylchlorid wird ein Mottenschutzmittel erhalten.

SP 203306 Gy. 1939 (Zusatz zu SP 199985) — Man benützt Verbindungen der allgemeinen Form:

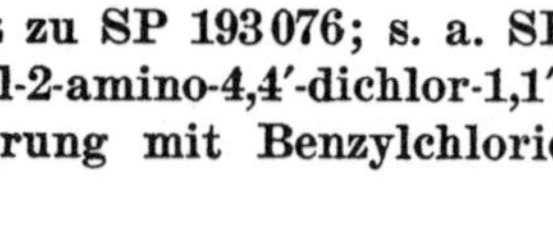

$$Cl\langle\ \rangle—S—\langle\ \rangle Cl.$$

SP 201212 IG 1939 — Man kocht Wolle in einem Färbeapparat bei einem Flottenverhältnis 1 : 20 mit einer 5%igen Lösung der weiter unten angeführten Stoffe unter Zusatz von 20% Glaubersalz. Oder man behandelt Gewebe bei einem Flottenverhältnis von 1 : 30 bis 1 : 50 eine Stunde bei 90—95° C in

Anwesenheit von Glaubersalz mit einer Lösung von 1,5% Wirkstoff. Folgende Verbindungen werden vorgeschlagen:

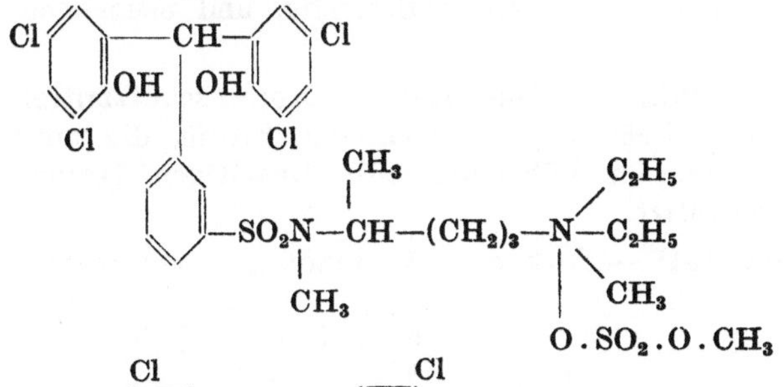

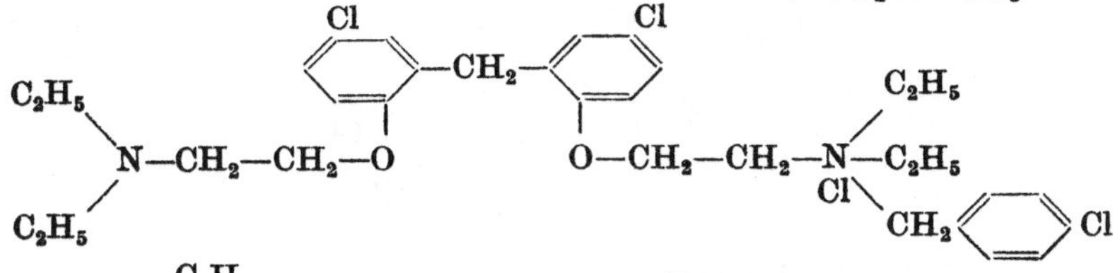

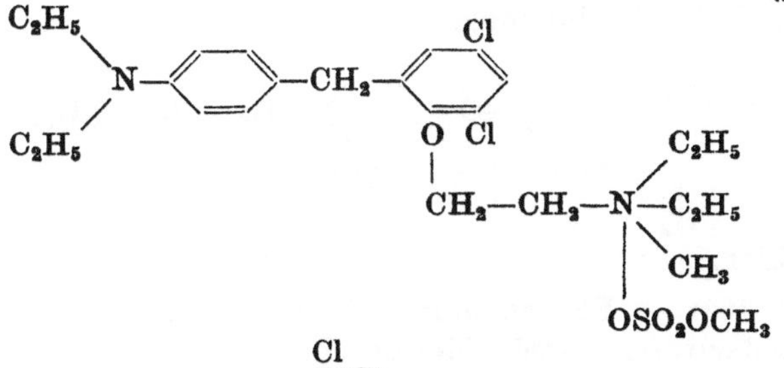

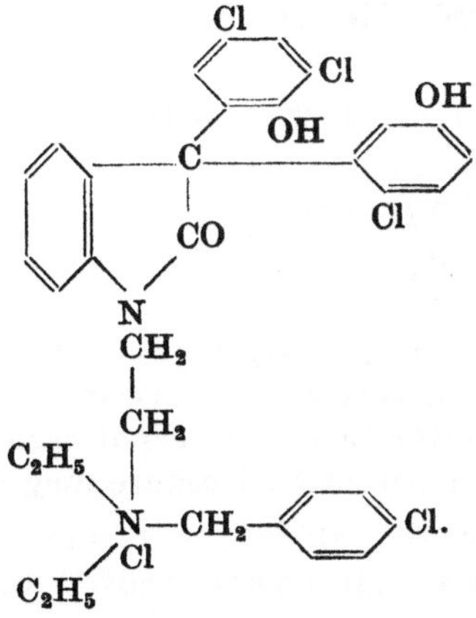

Besonders eignet sich für Federn:

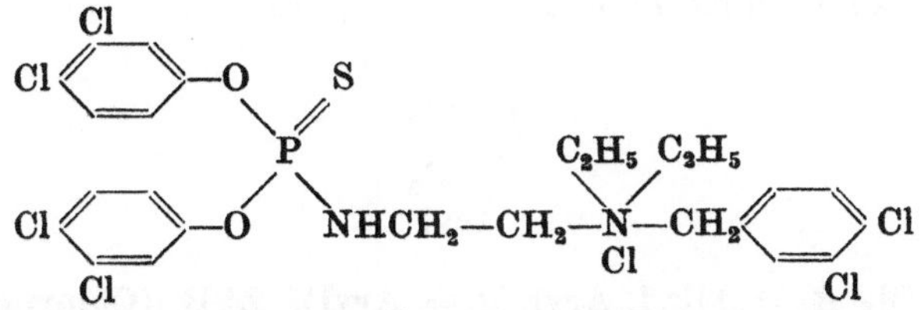

FP 946067 Merck 1949 — Zum Fixieren von DDT auf Geweben werden Weichmacher, wie Dibutylphtalat usw. in Mischung mit Acrylaten oder Äthylcellulose verwendet; vgl. EP 642248.

FP 944958 REKI 1949 — Waschfesten Mottenschutz erreicht man durch Bespritzen von Textilien mit DDT oder BHC, hernach Fixierung mit Gummilösung, Trocknung, aber nicht vollständig, und neuerliche Einstäubung mit DDT.

FP 873160 IG 1942 — Wasserlösliche Mottenschutzmittel werden erhalten, indem man unlösliche mottenabwehrende Stoffe, die mindestens eine freie OH-Gruppe enthalten (Phenole), mit einseitigen Halogeniden von Sulfocarbonsäuren erhitzt.

FP 868029 Gy. 1941 — Es können Verbindungen der Form

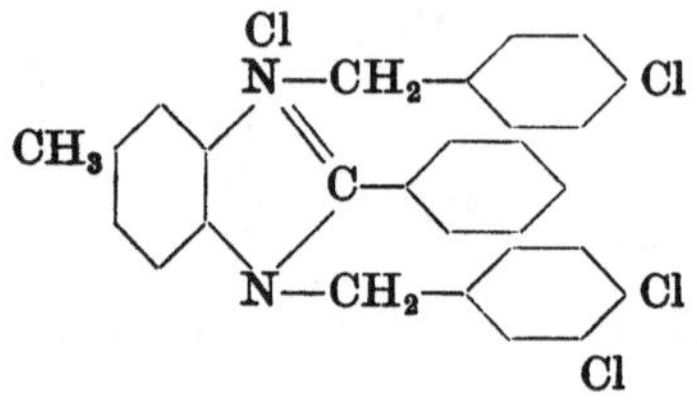

Cl
N—CH_2—⟨⟩ Cl
CH_3 ⟨⟩ C—⟨⟩
N—CH_2—⟨⟩ Cl
Cl

dienen.

FP 865641 Gy. 1942 — Verbindungen der Form

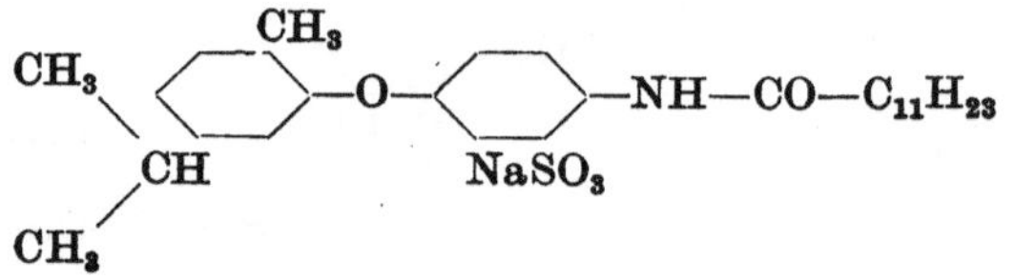

CH_3
CH_3 ⟨⟩—O—⟨⟩—NH—CO—$C_{11}H_{23}$
CH NaSO$_3$
CH_3

werden empfohlen.

FP 864675 IG 1941 — Phosphoniumverbindungen aus tert. Phosphinen und Halogenmethanderivaten sind Mottenschutzmittel (Phenyldiäthylphosphin und Triphenylchlormethan).

FP 51271 Gy. 1941 (Zusatz zu FP 861221) — Die Verbindung der Form:

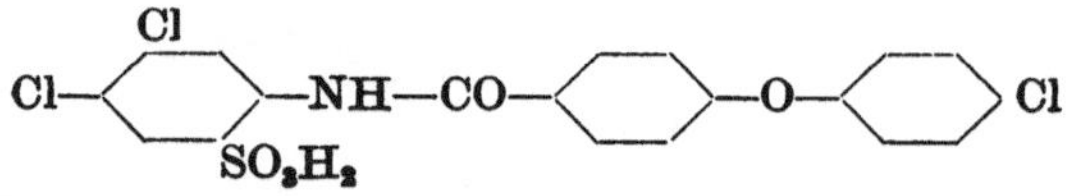

Cl
Cl—⟨⟩—NH—CO—⟨⟩—O—⟨⟩ Cl
SO_3H_2

wird vorgeschlagen.

FP 51124 Gy. 1941 (Zusatz zu FP 831977) — Mottenschutzmittel werden erhalten aus Kondensationsprodukten von Cyanurchlorid und 4-Methyl-2-amino-1,1'-phenyloxybenzol-4-sulfosäure. Die erhaltenen Produkte werden mit 4-Methyl-2-amino-1,1'-phenylthiobenzol-2-sulfosäure umgesetzt.

FP 51025 Gy. 1941 (Zusatz zu FP 815634) — Quaterniertes α-Undecylbenzyldimethylaminoacetamid kann als Mottenschutzmittel verwendet werden.

HollP 54803 IG 1943 — Die erhaltenen Verbindungen folgender allgemeiner Formel machen Textilien mottenfest:

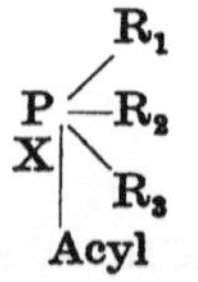

R_1
P—R_2
X | R_3
Acyl

(X = C—H mit R_4 und R_5, R_1 bis R_4 = Alkyl, Aryl, R_5 = Aryl). Z. B. (Chlorphenyl)-phenylchlormethan mit Triphenylphosphin umsetzen.

EP 638090 Rubber 1950 — Behandelt das Fixieren von Mottenschutzmitteln an Textilien.

EP 612154 Cyanamid 1948 (s. EP 562977 und EP 547874) — Zur Herstellung schrumpf- und mottenfester Wollwaren werden diese mit Dispersionen wasserunlöslicher Insecticider (DDT) und hernach mit wäßrigen Lösungen von alkylierten Methylolmelaminvorkondensaten behandelt, getrocknet und dann gehärtet. Das Insecticid ist waschfest fixiert.

EP 606266 Gy. 1948 — Zum Mottenfestmachen von Textilien werden Verbindungen der Form

$$R{-}CO{-}O{-}\overset{R_1}{\underset{R_1}{C}}{-}\underset{R_2}{C}{=}C\begin{smallmatrix}R_3\\R_1\end{smallmatrix}$$

(RCO = Fettsäurerest oder Rest einer cycloaliphatischen oder aromatischen Monocarbonsäure, R_1 = Alkyl oder H, R_2 = H, Halogen oder Alkyl, R_3 = H oder CH_3) vorgeschlagen. Z. B. γ-Propenyl-o-chlorbenzoat.

EP 605975 Roos 1948 — Man imprägniert mit dem Wirkstoff, verbunden mit einer gleichzeitigen schwachen enzymatischen Hydrolyse der Fasern durch Papain. Z. B. verwendet man 4 Liter Wasser, 1 g Papain und 20 g Magnesiumfluorosilikat bei 30^0 C etwa 30 Minuten.

EP 603428 Gy. 1948 — Zum Mottenechtmachen von Textilien (s. a. EP 547871 und EP 547874) werden wäßrige Dispersionen von 4,4-Dichlordiphenyltrichloräthan und einem quaternären Ammoniumsalz (Cetyltrimethylammoniumhydroxyd) vorgeschlagen.

EP 590826 Gy. 1948 — Zum Insektenfestmachen von Textilien werden Verbindungen der Form $RR'CHCX_3$ (X = Cl oder Br; R, R' = substituierte oder unsubstituierte Benzolkerne) verwendet.

EP 589498 Lowe 1947 — Insektenfeste und mottenfeste Wolle wird hergestellt durch Imprägnierung des Textilmaterials mit einer Lösung von Bariumchlorid oder Bromid, wobei auf einen Feuchtigkeitsgehalt der Ware von etwa 94% entwässert und dann getrocknet wird.

EP 582205 Gy. 1946 — Dispersionen oder Lösungen von α,α-Bis-(4-halogen- oder alkyl-3-sulphophenyl)-β,β,β-trichloräthan usw. sind als Mottenschutzmittel geeignet.

EP 549362 ICI — Gewaschene Wolle wird mit verdünnten Formaldehydlösungen (0,5%—10%) bei pH 1 und 30—40^0 C 2 Stunden bis 2 Tage behandelt und nach dem Spülen gewöhnlich getrocknet.

EP 516317 Mellersh, Jackson 1939 (*Kydo*-Prozeß) — Die Wolle wird mit 2% Natriumantimonfluorid oder 1,5% dieser Verbindung gemeinsam mit 1,5% Natriumsilicofluorid oder Ammoniumfluorantimoniat $(NH_4F)_2SbF_3$ in wäßriger Lösung behandelt, hernach geschleudert und getrocknet.

EP 500386 Gy. 1939 — Als Mottenschutzmittel werden Verbindungen der Form:

$$CH_3{-}C_6H_4{-}P(Cl)(NH_2)_2{-}CH_2{-}C_6H_5$$

verwendet.

AP 2515107 Cyanamid 1950 (vgl. S. 387).

AP 2514132 Cyanamid 1950 (s. S. 387).

AP 2424068 ICI 1947 — Pelze werden durch Behandlung in einem Bad, das 2—3% 40%igen Formaldehyd und 3—4% 31%ige HCl in einer gesättigten NaCl-Lösung enthält, mottenecht gemacht.

AP 2418071 Textile Found. 1947 — Behandlung mit β-Mercaptoäthanol usw.

AP 2406958 DuPont 1946 (s. a. S. 390).

AP 2392733 DuPont 1945 — Zum Mottenschutz verwendet man Benzylphenyläther mit mindestens einem Kernchlor und einem Molekulargewicht unter 300.

AP 2376930 Gy. 1945 — Verbindungen der Form:

$$\mathrm{Cl{-}C_6H_3(SO_3H){-}CH_2{-}C_6H_3(Cl){-}NH{-}CO{-}NH{-}C_6H_3(Cl){-}CH_2{-}C_6H_3(SO_3H){-}Cl}$$

sind zum Mottenfestmachen geeignet.

AP 2363074 Gy. 1944 — Zum Mottenfestmachen dienen Verbindungen der Form:

$$\mathrm{Cl_2(SO_3H)C_6H_2{-}NH{-}CO{-}NH{-}C_6H_3Cl_2}$$

usw.

AP 2362768 Arnold, Hoffman 1944 — Es werden Verbindungen wie

$$\begin{array}{l} \mathrm{C_{11}H_{23}{-}CO{-}NH{-}CH_2{-}CH_2{-}N{-}CH_2{-}CH_2{-}OH} \\ \qquad\qquad\qquad\qquad\qquad\quad \mathrm{|} \\ \qquad\qquad\qquad\qquad\qquad\quad \mathrm{CS} \\ \qquad\qquad\qquad\qquad\qquad\quad \mathrm{|} \\ \mathrm{C_{11}H_{23}{-}CO{-}NH{-}CH_2{-}CH_2{-}N{-}CH_2{-}CH_2{-}OH} \end{array}$$

oder

$$\begin{array}{l} \mathrm{C_{11}H_{23}{-}CO{-}NH(H)(HSiF_6){-}CH_2{-}CH_2{-}S{-}CH_2{-}CH_2{-}NH} \\ \qquad\qquad\qquad\qquad\qquad\qquad\qquad\qquad\qquad\quad \mathrm{|} \\ \qquad\qquad\qquad\qquad\qquad\qquad\qquad\qquad\qquad\quad \mathrm{CS} \\ \qquad\qquad\qquad\qquad\qquad\qquad\qquad\qquad\qquad\quad \mathrm{|} \\ \mathrm{C_{11}H_{23}{-}CO{-}NH(H)(HSiF_6){-}CH_2{-}CH_2{-}S{-}CH_2{-}CH_2{-}NH} \end{array}$$

vorgeschlagen; vgl. AP 2304369.

AP 2351359 Hoepli 1944 — Als Mottenschutz soll Salicylsäure dienen.

AP 2343071 Gy. 1944 — Verbindungen folgender Form werden vorgeschlagen:

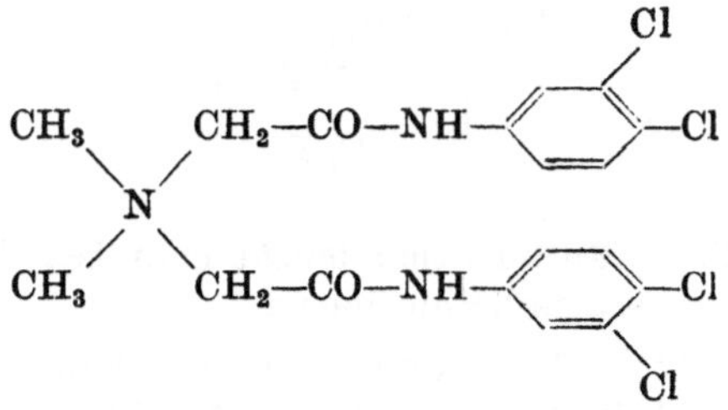

$$
\begin{array}{l}
\qquad\qquad\qquad\qquad\qquad\qquad Cl \\
CH_3 \quad CH_2{-}CO{-}NH{-}C_6H_3{-}Cl \\
\qquad N \\
CH_3 \quad CH_2{-}CO{-}NH{-}C_6H_3{-}Cl \\
\qquad\qquad\qquad\qquad\qquad\qquad Cl
\end{array}
$$

oder

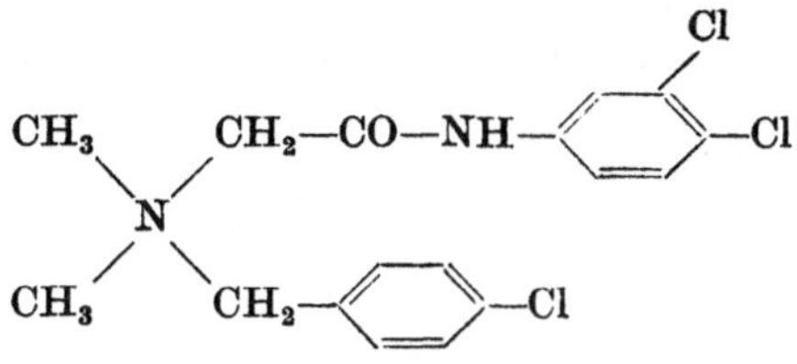

$$
\begin{array}{l}
\qquad\qquad\qquad\qquad\qquad\qquad Cl \\
CH_3 \quad CH_2{-}CO{-}NH{-}C_6H_3{-}Cl \\
\qquad N \\
CH_3 \quad CH_2{-}C_6H_4{-}Cl
\end{array}
$$

oder

$$
\begin{array}{l}
\qquad\qquad\qquad\qquad\qquad\qquad Cl \\
CH_3 \quad CH_2{-}CO{-}NH{-}C_6H_3{-}Cl \\
\qquad N \\
CH_3 \quad CH_2{-}C_6H_3{-}Cl \\
\qquad\qquad\qquad\quad Cl
\end{array}
$$

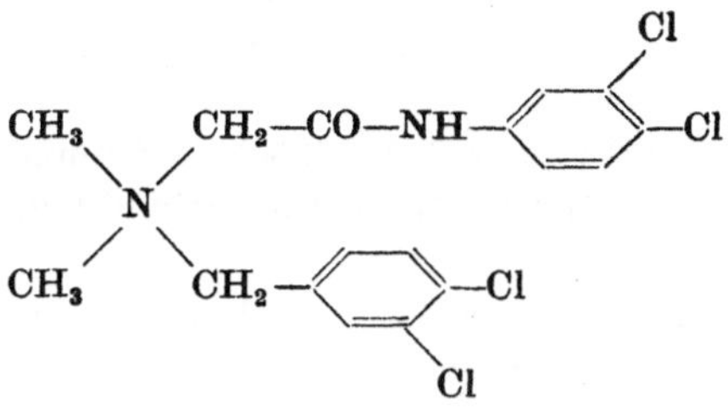

AP 2328201 Agriculture 1943 — Man behandelt 10 Minuten mit Lösungen von: α-Isonitrosoacetanilid in Aceton, welche wahlweise enthalten: Benzamid, p-Toluolsulfonyl-N-butylamid oder p-Toluolsulfonylchlorid.

AP 2318201 Agriculture 1943 — Isonitrosoacetanilid als Mottenschutzmittel.

AP 2312923 Gy. 1943 — Textilien werden mottenecht gemacht mit Verbindungen der Form:

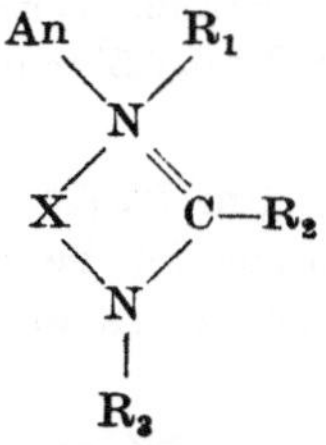

$$
\begin{array}{c}
An \quad R_1 \\
N \\
X \qquad C{-}R_2 \\
N \\
| \\
R_3
\end{array}
$$

R_1 = hochmolekularer Alkyl- oder Benzylrest, R_2 = aliphatischer, aromatischer oder heterocyclischer Rest, R_3 = aromatischer oder Benzylrest, X = zweiwertiges aromatisches Radikal an 2 N gebunden, An = Anion.

AP 2311062 Gy. 1943 — Verbindungen der Form

Z—NH—CO—NH—R,

wo Z einen chlorierten Diphenyläther und R einen Benzol- oder halogenierten Diphenyloxydrest bedeuten, können zum Mottenfestmachen verwendet werden.

AP 2293826 Gy. 1942 — Zum Mottenechtmachen werden Verbindungen der Form

$(CH_3)_2$
—N—SO_4CH_3
$C_{18}H_{37}$

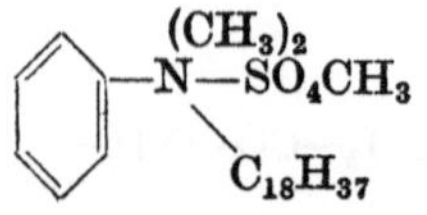

angegeben.

AP 2291473 Jones 1942 — Mottensicher macht man Textilien mit Magnesiumbenzolsulfonat und Magnesiumsiliciumfluorid.

AP 2289898 Heyden 1942 — Das Kondensationsprodukt von o-Phenylphenolsulfonsäure mit Aldehyd in Gegenwart von Naphtalin ist anwendbar zum Mottenechtmachen von Textilien.

AP 2288971 Gy. 1942 — Zum Mottenechtmachen von Textilien dienen Verbindungen der Form:

O.Alkyl
C
N N
NH_2—C C—NH—(O/S)—SO_3H.
N

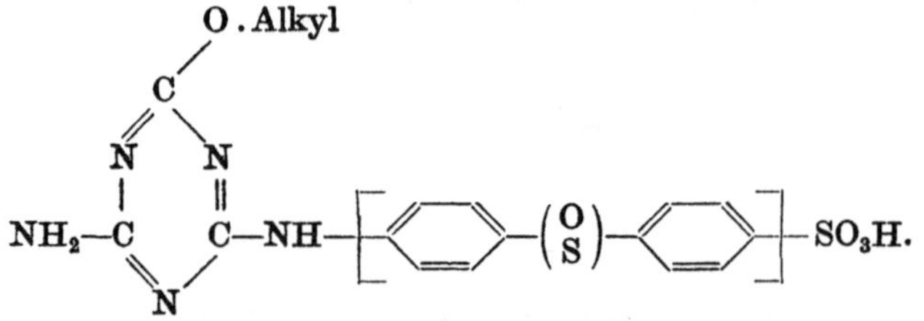

AP 2288810 Leatherman 1942 (s. AP 2238850) — Gummierte Gewebe werden mottenecht gemacht durch Zusatz einer Cd-Verbindung, die mit Kautschuk verträglich ist.

AP 2282988 Eavenson, Servering 1942 — Man bindet Sulfonamide mittels härtbarer Formaldehydharze an die Faser.

AP 2267871 Gy. 1941 — Man verwendet die Verbindung der Form:

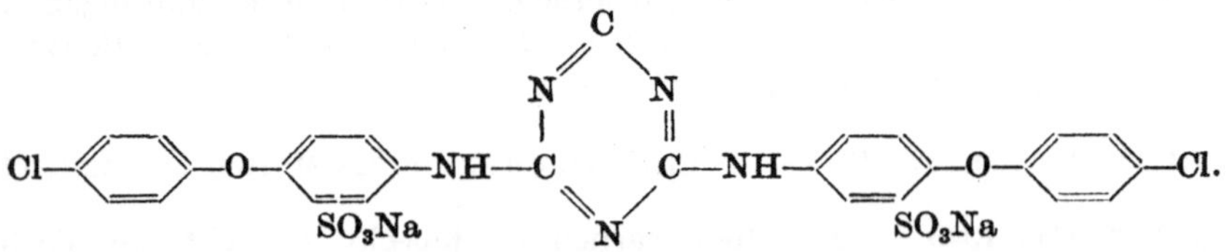

C
N N
Cl—O—NH—C C—NH—O—Cl.
SO_3Na N SO_3Na

AP 2267756 Gen. An. 1941 — Es werden halogenierte Verbindungen der OH-Naphtalin-, OH-Diphenyl- oder aromatische Sulfosäureester davon vorgeschlagen. Z. B. 3,2′-Dihydroxy-2,4,6,3′,5′-pentachlor-3″-nitrotriphenylmethan usw.

AP 2238850 Leatherman 1941 — Um kautschukierte Gewebe mottenecht zu machen, kann man sie mit Cadmiumseifen behandeln. Dieselben schädigen den Gummibelag nicht und sind außerdem unlöslich in den für die Trockenreinigung benutzten Lösungsmitteln.

AP 2232034 Gy. 1941 — Man verwendet zum Mottenechtmachen ein Isatinderivat der Form:

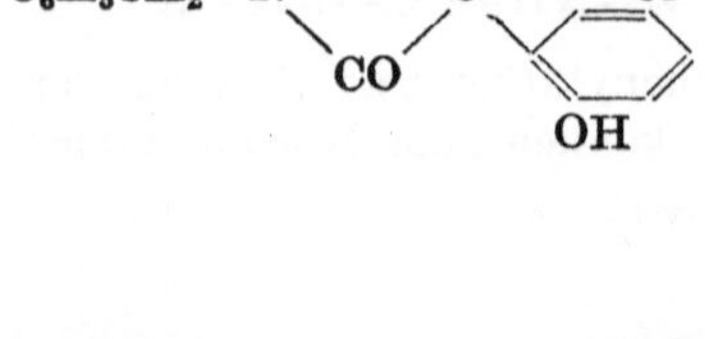

OH
SO_3H
Cl
$C_6H_5CH_2$—N C Cl
CO
OH

AP 2214962 Harold, Boss 1940 — Man behandelt Wollgewebe oder Mischgewebe mit Wollgehalt mit komplexen Fluorantimonsalzen der Form $SbF_3 . NaF$ oder $SbF_3 . 2\ NaF$. Man kann auf stehenden Bädern arbeiten, was mit chemischen Verbindungen organischer Natur schlechte Effekte gibt, da diese keine Faseraffinität besitzen. Fehlresultate bei Unterschreitung gewisser Konzentration sind die Folge.

AP 2184147 Lowe 1939 — Textilien werden mit Chromtrifluorid mottensicher gemacht. Man behandelt mit einer Lösung von 1,25 Teilen auf 160 Teile Wasser 20 Minuten und preßt dann ab, derart, daß 12 Teile trockenes Gewebe 10 Teile Lösung enthalten. Es ist ein Gehalt von etwa 0,65% Chrom anzustreben.

CanP 432545 Hizone 1946 — Als Mottenschutzmittel wird eine Mischung von Mg-silikofluorid mit Äthanolamin-silicofluorid, unter eventuellem kleinem Zusatz von Mg-benzolsulfonat, angegeben.

12. Die Behandlung gegen Fäulnis und Bakterienangriff.

Die Einwirkung von Fäulnis und von Bakterien kann in wirkungsvoller Weise nur auf feuchte Textilien stattfinden. Insbesondere fördern alle Appreturen diesen Vorgang, welche feuchtigkeitsanziehende Stoffe in der Faser oder auf derselben ablagern[56].

Ausgedehnte Untersuchungen[57], die während des Krieges durchgeführt wurden, ergaben, daß insbesondere in den Tropen große Zerstörungen an Baumwollwaren zu verzeichnen gewesen sind. Die Ursache derselben lag im Angriff von Bakterien und Pilzen, welche durch Sekretion von Enzymen die Cellulosefaser zur Auflösung brachten. Die Enzyme dieser Art führen die Cellulose in Cellobiose und weiter in Glukose über. Das Wachstum der Schädlinge wird durch pH-Werte unter 4 beeinträchtigt. Zum Schutze kommen verschiedene Arbeitsweisen in Frage. Entweder macht man die Gewebe durch Imprägnieren und Überziehen mit Kunstharzen widerstandsfähig oder modifiziert die Cellulose oberflächlich durch Verätherung oder Veresterung bzw. verleibt der Faser Zellgifte (Fungicide) ein. Als derzeit theoretische weitere Möglichkeit ist die Verhinderung der Enzymbildung anzuführen.

Auch die Wollfaser unterliegt schädigenden Einflüssen der oben geschilderten Art. Hier sind es vor allem die proteolytischen Enzyme (Trypsin), welche durch Aufspaltung der Peptidbindung die Fasersubstanz auflösen. Begünstigt wird dieser Vorgang durch ein pH von etwa 8,5.

Zum Schutze der Wollfaser gegen Fäulnis wurde von der IG *Protektol MT (Tannigan SK)* empfohlen. Man behandelt in wäßriger Lösung mit etwa 10 g/l. Die Wolle erhält dabei einen gelblichen Stich[58]. Gegen Bakterienangriff schützen Natriumsilikofluoride, Formaldehydbehandlung und die Behandlung mit *Shirlan* (Salicylsäureanilid); vgl. Wool Sci. Review **6**, 31 (1950).

Zum Schutze der Cellulose können eine ganze Reihe von Mitteln verwendet werden. Man behandelt, insbesondere bei Wasserdichtimprägnierung oder Hydrophobierung, gleichzeitig mit den *Preventol-* oder *Amicrol*-Marken der I. G.[59]. Auch *Shirlan* (Salicylsäureanilid) oder Paranitrophenol sowie die allerdings stark und lästig riechenden chlorierten Phenole sind in Gebrauch. Geruchsschwache Wirkstoffe werden erhalten, wenn man chlorierte Phenole

---

[56] Brandt: Melliand Textilber. 315 (1944).
[57] Siu: Amer. Dyestuff Reporter **36**, 320 (1947).
[58] Text. Manufacturer **73**, 375 (1947). — Bios: Final Report 1239.
[59] Text. Manufacturer **73**, 182 (1947).

mit Morpholin umsetzt. In USA. wird das als G4 im Handel befindliche 2,2'-Dihydroxy-5,5'-dichlordiphenylmethan angewendet[60]. Schließlich hilft auch eine Behandlung mittels Cuoxamlösungen mit einem Cu-Gehalt von 24 g/l, so daß nach dem Abquetschen etwa 3% CuO im Gewebe bleiben. Ein derartiges Verfahren ist als *Willesden*-Prozeß bekannt. Die Behandlung liefert schwach grünliche Ware. *Micronilgreen* und *Cuprinol*, ersteres Cu-naphtenat, das andere Cu-oleat bzw. -stearat, sowie *Micronil clear* (Zink-naphtenat) werden in Benzin gelöst oder mittels *Emulphor O* emulgiert verwendet[61].

Während *Shirlan* und auch die Chlorphenole beim Waschen entfernt werden, sollen *Preventol GD* und auch die Verbindung G4 (Dihydroxydichlordiphenylmethan) beständig sein.

Ein weiteres Mittel ist das *Hyamine 3258* (Trimethylcetylammoniumpentachlorphenolat), das von Röhm & Haas in USA. vertrieben wird.

Über das Bakterienfestmachen usw. von Textilien, insbesondere Wolle und Baumwolle, berichten Hopf und Race, wobei sie die Wirkung von Phenyl-Hg-Derivaten, und zwar vornehmlich des Hg-salzes der 2,2'-Dinaphtylmethan-3,3'-disulfosäure der Form:

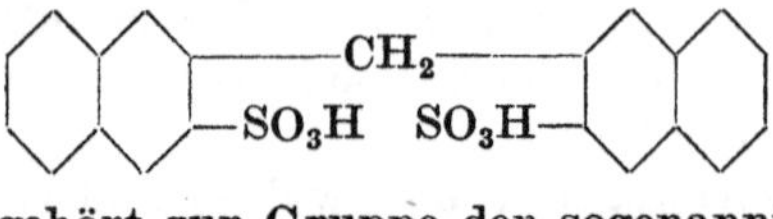

$$CH_2$$
$$SO_3H \quad SO_3H$$

darlegen. Diese Säure gehört zur Gruppe der sogenannten „*Fixtane*". Sie umfaßt Verbindungen, die zwei durch eine aliphatische Kette verbundene sulfonierte aromatische Ringsysteme aufweisen. Trotzdem sie nicht faseraffin sind, werden die Verbindungen aus wäßrigen, manchmal kolloidalen Lösungen von der Faser aufgenommen und beim Trocknungsprozeß irreversibel fixiert, so daß derartige Imprägnierungen waschfest sind. Das Hg-salz ist an sich nur in Lösungen von 0,25% herstellbar, doch läßt es sich unter Zugabe von freier Säure auf eine Konzentration von 2,5% anreichern, die freie Säure der obigen Formel ist in 50—70% Lösungen erhältlich[62].

Schließlich sei noch auf „*Cu-8*", ein Cu-chelat, nämlich die Cu-Verbindung des 8-Hydroxychinolins hingewiesen. Die Verbindung von der Form

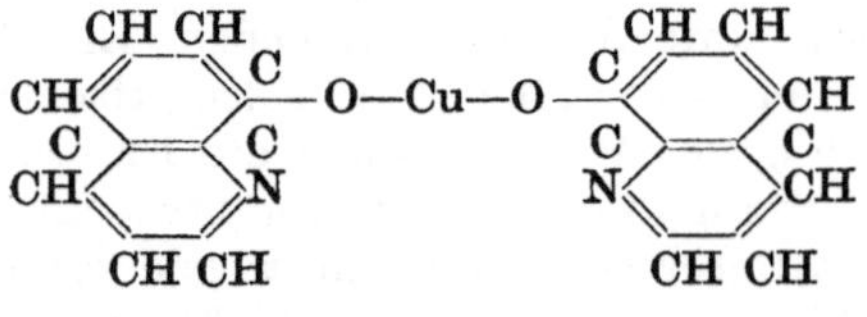

CH CH   CH CH
CH   C—O—Cu—O—C   CH
C   C   C   C
CH   N   N   CH
CH CH   CH CH

wird in Emulsionsform, die als Bindemittel für das Cu-chelat Kunstharz enthält, angewendet.

Über die Konzentrationen verschiedener Mittel, welche für die Imprägnierung von Textilien in Anwendung stehen, gibt Marsh[60] folgende Zusammenstellung:

Benzoesäure 0,05%, Kresol 0,1%, Dinitrophenol 0,02%, Formaldehyd 0,05%, Mercaptobenzthiazol 0,02%, Pentachlorphenol 0,014%, Phenol 0,13%, Shirlan 0,025%, Zinkchlorid 0,08%, Phenylmercurinitrat 0,01%, Ammonfluorid 0,04%, Borax 0,09%, Sublimat 0,02%, Natriumfluorid 0,8%, Natriumsilikofluorid 0,15%.

---

[60] Marsh: Textile Finishing 512 (1947); vgl. AP 2530792.

[61] Marsh: Textile Science 379 (1948).

[62] Hopf, Race: Ind. Engng. Chem. **41**, 820 (1949).

Nach anderen Angaben (Nopitsch, l. c.), geben Salicylsäure, Chlorkresol, Trichlorphenol, Hydrochinon und Thymol sehr gute, Phloroglucin und Resorcin gute, Phenol und Benzoesäure aber schlechte Resultate.

Wolle, welche chromgebeizt oder nachchromiert ist, erweist sich als sehr gut bakterienbeständig, weniger gut wirkt Cr, wenn im Monochromprozeß (also gleichzeitig mit dem Farbstoff) oder als chromkomplexer Farbstoff (Neolan, Palatinechtfarbstoff) gefärbt wird.

Nopitsch konnte auch die baktericide Wirkung von Mottenschutzmitteln, wie Eulan Neu, NKF, NK, nachweisen. Eulan CN ist derzeit noch nicht diesbezüglich geprüft; s. Melliand Textilber. **32**, 237 (1951).

Die Mittel zum Schutze der Textilien gegen Bakterien haben eine verstärkte Wirkung, wenn gleichzeitig hydrophob gemacht wird (vgl. Partridge und Key, die mit Salicylderivaten gemeinsam mit Cetylpyridiniumbromid arbeiten).

Literaturübersicht über die Behandlung gegen Fäulnis und Bakterienangriff.

Lee: Amer. Dyestuff Reporter **39**, 145 (1950).
Nopitsch: Melliand Textilber. **31**, 182, 619 (1950).
Bogaty: Amer. Dyestuff Reporter **38**, 253 (1949).
Block: Ind. Engng. Chem. **41**, 178 (1949).
Siu, Darley et al.: Text. Res. J. **19**, 484 (1949).
Marsh, Butler, Clark: Ind. Engng. Chem. **41**, 2176 (1949).
Partridge, Key: J. Text. Inst. **40**, P 1077 (1949).
Hopf, Race: Ind. Engng. Chem. **41**, 820 (1949).
Benignus: Ind. Engng. Chem. **40**, 1426 (1948).
Stief: Ind. Engng. Chem. **39**, 1136 (1947).
White, Siu: Ind. Engng. Chem. **39**, 1628 (1947).
Marsh: Text. Res. J. **17**, 597 (1947).
Nitschke: Melliand Textilber. **28**, 56 (1947).
Walchli: Textil Rundschau **1**, 35 (1946).
Marsh, Butler: Ind. Engng. Chem. **38**, 701 (1946).
Bayley, Weatherburn: Amer. Dyestuff Reporter (1945), 18. Juni.
Shanor: OSRD-Report 4513 (1945); s. Brandt, Melliand Textilber. **25**, 314 (1944).
Goodavage: Amer. Dyestuff Reporter **32**, 265 (1943).
Furry, Robinson: Amer. Dyestuff Reporter **30**, 504 (1941).
Stringfellow: Amer. Dyestuff Reporter **28**, 388 (1939); **29**, 226 (1940).

Patentschrifttum über die Behandlung gegen Fäulnis und Bakterienangriff.

OeP 155798 Montecatini 1939 — Kunstfasern aus Casein sind in nassem Zustande leicht der Gärung ausgesetzt, auch befällt sie nach der Behandlung mit siedenden wäßrigen Lösungen leicht Fäulnis. Werden derartige Fasern vor oder nach dem Färben mit Lösungen von Toluolsulfonamiden behandelt, so ist die Faser gegen Gärung, Fäulnis und Schimmelpilzbildung weitgehend geschützt.

DP 748885 ohne Inhabernenn. 1944 — Zum Schutze von Textilien gegen Fäulnis verwendet man Gemische aus Phenolen und aus esterartigen Kondensationsprodukten höhermolekularer Fettsäuren, mehrbasischer Carbonsäuren mit mehrwertigen Alkoholen.

DP 742995 Devrient 1943 — Zum Bakterienfestmachen und Fäulnisfestmachen werden Netze usw. mit Kupferoxydulbrühen behandelt. Die Wirkung des Metalloxyduls wird aber bei Berührung mit Eisenteilen usw. aufgehoben. Man verwendet daher erfindungsgemäß Brühen, welche Ferri-salze usw. in komplexe

Verbindungen überführen oder ausfällen (Natriumphosphat, Kaliumferrocyanid).

DP 735092 IG 1943 — Es werden Niederschläge von Kupfersalzen der Trithiokohlensäure oder deren Analoge mit höherem Schwefelgehalt erzeugt.

DP 713227 Bolidens 1941 — Zum Fäulnisfestmachen behandelt man mit Lösungen von Alkalibichromat und Arsensäure, die schwach reduzierende Verbindungen, wie Melasse, und gegebenenfalls noch Metallsalze, wie Cu-, Cd- oder Zn-salze, enthalten.

DP 709226 IG 1941 — Fäulniswiderstandsfähige Textilien erhält man durch Behandeln mit wasserunlöslichen Polyvinylverbindungen mit einem Chlorgehalt von mindestens 30%, wobei noch andere Stoffe zugegeben werden können; z. B. setzt man einer 5%igen Lösung eines Mischpolymerisats von Vinylchlorid und as. Dichloräthylen in Chloroform 2% Tripropylphosphat als Weichmacher zu. Nach dem Behandeln wird getrocknet und auf 120° C erhitzt.

DP 672116 IG 1939 — Es wird mit alkalischen wäßrigen Lösungen von Kupferkomplexverbindungen, die lösliche Seifen in Mengen enthalten, die zur Umsetzung des Kupferkomplexes ausreichen, behandelt.

DA 175164 Behrens — Zum Bakterienfestmachen behandelt man mit Catechu, hernach mit 10% $K_2Cr_2O_7$-Lösung und, nach Zwischentrocknen, mit Leinöl (DA 184948 und 187020).

DA 93388 Dtsch. Forschungsges. — Man schützt Eiweißfasern durch Behandlung mit Salicylsäurelösung.

DA 82200 — Es wird mit ammoniakalischen Cu-salzlösungen und dann mit Formaldehyd behandelt.

DA 77063 IG — Man verwendet 3,4-Dichlorbenzolsulfosäuremethylamid.

DA 75745 IG — Es wird mit Aminotriazinen und Aldehyden behandelt und gehärtet.

DA 70464 IG — Die Konservierung erfolgt mit Schwermetallkomplexen höherer Biguanide, wobei nachher mit filmbildenden Mitteln überzogen wird.

DA 57354 — Cu-salze von Naphtensäuren oder höheren Fettsäuren finden Anwendung (DA 113887).

DA 55623 Devrient — Es wird mit Cu-oxydul-haltigen Lösungen, die Phosphat und Ferrocyanid enthalten, behandelt.

SP 231608 IG 1944 — Man behandelt Leder, Gelatine, Textilien, bzw. setzt zu Schlichten gewisse Oxime, um Schimmelpilzbildung oder Fäulnis zu verhindern. Man verwendet beispielsweise 0,1% alkoholische Zimtaldoximlösungen, bzw. 0,1% wäßrige Lösungen von Benzaldoxim oder Diacetyldioxim.

FP 949616 Bat. Petrol. My 1949 — Als Desinfiziens für Textilien werden aliphatische oder cycloaliphatische höhermolekulare Chloramine vorgeschlagen: Chloraminoceten, Chloraminohexadecan, Chloraminotetraisobutylen usf.

FP 890214 IG 1944 — Zum Schutze von Textilien gegen Fäulnis werden dieselben mit Phenolen und Kondensationsprodukten von höheren Fettsäuren mit mehrwertigen Alkoholen (Stärke, Glykol usw.) imprägniert und eventuell noch weichmachende Mittel zugesetzt.

FP 881396 IG 1943 — Zur Konservierung von Textilien behandelt man mit Aralkylphenolen, die im Arylrest durch Alkylgruppen substituiert sind. In

Verbindung mit der Behandlung mit Paraffinemulsionen zum Wasserabstoßendmachen werden 3—5% der Wirkstoffe (Dimethyl- oder Äthylbenzylphenol) verwendet.

EP 613274 Higgins 1948 — Textilien werden bakterienfest gemacht, indem man sie mit wäßrigen Emulsionen der höheren Fettsäureester von chlorierten Phenolen behandelt.

EP 606066 Stevenson 1948 — Zum Bakterienfestmachen von Textilien verwendet man die hierfür üblichen Verbindungen (Tri- oder Pentachlorphenol, *Shirlan*) gemeinsam mit quaternären Ammoniumverbindungen der Form

$$\begin{array}{c} \quad\quad R_1 \\ \quad / \\ R—N—R_2 \\ \ \ |\ \diagdown \\ \ \ X\quad R_3 \end{array}$$

(R = Fettsäurerest mit mehr als 10 C-Atomen), z. B. Cetylpyridiniumbromid, wodurch die Wirkstoffe nicht leicht ausgewaschen werden können.

EP 601456 Shell 1948 — Zum Bakterienfestmachen von Textilien behandelt man diese mit einer Mischung von hochmolekularen chlorierten Produkten, auch Chlorparaffinwachs (12—40 C-Atome im Molekül), welche man mit Ammoniak umgesetzt hat, in flüssigen Lösungsmitteln in einer Konzentration von 2—10%.

EP 599443 Stevenson 1948 — Fäulnisfeste Textilien werden erhalten, indem man auf ihnen Zink- oder Kupfernaphtenate usw. niederschlägt. Man imprägniert mit ammoniakalischen Metallsalzlösungen und den Ammonsalzen der Säure und trocknet nach Ausquetschen.

EP 597819 Monsanto 1948 — Man behandelt mit wäßrigen Lösungen von Cu-salzen eines 8-Hydroxychinolins bei einem pH von unterhalb 2,7 und stellt während oder nach der Behandlung das pH auf Werte von 3—13, so daß die Abscheidung von Kupfersalzen innerhalb des Textilmaterials stattfindet.

EP 597608 Higgins 1948 — Gegen biologische Angriffe sollen Textilien durch Acylderivate halogenierter Phenole oder Kresole, gelöst in organischen Lösungsmitteln, geschützt werden.

EP 596362 Higgins 1947 — Bakterien- und pilzfeste Cellulose wird durch Behandlung mit angesäuerten Dispersionen von Pentachlorphenol, die als Schutzkolloid ein stark abgebautes Protein enthalten, sowie Al-formiat, erzielt.

EP 590599 Scapa 1947 — Das Metall wird hier zum Bakterienfestmachen aus ammoniakalischen Lösungen von Cu-chromat, die dann hydrolysiert werden, niedergeschlagen. Das Cr wird durch den darauffolgenden Waschprozeß entfernt, das Cu bleibt in feinverteilter Form in der Faser zurück.

EP 588294 French 1947 — Nach einem Zweibad-Verfahren werden zum Bakterienfestmachen von Textilien Gemische von Oxyden von Cr, Fe und Cu in der Faser niedergeschlagen, indem man erst mit den wasserlöslichen Salzen der Metalle und hernach mit einer Sodalösung behandelt. Es sollen nicht mehr als 1,2% Fe_2O_3 und nicht weniger als 0,15% CuO (berechnet auf das Fasergewicht) vorhanden sein. Das erste Bad wird z. B. bestellt mit 16% Chromalaun, 3% Eisenammonsulfat und 2,5% Kupfersulfat krist. Das zweite Bad ist eine 1%ige Lösung von Soda sicc.

EP 574408 Evans, Hackson 1945 — Fäulnisfeste und bakterienfeste Textilien werden erhalten, indem man sie mit ammoniakalischen Lösungen von Zn-dimethyldithiocarbamat behandelt.

EP 538129 Fried 1941 — Fäulnisfeste Textilien werden erhalten, indem man mit einer 5%igen Lösung von Kupfersalzen, wie Chlorid, Sulfat, Nitrat, gelöst in wäßrigen Lösungen von Ammoniak oder Alkalihydroxyden usw., imprägniert, und zwar derart, daß etwa 0,6% Cu in Form wasserunlöslicher basischer Salze in der Ware verbleiben.

EP 505989 Luckhaupt 1939 — Man imprägniert Textilien mit Terpinhydrat.

AP 2486961 Dow 1949 — Man imprägniert mit 1—5%iger Lösung von 2,4'-Dihydroxybenzophenon und Mono- bzw. Dichlorderivaten in Mischung.

AP 2483008 Tewin Ind. 1949 — Der Schutz von Proteinfasern gegen biologische Angriffe erfolgt durch Behandlung mit Schutzkolloide enthaltenden Dispersionen von Pentachlorphenol bei pH 7 und Trocknen bei diesem pH.

AP 2480084 Dow 1949 — Zum Desinfizieren behandelt man mit wäßrigen Lösungen eines Alkalisalzes der 3-Phenylsalicylsäure und eines Cu-salzes.

AP 2476235 Monsanto 1949 — Es werden Wasser-in-Öl-Emulsionen 1 : 4 bis 4 : 1 verwendet, deren Ölphase $^1/_2$—5% 8-Hydroxychinolin und Pentachlorphenol, 2—10% ölmodifiziertes Alkydharz und 3—25% Chlordiphenyl und Mineralöl enthält.

AP 2471261 Cyanamid 1949 — Zum Desinfizieren von Textilien werden Verbindungen der Form:

$$\text{A}-\underset{\text{Cl}}{\overset{\text{OH}}{\bigcirc}}-(\text{S})_x-\left[\underset{\text{B}}{\overset{\text{OH}}{\bigcirc}}-(\text{S})_x-\right]_n\underset{\text{Cl}}{\overset{\text{OH}}{\bigcirc}}-\text{A},$$

wobei A Wasserstoff oder Halogen, B Halogen oder Alkyl, x eine Zahl größer als 2 und n eine solche kleiner als 8 bedeuten, vorgeschlagen.

AP 2457805 Burton 1949 — Der Schutz von Textilien aus Wolle gegen Schimmelpilze usw. erfolgt durch Behandlung mit dem Formal des 2,4,5-Trichlorphenols.

AP 2457025 Monsanto 1948 — Zum Bakterienfestmachen und Hydrophobieren verwendet man Wasser-in-Öl-Emulsionen, deren ölige Phase $^1/_2$—5% halogenierte 8-Hydroxychinoline (z. B. 5,7-Dibrom-8-hydroxychinolin) als Kupfersalze, 2—10% ölmodifiziertes Alkydharz und 3—25% Chlorphenole, sowie ein Dimethylol-Harnstoff- bzw. Melaminkondensat enthält.

AP 2451149 Nipa 1948 — Als Schutzmittel gegen Fäulnis usw. wird der Mono-p-chlorphenyläther des Äthylenglykols genannt.

AP 2449787 Dow 1948 — Zum Schutze von Cellulosetextilien gegen Fäulnis usw. werden auf den Geweben 0,5—10% des Gewichtes an Stoffen niedergeschlagen bzw. aufgebracht, welche die allgemeine Formel

$$(\text{X}_m-\bigcirc-\text{O}-\text{C}_n\text{H}_{2n}-\text{CO}-)_w-\text{Y}$$

besitzen. X bedeutet Halogen; Y Wasserstoff, NH oder ein salzbildendes Metall; n ist 1—3, m ist kleiner als 5 und w entspricht der Wertigkeit von Y.

AP 2430017 Röhm & Haas 1947 — Zum Bakterienfestmachen von Textilien imprägniert man Cellulosegewebe mit einem Pentahalogenphenylester einer Carbonsäure (Halogen ist Chlor oder Brom).

AP 2424050 Pecker 1947 — Zu einer Stärkelösung oder Dispersion werden als Antiseptika und zur Verhinderung der Klumpenbildung Pine-oil und Borsäure gegeben und die Lösung gelatiniert. Hernach wird in feinste Teilchen zerrieben. Gegenüber einem früheren Vorschlag (AP 2228784 Spilka), Pineoil und Natriumsilicofluorid zur Stärke als Antiseptika zuzugeben, wurde gefunden, daß das Öl allein bereits eine starke fäulnisverhindernde Wirkung zeigt, daß also der Zusatz von Natriumsilicofluorid weggelassen werden kann.

AP 2423261 Sowa 1947 — Zum Bakterienfestmachen von Textilien kann Diphenylquecksilber dienen.

AP 2416460 DuPont 1947 — Salicylsäureanilidemulsionen *(Shirlan)* sind fäulnisverhindernd für Textilien. Man kann dauerhafte Präparate herstellen, indem man 10 Teile Mineralöl oder Paraffinwachs und 6 Teile Polyvinylalkohol auf 100 Teile Aldehyd verwendet. Die hergestellten Emulsionen sind 6 Monate haltbar.

AP 2403945 Pacific 1946 — Man schützt Gewebe vor Fäulnis durch Behandlung mit Verbindungen der Form $C_6H_5—C_6H_3(OH)(COR)$. Man kann den Prozeß so durchführen, daß man bei der Trockenreinigung derartige Mittel in alkoholischer Lösung zusetzt. Man kann sie aber auch aus wäßrigen Dispersionen auf das Gewebe fällen, und zwar derart, daß man das Textilmaterial mit einer alkalischen Lösung der Produkte (in Salzform) behandelt und dann durch ein Säurebad nimmt. Auch in Form der Ammonsalze sind sie anwendbar, wobei durch Trocknen bei erhöhter Temperatur Ammoniak entweicht.

AP 2401028 Rubber 1946 — Leder oder Textilien werden zum Schutz gegen Bakterien mit wäßrigen Dispersionen oder einer Lösung in organischen Lösungsmitteln von Phenanthrenchinon (9,10) der Form:

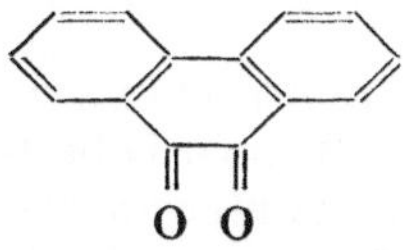

O O

behandelt.

AP 2399873 Stranco 1946 — Zur Verhinderung von Schimmelbildung oder Fäulnis überzieht man Textilien mit einer Schutzschicht aus schmelzbaren Salzen organischer Säuren, wie Oleaten, Resinaten, Naphtenaten usw., wobei die Salze zwischen 20° und 120° C schmelzen sollen. Zink-, Uran-, Cerium- usw. Salze sollen Verwendung finden. Man kann auch in flüchtigen oder nichtflüchtigen Lösungsmitteln arbeiten. Der vorerst steife Griff verschwindet beim Erwärmen.

AP 2389873 Soccony 1945 — Es wird die Herstellung von Kupfernaphtenaten beschrieben.

AP 2381863 Monsanto 1945 — Durch Behandlung mit Cu-salzen des 8-Hydroxychinolins bei pH = 2,7 werden Gewebe bakterienfest gemacht.

AP 2371884 Hercules 1945 — Zum Konservieren von Textilien dienen Kupfersalze von Harzen und Harzölen.

AP 2371618 Dow 1945 — Zum Schutz von Geweben gegen Pilze und Bakterien stäubt man sie mit einer festen Mischung von Polychlorphenol und einem thermoplastischen Vinylidenchloridharz ein und erhitzt dann über den Schmelzpunkt des letzteren.

AP 2364391 Soccony 1944 — Bei der Behandlung von Textilien mit Metallseifen (Kupfernaphtenaten usw.) wird den Bädern Ammoniak und Alkylolamin zugesetzt. Dieses bewirkt eine feinere Verteilung. Z. B. 20 Teile Kupfernaphtenat, 20 Teile wäßrige Ammoniaklösung 28%, 60 Teile Wasser, 5 Teile Monoäthanolamin.

AP 2310257 Abli 1942 — Cu-fluorid- und Cu-arsenverbindungen werden zum Schutze von Geweben empfohlen.

AP 2282181 Kleinert Rubber 1942 — Tetramethylthiuram-mono- oder disulfid wirken fäulnisverhindernd.

AP 2280477 Nat. Proc. 1942 — Behandlung mit wasserlöslichen, mit Alkali stabilisierten Naphtensäuren.

AP 2278384 DuPont 1942 — Durch Behandlung mit Biuret oder Harnstoff werden Cellulosegewebe geschützt; vgl. AP 2339912.

AP 2247339 Robinson 1941 — Zum Schutze von Textilien gegen Mikroorganismen werden Verbindungen der Form: $X[N(CH_2)_2]_4—O_y$ verwendet, wobei X ein Metallatom und y die Wertigkeit des Metalles bezeichnet. Sie werden hergestellt durch Zugabe von Morpholin zu z. B. Kupfersulfatlösung oder Cd-sulfat, wobei Verbindungen der Form: $Cu[N(CH_2)_4]O_2$ bzw. $Cd[N(CH_2)_4]O_2$ entstehen. Man kann auch so arbeiten, daß die Gewebe erst mit einer 10% wäßrigen Kupfersulfatlösung im Verhältnis 1 : 25 10 Minuten gekocht werden und hernach noch 20 Minuten in der Lösung verbleiben. Dann wird abgequetscht und sofort mit Morpholin behandelt. Das Gewebe ist vorerst steif, doch verschwindet diese Steifheit beim Trocknen.

AP 2230748 Bolideno 1941 — Es wird mit einer Lösung von 10 g arseniger Säure, 10 g Cd-sulfat, 15 g Alkalibichromat und 20 g Zucker pro Liter Wasser behandelt.

AP 2218185 Am. Rubber 1940 — Zur Verhinderung von Fäulnis werden Gewebe mit Acidylaminodiarylaminen, z. B. p-(p-Toluylsulfonylamino)-phenyl-p-toluylamin oder mit p-(p-Toluolsulfonylamino)-diphenylamin behandelt. Die Verbindungen werden in Form von Lösungen oder Emulsionen aufgebracht.

AP 2157727 Socconi 1939 — Es werden Metallsalze aus Ammonnaphtenaten und Schwermetallsalzen (Cu, Zink) niedergeschlagen.

AP 2142604 Monsanto 1939 — Cyclohexanonphenolkondensationsprodukte untenstehender Form sind, in Lösungen zur Imprägnierung von Textilien angewandt, als Schutz gegen den Angriff von Bakterien geeignet:

$$CH_2\begin{matrix} / CH_2—CH_2 \backslash \\ \backslash CH_2—CH_2 / \end{matrix} C \begin{matrix} / C_6H_4OH \\ \backslash C_6H_4OH \end{matrix}.$$

13. Das Hydrophobieren und Wasserdichtmachen von Geweben.

Eine scharfe Trennung der Arbeitsverfahren, welche die Erzeugung wasserabstoßender oder wasserdichter Textilien zum Ziele haben, ist naturgemäß nicht möglich. Abgesehen davon, daß das Maß der Wasserabweisung für zahlreiche Spezialfälle ein recht verschiedenes ist, sind auch die Mittel, die zur Erreichung eines derartigen Effektes angewendet werden, recht mannigfaltig. Außerdem kann die Behandlung des Textilgutes sowohl durch Imprägnierung mit Lösungen, als auch durch Aufsprühen oder gar Aufstreichen von Wirkschichten erfolgen, so daß ein enger Zusammenhang auch mit den an anderer Stelle besprochenen Gewebebeschichtungen oder Gewebeaufstrichen besteht.

Neben den älteren Methoden der Wasserdichtausrüstung, welche bekanntlich die Einlagerung von Metallseifen mit oder ohne Zugabe von Wachs oder Fetten beinhalten, bzw. dem sogenannten Gummieren, dem Aufbringen von Kautschuk oder Latex auf Textilien, stehen bei der Herstellung des sogenannten Öltuches hauptsächlichst Öle und Fette in Verwendung. Neuere Arbeitsweisen bewirken eine Hydrophobierung durch Behandlung von cellulosehaltigen Geweben mit veresternden oder insbesondere veräthernden Mitteln, so daß eine oberflächliche chemische Faserveränderung eintritt. Schließlich arbeiten zahlreiche Ausrüstungsverfahren mit Kunstharzen oder Polymeren, welche in einer oder mehreren dünnen Schichten aufgetragen werden und so luftdurchlässige, hydrophobe oder gas- und wasserdichte Erzeugnisse liefern. Unter Berücksichtigung der hauptsächlichsten Verfahren wird die zu besprechende Patentliteratur daher grundsätzlich in folgenden Gruppen behandelt[63]:

a) Verwendung von verschiedenen Mitteln, insbesondere solchen, welche eine Verätherung der Cellulosefaser bezwecken.

b) Das Hydrophobieren mit Kunstharzen und anderen hochpolymeren Stoffen.

c) Das Wasserabweisendmachen mit den neuen Organosiliziumverbindungen.

d) Das Imprägnieren mit Metallseifen, Wachsen, Fetten und Ölen.

e) Das Gummieren oder Kautschukieren, auch mit Latexemulsionen.

Anhang: Die Verbesserung der Haftfestigkeit von Kautschuk, insbesondere an Kunstseiden und Nylon.

Wie einem Bericht über die in Deutschland üblichen Verfahren, insbesondere zur Ausrüstung von Zeltplanen usf. zu entnehmen ist, werden neben der Behandlung mit Kunststoffen, wie *Igelit* (Polyvinylchlorid) oder Methacrylsäurepolymerisaten, auch die alten Methoden der Zweibadimprägnierung mit Seife und Aluminiumsalzen angewendet. Bei der letzteren Verfahrensweise geht man so vor, daß man vorerst mit Abkochungen von harter Seife mit Paraffin, Montanwachs und Ceresin behandelt, hierauf zwischentrocknet und nachher eine Imprägnierung mit Aluminiumacetat oder Formiat vornimmt. Manche Werke arbeiten auch mit einer Mischung von Bitumen und *Oppanol* (Polyisobutylen) in Benzollösung. Dabei wird dreimal durch eine Paddingmaschine genommen und schließlich mit Talkum bestreut, um ein Aneinanderkleben der Gewebelagen zu verhindern. Imprägnierungen von Textilien und Treibriemen werden auch mit *Appretan* vorgenommen, ferner durch Verätherung der Cellulose mittels *Velan*behandlung erzielt, bekanntlich einem Pyridiniumderivat mit höher molekularer Alkylseitenkette. Schließlich wären noch die Arbeitsweisen mit Wachsemulsionen, wie *Ramasit* usw. zu erwähnen,

---

[63] Vgl. u. a.: Croen: Cotton **107,** 63—66 (1943). — Lawries: J. Textile Inst. **35,** 549/52 (1942). — Hall: Text. Colorist **64,** 275 (1942). — Flint: Silk J. Rayon Wld. **13,** 808 (1939). — Rowen, Gagliardi: Amer. Dyestuff Reporter **36,** 533 (1947).

die meist nur wasserabstoßende, nicht wasserdichte Ausrüstungen bewirken. Zusätze von antiseptischen Mitteln, wie *Preventol, Amicron* usw. zur Imprägniermasse werden oft gegeben. Für Isolationsmaterial, aber auch Spezialzwecke, sind die Organosiliziumverbindungen, die gleichzeitig auch ein Flammsichermachen des behandelten Textilgutes gestatten, in der letzten Zeit wiederholt Gegenstand von Arbeitsvorschlägen[64]. Ihre Verwendung scheiterte vorerst an der großen Menge Säure, die bei der Hydrolyse der Chlorsilane auftritt und zu Faserschädigung führt. Nach letzten Nachrichten soll das Arbeiten in Ammoniakatmosphäre technisch einwandfreie Ergebnisse bei ungeschädigter Ware liefern.

a) Die Verwendung ätherifizierender und ähnlich wirkender Mittel.

Bei diesen Verfahren wird die Hydrophobierung hauptsächlich durch Verätherung der Cellulose an der Faseroberfläche durchgeführt. Eine Reihe wichtiger und allgemein angewendeter Arbeitsweisen, wie das Imprägnieren mit *Velan PF*[65] (Stearamidomethylpyridiniumchlorid, nach anderen Angaben Stearomethoxypyridiniumchlorid) bzw. *Zelan*[66] (Octadecylmethoxypyridiniumchlorid), sind auf dieser Grundlage aufgebaut. Nach Harms konnte man den Hexamethylendiäther des 1-(Hydroxymethyl)-pyridiniumchlorids in 1—10%iger Lösung mit etwas Na-acetat Zusatz verwenden. In Deutschland standen als Verätherungsmittel *Persistol KF* (Betain des Octadecylchlormethyläthers und des Diäthylglycinmethylesters)[67]:

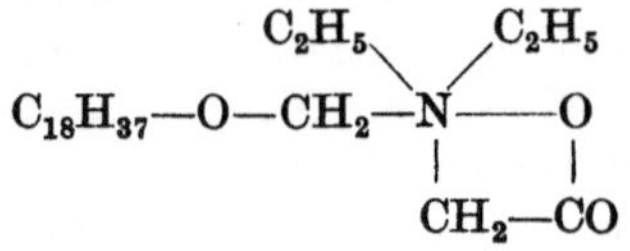

$$
\begin{array}{c}
\qquad\qquad\qquad C_2H_5\diagdown\ \diagup C_2H_5 \\
C_{18}H_{37}{-}O{-}CH_2{-}N{-\!\!-}O \\
\qquad\qquad\qquad |\qquad\quad | \\
\qquad\qquad\qquad CH_2{-}CO
\end{array}
$$

sowie *Persistol WS* (Methylolstearamid) in Verwendung. Später wurden die Äthylenharnstoffe der Form

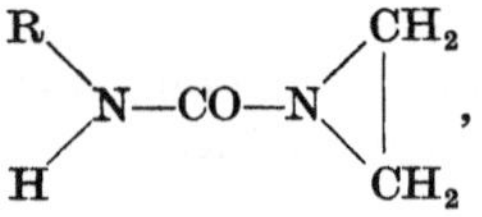

$$
\begin{array}{l}
R\diagdown\qquad\qquad\quad \diagup CH_2 \\
\quad N{-}CO{-}N\quad | \quad , \\
H\diagup\qquad\qquad\quad \diagdown CH_2
\end{array}
$$

aus Äthylenimin und Isocyanaten hergestellt, bekannt, welche mit den OH-Gruppen der Cellulose ebenfalls ätherartige Verbindungen, wie etwa

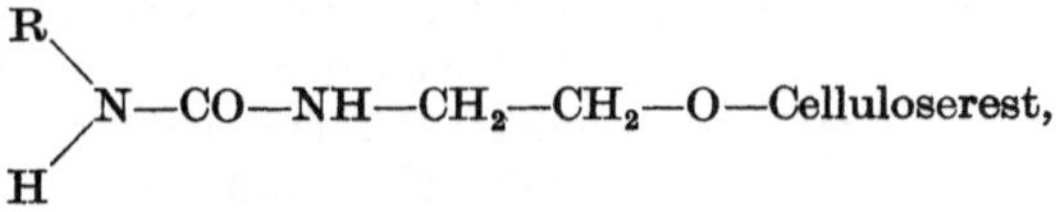

$$
\begin{array}{l}
R\diagdown \\
\quad N{-}CO{-}NH{-}CH_2{-}CH_2{-}O{-}\text{Celluloserest}, \\
H\diagup
\end{array}
$$

liefern[68]. Der Octadecyläthylenharnstoff

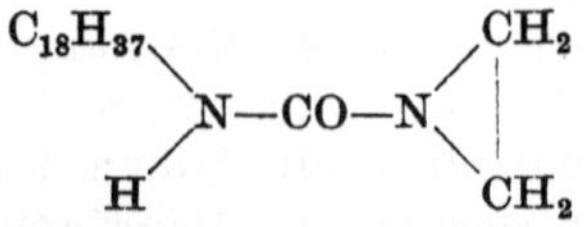

$$
\begin{array}{l}
C_{18}H_{37}\diagdown\qquad\qquad \diagup CH_2 \\
\qquad N{-}CO{-}N\quad | \\
H\diagup\qquad\qquad\quad \diagdown CH_2
\end{array}
$$

[64] Vgl. Marsh: Textile Science **1948**, 311. — Text. Manufacturer **73**, 182 (1947).

[65] EP 466871. — Vgl. a. Bonnet: Ind. textile **57**, 219, 254 (1940). — Davis: J. Soc. Dyers Colourists **63**, 260 (1948); vgl. a. Nitschke: Kunstseide, Zellwolle **23**, 122 (1941).

[66] AP 2216406. — Vgl. a. Weidenhammer, Furay: Amer. Dyestuff Reporter **29**, 203, 229 (1940); Burnand: Teintex **4**, 27, 97, 155 (1939).

[67] Pigree: Amer. Dyestuff Reporter **35**, 124 (1946).

[68] Vgl. z. B. SP 239383.

ist als *Persistol VS* im Handel gewesen. Schlechtere Resultate gibt der Hexamethylendiäthylenharnstoff, welcher eine leichte Anfärbung verursacht und außerdem beim Trocknen Migration zeigt. In Verbindung mit *Persistol VS* erhöht er jedoch die Hydrophobie. 4,4-Diäthylenharnstoffdiphenylmethan ist nur für Garne, nicht aber zur Behandlung von Geweben geeignet:

$$\begin{array}{c} CH_2 \qquad\qquad\qquad\qquad\qquad\qquad\qquad\qquad\qquad\qquad CH_2 \\ \Big| \; \rangle N{-}CO{-}NH{-}\langle\;\rangle{-}CH_2{-}\langle\;\rangle{-}NH{-}CO{-}N\langle \; \Big| \;. \\ CH_2 \qquad\qquad\qquad\qquad\qquad\qquad\qquad\qquad\qquad\qquad CH_2 \end{array}$$

Nach Mitteilungen von Marsh soll das hierher gehörende 2,4,6-Triäthylenimino-1,3,5-triazin als Hydrophobierungsmittel für Kunstseide, aber auch zum Schrumpffestmachen von Wolle von der IG in Vorschlag gebracht, jedoch großtechnisch nicht angewendet worden sein. Seine Formel ist

$$\begin{array}{ccccccc} CH_2 & & & N & & & CH_2 \\ | & \rangle N{-} & C & & C & {-}N\langle & | \\ CH_2 & & \| & & | & & CH_2 \\ & & N & & N & & \\ & & & C & & & \\ & & & | & & & \\ & & & N & & & \\ & & & CH_2{-}CH_2 & & & \end{array} .$$

Es war als *Ho 1/193* bekannt. Die Versuchspräparate der IG:

Ho 1/105

$$\begin{array}{c} CH_2 \qquad\qquad\qquad\qquad\qquad\qquad\qquad\qquad CH_2 \\ \Big| \; \rangle N{-}CO{-}NH{-}(CH_2)_6{-}NH{-}CO{-}N\langle \; \Big| \\ CH_2 \qquad\qquad\qquad\qquad\qquad\qquad\qquad\qquad CH_2 \end{array}$$

bzw. *Ho 1/107*

$$\begin{array}{l} CH_2 \\ \Big| \; \rangle N{-}CO{-}NH{-}\langle\;\rangle{-}CH_2{-}\langle\;\rangle \\ CH_2 \end{array}$$

wären hier ebenfalls zu erwähnen.

Für die gute Hydrophobie, die erzielt wird, sind die langkettigen Alkylradikale in den vorerst genannten Verbindungen verantwortlich. Auch der Stearylmethyläther des Dimethylolharnstoffs und Pyridiniumchlorid können zum Hydrophobieren verwendet werden, wobei gleichzeitig auch eine gute Knitterfestwirkung erzielt wird[69].

$$C_{18}H_{37}{-}O{-}CH_2{-}NH{-}CO{-}NH{-}CH_2{-}\underset{Cl}{N}\langle\;\rangle .$$

Hinsichtlich der Hydrophobierung von Wolle sei noch auf die Behandlung derselben mit einem Proteinabbauprodukt und nachheriger Nachbehandlung mit Aluminiumformiat hingewiesen. Ein derartiges Produkt für die Wollhydrophobierung ist z. B. als *Mystolen* bekannt.

[69] Hall: Text. Recorder **65**, 59 (1948).

Neuere Vorschläge betreffen Verbindungen der Form

$$\begin{array}{l} NH{-}COOR'^{70} \\ | \\ R \\ | \\ NH{-}COOR' \end{array} \qquad \begin{array}{l} C_{18}H_{37}{-}OCH_2{-}SC{=}NH\,.\,HCl^{71} \\ \qquad\qquad\quad | \\ \qquad\qquad\;\; NH_2 \end{array}$$

bzw.

$$\begin{array}{l} RCONH{-}CH_2{-}SC{=}NH^{72}. \\ \qquad\qquad\quad | \\ \qquad\qquad\;\; NH_2 \end{array}$$

Dabei ist zu sagen, daß eine ungerade Anzahl von CH_2-Gruppen am Fettsäureamidrest eine gute, eine gerade Anzahl eine schlechte Wirkung zeigt. Der langkettige Alkylrest soll an eine CO-Gruppe gebunden sein. In der NH_2-Gruppe ist er wirkungslos[73].

Patentschrifttum über die Verwendung ätherifizierender und ähnlich wirkender Mittel.

OeP 166457 Ciba 1950 — Mercaptane werden mit Methylolamiden, deren Amidstickstoff an einer Carboxylgruppe haftet, umgesetzt. Die erhaltenen Produkte, z. B. $C_{11}H_{23}CONH{-}CH_2{-}S{-}CH_2{-}COOH$, dienen zum Hydrophobieren.

OeP 162919 Ciba 1949 — Zum Hydrophobieren wird die Verbindung der Form:

$$\begin{array}{r} C_{17}H_{35}{-}CO{-}NH{-}CH_2{-}NH{-}CO{-}NH \\ | \\ CH_2, \\ | \\ C_{17}H_{35}{-}CO{-}NH{-}CH_2{-}NH{-}CO{-}NH \end{array}$$

welche mit Aldehyd und Salzsäure in das Chlormethylderivat verwandelt und dann mit Pyridin umgesetzt wird, vorgeschlagen. Man behandelt die Textilien mit 2%igen Lösungen in Anwesenheit von Na-acetat bei 60° C 10 Minuten, quetscht ab, trocknet bei 50° C und erhitzt kurz auf 140° C. (Ausgangsstoffe s. FP 858510.)

OeP 160234 IG 1941 — Man behandelt Cellulosefasern zum Hydrophobieren mit Verbindungen der Form:

$$R\,.\,OCH_2{-}\underset{\diagdown\;O\;\diagup}{CH{-}CH_2},$$

wobei R einen Kohlenstoffrest von 8 C-Atomen und mehr bedeutet. Alkylenpropenoxyde bzw. Stearylpropenoxyd usf. werden in Lösung in Pyridin u. a. auf das Gewebe aufgebracht und nach dem Abschleudern bei erhöhter Temperatur getrocknet. Falls man als Lösungsmittel Benzol verwendet, setzt man eine tertiäre Base zur Beschleunigung der Umsetzung des Oxykörpers mit der Cellulose zu.

OeP 159796 IG 1940 (Zusatz zu OeP 157696) — Man kann Textilien waschecht wasserfest machen, indem man sie nicht nur mit solchen Aminen oder Alkoholen imprägniert, die mindestens 18 miteinander verbundene C-Atome aufweisen, und hernach mit Fettsäurehalogeniden oder Isocyanaten mit mindestens

[70] EP 521116.

[71] EP 526718.

[72] EP 527012.

[73] Zerner, Pollak: Text. Res. J. 14, 242 (1944).

12 C-Atomen behandelt, sondern zu diesem Zwecke auch Amino-, OH- oder Iminogruppen-haltige Verbindungen auf der Faser mit höhermolekularen Fettsäurehalogeniden oder Isocyanaten umsetzt, daß die entstandenen Produkte mindestens insgesamt 30 C-Atome besitzen.

OeP 158387 IG 1940 — Man behandelt Textilien (Baumwolle oder Regeneratcellulose) mit Isocyanaten der Form R—X—N=C=O oder deren Halogenwasserstoffadditionsverbindungen, wodurch eine Hydrophobierung eintritt, die auch gegen heiße Seifenlösung beständig ist. Gleichzeitig wird die Farbstoffaffinität der Fasern erhöht. Angewendet werden 1,5—2,5% Lösungen in Tetrachlorkohlenstoff. Tierische Fasern werden mit demselben Effekt mit Dodecylphenylisocyanat behandelt. Man arbeitet bei 40—50° C und trocknet nach dem Schleudern bei 100—110° C.

OeP 158106 IG 1939 — Zur Hydrophobierung von Textilien werden Lösungen oder Emulsionen der Umsetzungsprodukte aus höhermolekularen Carbonsäureamiden mit mindestens 8 C-Atomen, Formaldehyd und schwefliger Säure sowie tert. Amine verwendet. Nach einer Vortrocknung unterhalb 70° C wird bei Temperaturen über 70° C erhitzt, um die Umsetzung mit der Faser zu bewerkstelligen.

OeP 157696 IG 1940 — Um Textilien waschecht wasserabstoßend zu machen, behandelt man sie mit Aminen oder Alkoholen, die mindestens 18 miteinander verbundene C-Atome besitzen, und läßt hernach äquimolekulare Mengen gesättigter Fettsäurehalogenide, Anhydride, aber auch Isocyanate oder Thioisocyanate einwirken. Man kann z. B. als Amine Octadecylamin, Oleylamin sowie die Einwirkungsprodukte von Formaldehyd auf solche Amine, Wachsalkohole (Distearylalkohol) und Kondensationsprodukte von Octadecylamin einerseits und Ketosulfonsäuren oder Aldehyden anderseits, Stearinsäurechlorid, Octadecylsenföl usw. verwenden. Je höher molekular die Verbindungen sind, desto fester sitzen sie auf der Faser. Die Behandlung kann in Form wäßriger Lösungen, Emulsionen oder in Lösung von Tetrachlorkohlenstoff erfolgen. Nach der Einwirkung wird einige Zeit auf etwa 90—100° C erhitzt. Neben Wolle kann auch Baumwolle oder Viskose behandelt werden.

OeP 156252 IG 1939 — Textilien werden zur Hydrophobierung mit wäßrigen Lösungen von 2 g Melamin, 5 g Stearylaminacetat und 50 ccm Formaldehyd 30%/Liter behandelt und nach Entwässern bei 100° C getrocknet. Der Effekt ist waschecht.

DP 759604 Hydrierwerke (nicht ausgegeben) — Quaternäre Ammoniumverbindungen, die durch Kondensation von α-Halogenalkyläthern höhermolekularer Fettalkohole mit mindestens 10 C-Atomen und tertiären Aminen, die wenigstens einen Alkylrest mit 10 C-Atomen enthalten, entstanden sind, werden vorgeschlagen (Octadecoxymethyl-dimethyl-octadecylammonchlorid).

DP 754534 Hydrierwerke (nicht ausgegeben) — Man behandelt mit Bädern, die Isocyanate, Isothiocyanate oder Carbodiimide mit einem Alkylrest von mindestens 8 C-Atomen und höhermolekulare aliphatische, cycloaliphatische oder aromatische Kohlenwasserstoffe (Pentatriakontylisocyanat + Paraffin) enthalten. Nach dem Trocknen wird auf 140° C erhitzt.

DP 752517 IG 1945 — Es wird mit Lösungen von aliphatischen Carbonsäureanhydriden oder -chloriden mit mehr als 4 C Atomen und maximal 8 C-Atomen in Gegenwart organischer Stickstoffbasen so behandelt, daß etwa 10% Carbonsäure gebunden wird.

DP 752516 IG 1945 — Das Wasserabstoßendmachen erfolgt durch Tränken mit Lösungen von Aminen oder Alkoholen mit mindestens 18 C-Atomen (Octadecylamin, Stearylalkohol) und weiterer Behandlung mit Isocyanaten mit mehr als 12 C (Stearylisocyanat) sowie Wärmenachbehandlung (s. Anmeldungen 57190/91).

DP 746570 Glanzstoff 1945 — Man tränkt Cellulosegewebe mit 1—5%iger Natronlauge und behandelt hernach mit der Lösung eines hochmolekularen Fettsäurechlorids in organischem Lösungsmittel. Das Gewebe ist dann hydrophob.

DP 742451 IG 1943 — Zum Hydrophobieren von Zellwolle wird dieselbe mit Fettsäuren usw. und geringen Mengen Äthyleniminen behandelt. Gleichzeitig tritt ein weicher Griff und gute Verspinnbarkeit auf.

DP 740405 Glanzstoff 1943 — Textilien werden in wäßriger Flotte mit einer 1—2%igen Pyridinlösung getränkt, geschleudert und dann kurze Zeit mit der Lösung eines hochmolekularen Fettsäurechlorids in einem organischen Lösungsmittel behandelt. Man erhält hydrophobe Textilien.

DP 734208 Flores 1943 — Man behandelt mit quaternären Ammoniumverbindungen aus Halogenmethyläthern höherer Fettalkohole und tertiären Basen.

DP 732981 IG 1943 — Zum Hydrophobieren bzw. Weichmachen werden Kondensationsprodukte aus aliphatischen Polyalkylaminen mit mindestens zwei basischen N-Atomen und mindestens einem Mol Harnstoff, die man weiters mit einem Mol Fettsäure kondensiert, empfohlen.

DP 731667 IG 1943 — Hydrophobe Textilien mit weichem Griff werden erhalten, wenn man die Ware mit Lösungen oder wäßrigen Dispersionen von Harnstoffderivaten der Form

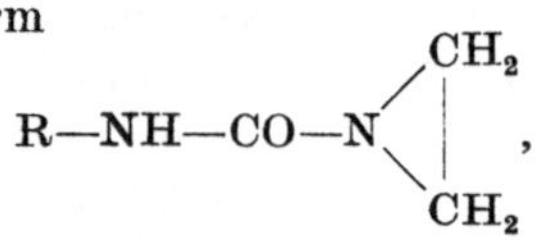

$$R\text{—}NH\text{—}CO\text{—}N\begin{matrix} /CH_2 \\ | \\ \backslash CH_2 \end{matrix} ,$$

worin R einen aliphatischen oder isocyclischen Rest mit mindestens 10 C-Atomen darstellt, tränkt, bei erhöhter Temperatur trocknet und einer Wärmebehandlung unterwirft; z. B.

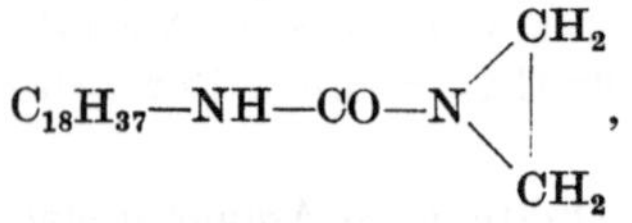

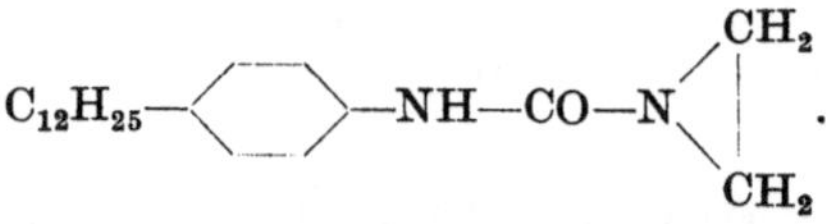

$$C_{18}H_{37}\text{—}NH\text{—}CO\text{—}N\begin{matrix} /CH_2 \\ | \\ \backslash CH_2 \end{matrix} , \qquad C_{12}H_{25}\text{—}\langle\bigcirc\rangle\text{—}NH\text{—}CO\text{—}N\begin{matrix} /CH_2 \\ | \\ \backslash CH_2 \end{matrix} .$$

DP 729892 IG 1943 — Setzt man Sulfonamide, die einen gegebenenfalls substituierten und/oder durch Heteroatome oder Heteroatomgruppen unterbrochenen Kohlenwasserstoffrest mit wenigstens 12 C-Atomen enthalten und ferner am Amidstickstoff wenigstens eine Monohalogenmethylgruppe aufweisen, mit tertiären Basen oder Thioharnstoff um, so erhält man kapillaraktive Verbindungen, die zum Hydrophobieren von Textilien geeignet sind.

DP 727404 IG 1942 — Betainartige Kondensate der Form:

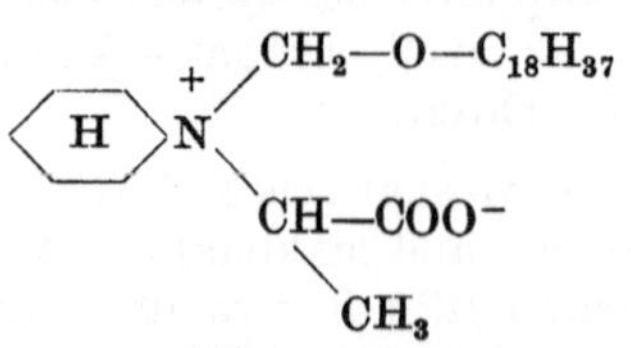

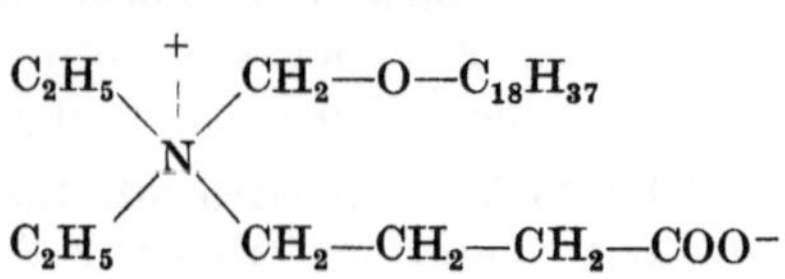

$$\langle H \rangle \overset{+}{N}\begin{matrix} /CH_2\text{—}O\text{—}C_{18}H_{37} \\ \\ \backslash CH\text{—}COO^- \\ \quad \backslash CH_3 \end{matrix} \qquad \begin{matrix} C_2H_5 \\ \\ C_2H_5 \end{matrix}\!\!\!\begin{matrix} \backslash \\ \overset{+}{N} \\ / \end{matrix}\!\!\!\begin{matrix} /CH_2\text{—}O\text{—}C_{18}H_{37} \\ \\ \backslash CH_2\text{—}CH_2\text{—}CH_2\text{—}COO^- \end{matrix}$$

können zum Wasserabstoßendmachen von Geweben verwendet werden.

DP 727400 IG 1942 — Textilien werden mit Lösungen von im Kern durch einen oder mehrere höhermolekulare aliphatische Reste substituierten Chlormethylphenolen in organischen Lösungsmitteln getränkt, getrocknet, dann kurz erhitzt und so hydrophobiert. Durch vorherige oder nachherige Behandlung mit Formaldehyd oder Harnstoff-formaldehydkondensaten kann gleichzeitig auch knitterecht gemacht werden.

DP 727319 Flores 1942 — Das Wasserabstoßendmachen von Textilien erfolgt durch Behandlung mit wäßrigen Lösungen von quartären Ammoniumverbindungen aus aliphatischen α-Halogenäthern mit wenigstens 10 C-Atomen und tertiären Aminen in Anwesenheit von Natriumbicarbonat oder Na-acetat. Als Verbindungen sind genannt: Cetoxymethylpyridiniumchlorid, Stearoxymethylpyridiniumchlorid.

DP 725795 Stühmer 1942 — Zum Hydrophobieren verwendet man wäßrige Lösungen von halogenierten Methyläthern höherer Fettalkohole und erhitzt auf 100° C.

DP 724720 Böhme 1942 — Es wird mit Dispersionen von Carbonsäureamiden höherer Fettsäuren in Gegenwart von Aldehyd behandelt.

DP 722481 Lommel, Münzel 1942 (s. a. AP 2304156/157) — Zum Wasserabstoßendmachen werden Phosphoniumverbindungen verwendet.

DP 721931 IG 1942 (Zusatz zu DP 681520) — Man stellt aus aliphatischen Isothiocyansäureestern durch Kondensation mit Alkyleniminen Produkte her, welche zur Hydrophobierung von Textilien geeignet sind.

DP 720511 Flores 1942 (s. a. DP 688119) — Zum Hydrophobieren behandelt man mit Lösungen von aromatischen, einen aliphatischen Rest von mehr als 10 C-Atomen aufweisenden Isocyanaten der Form

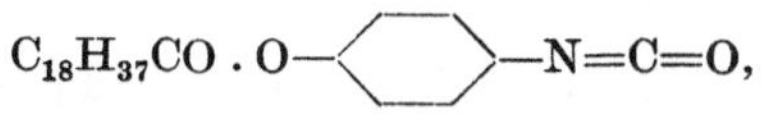

$$C_{18}H_{37}CO \cdot O-C_6H_4-N=C=O,$$

wobei man einige Minuten auf 100—140° C erhitzt.

DP 718566 IG 1942 — Das Hydrophobieren von Kunstseide und Zellwolle erfolgt in Anwesenheit von Pyridin mit Lösungen von Anhydriden oder Chloriden isocyclischer bzw. heterocyclischer Carbonsäuren derart, daß das Gut maximal 10% seines Gewichtes an Carbonsäure aufnimmt. Beispiele sind Naphtensäureanhydrid oder Benzoylchlorid.

DP 711408 IG 1941 — Zum Wasserabstoßendmachen von Geweben kann das Umsetzungsprodukt aus Abietinsäure und Alkylenimin Anwendung finden.

DP 711292 IG 1941 — Zum Wasserabweisendmachen behandelt man mit Lösungen von alkylsubstituierten Isatosäureanhydriden mit Alkylresten von 18 C-Atomen in organischen Lösungsmitteln, trocknet und erhitzt kurz auf höhere Temperatur.

DP 710965 IG 1941 — Man stellt halogenhaltige Sulfonamid-formaldehydkondensationsprodukte her. Z. B. werden Verbindungen der Form

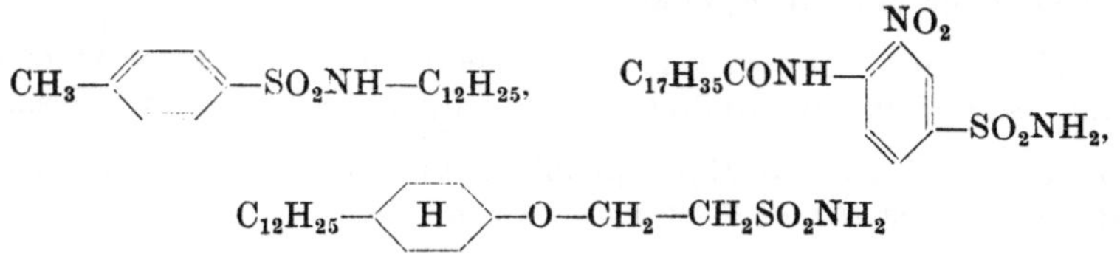

$$CH_3-C_6H_4-SO_2NH-C_{12}H_{25}, \quad C_{17}H_{35}CONH-C_6H_3(NO_2)-SO_2NH_2,$$

$$C_{12}H_{25}-\langle H \rangle-O-CH_2-CH_2SO_2NH_2$$

mit Formaldehyd und Chlorwasserstoff kondensiert. Man erhält Stoffe, die zum Hydrophobieren von Textilien geeignet sind, doch sind sie empfindlich gegen Alkali und Säuren.

DP 708678 Hydrierwerke 1941 (Zusatz zu DP 707025) — Zum Wasserdichtimprägnieren von Baumwolle, Wolle und Mischgeweben können Carbodiimide, welche aus Aminen durch Umsetzung mit Senfölen und Ammoniak zu Thioharnstoffen, die dann entschwefelt werden, entstehen, verwendet werden. Die Carbodiimide enthalten höchstens einen Arylrest, jedoch mindestens einen höher molekularen Alkylrest mit 10 und mehr C-Atomen. Für die Imprägnierung kommen 1%ige Lösungen in Benzol in Betracht. Es tritt eine chemische Bindung an die Faser ein.

DP 707025 Hydrierwerke 1941 (s. AP 2263730) — Alkylsubstituierte Amine werden mit CS_2 oder Arylsenföl umgesetzt und entschwefelt. Die entstehenden Diarylcarboimide sollen einen Alkylrest von mindestens 10 C-Atomen enthalten. Sie können zur Hydrophobierung von Textilien dienen. (Nachbehandlung bei 120° C.)

DP 703501 Flores 1941 — Man setzt die Kondensationsprodukte von höheren Fettsäureamiden und Formaldehyd mit tert. Basen um. Wäßrige Lösungen der erhaltenen Verbindungen werden zum Hydrophobieren angewandt.

DP 696365 Beck 1940 — Zum Hydrophobieren von Textilien können die Umsetzungsprodukte hochmolekularer Säureamide mit mehr als 10 C-Atomen mit Dialdehyden verwendet werden. Z. B. verwendet man das Kondensat aus Stearinsäureamid und Polyglyoxal.

DP 688119 Flores 1940 — Man hydrophobiert Waren durch Behandlung mit Lösungen höherer Alkyl- oder Naphtenisocyanate oder Fettsäureaziden mit mehr als 10 Kohlenstoffatomen unter Nacherhitzung.

DP 687907 Flores 1940 — Zum Hydrophobieren imprägniert man Textilien mit Chlorkohlensäureestern von Fettalkoholen mit mindestens 10 Kohlenstoffatomen und unterwirft einer Wärmenachbehandlung.

DP 686310 Flores 1939 — Zum Wasserabstoßendmachen von Wolle wird diese mit Lösungen höherer Alkylisocyanate oder Fettsäureazide behandelt.

DP 682256 ICI 1939 — Kochende Behandlung von Textilien mit Lösungen von Cetyloxymethylpyridinoxalat ergibt hydrophobe Waren.

DP 682253 Merkel, Kienlin 1939 — Wasserfeste Wolle wird erhalten, indem man mit Imprägnierungsbädern behandelt, welche Aldehyde, Essigsäureanhydrid oder Alkalihydroxyd in schwacher Lösung enthalten.

DP 681817 Flores 1939 — Zum Hydrophobieren behandelt man mit Carbonsäureanhydriden, die einerseits einen Acylrest einer Fett- oder Naphtensäure, anderseits einen niederen Monoalkylkohlensäureesterrest enthalten, und erhitzt.

DA 175440 Böhme — Man imprägniert mit Isocyanaten, die einen lipophilen Rest besitzen (Pentadecylisocyanat).

DA 174792/93 Böhme — Es wird mit Halogenalkyläthern solcher Alkohole oder Mercaptane behandelt, die mindestens einen lipophilen Rest aufweisen.

DA 80745 Färberei AG. — Hydrophobiert wird mit Isocyanaten, die einen Alkylrest mit mindestens 10 C-Atomen haben.

DA 80329 Hydrierwerke — Zum Hydrophobieren von Textilien werden quaternäre N-Verbindungen, die durch Anlagerung der Umsetzungsprodukte von höhermolekularen Carbon- oder Sulfonsäureamiden oder Carbaminsäureestern mit Oxoverbindungen an tertiäre Basen erhalten werden, verwendet. Z. B. wird Octadecylcarbaminsäureester mit Trioxymethylen umgesetzt und dann an Pyridin angelagert.

DA 79928 Stolte-Missy — Textilien werden mit Chlormethyläthern höherer Fettalkohole mit mehr als 10 C-Atomen unter Pyridinzusatz getränkt, getrocknet und erhitzt (Octadecylchlormethyläther).

DA 76532 Hydrierwerke — Man behandelt mit Mischungen von Iso- oder Isothiocyanaten und höhermolekularen organischen Verbindungen (Toluylen-2,4-diisocyanat + Cetylalkohol) unter nachheriger Warmbehandlung.

DA 75507 Hydrierwerke — Es wird mit Stearinsäure und Chloressigsäure acyliert.

DA 73202 IG — Es werden Verbindungen der Form

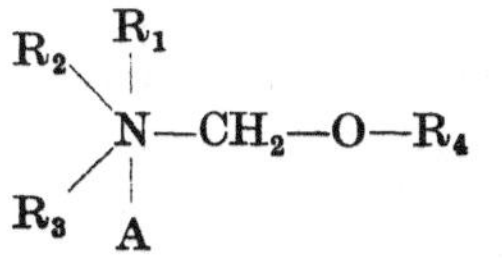

$$\begin{matrix} R_2 & R_1 & \\ & N\text{—}CH_2\text{—}O\text{—}R_4 & \\ R_3 & A & \end{matrix} \quad \text{bzw.} \quad \begin{matrix} R_2 & R_1 & & R_1 & R_2 \\ & N\text{—}CH_2\text{—}O\text{—}R_5\text{—}O\text{—}CH_2\text{—}N & & & \\ R_3 & A & & A & R_3 \end{matrix}$$

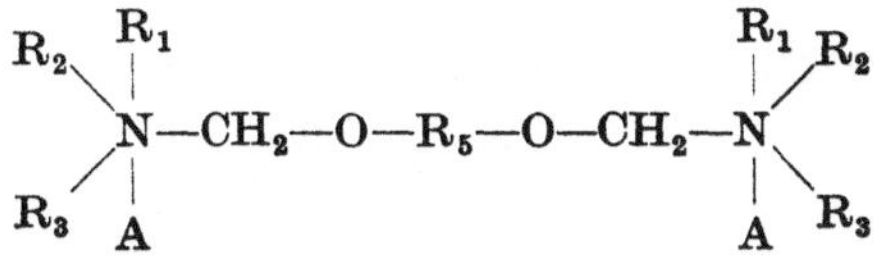

($N—R_1, R_2, R_3$ = tert. Amin, Pyridin, R_4, R_5 = Alkylen bzw. Alkyl; A = Anion) vorgeschlagen.

DA 69756/57 IG — Man behandelt mit Äthyleniminen der Form

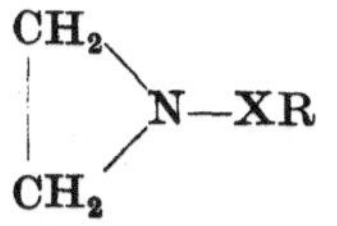

$$\begin{matrix} CH_2 & \\ | & N\text{—}XR \\ CH_2 & \end{matrix} \quad \text{oder} \quad \begin{matrix} CH_2 & & CH_2 \\ | & N\text{—}X\text{—}R'\text{—}X\text{—}N & | \\ CH_2 & & CH_2 \end{matrix}$$

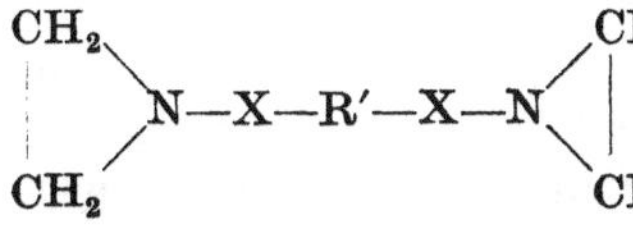

(R = Alkyl, Aryl; R′ = Arylen oder Alkylen; X = CO_1, SO_2, COO usw.).

DA 67447 IG — Verbindungen der Form

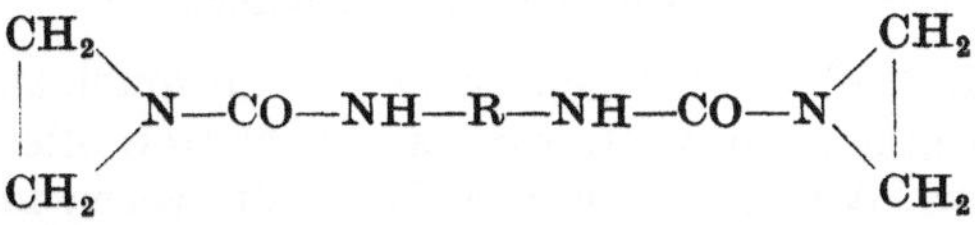

$$\begin{matrix} CH_2 & & CH_2 \\ | & N\text{—}CO\text{—}NH\text{—}R\text{—}NH\text{—}CO\text{—}N & | \\ CH_2 & & CH_2 \end{matrix}$$

werden empfohlen (Persistole).

DA 56136 Thüring. Zellwolle — Aliphatische, aromatische usw. Isocyanate sollen angewendet werden.

DA 55093 IG — Man hydrophobiert mit α-Halogenäthern in Pyridin (Octadecylchlormethyläther) (s. 79928).

DA 52802 IG — Waschfeste Hydrophobierungen liefert eine Behandlung mit Tributylphenoxypropenoxyd usw.

DA 38765 Glanzstoff — Es wird mit 1—3% NaOH in mit Wasser verd. org. Lösungsmittel getränkt und mit Fettsäurechlorid behandelt (zu DP 746570).

DA 36530 Glanzstoff — Lösungen von Naphtensäurechloriden in organischem Lösungsmittel werden verwendet.

DA 34295 Glanzstoff — Man imprägniert mit wäßrigen Emulsionen von Fettsäureanhydriden, Fettsäureamiden und aliph. Aldehyden und erhitzt. Die Emulsionen werden mit Laurylpyridiniumchlorid usw. hergestellt.

SP 269770 Montclair 1950 — Zum Hydrophobieren dienen Umsetzungsprodukte von Stearonitril, PCl_3 und Paraformaldehyd, die dann mit Pyridin in Reaktion gebracht werden. Nach dem Imprägnieren wird getrocknet und erhitzt.

SP 266875 ICI 1950 — Zur Imprägnierung werden Mischungen aus quaternären Ammoniumverbindungen und Wachsen, in organischen Flüssigkeiten gelöst, vorgeschlagen. 20 Teile Stearamidomethylpyridiniumchlorid und 10 Teile Ceresin in 3 Teilen „White spirit" gelöst werden verwendet.

SP 253634/39 Ciba 1948 (Zusätze zu SP 246667) — Zum Hydrophobieren werden Umsetzungsprodukte von Stearinsäure-N-methylolamid und Harnstoff, die erst chlormethyliert und dann mit Pyridin in Reaktion gebracht werden, vorgeschlagen.

SP 252133 Ciba 1948 — Zum Hydrophobieren von Textilien werden Verbindungen empfohlen, welche durch Umsetzung der Kondensate aus Stearinsäureanilid, Formaldehyd und gasförmigem Chlorwasserstoff mit Thioharnstoff gebildet werden. Die alkoholischen Lösungen derselben werden beim Verdünnen mit Wasser und Kochen zersetzt.

SP 248682 Gy. 1948 (zu SP 244021; s. a. SP 248681) — Zum Hydrophobieren kann

$$C_{17}H_{35}\text{—NH—CO—NH—}\underset{\underset{\text{NH}}{\|}}{\text{C}}\text{—NH—}\underset{\underset{\text{NH}}{\|}}{\text{C}}\text{—NH}_2$$

(Biguanidcarbonsäureheptadecylamid) Anwendung finden. Auch der Guanidindicarbonsäureamidoctadecylester der Form

$$C_{18}H_{37}\text{—O—CO—NH—}\underset{\underset{\text{NH}}{\|}}{\text{C}}\text{—NH—CO—NH}_2$$

wird genannt. Die Produkte werden mit Ameisensäure und Formalin aufgekocht und in wäßrigen Lösungen verwendet.

SP 248208 Ciba 1948 — Glykolsäure gibt mit N,N'-(Chlormethyl-N,N')-distearoylmethylendiamin in Gegenwart von Lösungsmitteln ein Produkt, das Gewebe hydrophobieren kann. Der Effekt ist waschecht.

SP 246253 Zimmerli 1947 — Halogenalkyläther hochmolekularer Alkohole ergeben bei der Umsetzung mit Dicyandiamid Mittel, die zum waschechten Hydrophobieren bzw. Weichmachen von Textilien verwendet werden können (Cetylchlormethyläther).

SP 242783 Ciba 1946 (zu SP 237621) — Stearinsäureamid wird mit Formaldehyd zum N-Methylolamid umgesetzt und Glykolsäure einwirken gelassen. Das Mittel kann zum Hydrophobieren angewendet werden.

SP 241819 Ciba 1946 (Zusatz zu SP 237621) — Stearinsäureamid wird mit Formaldehyd und glykolsaurem Natrium umgesetzt. Textilien werden mit dem erhaltenen Produkt hydrophob.

SP 239383 IG 1946 — Die Umsetzungsprodukte aus aromatischen Mono-, Di- und Polyisocyansäureestern mit Alkyleniminen der allgemeinen Form:

$$R\left(\text{NH—CO—N}\begin{array}{l}\diagup CH_2\\ \quad\ |\\ \diagdown CH_2\end{array}\right)_n$$

(n = 1—4, R = aromatischer Rest) sind zum Wasserabstoßendmachen von Geweben geeignet.

SP 238787 Ciba 1945 (zu SP 220744; s. a. SP 238786) — Stearinhydroxamsäure wird mit dem Additionsprodukt von Pyridin und p-Chlormethylbenzoylchlorid umgesetzt. Der erhaltene Stoff kann zum Hydrophobieren von Fasern dienen.

SP 236921 ICI 1945 (Zusatz zu SP 220496; s. a. SP 236920, 236919, 236918) — Triäthylamin wird mit Reaktionsprodukten von Methylolcetylcarbamat bzw. Octadecylcarbamat und Dichlordimethyläther umgesetzt.

SP 236160, SP 236159 Sandoz 1945 (Zusatz zu SP 223775) — Polyalkylenpolyaminharnstoffe, die man durch Umsetzung von z. B. Diäthylentriamin und Harnstoff erhält, werden mit Formaldehyd kondensiert.

SP 232023 IG 1944 (Zusatz zu SP 219929) — Man setzt Methyltaurin mit Ölsäureamid zu einem Hydrophobierungsmittel um.

SP 226398 IG 1943 (Zusatz zu SP 224641; s. a. SP 239383) — Man setzt die Verbindung der Form

$$(CH_2)_2N—CO—NH—C_6H_4—NH—CO—N(CH_2)_2$$

zum Hydrophobieren von Geweben ein. Ähnliche Verbindungen siehe SP 221818, SP 221817, SP 221816, SP 221815, alles Zusätze zu SP 219651.

SP 226397 (wie oben) — Man setzt Adipinsäure-N,N'-dichloramid mit Äthylenimin zu Hydrophobierungsmitteln um.

SP 224869 ICI 1943 (Zusatz zu SP 215937) — Die Verbindung

$$C_{16}H_{33}—O—CO—N(—CH_2—NC_5H_5Cl)—C_6H_4—N(—CH_2—NC_5H_5Cl)—CO—O—C_{16}H_{33}$$

ist ein Hydrophobierungsmittel für Gewebe. Ähnliche Produkte beschreiben die SP 224868, 224867, 224866, 224865, 224864, 224863, 224862, 224861.

SP 224844, 224843, 224842, 224841, 224840, 224839, 224838, 224837, 224836, 224835 ICI 1943 (alles Zusätze zu SP 215937) — Quaternäre Ammoniumsalze der Form

$$C_{16}H_{33}—O—CO—N(—CH_2—N(C_2H_5)_3Cl)—C_6H_4—N(—CH_2—N(C_2H_5)_3Cl)—CO—O—C_{16}H_{33}$$

sind als Hydrophobierungsmittel verwendbar.

SP 223216, 223215, 223214 ICI 1942 (zu SP 220496) — Durch Umsetzung von Chlormethylverbindungen, die durch Reaktion von Cetylcarbamat und Dichlordimethyläther entstehen, mit Triäthylamin, ergeben sich Produkte zum Wasserabstoßendmachen von Textilien.

SP 222456 Gy. 1942 (Zusatz zu SP 219652; s. SP 222455) — Durch Kondensation von Stearinsäure-(4-oxy-5-chlorbenzyl)-amid mit Formaldehyd und Pyridin wird ein zur Hydrophobierung von Textilien geeignetes Produkt erhalten.

SP 221315 IG 1942 — Zum Wasserfestmachen von Textilien wird das Produkt der Form

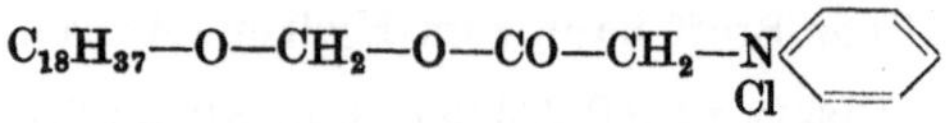

$$C_{18}H_{37}{-}O{-}CH_2{-}O{-}CO{-}CH_2{-}\underset{Cl}{N}\langle C_5H_5\rangle$$

verwendet.

SP 220496 ICI 1942 — Octadecylcarbamat wird mit Formaldehyd und HCl umgesetzt und auf Trimethylamin einwirken gelassen.

SP 219929 IG 1942 — Kondensationsprodukte aus Äthylenimin, beispielsweise der Form

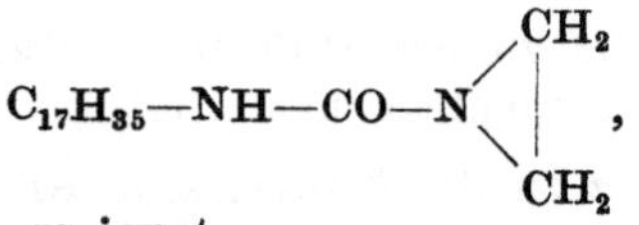

$$C_{17}H_{35}{-}NH{-}CO{-}N\begin{smallmatrix}CH_2\\|\\CH_2\end{smallmatrix},$$

sind zum Hydrophobieren geeignet.

SP 219857 Ciba 1942 (Zusatz zu SP 216940; s. a. SP 219858) — Man läßt N,N'-Distearoylbenzidin auf α,α'-Dichlordimethyläther einwirken und setzt mit Pyridin um. Das Produkt gibt auf Textilien einen weichen Griff und macht sie hydrophob.

SP 219652 Gy. 1942 — Man benützt das Umsetzungsprodukt von

$$ClH_2C{-}C_6H_2(OH)(COOH){-}CH_2{-}O{-}C_{18}H_{37}$$

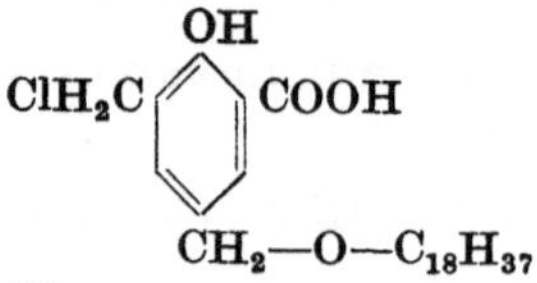

und Pyridin zum Hydrophobieren.

SP 218270 Ciba 1942 (Zusatz zu SP 216164) — Weichen Griff und Hydrophobie erzielt man auf Textilien durch Behandlung mit Produkten, welche man durch Einwirkung von Thiosulfat auf das Umsetzungsprodukt von chloressigsaurem Natrium und dem Chlormethylderivat des Stearinsäureamids (aus Stearinsäureamid und α,α'-Dichlordimethyläther) erhält.

SP 218055 (s. S. 448).

SP 217389 ICI 1942 (Zusatz zu SP 214902) — Die Verbindung

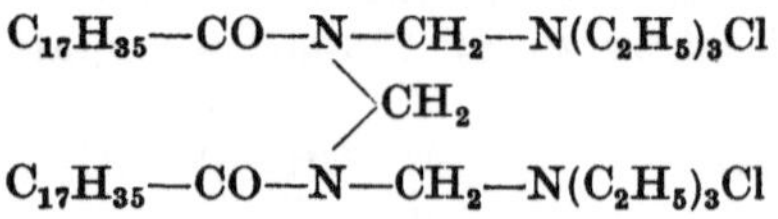

$$\begin{matrix}C_{17}H_{35}{-}CO{-}N{-}CH_2{-}N(C_2H_5)_3Cl\\ \rangle CH_2\\ C_{17}H_{35}{-}CO{-}N{-}CH_2{-}N(C_2H_5)_3Cl\end{matrix}$$

macht Textilien hydrophob.

SP 216942 Ciba 1942 — Man setzt Tranfettsäureamid mit α,α'-Dichlordimethyläther um und bringt in Reaktion mit Hexamethylolamin.

SP 213378 Ciba 1941 (Zusatz zu SP 206173) — Man setzt Stearinsäure-N-methylamid mit α,α'-Dichlormethyläther um und bringt Pyridin zur Einwirkung. Man erhält ein Produkt zum Hydrophobieren von Textilien.

SP 212401 Ciba 1941 — Ein Gemisch von organischen Abkömmlingen der Thioschwefelsäure, welches erhalten wird, wenn man Thiosulfat auf das Umsetzungsprodukt des Chlormethyläthers von Heptadecyl- oder Octadecylalkohol mit Chloressigsäure einwirken läßt, kann zum Wasserabstoßendmachen von Textilien verwendet werden.

SP 211657 Ciba 1941 — Das Kondensat aus Stearinsäureamid und Dichlordimethyläther wird mit Thioharnstoff umgesetzt. Es entsteht ein Produkt zum Weich- und Hydrophobmachen von Textilien.

SP 211655 Ciba 1941 — Stearinsäuremethylolamid wird mit Thioharnstoff kondensiert. Es entsteht ein als Weichmachungs- und Hydrophobierungsmittel anwendbares Produkt.

SP 211101 Higgins 1940 (s. a. OeP 157691 und AP 2229923) — Um zugeschnittene Textilien wasserdicht zu machen, löst man getrocknetes Eiweiß in Wasser in einer Konzentration von 20%, setzt 5%ige NaCl-Lösung zu, bis das Eiweiß nur mehr in einer Konzentration von 1% vorhanden ist. Hierauf puffert man mittels Natriumacetat und Essigsäure auf pH 4,5 und setzt etwas Salicylsäure als Schutz gegen Fäulnis zu. Man imprägniert die Gewebe, preßt ab und dämpft bei 120° C. Nachher wäscht man mit 5%iger Seifenlösung, mit welcher man 5 Minuten aufgekocht hat, spült mit Wasser und trocknet.

SP 210977 Ciba 1940 (Zusatz zu SP 209637) — Stearinsäureamid wird mit Dimethylverbindungen kondensiert.

SP 207722 ICI 1940 — Das Stearylureidomethylpyridiniumchlorid kann in wäßriger Lösung zum Hydrophobieren von Geweben dienen:

$$C_{17}H_{35}\text{—CO—NH—CO—NH—}CH_2\text{—N}(Cl)C_5H_5.$$

SP 207720 ICI 1940 — Die Verbindung

$$C_{18}H_{37}\text{—OCONH—}CH_2\text{—N}(Cl)C_5H_5$$

macht Textilien hydrophob.

SP 206917 ICI 1939 (Zusatz zu 203138) — Octadecyloxymethylpyridinpyridinsulfit und Oxalsäure ergeben ein quaternäres Salz, das zum Hydrophobieren verwendet werden kann.

SP 204820 Sandoz 1939 — Man behandelt Faserstoffe mit einem Präparat, welches eine in Wasser schwer- oder unlösliche Verbindung, die mit der Faser reagieren kann, und ein Emulgiermittel, welches inert ist, enthält. Höhere Fettsäureanhydride werden mit neutralen Emulgatoren in Wasser dispergiert, das Gewebe imprägniert und heiß kalandert. Der Wasserabstoßeffekt ist seifen- und benzinecht.

SP 204123, SP 204122, SP 204121 ICI 1939 (Zusatz zu SP 200663) — Hydrophobierungsmittel werden erhalten durch Umsetzen von Stearohydroxymethylamid, Pyridiniumnitrat und Pyridin.

SP 203947 Ciba 1939 — Zum waschechten Weich- und Wasserabstoßendmachen werden die Umsetzungsprodukte von N-Oxymethylstearinsäureamid, Pyridin und Phtalsäureanhydrid empfohlen.

SP 203138 ICI 1939 — Zum Wasserabstoßendmachen von Textilien kann das Umsetzungsprodukt aus

R—CONa

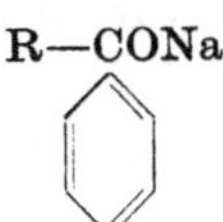

und Oxalsäure verwendet werden.

SP 202 853 IG 1939 — Das Einwirkungsprodukt von Äthylenoxyd auf die Verbindung der Form

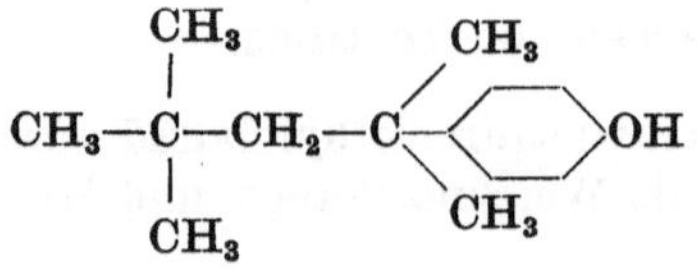

$$CH_3-C(CH_3)_2-CH_2-C(CH_3)_2-C_6H_4-OH$$

führt zu wasserlöslichen Stoffen, die als Hydrophobierungsmittel wertvoll sind.

SP 200916 ICI 1939 (Zusatz zu SP 198706) — Man setzt Octadecylalkohol, Pyridiniumsalz, Formaldehyd und SO_2 um und erhält Verbindungen der Form

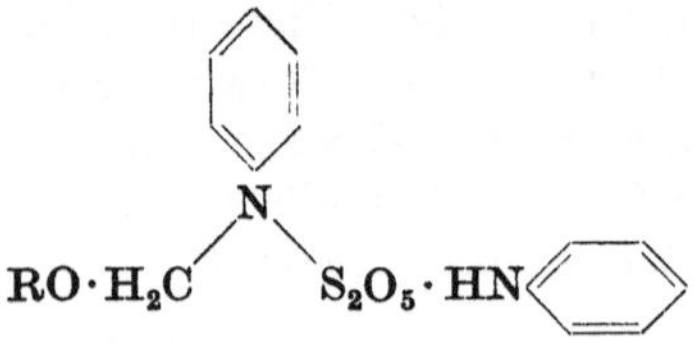

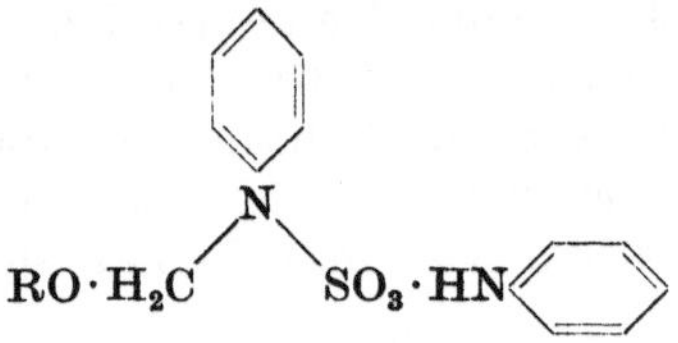

$$RO\cdot H_2C-N(C_5H_5)-S_2O_5\cdot HN(C_5H_5) \qquad RO\cdot H_2C-N(C_5H_5)-SO_3\cdot HN(C_5H_5)$$

die als Hydrophobierungsmittel brauchbar sind.

SP 200665 IG 1939 — Verbindungen der Form

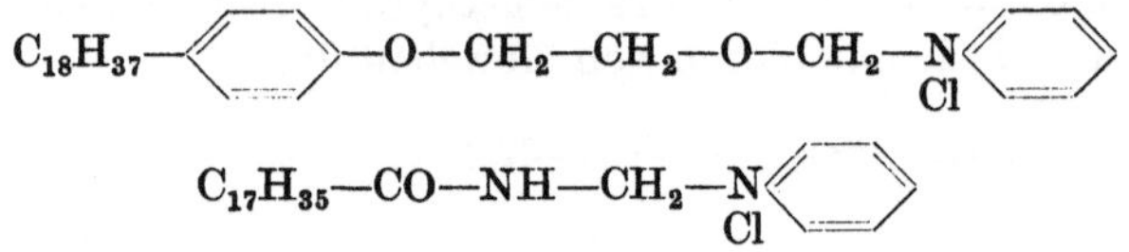

$$C_{18}H_{37}-C_6H_4-O-CH_2-CH_2-O-CH_2-N(Cl)C_5H_5$$

$$C_{17}H_{35}-CO-NH-CH_2-N(Cl)C_5H_5$$

sind Hydrophobierungsmittel für Textilien.

SP 200523 ICI 1939 (Zusatz zu SP 196969) — Man behandelt Textilien mit Formaldehyd, Methylheptadecylcarbamat und HCl. Es werden hydrophobe Gewebe erhalten, wobei die Verbindungen, die die Hydrophobie verursachen, niedrigschmelzende, wachsartige Körper der Form

$$CH_3-O-CO-N(CH_2Cl)(C_{17}H_{35})$$

sind.

FP 941668 1948 — Man hydrophobiert Textilien mit wäßrigen Dispersionen von N,N'-Diacyldiaminomethan, wobei als Acylgruppen solche mit 12—18 C-Atomen in Frage kommen. Gleichzeitig wird noch Dimethylolharnstoff bei pH 9—10 verwendet und über 100^0 C hernach erhitzt.

FP 925561 Ciba 1947 — Zum Hydrophobieren von Textilien werden Additionsverbindungen von Pyridin mit Chlormethylderivaten der Form

$$\begin{array}{l} C_{17}H_{35}-CONH-CH_2-NH-CONH \\ \qquad\qquad\qquad\qquad\qquad\quad | \\ \qquad\qquad\qquad\qquad\qquad\; CH_2 \\ \qquad\qquad\qquad\qquad\qquad\quad | \\ C_{17}H_{35}-CONH-CH_2-NH-CONH \end{array}$$

empfohlen.

FP 925496 Gen. An. 1947 — Zum Hydrophobieren von Textilien werden (bei 25^0 C) feste Methylolamide der Formel

$$R-CO-N(R')-CH_2OH$$

(R = Alkyl mit 7 C und mehr, R′ = Alkyl oder Alkylen mit weiterer Methylolamingruppe) vorgeschlagen, welche sich leicht in heißem Wasser dispergieren lassen. Als Dispergiermittel kann Ultrawet A (Alkylbenzolsulfonat) verwendet werden.

FP 920954 Gy. 1947 — Als Hydrophobierungsmittel werden Stearylguanylharnstoff und ähnliche Verbindungen empfohlen.

FP 898594 IG 1944 — Zur Erzielung beständiger Hydrophobierungseffekte behandelt man die Gewebe mit bekannten Mitteln in Anwesenheit von Verbindungen, bei welchen Umsetzungsprodukte von Säureamiden und Formaldehyd mit Pyridin an der Säureamidgruppe durch symmetrische zweiwertige Kohlenwasserstoffreste verknüpft sind, trocknet und härtet.

FP 880707 Refining 1943 — Gewebeüberzüge aus alkoholischen Zeinlösungen und plastifizierenden Mitteln, welche sechswertige Alkohole, wie Mannit, Dulcit usw., zu lösen vermögen, werden beschrieben, wobei letztgenannte Stoffe die Sprödigkeit der Überzüge herabsetzen.

FP 872353 1943 — Die Herstellung wasserfester Waren mittels Stoffen nach FP 866321 bzw. FP 849146 in Gegenwart von Natriumacetat, bei nachherigem Abquetschen und kurzem Erhitzen auf 145° C, wird beschrieben.

FP 867508 DuPont 1941 — Zum Imprägnieren von Geweben finden aus Lösungen fein gefällte Superpolyamide in Dispersion Verwendung, wobei deren Dispersionen in Kolloidmühlen hergestellt werden.

FP 865869 IG 1941 — Zum Wasserabstoßend- und gleichzeitig Weichmachen von Textilien werden dieselben mit Stoffen der Form

$$R{-}NH{-}CO{-}N\begin{matrix} \diagup CH_2 \\ | \\ \diagdown CH_2 \end{matrix}$$

(Äthylenharnstoffderivaten) imprägniert. Die erzielten Effekte sind waschecht.

FP 852552 IG 1940 — Wasserabstoßende Textilien werden durch Behandlung mit 1%igen Lösungen von Betainen der Form

$$C_{18}H_{37}{-}O{-}CH_2{-}\overset{+}{N}(CH_3)_2{-}CH_2{-}COO^-$$

erhalten. Eine Erhitzung auf 140° C ist nötig.

FP 852372 IG 1942 — Das in Wasser lösliche α-(Octadecylpalmitinsäureamido)-N-äthylpyridiniumchlorid dient (mit Na-acetat) zum Hydrophobieren.

FP 851904 IG 1940 — Hydrophobiert wird mit aliphatischen Säurechloriden, Anhydriden oder Isocyanaten mit 4—10 Kohlenstoffatomen in Gegenwart von Pyridin, Chinolin oder anderen tertiären Aminen.

FP 850327 Sandoz 1939 — Man hydrophobiert Cellulosematerialien durch Behandlung mit Emulsionen höherer Säureanhydride oder Chloride, quetscht ab, trocknet und erhitzt zur Veresterung kurz auf höhere Temperatur.

FP 847824 IG 1939 — Man setzt Amide oder Harnstoff mit Formaldehyd und aliphatischen oder aromatischen Dicarbonsäuren und Pyridin um. Die erhaltenen Produkte können zum Hydrophobieren dienen.

FP 842580 Tootal 1939 (s. AP 2200944) — Nach der Behandlung mit Stearoxymethylpyridiniumchlorid zur hydrophoben Ausrüstung wird mit alkalischen, quellend wirkenden Mitteln (NaOH) behandelt und so die Festigkeit und die Tragechtheit erhöht.

FP 836069 ICI 1939 (s. AP 2243682) — Man hydrophobiert mit Alkoxypyridiniumchloriden.

EP 615838 ICI 1949 — Zur Erzielung von Hydrophobierungs- und Schrumpffesteffekten auf Textilien werden Umsetzungsprodukte aus aliphatischen oder heterocyclischen Aminen, Thioharnstoff oder seinen Derivaten mit Halogenmethylverbindungen der Form $R(O—CO—NR'—CH_2—X)_n$ (R = aliphatischer Rest, R' = H oder organischer Rest, X = Halogen, $n > 1$) empfohlen. Z. B. verwendet man das Reaktionsprodukt von Tristearin-11,11',11''-trioltricarbamat mit Dichlordimethyläther.

EP 613850 Montclear 1948 — Verwendet werden wäßrige Dispersionen der Umsetzungsprodukte aus Nitrilen mit 9 C-Atomen, Phosphortrichloride und Formaldehyd einerseits mit einem tert. Amin anderseits (Stearinsäurenitril, als tert. Amin Pyridin).

EP 612915 ICI 1948 (s. EP 517474, 517631, 517632) — Es werden wäßrige Dispersionen von Mischungen aus thermisch spaltbaren Ammoniumsalzen, wie Stearamidomethylpyridiniumchlorid mit Wachsen und Alkoholen empfohlen.

EP 611682 ICI 1948 — Waschbeständige Weich- und Hydrophobierungseffekte werden erhalten, wenn man Textilien mit quaternären Ammoniumverbindungen aus tertiären aliphatischen oder heterocyclischen Aminen und dem Kondensationsprodukt aus Nitrilen aliphatischer Säuren mit mehr als 7 C-Atomen, Formaldehyd und einem Säurechlorid einer zweibasischen Säure in wäßrigen Lösungen bzw. Dispersionen imprägniert, abquetscht, bei 50° C trocknet und kurz auf 150° C erhitzt.

EP 611013 Ciba 1948 (s. EP 611012) — Zum Hydrophobieren geeignete Ester von Aminotriazin-formaldehydkondensaten werden erhalten, indem hoch ätherifizierte Aminotriazin-formaldehydkondensate mit mehr als $^1/_5$ Mol einer organischen Säure (Laurin-, Stearin-, Naphtensäure usw.) umgesetzt werden (s. a. AP 2229265, EP 562089, EP 543360).

EP 605599 DuPont 1948 — Das Wasserabstoßendmachen von Textilien erfolgt mit quaternären Verbindungen, die einen langkettigen Acylamidorest enthalten (Stearamidomethylpyridiniumchlorid).

EP 603065 ICI 1948 — Textilien werden mit wäßrigen Lösungen oder Suspensionen höherer quaternärer Ammoniumsalze, welche eine thermische Zersetzung erfahren, imprägniert und erhitzt. Der Imprägnierlösung werden etwa 5% an Alkoholen oder Phenolen mit mehr als 6 C-Atomen im Molekül zugegeben, die die Viskosität der Behandlungslösungen herabsetzen (z. B. behandelt man mit Stearamidomethylpyridin unter Zusatz von Äthylhexanol).

EP 602976 ICI 1948 — Das Hydrophobieren von Textilien erfolgt mittels einer Mischung von Methylenbisamiden einer aliphatischen Carbonsäure mit mehr als 10 C-Atomen, die frei von wasserlöslichen Gruppen sind, und einem Dispergator (10—40% der vorigen), welcher sich beim Trocknen unter Bildung eines wasserabstoßendmachenden Reaktionsproduktes mit den Amiden zersetzt (Pyridin). Man verwendet z. B. Methylendistearamid und das Umsetzungsprodukt aus Hexamethylentetramin und Stearinsäurechlorid und Pyridin.

EP 600706 Ciba 1948 (s. a. EP 600707) — Zum Hydrophobieren von Geweben können Kondensationsprodukte von Stearinsäuremethylolamid und β-Oxyäthannatrium (Amidine) verwendet werden. Nach der Imprägnierung der Textilien wird abgequetscht, getrocknet und erhitzt.

EP 600184 Cyanamid 1948 — Das Hydrophobieren von Textilien erfolgt durch Imprägnieren mit alkylierten Methylolmelaminen.

EP 599847 Cyanamid 1948 — Das Wasserabstoßendmachen von Cellulose erfolgt mit quaternären Salzen von Melamin-formaldehydkondensaten. Man erhitzt das Vorkondensat aus Melamin und Formaldehyd mit einem Salz einer tert. Stickstoffbase.

EP 596154/53 ICI 1947 — Das Kondensationsprodukt von Stearamid mit Hexamethoxymethylmelamin wird mit Formaldehyd und Pyridin in HCl-Medium umgesetzt zu einem als Weichmachungsmittel für Textilien, aber auch zum Wasserabstoßendmachen derselben verwendbaren Stoff.

EP 589649 Cravenette 1947 — Cellulose- oder Proteinfasern werden hydrophobiert durch Behandlung mit einer wäßrigen Lösung von Verbindungen der Form

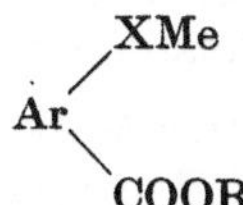

(wobei Ar... Benzol oder Naphtalinkern, R... gesättigte aliphatische Kette von mehr als 7 C-Atomen, X... COO— oder SO_2O—, Me... Alkali bedeuten und die beiden Gruppen in para-Stellung im Kern stehen). Nach der Behandlung muß kurze Zeit gehärtet werden.

EP 587572 Cyanamid 1947 — Methyliertes Tetramethylolmelamin kann mit Laurylalkohol umgesetzt und dann mit Pyridin und Formaldehyd kondensiert werden. Man erhält Produkte, die Textilien nach Imprägnierung und Härtung wasserabstoßend machen.

EP 586997 Cyanamid 1947 — Wasserabstoßende Textilien erhält man durch Imprägnierung mit Pyridinderivaten des Monostearylesters eines Dimethylharnstoffes. Allgemein finden Verbindungen der Form

$$\mathrm{R{-}CO{-}CH_2{-}NH{-}CO{-}NH{-}CH_2{-}}\underbrace{\mathrm{N(tert.)}}_{\text{tert. Base, auch Pyridinring}} \quad \mathrm{Y} = \text{Anion einer Säure}$$

Anwendung.

EP 586429 Cyanamid 1947 — Guanamin-formaldehydkondensate, gemischt mit Formaldehydkondensationsprodukten von methylierten Methylolmelaminen, werden zum Hydrophobieren von Textilien vorgeschlagen. Der Effekt ist waschecht.

EP 583031 ICI 1946 — Zum Hydrophobieren von Textilien werden Umsetzungsprodukte aus Glykolsäure, Aceton und Methylolstearamid verwendet. Man kann das Methylolamid auch mit Milchsäure umsetzen. Gebildet wird die Verbindung $C_{17}H_{35}$—CO—NH—CH_3—O—CH_2—CH_2—COOH.

EP 581517 DuPont 1946 — In derselben Weise wie Velan wird zum Hydrophobieren von Textilien eine Lösung von Behensäureamid in Pyridin angewendet; vgl. EP 581518.

EP 579944 Celanese 1946 — Acetatseidengewebe werden vor der Imprägnierung mit oxydativen Mitteln behandelt.

EP 577433 ICI 1946 — Um Nylon wasserabstoßend zu machen, werden Nylongewebe mit Wachs oder hitzebeständigen quaternären Ammoniumverbindungen behandelt. Bei der Behandlung mit Wachsemulsionen wird der Effekt durch Nachkalandern bei 160—180° C verbessert. Als quaternäres Salz kann z. B. auch Velan PF angewendet werden. Man löst bzw. verteilt 80 Teile Velan PF in 65 Teilen Methylalkohol, setzt 25 Teile Natriumacetat krist. zu und füllt mit Wasser auf 1000 Teile auf. Imprägniert wird bei 40° C mit einer Pressung von 50%, dann wird getrocknet, 3 Minuten auf 150° C erhitzt, hernach gewaschen mit einer Lösung von 0,1% Seife und Soda bei 60—70° C, mit heißem Wasser gespült und getrocknet. Man kann auch mit Wachsemulsionen behandeln.

EP 553681 Gy. 1943 — Zum Hydrophobieren dienen Verbindungen der Form 2-Chlormethoxy-4-octadecoxymethylanisol u. a.

EP 538608 DuPont 1941 — Zum Wasserabstoßendmachen werden wasserlösliche Fettsäureamidderivate mit Formaldehyd und aliphatischen polytertiären Aminen umgesetzt und die Textilmaterialien mit den erhaltenen Reaktionsprodukten behandelt. Z. B. verwendet man das Produkt aus Stearinsäureamid, Formaldehyd und Tetramethyläthylendiamin.

EP 537297 DuPont 1942 — Langkettige Methylolamide der allgemeinen Formel $R—CO—NH—CH_2—OH$ werden zur Hydrophobierung von Textilien verwendet, z. B.: $C_{17}H_{35}CO—NH—CH_2—O—CO—CH_2$.

EP 536619 DuPont 1941 — Zum Weichmachen und Hydrophobieren werden Verbindungen der Form $R—CO—NH—CH_2—OH$ (R ist ein Rest mit 8—20 C-Atomen) in Chlormethylderivate übergeführt und mit aliphatischen oder heterocyclischen Aminen umgesetzt. Hernach werden die erhaltenen Reaktionsprodukte quaterniert.

EP 527012 Ciba 1941 (vgl. EP 526738 Ciba 1941) — Das Hydrophobieren mit S-haltigen Iminoverbindungen wird beschrieben (vgl. AP 2338178 S. 510).

EP 524737 Ciba 1941 — Methylolamid wird in Pyridin gelöst und mit Benzoesäuresulfochlorid behandelt. Die Gewebe werden mit einer heißen Lösung dieser Verbindung $C_{17}H_{35}CONH_2—CH_2OCOC_6H_4SO_3H$ in leicht angesäuertem Bade behandelt und nachher getrocknet und kurz erhitzt. Es ergeben sich hydrophobe Waren.

EP 522204 Hydrierwerke 1940 — Hydrophobierte Textilien erhält man durch Behandlung mit Lösungen von Ketonen mit mehr als 6 C-Atomen und Wärmenachbehandlung. Z. B. wird mit einer 20%igen Lösung von Cetylketen in Benzin behandelt, getrocknet und auf 110° C nacherhitzt.

EP 521116 Hydrierwerke 1940 — Di-carbimide oder Di-isocyanate reagieren mit Fettalkoholen unter Bildung von Urethanen, welche zum Wasserabstoßendmachen von Textilien verwendet werden können:

$$R(NCO)_2 + R'OH \longrightarrow \begin{array}{c} NH—COOR' \\ | \\ R \\ | \\ NH—COOR' \end{array} .$$

EP 517632 ICI 1940 — Als Hydrophobierungsmittel werden quaternäre Ammoniumsalze von Carbamaten (Stearylcarbamat: $NH_2—COOC_{17}H_{35}$) verwendet.

EP 517631 ICI 1940 — Paraphenylendiamin wird mit Stearylchloroformiat umgesetzt, welches mit Paraformaldehyd und HCl in das Chlormethylderivat übergeführt wird, welches seinerseits ein Dipyridiniumsalz gibt:

$$NH{-}COOC_{18}H_{37}{-}C_6H_4{-}NH{-}COOC_{18}H_{37} \longrightarrow C_5H_5N(Cl){-}CH_2{-}N(COOC_{18}H_{37}){-}C_6H_4{-}N(COOC_{18}H_{37}){-}CH_2{-}N(Cl)C_5H_5$$

EP 517474 ICI 1940 — Das aus Stearamid und Formaldehyd gebildete Methylenstearamid wird mit Paraformaldehyd und HCl behandelt. Es entsteht:

$$(C_{17}H_{35}CONH)_2CH_2 + HCHO + HCl \longrightarrow (C_{17}H_{35}CONCH_2Cl)_2CH_2 \longrightarrow (C_{17}H_{35}{-}CON{-}CH_2{-}N(Cl)C_5H_5)_2CH_2 .$$

Mit dieser Substanz werden vegetabilische Fasern, aber auch Wolle behandelt. Sie können auch beim Knitterfest-Ausrüsten verwendet werden, gemeinsam mit den dort benützten Stoffen.

EP 515908 Hydrierwerke 1939 — Ein Hydrophobierungseffekt wird erhalten durch Behandlung und Mischungen von hochmolekularen und niedrigmolekularen Säureamiden. Z. B. verwendet man 2%ige Lösungen von gleichen Teilen techn. Montansäureamid und Chloressigsäureamid in Benzol, quetscht ab, trocknet und erhitzt 1 Stunde bei 110—120° C.

EP 511144 IG 1939 — Hydrophobiert wird mit Carboalkoxyderivaten.

EP 509334 IG 1939 (s. DP 681520 und Zusatz).

EP 508701 Courtaulds 1939 — Textilien aus Celluloseacetat werden wasserabstoßend gemacht, indem man die trockenen Gewebe, welche etwas Fett enthalten (0,1%), mit trockenem Chlorgas unter Beimischung von Luft behandelt, hernach wird auf dem Gewebe ein unlösliches fettsaures Salz gebildet. Während bei natürlichen Fasern zur Ausführung des Verfahrens der darin enthaltene Fettgehalt genügt, werden künstliche Fasern mit Natriumoleatlösung behandelt. Die Einwirkung des Chlors erfolgt bei 60° C etwa 60 Minuten. Die Bildung von unlöslichen Fettsalzen erfolgt durch Spülen mit hartem Wasser, wobei Calciumsalze der Fettsäure im Gewebe entstehen.

EP 507628 IG 1939 — Man behandelt Gewebe, um sie wasserabstoßend zu machen, mit Octadecyloxymethylisothioharnstoffhydrochlorid oder Stearylamidomethyl-isothioharnstoffhydrochlorid. Die Verbindungen werden mit Hilfe von Polyglykoläthern des Oleinalkohols in Wasser dispergiert und das Textilgut bei 50° C 30 Minuten behandelt. Dann wird bei 50° C getrocknet und 1 Stunde auf 110—120° C erhitzt.

EP 506783 Tootal 1939 — Man behandelt zum Hydrophobieren zuerst mit Velan PF und dann mit Alkali.

EP 504854 Glanzstoff 1939 — Herstellung von Paraffinsulfonaten und Verwendung derselben beim Hydrophobieren.

EP 501480 Flores 1939 — Durch Umsetzung von Fettsäurechloriden oder Chlorcarbonsäureestern mit mindestens 10 C-Atomen im Molekül mit Hexamethylentetramin entstehen Produkte, die bei weiterer Reaktion mit Pyridin und anderen tertiären Basen zu Stoffen führen, die Textilien wasserabstoßend machen.

EP 498402 IG 1939 — Zum Wasserdichtmachen von Textilien werden wäßrige Lösungen von quaternären Pyridiniumverbindungen, wie β-(Br-pyridinium)-propionsäureoctadecylester oder Dodecyldisulfon (in Dioxan gelöst) oder Maleinsäure-di-octadecylester (in Benzol gelöst) verwendet. Nach der Imprägnierung wird abgequetscht und 1 Stunde bei 150° C fixiert.

AP 2510522 Montclair 1950 — Zum Wasserabstoßendmachen wird eine Verbindung empfohlen, die entsteht durch Erhitzen eines tertiären Amins, HCl (PCl_5 usw.) und dem Kondensationsprodukt von einem Fettsäureamid mit mindestens 9 C-Atomen sowie einer N-Verbindung mit Alkoxygruppen (N-Alkoxymethylharnstoff- oder N-Alkoxymethylmelaminderivat).

AP 2510007 Sun Chem. Co. 1950 — Zum Wasserabstoßendmachen von Textilien werden Umsetzungsprodukte aus Fettsäureamiden, Fettsäuren und Nitrilen, alle mit 12—30 C-Atomen, verwendet, deren Säurezahl unter 16,1 liegt und die chlormethyliert und dann mit einem tertiären Amin reagieren gelassen wurden.

AP 2489473 Sun Chem. Co. 1949 — Man behandelt Cellulosematerial zum Hydrophobieren desselben mit den Erhitzungsprodukten aus Fettsäureamiden (Nitrilen) und Fettsäuren von 12—30 C-Atomen, und zwar wurden die Produkte nach Chlormethylierung noch mit tertiären Aminen umgesetzt. Nach dem Imprägnieren muß auf 100—180° C erhitzt werden.

AP 2463986 Quaker 1949 — Man hydrophobiert Textilien mit Derivaten der Parabansäure der Form

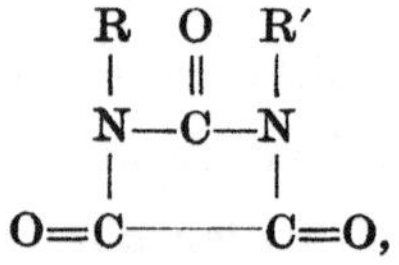

```
R   O   R'
|   ||  |
N———C———N
|       |
O=C———————C=O,
```

wobei R einen aliphatischen Rest mit mehr als 6 C-Atomen und R′ Wasserstoff, einen aliphatischen oder anderen Rest mit einer löslichmachenden Gruppe, wie SO_3H, OH usw., bedeuten.

AP 2460777 Gaylor 1949 — Man behandelt mit Lauroylperoxyd und erhitzt.

AP 2448247 Cravenette 1948 — Es wird mit wäßrigen Lösungen von z. B. Alkalisalzen der 1-Stearyloxy-4-naphtalinsulfosäure behandelt; vgl. EP 589649, S. 503.

AP 2448125 Ciba 1948 — Kondensate aus Stearinsäure-N-methylolamid und Methylamin können zum Hydrophobieren angewendet werden; vgl. AP 2433015.

AP 2445319 Hyalsol 1948 — Zum Hydrophobieren von Textilien verwendet man Pyridin-N,N′-bis-(octadecyloxycarboxyl)-N-(chlormethyl)-methylendiamin unter nachträglichem Erhitzen auf höhere Temperatur.

AP 2433449 Ciba 1947 — Zur Erzeugung hydrophober Textilien werden Produkte der Form:

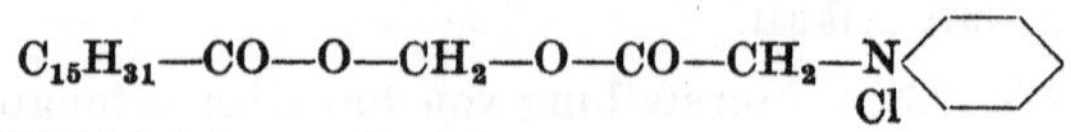

$$C_{15}H_{31}—CO—O—CH_2—O—CO—CH_2—N\langle\text{(Pyridinring)}\rangle\ Cl$$

empfohlen. Der Effekt ist waschecht.

AP 2426790 DuPont 1947 (s. EP 581517/18) — Behensäureamid kann in die Verbindung

$$C_{21}H_{43}CO—NH—CH_2Cl$$

übergeführt werden. Dies geschieht durch Einwirkung von Formaldehyd und HCl. Unter Beachtung eines steten Überschusses von Formaldehyd (da sonst durch Reaktion von zwei Molen Behensäureamid mit einem Mol Formaldehyd wasserunlösliche Verbindungen entstehen) kann die gebildete Chlormethylenverbindung von wachsartigem Charakter zum Wasserabstoßendmachen angewendet werden. Sie reagiert mit Pyridin und anderen tertiären Basen unter Bildung von velanähnlichen Produkten.

AP 2426293 Gen. An. 1947 — Zum Hydrophobieren dienen Verbindungen der Form $R—X—CH_2—O—CO—R_1$, die mit tertiären Basen umgesetzt werden. Hierbei bedeutet R einen höhermolekularen Rest, X ein Sauerstoff- oder Stickstoffatom und R_1 einen niedrigen Alkylrest.

AP 2419399 DuPont 1947 (s. a. AP 2369776, 2146392, 2131362, 2291519) — Zum Hydrophobieren von Textilien wird Stearamidomethylpyridiniumchlorid in einem flüssigen Alkohol dispergiert als Paste empfohlen. Diese Paste ist außerordentlich leicht in Wasser zu verteilen (2—6%ige wäßrige Dispersionen); vgl. AP 2361270, 2356161, 2343920, 2278417, 2268395.

AP 2415320 Courtaulds 1947 (s. AP 2340577, 2318464, 2211861) — Man imprägniert Textilien mit Kunstharzbildnern, trocknet in unregelmäßiger Art, kondensiert und färbt. Man erhält Farbeffekte neben Hydrophobierung.

AP 2415017 Montclear 1947 — Zum Hydrophobieren von Textilien werden Produkte verwendet, welche durch Reaktion von tertiären Aminen (Pyridin) mit den Kondensationsprodukten von Formaldehyd und Tetrachlorsilizium, sowie einem 12—30 C-Atome aufweisenden Fettsäureamid entstehen (Stearinsäureamid).

AP 2413024 Sun Chem. Co. 1946 — Textilien, wie Baumwollgewebe oder Wollgewebe, werden durch Behandlung mit Verbindungen der Form

$$\begin{matrix} C_{17}H_{35} \searrow & \\ & C{=}N\cdot C_{12}H_{25} \\ C_{17}H_{35} \nearrow & \end{matrix}$$

wasserabstoßend gemacht. Man kann 2%ige warme alkoholische Lösungen oder wäßrige Emulsionen des Wirkstoffs verwenden. Nach dem Trocknen erhitzt man 5 Minuten auf 150° C. Der Effekt ist beständig gegen Trockenreinigung und Wäsche.

AP 2411860 Heberlein 1946 — Textilien behandelt man mit höhermolekularen Ketenen in organischen Lösungsmitteln; nachher wird das Lösungsmittel entfernt und auf 110° C kurz erhitzt.

AP 2404896 Monsanto 1945 (s. S. 532).

AP 2402776 Solvents 1946 — Man imprägniert Textilien zum Zwecke des Wasserdichtmachens mit Nitroestern der Form

$$R—CH_2—\underset{R_1\ \ NO_2}{\overset{}{C}}—CH_2—O—\underset{O}{C}—R_2,$$

wobei R eine aliphatische Acyloxygruppe, R_1 Acyloxymethyl, R_2 Alkyl mit

11—17 C-Atomen bedeuten und das Gewebe nach dem Vortrocknen bei 150° C fixiert wird. Man verwendet 10—25%ige Emulsionen oder Lösungen.

AP 2401440 Thomas 1946 — Als Hydrophobierungsmittel werden Alkylchlorkohlensäureester in Vorschlag gebracht.

AP 2398272 Aelony 1946 — Textilien werden mit N-Alkylmonophtalamidlösungen behandelt, abgequetscht, getrocknet und auf 125—150° C erhitzt, wodurch Hydrophobierung eintritt.

AP 2397451 Cyanamid 1946 — Verbindungen wie

$$C_8H_{17}—O—CH_2—NH—CO—NH—CH_2—O—C_4H_9$$

oder

$$C_{18}H_{37}—O—CH_2—NH—CO—NH—CH_2—\overset{}{\underset{Cl}{N}}\langle\bigcirc\rangle$$

werden zum Hydrophobieren empfohlen.

AP 2394537 Dreyfus 1946 — Hydrophobe Cellulosematerialien werden erhalten, wenn man mit Lösungen von Carbylaminen in organischen Lösungsmitteln behandelt und auf 110° C erhitzt (z. B. mit 20%igen Lösungen von Octadecylcarbylamin).

AP 2386631 Warwick Chem. 1945 — Wasserdichte Textilien erhält man durch Behandlung mit Emulsionen, die das Reaktionsprodukt von Montanwachs und $POCl_3$ sowie einem langkettigen aliphatischen Nitril und Ameisensäure enthalten.

AP 2386140/43 ICI 1945 — Zum Wasserabstoßendmachen werden die Umsetzungsprodukte von aliphatischen oder heterocyclischen tertiären Aminen mit Verbindungen der Form

$$\begin{array}{c} R—CO—N—CH_2—X \\ | \\ A \\ | \\ R—CO—N—CH_2—X \end{array},$$

wobei X ein Halogen, R einen aliphatischen Rest mit mehr als 7 C-Atomen und A einen zweiwertigen Rest, wie

$$—CH_2— \quad \text{oder} \quad —\langle\bigcirc\rangle—$$

usw. bedeuten, vorgeschlagen. Man imprägniert und trocknet bei 90—200° C.

AP 2382185 Gen. An. 1945 — Umsetzungsprodukte von Alkyleniminen mit Carbonsäuren oder deren Derivaten sind als Hydrophobierungsmittel geeignet.

AP 2381852 Monsanto 1945 — Textilien werden hydrophobiert durch Behandlung mit Monoalkylenbernsteinsäureverbindungen, wobei der Alkylenrest 5—16 C-Atome besitzt. Hernach kann noch mit Kupfersalzen nachbehandelt werden.

AP 2380133 Heberlein 1945 — N-Stearyl-N'-methylpyridiniumhydrazide dienen zum Hydrophobieren.

AP 2379026 Celanese 1945 — Cellulose wird wasserfester, wenn man sie mit Verbindungen der Form $CH_3(CH_2)_n \cdot COOH$ ($n > 4$) und dem Anhydrid einer gesättigten Säure mit mehr als 5 C-Atomen behandelt.

AP 2372386 Moncrieff, Bates 1945 — Die hydrophobierende Veresterung von Cellulosematerialien wird mit den Anhydriden von Polycarbonsäuren und einer langkettigen Säure durchgeführt (Adipinsäureanhydrid und Stearinsäure). Man erhitzt in Flüssigkeiten auf 100—150° C.

AP 2370405 Heberlein 1945 — Textilien werden mit Isocyanaten, die einen aliphatischen Rest mit mindestens 10 C-Atomen ununterbrochener Kette, jedoch auch Heteroytomen im Rest sowie einen aliphatisch-aromatischen Rest enthalten, behandelt und hernach erhitzt.

AP 2370031 Ciba 1945 — Behandelt wird mit der Verbindung der Form

$$R{-}\overset{R_1}{\underset{R_2}{C}}{-}XCH_2{-}Y$$

(R, R′ organische Reste; X Sauerstoff, Schwefel, COONH; Y eine quaternäre NH_4-Gruppe). Die Textilien werden dann auf 100° C erhitzt.

AP 2369919 Sauer 1945 (s. AP 2268169) — Als Hydrophobierungsmittel werden Acylalkylketene [Dodecanoyldecylketen, $C_{12}H_{25}CO(C_{10}H_{21})C{=}C{=}O$] verwendet.

AP 2362886 Coffman, Sauer 1944 — Äthylen-di-(N-octadecyl-N-chlorpyridinium-methyl)-sulfonamid kann als Hydrophobierungsmittel dienen.

AP 2361270 DuPont 1944 (s. S. 507).

AP 2361185 DuPont 1942 — Octyläther des Methylolstearinsäureamids geben auf Textilien einen Hydrophobierungseffekt.

AP 2361093 Ciba 1944 — Zum Hydrophobieren werden Verbindungen wie

$C_{17}H_{35}$—CO—N—C_6H_4—C_6H_4—N—CO—$C_{17}H_{35}$
(an jedem N: —X—NCl—Pyridinring)

oder

CH_3CO—N—C_6H_4—N—CO—$C_{17}H_{35}$
(am ersten N: —X—S—C(=NH)—NH_2; am zweiten N: —X—S—C(=NH)—NH_2)

(X = Methylenbrücken) in Vorschlag gebracht.

AP 2358871 DuPont 1944 — Textilien werden hydrophobiert mit vorgebildeten Estern einer einbasischen Säure mit mehr als 8 C-Atomen und eines N-Methylolamids, wobei nach der Behandlung erhitzt wird.

AP 2358273 Monsanto 1944 — Hydrophobiert wird mit Verbindungen der Form $R'{-}NH{-}SO_2RSO_2NHR'$, wobei R ein aromatischer Rest und R′ eine lange aliphatische Kette von 8—18 C-Atomen ist.

AP 2340757 Heberlein 1944 — Zum Hydrophobieren von Textilien können Isocyanate der Form

R—O—PhenylN=C=O oder R—S—CH_2—N=C=O

Anwendung finden. R ist ein Alkylrest mit mindestens 10 C-Atomen.

AP 2338178 Ciba 1944 — Verbindungen der Form:

```
     O
    //
R—C          NH
   \        //
    N—CH₂—S—C·HCl
    |        \
    |         NH₂
   CH₂                      oder
    |         NH
    |        //
    N—CH₂—S—C·HCl
   /         \
R—C           NH₂
   \\
     O
```

```
            O
           //
C₁₇H₃₅—C          NH
         \        //
          N—CH₂—S—C·HCl
          |        \
         C₆H₅       NH₂
```

können zum Wasserabstoßendmachen verwendet werden (s. a. AP 2338179).

AP 2338177 Ciba 1944 — Als Mittel zum Hydrophobieren von Textilien oder zum Verbessern der Wasser- und Waschechtheit von Direktfärbungen werden Verbindungen der Form

```
           O                            O
          //                           //
C₁₇H₃₅—C                    C₁₇H₃₅—C—N—X—Cl
         \                              \
          N—X—N(C₅H₅)       oder         CH₂        usw.
          |     Cl                       /
         CH₃                C₁₇H₃₅—C—N—X—Cl
                                   \\
                                    O
```

(X = α,α'-Dichlormethyläther) empfohlen.

AP 2335582 DuPont 1943 — Zum Wasserabstoßendmachen von Textilien werden Co-Polymerisate aus Vinyl- oder Vinylidenverbindungen und Isocyanaten oder Isothiocyanaten angegeben. Z. B. wird Baumwollgewebe mit einer 4%igen benzolischen Lösung eines 5%-Methacrylisothiocyanat-95%-Styrolcopolymeren behandelt, dann luftgetrocknet und schließlich 5 Minuten auf 150° C erhitzt.

AP 2331276 DuPont 1943 — N-Methylchloride höherer Fettsäureamide, z. B. $C_{17}H_{35}CONHCl$, werden mit Thiocyanaten umgesetzt und dann mit tertiären Basen kondensiert. Es entstehen Stoffe, die sich zum Hydrophobieren eignen.

AP 2327162 ICI 1943 — Zum Wasserabstoßendmachen von Textilien wird die Verbindung 3-Octadecyl-2,5-diketo-oxazolidin

```
            CH₂—CO
            |      \
            |       O
            |      /
C₁₈H₃₇—N——CO
```

angewendet.

AP 2327160 Bacon 1943 — Zur Hydrophobierung werden Alkyl-quaternäre Verbindungen verwendet, bei welchen die Alkylgruppen mit dem N-Atom durch O- oder S-Atome verbunden sind.

AP 2324354 Gy. 1943 — Hydrophobe Effekte werden mittels Verbindungen der Form

```
               NH   NH
               ||   ||
C₁₇H₃₅CONH—C—N—C—N(CH₃)₂—CH₂—CH₂—OH
                 |    |
                CH₃  CH₃SO₄
```

erhalten.

AP 2323938 Sauer 1943 — α-Stearyl-N-(5-hydroxydecyl)-stearamid wird mit Formaldehyd und Pyridin zu quaternären Verbindungen umgesetzt. Man teigt mit Äthanol und Natriumacetat an und arbeitet bei pH 5.

AP 2317499 Hercules 1943 — Textilien werden hydrophobiert durch Behandlung mit dem Fettsäureester eines Celluloseäthyläthers, gelöst in einem flüchtigen Lösungsmittel, sowie Fettsäuren mit mehr als 12 C-Atomen, wobei nach Entfernung des Lösungsmittels erhitzt wird.

AP 2315135 Ellis, Foster 1943 — Zum Wasserabstoßendmachen von Textilien werden die Reaktionsprodukte von Fettsäurechloriden und Fettsäurenitrilen mit Formaldehyd in Anwesenheit von Zinkchlorid und tertiären Aminen umgesetzt. Man erhält Verbindungen, welche in 4%iger Lösung von 20 Teilen Alkohol und 74 Teilen Wasser sowie 2 Teilen Natriumacetat zur Imprägnierung bei 50° C angewendet werden. Hernach wird bei 80° C getrocknet und kurz (15 Minuten) auf 145° C erhitzt.

AP 2314968 Gen. An. 1943 — Textilien werden wasserabstoßend gemacht mit Verbindungen der Form

$$R{-}NH{-}CO{-}N\begin{array}{l} \diagup CH_2 \\ \quad | \\ \diagdown CH_2 \end{array} .$$

indem sie mit Lösungen dieser Stoffe behandelt werden, die man durch Erhitzen auf der Faser polymerisiert.

AP 2313742 DuPont 1943 — Man hydrophobiert Textilien durch Behandlung mit Amidomethyloläther der Form $R{-}CO{-}\underset{R'}{N}{-}CH_2{-}OR''$, wo R ein organisches Radikal mit mehr als 7 C-Atomen, welches frei von löslichmachenden Gruppen ist, R' ein organisches Radikal ohne löslichmachende Gruppe und R'' einen Rest, der frei ist von quaternären N-Atomen bedeuten und letzterer durch ein aliphatisches C-Atom an den Sauerstoff gebunden ist. Hierauf wird auf 90—200° C erhitzt (angegeben z. B. $C_{17}H_{35}{-}CONH{-}CH_2{-}O{-}\underset{\displaystyle CH_3}{\underset{|}{CH}}{-}COOH$).

AP 2310873 DuPont 1943 — Zum Wasserabstoßendmachen kann Hexan-bis-N-octadecylamidomethylpyridiniumchlorid in 5%iger Dispersion unter Zusatz von Äthanol und Na-acetat bei pH 5 verwendet werden; vgl. AP 2306185, 2212654, 2146392.

AP 2304157 DuPont 1942 — Hydrophobiert wird mit Verbindungen der Form

$$R{-}\underset{\displaystyle R'}{\underset{|}{N}}{-}CH_2{-}PO(OH)_2, \quad \text{z. B.} \quad R{-}\underset{\displaystyle CH_3}{\underset{|}{N}}{-}CH_2{-}PO(OH)_2$$

(R' = Alkyl, R = organischer Rest). Nach der Behandlung wird auf 90—200° C erhitzt.

AP 2303364 Heberlein 1942 — Zum Hydrophobieren werden Polyisocyanate verwendet (Pentamethylendiisocyanat, p-Phenylendiisocyanat). Kann für alle Fasern angewendet werden.

AP 2303363 Heberlein 1942 — Das Hydrophobieren von Textilien erfolgt durch Behandlung mit aliphatischen, aliphatisch-aromatischen oder Naphtenisocyanaten, die einen aliphatischen Rest von mehr als 10 C-Atomen enthalten.

Die behandelte Ware wird dann erhitzt. Als Wirkstoffe sind z. B. genannt: $C_{19}H_{39}NCO$, $C_{17}H_{35}COOC_6H_4NCO$, $C_{27}H_{45}O—CO(CH_2)_4NCO$.

AP 2303191 ICI 1942 (s. AP 2131362 1938) — Zum Hydrophobieren von Geweben werden Verbindungen wie

$$\underset{\displaystyle C_4H_9}{CH_3OCON}CH_2Cl \quad \text{oder} \quad C_{17}H_{35}CO—\underset{\displaystyle CH_3}{N}—CH_2Br \text{ usw.}$$

vorgeschlagen.

AP 2302885 Gen. An. 1942 — Fettsäureamide, Formaldehyd und HCl werden zu Halogenmethylverbindungen umgesetzt und diese mit Thioharnstoff reagieren gelassen. Es entstehen Hydrophobierungsmittel.

AP 2301676 Gen. An. 1942 — Textilien werden mit der Lösung eines quaternären Salzes der Form

$$R—X—CH_2—O—CO—R_2—\underset{\displaystyle Cl}{N}{\equiv}Z \quad \text{oder} \quad R_1—X_1—CH_2—O—CO—R_2—\underset{\displaystyle Cl}{N}{\equiv}Z$$

behandelt. Hierbei bedeuten R: Rest mit mindestens 11 C-Atomen; R_1, R_2: Alkylreste; R_3: Hydroxyalkylreste;

$$Z:\ CON\begin{matrix}R_2\\H\end{matrix},\ OCON\begin{matrix}R_3\\H\end{matrix};\qquad X_1:\ CON\begin{matrix}R\\H\end{matrix},\ OCON\begin{matrix}R\\H\end{matrix};$$

$$X:\ —\underset{\displaystyle Alkyl}{N}\begin{matrix}CH_2—CH_2\\ \vert \\ CH_2—CH_2\end{matrix},\quad —N\begin{matrix}CH_2—CH_2\\ \\ CH_2—CH_2\end{matrix}CH_2,\quad —N\begin{matrix}CH_2—CH_2\\ \\ CH_2—CH_2\end{matrix}O.$$

AP 2301352 Heberlein 1942 — Hexamethylentetramin und Stearinsäurechlorid ergeben quaternäre Verbindungen, die Textilien wasserabstoßend machen.

AP 2297731 Heberlein 1942 — Wasserabstoßende Textilien werden erhalten, indem man mit wäßrigen Lösungen von Carbaminsäurechloriden der Form R—CO—NH—CO—Cl behandelt. R bedeutet dabei einen hochmolekularen Alkylrest von mindestens 10 C-Atomen. Z. B. behandelt man Wolle mit 1%igen Lösungen von Behensäureäthylcarbaminsäurechlorid in Tetrachlorkohlenstoff 3 Sekunden bei 25° C und erhitzt nach Abdampfen des Lösungsmittels 30 Minuten auf 75° C. — Kupferseide wird mit 1,5%igen Lösungen von Montansäurecarbaminsäurechlorid nach einer Vorbehandlung in Bädern mit 5 g Soda per Liter und Zwischentrocknen behandelt und nachher getrocknet. Der Effekt ist waschfest und trockenreinigungsfest. — Baumwolle wird behandelt mit Palmitinsäuremethylcarbaminsäurechlorid:

$$C_{15}H_{31}—CO—\underset{\displaystyle CH_3}{N}—CO—Cl.$$

Man kann die Stoffe auch Viskosespinnbädern zusetzen, um wasserabstoßende Fäden zu erhalten.

AP 2296412 Heberlein 1942 — Zum Hydrophobieren werden Säureamide mit mehr als 10 C-Atomen (Stearinsäureamid, Montansäureamid usw.) mit 2 Molen Formaldehyd und HCl-Gas vorgeschlagen, wobei hernach mit Pyridin behandelt wird.

AP 2296226 Gen. An. 1942 — Die Polymerisate von 1,2-Alkyleniminen oder diese selber werden mit Fettsäurechloriden behandelt. Man erhält Produkte, die zum Wasserabstoßendmachen von Textilien geeignet sind.

AP 2294450 Celanese 1942 — Cellulosen mit freien OH-Gruppen werden mit esterifizierenden oder ätherifizierenden Agentien behandelt (Thionylchlorid oder Phosphorpentachlorid), bis die freien OH-Gruppen verestert sind.

AP 2294435 Heberlein 1942 — Textilien werden mit 1 Mol Stearinsäureamid, $^2/_3$ Mol Trioxymethylen und HCl und Pyridin behandelt, erhitzt und so hydrophobiert.

AP 2293844 DuPont 1942 — Hydrophobieren von Textilien mit Carboxylestern der Hydroxamsäure, die am Hydroxamrest einen Kohlenwasserstoffrest mit mehr als 9 C-Atomen tragen. Man behandelt mit organischen Lösungen der Produkte 5 Minuten, trocknet an der Luft und härtet dann 5 Minuten bei 170° C oder 40 Minuten bei 120° C. — Verbindungen der Form

$$C_{15}H_{31}\text{—}CO\underset{\displaystyle Na}{N}\text{—}OCOCH_2CH_3$$

oder

$$(CH_2)_{13}\begin{cases} CONH\text{—}OCOCH_3 \\ CONH\text{—}OCOCH_3 \end{cases} \quad \text{bzw.} \quad (CH_2)_{16}\begin{cases} CO\text{—}N(COCH_3)\text{—}OCOCH_3 \\ CO\text{—}N(COCH_3)\text{—}OCOCH_3 \end{cases}$$

werden vorgeschlagen.

AP 2291021 Röhm & Haas 1942 — Gewebe aus Cellulosederivaten mit freien OH-Gruppen werden hydrophobiert durch Behandlung mit Verbindungen der Form

$$ROCH_2\text{—}\overset{\displaystyle X}{\underset{\displaystyle R_1\quad R_2}{N}}\text{—}CH_2\text{—}\overset{\displaystyle R_3}{\underset{\displaystyle R_4}{C}}\text{—}CH_3.$$

AP 2289316 Resinous Products 1942 — Zum Hydrophobieren von Textilien werden Mischungen aus Al-stearat und Al-caprylphenoxyacetat empfohlen, wobei die beiden zusammengeschmolzenen Salze nach dem Abkühlen unter 100° C in Toluol gelöst werden.

AP 2289275 Gen. An. 1942 — Zum Hydrophobieren von Textilien werden betainähnliche Körper, die im Betain-N-Atom durch die Gruppe R—X—CH_2— substituiert sind, wobei R einen Kohlenwasserstoffrest mit mindestens 12 C-Atomen, X Sauerstoff oder Schwefel darstellen, empfohlen, wobei nach dem Imprägnieren mit Lösungen derartiger Verbindungen

$$CH_2\begin{cases} CH_2\text{—}CH_2 \\ CH_2\text{—}CH_2 \end{cases}N^+\begin{cases} CH_2\text{—}CH_2\text{—}CH_2\text{—}COO^- \\ CH_2\text{—}O\text{—}C_{18}H_{37} \end{cases}$$

entwässert und auf 80—150° C erhitzt wird.

AP 2288868 Heberlein 1942 — Hydrophobe Gewebe aus Baumwolle oder regenerierter Cellulose werden erhalten, indem man sie mit Äthern, welche ein basisches Stickstoffatom enthalten, behandelt. Vorgeschlagen werden Pyridiniumsalze der Form

$$CH_3-(CH_2)_{16}-CH(OH)-\underset{\underset{NH}{\|}}{C}-O-CH_2-\overset{+}{N}(C_5H_5)\,Cl$$

AP 2287464 Bock 1942 (s. a. AP 2204653) — Als Hydrophobierungsmittel werden quaternäre Salze von Aminoäthern der Formel

$$(CH_3)_2NCH_2O(CH_2)_{10}OCH_2N(CH_3)_2$$

empfohlen.

AP 2285948 Ellis, Foster 1942 — Zum Wasserabstoßendmachen und Weichmachen von Textilien werden die Reaktionsprodukte aus Pyridin, Stearonitril, Hexadecanoylchlorid und Formaldehyd, welche wasserlöslich sind, verwendet. Man erhitzt nach der Behandlung auf 140—170° C.

AP 2284895 DuPont 1942 (s. AP 2225661, AP 2173029) — Beschreibt das Hydrophobieren von Textilien mit Isocyanaten; vgl. AP 2284896.

AP 2283764 Gen. An. 1942 — Bei der Umsetzung von Verbindungen der Form $R-X-CH_2$—Halogen (R = aliphatischer oder aromatischer Rest mit 12 C-Atomen, X = Sauerstoff oder die Gruppe —CO—NH—R—NH—CO—) mit einem Salz einer Carbonsäure bilden sich Reaktionsprodukte, die zum Wasserabstoßendmachen von Textilfasern geeignet sind. Nach der Imprägnierung mit Lösungen der Stoffe werden, eventuell unter Zusatz einer schwachen Säure, die Textilien auf 80—150° C erhitzt.

AP 2282702 Röhm & Haas 1942 — Zum Wasserabstoßendmachen werden Verbindungen der Form

$$C_{17}H_3CO-NH-CH_2-N(Cl)(CH_3)_2-CH_2O-C_2H_5$$

vorgeschlagen (Stearamidomethyläthoxymethyl-dimethylammonchlorid).

AP 2278417 ICI 1942 (s. a. AP 2278418) — Textilien werden mit Verbindungen der Form

$$RCO\underset{\underset{R'}{|}}{N}-CH_2-X$$

zum Wasserabstoßendmachen behandelt (R = aliphatischer Rest mit mehr als 10 C-Atomen, R′ = Alkyl, X = salzbildender Rest).

AP 2277174 Heberlein 1942 — Animalische Textilfasergewebe werden hydrophobiert mit Verbindungen der Form $R-OCH_2-NX$—Halogen, wobei R einen aliphatischen Rest mit mehr als 10 C-Atomen, NX ein tertiäres Amin bedeuten.

AP 2276149 Bock 1942 — Man behandelt zur Hydrophobierung mit Aldehydgruppen aufweisenden quaternären Ammoniumverbindungen:

$$C_{18}H_{37}OCH_2\underset{\underset{Cl}{|}}{N}(CH_3)_2CH_2C(CH_3)_2CHO.$$

AP 2275513 Celanese 1942 — Man hydrophobiert Acetatkunstseide mit Stearinsäure, Essigsäureanhydrid und Xylol bei erhöhter Temperatur.

AP 2270893 IG 1942 — Zum Hydrophobieren von Textilien werden 1%ige alkoholische Lösungen von Thiouroniumverbindungen (Abkömmlinge des Isothioharnstoffs), etwa der nachstehenden Formel entsprechend

$$\begin{array}{l} O{=}C{-}ON\begin{cases} CH_2{-}S{-}C\begin{cases} {=}NH\cdot HCl \\ {-}NH_2 \end{cases} \\ C_{12}H_{25} \end{cases} \\ \quad\ | \\ C_6H_{13}{-}CH{-}C_{10}H_{22}{-}CO{-}NH{-}CH_2{-}S{-}C\begin{cases} {=}NH\cdot HCl \\ {-}NH_2 \end{cases} \end{array}$$

vorgeschlagen. Nach der Behandlung wird auf 130° C erhitzt. — Auch eine Behandlung mit 20 g des Kondensationsproduktes von Thioharnstoff und der Chlormethylverbindung von Dodecylphenol sowie 130 g des wasserlöslichen Kondensates von Harnstoff-formaldehyd und Ammonpolysulfiden unter Zusatz von primärem Natriumphosphat, alles pro Liter Wasser, bei nachherigem Erhitzen auf 110—120° C, ergibt derartige Effekte. — Man kann auch 10 g/l einer wäßrigen Lösung von S-Stearoyl-amidomethyl-N-dodecylhydroxy-methylisothioharnstoff (dispergiert mit Oleylpolyglykol) bei 50° C und nachherigem Erhitzen auf 130° C verwenden. Ebenso Verbindungen der Form:

$$C_{17}H_{35}{-}C\begin{cases} {=}NH \\ {-}O{-}CH_2{-}S{-}C\begin{cases} {=}NH\cdot HCl \\ {-}NH_2. \end{cases} \end{cases}$$

AP 2270658 Linhoff 1942 — Lauryl- oder Cetyl-pyridiniumchlorid werden in Mischung mit höheren Säureanhydriden als wäßrige Emulsionen zum Hydrophobieren angewendet.

AP 2268395 DuPont 1941 — Zum Hydrophobieren von Textilien werden Verbindungen der Form

$$R{-}CO{-}NH{-}CH_2{-}\overset{\overset{X}{|}}{N}\begin{cases} {-}CH_3 \\ {-}R_1 \\ {-}R_2 \end{cases}$$

verwendet. Z. B. wird Stearamidomethyltrimethylammoniumchlorid benützt:

$$C_{17}H_{35}{-}CONH{-}CH_2{-}\underset{\underset{Cl}{|}}{N}{\equiv}(CH_3)_3.$$

AP 2268169 DuPont 1941 — Das Hydrophobieren von Textilien aus Cellulose kann mit Äthenonen (z. B. Äthyldodecyläthenon) erfolgen, wobei der Effekt um so besser wird, je größer die Anzahl der C-Atome in der Kette ist. Äthenone sind Verbindungen der Form:

$$\begin{matrix} R \\ R \end{matrix}\!\!>C{=}C{=}O.$$

AP 2264490 Heberlein 1941 — Das Reaktionsprodukt von Octadecannitril, Trioxymethylen und HCl wird in Pyridinlösung (15 g in 1 Liter Pyridin) zum Wasserabstoßendmachen von Textilien verwendet. Man schleudert, trocknet bei 70° C und erhitzt 1 Stunde auf 90° C.

AP 2263730 Heberlein 1941 (s. DP 707025) — Zum Hydrophobieren von Textilien imprägniert man mit Carbodiimidverbindungen mit einem Alkylrest von mindestens 10 C-Atomen und erhitzt auf 100° C.

AP 2261097 Ellis, Foster 1941 — Zum Wasserabstoßendmachen von Textilien werden Verbindungen der Form RCOO—CHR'—N(tert.)—X empfohlen (R = Alkylrest mit mehr als 10 C-Atomen, R' = H oder Alkyl oder Aryl, N(tert.) = tertiäres Amin oder ein heterocyclischer Ring, X = Halogen). Z. B. Oleyloxymethylpyridiniumchlorid.

AP 2257088 Röhm & Haas 1941 — Man hydrophobiert mit Fettsäureestern von Hydroxybenzyl-di-methylbenzylammoniumchlorid.

AP 2252039 Heberlein 1941 — Man hydrophobiert mit Produkten der Form:

$$R{-}NH{-}CO{-}\underset{\diagdown O \diagup}{CH{-}CH}{-}R_1 \quad \text{bzw.} \quad R{-}COO{-}CH_2{-}\underset{\diagdown O \diagup}{CH{-}CH}{-}R_1.$$

AP 2250930 ICI 1941 — Um Wolle oder Seide wasserabstoßend zu machen, werden quaternäre Ammonsalze der Form

$$R{-}CO{-}\underset{\diagdown R' \diagup}{N{-}{-}{-}CH_2}{-}NX{-}Y$$

in wäßriger Lösung oder in organischen Lösungsmitteln gelöst verwendet. R ist ein aliphatischer Rest mit mindestens 11 C-Atomen, R' ein niedrigmolekularer aliphatischer Rest oder H, NX ist der Rest einer tertiären Base (Pyridin, Chinolin, aber auch tert. Amin), Y ist das Anion einer anorganischen Säure, wie HCl. Gleichzeitig wird die Echtheit der Färbung gegen Wäsche erhöht.

AP 2250377 Higgins 1941 — Man imprägniert Textilien mit Albuminlösungen, koaguliert und behandelt mit heißen wäßrigen Seifenlösungen, die freie Fettsäure enthalten.

AP 2243682 ICI 1941 — Man kann Baumwollgewebe wasserdicht machen, wenn man sie mit Verbindungen der Form: $R{-}CO{-}CH_2{-}NR'(R'', R''')$—Halogen behandelt, wobei R einen aliphatischen Rest mit 12 C-Atomen, NR'(R'', R''') den Rest einer tertiären Base (auch Piperidin oder Pyridin) bedeuten. Man löst z. B. 2 Teile Octadecyloxymethylpyridiniumchlorid in 98 Teilen Wasser, imprägniert und trocknet bei 30° C. Dann wird eine halbe Stunde auf 90° C erhitzt und hierauf mit Benzol gewaschen.

AP 2242565 Heberlein 1941 — Hexamethylentetramin wird mit Fettsäurechloriden umgesetzt, die mindestens 10 C-Atome besitzen, wobei die Menge etwa die 3—4fache der molaren ist, und schließlich mit einer tertiären Base behandelt. Die erhaltenen quaternären Ammonverbindungen sind zum Hydrophobieren von Textilien geeignet.

AP 2242490 Gen. An. 1941 (s. S. 534).

AP 2234501 IG 1941 (s. a. AP 2234363 sowie AP 2180791 und AP 2165956) — Man setzt Phenole, die im Kern mit einem oder mehreren aliphatischen Resten von mindestens 4 C-Atomen substituiert sind, mit HCl und Formaldehyd um und verwendet die erhaltenen Chlormethylderivate zum Wasserabstoßendmachen von Textilien. Notwendig ist ein Erhitzen nach dem Trocknen auf 110° C; vgl. AP 2168534/35.

AP 2232485 DuPont 1941 — Ester von N-Monomethylolamiden höherer einbasischer Carbonsäuren der Form $R_1{-}CO{-}NH{-}CH_2{-}OCO{-}R_2$ (R_1 =

= 7 C-Atome, R_2 = 1—3 C-Atome) werden zum waschechten Hydrophobieren genannt.

AP 2227637 IG 1939 — Man behandelt Gewebe zur Hydrophobierung mit einem Gemisch von chlorierten Naphtalinen und chlorierten Diphenylen, sowie Polyvinylcarbazol, wobei letzteres 3,5% des gesamten Gemisches ausmacht.

AP 2225589 IG 1940 — Zum Hydrophobieren von Cellulosematerial wird die Behandlung desselben mit inneren Anhydriden von Bernsteinsäurederivaten unter nachheriger Bildung eines unlöslichen Salzes der Säure vorgeschlagen. Man behandelt z. B. mit einer Lösung von Isononenylbernsteinsäureanhydrid in Benzin und trocknet. Bei anderen Abkömmlingen ist die weitere Behandlung mit $ZnCl_2$-Lösungen vorgesehen.

AP 2220856 Heberlein 1940 — Man behandelt Textilien zu ihrer Hydrophobierung mit Lösungen von Alkoxymethylpyridiniumthiocyanaten in Benzin.

AP 2220834 Bruson, McMüller 1940 — Quaternäre Salze aus Alkylhaliden und phenolischen Triaminen, z. B. [2,4,6-Tri-(dimethylaminomethyl)]-phenol

HO; $CH_2N(CH_3)_2$; $(CH_3)_2NCH_2$; $CH_2N(CH_3)_2$

werden als bakterizid wirkende, Direktfärbungen echtmachende Hydrophobierungsmittel vorgeschlagen.

AP 2216406 DuPont 1940 — Zum Hydrophobieren von Nylonfasern werden wäßrige Lösungen von Stearinsäuremethylamidpyridinchlorid oder Cetyloxymethylpyridiniumchlorid verwendet, man quetscht ab und trocknet.

AP 2212654 DuPont 1940 — Hydrophobierungsmittel wie N-Hydroxymethylstearamid, Methylstearamidopyridiniumchloridphosphat usw. werden beschrieben.

AP 2211976 Gen. An. 1941 — Gewebe werden mit Lösungen der Verbindungen der Form

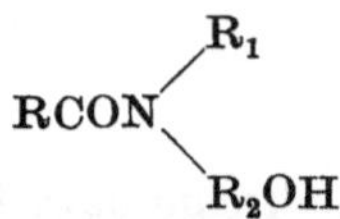

behandelt. Hergestellt werden die Lösungen mit Pyridin oder Aceton. Dann wird getrocknet und der Einwirkung von Formaldehyd ausgesetzt. Der Formaldehyd kann auch dem Imprägnierbad zugesetzt werden. In manchen Fällen wird die Wirkung durch Zugabe von Milchsäure, Essigsäure usw. erhöht.

AP 2209383 Bock 1940 — Zur Hydrophobierung werden Hexadecoxymethyldimethylbenzylammoniumchlorid in 1—10%iger wäßriger Lösung empfohlen. Nach dem Imprägnieren und Trocknen wird auf 100—130° C erhitzt.

AP 2186889 IG 1940 — Wasserundurchlässige Textilien werden erhalten durch Behandlung mit Estern von Chlorcarbonsäuren mit mehr als 4 C-Atomen im Molekül, gelöst in organischen Lösungsmitteln. Z. B. wird die Behandlung mit einer Lösung von 1 Teil Pyridin und 5 Teilen Chlorcarbonsäureoctylester in

1000 Teilen Tetrachlorkohlenstoff bei nachherigem Trocknen bei 90° C (1 Stunde) vorgeschlagen.

AP 2172475 Heberlein 1939 — Zum Wasserabstoßendmachen von Textilien werden dieselben mit gemischten unsymmetrischen Säureanhydriden aliphatischer Säuren behandelt, wobei die Verbindungen einen hochmolekularen und einen niedrigmolekularen, abspaltbaren Rest aufweisen (Stearinsäure-Essigsäureanhydrid). Die Behandlung erfolgt mit einer zirka 1%igen Lösung des Anhydrids in einem organischen flüchtigen Lösungsmittel (Leichtbenzin), dann wird 5 Minuten bei 100° C getrocknet und 5 Minuten auf 150° C erhitzt.

AP 2171791 Kaase, Waltmann 1939 (s. DP 681817) — Zur Hydrophobierung wird u. a. die Verbindung der Form

$$C_{12}H_{25}\text{—NH—}C_6H_4\text{—}\overset{\overset{\displaystyle O}{\|}}{C}\text{—O—}\overset{\overset{\displaystyle O}{\|}}{C}\text{—OCH}_3$$

vorgeschlagen.

AP 2165265 IG 1939 — Das Hydrophobieren von Cellulosefasern erfolgt mit Verbindungen der Form

$$\text{R—X—CO—N}\begin{matrix}\diagup H\\ \diagdown R_1\end{matrix}$$

(R = aliphatischer oder cycloaliphatischer Rest; X = O, NH, N-alkyl; R = H oder Alkylrest) in Gegenwart von 5% Aldehyd und nachträglichem Erhitzen.

AP 2160176 DuPont 1939 — Verbindungen der Form

$$\text{R—CO—NH—CH}_2\text{—N(tert.)—Cl}$$

geben waschfeste wasserabweisende Effekte.

AP 2150968 IG 1939 — Man behandelt Cellulosegewebe in Alkohol, der etwas NaOH enthält. Hierauf wird in einem Bade von N-Octadecylisatinanhydrid 5 Minuten bewegt, wobei diese Verbindung in CCl_4 gelöst ist. Hernach wird getrocknet und kurz auf 100° C erhitzt. Das Gewebe hat einen angenehmen Griff und ist hydrophob.

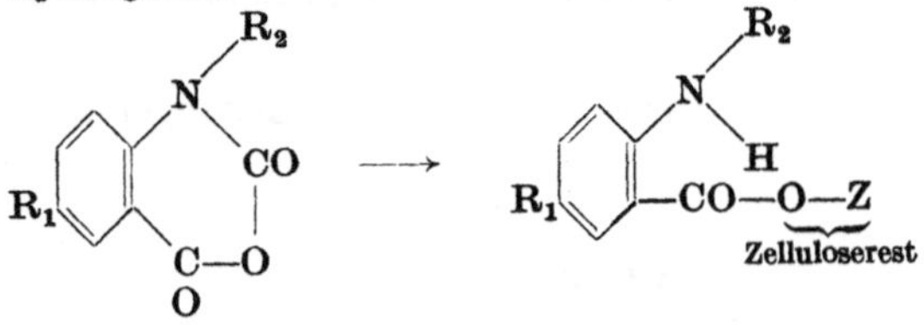

[Strukturformel: R_1-substituierter Benzolring mit N(R_2)—CO—O—C(=O)-Ring (Isatinsäureanhydrid) → R_1-Benzolring mit N(R_2)H und —CO—O—Z; Z = Zelluloserest]

(R_1, R_2 = Alkyl, Cycloalkyl, Aralkylreste bzw. H.)

AP 2147811 ICI 1939 — Wasserabstoßende und weichmachende Wirkung ergibt die Behandlung von Textilien mit Cetyloxymethylpyridylpyridinsulfit

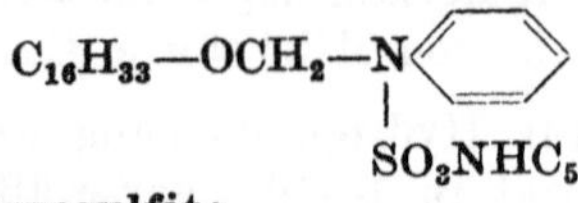

$$C_{16}H_{33}\text{—OCH}_2\text{—N}\langle C_5H_5\rangle, \quad |\; SO_3NHC_5H_5$$

oder das entsprechende Pyrosulfit:

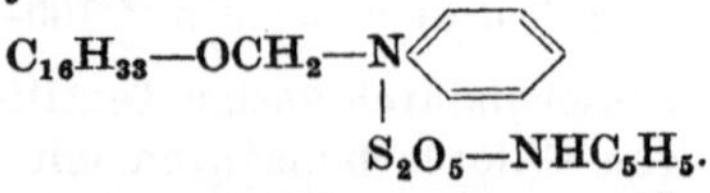

$$C_{16}H_{33}\text{—OCH}_2\text{—N}\langle C_5H_5\rangle, \quad |\; S_2O_5\text{—NHC}_5H_5.$$

AP 2146408 Shipp 1939 (s. AP 2160176) — Stearamidomethylpyridiniumacetat ist als Hydrophobierungsmittel geeignet.

b) Die Verfahren mit Kunstharzen und Polymerisaten.

Hinsichtlich des Arbeitens mit Kunstharzen wurde das Wesentliche über deren Konstitution und die in Frage kommenden Produkte bereits in der Einleitung zu diesem Abschnitte gesagt.

Für die in letzter Zeit wegen ihrer besonderen Wasserfestigkeit und leichten Härtbarkeit für die verschiedensten Zwecke empfohlenen Melamin-formaldehydharze wird auf eine Reihe von Veröffentlichungen hingewiesen.[74] Ihre Struktur in gehärtetem Zustande, also in vernetzter Form, ist etwa die auf S. 520.

Polymerisate und Kunstharze dienen in verschiedenenartigster Mischung zum Hydrophobieren von Geweben. Neben acetylierten Cumaron-, Inden- oder Cyclopentadienharzen können auch Polyacrylsäureester, Polystyrol, Polyvinylharze und Harnstoff- bzw. Melaminformaldehydharze verwendet werden. Man arbeitet entweder mit Lösungen oder Emulsionen bzw. rakelt auf das Gewebe auf. Für Regenmantelstoffe wird eine Beschichtung, welche eine Menge von etwa 50 g/m^2 bzw. für Herrenstoffe 100 g/m^2 aufbringt, als entsprechend angegeben. Um das Kleben zu verhindern, wird eingestäubt oder ein Sikkativstrich aufgebracht.[75]

Patentschrifttum über das Hydrophobieren mit Kunstharzen und Polymerisaten.

OeP 166907 Cyanamid 1950 — Das Knitterfest- und Schrumpffestmachen von Textilien mit Dispersionen von alkylierten Methylolmelaminen wird unter Zusatz von Verbindungen, die einerseits einen Alkylrest von mindestens 7 C-Atomen und anderseits ein an eine saure Gruppe gebundenes N-Atom enthalten, vorgenommen. Die erhaltenen Produkte sind noch wasserabstoßend.

OeP 166457 Ciba 1950 — Beim Kondensieren von Mercaptanen oder deren Salzen mit Methylolamiden und Katalyt entstehen Produkte, z. B.

$$C_{11}H_{23}C(=O)—NH—CH_2—S—CH_2—C(=O)—OH,$$

welche als Weichmacher, aber auch zum Wasserabstoßendmachen von Textilien aus Cellulose, insbesondere Viskose, verwendet werden können.

OeP 158995 IG 1940 (Zusatz zu OeP 154421; s. a. OeP 151520) — Zum Wasserfestmachen von Textilien wird das Mischpolymerisat von Maleinsäureanhydrid und dem Vinyläther eines aliphatischen Alkohols mit mindestens 12 C-Atomen im Molekül verwendet. Imprägniert wird mit einer 0,5%igen Lösung in Tetrachlorkohlenstoff und bei gewöhnlicher Temperatur getrocknet.

OeP 158388 Nobel 1940 — Man veredelt Fasern, Garne oder sonstige Faserverbände, indem man sie in der Wärme mit Vinylpolymerisaten umkleidet. Die Umkleidung geschieht in Schlauchpressen, durch welche das Garn geführt und bei 150—160° C mit der Kunstmasse umkleidet wird.

OeP 158104 IG 1940 — Man behandelt Kunstseidengewebe usw. mit Lösungen von Isodecylphenol (5—10%), Formaldehyd und etwas Milchsäure, trocknet nach dem Abquetschen bei 50—60° C und härtet 1 Stunde bei 130—135° C.

---

[74] Vogel: Kunststoffe **31,** 309 (1941) u. a. — Ohl: Kunstseide, Zellwolle, Seide **22,** 32 (1940); vgl. a. AP 2357273. — Lachmann: Chemiker-Ztg. **1942,** 24. — Bonnet: Teintex **7,** 145 (1942). — Evans: Text. Manufacturer **1941,** 194. — Collet: Teintex **8,** 178/182 (1943). — v. d. Waal, Ralaton: Ind. Chem. Eng. **32,** 99 (1940).

[75] Kehren: Melliand Textilber. **25,** 126, 163 (1944).

/als SO—NH

OeP 156252 IG 1939 (Zusatz zu OeP 151934) — Man behandelt Baumwollgewebe auf der Haspelkufe mit einer Lösung von 2 g Melamin, 5 g Sterylaminacetat und 50 ccm Formalin 30% im Liter 15 Minuten, schleudert und trocknet 1 Stunde bei 100° C. Die so erhaltene Ware ist hydrophob.

OeP 155620 IG 1939 — Man verwendet zum Wasserfestmachen von Textilien das Mischpolymerisat aus Maleinsäureanhydrid und einem Vinylester höherer Fettsäuren und arbeitet in einer Lösung von Tetrachlorkohlenstoff in einer Konzentration von 0,8—2%.

OeP 155461 Ripper 1939 — Man behandelt Gewebe mit Kunstharzen der Dicyandiamid-formaldehydkondensationsgruppe oder mit Thioharnstoff-formaldehydkondensat, die unter Ausschluß von sauren Katalyten gehärtet werden. Man kann auch Stärkelösung mit verwenden. Die Textilien sind nach einer Härtung bei 90—100° C wasserfest.

DP 762964 IG (nicht ausgegeben) — Die Behandlung erfolgt mit säureamidgruppenhaltigen Verbindungen, die einen cycloaliphatischen oder aliphatischen Rest von mindestens 12 C-Atomen aufweisen und keine Oxyalkylgruppen besitzen, und Aldehyden; es wird hernach getrocknet und erhitzt (s. DA 53296).

DP 747465 Jung, Simon 1944 — Man behandelt mit Kunstharzen und Polyacrylsäureharz.

DP 729029 IG 1942 — Harnstoff und Formaldehyd kondensiert man in organischen Lösungsmitteln mit OH-Gruppen im Molekül in Gegenwart von 50—150% derjenigen Ammoniakmenge, welche dem Formaldehyd äquivalent ist. Die Kondensation wird so lange fortgesetzt, bis die Produkte beim Abkühlen klar bleiben. Die erhaltenen Lösungen können zum Imprägnieren von Textilien verwendet werden, wobei man nach der Behandlung härtet.

DP 725120 Textilwerk Horn 1942 — Man hydrophobiert Textilien mit Paraffinlösungen, dann mit in flüchtigen Lösungsmitteln gelösten Kunstharzen und wieder mit Paraffinlösungen oder Emulsionen.

DP 724720 Böhme 1942 — Zum Wasserabstoßendmachen von Geweben behandelt man mit Dispersionen von Stearinsäureamid unter Zuhilfenahme von Ammonstearat und Formaldehyd und trocknet bei 100° C.

DP 717186 Forschungsgesellschaft 1942 — Man überzieht Fäden aus Viskose mit Polyvinylalkoholformaldehydacetal, wodurch auch eine herabgesetzte Naßdehnung sowie eine Erhöhung der Reißfestigkeit erzielt wird. Dabei werden die Garne mit einer Lösung überspritzt oder in einer Lösung behandelt. Als Lösungsmittel dient Methylenchlorid oder ein Benzol-Äthylalkoholgemisch, die Konzentration beträgt 3—4%.

DP 708175 Forschungsgesellschaft 1941 — Man überzieht zum Wasserabstoßendmachen Gewebe mit Polymerisaten von Gemischen aus Vinylestern und fetten Ölen.

DP 704540 IG 1941 — Zum Hydrophobieren verwendet man einen höheren Alkylrest enthaltende Triazinderivate und einen niederen Aldehyd.

DP 697803 IG 1940 — Man kondensiert Polyalkylamine, die am N durch isocyclische, aliphatische oder Acylreste substituiert sind, mit Formaldehyd. Die erhaltenen Substanzen machen Textilien hydrophob. Man arbeitet in Lösungen von 1% unter Zusatz von 2,5% Glaubersalz und führt die Formaldehydbehandlung durch Einwirkung von Aldehyddampf durch.

DP 685729 Pagani 1939 — Tierische, pflanzliche und Kunstseidefasern oder Gewebe können durch Appretur mit Produkten hydrophobiert werden, die durch Kondensation von Glukose-Ureiden mit Formaldehyd erhalten werden (s. a. AP 2145695).

DP 677181 Freudenberg 1939 — Man preßt auf Gewebe usw. Filme von Kunstharzen oder kunstharzhaltige Vliese, wobei thermoplastische Harze, wie Polyvinylverbindungen, Polystyrole usw., verwendet werden.

DA 148505 Siemens-Schuckert — Man tränkt mit Mineralöl und Wachs und bringt hernach Polyisobutylen auf.

DA 148347 Agricola — Es wird mit Wachs- oder Fettemulsion, nachher mit Acryl- oder Vinylharzemulsion behandelt.

DA 124745 Schubert — Nach der Imprägnierung mit Kunstharz und Härtung wird mit Wachsemulsion nachbehandelt.

DA 94342 Fahlberg List — Hydrophobiert wird mit Polyvinylverbindungen, Fichtenharz und Weichmachern bzw. Harzen und Zusätzen in Anwesenheit von Katalyten (DA 91133).

DA 76761 Hydrierwerke — Nach dem Aufbringen höherer Ketone wird erhitzt.

DA 74934 IG — Porendichte Ausrüstungen erfolgen mit Verbindungen der Form

$$\text{C}_6\text{H}_4\begin{matrix}-CH_2-R-CH_2-\\-COOH\quad COOH-\end{matrix}\text{C}_6\text{H}_4$$

bzw. Anthracensäure + Crotonaldehyd (DA 74935) oder

$$R_1-CH_2-C_6H_2(COOH)_2-CH_2-R_2$$

bzw.

$$R_1-CH_2-C_6H_3(COOH)-C_6H_3(COOH)-CH_2-R_2 \text{ usw.}$$

(DA 74956 bis 74959).

DA 56359 IG — Hydrophobiert wird mit Kondensaten aus höher molekularen Carbonsäureamiden mit mindestens 8 C-Atomen, Formaldehyd und SO_2 in Gegenwart tertiärer Amine. Nachher wird auf über 70° C erhitzt.

SP 269059 Cyanamid 1950 — Eine kolloidale, wäßrige, positiv geladene Lösung eines Melamin-formaldehydvorkondensates wird erzeugt, die hydrophob macht.

SP 268532 Ciba 1950 — Es werden Äther des Melaminmethylols hergestellt, die als Hydrophobiermittel angewendet werden.

SP 258582 ICI 1949 — Zum Hydrophobieren werden Hexamethylolmelaminhexamethyläther mit Methylolstearamid verwendet.

SP 253938 Cyanamid 1948 — Die Knitterfestigkeit und Schrumpfechtheit von Textilien wird beim Behandeln mit methylierten Methylolaminen und Polymerisation durch Erhitzen erreicht. Die Ware ist jedoch nicht hydrophob.

Durch den Zusatz höherer Alkohole bei der Erhitzung tritt chemische Umsetzung unter Hydrophobierung ein, indem ein Teil der höheren Kohlenwasserstoffreste in das Molekül eintritt, während die freien Methylolamingruppen zur Polymerisation der Moleküle führen. Als Zwischenprodukte bilden sich vor der Polymerisation Verbindungen etwa der Form

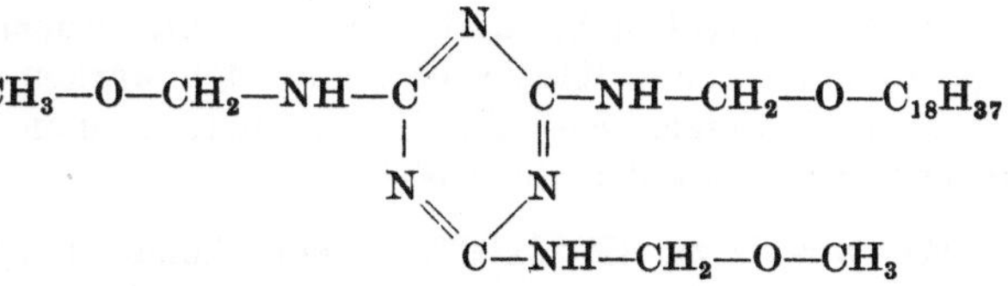

$$\begin{array}{c} \text{N} \\ CH_3{-}O{-}CH_2{-}NH{-}C \quad\quad C{-}NH{-}CH_2{-}O{-}C_{18}H_{37} \\ | \quad\quad \| \\ \text{N} \quad\quad \text{N} \\ C{-}NH{-}CH_2{-}O{-}CH_3 \end{array}$$

Man imprägniert die Textilien mit alkylierten Methylolmelaminen, wobei die Alkylgruppen höchstens 4 C-Atome enthalten, gemeinsam mit Alkoholen mit mindestens 8 C-Atomen im Molekül, trocknet und erhitzt dann kurz auf höhere Temperatur.

SP 253638 Ciba 1948 (Zusatz zu SP 246667; s. a. SP 253634, 253635, 253636, 253637 und 253639) — Zum Hydrophobieren von Textilien werden Kondensationsprodukte aus 1 Mol Formaldehyd und 2 Molen des Umsetzungsproduktes aus Stearinsäure-N-methylolamid und Harnstoff, welche nachher durch Chlormethylierung in N-Chlormethylderivate mit 4 Chlormethylgruppen übergeführt wurden, angewendet.

SP 248681 Gy. 1948 (Zusatz zu SP 244021; s. a. SP 248682) — Zum Hydrophobieren von Textilien aller Art werden Lösungen der Umsetzungsprodukte aus

$$C_{18}H_{37}{-}OCO{-}NH{-}\underset{\underset{NH}{\|}}{C}{-}NH{-}CO{-}NH_2$$

oder

$$C_{17}H_{35}{-}NH{-}CO{-}NH{-}\underset{\underset{NH}{\|}}{C}{-}NH{-}\underset{\underset{NH}{\|}}{C}{-}NH_2$$

und Formaldehyd empfohlen.

SP 245046 Werner 1947 — Gewebeanstriche mit hydrophober Wirkung werden hergestellt aus Mischungen von 10 Teilen Polyvinylchlorid, 5 Teilen Polychlordiphenyl, 5 Teilen Methylphtalat, 2 Teilen Chlornaphtalin und 3 Teilen Trikresylphtalat. Man erhitzt nachher kurz auf 150—175° C.

SP 244326 Fussenegger 1947 — Wasser- und luftdichte Flächengebilde werden erhalten, wenn man teilweise oder ganz transparentierte Gewebe mit Kunstharzen (Plastopal), Styrolpolymerisaten, Polyvinylester oder polymerisierter Acrylsäure oder Methacrylsäurederivaten (Acronal) usw. unter Zusatz von Pigmenten, Weichmachern usw. überzieht. Die Erzeugnisse sind für wasserdichte Bekleidungsstoffe, Lampenschirme usw. verwendbar. Eventuell wird ein nicht klebender Überzug aufgebracht (als Endbehandlung) und eine Kalandrierung vorgenommen.

SP 244021 Gy. 1947 — Man kondensiert höhere reaktionsfähige Kohlensäurederivate, wie Halogenide, Amide, Imide oder Anhydride mit Guanidinderivaten. Die erhaltenen Verbindungen werden dann mit einem Überschuß an Formaldehyd oder solchen abgebenden Substanzen kondensiert. Man bringt in Gegenwart von sauren Katalyten auf die Faser und erhitzt auf 60—100° C. Man erhält hydrophobe Gewebe.

SP 241819 Ciba 1946 (Zusatz zu SP 237621) — Das Umsetzungsprodukt aus Stearinsäureamid, Formaldehyd und einem Gemisch von glykolsaurem Natrium und NaCl (Einwirkung von Soda auf Chloressigsäure) kann zum Wasserabstoßendmachen von Textilien Anwendung finden.

SP 240508 Cellophane 1946 — Diäthylharnstoffderivate können auf Schichten aus Regeneratcellulose aufgebracht und hernach mit einem Überzug von chloriertem Polyvinylchlorid und Äthylacetat versehen werden. Die Schichten haften wasserfest aufeinander. Auf die Klebschicht können weitere Lagen Gewebe aufgebracht und verbunden werden.

SP 237722 Gy. 1945 (Zusatz zu SP 231697) — Man kondensiert Dicyandiamid in saurer Lösung mit Formaldehyd unter Zusatz von Benzoesäure und setzt ein lösliches Aluminiumsalz zu. Das erhaltene Produkt kann als Hydrophobierungsmittel angewendet werden, wobei der Effekt durch Nachbehandlung mit Salzen von Carbonsäuren, welche einen höher molekularen, mehr als 11 C-Atome besitzenden Rest aufweisen, noch gesteigert wird. Z. B. wird eine Lösung von 4 Teilen Dicyandiamid in Gegenwart von 3 Teilen Formalin 30% durch $^1/_4$ Stunde Kochen kondensiert. Die erhaltene Lösung wird zur Imprägnierung eines Gewebes auf 100 Teile mit Wasser verdünnt und 20 Teile techn. Aluminiumacetat 6 Bé zugesetzt.

SP 236680 Gy. 1945 (Zusatz zu SP 233160) — Tränkt man Cellulose bzw. Textilien aus Cellulose mit Kondensationsprodukten von aromatischer Polyaminen, Dicyandiamid und Aldehyd, die Salze der II. bis IV. Gruppe des periodischen Systems enthalten, in saurem Milieu und härtet durch kurzes Erhitzen, so werden die Gewebe hydrophob. Der Effekt wird wesentlich erhöht, wenn mit Carbonsäuren, die einen höhermolekularen aliphatischen oder alicyclischen Rest mit mehr als 11 C-Atomen enthalten, zusätzlich behandelt (z. B. Benzoesäurederivate, Sulfosalicylsäurederivate usw.).

SP 236160, SP 236159 Sandoz 1945 (Zusatz zu SP 223775) — Polyalkylenharnstoffe werden mit Formaldehyd zu Stoffen umgesetzt, welche Textilien hydrophobieren.

SP 233180 Bata 1944 — Man hydrophobiert Textilien mit Dimethylolharnstoff.

SP 233160 Gy. 1944 — Man kann Textilien aus Cellulose wasserabstoßend machen, wenn man sie mit Lösungen von Verbindungen behandelt, die durch Kondensation von aromatischen Polyaminen, Dicyandiamid, Aldehyden und Salzen der Metalle der II. bis IV. Gruppe des periodischen Systems erhalten werden.

SP 232276 Sandoz 1944 — Die Umsetzungsprodukte von Verbindungen der Form

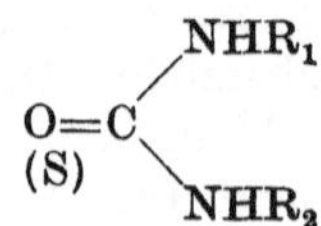

mit Aldehyden sind als Hydrophobierungsmittel von Geweben brauchbar.

SP 231842 IG 1944 (Zusatz zu SP 227351) — Das Kondensat von 1 Mol Trimethylolamin und 3 Mol Äthylenoxyd kann auch zum Stabilisieren von Vorkondensaten (z. B. Melamin-formaldehyd usw.) angewendet werden.

SP 227110 Röhm & Haas 1943 — Waschfeste und den Gebrauchswert steigernde Appreturen (s. S. 570).

SP 222710 Ciba 1942 (zu SP 219659) — Freie OH-Gruppen enthaltende Tranfettsäureglyzerinester und Phtalsäureglyzerinester werden mit Methylmelamin-formaldehydkondensaten veräthert. Die erhaltenen Produkte können zur Erzeugung waschechter Appreturen und zum Hydrophobieren Anwendung finden.

SP 219662 IG 1942 — Man kondensiert Körper der allgemeinen Form:

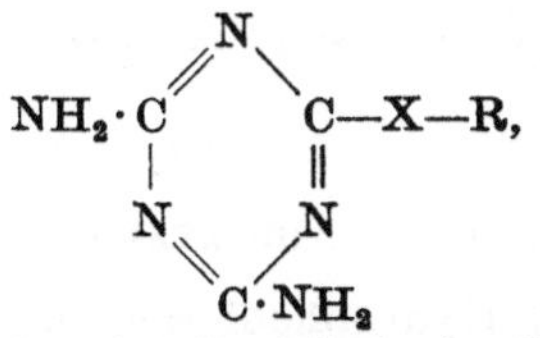

```
            N
         //   \
NH₂·C         C—X—R,
       |       ||
       N       N
         \\   /
           C·NH₂
```

wobei X Sauerstoff oder Schwefel, R Alkyl, Aralkyl oder einen Ammelinrest bedeuten, mit Formaldehyd oder niedrigen aliphatischen Aldehyden, und verwendet die erhaltenen Lösungen zum Knitterfestmachen, Hydrophobieren oder Animalisieren von Geweben.

SP 211657 Ciba 1941 (s. S. 499; ebenso SP 211655 und SP 211656).

SP 211495 IG 1940 — Dispersionen von hochpolymeren Stoffen, die Verwendung als Imprägniermittel finden können, werden hergestellt, indem man derartige Stoffe in Lösung von wasserunlöslichen organischen Lösungsmitteln in Gegenwart geringer Mengen eines Emulgators dispergiert, wobei man noch geringe Mengen eines wasserlöslichen organischen Lösungsmittels zusetzt. Z. B. werden 250 Teile Polyisobutylen in 4750 Teilen Chlorbenzol gelöst, diese Lösung wird mit 10 Teilen Triäthanolaminölsäureester und 40 Teilen Glyzerin versetzt und mit 1500 Teilen 0,5%iger Caseinlösung verrührt. Innerhalb weniger Minuten bildet sich aus der erst entstehenden Paste eine dünnflüssige Emulsion. Hernach wird das Chlorbenzol im Wasserdampfstrom abgetrieben und die Dispersion im Vakuum auf einen Gehalt von 30% Polyisobutylen eingeengt.

SP 206870 IG 1939 — Man überzieht Jute-, Leinen- oder Hanfsäcke mit Polyvinylchlorid, welches durch Nachchlorieren auf einen Chlorgehalt von 56% gebracht wurde. Neben Wasserfestigkeit wird auch ein Schutz gegen Fäulnis erzielt.

SP 205187 IG 1939 — Wasserfeste Papier- oder Gewebebahnen werden hergestellt, indem man eine Weichmacher enthaltende Folie aus Polyvinylchlorid aufkaschiert, was durch Aufkalandern einer derartigen Folie in der Hitze (140—160° C) erfolgt.

SP 202548 Ciba 1939 — Kondensationsprodukte aus 2,4,6-Triamino-1,3,5-Triazinen, Formaldehyd und Äthylalkohol können als Weichmacher, zum Knitterfestmachen und zum Hydrophobieren sowie als permanente Appretur verwendet werden.

FP 942025 BASF 1949 — Man behandelt zum Hydrophobieren mit Methylolverbindungen des Glyoxaldiureids, die mindestens 3 Methylolgruppen enthalten, in Anwesenheit hochmolekularer Alkohole.

FP 941668 Monsanto 1949 — Zum Hydrophobieren werden wäßrige Dispersionen von N,N'-Diacyldiaminomethan (Acylrest 12—28 C-Atome) und Dimethylolharnstoff verwendet. Nach der Behandlung wird getrocknet und gehärtet.

FP 926260 Philips Gloeilampenfabrieken 1947 — Zum Hydrophobieren von Textilien werden Co-Polymerisate von Vinyl- und Vinylidenhalogeniden vorgeschlagen.

FP 924104/106 Chomarat 1947 — Man bestreicht Textilien zur Erzielung von Wasserdichtigkeit mit Pasten aus Vinylchlorid und erhitzt nachher, um die Polymerisation zu erzielen. Um die Luftdurchlässigkeit herzustellen, werden Überzüge aus Latex oder Harzen mit engen Stichen, die nicht zusammenhängen, versehen. (Siehe den lang bekannten Piccotprozeß!)

FP 918396 Gy. 1947 — Formaldehydkondensate von Verbindungen wie etwa

$$C_{17}H_{35}\text{—NH—CO—NH—}\underset{\underset{\text{NH}}{\|}}{\text{C}}\text{—NH—CO—NH}_2$$

können zum Wasserabstoßendmachen von Textilien verwendet werden.

FP 913424 Gy. 1946 — Zum Hydrophobieren von Textilien werden Kondensationsprodukte aus Mono- oder Polycarbonsäureamiden, Dicyandiamid und Formaldehyd vorgeschlagen.

FP 905534 Gy. 1945 — Aminostilbensulfosäuren werden mit Melamin und Formaldehyd kondensiert und sind als Hydrophobierungsmittel für Textilien anwendbar. Sie zeigen eine Affinität zur Cellulosefaser.

FP 903934 Hydrierwerke — Wasserabstoßende Imprägnierungen werden mittels Kondensaten aus 1 Mol Dicyandiamid, 2 Mol Guanylharnstoffchlorid und 4 Mol Formaldehyd und Nachbehandlung mit Natriummontanat erhalten.

FP 895775 Gy. — Cellulosehaltige Textilien werden mit löslichen Kondensationsprodukten aus organischen Polyamiden, Dicyandiamid und Formaldehyd unter Zusätzen von Metallsalzen der II. Gruppe des periodischen Systems behandelt und getrocknet. Man arbeitet z. B. mit dem Kondensat aus Diphenylharnstoffbiguanid und Formaldehyd, löst in Wasser, setzt Al-acetat zu und hydrophobiert Zellwolle durch zweimaliges Imprägnieren mit der Lösung.

FP 877582 IG 1942 — Hydrophobe Effekte werden erhalten, indem man auf das Textilgut Eiweißstoffe, wasserlösliche Kunstharzvorkondensate oder wasserlösliche Cellulosederivate aufbringt und nachher mit Äthylenharnstoffen behandelt.

FP 877448 Bennecke 1943 — Zum Imprägnieren werden alkoholische Polyamidlösungen, die zur Verminderung der Brennbarkeit mindestens 60—80% Wasser enthalten, empfohlen.

FP 865665 IG 1941 — Abwaschbare Gewebe für Regenschutzkleidung werden erhalten, wenn man Textilien mit einer oder mehreren Schichten aus Polyvinylverbindungen, aber auch Methacrylsäureestern durch Aufsprühen, Streichen (ein- oder beidseitig), Imprägnieren usw. versieht und diesen schwach klebenden Überzug schließlich mit einem harten, nicht klebenden Strich versieht und eventuell noch heiß kalandert.

FP 851350 IG 1940 (s. DP 718566).

FP 850862 IG 1939 (s. EP 511144).

FP 834990 ICI 1939 — Gewebe werden mit einem Überzug aus Polyäthylen, welches in Lösung angewendet wird, versehen.

EP 636878 Monsanto 1950 (vgl. EP 537971, 543360) — Wasserabstoßend werden Textilien durch Behandlung mit wäßrigen Dispersionen, welche ein N,N'-Diacyldiaminomethan enthalten, in welchem die Acylgruppen 12—28 C-Atome aufweisen, weiters Dimethylolharnstoff oder einen Äther desselben, bzw. ein

Tetramethylolmelamin, bzw. einen Äther desselben und ein Dispergiermittel. Hernach wird getrocknet und erhitzt.

EP 619536 ICI 1949 — Zum Hydrophobieren von Textilien und zum Schrumpffestmachen behandelt man mit Tricarbamaten (Triolein-11,11',11''-trioltricarbamat).

EP 613850 Montclair 1948 — Man hydrophobiert mit Umsetzungsprodukten aus Stearonitril, Fettsäurechloriden und Formaldehyd.

EP 611244 Monsanto 1948 — Zum Hydrophobieren von Textilien werden Kondensate aus Melamin-formaldehyd verwendet.

EP 608487 Cyanamid 1948 — Man behandelt mit Dispersionen von Dimethylolharnstoff; vgl. EP 600184 und EP 599847.

EP 606788 ter Kuile 1948 — Man hydrophobiert mit einer Mischung aus Kunstharzvorkondensat und emulgiertem Paraffin.

EP 600706 Ciba 1948 — Kunstharzvorkondensate aus Octadecylurethan und Formaldehyd und Oxyäthansulfosäure dienen zum Hydrophobieren.

EP 599492 Snow 1948 — Wasserdichte Textilien erhält man, wenn man mit dem Reaktionsprodukt von Phenol-aldehydharz, Petroleumpech und einem trocknenden Öl, gelöst in einem organischen Lösungsmittel, behandelt.

EP 598558 Dominion Tar Co. 1948 — Man verwendet Emulsionen von Polymerisationsprodukten von Dimethylstyrol zur Herstellung eines weichen, wasserfesten Apprets. Die Polymerisate sind hitzebeständiger als solche von Styrol.

EP 594760 Hercules 1947 — Zum Imprägnieren von Fasern werden wasserlösliche Kondensate von Phenol-formaldehydharzen und Pineharzpech (unlöslich in Petroleumkohlenwasserstoffen) empfohlen.

EP 591986 Vellumoid Co. 1947 — Zur Herstellung von gas- und wasserdichten Textilien werden dieselben mit einer Mischung eines geschmolzenen ölmodifizierten Alkydharzes (1 Teil) mit trocknendem Öl (2 Teile), wobei diese Mischung bis zur Klarheit erhitzt und nachher rasch abkühlen gelassen wird, behandelt. Das Gemisch ist vorteilhafter anzuwenden als Chlorkautschuk.

EP 587572 Cyanamid 1947 — Man hydrophobiert mit Derivaten von Methylolmelaminen; vgl. EP 586429.

EP 587063 Rubber 1947 — Durch Polymerisation von o-Benzoylbenzoesäureallylester können Mittel zum Hydrophobieren von Geweben, aber auch zur Herstellung von Fasern (heißes Verspinnen unter Druck) hergestellt werden. Auch Gewebeaufstriche mit wasserabstoßenden Eigenschaften sind mit ähnlichen Stoffen erzielbar.

EP 586196 Rubber 1947 — Um steife hydrophobe Gewebe zu erhalten, werden Textilien mit einem härtbaren Harz imprägniert, dessen Härtung dadurch erfolgt, daß das Gewebe über mit Heizflüssigkeiten erhitzte Platten geführt wird.

EP 583844 Ciba 1947 — Man kann zum Hydrophobieren von Geweben Vorkondensate aus Melamin und Harnstoff anwenden. Zur Stabilisierung derartiger Produkte in Gegenwart von Säure oder Ammoniumsalzen wird Pyridin zugesetzt. Die Lösungen ergeben einen steifen Griff auf dem Gewebe. Man kann sie auch Druckpasten zusetzen, und dann dienen sie zum Fixieren von Pigmenten auf der Faser.

EP 581127 Distillers 1946 — Man erhält wasserlösliche, als Imprägnierungsmittel für Textilien bestgeeignete Kondensationsprodukte, wenn man z. B. 100 Teile Kresol, 100 Teile Formaldehyd und 1 Teil NaOH 10 Minuten auf 70° C erhitzt und dann rasch abkühlt. Hernach werden der Flüssigkeit 7 Teile Ölsäure zugesetzt und z. B. Textilgewebe imprägniert.

EP 580883 Sylvania 1946 — Man überzieht Gewebe mit einem elastischen Film von Polymerisationsprodukten, wie z. B. einem Co-Polymerisat aus Styrol und Butadien, und vereinigt diesen Film unter Hitze und Druck mit der Grundlage. Man erhält wasserdichte Gewebe.

EP 578197 Sylvania 1946 — Man versieht eine Textilgrundlage mit einem Film aus thermoplastischem Material (Polyvinylchlorid), schmilzt den Film unter Hitze und Druck derart, daß er in das Gewebe eindringt, ohne die Poren desselben zu verstopfen, und erhält so luftdurchlässige wasserdichte Erzeugnisse.

EP 576134 Shawinigan 1946 — Als hydrophobierender Gewebeaufstrich wird eine Mischung von Polyvinylacetat und Wachs mit Weichmachern angegeben.

EP 574518 Holt 1946 — Man imprägniert Garne mit Polyvinylchlorid oder Polyvinylacetal und einem Weichmacher, stellt daraus Gewebe her und kalandert dieselben, um die Zwischenräume zu schließen. Das Gewebe ist wasserdicht, aber noch porös.

EP 573834 ICI 1945 — Auf ein Textilgewebe kalandriert man heiß eine Mischung von 20 Teilen Aluminiumnaphtenat und 80 Teilen Polythen (Polyäthylen). Das wasserdichte Gewebe zeigt einen weichen glänzenden Appret.

EP 572790 Tootal 1945 — Material, z. B. Säcke, können feuchtigkeitsfest gemacht werden, indem man sie mit Lösungen von Harnstoff-formaldehydvorkondensaten, welche einen polymerisierten Alkyläther von Äthylenglykol enthalten und durch Zugabe von Weinsäure sauer eingestellt sind, imprägniert und nach dem Trocknen 2 Minuten bei 170° C härtet.

EP 549828 Yorkshire 1941 — Wasserdichte, durchscheinende Gewebe: Baumwolle oder Kunstseidengewebe, werden mit einer Mischung von plastischem Harnstoff-formaldehydharz, einer Lösung von Chlorkautschuk und Paraffinwachs imprägniert.

EP 544715 DuPont 1941 — Lösungen linearer Polyamide in Ameisensäure werden zu Methanol gegeben und das Koagulat gewaschen und emulgiert. Die Emulsion kann für Appreturzwecke dienen.

EP 542932 Thomson Houston 1941 (s. a. EP 542933, 542934, 542972, 542973, 542974) — Kondensationsprodukte aus Harnstoff mit einem Zusatz von Chloracetylharnstoff und Formaldehyd werden als Appreturmittel für die Erzielung knitterfester, wasserabstoßender Effekte auf Textilien bzw. zum Appretieren und Schlichten verwendet.

EP 540256 CCCC 1941 — Zum Appretieren von Geweben (Gewebeüberzüge) werden Vinyl-chlorid-, Vinyl-acetat-Co-Polymere verwendet.

EP 540219 Courtaulds 1941 — Zum Wasserdichtmachen von Textilien werden Cyanamid-harnstoffharze mit Paraffin verwendet.

EP 539476 IG 1941 — Zum Imprägnieren von Textilien werden wäßrige Emulsionen von Polyisobutylen verwendet. Sie können auch zum Verkleben von Textillagen sowie als Appret Anwendung finden.

EP 537971 DuPont 1941 — Zum Wasserabstoßendmachen und Knitterfestmachen von Geweben dienen wäßrige Lösungen von Methylolharnstoffalkyläthern, wobei das behandelte Gewebe aus Cellulosematerial nachher auf etwa 140—175° C erhitzt wird. Zur Erhöhung des Effekts können Emulsionen langkettiger Verbindungen, wie z. B. Stearoamid, zugegeben werden. Man behandelt z. B. mit 8 Teilen Stearoamid, 25 Teilen Isopropylalkohol, 16 Teilen Di-isopropyläther des Dimethylolharnstoffs, 0,7 Teilen Natriumdodecylsulfat, 0,3 Teilen Ammonchlorid und 5 Teilen Wasser.

EP 530650 ICI 1941 — Zum Imprägnieren werden Polyäthylene mit einem MG. von 15000—20000 und einem über 100° C liegenden Schmelzpunkt vorgeschlagen. Sie werden bei 120° C aufkalandert, wobei etwa 5—30% natürlicher oder künstlicher Kautschuk, um die Brüchigkeit herabzusetzen, beigegeben wird. Nach dem Kalandern wird kurz (5 Minuten) auf 120° C erhitzt.

EP 527762 Tootal 1940 — Man macht Textilien, welche keine Cellulosederivate (Acetylcellulose) enthalten, wasserfest, indem man sie mit einer Emulsion von gummiartigen weichen Polymerisaten (Vinylacetylen, Butadien usf.) behandelt und durch vorheriges Auskochen des Gewebes mit einer Lösung von 0,5% NaOH und 0,5% Seife etwaiges darin enthaltenes Fett, Öl oder Wachs entfernt.

EP 523731 Tootal 1940 — Gewebeüberzüge mit Isobutylen, Polystyrol, Polyacrylsäure usw. werden mit einem dünnen Überzug von Mischungen aus Alkydharzen und Harnstoff-formaldehydharzen versehen und gehärtet. Hernach wird kalandert.

EP 508822 Celanese 1939 — Man behandelt Gewebe mit Lösungen des Kondensationsproduktes von Maleinsäure- und Vinyloctadecyläther in Benzol und Cyclohexanon unter Zusatz eines Weichmachers.

EP 508173 Flores 1939 — Als Hydrophobierungsmittel für Textilien werden die Ammoniumsalze der Halogenmethyläther von Urethanen angewendet.

EP 506783 Tootal 1939 — Zum Hydrophobieren werden Textilien mit Harnstoff-formaldeydharzlösungen behandelt, wobei sie vorher mit Octadecyloxymethylpyridiniumchlorid behandelt wurden. Das Material ist auch knitterecht. Wichtig ist, daß das Material nach der Velanbehandlung alkalisch gequollen wird und dann erst die Behandlung mit Kunstharzlösungen erfolgt.

EP 503140 ICI 1939 — Behandelt wird mit einer Dispersion von Äthylhexylmethacrylat, Methylmethacrylat mit etwas Persulfat. Hernach wird getrocknet und erhitzt.

EP 502681 ICI 1939 — Zur Herstellung von Ballonstoffen vereinigt man unter Druck zwei mit Polymeren harzartiger Natur bestrichene Gewebelagen und überzieht den erhaltenen Doppelstoff mit einer Schicht eines opaken Pigmentes und eines filmbildenden Mittels, wie Neopren, Äthoxyäthylmethacrylat oder Methacrylat.

EP 501552 Bancroft 1939 — Zum Hydrophobieren von Textilien werden Harnstoff-formaldehydkondensate vorgeschlagen und hierauf sensibilisiert (Drucktechnik).

HollP 62152 Ciba 1948 — Kondensationsprodukte aus Hydroxycarbonsäure, Amiden und Formalhdehyd dienen zum Hydrophobieren; vgl. EP 524737.

HollP 59661 IG 1947 — Man hydrophobiert mit Melaminharzvorkondensaten in Gegenwart von Salzen dreiwertiger Metalle.

HollP 59631 IG 1947 — Zum Veredeln von Viskose oder Cellulosegeweben werden dieselben mit den Kondensationsprodukten von höher molekularen organischen Carbonsäureamiden oder niedrig molekularen Carbaminsäureestern, die eine nicht substituierte Amidogruppe enthalten, mit 2 Molen Formaldehyd in Anwesenheit von $AlCl_3$ oder Ammonnitrat behandelt, z. B. Formamid, Formaldehyd und Al-chlorid, Hydroxyessigsäureamid, Formaldehyd und Al-chlorid, Chloressigsäureamid, Formaldehyd und Ammonnitrat, Äthylcarbaminsäureester und Formaldehyd usw.

AP 2537667 Monsanto 1951 — Man benützt wäßrige Kunstharzdispersionen von einem pH-Wert 9—10.

AP 2537064 Cyanamid 1951 — Es wird mit Co-Polymerisaten primärer Isocyanate und Verbindungen, welche die Gruppe

$$CH_2{=}CH\langle$$

enthalten, hydrophobiert.

AP 2532691 DuPont 1950 — Zum Hydrophobieren wird eine Dispersion von Polytetrafluoräthylen (2—40%ig) und 0,1—10%ige Ammoniumverbindung usw. vorgeschlagen.

AP 2523868 DuPont 1950 — Man imprägniert mit wäßrigen Bädern von 0,5—3% Keton-formaldehydharzvorkondensat, 0,3—1% Methylmelaminharzvorkondensat und 0,15—0,6% wasserlöslichen sauren Katalyten. Es werden hydrophobe Textilien erhalten.

AP 2512195 Beux 1950 — Hydrophobieren mit Kunstharzvorkondensaten in Gegenwart ätherifizierender Mittel.

AP 2510522 Montclair 1950 — Man behandelt mit Stearoylmethylolamid und Melaminformaldehydvorkondensaten.

AP 2509174 Monsanto 1950 — Das Wasserdichtmachen von Textilien erfolgt mit wäßrigen Emulsionen von Aminotriazinkondensaten, die mit 5—2 Molen gesättigter einwertiger Alkohole von 1—6 C-Atomen und 1—4 Molen aliphatischer gesättigter oder ungesättigter Alkohole mit 12—30 C-Atomen im Molekül veräthert sind. Nachher wird auf 100—300° C erhitzt.

AP 2505649 DuPont 1950 — Zum Hydrophobieren werden Methylolmelamine und Methylolstearamid gemeinsam mit Stearamidomethylpyridiniumchlorid usw. vorgeschlagen (vgl. a. AP 2357273 und AP 2504003).

AP 2493360 Sun Chem. 1949 — Man hydrophobiert mit Fettsäurenitrilen und Formaldehyd.

AP 2464342 Pollak, Fassel 1949 — Es wird mit Melaminharzvorkondensaten in Gegenwart von Ammoniumpyrophosphat hydrophobiert; vgl. AP 2161808, 2446864.

AP 2452152 Celanese 1948 — Hydrophobe und gasfeste Textilien werden erhalten, indem man sie mit wäßrigen Lösungen von Polyvinylalkohol imprägniert, das Wasser verdampft und mit Formaldehyd behandelt, bis etwa 25—45%

aller OH-Gruppen des Polyvinylalkohols acetalisiert sind. Die Behandlung erfolgt in Wasser-Aceton-Lösung. Hernach wird mit einer Schicht unlöslicher Seife überzogen.

AP 2448125 Ciba 1948 — Einen wasserabstoßenden Effekt sowie eine verbesserte Naßechtheit substantiver Färbungen erhält man, wenn man die gefärbten Textilien mit den Umsetzungsprodukten von 1 Mol eines Säureamids mit mindestens 12 C-Atomen und mindestens 1 freien H-Atom am Stickstoff der Amidgruppe mit 2 Molen Formaldehyd und 1 Mol eines primären Aminsalzes oder NH_3 behandelt.

AP 2446864 Quaker 1948 — Zum Hydrophobieren von Textilien werden Mischungen aus Harnstoffderivaten der Form R—NH—CO—NH—R_1 (R = = aliphatischer Rest mit 12—18 C-Atomen, R_1 = Wasserstoff oder Alkylrest) und Harnstoff-formaldehydharzen oder Melaminformaldehydharzen vorgeschlagen.

AP 2437421 Prophylactic Brush 1947 — Als Imprägniermittel für Gewebe, welche auch vulkanisierbar sind, wird eine Mischung von 30—90 Teilen Acrylnitril, 2—70 Teilen 1,3-Butadien und 2—40 Teilen Monovinyläther emulsionspolymerisiert. Das erhaltene Polymerisat wird in Dispersion verwendet.

AP 2426770 Cyanamid 1947 — Zum Wasserabstoßendmachen von Textilien werden wasserlösliche Methylolmelaminharze empfohlen. Man setzt Methylolmelamine mit höheren Alkoholen um, z. B. Methylmethylolmelamin mit Octadecylalkohol, wobei Verbindungen der wahrscheinlichen Form:

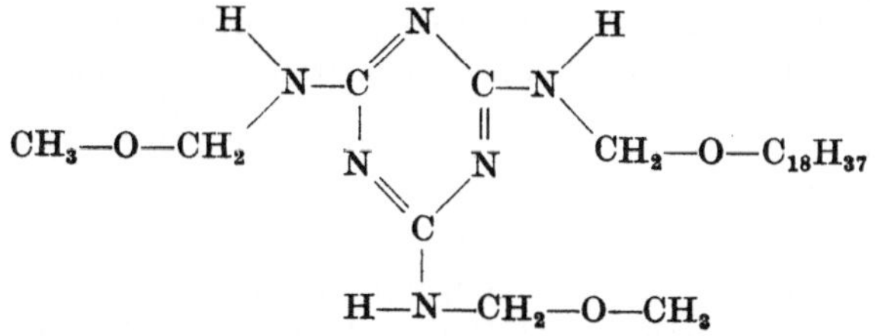

```
                H         N          H
                 \      //  \       /
                  N—C         C—N
                 /    |       ||    \
CH3—O—CH2             N       N      CH2—O—C18H37
                       \\    /
                          C
                          |
                   H—N—CH2—O—CH3
```

erhalten werden; vgl. SP 253938 (S. 522).

AP 2423185 Hydronaphten 1947 (s. a. AP 2101215, 2197357, 2211709, 2215067, 2284609) — Zum Wasserabstoßendmachen von Textilien werden dieselben mit einer warmen (50° C), wäßrigen Lösung des Salzes eines basischen Aminoaldehydharzes und dem mineralsauren Salz eines Guanylharnstoffes behandelt, abgequetscht und durch alkalische Nachbehandlung die wasserlösliche Gruppe des Salzes entfernt und das Harz in den unlöslichen Zustand übergeführt.

AP 2420157 Cyanamid 1947 (s. AP 2371892, 2368451, 2340044, 2339788) — Wasserabstoßende Textilien werden erhalten, indem man sie mit Umsetzungsprodukten von Alkyl-methylolmelamin-formaldehydkondensationsprodukten mit quaternären Pyridinsalzen usw. in Lösung behandelt und über 75° C trocknet (s. weiters AP 2255901, 2197357, 2191362, 2131362).

AP 2417014 Cyanamid 1947 (s. a. AP 2197357 sowie AP 2345543 [1944]) — Die Herstellung von Emulsionen von Aminotriazinen bzw. deren Formaldehydharzen wird beschrieben.

AP 2413024 Sun Chem. 1947 — Zum Hydrophobieren von Textilien wird die Verwendung von Schiffschen Basen, z. B Di-Heptadecyl-β-naphtylamin-anilin, vorgeschlagen, wobei eine Behandlung mit organischen Lösungen stattfindet; nachher wird auf 50° C erhitzt.

AP 2406412 ICI 1946 — Zum Imprägnieren von Wolle wird dieselbe bei 90—95° C der gemeinsamen Einwirkung von Wasserdampf und den Dämpfen polymerisierbarer Monomerer, wie Acrylsäure oder Methacrylsäure usw., ausgesetzt, bis innerhalb der Faser das Polymerisationsprodukt gebildet ist.

AP 2405965 DuPont 1946 (s. S. 102).

AP 2404910 Thompson 1946 — Das Imprägnieren von Textilien aus Cellulosematerial wird derart vorgenommen, daß zwecks besseren Haftens der Vorkondensatlösungen die Textilien erst mit Metallsalzlösungen behandelt werden, wobei ammoniakalische Kupfersulfatlösungen in Gegenwart von Zucker vorgeschlagen werden. Hernach wird mit Harnstoff-formaldehydkondensaten in Anwesenheit von Netzern imprägniert. Die Haftfestigkeit der Harzimprägnierung ist eine weitaus verbesserte. Die Sulfate von Ni, Ti, Cr usw. und Zucker sind ebenfalls angegeben.

AP 2404896 Monsanto 1946 — Man behandelt Gewebe mit Verbindungen der Form

RCONH—

(R ist ein Rest mit 8—35 C-Atomen), eventuell in Verbindung mit Wachs, und erhält wasserdichte Erzeugnisse.

AP 2404313 DuPont 1946 — Man erhält Gewebe, welche als Tischtücher oder Bucheinbände verwendet werden können und wasserfest sind, wenn man sie mit einer Schicht von Mischpolymerisaten aus Vinylacetat und Vinylchlorid (Mischung 5:95) unter Zusatz eines Glykolesters sowie eventuell von Pigmenten und Weichmachern versieht. Als Maschine zum Aufbringen kann eine Vorrichtung nach AP 2107275 oder 2107276 Anderson 1938 verwendet werden.

AP 2389416 Gen. An. 1945 — Man behandelt mit Kondensaten aus Glycin, Formaldehyd und Harnstoff.

AP 2386140 Roges 1945 (s. EP 517474).

AP 2385940 Nat. Oil 1945 — Zum Hydrophobieren von Textilien werden Kondensate von Salicylsäureamiden mit Formaldehyd und sek. Aminen empfohlen.

AP 2385766 Cyanamid 1945 (s. a. AP 2385765) — Als Hydrophobierungs- und Weichmachungsmittel werden Kondensationsprodukte von N-substituierten Guanaminen der Form

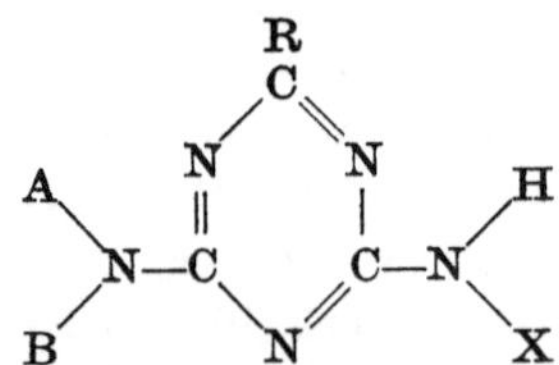

(R = H oder Alkyl mit 2 C-Atomen; A und B = H oder niedrig substituierte Alkyle; X = Alkyl-, Cycloalkyl-, einkerniger Arylrest; R, X, A, B zusammen mehr als 7 C-Atome) mit Formaldehyd und nachheriger Härtung angewendet.

AP 2378724 Cyanamid 1945 — Zum Hydrophobieren sollen Lösungen von Monoacylguanidinen (Acyl-Fettsäurerest) und härtbaren Melaminformaldehyd- bzw. Harnstoff-formaldehydvorkondensaten verwendet werden.

AP 2378667 (s. S. 103).

AP 2361270 DuPont 1944 — Man behandelt Textilien mit wasserunlöslichen Vinylpolymeren und Verbindungen der Form A—CH_2—Z, wobei A ein organischer Rest mit 9—27 C-Atomen, frei von wasserlöslichen Gruppen, ist, welcher mit der CH_2-Gruppe durch O, S, N verbunden und Z ein Rest, der die Verbindung wasserlöslich macht, ist.

AP 2355265 Röhm & Haas 1944 — Textilien werden hydrophobiert mit einer Lösung von Malonamid und Formaldehyd, wobei nachher erhitzt wird.

AP 2348039 Al. Prop. Cust. 1944 — Zum Hydrophobieren sollen wäßrige Dispersionen polymerer Polyäthylenimine mit Wachs und Paraffinöl angewendet werden. Nach dem Imprägnieren wird bei 100—110° C getrocknet.

AP 2343093/94 DuPont 1944 — Die Appretur bzw. Hydrophobierung von Textilien erfolgt mit Mischungen, aus welchen das Polymerisat substantiv auf Wolle, Nylon oder Cellulose zieht, wie sie unter AP 2343090 beschrieben sind. Als Zusatzmittel wird noch Glyzerinester der Abietinsäure und ein wasserlösliches Salz eines desacylierten Chitins angegeben.

AP 2343089/90 DuPont 1944 — Zum Appretieren und Hydrophobieren von Textilien aus allen Fasern werden substantiv aus wäßrigen Lösungen aufziehende Harzmischungen empfohlen, derart, daß sie Polymerisate von Methylacrylat usw. enthalten, neben einem ionenaktiven, die Oberflächenspannung verringernden Mittel, wie Fettalkoholsulfonat, naphtalinsulfosaure Salze; ferner wird ein Schutzkolloid zugegeben, wie: teilweise verseifter Polyvinylester, das Äthylenoxydanlagerungsprodukt von Oleylalkohol usf. Zum Hydrophobieren werden außerdem noch basische Al-acetat und eine Wachsemulsion zugegeben.

AP 2339203 Cyanamid 1944 — Textilien werden durch Behandlung mit Lösungen von methylierten Methylolmelaminen bei nachheriger Härtung hydrophobiert.

AP 2335582 DuPont 1945 — Man behandelt mit Co-Polymeren von Vinylverbindungen und Alkylenisocyanaten und erhitzt auf 70—200° C.

AP 2316057 Gen. An. 1943 — Man behandelt mit Polyvinylderivaten.

AP 2316037 Courtaulds 1943 — Man hydrophobiert mit Cyanamid-Aldehydharzen.

AP 2284896 DuPont 1942 — Zum Hydrophobieren werden modifizierte Polyamide vorgeschlagen.

AP 2282701 Röhm & Haas 1942 — Wasserdichte Gewebe werden erhalten durch Behandlung mit Lösungen von 5—10% eines Kondensationsproduktes eines Fettsäureamides mit Formaldehyd und tert. Amin sowie Harnstoff. Nach dem Abpressen wird auf 120—150° C erhitzt.

AP 2282181 Kleinert, Rubber Co. 1942 — Gleichzeitig mit einer wasserdichten Appretur werden Tetramethylthiurammono- und -disulfid aufgebracht als Antiseptikum.

AP 2281589 DuPont 1942 — Gewebeaufstriche, die wasserfest sind, werden hergestellt, indem man erst mit dimeren Ketenen in organischen Lösungsmitteln imprägniert, dann trocknet und eine Mischung von Buthylmethacrylat polymer und Wachs in Toluol aufstreicht und trocknet.

AP 2277486 DuPont 1942 — Man behandelt mit Guanidin und Kupfersalzen.

AP 2270024 ICI 1942 — Co-Polymerisate von 2-Äthylhexylmethacrylat und Methylmethacrylat werden zum Hydrophobieren verwendet.

AP 2268121 DuPont 1941 — Zum Wasserdichtmachen von Geweben wird eine Mischung von Polyvinylalkohol-butyraldehydharz, 10%iger Paraffinemulsion und dem Sebacinsäurediester des Monoäthyläthers des Äthylenglykols, in Äthylenalkohol gelöst, verwendet. Eventuell kann auch noch eine Kautschukemulsion zugegeben werden.

AP 2247419 DuPont 1941 — Zum Hydrophobieren können Monoäther von Dimetylolharnstoffen benützt werden, z. B. Dimethylolharnstoffmono-n-butyl- oder -isobutyläther.

AP 2245132 DuPont 1941 — Weiche und wasserabstoßende Textilien werden erhalten, wenn man Gewebe mit monomeren Vinyläthern einwertiger Alkohole, die eine offene Kette von mindestens 8 C-Atomen besitzen, behandelt und hernach unter nicht alkalischen Verhältnissen bei 170° C so lange erhitzt, bis eine Probe wasserfest ist.

AP 2242490 Gen. An. 1941 — Man imprägniert Gewebe mit einem Kondensationsprodukt aus Äthylenimin und Butylsenföl, wobei wäßrige Lösungen, oder wegen der Schwerlöslichkeit des Wirkstoffs Lösungen in Alkohol verwendet werden. Man erhält wasserabstoßende Erzeugnisse.

AP 2242484 Cyanamid 1941 — Zur Stabilisation von Harnstoff-formaldehydvorkondensatlösungen wird Äthylalkohol (10—20%) angewendet.

AP 2242051 Heberlein 1941 — Kondensationsprodukte von Dialdehyden und Fettsäureamiden oder Fettalkoholen können zum Hydrophobieren ohne Griffbeeinträchtigung verwendet werden, wobei die mit den Stoffen behandelten Textilien, wie Wolle, Baumwolle, Viskose oder Acetatseide, waschecht wasserabstoßend gemacht werden. Die Behandlung erfolgt mit Dispersionen oder Lösungen in organischen Lösungsmitteln in Anwesenheit von sauren Katalyten, wie etwa Glykolsäure oder Milchsäure, durch kurzes Erhitzen auf 100—160° C, wobei bei der Cellulose eine oberflächliche Ätherifizierung eintritt. Z. B. wird Glyoxal mit Stearinsäureamid kondensiert, wobei je nach der Führung des Prozesses folgende Umsetzungen eintreten:

$$C_{17}H_{35}CO\cdot NH_2 + OCH{-}CHO \longrightarrow C_{17}H_{35}CONH\cdot O\cdot CH_2{-}\overset{H}{C}{=}O$$

$$2\ \text{Moleküle}\ C_{17}H_{35}CONH_2 + O{=}\overset{H}{C}{-}\overset{H}{C}{=}O \longrightarrow \begin{matrix} C_{17}H_{35}CONH \diagdown \\ C_{17}H_{35}CONH \diagup \end{matrix} \overset{H}{C}{-}\overset{H}{C}{=}O$$

AP 2230358 Pittsburgh Glass 1941 — Steife und wasserfeste Gewebe werden erhalten, indem man sie mit einer Lösung von Vinylchlorid und Vinylacetat 88 : 12 bzw. deren Polymeren und Diamylphtalat behandelt. Als Lösungsmittel wird eine Mischung von 85% Methyläthylketon und 15% Benzol angewendet.

AP 2227637 IG 1941 — Man überzieht Gewebe usw., um sie wasserfest zu machen, mit einer Mischung von Chlordiphenyl oder Chlornaphthalinen und Polyvinylcarbazolen (7,5% der Mischung).

AP 2213921 DuPont 1941 — Wie oben (s. a. AP 2247419), doch wird hier der Dimethylolharnstoff-di-n-decyläther zum Hydrophobieren angegeben.

AP 2211976 Gen. An. 1940 — Man behandelt Gewebe, um sie hydrophob zu machen, mit einer Lösung von 5 g Milchsäure oder Glykolsäure pro Liter und trocknet. Hernach imprägniert man mit einer Lösung des Kondensationsproduktes eines hochmolekularen Säureamids (Montansäureamid) und Formaldehyd bei 60° C, wobei als Lösungsmittel Tetrachlorkohlenstoff verwendet wird. Man quetscht ab, trocknet und erhitzt einige Minuten auf 140° C. Die Kondensate haben die allgemeine Form

$$R{-}CO{-}N\begin{matrix} \diagup R_1 \\ \diagdown CH_2{-}OH. \end{matrix}$$

AP 2200944 Tootal 1940 (s. FP 842580).

AP 2184600 Horn 1939 — Wasserdichte, luftdurchlässige Textilien werden hergestellt, indem man sie mit Paraffin in flüssiger Form behandelt, ohne die Poren zu schließen, und hierauf bei 25° C mit Polyvinylacetat in einer Menge von 10—20 g/m² behandelt und kalt kalandert.

AP 2168534 IG 1939 (s. AP 2168535) — Zum Wasserdichtmachen von Textilien werden dieselben mit Mischpolymerisaten von Maleinsäurederivaten und Olefinverbindungen behandelt. Z. B. 530 Teile Benzin, 270 Teile Alkohol, 5 Teile Mischpolymerisat von Maleinsäure und Vinyltetradecyläther, 5 Teile Dodecylisocyanat. Hernach wird 5 Minuten auf 100° erhitzt. Für gewisse Behandlungen kann auch mit Al-acetat usw. vorimprägniert werden. Wolle, Seide, Kunstseide, Acetatseide, Baumwolle usw. können imprägniert werden.

AP 2160375 IG 1939 — Ein Baumwoll- oder Mischgewebe oder Kunstseidengewebe wird mit einer Lösung von 0,5% des Mischpolymerisates von Vinyloctadecyläther und Maleinsäuredimethylester, gelöst in Tetrachlorkohlenstoff oder Alkohol imprägniert. Man erhält einen waschfesten Wasserabstoßend-Effekt.

AP 2145695 Mattiotto 1939 (s. DP 683729) — Kondensate aus Glukose und Harnstoff werden mit Formaldehyd umgesetzt und ergeben wasserlösliche, stabile Verbindungen, die sich vorteilhaft als Appreturmittel für Gewebe eignen. Neben guter Weichheit erzielt man Knitterfestigkeit und nach Härtung bei höherer Temperatur auch hydrophobe Gewebe.

c) Das Hydrophobieren mit Organosiliziumpolymeren.

Die Herstellung von Organosiliziumverbindungen, welche durch Polykondensation resistente Harze, die Polysiloxane, liefern, wurde seit dem Jahre 1941 insbesondere von der International General Electric Co. (Rochow) und der Dow Chem. Co. ausgebaut. Seither sind eine ganze Reihe von Vorschlägen gemacht worden, die Verbindungen zum Hydrophobieren von Textilien, aber auch von Glasfasern, anzuwenden. Da bei der Hydrolyse und anschließenden Polykondensation der verwendeten Ausgangpunkte HCl gebildet wird, ist die Mitverwendung alkalisch wirkender Mittel bzw. nachherige sorgfältige Behandlung mit alkalischen Flotten notwendig, um eine Faserschädigung zu verhüten. Eine Reihe neuerer Untersuchungen ergab die Vermutung, daß es sich bei dieser Art von Hydrophobierung nicht nur um eine oberflächliche Bildung eines wasserabstoßenden Überzuges aus Polysiloxanen handelt, sondern z. B. bei Verwendung von Organosiliziumestern diese wahrscheinlich mit den OH-Gruppen der Cellulose reagieren. Man arbeitet hierbei zweckmäßig in Ammoniakdampf, um die abgespaltene Säure sofort zu neutralisieren.

Mit Hinblick auf die Neuwertigkeit und technische Verwendbarkeit der Organosiliziumverbindungen überhaupt ist in einem Anhang die Patentliteratur über die Herstellung derartiger Stoffe zusammengestellt (vgl. S. 540).

Literaturübersicht über das Hydrophobieren mit Organosiliziumpolymeren.

Salquain: Teintex 15, 167 (1950).

Patentschrifttum über das Hydrophobieren mit Organosiliziumpolymeren.

SP 271117 Rhône-Poulenc 1950 — Zum Hydrophobieren von Textilien soll mit Hydrolyseprodukten von Organosilanhaliden hydrophob gemachtes SiO_2 dienen. Man bringt unter Umständen beide Komponenten zusammen auf das Substrat; vgl. EP 628585.

SP 270805 Rhodiaceta 1950 — Man hydrophobiert Acetatkunstseide mit Organosilanen und behandelt mit Ammoniak.

FP 951039 Sove 1949 — Hydrophobiert wird durch Hydrolyse mit organischen Siliziumverbindungen, z. B. Monohexyltrimethyoxysilan, Hydrolyse und nachfolgender Polymerisation (90° C).

FP 925801 Corning Glass 1947 — Zum Hydrophobieren insbesondere von Glasfasern werden Organosiliziumverbindungen, die leicht hydrolysierbar sind, vorgeschlagen, wie etwa eine Lösung von 2% Laurylsilizium-trichlorid in Xylol.

FP 921914 Thomson Houston 1947 — Wasserabstoßende Gewebe werden durch Appretur mit Na-methylsilikonate CH_3—Si—O—O—Na, eventuell unter Zusatz von Fe, Al usw., erhalten.

EP 645768 Fifl 1950 — Zum Hydrophobieren werden Textilien mit wäßrigen Lösungen eines Polysiloxans behandelt, die einen Emulgator enthalten (Trialkylarylammonchlorid). Es wird imprägniert, dann getrocknet und über 100° C erhitzt.

EP 621970 Thomson Houston 1949 — Zum Hydrophobieren werden Lösungen von Hydrolysierungsprodukten der Alkyl- oder Aryltrihalogensilane vorgeschlagen.

EP 610152 Corning Glass 1948 — Auf Baumwolltextilien festhaftende wasserundurchlässige und wasserabstoßende Überzüge werden durch Bestreichen mit einer Mischung eines Organosiloxans, Pigment und etwas Diacylperoxyd bestrichen und 2 Minuten auf 180—400° C erhitzt. Das Organosiloxan entspricht der Hauptsache nach der Formel RR'SiO, wobei R und R' Alkylreste oder Alkyl-Arylreste sind. Das Diacylperoxyd ist vorteilhaft Benzoylperoxyd. Die Überzugsdichte liegt zwischen 0,0025—0,175 mm.

EP 599153 Thomson Houston 1948 — Zum Hydrophobieren von Textilien usw. werden Halogenpolysiloxane empfohlen, wobei Ammoniak einwirken gelassen wird. Die erhaltenen wasserfesten Überzüge weisen sowohl Silazin- als auch Siloxanbindungen auf.

EP 593727 Thomson Houston 1947 (s. a. EP 572740) — Zum Wasserabstoßendmachen von Textilien werden hier aus Organosiliziumhaliden mit Ammoniak hergestellte Organosiliziumamine der Form R_3SiNH_2 oder $R_2Si(NH_2)_2$ verwendet, wobei diese in Benzol, Toluol oder Benzol plus Äther gelöst werden (das EP 572740 arbeitet bekanntlich derart, daß Gewebe erst mit den

Dämpfen von Organosiliziumhaliden und dann mit Ammoniakdämpfen behandelt werden, also die Bildung der Aminoverbindungen auf dem Gewebe erfolgt).

EP 588762 Corning Glass 1947 — Man behandelt Materialien mit hydrolysierbaren Organosilanen und erhitzt nachher. Man erhält wasserfeste Überzüge. Das Silan kann in organischen Lösungsmitteln gelöst sein (Methyltriäthoxysilan usw.), insbesondere für Glasgegenstände, auch Fasern.

EP 585947 Thomson Houston 1947 — Zum Wasserdichtmachen von Geweben behandelt man diese mit einer Lösung des bei der Hydrolyse von CH_3—Si—H—Cl_2 erhaltenen öligen Produkts in einem inerten Lösungsmittel.

EP 575696 Thomson Housten 1946 (s. a. EP 561136) — Als Mittel zum Wasserdichtmachen von Waren verwendet man eine Mischung von 2,8—99,2% Trimethylsiliziumchlorid und 97,2—0,8% Siliziumtetrachlorid.

EP 575675 Thomson Houston — Man behandelt zum Wasserdichtmachen mit Lösungen von Methyl- oder Äthylsilanpolyhaliden.

EP 575295 Hardy 1946 — Wasserabstoßendmachen von Glas, Porzellan. Kontakt mit Methylsilikanhaliden in dampfförmiger oder flüssiger Phase. Auch für optische Instrumente, die der Witterung ausgesetzt sind.

EP 572740 Thomson Houston 1946 (s. a. EP 542655) — Hier werden die wasserdicht zu machenden Waren in Berührung mit organischen Siliziumhalogeniden in Dampfform gebracht. Hernach wird mit Ammoniak behandelt.

AP 2528554 Montclair 1950 —Man hydrophobiert Textilien mit Alkyl-alkoxysilan und einem Alkyl-silicylester durch Fixieren der Verbindungen unter Erhitzen auf 120—180° C. Verwendet man 1—10% der Wirkstoffe, entsteht ein wasserabweisendes Gewebe, welches die Körperatmung nicht beeinträchtigt.

AP 2519232 Viscose 1950 — Zum Hydrophobieren behandelt man regenerierte Cellulose mit Alkyl-, Aryl- oder Aralkylsilanhaliden in organischen Lösungsmitteln 10—15 Minuten bei 0—10° C, hierauf wird mit verdünnten alkalischen Flüssigkeiten bei 10° C 10 Minuten behandelt, dann gewaschen und getrocknet. Das erhaltene Material ist hydrophob und farbstoffimmun.

AP 2507200 Gen. El. 1950 — Man behandelt mit einer Mischung des wasserlöslichen Me-Salzes eines Silantriols und erhitzt das an der Materialoberfläche gebildete Polysiloxan unter schwach sauren Bedingungen.

AP 2477779 Sun Chem. 1949 — Die Behandlung mit Stearamidomethylorthosilikat erteilt Textilien wasserabweisende Eigenschaften.

AP 2474704 Dow 1949 — Zum Hydrophobieren von Textilien werden diese mit Dispersionen von Monomethyldiäthoxysilanen behandelt.

AP 2469625 Dow 1949 — Man behandelt mit Verbindungen der Form

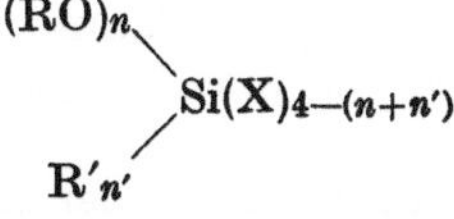

wobei R einen Alkylrest mit mindestens 8 Kohlenstoffatomen, R' niedere Alkylreste, X ein Halogen, n einen Index von 1 bis 3 und $n + n'$ einen Wert von 3 bedeuten.

AP 2439689 Corning Glass 1948 — Wasserabstoßende Glasfasern werden hergestellt, indem man Allylsilikontrichlorid bzw. Alkylsilikontrichloride mit einer Alkylgruppe von 7 und mehr C-Atomen in einem flüchtigen Lösungsmittel löst und die Glasfasern damit behandelt. Hernach wird auf 110° C erhitzt.

AP 2415017 Montclair 1947 — Tertiäre Amine, Formaldehyd und Siliziumtetrachlorid werden mit Fettsäureamiden umgesetzt. Die erhaltenen Produkte dienen zum Hydrophobieren.

AP 2413582 Montclear 1948 — Man verwendet Aryl- und Alkylsiliziumverbindungen in organischen Lösungsmitteln, deren Substituenten auch Aryloxygruppen sein können. Durch Zugabe wäßriger Alkohole können derartige Aryloxysiliziumverbindungen aus Halogenarylsiliziumverbindungen entstanden sein. Die Alkylgruppen haben 1—8 C-Atome. Es entstehen hydrophobe Textilien.

AP 2412470 Gen. El. 1947 — Zum Wasserdichtmachen von Geweben bzw. Wasserabstoßendmachen behandelt man mit Mischungen aus 45—55 Mol.-% Trimethylsiliziumchlorid und 55—45 Mol.-% Siliziumchlorid in verdünnter Lösung.

AP 2405988 Dow 1946 — Siliziumester können zum Wasserabstoßendmachen von Textilien angewendet werden. Man kann z. B. Dodecyldiphenylsiliziumacetat verwenden. Angaben über die erzielten Effekte sind enthalten.

AP 2386259 Gen. El. 1945 — Die öligen Hydrolysierungsprodukte von Methyldihalogensilanen werden zum Hydrophobieren vorgeschlagen.

AP 2306222 Gen. El. 1942 — Körper bringt man in Kontakt mit Dämpfen von Organosiliziumhaliden und nachher von organischen bzw. alkalischen Reagentien. Man erzielt einen Wasserabstoßungseffekt.

AP 2168778 Bitumols 1942 — Gewebe werden mit einer Lösung von $R—SiO—R_1$ in einem inerten Lösungsmittel behandelt. Das verwendete Produkt wird z. B. durch Hydrolyse aus CH_3SiHCl_2 gewonnen.

Anhang: Die Herstellung der Organosiliziumverbindungen.

Über die Organosiliziumverbindungen und ihre Herstellung sind eine Reihe von Veröffentlichungen erschienen[76].

Nomenklatur der Organosiliziumverbindungen [vgl. Chem. Engng. News **24**, 1233 (1946)].

SiH_4 = Silan.

SiH_3OH = Silanol, Silandiol usw. (je nach der Anzahl der OH-Gruppen).

$H_3Si(SiH_2)_nSiH_3$ = Di-, Tri- usw. Silan (entsprechend der Si-Atome im Molekül).

$SiH_3O—$ = Siloxan.

$H_3Si(OSiH_2)_nOSiH_3$ = Di-, Tri- usw. Siloxan (je nach der Anzahl der Si-Atome im Molekül).

$H_3Si(NH_2SiH_2)_nNHSiH_3$ = Di-, Tri- usw. Silazan.

$(SiH_2)_n$ = Cyclo-tri- usw. Silan (je nach der Anzahl der SiH_2-Gruppen im Ringmolekül).

$(SiH_2O)_n$ = Cyclo-tri- usw. Siloxan (je nach der Anzahl der SiH_2O-Gruppen im Ringmolekül).

$(SiH_2NH)_n$ = Cyclo-tri- usw. Silazan.

---

[76] Dennett: Amer. Dyestuff Reporter **36**, 594, 748 (1947). — Groggins: Unit Processes in Organic Synthesis **1947**. — Mark: Österr. Chemiker-Ztg. **1947**, 143. — Smith: Paint **18**, 88 (1948).

SiH_3— = Silylrest.

SiH_2= = Silylenrest.

SiH≡ = Silylidinrest.

H_3Si—Si—H_2— = Disilanylrest.

—H_2Si—SiH_2— = Disilanylenrest.

H_3Si—SiH_2—SiH_2— = Trisilanylrest.

$(SiH_3)_2$—SiH_2— = 1-Silyldisilanylrest.

SiH_3OSiH_2— = Disiloxanylrest.

SiH_3NHSiH_2— = Disilazanylrest.

H_3SiO— = Siloxyrest.

H_3SiNH— = Silylaminorest.

H_3Si—SiH_2—NH— = Disilanylaminorest.

SiH_3O—SiH_2—NH— = Disiloxanylaminorest.

SiH_3—NH—SiH_2O— = Disilazanoxyrest.

H_3Si—NH—SiH_2—NH_2— = Disilazanylaminorest.

CH_3 OH CH_3
CH_3—Si—O—Si—O—Si—CH_3 = 1,1,3,5,5-Pentamethyl-trisiloxan-1,3,5-triol.
OH CH_3 OH

SiH_3—O—C_2H_5 = Äthoxysilan.

$(CH_3)_3Si$—SCH_3 = Trimethyl-(methylmercapto)-silan.

SiH_3NHCH_3 = Methylaminosilan.

SiH_3CH_2Cl = Chlormethylsilan.

SiH_2
NH   NH = Cyclodisilazan.
SiH_2

C_6H_5
O—Si—O—Si=$(CH_3)_2$
10   1   2   3
$(CH_3)_2$=Si 9   O   4 O   = 3,3,5,5,9,9,-Hexamethyl-1,7-diphenylbicyclo-(5,3,1)-pentasiloxan.
8   7   6   5
O—Si—O—Si=$(CH_3)_2$
C_6H_5

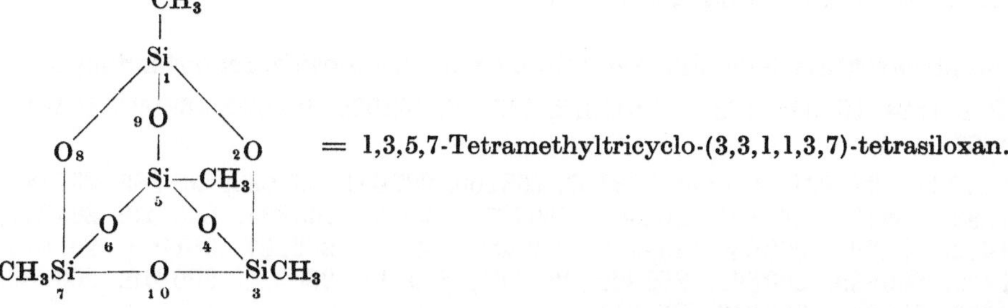

= 1,3,5,7-Tetramethyltricyclo-(3,3,1,1,3,7)-tetrasiloxan.

Die Benennung der Verbindungen ist vor einiger Zeit festgelegt worden. Polykondensate derartiger Stoffe können in Form von Elastomeren, aber auch von viskosen Flüssigkeiten und Harzen gewonnen werden. Die flüssigen

Polymeren werden, da ihre Viskosität im Rahmen eines weiten Temperaturintervalls nur eine geringfügige Änderung zeigt, als Schmiermittel eine Rolle spielen. Die Harze dieser Gruppe sind zufolge ihrer chemischen Resistenz, Härte und anderer Eigenschaften für die Isolationstechnik von Bedeutung. Kürzlich wurden auch Si-Organoverbindungen hergestellt, die den Celluloserest enthalten (AP 2532622).

Kautschukartige Polysiloxane (Silastics) besitzen große Widerstandsfähigkeit gegen Hitze, sind beständig gegen Einwirkung von Ozon, Öl und Kälte. Sie bleiben biegsam und weich in einem Temperaturintervall von —10 bis 350° C. Füllstoffe sind auf ihr Verhalten von wenig Einfluß. Die Zugfestigkeit beträgt etwa $^1/_3$—$^1/_4$ des organischen Kautschuks. Während dieser beim Erhitzen auf 160° C bereits nach 1 Tag brüchig wird, ist dies bei Silastic nach 90 Tagen nicht der Fall. Silastic ist widerstandsfähig gegen Uviollicht, Wasser und Oxydation. Bewetterung von 12 Monaten gab keine besondere Änderung der Biegsamkeit usw., die Zugfestigkeit fiel um 14%. Die elektrischen Eigenschaften bleiben. Während die meisten Kautschukarten beim Erhitzen mit Öl bei zirka 80° C sich zersetzen, bleibt Silastic beständig auch bei 200° C.

Silastics sind auch wichtig neben der Isolationstechnik für Anstriche auf Textilien, insbesondere aus Glasfasern. Sie kommen als dicke Pasten in den Handel. Man verwendet sie ohne Lösungsmittelzusatz, kann vulkanisieren. Das Aufbringen erfolgt durch Streichen, Sprühen usw.[77].

Literaturübersicht über die Herstellung von Organosiliziumverbindungen.

Post: Silicones and other organic Silicon Compounds, New York: Reinhold 1949.
Weber: Österr. Chemiker-Ztg. **50**, 205 (1948).
Holzapfel: Kautschuk u. Gummi **1**, 90 (1948).
Emblem, Mardsen, Stockwell: Plastics **12**, 525 (1948).
Emblem: Paint Technology **13**, 309 (1948).
Sprie: J. Amer. chem. Soc. **70**, 4142 (1948).
Sauer, Hadsell: J. Amer. chem. Soc. **70**, 4258 (1948).
Hurd, Roedel: Ind. Engng. Chem. **40**, 2078 (1948).
Soder: Silicone, Zürich: Novelectric **1947**.
Rehner: J. Pol. Sci. **2**, 269 (1947).
Welch: Ind. Engng. Chem. **39**, 39, 826 (1947).
Hall: British Plastics **18**, Nr. 209 (1946).
Rochow: Introduction to the Chemistry of the Silicones, New York 1946.
Hurd: J. Amer. chem. Soc. **67**, 1813 (1945).
Youngs, Kin: Plastics Resins **5**, 13 (1946).
Smith: J. Amer. chem. Soc. **69**, 646 (1947).
Scott: J. Amer. chem. Soc. **68**, 1877 (1946).
Kharasch: Ind. Engng. Chem. **39**, 830 (1947).

Patentschrifttum über die Herstellung von Organosiliziumverbindungen.

OeP 164534, 164034, 163819, 163812, 163186, 162932, 162930, 162927, 162610, 162607.

SP 272478, 271831, 268850, 268167, 268160, 267684, 267683, 267385, 267384, 267383, 266897, 266887, 266341, 266107, 265835, 265834, 265420, 264917, 264612, 264291, 263659, 263289, 262804, 262391, 262287, 261971, 261375, 261130, 260869, 260866, 260865, 260864, 260317, 260316, 260315, 260086, 258593, 258384, 256319, 253014.

---

[77] Abrahamson, Joffe, Post: J. org. Chemistry **13**, 275/9 (1948). — Plastics **12**, 582 (1948).

FP 950583, 867507.

EP 647537, 647530, 647167, 646761, 646629, 646620, 646584, 646481, 646466, 645972, 645314, 645230, 645103, 644528, 643298, 643018, 642997, 642630, 642189, 642139, 641268, 640834, 640268, 640162, 640067, 638951, 638586, 638317, 638313, 638072, 637941, 637739, 636905, 636559, 635995, 635994, 635927, 635733, 635726, 635645, 635194, 634121, 633973, 633850, 633849, 633732, 632955, 632954, 632824, 632586, 632563, 631917, 631619, 631575, 631536, 631506, 631493, 631049, 631018, 630952, 630951, 630911, 630892, 630883, 630724, 630645, 630644, 630319, 629719, 629642, 629491, 629486, 629483, 629332, 629138, 629046, 628072, 628070, 628046, 628042, 627809, 627800, 627764, 627136, 626909, 626519, 626515, 626353, 625628, 625027, 624814, 624778, 624551, 624550, 624364, 624363, 624362, 624361, 624086, 624020, 624019, 623206, 622985, 622970, 622516, 622463, 622413, 622323, 622129, 621883, 621742, 621243, 621009, 620693, 620692, 618608, 618480, 618459, 618453, 618452, 618451, 618403, 616320, 613648, 612822, 612646, 612622, 612592, 612125, 611700, 611495, 611494, 611425, 610899, 610898, 609841, 609609, 609507, 609324, 609173, 609172, 609134, 608956, 608955, 608478, 607811, 607427, 607426, 607253, 607022, 606301, 605218, 604215, 603076, 601938, 600634, 599522, 599153, 598778, 598100, 598099, 597834, 597366, 597178, 596833, 596800, 596768, 596668, 596613, 596269, 596005, 595125, 594802, 594508, 594506, 594485, 594481, 594154, 593625, 592552, 592456, 592018, 591860, 591857, 591771, 591221, 591149, 590736, 590654, 586956, 586189, 586188, 586187, 586028, 585991, 585628, 585627, 585626, 585589, 585400, 583878, 583875, 583754, 582626, 579408, 577456, 577250, 576938, 576716, 575752, 575675, 575674, 575673, 575672, 575668, 575667, 575295, 574653, 574003, 573960, 573906, 561136, 554153, 551649, 548912, 548911, 544143, 542655.

AP 2546330, 2544079, 2542641, 2542334, 2541137, 2538657, 2537763, 2537073, 2535239, 2534149, 2533240, 2532622, 2532583, 2532430, 2529956, 2528615, 2527809, 2527808, 2527591, 2527590, 2521678, 2521674, 2521673, 2521672, 2521390, 2521267, 2519926, 2519879, 2518160, 2517777, 2517536, 2517146, 2516047, 2515857, 2513924, 2513123, 2512390, 2512058, 2511820, 2511812, 2511310, 2511297, 2511296, 2511056, 2510853, 2510642, 2510149, 2510148, 2508196, 2507551, 2507512/21, 2507422, 2507414, 2507413, 2507316, 2506676, 2506616, 2506320, 2505431, 2504839, 2504388, 2503919, 2502286, 2501525, 2500843, 2500761, 2500652, 2499865, 2499561, 2499009, 2496419, 2496340, 2496335, 2495363, 2495362, 2494920, 2494513, 2492498, 2492129, 2491843, 2491833, 2490691, 2490357, 2489139, 2489138, 2488487, 2488449, 2486993, 2486992, 2486896, 2486162, 2485928, 2485603, 2485366, 2484595, 2484394, 2483972, 2483963, 2483373, 2483209, 2483158, 2482888, 2482684, 2482307, 2482276, 2481349, 2481052, 2480822, 2480620, 2479374, 2478493, 2477704, 2477330, 2476529, 2476307, 2476132, 2475122, 2474578, 2474444, 2474087, 2473260, 2472799, 2472629, 2471850, 2470722, 2470562, 2470497, 2470479, 2469890, 2469888, 2469883, 2469355, 2469154, 2468869, 2467976, 2467853, 2467796, 2466434, 2466429, 2466413, 2466412, 2465731, 2465547, 2465339, 2465296, 2465188, 2464231, 2464033, 2463974, 2462640, 2462635, 2462267, 2460805, 2460799, 2460795, 2460475, 2459539, 2459387, 2458944, 2458703, 2457688, 2457677, 2457539, 2456783, 2456627, 2455999, 2455880, 2454759, 2453562, 2453092, 2452895, 2452493, 2452416, 2452254, 2451664, 2450594, 2449940, 2449821, 2449815, 2449613, 2449572, 2448756, 2448565, 2448556, 2448530, 2448391, 2448094, 2447873, 2447611, 2447483, 2446408, 2446177,

2446135, 2445794, 2445576, 2445567, 2444858, 2444835, 2444784, 2443902, 2443898, 2443353, 2442613, 2442212, 2442196, 2442059, 2442053, 2441423, 2441422, 2441320, 2441098, 2441068, 2441066, 2440101, 2439856, 2439669, 2438736, 2438612, 2438552, 2438520, 2438478, 2438055, 2437501, 2437204, 2436777, 2436470, 2436220, 2435148, 2435147, 2434953, 2432891, 2432665, 2431878, 2430032, 2429883, 2427605, 2426122, 2426121, 2421653, 2420912, 2420911, 2419272, 2418051, 2416531, 2416504, 2416503, 2415389, 2413582, 2413050, 2413049, 2412470, 2410737, 2410346, 2406671, 2406621, 2406605, 2405988, 2405041, 2405019, 2403370, 2398672, 2398187, 2397895, 2397727, 2397717, 2396692, 2395880, 2394643, 2394642, 2392713, 2390518, 2390378, 2389931, 2389806, 2389802, 2389477, 2388575, 2388161, 2386793, 2386790, 2386488, 2386467, 2386452, 2386441, 2384384, 2383827, 2383818, 2383817, 2382082, 2381366, 2381139, 2381138, 2381137, 2381002, 2381001, 2381000, 2380999, 2380998, 2380997, 2380996, 2380995, 2380816, 2380575, 2380057, 2379821, 2377689, 2375998, 2375007, 2371068, 2371050, 2370050, 2352974, 2345155, 2335012, 2270352, 2258222, 2258221, 2258220, 2258219, 2258218, 2253128, 2242400, 2238669, 2182208, 2129281.

d) Das Wasserdichtmachen mit Metallseifen, Wachsen, Fetten und Ölen.

Die alten Verfahrensweisen, das Wasserdichtmachen von Geweben durch Behandlung mit Seifenlösung und nachheriger Einwirkung von Aluminiumsalzen durchzuführen, haben auch in den letzten Jahren weiterhin ausgedehnte Anwendung gefunden. Außerdem wird die Verwendung von Zirkonsalzen usw. vorgeschlagen.

Die Herstellung von Öltuch (Oilcloth) ist z. B. in deutschen Betrieben nach veröffentlichten Berichten durch viermaligen Gewebeanstrich mit eingedicktem Leinöl oder einer Mischung von Leinöl und chinesischem Holzöl, nachherigem eventuellem Bedrucken und Firnissen vorgenommen worden. Die Trocknung der ersten Striche erfolgte bei 80° C durch 8 Stunden, die Trocknung der letzten Schicht und des Firnisses, um Verfärbungen zu verhüten, bei 50° C, ebenfalls 8 Stunden lang. Die Hydrophobierung mit Wachsemulsionen, wie *Ramasit, Waxol* usw., findet für Kunstseidenwaren, Regenschirmbespannung usf. ausgedehnte Anwendung.

Letztlich sind auch Hydrophobierungen mit Hilfe von organischen Ti-Verbindungen empfohlen worden, indem man mit Alkyltitanaten (aus $TiCl_4$ und Alkoholen) in organischen Lösungsmitteln behandelt und dann seift[78]. Die Alkyltitanate $(C_2H_5)_4Ti$ sind farblose bis schwach gelbe Öle mit Fruchtgeruch, in organischen Lösungsmitteln (Benzol, $CHCl_3$ usw.) leicht löslich. Die Hydrolyse ergibt leicht $Ti(OH)_4$, das wieder in TiO_2-hydrate übergeht. Der erzielte Hydrophobierungseffekt soll trockenreinigungsecht sein. Gegen warme Seifenwäsche ist er nur bedingt beständig. Immerhin sollen 8 Wäschen überdauert werden können.

Patentschrifttum über das Wasserdichtmachen mit Metallseifen, Wachsen, Fetten und Ölen.

OeP 157691 Higgins 1940 (s. a. SP 211101, S. 499) — Man imprägniert Textilien, um sie wasserdicht zu machen, mit einer Albuminlösung, die beim iso-

[78] Vgl. z. B. Manufacturer **73**, 182 (1947). — Text. Manufacturer **74**, 330 (1948). — Bios: Final Rep. Nr. 1186, s. Mod. Plastics **19**, Nr. 222. — Vgl. ferner Speer, Carmody: Text. Techn. Dig. **7**, 229 (1950), cit. Melliand Textilber. **31**, 731 (1950) bzw. Ind. Engng. Chem. **42**, 251 (1950) und Moncrieff: Text. Manufacturer **76**, 394 (1950).

elektrischen Punkt koaguliert wird, und nachher mit Seifenlösungen oder Mischungen von höheren Fettsäuren und Seifen.

DP 765242 Herberts (nicht ausgegeben) — Wäßrige Dispersionen von Estern aus hochmolekularen Oxydationsprodukten von Paraffinen mit mehr als 20 C-Atomen und ein- oder mehrwertigen Alkoholen dienen zum Hydrophobieren, wenn mit Al-salzen nachbehandelt wird.

DP 764585 IG (nicht ausgegeben) — Es wird mit wäßrigen Dispersionen von höher molekularen aliphatischen Kohlenwasserstoffen (Paraffin), fettsauren Al-salzen, Schutzkolloiden (Leim), Dispergiermitteln und Al-formiat behandelt.

DP 748226 ohne Inhabernennung 1943 — Man behandelt Textilien zum Wasserabstoßendmachen mit Paraffinemulsionen und basischen Al- oder Zr-salzen und leicht löslichen aliphatischen Aminosäuren.

DP 741887 IG 1943 — Man tränkt Kunstseidenwaren mit schwach sauren Kieselsäuresolen, die hydrolysierbare Aluminium- oder Zirkonsalze enthalten, und trocknet.

DP 740671 Herbert 1943 — Zum Wasserabstoßendmachen behandelt man Textilien mit Lösungen von Alkali- oder Ammoniumverbindungen von hochmolekularen Oxydationsprodukten von Paraffinkohlenwasserstoffen mit mehr als 20 Kohlenstoffatomen im Molekül und mit wäßrigen Aluminiumsalzlösungen.

DP 735160 Rhodiaceta 1943 — Gewebe werden hydrophobiert sowie durchscheinend und glänzend, wenn man Kunstseidentextilien mit Lösungen von 15—20% ihres Eigengewichtes an natürlichen Fetten in organischen Lösungsmitteln imprägniert, trocknet und dann bei 90—140° C kalandert.

DP 733689 Zschimmer Schwarz 1942 — Das Hydrophobieren von Textilien erfolgt mit wasserunlöslichen Metallsalzen von Monoestern mehrbasischer Carbonsäuren und höher molekularen Fettsäure-oxyalkylenaminestern. Z. B. wird das Al-salz des sauren Esters der Phtalsäure mit noch freie OH-Gruppen aufweisenden Triäthanolaminstearat benützt.

DP 732231 Schlesische Zellwolle 1942 — Zum Hydrophobieren werden wäßrige Dispersionen von Wachsen, welche durch Veresterung von ein- oder mehrfach ungesättigten höher molekularen Fettsäuren mit Octadecylalkohol gewonnen werden, vorgeschlagen. Die behandelte Ware wird nachher längere Zeit auf höhere Temperaturen erhitzt.

DP 729286 IG 1942 — Zum Hydrophobieren von Textilien werden wäßrige Dispersionen von Einwirkungsprodukten von Äthylenoxyd auf höher molekulare Fettsäuren, deren Ester oder Amide, höher molekulare Alkohole oder Alkylamine, von wasserlöslichen Salzen zwei- oder dreiwertiger Metalle und von höher molekularen organischen Säuren verwendet.

DP 728628 IG 1942 (s. a. EP 507244) — Man stellt durch Umsetzung von Carbonsäuren mit aliphatischen Monoaminen, die mindestens einen höheren Alkylrest und ein an Stickstoff gebundenes Wasserstoffatom besitzen, wachsartige Carbonsäureamide her, die zum Imprägnieren von Textilien, eventuell auch in Mischung mit anderen Stoffen, verwendet werden können. Z. B. erhält man durch Umsetzen von Terephtalsäure, Äthylendiaminhydrat und Dodecylamin eine hellgelbe, harte, wachsartige Masse.

DP 725120 Horn 1942 — Man behandelt mit Paraffinemulsionen und hernach mit Kunstharzlösungen.

DP 715318 IG 1941 — Beim Hydrophobieren von Textilien mit aluminiumsalzhaltigen Flotten setzt man denselben Salze von Aminocarbonsäuren oder von Phosphorsäuren, die wasserärmer als Orthophosphorsäure sind, zu (z. B. triglykolamidsaures Natrium). Es tritt dabei keine Veränderung des Farbtones substantiv gefärbter Gewebe ein.

DP 715255 Grünau 1941 — Zum Hydrophobieren von Textilien usw. werden Dispersionen von Aluminiumsalzen der Kondensationsprodukte von Fettsäuren und Eiweißabbauprodukten unter Zusatz von Fetten und Wachsen empfohlen.

DP 711408 IG 1941 — Man verwendet zum Wasserabstoßendmachen von Geweben das Umsetzungsprodukt von Abietinsäure und Alkylenimin.

DP 705908 Merkel u. Kienlin 1941 — Wolle wird in saurer oder alkalischer Lösung mit sauerstoffabgebenden Mitteln, hernach erst mit einer Aluminiumacetat- und dann mit einer Seifenlösung, die Paraffin emulgiert enthält, behandelt. Man erhält so einen wasserabstoßenden Effekt.

DP 702628 Pfersee 1941 — Zum Hydrophobieren verwendet man Flotten aus konzentrierten, durch Aluminiumsalze positiv aufgeladenen Dispersionen von Paraffin mit Leim als Schutzkolloid.

DP 682253 Merkel u. Kienlin 1939 (Zusatz zu DP 648447) — Wolle wird mit Acetylchlorid, Fettsäuren und hernach mit Aluminiumformiat behandelt.

DP 678144 Merkel u. Kienlin 1939 — Man behandelt Wolle zum Wasserfestmachen mit Imprägnierungsbädern, die Cl-abgebende Mittel enthalten (Chlorkalk). Verwendet werden Al-salzbäder mit Chlorkalk; nachher behandelt man mit Paraffinemulsionen (vgl. DP 673406).

DA 201167 Baur, Gaebel — Man tränkt mit Salzen wasserlöslicher sulfonierter höherer Carbonsäuren und behandelt dann mit Al, Zr, Zn, Cu-salzen nach.

DA 185569 Byk Guldenwerk — Es wird mit Fettsäuredispersionen behandelt und mit Al-salzen, wobei Acryl- bzw. Vinylpolymere zugesetzt werden.

DA 172449 Homolka — Eine poröse, waschbeständige Imprägnierung wird erhalten, wenn mit Seifenlösungen und Thoriumacetat behandelt wird.

DA 167713 Böhme — Man behandelt mit einer Dispersion eines wachsartigen Körpers und Seife und hierauf mit Formaldehyd und einem Metallsalz.

DA 166599 Kast Ehinger — Das Imprägnieren erfolgt mit Fettsäuren oder Seifen, Paraffin, Kolophonium, eventuell wird als Stabilisator der Triäthanolaminester der Fettsäure zugesetzt.

DA 157003 Möller — Hydrophobe Viskose erhält man aus Viskoselösung, die ein fettsaures Salz der seltenen Erden (Lanthanstearat) in CS_2 gelöst enthält.

DA 148347 Agricola — Emulsionen von Paraffin, Fetten und Wachsen und hernach Acryl- oder Vinylharzemulsionen sollen angewendet werden.

DA 147941 Möller — Es sollen Emulsionen von fettsaurem Lanthan angewendet werden (DA 151361).

DA 129138 Schultz — Man arbeitet mit $Al_2(SO_4)_3$-Lösungen und dann mit NH_3.

DA 124243 Schubert — Es werden Lösungen von Thorium- und Chromsalzen verwendet und dann mit Paraffinemulsionen getränkt.

DA 113311 — Neben Zr- oder Cr-salzen werden polyacrylsaures NH_4, Paraffin und Wachs aufgebracht.

DA 101738 — Man imprägniert mit Paraffin, Fett, Wachs, Seife, Al-salzen und Polymerisaten von Äthylencarbonsäuren.

DA 91229 Hydrierwerke — Man behandelt mit Zirkonsalzlösungen, die überschüssiges Ammoncarbonat enthalten, und trocknet (DA 92229).

DA 73008 Hydrierwerke — Man behandelt mit Montansäureglyzidester und Cetenoxyd.

DA 61513 IG — Acetylcellulose wird mit Zr-Verbindungen imprägniert.

DA 59175 IG — Es wird mit Paraffin, Wachs, Fett und Zirkonsalzen und hernach mit Zr-oxychlorid oder dessen hydrolysierten Verbindungen behandelt [DA 61362, 64363, 70125, 70198 (Kunstharzzusatz)].

DA 57685 Baumheier — Nach der Behandlung mit den verseiften Rückständen von Leimkesseln wird Al-salzlösung einwirken gelassen.

DA 55728 Pfersee — Emulsionen aus Wachs oder Fett mit niedriger Säurezahl und Lösungen basischer Al-salze werden vorgeschlagen.

DA 52237 Rotta, Quehl — Dispersionen von Paraffin, Harzsäure und Fettsäure im Verhältnis 3:1:1 sowie ein Metallsalz finden Verwendung (DA 53296, 56829).

DA 27158 Zschimmer, Schwarz — Nach der Imprägnierung mit Harzemulsionen wird mit Lösungen von Zirkonsalzen behandelt.

Zu den Vorschlägen siehe ferner noch die auf die Herstellung besonderer Emulsionen abzielenden nachstehenden veröffentlichten deutschen Anmeldungen:

DA 54995/99 (s. DA 55392, 55615) Pfersee — Wäßrige Emulsionen von Wachsen werden durch Verrühren der geschmolzenen Wachse (oder Fette usw.) mit wäßrigen Lösungen basischer Al-salze unter Zusatz von Fettsäuren, Seifen usw. hergestellt. Letztere Stoffe dienen als Emulgatoren.

DA 57775, 58248 Rotta, Quehl — Emulsionen von Wachsen, Paraffinen, Fetten, Mineralölen usw. in Wasser werden durch Vermischen mit Aluminiumoxydhydratgelen in Gegenwart von Wasser bei pH 5—5,5 hergestellt.

DA 73867 IG — Zum Hydrophobieren geeignete Emulsionen von Al- oder Zr-verbindungen werden unter Verwendung der stark sauren Ester mehrbasischer Säuren mit höher molekularen Alkoholen als Emulgatoren hergestellt.

SP 266875 ICI 1950 — Zum Hydrophobieren werden Dispersionen, bestehend aus Wachs oder wachsartigen Körpern, in der Wärme zersetzbaren quaternären Ammoniumverbindungen und organischen Flüssigkeiten vorgeschlagen (vgl. 514474, 517631, 517732 über brauchbare quaternäre Ammoniumverbindungen). Z. B. verwendet man Zerteilungen von Pasten, bestehend aus 20 Teilen Stearamidomethylpyridiniumchlorid, enthaltend 50% Isopropanol, 10 Teile Ceresin und 3 Teile „White spirit".

SP 257379 Pfersee 1949 — Zum Hydrophobieren werden stabile Emulsionen vorgeschlagen, die man erhält, wenn man Wachse, Fette oder Öle mit geringen Mengen Emulgator vermischt und dann Lösungen basischer Al-salze zusetzt.

Es tritt keine Fällung ein, im Gegenteil ist eine Stabilisierung der Emulsion trotz geringem Gehalt an Emulgator festzustellen.

SP 255075 Pfersee 1949 — Zum Wasserdichtmachen werden konzentrierte Emulsionen von Fetten, Ölen und Wachsen mittels kationaktiver Emulgatoren (Salze von aliphatischen Polyaminen usw.) und Aluminiumtriformiat hergestellt.

SP 226910 IG 1943 — Textilien werden mit einer Paraffinemulsion imprägniert, welche mittels eines nach dem DP 582682 erhaltenen Aluminiumoxydgels umgeladen ist, und setzt ihr 10% Harnstoff zu. Derselbe schützt die Textilgrundlage vor dem schädlichen Einfluß etwa freiwerdender Salzsäure bei Temperaturen über 100° C, wie er sich z. B. beim Bügeln imprägnierter Gewebe einstellen kann.

SP 222779 Rotta, Quehl 1942 — Man stellt eine Behandlungsflüssigkeit zum Imprägnieren, zum Knitterfestmachen und zur Verhinderung des Abstäubens von Beschwerungsappreturen her, indem man eine Emulsion von 30 Teilen Paraffin, 3 Teilen Albumin, 1 Teil Oxalsäure, 60 Teilen Wasser und 20 Teilen Borat zu einer Paste verarbeitet. Daraus wird eine 10%ige Lösung hergestellt, mit welcher die Imprägnierung der Textilien vorgenommen wird. Man erhält einen guten Wasserabperleffekt, kann aber auch in Wasserdichtheit verwandeln, indem man den Ansätzen noch etwa 1,5—2 Teile Natriumaluminat zugibt oder die schon behandelten Gewebe mit einer 1%igen Lösung von ameisensaurem Aluminium behandelt.

SP 220187 Ciba 1942 — Zur Imprägnierung von Geweben wird eine Paraffinemulsion, Aluminiumsulfat, Triäthanolamin und Oxalsäure verwendet. Vorerst werden in eine auf mechanischem Weg hergestellte, mit Leim stabilisierte wäßrige Emulsion von 20% Paraffin und 10% Aluminiumsulfat nacheinander 4% Oxalsäure und 16% Triäthanolamin unter Rühren eingebracht. 20 g dieses Präparates werden in 1 Liter Wasser verteilt zur Imprägnierung z. B. von Viskose verwendet.

FP 967834 Ciba 1950 — Es wird mit Zirkonoxychlorid, Triäthanolamin u. dgl. hydrophobiert.

FP 954431 Awerbuch 1949 — Zum Hydrophobieren werden z. B. Mischungen von Paraffin, Bienenwachs, Al-stearat, Cu-oleat in Benzin in Vorschlag gebracht.

FP 943513 ICI 1949 — Die Herstellung von Wachsemulsionen unter Verwendung von Blutalbumin und Zusatz von Al-formiat usw. wird beschrieben.

FP 924844 Taussig 1947 — Zum Hydrophobieren verwendet man ein kaltes Bad von Al-chlorid mit geringen Cu-salz-Mengen in Gegenwart von Puffern und Ammonsalzen schwacher organischer Säuren.

FP 905659 Hydrierwerke 1945 — Man macht Textilgewebe aus Cellulose wasserabstoßend, indem man sie mit Zirkonsalzen, die in einem Überschuß von Ammoncarbonat gelöst sind, behandelt. Man verwendet z. B. Lösungen von 70 g Ammoncarbonat, worin 45 g Zirkonchlorid pro Liter gelöst sind. Man imprägniert am Jigger, quetscht ab und trocknet bei 120° C. Der Griff ist durch Zugabe eines Weichmachers oder von Seifenlösung verbesserbar (s. a. AP 2402857).

FP 904956 Wijk 1946 — Bei der Imprägnierung von Geweben mit Paraffin, Leinöl, Wachs usw. geht der Griff und Gewebecharakter weitgehend verloren.

Um diesen Nachteil zu vermeiden, werden Baumwollgewebe mit einer 8%igen Lösung von Paraffin in Benzin behandelt, getrocknet und hernach mit einer dünnen Schicht aus Kunstharz (Alkydharzlösung, Polyvinylacetatdispersion) überzogen. Das für das Kunstharz verwendete Lösungsmittel darf das Paraffin des ersten Strichs nicht anlösen.

FP 883017 Ciba 1943 — Wasserfeste wasserdichte Gewebe werden erhalten, indem man in beliebiger Reihenfolge mit Lösungen oder Suspensionen von Carbonsäuren mit einem hochmolekularen Rest, dann mit Stoffen mit wärmeempfindlichen Methylengruppen, wasserlöslich machenden Gruppen und höher molekularen Resten weiterbehandelt. Auch unter Zugabe von Aluminiumsalzen, Naphtensäuren usw. kann gearbeitet werden. Man erhitzt kurze Zeit nach der Behandlung auf 125—150° C.

FP 879560 IG 1943 — Beim Wasserabstoßendmachen oder Flammsichermachen mit sauren Stoffen werden zur Vermeidung einer Faserschädigung Harnstoff oder Thioharnstoff zugesetzt.

FP 865957 Pascal 1941 — Zum Wasserabstoßendmachen von Textilien werden Mischungen aus Olein und Oleinseifen verwendet und dann mit wasserlöslichen Salzen, wie Al-formiat oder Bleiacetat, nachbehandelt.

EP 645138 ICI 1950 — Stoffe der Form

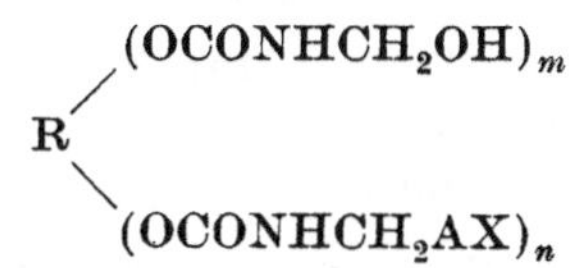

(wobei R ein Kohlenwasserstoffrest, A ein aliphatisches oder heterocyclisches Amin und X ein Anion einer salzbildenden Säure darstellt) sollen eventuell gemeinsam mit Paraffin, Metallsalzen usw. zum Hydrophobieren Anwendung finden.

EP 627356 ICI 1949 — Man behandelt mit Wachsemulsionen und Glyoxal.

EP 609698 ICI 1948 — Zum Wasserdichtmachen werden Wachsemulsionen vorgeschlagen, die ein Salz eines amphoteren Metalls und modifiziertes Blutalbumin enthalten.

EP 609002 Titan, Alloy 1948 — Zum Wasserabstoßendmachen von Textilien werden alkalische, dispergierte Zirkonylseifen enthaltende Lösungen, eventuell gemeinsam mit Paraffin usw., angewendet.

EP 605848 DuPont 1948 (s. a. EP 578484 und 583181) — Durch Einwirkung von Äthylen auf organische Carbonsäuren ohne Doppelbindung können langkettige Carbonsäuren erhalten werden, die durch Verestern usw. in wachsartige Substanzen überführbar sind. Ihre Ammonium- oder Alkalisalze können als Wasch-, Netz- und Dispergiermittel Anwendung finden, die Erdalkali- oder Metallsalze verwendet man zum Hydrophobieren. Zum gleichen Zweck können auch die Säurechloride oder Amide gebraucht werden.

EP 602109 Houghton 1948 — Eine Wachs-Aluminiumsalzemulsion der Type Öl-in-Wasser wird hergestellt, indem man ein Wachs mit einer aliphatischen gesättigten Säure mit mehr als 12 C-Atomen mittels eines Emulgators, der in der geschmolzenen Mischung löslich ist und keine anionenaktiven Eigenschaften besitzt, und ein Aluminiumsalz einer organischen Säure mit nicht mehr als 6 C-Atomen emulgiert. Als Emulgatoren dienen quaternäre Verbindungen. Z. B. Stearyloxyäthyl-di-(hydroxyäthyl)-äthylammoniumäthylsulfat.

EP 598180 Standard Oil 1948 — Wasserdichte Gewebe werden hergestellt, indem man mit halbfestem Bitumen vom Schmelzpunkt 40—55° C imprägniert, hierauf Asphalt aufbringt und mit pulverförmigem Hartasphalt bestreut (auch für Papier usf.).

EP 591986 Vellumoid 1947 — Gewebe usw. werden mit geschmolzenen ölmodifizierten Alkyharzen und gekochten Ölen behandelt.

EP 581083 Lumsden Mackenzie 1946 — Man behandelt Gewebe mit Fett- oder Wachsemulsionen; vgl. EP 599492.

EP 579944 Celanese — Zum Hydrophobieren von Acetatseide werden die Textilien erst mit der 0,1—3%igen Lösung eines Oxydationsmittels behandelt (15 Minuten bei 80° C), wobei Permanganat, Na-hypochlorit oder Natriumperborat usw. in Frage kommen, und hernach mit einer Paraffin-Aluminiumsalzemulsion imprägniert.

EP 568181 Bader 1945 — Zum Wasserabstoßendmachen von Textilien verwendet man Bäder von Kondensationsprodukten aus Sulfurylchlorid und Fettsäuren in organischen Lösungsmitteln.

EP 508701 Courtaulds 1939 — Man behandelt mit Natriumoleatlösungen, dann mit Chlor und schließlich mit Metallsalzen.

EP 507244 IG 1939 (s. DP 728628) — Man stellt wachsähnliche Substanzen her, indem man aliphatische Amine mit höheren Alkylresten mit Carbonsäuren bzw. Polycarbonsäuren umsetzt.

EP 504312 Callenders 1939 — Wasserdichte Gewebeaufstriche aus Leinöl, Bleipigmenten und Linoleaten werden beschrieben. Das Leinöl wird 24 Stunden bei 100—150° C geblasen und besitzt ein höheres spez. Gewicht (0,942—0,945) als gekochtes Leinöl (0,935—0,939).

ItalP 372503 Grilli, Dainotti 1939 — Zum Hydrophobieren von Lanital wird Aluminiumacetat verwendet.

HollP 59643 IG 1947 — Waschbeständige wasserabweisende Appreturen erhält man, indem man Textilien im Zweibadverfahren mit dreiwertigen Metallsalzen, Paraffin, Wachs und in Wasser lösliche Hydroxymethylverbindung heterocyclischer Basen (Melamin) behandelt, wobei die Menge letzterer ein Zehntel der Menge der anderen Wirkstoffe beträgt.

Z. B. imprägniert man mit einem Bade, welches pro Liter enthält: 4,5 Paraffin, 4,5 Ceresein, 2,5 Weinsäure, 1,5 Ölsäure als Seife, 1 Oleylsarkosin-Na, 0,5 Benzylalkohol. Man quetscht ab und behandelt in einem zweiten Bade mit: 4 Ceracetat, 2,5 Lanthanacetat, 2,5 Didymacetat, 7,5 Melamin, 20 ccm 30%igem Formaldehyd. Alle Angaben bedeuten Gramm je Liter.

HollP 57322 IG 1946 — Zum Wasserdichtmachen von Geweben werden Paraffinemulsionen, die durch Zugabe von Aluminiumhydroxydgel umgeladen wurden, verwendet, wobei man zum Schutze der Gewebe gegen die Einwirkung der aus der Metallverbindung entstehenden Säure 10% Harnstoff zusetzt. Die Gewebe bleiben auch nach einem Erhitzen auf 150° C scheuerfest.

HollP 53616 Witbaard 1942 — Das Wasserdichtmachen von Textilien erfolgt mit 25—35 Teilen Leinöl, 25—35 Teilen gekochtem Leinöl, 25—35 Teilen Kalkwasser oder ZnO- oder MgO-Suspensionen, wobei noch kleine Mengen Talg und PbO zugesetzt werden.

AP 2505259 DuPont 1950 — Eine lösliche Ti-Verbindung wird mit dem langkettigen Fettsäureester eines mehrwertigen Alkohols umgesetzt und zum Wasserdichtmachen verwendet.

AP 2482816 National Lead 1949 — Das Hydrophobieren von Textilien erfolgt mit Zirkonylverbindungen (basischem Zinkacetat und Sulfanilsäure) und Trocknen nach dem Imprägnieren (100° C); vgl. AP 2457853, 2289316, 2252858, 2221975.

AP 2456595 Johnson 1948 — Man behandelt mit Paraffinemulsionen, die als Emulgatoren Fettsäuremonoester von Polyalkoholen enthalten; vgl. auch AP 2380166, 2374931, 2206090.

AP 2455886 Sayles 1948 — Permanente Hydrophobierungseffekte auf Textilien werden erhalten, indem man mit einer Lösung von Cetylacetamid, Zirkonstearat und Zirkonformiat im Verhältnis 4:1:$^1/_3$ (in Wasser gelöst) behandelt und bei erhöhter Temperatur trocknet.

AP 2447068 Colgate 1947 — Es wird mit feindispersen Aluminiumseifen hydrophobiert.

AP 2433015 DuPont 1947 — Die Reaktionsprodukte von Äthylen mit organischen Säuren (Propionsäure usw.) werden beschrieben. Sie können als künstliche Wachse zum Hydrophobieren Anwendung finden.

AP 2426300 Edelstein 1947 — Zum Hydrophobieren behandelt man mit einer Lösung von Cellulose in Na-zinkat und darin dispergiertem Wachs und fällt dann durch Behandlung in sauren Bädern.

AP 2414028 DuPont 1947 — Wachsähnliche Substanzen der Form:

$$\left[-C_6H_3(R)-CH_2-\right]_x \qquad \left[-C_6H_3(R)-CH_2-CH_2-\right]_x$$

$$\left[-C_6H_3(R)-CH_2-S-CH_2-\right]_x$$

sind für Imprägnierzwecke brauchbar.

AP 2405703 Springfield 1946 — Man behandelt Textilien mit einer Mischung aus Leinöl, Petroleum, Eiweiß und Estergummi und kalandert heiß. Es werden wasserdichte Gewebe erhalten.

AP 2402903 Smith Paper 1946 — Man erhält einen wasserfesten Überzug auf Textilien oder Papier, wenn man ein höheres fettsaures Aluminiumsalz und ein Wachs auf die Unterlage aufbringt.

AP 2402857 Titan. Alloy 1946 — Man schlägt auf Textilien eine kolloidale Suspension von Zirkonseife nieder. Diese wird erhalten, indem man zu einer Lösung von Natriumoleat eine Mischung von Zirkonchloridsoda in wäßriger Lösung zugibt und in der erhaltenen Flüssigkeit ein pH von etwa 8 einstellt. Man imprägniert das Gewebe bei 80° C, entfernt den Flüssigkeitsüberschuß und behandelt mit NaCl-Lösung, wobei sich die Zirkonseife niederschlägt. Über die Ausrüstung mit Zirkoniumverbindungen zum Zwecke des Wasserabstoßendmachens s. a. AP 2328431 und 2316057 (Gen. An.), AP 2191982 (IG).

AP 2402776 Solvents 1946 — Zum Wasserabstoßendmachen von Textilien werden Nitroester höherer Säuren, z. B. Nitrobutylstearat

$$(CH_3)_2\text{—}C(NO_2)\text{—}CH_2\text{—}O\text{—}CO\text{—}C_{17}H_{35},$$

empfohlen. Man kann einer derartigen Emulsion des Esters, Wachs und einer Seife, erhalten aus Ölsäure und Alkylolamin, als Stabilisator etwas Methylcellulose beigeben. Nach der Imprägnierung wird kurz auf 150° C erhitzt.

AP 2402351 DuPont 1946 — Durch die Behandlung von Textilien mit einer Mischung von Paraffinwachs oder Esterwachs (10—40%), Aluminiumacetat oder -formiat, normal oder basisch (4—6%), und Schutzkolloid, gebildet aus Gelatine mit 1,3—2% Dinaphtylmethandisulfosäure (1,5—8%) werden wasserdichte bzw. wasserabstoßende Erzeugnisse erhalten.

AP 2401217 Boyle-Midway Inc. 1946 — Es werden Wachskompositionen zum Imprägnieren von Textilien beschrieben.

AP 2386631 Warwick 1945 — Hydrophobierung mit Umsetzungsprodukten aus Wachsen, tert. Aminen und $POCl_3$.

AP 2381852 Monsanto 1945 — Zur Desinfektion und zum Hydrophobieren von Textilien werden Lösungen des Cu-salzes von Säuren der Form

$$\begin{array}{l} COOH\text{—}CH\text{—}R \\ \qquad\qquad\;\; | \\ COOH\text{—}CH_2 \end{array}$$

(R = Alkylrest von 5—16 C-Atomen) vorgeschlagen (Triisobutylenbernsteinsäure).

AP 2375348 Heller 1945 — Wasserabstoßende Textilien erhält man mit einer Mischung aus Japanwachs, Aluminiumstearat, fettsauren Ammonseifen und wasserlöslichen Harnstoff-formaldehydvorkondensaten.

AP 2361830 Pond Lily 1944 (s. a. AP 2328387) — Zum Wasserabstoßendmachen von Textilien wird das Material mit Zirkoniumsalzen behandelt (Zirkonsalze einer flüchtigen Säure), worauf nach Erhitzen mit einer Paraffinemulsion imprägniert wird.

AP 2348039 Al. Prop. Cust. 1944 — Man behandelt mit polymeren Alkyleniminen und Paraffin bzw. Paraffinöl.

AP 2345142 Al. Prop. Cust. 1944 — Emulsionen, welche in der kontinuierlichen Phase Wasser und ein basisches Salz von Al, Zr, Ur, Th, in der dispersen Phase aber Wachse, Fette, Öle, Harze, Fettalkohole usw. enthalten, werden zum Wasserdichtmachen von Textilien verwendet. Die Salze halten die Emulsion stabil.

AP 2344926 Röhm & Haas 1944 — Textilien werden wasserdicht gemacht mit einer Wasser-in-Öl-Emulsion, wobei in der Ölphase 10—35 Teile eines in organischen Lösungsmitteln löslichen Harnstoff-formaldehydkondensates, 0,1—1 Teil Äthylcellulose, 5—35 Teile Wachs, 5—37 Teile Aluminiumseife vorhanden sind.

AP 2334098 Cooper 1943 — Textilien werden mit Leimlösung, Formaldehyd und Salzen naßfest gemacht.

AP 2332817 DuPont 1943 — Beim Hydrophobieren von Textilien, insbesondere solchen aus Wolle, Seide oder Nylon, kann bei Verwendung positiv geladener Dispersionen die Aufzugsgeschwindigkeit der dispergierten Phase auf das Textilmaterial durch Zugabe von kationaktiven Stoffen, wie etwa Stearyltrimethylammoniumbromid (aber auch Leim), vermindert und dadurch der Hydrophobiereffekt gleichmäßiger gestaltet werden.

AP 2328431 IG 1943 — Imprägniert werden die Textilien mit einer Emulsion von Paraffin, Wachs, einer kleinen Menge Fettsäure, Zr-hydroxyd, und einem Kondensationsprodukt aus Oleylalkohol und Äthylenoxyd. Man spült nach der Behandlung mit heißem Wasser zur Entfernung der hydrophilen Komponenten und erhitzt. Es werden wasserabstoßende, wasserdichte Gewebe erhalten.

AP 2323387 Pond Lily 1943 — Wasserabweisende Textilien werden durch Behandlung mit Metallsalzlösung (Zr, Ce, Al, Cr, Ni, Ba, Ti), Trocknen, Behandeln mit alkalischen Lösungen zur Bildung der Metallhydroxyde und schließlich Imprägnieren mit Wachsdispersionen erhalten.

AP 2318302 Lee Broth. 1943 (s. a. AP 2314135 sowie 2297183) — Hydrophobiert werden Textilien mit einer Emulsion eines flüssigen flüchtigen Kohlenwasserstoffs, dem Aluminiumsalz einer Fettsäure und einem Emulgator, wie Dipropyläther, Di-isopropyläther usw.

AP 2316057 Gen. An. 1944 (s. a. AP 2328431) — Zum Wasserdichtmachen werden Zirkoniumverbindungen empfohlen.

AP 2316037 Courtaulds 1943 — Gewebe werden mit einer Paraffinemulsion behandelt, welche 0,5—6% eines Kondensationsproduktes von Cyanamid und Formaldehyd enthält.

AP 2314135 Lee Broth. 1943 — Zum Wasserdichtmachen von Textilmaterial, aber auch Hüten und Strohhüten werden Mischungen von 50 g Aluminiumstearat und 750 ccm Benzol, eventuell unter Zusatz von 50 g Ceresin und 12 g Mineralöl bzw. von 6—12 g Diäthylenglykol vorgeschlagen, welche mittels 50—200 ccm Aceton oder Acetamin als gute Dispersionen vorliegen. Vor dem Gebrauch wird mittels einer Lösungsmittelmischung von 50 l Erdöl-Kohlenwasserstoffen und Tetrachlorkohlenstoff (2:1) verdünnt.

AP 2308664 Dow 1943 — Zur Behandlung von Textilien werden Emulsionen, bestehend aus 1—15 Teilen Wachs, in wäßrig-ammoniakalischem Medium empfohlen, welche 1 Teil Aluminium-cellulose-glykolat enthalten. Man soll hydrophobe Waren erhalten.

AP 2307852 Nat. Oil Prod. 1943 — Zum Wasserdichtmachen wird mit Lösungen von Al-rizinoleat in organischen Lösungsmitteln behandelt.

AP 2297183 Lee 1942 — Es werden Gele von fettsauren Aluminiumsalzen in Kohlenwasserstoffen hergestellt, die zum wasserabweisenden Imprägnieren dienen.

AP 2296108 Borden 1942 — Zum Hydrophobieren von Textilmaterial werden Aluminiumacetat-Caseinkomplexe in Vorschlag gebracht. Man behandelt Säurecasein mit Aluminiumacetatlösung unter Druck und Hitze, bis ein in der Wärme dünnlösliches Produkt entsteht, welches beim Erkalten eine weiche Gallerte bildet. Zum Hydrophobieren werden sie in Mischung mit Wachsemulsionen angewendet.

AP 2295429 Wingfoot 1942 — Tragfeste Gewebe erhält man durch Imprägnieren mit folgender Mischung bzw. Lösung: 1363 g Paraffin, 227 g stearinsaures Natrium, 85 g Lanolin, 283 g Gelatine, 227 g Acetanilid, 3620 g Aluminiumacetat, 14,2 g Hexamethylentetramin, 10 g Essigsäure, 7,4 g Diastase, 453 g Glyzerin, 227 g Dextrin, alles in 24,6 Liter Wasser.

AP 2289316 Resinous 1942 — Man verwendet Lösungen von Metallseifen.

AP 2286744 Leatherman 1942 — Es werden Gewebe mit mehreren Lagen von Metalloxyden (Sn, Al, Cr, Va, Cd, Ni, Cu, Zn usw.) und chlorierten Harzen oder chlorierten Paraffinen überzogen.

AP 2285579 Röhm & Haas 1942 — Zum Wasserdichtmachen von Geweben behandelt man diese mit einer Paraffinemulsion, welche die Seife und ein Salz einer Carbonsäure bzw. ihres Polymerisationsproduktes (Acrylsäure, Maleinsäure, Methacrylsäure) enthält, sowie ein wasserlösliches Salz eines Schwermetalls, wobei die Emulsion bis über 80° C beständig ist.

AP 2275513 Celanese 1942 — Das Hydrophobieren von acetonlöslicher Acetylcellulose erfolgt durch kochende Behandlung mit Stearinsäure und Essigsäure. Nachher wird mit Tetrachlorkohlenstoff gewaschen und getrocknet.

AP 2273040 DuPont 1942 — Hydrophobierungslösungen enthalten Wernersche Komplexverbindungen mit dreiwertigem Chrom mit acyclischen Monocarbonsäuren, z. B. das Reaktionsprodukt von Chromylchlorid und Stearinsäure, gelöst in Methanol.

AP 2262815 Nat. Oil 1941 — Man imprägniert mit einer Lösung von Mineralölseifen in Seife und behandelt nachher mit Aluminiumseife.

AP 2261091 Reichhold 1941 — Wasserdichte Gewebe werden erhalten durch Behandlung mit einer Mischung von 50 Teilen Glyzerinester eines hydrierten oder polymerisierten Harzes, 45 Teilen Paraffin und 5 Teilen Weichmacher.

AP 2250377 Higgins 1941 — Man behandelt mit Lösungen von Eiweiß und Seifenlösungen, die freie Fettsäuren enthalten.

AP 2238109 Refining 1941 — Herstellung einer Wachsemulsion für Imprägnierungszwecke, welche 3—12% öllösliche, in Wasser dispergierbare Petroleumsulfosäuren enthält.

AP 2236074 Ecla 1941 — Man behandelt Textilgewebe mit einer 3%igen Lösung von Aluminiumacetat in Wasser, welcher 8% Butylalkohol zugegeben wurden. Man erhält einen Wasserabstoßendeffekt ohne Nachbehandlung mit Seife.

AP 2234091 Courtaulds 1941 — Zum Wasserdichtmachen von Textilien behandelt man Gewebe, welche kleine Mengen von Seife enthalten, mit trockenem Chlor und nachher, um die Seife unlöslich zu machen, mit geringen Mengen Ca- oder Mg-salzen in einer Konzentration von 10—30 : 100000.

AP 2232977 Bakelite 1941 — Es wird die Bildung von zur Imprägnierung von Textilien besonders geeigneten Paraffinemulsionen beschrieben.

AP 2231486 Taggart 1941 — Zum Wasserdichtmachen werden Mischungen aus Wachs, Cumaronharz, Asphalt, hydrogenierten Ölen usw. in organischen Lösungsmitteln und verschiedener Komposition verwendet.

AP 2229923 Higgins 1941 — Durch Behandlung von Textilien mit Casein-Boraxlösungen in Anwesenheit von Seife und Alaun sowie Ammon- oder Pyridiniumoxalat oder -acetat und direkten, sauren oder basischen Farbstoffen werden wasserabstoßende, gefärbte Textilien erhalten.

AP 2191982 IG 1939 — Zum Hydrophobieren werden Zirkoniumsalze von Fettsäuren angegeben.

AP 2187858 Baumheier 1940 — Man imprägniert mit einer Mischung aus Paraffin, Montanwachs, Paraffinöl, Cyclohexanol sowie Aluminiumformiat.

AP 2182045 Hall Laboratories 1939 — Zum Wasserdichtmachen von Geweben, insbesondere aber auch Leder, wird eine Mischung von 0,05 Alaun, 2,750 Natriumoleat, 2,500 Natriumhexametaphosphat und 2,5000 Ammoniak, gelöst in 50 Wasser, angewendet. Man quetscht ab und trocknet bei möglichst niedriger Temperatur.

AP 2172392 Paper Chem. 1939 — Stabile Wachsemulsionen für Imprägnierungszwecke werden beschrieben. Sie enthalten Protein als Schutzkolloid.

AP 2166711 Eastman Kodak 1939 — Zum Hydrophobieren von Textilien werden Gummi-Wachs-Mischungen verwendet. Hier insbesondere auch für Filme, wobei eine Vorrichtung zum Aufbringen angegeben wird.

AP 2154170 Victor 1939 — Zum Stabilisieren von Aluminiumformiatlösungen beim Wasserdichtmachen werden Zusätze von Essigsäure oder Adipinsäure vorgeschlagen (2—10%).

e) Das Gummieren mit Kautschuk und Latex.

Neben dem in neuerer Zeit immer mehr ausgeübten heißen Aufkalandern von Gummischichten auf Geweben wird die Imprägnierung mit Latexemulsionen *(Revertex)* praktisch oft verwendet[79]. Natürlicher Latex hat eine negative Teilchenladung, welcher Umstand für die Imprägnierung der ebenfalls negative Ladung zeigenden Textilien hinderlich ist. Man hat daher positiv geladene Latexemulsionen hergestellt, die bei ihrer Anwendung die Fällung des Wirkstoffs auf dem Textilgewebe gestatten *(Positex)*.

Andere Verfahren arbeiten bei der Gummierung von Wollwaren derart, daß dieselben durch eine Vorbehandlung mit kationaktiven Mitteln eine positive Ladung erhalten, so daß die darauffolgende Behandlung mit natürlichen Latexemulsionen dann zum selben Effekt führt wie oben[80].

Weitere Vorschläge befassen sich mit der Verwendung von Emulsionen von bereits vulkanisiertem Latex *(Revultex)*. Schließlich werden den Latexemulsionen Stoffe zugesetzt, die die Haftfähigkeit des Kautschuks an den Textilien erhöhen sollen (s. a. S. 558).

Martin, Sell, Haber schlagen vor, um wasserdichte, aber wasserdampfdurchlässige Kautschuklagen zu erhalten, die also, als Bekleidungsstück verwendet, die Körpertranspiration durchlassen, feine Pigmente in die Kautschukmasse einzulagern bzw. ihr beizumischen. Die Porengröße, die dabei erzielt wird, darf 10 μ nicht überschreiten (s. u.).

Literaturübersicht über das Gummieren mit Kautschuk und Latex.

Martin, Sell, Haber: Text. Res. J. **20**, 123 (1950).
Moncrieff: Text. Manufacturer **76**, 34, 82 (1950).
Stevens: Text. Mercury Argus **69**, 195 (1948).
Louviers: Ind. textile **65**, 343 (1948).
Porritt, Scott: Rubber Res. **17**, 33 (1948).
Partridge, Hansen: India Rubber Wld. **1948**, 119, 341.

[79] Kehren: Melliand Textilber. **1944**, 377.

[80] Blow: J. Soc. Dyers Colourists **55**, 337 (1939). — Sarrut: Rubber Chem. Technol. **20**, 63 (1947).

Patentschrifttum über das Gummieren mit Kautschuk und Latex.

OeP 155618 Cela 1939 — Man imprägniert gewisse, nach bestimmten Verfahren hergestellte Gewebe mittels Kautschuklösungen und erhält elastische Gewebe, die für Pneumatik usw. verwendbar sind.

DP 727359 Schwartz 1942 — Gewebe werden mit Latex derart behandelt, daß sie hydrophob sind, die Gewebeporen aber frei bleiben; vgl. DP 685083.

DP 725384 Jute-Spinnerei 1942 — Weitmaschige Gewebe werden mit Kautschuk usw. imprägniert und undurchlässig gemacht, indem erst die Maschen mit Füllstoff (Holzmehl) geschlossen werden, hierauf das Auftragen der Appretur erfolgt und hernach der Maschenfüllstoff wieder entfernt wird.

DP 690390 Rubber 1940 — Zum Gummieren von Seide oder Kunstseide werden Kautschukdispersionen mit einem hohen Caseingehalt vorgeschlagen.

SP 254775 Silvain 1949 — Textilien werden mit Latexemulsionen getränkt und auf Formen vulkanisiert.

SP 245644 Roderer 1947 — Beidseitig einer Guttaperchalage werden Textilstofflagen angeordnet und das Ganze durch Hitze und Druck vereinigt.

SP 218876 Schwartz & Chavannes 1942 — Man erhält ein wasserdichtes, aber luftdurchlässiges Gewebe, wenn man eine Textilgrundlage mit Latexemulsion oder Kautschuklösung behandelt und nachher kalandert.

FP 952828 Wingfoot 1949 — Es werden Textilien mit Latexemulsionen behandelt, denen Kieselgur beigesetzt ist. Dadurch werden wasserdichte Erzeugnisse erhalten, die aber den Abzug des Wasserdampfes, der durch Körperatmung entsteht, gestatten.

EP 638090 Rubber 1950 — Man behandelt mit Latexemulsionen, die mit Kationseifen positiv aufgeladen sind.

EP 587801 Intern. Latex 1947 (s. S. 368).

EP 586005 Rubber Producers 1947 — Wasserabstoßende Textilien werden erhalten, indem man sie mit einer Lösung von Kautschuk usw. in Gegenwart einer kleinen Menge wasserlöslichen Salzes einer höheren ungesättigten Fettsäure als Netzmittel behandelt. Hernach wird getrocknet, das Netzmittel ausgewaschen und neuerlich getrocknet.

EP 585060 DuPont 1947 — Zum Verkleben von Gummi natürlicher oder künstlicher Provenienz mit Textilien, wie Kunstseide, Nylon oder Baumwolle, werden Lösungen von Kautschuk oder künstl. Kautschuk in Mischung mit Phenol- oder Resorcinal-formaldehydharzen in organischen Lösungsmitteln verwendet.

EP 580134 Latex Proc. 1946 — Man behandelt ein Gewebe mit einer Dispersion von Kautschuk- oder Latexflocken und verbindet diese mit der Faser durch Behandlung mit Bädern, die kationaktive Stoffe, wie Sapamin CH oder A enthalten. Statt Kautschuk kann auch Kunstharz genommen werden.

EP 577918 Velumoid 1946 — Textilien werden mit einer Mischung eines trocknenden Öls und Kautschuk bzw. Chlorkautschuk, letzterer in einer Menge von maximal einem Drittel der Gesamtmasse, warm behandelt. Man erhält wasserdichte Erzeugnisse.

EP 577291 Callenders Cable 1946 — Zum Gummieren von Geweben schlägt man auf denselben ein Metall nieder, das durch Schwefel unter den normalen

Vulkanisationsbedingungen angegriffen wird. Hernach wird mit einer Latexemulsion behandelt und vulkanisiert.

EP 573932 ICI 1945 — Man imprägniert Cellulosegewebe mit Kautschuk in Gegenwart von Polyisocyanaten.

EP 530650 ICI 1941 — Als hydrophobe Gewebeaufstriche werden Polyäthylene mit einem Zusatz von 5—30% natürlichem Kautschuk empfohlen, wobei man zur Vermeidung des Brüchigwerdens nachher kalandert und 5 Minuten bei 120° C behandelt.

EP 508137 Latex Proc. 1939 (s. a. EP 508136) — Textilien werden mit einer wäßrigen Paste aus Kautschuk in Form von 60%iger ammoniakalischer Latexemulsion (100 Teile), KOH in 25%iger Lösung (2 Teile), 25%iger Leimlösung (0,4 Teile) und einer Mischung von Mercaptobenzthiazol (0,5 Teile), Dimethylammoniumdimethyldicarbamat (0,5 Teile), Casein (4 Teile), kolloidalem Schwefel (2 Teile) und Zinkoxyd (2,5 Teile), die mit Wasser auf einen Gehalt von 40% Feststoffen eingestellt ist, behandelt. Dabei wird mit Ameisensäure auf den isoelektrischen Punkt (für Wollgewebe also etwa 4,8 pH) eingestellt. Man behandelt etwa 10 Minuten bei 80° F, spült und trocknet.

EP 498181 Insulated Cables 1939 — Textilien werden mit einer Mischung von 58—73 Teilen Bleiweiß, 5,3—11 Teilen gekochtem Leinöl, 6—10 Teilen Chlorkautschuk und 15—20 Teilen Lösungsmittel behandelt.

ItalP 395657 Ital. Gomma 1942 — Zum Wasserdichtmachen von Geweben wird Oppanol in Gemisch mit vulkanisierbaren Pflanzenölen vorgeschlagen.

AP 2526431 Rubber 1950 — Beim Kautschukieren von Textilien wird das Material vorerst den Dämpfen eines Koagulationsmittels für Latex ausgesetzt, sofort in Latex getaucht, hinterher mit einem flüssigen Koagulationsmittel für denselben behandelt und dann getrocknet und vulkanisiert.

AP 2511498 Hull 1950 — Eine Lösung von Kautschuk in organischem Lösungsmittel wird mit SO_2 behandelt und das unlösliche Reaktionsprodukt in einer wäßrigen NaOH, die Methylalkohol enthält, 5 Minuten erhitzt, wobei Lösung eintritt. Hierauf wird durch Säuern ein Produkt gefällt, das in H_2O löslich ist und zum Imprägnieren von Textilien dienen kann.

AP 2468086 Morton 1949 — Man behandelt mit kationaktiven Stoffen und Latex.

AP 2442341 Buffington 1948 — Die Stabilisierung wäßriger Latexemulsionen erfolgt durch Zugabe von ZnO und einem Kondensationsprodukt von Äthylenoxyd und Glykol mit mindestens 4 Äthylenoxydgruppen im Molekül.

AP 2441523 Gas Improvement 1948 — Fetthaltige Gewebe werden mit kautschuklatexähnlichen Co-Polymeren von Isopren oder Piperylen und einem aromatischen Olefin (Styrol) in organischen Lösungsmitteln behandelt.

AP 2438366 Dunlop 1948 — Beschreibt das Imprägnieren von Geweben mit wäßrigen Latex- oder Kautschukdispersionen und phenolharzbildenden Agentien und Nachbehandlung mit heißem Dampf unter Atmosphärendruck bei 140° C.

AP 2422572 Lilienfeld 1947 — Behandlung von abgebauten Cellulosederivaten mit wäßrigen Kautschukemulsionen.

AP 2421363 Rubber 1947 (s. AP 2173244, AP 2168535, EP 501288) — Wasserabstoßende Gewebe können durch Imprägnation mit Kautschuk und unlöslichen Harzen erhalten werden. Die Ergebnisse werden verbessert, indem man derart behandelte Waren mit einem kationaktiven Stoff (Lauryldimethylbenzylammoniumchlorid oder Cetyldimethylbenzylammonchlorid, Sapamin MS oder CH usw.) nachbehandelt. Z. B. werden Viskosegewebe mit einer Latexsuspension getränkt, die das Natriumsalz eines Monosulfatesters höher molekularer Alkohole enthält. Die Kautschukteilchen werden niedergeschlagen mittels Ammonsulfats und Ameisensäure. Hernach wird mit einem der oben angegebenen kationaktiven Stoffe, der in Ameisensäure gelöst ist, nachbehandelt. Die Klebrigkeit der Kautschukimprägnierung wird dadurch weitgehend vermindert, ebenso wird die Reibfestigkeit erhöht. Eine ähnliche Arbeitsweise beschreibt das EP 580134 Latex Proc., welches vorschlägt, Lateximprägnierungen erst mit anionaktiven Substanzen, wie Natriumsalze, Monosulfatester höherer Alkohole, zu koagulieren und hernach mit kationaktiven Stoffen, wie z. B. Sapaminen, nachzubehandeln.

AP 2421108 California Fruit 1947 — Beim Wasserdichtmachen von Textilien mit Latex wird als Verdickungsmittel eine Pektinlösung empfohlen. Man mischt trockenes Pektin mit Calciumacetat (3:1) und rührt die Mischung in Wasser (14 lbs. auf 12 gall.). Diese Lösung wird der alkalischen Latexemulsion beigegeben.

AP 2415839 DuPont 1947 — Gewebe aus Cellulosematerial werden mit Kautschuk in Gegenwart von Polyisocyanaten imprägniert.

AP 2400990 Hawley 1946 — Poröse imprägnierte Gewebe werden hergestellt, indem man Gewebe mit einem elastische Schlitze aufweisenden Überzug versieht und das Gewebe rund um diese Schlitze mit dem Überzug fest verbindet.

AP 2396342 Quick 1946 — Zum Hydrophobieren werden Mischungen aus Chlorkautschuk, Metallseifen, Fettsäureglyceriden in einem flüchtigen Lösungsmittel vorgeschlagen.

AP 2375261 Rayon 1945 — Man verleiht vor dem Kautschukieren von Kunstseide dieser eine positive Ladung durch Behandlung mit kationaktiven Stoffen, z. B.

$$\begin{array}{l} Br \\ N{\equiv}(CH_3)_3 \\ | \\ C_{12}H_{25} \end{array}$$

oder

$$\begin{array}{ccc} C_{12}H_{25}\diagdown & & \diagup C_{12}H_{25} \\ (CH_3)_3{\equiv}N & —SO_4— & N{\equiv}(CH_3)_3 \end{array}$$

usw., und zwar eventuell in mit Alkali gequollenem Zustande. Hierauf wird mit negativ geladener Latexemulsion behandelt.

AP 2351090 DuPont 1944 (s. a. AP 2374069) — Man überzieht Fäden mit Latex, indem man dem Faden einen auf Latex fällend wirkenden Stoff einverleibt und hernach durch ein Latex enthaltendes Bad zieht.

AP 2346083 Resinous 1944 — Zum Gummieren von Geweben werden Latexemulsionen verwendet, welche Kunstharze enthalten. Dadurch wird die Haftfestigkeit des Latexüberzuges bedeutend erhöht. Alkyd- oder Harnstoff-formaldehydharze erweisen sich als besonders geeignet.

AP 2340357 und AP 2340358 Rubber 1944 — Zum Gummieren von Geweben mit Latex wird die Latexemulsion mit Gardinol oder Igepon versetzt. Die

Menge der Zugabe soll Koagulation verhindern, jedoch nicht so groß sein, um die Bildung eines Latexüberzuges am Gewebe unmöglich zu machen.

AP 2325385 Interchemical 1943 — Man imprägniert Gewebe mit Latexemulsionen in Anwesenheit von NH_3 ohne Schutzkolloide, wie Leim usw., die den Warengriff verschlechtern, lediglich durch Zugabe von Nicht-Latexsubstanzen (dem sogenannten Serum) von Zeit zu Zeit der Behandlung.

AP 2314997 Goodrich 1943 (s. a. AP 2314996 bzw. 2314998) — Man gummiert mit einer Latexemulsion, welche Resorcinol-formaldehyd enthält, bei Temperaturen über 70° C unter Zusatz eines Netzmittels und trocknet. Dann wird eine Kautschuklage aufgebracht. Dadurch erhält man eine feste Verbindung der Gewebeunterlage mit der Kautschukschicht.

AP 2300168 Hercules 1942 — Zur Herstellung von Gewebeanstrichen aus cellulosehaltigen Textilien wird eine Mischung von Chlorkautschuk und Chlornaphtalin (3:5) in einer Menge von etwa 50—70 g pro qm vorgeschlagen. Die erhaltenen Produkte sind wasserundurchlässig.

AP 2294826 Peper 1942 — Gewebe werden erst mit Trioxybenzol behandelt und dann in Kautschuk eingebettet.

AP 2291700 Celanese 1942 — Garne werden mittels Kautschuk- oder Latexemulsion und Xanthogenaten von Cellulose behandelt, hierauf getrocknet und vulkanisiert.

AP 2291208 Rubber 1942 — Gewebe werden mit einer Lösung von Kautschuk, Carbonblack, Rußschwarz, Formaldehydharz und Aldehyd behandelt und erhitzt.

AP 2278833 Goodrich 1942 — Kautschukähnliche Produkte werden erhalten aus γ-Polyvinylchlorid mit einem Weichmacher und Meopren durch Erhitzen.

AP 2276415 Murray 1942 — Um Textilien, insbesondere offenmaschige Waren, mit dünnen Kautschuküberzügen zu versehen, welche die Struktur des Textilmaterials nicht verdeckt, wird dasselbe erst mit Kaolin, Kieselgur, Clay usw. eingestaubt und hernach mit Latex behandelt. Derselbe dringt nicht ein. Eventuell kann man für ganz dünne Überzüge mit verdünntem Latex nachbehandeln, so daß ein Teil des aufgebrachten Latex wieder abgewaschen wird.

AP 2273593 Rubber 1942 — Gummiähnliche Verbindungen entstehen durch Erhitzen von Kautschuk, Phenol und Maleinsäureanhydrid auf den Kochpunkt des Phenols.

AP 2249686 DuPont 1941 — Zu polymeren Amiden werden Kautschukzugaben gemacht. Die Menge kann innerhalb 1—75% betragen. Z. B. wird Hexamethylendiamin, Sebacinsäure und Dimethylpropandiol polymerisiert und dann homogenierter Kautschuk zugesetzt.

AP 2238165 Celanese 1941 — Man behandelt Textilien mit einer Mischung bzw. Emulsion von 40—45 Teilen Stearinsäure, welche in geschmolzenem Zustande mit 60—65 Teilen Paraffin vermischt werden, 30—35 Vol.-Teilen Ammoniak (spez. Gew. 0,88), verdünnt mit 600 Vol.-Teilen Wasser, setzt 54 Vol.-Teile Latexemulsion zu und stellt auf 3000 Liter ein. Man behandelt das Textilgut 15 Minuten bei 20—25° C, entwässert und trocknet.

AP 2238141 DuPont 1941 — Mit Chloropren imprägnierte Textilien werden durch Lagerung zufolge Abspaltung von HCl angegriffen. Durch Zugabe von

KF oder NaF usw. wird HCl gebunden. Die Zugabe kann fest oder in Form einer Nachbehandlung mit Lösungen erfolgen.

AP 2229549 Wingfoot Co. 1941 — Man überzieht Textilien oder Papier mit einer Mischung von 40 g Diamylnaphtalin, 400 g 30%ige Kautschuklösung in Gasolin, 25 g Casein, 1 g Borax, 10 ccm Ammoniumhydroxyd und 250 ccm Wasser.

AP 2215563 Rubber 1940 (s. a. AP 2173242, AP 2173244) — Das Imprägnieren der Textilien mit Latexemulsionen erfolgt bei einem pH von 7 oder niedriger, wobei die Emulsion ein Kondensationsprodukt eines geradkettigen aliphatischen Alkohols (mindestens 6 C-Atome) mit einer Polyglykolverbindung mit mindestens 4 Äthylenoxydgruppen enthält (Emulphor O).

AP 2211948 DuPont 1940 — Man imprägniert Textilien mit einer Kautschukemulsion, welche aromatische Amine und Formaldehyd enthält (s. a. AP 2211949, 2211950, 2211951, 2211959, 2211960, 2211964).

Anhang: Die Verbesserung der Haftfestigkeit von Kautschuk an Textilien.

Kautschuk haftet an Kunstseide schlecht, ein Übelstand, der insbesondere in der Reifenindustrie unangenehm empfunden wird. Eine ganze Reihe von Patentschriften beschäftigen sich daher mit Verfahren zur Erhöhung der Haftfestigkeit, welche durch Anwendung von Kunstharzen aus Resorcin-formaldehydkondensaten oder Aminoplasten, Casein usw. erzielt wird. Das in USA. ausgeübte sogenannte „Yandaverfahren“ behandelt Kunstseidengewebe zur Herstellung von Reifencord mit Kunstharzvorkondensaten, quetscht ab bis auf einen Feuchtigkeitsgehalt von etwa 65—85%, trocknet mittels Infrarotstrahlung auf etwa 50% Feuchtigkeit und behandelt vor dem Gummieren mit Kurzwellen.

Das Gummieren von Kunstseide (Reyon), die durch Spezialbehandlung für die Pneuherstellung besonders geeignet gemacht wurde, ist heute ein sehr wichtiges technisches Problem.

Patentliteratur über Haftfestigkeitsverbesserung von Kautschuk an Textilien.

OeP 163602 Research 1949 — Zur Verbesserung der Haftfähigkeit von Kautschuk an Kunstseide wird diese mit einer Lösung eines substituierten Mono- oder Dimethylolphenols behandelt, dann zentrifugiert und hernach der Kautschuk aufgebracht.

OeP 162567 Semperit 1949 — Verfahren zur Herstellung von haftfesten Kautschuküberzügen auf Kunstseidengeweben betreffen die Behandlung des Textilmaterials mit Lösungen von Phloroglucin bzw. das Aufbringen von pulverförmigem Resorcin auf diese. Man kann den Haftverbesserer auch der Kautschukmasse zusetzen. Eine weitere Verbesserung des Effektes wird durch Zusatz von PbO_2 erzielt.

OeP 162566 Semperit 1949 — Zur Verbesserung der Haftfestigkeit von Kautschuk auf Kunstseidengeweben behandelt man diese mit Lösungen von Resorcinformaldehyd in Wasser unter Zusatz von Schwefelammon, Thioharnstoff oder Rhodanammon. Resorcin kann auch durch p-Phenylendiamin ersetzt werden. Die Produkte können auch der Kautschukmischung zugegeben werden. Nach dem Aufbringen wird der Kautschuk aufvulkanisiert.

DP 725499 Continental Gummiwerke 1942 — Zur Verbesserung der Haftfähigkeit von Kautschuk auf Kunstseide werden Kunstharze aus Phenolaldehyden verwendet. Die Harzbildung kann durch Vulkanisieren oder durch Zugabe zum Kautschuk erfolgen.

DP 706761 Continentale 1941 — Man behandelt mit Latexemulsion, die Chinolin enthält. Das Textilmaterial erhielt eine Proteinschicht.

DA 152889 Semperit — Man behandelt vorher mit Desmosit.

DA 152866 Semperit — Es wird mit mehrwertigen Phenolen imprägniert und auch der Kautschuk mit solchen vermischt.

DA 71546 IG — Nylon wird mit organischen Säuren behandelt und nachher mit Kautschuk überzogen.

DA 71482 IG — Textilien werden vor dem Überziehen mit Kautschuk mit Polymerisationsprodukten des Äthylenimins, eventuell unter Zugabe aliphatischer Halogenverbindungen, imprägniert.

DA 69561 IG. — Es wird mit faseraffinen Polymeren oder Kondensaten, die im Molekül mehrere basische Gruppen haben, vorbehandelt und dann mit negativen Latexemulsionen imprägniert (auch für Kunstfasern wie Nylon usw.).

DA 64317 IG. — Man behandelt mit trocknenden Ölen und Sb_2S_5 und bettet in Kautschuk ein.

DA 4166 Glanzstoff — Vor dem Gummieren wird die Kunstseide mit Pyrogallol, Phloroglucin, Tannin usw. imprägniert.

SP 257412 Firestone 1949 — Die Haftfestigkeit von Kunstkautschuken an Textilien wird wesentlich verbessert, wenn man dem Kunstgummi alkylsubstituierte Phenolsulfide und das Metallsalz einer organischen Säure (Tallöl-Abietinsäure usw.) zumischt. Eine Erhöhung des Effektes tritt ein, wenn man außerdem noch Weichmacher zusetzt. Z. B. verwendet man Mischungen aus 10—50 Teilen Styrol + 90 + 50 Teilen Butadien als Co-Polymerisat und setzt 3 Teile tert. p-Amylphenolsulfid zu 100 Teilen Gummi sowie 3 Teilen Zinkabietinat (mit 8,75% Zn) zu (s. a. SP 243846).

FP 926368 Research 1947 (s. a. FP 919203) — Zur Verbesserung der Haftfestigkeit von Kautschuk an Textilien werden diese erst mit einer Lösung von o- oder p-Phenoldialkoholen imprägniert.

CH_2OH

CH_3—(Benzolring)—OH.

CH_2OH

EP 632109 Courtaulds 1949 — Es wird das Textilmaterial mit Metallverbindungen behandelt, die in Wasser unlösliche Sulfide ergeben (Zn- oder Hg-sulfat), und dann nach dem Aufbringen des Kautschuks vulkanisiert.

EP 611825 Research 1948 — Zur Vergrößerung der Haftfestigkeit von Kautschuk an Cellulose wird das Textilmaterial mit einer Lösung eines Dimethylol-o- oder p-phenols oder Mono-methylol-o- oder p-phenols getränkt, abgequetscht, kautschukiert und getrocknet.

EP 601301 Dunlop 1948 — Als Haftfestigkeitsverbesserung wird eine Imprägnierung mit Polyäthylenglykolen vor dem Kautschukieren vorgeschlagen.

EP 598147 Courtaulds 1948 — Um die Haftfestigkeit von Kautschuk an Kunstseide zu verbessern, werden die Textilien mit Phenol-Schwefelharzen behandelt.

EP 582210 Dunlop 1946 (s. a. EP 582105) — Man verleibt Cellulose bzw. Kunstseidegeweben vor der Imprägnierung etwa 5% eines Aldehydharzes ein, wodurch die Haftfestigkeit der nachfolgenden Kautschukimprägnierung verbessert wird.

EP 581616 Courtaulds 1947 — Gummi (Kautschuk) haftet besonders fest an Viskosefäden, welche unter 2% Proteinzusatz (Casein) enthalten. Die Haftfestigkeit ist wesentlich höher als auf reiner Viskose bzw. auch höher als auf Viskose, welche mit Proteinlösungen imprägniert wurde.

EP 580776 1947 — Haftfestigkeitsverbesserung beim Gummieren.

EP 577985 Dunlop 1946 — Das Textilmaterial wird zur Haftfestigkeitsverbesserung vor der Imprägnierung mit einem Bindemittel für Gummi imprägniert, getrocknet und dann ein Kautschukfilm heiß aufkalandert.

EP 574903 DuPont 1946 — Gewebe werden mit Polyisocyanaten oder -isothiocyanaten behandelt und gleichzeitig oder nachher mit einer Lösung von Kautschuk in einem organischen Lösungsmittel imprägniert. Die Haftfestigkeit des Kautschuks ist erhöht.

EP 574898 DuPont 1946 (s. EP 573932) — Man verbessert die Haftfestigkeit von Kautschuk auf Cellulose, indem man das Textilmaterial mit Polyisocyanaten und Kautschukdispersionen imprägniert.

HollP 61281 Courtaulds 1948 — Vor Aufbringen des Kautschuks auf Kunstseide beizt man diese mit einem geschwefelten Phenol.

HollP 59656 IG 1947 — Zur Verbesserung der Haftfestigkeit von Kautschuk auf Viscosekunstseide wird diese mit Polyäthyleniminen behandelt.

AP 2531513 Celanese 1950 — Die Haftfestigkeit von Kautschuk an Acetatkunstseide wird verbessert, wenn man auf den gequollenen Faden eine in Wasser unlösliche, in verdünnten Säuren lösliche Substanz aufbringt, den Faden, der in Kontakt mit wäßrigen Lösungen bei über 100° C erweicht ist, streckt und hernach mit verdünnter Säure wäscht und den Fremdstoff so wieder entfernt (poröse Oberfläche).

AP 2501988 Lea Fabrics 1950 — Man behandelt Gewebe mit Lösungen von Methylcellulose, trocknet und gummiert.

AP 2499774 Callaway Mills — Zur Erhöhung der Haftfestigkeit von Gummi auf Textilien werden letztere vorher mit einer Thiosalicylsäureverbindung behandelt.

AP 2486720 Callaway Mills 1949 — Vor der Aufbringung der Latexemulsion werden die Cellulose-Textilmaterialien durch Behandlung mit α,β-ungesättigten Verbindungen, insbesondere Carbonsäure, verestert.

AP 2485136 Hercules 1949 — Zur Verbesserung der Haftfestigkeit von Kautschuk an Cellulose behandelt man mit wäßrigen Emulsionen eines primären Amins und hierauf mit Latex.

AP 2439514 DuPont 1947 — Man behandelt mit Polyisocyanaten und Kautschuk.

AP 2429397 Goodrich 1947. — Um die Haftfestigkeit von Kautschuk an Textilien zu verbessern, werden diese vorerst mit einer wäßrigen Dispersion eines synthetischen Kautschuks und eines Phenol-formaldehydharzes vorbehandelt. Z. B. Co-Polymerisat aus 1,3-Butadien und Styrol.

AP 2423428/29 Cyanamid 1947 — Man behandelt die Textilgewebe mit Methylolmelaminen vor.

AP 2421363 Rubber 1946 — Man behandelt mit Latex und kationaktiven Stoffen.

AP 2402021 Goodrich 1946 — Die Haftfestigkeit von Kautschuk an Nylon wird erhöht, wenn man mit einer Polyamidlösung behandelt (ohne die Festigkeit zu verringern) und nachher das Polyamid fällt, das Lösungsmittel auswäscht und nachher imprägniert (Erzielung einer rauhen Oberfläche).

AP 2375261 Rayon 1945 — Man behandelt mit kationaktiven Stoffen und dann mit Latex.

AP 2363981 Goodrich 1944 — Es wird mit Latexemulsionen behandelt, die aromatische Amine (Phenylendiamin usw.) enthalten.

AP 2360946 DuPont 1944 — Man behandelt mit Reaktionsprodukt von Aminen und Tannin und hernach mit Latex (z. B. 15% Tannin, 2,5% Dioctylaminophenol, 1,1% NH_3, 0,5% NaOH in Wasser).

AP 2349290 Goodrich 1944 — Die Verbesserung der Haftfestigkeit von Kautschuk auf Nylon erfolgt durch Vorbehandlung des Textilmaterials mit einem Lösungsmittel für dasselbe (Anätzen).

AP 2346083 Resinous Prod. 1944 — Es wird mit Kautschuk unter Zusatz von Alkydharzen behandelt.

AP 2314976 Goodrich 1944 — Es wird mit Latexemulsionen, die Polyhydrophenol-Aldehydkondensate enthalten, behandelt, wobei das Textilmaterial vorher mit schwachen Alkalien imprägniert wird.

AP 2300592 Goodrich 1942 — Es wird eine pektinhaltige Latexemulsion aufgebracht, hierauf mit Kautschuk in Kontakt gebracht und unter Druck vulkanisiert.

AP 2299386 Tootal 1942 — Es wird mit Kunstharz enthaltenden Latexemulsionen gearbeitet.

AP 2291208 Rubber 1942 — Das Textilmaterial wird mit Lösungen von Phenolaldehydvorkondensaten, Kautschuk und Carbonblack sowie Methylenverbindungen behandelt.

AP 2278355 Goodrich 1942 — Um Kautschuk an Fasern festhaftend zu machen, werden die Fasern vor der Gummierung mit einer azo-aromatischen Verbindung behandelt.

AP 2263305 Goodrich 1941 — Man behandelt Gewebe mit Lösungen von Poly-2,2,4-trimethyl-1,2-dihydrochinolin und imprägniert nachher mit Kautschuk. Die Haftfestigkeit ist eine erhöhte.

AP 2262608 Firestone — Man behandelt mit teilweise polymerisiertem Divinylacetylen und Kautschuk (1:2—1:6), läßt dann eine lauerstoffhaltige Atmosphäre auf das Acetylenpolymere wirken und vulkanisiert dann.

AP 2256194 Goodrich 1941 — Man bringt vor der Imprägnierung des Textilmaterials mit Kautschuk eine Schellack-aminseife auf. Die Haftfestigkeit ist verbessert. Die Schellack-diaminseife wird z. B. hergestellt durch Reaktion von 7,27 Teilen Diäthylamin mit 100 Teilen Schellack.

AP 2255834 Rayon 1941 — Zum Gummieren von Geweben aus regenerierter Cellulose werden, um eine dauerhafte Haftung der Gummischichte zu gewährleisten, vor der Gummierungsoperation die Gewebe mit kationaktiven Substanzen behandelt.

AP 2224679 DuPont 1940 — Cellulosematerial, insbesondere Kunstseide, wird vor der Imprägnierung mit Kautschuk mit Tannin und Formaldehyd behandelt. Die Haftfestigkeit der Imprägnierung ist verbessert.

AP 2211964 DuPont 1940 — Zum Kautschukieren verwendet man Dispersion von Kautschuk, die desacetyliertes Chitin enthalten.

AP 2211960 DuPont 1940 — Man setzt den Latexemulsionen Aminophenolaldehydharze oder Harnstoff-formaldehydkondensate (AP 2211959) zu.

AP 2211948/51 DuPont 1940 — Die Behandlung erfolgt mit Latexemulsionen, die Phenol-aldehydvorkondensate oder solche aus Ketonen und Aldehyden bzw. Cyanamid und Aldehyd oder Aminen (m-Phenylendiamin) und Aldehyden enthalten.

AP 2211945 DuPont 1940 — Vor dem Imprägnieren mit Kautschuklösungen wird das Textilmaterial mit einer Lösung von Polyvinylalkohol behandelt und nachher formalisiert.

AP 2188283 Wingfoot 1940 — Als Bindemittel für Kautschuk auf Cellulosegewebe wird Casein vorgeschlagen.

AP 2181538 Rayon 1939 — Beim Imprägnieren mit Kautschuk werden kleine Mengen Hydroxyalkylen zugesetzt, welche die Haftfestigkeit der Imprägnierung erhöhen.

Weitere US-Patente sind:

AP 2415839, 2346083, 2314998, 2314997, 2314996, 2294826, 2291700, 2256194.

CanP 442131 Bonard 1947 — Die Erhöhung der Haftfestigkeit von Kautschuk an Faserkord aus regenerierter Cellulose durch Behandlung der Kunstseidengewebe wird beschrieben.

14. Die Appretur mit Lösungen von Cellulose und Cellulosederivaten.

Lösungen von Cellulose in Natriumzinkat, Cuoxam oder alkalische und wäßrige Lösungen von Celluloseäthern geben, je nach der Wahl der gelösten Stoffe bzw. der Arbeitsverfahren, auf Textilgeweben, wie Kunstseiden- oder Baumwollstoffen, eine ganze Reihe wertvoller Appretureffekte[81]. Es können so z. B. Glanz, leinenähnliches Aussehen sowie eine wasserabstoßende Wirkung erzielt werden.

In der Regel sind die erhaltenen Appreturen waschfest, also permanent und erhöhen auch in vielen Fällen die Tragechtheit und Gebrauchstüchtigkeit der behandelten Textilien[82].

So wird z. B. nach Marsh[83] die Scheuerfestigkeit von Calico und Viskosegewebe, welche mit Celluloseätherlösungen imprägniert wurden, wie folgt erhöht:

Appretur	Maßzahl der Scheuerfestigkeit	
	Calico	Viskose
Unbehandelt	308	470
Mit 4%iger Celluloseätherlösung	920	945
Mit 7%iger Celluloseätherlösung	1100	990

[81] Sandor: Textil-Rundschau **3**, 417 (1948). — Houwink: Chemie und Technologie der Kunststoffe Bd. II, S. 289, 1942. — Vgl. a. Silk and Rayon **14**, 652 (1940).

[82] Clark: Amer. Dyestuff Reporter **29**, 549 (1940).

[83] Marsh, Text. Finishing.

Auch Schrumpffestigkeit, Steifheit oder Hydrophobierung können durch Appreturmaßnahmen dieser Art erzielt werden.

Letzterer Effekt ist bekanntlich auch dadurch zu erreichen, daß Textilien aus Cellulose durch Behandlung mit ätherifizierenden Mitteln unter oberflächlicher Bildung von Cellulosäthern wasserabweisend werden[84]. Dabei wird oft in Gegenwart von die eventuell freiwerdende Säure bindenden organischen Basen (Pyridin usw.) gearbeitet.

Leinenähnliche Ausrüstungen werden durch Behandlung mit Cuoxamlösungen von Cellulose bzw. Imprägnierung mit niedrigen Cellulosehydroxyäthern *(Ceglin)* erhalten[85].

Die Arbeitsweisen haben für die Appretur von Textilien eine große Entwicklungsmöglichkeit[85a].

Unter der Bezeichnung *Tylose* sind verschiedenartige Celluloseäther im Handel. Heute wird hauptsächlich Carboxymethylcellulose (CMC) verwendet.

Der rasche Nachweis von *Tylose* als Appreturmittel war bisher mittels Jod und Tannin geführt worden. Nach Keith[85b] kann man mit 10—15% NaOH kochen und noch heiß 1—2 Tropfen verdünnte $CuSO_4$-Lösung zugeben. Es setzt sich CuO ab, während die überstehende Flüssigkeit nach Stehenlassen blau ist.

Patentschrifttum über die Appretur mit Lösungen von Cellulose und Cellulosederivaten.

OeP 162294 Drechsel 1949 — Zum Appretieren von Cellulosegeweben werden Cuoxam-celluloselösungen verwendet, wobei zur besseren Verankerung der nachher ausgefällten Cellulose das zu behandelnde Gewebe erst mit einer Cuoxamlösung vorbehandelt wird.

DP 748370 Drechsel 1945 — Man appretiert Cellulosetextilien mit Cellulosecuoxamlösung, entfernt durch Erhitzen das NH_3, entkupfert durch Säuren und fällt das Cu als Cu-hydroxyd, das man wieder in den Arbeitsprozeß einführt.

DP 748154 Heberlein 1944 — Zellwolle wird einer Behandlung mit Natronlauge von 10—18° Bé unterworfen, wobei leinenartige Effekte erzielt werden. Man kann auch mit Kalilauge von 18—40° Bé oder Cuoxamlösungen arbeiten.

DP 736355 Drechsel 1943 — Beim Behandeln von Geweben mit ammoniakarmen Cellulose-cuoxamlösungen wird eine Gelbildung in der Behandlung durch vorheriges Durchmischen der Gebrauchslösung verhindert.

DP 723627 Drechsel 1942 — Waschbeständige Appreturen erzielt man durch Quellen von Baumwollgeweben mit Alkalien von Mercerisierstärke und Aufbringen von pastenförmigen Celluloselösungen in Cuoxam, solange die Ware noch feucht ist. Hernach wird gequetscht, gesäuert und getrocknet.

DP 705428 Ago 1941 — Man appretiert Garne aus Baumwolle oder Kunstseide mit Cellulosetriacetat in Essigsäure und behandelt hernach mit verdünnter Essigsäure nach. Die Appretur ist bügelfest und bei Mitverwendung von Weichmachern elastisch.

---

[84] Bonnet: Ind. textile **57**, 219, 254 (1940).

[85] Golrick: Text. Wld. **90**, 55 (1940).

[85a] Kuhlmann: Mittlg. d. Forschginst. d. chem. Ind. Öst. **2**, 94 (1948).

[85b] Keith: Deutsch. Lebensmittel **44**, 232 (1948), cit. Melliand Textilber. **31**, 662 (1950). — Vgl. a. Möller: Teintex **15**, 565 (1950).

DP 701449 Lilienfeld 1941 — Gewebe werden mit Viskoselösungen appretiert, die Cellulose mit sauren Mitteln gefällt und hernach mit schrumpfenden Agentien behandelt. Man erhält permanente Appreturen.

DA 26591 Zschimmer Schwarz — Es wird mit Cuoxamlösung, die komplexe Cu-salze oder Zn-salze niedriger Fettsäuren enthält, appretiert.

DA 20068 Zänker — Man veredelt Kunstseide durch Behandlung mit Celluloseäthern.

SP 271083/84 United Merchants 1950 — Als Appret sollen Lösungen von Regeneratcellulose verwendet werden, die Harnstoff und Stannat enthalten.

SP 256823 Weber AG. 1949 — Einrichtung zum Appretieren mit Cellulosehydrat.

SP 248456 Heberlein 1948 — Haltbare, nicht gelatinierende Celluloselösungen für Appreturzwecke werden erhalten, indem man native oder regenerierte Cellulose mit einer Lauge von mehr als 20% NaOH, die 5—15% Zinkoxyd gelöst enthält, in Gegenwart von die Cellulose veräthernden Stoffen quellen läßt und durch Verdünnen löst. Als Zusatzstoffe werden Chloressigsäure, Chloracetaldehyd, Epichlorhydrin usw. genannt.

SP 244321 Heberlein 1947 — Haltbare, nicht gelatinierende Celluloselösungen, welche zum Druck oder zur Appretur verwendet werden können, werden erhalten, wenn man die Cellulose vor der Lösung erst durch Behandlung mit 20%iger NaOH, welche Zinkoxyd gelöst enthält, in Gegenwart von Oxydationsmitteln abbaut (Hypochlorite, p-Toluolsulfonamide). Erfindungsgemäß werden Textilgewebe mit der erhaltenen Celluloselösung imprägniert und geben bei der Mercerisierung mit NaOH eine leichte, waschbeständige Versteifung. Leinenfinish wird erhalten, indem man nach der Imprägnierung durch ein Säurebad nimmt und nachher kalandert.

SP 243583 Heberlein 1947 — Cellulose wird in Natriumzinkatlösung in Gegenwart von Wasserstoffsuperoxyd gequollen und durch Verdünnen gelöst. Die erhaltene Lösung kann als Appretur oder Druckpaste verwendet werden. Sie kann auch zur Herstellung von transparenten Effekten dienen.

SP 210198 Sichel 1943 — Die Herstellung von pulverförmigen Celluloseäthern, die als Schlichte- und Appreturmittel Anwendung finden können, wird beschrieben.

FP 939547 Sylvania 1948 — Zum Appretieren sollen Celluloseätherlösungen benützt werden, die auf der Faser koaguliert werden.

FP 877559 Janicaud 1943 — Man appretiert Gewebe mit wäßrigen kolloiden Lösungen von Celluloseäthern und organischen Basen (Triäthanolamin). Als Glanzmittel können Borax oder Alaun zugesetzt werden.

FP 868101 Drechsel 1942 — Cellulose- oder Kunstseidegewebe werden mit Cuoxam-celluloselösungen in Maschinenölkonsistenz appretiert, der Überschuß entfernt und hierauf die Cellulose durch Säure gefällt.

EP 600355 Edelstein 1948 — Zur Herstellung von Celluloseäthern für Appreturzwecke werden dieselben in Zinkatlösung gebracht. Nach dem Imprägnieren der Textilien wird gefällt. Eventuell können derart behandelte Textilien auch mercerisiert werden, wobei ein erhöhter Glanz entsteht.

EP 598556 Watkins 1948 — Leinenähnliche Effekte werden erhalten, wenn man Cellulosetextilien mit einer Lösung von $Cu(OH)_2$ in einem Alkylamin behandelt und zur Entfernung des Kupfers nachher säuert und wäscht.

EP 592352 Thomson Houston 1947 (s. S. 573).

EP 592228 Sylvania 1947 — Eine wasserfeste Imprägnierung erhält man durch Aufbringen einer Schicht einer wäßrigen alkalischen Lösung von wasserunlöslichen Celluloseäthern, welche dann koaguliert wird, und nachherigem Aufbringen eines wasserfesten Kunststoffs.

EP 591594 Morledge 1947 (s. a. EP 591593) — Durchsichtige transparente Gewebe, die wasserdicht sind, werden erhalten, indem man mit folgender Mischung imprägniert: 7,5 Teile Celluloseacetat, 155 Teile Aceton 95%, 2,5 Di-(methyloxyäthyl)-phtalat, 15,5 Teile Cyclohexanol und 50 Teile Wasser. Nach dem Abquetschen wird bei 80° C getrocknet. Man kann auch eine Lösung von 10 Teilen gekochtes Leinöl in 100 Teilen Benzol verwenden, auf etwa 250% abquetschen und dann in dampfgeheizter Hänge bei 75—85° C 24 Stunden trocknen.

EP 587462 Machinery 1947 — Gewebe, welche mit gefällter Nitrocellulose versehen sind, werden durch ein Lösungsmittel für diese genommen, hernach geformt und getrocknet. Die Entfernung des Lösungsmittels und Wiederfällung der Nitrocellulose erfolgt durch ein Wasserbad nach der Behandlung mit Lösungsmittel.

EP 587153 Edelstein 1947 — Zur Herstellung einer Celluloselösung zur Appretur von Geweben werden Cellulosematerialien mit Zinkatlösung behandelt.

EP 577256 Monbiot 1946 — Textilien werden mit Diphenylchlorid flüssig (Agrocolor) (98 Teile), Äthylcellulose (65 Teile) und Paraffin (15 Teile) bei 140° C behandelt.

EP 573768 Edelstein 1945 — Man behandelt Gewebe mit Celluloselösung in Natriumzinkat und fällt die Cellulose. Man erhält schrumpffeste, steife, waschecht appretierte Textilien.

EP 572906 DuPont 1945 — Gewebeanstriche aus Äthylcellulose, Methylabietat, acyliertem Castoröl, Karnaubawachs und TiO_2 (50, 45, 5, 2, 5 Teile) werden beschrieben.

EP 507137 Lilienfeld 1939 — Gewebeappreturen mit alkalilöslichen Celluloseäthern, die keinen kohärenten Film geben, werden vorgeschlagen.

EP 503424 ICI 1939 — Herstellung von Celluloseäther- oder -esterlösungen für Appreturzwecke.

EP 501666 Distillers 1939 — Man esterifiziert das Textilgewebe oberflächlich durch Behandlung mit 98%iger Essigsäure, die 0,03% Perchlorsäure enthält, wobei man etwa 20 Minuten einwirken läßt. Dann wird abgequetscht und 10 Stunden in einem geschlossenen Behälter bei 25° C gehalten. Hierauf wird durch ein Bad genommen, welches 40 Vol.-% Essigsäureanhydrid, 45 Vol-% Äthylacetat und 15 Vol.-% Ligroin enthält. Man beginnt bei 20° C und steigert die Behandlungstemperatur auf 45° C. Hierauf wird mit Äthylacetat gewaschen, durch Dämpfen vom Lösungsmittel befreit und getrocknet. Das esterifizierte Gewebe wird mit einer Mischung von 30% o-Phenylphenol, 10% Benzylalkohol, 20% Methylenchlorid und 40% Alkohol behandelt. Dann wird durch eine heiße Kammer geführt und schließlich bei 160° C und 5000 lbs. Druck kalandriert.

AP 2533598 United Merchants 1950 — Celluloselösungen in 8—19% Alkali, die 1—20% Harnstoff und Stannat enthalten (1,3—2,2% Zinnoxyd), werden beschrieben.

AP 2512558 Chem. Lab. 1950 — Man behandelt Cellulosetextilien mit wäßrigen Lösungen von Alkylol-Kupferkomplexen und NaOH und wäscht nachher mit einer wäßrigen Lösung, die befähigt ist, ein lösliches Kupfersalz einer Säure zu bilden und gleichzeitig das Metallhydroxyd vom Material zu entfernen.

AP 2469348 Dow 1949 — Man appretiert mit Cellulosederivaten und Alkydharzen in Lösung.

AP 2465520 Edelstein 1949 — Man behandelt mit Cellulosezinkatlösung.

AP 2453608 Cyanamid 1948 — Celluloseäther, die wasserlöslich sind, können mit dem Methyläther eines Polymethylolmelamins in Gegenwart von sauren Katalyten wasserunlöslich gemacht werden.

AP 2444022 Enka 1948 — Zur Herstellung von Cellulosezinkatlösungen wird Cellulose in mit H_2O_2 versetzten Alkalizinkatlösungen bei Temperaturen unter 0° C durch Abbau gelöst.

AP 2442973 Edelstein 1948 — Man appretiert Gewebe mit Cellulosezinkatlösungen unter nachheriger Fällung der Cellulose auf der Faser.

AP 2426300 Edelstein 1947 — Zum Appretieren von Textilien werden Cellulosezinkatlösungen mit Al-salz und Wachsemulsionen verwendet. Man erhält einen wasserabstoßenden Effekt.

AP 2422573 Lilienfeld 1947 — Xanthate von abgebauten Cellulosen, welche wenigstens teilweise in verdünnten Laugen löslich sind, werden als Textilappreturmittel empfohlen. Der Behandlung folgt die Koagulation der Imprägnierung. Die Appreturen geben einen weichen Effekt, bei Fülligkeit und gutem Aussehen des Gutes.

AP 2422572 Lilienfeld 1947 (s. AP 2157530 1939) — Herstellung von Textilappreturen aus alkalischen Lösungen abgebauter Celluloseäther, indem diese mit H_2SO_4 behandelt werden.

AP 2417869 US-Departement 1947 (s. AP 2352707, 2308692, 2235798, 2171109) — Appretieren von Textilien mit Cu-ammoniakalischen Lösungen von wasserunlöslichen Cellulosehydroxyäthern (3%); nach Abquetschen trocknen.

AP 2417388 Chem. Labor. 1947 — Textilien werden mit wäßrigen Lösungen von Alkalihydroxyden und Alkylolamin-Kupferkomplexen, in welchen Seidenfasern gelöst sind, imprägniert, hierauf gesäuert und gewaschen.

AP 2409985 Kodak 1946 (s. S. 635).

AP 2390235 Pacific 1945 — Textilien werden waschfest appretiert, wenn sie mit einer alkalischen Lösung eines säureunlöslichen Celluloseäthers behandelt werden; hernach wird gesäuert und dann mit dem quaternären Salz einer Verbindung der Form

$$C_6H_5\text{—}CH_2\text{—}\overset{\displaystyle CH_3}{\underset{\displaystyle Ac\quad R}{N}}\text{—}CH_3$$

(wobei Ac ein Acylrest und R ein Rest mit mehr als 8 C-Atomen bedeutet) behandelt.

AP 2335126 Lilienfeld 1943 — Weiche, mit einem permanenten Appret ausgerüstete Textilien werden erhalten durch Behandlung mit Lösungen oder Dispersionen aus teilweise abgebauten Cellulosen.

AP 2327912 Lilienfeld 1942 — Die Behandlung von Textilien mit Celluloseätherlösungen in Alkali bei niedriger Temperatur (Nähe des Gefrierpunktes) wird beschrieben. Hierauf wird der Celluloseäther mit Säuren koaguliert.

AP 2312348 Roebuk 1943 — Man behandelt Gewebe mit Kupfersulfat und nachher mit NaOH und NH_3.

AP 2301480 Hercules 1942 — Permanent appretierte steife Gewebe werden erhalten durch Behandlung von Geweben mit wäßrigen Emulsionen von Äthylcellulose und Kunstharzen in organischen Lösungsmitteln. Nach der Behandlung wird abgequetscht, getrocknet und kurz auf höhere Temperatur erhitzt.

AP 2296578 Rayonier 1942 — Herstellung von Cuoxam-Celluloselösungen für Appretzwecke.

AP 2259847 Sylvania 1941 — Man appretiert Textilien, indem man mit Lösungen von Celluloseäthern und textilen Füllstoffen behandelt, derart, daß erst mit einer Celluloseätherlösung, dann nach Trocknung mit einer Celluloseätherlösung und textilem Füllstoff (Stärke) behandelt wird und hierauf die Fällung des Cellulosederivates auf dem Gewebe vorgenommen wird. Der textile Füllstoff ist durch die Wäsche nicht entfernbar, so daß ein voller Griff erhalten bleibt.

AP 2186713 White 1940 — Man imprägniert Cellulosegewebe mit löslichen Kupfersalzen, nimmt durch ein Alkalibad, wäscht und trocknet und behandelt hierauf mit einer Lösung von Kupferoxyd in Ammoniak. Das Gewebe erhält ein glänzendes Aussehen, ist gefärbt und bakterienfest.

AP 2186632/631 Eastman Kodak 1940 — Als Weichmacher in Celluloseaufstrichen wird Glykol-Tetrahydrofuroat empfohlen. Auch Tetrahydrofurfuryl-Tetrahydrofuroat wird genannt.

AP 2165392 Lilienfeld 1939 — Appreturen von Textilien mit Cellulosederivaten, die aus einer schaumigen Lösung auf das Gewebe präzipitiert werden.

AP 2161199 DuPont 1939 (s. a. AP 2161200) — Man appretiert Gewebe mit Celluloseestermischungen (Celluloseacetat und -nitrat) und arbeitet ähnlich wie im AP 2263900.

AP 2157600 Bancroft 1939 — Man behandelt Textilien aus Cellulose mit einer Celluloselösung in Cuoxam bei 5—15° C, quetscht, fällt mit Säure, wäscht und mercerisiert das noch nasse behandelte Textilgut, wäscht auf *n*/2-Alkalinität, säuert, wäscht mit Wasser und trocknet dann. Man erhält edle, steife und transparente Effekte.

15. Das Steifen von Geweben, Dauerwäsche, Permanentappreturen, Trubenisieren.

An dieser Stelle werden alle jene Verfahrenspatente besprochen, welche im wesentlichen dahin zielen, waschbare, mehr oder weniger steife Textilien zu erhalten. Das Trubenisieren wurde sinngemäß hier mitaufgenommen, obwohl es nach der Art der Durchführung unter der Besprechung der Mehrlagengewebe bzw. dem Verkleben von Textilien hätte aufscheinen müssen. Eine genaue Abgrenzung der verschiedenen Arbeitsweisen ist nicht zu erzielen; vgl. daher auch S. 581 und S. 582.

So unterschiedlich die Ziele der hier zusammengefaßten Patente hinsichtlich der Größe des erreichten Effektes bzw. der Möglichkeit ihrer Anwendung auch sein mögen, sie alle haben doch eines gemeinsam, nämlich durch Appreturmaßnahmen oder Verklebung mittels thermoplastischer Faserbeimengungen eine tragechte, waschbare oder permanente Ausrüstung zu erreichen[86].

Patentschrifttum über das Steifen von Geweben, Dauerwäsche, Permanentappreturen, Trubenisieren.

OeP 166444 Trubenizing Co. 1950 — Halbsteife Wäschestücke werden erhalten, wenn man Gewebe, welche eine Zwischenlage aus Celluloseacetatgewebe oder Polystyrolgewebe usw. besitzen, mittels einer Mischung aus einem aktiven (schnell wirkenden) Lösungsmittel für die Einlage, einem latenten (langsam wirkenden) Lösungsmittel für die Einlage und einem Verdünnungsmittel für beide behandelt. Z. B. für Celluloseacetateinlagen: 10% Methyläthylketon, 15% Diacetonalkohol, 75% Methylalkohol. Für Polystyrol: 10% Toluol, 15% Diäthylphosphat, 75% Isopropylalkohol; erstes aktiv, zweites latent, drittes Verdünnungsmittel. Man kann dann ja nach Mischung das Pressen dem Arbeitsprozeßtempo anpassen.

OeP 160603 IG 1941 — Zur Herstellung waschbeständiger steifer Gewebe für Kragen, Manschetten usf. werden Textilgewebe mit Wasser angefeuchtet und hierauf eine Imprägnierung mit Vinylesterpolymerisaten vorgenommen. Dann werden die Gewebe durch Anwendung von Druck und Hitze mehrlagig verklebt. Z. B. wird ein Baumwollgewebe feuchtgemacht und mit einer 40%igen Lösung von Polyvinylacetat in Aceton-Alkohol 50:50 beidseitig mit der Rakelmaschine imprägniert. Nach dem Trocknen wird der Stoff mit den zu verklebenden Gewebebahnen vernäht, der erhaltene mehrschichtige Stoff mit Wasser benetzt und heiß gepreßt oder gebügelt.

OeP 160523 Elöd 1941 — Zur Herstellung von Wäschestücken, insbesondere Kragen, werden Gewebe mit Mowilith H (Polyvinylacetat), in Benzol gelöst (60 Teile Mowilith H und 80 Teile Benzol sowie 6,5 Teile Dibutylphtalat) imprägniert und trocknen gelassen. Man näht das Gewebe zwischen Ober- und Unterlage ein, feuchtet mit Wasser an und bügelt heiß.

OeP 158630 IG 1940 — Mehrlagige gesteifte Wäschestücke werden hergestellt, indem man Gewebelagen mittels verbindender und steifender Mittel, wie Polystyrol oder Mischpolymerisaten aus Vinylchlorid und Vinylacetat, die bei 120—180° C thermoplastisch und klebwirksam sind, vereinigt, wobei diese Vereinigung durch Druck und Hitze erfolgt.

OeP 158141 DuPont 1940 — Man stellt halbsteife Kragen oder Manschetten u. ä. her, indem man zwei oder mehrere, durch ein wärmeplastisches Klebemittel miteinander verbundene Gewebelagen verwendet. Die Verbindung wird durch Methylmethacrylate oder solche enthaltende Klebemittel bewirkt.

OeP 157683 Celluloid 1939 — Man verwendet zur Herstellung mehrlagiger gesteifter Gewebe ein Klebemittel, welches aus wäßrigen Emulsionen von Misch-

[86] Shapiro: Amer. Dyestuff Reporter **37**, 16 (1948). — Tupholme: Amer. Dyestuff Reporter **29**, 466, 480 (1940). — Vgl. a. Chem. Engng. News **26**, 2228 (1948), bzw. Seporski: Tekstil. Prom. **8**, 31 (1948), cit. **C**, Berlin 1948 (II, 119).

polymerisaten besteht. Diese sind aus monomeren halogenfreien Vinylverbindungen hergestellt (Acrylsäurenitril und Acrylsäuremethylester bzw. Acrylsäurenitril und Vinylisobutylester).

DP 749221 Celluloid 1944 — Zur Herstellung von Dauerwäsche dienen Polyamide.

DP 748886 ohne Inhabernenn. 1944 — Wasserechte Appreturen aus Casein usw. werden durch Zusatz von Verbindungen der Form

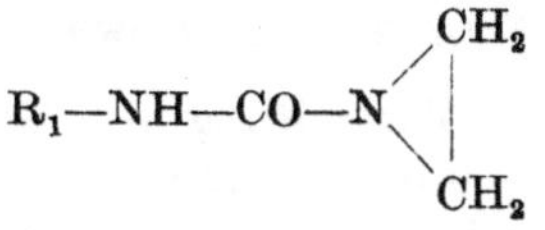

$$R_1\text{—NH—CO—N}\begin{array}{l}\diagup CH_2\\ \quad\;|\\ \diagdown CH_2\end{array}$$

oder

$$\begin{array}{l}CH_2\diagdown\\ |\qquad\quad\\ CH_2\diagup\end{array}\text{N—CO—NH—}R_2\text{—NH—CO—N}\begin{array}{l}\diagup CH_2\\ \quad\;|\\ \diagdown CH_2\end{array}$$

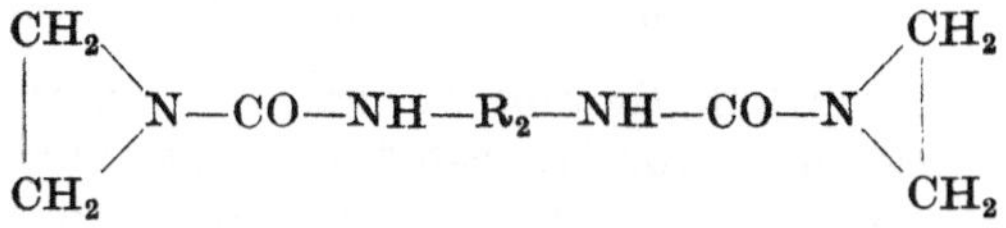

(R_1, R_2 = aliphatische oder isocyclische Reste) erhalten.

DP 748842 ohne Inhabernenn. (s. a. DP 749091 bzw. 749928) 1945 — Zum Permanentappretieren, Knitterechtmachen usw. werden Aminoplaste, aus Harnstoff und Formaldehyd (1:1 oder 1:2) nach besonderen Methoden hergestellt, verwendet. Auch Kondensate aus 2 Teilen Acrolein und 1 Teil Harnstoff werden genannt.

DP 742922 IG 1943 — Geformt gemusterte Gewebe erhält man, wenn man eine Mischung von wasserlöslichen Kondensationsprodukten von Formaldehyd und Verbindungen, die zwei oder mehrere in der Amidogruppe nicht substituierte Carbonsäureamid-, Harnstoff- oder Carbaminsäureestergruppen enthalten, auf Textilien einwirken läßt. Man formt eventuell nach Zwischentrocknung heiß oder bei Raumtemperatur, wobei nachher durch Erhitzen unter Härtung des Harzes die Formung stabilisiert wird.

DP 726979 Hoffmann 1942 (Zusatz zu DP 727273) — Steifende Appreturen werden mit Mischungen von Kartoffelstärke, Quellstärke, Dextrin und Alkalisulfaten usw. erzielt. Im Hauptpatent wird der Zusatz von Borax vorgeschlagen.

DP 724611 Rotta, Quehl 1942 — Zum waschbeständigen Steifen von Cellulosehydratfasern werden Quellmittel in an sich zur völligen Quellung nicht ausreichenden Konzentration einwirken gelassen.

DP 720681 Celluloid 1942 — Die Dauerwäsche besteht aus einer Gewebelage, die mit einer durchscheinenden Folie eines Mischpolymerisates oder Heteropolymerisates aus Vinylchlorid und einer anderen Vinylverbindung oder einer aliphatischen ungesättigten Mono- oder Dicarbonsäure als Außenschicht sowie einer pigmentierten Cellulosederivatschicht als Innenlage versehen ist.

DP 716431 Drechsel 1941 — Gewebe aus Cellulose werden vor dem Beuchen mit einer Celluloselösung in Cuoxam von Schmierölkonsistenz behandelt, daraufhin gesäuert und hernach gebeucht. Das erhaltene Gewebe hat eine waschfeste Appretur, die durch die Beuche nicht entfernt wurde.

DP 716322 Röhm & Haas 1941 — Als Appreturmittel verwendet man Polyacrylsäurenitril, teilweise verseift und mit Aldehyden gehärtet.

DP 710008 IG 1940 — Nachchlorierte Polyvinylchloride können als Appreturmittel angewendet werden.

DP 707321 IG 1941 — Man rüstet mit Mischpolymerisaten aus Acrylnitril und Vinyläthern aus.

DP 701071 IG 1941 — Man behandelt Gewebe mit Stärke und Harnstoff-formaldehydvorkondensaten und erhitzt hernach auf 130° C. Die Appretur ist waschecht.

DP 699667 Celluloid 1940 — Man verpreßt Gewebe mit Polyvinylchloridfolien.

DP 699549 Rhodiaceta 1940 — Versteifung von Geweben aus Celluloseacetat tritt ein, wenn man dieselben mit 10%igen wäßrigen Emulsionen von Quellungs- oder Weichmachern, wie Triacetin, Phenol, Cyclohexanon usw. behandelt und hernach einer Hitze- und Druckbehandlung unterwirft.

DP 696858 IG 1940 — Halbsteife Gewebe werden erhalten, indem man Viskose- oder Kupferseide in Gegenwart von Harnstoff oder Thioharnstoff mit Natronlauge von 12—20° Bé behandelt und mit unbehandeltem Gewebe verpreßt.

DP 696807 IG 1940 — Man appretiert Textilien mit Stärke-formaldehydeinwirkungsprodukten, die noch verkleisterbar sind, und erhält waschfeste Ausrüstungen.

DP 681818 IG 1939 — Als Zusatzmittel zu Stärkeappreturen wird Dimethylolharnstoff und ein sauerer Katalyt empfohlen, wodurch der Effekt waschecht wird.

DA 106136 — Stärkeappreturen werden durch Zugabe von Acrolein-Harnstoffharzen waschecht.

DA 56470 Stockhausen — Waschfeste Appreturen entstehen durch Behandeln mit Casein-Säurechloridkondensaten und Nachbehandeln mit Formaldehyd und Al-salzen. Hernach auf 60—125° C erhitzen.

DA 28230 Zschimmer Schwarz — Es wird mit pseudokolloidalen Lösungen kalt quellbarer, heiß löslicher Gummis (Senegal, Karaya) behandelt und mit Aminoplast fixiert.

SP 242585 Sarasin 1947 — Für die Herstellung von Steifwäsche werden Klebelagen aus einem flächenförmigen Träger (Gewebe, Papier, Kunststoffolie) hergestellt, der mit einem Cellulosederivat sowie mit einem gelatinierenden und einem nicht gelatinierenden Weichmacher überzogen ist. Die Vereinigung erfolgt unter Druck und Hitze.

SP 240997 Scholten 1946 — Zum Permanentappretieren von Geweben werden Stärke und Bis-(chlormethyl)-1,4-benzol oder trichloressigsaures Na unter Sodazugabe suspendiert, mit kaltem Wasser angerührt und eventuell unter Zusatz von NaOH als Appreturmittel verwendet.

SP 240608 Heberlein 1946 — Man stellt haltbare Versteifungsappreturen her, indem man zu Formaldehyd kolloide sowie reaktionsfähige Stoffe zusetzt. Es wird mittels saurer Katalysatoren auskondensiert.

SP 227110 Röhm & Haas 1943 — Man kann Textilien mit waschfesten, den Gebrauchswert steigernden Appreturen versehen, wenn man sie mit einer Lösung eines Schleimstoffes und den Kondensationsprodukten von Acrolein und Harnstoff behandelt. Man nimmt z. B. 30 Teile Hautleimpulver, 30 Teile

Paraffinemulsion und 40 Teile Kondensat auf 1000 Liter und imprägniert bei einem pH von 7.

SP 224944 Rotta, Quehl 1943 — Waschechte Steifgewebe erhält man durch Behandlung mit quellend wirkenden Lösungen, die nicht transparentieren (Phosphorsäure unter 50° Bé, HNO_3 unter 35° Bé, HCl unter 20° Bé, Ameisensäure, NaOH unter 10° Bé, Cuoxam mit maximal 0,3% Cu, ZnCl unter 50° Bé, Calciumrhodanid unter 25° Bé). Die Quellösungen können $CaCl_2$, $MgCl_2$, Zinkate oder Aluminate oder Harnstoff enthalten.

SP 222710 Ciba 1942 — Zur Herstellung waschechter Appreturen werden die Umsetzungsprodukte von Fettsäureestern des Glyzerins mit Melaminformaldehydkondensat verwendet.

SP 219858 Ciba 1942 (s. a. SP 216940) — Waschfeste Appreturen werden erzielt durch Behandlung von Textilien mit dem Kondensationsprodukt von N,N'-Acetylstearoyl-m-phenylendiamin und α,α'-Dichlordimethyläther, wobei die entstandene Chlormethylverbindung dann mit Thioharnstoff umgesetzt wird. Die erhaltenen Erzeugnisse weisen auch einen weichen Griff auf.

FP 941645 Scholten 1949 — Permanente Appreturen werden erhalten, indem man warme Lösungen von Stärke, Melamin und Aldehyd usw. mit einem pH 5 aufbringt und dann trocknet.

FP 939613 Sylvania 1948 — Zur Herstellung permanenter Appreturen werden Mischungen aus alkalilöslichen Celluloseäthern und alkalilöslichen Harzen auf das Textilmaterial aufgebracht und sauer koaguliert.

FP 919695 DuPont 1947 — Zum Appretieren von Textilien werden Tri-(methoxymethyl)-melamin usw. vorgeschlagen. Man erhält permanente Appreturen.

FP 905534 Gy. 1945 — Ein Permanentfinish wird erhalten, wenn man Aminostilbensäure zusammen mit Triazinen zum Appretieren verwendet und mit Formaldehyd kondensiert. Man führt die Aminostilbensäure in die Disulfosäure über und setzt mit Melamin und Formaldehyd um. Die erhaltenen Kondensate besitzen eine ausgezeichnete Affinität zur Cellulosefaser und ziehen auf das Gewebe auf. Gleichzeitig besitzen sie auch eine optische Bleichwirkung. S. a. CanP 432794, AP 2320816 bis 2320820 sowie AP 2385576.

FP 886329 IG 1943 — Waschfeste Appreturen werden erhalten, indem man mit Bädern aus Pigmenten, elektroneutralen Dispersionen und Kondensationsprodukten, eventuell mehrfach, behandelt.

FP 882469 IG 1943 — Waschechte Appreturen auf Textilien werden hergestellt, indem man mit Lösungen usw. von hochpolymeren Oxyverbindungen (Oxyäthylcellulose) und mehrbasischen Carbonsäuren (Bernsteinsäure, Adipinsäure, Phtalsäure) oder Lösungen von hochpolymeren, Carboxygruppen enthaltenden Stoffen (Polyacrylderivaten) mit mehrwertigen Alkoholen (Äthylen- oder Propylenglykol) behandelt.

FP 880675 Teinture 1943 — Waschfeste Appreturen werden erzeugt durch Aufbringen von Lösungen regenerierter Cellulose in Zinkchlorid und Ausfällen eines Films daraus.

FP 879919 IG 1943 — Waschfeste Appreturen werden erhalten, wenn man wasserlösliche, carboxylgruppenhaltige Polymere mit wasserlöslichen, mit Wasserdampf nicht leicht flüchtigen Substitutionsprodukten der Äthylenharnstoffreihe, die höchstens eine Äthyleniminggruppe auf eine COOH-Gruppe enthalten, am Textilmaterial bei Temperaturen umsetzt, welche noch keine Selbstpolymerisation des Äthylenharnstoffs bewirken. Andere Appreturmittel können zugegeben werden.

FP 879456 Röhm & Haas 1943 — Waschbeständige Stärkeappreturen werden erhalten, wenn man der zum Appretieren verwendeten Stärke 1—100% wasserlösliche Harnstoff-acroleinkondensate sowie saure Katalyten zusetzt.

FP 869357 Pfersee 1941 — Stärke wird mit Chromsalzen bei 55° C behandelt und getrocknet. Die mit solchen Stärken hergestellten Appreturen sind wäschebeständig.

FP 868101 Drechsel 1941 — Man behandelt Cellulosegewebe mit einer Lösung von Cellulose in Cuoxam von Mineralölkonsistenz, entfernt den Ammoniaküberschuß durch Unterdruck, entkupfert mit Schwefelsäure und erhält eine waschfeste Ausrüstung.

FP 864467 Drechsel 1940 — Man behandelt Gewebe mit einer Cuoxamlösung von Mineralölviskosität, schleudert, behandelt mit Alkalilauge von 4—20° Bé, saugt ab und spült und säuert usw. Es wird Cellulosehydrat waschfest gefällt.

FP 856052 Scheurer Lauth 1940 — Textilien von glänzendem Aussehen und einem vollen Griff werden erhalten, wenn man Cellulose mit einer Mischung von 6 Teilen alkalilöslicher Alkylcellulose mit hoher Viskosität mit organischen oder anorganischen Füllstoffen (Kaolin), 60 Teilen Eiswasser, 14 Teilen NaOH (50° Bé) löst und mit 20 Teilen Eiswasser auf 100 Teile bringt. Man imprägniert, quetscht ab und nimmt dann durch Schwefelsäure verd., weiters durch Soda, wäscht nach und trocknet.

FP 855419 IG 1940 (s. a. ItalP 373978) — 20%ige Lösungen oder Dispersionen organischer Vinylester mit anorganischen Säuren sind als Permanentappreturen verwendbar.

FP 841865 Electro 1940 — Zur permanenten Appretur von Geweben werden Polyvinylverbindungen verwendet.

FP 836894 Freudenberg 1940 — Man verwendet zur Herstellung beständiger spezifischer Appreturen polymere Verbindungen in Schaumform.

FP 833459 IG 1939 — Als Permanentappretur für Textilien können Lösungen von Mischpolymerisaten von Isobutylen und Fumarsäureestern angewendet werden.

FP 833335 Nobel 1939 — Als Appreturmittel für Textilien werden Lösungen von Polystyrol verwendet.

FP 829064 Röhm & Haas 1939 — Man verwendet als Appretur für Textilien Überzüge verdickter Lösungen von Vinylestern oder Acrylsäureestern, teilweise oder vollständig polymerisiert.

EP 647273 Gen. An. 1950 — Zum Appretieren von Geweben sollen diese mit der Mischung eines mehrwertigen Alkohols und eines Harzes, erhalten durch Polykondensation von Maleinsäureanhydrid mit einer Verbindung, die eine einzelne $>C{=}CH_2$-Gruppe enthält, bei pH 3—4,5 imprägniert und nachher erhitzt werden. Die Appretur ist waschfest.

EP 646450 Frankfurther 1950 — Man behandelt mit Polyvinylharzen und einem wasserlöslichen Weichmacher, der dann wieder ausgewaschen wird.

EP 632786 Scholten 1949 — Permanentappreturen aus Stärke werden auf Geweben gebildet, indem man bei 40—50° C mit einer Stärke- oder Stärkederivatlösung behandelt und ein Aminotriazin mit mindestens 2 reaktiven H-Atomen zusetzt, sowie einen Aldehyd, der ein Kunstharz bildet. Man kann zur Härtung durch Erhitzen und Zusatz geeigneter Mittel das notwendige saure Medium herstellen.

EP 622208 Scholten 1949 — Es wird die Herstellung permanenter Appreturen beschrieben, die durch Ätherifizierung von Stärke auf der Faser entstehen, wobei die Reaktionsmischung, nämlich das Kohlehydrat und das ätherifizierende Agens, gleichzeitig auf das Textilmaterial gebracht und durch Trocknen der Dauerfinish entsteht.

EP 617209 Strain Patrik 1949 — Zur permanenten Appretur behandelt man mit Emulsionen, die in der dispersen öligen Phase ein Polyamid enthalten.

EP 612123 Kanitz 1948 — Zur Herstellung von Steifgeweben werden diese vorerst mit Lösungen oder Dispersionen von wasserabstoßendmachenden Mitteln behandelt und getrocknet. Hierauf wird ein dünner Film von Vinyl- oder Acrylpolymeren aufgebracht, der auf diese Weise nicht ins Garninnere eindringt.

EP 605426 Lodge 1948 — Zum Steifen von Geweben werden zwei Lösungen verwendet: 1. Lösung eines copolymeren Vinylacetat-Vinylchlorids mit einem Mol-Gewicht von zirka 6000. 2. Lösung ähnlicher Co-Polymerer mit Mol-Gewichten von 16.000 und 24.000. Die Lösungen werden hintereinander auf das Gewebe gebracht, wobei zwischengetrocknet wird und die Vereinigung der aufgebrachten Schichten dann durch Druck und Hitze erfolgt.

EP 604904 Triggs 1948 — Zur Herstellung permanenter Appreturen werden Emulsionen vorgeschlagen, die in der wäßrigen Phase Stärke oder Polyvinylalkohol sowie ein diese Stoffe unlöslich machendes Salz (K-Pyroantimoniat) enthalten.

EP 597285 DuPont 1948 (s. a. EP 534698) — Man behandelt Polyamide, welche Harnstoff oder Phenol enthalten, mit Aldehyd. EP 573482: Beschreibt die Bildung von N-Alkoxymethylpolyamiden, die als Appreturmittel anwendbar sind. Hier wird lineares Polyamid mit Alkohol und Formaldehyd umgesetzt (in Gegenwart von Phosphorsäure), man erhält Appreturmittel.

EP 592352 Thomson Houston 1947 — Zur Herstellung von Permanentappreturen aus Textilien wird Cellulose-β-oxypropionsäure (hergestellt aus Alkalicellulose durch Einwirkung von Acrylnitril und Umwandlung des Nitriles in die Säure) empfohlen. Die Appreturen zeigen ähnliche Eigenschaften wie die mit Carboxymethylcellulose (CMC, Tylose HBR).

EP 591957 — Es werden Steifgewebe hergestellt, indem man Lösungen von Celluloseacetat statt Nitrocellulose in organischen Lösungsmitteln mit hohem Kochpunkt auf Textilgrundlagen aufbringt. Die Feuergefährlichkeit ist dabei weitgehend ausgeschaltet.

EP 590373 Rubber 1947 — Interpolymere von Methallylalkohol und Acrylsäurederivaten können als Fadenbildner, aber auch als Imprägniermittel und Appretiermittel Verwendung finden.

EP 587462 Machinery 1947 — Herstellung steifer Gewebe, insbesondere für Schuheinlagen usw. durch Aufspritzen einer Lösung von Nitrocellulose in organischen Lösungsmitteln.

EP 587162 Trubenizing 1947 (s. S. 585).

EP 583031 ICI 1946 (s. S. 503).

EP 582157 Wiggins 1946 (s. a. EP 582236) — Zur Erzeugung permanenter Appreturen verwendet man Mischungen von Alkaliresinaten und Harnstoffformaldehydkondensaten im Verhältnis 1:10 in wäßrigen alkalischen Lösungen. Statt der Resinate sind auch Caseinate verwendbar.

EP 579944 Celanese 1946 — Wasserfeste Imprägnierungen auf Acetatseide werden erhalten, indem man das Textilgut zuerst einer oxydativen Behandlung mit Permanganat unterwirft. Nach Zwischentrocknung wird dann appretiert. Durch die oxydative Vorbehandlung wird die Appretur waschecht.

EP 578599 Machinery 1946 — Man kann steife Gewebe durch Imprägnierung mit Polyesteramid erhalten. Angewendet können z. B. das Polykondensationsprodukt von Diaminen mit einer C-Kette von 6—10 Atomen und zweibasischen Carbonsäuren werden.

EP 577956 ICI 1946 — Als Steifungsmittel oder Mehrlagenklebemittel wird ein Kondensationsprodukt von Adipinsäure und Glyzerin angewendet.

EP 573768 Edelstein 1945 — Man appretiert Textilien, insbesondere zu steifende, mit Cellulosezinkatlösungen. Die Lösungen werden wie folgt hergestellt: Gepulverte Regeneratcellulose (27 Teile) wird in eine Mischung von 218 Teilen Wasser und 175 Teilen Eis eingerührt. Hierauf werden 120 Teile Natriumzinkatlösung, die durch Einrühren von 100 Teilen Zinkoxyd in 280 Teilen Wasser und Zugabe von 280 Teilen NaOH fest und schließliches Verdünnen mit 100 Teilen Wasser hergestellt wurde, zugegeben. Sobald die Temperatur der Mischung auf —3° C gefallen ist, wird langsam auf 15° C erwärmt. Man kann die so erhaltene Cellulosezinkatlösung direkt zum Appretieren verwenden. Für einen weniger steifen Appret muß sie verdünnt werden. Die damit imprägnierte Ware wird durch ein Bad von 2—5% Schwefelsäure genommen und die Cellulose auf der Faser und in den Gewebezwischenräumen gefällt. Hernach wird gewaschen und getrocknet.

EP 573574 Calico Printers 1945 — Zur Erzielung eines permanenten Apprets werden Textilien mit wäßrigen Lösungen von Polyvinylalkohol, Aldehyden und einem sauren Katalyten imprägniert. Z. B. eine Lösung von 12,5% Polyvinylalkohol, 5% Glyzerin, 5% Formaldehyd, 40% und 1% Monochloressigsäure. Abquetschen, trocknen, kurz erhitzen.

EP 572906 DuPont 1945 — Eine auch gegen organische Lösungsmittel und Hitze unempfindliche Appretur wird erhalten, wenn man 50 Teile Äthylcellulose, 45 Teile hydrogeniertes Methylabietat, 5 Teile acyliertes Rizinusöl, 2 Teile Karnaubawachs und 5 Teile Titandioxyd zusammenknetet und dann 5 Teile Dimethylolharnstoffdimethyläther zugibt. Die erhaltene Mischung kann mittels Kalanders direkt auf das Gewebe aufgebracht werden. Dann wird bei 107° C 2 Stunden gehärtet.

EP 565337 Heberlein 1943 — Beim Formalisieren von Geweben wird mit einem Bade, welches Formaldehyd, Stärke, Zinchlorid und Kaliumaluminat enthält, behandelt und gleichzeitig ein permanenter Appret erhalten.

EP 554988 Calico Printer — Zur Herstellung von steifen, in feuchter Atmosphäre nicht erweichenden Geweben imprägniert man das Textilmaterial mit den Kondensationsprodukten von Ketonen und Formaldehyd in Gegenwart saurer Kationen. Man behandelt vorher oder nachher mit 5%iger NaOH, trocknet bei 100°.

EP 543206 Ericson — Starke, biegsame und durchsichtige Gewebelagen werden erhalten, wenn man weitmaschige Gewebe oder Gewirke mit einer Lösung von Celluloseacetat in Aceton behandelt.

EP 542659 Frankfurther — Gewebe werden mit mindestens 50% ihres Gewichtes mit einer Polyvinylacetat-acetonlösung imprägniert. Weichmacher können dem Polymeren beigegeben werden. Es werden Steifgewebe erhalten.

EP 537971 [cit. Teintex 12, 422 (1947)] — Zum Herstellen widerstandsfähiger tragechter Appreturen werden Textilien mit wäßrigen Lösungen von Methylolharnstoffäthern behandelt.

EP 527520 Röhm & Haas 1940 — Zur Herstellung waschfester Appreturen werden Textilien mit wäßrigen Lösungen härtbarer Kondensationsprodukte und Katalyten behandelt, wobei außerdem noch ein nicht härtbares Alkydharz, wie etwa ein Ricinusöl-Glyzerin-Sebazinsäure-Kondensat, mitverwendet wird.

EP 517123 DuPont 1940 — Steifgewebe werden hergestellt durch Behandlung von Textilien mit Polymethacrylsäure oder deren Estern.

EP 505773 Wallach — Man bringt eine Polyvinylverbindung in Emulsion mit Füllstoffen auf Textilien auf.

EP 503750 Ripper 1939 — Man steift durch eine Behandlung mit Thioharnstoffformaldehydvorkondensat und härtet ohne Katalyt.

EP 503424 ICI 1939 — Eine Appretur mit Cellulosederivaten, die auch eine namhafte Beschwerung der Gewebe erzielen läßt, wird bereitet wie folgt: 12 Teile Titandioxyd werden mit 100 Teilen einer 7%igen Lösung von Glykolcellulose in 7%iger NaOH verrührt. Die homogene Mischung wird dann auf —5° C abgekühlt und mit 177 Teilen kalten Wassers vermischt. Wenn die Masse wieder auf Zimmertemperatur gebracht wird, bildet sich eine Gallerte, die das Pigment suspendiert enthält. Man streicht auf das Gewebe, koaguliert mittels eines Schwefelsäurebades und wäscht und kalandert heiß. Man erhält Gewebe mit einer Beschwerung von 35%.

EP 502701 Celanese 1939 — Man steift und vereinigt zwei Gewebelagen, von denen eine aus einem thermoplastischen Cellulosederivat besteht, durch Hitze und Druck.

HollP 61278 Tootal 1948 — Permanente Appreturen durch Behandlung mit Lösungen von Polyamiden in starken Säuren.

HollP 61189 Rhône Poulenc 1948 — Man imprägniert mit Polyvinylverbindungen in Emulsionsform unter Zusatz von Harnstoff-formaldehydvorkondensat.

HollP 59665 IG 1947 — Permanentappreturen erzielt man durch Behandeln von Textilien mit Hydroxyalkylcelluloselösungen, Ausquetschen und Nachbehandlung mit Hexamethylendiisocyanat. Nachher wird kurz auf 130° C erhitzt.

CP 75056 Heberlein 1945 — Permanente Leineneffekte auf Cellulosegeweben können erzielt werden, indem man die Gewebe durch doppelte Umsetzung unter Erzeugung eines Pigmentes mattiert und sie vorher, gleichzeitig oder nachher einer Quellbehandlung mit Säure und nachheriger Mercerisierung bzw. einer Appretur mit Celluloseätherlösungen und Kalandrierung unterwirft.

AP 2524400 Rubber 1950 — Man appretiert Textilien mit Stärke und bringt mit Divinylsulfon zur Umsetzung.

AP 2500144 Beck 1950 — Waschfeste Dauerappretur aus Polyvinylalkohol, Carboxymethylcellulose und Polyvinylacetat.

AP 2469408/09 Monsanto 1949 — Zum Steifen von Textilien werden Mischungen von Co-Polymeren aus Styrol und Maleinsäureanhydrid vorgeschlagen (s. a. AP 2275951, 2294651, 2370362 usw.).

AP 2455083 Pacific Mills 1948 — Die Permanentappretur von Cellulose enthaltenden Textilien wird mittels Epoxyden von Alkenen durchgeführt, z. B. mit

$$CH_2{=}CH{-}\underset{\diagdown O \diagup}{CH{-}CH_2}.$$

Die Cellulose geht hierbei in folgende Verbindung über: Cell—OCH_2—CHOH—
—CH=CH_2. Diese modifizierte, eine Doppelbindung in der Seitenkette enthaltende Cellulose kann z. B. durch Reaktion mit langkettigen aliphatischen Verbindungen hydrophobiert werden.

AP 2431119 Hall Labor. 1947 — Für Permanentappreturen werden Lösungen von Proteinphosphaten, die in Harnstofflösungen dispergiert sind, empfohlen (s. a. AP 2262770/71 Stein & Hall).

AP 2422572 Lilienfeld 1947 (s. a. AP 2422573) — An Stelle von Celluloseäthern, die in Alkali löslich sind und als Appreturmittel zur Erzielung eines Dauerfinish Anwendung finden, werden hier Celluloseäther in Vorschlag gebracht, die aus Abbauprodukten von Cellulose gebildet werden und die nach der Aufbringung auf Textilien keinen zusammenhängenden Überzug verursachen. Dadurch wird ein weicher Griff der Ware gewährleistet. Der Abbau der Celluloseäther wird nur so weit vorgenommen, daß keine wasserlöslichen Produkte entstehen. Als Abbaumittel kommen Mineralsäuren oder Säuredämpfe bei gewöhnlicher oder erhöhter Temperatur oder Oxydationsmittel in Frage. Appretiert wird mit alkalischen Lösungen der erhaltenen Äther, die hernach mittels konzentrierten wäßrigen Lösungen von Natriumsulfat und Schwefelsäure (in der Art der bekannten Müllerbäder für Viskosefällung) koaguliert werden.

AP 2417389 Chem. Laborat. 1947 — Seidelösung und Alkylol-C-Komplexe werden verwendet, um permanente Appreturen zu erhalten.

AP 2413024 1946 (s. S. 507).

AP 2407635 Koletzko 1946 — Man steift Wäschestücke mit einer Mischung von Tragant, Glyzerin, Pektin, Natriumborat und Wasser.

AP 2395812 ICI 1945 — Permanente Appreturen werden mittels Emulsionen von Alkylestern des 1-Carboxy-butadien-1,3 erhalten. Das Alkyl enthält 1—4 C-Atome.

AP 2393007 Wingfoot Co. 1945 — Permanente Appreturen werden hergestellt mit Emulsionen von Co-Polymerisaten von Butadien und Acrylnitril.

AP 2390235 Pacific Mills 1945 — Man behandelt mit einer alkalischen Lösung eines Celluloseäthers und dann mit einer Ammoniumverbindung der Form

$$C_6H_5CH_2{-}\underset{\displaystyle Cl}{\underset{|}{N}}(CH_3)_2{-}Alkyl.$$

AP 2386321 Levey 1945 — Copalharze, gemischt mit Formaldehydharzen, werden als Permanentappreturen angewendet.

AP 2385438 Chem. Developm. 1946 — Stärke wird in wäßriger Suspension gehalten durch Zusatz von Harnstoff-formaldehydvorkondensaten. Permanente Appreturen werden erzielbar.

AP 2381587 Stein & Hall 1945 — Permanente Apprets erhält man durch Verwendung von Appreturmitteln, wie Stärke, in Gemeinschaft mit Pyroantimoniaten und Erhitzen der imprägnierten Ware.

AP 2378360 Sayles 1945 — Zur Herstellung eines permanenten Finish werden Baumwollgewebe mit einer alkalischen Lösung eines Cellulosederivates (Gehalt 1—3% Cellulose) imprägniert, hierauf ein Teil der Feuchtigkeit (20—80%) durch Erhitzen entfernt und dann die Cellulose niedergeschlagen und das Gewebe in ungespanntem Zustande mit starker Lauge behandelt.

AP 2376595 Cyanamid 1945 — Waschfeste Appreturen erhält man mit Emulsionen von sauer härtenden Aminoplasten und Gelatine (isoelektrischer Punkt pH 8).

AP 2373954 Frankfurther 1945 — Hochsteife Gewebe erhält man durch Behandlung mit Polyvinylacetalen in organischen Lösungsmitteln, wobei vorher mit Tannin und Formaldehyd behandelt wird.

AP 2371892 Cyanamid 1945 — Permanente Appreturen werden erhalten, wenn Textilien mit Alkylolmelaminharzvorkondensaten und dem Salz eines Alkoxypropylamins mit mindestens 11 C-Atomen in der Alkylgruppe behandelt werden.

AP 2370057 Solvents 1945 — Zur Permanentappretur von Textilien wird eine Emulsion verwendet, die z. B. enthält: Polyisobutylen, 136—306 Teile Harze cycl. Kohlenwasserstoffe (β-Pinen oder polym. oder hydr. Cumaron-Indenharze) und Methylcellulose, 0,5—10% des totalen Feststoffgehaltes der Emulsion.

AP 2369776 ICI 1944 — Es wird mit Verbindungen der Form

$$\text{Alkyl—O—CO—NH—CH}_2\text{—N(tert.)—Cl}$$

behandelt.

AP 2357917 Nat. Oil 1944 — Hydrierte Esterharze werden, mittels Caseinalkali und anderen Mitteln emulgiert, als permanente Appreturen für Textilien in Vorschlag gebracht.

AP 2357526 Cyanamid 1944 — Zur permanenten Appretur von Geweben werden Emulsionen verwendet, welche in der kontinuierlichen Phase eine alkalische Caseinlösung, in der dispersen Phase Alkydharze mit einer Benzoesäuregruppe enthalten.

AP 2343094 DuPont 1944 (s. a. AP 2343093, 2343090, 2343089) — Das Hydrophobieren von Textilien mit Dispersionen von Polymethylmethacrylat und deacetyliertem Chitinacetat sowie Polyvinylacetat, das partiell verseift ist, wird beschrieben usw. Auch wäßrige, Dispersion aufziehende ähnliche Kompositionen werden angegeben, wobei, um die Substantivität zu bewirken, kationaktive Substanzen zugesetzt werden; vgl. AP 2343091/92.

AP 2343089 und 2343090 (s. a. AP 2343091—95) 1944 — Textilien werden in wäßriger Lösung mit emulgierten Polyvinylverbindungen behandelt. Als Dispergiermittel wird eine nichtpolare hochmolekulare Substanz mit Schutzkolloideigenschaften angewendet (partiell verseifte Polyvinylester, Celluloseäther). Ferner sind in der Lösung vorhanden: ein mehrwertiges Metallsalz, welches die Polyvinylverbindung substantiv zur Faser macht, sowie das Reaktionsprodukt von Oleylalkohol mit Äthylenoxyd.

AP 2342785 Röhm & Haas 1944 — Permanente Appreturen werden erhalten, indem man Stärkeappreturen durch Behandlung mit Methylolallylharnstoff unlöslich macht.

AP 2335126 Lilienfeld 1943 — Textilien werden mit alkalischen Lösungen abgebauter Cellulose behandelt und dann der Überzug koaguliert.

AP 2334107 Cyanamid 1943 — Appretur mit Alkydharzen in Emulsion (Typ Öl-in-Wasser).

AP 2332501 Celastic 1943 — Steifappretur mit Polyesteramidlösungen.

AP 2331579 Cyanamid 1943 — Man appretiert mit Fettsäureglyzeriden und sulfonierten höheren Fettsäureglyzeriden sowie einer stabilisierten Formaldehyd-Metallbisulfitverbindung.

AP 2327760 Alien Prop. Custodian 1943 — Zum Permanentappretieren und Hydrophobieren werden Verbindungen der Form

$$\begin{array}{c} CH_2 \\ | \\ CH_2 \end{array}\!\!>N\text{—}CO\text{—}NH\text{—}R\text{—}NH\text{—}CO\text{—}N<\!\!\begin{array}{c} CH_2 \\ | \\ CH_2 \end{array}$$

verwendet (Persistole!).

AP 2327160 DuPont 1943 — Es wird mit kationaktiven Verbindungen behandelt, z. B.:

$$C_{17}H_{35}CONH\text{—}CH_2\text{—}S\text{—}C\begin{array}{l} \nearrow NH \\ \searrow NH_2 \, . \, HCl \end{array}$$

AP 2316057 Gen. An. 1943 — Man behandelt mit Polyvinylalkohol, Polyvinylacetat und Zirkonoxychlorid.

AP 2312348 Roebuck 1943 — Permanentappreturen werden durch Behandlung mit Kupfersulfatlösung und nachher mit Ammoniak und Natronlauge erzielt.

AP 2310795 Stein Hall 1943 — Appreturlösung aus: 5—30 Teilen wasserlösliches Protein, 3—10 Teilen organ. Proteinlösungsmittel, 5—10 Teilen Harnstoff, 5—75 Teilen flüssige Kohlenwasserstoffe (KP. 50—250° C), 5—75 Teilen Wasser.

AP 2307178 Celanese 1943 — Steifgewebe werden hergestellt, indem man Gewebe, welche ein Kettmaterial aus thermoplastischem und nicht thermoplastischem Material, im Schuß aber Pferdehaar enthalten, mit Weichmachern für das thermoplastische Material in Lösung behandelt, dann 6 Tage altern läßt, wäscht und wieder lagert (2 Tage), sodann trocknet.

AP 2304113 Arnold Hoffman 1942 — Permanente, waschfeste Weicheffekte werden auf Textilien erhalten, wenn man mit Kondensationsprodukten von

Harnstoff, Thioharnstoff, Guanidin, Biuret und Polyaminosäureamiden behandelt. Verbindungen der nachstehenden Formeln sind genannt:

$$\begin{array}{l} R_1\text{—CO—}\overset{R}{N}\text{—}[(CH_2)_m\text{—A}]_e\text{—}(CH_2)_f\text{—}\overset{R}{N} \\ \qquad\qquad\qquad\qquad\qquad\qquad\quad \left[\begin{array}{c} C{=}D_1 \\ | \\ NH_2 \end{array}\right]_g \\ \qquad\qquad\qquad\qquad\qquad\qquad\qquad C{=}D_2 \\ R_1\text{—CO—}\underset{R}{N}\text{—}[(CH_2)_n\text{—A}]_h\text{—}(CH_2)_i\text{—}\underset{R}{N} \end{array}$$

z. B.:

$$\begin{array}{l} C_{17}H_{35}\text{—CO—NH—}CH_2\text{—}CH_2\text{—N—}CH_2CH_2OH \\ \qquad\qquad\qquad\qquad\qquad\quad | \\ \qquad\qquad\qquad\qquad\qquad\; C{=}NH \\ \qquad\qquad\qquad\qquad\qquad\quad | \\ C_{17}H_{35}\text{—CO—NH—}CH_2\text{—}CH_2\text{—N—}CH_2CH_2OH \end{array}$$

R_1 = Reste mit mehr als 6 C-Atomen; R = Reste mit weniger als 5 C-Atomen oder H; D_2, D_1 = O, S, NH; A = Alkyl, Aralkyl usw.; $g = 0$—3; $n, m, e, f, h, i = 1$—6.

AP 2303773 Röhm & Haas 1942 — Kleine Mengen nicht härtbares Alkydharz, Gummi, Stärke werden in wäßrigem Medium als Appretur verwendet.

AP 2302309 Röhm & Haas 1942 — Als permanente Appreturen werden Stärkeappreturen gemeinsam mit Harnstoff-formaldehydharzen vorgeschlagen.

AP 2301480 Hercules 1942 — Permanente Appreturen mit Äthylcellulose, welche gegen die verseifende Wirkung von alkalischen Waschflotten widerstandsfähig sind, werden mit einer Mischung aus Äthylcellulose, hydrierten Cumaron-Indenharz- oder Harz-Glyzerin-Estern unter Zusatz von Natriumoleat, einem organischen Lösungsmittel und Weichmachern hergestellt.

AP 2299786 Tootal 1942 — Gewebe werden tragechter gemacht, indem man sie mit Lösungen von Kautschuk, die ein Harnstoff-formaldehydkondensationsprodukt enthalten, behandelt. Ein Schutzstoff, welcher die Koagulation der Emulsion durch zugesetzte Säure, die als Katalyt bei der nachher vorzunehmenden Härtung des Harnstoffharzes wirkt, verhindert, wird zugegeben.

AP 2298841 Pyner, Paulsen 1942 — Wirkware wird mit Lösungen von festen Polyisobutenpolymeren vom Molgewicht 65000—100000 behandelt, wobei die Lösung in einer Konzentration von 0,1—2% angewendet wird.

AP 2298071 DuPont 1942 — Gesteifte Gewebe werden hergestellt, indem man Fäden mit wechselndem Querschnitt, aus Polyamiden bestehend, innerhalb anderer Gewebefasern in Kette und/oder Schuß von Geweben anordnet, wobei diese Polyamidfasern eine gewisse Kräuselung (schwach) aufweisen, um ein Verschieben derselben im Gewebe zu verhindern.

AP 2297135 Viscose 1942 — Appretiert wird ein Gewebe mit der Lösung eines Esters einer hochmolekularen Fettsäure (Ölsäure) und einem Anhydrid eines mehrwertigen Alkohols.

AP 2296108 Borden Co. 1942 — Waschechte Appreturen werden erhalten, wenn Textilien mit einer wasserlöslichen Komplexverbindung von Casein und Al-acetat behandelt und hernach erhitzt werden.

AP 2295699 Röhm & Haas 1942 — Zu Kunstharzappreturen werden zur Hintanhaltung zu großer Sprödigkeit Alkydharze (aus Ricinusölsäure, Glyzerin und Sebacinsäure) zugesetzt.

AP 2292921 Röhm & Haas 1942 — Schlichten, die mehrere OH-Gruppen enthalten, werden durch Behandlung mit quaternären Aminverbindungen der Form

$$\begin{array}{c} \quad\quad\quad\quad R_3 \\ X \quad\quad\quad | \\ RO{-}CH_2{-}N{-}CH_2{-}C{-}CHO \\ \diagup \diagdown \quad\quad | \\ R_1 \quad R_2 \quad R_4 \end{array}$$

(wobei R einen aliphatischen usw. Rest, R_1, R_2 aliphatische oder cycloaliphatische Reste, eventuell zusammen mit N einen heterocyclischen Rest, R_3 Wasserstoff oder Alkyl, R_4 ebenso und X Halogen bedeuten) unlöslich gemacht. Auch Appreturen sind derart permanent zu gestalten. Man kann die Verbindungen gleichzeitig mit den Hydroxyverbindungen oder aber im Nachbehandlungsbad anwenden. (Geeignet zur Behandlung sind z. B. Celluloseäther, Polyvinylalkohol, Stärke usw.)

AP 2288432 Hercules 1942 — Textilien werden mit einer Dispersion eines Glykolesters eines Harzes behandelt (Harzschmelzpunkt bzw. Schmelzpunkt des Esters 35—70° C) und hernach getrocknet.

AP 2284839 Hercules 1942 — Man appretiert Gewebe mit einem Zusatz von Harzen aus mehrwertigen Alkoholen und Terpenmaleinsäureanhydrid.

AP 2281646 Celanese 1942 — Steifgewebe werden hergestellt durch Verkleben mehrlagiger Gewebe, deren Zwischenlagen aus Cellulosederivatgeweben bestehen, welche durch Einwirkung eines Lösungsmittels in Dampfform klebend gemacht und durch Erhitzen und Druck mit den anderen Lagen verbunden werden.

AP 2278636 und 2278637 DuPont 1942 — Textilgewebe werden appretiert mit Lösungen von Kunstharzen, welche erhalten werden durch Co-Polymerisation von Acryl- und Methacrylsäureanhydrid mit Allyl-, Methyl- und insbesondere Äthylidenglykolestern dieser Säuren.

AP 2277788 DuPont 1942 — Appretiert wird mit einer Mischung, welche einen höherwertigen Petrolkohlenwasserstoff in Emulsion, ein mehrwertiges wasserlösliches Salz sowie 4% eines Polyvinylalkoholderivates enthält. Man arbeitet bei 20° C, wobei die Mischung substantiv für die Faser ist.

AP 2270841 Röhm & Haas 1942 (s. a. AP 2267265 und AP 2267277) — Waschfeste Stärkeappreturen werden erhalten, indem man mit Chloralderivaten nachbehandelt, wobei solche mit kleinerem Molekül steifere, mit größerem Molekül weichere Effekte liefern. Angegeben werden Verbindungen, wie:

$$C_6H_{11}{-}NH{-}CO{-}NH{-}CH(OH){-}CCl_3, \quad CH(OH)(OC_2H_5){-}CCl_3 \text{ usw.}$$

Die Behandlung kann auch mit Aminoaldehyden oder mit Kondensaten aus Phenolen und Diaminen sowie Formaldehyd erfolgen.

AP 2270024 ICI 1942 — Polymere Methacrylate werden zur Herstellung von Textilappreturen verwendet.

AP 2267277 Röhm & Haas 1941 — Man behandelt gestärkte Textilien mit α-Dimethyl-aminomethyl-isobutyraldehyd; vgl. AP 2267265.

AP 2259847 Sylvania 1941 — Einen permanenten Appret erhält man, indem man Gewebe mit einer wäßrigen Celluloseätherlösung tränkt, eventuell auch eine Dispersion eines solchen Äthers verwendet, hernach abquetscht und vor dem vollständigen Trocknen mit einer alkalischen Emulsion eines wasserunlöslichen Celluloseäthers unter Zusatz eines durchsichtigen Füllmittels behandelt. Nachher wird koaguliert, so daß eine feste Bindung des letzten Anstrichs mit der Gewebeunterlage erzielt wird.

AP 2233402 Rayon 1941 — Zum Steifen von Regeneratcellulose wird eine Lösung von Formaldhyd bei höherer Temperatur in Anwesenheit eines sauren Katalyten (α-Halogenfettsäure) auf das Textilgut einwirken gelassen.

AP 2230792 Hercules 1941 — Man verwendet Polyvinylacetal in organischen Lösungsmitteln als Appretur. Vor der Behandlung wird das Textilgut mit einer Lösung eines Salzes eines mehrwertigen Metalls imprägniert.

AP 2227163 Gen. An. 1941 — Man erwärmt einen wasserlöslichen Äther des Polyvinylalkohols mit Vinylacetat und Wasserstoffsuperoxyd, bis kein Monomer vorhanden ist. Die erhaltene Emulsion ist für Permanentappreturen verwendbar.

AP 2224994 Duisberg 1940 — Halbsteife Wäscheartikel werden hergestellt, indem man Textilien mit einer Emulsion von Mischpolymerisaten von Vinyläther mit Nitrilen oder Estern ungesättigter aliphatischer Säuren behandelt und mehrere Gewebelagen durch Druck und Hitze vereinigt (Maleinsäure-Methacrylsäure-Acrylsäure-Verbindung).

AP 2220525 Dow 1940 — Eine Mischung von Äthylcellulose, in Toluol-Äthanol-Methanol-Gemenge gelöst, und Äthylmethacrylat-Methylmethacrylat-Co-Polymer, gelöst in Äthylchlorid, sowie Vinylacetatpolymer und Dibutylphtalat wird zum Kleben von Mehrlagenstoffen verwendet. Sie sind waschecht verbunden und zeigen beim Lagern keine Verfärbung.

AP 2220508 Röhm & Haas 1940 — Man appretiert Gewebe mit Polyvinylalkohol usw.

AP 2188465 ICI 1939 — Polyäthylen wird als Appreturmittel verwendet. Es können auch wasserdichte Appreturen erzeugt werden.

AP 2156491 Daniels 1939 — Man behandelt Gewebe bzw. Garne zu Steifungszwecken mit Lacken.

AP 2154203 Deutsche Celluloid Fabr. 1939 — Man appretiert mit Polyvinylchloridemulsionen.

AP 2150968 IG 1939 — Durch oberflächliche Überführung der Cellulose eines Gewebes in ein Derivat der Isatinsäure wird ein waschechter Griff und Appret erzielt. Man behandelt das Gewebe 15 Minuten lang in einem Bade von 100 Teilen Alkohol und 4 Teilen 0,1 n-Sodalösung. Dann wird getrocknet und mit einer Lösung von 2 Teilen N-Octadecylisatinsäure in 100 Teilen Tetrachlorkohlenstoff behandelt. Nach 5 Minuten wird getrocknet und 2 Stunden auf 100° C erhitzt.

16. Mehrlagengewebe. Das Kleben von Gewebebahnen.

Mehrlagengewebe, durch Verkleben von Gewebebahnen und nicht etwa durch webtechnische Maßnahmen erzeugt, werden entweder derart hergestellt, daß ins Gewebe selbst eingewebte thermoplastische Fasern durch Lösungsmittel, plastifizierende Stoffe oder Hitze usw. weich und klebrig gemacht und die Bahnen durch heißes Kalandern vereinigt werden (*Trubenisieren;* s. S. 567). Als thermoplastische Faser wird meist Acetatseide verwendet. Man kann die Verbindung der Stofflagen aber auch durch Klebstoffe (Kunststoffe) oder durch heißes Einkalandern eines thermoplastischen Films vornehmen.

Als Bindemittel oder auch Bindefilme kommen Polyamide, Polyvinylchlorid, Polyvinylalkohol, Polyalkylacrylat, Celluloseacetat, Polymethacrylat, Chlorkautschuk oder Celluloseäther, die durch Einwirkung von Äthylenoxyd auf mercerisierte, alkalihaltige Cellulose oberflächlich entstehen, in Frage[87].

Für diese Appreturverfahren ist wegen vielfacher Überschneidung der Arbeitsweisen auch eine Prüfung der Methoden der Trubenisierung, Gewebesteifung und der Herstellung von sogenannten Permanentappreturen beim Aufsuchen bestimmter Maßnahmen notwendig.

Die Durchsicht der Patentliteratur für Gewebeaufstriche usw. ist in solchen Fällen ebenfalls empfehlenswert.

Nicht direkt hierher gehören die in jüngster Zeit aufgetauchten Vorschläge, Gewebe nicht mehr derart zu erzeugen, daß man sie am Webstuhl webt, sondern Faservliese mittels Klebstoff (Kunstharz) oder beigemischte thermoplastische Faseranteile zu verbinden und für billige Massenware als Gewebeersatz zu liefern (Chicopeeprozeß u. a.). Derartige Faservliese[88] sind unter dem Namen *Masslinn, Viscon, Webril, Plastavon* usw. in den USA. im Handel. Als Fasermaterial dient derzeit Baumwolle oder Kunstseide. Man verwendet entweder einen dünnen Flor, wie er aus der Kardiermaschine kommt, mit gekreuzt liegenden Fasern, oder läßt die Fasern in ihrer vollkommen zufälligen Lage. Schließlich kann man sie auch parallel ordnen, was allerdings zu dicken Vliesen führt.

Als Bindemittel sind Stärke, Polyvinylalkohol, Polyvinylchlorid, Kunstharze, thermoplastische Fasern usw. in Gebrauch, also dieselben Mittel wie oben. Das Klebemittel kann auch gefärbt verwendet bzw. in Figuren, Streifen, Wellenlinien usw. aufgebracht werden. Das Auftragen erfolgt durch Aufspritzen oder Imprägnieren. Verwendet werden die Erzeugnisse derzeit für Putztücher, Filtertuch, Kunstleder, Taschentücher, Möbelstoffe, Isolationszwecke usw.

Literaturübersicht über Mehrlagengewebe und das Kleben von Gewebebahnen.

Coke: Textile Manuf. **77**, 12 (1951).

Seymour: Amer. Dyestuff Reporter **38**, 453 (1949).

Bendigo: Textile Wld. **84**, 94 (1944).

Patentschrifttum über Mehrlagengewebe und das Kleben von Gewebebahnen.

OeP 160603 IG 1941 — Gewebe werden nach Anfeuchten mit Wasser unter Druck und Hitze mit Hilfe von Vinylesterpolymerisaten verklebt.

OeP 160523 Elöd 1941 — Man verklebt Gewebebahnen mit Mowilith H in Benzol gelöst.

---

87 AP 2164248.

88 Edwards: Amer. Dyestuff Reporter **37**, 131 (1948). — Vgl. a. Boeddinghaus: Fiber and Fabric **93**, 10 (1940). — Gallagher, Seymour: Mod. Plastics **25**, 117 (1948). — Seymour, Schroder: Rayon synthet. Text. P 49 (1949). — Williams, Alfers, Ferguson: Mod. Plastics **24**, 151 (1947).

OeP 158630 IG 1940 — Man verklebt Gewebebahnen mit Polystyrol oder Mischpolymerisaten aus Vinylchlorid und Vinylacetat.

OeP 158141 DuPont 1940 — Man verklebt Gewebe mit Methylmethacrylsäurepolymerisaten.

OeP 157683 Celluloid 1940 — Man verwendet zur Herstellung von Mehrlagenstoffen zum Verkleben der Gewebebahnen Mischpolymerisate von Acrylsäurenitril und Acrylsäuremethylestern in Emulsionsform.

DP 744850 IG 1944 — Mehrlagengewebe können hergestellt werden, indem man die einzelnen Gewebelagen mittels Polyamidmassen verklebt.

DP 710660 Spinnweber-Verband 1941 — Mehrlagenstoffe für Wäschezwecke bestehen aus zwei Außenlagen von Geweben, welche mit thermoplastischen Bindemitteln, z. B. Cellulosederivaten, unter Druck und Hitze vereinigt werden.

DP 699667 Celluloid 1940 — Man verpreßt Gewebe mit Folien aus Polymerisaten von Acrylsäure- oder Methacrylsäureestern bzw. Vinylchlorid in der Wärme.

DP 687510 Auergesellschaft 1940 — Als Klebemittel für Verbundstoffe werden ZnO- oder Zn-seifen enthaltende Kautschuk- oder Latexgemische empfohlen.

DA 99612 Gotthardt (s. DA 99662) — Man legt zwischen die Außenschichten eine Schicht aus Acetylcellulose, eine Papierschicht und nochmals eine Acetylcelluloseschicht oder bespritzt die Innenseiten der Textillagen mit Bindemittel, dann mit Quellmittel und vereinigt unter Druck und Hitze.

DA 54443 IG — Zwei Gewebelagen werden mit Vinylesterpolymerisaten verklebt (DA 62413 und 52850) bzw. mit Polystyrol oder Celluloseäther).

DA 47809 Elöd (DA 48098, 48558, 48632) — Mehrlagenstoffe mit verklebender Zwischenschicht aus Polyacryl- oder Polyvinylprodukten werden vorgeschlagen (s. a. DP 747394).

SP 248197 Hart 1948 — Mehrlagengewebe werden erhalten, indem man ein Gewebe, das teilweise oder zur Gänze aus thermoplastischen Fasern besteht, mit einer Lösung oder Dispersion eines thermisch härtbaren Kondensationsproduktes imprägniert, hierauf beidseitig zwei Baumwollagen aufbringt und unter Druck und 150° C härtet. Z. B.: Ein Gewebe aus Polyvinylacetatfasern und Baumwolle wird mit einer Lösung von Phenolformaldehydvorkondensat in Äthylalkohol 1,5 : 1 behandelt, getrocknet und dann unter Druck beidseitig mit Baumwollgewebe verbunden und bei 150° C gehärtet.

SP 240864 Cellophane 1946 — Man überzieht eine Cellulosehydratfolie einerseits mit einer 1%igen Lösung von Äthyleniminpolymerisat und trocknet bei 80° C. Hierauf wird auf diesen Überzug eine Klebstoffschicht gebracht, welche aus 10 Teilen Polyvinylacetat, 3 Teilen Tricresylphosphat und 10 Teilen Sprit besteht. Nach dem Trocknen wird die Folie zusammen mit Papier oder Textilgewebe durch einen heißen Kalander genommen und dadurch ein Verkleben bewerkstelligt.

SP 240608 Heberlein 1946 — Man versteift Gewebe aus Cellulose mittels Bäder, die Formaldehyd, versteifend wirkende, mit dem Aldehyd reagierende Kolloide, Appreturmittel und saure Kondensationsmittel enthalten. (Formaldehyd, Johannisbrotkernmehl oder Gelatine oder Stärke, Ammonsulfat, Weinsäure usw.).

SP 227074 Freudenberg (Zusatz zu SP 223823) — Mehrschichtgewebe, indem die Verbindung durch Polyamidschmelze erfolgt und die Lagen durch Druck vereinigt werden.

FP 922249 Rhodiaceta 1947 (s. a. FP 925117) — Zum Verkleben von Gewebebahnen werden Polyamide vorgeschlagen, welche in organischen Lösungsmitteln gelöst verwendet werden.

FP 916323 Impereau 1946 — Zum Verkleben von kunstharzbehandelten Geweben mit gummierten Geweben wird folgende Mischung empfohlen: 18 Teile Naturkautschuk, 1,8 Teile rohgefiltertes Kolophonium, 0,18 ZnO, 2,32 Farbstoff, 0,36 Akzelerator, 0,34 Schwefel, 77 Lösungsmittel (Benzol).

FP 914413 Hart 1946 (s. a. FP 914490) — Mehrlagenstoffe werden hergestellt, indem man Zwischenlagen aus Vorkondensaten thermoplastischer und härtbarer Harze verwendet (Vinylacetalharze in Mischung mit Harnstoff-formaldehydkondensaten).

EP 646930 Trubenizing 1950 — Das Trubenisieren von Wollwaren wird behandelt.

EP 646450 Frankfurther 1950 — Zum Steifen von Wäsche, Kragen usw. wird auf Textilien eine Mischung aus wasserunlöslichem thermoplastischem Vinylharz mit einem durch Wasser entfernbaren Weichmacher für das Harz aufgebracht. Man soll dadurch erzielen, daß die Steifheit einige Wäschen aushält. Z. B. wird eine Mischung vorgeschlagen, bestehend aus: 25 Teilen einer wäßrigen Emulsion von Polyvinylacetat (55%ig), 0,3 Teilen Dibutylphtalat, 0,7 Teilen Triacetin, 74,0 Teilen Wasser. Man imprägniert, quetscht ab und kalandert oder bügelt heiß in noch feuchtem, abgelagertem und angetrocknetem Zustande (vgl. EP 510203).

EP 644002 Ewing 1950 — Man bindet Textilien an eine Oberfläche, welche mit einem klebenden Material versehen ist. Dabei enthält dieses Material einen flüchtigen und einen wenig flüchtigen Weichmacher. Durch Verdampfung wird der die Klebrigkeit des Materials verursachende Weichmacher entfernt.

EP 643206 DuPont 1950 — Mehrlagengewebe halbsteifer Art werden hergestellt, indem man ein Vinylchloridharz in feinster Verteilung und in nicht gelatinierter Form in ein oder mehrere Weichmacher einbringt, mit der erhaltenen Masse eine oder beide Seiten eines Gewebes bestreicht und dann eine oder beidseitige Lagen aufbringt. Man vereinigt unter Druck und Hitze.

EP 640411 Courtaulds 1950 — Faservliese entstehen durch Verbund von mit Acrylnitril ätherifizierter Cellulose und Verbindung derselben durch Aktivierung mittels Alkali. Hernach wird gesäuert. Man kann auch Fasermischungen mit Zusätzen von 50% Viskosestapelfasern oder Caseinstapelfasern verwenden.

EP 638591 Courtaulds 1950 — Herstellung von Faservliesen mit Hilfe gequollener Cellulosetriacetatfasern.

EP 604054 Greenwood 1948 — Mehrlagengewebe werden hergestellt, indem zwei Gewebelagen mit einer Mittellage aus einem Vlies von regenerierten Cellulose- und Acetatkunstseidefasern gleichen Stapels erst mit einem milden Quellmittel für letztere (25% Alkohol, 75% Wasser) angefeuchtet und hernach bei 140° C unter Druck verpreßt werden.

EP 596087 DuPont 1947 — Die Herstellung von N-Alkoxymethylpolyamiden aus Polyamiden wird beschrieben. Diese sind im Gegensatz zu den Polyamiden in einer Reihe billiger Lösungsmittel löslich.

EP 594930 Hart 1947 — Mehrlagengewebe werden erhalten, indem man Gewebe mit einer Kette aus Polyvinylacetatfasern und einem Schuß aus Baumwolle, Acetatseide oder Viskose mit einer Mischung bzw. Lösung von 20 Teilen Phenol, 220 Teilen Formaldehyd (40%ig), 1 Teil Soda, welche man 30 Minuten zum Kochen erhitzt hat und nachher mit Äthylalkohol im Verhältnis von 1,5:1 verdünnte, bei 40° C behandelt, hierauf abquetscht, trocknet, dann beidseitig eine Gewebelage aufbringt und die Lagen unter Druck bei 150° C vereinigt.

EP 594138 Dreyfus 1947 — Das Verkleben von Mehrlagenstoffen, die Cellulosederivatgarne (Acetatseide) enthalten, erfolgt durch Druck und Hitze, wobei die Erweichung der die Verbindung bewirkenden Acetatseideanteile durch elektrische Hochfrequenzfelder erfolgt.

EP 594126 Robertson 1947 — Die Verbindung mehrerer Gewebelagen erfolgt durch eine Schicht eines luftgeblasenen, geschmolzenen Extraktes einer warmen Propanlösung von Rohparaffinöl.

EP 587162 Trubenizing 1947 — Waschbare halbsteife Gewebe werden hergestellt, indem man Gewebelagen, welche aus Cellulosederivaten in Mischung mit Cellulose bestehen, mit Weichmachern in wäßriger Emulsion behandelt, derart, daß die thermoplastische Cellulosederivatfaser genügend Weichmacher aufnimmt, um nachher unter Druck und Hitze die Verbindung der Gewebelagen vornehmen zu können. Als Weichmacher werden Formamid, Formorthotoluidid, Casein, Borax und Wasser in Mischung vorgeschlagen.

EP 586933 Hart 1947 — Das Verkleben von Gewebebahnen erfolgt dadurch, daß man eine Bahn bestreicht mit einer Mischung eines härtbaren Kondensates von Harnstoff-formaldehyd und einer thermoplastischen Verbindung. Nachher wird die zweite Bahn darübergelegt und das ganze durch Druck und Hitze verbunden. Das Lösungsmittel entweicht dabei und die Temperatur ist so hoch, daß die thermoplastische Substanz erweicht und das härtbare Produkt härtet.

EP 584561 DuPont 1947 — N-Methylol-polyamide, welche in wäßrigem Alkohol löslich sind, werden behandelt. Die Produkte können zum Verkleben von Mehrlagenstoffen, aber auch zur Herstellung von Fasern dienen.

EP 584317 Celanese 1947 — Zur Herstellung von Mehrlagengeweben werden die Ränder derselben mittels einer thermoplastischen Masse miteinander verbunden und die Gewebe vernäht.

EP 582233 Bleachers Assoc. 1946 — Man kann zwei Gewebebahnen miteinander verbinden, indem man dieselben mittels eines wasserfesten Materials, wie z. B. Polyvinylchlorid, vereinigt. Man erhält bessere Resultate, wenn man hierzu eine Mischung aus Polyvinylchlorid und einem Weichmacher und eine Lösung von Polyvinylacetal verwendet.

EP 581651 ICI 1946 — Man verbindet zwei oder mehrere Gewebelagen miteinander durch Druck und Hitze vermittels einer Paste, die z. B. besteht aus: 32% Polyvinylchloridpulver, 48% Tricresylphosphat, 20% gelber Ocker; oder: 13,4% Polymethacrylat, 9,5% Tricresylphosphat, 62,5% Benzol und 14,6% Methylacrylat; wobei letztere Mischung als Lösung angewendet wird.

EP 581313 Celanese 1947 — Die Celluloseacetatanteile in Geweben, die verbunden werden sollen, werden vor der Druck-Hitze-Bindung mit einer wäßrigen Dispersion von Triäthylcitrat plastifiziert.

EP 580525 ICI 1946 — Zur Herstellung von Ballonstoffen werden mehrere Lagen Gewebe mittels eines Diisocyanatesters oder Polyesteramids verklebt und gegebenenfalls mit Formaldehyd nachbehandelt und gehärtet.

EP 579701 ICI 1946 — Mehrlagengewebeherstellung, indem man eine Gewebelage mit einer Harz-Alaun-Appretur versieht, eine Schicht von Polyvinylalkohol aufbringt und dann die zweite Gewebelage aufpreßt.

EP 578699 Jute Mills 1946 — Man stellt Mehrschichtstoffe aus Textilgeweben oder auch mit anderen Materialien her, indem man die einzelnen Lagen mittels Schellack, der in geschmolzenem Zustande benützt wird, verklebt. Den Erweichungspunkt und die Hitzebeständigkeit des Schellacks kann man erhöhen, indem man Aluminiumchlorid oder Hexamethylentetramin zusetzt. Zur Erhöhung der Biegsamkeit ist die Mitverwendung von Rizinusöl oder Triphenylphosphat günstig.

EP 578599 Machinery 1946 — Textilien werden mit einem Polyamid in Mischung mit einem Polyester behandelt.

EP 577956 ICI 1946 — Als Mehrlagenstoffklebemittel kann ein Kondensationsprodukt von Adipinsäure und Glyzerin Verwendung finden.

EP 577569 Bleachers Assoc. 1946 — Man kann mehrere Lagen Textilien mit Hilfe einer Emulsion von Polyvinylchlorid in einer 5%igen Lösung eines Celluloseäthers herstellen. Man bringt die Lösung auf und trocknet. Hernach vereinigt man beide Lagen durch Erhitzen auf 120—180° C.

EP 572902 Celanese 1946 — Die Vereinigung mehrerer Gewebelagen, welche aus Celluloseester-Baumwolle-Mischgeweben bestehen, mittels Drucks und Hitze in Gegenwart von Wasser, ohne Anwendung von Plastifizierungs- oder Lösungsmitteln, wird beschrieben.

EP 545532 ICI 1942 — Mehrlagengewebe werden hergestellt, indem die Gewebelagen durch Polyamide verbunden werden. Diese werden erst angefeuchtet und hernach wird heiß gepreßt.

EP 544714 DuPont 1941 — Ein 0,05 cm dicker Film von Hexamethylendiammoniumadipat und Dekamethylendiammoniumsebazat wird zwischen die zu verbindenden Gewebestellen gelegt und diese bei 135° C unter 560 Atm. zusammengepreßt. Es entsteht ein steifes Mehrlagengewebe (s. a. EP 545532 DuPont 1940).

EP 544102 Celanese 1941 — Herstellung von Mehrlagengeweben durch heißes Pressen von Geweben mit einer Zwischenlage von plastifiziertem Celluloseacetat.

EP 541888 Celanese 1941 — Filzartige Gewebe werden hergestellt durch Verkleben von cellulose- bzw. cellulosederivathaltigen Textilien, die etwa 30% Dimethylglykolphtalat enthalten.

EP 525719 Celanese 1941 — Mehrlagenstoffe werden erhalten, indem man ein gemustertes Gewebe aus Celluloseacetat zwischen zwei Gewebe aus Cellulose legt, mit einer wäßrigen Methanollösung, mit einem Weichmacher für Acetylcellulose befeuchtet und unter Druck und Hitze verbindet.

EP 524191 Interfix 1941 — Mehrlagengewebe, welche porös sind, werden erhalten, indem man Gewebelagen miteinander verbindet, die aus mit thermoplastischen Fasern verzwirnten Garnen hergestellt wurden. Durch Quellbehandlung oder Einwirkung von plastifizierenden Stoffen werden die thermoplastischen Anteile in den gezwirnten Garnen erweicht und die Lagen miteinander durch Druck und Hitze verbunden.

EP 509037 Redman 1939 — Mehrlagengewebe werden mit Alkylacrylat als Bindemittel unter Druck und Erhitzen hergestellt.

EP 503536 DuPont 1938 — Mehrlagengewebe, insbesondere für Vorhemden usw., werden hergestellt, indem man die einzelnen Gewebelagen durch Lösungen von Methylmethacrylat und Polyisobutylmethacrylat oder anderen Derivaten vereinigt.

AP 2438176 Calico Printers 1948 — Wasser- und gasundurchlässige Mehrlagengewebe werden hergestellt, indem man die einzelnen Gewebelagen mittels Zwischenschichten aus wasserlöslichen Polyvinylalkoholprodukten und hydrolysiertem Polyvinylalkohol, sauren Katalyten und Aldehyden, letztere in solcher Menge, daß die entstehenden Kondensate unlöslich sind, bis zur Bildung der unlöslichen Polykondensate erhitzt.

AP 2419880 DuPont 1947 — Mehrlagengewebe aus Cellulose werden mittels wäßrigen Emulsionen aus hydrolysierten Interpolymeren aus Styrol, Maleinsäureanhydrid und 33—77% hydrolysiertes Polyvinylacetat, welche Stoffe vor der Reaktion eine Mehrzahl freier Carboxyl- und alkoholischer OH-Gruppen aufweisen, hergestellt.

AP 2416721 Upson 1947 — Man behandelt Textilien aus Faservliesen, die mit härtbaren Kunstharzen imprägniert sind, fortlaufend unter Druck und Hitze zur Erzielung eines glatten weichen Griffs.

AP 2409704 Celanese 1946 — Mehrlagenstoffe aus Celluloseacetat-Baumwoll-Mischgeweben verlieren die Neigung, in gerolltem Zustande miteinander zu verkleben, wenn man vor der Herstellung derselben durch Hitze oder Anlösen das Gewebe mit einer Lösung von 40% Triäthylcitrat, 55% Äthylalkohol und 5% Wasser behandelt. Dann wird bei 135—145° C getrocknet (s. a. AP 2409703).

AP 2402870 Smith Paper 1946 — Man vereinigt Textilien mit Hilfe einer Mischung von Metallresinat und Petrolatum, die einen Schmelzpunkt von zirka 65° C aufweist.

AP 2370550 Dow 1945 — Gewebebahnen werden durch Zwischenlagen von Celluloseäther, die klebend gemacht werden, unter Druck und Hitze vereinigt.

AP 2361527 Monsanto 1944 — Zur Vereinigung mehrerer Gewebelagen werden Polyvinylacetale mit Füllern verwendet.

AP 2326189/190 Celanese 1943 — Acetylcellulosehaltige Gewebe werden mit einem Weichmacher, gelöst in organischem Lösungsmittel, behandelt, dann abgequetscht, das Lösungsmittel durch Erhitzen entfernt und dann 20 Sekunden über erhitzte Zylinder (105° C) geführt. Die daraus hergestellten Mehrlagengewebe schlagen nicht durch und sind nicht klebrig (s. a. AP 2326121, 2326128).

AP 2326128 Celanese 1943 — Man verklebt Gewebelagen mit Celluloseesterfäden durch Befeuchten mit einer Weichmacheremulsion und nachheriges Trocknen.

AP 2318120 Celanese 1943 (s. a. AP 2318121) — Vereinigung mittels klebend gemachten Celluloseacetats.

AP 2277480 Gen. El. 1942 — Harnstoff, Formaldehyd und Chloraldehyd werden im Verhältnis von 1 Mol : 1 Mol : $^1/_4$ Mol kondensiert. Es entstehen Harze, welche als Anstrich für Gewebe usw. außerordentlich geeignet sind. Auch zum Verkleben von Gewebebahnen werden sie empfohlen.

AP 2277049 Kendall 1942 — Textilgrundlagen aus Fasern, die keine, und Fasern, die in erweichtem Zustande klebende Eigenschaften haben, werden erhitzt und gepreßt und so zu einem festhaftenden Gebilde vereinigt. Dabei bleiben lange Stücke der nicht klebenden Fasern frei.

AP 2272294 Celanese 1942 — Vereinigung durch Druck und Hitze mittels Acetatseide.

AP 2270024 ICI 1942 — Zum Hydrophobieren von Textilgeweben können Co-Polymerisate von 2-Äthylhexylmethacrylat und Methylmethacrylat verwendet werden. Es wird eine wäßrige Emulsion des Co-Polymerisats angewendet, wobei nach der Imprägnation ausgequetscht und bei 40° C getrocknet wird. Durch Einlegen der imprägnierten Gewebe zwischen zwei andere Gewebelagen und heißes Bügeln oder Kalandern bei 125° C kann ein Mehrlagengewebe hergestellt werden. Durch Aufstrich auf Textilgewebe wird ein glänzender Gewebeanstrich der wasserfest ist, erhalten; entsprechende verdünnte Emulsionen dienen zur Erzielung von wasserabweisenden Geweben, auch Steifgewebe können erhalten werden.

AP 2269479 Kendall 1942 — Gewebe werden hergestellt, indem man Fasern vermischt mit thermoplastischen Fasern, welche im Faservlies gleichmäßig verteilt werden. Durch Erhitzen wird ein Verbund des Vlieses erreicht.

AP 2269125 DuPont 1942 (s. AP 2322953) — Stoffbahnen werden mit Polyamidfolien, die durch längeres Einlegen in Wasser einen Feuchtigkeitsgehalt von 10% besitzen, unter Druck und Hitze vereinigt.

AP 2266940 Hercules 1941 — Mehrlagengewebe, die waschfest gesteift sind, werden hergestellt, indem man als Bindemittel eine Lösung von Äthylcellulose in organischem Lösungsmittel verwendet, welcher man Wachse zusetzt. Z. B. eine Mischung von 30—100 Wachs, 312 Toluol, 78 Äthylalkohol und Äthylcellulose bis zu einem Gehalt von 5—35%.

AP 2261773 DuPont 1941 — Bei der Vereinigung von mehreren Gewebelagen zu halbsteifen Produkten wird zur Vermeidung eines Moiréeffektes eine gewisse Gewebeeinstellung bevorzugt.

AP 2227205 Tennison 1940 — Mehrlagenstoffe können hergestellt werden mittels einer Vorrichtung, die es gestattet, mit Klebstoff versehene Lagen von Metall, Papier oder Textilien zu verbinden.

AP 2220525 Dow 1940 — Mehrlagengewebe für Wäschezwecke werden hergestellt, indem mehrere Gewebebahnen mittels eines Celluloseäthers, gemischt mit Polyacrylsäureester, verklebt werden. Die Klebmischung enthält organische Lösungsmittel und Weichmacher. Genannt werden: Äthylcellulose, Co-Polymerisate von Acrylsäuremethylester und Methacrylsäureäthylester. Als Weichmacher wird Dibutylphtalat, als organisches Lösungsmittel ein Gemisch von Toluol, Äthylalkohol und Äthylenchlorid im Verhältnis von 4:1:1 angegeben.

AP 2211079 Celanese 1940 — Mehrlagengewebe werden hergestellt, indem man ein beliebiges Textilgewebe mit einem Celluloseacetatgewebe vereinigt. Die Verklebung erfolgt unter Druck und Hitze mittels einer Mischung von 30% Aceton, 70% Alkohol und 5% Triacetin sowie einem Weichmacher für Celluloseacetat.

AP 2187848 Hercules 1939 — Mehrlagengewebe werden erzeugt durch Verklebung mehrerer Gewebelagen mit Chlorkautschuk mit einem Cl-Gehalt von über 28,5%.

AP 2164248 ICI 1939 — Zur Herstellung von Mehrlagenstoffen werden gebleichte Cellulosegewebe mercerisiert, die Behandlungslauge dann bis auf einen Gehalt von 25% ausgepreßt und das nasse laugenhaltige Gewebe in geschlossenen Kesseln mit Äthylenoxyd (1 Mol auf 1 Mol Cellulose) behandelt. Hierauf wird gewaschen und die noch feuchten Gewebe mit unveränderten Cellulosegeweben unter Druck und Hitze bis zur Trockene vereinigt. Man erhält ein steifes Zweilagengewebe, dessen beide Lagen fest miteinander verbunden sind.

CanP 448716 Meyer 1948 — Mehrlagengewebe werden durch Verkleben von Gewebebahnen mittels einer Lösung von Aminoplasten und wasserunlöslicher thermoplastischer Harze hergestellt.

Die Herstellung von Textilien aus Faservliesen mittels Kunstharzlösungen oder Emulsionen, Kautschukemulsionen u. dgl. behandeln folgende Patentschriften:

DP 736355, 706761, 695094.

EP 567316, 550106, 505801.

AP 2483330, 2437689, 2434887, 2434532, 2430868, 2428591, 2407548, 2405978, 2405857, 2402532, 2396946, 2394899, 2389254, 2389024, 2387354, 2372713, 2363480, 2358760, 2357845, 2339562, 2338391, 2330314, 2327713, 2327250, 2322888, 2321108, 2306781, 2298274, 2269479, 2266761, 2249275, 2229061, 2181043.

CanP 412600.

17. Das Flammsichermachen.

Bei der Verbrennung von cellulosehaltigen Textilien bilden sich Asche, flüssige und gasförmige Verbrennungsprodukte. Für das Entflammen weiterer Teile von Textilien sind gerade die entstehenden flüssigen Produkte entscheidend[89].

Im allgemeinen setzt jede Einverleibung fremder Stoffe die Flammbarkeit der Faser herab, da die Bildung von Asche und Kohle vermehrt wird.

Stoffe, die bei Erhitzung Gase abgeben, wie Ammonsalze usw., verdünnen durch diese unbrennbaren Gase die Verbrennungsgase der Cellulose oder schaffen eine unbrennbare Gasatmosphäre um die Textilien durch Bildung von Ammoniak, Kohlensäure usw.

Es können auch Stoffe zum Flammsichermachen verwendet werden, welche einen niedrigen Schmelzpunkt besitzen, wie Borate usw. und daher bei Erhitzung der Textilien diese mit einer Art Email überziehen.

Die bisher genannten Stoffe haben den Nachteil, daß sie wasserlöslich sind, weshalb die Flammfestimprägnierung nicht dauernd bestehen bleibt. Unlös-

[89] Little: Amer. Dyestuff Reporter **37**, 114 (1948); vgl. a. Rayon Text. Monthly **29**, 96 (1948). — Little-Redmond: Amer. Dyestuff Reporter **36**, 135 (1947). — Henk: Dtsch. Wollen Gew. **73**, 44 (1941). — Melliands Textilber. **23**, 456 (1942).

liche Stoffe aber können auf der Faser nur in einem Zweibadverfahren niedergeschlagen oder aus Dispersionen aufgebracht werden.

Man kann die Cellulosefaser auch verestern oder veräthern, allerdings wird dadurch die Faserfestigkeit usw. ungünstig beeinflußt.

Ausgedehnte Untersuchungen beschäftigten sich mit der Minimalmenge an bekannten flammsichermachenden Stoffen, welche in das Gewebe gebracht werden muß, um einen befriedigenden Effekt zu erzielen. Diese Minimalmengen betragen (in Prozenten des Warengewichtes des zu behandelnden Textilgutes):

(Nach Ramsbottom-Snoad)

Ammonborat	24
Borax	60
Borax und Borsäure 1:1	10
Ammonphosphat	12
Guanidinphosphat	19
Ammonsulfat	8
Ammonbromid	7
Ammonchlorid	38
Calciumchlorid	14
Magnesiumchlorid	16
Zinkchlorid	12
Phosphorsäure	10
Soda	12
Natriumbikarbonat	23
Natriumwolframat	9
Natriumsilikat	20
Natriumstannat	19
Natriumorthophosphat (nicht glühfest!)	20
Kaliumnitrat (nicht glühfest!)	13
Natriumpermanganat (nicht glühfest!)	22
Kaliumthiocyanat (nicht glühfest!)	25
Antimonoxychlorid	30
Aluminiumstannat (nicht glühfest!)	79
Ferrichromat (nicht glühfest!)	24
Eisenoxyd (nicht glühfest!)	19
Bleichromat (nicht glühfest!)	37
Mangansuperoxyd (nicht glühfest!)	22
Zinnwolframat (nicht glühfest!)	77
Zinkstannat (nicht glühfest!)	47

Der Einfluß der Mittel zum Flammfestmachen auf die Faserfestigkeit beim Lagern oder Belichten wird durch nachfolgende Aufstellung wiedergegeben:

	Festigkeitsverlust nach 300 Tagen bei 40° C in %	Festigkeitsverlust nach 200 Tagen Sonnenlicht in %
Ammonbromid	60	90
Ammonchlorid	55	93
Ammonphosphat	46	49
Ammonsulfat	74	61
Borax	—	41
Calciumchlorid	—	86
Guanidinphosphat	—	71
Natriumsilikat	7	49
Natriumwolframat	9	82
Zinkchlorid	12	53
Unbehandelte Ware	—	30

Die verschiedenen neueren Vorschläge der Verfahren zum Flammsichermachen von Textilien sind etwa folgende[90]:

a) Nichtbeständig gegen Wasser und Wäsche sind folgende Appreturen:

Kling: 6 Teile Borax, 5 Teile Borsäure, 100 Teile Wasser. 30° C, abquetschen und trocknen.

Boosman: 50 Ammonphosphat, 20 Ammonsulfat, 15 Ammonchlorid, 13 Borsäure, 8 Borax in etwa 1000 Teilen Wasser.

US-Standard: 24 Teile Natriumwolframat, 6 Teile Diammonphosphat, 100 Teile Wasser.

Académie française: 8 Ammonsulfat, 2,5 Ammoncarbonat, 2 Stärke, 8 Borax, 3 Borsäure, 0,4 Dextrin, 100 Wasser.

Matthews: 11 Teile Natriumwolframat, 7 Teile Borax, 22 Teile Stärke, Wasser.

US-Army: 7 Borax, 3 Borsäure, 5 Diammonphosphat, Wasser, 7—15%ige Lösung.

Chesnau: 0,6 Dinatriumphosphat, 20,6 Natriumwolframat, 100 Wasser.

Nicoll: 2 Borax, 6 Alaun, 1 Natriumwolframat, 100 Wasser.

Matthews: 2 Ammonchlorid, 3 Diammonphosphat, 2 Ammonsulfat, 40 Wasser.

Abopon[91] ist ein anorganisches komplexes Borophosphat, das oft verwendet wird. *Calex F* der ICI ist eine Mischung von Ammonsulfat und -phosphat mit Weichmachern. DuPont schlägt Ammonsulfaminat mit Zusätzen vor[92]. Auch Harnstoff ist empfohlen worden[93].

b) Gegen Wäsche beständige Flammfestbehandlungen:

Perkins: Man schlägt Zinnoxyd nieder, wäscht, säuert (Essigsäure) und trocknet.

Grove-Palmer: Man behandelt mit Calciumchlorid und imprägniert in Bädern mit Natriumphosphat.

Melony: Man nimmt durch ein Natriumstannatbad, quetscht aus und imprägniert mit $TiCl_4$. Hernach durch ein Silikatbad nehmen.

Leatherman: AP 2407668 und 2378714. Man verwendet Mischungen aus chloriertem Wachs, Zinkoxyd, MgO, Al-oxyd, Cu-chromat usw. in flüchtigen Lösungsmitteln.

Jordan-O'Neill: EP 579328 und 573472. Man nimmt durch eine 20%ige Natriumstannatlösung, trocknet, behandelt dann mit einer 25%igen Eisensulfatlösung, quetscht ab und nimmt durch eine ammoniakalische Lösung von Kupfersulfat. Hierauf wird mit einer Wachsemulsion (chloriertes Wachs) behandelt.

Hopkinson (AP 2250483): Man behandelt mit Chlorkautschuk, Äthylenglykolmonoäthyläther usw. in organischen Lösungsmitteln.

Wilson-Hoppe (AP 2299612): Man arbeitet mit Chlorkautschuk oder Polyvinylchlorid unter Zusatz von Pigmenten und Zn- oder Mn-boraten, deren Schmelzpunkt unterhalb der Verbrennungstemperatur der Cellulose liegt. Das Pigment dient als Schutz der chlorierten Verbindung gegen Sonnenlicht. Die Mischung wird in organischen Lösungsmitteln verteilt angewendet.

---

[90] Jones: Text. Recorder **49,** 767 (1947).

[91] Marsh: Text. Finishing **1947,** 528.

[92] Gordon: Amer. Dyestuff Reporter **30,** 305 (1941).

[93] Vgl. z. B. Amer. Dyestuff Reporter **37,** 1 (1948).

US-Warfare Service: 15 Teile Antimontrioxyd, 120 Teile Zinkborat, 27 Teile Methyläthylketon, 420 Teile Vinylit (Co-Polymeres von Vinylchlorid- und Vinylacetat 9:1). Nach der Behandlung wird gewaschen mit 0,2% Seifenlösung[94].

Es soll noch auf einen Vorschlag verwiesen werden, wonach Chlorparaffine zur Flammfestmachung sich eignen sollen. Auch der Erifon-Prozeß (verkehrt gelesen: no fire), nach welchem man durch Behandeln mit Titanylchlorid und Antimontrichlorid und nachheriger Umsetzung mit 15%iger Sodalösung Sb-Ti-Komplexe in der Faser erzeugt, bedarf der Erwähnung, ebenso das Arbeiten mit Harnstoff-phosphat[95].

Literaturübersicht über das Flammsichermachen.

Ulrich: Textil Rundschau **6**, 45 (1951).

Little: Flameproofing of Textile Fibers, New York: Reinhold 1947.

Patentschrifttum über das Flammsichermachen.

DP 738388 Froben 1943 — Als Flammschutzmittel werden wäßrige Lösungen an sich als Flammschutz bekannter Stoffe verwendet, denen man Wasserglas zusetzt.

DP 720512 IG 1942 — Flammfeste Gewebe werden durch Behandlung mit Lösungen von 100 Teilen $(NH_4)_2HPO_4$ und 100 Teilen Formaldehydbisulfit erhalten.

DP 712201 IG 1941 — Gewebe werden durch Behandlung mit Gemischen wachsartiger chlorierter aromatischer Kohlenwasserstoffe (Chlornaphtalin) und Kolophonium oder Kautschuk flammfest gemacht.

DP 710382 Altstadt 1941 — Man behandelt Gewebe zum Flammfestmachen mit Lösungen von Ammonsulfat, Ammonbiphosphat und Natriumbikarbonat.

DA 202281 Bosse — Unbrennbare Cellulosegewebe usw. werden durch Herstellung von Cellulosekieselsäureverbindungen erhalten.

DA 172927 — Es wird mit Äthylenimin und Phosphorsäure behandelt.

DA 170518 Köllreuther — Man tränkt mit Flammschutzmitteln und Saponin und überzieht hernach mit Kunstharz.

DA 125269 Schlegel — Mischungen von wachs- oder harzartigen chlorierten aromatischen Kohlenwasserstoffen und kleinen Mengen Polyvinylchlorid werden vorgeschlagen (s. DA 126911).

DA 102335 Wituski — Es werden Lösungen von Natriumthiosulfat, Zinksulfat, Magnesiumchlorid und NaOH vorgeschlagen, die Superoxyd enthalten (DA 104018, 113172).

DA 73759 IG — Man imprägniert mit wäßrigen Lösungen oder Dispersionen von Sulfamid-formaldehydvorkondensaten, Al- und Zn-salzen oder deren Hydrolysaten und erhitzt auf 100° C.

---

[94] van Tuyle: Amer. Dyestuff Reporter **32**, 297 (1943).

[95] Redmond: Amer. Dyestuff Reporter **32**, 375 (1943). — Nussle: J. Soc. Dyers Colourists **64**, 342 (1948). — Davis, Findlay, Roger: Text. Inst. **40**, T 839 (1949). — Gulledge, Seidel: Ind. Engng. Chem. **42**, 441 (1950). — Little, Church, Coppick: Ind. Engng. Chem. **42**, 418 (1950). — Panik, Sullivan, Jacobson: Amer. Dyestuff Reporter **39**, 509 (1950). — Defalque: Ind. textile **67**, 81 (1950).

DA 69968 IG — Es wird mit Lösungen von Zn—NH_4-Komplexen behandelt, deren Säurerest aus Sauerstoffsäuren des Phosphors, Kohlensäure und Halogenwasserstoffsäuren besteht.

SP 234113 Westholm 1944 — Als Flammschutzmittel für Gewebe werden Mischungen von 2—8 Teilen NaOH und 65—90 Teilen Alkalisilikat, die bei erhöhter Temperatur in Gegenwart von Wasser vermischt werden, angewendet. Ein Zusatz von 1,5 Teilen Harz ist vorteilhaft.

SP 226500 Böhme 1943 — Man tränkt brennbare Werkstoffe mit wäßrigen Lösungen von Feuerschutzmitteln, wie Diammonphosphat oder Ammonchlorid, wobei den Lösungen als Netzmittel kationaktive Alkylpyridiniumverbindungen zugegeben werden.

SP 213231 Nußbaum, Tauber 1941 — Für die Imprägnierung wird z. B. eine Mischung verwendet, bestehend aus 20% Natriumwolframat, 3,8% Borax, 17,5% Ammonbromid, 38,2% Ammonphosphat, 14,3% Ammonsulfat und 6,2% Natriumphosphat. Man löst das Gemenge in der 4,2fachen Wassermenge bei 48° C und imprägniert die Gewebe am Jigger oder der Kufe. Auf nicht zu hohen Quetsch- oder Schleudereffekt ist zu sehen. Es wird an der Luft getrocknet.

FP 922965 Bancroft 1947 — Textilien werden mit Phosphorsäure und Harnstoff behandelt. Der Effekt ist waschecht. Z. B. verwendet man zum Imprägnieren eine Lösung von 49,6% Harnstoff und 18,4% Orthophosphorsäure (100%ig) in Wasser und trocknet 30 Sekunden bei 150° C, hernach 2 Minuten auf 175° C erhitzend.

FP 921681 DuPont 1947 — Flammfeste und hydrophobe Textilien werden durch Appreturen mit Polymeren aus Dichloräthylen und Vinylchlorid (50%ig) sowie 3% Epichlorhydrin als Stabilisator hergestellt.

FP 919288 ICI 1947 — Zum Flammfestmachen von Textilien, insbesondere Cellulosederivaten, werden dieselben mit Polyäthyleniminlösungen imprägniert und hernach mit Bädern, die Pentaerythrol-tetra-orthophosphat enthalten, behandelt.

FP 874735 IG 1943 — Chlorierte Naphtaline besitzen große Klebkraft und eignen sich zum Imprägnieren von Textilien. Man verwendet sie in Mischung mit Kunstharzen, wobei sie gleichzeitig die Brennbarkeit der Textilien herabsetzen.

FP 870080 Frenkel 1941 — Flammfeste Gewebe werden erhalten durch Behandlung mit einer Lösung von Chlorkautschuk in einem Gemisch von o,m,p-Dichlorbenzol und Benzin, die noch Weichmacher enthält.

FP 855030 Labaune 1940 — Flammfeste Gewebe werden durch Behandeln derselben mit Biuretderivaten erhalten.

FP 848933 Lebouin 1939 — Man schlägt auf Textilien Ammonmagnesiumphosphat nieder und behandelt hernach mit Lösungen von Ammonphosphat und Ammonborat. Hernach wird luftgetrocknet. Die Gewebe sind feuerfest.

EP 638434 Cyanamid 1950 — Flammfeste Textilien werden erhalten, indem man Aminotriazin-pyrophosphat in der Faser ablagert. Z. B. behandelt man mit Lösungen von 45 g Diguanidincarbonat, 57,5 g Phosphorsäure, 146,6 g Harnstoff und 10,4 g Hexamethylentetramin in 260,5 g Wasser.

Aufnahme auf Textilmaterial %	Berechnete Aufnahme			Flammtest in inch. Es wird ein Loch gebrannt		
	Guanidinphosphat %	Harnstoff %	Hexamethylentetramin %	ohne Wäsche	nach 1 Wäsche	nach 5 Wäschen
126	19.0	35.4	2.5	$1^7/_8''$	$2^1/_2''$	3″
124	18.7	35.0	2.5	2″	$2^1/_2''$	3″

Verlust an Kettstärke.....	16,5	13,0
Verlust an Schußstärke ...	22,4	10,1

EP 634690 Courtaulds 1950 — Das Flammsichermachen erfolgt mit Mischungen aus Phosphaten, Sulfaminsäure und Cyanamiden.

EP 633441 ICI 1949 — Das Flammfestmachen von Cellulosematerial erfolgt durch Behandlung mit Polyäthylenimin und danach mit wäßrigen Lösungen von sauren Orthophosphorsäureestern von Polypentaerythrit, Pentaerythrit usw. und einer quaternären Ammoniumverbindung mit mindestens einem langkettigen Kohlenwasserstoffrest. (Behandeln mit einer alkoholischen Lösung von 10⁰/₀ Polyäthylenimin, abquetschen, dann in eine 4⁰/₀ige Lösung von Cetyltrimethylammoniumhydroxyd und trocknen. Hierauf mit einer 10⁰/₀igen Lösung von Pentaerythrit-tetraorthophosphat behandeln, spülen und trocknen.)

EP 630890 Viscose 1949 — Man macht Cellulosetextilien durch Behandlung mit Na-wolframat und nachherigem Imprägnieren mit einem Cyanamid-formaldehydharz flammfest.

EP 627107 Final Spinners 1949 — Flammsichere Gewebe resultieren aus der Verwendung von Garnen, die mit Zink-Borverbindungen und Polyvinylchlorid, dem als Weichmacher organische Phosphate zugesetzt sind, behandelt wurden.

EP 604490 ICI 1948 — Zum Flammfestmachen behandelt man mit Polyäthyleniminlösungen und hernach mit Lösungen von Dipentaerythrolhexaorthophosphat.

EP 604197 Bancroft 1948 — Flammfestmachen von Cellulose- oder Proteinfasermaterial, indem man mit wäßrigen Lösungen von Phosphorsäure und Harnstoff imprägniert und dann auf etwa 180⁰ C erhitzt, bis eine Kondensation eingetreten ist.

EP 603425 Loveland 1948 — Zum Flammfestmachen von Geweben verwendet man eine Mischung, bestehend aus einer Dispersion von synthetischen Harzen mit flammfesten Weichmachern und Metalloxyden (Polyvinylharz, Antimontrioxyd usw.).

EP 597909 Heavy 1948 — Man imprägniert Textilien mit farbigen Pigmenten, die es gegen den Lichteinfluß, vor dem Verbrennen usw. schützen. Man verwendet als Farbpigmente Phtalocyanine, Kupferoxyd usw.

EP 597077 Cellophane 1948 — Das Flammfestmachen von Textilien erfolgt durch Einverleibung von mindestens 20⁰/₀ sulfamsaurem Salz, 0,5⁰/₀ formaldehydabgebende Substanz, 10⁰/₀ Polyäthylenglykol oder Glyzerin oder Äthylenglykol usw.

EP 596306 ICI 1948 — Zum Flammfestmachen werden 10⁰/₀ Polyäthylenimin und 10⁰/₀ Pentaerythrittetraorthophosphat verwendet.

EP 594222 Celanese 1947 — Aliphatische Polyamin-dibromwasserstoffsalze mit weniger als 2 C-Atomen je N-Atom werden zum Feuerfestmachen von Textilien empfohlen. Man imprägniert mit wäßrigen Lösungen von Äthylendiamindibromhydrat (10%ige Lösungen) derart, daß beim Abquetschen 150% Feuchtigkeit in der Ware bleiben, und trocknet dann. Insbesondere für Cellulosederivatfasern usw.

EP 593414 Thomson Houston 1947 — Zum Flammfestmachen von Textilien werden Wachskörper empfohlen, die durch Umsetzung von kernchlorierten aromatischen Mono- oder Dicarbonsäuren oder deren Chloriden mit einem aliphatischen Diamin erhalten werden. Z. B. werden angegeben: Tetrachlorphtalsäureanhydrid, Trichlorbenzoesäure bzw. Trichlorbenzoylchlorid oder Chlornaphtoesäure bzw. Alkylendiamine, wie Äthylendiamin, Propylendiamin, Tetra-, Penta- oder Hexamethylendiamin.

EP 587366 Leicester, Wright 1947 — Flammfeste Fasermaterialien, insbesondere Holz usw., werden erhalten, indem man mit heißen gesättigten alkoholischen Lösungen von Harnstoffphosphat oder Guanidinphosphat unter Zusatz kleiner Mengen Netzmittel imprägniert.

EP 586095 Bouwen 1947 — Zum Flammsichermachen von Textilien werden Harze aus Formaldehyd und Dicyanamid in Gegenwart von Ammonphosphat empfohlen. Diese Art der Behandlung ist bekannt. Die vorliegende Erfindung arbeitet derart, daß 146 Teile Dicyandiamid, 420 Teile neutralisierter Formaldehyd und 182 Teile Monoammoniumphosphat zusammen auf eine Temperatur von unter 60° C erwärmt werden. Man erhält einen Sirup, mit welchem man die Gewebe behandelt, hernach wird abgequetscht, durch 2/n-NaOH genommen und bei 150° C gehärtet. Der Prozeß kann mit der Imprägnation mit Velan oder Zelan kombiniert werden.

EP 583811 Paint 1947 — Flammfeste Fasern werden erhalten durch Imprägnieren mit einem wasserlöslichen Eisensalz und einem wasserlöslichen Sb-salz, wobei dieses in Form von Antimonoxyd oder Oxydhydrat auf der Faser gefällt wird. Die Fällung erfolgt durch Alkali.

EP 579328 Jordan 1946 — Man fällt in Geweben oder Fasern Antimonoxyd, indem man das Textilgut mit einer Lösung von Kaliumantimoniat behandelt und das Antimonoxyd mittels des Salzes einer starken Säure und einer schwachen Base (Ammonsulfat) zur Fällung bringt. Man soll einen Antimonoxydgehalt der Faser von 3—5% erreichen.

EP 575903 Celanese 1946 — Man macht Gewebe mit Harnstoff und einem Ammoniumsalz flammfest, indem man mit einer 15%igen Lösung von Ammonbromid behandelt, die 15% Harnstoff gelöst enthält. Die Methode eignet sich besonders für Cellulosederivatfasern.

EP 575028 Knaggs 1946 — Man imprägniert Gewebe flammfest und wasserfest, indem man folgende Lösung anwendet: 5% Calciumoleat, 20% Tricresylphosphat, 0,5% Wachs, gelöst in Benzol; oder: 5% Aluminiumstearat, 20% Tricresylphosphat, 0,5% chloriertes Harz, alles ebenfalls in Benzol gelöst.

EP 574548 Shaw 1946 — Man stellt einen Ester her, indem man zu Äthylsilikat eine wäßrige Lösung von Calciumchlorid setzt und einige Zeit stehen läßt, bis die eingetretene Fällung wieder in Lösung geht. Mit der erhaltenen Lösung werden Gewebe imprägniert und flammfest gemacht. Man kann unter Umständen auch einen Celluloseester zusetzen.

EP 573472 Jordan 1945 (s. a. EP 573471) — Man macht Gewebe flammfest, indem man Eisen- und Zinnoxyd in den Fasern bildet. Eventuell kann auch noch Antimonoxyd zur Fällung kommen.

EP 573471 Jordan 1945 — Unentflammbare Textilien werden erhalten durch Imprägnieren mit Antimonverbindungen in Dispersion. Als Dispergator wird Casein verwendet.

EP 564573 Gy. 1943 — Zum Flammfestmachen von Textilien werden wasserunlösliche Kondensationsprodukte, erhalten durch Erhitzen von Verbindungen, die einen sechsgliedrigen heterocyclischen Ring, in welchem die Gruppe —N=C—NHX (X = H oder NH_2) zweimal vorkommt, mit Formaldeyd, Plastifizierungsmitteln und Alkohol verwendet. Z. B. wird ein Melaminformaldehydkondensat mit Tricresylphosphat und Methylalkohol angegeben. Die Appretur ist waschecht.

EP 535653 Wilson 1941 — Das Flammfestmachen von Textilien erfolgt mit chlorierten organischen Verbindungen (Paraffinen usw.) mit einem Chlorgehalt von 30—80%, die in einer organischen Flüssigkeit gelöst sind. Es werden Salze zugesetzt, welche keinen Sauerstoff abgeben und bei der Flammtemperatur der Baumwolle schmelzen. Ferner gibt man Pigmente zu, die die chlorierten Verbindungen vor der Lichteinwirkung schützen.

EP 535058 Boult 1942 — Zum Flammsichermachen wird loses Textilmaterial mit Lösungen von Celluloseäthern und Boraten, Phosphaten usw. imprägniert.

EP 531651 Celanese 1941 — Zum Flammfestmachen von Acetatseide behandelt man mit wäßrigen Dispersionen von Halogenphosphorsäureestern. Man bringt z. B. in einer Menge von 20—30% aus wäßrigen Lösungen Trimonochlorallylphosphat unter Zusatz kleiner Mengen sulfuriertem Oleylalkohol auf die Faser.

EP 509069 Insulated Cables 1939 — Man überzieht Gewebe mit einem Anstrich von: 50—73% Bleiweiß, 3,4—11% gekochtes Leinöl, 3—10% Chlorkautschuk, 2—10% Chlorparaffin.

EP 504480 Bouillon 1939 — Zum Feuerfestmachen von Geweben benützt man eine Lösung von 30—100 g Aluminiumsulfat und 30—70 g Weinsäure in 750 ccm Wasser, wobei 5—25 ccm Ammoniak (22° Bé) zugegeben werden. Der pH-Wert soll etwa 4,5 betragen.

EP 500416 Virtala 1939 — Zum Imprägnieren benützt man Mischungen bzw. Lösungen von Ammonchlorid, Ammonsulfat, Ammonbromid und Phosphate, die erhalten werden aus Tricalciumphosphat bei der Behandlung mit starken Säuren.

AP 2536988 Cyanamid 1951 — Zum Flammsichermachen verwendet man Emulsionen von Alkydharzen, Chlorphenol und Phosphate.

AP 2530261 Courtaulds 1950 — Das Flammfestmachen von Cellulosetextilien usw. erfolgt durch Behandlung mit 5—40% einer starken nicht flüchtigen Mineralsäure und 8—25% Cyanamid. Man trocknet bei Temperaturen unterhalb 80° C und erhitzt auf 80—160° C. Die Ware ist auch knitterfest. Die Faserfestigkeit dürfte allerdings stark leiden.

AP 2526462 Pond Lily 1950 — Wasserfeste Flammfesteffekte werden durch Imprägnierung mit Lösungen von phosphorsauren, schwefelsauren und sulfaminsauren NH_4-salzen bei nachherigem Behandeln mit Aminoplasten und Härten derselben hergestellt.

AP 2519388 Cyanamid 1950 — Man behandelt Textilien mit a) einem wasserlöslichen Salz einer Phosphorsäure sowie Harnstoff, Ammoncyanat, Ammondicyanimid; b) mit wäßrigen Dispersionen fein verteilter Oxyde von Bi, Ti, Sb, Sn und thermoplastischen organischen Substanzen, die Chlor enthalten.

AP 2518241 Treesdale 1950 — Das Flammfestmachen erfolgt mit chloriertem Paraffin, Phenolformaldehydkondensaten, Antimonoxyd und Aluminiumstearat.

AP 2482755/56 Bancroft 1949 — Zum Flammfestmachen wird mit der Lösung des Reaktionsproduktes einer wasserlöslichen Säure (Phosphorsäure) und einer organischen Base, die C und N im Verhältnis enthält, wie es im Biuret oder Acetamid vorliegt, behandelt. Eventuell wird noch Aldehyd zugegeben. Die Badpufferung erfolgt auf pH 6—8.

AP 2480790 Hlavaty 1949 — Verwendung von chloriertem Naphtalin usw. in Gegenwart von organischen Phosphiten; vgl. AP 2307083, 2299612, 2294211, 2220845, 2175509.

AP 2475626 Leatherman 1949 — Zum Flammfestmachen benützt man Mischungen aus Vinylchlorid, Butylmethacrylat und Weichmacher; vgl. AP 2439395.

AP 2472335 ICI 1949 — Man behandelt mit Polyäthylenimin und mit Pentaerythrit-tetraorthophosphat.

AP 2470042 ICI 1949 — Zum Flammfestmachen behandelt man mit Lösungen von Polyäthyleniminen und hernach mit wäßrigen Lösungen der Umsetzungsprodukte aus Dipentaerythrol und Orthophosphorsäure.

AP 2464360 Celanese 1949 — Man imprägniert Fasermaterial mit Äthylendihydrobromid, um es flammfest zu machen.

AP 2464342 Pollak, Fassel 1949 — Hydrophobe flammfeste Textilien erhält man durch Behandlung mit Ammonpyrophosphat und Melamin-formaldehydkondensaten.

AP 2463983 Leatherman 1949 — Zum Flammfestmachen werden Mischungen aus thermisch unstabilen Chloriden, Harzen, ZnO und Galsonit vorgeschlagen.

AP 2461538 Interchemical 1949 — Zum Flammfestmachen benützt man Chlorparaffin bzw. Chlordiphenyl usw. mit Melamin-formaldehydvorkondensaten.

AP 2461302 Hlavaty 1949 — Textilien werden in eine Lösung von Sb_2Cl_6 in organischen Phosphiten eingetaucht und gedämpft; man verwendet z. B.: 80 Aceton, 20 Sb_2Cl_6, 8 Triamylphosphit.

AP 2455454 Zachary 1948 — Flammfeste Gewebe werden durch Imprägnieren mit Chlorparaffinen in einem Lösungsmittel sowie einer Lösung von Celluloseacetat, welche ein Lösungsmittel für Chlorparaffin enthält, durch Verkleben mehrerer Lagen hergestellt.

AP 2454245 Viscose 1948 — Zum Flammfestmachen von Cellulosematerial wird mit einer wäßrigen Lösung von Na-wolframat behandelt, abgequetscht und mit der sauren Lösung des Reaktionsproduktes von Cyanamid und Formaldehyd behandelt. Der Effekt ist naßfest.

AP 2440201/202 Quaker 1948 — Zum Flammsichermachen von Textilien verwendet man Lösungen von 1—10% Thiocyanat oder 1—12% Thioharnstoff, welche in den künstlichen Fäden bzw. deren Spinnflüssigkeit oder in nativen Fasern verteilt werden.

AP 2439396 Leatherman 1948 — Hier wird zum Flammfestmachen das Aufbringen folgender Mischung empfohlen: 10 Teile Vinylchlorid-Vinylacetat-Co-

Polymer, 30 Teile Aceton, 6 Teile Zinkcarbonat, 2,1 Teile Chromoxyd, 1,2 Teile Eisenoxyd, 1 Teil Bleichromat, 9,3 Teile Mineralöl, 0,5 Teile Zinknaphtenat.

AP 2439395 Leatherman 1948 — Zum Flammfestmachen von Textilien werden sie mit einer Mischung behandelt bzw. wird folgende Mischung aufgebracht: 15 Teile co-polymeres Vinylacetat-Vinylchlorid, 5 Teile polymeres n-Butylmethacrylat, 10 Teile Dikresylphosphat, 5,8 Teile Zinkcarbonat, 27 Teile Aceton, 27 Teile Lösungsmittel (Dichte 0,858), 8,7 Teile Mineralöl, 4,2 Teile Pigment und 0,5 Teile Pentachlorphenol; oder: 15 Teile Co-Polymerisat von Vinylchlorid-Vinylacetat, 5 Teile n-Butylmethacrylatpolymer, 10 Teile Trikresylphosphat, 5,8 Teile Zinkcarbonat, 27 Teile Aceton, 27 Teile Lösungsmittel vom spez. Gew. 0,858 und einem Kochpunkt von 265—375° F, 8,7 Teile Mineralöl, 4,2 Teile Pigment und 0,5 Teile Pentachlorphenol.

AP 2428843 Agriculture 1947 — Zum Flammfestmachen von Geweben aus Cellulose werden dieselben in wasserfreiem Zustande mit einer heißen Lösung von 2,4,6-Trichlorphenylisocyanat in Pyridin behandelt.

AP 2427997 White 1947 — Antimonchlorid, welches Gewebe flammfest macht, bewirkt durch seine Hydrolyse in Gegenwart von Wasser die Abspaltung von HCl, welche das Material angreift. Werden die Textilien erst mit einem Carbonat oder Acetat, welches in Alkohol unlöslich ist, behandelt und hernach das Gewebe mit Antimontrichlorid in Lösung in einem Kohlenwasserstoff behandelt, dann wird die Bildung von HCl vermieden. Etwa gebildete Salzsäure wird dann durch das Carbonat usw. unschädlich gemacht. Daher wird beim Waschen die Hydrolyse zu Sb-oxyd durchgeführt und das im Gewebe gebildete Chlorid und überschüssiges Carbonat ausgewaschen. Da Antimontrioxyd nachglüht, wird eine Mischung mit chloriertem Paraffin und Weichmachern angewendet (s. a. Van Tule, Amer. Dyestuff Reporter, Juli 1943, S. 297).

AP 2424831 Quaker 1947 — Flammfest bei gleichzeitiger Wasserechtheit werden Textilien mit folgender Mischung gemacht: 7 Teile Wachs-Al-salzemulsion und 33 Teile Wasser werden mit 10 Teilen Zinkchlorid, 4 Teilen Borax, 2 Teilen Essigsäure und 44 Teilen Wasser verrührt, bis eine stabile Dispersion gebildet ist, deren pH etwa 4,9 beträgt. Dann wird imprägniert und getrocknet.

AP 2421218 Pollak 1947 (s. AP 2307876, AP 2197357) — Flammfeste und wasserdichte Gewebe werden erhalten, indem man Gewebe mit einer 5%igen Lösung von Pyrophosphorsäure imprägniert, abquetscht und etwas trocknet (Passage durch eine warme Kammer), ohne jedoch etwa vollständig zu trocknen. Hernach wird durch ein Bad genommen, das ein Melamin-formaldehydvorkondensat enthält. Es entsteht auf dem Gewebe ein weißer Niederschlag, man quetscht ab und erhitzt bei 120—140° C zur Härtung des Harzes.

AP 2420644 Pemco 1947 (s. AP 2331357, EP 540642, FP 846522) — Zum Flammfestmachen von Textilien wird eine Mischung von PbO, B_2O_3 und SiO_2 durch Zusammenschmelzen der Komponenten hergestellt, granuliert und das Bleiborosilikat mit chloriertem Paraffin, Bienenwachs usf. in einem flüssigen, flüchtigen Stoff (Tetrachlorkohlenstoff) auf das Gewebe aufgebracht.

AP 2418843 Leatherman 1947 — Zum Flammfestmachen von Textilien werden diese bestrichen mit einer Mischung aus: 20 Teilen Polyvinylchlorid, 8 Teilen Zinkcarbonat, 8 Teilen Trikresylphosphat, 7 Teilen Triphenylphosphat, 45 Teilen Aceton, 7 Teilen Pigment, 0,8 Teilen Zinknaphtenat, $^1/_2$ Teil Pentachlorphenol.

AP 2418525 Pollak 1947 (s. AP 2368451, EP 501514) — Flammfeste Textilien werden erhalten, indem man Textilien erst mit Harnstoff oder Thioharnstofflösungen vorbehandelt und hernach die Flammfestappretur mit Melaminphosphorsäure vornimmt. Die Empfindlichkeit letzterer gegen Alkali und Säure ist behoben. Man kann auch so arbeiten, daß man 76 Teile Thioharnstoff in 112,5 Teilen Formaldehyd auflöst und bei 40° C reagieren läßt, bis kein Formaldehydgeruch mehr wahrnehmbar ist. Hernach wird eine Lösung von 30 Teilen Melamin in 190 Teilen Wasser zugesetzt. Man imprägniert ein Gewebe mit einer Lösung von 5% Pyrophosphorsäure und hernach mit der oben beschriebenen Lösung, quetscht ab und trocknet bei 120—140° C.

AP 2415112 Celanese 1947 (s. a. AP 2415113) — Flammfeste Textilien, insbesondere aus Celluloseacetat, werden hergestellt, indem man das Gut mit einer wäßrigen oder wäßrig-alkoholischen Lösung vom Harnstoff, einem Ammoniumsalz, eventuell unter Zusatz von Alkylammonphosphaten, zur Verbesserung des Griffs behandelt.

AP 2413163 DuPont 1947 — Kondensationsprodukte aus Proteinen mit Formaldehyd und Harnstoff dienen als Bindemittel für chlorierte Wachse usw. und verhindern die Bildung der das Gewebe angreifenden HCl. Z. B. werden 15,5 Teile Proteinharz, 20,5 Teile Antimontrioxyd, 43,5 Teile Paraffinwachs chloriert in 20,5 Teilen Wasser vermischt angewendet.
Zum Flammsichermachen von Geweben kann auch eine Mischung verwendet werden aus: 5—40% Proteinharz, hergestellt durch Kondensation von 10 Teilen Casein, 4 Teilen Triäthanolamin, 18 Teilen Harnstoff, 50 Teilen Formalin 40% und 18 Teilen Wasser, 4—40% Metalloxyd (Antimonoxyd), 10—40% Chlorparaffin und 5—40% Wasser.

AP 2409274 DuPont 1946 — Man taucht Cellulose oder Gewebe in 1%ige NaOH für 30 Minuten und behandelt dann mit Tetrafluoräthylen. Die Behandlung wird 12 Stunden bei 80° C vorgenommen, wobei das Produkt in Wasser suspendiert ist. Dann wird gewaschen. Der erhaltene Tetrafluoräthylenäther der Cellulose ist feuerfest.

AP 2407988 und 2407989 Luckite 1946 — Flammfeste Gewebe werden erzielt, indem man Textilien in eine Schmelze von Terpenhydrochlorid taucht.

AP 2407668 Leatherman 1946 — Um feuerfeste und zugleich hydrophobe Materialien zu erhalten, behandelt man Gewebe mit folgender Mischung: 2,5 Teile Polymere aus n-Butylmethylacrylat und Äthyl-, Methyl- oder Propylacrylsäureester, 2,5 Teile Xylol, 2,5 Teile Butanol, 7,5 Teile Co-Polymere aus Vinylchlorid-Vinylacetat, 22,5 Teile Aceton, 5 Teile Tricresylphosphat und 3 Teile Zinkcarbonat.

AP 2406779 Rubber 1946 — Man macht Gewebe, die einen großen Anteil an Asbestfasern enthalten, feuerfest, indem man Zinkseifen (aus Kokosfettsäuren) auf dem Gewebe bildet und dasselbe nachher bis zum Schmelzpunkt dieser Seifen (100° C) erhitzt.

AP 2395922 Timmons 1946 — Zum Unentflammbarmachen von Textilien werden Antimonverbindungen vorgeschlagen.

AP 2387801 Luckite 1945 — Zum Flammfestmachen von Baumwollgeweben überzieht man dieselben mit geschmolzenem Terpenhydrochlorid und erhitzt auf 300° F. Zugabe von Ammonphosphat oder Chlorparaffin verbessert den Effekt.

AP 2381587 Stein & Hall 1945 — Flammfeste permanente Appreturen werden durch Behandlung der Textilien mit Stärke, Kaliumpyroantimoniat und Antimontrifluorid erzielt.

AP 2380020 Brother, Smith 1945 — Zum Flammfestmachen von Textilien werden Chlorphenolformaldehydharze angewendet.

AP 2368660 Hochstetter Research 1945 — Zum Flammfestmachen von Cellulosematerial wird eine Mischung von Proteinextrakt, Hexamethylentetramin, Phosphorsäure und Ammoniak angegeben. Man kann auch Gelatine, Ammonsulfat, Ammonphosphat, Ammonkarbonat, Borax, Borsäure und Hexamethylentetramin mischen.

AP 2357725 Benett 1944 — Textilien werden mit Emulsionen von chlorierten Kohlenwasserstoffen in einem flüchtigen Lösungsmittel und einer wäßrigen Lösung von anorganischen Salzen behandelt. Z. B. 15 Teile Chlorkautschuk, 3,75 Teile Tricresylphosphot, 31,25 Teile Toluol, 32 Teile Wasser, 16 Teile Ammonphosphat-Ammonsulfat und 2 Teile sulfuriertes Rizinusöl.

AP 2344926 Röhm & Haas 1943 — Zum Unentflammbarmachen werden Aluminium- und Zirkonseifen verwendet.

AP 2330254 Celanese 1943 — Flammfeste Celluloseestergarne durch Zusatz von Trichloräthylphosphat zur Spinnlösung.

AP 2328431 Gen. An. 1943 — Zum Flammfestmachen empfiehlt man Emulsionen von Zirkonseifen.

AP 2326233 Leatherman 1943 — Zum Flammfestmachen von Textilien wird eine Mischung verwendet, bestehend aus: 20 Teilen chloriertem Paraffin oder Petroleumöl oder Naphtensäuren (Chlorgehalt von 50%), 12 Teilen Zinkcarbonat, 12 Teilen Pigment, 3 Teilen Chlordiphenyl als Weichmacher, 3 Teilen Baryt, 60 Teilen Mineralöl und $^1/_{10}$ Teil eines fungiziden Mittels.

AP 2305035 Sylvania 1944 — Zum Flammfestmachen wird mit Guanidinalkylolaminphosphaten behandelt.

AP 2299612 Hooper 1942 — Zum Flammfestmachen von Textilien werden Mischungen aus Chlorparaffinen, chlorierten Fischölen, Chlorkautschuk usw., die etwa 20—70% Chlorgehalt aufweisen, mit Ammonsulfat, Antimonoxyd usw. in flüchtigen Lösungsmitteln, eventuell unter Zusatz von Weichmachern, empfohlen. Z. B. arbeitet man mit einer Mischung aus 25% chloriertem organischem Material, 6% Antimonoxyd, 15% schwarzem Eisenoxyd, 6% Trikresylphosphat und 14% Bleiweis, in zirka 40% organischem Lösungsmittel gelöst. Die Pigmente sollen die Zersetzung der chlorierten Verbindungen unter dem Einfluß der Lichteinwirkung erschweren.

AP 2286308 Sylvania 1942 — Die Flammfestimprägnierung wird mit 5—25%igen Lösungen von Alkylguanidinphosphaten vorgenommen.

AP 2268556 DuPont 1942 — Flammsichere Gewebe erhält man durch Behandlung der Textilien mit Phytylsalzen und Phytylsäure (20%) oder 30%iger, mit Ammoniumhydroxyd neutralisierter Lösung von saurem Ca-phytat.

AP 2254471 Cascio 1941 — Man setzt in einer Kugelmühle Natriumsilikat und Pyroantimonsäure zu einem Na-pyroantimoniat-silikat um ($Na_2H_2Sb_2O_7 . 3 SiO_2$) und verreibt dasselbe mit Öl. Die Mischung kann als feuerfester Anstrich, auch für Gewebe, verwendet werden.

AP 2250483 Hopkinson 1941 (s. a. AP 2250489) — Als Mittel zum Flammfestmachen von Textilien bei gleichzeitigem Wasserabstoßendmachen werden Emulsionen von Zinksalzen und Kautschukderivaten angegeben.

AP 2225831 Herz 1940 — Zum Flammsichermachen werden Mischungen aus gleichen Teilen von Borax, saurem Ammonphosphat, Ammonchlorid und etwas Dextrin verwendet. Letzteres als Haftmittel. Die Gewebe werden mit einer wäßrigen Lösung imprägniert.

AP 2212152 DuPont 1940 — Zum Zwecke des Flammfestmachens behandelt man Textilien mit dem Kondensationsprodukt aus Harnstoff und Sulfamsäure in geschmolzenem Zustande. Das Molverhältnis kann dabei von 1 : 1 bis 1 : 5, also 1 Mol Säure auf 5 Mol Harnstoff betragen.

AP 2185695 Lockport 1940 — Das Flammfestmachen von Baumwolle, insbesondere in losem Zustande, erfolgt mit einer 10%igen Tetraboratlösung vom pH 7—7,4, worauf nach Entwässerung bis auf einen Gehalt von 10—15% Flüssigkeit getrocknet wird.

AP 2178625 Hooper 1939 — Flammfeste Gewebe werden erhalten, indem man Textilien mit der wäßrigen Lösung von Ammonphosphat oder eines anderen feuersichermachenden Mittels tränkt und hernach mit einer Lösung eines wasserunlöslichen, feuerfesten Mineralsalzes, welches bei niedriger Temperatur schmilzt, in einem flüssigen, organischen, chlorierten Lösungsmittel überzieht (Chlorparaffin oder Chlorkautschuk in Chlorparaffinöl gelöst unter Zusatz von Zinkborat).

AP 2163085 DuPont 1939 — Zum Flammfestmachen benützt man das Reaktionsprodukt von Phosphorpentoxyd und Ammoniak, z. B.:

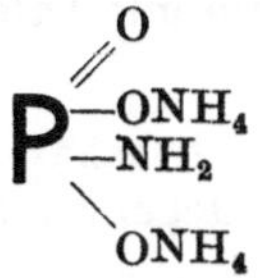

AP 2142116 DuPont 1939 (s. a. AP 2142115) — Als Mittel zum Flammfestmachen wird die Verbindung der Form $(R—NH—SO_3)_x R_1$ verwendet, wobei R Wasserstoff oder ein Kohlenwasserstoffradikal oder NH_4SO_3 bedeutet und R_1 ein Kation mit der Valenz x, wobei die Verbindung mindestens R_1C-Atome für jedes Stickstoffatom und einen nichtmetallischen Anteil von 48% besitzt (Sulfamatsalze).

CanP 444002 Dreyfus 1947 — Zum Flammfestmachen von Acetatseide wird eine Mischung von 10% Thioharnstoff, 4% Diammonmethylphosphat und 10% Ammonbromid in wäßriger alkalischer Lösung empfohlen.

CanP 444001 Dreyfus 1947 — Acetatkunstseide wird flammfest, wenn man sie mit Lösungen von Ammonbromid und Harnstoff behandelt.

18. Die Beschwerungsappreturen.

Beschwerungsappreturen, die als Täuschung über die Dichte und Stärke des Gewebes aufzufassen sind, werden in den meisten Fällen nach altgewohnter Weise mit Glaubersalz oder Magnesiumsulfat erzielt. Man behandelt die Ware mit konzentrierten Lösungen dieser Salze. Durch Zugabe geeigneter Bindemittel wird nach Möglichkeit ein Stauben der appretierten Textilien hintanzuhalten versucht. Ebenso wird der auftretende rauhe Griff durch Beigabe von Weichmachern, meist sulfurierten, salzbeständigen Ölen, gemildert.

Da die so ausgerüstete billige Ware meist am Zylinder getrocknet wird und Kalander passiert, kann es durch Zerstörungen der Faserstruktur unter dem Einfluß der Kriställchen der Salze zu einer Schwächung der Warenfestigkeit kommen. Die vermutete Spaltung der Salze unter Bildung freier, die Cellulose angreifender Säure konnte nicht bestätigt werden.

Die geschilderte Ausrüstung ist naturgemäß nicht waschbeständig.

Die neueren Patentvorschläge bedienen sich zur Gewichtserhöhung der Ware des Harnstoffes, welcher auch für Kunstseide vorgeschlagen wird, wobei unter Zugabe von Weichmachern bis 10% Gewichtszunahme erfolgen kann.

Waschbeständige Beschwerungen begrenzten Umfanges werden auch durch Appretur mit Celluloselösungen in Cuoxam hergestellt (vgl. S. 562). Auch die aus anderen Gründen (Knitterfestigkeit, Schrumpffestigkeit usw.) vorgenommenen Harzeinlagerungen usw. können eine bemerkenswerte Gewichtszunahme der behandelten Textilien bewirken.

Die Beschwerungsappretur der Textilien ist nicht zu verwechseln mit der durch die sogenannte Erschwerung bei Seide, Kunstseide und letztlich auch Polyamiden vorgenommenen Erhöhung des Warengewichtes durch Einlagerung von Zinnsäure, Phosphat und Silikat (vgl. S. 283). Der Vorgang ist für die Naturseide ein von der Beschwerung wesentlich verschiedener. Für die Kunstseide ist allerdings eine derartige Operation eher als Beschwerung aufzufassen. Doch wird Kunstseide nur in Mischung mit Reinseide erschwert.

Patentschrifttum über Beschwerungsappreturen.

DP 731971 Zschimmer, Schwarz 1942 — Als Beschwerungsappretur werden Meta- und Polyphosphate, gemeinsam mit Talg, Harnstoff, Glyzerin und Zucker verwendet.

DP 724611 Rotta, Quehl 1942 — Man behandelt Gewebe mit hochkonzentrierten Magnesiumchloridlösungen in Gegenwart von Zinkchlorid oder Calciumrhodanid.

DP 710661 Zschimmer, Schwarz 1941 — Bei der Beschwerung mit Magnesiumchlorid treten in der Fertigware durch Salzsäureabspaltung oft Faserschädigungen auf, die man vermeidet, wenn man den Behandlungsflotten Harnstoff, Hexamethylentetramin oder Ammonsalze mehrbasischer Carbonsäuren (Ammoncitrat) zusetzt.

DP 708869 Zschimmer, Schwarz 1941 — Man verwendet zum Beschweren Lösungen von Estercarbonsäuren (Weinsäuremonoglyzerinester) oder deren Salze.

SP 222779 Rotta, Quehl 1942 — Beschwerungsappret, der nicht stäubt und auch knitterfest macht. Man verwendet wasserlösliche Salze von schwachen Säuren (Borsäure). Kokosfettseife und Stearinseife werden zugegeben.

FP 868101 Drechsel — Waschbeständige Erschwerungen werden erhalten, indem man bei der an sich bekannten Beschwerung mit Zellulose-Kupferamminlösungen zunächst das Ammoniak und dann das Kupfer entfernt.

EP 574842 Oil Refinery 1946 — Man stellt Sulfate aus dem Säureschlamm der Erdölraffination durch Einwirkung von Schwefelsäure, Oleum und Schwefeltrioxyd her. Die erhaltenen anorganischen Salze enthalten kleine Mengen organischer Sulfonate und können zum Füllen und Beschweren von Textilien Anwendung finden.

EP 535261 ICI 1942 — Als Füllstoff und Beschwerungsmittel werden Glyzerinester von Naturharzen, in organischen Lösungsmitteln aufgebracht, empfohlen.

AP 2423556 Heyden 1947 — 1 Mol Harnstoff und 2 Mole Kaliumformiat ergeben eine Lösung. Textilien werden mit 10% ihres Gewichtes der angegebenen Mischung in Wasser imprägniert.

AP 2416988 Tootal 1947 — Man behandelt Textilien mit Harnstoff und weiters dann mit Formaldehyd in saurer Lösung.

AP 2281599 Hoffmann 1942 — Zum Beschweren werden Gewebe behandelt mit einer Lösung von 85% Harnstoff, 11% Weinsäure, 2% Pyrophosphat und 2% stearinsaurem Na; oder 50% Harnstoff und 50% Magnesiumsulfat. Nach dem Abquetschen wird getrocknet. Die Lösungskonzentration richtet sich nach dem Effekt.

19. Die Erzeugung wollähnlicher Effekte (Florimitationen, Kräuseln, Veloutieren).

Hier sind zu unterscheiden die Methoden, welche durch chemische Beeinflussung von Fasern diesen den vollen, weichen Griff der Wolle erteilen sollen, und solchen, welche dahin gehen, auf ein Nichtwollgewebe durch Aufbringen von Fasern in regelloser oder geregelter Form ein wolliges Aussehen nachzuahmen. Das Aufbringen der Fasern selbst — früher auch beim sogenannten „Anwalken" der Halbwolle vorgenommen — wird meist dadurch bewirkt, daß mit klebenden Anstrichen versehene Gewebe durch Aufblasen von Faserstaub oder Aufregnen von kurzen Fasern, eventuell unter dem Einfluß eines die Faser senkrecht zur klebenden Oberflächte einstellenden elektrischen Feldes, behandelt werden[96]. Auch das Kräuseln und Rauhmachen der Oberfläche glatter Fäden (Kunstseide, Nylon) sollen hier besprochen werden.

Eine gewisse wollige Oberfläche erzielt man durch Aufrauhen von Webwaren mittels Rauhmaschinen. Obwohl nicht hierhergehörig, da ein maschinell erzeugter Effekt, soll doch auf eine Untersuchung hingewiesen werden[97], die ergab, daß die Färbeweise auf den Rauheffekt von Einfluß ist. So ergab sich, daß saures Färben von Wollwaren bessere Ergebnisse liefert als eine Färbung mit neutralziehenden Farbstoffen (auch substantiven).

Literaturübersicht über die Erzeugung wollähnlicher Effekte bzw. Kräuseln, Veloutieren usw.

Whewell: Wool Sci. Rev. **6**, 21 (1950).
Bley: J. Soc. Dyers Colourists 64, 36 (1948).
Zart: Melliand Textilber. 28, 329 (1947).
Eckert, Schmidt: Zellwolle, Kunstseide **47**, 483 (1942).

Patentschrifttum über die Erzeugung von wollähnlichen Effekten und von Florimitationen.

OeP 167833 Bener 1951 (s. S. 416, Transparentieren).

OeP 167114 Heberlein 1950 — Die Herstellung wollähnlicher Kunstseide wird beschrieben; vgl. OeP 163643.

---

[96] AP 2217126.

[97] Stevens, Whewell, Jegenaga: J. Soc. Dyers Colourists **65**, 280 (1949).

OeP 160896 IG 1943 (s. S. 86); vgl. auch OeP 160443 und 155545.

OeP 159877 Fahlberg, List 1940 — Zum Kräuseln von Viskosefasern behandelt man mit Seifenlösungen, die ein Kondensat von aromatischen Sulfonamiden und Formaldehyd enthalten, bei 80° C.

OeP 157387 Ubbelohde 1939 — Die Kräuselung von Kunstspinnfasern erfolgt mit Kunstharzen, die der Spinnlösung zugesetzt werden; vgl. auch OeP 155697.

OeP 155420 Michel & Marechal 1939 — Man erzeugt Kunsttuche, insbesondere auch für Kleidungszwecke, indem man dünne Gewebe mit einer Schicht aus Klebstoff (z. B. Kautschuk) mittels Streichens versieht und auf diese Klebstoffschicht kurze Textilfasern durch Aufstreuen aufbringt. Während des Aufbringens werden die Trägerbahnen in vibrierender Bewegung gehalten, so daß die aufgebrachten Fasern in den Klebstoff mit einem Ende eingepflanzt werden und ein Produkt mit plüschartigem Charakter entsteht, bei welchem die Fasern vornehmlich parallel zueinander eingepflanzt sind.

DP 801775 Heimerau 1951 — Man unterwirft lose eingestellte Zellwollgewebe aus Kräuselfäden einer Walke.

DP 762281 IG (nicht veröffentlicht) — Man zerschneidet unregeneriertes Cellulosexanthat und führt mit heißen Bädern in gekräuselte Viskose über.

DP 744773 Glauchau 1944 (s. S. 49).

DP 742452 Grünau 1943 (s. S. 49).

DP 741319 Stoltenhoff 1943 — Wollpelzähnliche filzige Oberflächen werden erhalten, indem Gewebe mit eingewebtem Acetatkunstseidenpol 1 Stunde in Wasser, eventuell unter Seifenzusatz, gekocht werden (Behandlung am Sternreifen). Die Oberfläche ist druckfest und waschfest.

DP 731303 Ciba 1943 — Gekräuselte Effekte erzielt man durch Acylierung gequollener Cellulosefasern unter Strukturerhaltung.

DP 720574 Delden 1942 — Zur Verfestigung des Flors bei leichten Baumwollsamten wird der Geweberücken mit wäßrigen Lösungen von Alkaliverbindungen von Celluloseäthern bestrichen und danach abgesäuert.

DP 719240 Bechtold 1942 — Zum Standfestmachen von Florgeweben werden die fertigen Gewebe mit Leim oder gehärteten Eiweißstoffen ausgerüstet.

DP 715843 Degussa 1942 (s. S. 50).

DP 710646 IG 1941 — Gekräuselte Zellwolle wird erhalten, indem Cellulosexanthat nur koaguliert wird. Hierauf schneidet man in Stapel und führt dann die Zersetzung zu Ende.

DP 701598 Rhodiaceta 1941 (s. S. 60).

DP 671167 Fahlberg, List 1939 — Zur Verwollung von Cellulosekunstseidenfasern können Kondensationsprodukte aus Toluolsulfonamidkaliverbindungen mit einem wesentlichen Überschuß an Formaldehyd verwendet werden.

DA 103237 Wünschmann — Es wird mit Alaun, Harnstoff und Formaldehyd behandelt.

DA 98070 — Man behandelt mit Wollfettemulsion.

DA 86700 — Durch Behandlung von Zellwolle mit einer wäßrigen Emulsion eines Kunstharzvorkondensates, Trocknen und Härten läßt sich wollähnliches Material erhalten.

DA 86336 — Glatte Fasern werden wollähnlich, indem man mit verdünnten Viskoselösungen behandelt, abquetscht und durch ein Aldehyd-Säurebad nimmt.

DA 54012 Stockhausen — Wollaspekt erhält man beim Krumpfen von Geweben aus formalisierter und unbehandelter Kunstseide.

SP 242573 Roncaglia 1946 — Wollähnliche Viskosekunstseide mit Caseinbeimischung.

SP 233151 Glauchau 1944 — Es werden der Viskose filmbildende und gasabscheidende Stoffe zugegeben.

SP 232574 IG 1944 (s. S. 90) — Wollähnliche Polyamidfasern.

FP 944267 Cuprum 1949 — Herstellung wollartiger Viskose.

FP 915963 Heberlein 1946 — Herstellung von wollähnlicher Kunstseide.

FP 907985 Boutin 1946 — Filzähnliche Textilprodukte werden erhalten, indem man eine Gewebeunterlage einseitig oder beidseitig mit einem Polyvinylharz bestreicht und hernach als Kleb- und Schutzschicht eine dünne Beschichtung mit einem Harnstoff-formaldehydkondensat vornimmt. Vor der Antrocknung werden kurzgeschnittene Textilfasern auf diese Schicht gestreut und das Harz dann gehärtet.

FP 877926 IG 1943 (s. a. FP 877923, S. 93).

FP 871087 Heberlein 1942 — Wollartige Kunstseide aus Viskose wird erhalten, wenn man Viskose unter erhöhtem Drall auf Spulen wickelt, dann bei hoher Temperatur anfeuchtet und trocknet, hierauf auf 0 zurückzwirnt und dann mit Formaldehyd in Gegenwart saurer Katalyten bei 90—160° C behandelt.

FP 850932 Koechlin 1939 — Wollartige Gewebe werden erhalten, indem Gewebe mit Netzmitteln, Sulfitlauge und Haarabfall behandelt werden. Baumwolle wird vor der Behandlung aufgerauht. Flotte 1 : 20, 1,5—3 Teile Seife, 1,5 Teile Sulfitlauge, 7 Teile Haarabfall.

EP 615741 Bener 1949 — Man behandelt Textilien aus Cellulose mit Quellmitteln, eventuell in Anwesenheit reduzierend wirkender Substanzen, und dämpft, nachdem der Überschuß des Quellmittels entfernt wurde. Hernach wird gewaschen und fertiggestellt. Das zugegebene reduzierend wirkende Mittel verhindert einen Faserangriff und Verfärbung. Permanente leinenähnliche Effekte oder wollartiger Griff sind so erzielbar.

EP 612198 Stöckly 1948 — Wollähnliche Kunstseidenfäden erhält man durch Anquellen und Imprägnieren mit Kunstharzlösungen, Falschzwirnen und dann Trocknen und Härten.

EP 611331 Viscose 1948 (s. S. 51).

EP 602533 Rayon 1948 (s. S. 52).

EP 591712 Celanese 1947 — Celluloseäthergarne, auch in Mischung mit Wolle, werden weichgemacht durch Behandlung mit Mischungen aus Wasser und Diacetonalkohol oder Aceton usw. Durch Einlegen etwa 1—2 Stunden lang schrumpft die Cellulosederivatfaser; in einer Mischung mit Wolle tritt diese an die Oberfläche der Gewebe. Nach einer Walke oder nach dem Rauhen hat das Gewebe den Aspekt eines Reinwollgewebes angenommen.

EP 591708 Celanese (s. a. EP 591712) 1947 — Rauhwaren aus Wolle-Celluloseestergarnen werden mit weit besserem Flor erhalten, wenn man vor der Rauhbehandlung das Celluloseestergarn mit Mitteln behandelt, welche eine Erweichung des Fadens herbeiführen.

EP 541568 Celanese 1942 — Kräuselung von Acetatstapelfaser.

EP 517464 Wallach 1940 (s. S. 52) — Wollähnliche Viskose.

EP 509572 Glanzstoff 1939 (s. S. 53) — Wollähnliche Viskose.

EP 506862 Celanese 1939 — Zur Erzielung eines wollähnlichen Griffs auf Textilien aller Art werden dieselben mit einer wäßrigen Lösung von Ammonthiocyanat (9,5° Bé) bei 11° C 5 Minuten imprägniert, hernach wird sofort gespült. Die Behandlung wird zweckmäßig vor dem Färben vorgenommen.

EP 503869 IG 1939 — Herstellung wollähnlicher Viskosekunstseide.

EP 501595 IG 1939 (s. a. EP 518369 1940 sowie EP 501653 1939) — Kondensate von cyclischen Iminen und aromatischen Isocyanaten erzeugen auf Textilien beim Imprägnieren derselben einen wollähnlichen Griff und Appretureffekt.

EP 500184 Robert, Watkins 1939 (s. S. 397).

CP 75005 Inhaber ungenannt 1945 — Wollähnliche gekräuselte Fasern aus cellulosehaltigen Spinnlösungen werden hergestellt, indem man nicht vollständig koagulierte Faserbänder zu Stapelfasern schneidet und diese dann, eventuell unter mechanischer Behandlung mit Riffelwalzen usw., in Fällbädern endgültig in Cellulosehydrat umsetzt.

HollP 58768 IG 1947 (s. S. 99).

AP 2515889 DuPont 1950 — Proteinhaltige Viskose wird in Fällbäder mit Schwefelsäure und Zinksulfat gesponnen und dann unter Entspannung in Sodabäder genommen. Durch die Differenz der Spannung des Protein- bzw. Celluloseanteils entsteht ein gekräuselter wollähnlicher Faden.

AP 2491937 Rayonier 1949 — Betrifft die Herstellung wollähnlicher Viskosekunstseide.

AP 2408381 Celanese 1946 — Verfahren zur Herstellung von gekräuselter Acetatstapelfaser.

AP 2399559 Courtaulds 1946 — Wollähnliches Aussehen und Griff werden Mischgeweben aus Wolle und Viskose (50:50) erteilt, indem man dieselben mit verdünnten alkalischen Lösungen von Ammonacetat in Gegenwart sulfonierter höherer Fettalkohole nahe dem Kochpunkt behandelt, so lange, bis die Behandlungsflüssigkeit schwach sauer reagiert (pH: Beginn 7,2, Ende 6,8).

AP 2384871 Courtaulds 1945 — Man erhält auf Wolle- und Cellulosegeweben bessere Rauheffekte, wenn man vorher mit Kunstharzvorkondensaten behandelt.

AP 2356518 Heberlein 1944 — Durch Behandlung von Viskose mit Quellmitteln können wollähnliche Effekte erzielt werden.

AP 2287099 DuPont 1942 (s. S. 106).

AP 2255779 Kent 1941 — Samtartige Erzeugnisse werden erhalten, wenn man auf eine Gewebeunterlage, welche mit einer Kautschuklösung bestrichen wurde, mit Fasern bestreut oder in ähnlicher Weise Fasern mittels Kautschuklösungen auf einer Gewebegrundlage befestigt.

AP 2253062 Dacheé 1941 — Man behandelt Gewebe aus Celluloseacetat und Wollfasern mit einer Lösung von Alkalithiocyanat (6—10° Bé). Nach 6 Minuten Behandlung wird gespült. Man erhält einen vollen voluminösen Griff.

AP 2252999 Sylvania 1941 — Man verwebt Textilfasern aus Cellulosederivaten oder Cellulose mit einer Menge von 5—15% an solchen Fasern, die durch chemische Behandlung an der Oberfläche klebrig werden.

AP 2251508 DuPont 1941 (s. S. 108).

AP 2250914 Jacobsberg 1941 — Stapelfaser wird stark fetthaltig gesponnen und ohne Spannung verwebt. Es darf keine Schlichtung stattfinden und die erhaltenen Gewebe werden ohne Pressung fertiggemacht. Sie zeigen einen wollähnlichen Griff.

AP 2238694 DuPont 1941 (s. S. 108).

AP 2217126 Behr 1940 — Verfahren und Vorrichtung zur Herstellung von Geweben mit samtartigen Oberflächen, welche auch gemustert sein können. Die Gewebe werden mit einer dünnen klebenden Schicht bestrichen und lose Haare oder Fasern unter dem Einfluß eines elektrischen Wechselstromfeldes derart aufgebracht, daß die Faserenden in der Klebstoffschicht eingebettet werden, wobei sich die Fasern senkrecht zur Gewebeoberfläche ausrichten. Dem Klebstoff wird ein Lösungsmittel für die anzuklebenden Fasern zugesetzt, so daß eine widerstandsfähige Bindung entsteht, bzw. kann die Klebsubstanz derselben Art sein wie die anzuklebenden Fasern selbst (s. a. AP 2152077).

AP 2216810 Celanese 1940 — Herstellung voluminöser Celluloseacetatgarne.

CanP 443652 Heberlein 1947 (s. S. 55).

20. Gewebemusterung durch Appreturverfahren, Gaufrage, Devorantartikel usw.

Dieser Teil der Ausrüstungsverfahren enthält Vorschläge aus der Patentliteratur, welche die Musterung von Textilien durch mechanische Bewirkung betreffen, wobei der mechanischen Behandlung meist eine chemische Behandlung vorausgeht. Letztere hat den Zweck, die nachfolgende mechanische Musterung zu ermöglichen oder dauerhaft zu machen.

Am meisten kehren die Vorschläge wieder, beständige, wasserfeste Gaufrage- oder Prägeeffekte dadurch zu erzielen, daß das Textilgewebe mit Lösungen aus Kunstharzvorkondensaten imprägniert wird, worauf durch heiße Prägung unter Druck bei gleichzeitiger Härtung des Harzes ein beständiger Effekt erhalten wird.

Das Bemustern von Geweben durch Aufdruck von Celluloselösungen, die an den bedruckten Stellen dem Gewebe einen anderen optischen Aspekt geben, ist ebenfalls bekannt. Hierüber siehe auch alle die Verfahren, die Gewebe durch Aufdruck von Reserven nachher einer Transparentierungsbehandlung unterwerfen und so ebenfalls oberflächliche Musterungen hervorrufen (S. 415). Schließlich fallen alle Verfahren zur Herstellung von Kreppgeweben unter solche Maßnahmen (Kreppen, sechster Abschnitt).

Auch die örtliche Zerstörung von Gewebeteilen zur Erzeugung von künstlichen Stickereien und Spitzen sei angeführt (Devorantartikel). Hierzu wird die alkalilösliche Alginseide (s. S. 63) sowie die Synthofilfaser (s. S. 75) der einfachen Arbeitsweise wegen vorgeschlagen, da schon das Dessinieren die

Musterung gestattet, die durch Herauslösen der Fasern erfolgt. Andernfalls ist je eine örtliche Zerstörung meist durch Säureaufdruck und Erhitzen notwendig (topische Carbonisation).

Patentliteratur über Gewebemusterung durch Appreturverfahren, Gaufrage, Devorantartikel usw.

OeP 167410 Heberlein 1951 — Zur Erzielung bleibender Gaufrageeffekte, auch in Mustern, bei nachheriger Transparentierbehandlung usw. wird zuerst gaufriert und dann mit Aminoplast-Ätherharzen, eventuell gemischt mit modifizierten Nitrocelluloselacken, in organischem Lösungsmittel behandelt, spannungslos getrocknet, gehärtet und dann zuletzt transparentiert, geschrumpft o. dgl.

OeP 165066 Heberlein 1950 — Bleibende Kalandereffekte auf Cellulosegeweben entstehen durch Aufdruck von formaldehydhaltigen Pasten, die als Verdickungsmittel nur 1,5% eines mit Aldehyd reagierenden Stoffes (Johannisbrotkernmehl, Celluloseäther) enthalten. Es tritt keine unliebsame Versteifung ein. Die bedruckten Stellen reservieren gegen substantive und Indigosolfärbung.

OeP 163419 Cilander 1949 — Zur Herstellung reliefartiger Effekte auf Mischgeweben aus Wolle und vegetabilischen Fasern behandelt man erst mit Formaldehyd und nachher mit alkalischen Schrumpfmitteln.

DP 759723 IG (nicht ausgegeben) — Man imprägniert mit Lösungen aus Amiden und niedrigen Monocarbonsäuren oder Estern von Carbaminsäuren, Formaldehyd und sauren Katalyten, gaufriert und erhitzt auf höhere Temperatur. Der Griff des Textilgutes wird nicht beeinflußt.

DP 750704 Zschimmer, Schwarz 1945 — Es werden Textilien mit Quellmitteln (30—45%igen wäßrigen Lösungen von Chlorzink oder Calciumrhodanid) bei zirka 30 bis 50° C 1 Minute behandelt, dann bei mäßiger Temperatur getrocknet, hierauf bei 100—130° C geprägt und das Quellmittel ausgewaschen.

DP 749049 Rotta, Quehl 1944 — Man behandelt Textilien mit Quellmitteln, eventuell unter Zusatz von Weichmachern und Harnstoff und unterwirft einer mustergemäßen Druck- bzw. Druck-Wärme-Behandlung.

DP 747467 Calico Printers 1944 — Man imprägniert vor der Gaufrage mit Kunstharzvorkondensaten. Als Katalysatoren werden aromatische Sulfosäuren in Gegenwart von Alkoholen angewendet. Die Härtungstemperatur soll 105° C nicht übersteigen.

DP 737569 IG 1943 — Glänzende Muster auf matten Geweben werden hergestellt, indem man vor oder nach der Behandlung mit Harnstoff- oder Melaminformaldehydkondensaten und Pigmenten alkalische Mittel aufdruckt und die Ware nachher auf 120° C erhitzt oder dämpft.

DP 724437 IG 1942 (Zusatz zu DP 722401) — Luftstickereien auf Geweben aus Cellulose und Acetatkunstseide werden hergestellt, indem man dieselben örtlich mit organischen Sulfosäuren (Äthylschwefelsäure, n-Butylschwefelsäure) bedruckt, trocknet, dämpft und wäscht. Die vegetabilische Faser wird ohne Schädigung der Acetatkunstseide entfernt.

DP 710745 Rhodiaceta 1941 — Mischgewebe bzw. gemusterte Gewebe aus Cellulose und Acetatkunstseide werden mit Cuoxam bei — 10° C behandelt und so die Cellulosefaser herausgelöst.

DP 700859 Rhodiaceta 1941 (Zusatz zu DP 632067) — Zur Erzielung von Luftstickereien behandelt man mit Essigsäureanhydrid und Peroxyden unter Erhitzen.

DA 186380 Walendy — Man imprägniert mit niedrigkonzentrierten Kautschuklösungen, prägt und vulkanisiert hernach.

SP 247685 Heberlein 1947 — Haltbare Gaufrageeffekte werden erzielt, wenn man eine Druckpaste von Formaldehyd abgebenden Substanzen oder Formaldehyd, Verdickungsmittel und einen sauren Katalyten auf Textilien aufbringt, wobei die Druckverdickung 1,5% eines Stoffes enthält, der mit dem Aldehyd reagiert, hierauf gaufriert und dann härtet; vgl. SP 255936.

SP 208521 Higgins 1940 — Zur Erzielung von Verzierungen auf zugeschnittenen Textilien bei gleichzeitigem Wasserdichtmachen derselben wird ein amphoteres Protein und eine Verbindung, die ein amphoteres Metall enthält, gleichzeitig in saurer Lösung in Gegenwart einer färbenden Substanz aufgebracht (Casein, Aluminiumhydroxyd).

FP 952343 Rhône Poulenc 1949 — Man bringt Dispersionen von Polyvinylchlorid und Weichmacher auf Textilien (Voile) örtlich auf und führt durch Erhitzen in reliefartige Muster über.

FP 926030 Bancroft 1947 — Dauerhafte mechanische Effekte auf Geweben werden erzielt, wenn das Textilmaterial erst mit einer Lösung von 20 Teilen Polyvinylalkohol, 15,9 Teilen Polyäthylenglykol, 30 Teilen Formaldehyd 37%ig, 6 Teilen Ammoniumthiocyanat und 400 Teilen Wasser imprägniert wird, worauf man vortrocknet und dann mechanisch mustert (kalandert, gaufriert usw.).

FP 925990 Bancroft 1947 — Mustereffekte, welche haltbar sind, werden auf Kunstseide oder Baumwolle erhalten, indem man diese Textilien mit einer Paste, die ein Harnstoff-formaldehydkondensat enthält, bedruckt und durch heiße Prägekalandrierung die Musterung unter gleichzeitiger Härtung des Harzes vornimmt.

FP 925364 Heberlein 1947 — Damasteffekte, Kalandereffekte usw., welche waschbeständig sind, werden erhalten, indem man mit sauren Lösungen von Formaldehyd, die Celluloseäther enthalten, bedruckt, bzw. kann man auch quaternäre Verbindungen von Chlormethyläthern verwenden, die gleichzeitig die Cellulose animalisieren und an den bedruckten Stellen die Anfärbung mit sauren Farbstoffen gestatten.

FP 920184 Calico Printers 1946 — Zur Fixierung mechanischer Effekte auf Textilien wird mit Formaldehyd-Ketonvorkondensaten behandelt, hierauf gepreßt und dann gehärtet.

FP 864330 Calico Printers 1941 — Waschbeständige Prägemuster auf Textilien werden erhalten, wenn man die Gewebe mit einer Lösung von Formaldehyd, sauren Katalyten und mehrwertigen Alkoholen bedruckt und bei niedriger Temperatur trocknet, so daß der Formaldehyd nicht auf die Cellulose einwirken kann. Hernach wird das Muster durch Gaufrieren oder Kalandern erzeugt und bei 105° C die Aldehydwirkung vorgenommen. Man wäscht in schwachem Alkali, quetscht ab und trocknet. Als saure Katalyten werden anorganische oder organische Säuren verwendet mit einer Dissoziationskonstante von $3 \cdot 10^{-11}$ bis $1 \cdot 10^{-4}$.

FP 863814 Gilmont 1941 — Zur Herstellung von Musterungen werden mittels Druckklischees Pasten aus Latexemulsion und Koagulierungsmitteln aufgebracht und so lange gepreßt, bis die Koagulation stattgefunden hat. Die erhaltene Musterung ist licht- und waschecht.

FP 860698 Schaurer 1941 — Gewebe werden mit einer Paste bedruckt, die ein Harnstoff-formaldehydvorkondensat, ein Kondensationsmittel, wie Ammonacetat, -formiat oder -rhodanid und Stärke enthält. Man trocknet bei niedriger Temperatur, so daß keine Harzbildung eintreten kann, kalandert heiß am Prägekalander bei 140—160° C und erhitzt noch einige Minuten auf 100° C. Die Prägemuster werden an den bedruckten Stellen waschecht fixiert, die unbedruckten Stellen verlieren die Prägung beim Waschen. Färbige Musterung ist durch Zusatz von Küpenfarbstoffen möglich.

FP 857619 Impress. Col. 1940 — Auf hydrophoben Geweben werden gefärbte Druck- oder Ätzpasten aufgebracht, welche sich in Form größerer oder kleinerer Tropfen verteilen und so zu einer Musterung führen.

EP 635157 Sayles Finishing 1950 — Zur Erzielung von Musterungen (Spitzen) in Mischungen von Nylon mit Wolle oder Baumwolle wird Nylon mittels heißer Ameisensäure oder Phenol, Wolle durch Alkali und Baumwolle durch Säure ausgebrannt.

EP 634634 Bancroft 1950 (s. AP 2148316, EP 503414) — Beständige mechanische Effekte werden auf Textilien erhalten (Gaufrage), indem man in der Faser durch Imprägnieren des Gewebes ein Polymerisationsprodukt aus Polysacchariden und Aldehyden erzeugt, das Material so trocknet, daß es noch etwas feucht bleibt (drying to dampness), und dann gaufriert. Hernach wird gehärtet.

EP 616171 Bancroft 1949 (s. a. EP 503414) — Gaufrageeffekte werden fixiert, indem man mit Lösungen von Polyvinylalkohol und einem Aldehyd behandelt, das feuchte Gewebe mechanisch verformt und dann zur Harzbildung erhitzt.

EP 614047 British Ind. Plastics 1948 — Zur Fixierung mechanischer Effekte werden Textilien mit wasserlöslichen Methyl-, Äthyl- oder Propyläthern eines Melamin-formaldehydvorkondensats imprägniert, getrocknet und dann der heißen mechanischen Verformung unterworfen.

EP 612982 Leathercloth 1948 — Man überzieht Gewebe mit Polyvinylchlorid und prägt dieses im erweichten Zustand; vgl. EP 574157.

EP 612495 Corah 1948 — Zur Herstellung figurierter Gewebe und Gewirke werden Alginatfäden mitverarbeitet, die nachher herausgelöst werden.

EP 610689 Heberlein 1947 — Beständige Effekte werden erhalten, wenn Gewebe mit Formaldehyd bedruckt (mit Katalyt) und dann kalandert, geprägt und erhitzt werden. Die verwendeten Druckpasten enthalten nicht mehr als 1,5% mit HCOH reagierender Stoffe (Johannisbrotkernmehl, wasserlösliche Celluloseäther). Als formaldehydabgebende Stoffe sind Methylolformaldehyd, N-Oxymethylsäureamide usw. genannt.

EP 598716 Kenyon 1948 — Man preßt Nylongewebe heiß und färbt nachher. Dadurch werden Ton-in-Ton-gefärbte, in den erhöhten Teilen transparente Gewebe erhalten.

EP 598610 Untiedt 1948 — Gewebe, welche einen Überzug aus Latexschaum erhalten haben, werden in Reliefmusterung gepreßt und der Latex rasch koaguliert.

EP 595983 Celanese 1947 — Man erhält waschechte Gaufrageeffekte, wenn man Textilien aus Cellulosederivaten (Acetatkunstseide) mit einem flüssigen Mittel, das quellend wirkt, behandelt und dann kalt gaufriert.

EP 594843 Celanese 1947 — Oberflächlich gemusterte Gewebe werden erhalten, indem man Mischgewebe, welche thermoplastische und nicht thermoplastische Fasern enthalten, einer Hitze, Anfeucht- und Spannbehandlung unterwirft. Z. B. hält man Mischgewebe aus Celluloseacetat und Viskose bei 90—150° C unter einer Spannung von 1—10%. Nach Aufhebung derselben entstehen blasige Effekte.

EP 592649 Cilander 1947 — Textilien werden mit Kunstharzlösungen behandelt (bedruckt) und hernach gaufriert. Nach einer Härtung des Harzes wird mit Quellmitteln behandelt. An den nicht harzhaltigen Stellen verschwindet die Gaufrage wieder.

EP 587062 Freiberg 1947 (s. a. EP 574149) — Diamanté-Effekte usw. auf Gewebe werden hergestellt, indem man in sirupöse Pasten feste durchsichtige oder undurchsichtige Teilchen aus Kunstharzen, Bronze, Lamellen, Glas usw. einbringt und auf Gewebe aufstreicht. Hernach werden die Massen gehärtet. Als Pasten können solche aus Viskose, Cellulosederivaten oder Kunstharzen usf. Verwendung finden.

EP 586406 Courtaulds 1947 — Effekte werden erzielt, indem man eine örtlich mit Reserven bedruckte Viskose-Milaneseware aufrauht. Die geschützten Stellen (Kunstharzaufdruck) bleiben ungerauht.

EP 574157 ICI 1945 — Gewebe werden mit einem Anstrich aus Polyvinylchlorid versehen; dieser wird durch Erhitzen auf 150° C erweicht und mittels gekühlter Walzen gaufriert.

EP 573250 Kenyon 1945 — Textilien werden mit Wachsemulsionen behandelt, gequetscht und darnach getrocknet. Dann wird gaufriert. Es entstehen wasserfeste Prägungen.

EP 555575 Calico Printers 1945 — Mechanische Effekte auf Geweben werden waschecht fixiert, indem man vorerst mit Lösungen von Formaldehyd-Ketonvorkondensaten (Aceton, Crotonaldehyd, Aldol, Cyclohexanon usw.) behandelt, dann z. B. gaufriert und hernach bei 140° C härtet.

EP 527888 Lantz, Miller 1941 — Textilien aus Regeneratcellulose werden mit einer Formaldehydlösung in Gegenwart eines sauren Katalyten behandelt und unterhalb 60° C getrocknet, so daß keine Reaktion der Cellulose mit dem Formaldehyd eintreten kann. Hernach wird befeuchtet und am Prägekalander behandelt und schließlich bei 105° C erhitzt. Es entstehen waschfeste Prägemuster. Die Formaldehydkonzentration der Bäder soll 15% nicht übersteigen; als Säuren sollen aromatische Sulfonsäuren (0,3% Naphtalin-2-sulfosäure) mit einer Dissoziationskonstante von $3 \cdot 10^{-1}$ bis $1 \cdot 10^{-4}$ verwendet werden.

EP 525038 Wacker 1940 — Künstliche Spitzen usw. werden hergestellt, indem man Fäden von Polyvinylalkohol mit anderen Textilfasern verwebt und erstere durch Behandlung mit Wasser aus dem Gewebe herauslöst.

EP 509703 Ellis 1939 — Gewebemusterungen beim Färben oder Kreppen können erzielt werden, indem man Gewebe örtlich mit Pyridiniumsalzen, die langkettige Alkylgruppen und Oxymethylgruppen enthalten (Velan PF usw.), in Form wäßriger Pasten bedruckt, trocknet und kurz erhitzt. Hierauf wird ausgefärbt, wobei die Färbung an den bedruckten Stellen heller bleibt. Durch Bedrucken von Geweben aus Kreppgarnen und nachheriges Kreppen in Seifenlösungen können entsprechende Kreppmuster erzielt werden.

EP 506014 Celanese 1939 — Gewisse Teile von Geweben, welche Cellulosederivate enthalten, werden verseift und so Muster dadurch erzielt, daß die unverseifte Cellulose herausgelöst wird.

EP 506010 Celanese 1939 — Cellulosederivathaltige Gewebe werden durch Herauslösen der Derivate mittels Dioxans gemustert.

EP 504666 Ciba 1939 — Man schützt Cellulosegewebe teilweise durch aufgebrachte Reserven von Kondensationsprodukten aus Melamin und Aldehyden und transparentiert nachher. (Siehe Transparentieren und Pergamentieren.)

EP 502907 IG 1939 — Man mustert Gewebe, besonders solche aus Acetatkunstseide, indem man entweder schrumpfende und nicht schrumpfende Fasern miteinander verwebt und das Gewebe dann einer Schrumpfoperation unterwirft, oder man verwebt Acetatkunstseidenketten mit Polyvinylchloridmethacrylat-Co-Polymere enthaltendem Acetatreyon in gemusterter Form. Behandelt man nun das Gewebe bei 85° C mit Seifenlösung, so entsteht durch verschiedene Schrumpfung reliefartige Musterung.

EP 502877 Celanese 1939 — Man reserviert gewisse Teile der Gewebe durch Aufbringen von Polymerisationsprodukten und schrumpft nachher.

AP 2429935 Cranston 1947 — Boldereffekte auf Geweben entstehen, wenn man Melamin-formaldehydvorkondensat und 2% Na-alginatlösung auf Gewebe druckt, polymerisiert und dann sanforisiert.

AP 2416521 Freiberg 1947 — Man bringt auf Textilgewebe weitmaschige Gewebemuster auf, die man mit Hilfe von Kondensationsprodukten punktweise (etwa an den Ecken) aufklebt.

AP 2415320 Courtaulds 1947 — Durch örtliche Aufbringung von Kondensationsprodukten aus Dicyandiamid bzw. wäßriger Cyanamidlösung und Formaldehyd können bei nachheriger kurzer Passage durch Farbbäder Muster erhalten werden.

AP 2317466 Gen. An. 1943 — Mustereffekte auf cellulosehaltigen Materialien erzielt man durch Aufdruck von organischen Schwefelsäureestern, Trocknen, Dämpfen und Spülen, wobei an den aufgedruckten Stellen die Cellulose zerstört wird (p-Butanolschwefelsäureester, Isoamylschwefelsäureester usw.).

AP 2311850 Unit. Merch. 1943 — Auf ein mit ölmodifiziertem Alkydharz dessinmäßig vorbehandeltes Gewebe (das Harz ist in flüchtigen Lösungsmitteln gelöst) wird Flock aufgebracht und das Gewebe dann getrocknet und das Harz hernach gehärtet.

AP 2307118 Gen. An. 1943 — Effekte auf Mischgeweben mit Cellulosefasern werden erhalten, indem man die Cellulose durch Aufdruck entsprechender carbonisierender Substanzen stellenweise zerstört:

Viskose-Acetatkunstseide-Mischgewebe werden bedruckt mit 100 Teilen Isopropylnaphtalinsulfosäure, 395 Teilen Wasser, 500 Teilen Tragantlösung 6%ig. Man dämpft 5 Minuten im Schnelldämpfer.

Viskose-Acetatkunstseide-Mischgewebe: 50 Teile Äthansulfosäure, 450 Teile Wasser, 500 Teile Tragant 6%ig. 5 Minuten Dämpfen; die Cellulose ist zerstört.

Baumwolle-Cellulose-Acetatkunstseide oder Wolle: 120 Teile Phenol-4-Sulfosäure, 388 Teile Wasser, 500 Teile British Gum 1 : 1. 5—10 Minuten dämpfen; die Baumwolle ist zerstört.

Man kann auch 2-Naphtylamin-6,8-disulfosäure verwenden.

AP 2267790 Celanese 1941 — Zur Herstellung von Mustern auf Geweben, welche Cellulosederivatfäden enthalten, können durch Behandlung der Gewebe mit Lösungsmitteln die Cellulosederivate gelöst und durch mechanische Entfernung dann Muster erzielt werden. Man imprägniert das Gewebe z. B. mit einer Mischung von 40 Teilen Eisessig, 16 Teilen 10%iger Lösung von Oxyalkylcellulose, 22 Teilen Benzylalkohol und 22 Teilen wasserfreies Siliziumhydroxyd und dämpft. Hierauf wird der Stoff über Wasser gezogen und die krümelig gewordene Acetatkunstseide entfernt.

AP 2260276 Lawson Erlick 1941 — Man stellt gepulverte Seide mit kolloidalen Metallen her (elektrolytisch) und dekoriert damit Gewebe.

AP 2239914 Heberlein 1941 — Man bringt einen flockenförmigen Ziereffekt auf Geweben an, indem man dieselben mit einem firnisähnlichen Überzug an gewissen Stellen versieht; hernach wird ein Anstrich, der Celluloseflocken enthält, gegeben und dann mit Quellmitteln behandelt.

AP 2217114 Cilander 1940 — Man mustert Cellulosegewebe auf übliche Weise durch Transparentierung. Hierauf wird im Zweibadverfahren mit Fällungspigmenten mattiert (Bariumsulfat aus Bariumchloridlösung und Schwefelsäure). Das Pigment haftet nur an den nicht pergamentierten Stellen.

AP 2211569 Celotex 1940 — Faserlagen können gemustert werden, indem man sie mit einer Lösung von Ammonsulfat besprüht und dann auspreßt. Hierauf wird bei 180—250° C getrocknet, wobei die freiwerdende Säure eine teilweise Zerstörung der Faser bewirkt. Man kann durch Aufdruck dadurch Musterung erzielen.

AP 2142623 Calico Printers 1939 — Man imprägniert Viskosegewebe mit neutralen Dimethylolharnstoff-formaldehydlösungen. Man trocknet, gaufriert, gibt das Gewebe in eine kalte Lösung von 60 g $CaCl_2$ calc. und 1,5% HCl 28%ig; nach 15 Minuten liegen lassen wird gespült und geseift.

II. Allgemeine Appreturverfahren.

Hier wird vor allem die Herstellung von allgemein anwendbaren Appreturmitteln, insbesondere modifizierter Stärke usw. behandelt. Ferner sind eine Reihe von Verfahren angegeben, welche ohne besonderen oder mit verschiedenem Effekt angewendet werden können.

Schließlich umfaßt dieses Kapitel auch die allgemeinen Verfahren zur Appretur von Samten und Hüten, sowie das Gebiet der Gewebeaufstriche, Beschichtungen und die Methoden zur Erzeugung von Kunstleder oder Wachstuch.

Es ist klar, daß sich vielerlei Berührungspunkte mit bereits besprochenen Verfahren ergeben, weshalb eine fallweise Durchsicht der Arbeitsweisen anderer Kapitel notwendig ist.

1. Verschiedene Appreturmittel und allgemeine Appreturverfahren.

Eine Reihe von Vorschlägen befaßt sich mit der Herstellung besonderer, für die Appretur geeigneter Stärkepräparate[98]. Stärke und Dextrin sind, insbesondere in der Ausrüstung billiger Baumwollgewebe, noch immer vielgebrauchte Appreturmittel. Über die Gelatinierungstemperatur verschiedener

---

[98] Schreiber, Stafford: Ind. Engng. Chem., Analyt. Edit. **14**, 227 (1942).

Stärkesorten und die Festigkeit und Dehnung von Stärkefilmen sind folgende Zahlen genannt worden[99]:

Gelatinierungstemperaturen verschiedener Stärkesorten.

	In °C
Kartoffelstärke	65—68
Tapioca	70—74
Sago	72—74
Maisstärke	75—77
Reisstärke	80—83

Die Festigkeit und Dehnbarkeit von Stärkefilmen beträgt (nach Neale):

Stärke	Festigkeit in kg/cm²	Dehnung in %
Kartoffelstärke	414	4,2
Maisstärke	468	4,0
Kartoffelstärke und Glyzerin (3%)	381	4,3
Kartoffelstärke und Talg (2%)	380	2,2
Kartoffelstärke und Japanwachs (4,6%)	320	1,8

Japanwachs macht den Stärkefilm weich und brüchig, während Glyzerin und Talg weich machen und, über 5% angewendet, die Festigkeit sehr vermindern.

In letzter Zeit wurden Untersuchungen angestellt, inwieweit sich Stärke durch verschiedene Kunststoffe, wie z. B. Polystyrol, ersetzen läßt. Es wurde gefunden, daß ein Appret mit einer 2%igen Polystyrollösung etwa einer Appretur mit 5,5%igen Stärkelösungen entspricht. Alkydharz ist im entsprechenden Falle in 3%iger Lösung anzuwenden[100]. Auch die Herstellung von gefrierbeständigen Stärkeäthern, die mit Wasser niedrigviskose Lösungen geben, ist zu vermerken *(Solvitosen)*.

Über die Verwendung von Polyacrylaten und Polyvinyläthern für Appreturen sind eine Reihe von Vorschlägen vorhanden.

Literaturübersicht über verschiedene Appreturmittel.

Möller: Melliand Textilber. **31**, 419 (1950).
Lachmann: Melliand Textilber. **24**, 363 (1943).
Fiat: Final Rep. 856, s. Plastics **11**, 488.

Patentschrifttum über verschiedene Appreturmittel.

DP 748369 Höhne 1944 — Als Appreturmittel können Dispersionen Anwendung finden, welche in organischen Lösungsmitteln gelöste Kunstharze (Polyvinylharze) enthalten. Als Emulgatoren sind Emulphore genannt.

DP 746635 Zschimmer, Schwarz 1944 (Zusatz zu DP 734564) — Man macht Eiweißappreturen oder Eiweißfasern unlöslich, indem man Umsetzungsprodukte aus Aluminiumchloridhexahydrat, Formaldehyd und organischen Basen, wie Äthylendiamin, Cyclohexylamin, verwendet.

[99] Neale: J. Textile Ind. **15**, 443 (1947).
[100] Vgl. z. B. Amer. Dyestuff Reporter **36**, 170 (1947).

DP 742874 Diamalt 1943 — Man vermischt Stärke mit Harnstoff und erhitzt das Gemisch. Es ist als Appreturmittel brauchbar.

DP 734564 (s. oben) — Man verwendet Umsetzungsprodukte aus Alkylolaminen mit Aluminiumverbindungen.

DP 731794 Sichel 1943 — Alkalisalze von Celluloseäthercarbonsäuren, hergestellt durch Einwirkung von Halogenfettsäuren auf Cellulose in Gegenwart von Alkali, können als Schlichte- und Appreturmittel Anwendung finden.

DP 730693 Research 1943 — Haltbare Caseinlösungen mit pH von 8—10 werden hergestellt, indem man diesen geringe Mengen von quaternären Ammonverbindungen zugibt (Stearylpyridiniumchlorid oder Lauryltriäthylammonchlorid). Eventuell kann auch noch eine kleine Menge Wasserstoffsuperoxyd beigegeben werden.

DP 718567 Zschimmer, Schwarz 1942 — Man verwendet als Appreturmittel wasserlösliche Anlagerungsverbindungen von Harnstoff-Aluminiumformiat 1:2 und weniger.

DP 718530 Kalle 1942 — Superpolyamide aus Adipinsäure-Hexamethylendiamin und ε-Aminocapronsäure oder Lactam im Gemisch werden mit niedrigmolekularen Alkoholen und Wasser erhitzt. Man erhält Massen, welche für Appreturzwecke geeignet sind.

SP 270527 Scholten 1950 — Man erhitzt Stärke, Formaldehyd und Aminotriazin auf über 70° C in dünner Schicht und erhält hervorragende Appreturmittel. Eine kleine Menge Wasser ist zu Reaktionsbeginn anwesend.

SP 269496 Scholten 1950 — In kaltem Wasser lösliche bzw. quellbare Formaldehydstärke (vgl. SP 267379 bzw. HollP 48512) wird erhalten, wenn Stärke mit Wasser und Formaldehyd (10% vom Stärkegewicht) bei einem pH 5 bei Temperaturen unter 140° C erhitzt wird.

SP 259428 Blattmann 1949 — Man baut Stärke im Vakuum ab.

SP 247212 Heberlein 1947 — Stärke, Gelatine, Dextrin, Zucker, Johannisbrotkernmehl usw. werden als Appret für Gewebe verwendet, wobei nachher durch ein Bad von 40% Formaldehyd und einen sauren Katalyten genommen wird. Die erhaltene Ware ist scheuerfest, kaum schrumpfend und steif.

SP 245677 Henkel 1947 — Chitosan wird aus Chitin (einem Acetaminoderivat eines Polysaccharids) durch Entacylierung und In-Freiheit-Setzung der Aminogruppe gewonnen. Um technisch verwendbare, in verdünnter Essigsäure lösliche Erzeugnisse ohne Depolymerisation zu erhalten, müssen mindestens 40—45%, am besten jedoch 70—85% der Acetaminogruppen desacyliert werden. Chitinhaltige Stoffe werden bei niedriger Temperatur (0—10° C) mit konz. Alkalilauge (30—50%) behandelt und das gebildete Alkalichitin mit Wasser ohne oder mit nur geringer Erwärmung zu einer homogenen Dispersion verarbeitet, aus welcher man nach längerem Stehen (2—3 Tage) oder unter Abkürzung des Vorganges durch mäßige Erwärmung (30—50° C) je nach dem gewünschten Acetylierungsgrad das chitosanartige Endprodukt ausfällt. Es liefert in verdünnter Essigsäure eine hochviskose Lösung, die als Appreturmittel Anwendung finden kann. Als Ausgangsstoffe können Krebs- oder Hummerschalen, Insektenflügel, Steinpilze usw. dienen.

SP 245642 Gy. 1947 — Als Appreturmittel sowie zum Egalisieren und Abziehen von Küpenfärbungen werden die Umsetzungsprodukte von gerbend wirkenden, sulfonsäuregruppenhaltigen, organischen Verbindungen mit quaternären Ammoniumverbindungen, die höhere aliphatische oder cycloaliphatische Reste enthalten, verwendet. Z. B. das Kondensationsprodukt von Rohkresolsulfosäure, Harnstoff und Formaldehyd, das mit Phenylstearyldimethylammoniummethylsulfat umgesetzt wird.

SP 241634 Beukenkamp 1946 — Zu Appreturzwecken geeignete Stärke wird hergestellt, indem man Stärke mit 20% wasserlöslichen neutralen Salzen mischt (NaCl, Glaubersalz, Alaun usw.). Die Mischung wird trocken hergestellt. Die Salze vermindern die Viskosität der Stärke bei Herstellung der Appretur, so daß diese tiefer in die Faser eindringen kann.

SP 240998 Scholten 1946 (s. HollP 55779) — Herstellung von Quellstärke durch Mischung von Kartoffelstärke mit monochloressigsaurem Na oder bromäthansulfosaurem Na und Bariumhydroxyd oder Soda; vgl. SP 240997.

SP 218886 Heyden 1942 — Aus Lignin werden durch Anrühren mit Wasser unter Zusatz von Glyzerin und eventuell noch Polyalkoholen pastöse Massen hergestellt, die als Mischung mit Casein für Appreturzwecke geeignet sind. Z. B. werden 600 g des Ligninproduktes mit 750 g Casein gemischt und mit Wasser auf 10 Liter gebracht. Die erhaltene voluminöse gallertige Masse kann an Stelle von Stärke gebraucht werden.

SP 211495 Diamalt 1940 — In Wasser unlösliche, nur quellbare Gummiarten werden staubfein vermahlen und eventuell unter Zusatz von Na-pyrophosphat, Soda oder $Ca(OH)_2$ verwendet. Die Zugabe letzterer Produkte hindert Verfärbung durch Eisen. Die Lösungen sind alkalibeständiger als Tragant. Für Appreturen oder Druckverdickung geeignet.

SP 208283 Hydrierwerke (Zusatz zu SP 198100, 1940) — Zum Appretieren werden Kolophoniumharzalkoholsulfonate in Form ihrer Salze vorgeschlagen.

FP 941732 Scholten 1949 — Die Herstellung kalt quellbarer Stärke wird beschrieben.

FP 925003 Corn Prod. 1947 — Man gelatiniert Stärke unter Zusatz kleiner Mengen von Natrium- oder Kaliumstannat. Die erhaltenen Produkte sind stabil und in Wasser leicht dispergierbar. Sie eignen sich besonders für Appreturzwecke.

FP 922702 Berol 1947 — Um Stärkeappreturen tragecht zu machen und auch zur Einsparung von Stärke werden ihnen Formaldehyd-Additionsverbindungen von Sulfonierungsprodukten aromatischer Körper zugesetzt, wie etwa:

OH OH

C_6H_3—(CH_2)—C_6H_3

$SO_3CH_2CH_2OH$ SO_3Na

FP 920693 ICI 1947 — Für Appreturzwecke wird Polyvinylchlorid empfohlen.

FP 913945 Rhône Poulenc 1946 — Stabile Emulsionen von Polyvinylacetat, welche für Appretzwecke geeignet sind und auch bei 50° C nicht koagulieren, werden erhalten, indem man als Dispergiermittel eine Mischung aus Gelatine- und Polyvinylalkohol verwendet.

FP 886982 Goldberger 1943 — Zum Appretieren werden Viskoselösungen empfohlen, aus welchen die Cellulose mit Oxydationsmitteln gefällt wird.

FP 881496 Scholten 1943 — Zum Appretieren werden Stärkelösungen empfohlen, die erhalten werden, wenn man zu Stärkeprodukten brommethansulfosaures Natrium zugibt. Beim Erwärmen (der Herstellung der Appreturlösung) tritt Bildung von Stärkeäthern ein.

FP 867508 DuPont 1941 — Zum Appretieren von Geweben werden Polyamiddispersionen verwendet, wobei diese so hergestellt werden, daß das Polyamid aus Lösungen durch Zugabe von Nichtlösern feinst verteilt ausgefällt, gesammelt und in einem Nichtlösungsmittel dispergiert wird.

EP 641222 Starch Prod. 1950 — Zur Modifizierung wird nicht gelatinierte Stärke veräthert.

EP 624426 Pecker 1949 — Beschreibt die Herstellung von löslicher Stärke.

EP 602223 Neumann 1948 — Stärkepräparate für Appreturzwecke werden gewonnen, indem Stärke bzw. Stärkeabbauprodukte mit flüssigen Ölen, Fetten oder Wachsen oder Naturharzen auf Temperaturen über 100° C erhitzt werden. Man erhält so wasserlösliche bis quellbare ölhaltige Stärken.

EP 597392 Corn Prod. 1948 — Man schließt Stärke in Gegenwart von niedermolekularen Alkoholen auf.

EP 590991 Toba. 1947 — Als Appreturmittel oder Druckverdickung werden Moos- oder Tangabkochungen vorgeschlagen.

EP 590373 Rubber 1947 — Interpolymere von Methallylalkohol und Acrylsäurederivaten werden als Appreturmittel beschrieben.

EP 568884 Shawinigan 1943 — Man emulgiert Ester von Acrylsäure usw. mittels eines Emulgators, wie Leim usw., und polymerisiert bei Zusatz von Peroxyd.

EP 543432/3 Röhm & Haas 1942 — Zur Stabilisierung von Stärke wird Dimethylolharnstoff empfohlen. Stärke wird mit ihm bei pH 7—10 über 80° C erhitzt.

HollP 57722 IG 1946 — Man setzt Monoisocyanate mit Kondensationsprodukten von mehrwertigen Alkoholen und mehrwertigen Carbonsäuren um.

HollP 57720 Böhme 1946 — Zum Appretieren sollen die Äther von Polysacchariden und Hydroxycarbonsäuren Verwendung finden.

HollP 57225 Diamalt 1946 (s. a. DP 709652) — Stärke wird mit Lösungen mehrwertiger Phenole und niedrigen Alkoholen behandelt, wobei die Behandlung beim KP des Lösungsmittels stattfindet. Es entstehen zügige Produkte für Appretur, Schlichte und Druck.

HollP 51107 Servo 1941 — Zum Appretieren werden pulverförmige Appreturmittel (Stärke usw.) verwendet und die Fixierung durch trockene oder feuchte Wärme vorgenommen. Es entstehen auch besondere Glanzwirkungen.

AP 2523709 Gen. Mills 1950 — Man stellt Stärkeäther mit hoher Viskosität her.

AP 2516632/34 Penick 1950 — Herstellung von Stärkeäthern durch Behandlung mit Alkylenoxyden.

AP 2503053 Corn Refining 1950 — Die Modifikation von Stärke findet mit 0,05—5% $AlCl_3 \cdot 6\ H_2O$ bei 20—105° C statt.

AP 2500950 **Starch Prod. 1950** — Herstellung von Stärkeäthern, die, in Form der ursprünglichen Stärketeilchen vorliegend, in Wasser verteilt nicht gelatinieren.

AP 2472790 Staley 1948 — Man stellt eine durch Enzyme teilweise abgebaute Stärke in Pastenform her.

AP 2472590 Eastman 1948 — Oxydierte Stärke wird durch Einwirkung von NO_2 erhalten.

AP 2462210 Gen. Mills 1948 — Es wird die Herstellung von Stärkelösungen für Appreturzwecke beschrieben.

AP 2451686 Scholten 1948 — Wasserlösliche Stärkepräparate bestehen aus Mischungen von Kaltquellstärke, veresternden oder veräthernden Mitteln und Alkali.

AP 2450377 Penick, Ford 1948 — Zur Herstellung wasserfester Stärkefilme wird Stärke mit 5—20% wasserlöslichen Harnstoff-formaldehydkondensaten so lange gekocht, bis die erst eintretende hohe Viskosität verschwindet und eine dünnflüssige Masse entsteht.

AP 2445028/29 1948 — Durch Erhitzen von Keratinmaterial in neutralen wäßrigen Lösungen, welche Disulfidbrücken sprengende Verbindungen aus Harnstoff oder Ammonthiocyanat usw. enthalten, werden bei Temperaturen über 100° C dispergierte Keratinprodukte erhalten. Man verwendet z. B. Monoäthylenthioglykol oder Bisulfit.

AP 2444022 Enka 1948 — Zur Herstellung von Celluloselösungen für Appreturzwecke, aber auch zum Verspinnen werden mit Superoxyd versetzte Alkalistannat- oder Zinkatlösungen und Cellulose vermischt, wobei letztere langsam abgebaut wird. Durch Abkühlung unter 0° C tritt sofortige Lösung der Cellulose ein.

AP 2436156 DuPont 1948 — Appreturen werden hergestellt, indem man Keratin (Horn, Wolle usw.) mit schwach alkalischen Lösungen von Thioglykolsäure usw. reduziert; dann löst man in Alkali, fällt aus und löst wieder in Ammoniak, wobei man für Appreturzwecke ein Kunstharz, wie etwa ein Styrol-Maleinsäureinterpolymeres, zugeben kann. Nach Verdunsten des Ammoniaks bleibt die filmbildende Substanz zurück.

AP 2435901 Peters 1948 — Man erzeugt Stärkedispersionen mit Hilfe von Triäthanolaminseifen.

AP 2430180 Algin 1947 — Alginsäure kann mit Proteinen unter besonderen Bedingungen, und zwar bei einem pH, das zwischen dem isoelektrischen Punkt des Algins bei 2—3 und dem des Proteins (Casein 4,7, Gelatine 5,2—5,4) liegt, komplexe Verbindungen eingehen, die auch mit Celluloseäther verbunden werden können. Die erhaltenen Produkte sind als Appreturmittel verwendbar.

AP 2426125 Kelco 1947 — Alginsäurederivate können durch Behandlung mit Äthylenoxyd in wasserlösliche, säurebeständige Verbindungen umgewandelt werden, welche als Verdickungsmittel, Schlichtemittel usw. verwendet werden können.

AP 2424992 Lee Found 1947 — Mit Phosphorsäure behandelte Stärke kann in der Textilindustrie als Verdickungsmittel, zum Schlichten und Appretieren angewendet werden. Phosphorsäure (85%) wird 1:1 mit Äthanol oder Aceton verdünnt und mit feinpulverisierter trockener Stärke vermischt, wobei gedämpft wird. Das organische Lösungsmittel wird hernach zum Verdampfen gebracht.

AP 2424386 Teeproof 1947 — Harzappret macht meist steif. Man verhindert daher sein tiefes Eindringen, indem man erst mit einer Lösung von Stoffen behandelt, die mit dem Harz eine Emulsion geben. Wird nachher der Harzfilm aufgebracht, so wird er bei Berührung mit den erstaufgebrachten Stoffen emulgiert und das Harz bleibt auf der Oberfläche der Gewebe.

AP 2413983 Lawrence Bruce 1947 — Acylierte Keratine werden als Appreturmittel beschrieben. Man verwendet sie zusammen mit Thioglykolsäure.

AP 2412535 Richardson 1947 — Mischungen aus Glykolmonostearat, Spermacetiwachs, Aluminiumsulfat, Aluminiumphosphat und Wasser geben ein Antischweißmittel zum Imprägnieren von Geweben, welches die Gewebe nicht angreift und deren Festigkeit nicht vermindert.

AP 2412213 Al. Prop. Cust. 1947 — Es wird die Herstellung von Stärkeestern beschrieben.

AP 2407071 Staley 1946 — Zur Herstellung viskoser Stärkepasten wird Stärke in wäßriger Aufschlämmung mit Dimethylolharnstoff bei 50° C und pH etwa 4 erhitzt.

AP 2406453/54 ICI 1946 — Zu Appreturzwecken werden Acryl- bzw. Vinylpolymerisate vorgeschlagen. Man verwendet z. B. Emulsionen von β-Äthoxyäthylmethacrylat, welche mit Stärke oder ölsaurem Na stabilisiert wird.

AP 2406217 Harvel 1946 — Zur Stabilisation von Lösungen von Harnstoffformaldehydvorkondensaten werden tert. Butyl-, Amyl- oder Hexylharnstoffe vorgeschlagen. Die Lösungen sind 2 Monate stabil.

AP 2405965 DuPont 1946 — Emulsionen von Polyamiden für Appreturzwecke, welche einwandfreie Filme liefern, werden erhalten, indem man eine Lösung des Polyamids in einem wasserunlöslichen Lösungsmittel unter Rühren mit einer Mischung von Wasser und mehr als 50% eines über 100° C siedenden Alkohols versetzt (Benzylalkohol, Isobutylalkohol). Als Emulgator für das ausfallende Polyamid wird dabei in der alkoholisch-wäßrigen Lösung ein Ammon- oder Na-caseinat verwendet.

AP 2404892 Cyanamid 1946 — Als Appreturen werden Aldehydharze, mit Schellack gemischt, empfohlen.

AP 2402075 Plastics 1946 — Polyvinylacetale werden durch Zumischung von Aluminiumstearat weniger klebrig.

AP 2389796 Solvents 1945 — Polyisobutylene werden mit Ammonseifen höherer Fettsäuren, einem Mineralölsulfonat und Caseinat in Wasser emulgiert und als Appreturmittel empfohlen.

AP 2385714 Stein, Hall 1945 — Als Appreturmittel werden Mischungen von Stärke mit Dimethylolharnstoff und Polyvinylverbindungen angegeben.

AP 2359378 1944 — Dextrinieren von Stärke.

AP 2357526 Cyanamid 1944 — Ähnlich einem Stärkefinish werden volle griffige Appreturen erhalten, wenn Textilien mit wäßrigen Emulsionen behandelt werden, die in der dispersen Phase Harze aus Phtalsäureanhydrid und mehrwertigen Alkoholen (Glyptale) enthalten, welche mit Benzoesäure oder Alkylbenzoesäuren modifiziert sind. Die kontinuierliche Phase besteht aus einer wäßrigen Alkalicaseinatlösung.

AP 2338710 Nat. Paper 1944 — Papier, aber auch Textilien usw. können mit einer Mischung von 55 Teilen Casein, 5 Teilen Borax, 25 Teilen Glyzerin, 10 Teilen 50%ige Wachsemulsion, 5 Teilen 6%iges Formaldehyd, verdünnt auf 14—17% Feststoffgehalt, appretiert werden.

AP 2293385 Borden 1943 — Gefälltes Casein wird in Pyrophosphatlösungen gelöst und zu Appreturzwecken empfohlen.

AP 2288432 Hercules 1942 — Zum Appretieren verwendet man Diäthylenglykolester von Kolophonium.

AP 2287599 Corn Prod. 1942 — Dextrinierung von trockener Stärke mit Chlor und Monochloressigsäure.

AP 2283044 Stein, Hall 1942 — Niedrig viskose Stärkelösungen. Man setzt Fettalkoholsulfonate und etwas Alkali zu.

AP 2279752 DuPont 1942 — Polyamide, welche für Appreturzwecke und als Schlichtemittel angewendet werden können, werden durch Kondensation von Phoronsäure und Dekamethylendiamin hergestellt. Die Kondensation wird zweistufig, erst bei Atmosphärendruck, hernach bei vermindertem Druck vorgenommen. Auch 4-Ketopimelinsäure und Triglykolamin usw. können Anwendung finden. Die entstehenden Polyamide können aber auch zur Faserherstellung benützt werden, wenn sie mit faserbildenden Stoffen, wie etwa Cellulosederivaten, in Mischung aus organischen Lösungsmittel verdüst werden. (Phoronsäure: $HOOC—C(CH_3)_2—CH_2—CO—CH_2—C(CH_3)_2—COOH$.)

AP 2276984 Buffalo 1942 — Stärkeabbau mit Peroxyd und Metallsalzkatalyten.

AP 2231458 Hercules 1942 — Zur Appretur werden Nitroverbindungen, z. B. Nitroisobutantriol, gemeinsam mit Stärke verwendet. Sie wirken weichmachend.

AP 2222532 Duisberg 1940 — Um Gewebe gegen Einwirkung von Uviolstrahlen widerstandsfähig zu machen, werden sie mit Äsculin und Chininsulfatlösungen behandelt. Der erhaltene Schutz wird aber durch längere Einwirkung von Feuchtigkeit aufgehoben. Um diesem Übelstand abzuhelfen, werden folgende Stoffe vorgeschlagen: Diaminodibenzoylverbindung von p-Phenylendiaminsulfosäuren:

$$NH_2—C_6H_4—CO—NH—C_6H_2(SO_3H)_2—NH—CO—C_6H_4—NH_2.$$

Derivate der 3,6-Diaminocarbazoldisulfosäure:

$$NH_2—C_6H_3(CH_3)—CO—NH—[C_{12}H_4(SO_3H)_2NH]—NH—CO—C_6H_3(CH_3)—NH_2.$$

4,4′-Tetramethylendiaminobenzoyl-4,4′-diaminodiphenyl-3,2′-disulfosäure:

$$(CH_3)_2N—C_6H_4—CO—NH—C_6H_3(SO_3H)—C_6H_3(SO_3H)—NH—CO—C_6H_4—N(CH_3)_2.$$

Arylide der 2,3-Hydroxynaphtoesäure:

$$C_{10}H_6(OH)—CONH—C_6H_5.$$

Salicyl-p'-aminosalicoyl-m''-aminophenol:

OH OH OH

—CO—NH— CONH— .

AP 2173041 Müller 1939 — Zur Herstellung von Stärkelösungen zum Appretieren usw. werden Mischungen von Stärke mit Persulfaten, eventuell unter Zusatz von Perborat oder Percarbonaten, angewendet.

AP 2149734 Hall Laboratories 1939 — Man versetzt zum Steifen der Wäsche verwendete Stärke mit Tripolyphosphat, wodurch man weichere Appreturen und glänzenderes Aussehen der Ware erreicht.

AP 2148016 Gale 1939 — Eine Vorrichtung zur Herstellung konvertierter Stärke wird beschrieben.

2. Gewebeaufstriche, Kunstleder- und Wachstucherzeugung, Beschichtungen.

Im Gegensatz zu den an früheren Stellen besprochenen Appreturen mit Kunststoffen, Celluloseestern usf. werden hier jene Verfahren aufgezählt, welche, statt die Textilien mit den genannten Mitteln zu imprägnieren, dieselben in Form von einem bzw. in den meisten Fällen mehreren Aufstrichen auf das Textilmaterial bringen. Derartige Arbeitsweisen werden insbesondere zur Erzeugung von Regenmantelstoffen, gasdichten Geweben, Wandbespannungen, Tapetenersatz, Bodenbelag sowie Kunstleder und Wachstucherzeugnissen in allergrößtem Maßstabe angewendet. Da sich auch Textilveredler mit der Ausrüstung derartiger Waren beschäftigen und sie, allgemein gesehen, unter die Verwendung von Kunststoffen usw. in der Textilveredlung fallen, finden sie an dieser Stelle eine eingehendere Besprechung.

Dies scheint um so notwendiger, als unter den verschiedenartigen Vorschlägen der Patentliteratur auch der Ausrüster von Geweben gewisse ihn interessierende Angaben und Rezepturen finden wird[101].

a) Gewebeaufstriche (allgemein).

Aufstriche auf Gewebe werden neben den oben genannten Zwecken auch für die Herstellung von Regenmäntelstoffen verwendet. Man bestreicht mit wäßrigen Emulsionen von Mowilith, Acronal usw. wobei der Kunststoff in einer Menge von 50 g bzw. für Herrenstoffe etwa 100 g /m^2 vorhanden sein soll, um einen guten Effekt zu gewährleisten. Um das Kleben des thermoplastischen Aufstrichs zu verhindern, wird eingestäubt oder ein Sikkativstrich aufgebracht. Die Klebrigkeit der Überzüge kann auch durch Zugabe von hochmolekularen aliphatischen Aminen verringert werden.

Gasdichte Gewebe werden mit *Acronal, Oppanol* oder *Buna* hergestellt.

Bucheinbandmaterial usw. wird meist mittels Aufstrichen aus Polyvinylchlorid oder Polyvinylacetat, welchen Weichmacher zugesetzt werden, hergestellt, wobei als letzter Aufstrich ein solcher mit einem härtbaren Harz erfolgt.

Auch rizinusölmodifizierte Alkydharze *(Bedafine* der ICI) werden als härtbare Anstriche mit Biegsamkeit empfohlen. Als *Armalon* wird ein Polyäthylenaufstrich auf Textilien von DuPont in den Handel gebracht. Hier ist auch auf das „Nylonizing" von Nylon hinzuweisen [Horn: Textile Age **15**, 38 (1951)].

[101] Kehren: Melliand Textilber. **25**, 126 (1944). — Chem. Engng. News **25**, 426 (1947). — Weiß: Kunststoffe in der Textilveredlung. Wien: Springer 1949.

b) Ledertuch, Kunstleder und Wachstucherzeugung.

Über die Arbeitsweisen und Rezepturen der deutschen Industrie wurden kürzlich eingehende Zusammenstellungen veröffentlicht[102].

α) Oilcloth, Öltuch, American Cloth usw.

Vielfach wurden während des Krieges auch Zellwollegewebe als Basis verwendet. Als Anstrich diente mit Sikkativen gekochtes Leinöl mit den üblichen Füllstoffen und Pigmenten. In der Regel werden vier Anstriche gegeben und hernach, eventuell nach vorherigem Bedrucken, ein Firnisstrich aufgebracht. Um eine Verfärbung hintanzuhalten, werden die letzten Anstriche bei niedrigen Temperaturen durchgeführt.

1. Strich: Gekochtes Leinöl 70 Teile,
Soda krist. in Wasser 5 : 40 Teile, heiße Lösung,
China Clay und Wassser 70 : 35 Teile kalt gemischt,
Lösungsmittel 5 Teile, genügend, um eine spritzfähige Masse zu geben.
Eventuell werden noch 5 Teile einer Leinöl-Sodaseife 10%ig zugesetzt.

2. Strich: Eine Mischung 1 : 1 der Rezeptur des ersten und dritten Strichs.

3. Strich: Leinöl gekocht 70 Teile,
Soda krist. und Wasser 1 Teil auf 5 Teile heiße Lösung,
China Clay, Wasser 20 : 10 Teile kalt gemischt,
Lithopone 80 Teile,
Lösungsmittel 5 Teile,
Leinöl-Sodaseife 10%ig 5 Teile.

4. Strich: Leinöl (Standöl) 80 Teile,
Lithopone 180 Teile,
Lösungsmittel 10 Teile,
Soligen-Kobalt-Trockner 1 Teil, gelöst in 2 Teilen Lösungsmittel.

Zum eventuell dann erfolgenden Bedrucken werden die Pigmente in Leinöl unter Zusatz von Soligen-Trockner angerieben.

Firnis: Harz (Albertol 201 C oder 357) 50 Teile.
Leinöl (Standöl) und Sikkativ 50 Teile,
Lösungsmittel bis zur geeigneten Konsistenz.

Wenn ein mattes Aussehen erwünscht war, wird der Firnis weggelassen. Die Trocknungszeiten bzw. Temperaturen betragen für die ersten drei Anstriche etwa 8 Stunden bei 80° C, für den vierten Anstrich und den Firnis etwa 8 Stunden bei 50° C.

Die Anstrichmenge ist für die Flächeneinheit:

1. Anstrich: 240 g/m^2,
2. Strich: 150—170 g/m^2,
3. Strich: 135 g/m^2,
4. Strich: 300 g/m^2,
Firnis: 60 g/m^2.

---

[102] Bios: Final Report Nr. 118 6. — Münzinger: Kunstlederhandbuch, Berlin-Wilmersdorf: W. Pansegrau, 1949/50.

Vielfach erfolgt das Trocknen des ersten Anstrichs auf Spannrahmen, um ein zu großes Eingehen des Materials zu verhindern. Hernach werden die folgenden Anstriche in der Hänge getrocknet.

β) Kunstleder, Wachstuch.

Als Grundgewebe werden Baumwollgewebe, in der Kriegszeit auch vielfach Zellwollgewebe, verwendet. Als Nitrocellulose findet solche mittlerer Viskosität für die Grundanstriche, von niedriger Viskosität für den Lacküberzug Verwendung. Als Lösungsmittel für die Nitrocellulose werden normalerweise Mischungen gleicher Teile von Äthylacetat und Alkohol, im Krieg auch vielfach Methylacetat und Methanol angewendet. Die Grundgewebe bestanden in verschiedenen Fällen auch aus Geweben, die als Kette Viskose, als Schuß Abfallbaumwolle oder gezwirntes Papiergarn (eventuell imprägniert mit *Buna, Acronal* oder *Mowilith)* enthielten. Als Weichmacher fand in normalen Zeiten Castoröl, im Kriege aber Tributylphtalat (welches wegen seiner Lichtempfindlichkeit aber manchenorts vermieden wird) oder die *Palatinolmarken* G, F, HS, K usw. Gebrauch. Ein Lackanstrich aus *Igamid* vermeidet die Klebrigkeit der Erzeugnisse aus reinen Nitrocelluloseanstrichen, besonders wenn sie große Mengen Weichmacher enthalten. Der Igamidanstrich erhöht auch die Biegsamkeit der Fabrikate wesentlich.

Rezepturen für Nitrocelluloseanstriche:

	Grundanstrich	Mittelstrich	Schlußstrich
Nitrocellulose (15—20 sec.)	100	100	100
Weichmacher (siehe unten)	150	160	120
Pigment	—	30	100
Füllstoffe	—	50	—
Aethylacetat	200	200	200
Alkohol	200	200	200

Als Weichmacher verwendet man normal:

Rizinusöl, zweimal gepresst 55
Geblasenes Rizinusöl 15
Palatinol C oder Tributylphtalat 20

In Mangelzeiten:

Rizinusöl 20
Tributylphtalat ... 80

Der Lackanstrich besteht aus:

Nitrocellulose (8 sec.) 100
Palatinol C .... 10—15

oder

Igamid 6 A 100
Igamid Weichmacher 100
Pigment .... 20—30
85% Aethylalkohol 300

Die Bestandteile werden bei zirka 60° C in einem Werner-Pfleiderer gemischt und warm verwendet.

Anstriche aus Polyvinylchlorid *(Igelit)* haben eine bedeutend vermehrte Widerstandsfähigkeit gegen Biegung gegenüber Nitrocellulose. Vor einem eventuellen Gaufrieren werden die überzogenen Gewebe auf 170° C erhitzt.

Man kann auch die Igelitmasse in Walzenmühlen gelatinieren und pigmentieren und durch heißes Aufkalandern auf das Gewebe bringen.

Thermoplastische Kunststoffe in der Appretur.

Material	Farbe	Durchsichtigkeit	Resistenz gegen			spezifisches Gewicht	Schmelzpunkt bzw. Erweichungspunkt	Fluoreszenz
			Licht	Säure	Alkali			
Celluloseacetat	farblos	durchsichtig	gut	(+)	(+)	1,33	75° C	im Uviollicht schwach bläulichviolett
Polymethacrylat	farblos	durchsichtig	vorzüglich	—	(+)	1,17	105—125° C	stumpf weißblau
Polyacrylat............	farblos	durchsichtig	vorzüglich	—	(+)	1,17	—	intensiv blau mit rosa Stich
Polyvinylacetal	fast farblos	durchsichtig	sehr gut	—			134—143° C	
Polyvinylacetat	farblos	durchsichtig	sehr gut	—	(+)	1,20	niedrig	weißbläulich
Polyvinylbutyral	farblos	durchsichtig	wird gelblich	—	(+)		114—124° C	
Polyvinylchlorid	farblos	durchsichtig	gut bei Hitze gelbbraun	—	—	1,35	(70° C)	bräunlichblau bzw. mattblaugrau
Polyvinylidenchlorid....	farblos	durchsichtig	gut	—	—	1,40	(115° C)	
Polyäthylen	farblos	durchsichtig	gut	—	—	0,94	105—120° C	
Polystyrol.............	farblos	durchsichtig	gut	—	—	1,05	(80° C)	stark blauviolett
Polyacrylnitril	farblos bis schwach gelblich	durchsichtig	vorzüglich	—	—	1,17	(230—250° C)	intensiv hellgelb
Polyamide	farblos		gut	(+)	(+)	1,14	220—240° C	bläulichweiß

(+) angegriffen.

Glänzender Finish wird durch Weglassen jeden Pigments, ein besonders mattes Aussehen durch Zumischen von Kieselgur zum Schlußstrich erzielt. Duplexgewebe werden durch Dublieren von mit einer Igelitmischung besprühten, mit einer Igelitschicht überzogenen Geweben bei 170° C und nachherigem Heißkalandern hergestellt.

Polyvinylacetat- *(Mowilith-)* Gewebeanstriche dienen für Tisch-Wachstuchersatz, Buchbinderleinen usw.

Emulsionen von Polyvinylacetat, welche bereits einen Weichmacher (Dibutylphtalat) enthalten, wurden von der IG unter der Bezeichnung *Mowilith DV 32* in cremeartiger Konsistenz, D 32 und 50 in mehr flüssiger Form in den Handel gebracht.

Verwendet wurden 3 Anstriche aus pigmentierter Mowilith-Emulsion etwa der Zusammensetzung:

Mowilith DV 32 (58% feste Bestandteile) ..	50
Lithopon (Rotsiegel)	17
Weißpigment	13
Ultramarin	0,2
Wasser	5
Tyloselösung	5

Hernach wird mit Nitrocellulose-Druckfarben bedruckt.

Dann wird ein Lackanstrich aus Nitrocelluloselack gegeben, etwa Nitrocellulose unter Zusatz eines Weichmachers (Palatinol HS, vermutlich Dihexyl- oder Dioctylphtalat) und eines Lösungsmittels E 13 oder E 33 (IG) unbekannter Konstitution, wahrscheinlich eine Mischung von Aceton und Methylacetat.

Wachstuchanstriche bestehen aus:

Mowilith DV 32	50
Pigment	25—35
Tributylphtalat oder Dibutylphtalat oder Tricresylphtalat	3—20
Wasser	nach Bedarf.

Mit einem Lack *(Acronal*-Lösung) überstrichen, sollen sie trotzdem nach einigen Monaten klebrig werden.

Papier oder Papiergewebe für Bucheinbände oder Lampenschirme usw. wurden hergestellt mit Anstrichen von *Mowilith*-Emulsionen, Weichmachern und Pigment, einem Deckstrich aus *Mowilith,* Pigment und etwas *Tylose*-Lösung und schließlich gaufriert. Die Polyvinylacetatanstriche sind empfindlich gegen Temperatureinflüsse, der Zusatz von Weichmachern muß sorgfältig beobachtet werden, da ein Zuwenig keine biegefesten Erzeugnisse, ein Zuviel aber klebrige Anstriche ergeben.

Die Anwendung von *Acronal, Buna*-Latex und *Oppanol* erfolgte für die verschiedensten Zwecke. *Buna*-Emulsionen *(Igatex)* wurden auch zur Herstellung von Duplexgeweben verwendet bzw. *Buna*-Lösungen in Benzin angewendet. Die Klebkraft ist ausgezeichnet und die Erzeugnisse sollen eine mehrjährige Lebensdauer besitzen.

Oppanol soll wegen der Unmöglichkeit einer Vulkanisation und der geringeren Wasserfestigkeit keine besonderen Resultate geben.

Wasserdichte Gewebe wurden mit Acronalemulsionen (Striche) in einer Menge von etwa 70 g/m² hergestellt.

Wasserdichte Chintzgewebe können mittels Anstrichen aus Mischungen von *Acronal* und *Plextol* erzeugt werden.

Kunstleder wird auch durch Aufkalandern von Kunstharzfilmen auf Gewebe hergestellt.

c) Linoleum, Wand- und Bodenbelag.

Linoleum aus Textilgrundlagen erzeugt sowie sonstige Wand- und Bodenbelagsmaterialien aus beschichtetem usw. Textilmaterial behandeln noch folgende Patentschriften:

EP 575477, 572680.

AP 2405235, 2399804, 2247355, 2235507, 2224238, 2224237, 2220962, 2218335, 2217137, 2159639, 2146771, 2143 911, 2143479.

Literaturübersicht über Gewebeaufstriche, Kunstleder und Wachstucherzeugung.

Trevor: Text. Recorder **68,** 77, 108 (1950).

Münzinger: Kunstlederhandbuch, Verlag Pansegrau 1949.

Weiß: Kunststoffe in der Textilveredlung. Wien: Springer 1949; vgl. a. Textil Rundschau **3,** 69 (1948).

Kehren: Melliand Textilber. **28,** 99 (1947); vgl. a. Rayon Synth. Text. **31,** 71 (1950) bzw. A Study of Substitutes for Leather, H. M. Stat. Off. London (1946).

Patentschrifttum über Gewebeaufstriche, Kunstleder und Wachstucherzeugung.

DP 743825 Celluloid 1944 — Man stellt Kunstleder her, indem man auf Textilunterlagen Polyamide und textäre Trichlorisobutylalkohol aufbringt und mit oder ohne Druck über dem Schmelzpunkt des Alkohols gelatiniert.

DP 728873 IG 1942 — Die Gewebe werden zur Herstellung abwaschbarer und wasserdichter Erzeugnisse zunächst mit einer wäßrigen Dispersion eines weiche und klebende Filme ergebenden Polymeren (Polyacrylsäureester) getränkt oder einseitig bestrichen, getrocknet und alsdann mit einer wäßrigen Dispersion eines harte und nicht klebende Filme ergebenden Polymeren versehen, getrocknet und warm kalandert.

DP 714693 Simons 1941 (s. a. DP 720158; s. DP 747465) — Durch einseitiges Aufbringen von Polyacrylsäureharzen wasserdicht gemachte Gewebe werden mit Lösungen oder Dispersionen von Wachsen und Aluminiumverbindungen nachbehandelt.

DP 710381 Keffel 1941 — Beschreibt eine Vorrichtung zum Aufbringen von Einstrichmassen für die Herstellung von Kunstleder u. dgl.

DP 703303 IG 1939.

DP 677181 Freudenberg 1939 (s. S. 522).

DA 195760 Beismann-Gewebe werden mit Polybutadien- und Polyvinylverbindungen (in Emulsion) unter Quellmittelzusatz überzogen (DA 196460).

DA 167484 Köllreuter — Wasserabweisendes, flammfestes Kunstleder wird erhalten, wenn man Gewebe wie üblich imprägniert und mit Vinylharzemulsion nachbehandelt.

DA 146008 Siemens Schuckert — Dünne Schichten organischer Stoffe werden auf Gewebe aufgebracht durch Kondensation der Dämpfe derselben.

DA 113676 Waentig — Kältebeständiges Kunstleder erhält man durch Bestreichen der Gewebe mit Emulsionen sauerstoffhaltiger Polyvinylester, die mit einer Wasser-in-Öl-Dispersion von PVC und Weichmachern versetzt sind.

DA 102539 AEG — Lackseide wird durch Bestreichen des Gewebes mit einem mit Öl modifizierten Alkydharz hergestellt. Das benützte Öl hat eine Jodzahl unter 90.

DA 97416/17 Lißmann — Vliese aus Polyamiden oder Eiweißfasern werden mit Gerbstoffen bzw. mit Lösungen vulkanisierbarer Produkte behandelt und nachvulkanisiert (DA 98013, 98626, 98642).

DA 97414 Lißmann — Auf Gewebe werden mechanisch oder elektrisch Vliese aus Polyamiden oder Acetatkunstseide aufgebracht und mit der Unterseite verklebt (kunstlederartige Überzüge).

DA 92527 Dielektra — Man imprägniert Faserstoff mit hochelastischen Harzen oder schwefelhaltigen Polykondensaten, lackiert mit öl- und fettfreiem Phenol- oder Harnstoffharz und härtet.

DA 89199 Freudenberg — Man bringt geschmolzenes Polyamid auf eine Gewebebahn.

DA 84053 Wolfgang (s. Degussa DA 94599) — Man erzeugt Wachstuch durch Aufstrich esterartiger Kondensate von Pentaerythrit und mehrbasischen Carbonsäuren (Adipinsäure), Celluloseester, Füllstoffe usw.

DA 83544 Drechsel — Auf das Gewebe wird eine Mischung aus der wäßrigen Dispersion eines Bindemittels (Kunstharz, Kautschuk) und eine Lösung von Cellulose in Cuoxam aufgetragen, zum Vertreiben des NH_3 erwärmt, kalandert und gaufriert.

DA 76991 IG — Fasermaterial wird mit filmbildenden Polymeren unter Zusatz oder vorheriger Behandlung mit Stoffen, die mindestens 2 Äthyleniminggruppen enthalten, beschichtet usw.

DA 71001 IG — Als Lack für Wachstuch dient eine Mischung aus Nitrocellulose und Estern mehrwertiger Alkohole mit einwertigen Carbonsäuren (5—14 C-Atome) als Weichmacher.

DA 70082 IG — Man bringt an sich nicht härtbare Formaldehydkondensate mit unsubstit. alkyl. Phenolen usw. unter Sikkativzusatz auf.

DA 70008 IG — Gewebe werden mit Polyacrylsäureestersalzen des Ammoniums behandelt.

DA 65642 IG — Wäßrige PVC-Dispersionen, die Tran enthalten, werden zur Kunstledererzeugung verwendet. Es folgt ein beliebiger Deckstrich.

DA 56306 Schroers — Man beschichtet mit Lösungen von Kunststoffen und behandelt mit Aldehyd in Anwesenheit saurer Katalyten (DA 58305, 58748).

DA 53715 Elöd — Es wird mit Kautschuk, Polyacryl- oder Polyvinylverbindungen imprägniert und hernach mit Gelatine oder Leim behandelt, die gehärtet werden.

SP 270051 Edlinger 1950 — Kunstlederartige Werkstoffe werden erhalten, wenn Faserstoffe mit gummiartigen Materialien beschichtet werden, wobei der Faserstoff einen stehenden Faserpelz erhält und hernach die Beschichtung erfolgt; durch Schrumpfung des Fasermaterials kann die Narbung vertieft werden.

SP 268386 Bat. Petrol. My 1950 — Man behandelt Kautschuk, Balata usw. mit SO_2 und hernach mit Alkalien und erhält wasserlösliche Produkte (eventuell nur zum Teil lösliche), die in der Kunstlederindustrie anwendbar sind.

SP 250906 Platt 1948 — Kunstleder wird erzeugt, indem man eine schrumpfbare Textilunterlage mit einem festhaftenden biegsamen Film versieht und hernach schrumpft. Dadurch bildet sich ein faltiger Filmüberzug, der dem Aussehen von Leder oder Haut ähnelt.

SP 236446 Bata 1946 — Polyamidbeschichtungen von Textilien.

SP 231883 IG 1944 (s. S. 91).

FP 924692 ICI 1947 — Gewebeanstriche aus PVC neigen zum Kleben. Man überzieht sie mit einem dünnen Film aus Polyacrylaten.

FP 917718 Kormann 1947 — Als Weichmacher werden Kondensate aus Polyvinylacetalen mit Aldehyden vorgeschlagen. Sie können Nitrocellulosefilmen zugesetzt werden und ergeben eine hohe Weichheit und Biegsamkeit derselben.

FP 885567 IG 1943 — Gewebeaufstriche von Stärke, Polyvinylchlorid, Celluloseäthern usw. können verbessert fixiert werden, wenn man nachher mit Isocyanaten behandelt.

FP 881474 Poulverel 1943 — Durch Kondensation von Alginsäure und Formaldehyd entstehen wasser- und mineralöllösliche Produkte, welche durch Einwirkung einer schwachen Säure als wasserunlösliche plastische Massen gefällt werden und als Bindemittel bei der Herstellung von Kunstleder und Wachstuch Verwendung finden können.

FP 880814 Consort. 1943 — Kunstleder oder Wachstuch wird hergestellt, indem Textilien am Dreiwalzenkalander mit Celluloseestern oder -äthern und Weichmachern überzogen werden.

FP 872671 Schwartz 1942 — Fett- und lösungsmittelbeständige Gewebeüberzüge werden aus Mischungen von Metallphosphaten, Eiweiß, Latex und Ammoniumseifen, vor allem des Ricinusöles, erhalten.

FP 851048 Viternik 1940 — Gewebe werden bestrichen mit einer 0,2 mm dicken Schicht von 1 Teil Natriumsilikat und $^3/_8$ Teilen Talk.

FP 838907 IG 1940
FP 837369 Celluloid 1939 } Behandeln Gewebeaufstriche.

FP 833751 Dynamit 1939 — Man überzieht Textilien mit klebenden und schließlich mit nicht klebenden Polymeren.

EP 645727 Fassoply 1950 — Zur Herstellung von mit Kunststoffen überzogenen Garnen werden diese durch die Lösung oder Dispersion der Kunststoffe gezogen und dann durch Hg, welches den Überschuß der Behandlungslösung entfernt. Dieser Überschuß schwimmt am Hg auf.

EP 644856 Seraphim 1950 — Kunstleder wird hergestellt durch Imprägnieren von Textilfasern mit folgenden Mischungen:

		oder	
Harnstoff	60—100 g		20— 40 g
Wasser	200—320 g		40—100 g
Casein oder Glutin	90—150 g		15— 35 g
Alkohol	150—350 g		—
Cellulosexanthat	—		80—150 g
Äthonoidharz	15— 20 g		30— 60 g
Weichmacher	10— 35 g		35— 70 g

EP 640245 Seraphim 1950 — Kunstleder wird erzeugt, indem man Textilien mit wäßrigen Vinylharzemulsionen imprägniert, die mit Leim, Casein usw.

plastifiziert wurden. Das erhaltene Produkt kann dann noch beidseitig mit denselben oder anderen Polyvinylharzemulsionen bestrichen werden.

EP 640177 DuPont 1950 — Gebrauchstüchtige Gewebebeschichtungen unter Verwendung von Polyäthylen werden beschrieben.

EP 614932 Goodrich 1948 — Behandelt Gewebeaufstriche mit Vinylharzen. Der Aufstrich erfolgt in zwei Stufen: erst mit einer wäßrigen Dispersion, hernach auf 100—250° C erhitzen und dann mit einer Lösung des Harzes in organischen Lösungsmitteln behandeln und das Lösungsmittel abtreiben.

EP 614912 Leather 1948 — Zur Herstellung von Kunstleder wird auf Textilgewebe eine Mischung aus Polyvinylchlorid, welches in Toluol unlöslich, in Cyclohexanol oder Methyl-äthylketon aber löslich ist, mit einem Lösungsmittel aufgebracht. Konzentration 5—20%.

EP 612982 Leather 1948 (s. a. EP 574157) — Mit PVC überzogene Textilien werden gepreßt, indem man den Aufstrich durch Erwärmen erweicht und dann mittels Druckrollen prägt, wobei die Oberfläche der Rollen über 50° C, jedoch unterhalb der Erweichungstemperatur des Anstrichs liegt, um ein Ankleben zu vermeiden (zirka 100° C).

EP 611370 Wingfoot 1948 — Zum Gasdichtmachen von Geweben werden diese mit Anstrichen aus Co-Polymeren von 40—80% Polyvinylidenchlorid und 20—60% Vinylchlorid versehen, wobei als Trägergewebe solche aus Nylon (wegen des geringen Gewichtes) und als Klebmittel für die Deckschicht PVC verwendet werden. Das erhaltene Material soll hauptsächlich für die Ballonstoffherstellung dienen.

EP 604749 ICI 1948 — Als Gewebeüberzüge werden nach dem Überziehen mit galatiniertem Polyvinylchlorid Lösungen eines Interpolymers eines Acrylsäureesters und Acrylsäureamids in einem flüchtigen Lösungsmittel vorgeschlagen.

EP 604371 Potts 1948 — Für Gewebeanstriche werden beständige Emulsionen aus Naturharzen, Polyvinylacetal usw. in Lösungsmitteln angewendet.

EP 602173 Sylvania 1948 — Zur Herstellung wasserfester beschichteter Gewebe werden dünnste Schichten plastifiziertes Polyvinylchlorid-acetat, eventuell in Mischung mit Phenolplasten, Polyvinylbutyrolharz usw., beidseitig auf Maschengewebe aufgebracht.

EP 600687 ICI 1948 — Als Gewebeüberzüge werden Polyäthylene vorgeschlagen.

EP 596007 DuPont 1947 — Gewebe werden mit Dispersionen von Co-Polymerisationsprodukten, hergestellt aus 95% Vinylchlorid mit 5% Fumarsäurediäthylester oder 80% Vinylchlorid und 20% Acrylsäureäthylester, behandelt. wobei die Dispersionen unter Zusatz von etwas NaCl hergestellt werden, um die Verminderung des Co-Polymeren mit dem anwesenden Weichmacher zu begünstigen, und etwa 30—40% Feststoff enthalten. Sie sind sehr feindispers (Teilchengröße unter 0,5 μ). Die behandelten Gewebe werden nach dem Aufbringen der Emulsion kurz erhitzt.

EP 596005 DuPont 1947 — Mischungen von 30 Teilen zu 50% hydrolysiertem Polyvinylalkohol, 8,9 Teilen Äther, 600 Teilen hydrolysiertem Äthylsilikat und 51 Teilen Essigsäure können als Anstriche für Kunstfolien, z. B. aus Methylmetacrylatpolymeren, benützt werden.

EP 595754 CCCC 1947 — Es werden Gewebeanstriche aus Co-Polymeren von Vinylchlorid-Vinylestermischungen beschrieben. Die Aufstriche zeigen große Haftfestigkeit.

EP 595350 Mills 1947 — Aufstriche auf Geweben, die gasdicht sein sollen, werden erhalten, indem man eine dünne Schicht von Polyisobutylen aufbringt, die mit einer Lage von Kautschuk, synthetischem Kautschuk usw. überzogen wird.

EP 594462 CCCC 1947 (s. a. EP 561800) — Lackartige Überzüge, welche gegen Lösungsmittel beständig sind, werden aus Co-Polymeren von Vinylchlorid-Vinylacetat unter Zusatz von feinverteilten Bleisalzen oder Oxyden, die nachher gehärtet werden, hergestellt.

EP 592228 Sylvania 1947 — Wasserdichte Textilien, Kunstleder usw. werden erhalten, indem man Textilien mit einer Mischung aus Harnstoff-formaldehyd-Butanolätherharz, Alkydharz und einem Härtungsmittel, wie Maleinsäure, auf das Textilmaterial aufbringt, erhitzt und schließlich mit einem Anstrich von Nitrocellulose, Alkydharz, Paraffinwachs und etwas Leinöl überstreicht. Vor dem ersten Anstrich (dem Strich mit Formaldehydharz) wird zur besseren Haltbarkeit mit einer Lösung eines wasserunlöslichen alkalilöslichen Celluloseäthers bestrichen und koaguliert.

EP 592225 Sylvania 1947 — Großmaschige Textilien werden mit einer Lösung eines alkalilöslichen, wasserunlöslichen Celluloseäthers bestrichen, kalandert und der Celluloseäther koaguliert. Man erhält verstärkte transparente Filme.

EP 591885 Salpa 1947 — Kunstleder wird hergestellt durch Gewebeaufstriche folgender Zusammensetzung: 1000 Polyvinylacetat 60%, 350 Anthracenöl, 300 Kaolin, 150 Lampenruß.

EP 591184 Latex Fibers 1947 (s. S. 119).

EP 588435 1947 — Gewebeüberzüge mit Polyvinylchlorid, insbesondere für Möbelstoffe usw.

EP 588425 ICI 1947 — Gewebeanstriche werden hergestellt aus Mischungen von Alkydharzen, Polyvinylacetalharz und einem Harz aus Harnstoff-formaldehyd und Monoalkoholen.

EP 588025 ICI 1947 — Bei der Herstellung von Gewebeanstrichen mit Nitrocellulose wird durch Zugabe von Polyesteralkyd- und Harnstoff-formaldehydharzen eine erhöhte Widerstandsfähigkeit der Überzüge gegen Lösungsmittel und Springen erzielt. Man verwendet z. B. Zusätze von 10—33% an Alkydharz und 7—33% an Harnstoffharz.

EP 587844 ICI 1947 — Gewebeanstriche und Überzüge, welche widerstandsfähig gegen Kohlenwasserstoffe und andere Lösungsmittel und biegsam sind, werden hergestellt, indem man Gewebe mit einem Co-Polymerisat von Butadien und Acrylnitril unter Zusatz von Weichmachern, sowie Nitrocellulose, eventuell auch Füllern bestreicht.

EP 586988 ICI 1947 — Für Gewebeanstriche eignen sich latexähnliche Dispersionen aus copolymerem Methylmethacrylat und Acrylnitril.

EP 586801 ICI 1947 — Lösungen von Polyamiden, die als Gewebeaufstriche dienen können, werden in stabile Form unter Zusatz von Benzaldehydcyanhydrin oder Formaldehyd bzw. Acetaldehyd- oder Isobutyraldehydcyanhydrin hergestellt.

EP 586249 Chem. Co. 1947 — Gewebeanstriche werden mit Neopren vorgenommen, das in einer Mischung eines leicht- und schwerflüchtigen Lösungsmittels gelöst ist.

EP 585083 ICI 1947 — Textilgrundlagen werden mit einem Film, bestehend aus Polymeren, z. B. Diisocyanatpolyestern oder Polyesteramiden und Polyvinylacetal, in Mischung versehen, wobei dieser Film durch Aufspritzen oder Aufkalandern oder Aufstreichen mit der Textilgrundlage fest verbunden wird. Durch Zusatz von 1—3% Pigment ist ein Färbung des Überzuges möglich. Als Füllstoffe können Lithopon, Ruß, Asbest, Harnstoffharze oder Phenoplaste zugesetzt werden, als Weichmacher dienen Öle sowie die für plastische Materialien üblichen (Dibutylphtalat, Tricresylphosphat usw.). Als Polyester oder Polyesteramide, die mit Diisocyanaten modifiziert werden können, werden angegben: Diäthylenglykol, Hexamethylenglykol, Ester der Malonsäure, Sebacinsäure, Adipinsäure, 6-Aminocapronsäure, 12-Aminostearinsäure u. dgl. Auch zur Erzeugung von Kunstleder kann so vorgegangen werden.

EP 581449 DuPont 1946 — Wenn Gewebeunterlagen mit Überzügen versehen werden, die klebrig sind oder unter Druck klebrig werden, dann sind derartige aufgewickelte Erzeugnisse sehr schwer abwickelbar und neigen zum Verkleben der einzelnen Lagen. Um dieses Verkleben zu verhindern, versieht man die nicht überzogene Gewebeseite mit einem Überzug aus 5 Teilen Sojabohnenlecithin, 5 Teilen Äthylcellulose und 190 Teilen Toluol und trocknet. Diese Schicht schützt die freie Gewebeseite vor dem Ankleben.

EP 580822 Texproof 1946 — Zur Herstellung von Spitalskleidung werden Gewebe überzogen bzw. bestrichen mit einer Mischung von Polyvinylchlorid 25,2%, Polymethacrylat 19,8%, Tricresylphosphat 21,2%, Dibutoxyäthylphtalat 9,5%, Calciumstearat 1,0%, Weißpigment 12,6%, Talcum 8,4%, Farbpigment 2,3%. Eine derartige Mischung kann auch bei der Fabrikation von Kunstleder angewendet werden. Die Mischung wird auf die Textilgrundlage aufkalandert (95° C) und durch kurzes Erhitzen auf 150° C fixiert.

EP 578098 Kodak 1946 — Die Herstellung lichtempfindlicher Überzüge auf Gewebe wird beschrieben.

EP 577951 ICI 1946 — Gewebeanstriche, die widerstandsfähig gegen Kohlenwasserstoffe und äußerst biegsam sind, werden erhalten, indem man Mischungen aus Alkydharzen mit Cellulosederivaten 2:1 bis 1:3 verwendet. Sie werden in organischen Lösungsmitteln gelöst aufgebracht.

EP 577626 ICI 1946 (s. S. 83).

EP 573834 ICI 1946 — Zum Appretieren werden Polyäthylenen usw. Aluminiumnaphtenate zugegeben. Man erhält glänzende, feste, geschlossene Überzüge.

EP 573574 Calico Printers 1945 — Steifgewebe werden durch Beschichtung bzw. Behandlung mit wäßrigen Lösungen von Polyvinylalkohol, einem Aldehyd und einem sauren Katalyten hergestellt. Der Aldehyd ist dabei lediglich in solchen Mengen vorhanden, daß er beim nachfolgenden Erhitzen der behandelten Gewebe unlösliches Polyvinylacetal gibt. Z. B. behandelt man mit Paraffinwachs hydrophobierte Gewebe zweimal mit einer wäßrigen Lösung von 20% Polyvinyl-ester-acetal-alkohol, 7,5% Polyglyzerin, 3% Dimethylolharnstoff, 2% HCOH 40% und 2,5% Hexamethylentetraminoxalat. Nach jedem Anstrich wird getrocknet und 2 Minuten auf 150° C erhitzt. Hierauf wird durch schwache NH_3-Lösung genommen. Die erhaltenen Gewebe sind gasdicht (Senfgas).

EP 573482 ICI 1945 — Als Gewebeanstriche werden N-Alkoxymethylpolyamide (aus Polyamiden mit Formaldehyd und Alkohol in Gegenwart einer O-haltigen Säure) empfohlen. Man erhält gasdichte, reibfeste, sehr elastische Gewebe.

EP 572680 Maxwell 1945 — Um Linoleum eine längere Lebensdauer zu geben, wird die Juteschicht desselben vereinigt bzw. überzogen mit einer Schicht, welche aus Glasfäden oder durchsichtigen Fäden besteht, die mit Leinölfirnis überzogen und mit der Jutelage verklebt, verkittet oder anderweitig verbunden werden.

EP 568388 Plastics — Überzüge auf Textilien werden mittels wasserlöslichen, teilweise polymerisierten Alkyläthern von Dimethylolharnstoffen erzeugt.

EP 551407 ICI 1944 — Wachstuchähnliche Erzeugnisse werden erhalten, wenn man Baumwollgewebe mit einer Spritzappretur versieht von: 8,93 Teilen Äthylcellulose hochviskos, 21,1 Teilen Glyzerinsebacat, modifiziert mit Castoröl, 1,08 Teilen Paraffin, 29,60 Teilen Äthylacetat, 11,52 Teilen Äthylalkohol, 27,77 Teilen Toluol. Hernach erfolgt ein Überzug mit: 33,9 Teilen des Kondensats aus Harnstoff-formaldehyd-Alkohol, 1,0 Teile N-butylphosphat, sauer, 8,50 Teilen o-Kresyl-p-toluylensulfonat, 0,57 Teilen Paraffin (FP. 60—65° C), 22,60 Teilen N-Butylalkohol, 33,43 Teilen Toluol. Man erhitzt auf 120—145° C und erhält nichtklebende, abwaschbare Produkte.

EP 543197 ICI — Gewebeanstriche werden mittels halogenierter Polyäthylene hergestellt. Ein Schlußstrich von Cellulosenitrat wird mit den beschriebenen Strichlagen durch Methylmethacrylat verbunden.

EP 533031 Hercules — Zur Kunstlederherstellung wird eine Mischung von 10—80% Äthylcellulose und 90—20% Nitrocellulose unter Zusatz von Weichmachern (Sojabohnenöl, schwach polymerisiertes Rapsöl, etwa 90—250% vom Cellulosederivatgewicht) vorgeschlagen.

EP 509711 ICI 1939 — Kunstleder wird durch Anstrich von Nitrocellulose auf Geweben hergestellt, wobei als Weichmacher halogenierte Rizinusölkondensate mit mehrbasischen Säuren verwendet werden.

ItalP 395215 Gallarotti 1942 [Zit. aus Kunststoffe **36**, 5/6, 132 (1946)] — Kunstleder wird hergestellt, indem man Gewebe mit einer Lösung von Nitrocellulose, Celluloseacetat oder Celluloseäther mit Campher oder anderen Plastifizierungsmitteln imprägniert und das noch feuchte Gewebe mit einem anderen Gewebe, welches ebenfalls mit demselben Imprägniermittel behandelt ist, vereinigt.

HollP 62018 ICI 1948 — Als Gewebeanstrich dienen plastische Massen, die man durch Vermengen von Polyvinylacetalen mit dem Ester eines mehrwertigen Alkohols und einer mehrwertigen aliphatischen Säure erhält.

HollP 61055 Bata 1948 — Man behandelt Polyamidfolien mit stark ätzenden Mitteln (Nitrosylchlorid usw.) und verbindet dann mit einer Gewebelage durch Druck und Hitze.

HollP 59050 Salpa 1947 — Betrifft die Herstellung von Kunstleder.

HollP 58961 IG 1947 — Man behandelt Gewebe mit Polymethacrylsäure-Polyvinylalkoholmischungen.

HollP 58952 IG 1947 — Kunstleder durch Beschichten von Textilien mit Polymerisaten (Styrol, Acrylsäure, Butadien-derivaten usw.).

HollP 58777 Kalle 1947 — Polyamide können verklebt werden durch Befeuchten mit Mischungen aus Methylenchlorid, Methanol und Wasser.

HollP 58690 Rhodiaceta 1946 — Man beschichtet Textilien mit Polyamiden, wobei als Bindemittel Aminoplaste dienen.

HollP 57434 Wijk 1946 — Waschbare Textilien werden erhalten durch Imprägnieren mit Lösungen von Paraffin; hierauf wird mit Cuoxamlösung imprägniert und mit Kunstharzen (Dispersionen oder Lösungen) nachbehandelt.

HollP 54333 ICI 1943 — Als Gewebeüberzüge werden Pasten aus Polyvinylchlorid mit 35—80% Weichmacher empfohlen.

BelgP 445545 Salpa 1943 — Kunstleder wird hergestellt, indem man Textilien beidseitig mit einer Emulsion behandelt, welche durch Zusatz einer wäßrigen Anthracenölemulsion zu einer wäßrigen Polyvinylharzemulsion hergestellt wurde. Die erhaltenen imprägnierten Gewebe werden anschließend bei 50—80° C getrocknet [ref. Kunststoffe **36**, 3, 68 (1946)].

AP 2539329 DuPont 1951 — Man überzieht Glasgewebe mit Polyfluoräthylen.

AP 2507107 Hercules 1950 — Es wird die Herstellung von Gewebeanstrichen aus mehreren, in ihren physikalischen Eigenschaften verschiedenen Schichten von Äthylcellulose beschrieben.

AP 2502353 DuPont 1950 — Gewebeanstriche, die widerstandsfähig sind gegen Abrasion und Biegung, bestehen aus 100 Teilen Polychloropren und 5% Cumaronharz. Füller, Pigmente usw. können zugesetzt werden, hernach wird eine Schicht Polychloropren aufgebracht, schließlich mit einer Mischung von 100 Teilen des Co-Polymers von Chloropren und Acrylnitril, 18,5 Teilen Glyzerin, 18,5 Teilen Maleinsäureanhydrid und 91,5 Teilen Harz abgedeckt. Dann wird 2 Stunden auf zirka 120° C erhitzt.

AP 2486804 Frede 1949 — Celluloseanstriche werden aus Maleinsäureanhydrid-Styrol-polymeren in Mischung mit Polyäthylenglykolen hergestellt. Man erhitzt nachher auf 120—200° C.

AP 2469409 Monsanto 1949 (s. a. AP 2469408, 2469407) — Textilien werden mit wäßrigen Lösungen von Alkylenpolyaminen und dem Co-Polymerisat von Styrol-Maleinsäureanhydrid behandelt. Nach dem Trocknen wird gehärtet.

AP 2469348 Dow 1949 (s. a. AP 2243185, 2381878, 2386744) — Als Gewebeanstriche werden Mischungen der folgenden Art vorgeschlagen: 45—65% Alkydharz, 25—40% Celluloseäther oder Celluloseester in organischem Lösungsmittel, gelöst, 1—5% Harnstoff-formaldehydharz, 5—20% Weichmacher.

AP 2468724 New Wrinkle Inc. 1949 — Als Gewebeanstriche werden Mischungen aus Firnis mit Neoprenlösungen beschrieben.

AP 2467192 DuPont 1949 (s. a. EP 557774) — Man erhält brauchbare Gewebeanstriche durch Aufbringen von Dispersionen, die das Ammonsalz eines langkettigen monoalkyl-N-substituierten Amides der Bicyclo-(2,2,1)-5-hepten-2,3-dicarbonsäure enthalten.

AP 2455880 Gen. El. 1948 — Verbindungen der Form $(R)_3$—Si—O—Pb—O—Si$(R)_3$ werden als Stabilisatoren für Vinylharze vorgeschlagen.

AP 2455581 Monsanto 1948 — Licht- und wetterbeständige Celluloseanstriche aus Mischungen von Celluloseacetat und Nitrocellulose werden erhalten durch Zusatz von 1—5 Teilen Benzylbenzoat.

AP 2443566 Johnson 1948 — Tragfeste und biegsame Gewebeanstriche werden hergestellt, indem man wäßrige Emulsionen von Polyvinylacetat, Trikresylphosphat, Antimontrioxyd usw. aufbringt, wobei nach dem Trocknen wasserunlösliche Stoffe resultieren müssen. Ein Verbrauch von organischen Lösungsmitteln wird so vermieden.

AP 2443450 DuPont 1948 — Biegsame Gewebeaufstriche werden mittels N-Alkoxymethylpolyamiden hergestellt.

AP 2441542 Monsanto 1948 — Gewebeanstriche aus Polyvinylbutyraldehydacetalharzen mit 30% Acetal- und nicht mehr als 50% OH-Gruppen mit 2—50 Teilen Phenol-Anilin-Formaldehydharzen pro 100 Teilen Acetalharz, wobei das Anilin-Phenolharz 5—25 Teile Anilin auf 100 Teile Phenol enthält, werden beschrieben.

AP 2439051 ICI 1948 — Gewebeanstriche werden hergestellt durch Aufkalandern einer Polyvinylchloridschicht auf Textilien, worauf man nach dem Aufbringen einer Mischung von polymeren Estern von Methacrylsäure mit einem niedrigen gesättigten Alkohol mit 1—3 C-Atomen, die feinverteiltes Polyvinylchlorid enthält, nachbehandelt.

AP 2431745 Goodrich 1947 — Beim Beschichten oder Appretieren mit Vinylharzen arbeitet man in zwei Stufen. Erst mit einer wäßrigen Emulsion und dann mit einer Lösung in einem organischen Lösungsmittel (vgl. AP 2428716, 2373347, 2354574, 2340298, 2302557, 2247064, 2204520, 2171389).

AP 2431056 Wingfoot 1947 — Luftundurchlässige Gewebe aus Polyamiden werden erhalten, indem man eine Schicht eines Vinyliden-Co-Polymeren aufbringt. Dieses wird in Benzol gelöst angewendet.

AP 2431001 DuPont 1947 — Gewebeanstriche aus Elastomeren wie Kautschuk werden hergestellt, indem man einen Strich mit dem Elastomeren vollzieht und hernach mit einem Anstrich eines Interpolymeren aus Chloropren und 18% Acrylonitril versieht. Dann wird erhitzt und mit Chlor oder Brom halogeniert.

AP 2430923 DuPont 1947 — N-Alkoxymethylpolyamide, welche in wäßrigem Alkohol löslich sind, können als biegsame, elastische, nicht springende, durchsichtige Gewebeüberzüge angewendet werden.

AP 2428716 ICI 1947 — Textilgewebe werden mit einem Anstrich von Polyvinylchlorid versehen, indem man erst mit einer wäßrigen Emulsion desselben behandelt, das Wasser entfernt und dann mit Polyvinylchlorid und Weichmacher überstreicht. Dann wird bis zum Gelatinieren erhitzt, bis die Bildung eines einheitlichen Films erfolgt.

AP 2424883/85 ICI 1947 (s. a. AP 2333917) — Härtbare Mischungen von linearen Polyestern mit Diisocyanaten unter Zusatz von Formaldehyd werden als Gewebeaufstriche empfohlen. Man härtet bei 125° C. Man verwendet Polyester, die mit 3—10% Diisocyanat modifiziert sind und mischt mit 2,5—15 Teilen Formaldehyd auf 100 Teile modifiziertes Polymer unter Zusatz von säurebindendem basischen Material.

AP 2424386 Texproof 1947 — Man bringt haltbare Polyvinylharzüberzüge auf Gewebe auf, indem man dieselben erst mit Mischungen imprägniert, welche mit dem Harz leicht eine Emulsion bilden und dieses so am Gewebe verankern. Z. B. behandelt man erst mit: Wasser 97,5 Teile, Ca-alginat 0,5 Teile, Soda 0,75 Teile, Alkylarylsulfonat (Netzer) 0,25 Teile, Ammoniaklösung 0,88 Teile. Hernach erfolgen Aufstriche wie folgt: Amylacetat 70,0 Teile, Butylacetat 11,5 Teile, Vinylharz 11 Teile, Tricresylphosphat 4 Teile, Dibutylphtalat 2,7 Teile, Rizinusöl 0,3 Teile, Stearinsäure 0,5 Teile (s. a. AP 2142986, 2317779, 1996079, 2311488).

AP 2420911 Gen. El. 1947 — Co-Polymere von Methylmethacrylat (54%) und Methylvinylpolysiloxan ergeben mit tert. Butylperbenzoat harte und spröde, mit Benzoylsuperoxyd weichere harzartige Körper. Bei Gehalten unter 30% Methylacrylatpolymer entstehen thermoplastische Stoffe.

AP 2417453 Viscose 1947 — Herstellung von Beschichtungen (s. a. AP 2341823, 2338983, 2319834, 2319809, 2316824, 2313296, 2313104, 2313058, 2306781, 2289039, 2266631, 2253000, 2252999, 2247308).

AP 2417405 Bellac 1947 (s. a. AP 2275716, 2223575, 2190705, 2171389) — Ein Gewebe wird erst gummiert und dann mit 15—30% Nitrocellulose, 15—30% Lösungsmittel, 10—22% Alkydharz, 3—8% Dibutylphtalat, 2—5% Butylstearat, 10—30% Verdünnungsmittel, 5—10% Pigment, 0,1—0,5% Dioctyldinatriumsulfosuccinat beschichtet. Schließlich wird ein Nitrocelluloseanstrich gegeben (Kunstleder).

AP 2416041 DuPont 1947 (s. AP 2260024, 2227843, 2216735) — Nitrocelluloseanstriche werden mit einem wasser- und alkohollöslichen Polyamidüberstrich versehen und so verbessert.

AP 2415276 Tape 1947 — Man versieht eine Textilgrundlage mit einem Überzug aus Polyisobutylen, der durch Aufstreichen oder Aufspritzen von in organischem Lösungsmittel gelöstem Polymeren hergestellt wird. Das Lösungsmittel wird dann zum Verdunsten gebracht. Auf den Überzug kann auch eine Klebstoffschicht aufgebracht werden und das Erzeugnis als Tapete Anwendung finden.

AP 2409985 Eastman Kodak 1946 — Um Gewebe feuchtigkeitsunempfindlich zu machen, werden sie mit einem Überzug versehen, der aus Celluloseacetatbutyrat-2-äthylhexylphtalat und Wachs besteht. Das Gemisch wird heiß aufgebracht.

AP 2408504 Bergstein 1946 — Eine Vorrichtung zum Überziehen von Geweben mit Anstrichen wird beschrieben.

AP 2404313 DuPont 1946 — Gewebe, die als Regenmantelstoffe usw. verwendet werden können, werden mit Anstrichen versehen von 39,30% Vinylit (Polyvinylchlorid : Polyvinylacetat 9 : 1), 22,18% Azelaindiester des Monobutyläthers des Äthylenglykols, 39,13% Pigmente, 0,39% Stabilisator für das Vinylharz. Man bringt etwa 25 g/m^2 auf.

AP 2403872 Owens Corning Glass 1946 — Glasfasergewebe werden mit einer Lösung von Formaldehyd und Resorcin imprägniert und getrocknet, ohne daß es zur Harzbildung kommt. Hierauf wird ein Harnstoff-formaldehydharz aufgebracht und durch Erhitzen gehärtet. Die Haftfestigkeit desselben ist durch den Vorstrich wesentlich erhöht.

AP 2385930—39 Plate Glass 1946 (s. a. AP 2390551) — Allylester verschiedener Glykole sind leicht polymerisierbar und werden in der Form der Polymerisationsprodukte zum Überziehen von Textilien usw. empfohlen.

AP 2384400 Hercules 1946 — Feste, biegsame Überzüge werden erhalten durch Behandlung von Textilien mit Mischpolymerisaten aus Chlorbutadienen und ungesättigten Terpenen (Allo-Cymen).

AP 2368782 Hercules 1942 (s. a. AP 2397205) — Dispersionen von polymeren Terpenharzen ergeben biegsame haltbare Appreturen.

AP 2348447 Bock 1943 — Man verwendet Polyvinylacetat in einem Lösungsmittel gelöst und mit einem Nichtlöser versetzt, wobei gerade noch keine Fällung eingetreten ist.

AP 2346083 Resinous 1944 — Zum Imprägnieren von Geweben werden polydisperse Systeme von Latex, ölmodifizierten Alkydharzen und einem in einem reorganischen Lösungsmittel gelösten Carbamin-formaldehyd-alkohol-Kondensat vorgeschlagen. Man erhält nichtklebende Überzüge, welche starken Glanz besitzen und eine hohe Beständigkeit gegen Öl aufweisen. Sie sind auch bei 0° C biegsam und besitzen sehr gute Haftfähigkeit. Man gibt 3—4 Striche.

AP 2344495 DuPont 1944 — Als Gewebeaufstriche werden Celluloseester vorgeschlagen.

AP 2342209 DuPont 1944 — Cellulosehaltige Textilien werden mit Überzügen aus 2 Teilen Kautschuk (cyclisiert), 3 Teilen Paraffin (FP. 60° C) und 3 Teilen Polybuten versehen.

AP 2335321 Amer. Anode 1943 — Abgekochte Textilien werden mit alkalischen Seifenlösungen behandelt, abgequetscht und mit wäßrigen Dispersionen von Polyisobutylen, Kautschuk und Phenoplast behandelt, hernach getrocknet, gehärtet und dann gefärbt. Die Maschen von Geweben oder Strickgut werden nach der Imprägnation vor dem Trocknen und Härten durchgeblasen. Auch Viskose oder Nylonwaren können so behandelt werden. Die Tragfestigkeit wird sehr erhöht, Waschfestigkeit, Maschenfestigkeit und Formtreue wird erzielt.

AP 2331977 Columbia Fabrics 1943 — Regenschutzkleidung wird hergestellt, indem man auf ein Gewebe eine Schicht, bestehend aus Nitrocellulose, Castoröl, Maleinsäureanhydrid-Glykol-Kondensat und Diatomeenerde als Füllmittel aufbringt.

AP 2328922 Röhm & Haas 1943 — Die Haftfestigkeit von Kunstharzappreturen wird verbessert, wenn man Mischpolymerisate von Vinylestern und Methacrylsäureestern verwendet. In den Co-Polymerisaten wird der Vinylester dann verseift.

AP 2328748 Wingfoot 1943 — Polymerisate von Vinylverbindungen werden in Emulsion hergestellt, dann gefällt und in Methylendichlorid gelöst zu Appreturzwecken verwendet.

AP 2317436 DuPont 1943 — Es werden Anstriche beschrieben, die die Anfärbung von Cellulosematerial (insbesondere Papier) mittels Silikatlösungen, die Farbstoff und Gummi enthalten, gestatten.

AP 2307225 DuPont 1943 — Als Anstriche zur Herstellung von Wachstuch usw. werden angegeben:

1. Strich:	8,93%	Äthylcellulose hochviskos
	21,10%	Glyzerinsebazat, ölmodifiziert
	1,08%	Paraffinwachs
	29,60%	Äthylacetat
	11,52%	Äthylalkohol
	27,77%	Toluol.

Man stellt die Lösung von 16,50% Äthylcellulose in 41,75% Äthylacetat, 8,35% Äthylalkohol und 33,40% Toluol her. Ferner löst man 60% Glyzerinsebazat, ölmodifiziert in 20% Äthylacetat und 20% Alkohol. Schließlich wird 10%

Paraffinwachs in 90% Toluol gelöst. Alle drei Lösungen mischt man zusammen. Man bringt auf 1,80 m Breite pro Meter etwa 15 g auf, was etwa einem Feststoffgehalt von 5 g pro Meter bei 1,80 m Breite entspricht. Hierauf kalandern, eventuell durch Druck dessinieren, dann einen Zwischenstrich geben von:

11,40%	Äthylcellulose hochviskos
17,20%	Butylphtalylbutylglykolat
1,38%	Paraffinwachs FP. 45° C
35,46%	Toluol
5,76%	Äthylalkohol
28,80%	Äthylacetat.

Menge des Striches wie oben.

Schlußstrich:	33,90%	Harnstoff-formaldehyd-alkoholkondensat
	1,00%	saures N-Butylphosphat
	8,50%	o-Cresyl-p-toluolsulfonat
	0,57%	Paraffinwachs
	22,60%	N-Butylalkohol
	33,43%	Toluol.

Das Tuch wird nicht klebrig bei Erwärmen bis 150° C.

AP 2304877 Birnbaum 1942 — Gewebeanstriche mit Silikat und Kautschukstaub.

AP 2302332 DuPont 1942 (s. S. 106).

AP 2299839 DuPont 1942 (s. S. 106).

AP 2293760/61 DuPont 1942 — Herstellung von Gewebeaufstrichen.

AP 2293458 DuPont 1942 — Als Anstriche werden Kompositionen vorgeschlagen, die 30—70% eines filmgebenden Cellulosederivates, 2—6% Wachs und als Weichmacher einen Stoff der Form

$$\begin{array}{l} CH_2—CH_2—CH—SO_2—N\begin{matrix} \diagup R \\ \diagdown Z \end{matrix} \\ \;|\qquad\qquad\quad | \\ CH_2—CH_2—CH_2 \end{array}$$

(R, Z = H oder Alkyl) (Cyclohexansulfonamidderivat) enthalten.

AP 2290072 Hercules 1942 — Kunstleder wird erzeugt durch Anstriche von Mischungen aus Nitrocellulose und Celluloseäthern unter Zusatz von Castoröl usw. Das Erzeugnis ist biegsamer als Anstriche von Nitrocellulose.

AP 2281589 DuPont 1942 — Als Gewebeüberzüge werden Lösungen Hexadecylketen (dimer) in Tetrachlorkohlenstoff (5%) verwendet. Nach Verdampfen des Lösungsmittels wird 5 Minuten bei 100° C getrocknet.

AP 2276415 Murray 1942 — Dünne Kautschuküberzüge auf Gewebe, die deren Oberflächenmusterung nicht verdecken, werden erhalten, indem man Gewebe eintaucht und hierauf mit wäßrigen Suspensionen von Kautschuk behandelt.

AP 2273973 Hercules 1942 — Auf einer Textilunterlage wird ein eventuell gefärbter Anstrich von 40% Nitrocellulose, 30% Butylacetylricinoleat und 30% einer Mischung von Castoröl und polymerisiertem Rapsöl aufgetragen.

AP 2272057 Resinous 1941 — Streichfähige Emulsionen von modifizierten Alkydharzen werden erhalten durch Zusatz von Maleinsäure-Naturharzkondensaten. Die Harze werden mittels Caseinlösungen emulgiert.

AP 2271581 Solvents 1942 — Vinylharze leiden in ihrer Verwendungsfähigkeit durch das Fehlen guter Lösungsmittel. Als solche sind hier Nitroparaffine, insbesondere Nitropropan empfohlen. Es bilden sich mit Co-Polymerisaten aus Vinylchlorid-Vinylacetat wenig viskose Lösungen.

AP 2263900 DuPont 1941 — Gewebe für Fenstervorhänge z. B. werden überzogen mit einer Mischung von: Cellulosenitrat 16,6%, Äthylalkohol 32,1%, Äthylaceton 32,1%, ZnO 10,0%, Dibutylphtalat 9,2%. Die Gewebezwischenräume werden ausgefüllt. Die Behandlungsmischung hat denselben Brechungsexponenten wie das Gewebe.

AP 2256034 Freudenberg 1942 — Beschreibt die Herstellung von Kunstleder.

AP 2255564 Marbon 1941 — Anstriche, insbesondere für Cellulosematerial oder aus gehärtetem Casein, werden beschrieben, die aus Wachs und Kautschukderivaten bestehen, die durch Behandlung von Kautschuk mit amphoteren Metallhaliden oder Chlorzinnsäure und nachheriger Zersetzung mit H_2O gebildet wurden.

AP 2242386 Texproof 1941 — Man behandelt Textilien mit Polyvinylharzen, indem man vorher mit einer wäßrigen Lösung von Ca-alginat in geringer Konzentration, die Netzmittel enthält, imprägniert und dann mit einer organischen Lösung von Polyvinylharz bestreicht. Hierauf erfolgt ein Anstrich mit Füllern und dann wieder ein Strich mit Polyvinylharzen.

AP 2238950 1941 — Man verwendet zum Lösen von Vinylharzen eine Mischung aus Nichtlöser und Lösungsmitteln. Die Mischungen sind thixotrop, d. h. erstarren zu einem Gel, welches sich durch Bewegung wieder verflüssigen läßt. Es lassen sich unter Verwendung von Emulgatoren usw. leicht wäßrige Lösungen für Appreturzwecke herstellen.

AP 2238694 DuPont 1941 — Polyamidfasern mit rauher Oberfläche werden hergestellt, indem man sie vor der Kaltstreckung mit einem Überzug aus Celluloseacetat versieht und dann streckt.

AP 2237315 Dow 1941 — Man überzieht Textilien oder Fasern mit einer Schicht von 25—35 Teilen Vinylidenchloridpolymer, 75—65 Teilen Trichlorbenzol oder Orthodichlorbenzol als Lösungsmittel hierfür. Ein Zusatz von 0,2—2% (berechnet auf Polymergehalt) von Natriumstearat ist vorteilhaft. Man arbeitet bei 150—160° C.

AP 2235630 Manville 1941 — Vorrichtung zum Herstellen von röhrenförmigen Gebilden aus Mehrlagenstoff (geklebt mit Casein oder Wasserglas) als Wärmeisolator.

AP 2234252 Irvington 1941 — Man stellt ein Gewebe her, welches für Isolationszwecke dienen kann, indem man Baumwollgewebe mittels einer Celluloseätherschicht überzieht, die man durch verdünnte Säure koaguliert. Hernach wird säurefrei gewaschen und mit Firnis überzogen.

AP 2228877 Barber 1941 — Es wird eine Vorrichtung beschrieben, um auf einer Filzunterlage, die einen bituminösen Überzug besitzt, granuliertes Material aufzubringen bzw. in den Überzug einzubetten.

AP 2224238 bez. AP 2224237 Cogoleum Nairn Inc. 1940 — Die Herstellung einer Linoleummasse wird angegeben. Sie besteht aus 65—85% oxydiertem Leinöl, 15—35% Harz und zu 40% dieser Mischung werden 35% Holzmehl und 15—35% Harz zugesetzt.

AP 2220152 Hill 1940 — Zum Wasserdichtmachen verwendet man eine Mischung von Petroleumnaphta, die Kautschuk, Paraffin und Harz gelöst enthält.

AP 2216233 DuPont 1940 — Die Herstellung von Nitrocelluloseemulsionen mit hohem Feststoffgehalt zur Appretur von Textilien usw. wird beschrieben. Verwendet werden als Emulgatoren eine polare Substanz, wie isopropylnaphtalinsulfosaures Natrium, und eine Gummisorte.

AP 2216180 Congoleum 1940 — Als Gewebeanstrich kann eine Mischung, die eine wäßrige Emulsion von Ammonresinat, Ammonseifen von trocknenden Ölen und Phenoplast enthält, verwendet werden.

AP 2215061 DuPont 1940 — Glasgewebe werden mit Mischungen von Cellulosenitrat, Dibutylphtalat, Pigment, Äthylacetat und Äthylalkohol überzogen. Auf diese Weise ist das Gewebe auch mit Chromoxyd, Rußschwarz, TiO_2, Chromgelb, Eisenrot, Ultramarin usw. färbbar.

AP 2211204 Barett Co. 1940 — Man bringt auf einen Textilträger (Filz) eine Imprägnierung von bituminösem, wasserabstoßendmachendem Material auf, stellt weiters einen Überzug aus solchem Material her und versieht mit einem gekörnten, eventuell gefärbten Stoff, den man in den Überzug einbettet.

AP 2190705 DuPont 1940 — Herstellung von wäßrigen Emulsionen von Cellulosederivaten für die Linoleumfabrikation durch Zugabe von zwei Emulgatoren typen, einem polaren und einem viskosen Emulgator, wie z. B. Methylcellulose.

AP 2186632 (s. a. AP 2186631 Eastman Kodak 1940) — Celluloseacetatlösungen für Filme, Überzüge usw. werden erhalten durch Lösen des Cellulosederivates in Tetrahydrofurfuryltetrahydrofuroat oder Glykoltetrahydrofuroat.

AP 2172974 Velumoid 1939 — Man tränkt poröse Unterlagen mit einer Lösung von erhitztem Holz- oder Tungöl und Chlorkautschuk in Toluol, die einen Antioxydanten, wie β-Phenylnaphtylamin, p-Phenylphenol usw. enthält und bringt das Lösungsmittel zum Verdunsten.

AP 2149329 DuPont 1939 — Gewebeanstriche aus Wachs, Weißpigment und sulfonierten Ölen werden beschrieben (auch für Papiere).

AP 2142292 Blanpot ten Kate 1939 — Kunstleder aus Faservliesen.

3. Die Samt- und Pelzappretur usw.

Es sind keine besonderen Fortschritte zu berichten, wie an Hand der Patentvorschläge leicht ersichtlich ist. Meist werden Kunstharzvorkondensate benützt, um ein Mustern, Kräuseln usf. zu erzielen, welches einigermaßen dauerhaft ist.

Literaturübersicht über Samt- und Pelzappretur.

Marsh: Introduction on Textile Finishing (1947). Vgl. a. Bios: Final Report 814, Text. Manufacturer **73**, 273 (1947).

Patentschrifttum über die Samt- und Pelzappretur.

DP 741319 Stoltenhoff 1944 — Man stellt wollpelzartige Oberflächen dadurch her, daß man Gewebe mit Acetatkunstseidenpol in Wasser, eventuell mit etwas Seifenzusatz, kocht.

DP 726172 Aceta 1942 — Zur Verdichtung und Kräuselung der Oberfläche von Samten werden diese 2—4 Stunden mit einer 6—15%igen $CaCl_2$-Lösung und hernach mit heißem Wasser behandelt.

DP 725272 IG 1942 — Das Glänzendmachen von Samten usw. aus tierischem Material erfolgt durch Tränken mit sauren Lösungen, Bürsten und Trocknen.

DP 720574 Van Delden 1941 — Bei leichten Samten wird der Flor durch rückseitige Appretur mit alkalilöslichen Celluloseäthern behandelt.

DP 672654 Van Kempen 1939 — Florgewebe werden gemustert durch Behandlung mit Kunstharzvorkondensat, Bürsten und nachheriges Härten.

EP 529310 ICI 1940 — Samtartige Gewebe werden erzeugt durch Verwendung von Vinylharzen, die als Lösungen in Wasser emulgiert werden, wobei als Emulgator wasserlösliche Methylcellulose verwendet wird.

EP 518167 Chrabin 1939 — Zur Stabilisierung von Samten werden Paraffinemulsionen mit Zusätzen von Formaldehyd, Glyoxal, Hexamethylentetramin usw. angegeben.

AP 2501435 Cyanamid 1950 — Haarplüsch wird mit HCOH-Lösung mit einem pH von 2—3 getränkt und nach dem Dämpfen einem erhitzten Eisen ausgesetzt, das die aufstehenden Haare wellt, hernach wird mit Aminoplastvorkondensaten behandelt und gehärtet.

AP 2391867 Sylvania 1945 — Die Rückseite von Samten wird mit Celluloseäthern und Kautschukemulsionen behandelt.

AP 2369398—2369399 Mathieson 1945 — Spitzen von Wollplüschen durch Behandeln mit Peroxydlösungen.

AP 2277937 Shryer 1942 — Man erzeugt Basrelief in Samten, indem die mittels Schablonen abgedeckten Samtflächen senkrecht zur Fläche mit Sandstrahlgebläse behandelt werden.

AP 2240388 Benz 1941 — Man imprägniert tierische Pelze mit künstlichen Harzen derart, daß die Haare mit Lösungen der Vorkondensate solcher Produkte imprägniert werden, wobei man hernach, eventuell unter Anwendung mechanischer Mittel, bei gleichzeitiger Härtung eine Musterung der Pelzoberfläche vornimmt.

AP 2211646 Calva 1940 — Um Pelze zu entkräuseln oder widerstandsfähig zu machen oder ihnen größeren Glanz usf. zu geben, wird das Haar des Pelzes einer chemischen Behandlung unterzogen. Um dabei die Haut bzw. das Leder nicht zu schädigen, wird so vorgegangen: Die gegerbten und getrockneten Pelze werden entölt bzw. entfettet, wobei man sie mit Lösungsmitteln behandelt oder wäscht. Dann wird der Pelz in Wasser vollständig angenetzt und hernach 50—85%iger Weizensirup einwirken gelassen. Man trocknet und bringt eine Mischung von Kresol mit einem azeotropischen Gemenge von Benzol, Alkohol und Wasser auf, welche mit HCl auf eine Acidität von 0,1—0,4-normal eingestellt wurde. Die Behandlungstemperatur beträgt 30—55° C, die Zeit 14 bis 30 Minuten. Der Pelz wird hierbei gut bewegt. Nach Entfernung des Überschusses der Behandlungsflüssigkeit wird mit einer Formalinlösung von 40% bei 30—60° C gehärtet.

4. Die Hutappretur.

Auch hier sind nur einzelne Vorschläge aus der Patentliteratur zu vermerken. An Stelle des Schellacks sind vielfach die neueren Polymerisationsprodukte in Verwendung gekommen.

Über das Färben von Hüten siehe unter Wollfärberei bzw. Mischgewebefärbung[103].

Patentschrifttum über die Hutappretur.

DP 733237 IG 1942 — Als Hutsteife werden in organischen Lösungsmitteln lösliche Polyamide vorgeschlagen.

DP 725794 IG — Zum Steifen von Hüten können Polyvinylderivate verwendet werden (s. a. FP 865934 bzw. ItalP 382697).

DP 717381 Wacker 1940 (s. a. DP 717061) — Als Hutappretur können partielle Polyvinylacetale, welche 10—25% der OH-Gruppen in freiem Zustand enthalten, verwendet werden. 25—35% der OH-Gruppen sind verestert, der Rest acetalartig gebunden.

FP 881803 Elöd 1943 — Zum Steifen von Hüten werden Cumaronharze unter Mitverwendung von Stabilisatoren, wie Eiweißabbauprodukten, empfohlen.

FP 865934 IG 1942 — Zum Steifen von Hüten wird als Schellackersatz eine Lösung von Mischpolymerisaten aus Styrol oder Acrylsäure und olefinischen Carbonsäuren, wie Acrylsäure, Crotonsäure usw. verwendet. Das aufgebrachte Polymerisat wird eventuell mit Erdalkalisalzlösungen wasserunlöslich gemacht.

EP 633402 Jones 1949 — Hüte sollen aus Garnen mit Harzimprägnierung hergestellt werden.

EP 627094 Celanese 1949 — Hüte sollen aus Bändchen aus thermoplastischem Material hergestellt werden.

EP 505666 Interknit 1939 — Herstellung von Hüten durch Verkleben von Gestricken, die Celluloseesterfäden enthalten.

AP 2413229 Stetson 1946 — Das Steifen von Filzhüten kann mittels einer Zeinemulsion, die Harz, Alkali und Alkohol enthält, vorgenommen werden. Dabei hat sich herausgestellt, daß man mit einer Dispersion von 75 Teilen Zein in 85 Teilen Alkohol unter Zusatz von 15 Teilen Harz und 1 Teil NaOH die besten Resultate erzielt. Zur Hutsteife nach dem Finish wird eine verdünnte Lösung von 2,5% Zein in 85%igem Alkohol auf die Hüte aufgebürstet. Die Verfahren können als Ersatz für die Schellacksteifung angewendet werden.

AP 2355598 Hat 1944 — Hüte aus Gemischen von Hasenhaar und Caseinfasern.

AP 2162866 Grieder 1941 — Wasserfeste oder wasserdichte Hüte werden hergestellt, indem man weitmaschige Gewebe aus einer Textilfaser in Mischung mit Acetylcellulose verwendet, wobei durch Behandlung mit einem Lösungsmittel für die Acetylcellulose diese als Klebsubstanz für die anderen Fasern dient. Preßt man die Gewebelagen, aus welchen der Hut geformt wird, zusammen, dann tritt eine poröse Verklebung ein, die auch wasserfest ist. Bei geeigneter Auswahl der Gewebedichte kann die Porosität so gehalten werden, daß ein Wasserdichteffekt entsteht.

---

[103] Vgl. auch Kramrisch: J. Soc. Dyers Colourists **66**, 50 (1950).

Sechster Abschnitt.

Die Vorbehandlung.

Unter dem Begriff Vorbehandlung versteht man alle jene Operationen, die im allgemeinen der Färbung und der Appretur von Geweben vorangehen. Sie bilden den Gegenstand des vorliegenden Abschnittes, in welchem also das Entschlichten, das Waschen, das Walken, die Carbonisation, das Kreppen, das Brühen (Fixieren) und die Mercerisation behandelt werden. Hingegen wurden die Bleichoperationen der besseren Übersicht wegen in einem eigenen Abschnitt zusammengefaßt; vgl. S. 125.

Weiters sind zu den Vorbehandlungen jene Verfahren zu zählen, welche das Schmälzen der Wolle in der Spinnerei bzw. das Ölen oder die Konditionierung der Garne betreffen, d. h. in letzterem Falle den Faden für die Verarbeitung in der Strickerei und Wirkerei geeignet machen. Sinngemäß gehört hierzu auch die Schlichterei, die den Zweck hat, den einzelnen Kettfäden jene Festigkeit bzw. feste Hülle zu geben, die das Garn gegen die Reibung, welcher es beim Weben durch das Riet unterliegt, widerstandsfähig macht und Fadenbrüche während der Gewebeherstellung weitgehend verhindert.

Ferner wurden die Verfahren zur Erhöhung der Filzfähigkeit von Tierhaaren (die Haarbeize oder das Carrotieren) in diesen Abschnitt aufgenommen.

Schließlich wird auch das Chloren der Wolle an dieser Stelle behandelt, da vielfach dadurch die Erhöhung der Farbaufnahme sowie die Erzielung eines gewissen Glanzes bzw. Mohaireffektes beabsichtigt ist. Über die Verfahren, Wolle schrumpffest zu machen, siehe S. 372.

1. Das Entschlichten und die Seidenentbastung.

Für die hier in Frage kommenden altbewährten Methoden sind wesentliche Hinweise oder Verbesserungen nicht aufzuweisen. Die Enzymbehandlung stärkegeschlichteter Ware bildet den Gegenstand einiger Referate.

Im Zusammenhang mit der Entschlichtung wird auch kurz die Seidenentbastung behandelt. Bemerkenswerte Vorschläge sind im Berichtszeitraum nicht zu verzeichnen, außer der Anregung, das zum Schrumpffestmachen von Wolle bekannte Papain auch zur Seidenentbastung anzuwenden. Auf diese Weise können Mischgewebe aus Seide und Wolle unter gleichzeitigem Schrumpffestmachen der Wolle entbastet werden[1].

---

[1] Jones: Textile Age **11**, 52 (1947).

Literaturübersicht über das Entschlichten und Entbasten.

Teplitz: Text. Bull. **76,** 83 (1950).
Voss: Melliand Textilber. **31,** 560 (1950).
Bryant: Text. Res. J. **20,** 735 (1950).
Schubert: Textil Rundschau **5,** 1 (1950); **3,** 295 (1948). — Amer. Dyestuff Reporter **39,** 181 (1950).
Wood: Amer. Dyestuff Reporter **36,** 355 (1947).
Rath: Melliand Textilber. **25,** 18 (1944).
Henk: Seifensieder-Ztg. **68,** 143 (1941).
Gaudry: Ind. Text. **58,** 430, 470 (1941).
Morgan, Seyferth: Amer. Dyestuff Reporter **29,** 616 (1940).
Weber: Melliand Textilber. **18,** 77, 192 (1937).

Patentschrifttum über das Entschlichten und Entbasten.

OeP 156474 Seidenwebereien Krefeld 1939 — Die Entschlichtung erfolgt mit alkalischen Lösungen und Solen von Silikaten, eventuell unter Zusatz von Weichmachern, die substantiv auf die Faser ziehen. Z. B. wird die Ware in einer Lösung von 3 ccm Wasserglas pro Liter 1,5 Stunden eingeweicht und im gleichen Bade unter Zusatz von 1 g Natriumperborat und 1 g Gardinol oder Igepon pro Liter bei 75—90° C abgekocht und hernach gespült.

DP 748561 Spinnhütte 1943 — Vor dem Entbasten mit kochendem Wasser und schwacher Seifenlösung wird in Netzmittellösungen eingeweicht; vgl. auch DP 742096.

DP 747701 Ohne Inhabernennung 1943 — Man kocht zwecks Seidenentbastung mit reinem Wasser unter Druck und schreckt dann mit kaltem Wasser ab; hernach wird gespült.

DP 707937 Röhm & Haas 1941 — Entschlichtungsbäder enthalten neben Pankreasamylase ein oder mehrere wasserlösliche Salze der Chromsäure. Letztere verhindern das Sauerwerden der Entschlichtungsbäder bei längerem Stehen.

DP 703497 Elektrochemische Werke 1941 — Zum Entschlichten von mit Leinöl geschlichteter Kunstseide werden mit Soda versetzte Wasserstoffsuperoxydflotten, die etwas freien Formaldehyd enthalten, vorgeschlagen.

DP 700979 Bohac 1941 — Zum Entschlichten werden Persulfatlösungen empfohlen, wobei auch neutral oder schwach sauer bzw. alkalisch gearbeitet werden kann.

DP 697887 Kalle 1940 — Man entschlichtet mit Bädern, die neben Amylasepräparaten noch Iminodiessigsäure oder ein Salz derselben enthalten, wodurch die Cu-Empfindlichkeit der Amylase behoben wird.

DP 695120 Bohac 1940 — Zum Entschlichten werden Persulfatlösungen mit einem Gehalt von 2—6 g Natriumhydroxyd im Liter verwendet.

DP 691967 IG 1940 — Zum Entschlichten bzw. Entfernen verharzter Öle behandelt man mit geringen Mengen von Metallsalzen und nachher mit Perverbindungen.

DP 676636 Kalle 1940 (s. a. DP 671900) — Als Zusatz zu Amylaseentschlichtungsbädern verwendet man Dodecylamin, Tetradecylmethyläthylsulfoniumsalz u. a.

DP 674184 Röhm & Haas 1939 — Zu Entschlichtungsflotten mit Amylase wird Blut von Schlachttieren zugesetzt, um die Metallempfindlichkeit der Amylase zu verringern.

SP 208732 Kalle 1940 — Entschlichtungsmittel enzymatischer Natur (Amylasen, Trockenpankreaspräparate enthaltend) werden gegen die schädliche Einwirkung von Cu, Zn oder Schwermetallen durch Zusatz wasserlöslicher Verbindungen der Form

```
          \/  ||
           C—C—O—
          /
      —N<               ,
          \
           C—C—O—
          /\  ||
              O
```

z. B. Abkömmlingen der Nitrilotriessigsäure, geschützt. Z. B. werden zur Entschlichtung Bäder verwendet, welche 5 Teile Trockenpankreas, 92 Teile NaCl, 0,8 Teile prim. Na-phosphat, eventuell noch Glaubersalz und 0,5 Teile obiger Verbindungen in 1000 Teilen Wasser enthalten.

AP 2451567 Agrikultur 1948 — Die Herstellung eines Stärke hydrolysierenden Enzyms aus Aspergillus niger wird beschrieben.

AP 2268590 Hinnekens 1942 — Das Entbasten von Seide oder auch Entschlichten von Garnen bzw. Geweben wird erst durch Vornetzung und dann im Behandlungsbade vorgenommen, wofür eine besondere Einrichtung beschrieben wird.

AP 2260050 Buffalo Electrochem. 1941 — Das Entschlichten von Kunstseide (Acetatseide), die mit Leinöl geschlichtet ist, erfolgt durch alkalische Flotten von 1—5 g Soda oder 2 g NaOH pro Liter unter Zugabe von 1—5 g Bikarbonat und 2 g Wasserstoffperoxyd, wobei keine Faserschädigung oder Verseifung eintritt.

AP 2253242 Mathieson 1941 — Die Entschlichtung beim Abkochen roher Cellulosegewebe, die Stärke enthalten, wird mittels wäßriger, alkalischer Natriumhypochloritlösung vorgenommen, deren Konzentration kleiner ist als 10 lbs. Hypochlorit pro 1000 lbs. Ware. Es werden z. B. im Kier 5500 lbs. Gewebe abgekocht mit einer Lösung von 200 lbs. NaOH, 200 lbs. Na-silikat, 61 lbs. Calgon (Na-metaphosphat) und 10 lbs. Na-chlorit auf 25000 Liter Flüssigkeit. Nach 8 Stunden Kochen wird abgelassen, gesäuert und hernach gebleicht.

AP 2238862 Kalle 1941 (s. SP 208732) — Man verwendet zum Entschlichten eine Lösung, welche neben Amylase eine wasserlösliche Verbindung der allgemeinen Form

```
          R3   R2
            \ /
             C—COOX
            /
      R1—N<
            \
             C—COOX
            / \
          R4   R5
```

enthält, wobei R_1 bis R_5 Wasserstoff, Alkyl, Cycloalkyl oder Arylreste und X ein Kation bedeuten, welches die Wirkung der Amylase nicht stört. Man verwendet z. B. ein wasserlösliches Alkalimetallsalz der Iminoessigsäure, der

Äthylendiamintetraessigsäure oder ein Salz der Trimethylamin-α', α'', α'''-tricarbonsäure.

AP 2185548 Cyanamid 1940 — Man entschlichtet Baumwolle- oder Kunstseidengewebe statt der langsamen enzymatischen Behandlung oder der manchmal vorgeschlagenen gefährlichen Behandlung mit Mineralsäure mit schwefliger Säure. Man stellt eine 0,5%ige Lösung der schwefligen Säure her und läßt etwa 2—4 Stunden in voller Breite durchlaufen. Neben der Entschlichtung wird eine gewisse Bleiche erzielt. Temperatur 100° F (32—38° C).

AP 2173040 Müller 1939 — Zum Entschlichten von Textilien, welche mit polymeren Kohlehydraten geschlichtet wurden, werden Bäder, die pro Liter etwa 0,2—2 g Persulfat enthalten, bei Temperaturen über 50° C angewendet.

2. Das Waschen (Waschverfahren und Waschmittel ohne bleichende Zusätze).

Auf dem Gebiet der eigentlichen Waschoperationen sind kaum nennenswerte technische Neuerungen bekanntgeworden. Die vor rund 15 Jahren vorgeschlagene sogenannte isoelektrische Wäsche von Wolle bei pH 4,9 konnte sich in der Praxis trotz besserer Faserschonung nicht durchsetzen und blieb im wesentlichen auf Einzelfälle beschränkt. Zwar fehlte es nicht an geeigneten Waschmitteln. Besonders die ioneninaktiven Körper vom Typus der Äthylenoxydanlagerungsprodukte sind für den Waschprozeß im sauren Medium geeignet, doch greifen die sauren Flotten die Metallteile der Apparaturen an. Neuerdings wäscht man Wolle mit Vorteil bei pH 7, also im neutralen Medium. Hierfür eignen sich außer den schon erwähnten Äthylenoxydanlagerungsprodukten sämtliche nicht hydrolytisch gespaltene synthetische Waschmittel.

Das starke Aufkommen der künstlich hergestellten Fasern aus Regeneratcellulose (Zellwolle) in den vergangenen 15 Jahren hat wegen der Empfindlichkeit dieser Faserart gegen Alkali zu speziellen Waschverfahren geführt. Sie sind durch besonders geringe Sodakonzentrationen (1—3 g/l) sowie durch eine nicht zu hohe Waschtemperatur (70—85° C) gekennzeichnet.

Vielfach ist die Verwendung von Enzymen als Vorreinigungsmittel, vornehmlich bei der Weißwäsche, empfohlen worden. Sie mögen wegen ihrer abbauenden Wirkung auf Stärke und Eiweiß in Spezialfällen von Vorteil sein, ein allgemeiner Einsatz in der Textilindustrie ist nicht gegeben[2].

Ebenso hat der Vorschlag, mit Ultraschall zu waschen, vorläufig wohl nur theoretische Bedeutung[3].

Im Gegensatz zu den wenig zahlreichen Neuerungen hinsichtlich der Waschmethodik sind in der Berichtsperiode eine größere Anzahl von Vorschlägen zur Synthese von waschaktiven Stoffen bzw. zur Herstellung von Waschmitteln aus verschiedenen Komponenten bekanntgeworden. Hier sollen nur die wichtigsten dieser Vorschläge der Patentliteratur vermerkt werden, vorzugsweise jene, welche sich in der Praxis bewährt haben.

Zunächst sind einige besondere Ausführungsformen zur Herstellung von Fettalkoholsulfonaten zu nennen, die offenbar zu Spezialerzeugnissen dieser bereits wohlbekannten Klasse von waschaktiven Stoffen führen[4].

Die schon oft beschriebene direkte Sulfonierung von Kohlenwasserstoffen (Mineralölfraktionen) hatte bisher nur zu geringen Erfolgen geführt. Hingegen

---

[2] Vlček, Krkoškowa: Chem. Obz. **18**, 30 (1943).

[3] Harwod: Chamber J. (1948); vgl. auch SP 272271.

[4] DP 750287, 747633, 744471, 730226, 722591.

wird in England die Anlagerung von Schwefelsäure an olefinreiche Mineralölfraktionen in technisch befriedigender Weise vorgenommen und hat erhebliche praktische Bedeutung erlangt. Hierbei entstehen sekundäre Fettalkoholsulfonate.

Ebenfalls sekundäre Fettalkoholsulfonate liefert ein in Deutschland entwickeltes Verfahren. Aus Olefinen (z. B. aus olefinreichen Anteilen der bei der Fischer-Tropsch-Synthese erhaltenen Kohlenwasserstoffe) werden durch Anlagerung von Kohlenoxyd und Wasserstoff höher molekulare Aldehyde und daraus durch Reduktion — vorzugsweise sekundäre — synthetische Alkohole erhalten, die in Sulfonate übergeführt werden.

Auch auf dem Gebiet der sogenannten Eiweißkondensationsprodukte sind einige Vorschläge bekanntgeworden, ohne jedoch grundsätzlich Neues anzugeben. Ebenso sind eine Anzahl von Patenten erschienen, die sich mit Sonderfällen der bereits früher bekannt gewesenen sogenannten Fettsäurekondensationsprodukte befassen[5].

Von größter praktischer Wichtigkeit sind dagegen die sogenannten Alkylarylsulfonate geworden, die heute — vornehmlich in USA. — die bedeutendsten Vertreter der synthetischen anionaktiven Waschmittel überhaupt darstellen, zumal sie aus billigen Ausgangsstoffen, wie Aromaten und Mineralölfraktionen, aufgebaut werden können[6]. Die Sonderstellung, die die Alkylarylsulfonate heute auf dem Sektor der synthetischen kapillaraktiven Stoffe einnehmen, erhellt schon daraus, daß sie mengenmäßig mehr als die Hälfte der Gesamtproduktion der sogenannten Anionseifen ausmachen.

Eine ebensolche Rolle könnten die durch Verseifung von Sulfochlorierungsprodukten linearer aliphatischer Kohlenwasserstoffe erzeugten Gemische von Alkylsulfonaten spielen. Bekanntlich wurden in Deutschland während des Krieges sehr große Mengen davon (Mersolat) erzeugt, wobei als Ausgangsmaterial Dieselöl nach dem Fischer-Tropsch-Verfahren diente. Neuerdings versucht man durch Anlagerung von Schwefeldioxyd und Sauerstoff an Kohlenwasserstoffe direkt zu Alkylsulfonsäuren zu gelangen.

Die bisher angeführten und technisch bewährten Produkte sind auf Basis von Sulfonaten aufgebaut; es soll in diesem Zusammenhang auf die vorgeschlagene Verwendung von höher molekularen Sulfinsäuren verwiesen werden[7].

Neben den Verfahren zur Gewinnung definierter waschaktiver Stoffe ist eine beträchtliche Anzahl von Hinweisen festzustellen, welche die Herstellung von Mischungen betreffen. Hier ist vor allem der Zusatz von kolloiden Stoffen, wie lösliche Celluloseäther, celluloseglykolsaures Natrium u. dgl.[8] zu den meist zu salzartigen und daher geringe Schutzkolloideigenschaften aufweisenden synthetischen Waschmitteln zu erwähnen. Dadurch wurde deren Einsatz in der Weißwäsche überhaupt erst ermöglicht.

Die bei Verwendung von Seife in hartem Wasser so schädlichen Härtebildner des Wassers können bekanntlich durch Zusatz von Stoffen, welche die Kalzium- und Magnesiumionen komplex zu binden vermögen, inaktiviert werden. Neuere Vorschläge hierzu sind zu vermerken[9].

---

[5] DP 675480, SP 223217, AP 2335271.

[6] AP 2233408, 2232118/17, 2218472, 2210962, 2180314.

[7] DP 671827.

[8] AP 2347336; vgl. auch Amer. Dyestuff Reporter **37**, 596 (1948); Eng. News, 488 (1948). — Viertel: Melliand Textilber. **28**, 345 (1947).

[9] Vgl. z. B. AP 2152520.

Waschmittel auf Basis von Sulfonaten stickstofffreier Verbindungen.

Allgemeine Bezeichnung	Besondere Angaben	Patentnachweis
a) Fettalkoholsulfonate (Alkylsulfate)	Schwefelsäureester von natürlichen Fettalkoholen	OeP 156570 DP 750287, 749730, 744471, 729963, 696904, 690628, 689483, 688299 AP 2227659
	Schwefelsäureester von synthetischen Fettalkoholen bzw. Anlagerungsprodukte von Schwefelsäure an Olefine (sekundäre Fettalkoholsulfonate)	OeP 159620 DP 747633, 729717, 722591, 709883, 706169, 684927 EP 646948 AP 2321020, 2214051, 2160343, 2149662
	Schwefelsäureester von Fettsäuremonoestern polyvalenter Alkohole (Glyceride)	DP 709276, 702598 SP 202543 AP 2362882, 2255315/16
	Schwefelsäureester von Ätheralkoholen (Äthylenoxydanlagerungsprodukten)	DP 710228, 701403 SP 209164 EP 594476, 499879
	Schwefelsäureester von Nitroalkoholen	SP 228925
b) Aliphatische Sulfosäuren und deren Derivate	Alkylsulfonate	SP 205161 EP 585662, 506337 AP 2236617
	Aus Sulfochlorierungsprodukten	DP 762136, 730465 SP 230704, 229172
	Polyoxyalkylsulfonate	DP 705357
	Sulfonate von Mono- und Dicarbonsäureestern	DP 684431 EP 636462 AP 2415255, 2289391
c) Aromatische Sulfosäuren, deren Derivate und Kondensationsprodukte	Alkylarylsulfonate und Arylsulfonate	SP 242834, 204686 EP 582092 AP 2394851, 2340654, 2330922, 2298696, 2283199, 2256610, 2233408, 2232118, 2218472, 2210962, 2180314
	Phenol- und Alkylphenolsulfonate	SP 202246 EP 506677 AP 2251536
	Aryläthersulfonate	SP 247920 EP 581985
	Aromatische Aldehydsulfonate	DP 706199
	Aromatische Sulfocarbon- und -dicarbonsäureester	DP 705529, 705356 AP 2359291, 2236530
d) Diverse Produkte	Aryläthercarbonsäuren	DP 741687, 741305
	Sulfonierungsprodukte von höhermolekularen Acetalen	DP 730226

Stickstoff enthaltende Waschmittel.

Allgemeine Bezeichnung	Besondere Angaben	Patentnachweis
a) Eiweißabkömmlinge (Peptide)	Eiweiß-Fettsäurekondensationsprodukte	OeP 159950 DP 744609, 735010, 730885, 728225, 723902, 697324 SP 235765
	Andere Eiweißkondensationsprodukte	DP 750401, 750330, 747667, 746306, 680879
b) Abkömmlinge von Aminen, Fettsäureamiden, Fettsäurealkylolamiden, Harnstoff, Urethan, Sulfonamiden u. dgl.	Fettsäureamide und -alkylolamide und deren Derivate, Fettsäureanilide und Carbonamide von Diaminen sowie deren Sulfonierungsprodukte	DP 744137, 733965, 732113, 730953, 727203, 710480, 686901, 678731, 677013 SP 255311, 254537, 253164, 252068/71, 243597, 242782, 239000, 237621, 224858, 222543 EP 630492 AP 2264766
	Dicarbonsäureamidabkömmlinge	DP 748617 SP 232269 EP 587271
	Aminosulfonate	DP 738811, 737309 AP 2229307
	Aminoarylsulfonate	DP 800408, 721719, 714394, 692925 SP 235197, 233159, 211798
	Höhermolekulare Harnstoffderivate	DP 671352
	Höhermolekulare Urethanderivate	SP 202547, 202544
	Sulfonamidabkömmlinge	SP 242153, 237552, 227291 EP 578654 AP 2243437
	Sulfaminsäurederivate	SP 239207 AP 2513549
c) Andere stickstoffhaltige kapillaraktive Verbindungen	Benzimidazolderivate	DP 735009, 675480 SP 223217 AP 2297760, 2226057
	Imidazolin- und Pyrimidinderivate	OeP 160231 DP 744281, 704410 SP 203859, 200993 EP 507766, 505267, 501727 AP 2154922, 2211001
	Triazinderivate	SP 244769
	Säureamidine	OeP 155463
	Piperidinabkömmlinge	DP 704388
	Hydrazinabkömmlinge (Phenylhydrazinderivate und Hydrazidsulfonate)	DP 743226 SP 249003/04, 243098, 242986, 235200
	Diverse Produkte (Piperazin-, Dicyandiamid-, Biguanidderivate)	DP 730292, 718568, 713291, 689247, 673949 SP 234350, 232282, 230904 EP 604351 AP 2491992, 2350453

Sogenannte ioneninaktive Waschmittel.

Allgemeine Bezeichnung	Besondere Angaben	Patentnachweis
a) Polyoxyalkyläther	Anlagerungsprodukte von Äthylenoxyd an:	
	1. höhermolekulare natürliche und synthetische Alkohole	SP 228928, 228210 EP 611683, 594475 AP 2454541
	2. Alkylphenole	SP 211793
	3. Alkylierte Äther	SP 234712/13
	4. Fettsäurealkylolamide	AP 2411957
	5. Amine, Imidazole u. dgl.	AP 2345121, 2335271
	6. höhermolekulare Mercaptane	AP 2522446
	7. Cellulose und deren Abkömmlinge	EP 614049
b) Polyvalente Hydroxylverbindungen	Partielle Fettsäureester von Polyglycerin	AP 2154977
	Höhermolekulare Glykoside	OeP 162158 SP 228926 EP 625644 AP 2268126
	Polyosen	DP 752944, 745622
	Pentosane, Hexosane	DP 752264

Gemische kapillaraktiver Stoffe untereinander.

Allgemeine Bezeichnung	Besondere Angaben	Patentnachweis
a) Mischungen aus Seife und	Cellulosederivaten (Celluloseäthern und celluloseglykolsaures Natrium)	DP 720589 EP 650222, 646088 AP 2347336, 2260123
	Fettsäureäthanolamide	AP 2483253
	Guanidstearat	AP 2459818
	Polyuronsäuren	DP 747464 SP 233829
	Gereinigte Sulfitcelluloseablauge	DP 714681
	Hemicellulosen	SP 229612
	Lignin und Ligninderivaten	SP 228626 AP 2352021
b) Mischungen aus synthetischen Waschmitteln und	Cellulosederivaten	SP 236770 DP 750286, 741823, 719167, 692029
	Polyosen	DP 723737
c) Fettlöserpräparate	Seifen und synthetische Waschmittel, allein oder im Gemisch untereinander zusammen mit Lösungsmitteln	SP 250061, 237001, 234082 EP 635303, 573145

Gemische von Waschmitteln mit anorganischen Salzen und diversen Zusätzen.

Allgemeine Bezeichnung	Besondere Angaben	Patentnachweis
a) Seifen und synthetische Waschmittel und anorg. Salze ohne Phosphate	Zusatz:	
	1. Natriumkarbonat usw.	DP 750396
	2. Natriumaluminat	DP 725695
b) Seifen und synthetische Waschmittel und Phosphate	Zusatz:	
	1. Pyrophosphate ($Na_4P_2O_7$)	OeP 159686, 157581 DP 726505, 682378 AP 2531166, 2519747, 2404289, 2335466, 2314840, 2295831, 2294075, 2279314, 2277729, 2260123, 2152520
	2. Metaphosphate ($NaPO_3$)	DP 747770, 725820 SP 235999 AP 2444836/37
	3. Polyphosphate ($Na_5P_3O_{10}$)	SP 206708 EP 642921, 614044 AP 2383502, 2365190
	4. Phosphate (Na_3PO_4)	SP 267360 AP 2356550
c) Synthetische Waschmittel und diverse Zusätze	Zusatz:	
	Polyvinylacetat	EP 639173
d) Seifen und diverse Zusätze	Zusatz:	
	Optische Aufhellmittel	DP 731558 FP 874939 EP 584436

Erwähnung soll noch der Zusatz von optischen Bleichmitteln zu waschaktiven Stoffen finden[10], wodurch der Weißgrad verbessert werden soll. Zweckmäßig erfolgt aber der Zusatz wohl erst im Spülbad; vgl. auch S. 139.

Die sog. ioneninaktiven Waschmittel vom Typ der Äthylenoxydanlagerungsprodukte an höhermolekulare Alkohole und Phenole sind durch die Monofettsäureester des Polyglycerins bereichert worden[11], die allerdings wegen ihrer Alkaliempfindlichkeit keine allzu große praktische Bedeutung erlangen dürften.

Um einen besseren Überblick über die zahlreichen Vorschläge des Patentschrifttums zu geben, sind die wichtigsten derselben in den Tabellen auf den S. 647—650 zusammengefaßt.

Literaturübersicht über das Waschen.

Niven: The Fundamentals of Detergency. New York: Reinhold. London: Chapman & Hall, 1950.

McCutcheon: Synthetic Detergents. New York: McNair-Dorland Co., 1950.

Swanston-Palmer: J. Soc. Dyers Colourists **66**, 632 (1950).

---

[10] FP 874939.

[11] AP 2154977.

Chauvet: Ind. Textile **67**, 418 (1950).
Stadler: Melliand Textilber. **31**, 556 (1950).
Hepworth: J. Soc. Dyers Colourists **66**, 101 (1950).
Bayley, Weatherburn: Text. Res. J. **20**, 510 (1950).
Uhl: Fette und Seifen **53**, 85 (1951); **52**, 226 (1950).
Snell: Amer. Dyestuff Reporter **39**, 481 (1950).
Sisley: Index des huiles sulfonées et detergents modernes. Paris, 1949.
Paice: J. Text. Inst. **40**, P 876 (1949).
Snell: Rayon synthet. Text. **30**, 81 (1949).
Kling, Koppe: Melliand Textilber. **30**, 23 (1949).
Wulkow: Melliand Textilber. **30**, 248 (1949).
Leslie: Manufact. Chemist **19**, 497 (1948).
Augustin: Amer. Dyestuff Reporter **37**, 635 (1948).
Hill: J. Soc. Dyers Colourists **63**, 319 (1947).
Untermohlen: Text. Res. J. **17**, 679 (1947).
Zart: Kunstseide **25**, 263 (1947).
Hetzer: Melliand Textilber. **24**, 147 (1943).
Chwala: Textilhilfsmittel. Wien: Julius Springer, 1939.

Patentschrifttum über das Waschen (Waschverfahren und Waschmittel).

OeP 162158 Chwala 1949 — Waschmittel auf Basis von höhermolekularen Glykosiden.

OeP 160231 Waldmann, Chwala 1941 (s. EP 507766, AP 2154922) — Sulfonierte höhere Imidazoline sind als Waschmittel verwenbar.

OeP 159950 IG 1940 — Peptide aus Lederabfällen werden mit Ölsäurechlorid zu Waschmitteln umgesetzt.

OeP 159870 IG 1940 — Kondensate von höhermolekularen Imidazolinen oder Pyrimidinen mit Alkylenoxyden sind Waschmittel.

OeP 159686 Henkel 1940 (s. OeP 159685) — Waschmittel für Kunstseiden bestehen aus einem Gemisch kalkbeständiger Verbindungen mit mindestens einem aliphatischen oder cycloaliphatischen Rest und mindestens einer Gruppe mit mehreren Hydroxyl- oder Äthergruppen im Molekül und wasserlöslichen Pyrophosphaten.

OeP 159620 IG 1940 — Formaldehyd wird in Gegenwart von Schwefelsäure auf höhere Olefine einwirken gelassen. Die entstehenden Produkte werden sulfoniert und bilden Waschmittel.

OeP 158406 Waldmann, Chwala 1940 — Waschmittel auf Basis höhermolekularer Sulfonate.

OeP 157581 Henkel 1939 — Als Waschmittel dienen Mischungen aus Sulfonaten und Pyrophosphaten.

OeP 156570 Böhme 1939 (Zusatz zu OeP 151277) — Die Sulfonate des Lauryl- oder Myristylalkohols sind Waschmittel.

OeP 156257 IG 1939 — Zum Reinigen von Bettfedern in saurer Lösung werden säurebeständige Waschmittel verwendet. 50 kg Bettfedern werden in 4000 Liter Badflotte, die 0,3 g/l Oleinalkoholsulfonat und 1 ccm/l Ameisensäure enthält, bei gewöhnlicher Temperatur gewaschen.

OeP 155463 IG 1939 — Waschmittel werden aus cyclischen Säureamidinen oder deren quaternären Ammoniumverbindungen erhalten.

DP 800408 BASF 1950 — Man kondensiert Aminoarylsulfosäuren und höhermolekulare Carbonsäuren in Gegenwart höher molekularer Amine, z. B. Metanil- oder Sulfanilsäure und Hexamethylenimin oder Cyclohexylamin, sowie Kokosfettsäure. Man erhält Waschmittel.

DP 762136 IG (nicht veröffentlicht) — Waschmittel aus Alkylsulfonaten und Seife werden beschrieben.

DP 761762 IG (nicht veröffentlicht) — Waschmittel sind polymere Verbindungen von Stoffen der Formel

$$CH_2=CH—CO—N(R)—R_1—OH,$$

wobei R Wasserstoff oder einen aliphatischen oder cycloaliphatischen Rest und R_1 einen Kohlenwasserstoffrest mit mindestens 2 Kohlenstoffatomen darstellen.

DP 753058 Henkel 1950 — Man verwendet als Waschmittel Seifen, Soda, Wasserglas und Polyphosphate.

DP 752944 IG (nicht veröffentlicht) — Waschmittel sind nichtsulfonierte wasserlösliche Derivate höherer Polyosen.

DP 752637 Henkel (nicht veröffentlicht) — Wasch- und Einweichmittel aus Alkalicarbonat, Calciumcarbonat in Calcitform und Alkalisilikat.

DP 752264 Chwala — Zusatz von Pentosanen und Hexosanen zu Wasch- und Spülflotten.

DP 750703 Ohne Inhabernennung 1945 — Man wäscht in hartem Wasser mit Seife, Schutzkolloiden und wasserlöslichen Salzen der Orthophosphorsäure sowie Alkalialuminaten.

DP 750401 Ohne Inhabernennung 1945 — Oberflächenaktive Eiweißderivate werden mit α-Chlorsubstitutionsprodukten von Alkoholen umgesetzt. An Stelle der Eiweißderivate können auch deren Umsatzprodukte mit höhermolekularen Fettsäuren u. dgl. Verwendung finden.

DP 750396 IG 1945 — Als Waschmittel wird das Gemisch eines Paraffinsulfonates (erhalten durch Einwirkung von Schwefeldioxyd und Chlor auf langkettige Paraffinkohlenwasserstoffe und nachfolgende Verseifung) mit der 3—4fachen Menge Soda verwendet.

DP 750330 Ohne Inhabernennung 1945 — Durch Hydrierung von Kohlenmonoxyd erhaltene Kohlenwasserstoffe werden mit Chlor und Schwefeldioxyd behandelt und die entstehenden Sulfochloride zu Waschmitteln verseift.

DP 750287 Ohne Inhabernennung 1945 — Oleinalkohol wird mit Spermöl und Schwefelsäure zu Waschmitteln umgesetzt.

DP 750286 Kalle 1945 — Zum Waschen werden Mischungen aus wasserlöslichen Oxyalkylcellulosen und aus Alkalisalzen von Naphtalinsulfosäuren vorgeschlagen.

DP 749730 Ohne Inhabernennung 1944 — Hochmolekulare gesättigte aliphatische Alkohole werden zur Erzeugung von Waschmitteln sulfoniert.

DP 748754 IG 1944 — Man setzt Cellulose mit Alkalihydroxyden und Chloressigsäure um, baut oxydativ ab und verwendet die erhaltenen Stoffe als Waschmittel oder als Zusätze zu solchen.

DP 748617 IG 1944 (Zusatz zu DP 745555) — Man verwendet wasserlösliche Salze halbseitig mit Alkoholen oder Aminen von 12—18 C-Atomen veresterter oder amidierter Dicarbonsäuren statt der Fettsäureamide.

DP 748616 IG 1944 — Waschflotten enthalten zur Verringerung des Ausblutens die zum Naßfestmachen von Direktfärbungen empfohlenen Mittel (vgl. DP 727917 und 704288, S. 265).

DP 748368 Gomeleit 1944 — Schmierseifenähnliche Waschmittel werden erhalten, wenn verseifte Paraffinsulfochloride mit Alkalicarbonaten oder Alkaliorthophosphaten und Celluloseäthern vermischt werden.

DP 748285 Höhna 1944 — Zum Waschen werden wäßrige Dispersionen von organischen Lösungsmitteln und Polyvinylharzen vorgeschlagen.

DP 747770 Ohne Inhabernennung 1944 — Als Zusatz zu Waschflotten werden wäßrige Lösungen von Hexametaphosphat empfohlen.

DP 747667 Ohne Inhabernennung 1944 — Rückstände der sauren oder alkalischen Mineralölraffination in Form ihrer Sulfochloride werden auf Eiweißlösungen zur Einwirkung gebracht. Man erhält Waschmittel.

DP 747633 Ohne Inhabernennung 1944 — Höhere aliphatische Alkohole werden durch Anlagerung von Kohlenoxyd und Wasserstoff an Olefine gewonnen und sulfoniert.

DP 747464 Henkel 1945 — Zur Verbesserung der Wirkung von Waschflotten wird der Zusatz von wasserlöslichen Salzen hochmolekularer Polyuronsäuren vorgeschlagen; vgl. DP 744994.

DP 746448 Albert 1944 (Zusatzpatent zu DP 749139) — Als Waschmittel werden viskose, kolloide Dispersionen an sich wasserunlöslicher Alkalimetaphosphate (Kurrolsche Salze) vorgeschlagen.

DP 746306 Stockhausen 1944 — Stoffe mit Seifeneigenschaften werden erhalten, indem Wollfettsäuren mit Thionylchlorid behandelt und mit Abbauprodukten von Leim umgesetzt werden.

DP 745909 IG 1944 — Metallseifen und wasserunlösliche Fettsäuren werden durch Stoffe der Form

$$R—X—R'SO_3Me$$

(X = —COO⁻, —CON— oder —CONR'—, R = aliph. Rest mit mindestens 11 C-Atomen, R' = aliph. oder aromat. Rest) dispergiert.

DP 745622 IG 1944 — Höhere Polyosen mit ätherartig gebundenen, hydrophile Gruppen enthaltenden Kohlenwasserstoffen, in Mischung mit etwa 10—30% anderen Waschmitteln, werden zur Wäsche empfohlen. Umsetzungsprodukte von Stärke oder Cellulose mit Säurechloriden werden als Beispiel für die Polyosen genannt.

DP 745555 IG 1944 — Mischungen von oxyalkylierten Amiden höherer Fettsäuren, wasserlöslichen Salzen aliphatischer chlorbenzylierter Aminosulfosäuren und alkalisch reagierenden anorganischen Salzen sind als Waschmittel geeignet.

DP 744822 Ciba 1944 — Die Umsetzungsprodukte von Imidazolen mit Äthylenoxyd usw. sind als Wollwaschmittel, auch in sauren Flotten, verwendbar.

DP 744813 Hydrierwerke 1943 — Man verwendet zum Waschen Mischungen von Seifen und Kondensaten aus Carbonylverbindungen mit Pentaerythrit.

DP 744810 Henkel 1944 — Zum Streufähigmachen von Waschmitteln werden Alkalisilikate vorgeschlagen.

DP 744611 Henkel 1943 — Als Seifenersatzstoffe können Verbindungen der Form $R—X—O—R_1COOH$ bzw. $R—X—NH—R_1COOH$, $R—X—S—R_1COOH$ verwendet werden, wobei R $CH_3(CH_2)_n CH—$, R_1 CH_2 oder $CH—CH_3$ und X einen Benzol- oder Naphtalinkern bedeuten. Die Verbindungen sind elektrolytbeständig und können in Mischungen mit alkalischen Salzen, Silikaten, Karbonaten, Phosphaten, aber auch Neutralsalzen, Lösungsmitteln usw. angewendet werden (s. a. DP 601823, 613122).

DP 744609 Stockhausen 1943 — Kondensationsprodukte aus Abbauprodukten von Leim mit einem Abbaugrad von nicht über 20⁰/₀ und höher erstarrenden Oxyfettsäuren, deren OH-Gruppe verestert oder halogeniert ist, werden als Waschmittel empfohlen.

DP 744471 Houghton 1944 — Spermölalkoholgemische werden mit Naphtalinsulfosäuren umgesetzt. Es werden Waschmittel erhalten.

DP 744281 Chwala 1944 — Waschmittel werden aus höher molekularen Imidazolinen erhalten.

DP 744274 IG 1944 — Als Waschmittel werden die wasserlöslichen Salze von Dialkylessigsäuren mit mehr als 12 Kohlenstoffatomen im Molekül vorgeschlagen.

DP 744137 Trumpler, Riess 1944 — Waschmittel entstehen durch Umsetzen von natürlichen Glyceriden bzw. Estern mehrwertiger Alkohole der höheren Carbonsäuren mit $^1/_3$ bis $^2/_3$ der Glyceridmengen an Aminen oder Hydroxylgruppen enthaltenden Aminen.

DP 743928 Blumer 1944 (Zusatz zu DP 739299) — Sulfurierungsprodukte der Aryläthereste mehrwertiger Alkohole eignen sich als Waschmittel.

DP 743226 Gy. 1943 (s. SP 243098, Zusatz zu SP 217226) — Als Waschmittel und Kalkseifenemulgatoren werden Fettsäurearylhydrazidsulfosäuren vorgeschlagen.

DP 741823 Kalle 1943 — Waschmittel werden aus Mischungen von wasserlöslichen Celluloseалkyläthern, die im Alkylrest eine endständige Sulfosäuregruppe aufweisen, mit alkylnaphtalinsulfonsauren Salzen hergestellt.

DP 741687 IG 1943 — Aryläthercarbonsäuren und Salze derselben eignen sich als Waschmittel. Vorgeschlagen werden z. B. γ-Phenoxybuttersäure, β-Naphtoxybuttersäure, Diisopropyl-β-naphtoxybuttersäure u. dgl.

DP 741305 Henkel 1943 — Waschmittel und kapillaraktive Substanzen der Formeln

$$\text{(H)}—CH_2—\text{(H)}—O—CH_2—COOH \quad \text{oder} \quad HO—\text{(H)}—CH_2—\text{(H)}—O—CH_2—COOH,$$

z. B. 4-Hexahydrobenzyl-cyclohexyloxyessigsäure, werden beschrieben.

DP 739694 Fischer 1943 — Als Waschmittel wird Alkalipektin vorgeschlagen.

DP 739487 IG 1943 (Zusatz zu DP 708349) — Waschmittel, wie $C_{17}H_{33}—CO—$ $—NH—CH_2—CH_2—NH_2$, werden beschrieben.

DP 739417 Henkel 1943 — Waschmittel werden durch Zerstäuben in einen Hohlkegel hergestellt.

DP 739037 Ciba 1943 — Man setzt Imidazole oder Imidazoline mit Carbonsäure-N-methylolamid um. Die erhaltenen Stoffe sind als Waschmittel verwendbar.

DP 739033 Kalle 1943 — Als Waschmittel werden celluloseäthersaure oder celluloseäthersulfonsaure Alkalisalze vorgeschlagen.

DP 738919 Hydrierwerke 1943 — Zum Entaschen von gewaschenem Textilgut werden Mischungen aus Harnstoff oder dessen Derivaten einerseits und Nitraten von Harnstoff anderseits vorgeschlagen (0,5—2 g/l Flotte).

DP 738811 IG 1943 — Als Waschmittel oder Zusätze zu solchen werden wasserlösliche Salze chlorbenzylierter Aminosulfosäuren empfohlen.

DP 737762 Gy. 1943 — Als Waschmittel werden Oxydi- und Oxytriphenylmethansulfosäuren, die im Kern durch niedrigmolekulare Alkyl-, Aralkyl- oder Cycloalkylgruppen substituiert sind, empfohlen. Die Kerne sind halogenfrei.

DP 737553 Oranienburg 1943 — Zum Waschen sollen Mischungen aus wasserlöslichen Salzen von Sulfonierungsprodukten höhermolekularer Fett- oder Wachsalkohole und wasserlöslichen, neutral reagierenden, anorganischen Alkalisalzen verwendet werden.

DP 737309 Kalle 1943 — Als Waschmittel oder Zusätze zu solchen werden wasserlösliche Salze von aliphatischen Aminosulfonsäuren, die am Stickstoff wenigstens einen Aralkylrest aufweisen, der kohlenstoffreicher ist als der Benzylrest, vorgeschlagen.

DP 737308 IG 1943 — Streufähige Waschmittel bestehen aus öligen Verbindungen der Polyglykol- oder Polyglycerinreihe und wasserlöslichen kalzinierten Alkalisalzen, insbesondere solchen alkalischer Natur.

DP 735010 Zschimmer, Schwarz 1943 — ω-Halogencarbonsäuren werden mit Eiweißabbauprodukten umgesetzt. Man erhält nichtoberflächenaktive, ausgezeichnete Kalkseifenemulgiermittel.

DP 735009 Ciba 1943 — Zur Gewinnung von Waschmitteln setzt man Imidazolabkömmlinge mit Chlorameisensäureestern oder Carbonsäurechloriden um.

DP 733965 IG 1943 (Zusatz zu DP 730953; vgl. DP 733964) — Kondensationsprodukte aus aliphatischen oder cycloaliphatischen Carbonsäureamiden mit 5 C-Atomen und Aldehyd- oder Ketobisulfitverbindungen oder Pyrosulfitverbindungen besitzen Waschvermögen. Die allgemeine Formel kann wie folgt gekennzeichnet werden:

$$\mathrm{R{-}\underset{\underset{O}{\|}}{C}{-}NH{-}\underset{R_1\ \ R_2}{\overset{}{C}}{-}SO_3Na}$$

(R = aliphatischer oder cycloaliphatischer Rest mit 5 C-Atomen, R_1, R_2 = Wasserstoff oder organischer Rest mit weniger als 8 C-Atomen). Beispielsweise kondensiert man Kokosölfettsäureamid mit Paraformaldehyd und Pyrosulfit.

DP 732113 IG 1943 — Zur Herstellung von Waschmitteln werden aliphatische Aminosäuren, die eventuell aromatisch substituiert sein können, mit höheren aliphatischen Aminen umgesetzt. Z. B. bringt man Phenylaminoessigsäure mit Dodecylamin zur Reaktion.

DP 731995 Bat. Petrol. My 1943 — Abtrennung der bei der Bildung von Sulfonationsprodukten vorhandenen freien Schwefelsäure vor der Neutralisation.

DP 731558 IG 1943 (s. a. OeP 151635 und EP 522672) — Zu Waschflotten werden als optische Blaumittel bzw. Bleichmittel Aminostilbenverbindungen mit einem oder mehreren Triazinringen im Molekül zugesetzt.

DP 731393 IG 1943 — Herstellung von als Waschmittel verwendbaren Carbonsäureestersulfosäuren nach besonderen Verfahren.

DP 730953 IG 1943 (s. a. DP 730464) — Substituierte Carbonsäureamide werden mit Aldehyd und Bisulfit umgesetzt und Stoffe erhalten, die als Waschmittel verwendbar sind.

DP 730885 Stockhausen 1943 — Eiweißspaltprodukte werden mit den Halogenfettsäuren, die durch Halogenierung hocherstarrender Fettsäuren, z. B. Stearinsäure, gewonnen wurden, umgesetzt. Die erhaltenen Verbindungen sind unempfindlich gegen hartes Wasser.

DP 730465 IG 1943 (s. a. 730464) — Sulfonierung der Kondensationsprodukte der Einwirkungsprodukte von Schwefeldioxyd und Chlor auf gesättigte aliphatische Kohlenwasserstoffe und aromatische Oxyverbindungen (Phenole) ergibt Stoffe, die als Waschmittel Verwendung finden können.

DP 730292 Gy. 1943 — Als Wasch- und Emulgiermittel können Verbindungen der Form

```
      N==C—R1
     /     |
R—N        |
     \     |
      CO—NH
```

(wobei R einen aromatischen und R_1 einen alicyclischen Rest darstellt) Verwendung finden.

DP 730226 Böhme 1943 — Höhere Acetale, die freie OH-Gruppen oder Doppelbindung oder beides besitzen, werden sulfoniert und liefern Waschmittel.

DP 729963 IG 1943 — Octadecylalkohol wird mit Sulfoessigsäure zu einem als Waschmittel verwendbaren Körper umgesetzt.

DP 729717 IG 1943 (s. a. DP 729716) — Herstellung von als Waschmittel verwendbaren Stoffen durch Sulfonierung von Alkoholgemischen, die aus der Reduktion von Ketonen mit 5—11 C-Atomen gewonnen wurden.

DP 728926 Zschimmer, Schwarz 1942 — Die Härtebildner der Waschflotten werden durch Zusatz von Amido- oder Imidoorthophosphorsäureestern unschädlich gemacht.

DP 728225 Grünau 1942 (s. a. DP 702386 und DP 728224) — Man behandelt die Reaktionsprodukte der Einwirkung von Abkömmlingen höherer gesättigter oder ungesättigter Fettsäuren auf hochmolekulare Eiweißabbauprodukte mit Alkylenoxyd. Man erhält Netz-, Schaum- und Emulgiermittel, die beständig gegen hartes Wasser sind. Man läßt z. B. auf Lysalbinsäure oder Protalbinsäure oder Gemischen der beiden Ölsäurechlorid einwirken und behandelt gleichzeitig in alkalischer Lösung mit Propylenoxyd.

DP 727203 IG 1942 — Höhermolekulare Fettsäureamide werden mit Formaldehyd und Aminoverbindung umgesetzt (Ölsäureamid mit Formaldehyd und Sarkosinester). Es entstehen Waschmittel usw.

DP 726543 Hydrierwerke 1942 — Zur Entfernung von Harz- oder Wachsflecken werden den Behandlungsflotten schwerflüchtige flüssige Ester aus höhermolekularen Fettsäuren und einwertigen cyclischen Alkoholen mit höchstens 8 C-Atomen zugesetzt.

DP 726505 IG 1942 — Zum Waschen von Textilgut setzt man den Waschflotten neben härtebeständigen Waschmitteln wasserlösliche Salze polymerer Carbonsäuren oder ihrer Derivate und Alkalisalze der Pyrophosphorsäure zu.

DP 725820 IG 1942 — Zu Waschflotten wird Metaphosphat zugegeben.

DP 725695 IG 1942 — Zum Waschen von Textilien in alkalicarbonathaltigen Flotten mit härtebeständigen Waschmitteln wird der Zusatz von Aluminaten empfohlen, um die Abscheidung von Ca- oder Mg-salzen auf der Ware zu verhindern.

DP 723902 IG 1942 — Als Waschmittel werden die durch Totalhydrolyse aus Eiweißstoffen erhaltenen Aminocarbonsäuregemische, in welche Carbonsäure-, Säureamid- oder aliphatische Sulfosäurereste eingeführt worden sind, vorgeschlagen.

DP 723740 Grünau 1942 — Kalkseifendispergiermittel werden erhalten durch Einwirkung von Chlor oder chlorabgebenden Verbindungen (Hypochlorite) auf oberflächenaktive hochmolekulare Eiweißspaltprodukte.

DP 723737 IG 1942 — Härtebeständige Waschmittel werden durch Zusatz von höheren Polyosen, die durch ätherartige, hydrophile Gruppen enthaltende Kohlenwasserstoffe substituiert sind, verbessert.

DP 722591 Märkische Seifenindustrie 1942 — Fraktionen der Oxydationsprodukte des bei der Hydrierung von CO anfallenden Paraffins werden sulfoniert und können als Waschmittel dienen.

DP 721719 Kalle 1942 — Man verwendet als Waschmittel oder Zusatz zu solchen wasserlösliche Salze aromatischer Aminosulfosäuren, die mindestens einen Aralkylrest, der kohlenstoffreicher als ein Benzylrest ist, am Stickstoff tragen.

DP 720680 IG 1942 — Beim Waschen werden Fällungen im Bade vermieden, wenn man Aminosäuren, die mehr als eine in α-Stellung befindliche Carboxylgruppe (bezogen auf ein basisches Stickstoffatom) enthalten, anwendet.

DP 720589 IG 1942 — Waschmittel werden aus Seifen unter Zusatz von in Wasser löslichen oder quellbaren Verätherungsprodukten, wie sie durch Behandlung von mit NaOH vorbehandeltem Holz mit Monochloressigsäure gebildet werden, hergestellt.

DP 719734 Benckiser 1942 — Seifen werden Verbindungen von Phosphorsäuren, die wasserärmer als Orthophosphorsäure sind, mit in der Alkylgruppe substituierten aliphatischen Aminen zugesetzt.

DP 719167 Kalle 1942 — Mischungen aus wasserlöslichen Cellulosealkyläthern, die im Alkylrest eine endständige Carboxylgruppe tragen, werden zusammen mit Alkylnaphtalinsulfosäuren als Waschmittel empfohlen.

DP 718981 IG 1942 — Zum Unschädlichmachen der Härtebildner in Waschflotten werden Aminosäuren, die mehr als eine in α-Stellung befindliche

Carboxylgruppe, bezogen auf ein basisches Stickstoffatom, enthalten, vorgeschlagen, z. B.:

$$NH\left\langle\begin{matrix} CH_2{-}COOH \\ | \\ CH{-}COOH \\ \\ CH{-}COOH \\ | \\ CH_2{-}COOH \end{matrix}\right. \qquad \begin{matrix} COOH{-}CH_2 \\ COOH{-}CH_2 \end{matrix}\!\!>N{-}C_2H_4{-}N<\!\!\begin{matrix} CH_2{-}COOH \\ CH_2{-}COOH \end{matrix}$$

$$\begin{matrix} CH \\ | \\ \text{(Benzolring)} \\ | \\ CH_2{-}CH{-}N<\!\!\begin{matrix} CH_2{-}COOH \\ CH_2{-}COOH \end{matrix} \\ \;\;| \\ \;\;COOH \end{matrix}$$

DP 718568 Hunsdiecker, Vogt 1942 — Pyridin, Chinolin, Isochinolin usw. ergeben durch Umsetzung Verbindungen der Form

$$\text{(Ring)}\!>\!\underset{Cl}{N}{-}CH_2{-}CH_2{-}O{-}C_{10}H_{22}$$

usw., die als Seifenersatz verwendbar sind.

DP 715747 IG 1942 — Man läßt Chlor und Schwefeldioxyd auf ungesättigte Kohlenwasserstoffe mit 8 C-Atomen einwirken und erhält Netzmittel und Waschmittel.

DP 715540 Benckiser 1941 — Als Waschmittelzusätze können Harnstoff-polyphosphate dienen.

DP 714681 Waldhof 1941 — Sulfitablaugenrückstände, die kalk- und eisenfrei sind, werden mit Seife vermischt.

DP 714394 Hydrierwerke 1941 — Sulfonsäuren von Carbonsäurearylamiden besitzen Waschvermögen. Als Ausgangsstoffe zur Herstellung der Verbindungen dienen Arylamide gesättigter, keine OH-Gruppe tragender Monocarbonsäuren mit 6—16 C-Atomen in der aliphatischen, alicyclischen oder Sulfonsäuregruppe. Laurin-, Capryl-, Myristin-, Capron-, Caprin-, Palmitinsäure oder Mischungen dieser Säuren werden genannt. Beständig insbesondere gegen Kalksalze sind die sich von Naphtensäuren ableitenden Produkte.

DP 713291 IG 1941 — Man setzt Hydroxyl- oder Aminogruppen enthaltende sulfonsaure Salze mit aliphatischen, ein- oder mehrfach alkylsubstituierte Ringsysteme enthaltenden Carbonsäurehalogeniden, die im aromatischen Ring mindestens zwei aliphatische Seitenketten mit zusammen mindestens 8 C-Atomen aufweisen, zu ester- oder säureamidartigen Kondensaten um und erhält Netz- und Waschmittel. Z. B. wird Tetrabutylhydrozimtsäurechlorid mit dem Kaliumsalz des Methyltaurins nach Schotten-Baumann umgesetzt.

DP 713276 IG 1941 — Verbindungen der Form

$$\begin{matrix} R & & R \\ R{-}N{-} & CH & {-}COOH \\ R \quad Cl & & (ONH_2) \end{matrix}$$

(R = Alkyl, Alkylol) sind Netz- und Waschmittel.

DP 712372 IG 1941 — Mischungen aus mindestens eine Carboxylgruppe enthaltenden sulfonsäuregruppenfreien organischen Waschmitteln (dodecylmethylamidodiglykolsaures Natrium mit Dialkaliorthophosphaten) werden als Waschmittel empfohlen.

DP 710480 Hydrierwerke 1941 — Produkte der Form

$$R—NH—CO—CH_2—N(CH_3)—R_1—SO_3Na$$

zeigen seifenähnliche Eigenschaften, sind kalk- und säurebeständig und besitzen Netz- und Schaumwirkung. Man setzt z. B. Chloressigsäuredodecyl- oder -undecylamid mit Anilin, Pyridin, Piperidin oder Triäthanolamin um. Aus chloressigsäuredodecylaminoäthansulfosaurem Natrium und Methyltaurinnatrium in Pyridin werden gleichfalls waschaktive Körper erhalten.

DP 710228 IG 1941 — Textilhilfsmittel werden durch Kondensation von Dodecylalkohol mit Äthylenoxyd und Umsetzung des erhaltenen Produktes mit dem Schwefelsäureester der Oxystearinsäure oder Kondensation von Octadecylalkohol mit Äthylenoxyd und Oleylmethyltaurin erhalten.

DP 709883 Böhme 1941 — Schwefelsäureester von Monoalkyläthern cycloaliphatischer Dialkohole, insbesondere Alkoxycyclohexylsulfate, sind Reinigungsmittel. Man kondensiert Cyclohexylenoxyd mit aliphatischen Alkoxyverbindungen und sulfuriert hernach. Z. B.:

CH_2

CH_2 / \ $CHOR$

CH_2 \ / $CHOSO_3Na$

CH_2

1-Methylcyclohexyl-2-Na-sulfonat. 1-Methoxycyclohexyl-2-Na-sulfonat. 1-Lauroxycyclohexyl-2-Na-sulfonat.

DP 709276 Palmolive 1941 — Man stellt Waschmittel durch Umsetzen von 1 Mol Fett oder Öl, 2 Molen Glycerin und mehr als 3 Molen rauchender Schwefelsäure her. Die Verbindungen sind beständig gegen Schwermetallsalze. Die Neutralisierung erfolgt erfindungsgemäß mit konzentrierten Neutralisationsmitteln in Gegenwart einer größeren Menge bereits neutralisierten Produkts, wodurch Färbung und Zersetzung vermieden werden soll.

DP 708428 Böhme 1941 — Man stellt Alkalisalze von Monoacylcyanamiden durch Umsetzung von Cyanamid oder Alkalicyanamid mit entsprechenden Abkömmlingen von Carbonsäuren, insbesondere von seifenbildenden Fettsäuren oder Harz- und Naphtensäuren her, wobei die erhaltenen Produkte als Netz-, Wasch- und Emulgiermittel verwendet werden können.

DP 706199 Gy. 1941 — Wasserlösliche Kondensationsprodukte aus aromatischen Aldehydsulfosäuren und aromatischen Kohlenwasserstoffen oder Derivaten derselben sind Netz-, Wasch- und Dispergiermittel und eignen sich auch zur Reservierung der Wolle in der Halbwollfärberei. Beispielsweise wird Chlorbenzaldehydsulfosäure mit sulfoniertem tertiärem Butylcyclohexan umgesetzt.

DP 706169 CCCC 1941 — Methylisobutylketon und Äthylhexaldehyd oder Äthylpropylacrolein werden zum Ketol umgesetzt, Wasser abgespalten, das ungesättigte Keton hydriert zu 7-Äthyl-2-methylundecanol-4 und dieses sulfoniert und neutralisiert. Es entsteht ein Waschmittel.

DP 705529 Ciba 1941 — Aromatische Ester bzw. Ester aromatischer Sulfodicarbonsäuren können als Waschmittel Verwendung finden. Man verestert z. B. 4-Sulfophtalsäure mit Cetylalkohol.

DP 705357 IG 1941 — Waschmittel für Kunstseide werden durch Sulfonierung von Polyoxyalkyläthern mit höchstens 3 Äthylenoxydresten im Molekül erhalten, wobei sich die Ausgangsstoffe von Alkoholen mit mindestens 8 C-Atomen ableiten.

DP 705356 Ciba 1941 — 4-Sulfophtalsäure wird mit Palmityl- oder Stearylalkohol verestert.

DP 704410 IG 1941 — Durch Umsetzung von zwei- oder mehrbasischen Carbonsäuren mit Diaminen werden als Netz-, Wasch- und Emulgiermittel brauchbare Imidazolinderivate erhalten.

DP 704388 Hydrierwerke 1941 — Durch Umsetzung von N-Laurylpiperidin mit Lauryl-chloräthyläther oder von Octadecyl-chlormethyläther mit Triäthylamin oder Octadecylpiperidin mit Phenyl-chlormethyläther entstehen Reinigungsmittel.

DP 702842 Gravell 1941 — Man prüft die Reinigungskraft von Waschflotten, die z. B. Seife und Soda enthalten und mehrfach verwendet werden, durch Bestimmung der Leitfähigkeit, der Schaumzahl und des Sedimentvolumens der schmutzigen Waschflotte nach dem Zentrifugieren. Man setzt nach jedem Gebrauch soviel Seife und Soda zu, daß die ursprünglichen Werte für die drei angegebenen Teste erreicht werden.

DP 702598 IG 1941 (Zusatz zu DP 689511) — Fettsäureglyceride ohne freie OH-Gruppen werden in Gegenwart von mehrwertigen Alkoholen (Sorbit, Glykol, Glycerin) sulfoniert. Es werden Waschmittel erhalten.

DP 702229 IG 1941 — Nichtionogene, aliphatische, cycloaliphatische oder gemischt aliphatisch-aromatische Verbindungen, die mindestens einen Rest mit 6 oder mehr C-Atomen und mindestens eine Äther-, Thioäther-, Amino-, Esteroder Amidgruppe und an diese Gruppen gebundene Oxyalkyl- oder Oxyalkylätherreste enthalten, werden auf Textilgut aufgebracht und die Ware hernach mit ionogenem Waschmittel gereinigt. Textilgut wird z. B. erst mit einer 0,1%igen wäßrigen Lösung des Einwirkungsproduktes von 10 Molen Äthylenoxyd auf 1 Mol Oleylamin und 1 Mol Dodecylalkohol getränkt und geschleudert. Dann wird mit einer Waschflotte von 1 g Seife pro Liter gereinigt.

DP 701403 IG 1941 — 3 Mole Äthylenoxyd werden auf 1 Mol Dihydroabietinol zur Einwirkung gebracht und unter Zusatz von Dimethyläther sulfoniert; man erhält Waschmittel.

DP 701074 Henkel 1941 — Waschmittel werden durch Umsetzen von 4-sek. Alkyl-2-methylcyclohexanon mit β-Oxyäthylamin, Reduzieren des erhaltenen Reaktionsproduktes zu 4-sek. Alkyl-2-methylcyclohexyl-β-oxyäthylamin und Sulfurierung desselben erhalten.

DP 697945 IG 1940 (Zusatz zu DP 690951) — Zum Waschen werden wasserlösliche Salze von Mischpolymerisaten, die Carboxylgruppen enthalten (Polystyrolmaleinsäure usw.), statt wasserlöslicher Salze von Polyacrylsäuren (DP 690951) vorgeschlagen.

DP 697324 IG 1940 — Als Waschmittel werden säureamidartige Kondensationsprodukte höher molekularer Carbonsäuren mit Peptidgemischen des Eiweißabbaues vorgeschlagen.

DP 696904 Böhme 1940 — Schwer wasserlösliche Fettalkoholsulfonate werden mit löslichen Alkylcyclohexanolschwefelsäureestern, die mindestens eine Alkylgruppe mit 5 C-Atomen enthalten, und wasserlöslichen Salzen gemischt und ergeben derart gute Netz-, Wasch- und Emulgiermittel.

DP 696183 IG 1940 — Man erhält Waschmittel mit guter Netzwirkung, wenn man aromatische Oxymethylverbindungen mit Glukose oder Glukaminen kondensiert. Octyloxymethylchlorphenol der Formel

$$\text{C}_6\text{H(CH}_2\text{OH)(OH)(Cl)(C}_8\text{H}_{17})$$

wird mit Methylglukamin oder Sorbit in alkalischer alkoholischer Lösung umgesetzt.

DP 696126 Schmittmann 1940 — Als Waschmittel wird eine Mischung von Saponin und wasserlöslichen Celluloseäthern empfohlen.

DP 695473 IG 1940 (Zusatz zu DP 694119) — Netz-, Wasch- und Emulgiermittel mit zwei Imidazolinringen (Bisimidazolderivate) werden beschrieben.

DP 695214 Henkel 1940 — Man sulfoniert mit Anlagerungsprodukten von Schwefeltrioxyd an Natriumnitrit.

DP 693769 Oranienburg 1940 — Gemische aus sulfonierten, hochmolekularen, mehr als 10 C-Atome enthaltenden aliphatischen Aldehyden und Mineralölkohlenwasserstoffen sind Reinigungsmittel.

DP 693324 Sandoz 1940 — Mischungen aus Monophenylmonoglycerinäthern, die im Phenylrest 1—2 CH_3-Gruppen enthalten und hydrotrope Stoffe sind als Waschmittel verwendbar.

DP 693028 IG 1940 — Als Waschmittel wird eine Mischung aus Polyglykoläthern aromatischer Oxyverbindungen, die im Kern durch einen höheren aliphatischen Kohlenwasserstoffrest substituiert sind, wasserlöslichen Salzen oberflächenaktiver organischer Sulfon- oder Carbonsäuren und aus üblichen Waschmitteln empfohlen.

DP 692925 Hydrierwerke 1940 — Alkalisalze von am N mono- oder disubstituierten Carbonsäureamidmono- oder -polysulfonsäuren, bei welchen der am N haftende Rest ein höhermolekularer alicyclischer Kohlenwasserstoffrest ist, sollen als Waschmittel verwendbar sein (z. B. N-naphtenyl-N-oxyäthyl-acetamid-sulfonsaures Natrium).

DP 692029 IG 1940 — Mischungen von wasserlöslichen Salzen von Sulfonierungsprodukten aus Cellulose oder Celluloseäthern, in welchen die Cellulose nicht abgebaut ist, und härtebeständigen Waschmitteln werden zum Waschen vorgeschlagen.

DP 690628 Böhme 1940 — Lösliche Magnesiumsalze der Sulfonierungsprodukte höherer, mehr als 11 C-Atome enthaltender einwertiger aliphatischer Alkohole sind als Waschmittel anwendbar.

DP 690563 IG 1940 — Aliphatische oder aromatische Aminoverbindungen, eventuell Sulfosäuren, deren Aminogruppe an einen aliphatischen Rest gebunden ist, werden mit höher molekularen aliphatischen Carbonsäuren zu Säureamiden umgesetzt. Die erhaltenen Verbindungen sind Waschmittel.

DP 689714 Henkel 1940 — Aryloxy- oder Arylmercaptoalkylester aliphatischer oder cycloaliphatischer Carbonsäuren werden sulfuriert. Z. B. der Laurinsäure-β-phenoxyäthylester. Die erhaltenen Verbindungen sind als Waschmittel verwendbar.

DP 689483 Böhme 1940 — Waschmittel für empfindliche Stoffe, die bei niederen Temperaturen anwendbar sind, werden erhalten, indem man Fettalkoholsulfonate bei tiefen Temperaturen in Gegenwart von Salzen organischer Basen mit Säuren, die schwächer als HCl sind, mittels Chlorsulfonsäure in Abwesenheit von Lösungsmittel herstellt.

DP 689247 IG 1940 — Ölsäureamid mit Pyridin, Aldehyd und Schwefelsäure umgesetzt ergibt eine Verbindung der Form

$$C_{17}H_{33}\text{—CO—NH—CH}_2\text{—}\underset{C_6H_5}{\text{N}}\text{—SO}_2\text{—O—}\underset{\text{H}}{\text{N}}C_5H_5,$$

die als Waschmittel verwendet werden kann.

DP 688299 Böhme 1940 — Das Sulfonierungsprodukt des Laurinalkohols wird als Waschmittel empfohlen.

DP 688260 Oranienburg 1940 — Phenolestersulfosäuren werden als Waschmittel angewendet. Man stellt sie her durch Umsetzen von Tran-, Harz- oder Naphtensäuren bzw. Säurechloriden mit den Alkyläthern mehrwertiger Phenole mit mindestens einer freien OH-Gruppe. Dann wird sulfoniert.

DP 688083 Hydrierwerke 1940 — Betainförmige Körper, wie etwa das aus Umsetzung von Maleinsäure und N-Hexadecylpiperidin gebildete Bernsteinsäurecetylpiperidinbetain, sind als Waschmittel geeignet.

DP 686901 Oranienburg 1940 — Man sulfoniert Gemische aus hochmolekularen, mehr als 10 C-Atome enthaltenden Säurechloriden, Amiden und hochsiedenden Mineralölkohlenwasserstoffen.

DP 686645 Helferich-Scheiber 1940 — Niedrigmolekulare Glykoside einkerniger, durch eine Alkylgruppe mit 3—5 C-Atomen substituierter Phenole, die noch Alkylgruppen von weniger als 3 C-Atomen aufweisen können, befördern die Waschwirkung.

DP 686311 IG 1940 — Als Waschmittel sollen Mischungen wasserlöslicher Äthylenoxydkondensationsprodukte von organischen Verbindungen mit mehreren Oxy-, Carboxyl- oder Aminogruppen im Molekül mit Alkoholen, Aminen usw. dienen.

DP 686241 Böhme 1940 — Alkalisalze saurer Pyrophosphatester aliphatischer höherer Alkohole zeigen gute Waschwirkung.

DP 685726 IG 1939 — Nicht oder schwer wasserlösliche Aminocarbonsäuren, die am N durch mindestens einen aliphatischen oder cycloaliphatischen Kohlenwasserstoffrest substituiert sind, können als Waschmittel Anwendung finden.

DP 684927 IG 1939 — Die durch Oxydation von höher molekularen aliphatischen oder cycloaliphatischen Kohlenwasserstoffen erhaltenen Produkte werden mit Wasserstoff hydriert und dann sulfoniert, neutralisiert und extrahiert. Man erhält Waschmittel.

DP 684431 IG 1939 — Kapillaraktive Stoffe erhält man aus sulfonierten Alkylidenmalonsäuren oder deren Estern. Man kondensiert z. B. Malonsäurediisohexylester mit Isoheptylaldehyd; hierauf wird mit Bisulfit umgesetzt.

DP 682378 Henkel 1939 — Zum Waschen werden Mischungen von Seife, Perverbindungen, alkalisch reagierenden Salzen (Soda) und einem wasserlöslichen Pyrophosphat (Tetranatriumpyrophosphat) verwendet.

DP 680879 IG 1939 — Chlorkohlensäureester von aliphatischen Alkoholen mit mindestens 5 C-Atomen werden mit Eiweißhydrolysenprodukten umgesetzt.

DP 680245 IG 1939 — Waschmittel werden aus Seife mit Verbindungen der Form

$$R—X—(CH_2CH_2O)_n—CH_2—CH_2—OH$$

(R = Alkyl mit mehr als 8 C-Atomen, X = O, NH, —COO—, —CONH—) erhalten.

DP 678731 IG 1939 — Härtebeständige Waschmittel werden erhalten, wenn man höhere Carbonsäuren mit Ammoniak oder primären Aminen zu Säureamiden umsetzt und nachher sulfoniert; z. B.: Palmitinsäureallylamidschwefelsäureester.

DP 677600 Waldmann, Chwala 1939 (s. OeP 158406) — Vgl. S. 651.

DP 677100 Böhme 1939 — Tetrahydrofurfurylalkohol oder seine wasserlöslichen Ester mit niedrigen aliphatischen Carbonsäuren sind, eventuell mit anderen Mitteln zusammen, als Waschmittel geeignet.

DP 677013 IG 1939 — Verbindungen, wie $C_{17}H_{35}—NH—OC—CH_2SO_3Na$, können als Waschmittel verwendet werden.

DP 676659 Henkel 1939 — Seifen mit Verbindungen der Form

$$R—Ar—O—R'—COOH$$

(R = aliphatischer oder cycloaliphatischer Rest mit mehr als 4 C-Atomen) sind Waschmittel.

DP 673949 Böhme 1939 — Als Netz-, Wasch- und Emulgiermittel können besonders substituierte Indole Verwendung finden. Die Verbindungen werden hergestellt, indem man Indole mit sekundären aliphatischen oder cyklischen Aminen und aliphatischen Aldehyden in saurer Lösung umsetzt.

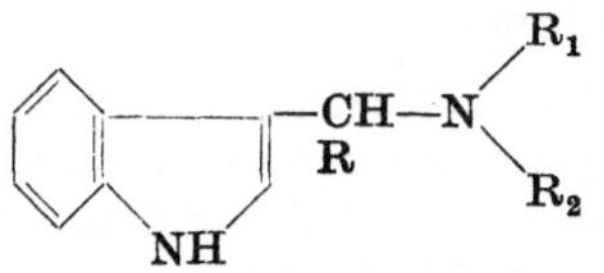

R_1
—CH—N
R
R_2
NH

(R ist Wasserstoff oder ein aliphatischer oder cyclischer Rest, R_1 ein aliphatischer Rest, R_2 ein aliphatischer oder cyclischer Rest).

DP 673731 IG 1939 (s. a. DP 673730) — Sulfosäurearylide höherer Fettsäuren können als Waschmittel angewendet werden.

DP 672710 IG 1939 — Als Netz-, Wasch- und Weichmachungsmittel können die Kondensationsprodukte aus chlorhaltigen, carboxylgruppenfreien, organischen Verbindungen mit langer Kohlenstoffkette und aliphatischen oder hydroaromatischen Verbindungen, die an O- oder N-Atome gebundene reaktionsfähige Atome besitzen, verwendet werden. Z. B. wird Paraffin chloriert und das erhaltene Produkt mit Äthanolamin umgesetzt. Oder man bringt chloriertes Hartparaffin mit Polyäthylendiamin in Reaktion.

DP 671827 Henkel 1939 — Man verwendet zum Waschen solche Sulfinsäuren, die mindestens einen höheren aliphatischen Rest im Molekül enthalten.

DP 671352 IG 1939 — Als Waschmittel sollen Harnstoffderivate der Form

$$CH_3(CH_2)_7—CH=CH—(CH_2)_7—CO—NH—CO—NH—CH_2OH$$

(z. B. Oleoylmethylolharnstoff) Anwendung finden.

DP 669989 Temmler 1939 — Man setzt Aminoalkylhalogenide mit Metallsalzen von Imidazolverbindungen zu tertiären Imidazolderivaten um. Die erhaltenen Stoffe sind als Netz- und Waschmittel verwendbar.

DA 159517 Henkel — Heißwasserlösliche Methylcellulosen als Zusatz zu seifenhaltigen Waschmitteln.

DA 152561 Kalle — Seifen mit Zusätzen von Cellulosealkyläthercarbonsäuren.

DA 148134 Henkel — Zusatz von Polysaccharidäthersäuren zu Waschmitteln.

DA 145058 Henkel — Sulfonierungsprodukte von hydroaromatischen Alkoholen, die durch Hydrierung von kernsubstituierten Oxyverbindungen erhalten werden, sind Waschmittel.

DA 142951 Sichelwerk — Mischungen aus Seife und Salzen von Celluloseglykolsäure; vgl. DA 140314.

DA 94643 Dreiturm — Kondensate aus Bernsteinsäuremonooctylesterchlorid und Eiweißabbauprodukten sind Waschmittel; vgl. auch DA 94642.

DA 83053 Hydrierwerke — Als Waschmittel werden Verbindungen der Form:

$$R—CO—N(R')—Ar—SO_2—NH—SO_2—Ar—N(R')—CO—R$$

vorgeschlagen. Hierbei bedeuten R einen Kohlenwasserstoffrest mit 6—10 C-Atomen, R′ Wasserstoff oder einen niedermolekularen Alkylrest und Ar einen Benzolrest.

DA 83023 Hydrierwerke — Waschmittel sind Sulfonierungsprodukte von sekundären Alkoholen, die durch Einwirkung von Kohlenoxyd und Wasserstoff auf höher molekulare Olefine entstehen.

DA 72809 IG — Waschmittelgemische aus polymeren Alkylenoxyden und höher molekularen Alkylsulfonaten.

DA 70331 IG — Waschmittel aus Gemischen von Seifen sowie synthetischen seifenartigen Stoffen mit in Wasser schwer- bzw. unlöslichen hochmolekularen Polykondensationsprodukten, wie Polyamiden, Polyurethanen, Polyestern u. dgl.; vgl. auch DA 70377, 72543, 73201.

DA 66247 IG — Erdalkalisalze höher molekularer aliphatischer Sulfosäuren als Waschmittel.

DA 57184 Benckiser — Waschmittelgemische aus Alkylsulfonaten, Polyacrylsäure und anhydrischen Phosphaten.

DA 50383 IG — Waschmittelgemische aus dem Natriumsalz der Dodecyloxyäthylaminoessigsäure, Soda und Pyrophosphat.

DA 27836 Zschimmer, Schwarz — Waschmittel aus gallensauren Salzen und Natriumthiosulfat.

DA 27003 — Schmierseifenersatz aus Gemischen der Alkylsalze höhermolekularer Sulfin- und Sulfonsäuren.

SP 272814 Hochdorf 1951 — Partielle Sulfonierung von Alkylarylverbindungen.

SP 272256 Ciba 1951 — Waschmitteln setzt man Verbindungen der Form

O
CO —$NH—CH_2—SO_3Na$
CH
C
CH_3

als Aufhellmittel zu; vgl. S. 146.

SP 267360 Gy. 1950 — Als Reinigungsmittel sollen Mischungen von Kondensationsprodukten aus mindestens 8 Mol Äthylenoxyd und höher molekularen aliphatischen Hydroxylverbindungen mit wasserlöslichen Amiden der Kohlensäure (Harnstoff) in Mischung mit Soda, Pyrophosphat usw. verwendet werden.

SP 266633 Sorge 1950 — Waschmittel mit Aluminiumhydroxyd-gel werden derart hergestellt, daß die Fällung des Al-hydroxyds aus hochkonzentrierten wäßrigen Al-salzlösungen mittels Oxyalkylaminen vorgenommen wird, die mit dem gefällten Gel stabile Adsorbate bilden.

SP 255311 Ciba 1949 (zu SP 249633; s. a. SP 255312, 255313) — Ölsäure-N-bis-[α,β-dioxypropyl]-amid kann als Waschmittel Verwendung finden.

SP 254537 Sandoz 1948 — Als Waschmittel wird eine Verbindung der Form

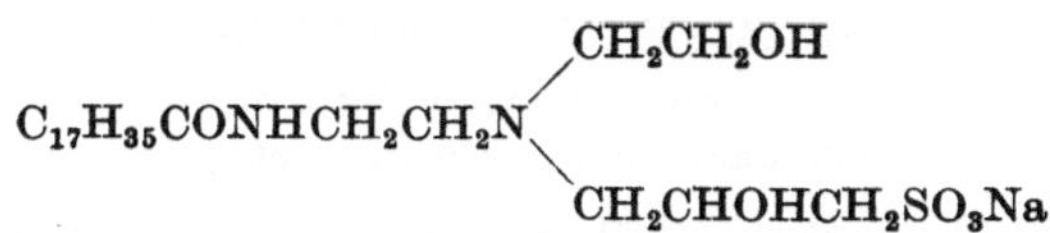

empfohlen.

SP 253164 Ciba 1948 — N,N'-Di-(chlormethyl)-N,N'-distearoylmethylendiamin wird mit β-Oxyäthersulfosäuren umgesetzt. Das erhaltene Produkt ist als Waschmittel anwendbar.

SP 252999 Hausen 1948 — Waschmitteln werden die Umsetzungsprodukte von Monochloressigsäure und Alkalicellulose zugesetzt.

SP 252068—252071 Ciba 1948 (Zusatz zu SP 246668) — Als Waschmittel werden Kondensate von Amiden höherer Fettsäuren mit Crotonaldehyd und Bisulfit empfohlen.

SP 251056 Polašek 1948 (s. a. SP 241647) — Als Wasch- und Reinigungsmittel werden Kondensate aus Harnstoff und Hexamethylentetramin angegeben, wobei die Kondensation in Gegenwart von Wasser in einem Verhältnis von 5 : 1 bis 8 : 1 erfolgt.

SP 250061 Ciba 1948 — Reinigungsmittel, insbesondere zum Entfernen von Flecken in Textilien, bestehen aus einer Mischung eines anionaktiven Stoffes sowie den Estern aus aliphatischen Oxycarbonsäuren und cycloaliphatischen Alkoholen (Glykolsäure, Milchsäure, Cyclohexanol).

SP 249633 Ciba 1948 (s. S. 445).

SP 249003/04 Ciba 1948 (Zusatz zu SP 243597) — Waschmittel werden erhalten, wenn man 1 Mol techn. Stearinsäuremonohydrazid, 1 Mol Crotonaldehyd und 1 Mol Thioglykolsäure umsetzt und hierauf SO_2 addiert. Die Mittel sind beständig gegen Mineralsäure, schäumen stark und werden zum Waschen von Schweißwolle empfohlen.

SP 248684 Ciba 1948 (Zusatz zu SP 243596; s. a. SP 248683) — Kondensation von Stearinsäuremonohydrazid mit Benzaldehydsulfosäure und nachherige Reduktion gibt säurebeständige Waschmittel.

SP 247920 Ciba 1948 (Zusatz zu SP 242834) — Sulfonierte Äther aus 2 Molen 2-Chlormethylcymol und 1 Mol 2,8-dioxy-naphtalinsulfosaurem Natrium(6) können als Waschmittel verwendet werden. Sie sind kapillaraktiv.

SP 246668 Ciba 1947 — 1 Mol Stearinsäureamid wird mit 1 Mol Crotonaldehyd und 2 Molen Bisulfit umgesetzt; man erhält waschaktive Stoffe.

SP 246417 Henkel 1947 (Zusatz zu SP 228193) — Einweich- und Waschmittel, s. Stammpatent.

SP 244769 Gy. 1947 (Zusatz zu SP 239000) — 1-Xylyl-2-heptadecyl-4,6-di-imino-tetrahydro-1,3,5-triazin wird mit mindestens der doppeltmolaren Menge Glycid umgesetzt und das Reaktionsprodukt in den Schwefelsäureester übergeführt.

SP 243597 Ciba 1947 — Man wäscht Schweißwolle mit Umsetzungsprodukten von Stearinsäureamid, Crotonaldehyd und Thioglykolsäure in etwa äquimolekularer Menge.

SP 243098 Gy. 1946 — Waschmittel, insbesondere zur Wollwäsche, werden erhalten durch Kondensation von Phenylhydrazin-p-sulfosäure mit Kopraölsäuren und Monochlorhydrin; die erhaltenen Produkte werden mit Schwefelsäure und Oleum sulfoniert.

SP 242986 Gy. 1946 (s. a. SP 242985; Zusatz zu SP 217226) — Die Herstellung von Fettsäurehydrazidsulfosäuren mit gegen Säuren, Alkalien und Härtebildner beständigem Waschvermögen wird beschrieben.

SP 242848 Suter 1946 — Man stellt Seifenpulver mit Sodagehalt her durch Zerstäuben der Lösung der Stoffe und Förderung des gewonnenen Pulvers über lange Strecken unter dem Einfluß von Hitze. Das Zusammenbacken der Teilchen wird so verhindert.

SP 242834 Ciba 1946 — Gegen Mineralsäure beständige, stark schäumende Waschmittel werden erhalten, wenn man 2-Chlormethyltetrahydronaphtalin mit dem Natriumsalz der 2-Hydronaphtalinsulfosäure(6) umsetzt.

SP 242782 Ciba 1946 (Zusatz zu 237621) — N-Methylolamid aus techn. Stearinsäureamid und Formaldehyd wird mit β-Oxyäthansulfosäure umgesetzt. Das erhaltene Produkt eignet sich zum Waschen von Schweißwolle, aber auch zum Wasserabstoßendmachen von Geweben, wenn diese mit einer schwach sauren Lösung desselben getränkt, getrocknet und einer Hitzebehandlung unterworfen werden.

SP 242153 Ciba 1946 — 2-Chlormethyltetrahydronaphtalin wird auf das Umsetzungsprodukt von Formaldehydbisulfit und einer Mischung von Sulfonamiden aus Tetrahydronaphtalin einwirken gelassen (s. a. 242834). Man erhält als Waschmittel verwendbare Stoffe.

SP 241900 Henkel 1946 — Waschmittel werden durch Anlagerung von Schwefelsäure an Olefine erhalten.

SP 240359, SP 240358, SP 240357, SP 240356 Gy. 1946 (Zusätze zu SP 234350) — Man setzt Laurinsäure, Dicyandiamid und p-Aminophenyl-n-butyläther um und sulfoniert das Endprodukt. Es werden Netzmittel erhalten. Verschiedene Varianten der Umsetzung werden beschrieben.

SP 239207 Ciba 1945 — Stearinsäuremethylolamid wird mit sulfaminsaurem Natrium umgesetzt. Das Produkt gibt klare Lösungen mit Waschvermögen.

SP 239000 Gy. 1945 — Das Kondensat aus Dicyandiamid, Kokosfettsäure und Äthanolamin wird mit Glycid umgesetzt und dann sulfoniert.

SP 238695 Henkel 1945 — Als Wasserenthärtungsmittel wird die aus Soda und Bikarbonat hergestellte und durch Kalzinieren bei 150—300° C gewonnene Trona der Zusammensetzung

$$Na_2CO_3 . NaHCO_3 . 2\,H_2O$$

verwendet.

SP 238595 Elastit 1945 — Das Waschen von Haaren kann mit Mischungen von Aminopolycarbonsäuren bzw. deren Salzen, Natriumcetylalkoholsulfonaten und Kondensationsprodukten von Eiweiß mit Fettsäuren erfolgen.

SP 237700 Böhme 1945 — Waschfolien werden hergestellt aus Fettalkoholsulfonaten und Alkalisalzen des Algins (Alginsäure).

SP 237621 Ciba 1945 — Kondensationsprodukte aus Ölsäureamid, Formaldehyd und β-Oxyäthansulfosäure sind als Waschmittel verwendbar.

SP 237552 IG 1945 (Zusatz zu SP 231885) — Man setzt das sulfonamidgruppenhaltige Sulfonierungsprodukt einer aliphatischen Kohlenwasserstoff-Fraktion, die aus der Kohlenoxydreduktion nach Fischer-Tropsch erhalten wurde, mit monochloressigsaurem Natrium um und erhält einen Stoff mit kapillaraktiven Eigenschaften.

SP 237001 Nijdam 1945 — Flüssiges Waschmittel aus 10—50% Fettsäure, fettlösende Stoffe, 10% Wasser, Alkohole.

SP 236770 IG 1945 — Schmierseifenähnliche Waschmittel werden erhalten aus einem Gemisch von verseiften, vorwiegend gesättigten Fettsäuren und/oder Fett durch Behandlung mit Sulfohalogeniden bzw. auch durch Behandlung von aliphatischen Kohlenwasserstoffen mit aus Schwefeldioxyd und Chlor hergestellten Produkten. Eventuell erfolgt ein Zusatz von Harnstoff.

SP 236567 IG 1945 — Waschmittel enthalten neben waschaktiven Stoffen, z. B. Äthylsulfonaten noch Kondensationsprodukte von Trichlorbenzylchlorid mit Phenolsulfonsäure.

SP 235999 Albert 1945 (s. a. SP 234344) — Beschreibt ein Waschmittel, welches in Wasser kolloidal gelöstes, an sich wasserunlösliches Alkalimetaphosphat (Kurrolsches Salz) mit mindestens einem Lösungsvermittler (z. B. Fettalkoholsulfonat) enthält.

SP 235765 Grünau 1945 — Hochmolekulare, vorwiegend Lysalbinsäure enthaltende Eiweißspaltprodukte werden mit halogenierter Ölsäure und acetylierenden Mitteln behandelt. Das entstehende Alkalisalz des Kondensationsproduktes ist als Netz-, Wasch- und Dispergiermittel anwendbar.

SP 235200 Ciba 1945 (Zusatz zu SP 232114) — m-Phenylhydrazin-p-sulfosäure wird mit 2-Chlormethyl-m-cymol umgesetzt, wobei Stoffe mit Waschkraft erhalten werden; vgl. SP 235199.

SP 235197 Ciba 1945 (Zusatz zu SP 232114) — Sulfanilsäure wird mit ar-2-Chlormethyltetrahydronaphtalin umgesetzt und hierauf mit 2 Molen Äthylenoxyd kondensiert. Es werden Waschmittel erhalten; s. SP 235196 und SP 235195.

SP 234712/13 IG 1945 (Zusatz zu SP 228928) — 2,4,6-Tri-isopropylbenzylmonoglykoläther oder Butandioläther wird mit 10—20 Molen Äthylenoxyd kondensiert. Man erhält Waschmittel, insbesondere für die Wollwäsche.

SP 234350 Gy. 1945 — Wasch- und Netzmittel der Form:

$$R_1CO{-}NH{-}\underset{\underset{NH}{\|}}{C}{-}NH{-}\underset{\underset{NH}{\|}}{C}{-}N\begin{matrix} \diagup R_2 \\ \diagdown R_3 \end{matrix}$$

werden beschrieben.

SP 234082 Ciba 1944 — Ein Reinigungsmittel zur Entfernung von Maschinenölflecken aus Wollgeweben besteht aus mindestens einer anionaktiven Verbindung von hoher Netzwirkung und mindestens einem aromatischen, kernsubstituierten, fettaromatischen Alkohol mit Tetrahydronaphtalin, Chlorbenzol oder Methylcyclohexanol.

SP 234081 Mehne 1944 — Es ist bekannt, zum Waschen Mischungen aus Waschmitteln und quellbaren organischen Stoffen (Gelatine, Leim, Stärke usw.) zu verwenden. Erfindungsgemäß werden diese Mischungen derart hergestellt, daß die Waschmittel mit quellbaren Stoffen in Gegenwart des Waschgutes versetzt werden und dann der Waschprozeß zur Durchführung kommt.

SP 233829 Henkel 1944 — Die Verwendung hartwasserbeständiger Waschmittel führt nach mehrmaliger Wäsche oft zu einem Vergrauen des Waschgutes. Die genannten Nachteile werden vermieden, wenn man dem Waschmittel Polyuronsäuren in einer Menge von 5—10% des Waschmittels zugibt. Oft genügen schon 1%, auch bei direktem Zusatz zu den Waschflotten.

SP 233159 Ciba 1944 — Hilfsmittel zum Waschen, Walken und Färben erhält man durch Mischen von 0,5 Teilen des Natriumsalzes der 2-Di-(tetrahydronaphtylmethyl)-aminonaphtalinsulfosäure(6,8) und 1 Teil Natriumoxalat oder aus 0,5 Teilen Natriumcitrat und 0,5 Teilen Stearoylaminomethansulfosäuren.

SP 232282 Gy. 1944 (Zusatz zu SP 225155) — Als Waschmittel wird sulfuriertes Stearoyldimethylphenylbiguanid genannt.

SP 232269 IG 1944 (Zusatz zu SP 225143) — Das Hauptpatent beschreibt Waschmittel aus einem Gemisch von OH-Gruppen-haltigen Fettsäureamiden, mindestens einem wasserlöslichen Salz einer Chlorbenzylaminosulfosäure und mindestens einem Alkalisalz einer schwachen Säure. An Stelle der obengenannten Fettsäureamide können auch wasserlösliche Salze halbseitig mit Amiden von 12—18 C-Atomen umgesetzter Dicarbonsäureamide verwendet werden:

$$C_{18}H_{35}{-}NH{-}CO{-}CH_2{-}CH_2{-}COONa \quad \text{oder} \quad C_{18}H_{35}{-}NH{-}CO{-}C_6H_4{-}COONa.$$

Als Zusätze werden Phosphate, Borate, Soda und Silikate verwendet. Die Waschwirkung ist eine größere als die der einzelnen Bestandteile. Vgl. SP 232268.

SP 232114 Ciba 1944 — 1,6-Naphtylaminsulfosäure wird mit ar-2-Chlormethyltetrahydronaphtalin umgesetzt. Das erhaltene Umsetzungsprodukt kann als Waschmittel angewendet werden.

SP 230904 Gy. 1944 — Waschmittel und Kalkseifenemulgatoren werden hergestellt durch Kondensation von Stearoylaminomethylcyanguanidin:

$$C_{17}H_{35}—CO—NH—CH_2—NH—\overset{\overset{\displaystyle NH}{\|}}{C}—NH—CN$$

mit techn. Xylidingemisch und Sulfonierung des erhaltenen Produktes.

SP 230704 Welter 1944 — Betrifft die Abtrennung vom Unverseifbaren aus verseiften Sulfochlorierungsprodukten.

SP 229612 Phrix 1944 — Hemicellulosen aus der Zellstoff-Fabrikation sind ein gutes Seifenstreckmittel und erhöhen die Waschwirkung.

SP 229419 Wacker 1944 — Die Umsetzung von Aldehyden und Alkali läßt sich durch zweckmäßige Temperaturregelung so leiten, daß wasserlösliche, in Wasser emulgierbare oder durch Wasser aufspaltbare Produkte entstehen, die Schaumvermögen und Reinigungswirkung besitzen.

SP 229172 IG 1944 — Ein Verstäuben bzw. Versprühen von Mischungen der Reaktionsprodukte von durch Einwirkung von Schwefeldioxyd und Chlor auf langkettige Paraffinkohlenwasserstoffe hergestellten Sulfonsäuren (nach Verseifung der primär entstehenden Sulfochloride), der 3—4fachen Menge Soda und der 3—5fachen Menge Wasser ergeben Waschpulver.

SP 228928 IG 1944 — Polyäther, die z. B. aus Triisobenzylalkohol mit Äthylenoxyd erhalten werden, sind als Wasch-, Abziehmittel usw. anwendbar.

SP 228926 Chwala 1943 — Härtebeständige Reinigungsmittel mit Schutzkolloideigenschaften werden erhalten, wenn man β-Chloräthylglukosid mit Talgfettsäuren umsetzt.

SP 228925 Hydrierwerke 1943 — Für die Textilindustrie als Seifenersatz brauchbare Stoffe werden erhalten, wenn man ein Gemisch von Nitroalkoholen, die aus einem techn. Gemisch von Kohlenwasserstoffen vom Kochpunkt 200—320° C durch Nitrierung und Behandlung mit Formaldehyd entstehen, sulfoniert und die Sulfonierungsprodukte wenigstens teilweise mit einem alkalischen Mittel verseift.

SP 228627 IG 1943 — Waschmittel für stark mit Öl oder Straßenschmutz verunreinigte Gewebe aus Wolle oder Baumwolle enthalten mindestens ein Salz einer chlorbenzylierten Aminosulfosäure. Sie sind hartwasserbeständig. Man verwendet z. B. eine Mischung von 0,5—1 Teil Di-(trichlorbenzyl)-taurinnatrium und 1 Teil Soda, wobei 1,5—2 g dieses Gemisches auf 1 Liter Waschflüssigkeit Anwendung finden.

SP 228626 Schubert 1943 — Beschreibt Waschmittel, welche neben mindestens einer organischen, Wascheigenschaft besitzenden Verbindung noch mindestens ein alkalilösliches, gegebenenfalls auch wasserlösliches Ligninumwandlungsprodukt (Alkalilignin) enthalten. Schon ein Zusatz von 20—25% der Gesamtmenge an Alkalilignin bewirkt eine gute Waschwirkung, insbesondere bei Waschmitteln, welche weniger als 20% Fettsäure enthalten. Bleichzusätze können gegeben werden.

SP 228 210 Goldschmidt 1943 — Netz-, Wasch- und Emulgiermittel entstehen durch Umsetzung von Alkoholen mit mehr als 7 Kohlenstoffatomen mit Alkylenoxyden.

SP 227291 Ciba (Zusatz zu SP 225555) 1943 — Man verwendet eine Mischung von N-Stearoyl-p-toluolsulfamid und Natriumformaldehydbisulfit zum Waschen von Textilien.

SP 225144 Ciba 1943 — Olein + Terpenalkohol und Netzmittel bei einem Höchstgehalt von 15% Fettsäure wird als Fleckmittel empfohlen.

SP 225143 IG 1943 — Als Waschmittel werden Mischungen von Oxygruppen enthaltenden Fettsäureamiden und dem Alkalisalz von chlorbenzylierter Aminosulfosäure vorgeschlagen.

SP 224858 Ciba 1943 — Man kann das Umsetzungsprodukt aus Phenol und Chlormethylstearinsäureamid als Waschmittel verwenden.

SP 223534 Schering 1942 — Kondensationsprodukte von Phenolen, Aldehyden und aromatischen oder aliphatischen Aminosulfosäuren können als Netz-, Wasch- und Emulgiermittel verwendet werden. Die Wirkung wird erhöht durch Zugabe von 2—5% isopropylierten Phenolen oder Alkoholen (z. B. Isothymol, Terpineol, Isobutylalkohol usw.). Es kann z. B. Formaldehyd mit Butylphenol und Sulfanilsäure umgesetzt werden; auch Isothymol und Naphtionsäure kommen in Betracht.

SP 223217 Ciba 1942 — μ-Undecylbenzimidazolsulfosaures Natrium wird mit dem Chlorameisensäureester des Glycerinacetons zu einem Waschmittel umgesetzt.

SP 222543 Ciba 1942 — Wasch- und Netzwirkung besitzt das Umsetzungsprodukt von Kokosfettsäureanilid und N-Methylolchloracetamid.

SP 222171 Sandoz 1942 (Zusatz zu SP 211563) — Als Wasch-, Netz- und Reinigungsmittel wird eine Mischung, bestehend aus mindestens einem wasserlöslichen Salz eines sauren Esters des Monoäthanolamids einer höheren Fettsäure mit einer mehrbasischen anorganischen Säure und ein wasserlösliches Salz einer kapillaraktiven C-alkylierten Arylsulfonsäure verwendet (s. a. SP 217670).

SP 212411 IG 1940 (s. a. SP 212410) — Octadecyl-chlor-methyläther wird mit Dimethylaminoessigsäure in ein betainähnliches Produkt umgesetzt, welches als Waschmittel verwendbar ist.

SP 211798 Gy. 1941 (Zusatz zu SP 210340) — N-p-Toluolsulfonyl-N-methyl-α-undecylbenzylaminosulfosäure kann als Waschmittel Verwendung finden (s. a. 211780, 211781, 211782, 211783, 211784, 211785, 211786, 211787, 211788, 211789, 211795, 211796, 211797).

SP 211793/94 IG 1941 (Zusatz zu 209164) — Das Hauptpatent beschreibt die Bildung von Polyglykoläthern aus einem Gemisch von Alkylreste von 12—14 C-Atomen enthaltenden Alkylphenolen und Äthylenoxyd. Diese werden sulfoniert und mit einem Gemisch von sauren Schwefelsäureestern vereinigt. Hierauf werden die Natriumsalze dieser Ester gebildet. Erfindungsgemäß werden hier die Umsetzungsprodukte aus Phenol und monohalogenierten Produkten von 9—15 C-Atome enthaltenden aliphatischen Kohlenwasserstoffen unter Behandlung mit Äthylenoxyd und Überführung in die Polyglykolverbindungen als stark schäumende, gegenüber Textilien hervorragende Waschkraft besitzende Mittel angegeben.

SP 210339 Gy. 1940 — Mehrwertige Carbonsäuren oder deren funktionelle Derivate, mit am N durch einen aliphatischen oder alicyclischen Rest mit mehr als 10 C-Atome substituierten aromatischen Aminen umgesetzt, geben Netz-, Reinigungs- und Emulgiermittel (Oleylanilin mit Phtalsäureanhydrid).

SP 208931 Purnol 1940 — Pflanzliches Material, welches in Gegenwart einer Flüssigkeit den kolloidalen Zustand annimmt, wird mit Alkali und einer Puffersubstanz, die den gallertartigen Zustand des pflanzlichen Materials in der alkalischen Flüssigkeit zu vergrößern vermag, zum Waschen verwendet. Z. B. verwendet man 40—50 Teile Weizenmehl, 35—45 Teile Natriumcarbonat, 2—10 Teile Natriummetasilikat und als Puffer 3—20 Teile Borsäure in wäßriger Lösung.

SP 206708 Albert 1939 — Natriumtripolyphosphat der Formel $Na_5P_3O_{10}$ kann als Waschmittelzusatz gebraucht werden.

SP 206406 IG 1939 — Als Reinigungs- und Netzmittel wird die Verbindung der Form

```
       CH3    CH3
       |      |
CH3—C—CH2—C—<  >—O—CH2—COOH
       |      |
       CH3    CH3
```

empfohlen.

SP 205161 IG 1939 — 1-Chlor-9,10-Octadecylensulfosäure kann, eventuell in Verbindung mit Wasserglas, Perborat, Glaubersalz usw., als Netz- und Reinigungsmittel angewendet werden.

SP 204687 IG 1939 — Netz-, Dispergier- und Waschmittel der Form

```
       CH3    CH3
       |      |
CH3—C—CH2—C—< H >—O—CH2—CH2Cl
       |      |
       CH3    CH3
```

werden beschrieben.

SP 204686 Ciba 1939 (Zusatz zu SP 193075) — Phtalsäure-4-sulfonsäure wird mit einer Mischung von höheren Fettalkoholen (enthaltend 85—90% Oleylalkohol und 15—10% Cetylalkohol) zu einem Monoester und dann weiter mit Methanol zum Carbonsäurediester umgesetzt. Das erhaltene Produkt besitzt eine Waschwirkung und kann allein oder mit anderen Stoffen als Waschmittel angewendet werden.

SP 203859 Waldmann, Chwala 1939 — μ-Heptadecenylimidazolin ist als Waschmittel brauchbar.

SP 202558 Solvay 1939 — Zur Rückgewinnung der Seife werden Waschlaugen mit solchen Mitteln behandelt, die unlösliche Seifen fällen. Die Fällung wird nach Entwässerung mit alkalischen Lösungen unter Bildung von Alkaliseifen von den ungelösten Stoffen und Salzen getrennt.

SP 202547 Gy. 1939 — N-Derivate von N-Acylurethanen der Formel

```
R1—N—Acyl
   |
   COOR2
```

(es ist R_1 ein aliphatischer oder hydroaromatischer Rest, R_2 ein beliebiger Rest, Acyl der Rest einer gesättigten oder ungesättigten Carbonsäure, deren C-Kette durch Heteroatome unterbrochen ist und in welchem Molekül mindestens ein Rest mit mehr als 5 C-Atomen vorhanden ist) können als Netz- und Waschmittel angewendet werden.

SP 202544 IG 1939 — Als Waschmittel für Wolle kann Isodecylphenylurethan-N-methyltaurin-natrium verwendet werden.

SP 202543 Colgate 1939 — Fettsäuren werden mit β-Methylglycerin umgesetzt und das Reaktionsprodukt sulfoniert.

SP 202427 Gy. 1939 (Zusatz zu SP 193921) — Man stellt ein Netzmittel von starker Netz-, Emulgier- und Waschkraft aus Crotonaldehyd und Natriumbisulfit bei nachheriger Reaktion mit 1-Methyl-2-oxy-5-tert.-butylbenzol her (s. a. SP 202425).

SP 202423—202426 Gy. 1939 (Zusätze zu SP 193921) — 1 Mol des Einwirkungsproduktes von Natriumbisulfit auf Crotonaldehyd und 2 Mol Diisobutylphenol werden kondensiert. Das Natriumsalz der so erhaltenen Sulfosäure ist in Wasser löslich und besitzt neben Netz- und Schaumwirkung auch eine gute Waschkraft. Entsprechende ähnlich wirkende und zusammengesetzte Verbindungen sind angegeben.

SP 202246 Flett 1939 — Gewaschene Gewebe haben oft einen rauhen Griff, eine Erscheinung, die insbesondere bei Wollgeweben leicht eintritt. Man verwendet daher besser Reinigungsmittel, welche man durch Halogenierung von Erdöldestillationsprodukten bis zu einem Gehalt an Chlor von 20—27% und nachherige Kondensation derselben mit Phenol zu Alkylphenolen, sowie weiterer Sulfonierung und Neutralisierung der entstandenen Sulfosäuren gewinnt. Die Produkte sind beständig gegen verdünnte Säuren und Alkali und sind auch in Mischung mit anorganischen Salzen oder organischen Aminen anwendbar.

SP 200993 Waldmann, Chwala 1939 — μ-Pentadecylimidazolinoxypropansulfosaures Natrium zeigt Waschvermögen.

SP 200962 IG 1939 — Flüssige Reinigungsmittel mit desinfizierenden Eigenschaften erhält man durch Herstellung von wäßrigen Lösungen von 240 g KOH pro Liter, 175 g SiO_2 als Silikat pro Liter, 70 g aktives Chlor als Hypochlorit pro Liter und 1,2 g Chlor als Chlorid pro Liter Lösung.

SP 200660 Gy. 1939 — Man sulfoniert Produkte der Form

$$R_2 \begin{cases} SO_2OH \\ SO_2O\text{—}R\text{—}NH\text{—}CO\text{—}R_1 \end{cases}$$

(R, R_1 sind aliphatische, R_2 ein aromatischer Rest) im aliphatischen Rest zu Waschmitteln.

FP 874939 IG 1942 — Man wäscht unter Zusatz von optischen Bleichmitteln, wie Äsculin, Aminostilbenverbindungen oder Benzidinsulfo- oder Carbonsäurederivaten. Die Aminostilbenabkömmlinge sind faseraffin.

EP 650222 ICI 1951 — Mischungen aus anionaktiven Stoffen und Carboxymethylcellulose dienen als Waschmittel.

EP 648768 Sandoz 1951 — Waschmittel mit guter Kalkseifendispergierkraft sind Verbindungen der Form

$$RCONHC_2H_4N\begin{cases} C_2H_4OH \\ C_2H_4SO_3Na \end{cases},$$

wobei R einen höhermolekularen Alkylrest bedeutet.

EP 646948 Bat. Petrol. My 1950 — Waschmittel aus Mischungen von Salzen sekundärer Schwefelsäureester, die mindestens 6 Kohlenstoffatome im Molekül aufweisen.

EP 646088 ICI 1950 — Man verwendet zum Waschen neben den üblichen anorganischen Stoffen einen wasserlöslichen Celluloseäther.

EP 645129 California 1950 — Olefinpolymere werden mit Aromaten umgesetzt und dann sulfoniert; man erhält waschaktive Körper, die in Mischungen mit anderen Stoffen als Waschmittel dienen.

EP 642921 Procter Gamble 1950 — Als Waschmittel sollen Mischungen anionaktiver organischer Stoffe mit Alkaliphosphaten der Formel $Me_xH_{5-x}P_3O_{10}$ (wobei x 5 bis 3 bedeutet) angewendet werden. Die wäßrigen Lösungen besitzen einen pH-Wert von 5—9.

EP 641902 Desdor 1950 — Waschmittel aus Mischungen von Netzmitteln, Metasilikat und anderen Stoffen.

EP 641297 Gen. An. 1950 — Desinfizierende Waschmittel enthalten anionaktive Waschmittel und ein kationaktives Desinfiziens, welches eine Polyäthyläthergruppe enthält.

EP 639173 ICI 1950 — Als Waschmittel sollen Alkylsulfate in Mischung mit Polyvinylacetatmaleat verwendet werden.

EP 636462 Cyanamid 1950 — Als Waschmittel sollen Sulfosuccinate der Formel

$$\begin{array}{l} MeSO_3\text{—}CH\text{—}COOMe \\ \qquad\quad\;\; | \\ \qquad\quad CH_2\text{—}COOR \end{array}$$

dienen, wobei Me Alkali oder NH_4 und R einen aliphatischen Rest mit 12—14 Kohlenstoffatomen bedeuten.

EP 635303 Universal Oil 1950 — Es werden Waschmittel aus Alkylarylsulfonaten und Lösungsmitteln beschrieben.

EP 631421 Unilever 1949 — Zum Waschen werden Mischungen empfohlen, die neben Seife eine kleine Menge eines Salzes eines höhermolekularen Fettsäureesters, z. B.

$$C_{11}H_{23}COO\text{—}CH_2\text{—}CH_2\text{—}NH\text{—}CO\text{—}CH_2\text{—}SO_3H\,.\,N(C_2H_4OH)_3$$

oder

$$C_{11}H_{23}COO\text{—}CH_2\text{—}CH_2\text{—}NH\text{—}CO\text{—}CH_2\text{—}SO_3K$$

enthalten.

EP 630492 Ciba 1949 — Man kondensiert höhere Fettsäureamide mit ungesättigten Aldehyden (z. B. Crotonaldehyd) und Bisulfit in inerten Lösungsmitteln in Gegenwart eines Katalysators.

EP 625644 Chwala 1949 — Als Waschmittel werden höhermolekulare Glykoside empfohlen.

EP 614049 Sylvania 1948 — Zur Herstellung von Waschmitteln wird Cellulose in alkalischem Medium mit Äthylenoxyd veräthert, bis wasserlösliche Produkte entstehen.

EP 614044 Procter Gamble 1948 — Als Waschmittel werden Mischungen von $(NH_4)_5P_3O_{10}$ mit organischen Schwefelsäureestersalzen empfohlen.

EP 611683 ICI 1948 — Zum Waschen von Textilien werden Kondensationsprodukte von Cetyl- (usw.) Alkohol mit 17 Molen Äthylenoxyd in Mischung mit dem β-Monohydroxyäthylamid der Kokosnußölfettsäure usw. vorgeschlagen.

EP 611215 Ciba 1948 — Als Waschmittel, insbesondere für Wolle, werden amidähnliche Reaktionsprodukte aus aliphatischen oder cycloaliphatischen Säureamiden oder Hydraziden oder einem Harnstoff, Urethan usw. und einem Mercaptan sowie einem Aldehyd empfohlen. (Stearinsäureamid wird mit Thioglykolsäure und Zimtaldehyd umgesetzt.)

EP 611210 Monsanto 1948 — Als Waschmittel werden die Umsetzungsprodukte von aliphatischen Alkoholen mit 8—18 C-Atomen mit einer aromatischen sulfonierten Carbonsäure der Form

$$\begin{array}{c} HOOC\text{—}Ar\text{—}(SO_3H)_m \\ | \\ X_n \end{array}$$

in Gegenwart einer mit Wasser eine azeotropische Mischung gebenden organischen Flüssigkeit empfohlen. Nach der Veresterung wird das azeotropische Gemisch, welches durch das bei der Reaktion gebildete Wasser entsteht, abdestilliert.

EP 607274 Madsen 1948 — Waschmitteln aus Bikarbonaten werden feinkristalline Anteile von Kalciumcarbonat oder Magnesiumcarbonat zugesetzt, wodurch aus hartem Wasser die Carbonate in einer für das Waschgut unschädlichen Form ausfallen sollen.

EP 605848 DuPont 1948 — Salze langkettiger Carbonsäuren, aus aliphatischen Säuren durch Äthyleneinwirkung erhalten, können als Waschmittel Anwendung finden.

EP 605402 ICI 1948 — Aus quaternären Verbindungen der Umsetzungsprodukte von Dodecylnitrat mit Pyridin oder Triäthylamin können Waschmittel erhalten werden.

EP 604351 Gy. 1948 — Die Schwefelsäureester von Kondensationsprodukten aus Dicyandiamid und Stoffen, welche dabei zu Cyanguanidinen führen, können als Waschmittel und zum Abziehen von Küpenfärbungen Anwendung finden.

EP 599542 ICI 1948 — Waschmittel aus Kondensationsprodukten von alkylsubstituierten Phenolen (der Substituent besitzt 6—20 C-Atome) und 6—30 Molen Äthylenoxyd, sowie der vierfachen Menge β-Monohydroxyäthylenamid einer Fettsäure mit 9—19 C-Atomen werden vorgeschlagen.

EP 597072 Unilever 1948 — Feste Reinigungsmittel aus Alkalipercarbonat, Alkalicarbonat, Bicarbonat (als Puffer) und Glukonaten.

EP 594838 ICI 1947 — Reinigungsmittel werden erhalten, indem man β-Monohydroxyäthylamide von Fettsäuren mit 8—10 C-Atomen und Salze von Schwefelsäureestern dieser Säureamide zusammen verwendet. Die Wirkung ist wesentlich höher als bei Verwendung der Salze der Sulfonierungsprodukte allein.

EP 594475 Röhm & Haas 1947 (s. a. EP 594476/79) — Als Waschmittel werden empfohlen:

$$\mathrm{H}\!-\!\left[\overset{\mathrm{O(C_2H_4O)_y\,.\,H}}{\underset{\mathrm{C_8H_{17}}}{\mathrm{C_6H_3}}}\!-\!\mathrm{CH_2}\!-\right]_x\overset{\mathrm{O(C_2H_4O)_y\,.\,H}}{\underset{\mathrm{C_8H_{17}}}{\mathrm{C_6H_4}}}$$

Aus Phenol und Formaldehyd 0,5:1 Mol, hernach mit Äthylenoxyd behandeln.

$$\mathrm{H}\!-\!\left[\overset{\mathrm{O(C_2H_4O)_y\,.\,PO_3Na_2}}{\underset{\mathrm{R}}{\mathrm{C_6H_3}}}\!-\!\mathrm{CH_2}\!-\right]_x\overset{\mathrm{O(C_2H_4O)_y\,.\,PO_3Na_2}}{\underset{\mathrm{R}}{\mathrm{C_6H_4}}}$$

Wie oben, in Sulfat oder Phosphorsäureester umwandeln.

$$\mathrm{H}\!-\!\left[\overset{\mathrm{O(C_2H_4O)_y\,.\,C_2H_4SO_3Me}}{\underset{\mathrm{R}}{\mathrm{C_6H_3}}}\!-\!\mathrm{CH_2}\!-\right]_x\overset{\mathrm{O(C_2H_4O)_y\,.\,C_2H_4SO_3Me}}{\underset{\mathrm{R}}{\mathrm{C_6H_4}}}$$

Wie oben, dann mit PCl_5 behandeln und mit anorganischen Sulfiten umsetzen.

$$\mathrm{H}\!-\!\left[\overset{\mathrm{O(C_2H_4O)_y\,.\,C_2H_4OCO{-}R{-}COONa}}{\underset{\mathrm{R}}{\mathrm{C_6H_3}}}\!-\!\mathrm{CH_2}\!-\right]_x\overset{\mathrm{O(C_2H_4O)_y\,.\,C_2H_4OCO{-}R{-}COONa}}{\underset{\mathrm{R}}{\mathrm{C_6H_4}}}$$

Wie oben, dann mit Polycarbonsäuren verestern und neutralisieren.

$$\mathrm{H}\!-\!\left[\overset{\mathrm{O(C_2H_4O)_y\,.\,C_2H_4OCH_2CH_2COONa}}{\underset{\mathrm{R}}{\mathrm{C_6H_3}}}\!-\!\mathrm{CH_2}\!-\right]_x\overset{\mathrm{O(C_2H_4O)_y\,.\,C_2H_4OCH_2CH_2COONa}}{\underset{\mathrm{R}}{\mathrm{C_6H_4}}}$$

Wie oben, dann mit Acrylnitril behandeln und hydrolysieren.

$$y = 10\text{—}20.$$

EP 589151 Lumsden, Mackenzie 1947 — Um Jutegewebe oder jutehaltige Gewebe widerstandsfähiger gegen die mechanische Beanspruchung beim Waschprozeß zu machen, wird vorgeschlagen, sie mit einer 25%igen Paraffinemulsion, die als Stabilisator etwa 1% Gelatine enthält, zu imprägnieren, wodurch das Gewebe wasserabstoßend wird.

EP 587397 Ciba 1947 — Zur Reinigung von Textilien verwendet man Mischungen, bestehend aus mindestens einem anionaktiven Netzmittel, einem aromatischen Alkohol mit mindestens einem Benzolkern und mindestens 9 C-Atomen im Molekül. Z. B. werden 6 Teile Olein, 12 Teile einer Mischung von ar-Tetrahydro-α-naphtylcarbinol und ar-Tetrahydro-β-naphtylcarbinol, 1,2 Teile Kaliumhydroxyd und 2 Teile Wasser bei 90—100° C zu einer homogenen Masse verrührt und nach dem Abkühlen 1 Teil Alkohol zugesetzt.

EP 587271 Cyanamid 1947 — Man empfiehlt N-1,2-Dicarboxyäthyltetranatriumsulfobernsteinsäureamid als Waschmittel.

EP 585662 Colgate 1947 — Die Herstellung von sulfonierten organischen Verbindungen, wie Mineralölsulfonat usw. für Waschzwecke wird angegeben.

EP 584500 Nat. Oil 1947 — Man verwendet eine Mischung aus einem sulfurierten Fettderivat (Spermöl- oder Rizinusölsulfonat) und einer Seife, deren Säurerest gesättigt und nicht weniger als 16-C-atomig ist, als Waschmittel, wobei der Gehalt an Seife nicht mehr als 5% der Mischung beträgt und als weitere Zuschüsse Soda und Natriumresinat vorgesehen sind.

EP 584436 Unilever 1947 — Man wäscht weiße Textilien unter Zusatz eines optischen Aufhellmittels; vgl. S. 139.

EP 583118 ICI 1946 — Herstellung von Alkansulfonsäuren (Butansulfonat usw.), die als Waschmittel Verwendung finden können.

EP 582092 Ciba 1946 — Naphtalindisulfosäuren werden mit Aralkylchloriden mit mehr als 8 C-Atomen, in welchen das Chlor an den Kern gebunden ist, umgesetzt, wobei die entstandenen Produkte als Waschmittel verwendet werden können.

EP 581985 Ciba 1946 — Sulfonierte Äther von Hydroxynaphtolsulfosäuren können als Zusätze zu Waschmitteln Verwendung finden.

EP 579835 Pennsylvania Salt 1946 — Man erhält Reinigungsmittel, wenn man Alkalisilikat, Bentonit, Alkaliphosphat und ein Fettsäure enthaltendes Öl vermischt.

EP 578654 Ciba 1946 — Man erhält Netz-, Wasch- und Emulgiermittel durch Reaktion von Sulfonamiden, die ein freies Wasserstoffatom in der Amidogruppe besitzen, mit einer Aldehyd- oder Ketobisulfitverbindung.

EP 574716 Colgate 1946 — Reinigungsmittel, die sulfonierte organische Verbindungen enthalten, greifen, wenn man ihnen einen Zusatz von unter 3% wasserlöslichem Phosphat gibt (meist 0,01—0,5%), die Transportbehälter nicht an.

EP 574504 Unilever 1946 — Seife wird leicht ranzig. Als Stabilisatoren werden aliphatische oder aromatische Verbindungen, die mindestens ein trivalentes N-Atom, 2 COOH-Gruppen und am N eine aliphatische Kette von mehr als 4 C-Atomen tragen, verwendet. Z. B. Äthylendiaminotriessigsäure, Alkylnitrilotriessigsäure, Cyclohexylnitrilotriessigsäure usw.

EP 573662 Procter Gamble 1946 — Mittel mit Waschkraft sind die N-Acetylmorpholine mit einem Rest von 12—14 C-Atomen in der Acetylgruppe:

$$R—CO—N\begin{matrix} / CH_2—CH_2 \backslash \\ \\ \backslash CH_2—CH_2 / \end{matrix}O.$$

EP 573470 Procter Gamble 1945 (s. a. AP 2289391) — Netz- und Reinigungsmittel der allgemeinen Form $R.CO.OR_1.SO_3Na$, wobei RCO ein Acylradikal einer Fettsäure mit 8—20 C-Atomen im Molekül, R_1 ein Alkylen- oder Hydroxyalkylenrest mit 2—4 C-Atomen ist. Man setzt z. B. das Salz der Kokosnußfettsäure mit Monochlorhydrin und Lauroylmorpholin um oder läßt Monochlorhydrin-natrium mit der Natronseife von Kokosnußöl und Butyllauramid reagieren.

EP 573145 Ciba 1946 — Waschmittel mit starker Netzwirkung werden erhalten durch Mischung von einem säurebeständigen Netzmittel, einem Terpenalkohol und mindestens einem anderen Lösungsmittel sowie 15% dieser Mischung nicht übersteigender Menge Seife. Sie sind beständig gegen Kalk und Säure.

EP 509435 Hydrierwerke 1939 — Betaine des Piperidins werden mit Bernsteinsäure umgesetzt.

EP 506677 Röhm & Haas 1939 — Die Verbindung

$$\underset{\text{(Benzolring mit } C_{12}H_{25} \text{ und } SO_3Na)}{O{-}CH_2{-}CH_2{-}O{-}CH_2{-}CH_2{-}SO_3Na}$$

kann zum Waschen verwendet werden.

EP 506337 Colgate 1939 — Man behandelt den mittels Lösungsmitteln aus rohem Mineralöl hergestellten Extrakt, welcher die olefinischen und aromatischen Bestandteile enthält, mittels Schwefeldioxyd und erhält kapillaraktive Waschmittel.

EP 505267 Waldmann, Chwala 1939 (Zusatz zu EP 479491) — Imidazolinderivate als Waschmittel.

EP 504031 Ciba 1939 — 4-Sulfophtalsäureanhydrid wird mit Oxyäthyllaurylsäureamid umgesetzt und neutralisiert. Es bildet sich ein Waschmittel.

EP 502964 Houghton 1939 — Naphtalin wird sulfuriert und dann mit Spermöl behandelt. Es bilden sich als Waschmittel geeignete Körper.

EP 501727 Waldmann, Chwala 1939 — μ-Heptadecyl-N,N'-dimethyldiimidazolin wird als Waschmittel beschrieben.

EP 501590 Servo 1939 — Der Borsäureester des Oleylsäuremonoglycerids wird mit PCl_3 behandelt. Das Reaktionsprodukt wird mit Butanol verestert und dann sulfoniert.

EP 501422 Pollard 1939 — Beim Waschen von fetthaltigem Material wird eine Fettsäureemulsion mit Methylcyclohexanol unter Zusatz eines Alkalis empfohlen.

EP 500615 IG 1939 — Umsetzungsprodukte aus Ketonen und Glykolen oder Äthylenoxyd werden vorgeschlagen.

EP 500550 IG 1939 — Man empfiehlt die Kondensationsprodukte von Verbindungen der Form

$$\begin{matrix} R & & & & CH_2Cl \\ & \diagdown & & \diagup & \\ & & \text{Aromat. Rest} & & \\ & \diagup & & \diagdown & \\ R_1 & & & & OH \end{matrix}$$

mit aliphatischen Polyhydroxylverbindungen.

EP 499879 IG 1939 — Von den sauren Sulfosäureestern von Ätheralkoholen (z. B. von α,γ-Di-(β-äthylhexylglycinäther) können einige als Waschmittel verwendet werden.

HollP 64537 Hansawerke 1949 — Alkanol-aromatische Sulfosäureester werden mit aromatischen Kohlenwasserstoffen umgesetzt und ergeben dann Waschmittel.

HollP 64487 Henkel 1949 — Salze höherer Äthercarbonsäuren, die sich vom Chitin ableiten, können als Waschmittelzusatz verwendet werden.

HollP 64374 Sichelwerke 1949 — Waschmittel aus Mischungen von Seifen und Cellulosealkyläthern.

HollP 64366 Goldschmidt 1949 — Hochmolekulare, N-haltige primäre oder sekundäre Phosphorsäureester sind als Waschmittel geeignet, z. B. $C_{17}H_{33}CONHC_2H_4NHC_2H_4NHC_2H_4OPO(OH)_2$.

HollP 63682 Polašek 1949 — Als Reinigungsmittel werden Stoffe empfohlen, die durch Kondensation aus Harnstoff und Hexamethylentetramin bestehen.

HollP 63376 Phrix 1949 — Waschmittel enthalten als Füllstoff Hemicellulosen, welche aus den Alkalilaugen der Kunstseidenfabrikation gefällt werden.

HollP 62789 Wacker 1949 — Als Reinigungsmittel können die Umsetzungsprodukte von Triäthanolamin und Crotonaldehyd usf. verwendet werden.

HollP 61698 Dobbelman 1948 — Als Waschmittel dienen sekundäre Fettalkoholsulfonate. Man kann sie von Begleitsalzen durch Aussalzen mit Natronlauge abtrennen und den Überschuß der Lauge mit Fettsäure neutralisieren.

HollP 60589 IG 1948 — Man stellt Sulfonate aus langkettigen Paraffinkohlenwasserstoffen her, die als Waschmittel bzw. als Zusätze zu solchen dienen.

HollP 59957 IG 1947 — Herstellung von als Waschmitteln geeigneten nichtaromatischen thiosulfonsauren Salzen.

HollP 58949 IG 1947 — Kondensationsprodukte aus höhermolekularen Sulfonamiden und organischen Halogenverbindungen werden zusammen mit Seifen als Reinigungsmittel vorgeschlagen.

HollP 58895 Benckiser 1947 — Gemische aus Seifen, Fettlöser, Natriumpyrophosphat und Natriumhexametaphosphat dienen als Reinigungsmittel.

HollP 58780 Schubert 1947 — Man verwendet zum Waschen von Textilien Lösungen von Holzligninalkali und Salzen von Phosphorsäuren oder deren Alkylester. Z. B. werden vorgeschlagen: Mischungen aus 30 Teilen Alkalilignin, 3 Teilen Seifenschnitzel 65%, 35 Teilen Soda, 5 Teilen Wasserglas, 10 Teilen Na-pyrophosphat.

HollP. 58627 Schubert 1946 — Alkalilignin soll als Reinigungsmittel dienen.

HollP 57459 Hydrowerke 1946 — Kondensationsprodukte von Carbonylverbindungen mit Pentaerythrit werden zusammen mit Seifen als Waschmittel verwendet.

HollP 57408 IG 1946 — Mischungen von Fettalkoholsulfonaten, celluloseglykolsaurem Natrium, Glykolsäure, Natriumsulfat und Magnesiumsulfat sollen als Waschmittel dienen.

AP 2545357 Cyanamid 1951 — Als Waschmittel werden Mischungen vorgeschlagen, die aus dem Alkalisalz eines Phosphorsäureesters und eines höhermolekularen Fettsäurealkylolamides bestehen.

AP 2542385 Gen. An. 1951 — Waschmittel, bestehend aus 5—25% Igepon T, 1,25—12,5% Diäthylenglykolmonobutyläther, 0,5—5% Äthylen-bis-iminodiessigsäure und Wasser.

AP 2531166 California Research 1950 — Reinigungs- bzw. Waschmittelkompositionen bestehen aus in flüssigen Kohlenwasserstoffen dispergierten Arylalkylsulfonaten sowie Pyrophosphaten und zirka 5% Alkoholen, Ketonen oder Ätheralkoholen.

AP 2528378 Mc Cabe, Mannheimer 1950 — Verbindungen der Form

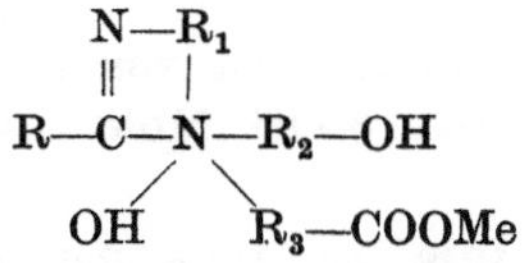

$$\begin{array}{c} N-R_1 \\ \| \quad | \\ R-C-N-R_2-OH \\ / \quad \backslash \\ OH \qquad R_3-COOMe \end{array}$$

(R_1, R_2 und R_3 sind Alkylreste) werden als Waschmittel vorgeschlagen.

AP 2527075/78 Procter Gamble 1950 — Waschmittelmischungen enthalten Sulfosäuren, Sulfonate und Produkte der Form

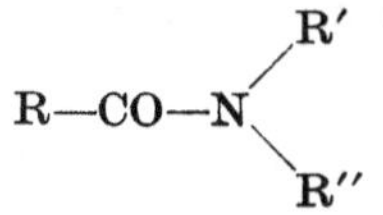

$$R-CO-N\begin{matrix} R' \\ R'' \end{matrix}$$

(R = Alkyl oder Alkylol, R′, R″ = Alkyl, Alkylol oder Alkylen, verbunden durch O-Atome untereinander).

AP 2522446/47 Monsanto 1950 — Waschmittel, bestehend aus: 15—25 Teilen Kondensaten aus tert. Mercaptanen mit 6—10 C-Atomen und 5—20 Molen Äthylenoxyd pro Mol Mercaptan, 20—60 Teilen Na-tetrapyrophosphat, 10—20 Teilen Na-silikat ($Na_2O : SiO_2 = 1{,}2$ bis 1,32), 10—25 Teilen Na-karbonat oder -bikarbonat, 0,5—5 Teilen Carboxymethylcellulose.

AP 2522140 Shawcross 1950 — Das Wollfett wird aus den Waschwässern der Wollwäschereien mit ionenaustauschenden sulfonierten Phenolharzen in saurer Form wiedergewonnen.

AP 2519747 Onyx Oil 1950 — Waschmittel bestehen vorschlagsgemäß aus 45 Teilen Soda, 45 Teilen Na-tetrapyrophosphat, 6,3 Teilen Nonaäthylenglycolmonoester von Sojabohnenfettsäuren, 3,7 Teilen Oleyldimethyläthylammoniumbromid.

AP 2513549 Colgate 1950 — Stabilisierte Sulfaminate werden als Waschmittel vorgeschlagen.

AP 2491992 Colgate 1949 — Als Waschmittel dienen Mischungen aus Sulfonaten und Piperazinderivaten der Form

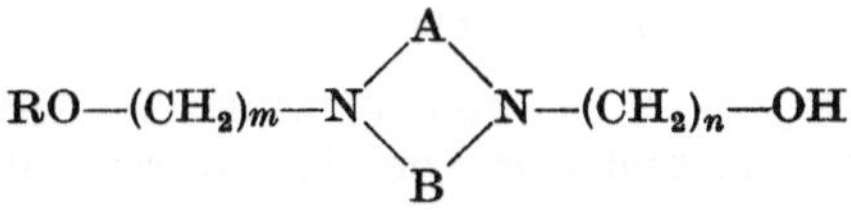

$$RO-(CH_2)_m-N\begin{matrix} A \\ \\ B \end{matrix}N-(CH_2)_n-OH$$

(R = Alkyl oder Acyl mit 5—23 C-Atomen, A und B = Äthylenreste zum Piperazinring, die substituiert sein können, m und n = 2—5).

AP 2483253 Swift 1949 — Als Waschmittel werden Seifen unter Zusatz eines Kondensationsproduktes aus Diäthanolamin und einer höheren Fettsäure mit 8—14 C-Atomen vorgeschlagen.

AP 2473822 Diamond Alkali 1949 — Wasserenthärtende Mittel zum Waschen bestehen aus Alkalipolyphosphaten und Metasilikat.

AP 2459818 Unilever 1949 — Als Waschmittel werden Alkaliseifen mit einem Zusatz von 1—15% an Guanidinstearat empfohlen.

AP 2454541 Röhm & Haas 1948 — Waschmittel werden durch Umsetzung von Kondensaten aus Verbindungen der Form

$$R-C_6H_4-OH$$

(wobei R einen Kohlenwasserstoffrest von 8—18 C-Atomen bedeutet) mit 0,5—1 Mol Formaldehyd und 8—60 Molen Äthylenoxyd hergestellt; vgl. AP 2454542/45.

AP 2444836/37 Mathieson 1948 — Eine Reinigungsmischung aus Trimetaphosphat mit Borax und Hexametaphosphat unter Verwendung eines organischen stabilen Reinigungsmittels werden empfohlen.

AP 2422066 Wyandotte 1947 — Als Spülmittel für Wäsche wird eine Komposition von 10% Natriumtetraphosphat, 30% Natriumbisulfat und 60—90% Natriumsilicofluorid empfohlen.

AP 2421707 Malkemus 1947 — Lauryl-monoäther des 1,4-Di-(β-hydroxyäthyl)-piperazins dienen als Waschmittel.

AP 2421094 Ind. Development 1947 — Gewinnung von Wollfett aus Waschflotten.

AP 2416264 Röhm & Haas 1947 — Als Waschmittel kann

$$\begin{array}{l} C_2H_5 \\ C_2H_5-N(Cl)(CH_2-C_6H_5)-CH_2-C_6H_3(CH_3)O(C_2H_4O)_xC_2H_4OH \end{array}$$

verwendet werden.

AP 2415255 Cyanamid 1947 — Als Waschmittel können Ester der Sulfobernsteinsäure mit 3,5-Alkylcyclohexanolen angewendet werden.

AP 2413755 Cyanamid 1947 — Als Waschmittel können die Triazinderivate, die durch Kondensation von Ammelin mit Alkylenoxyden entstehen, in Anwendung kommen. Die Verbindungen sind anionenaktiv.

AP 2411957 Petrolite 1946 (s. a. AP 2372254) — Waschmittel sind die Esteramide der Form

$$OH-CH_2-CO-NH-C_2H_4-OOC-R-OH.$$

Man setzt z. B. Monoäthanolamin mit Ölsäure um und behandelt die Reaktionsprodukte gegebenenfalls mit Äthylenoxyd.

AP 2409275 Harris 1946 — Netz- und Waschmittel werden hergestellt aus Laurinsäure, Äthylendiamin und dem Diessigsäureester der Weinsäure:

$$C_{11}H_{23}CO-NHC_2H_4NH-OC-CH(O-C(=O)-CH_3)-CH(O-CO-CH_3)-COOH.$$

AP 2404298 Alrose Chem. 1946 (s. a. AP 2404297) — Man erhält hart- und seewasserbeständige Seifen, wenn man ein Säureamid der Alkylolamingruppe, eine wasserlösliche N-haltige Base und eine wasserlösliche Seife zusammen 15—45 Minuten auf 125—160° C erhitzt. Als Produkte kommen in Frage:

Natronseife, Fettsäurealkylolamin, Triäthanolaminseife, N,N-Dihydroxyäthylester des Kokosfettsäureamids und Diäthanolamin usw.

AP 2404289 Solvay 1946 — Reinigungs- und Waschmittel bestehen z. B. aus 4,5% Soda, 29% Tetranatriumpyrophosphat, 4% Trinatriumphosphat, 4% Natriummetasilikat und der Rest in Form einer wasserlöslichen organischen Verbindung mit Netzwirkung.

AP 2399878 Standard Oil 1946 (s. a. AP 2399877) — Bariumsalze von Alkylphenolen oder Diphenylsulfiden werden als Wasch- und Reinigungsmittel verwendet. Z. B.

O—Ba—O

—S—

C_8H_{17} C_8H_{17}

AP 2395971 DuPont 1946 — Waschmittel, bestehend aus 60—95% des Reaktionsproduktes aus 1,3-Dioxolan mit wasserunlöslichen hydrophoben Oxyverbindungen; der Rest besteht aus sulfurierten höheren Fettalkoholen, aliphatischen Sulfosäuren usw.

AP 2395085 Lucson 1945 — Man wäscht in zwei aufeinanderfolgenden Bädern Rohwolle, wobei jedes Bad Seife und Soda enthält, wobei den Bädern Pineoil zugesetzt wird.

AP 2394851 Flett 1945 — Man verwendet zum Waschen sulfonierte höhere Alkylderivate aromatischer Kohlenwasserstoffe.

AP 2390406 Wyandotte 1945 — Dimethoxytetraäthylenglykol, Dioxan oder Diäthylenglykoldimethyläther wird, mit Alkalihydroxyden oder Phosphaten gemischt, als Waschmittel empfohlen.

AP 2390295 All. Chem. 1945 — Als Reinigungsmittel werden Seifen, die alkyliertes benzolsulfosaures Natrium enthalten, empfohlen.

AP 2387572 All. Chem. 1945 — Die Verwendung von Alkylarylsulfonaten zum Waschen wird beschrieben.

AP 2386106 Drackett 1945 — Eine 5—20%ige wäßrige Lösung von 2-Methyl-2,4-pentandiol, die einen Netzer enthält, wird als Waschmittel vorgeschlagen.

AP 2384053 Celanese 1945 — Als Waschmittel sollen die Salze des Diäthyläthylendiamins mit aliphatischen Sulfosäuren mit mindestens 12 C-Atomen geeignet sein.

AP 2383740 Procter Gamble 1945 — Der Kokosnußfettsäuremonoester der 1,2-Dihydroxypropan-3-sulfonsäure in Mischung mit einem Amid, welches ein Derivat einer wasserlöslichen oxyaliphatischen Fettsäure ist, ergeben gute Waschwirkung.

AP 2383739 Procter Gamble 1945 — Als Waschmittel sollen Verbindungen der Form

```
R₁—CO—NH      CH(R′)O      R′
        \    /       \    /
          C            C
        /    \       /    \
       R      CH(R′)O      R′
```

dienen, wobei R Wasserstoff, ein niedriges Alkyl oder eine Methylolgruppe, R′ Wasserstoff oder Methyl und R_1 ein Fettsäurerest ist.

AP 2383526 Procter Gamble 1945 (s. AP 2383740) — Als Zusatz zum Kokosfettsäureester soll das Nitril einer Fettsäure mit 10—14 C-Atomen dienen.

AP 2383525 Procter Gamble 1945 — Ein Zusatz von N-acylierten Morpholinen erhöht die Waschkraft von Sulfaten oder Sulfonaten bedeutend.

AP 2383502 Procter Gamble 1945 — Als Waschmittelmischung dient ein oberflächenaktiver Stoff in Verbindung mit saurem Alkaliphosphat der Form

$$M_xH_{5-x}P_3O_{10},$$

wobei x 5 bis 3 und M Alkalimetall bedeutet.

AP 2375315 Standard Oil 1945 — Als Reinigungsmittel werden die Reaktionsprodukte von Olefinen und Phosphor-Schwefelverbindungen angegeben.

AP 2365190 Hatch 1944 — Tripolyphosphate als Zusatz zu Waschflüssigkeiten.

AP 2362882 Hercules 1944 — Waschmittel werden hergestellt, indem man Pentaerythrol mit Harzestern umsetzt und in Tetrachlorkohlenstoff gelöst sulfoniert.

AP 2360913 Amino Products 1944 — Petroleumoxydationsprodukte werden mit Harnstoff, Ammoniak und Ammoniumcarbamatlösung behandelt und hernach m-Phenylendiamin zugegeben. Es bilden sich Stoffe, die z. B. als Waschmittel angewendet werden können. Auch Netz- und Dispergiermittel können erhalten werden, indem statt Phenylendiamin andere Aminoverbindungen zur Anwendung kommen.

AP 2359291 Monsanto 1944 — Als Wasch- und Reinigungsmittel werden die Natriumsalze von Monoalkylestern einbasischer aromatischer Sulfosäuren (Sulfobenzoesäure, Sulfosalicylsäure) verwendet, deren Alkylgruppe (an der COOH-Gruppe) mehr als 8—12 C-Atome enthält.

AP 2356550 Al. Prop. Cust. 1944 — Das Waschbad für Leinen oder andere Textilien enthält einen Polyglykoläther (Isohexyl-, Isooctyl-, Dodecylphenylglykoläther) und wasserlösliche Salze einer Phosphorsäure mit weniger Wasser als die Orthophosphorsäure.

AP 2352021 Al. Prop. Cust. 1944 — Als Waschmittel wird eine Mischung von gleichen Teilen Seife und wasserlöslichem Alkalilignin empfohlen, die in hartem Wasser keine Kalkseifenfällung gibt.

AP 2351559 Solvay 1944 — Mischungen aus Carbonaten der Alkalimetalle und Alkaliphosphate mit anderen Zusätzen sind als Waschmittel geeignet.

AP 2350453 Cyanamid 1944 — Biguanidsalze der Form

$$\left[\begin{array}{c} R_1\text{—}N\text{—}R_2 \\ | \\ C{=}NH \\ | \\ R\text{—}N \\ | \\ C{=}NH \\ | \\ R\text{—}N\text{—}R \end{array}\right] .\,X,$$

z. B. 1,1-Diäthylol-3,5-di-[3-methoxypropyl]-biguanidacetat, können als Waschmittel Verwendung finden (X = Anion).

AP 2347336 All. Chem. 1944 — Als Waschmittel werden Mischungen aus Alkylarylsulfonaten mit mindestens 12 C-Atomen und einem wasserlöslichen Alkyläther der Cellulose (10% des Gewichtes des Sulfonates) empfohlen.

AP 2345307 Cyanamid 1944 — Man benützt zum Waschen Seife, zusammen mit einer Säure, die das pH auf einen Wert von 7,2—8 bringt, und einem kapillaraktiven Stoff.

AP 2345121 All. Prop. Cust. 1944 — Als Wasch- und Reinigungsmittel können Äthylenoxydkondensationsprodukte der Form

$$CH_3—SO_2—NH(G)—SO_2—C_{18}H_{37}$$

(wobei G den Rest von 12 Molen Äthylenoxyd darstellt) verwendet werden.

AP 2344268 Biglow 1944 — Man erzielt ein Reinigungsmittel aus einer Mischung von Bentonit, Holzmehl und einem Petroleumdestillat. Schmutz, der auf Geweben haftet, insbesondere verfetteter, ist damit leicht zu entfernen.

AP 2340654 All. Chem. 1944 — Waschmittel bestehen aus Mischungen von sulfonierten hochalkylierten Benzolderivaten. Man kondensiert Benzinkohlenwasserstoffe mit Benzol oder Toluol und sulfoniert die erhaltenen Mischungen.

AP 2338829 DuPont 1944 (s. a. AP 2338830) — Schwefelhaltige Kohlenwasserstoffe können als Reinigungsmittel angewendet werden.

AP 2337220 Ciba 1943 — Produkte der Form

$$CH_3—(CH_2)_{10}—C(=O)—NH—CH_2—S—CH_2—CHOH—CH_2—CH_2OH$$

usw. können als Salze, die wasserlöslich sind, zum Waschen Anwendung finden. Durch Verseifung entstehen unlösliche Körper, so daß die angeführten Verbindungen auch zum Hydrophobieren angewendet werden können.

AP 2335271 Ciba 1943 — Als Waschmittel für die Wollwäsche geeignete Benzimidazolderivate werden vorgeschlagen, z. B.:

$$\text{Benzimidazol: } N^1—CH_2—CH_2—O—(CH_2—CH_2—O)_6—CH_2—CH_2—OH;\ C^2—C_{17}H_{35};\ \text{Benzolring}—SO_3Na$$

AP 2335466 Al. Prop. Cust. 1943 — Man verwendet zum Waschen Mischungen von Kaliseifen und den Reaktionsprodukten aus aliphatischen Aminen und Phosphorsäure, die weniger Wasser im Molekül enthalten als Orthophosphorsäure.

AP 2335193 Gen. An. 1943 — 1,4-Thioxan

$$S\langle{}^{CH_2—CH_2}_{CH_2—CH_2}\rangle O$$

reagiert mit Schwefelsäure. Das Reaktionsprodukt kann zur Sulfonierung ungesättigter Kohlenwasserstoffe verwendet werden. Z. B. wird Isobutylen, Polyisobutylen (Tetraisobutylen) sulfoniert. Man erhält Waschmittel.

AP 2331396 Speare 1943 — Zum Waschen von Kleidungsstücken usw. wird eine Mischung aus 98% NaF.HF und 2% Natriumhexametaphosphat empfohlen.

AP 2330922 Riegler 1943 — Herstellung von als Waschmittel verwendbaren Alkylarylsulfonaten.

AP 2328021 Emulsol 1943 — Waschmittel der Form

$$C_{12}H_{23}\text{—}\overset{Br}{N}\begin{cases} CH_2\text{—}CO\text{—}NH\text{—}CH_2\text{—}CH_2OH \\ CH_2\text{—}CO\text{—}NH\text{—}CH_2\text{—}CH_2OH \\ CH_2\text{—}CO\text{—}NH\text{—}CH_2\text{—}CH_2\text{—}CH_2OH \end{cases}$$

werden beschrieben.

AP 2321020 Colgate 1943 — Als Waschmittel werden angegeben: Pentadecenyl-8-sulfat bzw. Verbindungen der Form

$$R\text{—}\overset{H\;\;\;OSO_3Na}{C}\text{—}R_1,$$

wobei R einen Rest mit mehr als 5 C-Atomen, R_1 einen solchen mit mehr als 3 C-Atomen bedeuten und die Summe beider 15—20 C-Atome bildet.

AP 2316719 Colgate 1943 — Behandelt die Reinigung von Sulfonierungsprodukten.

AP 2314840 Cyanamid 1943 — Man kann als Waschmittel eine Mischung von 0,5—3 Teilen des Kondensationsproduktes von aliphatischen Monocarbonsäuren mit 10—18 C-Atomen im Molekül und einem Monoalkylolcyanamid, 5—10 Teilen eines Sulfobernsteinsäureesters mit einem Alkylrest von 6—10 C-Atomen und 10—50 Teilen eines wasserlöslichen Pyrophosphats verwenden.

AP 2312896 Ciba 1943 — Als Waschmittel Kondensate aus aromatische OH-Gruppen enthaltenden Verbindungen mit N-Hydroxymethylaminen. Z. B.

$$C_{17}H_{35}\text{—}\overset{O}{\overset{\|}{C}}\text{—}\underset{H}{N}\text{—}C_6H_{10}\text{—}CH_2NHCOCH_2Cl.$$

AP 2298696 Monsanto 1942 — Als Waschmittelmischung sollen dienen: 35—65 Teile alkylbenzolsulfonsaure Natriumsalze, Mg-sulfat und $MgCl_2$ (3—25 Teile) und Na-sulfat 35—65 Teile, wobei die Mg-salze nur zugegeben werden, um die Na-salze der Sulfosäuren in die Mg-salze überzuführen.

AP 2297760 Ciba 1942 — Die Sulfonierung von Mischungen aus

$$C_6H_4\langle{}^{NH}_{N}\rangle C\text{—}C_{11}H_{23} \quad \text{und} \quad \left[C_6H_4\langle{}^{N(CH_2\text{—}C_6H_5)}_{N}\rangle C\text{—}C_{17}H_{35}\right] HCl$$

führt zu Waschmitteln.

AP 2295831 Cyanamid 1942 — Waschmittel, bestehend aus 5—15% eines Sulfobernsteinsäureesters eines Alkohols mit 5—8 C-Atomen, 5—20% eines wasserlöslichen Pyrophosphates und mindestens 50% wasserlöslichem Träger, der nicht hygroskopisch ist.

AP 2294075 Colgate 1942 — Mineralölsulfonate, Seife und Tetranatriumpyrophosphat usw. geben in Mischung gut geeignete Waschmittel.

AP 2289391 Procter Gamble 1942 — Man benützt als Reinigungsmittel Verbindungen der Form R . CO . O . R_1 . SO_3 . Na, wobei RCO das Radikal einer Fettsäure mit 8—20 C-Atomen, R_1 einen Alkylen oder Hydroxyalkylenrest von 2—4 C-Atomen bedeutet. Die Verbindungen werden hergestellt durch Umsetzen eines Halogenids einer Sulfosäure mit fettsauren Salzen.

AP 2288804 und AP 2288805 Laboratories 1942 — Herstellung gereinigter Sulfonate als Reinigungsmittel.

AP 2285773 Colgate 1942 — Waschmittel sind Verbindungen der Form

$$[(R—O—)_x X—O—SO_2—O]_y—Y$$

(R = Kokosnußfettsäurerest usw., X ist der Rest einer Polyhydroxycarbonsäure, Y = Kation und x und y sind ganze Zahlen). Z. B. Dipalmitinsäureester der sulfonierten Trihydroxybutyrylsäure (Monoäthanolaminsalz) usw.

AP 2283214 Monsanto 1942 — Wasserlösliche Salze eines Kondensationsprodukts einer ungesättigten aliphatischen Säure (die die α,β-Enolgruppe enthält) mit der Verbindung eines Monoolefins mit Alkylchlorid, wobei die Alkylgruppe 5—16 C-Atome enthält.

AP 2283199 All. Chem. 1942 — Als Waschmittel können Mischungen von Alkylderivaten aromatischer Sulfonate verwendet werden, wobei die Alkylreste Kohlenwasserstoffen entsprechen, die zumindest zu 80% bei 210—320° C übergehen.

AP 2279314 Lever Brothers 1942 — Als Reinigungsmittel werden Verbindungen der Form $RCON(CH_3)CH_2COONa$ in Verbindung mit Pyrophosphaten vorgeschlagen.

AP 2277729 Lever Brothers 1942 (s. a. AP 2277728 und 2277730) — Zur Verhinderung von Seifenfällungen in Hartwasser werden den Seifen, die aus Fettsäuren mit zwei und mehr Äthylengruppen hergestellt sind, Alkaliphosphate zugesetzt (Polyphosphate, Pyrophosphate oder Orthophosphate).

AP 2276587 Gy. 1942 — Verbindungen der Form

$$C_{12}H_{25}—C_6H_4—\underset{\displaystyle CH_3}{\underset{|}{CH}}—CH_2$$

usw. werden empfohlen.

AP 2274807 Parke, Davis 1942 — 1%ige Lösungen von N-Dodecylaminchlorhydrat werden als Waschmittel angegeben.

AP 2268126 IG 1941 — Kondensationsprodukte von Verbindungen der Form

$$\begin{matrix} R_1 & & CH_2OH \\ & \text{Aryl} & \\ R_2 & & OH \end{matrix}$$

(wobei R_1 und R_2 Alkyl, Aralkyl usw. mit mehr als 3 C-Atomen bedeuten) mit aliphatischen Polyhydroxyverbindungen mit mehr als 3 OH-Gruppen sind, eventuell sulfoniert, Waschmittel usw. Z. B. wird Isobutylhydroxymethylphenol mit Zuckern kondensiert.

AP 2267205 Monsanto 1941 — Als Waschmittel werden N-Alkylalkylenpolyamine, z. B. N-n-Tetradecyldiäthylentriamin usw. empfohlen.

AP 2264766 Alframine 1941 — Mischungen von sulfonierten Amiden, Imiden und Monoglyceriden bzw. Diglyceriden von höhermolekularen Fettsäuren, die frei von Esteramiden sind (z. B. das Reaktionsprodukt von $^1/_2$—$1^1/_2$ Molen Monalkylolamin und 1 Mol Fettsäuretriglycerid als Ausgangsprodukt gewählt), werden in Vorschlag gebracht.

AP 2263729 Procter Gamble 1941 — Seifen aus Hartfettsäuren werden mit Salzen der Form R—Aryl—O—R'COONa (substituierte Phenoxyessigsäure- oder Naphtoxyessigsäuretriäthanolaminsalze) als Waschmittel verwendet.

AP 2260123 Nassau 1941 — Waschmittel bestehen aus Kondensationsprodukten von Lysalbinsäure, Palmitinsäure und Pyrophosphat, die Celluloseäther zugegeben erhalten und auf ein pH von 6 eingestellt werden.

AP 2256610 Standard Oil 1941 — Herstellung von Alkyl-arylsulfonsäuren bzw. Alkylphenolsulfonaten als Netz- und Waschmittel.

AP 2255316/15 Harris 1941 (s. a. AP 2255285) — Als Netz- und Waschmittel können die Verbindungen der Form

$$C_{11}H_{25}\text{—}COOC_2H_4\text{—}O\text{—}C_2H_4O\text{—}CO\text{—}C_6H_3(SO_3H)_2$$

angewendet werden.

AP 2251536 Miyoshi Kagakukogys Kabushiki Kaisha 1941 — Phenol wird mit höheren Alkoholen umgesetzt und das Reaktionsprodukt sulfoniert. Es bilden sich Waschmittel.

AP 2243437 Gen. An. 1941 — Wasch- und Netzmittel der Form

$$RSO_2\text{—}NH\text{—}CH_2\text{—}NH\text{—}CH_2\text{—}CH_2\text{—}SO_2Na.$$

RSO_2 ist ein Sulfosäurechloridrest, der bei der Behandlung von Benzin mit Chlor und Schwefeldioxyd entsteht.

AP 2243054 Philadelphia Quartz 1941 — Waschmittel werden durch direkte Reaktion zwischen Fettsäure und Alkalisilikat erhalten.

AP 2241580 Pennsylvania Salt 1941 — Man setzt bei der industriellen Wäsche von Textilien dem letzten Spülbade Zinksilikofluorid zu (0,2—1%), welches mit den letzten Seifenresten, die auf dem Waschgut verblieben sind, Zinkstearat und Natriumsilikofluorid bzw. Natriumfluorid und Siliziumdioxyd bilden. Das Verfahren liefert bei Seiden einen weichen Griff, wie er mit anderen Mitteln nicht zu erzielen ist. Der Farbton farbiger Waren bleibt brillant und zeigt keine Tendenz zum Verlaufen, die Textilien riechen frisch, beim Bügeln tritt kein Rollen der Ware und kein harter Griff auf.

AP 2241421 Nat. Oil 1941 — Man sulfoniert Äther der Form:

$$(R_1)(R_2)C{=}C(R_3)\text{—}(CH_2)_nO\,.\,R_4.$$

R_1, R_2, R_3 sind Alkylreste, nicht mehr als 4 C-Atome enthaltend, R_4 ist ein höhermolekularer Alkylrest.

AP 2240957 Gen. An. 1941 — Die Beseitigung von Kalkseifenbildung wird durch Nitrilotriessigsäure vorgenommen (Trilon).

AP 2239974 Horn 1941 — Durch Einwirkung von Schwefeldioxyd und Chlor auf flüssige Kohlenwasserstoffe und nachfolgende Verseifung mit Natronlauge hergestellte oberflächenaktive Produkte geben unter Zusatz eines Mineralsäuresalzes Waschmittel.

AP 2236617 Colgate 1941 — Waschmittel werden aus Sulfonierungsprodukten von Mineralölen hergestellt (s. a. AP 2149661, 2149662, 2179174).

AP 2236530 Emulsol 1941 (s. 2236528/29) — Sulfocarbonsäureester von Aminoalkoholen, z. B.

$$R—CO—NH—C_2H_4—O—CO—CH(SO_3Na)—CH_2—COONa$$

(R—CO = Kokosnußfettsäurerest) sind als Waschmittel verwendbar.

AP 2235534 Colgate 1941 — Netz- und Waschmittel werden erhalten durch die Umsetzung von Tetrahydrofurfurylalkohol mit Kokosnußfettsäuren und konzentrierter Schwefelsäure.

AP 2235098 Colgate 1941 — 1,2-aliphatische Oxyirane (innere Äther), z. B. Dodecyloxyd, werden sulfoniert.

AP 2233408 Nat. An. 1941 — Höhere Alkylarylsulfonate können als Waschmittel verwendet werden.

AP 2232118 Monsanto 1941 (s. AP 2232117) — Alkylierte Benzolsulfosäuren werden als Waschmittel empfohlen.

AP 2231594 Glanzstoff 1941 — Zum Waschen von Textilien, Pelzen, Haaren usf. verwendet man Stoffe, die man erhält, wenn halogenierte Mineralöle mit Schwefelnatrium oder NaSH erhitzt werden, worauf die entstandenen Sulfhydrate einer Oxydation unterzogen werden, die zur Bildung der Sulfosäuren führt.

AP 2230035 Laboratories 1941 — Waschmittel, hartwasserbeständig, insbesondere in Form ihrer Ca-salze, die erhalten werden durch Behandlung einer Mischung von hydrogenierten oder dehydrogenierten Harzen mit Sulfurierungsmitteln (konz. Schwefelsäure).

AP 2229307 Armour 1941 — Waschwirkung besitzen die Dihydroxypropylaminester anorganischer Säuren, z. B. das Na-salz des Tetraschwefelsäureesters des Di-(β,γ-dihydroxypropyl)-dodecylamins, der entsprechenden Dischwefelsäureester des Di-(dihydroxypropyl)-octadecylamins usf. Die Amine besitzen die Form:

$$CH_2OH—CHOH—CH_2—\underset{}{\overset{R}{\overset{|}{N}}}—CH_2—CHOH\,.\,CH_2OH.$$

R ist ein unverzweigter Kohlenwasserstoffrest mit mehr als 12 C-Atomen.

AP 2227999 Colgate 1941 — Durch Behandlung von Olefinen in flüssigem Schwefeldioxyd bei —15° C mit Sulfonationsmitteln werden nach der Neutralisation der erhaltenen Sulfonierungsprodukte Waschmittel erhalten.

AP 2227659 Jasco 1941 — Durch Sulfurierung von hochmolekularen Alkoholen aus Hartparaffin werden die Sulfurierungsprodukte dieser hochmolekularen Alkohole erhalten, die als Netz-, Emulgier- und Reinigungsmittel dienen können.

AP 2226057 Ciba 1940 — Als Waschmittel wird 2-Heptadecenylimidazol

$$\begin{array}{l} CH{-}N \\ \| \quad\quad \diagdown \\ \| \quad\quad\quad C{-}(CH_2)_7{-}CH{=}CH{-}(CH_2)_7{-}CH_3 \\ \| \quad\quad \diagup \\ CH{-}NH \end{array}$$

empfohlen.

AP 2225294 DuPont 1940 — Man entfernt Kalkrückstände auf Waschgut durch Behandlung mit Sulfaminsäure.

AP 2224360 M. D. Rozenbroek 1940 — Netz-, Wasch- und Emulgiermittel werden erhalten durch Verestern einer OH-Gruppe der Bor- oder Phosphorsäure mit höheren Alkoholen oder einem partiellen Äther eines höheren Alkohols mit einem niedrigen Polyalkohol oder einem Ester einer höheren Fettsäure mit einem niedrigen Polyalkohol. S. a. EP 452508. Dodekanol wird mit Borsäure verestert, hierauf Propanol-2 einwirken gelassen und schließlich sulfoniert. Oder es wird Octadecanol-1-glykoläther mit Phosphortrichlorid behandelt, dann mit Butanol verestert und sulfoniert.

AP 2223363 Nat. An. 1940 — Alkyl-hydroxy-diphenylsulfonate als Waschmittel.

AP 2220805 Aldox 1940 — Man behandelt Fettwolle mit Aldehyden und Waschmittel bei pH 7—9, hernach mit Kaliumpermanganat oder Wasserstoffperoxyd.

AP 2219050 Standard Oil 1940 — Man stellt ein basisches Metallsalz eines Phosphorsäureesters her, welcher mindestens eine Aralkylgruppe und zusammen 5—20 Kohlenstoffatome im Alkylradikal dieser Aralkylgruppe aufweist. Tertiäre Amylphenole werden mit $POCl_3$ in Toluollösung zur Bildung von Di-(tert. Amylphenyl)-phosphat reagieren gelassen. Verbindung:

$$\left(R{-}C_6H_4{-}OH\right)_2POONa.$$

AP 2218472 Monsanto 1940 — Mischungen von Alkalisalzen von monosulfonierten Monoarylalkanen- und Polyarylalkanen, welche erhalten werden durch Sulfurierung von Umsetzungsprodukten aus halogenierten Petroleumfraktionen vom Kochpunkt 205—245° C mit Aromaten, können als Waschmittel Verwendung finden. Die Produkte enthalten Polyalkansulfosäuren, welche zusammen mit den ebenfalls entstandenen Monoalkansulfonsäuren einen viel besseren Wascheffekt aufweisen als Polyalkansulfosäuren allein.

AP 2217846 Gen. An. 1940 — Waschmittel sind die Verbindungen der Form

$$R{-}X{-}CH_2{-}N^{+}\begin{cases} R_1 \\ R_2 \\ (CH{-}R_3)_yCOO^{-}. \end{cases}$$

Hierbei ist: R größer als 4 C-Atome, auch unterbrochen durch O oder S; X O oder S; R_1, R_2 Alkyl; $y = 1—3$. Beispielsweise ist genannt:

$$C_{18}H_{37}{-}O{-}CH_2{-}\underset{CH_3\ \ CH_3}{\overset{}{N^{+}}}{-}CH_2{-}COO^{-}.$$

AP 2215861—64 Gen. An. 1940 — Imidazoline der Form

$$C_{11}H_{23}-C\begin{matrix} \diagup NH-CH_2 \\ \diagdown\!\!\diagdown N-CH_2 \end{matrix}$$

können als Waschmittel Anwendung finden.

AP 2214051 Standard Oil 1940 — Herstellung von Sulfonierungsprodukten aus Mineralölextrakten.

AP 2211001 Chwala 1940 — Imidazoline, die in 2-Stellung Reste von 11—17 C-Atomen tragen und OH-Gruppen aufweisen, können als Waschmittel angewendet werden.

AP 2210962 Sharples 1940 — Polysulfosäuren von Arylverbindungen, die einen Kernsubstituenten mit einem Alkylrest von 8—20 C-Atomen aufweisen, sind Waschmittel.

AP 2183856 Gen. An. 1939 — Hydrolysenprodukte von Proteinen werden acyliert (sulfoniert, sulfamiert).

AP 2180314 Sharples 1939 — Phenyldecylbenzolsulfonsaures Natrium als Waschmittel bzw. Derivate mit Alkylresten bis 20 C-Atomen.

AP 2160343 Colgate 1939 — Polyisobutylensulfonate werden als Waschmittel beschrieben.

AP 2159967 DuPont 1939 — Reinigungs- und Waschmittel sind Verbindungen der Form

$$\begin{matrix} CH_2\diagdown \\ R-CH_2\diagup \end{matrix} NO-\underset{\displaystyle R_1}{\underset{|}{CH}}-COONa,$$

wobei R 7—17 C-Atome besitzt und R_1 Alkyl oder ein Wasserstoffatom ist.

AP 2155877 Waldmann, Chwala 1939 (s. a. AP 2155878) — Undecylimidazoline können als Waschmittel verwendet werden.

AP 2154977 Unilever 1939 — Durch partielle Esterifizierung von Polyglycerin mit Fettsäuren oder durch Erhitzen von Fetten mit Glycerin können gute Waschmittel erhalten werden. Am besten eignen sich die Fettsäureester von Tri-, Tetra- und Pentaglycerin. Die Waschmittel sind kalkbeständig und können auch zusammen mit Metaphosphat, Pyrophosphat oder Glaubersalz Verwendung finden.

AP 2152520 Henkel 1939 — Wasch- und Reinigungsmittel für Textilien bestehen aus 50 Teilen Seife, 24 Teilen Tetranatriumpyrophosphat, 8 Teilen Perborat, 17 Teilen kalzinierter Soda, eventuell noch mit Zusätzen von Metasilikat und Natriumpolyphosphat ($Na_6P_4O_{13}$).

AP 2149662/61 Colgate 1939 — Reinigungsmittel aus Mineralölsulfonaten. Die Sulfonierung erfolgt in Lösung in flüssigem Schwefeldioxyd mit sulf. Mitteln. Man verwendet eine Mineralölfraktion, welche bei 5 mm bei 210—250° C übergeht.

3. Das Walken.

Durch die Einführung des Begriffes des DFE (Directional Frictional Effect), d.h. des Unterschiedes zwischen dem Maximum und Minimum der Reibungskoeffizienten des Wollhaares in der Richtung von der Spitze zur Wurzel bzw. umgekehrt, ist die Bestimmung der Filzfähigkeit der Wolle maßtechnisch möglich geworden[12]. Entsprechende Messungen setzen den Fachmann in den Stand, eine vorliegende Ware hinsichtlich ihrer filzenden Eigenschaften vorzuprüfen und die Walkmaßnahmen entsprechend dem gewünschten Effekt zu wählen[13].

Die neuere Patentliteratur bringt wieder eine Anzahl von Vorschlägen hinsichtlich der Walkhilfsmittel, insbesondere die Verwendung von Celluloseäthern, wie Methylcellulose (Tylose).

Das Walken von Mischgeweben bzw. das Ausmaß der Schrumpfung derselben unter Berücksichtigung verschiedener Fasermischungen ist Gegenstand einer Reihe von Untersuchungen bzw. Patenten. Während Mischgewebe aus Wolle und Caseinfasern (Lanital) bzw. Erdnußglobulinfasern (Ardil) schnell und stark schrumpfen, wird das Filzen der Wolle in der Walke durch Beimischungen von Acetatseide verzögert. Diese Verzögerung des Filzprozesses soll vermieden werden können, wenn man der Walkflotte Mittel zusetzt, die die Acetatseide plastisch machen[14]. Kunstseiden setzen die Walkfähigkeit der Wolle in Mischungen mit ihnen noch weitgehender herab, dagegen soll dies mit animalisierter Kunstseide (Rayolanda) weniger der Fall sein.

Der Einfluß der nichtfilzenden Fasern auf den Walkeffekt ergibt sich aus folgender Zusammenstellung (Mischungen 50:50):

Zusatz	Schrumpfung	
	von Mischgeweben (50:50)	reiner Wollgewebe
	bei gleicher Walkzeit	
Rayolanda	59%	60%
Baumwolle	50%	52%
Nylon	39%	46%

Für die Walke von Wolle-Zellwolle-Mischgeweben ist es wichtig, naßfeste Zellwolle zu verwenden. Da diese Fasern einer größeren Faserdehnung Widerstand leisten können, bleiben die Wollfäden im Gewebe einander genähert, wodurch ein günstiger Walkeffekt ermöglicht wird. Auch hydrophobierte Zellwolle, wie Vistra XTH_3, soll gute Resultate geben. Kunstfasern aus Dicarbonsäuren und Dialkoholen sollen ebenfalls das Walkvermögen von Wolle verbessern[15].

Literaturübersicht über das Walken.

Stevens: Dyer **103**, 417 (1950).
Hückel: Melliand Textilber. **31**, 689 (1950).
Hahn: Textil Praxis **4**, 401 (1949); vgl. Kunstseide, Zellwolle **28**, 234 (1950).
Atkinson: Text. Wld. **76**, 719 (1949).
Whewell, Messiha: Text. Recorder **65**, 48 (1947); Soc. Dyers Colourists **59**, 203 (1943).

[12] Rieu: Ind. textile **58**, 524 (1941).
[13] Marsh: Introduction on Textile Finishing. London, 1947.
[14] Vgl. z. B. EP 575072. Siehe auch Speakman: J. Textile Inst. **32**, T 83 (1941).
[15] Vgl. z. B. FP. 924900 DuPont 1947.

Patentschrifttum über das Walken.

OeP 159109 Böhme 1940 — Die saure Walke von Wolle wird mittels einer Walkflüssigkeit durchgeführt, die Schwefelsäureester höherer aliphatischer Alkohole enthält; z. B. walkt man 30 kg Wolle in 45 Liter Schwefelsäure von 2^0 Bé, welche 125 g Octadecylschwefelsäureester enthält.

DP 748755 Böhme 1944 — Beim Walken setzt man den Walkflotten Polysaccharidester von Oxycarbon- oder Oxysulfonsäuren zu. Eventuell kann man noch Natriumlaktat zugeben. Vorgeschlagen wird z. B. eine Walkflotte von 100 g celluloseglykolsaurem Natrium in 10 Liter Wasser. Die Lösung ist fast neutral.

DP 748632 Böhme 1944 — Als Walkhilfsmittel werden Celluloseglykolester, Celluloseäther usw. in Lösung empfohlen.

DP 745221 Hunsdiecker 1944 — Bei der sauren Walke von Hutstumpen wird als Netzmittel Laurylpyridiumchlorid zugesetzt.

DP 744814 IG 1944 — Als Walkhilfsmittel kann

$$CH_3—(CH_2)_3—\underset{\displaystyle C_2H_5}{CH}—CH_2—\underset{\displaystyle CO—CH_2—CH_2—COOH}{N}—CH_2—\underset{\displaystyle C_2H_5}{CH}—(CH_2)_3—CH_3$$

dienen.

DP 742861 Baumheier 1943 — Als Walkmittel werden die alkalischen Verseifungsprodukte von Rückständen aus der Leimgewinnung empfohlen.

DP 741687 IG 1943 — Als Walkhilfsmittel wird die Verbindung der Form

CO
—NH_2
—$O(CH_2)_3COONa$
CO

verwendet; vgl. S. 654.

DP 737647 IG 1943 — Man walkt Woll-Zellwoll-Gemische mit Walkflotten, die Einwirkungsprodukte von Kolophoniumchlorid auf Methylamin enthalten. Verwendet werden 3 g/l Walkflotte, die außerdem noch 1—2^0-Bé-Schwefelsäure enthält.

DP 732293 Diamalt 1942 — Als Walkflüssigkeit werden wäßrige Lösungen von Oleinalkoholsulfonat und Malzextrakt vorgeschlagen.

DP 727684 Graf 1943 — Man verwendet zum Walken von Tuchen Lösungen oder Aufquellungen von Cellulosemethyläthern mit Netzmitteln und Fettlösern.

DP 713853 IG 1941 — Man verestert Naphtensäuren mit Glycerin und sulfoniert die entstandenen Ester. Die Produkte sind als Netzmittel in der Walke wertvoll.

DP 686676 Terbita 1940 — Zum Walken wird die Verwendung von Estern aus sulfonierten Ölen mit einwertigen Alkoholen empfohlen.

DP 676637 Benckiser 1939 — Man walkt mit Flotten, die Salze der Meta-, Pyro- oder Polyphosphorsäure enthalten.

DA 172029 Homolka — Man walkt mit Alkalilaktatlösungen.

DA 76882 IG — Man walkt in sauren Flotten mit Polyacrylsäurederivaten.

DA 76265 IG — Walkflotten enthalten einen Zusatz von N-(3,4-Dichlorphenyl)-N'-(3-chlor-5-[4-chlor-2-sulfoxyphenyl]-phenyl)-harnstoff.

DA 72168 IG — Man walkt in sauren Flotten mit höheren Polyosen.

DA 56743 Albert — Als Walkflüssigkeit sollen die viskosen Lösungen des sogenannten Kurrolschen Salzes dienen.

DA 23943 Zschimmer Schwarz — Schwach saure Walkflotten enthalten Alkylnaphtalinsulfosäure.

SP 236216 Graf 1945 — Als Walkhilfsmittel wird eine Aufquellung von Cellulosemethyläther (Tylose) verwendet, wobei ein Netzmittel zugegeben wird. Man erzielt bei weitgehender Faserschonung einen weichen Griff sowie gute Verfilzung auch bei mineralölhaltigen Schmälzen. Angewendet wird eine Konzentration von etwa 0,5%.

SP 228904 Böhme 1943 — Zur Verhinderung von Walkschwielen werden Polysaccharidäther von Oxysäuren in Verbindung mit einem Mittel, welches die Spannung des Wasserdampfes herabsetzt, angewendet. Z. B. Oxyäthandisulfosäure, Celluloseglykoläther in Verbindung mit Natriumlaktat oder Kaliumformiat.

FP 878841 Graf 1943 — Als Walkflüssigkeiten werden neutrale, alkalische oder schwach saure Lösungen oder Dispersionen von Cellulosemethyläthern in Verbindung mit Reinigungs-, Netz- und Fettlösungsmitteln verwendet.

EP 609370 Celanese 1948 — Wolle-Acetatkunstseide-Mischungen werden gewalkt, indem man die Acetatkunstseide mit Lösungen von organischen Säuren, wie Essigsäure oder Ameisensäure (30—35% Essigsäure oder 32—40% Ameisensäure) weich macht.

EP 598229 Te Strake 1948 — Strickgewebe mit dem Aussehen gewebter Ware werden hergestellt, indem man durch Walken einen Einsprung von 30—50% hervorruft und dann fertigstellt.

EP 575072 Courtaulds 1946 — Mischgewebe aus Wolle und Acetatseide werden vor dem Walken mit einer Lösung von 20 g Diacetonalkohol getränkt, ausgequetscht, dann mit einer Lösung von 50 g/l Natriumoleat getränkt und ausgequetscht. Der Walkeffekt ist besser als anders.

EP 512927 Böhme 1939 — Walkflotten werden unter Verwendung von halogenierten oder halogenfreien aliphatischen oder cycloaliphatischen Carbonsäuren mit mehr als 8 C-Atomen hergestellt.

EP 505020 Franz 1939 — Zusammen mit Walkölen und eventuell Netzmitteln werden hier Fettalkohole, Fettsäureamide oder Alkylenamine verwendet, wobei das Walköl in Emulsion Anwendung findet. Die genannten Stoffe fungieren dabei als Dispergatoren für das Öl. Z. B. Na-Octadecenoylmethylaminoäthansulfonat oder Na-Butylmethylcyclohexanolsulfat usw.

DänP 64932 Graf 1946 — Als Walkhilfsmittel werden Alkylcellulosen empfohlen.

DänP 64897 Böhme 1946 — Als Walkhilfsmittel für Mischgewebe aus Cellulosehydrat (Zellwolle) und Wolle werden Polysaccharidester von Oxycarbonsäuren oder Oxysulfonsäuren vorgeschlagen.

HollP 64475 Schering 1949 — Zum Walken sollen Kondensationsprodukte von Aminosulfosäuren, Phenolen und Formaldehyd Verwendung finden.

AP 2496873 Hat Corp. 1950 — Walke von Hüten.

AP 2407602 Courtaulds 1946 (s. a. EP 575072) — In Mischgeweben von Acetatseide und Wolle verringert erstere die Filzfähigkeit derselben. In der Walke kann diesem Übelstande begegnet werden, wenn Gewebe verwendet werden, bei welchem die Acetatseide vor der Walkoperation mit einem Weichmacher behandelt wurde.

4. Das Carrotieren.

Das Carrotieren, auch Beizen genannt, stellt einen in der Hutindustrie wichtigen Vorgang dar. Tierhaare werden, meist nach Geheimverfahren, einer Beizbehandlung mit Quecksilbersalzlösungen unterworfen, um sie filzfähiger zu machen und gleichmäßige und dichtgefilzte Stumpen herzustellen.

Da die Verwendung der Quecksilbersalze nicht ungefährlich ist, sind bereits zahlreiche Vorschläge zu verzeichnen, ohne dieselben gleichartigen Effekte erzielen zu können.

Beim Carrotieren werden die Spitzen der Tierhaare mit Quecksilbersalz behandelt, bevor man sie vom Tierfell abschneidet. Auch Wasserstoffsuperoxyd kann verwendet werden. Hierbei werden die Haarspitzen durch Sprengung der Cystindisulfidbrücken im Haarmolekül weicher und deformierbarer und können daher beim Walken den Wanderungen der Haarwurzel leichter folgen. Verstärkt wird der Effek noch dadurch, daß man die Wurzelanteile, etwa ein Viertel der Faser vom Wurzelende an, mit Mitteln behandelt, welche zwischen den Molekülen Querverbindungen auszubilden vermögen, also eine gewisse Versteifung dieses Faseranteils und damit eine Erhöhung seiner Durchstoßkraft bei seiner Wanderung unter dem Einfluß des Filzvorganges bewirken.

Literaturübersicht über das Carrotieren.

Kramrisch: Amer. Dyestuff Reporter **39**, 557 (1950).
Speakman: Textil Rundschau **2**, 244 (1947).
Elöd, Zahn: Textil Praxis **2**, 116 (1947).
Elöd, Klein: Melliand Textilber. **23**, 77 (1942).
Bonnet: Teintex **7**, 261 (1942).

Patentschrifttum über das Carrotieren.

OeP 158137/39 Non Mercuric Carrot 1940 — Verfahren zum Carrotieren, wobei die Beizmittel ein Oxydationsmittel und N-haltige Substanzen, wie Pyridin, Triäthanolamin, Chinolin usw., enthalten, die die Wirkung des Hydrolysiermittels (Säure) puffern.

DP 738829 Benckiser 1943 — Man behandelt Tierhaare mit Aminosäuren unter Zusatz von Natriumsalzen der Äthylendiamintetraessigsäure und CaOH, hierauf wird mit Salpetersäure nachbehandelt. Die Faser zeigt erhöhtes Filzvermögen.

DP 731871 IG 1943 — Zum Beizen von Tierhaaren wird eine Behandlung mit mehrwertigen Metallsalzen und Oxyalkylierungsprodukten höhermolekularer aliphatischer Oxyverbindungen oder Phenolen vorgeschlagen. (Thallosulfat und dem Einwirkungsprodukt von Äthylenoxyd auf Dodecylphenol.)

DP 731577 Benckiser 1943 — Man behandelt Wollfasern zum Beizen (Carrotieren) mit wäßrigen Lösungen von Phosphorsäuren, die wasserärmer als Orthophosphorsäure sind, und hernach mit verdünnter Salpetersäure.

DP 710993 IG 1941 — Man carrotiert mit anorganischen oder organischen Rhodanverbindungen, eventuell unter Zusatz von Phosphorsäure (50 g Ammonrhodanid in 1000 ccm Wasser oder 60 g Rhodanid in 1 Liter Phosphorsäure, d = 1,3).

SP 245352 Sindermann 1947 (s. FP 881304) — Zum Carrotieren werden Mischungen von 90—10 Teilen Quecksilberbeize und 10—90 Teilen quecksilberfreier, wasserstoffsuperoxydhaltiger Beize verwendet. Erstere besteht z. B. aus 10 kg Salpetersäure 36° Bé, 2 kg Quecksilber, verdünnt auf 11—12° Bé, die andere Mischung aus 1—2 Teilen einer Mischung von 1,5—1,9 kg Phosphorsäure, 1,5 kg Salpetersäure und 0,05—0,18 kg Eisensulfat sowie 1 Teil Wasserstoffsuperoxyd und 3—4 Teilen Wasser.

FP 881304 Sindermann 1943 (s. SP 245352) — Das Carrotieren von tierischen Haaren erfolgt mit 90—10% eines Hg-haltigen Beizmittels und 10—90% eines Hg-freien, wasserstoffsuperoxydhaltigen Mittels. Z. B. ist ersteres eine Mischung von 10 Teilen rauchender Salpetersäure von 36° Bé und 2 g Hg, auf 11—13° Bé verdünnt, letzteres eine Mischung von 1,9 Teilen H_3PO_4, 1,5 Teilen HNO_3, 0,18 Teilen Eisensulfat, wobei auf 1 Teil der Mischung 1 Teil Wasserstoffsuperoxyd von 40° Bé zugegeben wird und mit 3 Teilen Wasser verdünnt wird.

EP 602867 Pellissier 1948 — Tierhaare werden mit Salpetersäure, Wasserstoffsuperoxyd, Schwefelsäure oder Phosphorsäure ohne Zusatz von Metallsalzen gebeizt.

EP 583005 ICI 1946 — Zum Carrotieren werden wäßrige Lösungen, bestehend aus 23,4% NaCl, 2,34% HCl und 1% Formaldehyd, verwendet. Man hält damit die behandelten Haare 40 Stunden auf 35° C.

EP 522434 Non Mercuric Carrot 1940 — Die Carrotierlösung enthält ein Hydrolysierungsmittel und ein Oxydationsmittel sowie Schutzpigmente, wie etwa Anthrachinon- bzw. Triphenylmethanfarbstoffe; vgl. EP 573180.

HollP 64787 Pellissier, Jonas, Rivet 1949 — Zum Carrotieren verwendet man Lösungen die in 100 g etwa 1 g Salpetersäure, 1 g Phosphorsäure, 0,5 g Schwefelsäure und 2 g Wasserstoffsuperoxyd enthalten.

HollP 64071 Donner 1949 — Carrotierflüssigkeit aus Salz-, Salpeter- und Phosphorsäure.

AP 2532991 Braim 1950 — Carrotierbürsten aus Borsten aus Vinyon bzw. Vinylacetat-chlorid-Co-polymeren.

AP 2443475 Page 1948 — Man carrotiert Pelze mit Zinksulfat, Essigsäure, Wasserstoffsuperoxyd und Schwefelsäure, trocknet und behandelt mit Ammoniakgas, wenn der Feuchtigkeitsgehalt der Pelze noch 25—50% beträgt.

AP 2438738 Trinity Holding 1948 — Das Carrotieren wird mit geringen Zusätzen von Uran- und Thoriumsalzen sowie einem Sr-salz wesentlich gefördert. Die Festigkeit der Fasern wird sehr geschont.

AP 2432207 Pellissier 1947 — Als wäßrige Carrotierlösung dient eine Lösung von Schwefelsäure, Salpetersäure und Wasserstoffsuperoxyd, die frei von Salzsäure und Metall ist.

AP 2432056 Papish Inc. 1947 — Zum Carrotieren behandelt man Haare mit einer Lösung von dinaphtylmethandisulfosaurem Natrium sowie einem hydrolysierenden und einem oxydierenden Agens.

AP 2411725 Stetson 1946 — Als carrotierende Substanzen können verwendet werden: HCl, Schwefelsäure, Wasserstoffperoxyd oder Schwefelsäure und Superoxyd, oder Chinon und Salpetersäure, oder Jod und Salpetersäure usw. Diese Stoffe werden in einer Lösung von einem Wassergehalt von nicht über 50% zusammen mit einem organischen Lösungsmittel, wie Äthylalkohol, angewendet. Die Fasern werden getränkt, der Flüssigkeitsüberschuß entfernt und dann getrocknet. Die Wolle bzw. das Haar kann ohne Vortrocknung mit einem Feuchtigkeitsgehalt bis zu 30% Verwendung finden.

AP 2356681 Hatters 1944 — Es wird mit Schwefel-, Salz-, Salpetersäure und Wasserstoffsuperoxyd carrotiert.

AP 2330813 Chapal Dormer 1943 — Es wird eine Mischung von Schwefelsäure, Salzsäure und Salpetersäure verwendet (20—260 g HCl, 3—40 g HNO_3 und 3—60 g H_2SO_4 pro Liter).

AP 2325236 Lee Co. 1943 — Man bringt Pelze 15—30 Minuten in eine wäßrige Lösung eines säurebeständigen Netzmittels bei einem pH von 7,3 und behandelt dann mit der Carrotierlösung weiter. Nachher wird wieder mit Netzmittel behandelt, bis das pH auf 5,5—6,0 sinkt (Verhütung von Haarschäden).

AP 2321775 Non Mercury Felt 1943 — Man behandelt trockene Pelze mit einer Substanz, welche eine Carrotierlösung aufgesaugt enthält, trocken. Das Material bleibt sehr geschont; vgl. AP 2306872.

AP 2300660/62 Fabian 1942 — Lösungen zum Carrotieren bestehen aus 68—70%iger Perchlorsäure (4%), Salpetersäure 40° Bé (1,5—3%) und Schwefelsäure 100 vol.-%ig (14—20%), der Rest ist Wasser (77—80%). Man kann auch als Schutzkolloide Aminosäuren aus Proteinabbauprodukten oder Gelatine zusetzen.

AP 2242668 Dolid 1941 — Zum Carrotieren von Haaren wird eine Lösung von Mineralsäure und Permolybdänsäure verwendet. Es werden 10 Teile Molybdäntrioxyd in 12 Teilen wäßrigem Ammoniak von 28° Bé, verdünnt mit 40 Teilen Wasser, gelöst. Zugegeben wird eine Salpetersäurelösung von 40° Bé, verdünnt mit 100 Teilen Wasser auf 57 Teile Salpetersäure. Hernach werden weiters 16 Teile Natriumperborat zugegeben und schließlich noch 100 Teile Wasser zugesetzt.

AP 2225843 Page, Lefkowitz 1941 — Zum Carrotieren werden Mischungen aus Zinksulfat oder Chlorid, Essigsäure, Schwefelsäure (66° Bé) und Wasserstoffperoxyd verwendet. Z. B. 5—8% Zinksulfat, 12—26% Essigsäure 28%ig, 5—10% Schwefelsäure (66° Bé) 4—8%, Wasserstoffperoxyd 100 vol.-%ig und eventuell 5—7% Gerbsäure.

AP 2181884 Giuliano 1939 — Carrotiert wird mit einer Lösung eines Proteinkoagulates aus Phosphorwolframsäure unter Zusatz von Alkali bei einem pH von über 13.

AP 2155161 Non Mercuric Carrot 1939 — Man carrotiert mit Mercurinitrat und Salpetersäure in Gegenwart von Alkohol, Aceton oder einer anderen organisch-aliphatischen Verbindung, welche keine Fällung gibt.

AP 2148034 Hatters 1939 (s. a. AP 2148033 und AP 2148032 bzw. AP 2148031) — Als Carrotierungsmittel wird eine Mischung von HCl, Schwefelsäure und Kaliumperchlorat oder Ammonperchlorat oder Ammonpersulfat oder Wasserstoffperoxyd verwendet. Rezepturen: 4 Mol HCl, 3 Mol Schwefelsäure, 14 Mol

Permanganat; oder: 35 Mol HCl, 3 Mol Schwefelsäure, 8 Mol Perchlorat; oder: 25 Mol HCl, 2 Mol Schwefelsäure, 85 Mol Perchlorat; oder: 55 Mol HCl, 8 Mol Schwefelsäure, 4 Mol Persulfat; oder: 6 Mol HCl, 4 Mol HNO_3, 7 Mol Persulfat.

AP 2144487 Non Mercuric Carrot 1939 — Als Schutzsubstanzen werden der Carrotierlösung zugesetzt: 4,8-Diamino-1,5-dihydroxy-anthrachinon-2,6-disulfosaures Natrium oder 1-Amino-2-methyl-4-o-sulfo-p-tolyaminoanthrachinon usw.

5. Das Chloren der Wolle.

Durch das Chloren wird neben einer gesteigerten Farbaufnahme sowie einem gewissen Glanz der Wolle eine verminderte Filzfähigkeit des Materials erzielt. Während die beiden ersten Eigenschaften früher der Hauptzweck der Behandlung waren, stellt die Herabsetzung des Filz- bzw. Schrumpfvermögens heute den meist angestrebten Effekt dar.

Das Chloren der Wolle[16] kann nach verschiedenen Methoden erfolgen: Entweder wird das Textilgut mit Halogen[17] in Dampfform oder Chlor- oder Bromwasser behandelt. Letztere Arbeitsweise kann auch so vorgenommen werden, daß Hypochloritlösungen bzw. Chloritlösungen Anwendung finden. Während nun der sogenannte *Negafel*-Prozeß von Clayton-Edwards[18] unter Zugabe von reduzierenden Mitteln, wie etwa Ameisensäure oder Milchsäure, vorgenommen wird, wobei eine zu starke Faserquellung wegen der Gefahr der Schädigung derselben vermieden werden muß und vielfach unentfettete Wolle zur Behandlung kommt, arbeitet der *Hypak*-Prozeß (Rohrdorf)[19] derart, daß durch Zugabe gewisser Stoffe das freiwerdende Chlor vorerst absorbiert und nur allmählich wieder abgegeben zur Einwirkung auf die Faser kommt. Die Zusätze sind wahrscheinlich Amide oder verwandte Derivate. Das *Proton*-Verfahren[20] verwendet Zusätze von Natriumsulfaminat und Formaldehyd zur Hypochloritlösung. Das Sulfaminat gibt dabei mit der unterchlorigen Säure eine Verbindung der Form $NHClSO_3Na$, die sich beim Erwärmen unter Bildung eines Chloramids NH_2Cl zersetzt, welches mit Wasser Ammoniak und Hypochlorit bildet, so daß das ursprünglich vorhandene Chlor nur allmählich auf die Faser wirkt. Das Formaldehyd fördert durch Verbindung mit dem aus der angedeuteten Umsetzung freiwerdenden Ammoniak die Hydrolyse. Schließlich wäre noch auf den *Chlorzym*-Prozeß[21] hinzuweisen, bei welchem erst naßgechlort (durch Hypochloritbehandlung) wird und nachher die Entfernung der durch die Chlorbehandlung gelockerten und teilweise zerstörten Schuppenschicht des Wollhaares durch Papain vorgenommen wird.

An Stelle der bisher besprochenen Naßchlorverfahren[21a] wird in letzter Zeit mehr denn je die *Drisol*-Behandlung[22] oder der Trockenchlorprozeß empfohlen. Hier wird die Wolle mit Sulfurylchlorid in Schwerbenzin behandelt. Es entsteht kein Verlust an Schwefel in der Wollfaser. Ebenso ist eine Schädi-

[16] Dolly: Text. Recorder **61**, 51 (1944). — Phillips: J. Soc. Dyers Colourists **58**, 245 (1942).

[17] Ericsson: Amer. Dyestuff Reporter **29**, 641 (1940).

[18] Marsh: Textile Science 338 (1948), Introduction on Textile Finishing, 1947, 191/127. — Edwards: Amer. Assoc. Text. Techn. **2**, 9 (1946).

[19] Wollen, Leinen Ind. **61**, 81/82 (1941).

[20] AP 2427097 (1947).

[21] EP 546915 (1942).

[21a] Zimmermann: Amer. Dyestuff Reporter **36**, 473 (1947).

[22] EP 464503 (1936).

gung derselben, insbesondere ein Festigkeitsverlust, nicht zu beobachten[23]. Auch die Färbung einer derartig vorbehandelten Wolle ist im Gegensatz zu oft auftretenden Schwierigkeiten beim Chloren nach den Naßverfahren[24] eine gleichmäßige.

Der beim Chloren anzuwendende pH-Wert wird mit 8—9 angegeben[25].

Auf weitere Chlorierungsprozesse, wie das Scholler-Verfahren, den *Harriset-Prozeß* mit Hypochloritlösungen und das *SW*-Verfahren von Cluett-Peabody mit Permanganat und Hypochlorit sei verwiesen; vgl. S. 373.

Beim Chloren von Gemischen aus Wolle und Nylon tritt oft nach Belichtung ein Zerfall der Nylonfaser auf [vgl. z. B. Text. Manufacturer **77**, 134 (1951)],

Literaturübersicht über das Chloren der Wolle.

Moncrieff: J. Soc. Dyers Colourists **67**, 27 (1951).

Alexander, Carter, Earland: J. Soc. Dyers Colourists **67**, 17 (1951).

Alexander, Gough, Hudson: Trans. Faraday Soc. **45**, 1058, 1109 (1949). — Vgl. Wool Rec. Text. Wld. **78**, 871 (1949).

Epelberg: Amer. Dyestuff Reporter **38**, 526 (1949).

Frishman, Hornstein, Smith, Harris: Text. Wld. **98**, 220 (1948); Ind. Engn. Chem. **40**, 2280 (1948).

Frishman, Smith, Harris: Text. Res. J. **16**, 4 (1946).

Blackburn, Phillips: J. Soc. Dyers Colourists **61**, 100 (1945).

Whewell, Cankat: J. Soc. Dyers Colourists **60**, 60 (1944).

Patentschrifttum über das Chloren der Wolle.

DP 747392 Ciba 1944 — Zum Chloren von chlorunechten Färbungen (Mischgewebe) wird die Ware nach der Färbung mit Melaminformaldehydharzlösungen behandelt. Eine nachträgliche saure Hypochloritbehandlung, die z. B. die Schrumpf- bzw. Filzfähigkeit des Wollmaterials im Gewebe herabsetzt, zerstört die Färbungen nicht.

DP 745268 IG 1944 — Vorrichtung zum Chloren von Stückware.

DP 735587 Grünau 1943 — Man verwendet Lösungen von Chlor oder unterchloriger Säure, die Eiweißabbauprodukte enthalten.

DP 728673 Stöhr 1942 — Zur Verminderung des Filz- und Schrumpfvermögens der Wolle wird dieselbe mit einer Lösung von Chlorsulfonsäure in einem organischen Lösungsmittel, hierauf mit Wasser und dann mit Ammoniak oder Sodalösung behandelt.

DP 715484 Henkel 1941 — An Stelle des bekannten Chlorierungsverfahrens von Wolle mit Sulfurylchlorid wird das Arbeiten mit Chlor in organischen Lösungsmitteln (Tetrachlorkohlenstoff) empfohlen. Das Lösungsmittel wird nach dem Abquetschen durch Durchleiten warmer Luft und Adsorption an Silikagel wiedergewonnen.

SP 257697 Stevensons Dyers 1949 — Zur Verhinderung des Schrumpfens wird Wolle mit Lösungen von Permanganat und Hypochlorit behandelt und nachher mit Bisulfit vom gebildeten Braunstein befreit.

---

[23] Hall: J. Soc. Dyers Colourists **55**, 389 (1939).

[24] Bonnet: Teintex **6**, 260 (1941).

[25] Harris, Frishman: Amer. Dyestuff Reporter **37**, 52 (1948).

FP 967857 Wolsey 1950 — Man chloriert Wolle mit Lösungen, die Chloramide oder Chlorsulfonamide enthalten, bei pH weniger als 2 mit einem Chlorgehalt von 0,3 n. Vorzugsweise arbeitet man in salzsaurer Lösung und in Gegenwart von NaCl.

FP 925501 Tullie-White 1947 — Zum Chloren der Wolle zur Herabsetzung der Filzfähigkeit derselben wird vorgeschlagen, die Halogeneinwirkung bei einem pH von 4 vorzunehmen und hernach mit einem Bade von Wasserstoffsuperoxyd zu behandeln.

FP 921041 Stevensons Dyers 1947 — Zum Schrumpffestmachen von Wolle behandelt man mit Lösungen von Permanganat und Chlorstickstoffverbindungen, wie Monochloramin, Sulfonchloramid, Stickstofftrichlorid usw. Z. B. wird die Wolle erst mit einer Permanganatlösung von 2,5% bei 40° C behandelt, gespült und nachher in eine Lösung von Monochloramin gebracht.

FP 878964 IG 1943 — Beim Chlorieren von Textilgut in Stückform imprägniert man mit überschüssigem, frisch bereitetem Chlorwasser und setzt das verbrauchte Chlor durch Einleiten von gasförmigem Chlor in das Behandlungsbad, welches zwischen Behandlungsbehälter und Chlorauffrischungsbehälter zirkuliert.

FP 877736 Ciba 1942 — Mischgewebe, welche zwecks Verminderung der Filz- und Schrumpffähigkeit gechlort werden sollen, werden zur Erzielung von chlorwiderstandsfähigen Färbungen mit Vorkondensaten von Harnstoff-formaldehydharzen behandelt, so daß die Färbung durch die erzeugte Harzschicht geschützt wird.

FP 876800 Eschenbrenner 1943 — Zum Chloren werden Lösungen von Chlor mit 1,5% aktivem Chlor und 4% Schwefelsäure verwendet. Hernach wird mit Bisulfit nachbehandelt.

FP 859555 Textilstudienverwert. 1940 — Man behandelt Wolle mit verdünnter HCl (2 g/l) unter Spannung, einmal in der Kett-, das andere Mal in der Schußrichtung, und erhält so schrumpffeste Gewebe, wenn man nachher mit Hypochlorit behandelt, säuert, spült, wäscht und trocknet.

FP 841488 Ciba 1939 — Chloren von Wolle im Vakuum.

HollP 60821 Stevensons Dyers 1948 — Schrumpffreimachen von Wolle erfolgt mittels Hypochloritlösungen oder Verbindungen von Stickstoff-Chlor sowie Permanganaten. Die Wirkstoffe können gleichzeitig oder nacheinander angewandt werden. Als N-Cl-Verbindungen werden NCl_3 oder p-Toluolsulfochloramid genannt. Schlußbehandlung mit Bisulfit.

EP 631141 Wolsey 1949 — Man chloriert in Gegenwart von Stoffen, die die Gruppierung

$$-\underset{\substack{|\\ \mathrm{Cl}}}{\mathrm{CON}}- \quad \text{oder} \quad -\mathrm{SO_2}\underset{\substack{|\\ \mathrm{Cl}}}{\mathrm{N}}-$$

aufweisen.

EP 621989 Harris 1949 — Man behandelt mit alkalischen Hypochloritlösungen während 2 bis 10 Sekunden.

EP 614271 Palestine Potash 1948 — Es wird mit salzsauren Bromatlösungen behandelt.

EP 601330 Clayton-Edwards 1948 — Beim Chloren von Wolle wird, um die Einwirkung des Halogens gleichmäßiger zu gestalten, auf dem Material ein wasserunlöslicher Film eines Stoffes, der aktives Chlor enthält, gebildet und derselbe durch Zersetzung zur Chlorabgabe veranlaßt. Z. B. behandelt man mit Lösungen von N-Dichlorbenzolsulfonamiden in organischen Lösungsmitteln (sym. Dichloräthan usw.) in einer Konzentration von 2—6%, hierauf wird getrocknet und mit verdünnten Mineralsäuren behandelt.

EP 570582 Raynes, Stevenson — Vor der Chlorierung von Wolle wird dieselbe mit einer wäßrigen 1—2%igen Lösung von Stannochlorid bei einem pH von 5,7 behandelt.

EP 569730 Stevensons Dyers 1943 — Man behandelt Wolle zum Schrumpffestmachen mit Permanganatlösungen und nachher mit Natriumhypochlorit unter Zusatz von $CaCl_2$, Zinksulfat und einem Netzmittel; vgl. EP 570582.

EP 567501 Baldwin, Barr, Speakman — Wolle wird durch Behandlung mit einer Lösung von Anhydrocarboxyglycin in organischen Lösungsmitteln und nachheriger Trocknung und Härtung bei 90—140° C in ihrem Filzvermögen herabgesetzt.

EP 564958 Greenwood 1942 — Das Schrumpffestmachen von Wolle erfolgt durch Behandlung mit chlorierendem Mittel, wonach mit Wasserstoffperoxyd nachbehandelt wird.

EP 561475 ICI 1942 — Man behandelt die Wolle mit einer wäßrigen Lösung von Natriumchlorit und dann mit Salzsäure bei 90—95° C. Hernach wird mit Sulfitlösung gebleicht.

EP 556872 Wolsey 1942 — Zum Schrumpffestmachen von Wolle wird das Textilmaterial in einer Lösung eines Halogens (Cl, Br) in einem Lösungsmittel oder Lösungsmittelgemisch, welches nicht mit dem Halogen reagiert, behandelt. Verwendet wird Tetrachlorkohlenstoff mit Schwerbenzin verdünnt, der Chlorgehalt ist etwa 57 g/kg Lösung. Der Feuchtigkeitsgehalt der Wolle spielt eine große Rolle. Er soll etwa 13% betragen. Die Wolle wird etwa 1 Stunde bei gewöhnlicher Temperatur behandelt, dann geschleudert und mit der wäßrigen Lösung eines Fettalkoholsulfonats nachbehandelt.

EP 550541 Tootal Broadhurst 1942 — Vor der Behandlung mit Hypochloritlösungen wird die Wolle mit einem löslichen Kondensat aus Harnstoff-formaldehyd behandelt.

EP 546915 Wool Research 1942 (s. AP 2373974) — Wolle wird der Einwirkung von Chlorgas oder Sulfurylchlorid unterworfen, welche bekanntlich die Schuppenschicht weitgehend lockert bzw. zerstört, und nachher zur Lösung der Schuppenschicht mit Papain behandelt (Chlorzym-Verfahren).

EP 540613 ICI 1942 — Bei der Behandlung von Wolle mit Sulfurylchlorid wird dem Behandlungsbade zur Verbesserung der Weichheit der Wolle Octadecylisocyanat zugegeben. Da die Farbe der Faser leidet, wird geschwefelt oder mit Superoxyd gebleicht.

EP 537671 Clayton-Edwards 1941 (Negafelprozeß) — Man arbeitet mit wäßrigen Chlorlösungen und Ameisensäure bei einem pH von 4—5. Vorsicht, daß keine zu starke Quellung der Faser eintritt, die den Faserangriff des Chlors fördert. Vielfach wird daher Fettwolle behandelt, da Fette und Schmälzöle den Angriff des Chlors mildern. Verbessert wurde die Methode im EP 557600, wobei ein alkalisches Chlorbad angewendet wird, das durch Einleiten von CO_2 aktiviert wird.

AP 2525543 Guttman 1950 — Nachbehandlung von chlorierter Wolle mit Wasser von 20—40° C; vgl. AP 2283612, AP 2438328 und EP 542169.

AP 2466695 Harris 1949 — Man chloriert Wolle in alkalischen Hypochloritlösungen bei einem pH-Wert von 7,5—9 während 1 bis 10 Sekunden; vgl. AP 2395725, EP 557600.

AP 2427097 Kamlet 1947 — Das Chloren von Wolle findet mit Hilfe wäßriger, Sulfaminat und Formaldehyd enthaltender Hypochloritlösungen statt, welche sauer eingestellt sind. Auch alkalische Hypochloritlösungen vom pH 7—17 werden vorgeschlagen *(Protonizing)*. Die Alkalilöslichkeit der Wolle (als Maß für den Faserangriff) beträgt nach dem Naßchloren mit Hypochlorit:

Unbehandelt	14,0 %
4% Chlor alkalisch	17,9 %
5% Chlor alkalisch	15,7 %
3% Chlor sauer	27,0 %
5% Chlor sauer	30,25%

AP 2414704 DuPont 1947 — Schrumpffeste Wolle wird durch Behandlung mit Lösungen von N-Chlorhydantoinen, z. B. 0,15% 1,3-Dichlor-5,5-dimethylhydantoin in stark saurem Milieu (pH 1,5) mit Natriumbisulfat hergestellt. Dabei treten die beim Chloren bemerkbaren Nachteile, wie Faserangriff, Härte der Wolle usw., nicht auf.

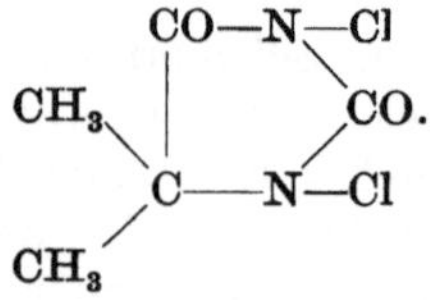

```
            CO—N—Cl
            |    \
  CH3\      |     CO.
      \     |    /
       C————N—Cl
      /
  CH3
```

AP 2326021 Westvaco Chlorine 1943 — Behandlung von Wolle mit Lösungen von Cl oder Brom von 0,001—0,05%, wobei das pH über 2 beträgt und bei 16° C gearbeitet wird. Die Lösung wird noch unverbraucht entfernt. (Es wird bis zu einem Bromgehalt der Wolle von etwa 7% gearbeitet).

AP 2311507 DuPont 1943 — Das Chloren von Wolle findet mit unterchlorige Säure abgebenden Mitteln, die in Dioxan oder anderen organischen Lösungsmitteln gelöst sind, statt. Man verwendet z. B. N,N'-Dichlor-5,5-dimethylhydantoin.

AP 2213399 1941 — Wolle wird mit gasförmigem Nitrosylchlorid oder dessen Lösungen (2%) behandelt.

6. Das Schmälzen und Ölen von Fasern und Garnen; Garnkonditionierung und Mittel zur Verringerung statischer Elektrizität.

Das Schmälzen der Wolle vor dem Verspinnen zu Garnen wird seit langem durch Aufsprühen von Emulsionen von Elain bzw. Ölsäure vorgenommen. Dabei wurden früher die dabei verwendeten Emulsionen zum Teil in grober Form durch Verrühren von Olein in Wasser mit Hilfe von Alkali (Ammoniak, Soda usw.) hergestellt.

Um eine gleichmäßige feinste Verteilung des aufgewendeten Oleins und damit auch eine möglichst große Regelmäßigkeit der gesponnenen Garne zu gewährleisten, werden derartige Emulsionen derzeit vielfach mit Hilfe von Emulgatoren hergestellt.

Der Ersatz des teuren Oleins durch billigeres Mineralöl ist verschiedentlich Gegenstand von Untersuchungen gewesen. Wie gezeigt wurde, besitzt jedoch Mineralöl eine außerordentlich große Affinität zur Wollfaser, und seine Entfernung in der Wollwäsche ist nur zu einem gewissen Grade möglich. Der hartnäckig festgehaltene Rest bringt beim Färben alle jene Unregelmäßigkeiten, wie Unegalitäten, rußende Färbungen usf., hervor, die jedem Fachmanne zur Genüge bekannt sind. Nur die Verwendung hochwirksamer Dispergiermittel kann diesem Übelstand abhelfen.

Nach einer englischen Zusammenstellung[26] über die in Deutschland üblichen Methoden zum Schmälzen von Wollen wurde versucht, die Verwendung von Alkali sowohl beim Schmälzen als auch beim Waschen und Walken zu umgehen. Hierfür wurden Arbeitsweisen ausgewählt, welche auf der Verwendung der bekannten ioneninaktiven, durch Einwirkung von Äthylenoxyd auf verschiedene Stoffe erhaltenen Textilhilfsmittel beruhen. Statt Olein wurde z. B. *Servital OL* der IG verwendet. Es stellt eine Mischung von 66% Mineralöl mit 34% *Emulphor A* (Di-isohexylheptylphenol mit 6 Mol Äthylenoxyd kondensiert) dar. Das Emulphor sollte neben der Emulgierwirkung für das Mineralöl auch dessen Zurückhaltung durch die Wolle bei der nachfolgenden Wäsche verhindern.

Statt *Emulphor A* wurden auch die sogenannten *Mersole* in Verwendung genommen. Das Cyclohexylaminsalz der Alkylphenylsulfosäure war als *Emulphor STL,* das Kondensationsprodukt aus dem *Mersol* mit Ammoniak und Chloressigsäure als Emulphor STH im Handel. Schließlich sind noch Alkylsulfonamidomethylsulfosäure *(Emulphor STU)* und das Kaliumsalz der Dodecylxylolsulfosäure *(Emulphor STX)* in Mengen von etwa 10—20%, gerechnet auf Mineralöl, angewendet worden.

Unter gewissen Arbeitsbedingungen ist es also möglich, die Auswaschbarkeit des Mineralöls auf einen Grad zu erhöhen, bei welchem die in der Wolle verbleibenden Reste keine besonderen Schwierigkeiten mehr bereiten. Insbesondere soll man unter Zusatz von Igepal und Emulgatoren bei maximal 35° C oder ohne Verwendung von Seifen oder Soda lediglich mit neutralen Waschmitteln waschen[27]; vgl. auch AP 2336087 S. 707.

Eine große Anzahl von Patenten betrifft das Ölen von Zellwolle.

Bei den Verfahren zum Ölen von Garnen bzw. deren Vorbereitung zur Verarbeitung nehmen einen außerordentlich großen Raum jene Methoden ein, die insbesondere Acetatseidengarne derart behandeln, daß das Auftreten von statischer Elektrizität und damit von Schlingen und dadurch verursacht Fadenbrüchen verhindert wird. Hier sind es insbesondere Phosphorsäureester, die vorgeschlagen werden. Für das gleichmäßige Aufbringen von Garnkonditioniermitteln wird neuestens nach der sogenannten *Texspray*-Methode gearbeitet.

Die bei der Faserverarbeitung zur Ausbildung kommende statische Elektrizität macht sich durch Ausbildung von Faserschlingen, Fadenbrüchen usw. unangenehm bemerkbar. Die Erscheinung tritt hauptsächlich bei Fasern auf, welche keine OH-Gruppen aufweisen bzw. deren OH-Gruppen im Fasermolekül

---

[26] Bios: Final Report 1239, s. Text. Manufacturer **73,** 375 (1947).

[27] Speakman: J. Soc. Dyers Colourists **56,** 259 (1940).

blockiert sind (Vinyon, Acetatkunstseide). Verhindert kann der Übelstand werden, wenn man für das Vorhandensein einer gewissen Feuchtigkeitsmenge auf der Faser sorgt. In diesem Falle tritt zufolge Verteilung der Elektrizität ein Verschwinden der Erscheinung ein. Die Faserfeuchtigkeit kann neben der notwendigen Verarbeitung in Räumen mit mindestens 50—60% relativer Luftfeuchtigkeit (bei 25—30° C) durch das Aufbringen von hygroskopisch wirkenden Substanzen erzielt werden. Bei Wolle ist die Erscheinung der statischen Elektrizitätsbildung nicht bekannt, da die Wollfaser zufolge der durch die Schmälzemulsion aufgebrachten größeren Wassermengen genügend feucht ist. Baumwolle zeigt vereinzelt Bildung statischer Elektrizität, wenn die Fasergeschwindigkeit bei der Verarbeitung eine große ist.

Literaturübersicht über das Schmälzen und Ölen von Fasern und Garnen; Garnkonditionierung und Mittel zur Verringerung statischer Elektrizität.

Kehren: Melliand Textilber. **32**, 393 (1951).
Kadmer: Melliand Textilber. **32**, 377 (1951).
Bergmann: Melliand Textilber. **32**, 213 (1951).
Götze: Melliand Textilber. **32**, 223 (1951).
Norris: Text. Recorder **68**, 85 (1950).
Trevor: Text. Recorder **68**, 86 (1950).
Mühle: Melliand Textilber. **31**, 196 (1950).
Taylor: J. Textile Inst. **41**, P 88 (1950).
Nitschke: Melliand Textilber. **27**, 299 (1946); **28**, 61 (1948).
Hirsbrunner: Textil Rundschau **3**, 342, 382 (1948).
Kehren: Melliand Textilber. **27**, 159 (1946).
Rohrdorf: Spinner u. Weber **59**, 37 (1941).
Kellner: Rayon Text. Monthly **21**, 540 (1940).

Patentschrifttum über das Schmälzen und Ölen von Fasern und Garnen, Garnkonditionierung und Mittel zur Verringerung statischer Elektrizität.

DP 749505 Phrix 1944 — Tallölsäuren oder deren Ester mit einem Harzgehalt über 1% werden mittels eines Emulgators dispergiert als Schmälze für Zellwolle verwendet.

DP 748927 Phrix 1944 — Es werden als Schmälze für Zellwolle emulgierte Tallölsulfosäureester (mit Glykol) verwendet.

DP 748836 IG 1944 — Mischungen von Mineralöl, Salzen kapillaraktiver Verbindungen mit wasserlöslichen Gruppen und mehrwertige basische Verbindungen werden als Schmälzmittel vorgeschlagen.

DP 748632 Böhme 1944 — Es wird eine wäßrige Alkalisalzlösung des Celluloseglykolsäureäthers unter Zusatz hygroskopischer Mittel zum Schmälzen empfohlen.

DP 747744 Ohne Inhabernennung 1944 — Als Schmälze werden Lösungen von Polymerisationsprodukten, Eiweißabbauprodukten und chlorierten kapillaraktiven Säuren (Harz-, Naphtensäuren) empfohlen.

DP 747702 Ohne Inhabernennung 1944 — Zum Schmälzen von Zellwolle wird eine Lösung verwendet, welche neben Avivagemitteln noch 0,1—0,2 g/l an Polymerisationsprodukten enthält, worauf, ohne diese zu härten, getrocknet wird.

DP 747490 Phrix 1944 (Zusatz zu DP 742523) — Es werden als Schmälze für Zellwolle Tallölfettsäuren in Form ihrer Seifen verwendet.

DP 743928 Blumer 1944 (s. S. 440 und 654).

DP 742523 Phrix 1943 — Zum Schmälzen von Zellwolle werden veresterte Tallölfettsäuren in emulgierter Form vorgeschlagen.

DP 742451 IG 1943 — Durch Behandlung von Zellwolle mit Seife und geringen Mengen von polymeren Alkyleniminen erhält man gut verspinnbare Fasern.

DP 741891 Zschimmer, Schwarz 1943 — Zum Schmälzen von Zellwolle-Wolle-Gemischen werden wasserlösliche Kondensationsprodukte von Alkylhalogeniden mit mehr als 8 C-Atomen und Aldehydderivaten, in hochsiedenden Alkoholen hergestellt, vorgeschlagen.

DP 740539 IG 1943 — Man schmälzt Zellwolle mit Verbindungen der Form

$$R{-}N(R'){-}R''OH,$$

wobei R einen Rest mit 4 C-Atomen und mehr bedeutet, welcher halogeniert, aber nicht substituiert ist, R′ einen nicht substituierten, aber eventuell Halogen oder OH-Gruppen aufweisenden Kohlenwasserstoffrest, dessen Kette auch durch O-Atome unterbrochen sein kann, und R″ einen mindestens einmal in der Kette durch O unterbrochenen Rest bedeuten. Man verwendet z. B. Mischungen aus Dicetyl- und Dioctadecyläthanolaminpolyäthylenglykoläthern.

DP 738532 Zschimmer, Schwarz 1943 — Das Schmälzen von Zellwolle kann mit hochmolekularen Verbindungen der Formel

$$NH(CH_2{-}CH_2OH){-}CH_2{-}CH_2{-}O{-}CH_2{-}COOCH_2{-}C_{19}H_{29}$$

erfolgen (Monochloressigsäureester des Abietinols).

DP 736371 Böhme 1942 — Zellwolle wird vor dem Verspinnen mit einer Lösung von neutralisierte Sulfo- oder Carboxylgruppen enthaltenden Kondensationsprodukten aus aromatischen Oxyverbindungen und Aldehyden behandelt.

DP 728235 Böhme 1942 — Als Schmälze für Zellwolle wird ein Gemisch aus mehrwertigen aliphatischen Alkoholen und Salzen von Celluloseoxyfettsäuren empfohlen. Eventuell werden Salze von Ligninsulfosäuren zugegeben. 867 Teile Propandiol, 133 Teile Na-salz der Celluloseglykolsäure oder 517 Teile Propandiol, 345 Teile ligninsulfosaures Alkali und 138 Teile Celluloseglykolsäure.

DP 727778 Bechtold 1942 — Als Emulgator für Olein wird Carragheenmoosauszug, ohne Kochen bereitet, empfohlen.

DP 721002 Houghton 1942 (s. a. DP 720110) — Phosphatide pflanzlicher oder tierischer Herkunft können als Avivagemittel für Kunstseiden verwendet werden.

DP 718033 Lürman u. Schütte 1942 — Zellwollschmälzen bestehen aus einer Mischung von Fettsäuren mit hohem Schmelzpunkt, etwas wachsartigen Stoffen und flüssigen Estern von Fettsäuren mit niederen Alkoholen (46 Teile Kokospalmkernfettsäure, 25 Teile Erdnußfettsäure, 20 Teile Erdnußfettsäure-Äthylester, 4 Teile Wollfett, 5 Teile Äthylalkohol).

DP 717703 Zschimmer, Schwarz 1942 — Man verwendet zum Schmälzen von Zellwolle Harnstoff und mehrwertige Alkohole.

DP 710228 IG (s. S. 442 und 659).

DP 709382 IG 1941 — Zum Schmälzen werden flüssige Carbonsäuren der Form

$$\begin{array}{c} \text{R—CO—N—R''—COOH} \\ | \\ \text{R'} \end{array}$$

(R = aliphatischer Rest mit mindestens 8 C-Atomen, R′ = H oder aliphatischer Rest, R″ = aliphatischer Rest) (Oleyläthylaminoessigsäure) vorgeschlagen. Eine Autoxydation ist nicht zu befürchten.

DP 702567 Stöhr 1941 — Zum Ölen werden Paraffinemulsionen mit fetten Ölen unter Zugabe eines aliphatischen Alkohols mit mehr als 7 C-Atomen empfohlen.

DP 695255 IG 1940 — Zur Verhinderung der Ausbildung statischer Elektrizität behandelt man die Garne mit Lösungen von fetten Ölen, welche noch Sulfonate und Mineralöl enthalten.

SP 265176 Solvay 1950 — Schmälzmittel für Wolle sind Gemische, die einen mindestens 16 C-Atome pro Molekül enthaltenden chlorierten Kohlenwasserstoff und einen kleineren Anteil einer nichtcyclischen aliphatischen Verbindung, die mindestens 12 C-Atome pro Molekül und mindestens eine an ein C-Atom gebundene OH-Gruppe aufweist, enthalten.

SP 245721 Zellweger 1947 — Es wird ein Verfahren zur elektrischen Bestimmung des Feuchtigkeitsgehaltes von Textilien beschrieben.

SP 235765 Grünau 1945 (s. S. 667) — Lysalbinsäurehaltige Stoffe werden mit halogenierter Ölsäure und acetylierenden Mitteln behandelt. Das erhaltene Reaktionsprodukt erhöht die Verspinnbarkeit von Zellwollestapelfaser.

SP 227960 Böhme 1943 — Schmälzen zum Spinnen oder Reißen von Faserstoffen, die eine gute Gleitfähigkeit bewirken und die gleichmäßig verteilt werden können sowie ohne Gefahr einer Autoxydation beim Lagern der geschmälzten Ware sind, werden hergestellt durch Verwendung von celluloseglykoläthersaurem Natrium. 2000 kg Spinngut werden mit einer 2%igen Lösung von celluloseglykoläthersaurem Natrium (125 Liter), 30 Liter 65%iger Lösung von $KHCO_3$ und 1,5 kg salzbeständigem Netzmittel behandelt. Den pH-Wert der Lösung stellt man durch Zugabe von etwas NaOH auf 7,8 ein.

FP 945527 Solvay 1949 — Zum Schmälzen von Wolle werden chlorierte Kohlenwasserstoffe in Verbindung mit aliphatischen Säuren vorgeschlagen [95 Teile Chlorparaffin (28% Cl) und 5% Ölsäure].

FP 884961 Phrix 1943 — Zum Avivieren von Textilien werden wäßrige Lösungen oder Dispersionen von Fettsäuren und Tallöl empfohlen.

FP 883414 IG 1943 — Schmälzmittel aus chlorierten Kohlenwasserstoffen mit gerader oder wenig verzweigter Kette und über 8 C-Atomen werden empfohlen.

FP 883366 IG 1943 — Zum Schmälzen von Textilfasern werden Mischungen aus Kohlenwasserstoffen und Oxyalkylenderivaten der Form $R—X—(C_nH_{2n}O)—Z$ empfohlen, wobei letztere aus Fettsäuren mit verzweigten Ketten und 6—8 Molen Äthylenoxyd hergestellt werden.

FP 882337 IG 1943 — Das Schmälzen von Wolle erfolgt mit Mischungen aus Mineralöl und Produkten, die oberflächenaktiv sind, wasserlöslichen basischen Verbindungen und/oder einwertigen Aminen. Die Schmälze soll leicht herauswaschbar sein.

FP 882258 IG 1943 — Als Spülöle sollen Mischungen von Kohlenwasserstoffen mit hohem Kochpunkt und Aminsalze organischer Sulfosäuren verwendbar sein.

FP 878660 Böhme 1942 — Zum Schmälzen werden celluloseglykoläthersaure Salze unter Zugabe von Kaliumlaktat oder Glycerin verwendet.

EP 649877 Nylon Spinners 1951 — Zur Verhütung des Auftretens von statischer Elektrizität bei der Verarbeitung von Nylongarn behandelt man mit Lösungen von Kochsalz in Diäthylenglykol.

EP 649148 Celanese 1951 — Konditioniermittel, bestehend aus Mineralöl, aliphatischen Alkoholen, Alkylphenol, Alkylolamin und einem Ester der Phosphorsäure mit einem aliphatischen Alkohol.

EP 641580 Celanese 1950 — Als Antistatika werden die Diäthylaminsalze organischer Sulfonsäuren vorgeschlagen.

EP 634588 Nopco 1950 — Zum Ölen von Wollfasern werden Mischungen aus dem Umsetzungsprodukt von Kokosfettsäure oder Ölsäure und Diäthanolamin oder Diisopropanolamin mit geblasenem Erdnußöl und Mineralöl vorgeschlagen.

EP 629659 Gen. An. 1949 — Zum Antistatischmachen von Garnen werden Mischungen aus 90—99% Öl und 1—10% Hexyläthylorthophosphat empfohlen.

EP 609983 Sonneborn 1948 — Zum Ölen von Textilien werden Lösungen von Produkten, die durch Chlorit- oder Hypochloritbehandlung von mahoganysulfosaurem Natrium erhalten werden, in Petroleumkohlenwasserstoffen vorgeschlagen.

EP 607696 Monsanto 1948 — Man behandelt mit kolloiden Kieselsäuredispersionen.

EP 607088 Celanese 1948 — Zur Behandlung von Textilfasern und Fäden bei der Verarbeitung derselben, insbesondere zur Verhütung des Auftretens von statischer Elektrizität, werden Salze quaternärer Ammoniumbasen mit organischen Sulfosäuren vorgeschlagen. Genannt werden u. a.: Lauryltrimethylammoniumhydroxyd, Diäthylmethyläthanolamin usw. in Form ihrer Salze mit Sulfosäuren mit mehr als 8, speziell aber mehr als 12 C-Atomen, wie Stearyl- bzw. Cetylsulfosäure.

EP 602091 Schou 1948 — Polyglycerinester als Emulgatoren für Öl-in-Wasser-Emulsionen.

EP 590610 Viscose 1948 — Um eine gleichmäßige Verteilung des Konditioniermittels nach der Imprägnierung von Garnen zu erreichen, werden diese der Wirkung eines Hochfrequenzfeldes ausgesetzt.

EP 575531 Viscose 1946 — Man behandelt mit Glucose-Äthylenoxyd-Kondensaten.

EP 574828 ICI 1946 — Spinnöle aus chlorierten Kohlenwasserstoffen mit mindestens 16 C-Atomen oder Mischungen solcher Kohlenwasserstoffderivate mit einer kleinen Menge aliphatischer Säuren oder Alkohole mit mindestens 12 C-Atomen im Molekül sind vorteilhaft. Z. B. verwendet man Chlorierungsprodukte eines Wachses vom FP. 55° C mit einem Chlorgehalt von 28,8% und einem Zusatz von 10% des Gewichtes an Oleylalkohol (s. a. EP 569701).

EP 574072 Celanese 1945 — Mischungen von Mineralöl, vegetabilem Öl, Alkylolaminen, Alkylolphenolen und Cresylphosphat werden verwendet.

EP 522151 Bat. Petrol. My 1940 — Zum Ölen von Fasern werden Mischungen aus Mineralöl und hochmolekularen Alkoholen, die maximal 1% eines sulfonierten Mineralöls enthalten, verwendet.

EP 514134 Celanese 1939 — Celluloseacetatgarne werden durch Behandlung mit Triäthanolamin antistatisch gemacht.

EP 511566 Monsanto 1939 — Als Schmälzmittel werden wasserlösliche Alkali- oder Estersalze anorganischer Säuren angewendet.

EP 499371 Lister 1939 — Spinnöle können auch aus Vulkafor (Handelsmarken) hergestellt werden. Vulkafor besteht aus ungesättigten Verbindungen mit Ausschluß von Mineralölen und Mischungen von Schmierölen und Verdickungsölen, welche einen Zusatz von weniger als 1% einer organischen Schwefelverbindung als Antioxydans erhalten. Ausgenommen sind Thioharnstoff und Thiazole, jedoch sind Thioglykolsäure, Thiuron, Mercaptobenzthiazole, Thiodiphenylamin, Diphenylcarbonyldithiocarbamat usf. verwendbar.

AP 2497536 DuPont 1950 — Zur Verbesserung des Konditioniereffektes bei synthetischen Fasern werden den verwendeten Ölkompositionen solche Mengen an Polyvinylalkohol zugesetzt, daß auf der Faser 0,005—0,075% davon vorhanden sind.

AP 2496776 Kodak 1950 — Man behandelt mit Verbindungen der Form

$$C_{17}H_{33}CONHC_2H_4\underset{\displaystyle COCH_2COCH_3}{\underset{|}{N}}C_2H_4NHCOC_{17}H_{33}\,.$$

AP 2496631 Nopco 1950 — Es wird mit dem Kondensationsprodukt von Kokosöl und Diathanolamin in Mischung mit Erdnußöl behandelt.

AP 2461043 Viscose 1949 — Das Konditionieren von Celluloseestergarnen erfolgt mit Lösungen des Äthylenoxydkondensates eines Teilesters einer höheren Fettsäure mit einem inneren Hexitoläther. Die angewendete Lösung des antistatisch wirkenden Produkts in Mineralöl ist 5—20%ig.

AP 2454828 Sonneborn 1948 — Zum Ölen von Textilien werden Mischungen aus Kohlenwasserstoffen und Alkalipetrolmahoganysulfonsäuren, welche durch eine kontrollierte Oxydation eine Saybold-Viskosität bestimmten Wertes erhalten haben, vorgeschlagen (s. a. AP 2454822—2454827).

AP 2443512 Monsanto 1948 — Ungesponnene Textilfasern werden zur Vorbereitung des Verspinnens derselben und zur Aufhebung ihres Gleitwiderstandes mit kolloidalen, von Siliziumoxydgelen freien Silikatlösungen behandelt. Die Fasern werden vor dem Gelieren des Silikats getrocknet.

AP 2436219 Rayon 1948 — Zum Ölen von Garnen wird eine Mischung von hydriertem Fischöl und dem Kondensationsprodukt aus 20 Molen Äthylenoxyd mit dem partiellen Polyester einer Fettsäure mit mindestens 12 C-Atomen und einem mehrwertigen Alkohol vorgeschlagen.

AP 2418904 CCCC 1947 — Zur Verhinderung der Bildung statischer Elektrizität bei der Verarbeitung von Vinyon N (Vinylchlorid-Acrylnitril-Co-polymerisat) wird mit Polyäthyleniminstearamid behandelt. Es dringt tief in den Faden und hat keine toxischen oder allergischen Wirkungen.

AP 2413428 Monsanto 1946 — Als Gleitmittel für Textilien werden Alkylolaminsalze von Alkylphosphorsäuren verwendet.

AP 2406407/08 Celanese 1946 (s. a. AP 2385423, 2176402) — Zum Ölen von Acetatseidefasern werden Emulsionen von teilweise sulfurierter Ölsäure und Arachisöl vorgeschlagen. Die zweite Patentschrift beschreibt eine Behandlung mit einer Mischung aus Mineralöl, sulfurierter Ölsäure, Triäthanolamin und Alkali.

AP 2403960 CCCC 1946 — Um bei Vinyonfasern oder -geweben das Auftreten von statischer Elektrizität bei der Verarbeitung zu vermeiden, wird das aus Fasern (hergestellt nach dem AP 2161766) bestehende Gewebe, welche Fasern ein Mol.-Gew. von zirka 15000 besitzen und 95% Chlorprodukte enthalten, nach dem Färben 45 Minuten in einer wäßrigen Lösung von 0,2% eines Polyäthylenimins vom Mol.-Gew. 900 und 0,5% des Na-salzes des Sulfatesters des 3,4-Diäthyltridecanol(6) als Netzmittel bei 60—65° C in einem Flottenverhältnis von 1:20 behandelt, hernach mit warmem Wasser gewaschen und getrocknet.

AP 2395380 Cities 1945 — Zum Ölen von Fasern werden Arylphosphate mit Glykoläthern in Mischung empfohlen.

AP 2388833 Eastman Kodak 1945 — Das Konditionieren von Acetatkunstseide erfolgt mit N-Furfurylacylamiden usw. (vgl. AP 2153134, wo Tetrahydrofurfurylglykole mit Spermöl usw. empfohlen werden).

AP 2384053 Celanese 1945 — Als antistatisch wirkendes Mittel werden Mischungen von Textilölen mit dem Salz des Diäthyläthylendiamins mit dem sauren Sulfat eines aliphatischen Alkohols von mindestens 12 C-Atomen empfohlen.

AP 2381020 CCCC 1945 — Behandelt das Konditionieren und Antistatischmachen von Vinyongarnen.

AP 2364348 Eastman Kodak 1944 — Zum Antistatischmachen von Garnen usw. werden Verbindungen der Form

```
                   OH    OH
                   |     |
        Naphtenyl—C—P—C—Naphtenyl
                 /  //\   \
        Naphtenyl  O   OH  Naphtenyl
```

usw. empfohlen.

AP 2354335 Richards 1944 — Zum Konditionieren bzw. Ölen von Garnen werden diese in wäßrige Emulsionen von Ölen, Schutzkolloid und mehrwertigen Metallsalzen getaucht.

AP 2350782 Al. Prop. Cust. 1944 — Zum Schmälzen sollen Mischungen von zwei- oder mehrwertigen Alkoholen, Cellulosemonocarbonsäuren und ligninsulfosauren Salzen dienen.

AP 2336087 Ontario Research 1943 (s. a. AP 2238882) — Spinn- und Schmälzöle aus Olivenöl-Mineralöl-Mischungen werden mit Zusatz von 5—20% Naphtensäurediglyceriden hergestellt. Das Mineralöl läßt sich leicht aus den Textilien auswaschen. Auswaschzahlen:

Beim Schmälzen mit 10% des Gewichtes an Olivenöl:

Rückstand in der Ware nach dem Waschen 7,6% des verwendeten Olivenöls.

Beim Schmälzen mit 10% des Gewichtes der Ware Mineralöl:

Rückstand in % des verwendeten Öls: 85%.

Geschmälzt wie oben mit:

Mineralöl und 10% Naphtensäurediglycerid: 20%.
Mineralöl und 15% Naphtensäurediglycerid: 10,5%.
Mineralöl und 15% Monoglycerid: 7,6%.

AP 2331664 Eastman Kodak 1943 — Als Schmieröle, welche die Bildung von statischer Elektrizität verhindern, können für Textilien N-Oleyltaurinammonsalze verwendet werden.

AP 2318296 Eastman Kodak 1943 — Zur Verhinderung der Ausbildung statischer Elektrizität werden Textilien beim Ölen behandelt mit Verbindungen der Form:

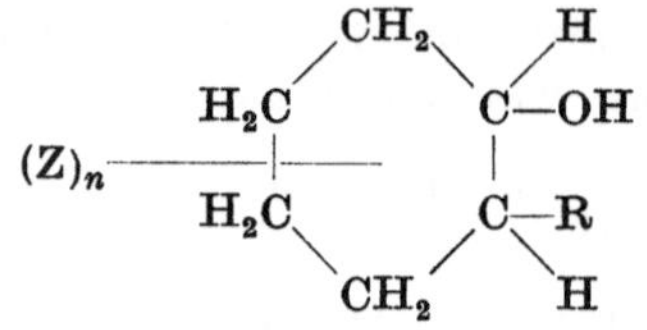

```
                 CH2     H
                /   \   /
             H2C     C—OH
   (Z)n —————|——     |
             H2C     C—R
                \   / \
                 CH2   H
```

(wobei R Methyl-, Äthyl-, Butyl-, Amyl-, Hexyl-, Allyl-, Octyl-, Lauryl-, Oleyl-, Tetrahydronaphtyl- oder Naphtenyl-, Triäthylenglykolätherreste usw. und Z eine Alkyl-, OH- oder Arylgruppe sowie n 0—3 bedeuten). Es werden z. B. die Phosphorsäure- oder Schwefelsäureester der Verbindung angewendet.

AP 2311534 Standard Oil 1943 — Als Zusatz zu Textilölen werden Polyester von Verbindungen der Form

```
OH—CH—(CH2)5COOH
   |
  Alkyl
```

mit einem Mol.-Gew. von etwa 5000 vorgeschlagen.

AP 2308355 Castor Oil 1943 — Man verwendet als Schmälz- und Spinnöle synthetische Oleylglyceride, die frei von OH-Gruppen sind und die Doppelbindung beim zwölften C-Atom im Oleylrest aufweisen.

AP 2299535 Eastman Kodak 1943 — Zur Garnkonditionierung wird die Verbindung der Form

```
     B
     |
B'—P—OR
     ||
     X
```

verwendet, wobei B Sauerstoff, Alkyl, Oxyalkyl oder B′, B′ eine substituierte Aminogruppe und X Sauerstoff oder ein Schwefelatom bedeuten; vgl. AP 2292213.

AP 2294958 Eastman Kodak 1942 — Als Gleitmittel und Mittel zur Verhinderung der Bildung statischer Elektrizität bei Garnen bzw. zum Konditionieren derselben werden Mischungen empfohlen, wie etwa: 65 Teile Mineralöl, 12 Teile α-Terpinendiäthylenglykol-Additionsprodukt, 10 Teile Kokosnußfettsäure, 3 Teile Diäthanolamin, 10 Teile sulf. Olivenöl. Oder: 20 Teile Olivenöl, 40 Teile α-Terpinen-diäthylenglykol-Additionsprodukt, 20 Teile Monaäthanolaminsalz des sulf. Laurylalkohols, 20 Teile Spermöl.

AP 2292211 und 2292212 Eastman Kodak (auch AP 2292213) 1942 — Zur Verhinderung der Bildung statischer Elektrizität und zum Geschmeidigmachen von Garnen werden Verbindungen der Form

$$R.O.CO-(CH_2)_x-(CO.OB)_z \quad \text{oder} \quad RO.CO-(CH{=}CH)_x-(CO.OB)_z$$

angewendet, wobei R einen Alkyl-, Cycloalkyl-, Aryl- oder heterocyclischen Rest, B eine primäre, sekundäre, tertiäre oder quaternäre organische Base und $z = 1$, $x > 8$ bedeuten.

AP 2290503 Grove Silk 1942 — Vorbereitung von Seidengarnen zur Verarbeitung durch Erweichen der Sericinschicht mittels Harnstofflösungen, welche Alkalinitrate oder Acetate enthalten.

AP 2289760 Eastman Kodak 1942 — Celluloseacetatseidengarne werden geölt durch Behandlung mit Triäthanolamincetylsulfonat.

AP 2286824 Eastman Kodak 1942 — Als ölendes und weichmachendes Mittel für Garne wird 1,4-Dioxan-2,3-diäthyläther angegeben.

AP 2286791—2286794 Eastman Kodak 1942 — Als Mittel zum Ölen und Weichmachen von Garnen werden angegeben: Aceton, Glycerin, β-Äthoxyäthyläther bzw. das Diäthylcyclohexylaminsalz der Stearyl-palmityl-xylylketonphosphinsäure, ferner als gleichzeitig auch die Bildung von statischer Elektrizität verhindernd Dimyristylaminphosphat und das Salz einer Äthylphosphonium- oder -phosphinsäure, wobei das α-C-Atom frei von OH-Gruppen ist.

AP 2279501 und 2279502 Eastman Kodak 1942 — Zur Verhinderung der Bildung von statischer Elektrizität bei Garnen verwendet man Verbindungen der Form

$$\begin{array}{ccccccc} & R_1 & & & R_3 & & \\ & | & & & / & & \\ R- & C & -P- & & C & -R_2 & \\ & | & \| \diagdown & & \diagdown & & \\ & OH & \| \; OZ & & OH & & \\ & & O & & & & \end{array} \quad \text{oder} \quad \begin{array}{ccccccc} & R_1 & & & R_2 & & \\ & | & & & / & & \\ R- & C & -P- & & C & -R, & \\ & | & \| \diagdown & & \diagdown & & \\ & OH & \| \; OZ & & OH & & \\ & & O & & & & \end{array}$$

wobei R einen aromatischen Rest, R_1, R_2 H, Alkyl-, Cycloalkyl-, Aryl-, heterocyclische Reste, Z einen salzbildenden Rest bedeuten.

AP 2279377 Eastman Kodak 1942 — Zum Weichmachen und Ölen von Celluloseacetat wird Oleylbutylketon verwendet.

AP 2271708 Gen. An. 1942 — Als Wollschmälzen oder Ölungsmittel, aber auch als Weichmacher können Reaktionsprodukte aus Alkalimetallen und Ketonmischungen angewendet werden, wobei nachher die erhaltenen Alkalimetallverbindungen durch Wasser zerlegt werden.

AP 2268141 Nat. Oil Prod. 1941 — Zum Weichmachen und Ölen von Kunstseide werden Mischungen von 70% Mineralöl, 15% Olivenöl, 15% Olivenölseife vorgeschlagen; oder z. B. eine Mischung von 50% Olivenöl und 50% sulfuriertem Olivenöl. (Es wird darauf hingewiesen, daß es bekannt ist, daß der Avivageeffekt mit selbsthergestelltem Olivenölsulfonat um so besser ist, je weniger hoch sulfoniert das Öl ist. A. d. V.)

AP 2263007 Eastman Kodak 1941 — Zur Behandlung von Fäden aus Cellulosederivaten, insbesondere auch zum Verhindern des Auftretens von statischer Elektrizität, werden Lösungen verwendet, welche β-Octadecyloxyäthoxyessigsäuredifurfurylamin enthalten. Daneben können auch Öle verwendet werden. Auch Wollgarne oder Kunstseidengarne können derartig konditioniert werden. Andere Amine, wie Piperidin oder Morfolin, können Anwendung finden. Man kann z. B. auch eine Mischung von 70 Teilen β,β-Tetrahydrofurfuryloxyäthyläther und 30 Teile β-oleyloxy-β-äthoxyessigsaures Butylamin benützen, die durch Versprühen auf das Garn gebracht wird. Für Stapelfaser ist weiters eine Mischung aus 1 Teil Tritetrahydrofurfurylaminmethoxyacetat, 40 Teilen geblasenem Olivenöl und 59 Teilen Glycerinacetonpropionat wertvoll.

AP 2257798 Texas 1941 — Es wird eine Vorrichtung zum Konditionieren von Garnen beschrieben.

AP 2256112 Eastman Kodak 1941 — Zur Verhinderung der Ausbildung von statischer Elektrizität und zum Spinnfähigmachen oder zur Verarbeitungsmöglichkeit werden Garne oder Fasern mit verschiedenen Naphtenylderivaten auch in Verbindung mit Spinnölen behandelt. Man arbeitet z. B. mit einer Mischung von 90—95 Teilen Butylnaphtenat und 10—5 Teilen α-naphtenyl-α-acetoxypropan-β-hydroxypropanphosphorsaurem Diäthylcyclohexylaminsalz der Formel:

```
CH3CO—O       OH   OH
        \     |   /
  C2H5—C—P—C—CH3 . Diäthylcyclohexylamin,
        /     ‖   \
Naphtenyl     O    CH3
```

oder mit 90—99 Teilen Mineralöl und 1—10 Teilen der Verbindung:

```
⎡Naphtenyl          ⎤
⎢         \         ⎥
⎢          C—O—CO—C4H9 ⎥=POH . Butylamin,
⎢         /         ⎥    ‖
⎣Naphtenyl          ⎦2   O
```

oder mit 99—80 Teilen geblasenem Olivenöl und 1—20 Teilen der Verbindung:

```
⎡CH=CH—O—C=CH      ⎤
⎢         \        ⎥
⎢          C———————⎥=PONa.
⎢          |\      ⎥   ‖
⎣          | OH    ⎦2  O
       Naphtenyl
```

AP 2255278 Standard Oil 1941 — Man verwendet zum Ölen, insbesondere von kurzstapeligen Fasern, eine Mischung von Talg, Stearinsäure, NaOH und Schmieröl.

AP 2253081 Eastman Kodak 1941 — Zum Konditionieren, insbesondere von Acetatseide, verwendet man Salze von Ketoaminen, welche für sich oder in Verbindung mit Ölen auch beim Spinnen von Textilfasern als Spinnöle und Gleitmittel angewendet werden können. Z. B. wird verwendet Diacetonaminoleat:

```
CH3    CH2—CO—CH3
   \  /
    C
   /  \
CH3    NH2 . Ölsäure,
```

oder eine Mischung aus 70 Teilen Glycerinacetonbutyrat und 30 Teilen Triacetonricinoleat:

```
               CH3
              /
      CH2—C—CH3
     /        \
  CO           NH . Rizinolsäure,
     \        /
      CH2—C—CH3
              \
               CH3
```

oder eine Mischung von 1 Teil β-Äthylaminomethylpropylketotetrahydrofurfuryloxyacetat, 40 Teilen Olivenöl und 59 Teilen Propionyl-di-tetrahydrofurfurylamin.

AP 2253064 Dickey, McNally 1941 — Als Zusatz zu Celluloseester zum Geschmeidigmachen, hauptsächlich für Filme, aber auch für Fäden. Durch diese Behandlung wird nicht nur die Geschmeidigkeit, sondern auch die Wasserfestigkeit und Unverbrennlichkeit erhöht. Man verwendet Esteramide des Monoäthanolamins und des Diäthanolamins, und zwar: Äthanolaminpropionatbutyrat, Äthanolamintriacetat, Äthanolamintricaproat, Diäthanolamindiacetat-propionat usf.

AP 2245412 Eastman Kodak 1941 — Wirköle für Acetatseide bestehen aus sulfuriertem Öl (Olivenöl), und zwar 19,6%, Mineralöl 45%, oxyd. Klauenfett 24,6%, Ölsäure 6,3% und Triäthanolamin 4,5%.

AP 2245260 Eastman Kodak 1941 — Gleit- bzw. Schmiermittel und Weichmacher für Garne zum Spinnen, Weben usf. bestehen aus einem Acetal oder Chloral der allgemeinen Form:

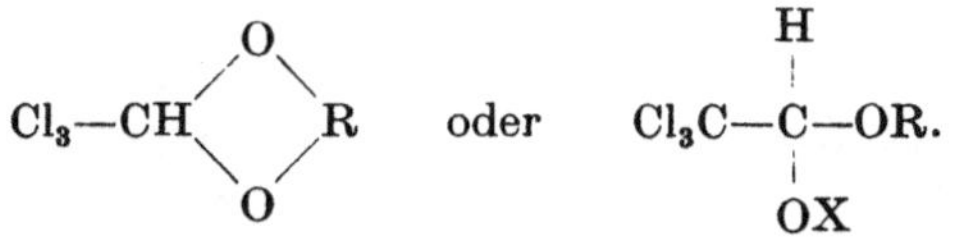

```
        O                         H
      /   \                       |
Cl3—CH     R       oder     Cl3C—C—OR.
      \   /                       |
        O                         OX
```

Diese Stoffe werden insbesondere für Cellulosederivate benützt und sind auf Grund der Überlegung entwickelt, die für die Zusätze für Cellulosefolien usf. bereits bekannt sind. Die Substanzen unterstützen die Gleitwirkung von Ölen, können aber auch allein angewendet werden. Z. B. verwendet man eine Mischung von 20% Glycerinchloral, 80% Olivenöl; oder 30% Glycerinchloralacetaltetrahydrofurat und 70% geblasenes Klauenöl.

Glycerinchloral:

```
CH2OH
|
CH—OH
|
CH—CH—CCl3
¦   |
O   OH
```

Glycerinchloralacetaltetrahydrofuroat:

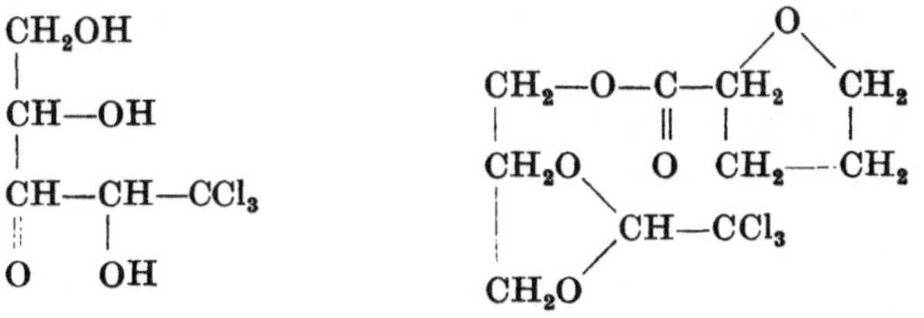

```
                     O
                   /   \
CH2—O—C—CH2        CH2
|     ||  |          |
CH2O  O  CH2——————CH2
|    \
|     CH—CCl3
|    /
CH2O
```

AP 2238882 Goodings, Marshall, Lemon 1941 — Spinnöle für Wolle bestehen z. B. aus Mineralöl 94%, Klauenfettdiglycerid 3%, Klauenfettdiglyceridmilchsäure 3%; oder Mineralöl 94%, Klauenfettdiglycerid flüssig 3%, Kokosnußglycerindiessigsäureester 3%.

AP 2233001 Eastman Kodak 1941 — Zur Konditionierung von Acetatseidengarnen bringt man eine die Gleitfähigkeit erhöhende und die Bildung von statischer Elektrizität verhindernde Mischung von Phosphorsäure oder Thiophosphorsäureester und partiell veresterter Alkylolamine auf die Faser. Z. B. das Natriumsalz des Triäthanolamindipalmitatphosphorsäureesters oder Di-γ-Hydroxypropylaminobenzoloctodecylsulfonat-ammoniumphosphorsäuremonomethylesters. Derartige Verbindungen können auch den Naphtalin- oder Morpholinring enthalten.

AP 2216799 Celanese 1940 — Konditionieren von Acetatkunstseide.

AP 2186630 Eastman Kodak 1940 — Zum Konditionieren von Garnen, insbesondere Celluloseacetat, werden β'-Butoxy-β-äthoxy-äthoxydiäthylal usw. vorgeschlagen.

$$C_4H_9{-}O{-}C_2H_4{-}OC_2H_4{-}O{-}CH\begin{matrix} / OC_2H_5 \\ \\ \backslash OC_2H_5 \end{matrix}$$

oder

$$\begin{array}{llll} CH_2{-}CH_2 & & & OC_2H_5 \\ \;| \quad\;\; | & & & / \\ CH_2 \;\; CH{-}CH_2{-}O{-}CH_2{-}CH & & & \\ \;\; \backslash \; / & & & \backslash \\ \;\;\; O & & & OC_2H_5 \end{array}$$

AP 2186628 Eastman Kodak 1940 — Zum Konditionieren von Celluloseacetatgarnen wird N-β-Hydroxyäthylmorpholinpalmitat empfohlen.

AP 2184040 Garner 1939 — Ein Textilöl, welches keine Fleckenbildung gibt, wird hergestellt, indem man kleine Mengen Schwefel (0,1—0,25%) zugibt und auf möglichst niedrige Temperatur (120° C) erhitzt. Die ungesättigten Anteile des Öls werden gegen Oxydation stabilisiert.

AP 2184009 Eastman Kodak 1939 (s. AP 2184008, AP 2165352/53) — Als Konditioniermittel für Acetatseide werden α-Tetrahydrofurfuryl-oxy-β-äthoxyäthoxyäthyläther oder der entsprechende α-Phenoxyäther genannt.

AP 2182323 Celanese 1939 — Zum Konditionieren von Acetatkunstseide werden Mischungen aus Mineralöl, Arylphosphat, eine höhere Fettsäure und ein Alkylolamin empfohlen.

AP 2180436 Celanese 1939 — Als Konditioniermittel und zum Antistatischmachen empfiehlt man ein Alkalipolyglykolsulfonat.

AP 2180256 Nat. Oil Prod. 1939 — Als Gleitöl wird eine Mischung von Reisöl und sulfonierten Ölen und Wasser (25 : 50 : 25) angegeben.

AP 2172357 Atlas Powder 1939 — Als Konditioniermittel werden Sorbit-Hexit-Mischungen angegeben.

AP 2172241 Eastman Kodak 1939 — Als Konditioniermittel empfehlen sich Phosphorsäurederivate der Form

$$\begin{array}{c} B \\ | \\ B_1{-}P{-}O{-}R \\ \| \\ X \end{array}$$

[$X = O$ oder S, $R =$ organischer Rest (Alkyl oder Aryl), $B = OR$ oder $B_1 =$ $= R_1{-}\underset{|}{N}{-}R_2$, wobei R_1 und $R_2 = H$, Alkyl oder Alkaryl bedeuten].

AP 2165352/53 Eastman Kodak 1939 — Vgl. AP 2184009.

AP 2164236/37 Garner 1939 (s. AP 2164235) — Man ölt Textilien mit Cyclohexanolestern von Fettsäuren mit mehr als 8 C-Atomen im Molekül bzw. verwendet destearinisiertes polymerisiertes Arachisöl.

AP 2153135/39 Eastman Kodak 1939 — Zum Konditionieren von Garnen werden Tetrahydrofurfurylbutyrat, -propylat oder -methoxyacetat oder Hexandion-2,4, Heptandion-2,4, Äthyl-β-butoxäthylkarbonat, Äthylidenglykolderivate bzw. β,β'-Ditetrahydrofurfuryloxydiäthyläther empfohlen.

AP 2151952 Kessler 1939 — Für das Ölen von Garnen oder Mischgarnen aus künstlichen Fasern verwendet man halogenierte Fettsäureester von Alkoholen (Mono- oder Polyalkohole). Z. B. Butyldichlorostearat, in Mischung mit verschiedenen Ölen.

AP 2147701 DuPont 1939 — Als Geschmeidigmacher von Acetatkunstseide, insbesondere für das Stricken und Wirken, können Verbindungen der Form

$$RCO—CR_1R_2CR_3R_4COOH$$

(R bis R_4 = H oder Alkylreste) dienen. Man setzt z. B. Lävulinsäure zu einer Spinnlösung von Acetylcellulose in Aceton, welche 5—10% Wasser enthält. Aus den Garnen oder Gewirken usw. ist die Säure durch einfaches Auswaschen entfernbar. Man kann sie auch in Öllösung auf die Faser bringen.

AP 2143986 Böhme 1939 — Stabile kationenaktive Emulsionen, auch zum Ölen von Leder, können hergestellt werden durch Reaktion von höhermolekularen Alkylestern mehrbasischer Mineralsäuren, hochmolekularer Fettsäuren oder deren Alkalisalzen, Türkischrotölen und quaternären Ammoniumsalzen der aliphatischen Gruppe, Alkylisoharnstoffen oder Isothioharnstoffen, Alkylpyridiniumverbindungen usf. Man löst z. B. 50 g Naphtenseife in 1000 g Wasser, gibt 35 g Laurylpyridiniumbisulfat 40% zu, worauf eine elektronegative Fällung entsteht. Diese Fällung wird durch weitere Zugabe von Laurylpyridiniumbisulfat zur Emulgierung von Ölsäure oder Paraffin in Wasser verwendet.

CanP 449891 Dreyfus 1948 — Zum Ölen von Fasern werden wäßrige Lösungen der Umsetzungsprodukte aus Mineralöl, höheren Fettsäuren und vegetabilischen Ölen mit Oleum angewendet.

CanP 449890 Dreyfus 1948 (s. a. CanP 449891) — Zum Konditionieren von Garnen werden die Oleumsulfonierungsprodukte einer Mischung von Mineralöl, vegetabilischem Öl und langkettigen Fettsäuren mit Alkali und Hydroxyalkylaminen neutralisiert.

7. Das Carbonisieren.

Der Begriff der Carbonisierung beinhaltet in seiner ursprünglichen Bedeutung die Entfernung von geringen Baumwollverunreinigungen aus Reinwollgeweben durch Tränken derselben mit Schwefelsäure oder HCl und Erhitzen im Carbonisierofen, wobei es zur Zerstörung der Cellulosefaser kam. Die Reste der Baumwolle wurden durch Klopfmaschinen aus dem Gewebe entfernt. Baumwollrandleisten der Wollgewebe wurden durch Bestreichen mit Ammoncarbonatlösungen usw. geschützt.

Wesentliche Vorschläge hinsichtlich des besprochenen Verfahrens sind keine anzumerken. Dagegen behandeln einige Patentschriften Carbonisiernetzmittel. Meist handelt es sich um säurebeständige organische Sulfosäuren.

Einige Verfahren betreffen die Entfernung von Acetatseide oder Seide aus Mischgeweben mit Wolle. Es kann dies als ein Carbonisierprozeß im übertragenen Sinne angesprochen werden. Hier handelt es sich meist nicht um die Entfernung geringer Verunreinigungen, sondern um Arbeitsweisen zur Herstellung der sogenannten künstlichen Spitzen; vgl. S. 607.

Literaturübersicht über das Carbonisieren.

Bauer: Amer. Dyestuff Reporter **39**, P 122 (1950).
Manderfeld: Melliand Textilber. **30**, 424 (1949).

Kittel: Kunstseide, Zellwolle **27**, 317 (1949).
Haussner: Melliand Textilber. 22, 590, 637 (1941).
Furlonger: Text. Manufacturer **67**, 110 (1941).

Patentschrifttum über das Carbonisieren.

OeP 159510 Glanzstoff 1940 — Zum Carbonisieren als Netzmittel sowie zum Ölen von Kunstseide werden Kondensationsprodukte halogenierter höherer aliphatischer Kohlenwasserstoffe mit heterocyclischen Stickstoffbasen empfohlen.

OeP 158406 Waldmann, Chwala 1940 — Man erhält Sulfosäuren höhermolekularer acylierter aliphatischer Aminoäther durch Umsetzen der sulfosauren Alkalisalze von aliphatischen Aminoäthern mit Fettsäuren, Naphtensäuren und Harzsäuren. Die freien Aminoäthersulfosäuren können als Netzmittel in Carbonisierlösungen verwendet werden.

DP 750060 Ohne Inhabernennung 1944 — Kondensationsprodukte aus Naphtalin oder Benzol und Acetylverbindungen können nach dem Sulfonieren als Netzmittel beim Carbonisieren angewendet werden.

DP 745221 Hunsdiecker 1944 — Als Netzmittel beim Carbonisieren wird Laurylpyridiniumchlorid vorgeschlagen.

DP 718755 Wacker 1942 — Zum Carbonisieren von acetatseidenhaltigen Wolltextilien werden dieselben mit Schwefelsäure getränkt und abwechselnd trocken und feucht erhitzt. Die Acetatseide wird ohne Faserangriff auf die Wolle zerstört.

DP 711541 Ciba 1941 (Zusatz zu DP 705356) — Phtalsäureanhydrid-4-sulfosäure wird mit Hydrochinonmonoäthyläther und Phosphortrichlorid umgesetzt. Die erhaltenen Verbindungen können als Mittel beim Carbonisieren gebraucht werden.

DP 676853 Gy. 1939 (Zusatz zu DP 675616) — Als Carbonisiernetzmittel kann das Umsetzungsprodukt von 2-Heptadecyl-2,3-dihydroindol (methyliert mit Dimethylsulfat) und Benzylchlorid Anwendung finden.

DP 675616 Gy. 1939 — Die wasserlöslichen quaternären N-Verbindungen, die in 1- oder 2-Stellung einen aliphatischen Rest tragen bzw. auch einen cycloaliphatischen Rest besitzen können, sind als Netzmittel beim Carbonisieren verwendbar.

SP 202725 Gy. 1939 — 2-Undecyl-2,3-dihydroxy-N-methylaminoessigsäureindol wird mit Chloressigsäuremethylester umgesetzt (s. a. SP 202724 bzw. SP 202723 und 202722). Die erhaltenen Verbindungen sind Carbonisiernetzmittel.

SP 202550 Gy. 1939 — Als Carbonisiernetzmittel können Verbindungen der Form

$$\text{(Indol)}\,N{-}CO{-}CH_2{-}N\begin{matrix} R_1 \\ R_2 \end{matrix}$$

verwendet werden.

FP 902911 ICI 1946 — Beim Carbonisieren, Dämpfen, Trocknen usw. werden Gewebe, die stark schrumpfen, dadurch geschont, daß man sie ohne Zugbeanspruchung etwa auf wandernden Stäben usw. behandelt.

EP 575608 Am. Cy. 1946 — Dialkylester von N-substituierten Dicarbonsäuren sind Carbonisiernetzmittel. Die Ester haben die allgemeine Form:

$$\begin{array}{l} \qquad\qquad\qquad\quad CH_2—CO—OR_1 \\ \qquad\qquad\qquad\quad | \\ SO_3XR—HN—CH—CO—OR_2, \end{array}$$

wobei X gleich H oder ein salzbildendes Radikal, R Alkylen und R_1 und R_2 Alkylgruppen mit mehr als 4 C-Atomen bedeuten.

AP 2390903 Gen. An. 1945 — Man bringt auf das Mischgewebe eine carbonisierende Substanz oder Mischung auf (schwefelsaure Salze und organische Basen) und trocknet bei niedriger Temperatur. Nach Erhitzen auf hohe Temperatur tritt unter Freiwerdung der Carbonisiersäure Zersetzung der Baumwolle ein (s. AP 2307118).

AP 2325062 Ninol-Development 1943 — Die Umsetzungsprodukte von Alkylolaminen mit Carbonsäuren mit mehr als 6 C-Atomen und weiter mit Halogenacylhaloiden mit weniger als 6 C-Atomen sind Carbonisiernetzmittel.

AP 2287686 DuPont 1942 — Zum Carbonisieren von Cellulosederivaten in Mischgeweben mit anderen Fasern bzw. zur Herstellung von Mustereffekten durch örtliche Carbonisation des Cellulosederivates werden Mischungen aus Resorcin (20 Teile), Wasser (20 Teile) und Tragant (60 Teile) als Druckpaste verwendet. Nach dem Druck wird getrocknet, 10 Minuten gedämpft und hernach auf der Bürstmaschine das Cellulosederivat entfernt.

AP 2276173 Ferguson 1942 — Eine Mischung von Seide, Baumwolle und Wolle wird mit einer heißen konzentrierten Lösung von Zinkchlorid, Kalciumchlorid oder Aluminiumchlorid behandelt, wobei erstere im Überschuß anwesend sind. Die Seide löst sich. Hernach wird der Überschuß der Lösung entfernt und getrocknet, wodurch durch die eintretende Carbonisierwirkung die Baumwolle zerstört wird, so daß die Wolle rein übrig bleibt.

AP 2159967 DuPont 1939 — Als Carbonisiernetzmittel dienen Verbindungen der Form

$$\begin{array}{l} RCH_2\diagdown \\ \qquad\quad N—CH—COONa \\ \quad\;\; \diagup \qquad\; | \\ CH_3 \qquad\;\; R \end{array}$$

(R = Reste, einer H, der andere ein Alkyl mit 7—17 C-Atomen).

AP 2145369 Hercules 1939 — Als Carbonisiernetzmittel können z. B. verwendet werden: Verbindungen, welche hergestellt werden durch Kondensation von α-Pinen mit p-Toluolsulfosäure oder Dipenten mit Phenol, wenn die Reaktionsprodukte nachher sulfoniert werden.

8. Die Beuche.

Auf diesem Gebiet sind kaum irgend welche Fortschritte zu vermerken. Die diesbezüglichen Vorschläge sind sehr gering.

Literaturübersicht über die Beuche.

Baffroy: Teintex 5, 262 (1940).

Patentschrifttum über die Beuche.

OeP 159214 Fürth 1940 — Die Kalkbeuche bietet gegenüber der Laugenbeuche Kostenvorteile, ist aber verlassen. Es wird ein Verfahren beschrieben, welches mit Kalkmilch arbeitet, wobei die Baumwolle mit dieser oder anderen schwerlöslichen Erdalkalihydroxyden gebeucht wird. Die Beuchflotte, deren Hydroxydgehalt kontinuierlich durch Durchlauf eines Hydroxydbehälters ergänzt wird, ist dabei in Zirkulation und wird, mit oder ohne Druck, in einer Konzentration angewendet, daß sie nur gelöstes Hydroxyd enthält. Entschlichtungs- und Bleichmittelzusätze können gemacht werden.

DP 738891 Albert 1944 — Als Zusätze zur Beuchflotte (Netzen, Emulgieren) werden die sulfonierten α,α'-Diphenyläther kernsubstituierter, eventuell hydrierter Phenole genannt, z. B. (Dibutylcyclohexyl)-α,α'-glycerinäthersulfonat.

DP 716431 Drechsel 1942 — Mischgewebe aus Cellulose und Cellulosehydratfasern werden vor dem Beuchen und Bleichen mit Cuoxamlösungen imprägniert. Dadurch wird eine gewisse Verklebung der Kunstseidenfasern erzielt, wodurch deren Waschfestigkeit besser gewahrt wird. Auch die Materialverluste in der Beuche werden herabgedrückt.

EP 611589 ICI 1948 — Das Beuchen vor der Bleiche von Baumwollgeweben mit küpengefärbten Effekten wird derart durchgeführt, daß die Ware mit $^1/_2$—5% NaOH-Lösung getränkt wird (pH 11,5—13,5), auf einen Feuchtigkeitsgehalt von 80—110% ausgequetscht und nachher mit lufthaltigem Dampf behandelt wird. Auf diese Weise wird ein Ausbluten verhindert.

AP 2469249 Mathieson 1949 — Behandelt das Beuchen.

AP 2433370 Buffalo 1947 — Beuchen von Baumwolle.

AP 2253083 Nat. Drying 1941 — Es wird eine Beuch- bzw. Abkochvorrichtung für Gewebe beschrieben. Das Gewebe kommt in gelegter Form in den Abkochbottich, passiert ihn zwangläufig und wird am Bottichrande durch eine Rollenwaschmaschine gezogen und gelegt.

9. Das Fixieren von Garnen und Geweben (Crabben und Brühen).

Das Crabben oder Brühen der Gewebe dient bekanntlich dazu, Formänderungen derselben, also ein Eingehen usf. bei nachfolgenden heißen Nachbehandlungen, wie Färben usw. zu verhindern. Das Gewebe wird zu diesem Zwecke in gespanntem Zustande auf dem sogenannten Brennbock in kochendem Wasser gedreht oder unter Spannung im Brühgefäß in kochendem Wasser von einer Walze auf eine andere umgewickelt, wobei sich dieser Vorgang wiederholen kann.

Bei Garnen kann die Arbeitsweise so erfolgen, daß sie auf Spulen oder Bobbinen aufgewickelt behandelt werden. Man erzielt durch dieses Vorgehen, daß, solange eine spätere Behandlung die Temperatur des Fixierens nicht überschreitet, ein Eingehen bzw. eine Formänderung des Textilmaterials nicht zu befürchten ist.

Während man diese Behandlung im allgemeinen nur bei empfindlichen Wollgeweben vorgenommen hat, um ein Verfilzen derselben an der Oberfläche bzw. eine Störung des Dessins beim Färben zu vermeiden und daher vornehmlich Wollgabardine diesem Prozesse unterzog, ist eine derartige Arbeitsweise nunmehr für die aus Nylon hergestellten Gewebe unbedingt notwendig, um die sonst eintretende bedeutende Schrumpfung hintanzuhalten. Erfolgt die Fixierung ohne Spannung, so tritt Schrumpfung um 10—15% ein. Meist arbeitet man so, daß man bei 45° C vorbehandelt, die Ware auf perforierte

Zylinder aufwickelt und dann mit kochendem Wasser oder durch Dämpfen bzw. mittels Heißluft fixiert („*Presetting*"-, „*Preforming*"-Prozeß).

Die Behandlung dauert etwa 15 Minuten. Das Dämpfen fördert die Aufnahmefähigkeit der Faser für Farbstoffe.

Für Nylontrikotagen und Nylongewebe sind eigene Spannvorrichtungen geschaffen worden, die gestatten, das Textilmaterial beträchtlich über 100° C mit Dampf zu fixieren; Strümpfe werden auf Formen fixiert.

In Anlehnung an die neueren Anschauungen hinsichtlich der im Wollmolekül vorhandenen Cystindisulfidbrücken und deren Bedeutung für die Schrumpf- bzw. Filzfähigkeit der Wolle sind in der neueren Patentliteratur eine Reihe von Verfahren zu finden, die im wesentlichen darauf hinauslaufen, die Disulfidbrücken der Wolle zu sprengen und dadurch auch die Filzfähigkeit und die Schrumpfung des Materials zu beseitigen. So wird vorgeschlagen, mit Bisulfitlösungen zu behandeln oder Mischungen von Sulfit und Bisulfit zu verwenden[28]. Auch eine oxydative Behandlung mit Permanganat wird empfohlen. Eine Behandlung mit dampfförmigen Monovinylidenverbindungen wurde erst kürzlich geschützt[29], auch eine der Formalisierung bzw. *Sthénosage* der Baumwolle ähnliche Arbeitsweise, nämlich die Einwirkung von Formaldehyd im sauren Medium, bildet den Gegenstand einer Patentschrift[30], wobei die Behandlung mit Aldehyden an sich in der Hutindustrie bekannt ist.

Literaturübersicht über das Fixieren von Garnen und Geweben.

Hees: Melliand Textilber. **32**, 215 (1951).
Foulon: Kunstseide, Zellwolle **28**, 224 (1950).
Schäppi: Textil Rundschau **5**, 135 (1950).
Mecklenburgh: J. Textile Inst. **41**, P 161 (1950).
Stoves: Fibres **10**, 259 (1949).
Nisbet: Amer. Dyestuff Reporter **38**, 773 (1949).
Helmus: Amer. Dyestuff Reporter **38**, 62 (1949).
Farnworth, Speakman: Nature (London) **161**, 890 (1948).
Millard: Dyer, Text. Printer, Bleacher **99**, 593 (1948).
Speakman, Saville: J. Text. Inst. **37**, P 389 (1946).
Speakman, Saville: J. Text. Inst. **36**, T 19 (1945).

Patentschrifttum über das Fixieren von Garnen und Geweben.

DP 737329 IG 1943 — Das Fixieren von Polyamidfasern geschieht durch Behandlung mit Wasserdampf oder einem nicht lösenden heißen Quellmittel in Gegenwart von Sulfit oder Bisulfit. Man dämpft z. B. bei 117° C nach dem Tränken mit 1%iger Natriumsulfitlösung.

FP 815582 (s. a. AP 2201929 Speakman 1939) — Zur Fixierung von keratinhaltigem Material, wie Wolle, Haar usw., werden etwa mechanisch hergestellte Kräuselungen mit Reduktionsmitteln behandelt (Bisulfit, Hydrosulfit) und nachher mit Wasserstoffsuperoxyd oder Permanganat oxydativ, schließlich eventuell noch mit Cu-sulfatlösung bewirkt. Die Kräuselung wird durch Sprengung von Cystinbrücken im Woll- bzw. Haarmolekül und Verringerung des Schrumpfvermögens sowie der Elastizität permanent.

EP 643714 Redman 1950 — Man fixiert durch Spannen im feuchten, heißen Medium.

---

[28] S. z. B. AP 2410248 (1946).
[29] AP 2406412 (1946).
[30] AP 2348602 (1944).

AP 2410248 Perm 1946 — Das Brühen von Wolle oder Haar (s. a. AP 2351718 und AP 2201929) erfolgt zur Fixierung der Fasern eventuell in Anwesenheit reduzierend wirkender Verbindungen. Gearbeitet wird dicht unterhalb des Kochpunktes der Behandlungsflotte. Erfindungsgemäß arbeitet man mit einer Bisulfitlösung, wobei Zerstörung der Schwefelbrücken im Keratinmolekül eintritt (s. Abschnitt I, S. 1). Die vorliegende Erfindung geht von der Beobachtung aus, daß die Salzbindungen zwischen den Peptidketten des Keratinmoleküls bei einem pH von 6 am stabilsten sind. Es wird also das Brühgut in der Form, die fixiert werden soll, mit einer sauren Sulfitlösung bei einem pH von 6 und einer Temperatur von 50—70° C behandelt, wobei die Sulfidbrücken zerstört und die R—S—NH—R-Brücken gebildet werden. Die Aufrechterhaltung des optimalen pH ist nur bei zirkulierenden Flotten gewährleistet. Bei stehenden Flotten ist wegen der eintretenden Erniedrigung des pH-Wertes der Beginn bei einem pH-Wert von 8 zu empfehlen. Gegen Ende der Operation ist dann noch ein pH-Wert von 6 erhalten. Man arbeitet mit einer Lösung von 0,5 Mol Natriummetabisulfit und Sulfit unter Zusatz von 5% Alkohol, wobei die aufgerollten Gewebe etwa 15 Minuten behandelt werden.

AP 2406412 ICI 1946 — Zur Fixierung der Wollfaser und zum Verhindern der Schrumpfung wird das Textilmaterial in fixiertem Zustand (also etwa aufgerollt) bei Temperaturen unter 100° C den gemischten Dämpfen von Wasser und einer flüchtigen monomeren Monovinylidenverbindung (Ester der Acryl- oder Methacrylsäure, Styrol oder Vinylestern) ausgesetzt. Besonders gleichmäßig ist der Effekt, wenn das Material vorher genetzt wird. Die Behandlung findet bei einem Wassergehalt von 100% des Warentrockengewichtes in einem Kessel statt und erfolgt mit einem Gemisch von 1 Teil Wasserdampf und 2 Teilen einer Vinylverbindung und wird bei 90—95° C 6 Stunden lang durchgeführt.

AP 2400377 Perm 1946 (s. AP 2410248) — Man fixiert Keratinfasern (Wolle und Haar) mittels einer Lösung von Unterschwefligsäure in Wasser und einem Alkohol bei einem pH von 4, unter Zusatz von 10—45 Gew.-% Alkohol (auf die Lösung bezogen), wobei zur Bildung der Säure ein Bisulfit verwendet werden kann. Zur Erhöhung der Viskosität des Behandlungsbades kann ein Verdickungsmittel, wie Agar-Agar zugegeben werden, ebenso können Netzmittel in Anwendung kommen.

AP 2351718 Speakman 1944 — Man fixiert Wolle und Haar durch Behandlung mit löslichen Sulfiten bei erhöhter Temperatur und entfernt den Überschuß des Sulfits durch Oxydation.

AP 2348602 Benz 1944 — Man entkräuselt Wolle durch Behandlung mit Formaldehyd in saurem Medium.

AP 2333160 Paramount 1943 — Nylonwaren (-gewebe) werden erst fixiert mit heißem Wasser, dann unterhalb dieser Temperatur gefärbt und ausgerüstet und hernach durch neuerliche Behandlung mit heißem Wasser nachfixiert und in die endgültige Form gebracht.

10. Das Kreppen.

Kreppgewebe werden bekanntlich hergestellt, indem hochgezwirnte Garne zur Erzeugung des Gewebes verwendet werden und unter dem Einfluß schrumpfend wirkender Mittel, im einfachsten Falle einer heißen Seifenlösung, durch Längskontraktion das typische Kreppbild erzeugen. Der Kreppeffekt steht in unmittelbarem Zusammenhang mit der Volumsvergrößerung, die beim Naßwerden und Quellen eintritt. Diese Volumsvergrößerung beträgt nach Marsh für Seide 46%, Wolle 35%, Baumwolle 30%, Viskose 35—60% und Acetatkunstseide 6—9%[31].

Daraus geht hervor, daß die Erzielung eines befriedigenden Kreppeffektes bei Acetatseidengeweben am schwierigsten ist. Derselbe ist im allgemeinen, unabhängig von der Faserart, um so größer, je höher die Temperatur ist, die man beim Kreppen anwendet. Allerdings erzielt man den gleichmäßigsten und feinsten Krepp durch Eingehen bei niedriger Temperatur und allmählicher Temperatursteigerung. Es ist eine jedem Fachmanne geläufige Erfahrung, daß die Gewebe bei der Vornahme der Kreppung faltenfrei sein und auch in solchem Zustande während des ganzen Prozesses verbleiben müssen, da sich jede Falte oder jeder Gewebebruch als solcher dauernd fixiert. Man kreppt daher in breiter Form, in Buchform oder am Sternreifen. Vielfach ist es bei Kunstseidengeweben vorteilhaft, zur Erhöhung der Gleichmäßigkeit des Kreppbildes die Waren durch Prägekalander zu schicken, bevor sie ins Kreppbad kommen. Diese Behandlung ist insbesondere für Acetatseide unumgänglich notwendig, weniger wirksam ist sie bei Viskoseseide und ohne Wirkung bei Kupferseide. Diese Vorprägung ist nicht permanent, daher sollen die gaufrierten Gewebe längstens innerhalb 24 Stunden ins Kreppbad gelangen. Zur Vermeidung von Faserschäden sollen die Prägetemperatur und der angewendete Druck nicht zu hoch sein. Für die Beeinträchtigung der Bruchfestigkeit der Fasern durch den Prägekalander ist sowohl die Warenspannung als auch der Druck maßgebend. Am besten arbeitet man bei etwa 30° C mit einem Druck von etwa 100 kg/cm^2 [32].

Bei vielen Kunstseidenwaren ist es üblich, vor den zum Kreppen angewendeten Seifenbädern eine Laugenbehandlung vorzunehmen. Diese liefert ebenfalls einen feineren und regelmäßigen Kreppeffekt. Für ölgeschlichtete Garne wird dem Seifenbad etwas Perborat zugesetzt.

Bei hochgezwirnter Acetatseide hilft zur Erzielung einer befriedigenden Kreppung ein Zusatz von Formaldehyd[33] zum Kreppbade oder man nimmt die Kreppung durch chemische Mittel (Quellmittel), wie Zinkchlorid oder Thiocyanat, vor.

Nylon kann unter Zusatz von Phenol als Quellmittel gekreppt werden[34].

Das Kreppen von Wolle wird bei einer optimalen Temperatur von 42° C und pH 5—6 vorgenommen, kann aber auch in sauren Bädern bei 75° C erfolgen. Nach anderen Vorschlägen arbeitet man mit Bisulfitlösung oder Thiocyanat oder Phenol.

Kreppeffekte können auch erzielt werden, indem man gestreckte und nicht gestreckte Fasern zusammen verwebt, Fasern durch örtliche Fixierung schrumpffest macht usf. Durch entsprechende webtechnische Maßnahmen, Bindung usw. werden figurierte modische Kreppeffekte, wie Beulenkrepp, Mooskrepp, Rindenkrepp u. a., hergestellt. Auch sogenannte Kräuseleffekte werden so erzeugt.

Literaturübersicht über das Kreppen.

Marsh: Textile Science (1948).
Barr, Speakman: J. Textile Inst. **35**, 77 (1944).

[31] Marsh: Textile Science (1948).
[32] Atkinson: J. Soc. Dyers Colourists **58**, 89 (1942).
[33] EP 534775 usw.
[34] EP 576050.

Speakman: J. Textile Inst. **32**, 83 (1941).
Speakman, Shah: J. Soc. Dyers Colourists **57**, 108 (1941).

Patentschrifttum über das Kreppen.

DP 747513 Färb. Appret. 1944 — Die Musterung von Kreppgeweben erfolgt durch Aufdrucken von Druckpasten aus Formaldehyd-harnstoff usw., Kondensaten oder auch Acrylsulfosäureamiden, Verdickungsmitteln, eventuell Farbstoffen, worauf man spannt, trocknet, hierauf das Harz härtet und hernach naßbehandelt, färbt usw. Beim Waschen oder Dämpfen tritt Musterung durch Kräuseln auf.

DP 717735 Färb. Appret. 1942 — Kreppgewebe werden nach der Ausrüstung schrumpffest gemacht, indem man mit Harnstoff, Arylsulfonamiden und Formaldehyd behandelt, auf die gewünschte Dimension bringt und nach der Trocknung eine Hitzebehandlung folgen läßt.

DP 716307 Heberlein 1942 — Gewebe aus einerseits rohem, anderseits kautschukiertem oder verestertem Cellulosegarn wird einer Quellmittelbehandlung unterworfen.

DP 692689 Heberlein 1940 — Man behandelt Gewebe aus rohen und anderseits vorbehandelten Garnen örtlich mit quellenden Mitteln. Dadurch werden Kreppeffekte erzielt.

EP 618025 Finlayson, Cooke 1949 — Celluloseacetatkrepps werden mit Diäthylketon behandelt, um die Schrumpfung zu verstärken.

EP 616005 Celanese 1949 — Zum Kreppen von Acetatkunstseidegeweben werden dieselben vor dem Kreppen in heißen wäßrigen Bädern mit wäßrigen Alkoholen von mindestens 70% (1—5 C-Atome) imprägniert und schwach gewaschen. Die Imprägnierung kann auch mit einem Färben verbunden werden, indem man alkoholische Farbstofflösungen benützt.

EP 615314 Cranston 1949 — Im Gegensatz zu Krepp werden sogenannte rissige (crincled) Muster hergestellt, indem in der Kette überdehntes Gewebe aus nicht kreppendem Material mit Kunstharzen bedruckt, poliert und nachher dem Längeneinsprung unterworfen wird, wobei an den bedruckten Stellen dann die Rißbildung in Aufdruck eintritt.

EP 606257 Heberlein 1948 (s. a. FP 884965) — Herstellung von Kreppgarnen aus Cellulosematerial zur Erzeugung stabiler Kreppgewebe.

EP 603839 ICI 1948 — Das Kreppen von Terephtalsäureestergeweben erfolgt bei Temperaturen, welche mindestens 5° höher liegen als die, bei welcher die Faserstreckung vorgenommen wurde, dabei aber den Schmelzpunkt des Polymeren nicht übersteigen.

EP 592660 Bener 1947 — Gemusterte (Krepp- usw.) Effekte werden erzielt, wenn man nicht quellende oder nicht quellbar gemachte Fäden mit quellbaren verwebt und das Gewebe dann dämpft oder in Wasser behandelt. Den nicht quellbar machenden Stoff kann man auch auf das Gewebe aufdrucken. Neben der Musterung ist auch Farbmusterung durch verschiedene Affinität möglich.

EP 588107 Heberlein 1947 (s. a. FP 884965) — Es wird die Herstellung von Kreppeffekten beschrieben, wobei man gezwirnte Garne verwendet, welche zeitweilig einen hohen Drall in der entgegengesetzten Richtung ihrer ursprünglichen Zwirndrehung besitzen.

EP 580050 Viscose 1946 — Es wird hier die Herstellung von dreidimensional gekreppten Fäden beschrieben, die dann verwebt ein entsprechendes, Kreppcharakter tragendes Warenbild ergeben.

EP 576050 Nylon Spinn. 1946 — In Nylonmischgeweben usw. kann das Polyamid durch Behandlung mit heißem Wasser, Dampf oder Phenol geschrumpft werden. Umgekehrt kann man den cellulosehaltigen Teil des Gewebes schrumpfen, wenn man bei 20° C mit 10—20% NaOH behandelt, wobei die Cellulose bis 20% schrumpft, das Nylon jedoch unverändert bleibt.

EP 562555 Nylon Spinn. 1944 — Kreppeffekte in Nylongeweben werden erzeugt, indem man bei 90—95° C mit 40% Formaldehyd behandelte Fasern in Mischung mit unbehandelten verwendet und dann mit 60—70% HCOOH kreppt.

EP 545422 Cotton Research 1943 — Acetatseidenkrepp in besonders gutem Ausfall wird durch Behandlung der Ware mit Dämpfen von Acetaldehyd oder Crotonaldehyd vor der Kreppbehandlung erzielt.

EP 534775 Sowter, Perry 1942 — Beim Kreppen von Acetatseide werden dem Kreponierbad Stoffe mit einer alkoholischen Hydroxylgruppe zugesetzt, wobei die Bäder noch Methylenchlorid, Äthylenchlorid und Äthylacetat enthalten.

EP 519986 Celanese 1940 — Acetatkreppware wird vor der Behandlung in Krepp- oder Kochbädern mit Formaldehydlösung oder anderen Aldehyden unter nachherigem Trocknen bei tiefer Temperatur behandelt.

EP 503848 Celanese 1939 — Zur Erzielung besonderer Kreppeffekte werden hochgezwirnte Garne, die unter der Einwirkung von Heißdampf gestreckt wurden, verwebt und hernach der Einwirkung heißer, stark alkalischer Krepplaugen unterworfen.

EP 503060 Celanese 1939 — Acetatkunstseide wird bei 90° C in das Kreppbad eingebracht und dieses innerhalb 15 Minuten auf 95° C erhitzt. Nach weiteren 15 Minuten wird das gekreppte Gewebe aus dem Bad entfernt.

EP 501977 IG 1939 — Man erhält eine einwandfreie Kreppung von Acetatkunstseide, wenn man Garne verwendet, welche einen Zusatz von 10% Vinylmethyläther und Maleinsäure-Co-Polymerisat enthalten. Die Garne werden nach entsprechender Schlichtung verwebt und dann beim gleichzeitig erfolgenden Kreppen und Entschlichten einer Quell- und Schrumpfbehandlung mit Seifenlösung unterworfen. Ein Gewebe, bestehend aus Acetatseidefasern mit einem Zusatz von 10% Polyvinylchloracetat, werden zwecks Aminierung der Faser vor der Kreppbehandlung in eine Pyridindampfatmosphäre über Nacht bei 70° C eingebracht. Hernach erfolgt eine Kreppbehandlung in einem Bad von 150 g/l Essigsäure bei 40° C.

EP 500370 Dreyfus 1939 — Das Kreppen in Kreppbädern, die Seife enthalten und durch Einblasen von Gasen lebhaft bewegt werden, wird beschrieben.

AP 2516267 Celanese 1950 — Bei der Herstellung von Acetatkunstseidenkrepp empfiehlt sich das Schlichten des Materials mit einer wäßrigen Lösung eines Celluloseesters und Harnstoff.

AP 2414800 DuPont 1947 — Garn für Krepp erhält man, wenn permanent gekräuseltes Garn nach dem Befeuchten unter Spannung trocknet.

AP 2410867 Celanese 1946 — Das Kreppen von Acetatkunstseide in sauren Bädern (2% Eisessig pro Liter) bei 90° C wird beschrieben.

AP 2288751 Celanese 1942 — Man verleibt Geweben aus Cellulosederivaten Proteine aus Sojabohnen ein und behandelt dann in Kreppbädern.

AP 2288685 Celanese 1942 — Beim Kreppen von Geweben aus Cellulosederivaten wird den Kreppbädern zur Erzielung einer verstärkten Wirkung Sojabohnenprotein zugesetzt.

AP 2287932 Celanese 1942 — Zur Erzielung von Kreppeffekten wird mit Albumin geschlichtete Acetatseide (gezwirnt) als Gewebematerial angewendet. Man behandelt die Gewebe mit HCOH und kreppt dann. Die erhaltenen Effekte sind denen gleichartig, die durch Verwendung von niedrig gezwirnter und hochgezwirnter Acetatseide erhalten werden. Die Verarbeitung (Verweben) hochgezwirnter Acetatseidefäden ist bekanntlich sehr schwierig.

AP 2277163 Celanese 1942 (s. a. AP 2277164) — Behandelt die Schrumpfung von Celluloseacetatfasern in Bädern von Wasser, Äthylalkohol und Äthylacetat.

AP 2275851 Heberlein 1942 — Man kann Kreppeffekte erzielen, wenn Gewebe aus inkrustierten Rohgarnen und gereinigten Garnen geschrumpft werden.

AP 2271885 Emery 1942 (s. S. 732) — Schlichten von Kreppgarnen zwecks Erzielung eines kräftigen Kreppeffektes in Kreppbädern.

AP 2243858 Celanese 1941 — Man tränkt ein Celluloseacetatgewebe mit 5%iger Sodalösung, trocknet bei 75—100° C und behandelt dann 1 Minute mit heißer Seifenlösung.

AP 2243843 Celanese 1941 — Man kreppt Mischgewebe mit heißen Trinatriumphosphatlösungen von 5 g/l bei Kochtemperatur.

AP 2240554 Dreyfus 1941 — Man kreppt ein Acetatseidengewebe mit 5 g/l Seifenlösung bei Kochtemperatur.

AP 2221232 Färb. Appret. 1940 — Textilien aus Acetatseide oder Mischungen derselben mit anderen Fasern können gekreppt werden, indem sie mit 23—26%iger HCl unter 20° C behandelt werden. Die Acetatkunstseide schrumpft bei dieser Behandlung, während die anderen Fasern nicht angegriffen werden. Gewebe aus Acetatseide allein können in Mustern gekreppt werden, wenn durch Aufdruck oder vor dem Verweben Teile der Acetatseidenfäden mittels Tanninbehandlung vor dem Schrumpfen geschützt werden.

AP 2185627 Celanese 1940 — Kreppsatin mit flottierenden Fäden, wobei derart gekreppt wird, daß bei 90° C begonnen und allmählich bis nahe dem Kochpunkt der rein wäßrigen Kreppflüssigkeit erhitzt wird.

AP 2182321 Dreyfus 1939 — Gewebe aus Gemischen von Celluloseestern und Cellulose oder Celluloseestern und Seide oder Wolle werden mit Thiocyanatlösung behandelt. Durch die eintretende Schrumpfung des Cellulosederivates treten kreppartige Effekte ein. Man arbeitet mit Thiocyanatlösungen von 12° Bé bei 15° C und behandelt 2—3 Minuten, so daß eine Wirkung auf die andere Faser nicht eintreten kann.

AP 2151711 Sonneborn 1939 — Es wird die Herstellung von Kreppgeweben aus Garnen beschrieben, die mit sulfonierten Ölen behandelt sind. Das Garn wird imprägniert, verwebt und dann in einem heißen Reinigungsbad die Imprägnierung entfernt. Dabei enthält das Gewebe imprägnierte und gewöhnliche Fäden in Mischung.

11. Das Schlichten.

Mit Rücksicht auf die verschiedenen in Frage kommenden Faserarten ist die Zahl der Vorschläge für eine einwandfreie Schlichtung der entsprechenden Garne eine außerordentlich große und hinsichtlich der verwendeten Stoffe auch mannigfaltige. Einen größeren Raum nehmen in der hierher gehörigen Patentliteratur Cellulosederivate ein.

Für das Schlichten von Kunstfasern, insbesondere der Nylonfaser, werden in zahlreichen Fällen verseifte Polyvinylacetate oder Polyvinylalkoholschlichten, eventuell mit Zusatz von Borsäure usw., empfohlen. Sie sollen auch die mit anderen Stoffen nur schwierig erreichbare Haftfähigkeit aufweisen und trotzdem leicht entfernbar sein.

Zum Schlichten von Wollgarnen wurden in letzter Zeit auch Igevin M 45 und M 50 (Polyvinyläther) in 25—50%igen Lösungen angegeben[35].

Den Einfluß von Schlichten aus Kunststoffen auf die Fasereigenschaften (Bruchfestigkeit und Dehnung) gegenüber Stärkeschlichtung zeigt folgende Tabelle[36]:

	Ungeschlichtet		Geschlichtet mit					
			10% Stärke		10% Alkydharz		10% Styrolharz	
	Bruchfestigkeit	Dehnung	Bruchfestigkeit	Dehnung	Bruchfestigkeit	Dehnung	Bruchfestigkeit	Dehnung
Baumwolle	174,3 g	5,92%	216,5 g	4,95%	212,9 g	6,2%	211,0 g	4,7%
Kunstseide	248,3 g	13,8%	259,6 g	11,4%	245,1 g	12,0%	165,7 g	14,1%
Acetatkunstseide	180,8 g	21,0%	168,7 g	13,7%	158,9 g	16,6%	162,0 g	17,3%
Wolle	162,0 g	11,5%	210,2 g	18,8%	189,2 g	25,6%	186,5 g	19,1%

Literaturübersicht über das Schlichten.

Ramsthaler, Walter: Die Schlichterei der Baumwolle, Zellwolle und Kunstseide, Stuttgart: Konradin 1950.
Foulon: Kunstseide u. Zellwolle **28**, 117 (1950).
Weaver: Text. Weekly **45**, 492 (1950).
Bader: Melliand Textilber. **31**, 630 (1950).
Klingenberg: Textil Praxis **5**, 37 (1950).
Mirtschin: Textil Rundschau **3**, 391 (1948).
Kuhlmann: Mitt. Forsch.-Inst. chem. Ind. Österr. **2**, 94 (1948).
Sanford: Text. Wld. **96**, 133 (1946).
Desormiere: Ind. textile **61**, 136 (1944).
Lepicard: Ind. textile **61**, 74 (1944).
Mandling: Klepzigs Text.-Z. **46**, 160 (1943).
Bade: Kunstseide u. Zellwolle **24**, 498 (1942).

Patentschrifttum über das Schlichten.

DP 717275 Pfersee 1942 — Stärke mit Methanol und hierauf mit α-Bromvaleriansäure oder Isovaleriansäure umgesetzt, ergibt Stärkeäthersäuren, welche als Schlichtemittel verwendbar sind.

DP 710679 Böhme 1941 — Man sulfuriert hochmolekulare Formaldehydkondensationsprodukte, wobei die erhaltenen Stoffe zum Schlichten von Garnen geeignet erscheinen.

[35] British Plastics **20**, 226 (1948).
[36] Amer. Dyestuff Reporter **36**, 170 (1947).

DP 709581 Lambert 1941 — Zum Schlichten wird eine Mischung aus nicht- oder halbtrocknenden Ölen, Wachs und Paraffin derart verseift, daß die Mischung gerade noch benzinlöslich ist.

DP 706824 Blumer 1941 — Zum Schlichten von Kunstseide verwendet man Leim- oder Gelatinelösungen mit Zusätzen von Salmiak und Soda oder Nitraten, naphtalinsulfonsauren Salzen u. dgl.

DP 705263 Schroers 1941 — Man verwendet zum Schlichten Flotten aus Albumin, Gelatine, Leim, einwertigen Alkoholen mit mehr als 8 C-Atomen und hygroskopischen Mitteln. Der pH-Wert soll 7,5 bis 9,5 betragen.

DP 696760 Müller 1940 — Zum Schlichten werden wäßrige Frisch- oder Trockenblutlösungen empfohlen.

DP 692283 Grünau 1940 — Zum Schlichten von Baumwollgarnen verwendet man neben den üblichen Mitteln Zusätze von Kondensationsprodukten aus höheren Fettsäuren und Eiweißstoffen.

DP 688257 Böhme 1940 — Mono- oder Disaccharide, die acetyliert sind, werden im Gemisch mit den üblichen Mitteln als Schlichte empfohlen.

DP 686170 Rotta, Quehl 1939 — Zum Schlichten von Kunstseiden sollen Fettsäuren mit mindestens 18 Kohlenstoffatomen und zwei Doppelbindungen im Molekül (Linolsäure), gemeinsam mit Leim oder Stärke dienen.

DP 681637 Röhm & Haas 1939 — Kunstseide, besonders Acetatkunstseide, wird mit leimhaltigen Polyacryl- oder Methacrylsäureesterlösungen geschlichtet.

DP 679341 IG 1939 (Zusatz zu DP 669807) — Schlichtemittel können aus Kondensationsprodukten von Guanazinen und Formaldehyd, nach weiterer Umsetzung mit Glykol, hergestellt werden. Guanazinguanazol:

```
              N
            /   \\
     NH=C        C—NH2
         |        |
         N————N
         |        |
    NH2—C        C=NH
            \\   /
              N
```

DP 676847 Oranienburg 1939 — Zum Schlichten von Kunstseide oder Seide werden Lösungen von Chlorkautschuk, Weichmachern und Proteinen, Pflanzenschleimen oder Kohlehydraten empfohlen.

SP 247681 Rhodiaceta 1947 — Zum Schlichten von Acetatkunstseide mit tierischen oder vegetabilischen Kolloiden werden, um das Eindringen der Schlichte in den Faden zu gewährleisten, neben Netzmitteln auch Quellmittel, wie einwertige, 1—3 C-Atome enthaltende Alkohole der Fettreihe mit geraden oder verzweigten Ketten, vorgeschlagen. Gärungverhindernde Stoffe usw. können beigefügt werden; vgl. SP 261617 und SP 250659. Es werden verwendet:

6 Teile Gelatine, 2 Teile KNO_3, 5 Teile Äthylenglykol, 0,05 Teile p-Oxybenzoesäuremethylester (gärungverhindernd), 7 Teile Propylalkohol, 75 Teile Wasser.

Oder:

2 Teile Agar-Agar, 4,5 Teile Thioharnstoff, 0,15 Teile Natriumalkylnaphtalinsulfonat, 7 Teile Isopropylalkohol, 75 Teile Wasser.

SP 245878 Röhm & Haas 1947 (Zusatz zu SP 234080) — Schlichten für Kunstseide werden erhalten, wenn man zu einer wäßrigen Leimlösung 1—50% des Leimgewichtes an wasserlöslichen, durch mindestens teilweise Verseifung von Äthylencarbonsäurenitrilen erhältlichen Verbindungen zusetzt (z. B. 18 g Leim, 10 g einer 10%igen Lösung eines zu 70% verseiften Polyacrylsäurenitrils, 0,6 g sulfuriertes Öl und 980 g Wasser).

SP 244819 Huber 1947 — Zum Schlichten von Textilien werden wasserlösliche Celluloseäther mit tierischen oder pflanzlichen Leimen vermischt empfohlen, denen Weichmacher und Netzmittel beigegeben sind.

SP 235551 Sichelwerke 1945 — Garnschlichten, insbesondere für Kunstseiden, werden erhalten, indem man ein Alkalisalz einer niedrigpolymeren Celluloseglykolsäure in Wasser löst und die erhaltene, niedrig viskose Lösung in einer Homogenisiermaschine behandelt. Man verwendet eine Konzentration von 1,5% zum Homogenisieren und verdünnt vor dem Gebrauch auf 1 : 100. Man kann mit der erhaltenen Schlichteflotte insbesondere auch Kunstseide auf Kreuzspulen schlichten.

SP 234080 Röhm & Haas 1944 — Schlichtemittel für Kunstseide bestehen aus: 80 g Leim, 20 g 10%iger Lösung des Triäthanolaminsalzes von Polyacrylsäure, 2 g sulfuriertes Öl und 913 g Wasser. Oder: 60 g Leim, 40 g 10%ige Lösung des Co-Polymerisates von 70 Teilen Methacrylsäure und 30 Teilen Methacrylsäureäthylester, 3 g sulfuriertes Öl und 933 g Wasser. Die erhaltenen Schlichteflotten sind auch für synthetische Fasern und Baumwolle geeignet.

SP 232111 IG 1944 — Polyamidkondensationsprodukte sind unter Zusatz von Glykokollhydrochlorid (10% und mehr) hydrophil und können zum Schlichten Anwendung finden.

SP 231883 IG 1944 — Man kondensiert sebacinsaures Hexamethylendiamin und Glykokolläthylesterchlorhydrat und erhält ein hydrophiles Polyamid, welches als Schlichtemittel wertvoll ist.

SP 228446 Phrix 1944 — Die Herstellung von Schlichten wird behandelt.

SP 226928 IG 1943 — Schlichtemittel aus Kondensationsprodukten von Glycerin und Phtalsäure, die mit Phenylisocyanat weiter kondensiert werden. Es sind weiche bis feste, harzartige, wasserbeständige Stoffe.

SP 210823 Müller 1940 — Es werden Schlichtemittel aus Trockenblut beschrieben.

SP 207989 Maschke 1940 — Benzinlösliche Öl-Harzschlichten, bestehend aus einer Mischung nicht- bzw. halbtrocknender Öle oder Fetten und verseifbaren, benzinlöslichen, harzartigen Stoffen, die mit einer alkalisch reagierenden Alkalimetallverbindung derart behandelt werden, daß das entstehende Produkt eben noch benzinlöslich ist, sind für die verschiedensten Fasern, hauptsächlich aber Kunstseide, verwendbar. Als Bestandteile sind angeführt: Rüböl, Olivenöl, Kiefernharz, Borax.

FP 944120/1 ICI 1949 — Das Schlichten von Terylenfasern erfolgt mit Kolophoniumseifen.

FP 939425 Monsanto 1948 — Zum Schlichten werden Mischpolymerisate von Styrol und Maleinsäureanhydrid in Form der Alkalisalze in wäßriger Lösung empfohlen.

FP 926370 Rhodiaceta 1947 — Leicht auswaschbare, festhaftende und wenig hygroskopische Appreturen, insbesondere aber Schlichten, werden erhalten durch Verwendung von Mischungen aus Glycerin und Chloral. (Wasser mit 5—40% der Mischung Glycerin : Chloral wie 1 : 1 oder 2 : 1.)

FP 923847 DuPont 1947 — Zum Schlichten von Nylonfasern usw. werden Verbindungen aus Borsäure und Polyvinylalkohol nach Einwirkung von Polyäthylenglykol als Weichmacher verwendet. Die Haftfestigkeit wird verbessert, indem man die Fasern vorher mit Tannin behandelt.

FP 904199 IG 1945 — Zum Schlichten und Appretieren sowie zum Glänzen von Textilstoffen verwendet man Dispersionen von Polymeren, die kationaktive, hochmolekulare Verbindungen enthalten.

FP 892683/84 Compt. Textiles Artificiels 1944 — Schlichten auf Basis von decarboxyliertem Kolophonium.

FP 880672 Gamma 1943 — Wäßrige Emulsionen von Lösungen von geblasenen Pflanzenölen in organischen Lösungsmitteln werden als Schlichten empfohlen.

FP 875283 IG 1942 — Zum Schlichten können Polyester aus Maleinsäuren und Di- oder Polyäthylenglykolen, eventuell mit Stärke oder Leim zusammen Anwendung finden.

FP 874547 Rhodiaceta 1942 — Als Schlichten werden durch Einwirkung von Zinkchlorid usw. verflüssigte Gelatinegallerten empfohlen.

FP 874463 Maurizot 1942 — Zum Schlichten von Kunstseide werden Lösungen von Leinöl in Schwerbenzin vorgeschlagen, welche eventuell noch Talg usw. enthalten. Die Lösungsmittelverluste sind wesentlich geringer als bei Verwendung von Benzol-Leinöl-Lösungen.

FP 872862 Tissages 1942 — Als Schlichtemittel, aber auch zum Maschenfestmachen von Geweben werden Emulsionen aus Casein, Alkalisilicaten, Borax, Olivenöl und Alkalifluoriden empfohlen.

FP 861472 Refining 1942 — Als Schlichtemittel wird Zein vorgeschlagen.

FP 856279 Rhodiaceta 1941 — Kunstseidenschlichte soll aus Leinöl bestehen. Als Sikkative dienen Co- oder Mn-linoleat oder -naphtenat.

FP 850925 Selle, Paume 1940 — Als Schlichte können nichttrocknende fette Öle, z. B. Rizinusöl, die durch längeres Erhitzen unter Luftabschluß unterhalb des Zersetzungspunktes verdickt wurden, in wäßriger Emulsion oder Lösung in organischen Lösungsmitteln verwendet werden.

EP 643273 Monsanto 1950 — Als Schlichtemittel wird eine wäßrige Lösung des Ammon- oder Alkalisalzes eines Co-Polymerisats aus Styrol oder Derivaten desselben mit Maleinsäureanhydrid in solcher Konzentration, daß 2—15% Feststoff am behandelten Garn verbleiben, vorgeschlagen.

EP 640989 Celanese 1950 — Als Schlichte wird für Kunstseide und Celluloseesterseiden eine Kombination von Casein oder Sojabohnenprotein mit Ölsäure und Triäthanolamin vorgeschlagen.

EP 628754 Monsanto 1949 — Als Schlichtmittel werden die Ammoniumsalze von Styrol-Maleinsäurekondensaten vorgeschlagen.

EP 617598 Weinberg 1949 — Zum Schlichten usw. werden Harzdispersionen verwendet, die mit Hilfe von öllöslichen Sulfosäuren, z. B. aus Teeren usw. hergestellt werden.

EP 615185 Nylon 1948 (s. EP 557783) — Zum Schlichten von Nylongarn werden wäßrige Lösungen von Säurecasein, einem sulfonierten Phenol-formaldehydharz, einer langkettigen, nichttrocknenden Fettsäure und einem Schutzmittel für das Casein (Chlorphenole, Methyl-p-hydroxybenzoate usw.) bei pH = = 6—10 angewendet.

EP 614298 Celanese 1948 — Zum Schlichten wird eine Mischung aus Casein, Triäthanolamin und einem organischen Phosphorsäureester (Triäthylphosphat), insbesondere für Acetatseide, vorgeschlagen.

EP 614137 Stein, Hall 1948 — Zum Schlichten von Kettgarnen werden Mischungen aus Stärke und Dextrin-Stärke empfohlen.

EP 612326 Nat. Oil Prod. 1948 — Das Schlichten usw. von Papiergarnen wird mit Wachs und kationaktiven Substanzen der Form

$$C_{17}H_{35}—CO—NH—C_2H_4—N\begin{matrix} \diagup C_2H_4OH \\ \diagdown H \end{matrix}$$

vorgenommen (3% und mehr der Wachsmenge).

EP 610510 Sylvania 1948 — Zum Schlichten von Garnketten werden Celluloselösungen bei nachheriger Koagulation am Faden empfohlen (s. EP 585804).

EP 610169 ICI 1948 (s. EP 610168, EP 610167) — Zum Schlichten von Terylengarnen bzw. als Garnpräparation für die Strickerei werden teilweise hydrolysierte Polyvinylacetatlösungen mit Borsäure empfohlen. Auch wäßrige Lösungen filmbildender Proteine oder Stoffe der EP 560084.

EP 605866 Kiviat 1948 — Als Schlichte für synthetische Fasern wird eine Lösung von Alkydharz, eventuell mit einem nichttrocknenden Öl modifiziert, in einem flüchtigen Lösungsmittel vorgeschlagen.

EP 593549 Celanese 1947 — Als Schlichte wird eine Lösung von Casein in Triäthanolamin-Wasser vorgeschlagen. Das pH soll etwa 8 betragen.

EP 593345 Goldschmid 1947 — Zum Schlichten von Garnen wird vorgeschlagen, sie mit Verteilungen gequollener Stärke zu behandeln und am Garn dann durch weiteres Erhitzen (Dämpfen) den Quellprozeß des Kohlehydrates zu beenden.

EP 583912 DuPont 1947 — Das Schlichten von Nylonkettgarnen erfolgt mit einem wasserempfindlichen hydrolysierten Polyvinylharz und einem wasserlöslichen Harnstoff-formaldehydvorkondensat, wobei eine 11%ige Lösung angewendet wird.

EP 582641 ICI 1946 — Eine Schlichte, insbesondere für Polyamidfasern, besteht z. B. aus: 12 Teilen teilweise verseiftem Polyvinylacetat, Viskosität 5 Centipoises, Verseifungszahl 46, 4 Teilen Bariumchlorid zur Mattierung, 168 Teilen Wasser. Der Faden ist gleichmäßig matt und soll einen Schlichtegehalt von 3,7% aufweisen.

EP 573574 Calico Printers 1946 — Schlichtemittel aus Polyvinylalkohol und kleinen Mengen Formaldehyd werden beschrieben.

EP 572868 Öl- und Chemiewerke 1945 — Die Alkalisalze von Glykolsäureäthern der Cellulose dienen zum Schlichten oder Appretieren von Textilien. Man behandelt Cellulose mit NaOH und α-Monochloressigsäure (mit Soda neutralisiert) im Knetwerk.

EP 564027 Bessiers, Gordon 1944 — Das Schlichten von Nylon usw. mit alkalischen Lösungen von Casein unter Zusatz eines in der Lösung sich verseifenden Öles (Arachisöl) und Harnstoffderivaten.

EP 509538 Mascke 1939 — Zum Schlichten und Appretieren können benzinlösliche Ölharze verwendet werden. Hierzu werden Natur- oder Kunstharze (öllösliche Glyptal- oder Aldehydharze) in halbtrocknenden oder nichttrocknenden Ölen gelöst. Die Schlichten oxydieren nicht. Die Lösung oder Emulsion wird vorteilhaft teilweise verseift. Die Fehlerquellen der bekannten benzinlöslichen Leinölschlichten werden so vermieden.

EP 509445 Courtaulds 1939 — Es werden Kunstseidenschlichten beschrieben, welche neben dem Schutzfilm als weichmachende Agentien noch eine kleine Ölmenge enthalten. Zur besseren Emulgierung des Öles bzw. um dasselbe beim Entschlichten leichter entfernbar zu machen, werden kleine Mengen Triäthanolaminoleat zugesetzt. Z. B. besteht eine derartige Schlichte aus: 4 Teilen Gelatine, 0,3 Teilen Mineralöl, 0,06 Teilen sulfuriertem Olivenöl, 0,05 Teilen Triäthanolaminoleat und 95,64 Teilen Wasser.

EP 508068 Power, Almy 1939 — Kunstseidenschlichte, bestehend aus Gummiarabikum, Sorbit, Glukose und sulfoniertem Rizinusöl.

EP 507744 Müller 1939 (s. SP 210823) — Als Schlichtemittel kann eine wäßrige Fibrin- oder nicht fibrinhaltige Lösung, die frisches Blut enthält, verwendet werden.

EP 506670 Luria 1939 — Oxydierte Öle dienen als Schlichte.

EP 501977 IG 1939 — Zum Schlichten von Acetylcellulosegarnen für Kreppgewebe verwendet man eine Mischung von 75% Leinöl und 25% geblasenem Rapsöl oder eine Leim-Harnstoff-Schlichte. Bei entsprechender Kreppung unter Zusatz von quellenden Mitteln erhält man einen guten Kreppeffekt.

EP 499995 Nobel 1939 — Am Rückflußkühler werden in eisen- oder kupferfreier Armatur 3000 g Wasser, 420 g Lauryläther des Polyäthylenoxyds, 9 g Benzoylperoxyd, 120 g Benzylalkohol und 6000 g reines monomeres Vinylacetat 5 Stunden zum Sieden erhitzt und dann unter Rühren abgekühlt. Die cremeartige Masse kann zum Schlichten verwendet werden. Sie enthält Polyvinylacetat mit einem kleinen Gehalt an monomerer Verbindung. Im trockenen Zustand erweicht die Schlichte bei 40—45° C.

HollP 59934 Sichelwerk 1947 — Zum Schlichten von Kunstseide auf Kreuzspulen werden wäßrige Lösungen der Salze von Celluloseäthern der Glykolsäure empfohlen. Es werden nicht verklebte, gut verwebbare Garne erhalten, die in der Färberei keine Schwierigkeiten verursachen. Das behandelte Material ist dabei genügend weich und elastisch.

HollP 57980 Beukenkemp 1946 — Herstellung von geringviskoser Stärkelösung durch Zugabe von 20% NaCl oder Natriumsulfat.

AP 2528570 Celanese 1950 — Zum Schlichten von Acetatkunstseide werden Mischungen aus Casein, Triäthanolamin und Ölsäure vorgeschlagen, wobei das Triäthanolamin 15—20% der Caseinmenge und die Ölsäure 25—50% der Triäthanolaminmenge beträgt.

AP 2527643 CCCC 1950 — Als Schlichtemittel usw. für Nylon, Glas usw. dienen Mischungen von wasserlöslichen Celluloseäthern mit Leim aus Sojabohnen [0,1—0,8 Teile des letzteren (trocken) auf 1 Teil der ersteren].

AP 2495845 Atlas Powder 1950 — Als Schlichtmittel werden Mischungen aus Polyvinylverbindungen und Borsäure vorgeschlagen.

AP 2471714 Cyanamid 1949 — Zur Stabilisation von Harzschlichten gegen Oxydation setzt man 0,1—1% Phenthiazin zu.

AP 2469408/9 Monsanto 1949 — Zum Schlichten wird eine Mischung, bestehend aus Co-Polymeren von Styrol, Maleinsäureanhydrid mit verätherten Kunstharzvorkondensaten, vorgeschlagen (s. a. AP 2275951, 2294651, 2370362). Es dürfte sich eher um Appreturmittel handeln; vgl. AP 2469407.

AP 2462108 Stein & Hall 1948 — Als Kettenschlichte werden Mischungen von 40—70% Korn- oder Weizenstärke mit 60—30% Maisstärke vorgeschlagen. Die Lösungen gelatinieren bei Raumtemperatur nicht und liefern biegsame, zähe und reibungswiderstandsfähige Filme.

AP 2459052 ICI 1949 — Zum Schlichten von Terylenen werden wäßrige Lösungen eines teilweise hydrolysierten Polyvinylacetals VZ (10—300) und ein Vorkondensat aus Alkylolharnstoff und Formaldehyd vorgeschlagen.

AP 2448571 Celanese 1948 — Zum Schlichten von Acetatseide wird eine Mischung aus 79 Teilen Casein, 16 Teilen Triäthanolamin und 5 Teilen Triäthylphosphat empfohlen.

AP 2426125 Kelco 1947 — Schlichtemittel aus Alginsäure und Äthylenoxyd.

AP 2421122 DuPont 1947 — Als Schlichte für Garnketten dient ein wasserempfindliches Polyvinylharz, wobei unter Zusatz von 5—40% $BaCl_2$ (auf Harz berechnet) gearbeitet wird und der Gesamtgehalt der Mischung an festen Stoffen etwa 2—12% beträgt. Das $BaCl_2$ setzt die Wasserempfindlichkeit des Polyvinylharzes herab.

AP 2419756 DuPont 1947 — Spinnkuchen werden geschlichtet mittels einer wäßrigen Lösung eines nichtschleimigen Materials, welches einen Erweichungspunkt bei 30—70° C besitzt und aus Seife oder wachsartigen Körpern besteht, wobei man während des Ausschleuderns nach der Behandlung sowie bei der Behandlung eine Temperatur einhält, die mindestens beim Erweichungspunkt liegt.

AP 2418927 Freund 1947 — Synthetische Fasern werden geschlichtet mit einer Mischung aus hydriertem Öl, fester Fettsäure, einer Seife, wobei die Mischung einen Flammpunkt von 40—70° C besitzt; die Schlichtung wird bei 40° C vorgenommen, bei 50° C getrocknet, dann sofort ausgeschlagen, um Aneinanderkleben, Härte und Bildung statischer Elektrizität zu vermeiden.

AP 2415408 Bergier, Eskenazi, Helbronner 1947 — Man schlichtet insbesondere Kunstfasern mit einer Mischung von: 9% neutralisiertem Kolophonium, 1% Mineralöl, 2% Triäthanolamin als Emulgator, 2% Natriumsulforizinat, 13% Äthanol und 73% Wasser.

AP 2415044, 2415043, 2415042, 2415041, 2415045, 2415039 Montclair Research 1947 — Als Schlichte- und Appreturmittel werden Celluloseverbindungen verwendet, die alkalilöslich sind und durch Einwirkung von Dicarbonsäuren auf Alkalicellulose erhalten werden. Z. B. wird Diäthylmalonsäure verwendet.

AP 2413789 DuPont 1947 — Als Schlichtemittel ist Polyvinylalkohol empfohlen worden. Man kann ihn in seinen Schlichteeigenschaften durch Behandlung mit quaternären Ammoniumbasen verbessern. Trotzdem sind die Schlichten durch Heißwasserbehandlung leicht entfernbar.

AP 2411824 Hercules 1946 — Beschreibt die Herstellung von verseiftem Kolophonium mit einem schließlichen Alkaligehalt (frei) von 0,13% in pulverförmigem Zustand für Schlichtezwecke.

AP 2411322 DuPont 1946 — Das Schlichten von Nylongarnen ist schwierig, da die Schlichte am Faden schlecht haftet. Beschrieben wird die Behandlung mit einer Mischung von Polyvinylalkohol und einem Alkylolharnstoff-formaldehydharz (s. AP 2324601 DuPont 1943. Dort wird mit einem partiell verseiften Polyvinylacetat gearbeitet).

AP 2410433 Hercules 1946 — Die Herstellung von fester Schlichtepulvermasse aus verseiftem Kolophonium wird beschrieben. Man verseift mit Sodalösung und hernach bei erhöhtem Druck mit etwas NaOH als Endreaktion [s. a. AP 2411824 (oben) und 2401090 (folgend)].

AP 2406749 DuPont 1946 (s. a. AP 2395265 und 2395971 sowie AP 2324601) — Die Arbeitsweise beim Schlichten, insbesondere von Polyamidfasern, mit modifiziertem Polyvinylacetat, führt bei großer Feuchtigkeit zu keinen guten Resultaten. Man benützt daher Dioxolanderivate, die mit Polyvinylabkömmlingen zusammen gute Resultate ergeben. Dioxolan ist eine sehr reaktive Verbindung der Formel

$$\overline{O-CH_2-OCH_2-CH_2}.$$

Borsäure wird zugegeben, um den Polyvinylalkohol etwas weniger löslich zu machen.

AP 2403515 Stanley 1946 — Man verwendet Mischungen aus Xylan (gewonnen durch alkalische Extraktion pentosanhaltiger Materialien, wobei das Filtrat eingedampft, angesäuert und mit Alkohol gefällt wird), sulfoniertem Rizinusöl und Tergitol (Natriumsalz der Schwefelsäureester sekundärer höherer aliphatischer Alkohole) zum Schlichten. Über Xylan s. z. B. Abschnitt I, Seite 2. Z. B.: 168 Teile Xylan (trocken) in 1000 Teilen Wasser verrühren, 3 Teile 75%ig sulfuriertes Rizinusöl zugeben, hernach 6 Teile Tergitol zusetzen und unter Rühren auf 185° F erhitzen. Die Schlichte ist für Kunstseide und Acetatkunstseide vorteilhaft anzuwenden.

AP 2401090 Hercules 1946 — Verseiftes Kolophonium als Schlichtepulver wird beschrieben. Siehe AP 2411824 (oben) bzw. AP 2410433 (oben).

AP 2400820 Röhm & Haas 1946 — Konvertierte Stärkepräparate, eventuell mit Methylolharnstoff gemischt, werden als Schlichte- und Appreturmittel angewandt.

AP 2400402 Gen. Mills 1946 — Als Schlichtemittel werden Stärkeabbauprodukte mit Triäthanolaminstearat vermischt gebraucht.

AP 2388833 Eastman Kodak 1945 — Zur Garnkonditionierung und zum Schlichten werden Verbindungen der Form

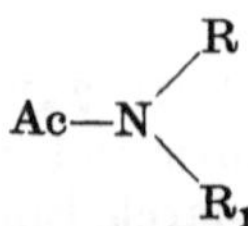

verwendet, wobei Ac einen Acylrest, R einen Furfuryl- oder Tetrahydrofurfurylrest und R_1 Wasserstoff, Alkyl oder Alkyloxyreste bedeuten.

AP 2388086 Montclair Research 1945 — Kondensate von Aceton mit Lösungen von Glyoxal führen zu viskosen Produkten (bei pH über 7), welche als Schlichten oder Appreturen anwendbar sind.

AP 2386144 Ellis, Foster 1945 — Leicht entfernbare Schlichten bestehen aus einer wäßrigen ammoniakalischen Lösung des Umsetzungsproduktes von 1—2 Teilen Sorbit usw. (sechswertige Alkohole) und 2—1 Teilen ungesättigter Säuren (Maleinsäure) in zirka 0,1—10%iger Lösung.

AP 2385438 Chem. Developm. 1946 — Zum Schlichten sollen sich Mischungen aus Stärke, Harnstoff-formaldehydvorkondensaten und Silikaten eignen.

AP 2381020 CCCC 1945 — Zur Verhinderung der Bildung von statischer Elektrizität bei Vinyongarnen werden dieselben mit einem Netzmittel und einem Polyäthylenimin vom Mol.-Gew. 300 und nachher noch mit einem Aldehyd mit weniger als 6 C-Atomen behandelt.

AP 2360246 Eastman Kodak 1944 — Celluloseacetat wird mit einer Emulsion von Spermöl, welches mittels Triäthanolaminoleat emulgiert ist, geschlichtet.

AP 2348552 Hercules 1944 — Als Schlichte verwendet man eine Mischung von Mineralöl (25—95%) und dem Glykolester eines Harzes vom Flammpunkt 25—70° C (75—5%).

AP 2346791 Hercules 1944 — Man verwendet eine wäßrige Mineralölemulsion zum Schlichten, welche polymere Terpenharze enthält.

AP 2343308 Hercules 1944 — Man verwendet als Schlichte eine Lösung von 10—85% Holzharz in Mineralöl.

AP 2337040 Hercules 1943 (s. AP 2331840) — Schlichten aus Kolophonium werden erhalten, die große Anteile freier Harzsäure aufweisen, wenn man zu ihrer Herstellung Kolophonium verwendet, welches vor der Alkalibehandlung 5 Minuten bis 5 Stunden auf Temperaturen von 285—325° C erhitzt wurde.

AP 2328600 Celanese 1943 — Man schlichtet insbesondere Cellulosederivate mit Mineralöl, langkettigen aliphatischen Alkoholen und sulfurierten langkettigen aliphatischen Carbonsäuren. Hernach wird mit einer Lösung von Trialkylolaminoresinat, Alkoholen und hygroskopischen Substanzen organischer Natur behandelt.

AP 2324601 DuPont 1944 — Wasserempfindliche, vom Garn leicht abgehende Schlichte, bestehend aus einem Polyvinylharz in Wasser gelöst und 5—25% Borsäure.

AP 2317728 DuPont 1943 — Polyamidgarne werden vor dem Schlichten mit Tannin (1%) behandelt, wobei eine bessere Verbindung der Schlichte mit dem Garn stattfindet. (Zusatz von 0,15% Oxalsäure, damit keine Eisenfärbung eintritt.)

AP 2304252 Röhm & Haas 1942 — Zum Unlöslichmachen von Polyvinylalkoholschlichten dienen Verbindungen der Form

$$RO{-}CH_2{-}\overset{\displaystyle X}{\underset{\displaystyle CH_3\ \ CH_3}{N}}{-}R'$$

(R = Alkyl, R′ = Benzyl, X = Halogen).

AP 2300074 DuPont 1942 (s. a. AP 2331926) — Zum Schlichten von Nylon verwendet man wasserempfindliche hydrolysierbare Polyvinylharze, Borsäure und Polyäthylenoxyd. Als Harze kommen Polyvinylalkohol, Polyvinylacetat oder Formale in Frage. Z. B. wird verwendet eine Mischung von: 8% teilweise verseiftem Polyvinylacetat, 1,6% Borsäure, 1,2% Polyäthylenoxyd vom Mol.-

Gew. 1500 und 89,2% Wasser. Das Nylongarn enthält nach dem Trocknen etwa 3,5% Schlichte. Vorher wird das Garn mit Tanninlösung behandelt.

AP 2292921 Röhm & Haas 1942 — Schlichten aus Stärke, Polyvinylalkohol oder Celluloseäthern werden mit Butoxymethyl-dimethyl-β-formyl-β-methylpropylammonchlorid und Erhitzen schwer löslich gemacht.

AP 2283236 United Gas 1942 — Als Schlichtemittel werden sulfonierte Polymethylstyrole vorgeschlagen.

AP 2278902 DuPont 1942 — Man schlichtet Polyamide in der Weise, daß man mit wäßrigen Schlichtelösungen behandelt und die Trocknung nur so weit vornimmt, daß die Schlichte noch 50% gerechnet vom Trockensubstanzgehalt an Wasser enthält.

AP 2271885 Emery 1942 — Zum Schlichten von Kreppgarnen werden Mischungen angewendet, welche leicht in Wasser entfernbar sind und eine kräftige Kreppung in den Kreppbädern ermöglichen (25 Teile Gummiarabikum, 25 Teile Wasser, 50 Teile Petroleumsulfonate usw.).

AP 2265941 Cyanamid 1941 — Zur Gewinnung von Schlichten werden Harzsäuren verseift. Die Verseifung mit NaOH erfolgt zur Vermeidung von Gelbildungen derart, daß nach Erhitzen der Harze über den Schmelzpunkt langsam die wäßrige Lösung des Alkalis zugegeben wird, so daß niemals mehr als 5% Wassergehalt vorhanden ist.

AP 2262770 Stein, Hall 1941 — Man verwendet zum Schlichten eine Mischung aus 15—30 Teilen Casein, 10—20 Teilen Triäthanolamin, 20—35 Teilen Harnstoff, 30—55 Teilen Wasser und 2—4 Teilen Octylalkohol.

AP 2249003 Glidden 1941 — Zum Schlichten und Appretieren von Geweben werden Protein-Harnstoff-formaldehydkondensate vorgeschlagen. Die Proteinlösungen koagulieren nicht oder nur langsam.

AP 2247353 Auer 1941 — Als Schlichten werden Kondensationsprodukte von Harnstoff und Hexamethylentetramin benützt. Die zum Schlichten verwendeten Lösungen bestehen z. B. aus: 50 Teilen Cyanamidlösung, 5 Teilen Formalin (40%ig), 1 Teil Weinsäure, 1 Teil Hexamethylentetramin und 30 Teilen Wasser. Man trocknet zur Harzbildung an der Luft oder bei erhöhter Temperatur.

AP 2244704 DuPont 1941 (s. AP 2244703) — Zum Schlichten von Garnen werden die Polykondensationsprodukte von Methacrylsäureestern und Methacrylsäure (hergestellt in Anwesenheit von Benzoylperoxyd) in 1%iger Lösung angewendet. Insbesondere beim Schlichten von Viskose ergeben sich sehr günstige Resultate.

AP 2238329 Glidden 1941 — Protein in einer in Alkali wenig löslichen Form kann als Schlichte- und Appreturmittel Verwendung finden. Man behandelt das aus vegetabilischem Material gewonnene Protein mit Formaldehyd und Piperidin.

AP 2230792 Hercules 1941 — Man kann zum Schlichten Polyvinylacetatharz in Toluollösung unter Zusatz von Butylacetat als Weichmacher verwenden.

AP 2220508 Röhm & Haas 1940 — Zum Schlichten von Textilgarnen wird Polyvinylalkohol angewendet. Man setzt Verbindungen der allgemeinen Form:

$$R—CX—NH—CH_2—NYZ$$

zu, wobei R einen aliphatischen oder alicyclischen Rest frei von Säure- oder Aminogruppen, X ein O- oder S-Atom oder eine Iminogruppe, YZ eine niedrigmolekulare Restgruppe oder NYZ einen heterocyclischen Rest bedeuten. Man imprägniert, trocknet und erhitzt kurze Zeit auf höhere Temperatur.

AP 2218506 Nat. Oil 1940 — Als Schlichtemittel für Garne wird z. B. eine Mischung des Kondensationsproduktes aus Kresol und Terpentin nach der Sulfurierung und sulfurierten Ölen verwendet. 19 lbs. sulfuriertes Kondensat aus Kresol und Terpentin, 4 lbs. sulfuriertes Spermöl und 500 lbs. Wasser werden als Schlichtelösung benützt. Am vorteilhaftesten ist die Anwendung für Kunstseidengarne.

AP 2211266 Nobel 1940 (s. EP 499995, S. 728).

AP 2188167 Celanese 1940 — Mischungen von Gelatine, Triäthanolamin, Alkoholsulfonat und Glykolboriborat werden zum Schlichten empfohlen.

AP 2159113 Celanese 1939 — Man verwendet den Cyclohexanolester einer Fettsäure zum Schiebefestmachen, aber auch als Garnpräparation.

AP 2158487 und 2158486 Kelco 1939 — Geschlossene Filmbildung, insbesondere beim Schlichten, wird erzielt, wenn man als Schlichte eine Lösung von Triäthanolaminalginaten verwendet.

AP 2142801 Atlas 1939 — Um einen besonders weichen und biegsamen Faden zu erhalten, kann man beim Schlichten Lösungen von Gelatine mit einem Zusatz von Sorbit und Glukose verwendet. Sie sind insbesondere für das Schlichten von Kunstseidengarnen wertvoll. 14 kg Gelatine werden in 29 kg Wasser gequollen und dann auf 70° C erwärmt. Hierzu wird ein warmer Sirup von 9,5 kg Sorbit, 0,65 kg Glukose und 1 Liter Wasser gegeben. Beim Abkühlen erstarrt das Ganze zu einer Gallerte. 50 kg dieser Gallerte werden, mit 300 Liter Wasser verdünnt, zum Schlichten verwendet und warm gebraucht.

12. Das Mercerisieren.

a) Mercerisierverfahren.

Die altbewährten Methoden der Mercerisierung sind unverändert geblieben. Mit Rücksicht auf die immer häufiger an den Veredler herantretende Notwendigkeit, Mischungen von Baumwolle und Kunstseide der Behandlung zu unterziehen, ist darauf hinzuweisen, daß regenerierte Cellulose zwar gegen Mercerisierlauge widerstandsfähig ist, jedoch beim Waschen, beim Durchlaufen des Konzentrationsintervalls von etwa 9 bis 12% die Gefahr der Faserschwächung außerordentlich groß ist. Es können erhebliche Anteile von Cellulose in Lösung gehen. Man hat daher vorgeschlagen, den Mercerisierlaugen größere Mengen an Salzen zuzusetzen, allerdings wird dabei der erzielte Glanz beeinträchtigt. Auch der Zusatz von Salzen zum Waschwasser ist in vielen Fällen bereits angeregt worden. Bekanntlich ist KOH von weitaus weniger schädlicher Wirkung auf Kunstseide als NaOH, weshalb Mischgewebe aus Baumwolle und Kunstseide, aber auch Zellwollgewebe mit einer Mischung von KOH und NaOH behandelt werden. Das Mischungsverhältnis schwankt je nach der Zusammensetzung der Gewebe, soll jedoch innerhalb eines Verhältnisses von 70—80 Teilen NaOH und 20—30 Teilen KOH von 30° Bé liegen, um einen guten Mercerisiereffekt auf Baumwolle zu ergeben. Mischgewebe, die Acetatseide enthalten, dürfen nicht über 15° C mercerisiert werden und ist sofort mit großen Mengen kaltem Wasser zu spülen. Ein Waschen mit heißem Wasser ist wegen der Gefahr der Hydrolyse der Acetatseide zu vermeiden.

Literaturübersicht über Mercerisierverfahren.

Schwertassek: Melliand Textilber. **31**, 189 (1950).
Schaeffer: Mitt. Forsch.-Inst. chem. Ind. österr. **2**, 89 (1948).
Marsh: Introduction on Textile Finishing, 1947.
Bonnet: Teintex **6**, 315 (1941).
Gaudry: Ind. textile **57**, 218 (1940).
Colomb: Teintex **5**, 229 (1940).

Patentschrifttum über Mercerisierverfahren.

OeP 155795 Carp 1939 — Man mercerisiert unter Spannung, läßt dann in der Lauge schrumpfen und streckt getrocknet. Unter Beibehaltung des Glanzes werden elastische Garne erhalten (auch für Gewebe).

DP 720813 Böhme 1942 — Mischgewebe werden mit Laugen von 25° Bé unter Zusatz entquellend wirkender Salze (Alaun) bei Temperaturen von 20—40° C mercerisiert.

DP 719433 Elöd 1942 — Mischgewebe aus Baumwolle und Hydratcellulose werden vor dem Mercerisieren mit Wollfettdispersionen behandelt.

DP 713191 Vieweg 1941 (s. a. DP 713962) — Die Mercerisierung von Kunstseidengeweben oder Mischgeweben mit Kunstseide wird derart vorgenommen, daß das Waschen nach der Behandlung mit gesättigten, noch festes NaCl haltigen NaCl-Lösungen erfolgt, wobei die Menge der Waschflüssigkeit derart bemessen wird, daß die im Gewebe befindliche Lauge auf eine Konzentration unter 6% gebracht wird. Hernach wird mit warmem Wasser behandelt.

SP 239520 Brandwood 1946 — Vorbereitung von Textilfasern für die nachträgliche Mercerisierung. Die einzelnen Textilfasern werden während des Aufwindens auf einen gelochten Träger gestreckt und dann auf dem Träger in gestrecktem Zustande durch weitere Windungsschichten festgehalten. Werden nun die Garne mit der Mercerisierlauge behandelt, so wird das Schrumpfen jeder Einzelfaser dadurch vereitelt, daß diese durch die benachbarte Faser festgehalten wird. Bei Garnen kann die Aufwicklung derselben etwa nach Art der Zettelmaschinen erfolgen, indem sie von Spulen unter Spannung auf die gelochte Trommel gezogen werden.

SP 212392 Herzog 1941 — Beim Mercerisieren von Geweben in Bahnform wird erfindungsgemäß folgende Anordnung der Maschinenelemente vorgenommen: Tränkeinrichtung mit kurzer Tränkstrecke, Vorrichtung zum Verstärken der Imprägnierwirkung (entweder ein Quetschfoulard von mittlerem Spaltdruck mit Voreilung gegenüber den nachfolgenden Transportmitteln oder eine Vakuumvorrichtung), ein Quell- und Schrumpffeld, welches aus einer zum Teil in die Tränkflüssigkeit tauchenden Gewebeführungsvorrichtung, einem separat angetriebenen Quetschfoulard mit hohem Spaltdruck, einer Spannstrecke zum Spannen in Kettrichtung mit Spannungsmeßeinrichtung, einer Breitspannvorrichtung mit Rollenausbreitern, einer mit Spritzeinrichtung versehenen Vorrichtung zum Konstanthalten der Abmessungen, einer Entlaugungseinrichtung zur Entfernung der Laugenreste und je einer am Anfang und Ende der Gesamtmaschinerie angeordneten Meßeinrichtung zur Ermittlung der prozentualen Längenänderung der Stoffbahn besteht.

EP 577233 Cilander 1946 — Transparentieren und Mercerisieren. Man quillt erst mit kalter konzentrierter Lauge oder konzentrierter Schwefelsäure und mercerisiert hierauf. In der Art, wie die Behandlungen aufeinanderfolgen, liegt der Effekt (s. a. Transparentieren).

AP 2183477 Rayon 1939 — Zum Veredeln von cellulosehaltigen Textilien, insbesondere Baumwollwaren, werden dieselben vorgenetzt, durch Mercerisierlauge geführt, abgequetscht und ausgewaschen und hernach mit einer Lösung von Kupfersulfat und Ammoniak in NaOH behandelt. Das Verhältnis von Sulfat : NaOH in der Lösung ist wie 1 : 2. Danach folgt eine Behandlung mit Cu-tetrammin, schließlich wird gesäuert, gewaschen und getrocknet. Es entstehen hochglänzende, glatte Gewebe mit weichem Griff.

b) Mercerisierhilfsmittel.

Die Vorschläge für derartige Produkte sind ziemlich zahlreich. Meist handelt es sich um sulfurierte Terpenabkömmlinge, aminoaromatische Verbindungen, aber auch Äthylenoxydanlagerungsprodukte sowie Phosphorsäureester oder Ligninstoffe.

Die aus der Patentliteratur ersichtlichen Vertreter sind hinsichtlich ihrer Zusammensetzung recht verschiedenartig.

Patentschrifttum über Mercerisiermittel.

OeP 159950 IG 1940 — Hautabfälle werden alkalisch zu einem Peptidgemisch abgebaut und dieses mit Fettsäuren umgesetzt. Es entstehen Mercerisiernetzmittel.

OeP 159620 IG 1940 — Höhermolekulare Olefine geben mit Aldehyd und Schwefelsäure Produkte, die nach Sulfurierung als Mercerisiernetzmittel Anwendung finden können.

OeP 159421 Pott 1940 — Netzmittel für Mercerisierlaugen bestehen aus Sulfonierungsprodukten von Sulfitspritöl (Kochpunkt 90—120° C), Glykolmonoäther, Methylcyclohexanol, Terpenalkoholen, Benzylalkohol und eventuell Amylalkohol oder Fuselöl. Z. B. mischt man 80 Teile Sulfonierungsdestillat aus 100 kg techn. Sulfitspritöl und 100 kg Oleum mit 16 Teilen Glykolmonoäther und 4 Teilen Fuselöl.

OeP 155965 IG 1939 — Eine Mischung von Phenolen, Naphtensäuren und den Einwirkungsprodukten von Salpetersäure auf ungesättigte Fettsäuren (Ölsäure) kann als Netzmittel für Mercerisierlaugen Verwendung finden. Man bringt z. B. zusammen: 70 Teile Rohkresol, 10 Teile techn. Naphtensäure, 20 Teile eines Produktes, das erhalten wird, wenn man 1500 Gewichtsteile Salpetersäure 40° Bé im Verlauf von 8—10 Stunden bei 75—80° C mit 1000 Gewichtsteilen Ölsäure vereinigt, allmählich auf 100° C erwärmt, einige Stunden weiter einwirken läßt und den Rest der Salpetersäure verdampft. Durch Behandlung des Nitrierungsproduktes mit schwefliger Säure können bei 100° C unter Zusatz von Wasser leicht abspaltbare Nitrogruppen entfernt werden.

DP 750401 Ohne Inhabernennung 1945 — Das Kondensationsprodukt aus Eiweißspaltkörpern mit p-Toluolsulfochlorid wird mit α-Glycerinmonochlorhydrin umgesetzt und ergibt ein Mercerisiernetzmittel.

DP 738974 IG 1943 — Als Mercerisiernetzmittel wird die Verbindung der Form

$$C_4H_9-\langle H \rangle-O-CH_2-COOH$$

empfohlen.

DP 734509 IG 1943 — Als Netzmittel für Mercerisierlaugen werden lösliche Mono- oder Dioxäthylamide von Fettsäuren, die 5—9 Kohlenstoffatome im Molekül und keine verätherte Hydroxylgruppe besitzen, angegeben.

DP 730724 Schubert 1942 — Mercerisierlaugen enthalten als Netzmittel Phenole und alkalische Auszüge von Lignin.

DP 730015 Sandoz 1943 — Polyäthermonocarbonsäuren können als Netzmittel für Mercerisierlaugen Anwendung finden, z. B.:

$$\begin{array}{l} CH_3\text{—}CH_2\diagdown \\ \qquad\qquad\quad CH\text{—}CH_2\text{—}O\text{—}CH_2\text{—}CH_2\text{—}O\text{—}CH_2COOH. \\ CH_3\text{—}CH_2\diagup \end{array}$$

DP 725821 IG 1942 — Zur Verbesserung der Netzwirkung von Mercerisierlaugen werden die Salze von Schwefelsäureestern aliphatischer Alkohole mit 5—12 Kohlenstoffatomen vorgeschlagen.

DP 725793 Sandoz 1942 — Zum Mercerisieren verwendet man Alkalilaugen von mindestens 15° Bé, welche Zusätze von Amiden aus Naphtensäuren enthalten.

DP 722601 Sandoz 1942 (s. a. DP 722258) — Gemische aus Naphtensäuren, Kohlenwasserstoffen und Äthern der Form R—O—R′, wobei R und R′ aliphatische oder cycloaliphatische Reste mit 10 C-Atomen sind (von denen der Rest R mindestens 5, der Rest R′ 2 enthält), sind Mercerisiernetzmittel.

DP 721126 Ciba 1942 — Wasserlösliche Salze von Cymolsulfinsäuren (isopropyl-p-methylbenzolsulfinsaures Natrium) — gegebenenfalls im Gemisch mit anderen bekannten Mitteln — erhöhen die Netzkraft von Mercerisierlaugen.

DP 720813 Böhme 1942 — Mischgewebe aus Baumwolle und Regeneratcellulose werden unter Zusatz von entquellend wirkenden Mitteln (Alaun) mit Laugen von 25° Bé bei 20—40° C bei einer Streckung von maximal 2 cm mercerisiert und dann bei 40—70° C gespült.

DP 719433 Elöd 1942 — Mischgespinste oder Gewebe aus Zellwolle und Baumwolle werden vor dem Mercerisieren mit wäßrigen, Wollfett oder Wachse enthaltenen Emulsionen getränkt und eventuell getrocknet. Die selektive Aufnahmefähigkeit der Kunstseide gegenüber Fetten bewirkt eine hohe Aufnahme und damit einen Schutz gegen die Einwirkung der Mercerisierlauge.

DP 719432 Sandoz 1942 — Zusätze von Aminen, z. B.:

$$\begin{array}{l} CH_3\diagdown \qquad\qquad\qquad\qquad\qquad \diagup CH_2\text{—}CHOH\text{—}CH_2OH \\ \qquad\quad CH\text{—}CH_2\text{—}CH_2\text{—}N \\ CH_3\diagup \qquad\qquad\qquad\qquad\qquad \diagdown CH_2\text{—}CHOH\text{—}CH_2OH \end{array}$$

oder

$$\begin{array}{ccccc} CH_3\diagdown & & & & \diagup CH_3 \\ & CH\text{—}CH_2\text{—}CH_2\diagdown & & \diagup CH_2\text{—}CH_2\text{—}CH & \\ CH_3\diagup & & N\text{—}Cl & & \diagdown CH_3 \\ & H_2C\diagup & & \diagdown CH_2 & \\ & | & & | & \\ & HOHC & & CHOH & \\ & | & & | & \\ & HOH_2C & & CH_2OH & \end{array}$$

zu Mercerisierlaugen werden vorgeschlagen.

DP 717638 Pott 1942 — Als Zusätze zur Verbesserung der Netzfähigkeit von Mercerisierlaugen werden Sulfonierungsprodukte aus Sulfitspritöl im Gemisch mit Glykolmonoäther, Terpenalkoholen und Methylcyclohexanol empfohlen.

DP 716182 Sandoz 1942 — Man mercerisiert unter Zusatz von C-alkylierten Phenolen und aliphatischen oder araliphatischen bzw. cycloaliphatischen Aminen, die neben einer in Stellung zum N-Atom stehenden aliphatisch gebundenen OH-Gruppe mindestens einen endständigen Kohlenwasserstoffrest mit mindestens 3 Kohlenstoffatomen besitzen:

$$CH_2\begin{matrix} \diagup CH_2{-}CH_2 \diagdown \\ \diagdown CH_2{-}CH_2 \diagup \end{matrix} CH{-}N \begin{matrix} \diagup CH_2{-}CH_2OH \\ \diagdown CH_2{-}CH_2OH \end{matrix} \quad \text{usw.}$$

DP 713626 Zschimmer, Schwarz 1941 — Als Netzmittel für Mercerisierlaugen verwendet man Gemische aus Oxyalkylbenzylalkoholen oder Xylenglykolen und Alkoholen.

DP 711652 Grünau 1942 — Zum Mercerisieren werden Laugen verwendet, die Gemische aus einfachen oder Polyaminocarbonsäuren oder wasserlöslichen Peptiden, die in der Aminogruppe durch aromatische Sulfonatreste substituiert sind, enthalten.

DP 710959 IG 1941 — Als Gemische zum Netzen in Laugen werden Phenole und Einwirkungsprodukte von Salpetersäure auf ungesättigte Fettsäuren empfohlen.

DP 703953 IG 1941 — Als Netzmittel für Mercerisierlaugen können die Schwefelsäurester von Äthylhexyläthanolamin oder Butyläthanolamin angewendet werden.

DP 703605 Oranienburg 1941 — Man setzt den Laugen gesättigte oder ungesättigte aliphatische Alkohole mit mindestens 8 Kohlenstoffatomen im Molekül zu.

DP 699655 Ciba 1940 — Man verwendet saure Schwefelsäureester hydroaromatischer oder heterocyclischer Alkohole als Laugenzusätze.

DP 696183 IG 1940 — Das Kondensationsprodukt aus Isobutyloxymethylphenol

$$(iso)C_4H_9{-}C_6H_3(CH_2OH)(OH) \quad \text{Isobutyloxymethylphenol}$$

und Diglukamin in Na-alkoholischer Lösung kann als Netzmittel in Mercerisierlaugen angewandt werden. Ebenso können Kondensationsprodukte aus p-Cyclohexyloxymethylphenol

$$\langle H \rangle{-}C_6H_3(CH_2OH){-}OH \quad \text{oder p-Cyclohexylchlormethylphenol} \quad \langle H \rangle{-}C_6H_3(CH_2Cl){-}OH$$

mit Sorbit oder Glukose in NaOH oder sodaalkalischer Lösung beim Mercerisieren als Hilfsmittel Anwendung finden.

DP 696181 Oranienburg 1940 — Komplizierte Gemische aus Phenolen, Citronellal, Alkoholen, Ketonen, Äthern mehrwertiger Alkohole, Amine, Pyridinbasen, Naphtensäuren oder Fettsäuren sollen den Mercerisierlaugen erhöhte Netzkraft geben.

DP 694406 Sandoz 1940 — Als Beispiele von Netzern für Laugen werden Gemische aus Rizinusfettsäuresulfonat mit Diäthylenglykolmonobutyläther usw. genannt.

DP 686592 IG 1940 — Man setzt den Mercerisierlaugen Phenole zu, die außer wenigstens einem Halogenatom mindestens eine Alkylgruppe enthalten (Monochlorxylenol).

DP 679766 Sandoz 1939 (s. DP 669426) — Gemische aus alkylierten Kresolen oder halogenierten Phenolen mit Naphtensäuren sind Netzmittel für Laugen.

DP 679606 Hydrierwerke 1939 — Mercerisierlaugen erhalten als die Netzung fördernde Zusätze Hydrierungsprodukte des Furfurols und Fettlösergemische, die an sich in der Lauge unlöslich sind.

DP 674894 Sandoz 1939 — Man setzt zu Mercerisierlaugen halogenierte Phenole, C-alkylierte Kresole und Naphtensäuren.

DP 670813 Ciba 1939 — Zusätze von tertiären Aminoxyden verbessern die Laugennetzwirkung.

DP 670235 Oranienburg 1939 — Man setzt den Laugenflotten zum Mercerisieren Kreosot aus Holzteer zu; vgl. DP 670962.

SP 271087 Ciba 1951 — Die Netzfähigkeit von Mercerisierflotten wird durch Zugabe von Alkylschwefelsäuren mit 4—12 C-Atomen, in Wasser wenig löslichen Alkoholen und solche Alkoholäther, die mindestens 2 Ätherbrücken und mindestens 1 freie Hydroxylgruppe aufweisen, erhöht.

SP 253011 Ciba 1948 — Als Mercerisierhilfsmittel können die Umsetzungsprodukte von Cymolsulfamid und Natriumformaldehydsulfoxylat dienen.

SP 236679 Sandoz 1945 — Polyäthermonocarbonsäuren oder deren Salze und neutrale Ester der Phosphorsäure werden als Mercerisiernetzmittel verwendet. Die Polyäthermonocarbonsäuren haben die allgemeine Formel:

$$R(OR_1)_n—O—R_2—COOH,$$

wobei R einen Alkyl- oder Cycloalkylrest mit mehr als 3 C-Atomen, R_1 und R_2 Alkylenradikale, n eine ganze Zahl bedeuten. Die Phosphorsäureester der allgemeinen Form:

$$\begin{matrix} R_1O \searrow & \\ R_2O—P{=}O \\ R_3O \nearrow & \end{matrix}$$

enthalten in R_1, R_2, R_3 aliphatische oder cycloaliphatische Reste. Die Mischung besteht z. B. aus 50 Gew.-Teilen Sekundärbutyloxyäthoxyessigsäure, 40 Gew.-Teilen techn. Xylenol und 10 Gew.-Teilen Tri-n-butylphosphat.

SP 232099 Schubert 1944 — Lösungen, welche mindestens teilweise aus hochmolekularen, keine Sulfogruppen enthaltenden Ligninumwandlungsprodukten bestehen, können als Netzmittel beim Mercerisieren benützt werden. Man vermischt z. B. 40 Teile Rohkresol mit 5 Teilen Alkaliligninlösung sowie 10 Teile Methylisopropylphenol und setzt 1—2% dieser Mischung den Mercerisierlaugen bei.

SP 228926 Chwala 1943 — Esterglukoside aus β-Chloräthylglukosid durch Umsetzen mit Fettsäuren sind als Netzmittel beim Mercerisieren verwendbar.

Aus Talgfettsäure entsteht derart ein Gemisch der Oleyl-, Stearoyl- und Palmitoylesterglukoside.

SP 228415 Sandoz 1941 — Laugenbeständige Netzmittel für die Mercerisierung werden aus Polyäthermonocarbonsäuren bzw. deren Salzen hergestellt (s. a. SP 236679). Auch Verbindungen der Form:

$$\begin{array}{ll} CH_3\diagdown & \\ & CH-CH_2-CH_2-O-CH_2-CH_2O-CH_2COOH \\ CH_3\diagup & \end{array}$$

im Gemisch mit technischen Acetalen von Methylcyclohexanon und Glycerin

$$\begin{array}{ccccc} CH_3-CH-CH_2 & & O-CH-CH_2OH \\ \diagup \qquad\qquad \diagdown & & \diagup \qquad | \\ CH_2 \qquad\qquad\qquad & C & \qquad\quad | \\ \diagdown \qquad\qquad \diagup & & \diagdown \qquad | \\ CH_2-CH_2 & & O-CH_2 \end{array}$$

können angewendet werden.

SP 204124 Ciba 1939 (Zusatz zu SP 200662) — Cymolsulfonsäuremethylester wird mit Triäthanolamin umgesetzt und mit Kresol zusammen als Mercerisiernetzmittel verwendet.

SP 204116 Sandoz 1939 (Zusatz zu SP 201259) — Mercerisiernetzmittel aus einer Mischung von Naphtensäuren und Alkoholen mit basischen Stickstoffatomen, z. B. N-Dioxyäthyl-n-butylamin:

$$\begin{array}{ll} OH-CH_2-CH_2\diagdown & \\ & N-CH_2-CH_2-CH_2-CH_3, \\ OH-CH_2-CH_2\diagup & \end{array}$$

können vorteilhaft verwendet werden.

SP 201595 IG 1939 (s. a. OeP 155965) — Netzmittel für Mercerisierlaugen bestehen aus dem Einwirkungsprodukt von Salpetersäure auf Ölsäure oder Mischungen dieses Produktes mit Rohkresol und dem Natriumsalz der Diisobutylsulfaminsäure.

SP 201260 Sandoz 1939 — Mischungen aus Naphtensäuren und phenolfreien, dispergierend wirkenden Stoffen, wie sulfuriertem Rizinusöl, können als Netzmittel beim Mercerisieren Anwendung finden; vgl. SP 201259.

SP 200662 Ciba 1939 — Man setzt Cymolsulfosäuremethylester mit Pyridin um und verwendet das erhaltene Produkt in Verbindung mit Kresol zum Netzen beim Mercerisierprozeß.

FP 887253 Goldschmidt 1943 — Als Mercerisiernetzmittel werden Phenole, gemeinsam mit Netzmitteln gemäß der FP 877651, verwendet.

FP 878412 Schubert 1942 — Als Netzmittel, insbesondere für Mercerisierlaugen, können Ligninstoffe, welche durch Umsetzen von Säurelignin mit Phenol, Lauge, Dioxan oder Glykol erhalten werden (ohne Abbau des Moleküls), unter Zusatz von Stoffen, die phenolische Gruppen enthalten, Anwendung finden. 40 Teile Kresol, 50 Teile Alkalilignin, 10 Teile Methylisopropylphenol.

FP 867835 Schering 1941 — Man mercerisiert unter Zusatz von Isopropylphenol oder Isopropylkresol, in Gegenwart von Kondensationsprodukten aus Aminoarylsulfosäuren und Phenol.

FP 848529 Sandoz 1939 — Zur Mercerisierlauge werden zur Erhöhung der Netzwirkung 2,5‰ Polyäthermonocarbonsäuren (Isoamyloxyäthoxyessigsäure) zugesetzt.

EP 578654 Ciba 1946 — Cymolsulfonamide werden mit Formaldehydbisulfit umgesetzt und als laugenbeständige Netzmittel angewendet.

EP 504417 Cyanamid 1939 — Es werden Terpenylalkylphenolsulfosäuren als gute Netzmittel beim Mercerisieren beschrieben.

EP 501094 Röhm & Haas 1939 — Man verwendet die Verbindung der Form:

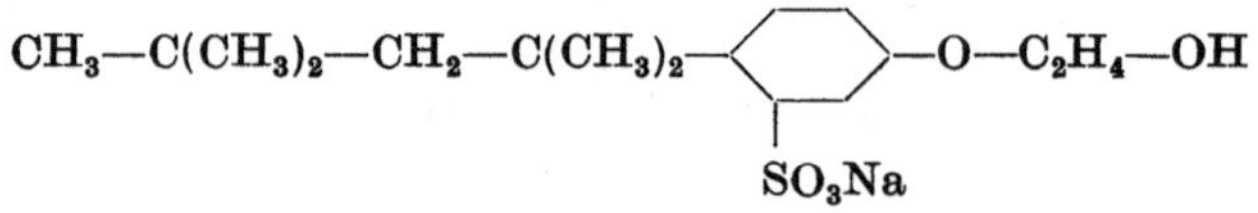

$$CH_3{-}C(CH_3)_2{-}CH_2{-}C(CH_3)_2{-}\underset{\displaystyle SO_3Na}{\underset{|}{\langle\;\rangle}}{-}O{-}C_2H_4{-}OH$$

als laugenbeständiges Netzmittel; vgl. FP 834169.

HollP 62787 Schering 1949 — Als Netzmittel für Mercerisierlauge dienen Mischungen aus Isopropylphenol und Isothymol.

AP 2528378 Mc Cabe, Mannerheimer 1950 — Mercerisierhilfsmittel der Form

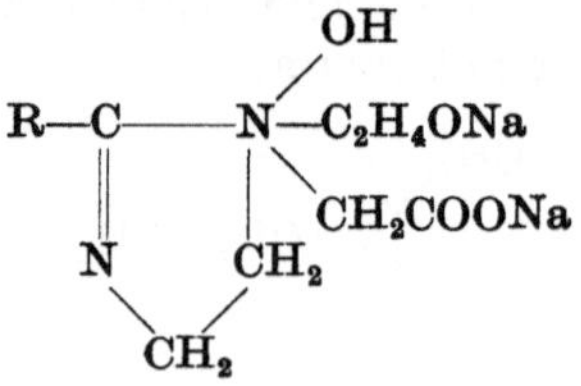

$$R{-}C{=}N{-}CH_2{-}CH_2{-}N(OH)(C_2H_4ONa)(CH_2COONa) \quad \text{(Ring: } R{-}C{\equiv}\text{ über } N, CH_2, CH_2 \text{ zu } N\text{)}$$

werden vorgeschlagen.

AP 2423643 Cyanamid 1947 — Als Mercerisiernetzmittel kann das Umsetzungsprodukt aus Guanylharnstoff und Äthylenoxyd Verwendung finden.

AP 2413755 Cyanamid 1947 — Ammelin wird mit Äthylenoxyd behandelt. Das erhaltene Produkt kann als Mercerisierhilfsmittel dienen.

AP 2368277 Sherka 1945 — Als Mercerisierhilfsmittel wird die Mischung eines Aminoarylsulfonsäurekondensats mit einem Aldehyd, eines Phenols, sowie ein isopropyliertes Phenol empfohlen. Z. B.: 70% Isothymol und 30% Kresol, sowie das Sulfosäurekondensat, bzw. 1,4 Vol.-% der Flotte an Mischung von 10% Isothymol, 30% Isopropylphenol, 60% Sulfanilsäure-formaldehydkondensat.

AP 2352409 Comm. Solvent 1944 — Man mischt 2-Methyl-2,4-pentandiol mit Kresol-, Xylenol- oder Carvacrolderivaten.

AP 2346569 DuPont 1944 — Als Mercerisierhilfsmittel werden die Reaktionsprodukte aus alicyclischen Monocarbonsäuren von 3—11 C-Atomen mit Schwefeldioxyd und Chlor in Gegenwart von aktinischer Strahlung empfohlen.

AP 2345036 Nat. Oil 1944 — Man setzt den Mercerisierlaugen 0,3—2% einer Mischung von 90—97% niedrigen Phenolen und 10—3% Dialkylphenolen zu, wobei die Alkylgruppe derselben 4—6 C-Atome aufweist.

AP 2320707 Solvent 1943 — Als Netzmittel für Mercerisierlaugen dienen Dioxanderivate der Form

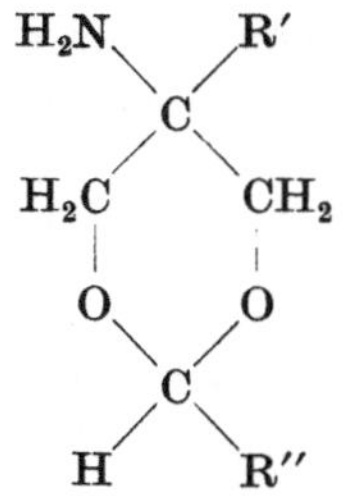

```
H2N   R'
   \ /
    C
   / \
H2C   CH2
 |     |
 O     O
  \   /
    C
   / \
  H   R''
```

(R' = Alkyl mit mindestens 5 C-Atomen, R'' = Alkyl).

AP 2288804/05 Laboratories 1942 — Als Netzmittel für Mercerisierflotten werden Produkte verwendet, die man erhält, indem man Pseudopimarsäure sulfoniert, mit Wasser unterhalb 100° C abscheidet, in das Ca-salz überführt, den unsulfurierten Anteil mit organischen Lösungsmitteln entfernt, dann nach Ansäuern die freie Sulfosäure gewinnt (neben unlöslichem Ca-salz) und die Sulfonsäure in das Alkalisalz überführt.

AP 2263312 Horn 1941 — Mercerisierhilfsmittel werden erhalten, indem eine Petroleumfraktion vom Kochpunkt 300—360° C, die frei von aromatischen und ungesättigten Verbindungen ist, mit gasförmigem Chlor und SO_2 sulfoniert wird.

AP 2257183 Gen. An. 1941 — Als Netzmittel für Mercerisierlaugen dienen Mischungen von Kresol mit Verbindungen der Form

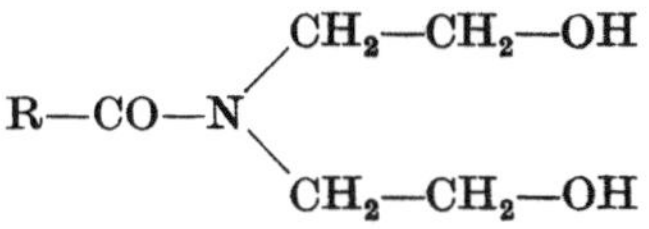

```
          CH2—CH2—OH
         /
R—CO—N
         \
          CH2—CH2—OH
```

(R = Alkylrest mit 7—11 C-Atomen).

AP 2245162 Monsanto 1941 — Verbindungen der Form

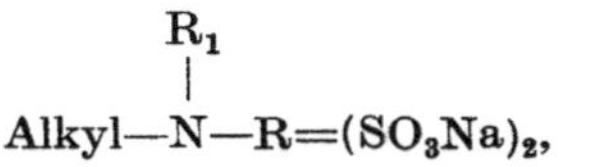

$$\text{Alkyl—}\underset{}{\overset{R_1}{\overset{|}{N}}}\text{—R=(SO}_3\text{Na)}_2,$$

wobei R einen aromatischen Rest, welcher den Benzol-, Naphtalin- oder Biphenylkern enthält, Alkyl einen Alkylrest mit 2—6 C-Atomen, R_1 ein Alkyl mit 2—6 C-Atomen oder H bedeuten (z. B. N-Butyl-o-amino-biphenyl-di-natrium-sulfonat), können zum Netzen in Mercerisierlaugen verwendet werden.

AP 2236617 Colgate 1941 — Netzmittel für Mercerisierlaugen bestehen aus den Sulfonierungsprodukten von Mineralölen nach den AP 2149661, AP 2149662 und AP 2179174.

AP 2213139 Zschimmer, Schwarz 1940 — Eine Mischung, bestehend aus einer aliphatischen alkoholischen Verbindung und einem Benzylalkohol, der eine weitere OH-Gruppe und eine Alkylgruppe bis zu 4 C-Atomen besitzt (z. B. Xylylenglykol), kann zum Mercerisieren als Netzmittel angewendet werden.

AP 2188287 Gen. An. 1940 — Es werden 76 Teile Kresol, 4 Teile Cyclohexanol und 20 Teile eines Nitrierungsproduktes der Ölsäure gemischt. Letzteres wird erhalten durch Erhitzen von 1500 Teilen HNO_3 (40° Bé) + 1000 Teilen Ölsäure, einige Stunden über 100° C.

AP 2181534 Solvent 1939 — Aminoalkohole der nachstehenden Form werden als Mercerisiernetzmittel nach dem Neutralisieren mit Carbonsäuren vorgeschlagen:

$$\begin{array}{ccccccc} & & OH & & NH_2 & & OH & \\ H & — & C & — & C & — & C & — & Y \\ & & H & & X & & H & \end{array}$$

[X = H, Alkyl (1—3 C-Atome), Alkylol; Y = H, Alkyl; X + Y nicht mehr als 7 C-Atome]. Z. B. läßt man 2-Amino-1,3-propandiol mit Fettsäuren unter Salzbildung reagieren.

Sachverzeichnis.

Patentnummern-Verzeichnis.

Die an erster Stelle genannte Ziffer ist die Nummer des Patentes, die nach dem Doppelpunkt angeführte Zahl die Seitenzahl dieses Buches.

Österreichische Patente.

Deutsche Patente.

Deutsche Patentanmeldungen.

Schweizer Patente.

Französische Patente.

Holländische Patente.

Belgische Patente.

Dänische Patente.

Norwegische Patente.

Tschechoslowakische Patente.

Italienische Patente.

Britische Patente.

Amerikanische Patente.

Canadische Patente.